|개정판|
MATLAB 실습과 함께 배우는

아날로그 및 디지털 **통신이론**

김명진 지음

생능출판

저자 소개

김명진

1982년 서울대학교 제어계측공학과 학사
1984년 서울대학교 제어계측공학과 석사
1992년 University of Minnesota 전자공학과 박사
1984년~1996년 한국전자통신연구원 이동통신기술연구단 책임연구원
1996년~현재 한국외국어대학교 정보통신공학과 교수

MATLAB 실습과 함께 배우는

아날로그 및 디지털 통신이론

초판발행 2007년 2월 20일
제2판6쇄 2024년 1월 25일

지은이 김명진
펴낸이 김승기
펴낸곳 (주)생능출판사 / **주소** 경기도 파주시 광인사길 143
출판사 등록일 2005년 1월 21일 / **신고번호** 제406-2005-000002호
대표전화 (031)955-0761 / **팩스** (031)955-0768
홈페이지 www.booksr.co.kr

책임편집 신성민 / **편집** 이종무, 최동진 / **디자인** 유준범, 노유안
마케팅 최복락, 김민수, 심수경, 차종필, 백수정, 송성환, 최태웅, 명하나, 김민정
인쇄 성광인쇄(주) / **제본** 일진제책사

ISBN 978-89-7050-981-5 93560
정가 40,000원

머리말

〈MATLAB 실습과 함께 배우는 아날로그 및 디지털 통신이론〉 개정판에서는 몇 가지 새로운 내용의 추가와 보완 작업이 이루어졌다. 주요 개정 내용을 보면 다음과 같다.

- 대역확산 통신을 다루었던 12장을 광대역 전송으로 단원 명칭을 변경하고 OFDM(orthogonal frequency division multiplexing) 기술 내용을 추가하였다. 내용 추가에 따라 12장의 구성을 1절은 대역확산 통신, 2절은 OFDM으로 변경하였다.
- 채널 코딩을 다루는 13장에는 터보 코드(turbo code)와 LDPC(low density parity check) 코드를 추가하였다.
- MATLAB 실습 내용을 보완하였다. 구체적으로 확률변수와 랜덤 프로세스(6장), 펄스 변조와 펄스부호 변조(7장)에서 실습 예제를 추가하였다.
- 신호와 시스템 기초 이론을 다루는 2장과 3장의 내용을 보완하였다. 시간 영역 및 주파수 영역 신호와 시스템 해석에 대한 기초가 약한 학생들이 통신이론을 좀더 쉽게 접할 수 있도록 핵심 내용을 정리하였다.
- 각 장의 연습문제를 대폭 개정하였다. 기존 연습문제 내용의 변화와 함께 새로운 문제들을 다수 추가하였다.

과거 사람과 사람 사이의 음성 위주 통신 서비스가 진화하여 사람과 사물 또는 사물과 사물 간의 정보 교환까지 아우르는 데이터 통신 네트워크를 기반으로 돌아가는 사회가 만들어지고 있다. 정보통신 기술은 현대 사회를 구축하는 필수 요소기술로 받아들여지고 있으며, 과거에는 다른 분야로 여겨졌던 산업체에 종사하는 기술인들도 어느 정도 필수로 알고 있어야 하는 기술이 되었다. 통신이론이 대학에서 가르쳐지는 현황을 보면, 과거에는 전자공학 관련 학과에서 4학년 과정으로 주로 강의되었으나 현재는 많은 대학에서 3학년 과목으로 교과과정에 자리잡고 있다. 그러나 현재 출간되어 있는 대부분의 통신이론 서적들은 3학년 학생이나 통신을 전공하지 않은 실무자가 통신 원리를 알기 위해 접근하는데 상당히 어려운 수준으로 쓰여 있는 실정이다. 이 책은 신호와 시스템에 대한 기초 지식이 있으면 큰 어려움 없이 통신이론을 이해할 수 있도록 쓰여졌다. 그러나 단순한 통신 원리의 설명이 아니라 통신 시스템의 분석이나 설계를 위한 연구에 대해 입문의 역할을 하도록 쓰여졌다. 이론 설명에 동반하여 MATLAB을 이용한 실습을 통하여 통신 신호처리 과정에 대한 이해도를 높이고, 통신 시스템의 성능을 분석하는 방법을 습득할 수 있도록 하였다.

이 책의 개정판 작업에서 지향했던 것은 통신이론의 기초를 이루는 시간 영역 및 주파수 영역의 시스템 해석 기법을 초보자가 다가가기 쉽도록 정리하는 것과 현재의 무선/이동통신 표준에 적용되어 있는 기술을 추가하여 보완하는 것이었다. 2~3세대 이동통신에서 적용된 CDMA 이론에 더하여 4~5세대 이동통신에 적용되어 있는 OFDM 기술을 소개하였으며, 채널 코딩을 다룬 장에서는 터보 코드와 LDPC 코드에 대한 기초 이론을 추가하였다.

정보의 디지털화에 따라 정보 전송도 디지털 통신을 기반으로 한 방식이 주 관심사가 되었지만 디지털 통신도 아날로그 통신을 근본으로 하고 있다. 또한 아날로그 정보나 디지털 정보나 실제로 정보 신호를 실어 나르는 통신 매체는 아날로그 시스템으로 표현된다. 이와 같은 이유로 연속시간 신호 및 시스템의 기초 이론이 필요하며, 디지털 통신을 이해하기 위하여 아날로그 통신의 기본원리가 필요하다. 따라서 이 책에서는 먼저 통신이론을 이해하기 위한 기초 지식으로 신호와 시스템에 대해 복습을 하고, 아날로그 통신이론을 살펴본 다음 디지털 통신이론을 다루고 있다.

아날로그 통신에서는 수신기에서 송신측의 메시지 신호 파형과 가능한 한 동일한 신호 파형을 재생하고자 한다. 따라서 원래의 신호 파형과 수신기에서 재생한 신호 파형이 얼마나 유사한지가 통신방식의 성능을 결정하는 주요 지표가 된다. 이에 비하여 디지털 통신 시스템의 수신기에서는 송신 신호와 동일한 파형을 복구해내는 것이 중요한 것이 아니라 1에 해당하는 신호가 왔는지 0에 해당하는 신호가 왔는지를 구별해내는 것이 중요하다(이진 통신의 경우). 즉 디지털 정보 1 또는 0을 정확히 판별해내는가가 중요하다. 따라서 디지털 통신 시스템의 성능 평가에서는 디지털 정보를 전송했을 때 수신기에서 판정오류가 발생하는 확률을 주요 지표로 삼는다. 이러한 이유로 이 책에서 디지털 통신이론을 전개하기에 앞서 확률과 랜덤 프로세스 이론을 다룬다.

이 책은 학부 과정에서 두 학기에 걸친 강의 교재로 활용하기에 적당할 것으로 본다. 만일 이 책을 디지털 통신에 대한 교재로 사용한다면 6장부터 다루면 될 것이다. 2장과 3장은 신호와 시스템에 관한 과목을 이수하였다면 생략해도 좋으며, 또한 확률변수와 랜덤 프로세스에 대한 과목을 이수하였다면 6장도 생략 가능하다. 연습문제는 각 상의 마지막 부분에 있으며, 일부 문제들에 대한 풀이를 출판사의 홈페이지를 통해 다운로드할 수 있도록 하였다. 이 책에서는 MATLAB 실습을 통하여 통신 과정의 이해도를 높이고자 하였으며, MATLAB 프로그램에 익숙하지 않은 학생들을 위하여 예제 프로그램을 같이 수록하였다. 예제 프로그램을 포함하여 실습 과정에서 많이 호출하는 함수들을 출판사 홈페이지를 통해 다운로드할 수 있도록 하였다.

대학에서 3학년을 대상으로 통신공학 강의를 해오면서 학부생도 쉽게 접근할 수 있는 적절한 교재가 아쉬워하던 중 생능출판사의 권유로 이 책을 집필하게 되어 2007년 초판을 출간한 이후 10년이 넘는 세월이 흘렀다. 초판 출간 당시 3년의 집필 과정에 지쳐 추구했던 완성도에 못 미치는 상태로 작업을 마무리하고 향후 개정판에서는 완성도를 높이겠다고 다짐했었다. 그러나 개정판 집필을 마치고 세상에 내놓으려고 보니 또다시 부족한 점이 많이 보인다. 보다 이해하기 쉽고 보다 내용이 충실한 책을 만들고자 노력하였지만 아직도 미흡한 면이 느껴진다. 그러나 이 책이 앞으로 통신 분야의 입문자들이 첫 걸음을 안정되게 내딛도록 도움을 줄 수 있을 것으로 믿는다.

마지막으로 이 책이 존재할 수 있도록 한 분들에게 감사의 뜻을 전하고자 한다. 무엇보다 필자가 이 책을 쓸 수 있는 위치에 올 수 있도록 이끌어주신 부모님께 이 책을 바친다. 필자가 원고 작성에 힘들어 하고 지칠 때마다 격려와 용기를 보내준 아내와 딸에게도 한없는 고마움을 느낀다. 끝으로 이 책의 출판에 애쓰신 생능출판사 여러분께 감사를 전한다.

2019년 6월
김명진

이 책의 내용

이 책의 주요 내용을 간추리면 다음과 같다.

1장에서는 개관적인 통신 시스템의 모델과 아날로그 및 디지털 통신 시스템의 구성 요소들에 대해 살펴본다. 아날로그 정보 신호를 디지털 통신으로써 전송하기 위해 처리하는 과정을 알아본다. 또한 통신 시스템을 설계할 때 기본적으로 고려해야 할 요소로 신호 대 잡음의 비와 대역폭, 채널 용량 등의 개념을 정리한다.

2장과 3장에서는 신호와 시스템에 대한 기초를 다루고 있는데, 내용을 충분히 이해하고 있는 경우에는 건너 뛰어도 무방하다. 시스템과 입출력을 통신채널과 송수신 신호의 관점에서 요약 정리를 한다. 2장에서는 시간 영역에서의 신호 해석을 위한 기초 이론을 다루는데, 신호의 시간 영역 연산과 선형 시스템의 입출력 관계, 상관함수 등이 주요 내용이다. 3장은 주파수 영역에서 신호를 표현하고 분석하는 방법을 다루는데, 신호를 직교 함수의 선형조합으로 표현하는 방법을 설명하고, 이를 토대로 하여 신호의 푸리에 급수와 푸리에 변환을 유도하여, 신호가 가진 주파수 성분, 즉 스펙트럼의 의미를 이해할 수 있도록 하고 있다. 통신 채널을 시스템으로 보고 무왜곡 전송을 위한 조건과, 이 조건이 만족되지 못할 때 어떠한 형태의 왜곡이 발생하는지 설명한다.

4장과 5장에서는 아날로그 변조 방식으로 각각 진폭 변조와 각 변조를 다룬다. 4장에서는 진폭 변조의 여러 세부 방식들의 원리를 알아보고, 시간 영역 및 주파수 영역에서 변조 방식의 특성을 살펴본다. 5장에서는 각 변조의 두 가지 부류인 주파수 변조와 위상 변조에 대해 변조 원리와 두 방식의 상호 관계 및 특성을 알아본다.

6장에서는 디지털 통신 시스템을 분석하기 위한 기초로 확률변수와 랜덤 프로세스를 다룬다. 먼저 확률변수의 개념과 통계적 평균의 의미, 그리고 통신 시스템의 분석에 빈번하게 나오는 주요 확률분포들에 대해 설명한다. 불확실성이 포함된 신호 또는 잡음을 모델링하는 랜덤 프로세스의 개념을 알아보고, 이러한 신호가 존재하는 통신 시스템의 주파수 영역 해석 방법을 살펴본다.

7장에서는 펄스 변조와 펄스부호 변조를 다루는데, 이를 위한 기초로 표본화와 양자화에 대해 먼저 알아본다. 펄스 변조는 아날로그 신호를 표본화하여 전송하지만 전송신호의 파라미터 값이 연속적인 값을 가지므로 아날로그 변조에 속한다. 펄스부호 변조(PCM)는 신호의 표본값을 양자화하고 부호화하여 전송하는 방식으로 디지털 전송의 기본 방식이 되어 있다. 디지털 전송의 단점인 넓은 대역폭 요구사항을 해결하는 방식으로 차동 펄스부호 변조(DPCM)와 델타 변조(DM)의 원리를 PCM에 이어 설명한다.

디지털로 표현된 정보를 전송하는 방식을 8장, 10장, 11장에서 다루고 있는데, 기저대역 전송은 8장의 주제이고, 반송파에 실어서 전송하는 대역통과 변조는 10장과 11장의 주제이다. 대역통과 변조에 대해 다시 이진(binary) 변조는 10장에서 다루고, M-진 변조는 11장에서 다룬다. 디지털 변조된 신호에 대한 수신기의 구조와 잡음하에서의 수신기 성능을 9장에서 알아본다. 디지털 통신 시스템의 수신기는 여러 형태의 구조가 가능한데 잡음에 대한 내성이 수신기 구조에 따라 다르다. 잡음이 더해진 신호가 입력될 때 출력단에서의 신호 대 잡음비를 최대화하는 필터로서 정합필터(matched filter)에 대해 알아보고, 이 정합필터가 비트오류 확률을 최소화하는 최적 수신기가 된다는 것을 설명한다. 9장에서 살펴본 정합필터 수신기는 8장의 기저대역 신호뿐만 아니라 10장 및 11장에서 다루는 일반적인 디지털 통신 시스템에 적용할 수 있다.

10장에서는 이진 디지털 대역통과 변조를 다루는데, 이진 데이터에 따라 반송파의 진폭을 변화시키는 진폭천이 변조(ASK), 반송파의 주파수를 변화시키는 주파수천이 변조(FSK), 그리고 반송파의 위상을 변화시키는 위상천이 변조(PSK)에 대해 송수신기 구조와 스펙트럼 특성, 비트오류 확률 등을 살펴본다.

디지털 통신의 단점 중의 하나로 넓은 채널 대역폭이 요구된다는 것을 들 수 있는데, 이를 극복하는 한 가지 접근 방법은 소스코딩을 사용하여 데이터를 압축하는 방법을 들 수 있고, 다른 접근 방법은 대역폭 효율이 높은 변조 방식을 사용하는 것을 들 수 있다. 11장에서는 데이터 비트별로 두 개의 신호 파형을 대응시키는 이진 통신을 일반화하여 여러 비트로 구성된 심볼 단위로 M개의 신호 파형을 대응시키는 M-진 변조 방식을 다룬다. 반송파의 진폭, 주파수, 위상을 M개로 확장한 MASK, MFSK, MPSK 변조와 반송파 진폭과 위상을 모두 변화시키는 QAM 변조 등에 대해 스펙트럼 특성과 비트오율 성능 등에 대해 설명한다.

12장 이전에서는 가능하면 전송 대역폭이 작은 것을 지향하는 변조 방식을 다루는 데 비해 12장에서는 광대역을 사용하여 전송하는 방식을 다룬다. 12장의 구성은 대역확산 통신과 직교 주파수분할 다중화(OFDM)로 되어 있다. 대역확산 통신은 의사잡음(PN) 코드를 사용하여 고의적으로 대역폭을 확장시켜 전송하는 방식으로 대역폭 확산으로 얻는 장점에 대해 알아본다. OFDM은 데이터열을 직병렬 변환하여 다수의 반송파로 전송하는 기술로 다중경로 채널에서 유리하다. OFDM의 특성과 구현 방법에 대해 알아본다.

13장에서는 정보 데이터를 가공하여 채널을 통과하면서 발생한 오류를 검출하거나 정정하는 채널 코딩 기법을 다룬다. 채널 코드의 대표적인 부류로서 블록 코드와 컨볼루션 코드에 대해 부호화 및 복호화 과정, 이로부터 얻는 성능개선 효과에 대해 살펴본다. 근래에 주목받고 있는 방식으로 터보 코드와 LDPC 코드의 원리에 대해 알아본다.

강의 계획안

1. 두 학기 강의용

[1학기/16주 기준]

강의 차수	강의 단원	주요 강의 내용
1주차	1장	· 아날로그 통신 시스템과 디지털 통신 시스템 개요 · 신호 대 잡음비와 채널 대역폭
2주차	2장	· 신호의 시간 영역 해석 · 선형 시스템, 시스템의 시간 영역 표현, 컨볼루션 적분
3주차	3장	· 신호의 주파수 영역 해석, 스펙트럼의 개념, 푸리에 변환 · 시스템의 주파수 응답과 필터, 선형 및 비선형 왜곡
4주차	4장	· 진폭 변조: DSB-SC, DSB-TC · 변복조의 원리, 변조기 구조
5주차	4장	· 진폭 변조: SSB, VSB · 변복조의 원리, 변조기 구조
6주차	4장	· 반송파 추적 · 주파수분할 다중화와 수퍼헤테로다인 수신기
7주차	5장	· 순시 주파수와 각 변조의 원리 · FM 및 PM 신호의 대역폭
8주차	5장	· 각 변조 신호의 생성: 협대역 각 변조 및 광대역 각 변조 · 중간 평가
9주차	5장	· FM 복조기, 각 변조 시스템에서 잡음의 효과 · FM 스테레오
10주차	6장	· 확률변수와 통계적 평균 · 주요 확률분포
11주차	6장	· 랜덤 프로세스의 개념 · 상관 함수와 전력스펙트럼밀도
12주차	6장	· 대역통과 랜덤 프로세스 · 백색 잡음
13주차	7장	· 이상적인 표본화: 임펄스 표본화 · 실용적 표본화: 자연 표본화 및 평탄 표본화
14주차	7장	· 펄스 변조: PAM, PWM, PPM · 양자화 및 펄스부호변조(PCM)
15주차	7장	· PCM 시스템과 시분할 다중화 · 차동 펄스부호 변조(DPCM)
16주차	7장	· 델타 변조, 적응델타변조 · 기말 평가

[2학기/16주 기준]

강의 차수	강의 단원	주요 강의 내용
1주차	8장	· 디지털 데이터의 기저대역 전송: 라인 코딩 · 통신 채널의 영향: 잡음 및 대역제한 필터의 효과, 눈 다이어그램
2주차	8장	· 심볼 간 간섭(ISI) · 펄스정형 원리, 상승 여현 펄스정형 필터
3주차	9장	· NRZ 신호의 검출, 정합 필터와 일반 이진 신호의 검출 · 정합 필터 수신기와 상관 수신기
4주차	9장	· 최적 수신기 · 잡음 환경 하에서 수신기의 비트오율 성능
5주차	10장	· 디지털 대역통과 변조: ASK, FSK, PSK의 원리 · 동기식/비동기식 복조와 비트오율 성능
6주차	10장	· 반송파 복구와 PSK에서 반송파 위상의 모호성 · DPSK: 차동 부호화와 복조
7주차	11장	· M–진 변조 개요, 대역통과 신호의 표현 · QPSK
8주차	11장	· OQPSK · MSK
9주차	11장	· MASK, MFSK, MPSK · QAM
10주차	12장	· 대역확산(SS) 통신의 원리 · DS–SS, FH–SS, TH–SS 시스템
11주차	12장	· PN 코드, CDMA · PN 코드의 동기화
12주차	12장	· OFDM의 기본 원리, 송수신기 구조 · OFDMA
13주차	13장	· 오류 제어 기법, ARQ, FEC 기본 개념 · 블록 코드
14주차	13장	· 블록 코드의 종류와 성능 · 인터리빙
15주차	13장	· 컨볼루션 코드 · 터보 코드
16주차	13장	· LDPC 코드 · 기말 평가

2. 한 학기 강의용

[1학기/16주 기준]

강의 차수	강의 단원	주요 강의 내용
1주차	1~2장	• 아날로그 통신 시스템과 디지털 통신 시스템 개요 • 신호의 시간 영역 해석 • 선형 시스템: 시스템의 시간 영역 표현과 컨볼루션 적분
2주차	3장	• 신호의 주파수 영역 해석, 스펙트럼의 개념, 푸리에 변환 • 시스템의 주파수 응답과 필터, 선형 및 비선형 왜곡
3주차	4장	• 진폭 변조의 원리: DSB-SC, DSB-TC, SSB, VSB • 변복조기의 구조와 반송파 추적 회로 • 수파수분할 다중화와 수퍼헤테로다인 수신기
4주차	5장	• 순시 주파수와 각 변조의 원리, FM 대역폭 • 협대역 각 변조 및 광대역 각 변조 • FM 복조기, FM 스테레오
5주차	6장	• 확률변수와 통계적 평균 • 랜덤 프로세스의 개념
6주차	6장	• 상관 함수와 전력스펙트럼밀도 • 대역통과 랜덤 프로세스, 백색 잡음
7주차	7장	• 표본화와 양자화, 펄스 변조와 펄스부호 변조(PCM) • 차동 펄스부호 변조(DPCM), 델타 변조(DM)
8주차	8장	• 디지털 데이터의 기저대역 전송: 라인 코딩 • 펄스정형 원리, 상승 여현 펄스정형 필터
9주차	9장	• 정합 필터 수신기와 상관 수신기 • 잡음 환경 하에서 수신기의 비트오율 성능
10주차	10장	• 디지털 대역통과 변조: ASK, FSK, PSK의 원리 • 동기식/비동기식 복조와 비트오율 성능 • DPSK: 차동 부호화와 DPSK 복조
11주차	11장	• M-진 변조 개요, 대역통과 신호의 표현 • QPSK, OQPSK, MSK
12주차	11장	• MASK, MFSK, MPSK • QAM
13주차	12장	• 대역확산(SS) 통신의 원리 • PN 코드, CDMA
14주차	12장	• OFDM의 기본 원리, 송수신기 구조 • OFDMA
15주차	13장	• 오류 제어 기법, ARQ, FEC 기본 개념 • 블록 코드, 인터리빙
16주차	13장	• 컨볼루션 코드 • 디보 코드, LDPC 코드

차례

CHAPTER 03   **신호의 주파수 영역 해석**

CHAPTER 08 디지털 데이터의 기저대역 전송

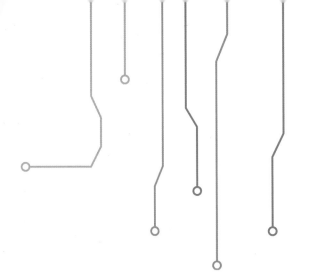

CHAPTER 01

서론

01 서론

통신이란 어떤 한 지점(송신자 혹은 정보 근원지)에서 다른 지점(수신자 혹은 정보 목적지)으로 정보를 전달하는 것을 의미한다. 과거에는 통신 수단으로 봉화나 동물이 사용되었지만, 전기가 일상 생활에 사용되면서 정보를 전기 신호로 표현하는 것이 가능해졌고, 일반적인 통신은 전기를 기반으로 하게 되었다. 오늘날 전기통신(telecommunication)이란 용어는 통신케이블(구리선 혹은 광케이블)이나 무선 전송 매체를 이용하여 정보를 전달하는 것뿐만 아니라 정보를 송신하고 수신하기 위해 필요한 모든 하드웨어와 소프트웨어를 포함하는 매우 광범위한 의미로 사용된다.

현대의 디지털 세계에 접어들기 전의 통신은 전기 신호 파형을 목적지까지 충실히 운반하도록 하여 수신자가 파형을 재생하여 정보를 취득하도록 하였다. 컴퓨터의 등장과 함께 정보를 아날로그 파형이 아니라 2진수 기반의 디지털 형태로 표현하고 저장하는 것이 일반화되었으며, 통신에서는 아날로그 파형 자체의 전송 대신 2진수의 전송이라는 방식을 사용하게 되었다. 이러한 디지털 통신의 주요 장점은 다양성에 있다. 즉 오디오, 비디오, 데이터 같은 어떤 형태의 정보도 비트로 변환(부호화)되어 전송되며, 수신측에서는 원래의 정보 형태로 역변환(복호)된다. 이 책에서는 아날로그 및 디지털 통신 방식의 원리와 성능, 통신 시스템의 구성 요소 등에 대해 알아본다.

1.1 통신 시스템

통신의 목적은 정보원으로부터 메시지를 목적지로 전달하는데 있다. 그림 1.1에 통신 시스템의 모델을 보인다. 통신 시스템은 기본적으로 송신기와 채널, 수신기로 구성되어 있다. 시스템에 입력되는 메시지 신호 $m(t)$는 시스템의 종류에 따라 아날로그 또는 디지털 형태로 표현된다. 음성이나 영상과 같은 메시지 신호는 시스템에 입력되기 전에 변환기(transducer)를 사용하여 전기적인 신호 파형으로 만들어준다. 다중화 시스템의 경우에는 여러 개의 입력 메시지 근원지와 여러 개의 출력 메시지 목적지가 있다. 일반적으로 메시지 신호 $m(t)$의 스펙트럼 (주파수 성분)은 $f = 0$ 근처에 집중되어 있어서 기저대역(baseband) 신호라 부른다.

그림 1.1 통신 시스템 모델

기저대역 신호 그대로 전송하면 효율적이지 못하며, 경우에 따라 여러 가지 문제가 발생한다.[1] 송신기(transmitter)는 효과적인 메시지 전송을 위하여 기저대역 신호를 변형시켜서 채널에 실어준다. 신호를 변형시키는 과정에서 전송 매체의 전달 특성을 고려하여 손실이 적게 발생하도록 신호를 설계한다. 만일 전송 매체가 0이 아닌 주파수 f_c 근처의 주파수 성분을 잘 전달하는 특성이 있다면, 송신기에서는 기저대역 신호를 f_c 근처의 주파수 성분이 많이 있는 신호로 변환하여 전송하면 효과적일 것이다. 이렇게 특정 주파수대에 신호의 전력이 집중된 신호를 대역통과(bandpass) 신호라 한다. 기저대역 메시지 신호를 주파수 f_c 주위의 대역통과 신호로 변환하는 작업을 대역통과 변조(bandpass modulation)라 한다. 대역통과 신호는 다음과 같이 표현할 수 있다.

$$s(t) = A(t)\cos[2\pi f_c t + \theta(t)] \tag{1.1}$$

만일 진폭 $A(t)$와 위상 $\theta(t)$가 시간에 따라 변하지 않는 상수라면 위의 수식은 단순한 정현파(sinusoid)가 된다. 만일 정현파의 진폭 $A(t)$ 또는 위상 $\theta(t)$를 메시지 신호 $m(t)$에 따라 변화시킨다면(예를 들어 $A(t)$를 $m(t)$에 비례하도록 하면) 대역통과 신호가 만들어지고, 이 대역통과 신호에 정보 메시지가 담겨 있는 것이다. 여기서 정현파가 자신의 진폭이나 위상을 변화시키면서 메시지를 실어 나르므로 반송파(carrier)라 하며, 이와 같은 변조를 반송파 변조(carrier modulation)라 하고, f_c를 반송파 주파수라 한다.

채널(channel)은 송신기의 출력이 수신기에 도달하기 위하여 통과하는 매체이다. 채널은 이중나선 전선, 동축 케이블, 광섬유 케이블과 같은 유선 링크와 공기나 바닷물과 같은 무선

---

1) 동시에 여러 메시지 신호를 실어 보낼 수 없으며, 통신 매체의 특성에 따라 손실이나 간섭이 일어날 수 있다.

링크가 있다. 보통 채널 매체를 통과하면서 신호의 크기가 감쇠하고 잡음이 더해져서 수신기에 도달한다. 잡음원으로는 번개와 같은 자연 현상에 의한 것과 고압선이나 자동차 시동 장치, 또는 인접한 컴퓨터의 스위칭 회로에서 유기되는 인공 잡음 등이 있다. 따라서 기본적으로 수신기에 입력되는 신호는 크기가 작아지고 잡음이 더해진 형태가 된다. 이렇게 전송로를 따라 유입되는 외부 잡음뿐만 아니라 수신기 내부의 반도체에서 전자들의 운동 등으로 인하여 내부 잡음이 발생한다. 이에 더하여 송신기와 수신기 사이에 여러 경로가 존재할 수 있는데, 이 경우 경로차(path difference)는 신호들 간의 시간차로 나타나며 신호의 불규칙한 감쇠를 일으킬 수 있다. 이러한 현상은 송신기나 수신기가 이동하는 경우 심하게 나타나는데, 송수신기 간 거리가 조금만 변해도 수신 신호의 전력이 크게 변동되는 페이딩(fading) 현상이 일어나도록 한다. 전송 매체에 종류에 따라 다르지만 일반적으로 매체를 통과하면서 신호의 여러 주파수 성분들은 서로 다른 감쇠와 위상 천이를 겪게 되는데, 이로 인하여 수신 신호의 파형은 송신 신호의 파형과 모양이 다르게 변형되는 왜곡(distortion) 현상이 발생한다. 통신 채널에 의해 주파수 성분별 이득과 위상 천이가 다르게 일어난 것을 수신기에서 보상하기 위해서는 채널의 주파수 특성을 모델링하고 채널 추정(estimation)을 할 필요가 있다.

수신기(receiver)는 채널을 통과하면서 손상된 신호를 원래의 기저대역 신호에 근사하도록 복원하는 역할을 한다. 수신기의 출력 $\hat{m}(t)$은 출력 변환기를 통해 원래 형태의 정보가 복원되도록 한다. 변조를 통하여 식 (1.1)과 같은 형태로 신호를 만들어서 전송하면, 신호는 채널을 통과하면서 진폭과 위상이 변화하고 잡음이 더해져서 다음과 같은 형태로 수신된다.

$$r(t) = s(t) + n(t) = A'(t)\cos[2\pi f_c t + \theta'(t)] + n(t) \tag{1.2}$$

여기서 $n(t)$는 잡음이며, $A'(t)$와 $\theta'(t)$는 변형된 신호 진폭과 위상을 나타낸다. 수신된 대역통과 신호로부터 메시지 신호 $m(t)$를 다시 복원하는 과정을 복조(demodulation)라 한다. 채널을 통과하면서 신호에 발생한 왜곡은 등화기(equalizer)를 사용하여 부분적으로 보상할 수 있다. 등화기는 채널 특성으로 인하여 주파수 성분별로 커지거나 작아지는 효과에 대해 역(inverse)으로 동작하여 원 상태가 되도록 보상해주는 역할을 한다. 또한 신호에 더해져서 수신되는 잡음의 영향을 줄이기 위한 신호 처리가 수신기에서 이루어진다. 잡음은 경로를 따라 축적되는 반면 신호의 크기는 송신기로부터의 거리가 증가함에 따라 감소한다. 신호 대 잡음비(Signal to Noise Ratio: SNR)는 신호의 전력을 잡음의 전력으로 나눈 값으로 정의되는데, 일반적으로 송수신기 간 거리가 증가할수록 SNR은 감소한다. SNR이 작다는 것은 잡음으로 인하여 신호의 파형이 많이 변형되었다는 것을 의미하며, 디지털 통신에서는 데이터 비트의 판정에서 오류를 일으키기 쉬워진다는 것을 의미한다. 단순히 수신 신호를 증폭하면 신호와 함께 잡음도 증가하므로 SNR 측면에서 효과가 없다(오히려 증폭기 잡음으로 인하여 SNR의 손실이 발생한다).

1.2 아날로그 통신 시스템과 디지털 통신 시스템

정보 소스는 아날로그와 디지털의 두 종류가 있어서 각각 아날로그 메시지와 디지털 메시지를 발생시킨다. 디지털 메시지는 유한한 개수의 심볼로 구성된다. 예를 들어 문자, 숫자, 구두점 등으로 표현된 텍스트는 디지털 메시지가 되며, 또한 1과 0의 이진수로 표현된 데이터 파일 등도 디지털 메시지이다. 이진수와 같이 두 가지의 심볼로만 구성된 메시지를 이진(binary) 메시지라 하며, 알파벳과 같이 M가지의 심볼로 구성된 메시지를 M진(M-ary) 메시지라 한다. 컴퓨터나 스마트폰 등은 디지털 메시지를 발생시키는 디지털 정보 소스가 된다. 아날로그 메시지는 연속적인 범위에서 값을 가질 수 있는 데이터로 구성된다. 마이크로폰은 아날로그 정보 소스의 좋은 예라 할 수 있으며, 음성을 표현하는 출력 전압은 연속적인 범위의 값을 가질 수 있다.

디지털 통신 시스템은 디지털 메시지를 목적지로 전송하는 시스템이며, 아날로그 통신 시스템은 아날로그 메시지를 목적지로 전송하는 시스템이다. 여기서 주의해야 할 점은 디지털 통신 시스템은 메시지를 채널에 실어서 전송할 때 디지털 파형을 사용하는 시스템으로만 제한하지는 않는다는 것이다. 디지털 파형이란 신호가 이산적인(discrete) 값의 집합 중 하나를 갖는 신호로 정의하며, 아날로그 파형이란 신호가 연속적인 범위의 값을 갖는 신호로 정의한다. 예를 들어 이진 데이터를 발생시키는 디지털 정보 소스로부터 출력된 메시지를 전송할 때, 0은 주파수 1MHz의 정현파로 표현하고, 1은 주파수 1.2MHz의 정현파로 표현하여 전송할 수 있다. 즉 이진 메시지를 전송하는 디지털 통신 시스템이지만 통신 채널을 통해 직접 전송되는 신호는 아날로그 신호인 것이다.

디지털 통신 시스템에서는 신호의 파형 자체가 중요한 것이 아니라 신호로부터 디지털 메시지를 다시 복원할 수 있는지가 중요하다. 이진 메시지를 전송하는 경우 채널을 통해 왜곡이 발생하고 잡음이 더해져서 파형에 심한 변형이 발생했더라도 수신된 신호가 1을 나타낸 신호인지 0을 나타낸 신호인지 구별할 수만 있으면 된다. 이와 같이 디지털 통신 시스템은 채널의 왜곡이나 잡음이 메시지의 복원에 직접적으로 영향을 주지는 않는다. 이에 비하여 아날로그 통신에서는 신호의 파형 자체가 중요하기 때문에 채널을 통과하면서 발생한 왜곡이나 간섭이 수신기에서 메시지 복원에서 직접 영향을 준다. 따라서 왜곡이나 잡음이 어느 한도 내에 있다면 디지털 통신 시스템이 메시지 전송과 복원에 있어 아날로그 시스템에 비해 신뢰도가 높다고 할 수 있다.

디지털 통신 시스템의 다른 장점은 재생 중계기(regenerative repeater)를 사용하여 통신의 신뢰도를 높일 수 있다는 것이다. 송신기와 수신기 사이의 거리가 상당히 떨어진 경우 신호의 감쇠가 커져서 수신되는 신호의 SNR이 매우 작아질 수 있다. 아날로그 시스템에서는 보통 전송로의 일정 거리마다 중계기를 두는데, 중계기의 역할은 신호를 증폭하는 것이다. 그러나 중계기에서 입력 신호를 단순히 증폭하기만 하면 신호에 더해진 잡음도 증가하므로 여러 중계기를 거치면 신호의 크기는 유지되지만 잡음이 계속 누적된다. 그러므로 전체적인 SNR은 개선되지 않는다. 이에 비하여 디지털 통신 시스템의 중계기에서는 입력 신호를 증폭하는 것이 아니라 입력 신호를 복조하여 메시지를 재생한 후 다시 변조하여 신호를 채널에 실어준다. 그러므로 송신기와 첫 번째 중계기 사이의 잡음은 첫 번째 중계기에서의 메시지 재생에만 영향을 줄 뿐 경로를 따라 계속 누적되어 영향을 주지는 않는다. 아날로그 시스템에서는 중계기를 짧은 거리마다 설치한다고 해서 SNR이 개선되지 않으며, 수신측에서 요구되는 품질을 위해 요구되는 SNR이 있고, 송신 전력에 제한되어 있다면, 원하는 SNR을 유지하면서 전송할 수 있는 거리가 제한된다. 한편 디지털 시스템에서는 짧은 거리마다 재생 중계기를 설치하면, 계속 메시지를 재생하고 다시 변조하는 과정을 거쳐 거리 제한을 받지 않고 전송할 수 있다.

이러한 장점 외에 디지털 통신은 채널 코딩에 의한 비트오류 정정(error correction), 등화기에 의한 왜곡 보상, 정보 보호를 위한 비화(encryption) 등을 실현할 수 있는 신호처리 기술이 있어서 성능을 개선시킬 수 있으며, 이러한 작업을 디지털 IC로 값싸게 구현할 수 있다는 장점이 있다. 음성이나 문자, 동영상 등을 통합한 멀티미디어 형태의 메시지를 단일 시스템을 통하여 전송할 수 있다는 것도 디지털 시스템의 장점이라 할 수 있다. 디지털 통신 시스템의 단점을 꼽는다면, 아날로그 시스템에 비하여 더 넓은 대역폭을 필요로 한다는 것과(따라서 필요에 따라 데이터 압축이 필요하다), 송수신기 간 동기(synchronization)를 반드시 맞추어야 한다는 것 등을 들 수 있다.

디지털 통신 시스템의 장점 때문에 정보 소스가 아날로그인 경우에도 메시지를 디지털 메시지로 변환(Analog to Digital conversion: A/D 변환)하여 전송하는 방식을 흔히 사용한다. 이 경우 원래의 메시지가 아날로그이기 때문에 수신기에서는 디지털 메시지를 아날로그 신호로 변환(Digital to Analog conversion: D/A 변환)하는 과정이 필요하다. A/D 변환은 두 개의 과정으로 이루어진다. 첫 번째 과정에서는 아날로그 신호를 T_s 시간 간격으로 표본화(sampling)하며, 두 번째 과정에서는 표본을 유한한 개수의 숫자 중 하나로 표현하는 양자화(quantizing)를 한다. 그림 1.2에 아날로그 신호의 디지털 변환에 대한 하나의 예를 보인다.

표본화 과정에서 반드시 고려할 문제는 표본들로부터 원래의 아날로그 신호를 다시 합성할 수 있는가이다. 모든 연속된 시간에서 정의된 아날로그 신호를 일정 시간 간격으로 표본화할 때 정보 손실이 일어날 수 있다. 정보 손실이 있다는 것은 표본들로부터 아날로그 신호를 합성할 때 원래의 신호와 차이가 있다는 것을 의미한다. 표본화 정리(sampling theorem)는 요구되는 어떤 조건이 만족되면 일정 주기로 표본화된 신호로부터 원래의 아날로그 신호를 재생할 수 있다는 것이다. 여기서 아날로그 신호에 대한 조건은 대역 제한된, 즉 최고 주파수 성분이 $B[\text{Hz}]$로 유한한 신호라는 것이며, 이 조건이 만족되는 경우 신호를 최고 주파수 성분 B의 2배 이상의 표본화 주파수로($f_s > 2B$), 즉 표본화 주기 T_s를 $T_s < 1/2B$로 표본화하면 원래의 신호를 정확히 재생할 수 있다는 것이다. 이것은 연속시간 신호를 전송할 필요 없이 일정 주기로 신호를 표본화하여 그 값들만 전송하면 된다는 것을 의미한다. 그런데 표본화 시점에서 신호의 값이 가질 수 있는 범위는 연속적이다. 이것은 신호 표본이 가질 수 있는 값의 개수가 무한대라는 것이다. 디지털 메시지 신호는 가질 수 있는 값이 유한한 개수이어야 한다. 따라서 표본화를 거쳐 만들어진 이산시간 신호의 값을 유한한 레벨로 근사화하여 표현해야 하는데 이 과정이 양자화이다. 양자화 과정에서는 신호가 가질 수 있는 값의 범위를 여러 개의 영역으로 분할하고, 영역별 대푯값(양자화 레벨)을 정하여 특정 영역에 속하는 신호 표본을 모두 이 대푯값으로 대치한다. 영역을 세분화할수록 신호의 참값과 근삿값 간의 오차가 작아지지만 양자화 레벨 개수가 증가한다. 따라서 양자화 레벨을 이진수로 표현하는 경우 필요한 비트 수가 증가한다. 그러므로 전송할 데이터의 양이 증가하며, 이로 인하여 넓은 채널 대역폭이 필요하게 된다. 예를 들어 신호 표본이 가질 수 있는 범위 L을 8개의 영역으로 분할하고 양자화 레벨은 각 영역의 중간값으로 결정하는 경우, 오차의 크기는 최대 $L/16$이 되며, 양자

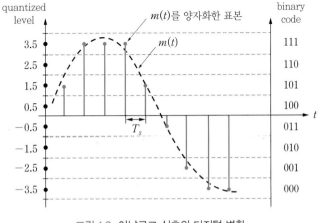

그림 1.2 아날로그 신호의 디지털 변환

화된 표본은 3비트를 사용하여 표현이 가능하다. 좀더 정밀한 양자화를 위하여 신호 값의 영역을 16개 영역으로 분할한다면 오차의 최대 크기는 $L/32$로 줄어들지만 양자화된 표본을 나타내기 위하여 4비트가 필요하다. 아날로그 신호를 표본화하고 양자화를 거쳐 이진수로 표현된 디지털 데이터를 펄스열로 만들어서 전송하는 방식을 펄스부호 변조(PCM)라 한다.

음성의 경우 대부분의 전력이 4kHz 이하의 주파수대에 집중되어 있으므로 8kHz의 표본화 주파수를 사용하여 표본화하고, 8비트를 사용하여 양자화하면 64kbps[bits per sec]의 비트율(bit rate)을 갖는 데이터가 된다. 데이터 비트의 값이 1일 때는 양의 값을 가진 펄스를 전송하고 데이터 비트가 0일 때는 음의 값을 가진 펄스를 전송한다면 전송되는 신호의 대역폭은 64kHz 이상이 된다. 따라서 아날로그 신호의 대역폭에 비해 디지털 전송을 위한 신호 대역폭이 더 넓다는 것을 알 수 있다. 신호의 대역폭이 넓다는 것은 채널의 대역폭도 넓어야 한다는 것을 의미한다. 채널의 대역폭이 신호의 대역폭보다 좁은 경우 고주파 성분의 손실로 인하여 왜곡이 발생한다. 또한 주어진 통신 채널을 여러 사용자가 같이 사용하는 다중접속의 경우 신호의 대역폭이 넓다는 것은 동시에 수용할 수 있는 사용자 수가 적다는 것을 의미한다. 따라서 신호의 대역폭이 넓어진다는 것은 디지털 통신의 큰 약점이 될 수 있다. 소스 코딩(source coding)이란 디지털 데이터를 압축하여 전송량을 줄이는 기법이며, 디지털 통신에서 전송 매체의 한정된 대역폭 특성을 극복하거나 사용자 용량을 증가시키는 목적으로 많이 사용된다. 음성이나 동영상과 같이 현재의 신호 표본이 인접한 과거의 신호 표본들과 연관성이 높은 경우 데이터를 압축시킬 수 있는 여지가 많아진다. 여러 가지 음성 및 동영상 압축 기술이 표준화 기구를 통하여 표준으로 제정되어 통신 시스템에서 사용되고 있다.

그림 1.3에는 디지털 통신 시스템의 블록도를 보인다. 아날로그 메시지는 표본화 및 양자화를 통해 A/D 변환되어 디지털 데이터화 된다. 만일 컴퓨터 데이터 파일과 같이 이미 디지털 데이터로 존재하는 경우 A/D 변환이 불필요하다. 필요에 따라 전송 대역폭을 줄이기 위하여 소스 코딩을 통하여 데이터를 압축한다. 채널 코딩(channel coding)은 통신 채널을 통과하면서 발생하는 오류를 수신기에서 검출하거나 정정할 수 있도록 송신기에서 의도적으로 데이터를 추가하는 기법이다. 여러 비트의 데이터 뒤에 패리티를 삽입하는 것이 채널 코딩의 한 예이다. 그러나 데이터를 추가하기 때문에 전송량이 늘어나서 전송 대역폭이 넓어지게 된다. 효과적인 채널 코딩 방식은 추가로 전송하는 데이터의 양은 적으면서 채널에서 발생한 비트오류 검출/정정 능력이 좋은 방식이라 할 수 있다. 소스 코딩과 채널 코딩을 비교하면, 소스 코딩은 전송 대역폭을 줄이기 위하여 데이터 양을 줄이는 기법이며, 채널 코딩은 데이터를 추가함으로써 약간의 대역폭 희생은 있지만 채널에서 발생한 오류를 줄여서 신뢰성을 높이는 기법이다. 채널 코딩은 소스 코딩과 같이 통신 시스템의 선택사항이다. 즉 채널 코딩을 사용하

지 않아도 통신이 불가능한 것은 아니며, 시스템의 성능 또는 효율을 높이는 기술이다. 전송할 데이터를 통신 매체에 입력시킬 때, 통신 매체가 정보를 효과적으로 전송할 수 있는 신호의 형태로 변환시키는데, 이 과정을 변조라 한다. 디지털 변조 방식은 매우 다양하며, 방식에 따른 장단점이 있어서 통신 환경이나 요구 사항에 적합한 방식을 선택하여 사용한다. 예를 들면 어떤 변조 방식은 대역폭 효율이 높아서 가용한 대역폭을 사용하여 고속의 데이터를 전송할 수 있는 데 비해, 어떤 방식은 대역폭 효율은 떨어지지만 원하는 비트오율을 얻는데 필요한 신호의 전력을 작게 할 수 있다. 그러므로 채널의 주파수 특성, 데이터 속도, 전력소모 요구사항 등 여러 가지 조건을 고려하여 변조 방식을 선택한다. 통신 매체를 여러 사용자가 공유하도록 하는 것을 다중접속(multiple access)이라 하는데, 대표적인 다중접속 방식으로 주파수 분할 다중접속(Frequency Division Multiple Access: FDMA), 시간 분할 다중접속(Time Division Multiple Access: TDMA), 코드 분할 다중접속(Code Division Multiple Access: CDMA)을 들 수 있다. FDMA는 여러 사용자의 신호가 차지하는 주파수 대역을 다르게 하여 구별하는 방식이고, TDMA는 여러 사용자가 데이터를 전송하는 시간 슬롯을 다르게 하여 간섭을 피하도록 하는 기술이며, CDMA는 통신 채널을 시간적으로나 주파수적으로나 여러 사용자가 같이 사용하지만 사용자별로 다른 코드를 부여하여 간섭을 피하도록 하는 방식이다. 송신기에서는 필터를 사용하여 신호 스펙트럼을 정형하며, 주파수 변환기를 사용하여 원하는 주파수대로 신호를 천이시키고, 증폭기를 사용하여 신호의 전력을 증폭시킨 후 전송한다. 수신 과정은 송신 과정의 반대 순서로 일어난다.

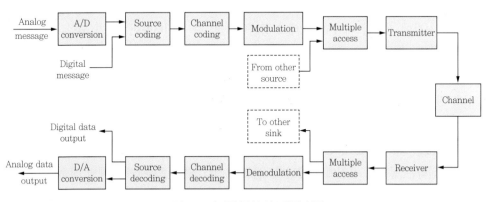

그림 1.3 디지털 통신 시스템의 블록도

1.3 신호 대 잡음비와 채널 대역폭

통신에 있어서 가장 중요한 두 가지의 자원은 대역폭과 송신 전력이라 할 수 있다. 대역폭은 왜곡 없는 전송을 위해 필요한 요소이며, 다중 사용자 환경에서 주파수 이용 효율을 높이기 위하여 중요한 자원이라 할 수 있다. 디지털 통신에서는 채널을 통해 전송할 수 있는 데이터 전송률, 즉 단위 시간당 전송 데이터 양과 관련이 있다. 송신 전력은 수신측에서 원하는 품질 (SNR)을 얻기 위하여 거리에 따른 손실을 고려하여 산출한다. 디지털 통신에서는 수신측에서 원하는 비트오율(bit error rate: BER), 즉 비트 오류가 발생할 확률을 얻기 위하여 일정 크기 이상의 송신 전력이 요구된다.

대부분의 통신 채널은 주파수 성분의 전달 특성이 좋은 범위가 한정되어 있다. 이 범위를 벗어난 주파수 성분은 잘 전달되지 못하여 큰 감쇠가 일어난다. 채널의 대역폭이란 수신측에서 수용할만한 신뢰도를 갖고 전송될 수 있는 주파수 범위를 말한다. 채널이 직류 성분부터 BHz의 주파수 성분까지는 잘 전달하고 그 이상의 주파수 성분은 잘 통과되지 않는다면 채널의 대역폭을 BHz라 한다. 통신 채널은 시스템으로 모델링할 수 있으며, 송신 신호와 수신 신호는 각각 시스템의 입력과 출력으로 모델링할 수 있다. 통신 채널을 선형 시스템으로 모델링하는 경우 수신 신호의 스펙트럼은 송신 신호의 스펙트럼과 채널의 주파수 응답과의 곱이 된다. 그러므로 송신 신호의 대역폭이 채널의 대역폭에 비해 큰 경우 고주파 성분의 손실이 발생하여 수신 신호가 왜곡된다.

디지털 통신 시스템에서 데이터 전송률(또는 데이터율)과 채널의 대역폭 관계를 살펴보자. 이진 전송에서 데이터율(data rate)이란 단위 시간(초)당 전송되는 메시지 비트 수를 말한다. 만일 단위 시간에 전송할 데이터가 2배로 증가했다면, 즉 데이터율이 2배가 되었다면, 한 비트의 데이터를 전송하는데 사용하는 펄스의 폭을 절반으로 줄여야 한다. 신호를 시간 영역에서 절반으로 압축한다는 것은 신호의 주파수 성분들을 2배로 한다는 것과 동등하다. 따라서 신호 전송을 위해 필요한 채널의 대역폭도 2배가 되어야 한다. 일반적으로 채널 대역폭이 BHz일 때 초당 N개의 펄스를 전송할 수 있다면, 초당 kN개의 펄스를 전송하기 위해 필요한 채널 대역폭은 kBHz가 된다. 결론적으로 데이터율은 채널의 대역폭에 정비례한다.

신호의 전력은 통신의 품질에 관계된다. 신호의 전력 S를 증가시키면 채널 잡음의 영향이 감소하고 정보는 좀더 정확하게(더 작은 불확실성을 가지고) 수신된다. 어떤 경우에나 통신을 위한 최소 SNR이 요구되며, SNR이 클수록 전송 가능한 거리가 증가한다. 위에서 언급하였지만 통신에서 가장 중요한 두 가지의 자원은 대역폭과 전력이다. 그런데 이 두 개의 요소는 서로 교환이 가능하다. 예를 들어 높은 대역폭 효율을 얻기 위해 전력을 희생할 수 있다. 바꾸어 말하면, 주어진 전송률의 메시지를 전송할 때 요구되는 채널의 대역폭을 줄이기 위하여 큰 송신 전력을 사용하도록 통신 시스템을 설계할 수 있다. 또는 반대로 낮은 송신 전력을 사용하는 대신 넓은 대역폭을 사용하도록 통신 시스템을 설계할 수도 있다. 예를 들어 16개의 양자화 레벨을 사용하는 PCM 변조에서 표본당 2가지의 값(레벨)을 갖는 4개의 펄스열을 전송하는 시스템과 신호 표본당 16가지의 값을 갖는 한 개의 펄스를 전송하는 시스템을 비교해 보자. 전자는 표본당 4개의 펄스를 전송해야 하므로 펄스폭이 좁고, 따라서 필요한 채널의 대역폭이 넓다. 후자는 표본당 한 개의 펄스만 전송하면 되므로 펄스폭이 넓은 신호를 사용해도 되므로 대역폭은 좁다. 그러나 펄스의 크기가 16가지가 되어 평균 전력이 전자에 비해 더 커진다. 이와 같이 대역폭과 송신 전력은 서로 교환이 가능하므로 통신 시스템의 설계에서 주어진 조건과 요구사항, 환경 등을 고려하여 전송 방식을 선택하여 사용한다.

디지털 통신에서 채널의 대역폭이 BHz로 주어진 경우 이 채널을 통해 단위 시간당 오류 없이 전송할 수 있는 데이터 양의 최댓값은 얼마가 되는지 알아보자. 주어진 채널 대역폭을 가지고 오류 없이 전송 가능한 최대 데이터율을 채널 용량(channel capacity)이라 한다. 우리는 이미 데이터율이 채널의 대역폭에 비례한다는 것을 알고 있다. 그러므로 채널 용량 C는 채널의 대역폭 B에 비례한다. 그리고 위에서 살펴본 것처럼 PCM 전송에서 각 비트 구간별로 두 가지 크기를 갖는 한 개의 펄스를 전송하는 대신 k비트 구간 동안 $M = 2^k$ 가지 크기를 갖는 한 개의 펄스를 전송하면 대역폭을 $1/k$로 줄일 수 있다. 바꾸어 말하면 대역폭을 유지하면서 데이터율을 k배로 증가시킬 수 있다. 그러므로 k를 증가시키면 주어진 대역폭을 가지고 데이터율을 비례해서 증가시킬 수 있다. 한편 펄스가 가질 수 있는 크기의 개수 $M = 2^k$이 지수적으로 증가하여 신호의 평균 전력을 일정하게 하는 경우 펄스의 크기 차이가 매우 작아진다. 이것은 작은 전력의 잡음만 있어도 수신기에서 펄스 크기를 구별하는데 오류를 일으키기 쉽다는 것을 의미한다. 만일 잡음이 없다면 펄스 크기 차이가 작더라도 펄스 크기를 비교하여 수신기에서 메시지를 복원하는 데 문제가 없다. 따라서 잡음이 없다면 k를 계속 증가시켜 높은 데이터율을 얻을 수 있으며, 결과적으로 채널 용량은 무한대가 된다. 그러나 통신에서 잡음은 항상 존재하므로 무한대의 채널 용량을 얻을 수는 없다. 데이터율을 높이기 위하여 k를 증가시키는 경우 어떤 잡음 전력에 비해 신호의 전력을 크게(즉 펄스 크기 간 차이를 크게)하지 않으면 오류가 발생할 확률이 매우 커진다. 이것은 채널 용량이 SNR의 함수라는 것을 의미한다. 궁극적으로 채널 용량은 다음의 Shannon 방정식으로 주어진다.

$$C = B\log_2(1+\text{SNR})\,[\text{bits/sec}] \tag{1.3}$$

여기서 SNR은 디지털 수신기 입력의 신호 대 잡음비이다. Shannon의 방정식은 통신 시스템에서 최대 데이터 전송률이 제한되어 있다는 것을 의미한다. Shannon은 데이터 전송률을 채널 용량 C보다 낮게 하는 경우 통신 시스템의 비트오류 확률을 0에 근접하게 만들 수 있다는 것을 증명하였다. 그러나 Shannon은 이러한 시스템이 이론적으로 가능함을 보였을 뿐, 구체적으로 어떻게 실현할 수 있는지는 제시하지는 않았다. 따라서 Shannon의 방정식은 실제의 시스템으로 얻을 수 있는 성능의 이론적 상한선을 제시한 것이다.

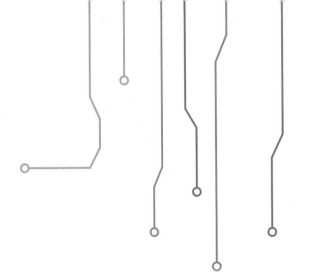

CHAPTER 02
신호의 시간 영역 해석

02 신호의 시간 영역 해석

통신이란 정보의 전달이라 할 수 있으며, 신호(signal)란 어떤 물리적 현상이 담고 있는 정보를 구체화한 것으로 정의할 수 있다. 흔히 시간에 따라 정보를 수치화하여, 즉 $s(t)$와 같이 함수로 표현한다. 신호를 함수로 표현하는 데 있어 독립변수는 시간뿐만 아니라 공간, 주파수 등이 사용되며, 또한 독립변수는 한 개 이상이 될 수 있다. 신호를 $s(t)$와 같이 표현하는 경우 t는 시간을 나타내는 독립변수이며, $s(t)$는 시간에 따른 물리량의 변화를 나타낸다. 예를 들어 우리가 귀로 듣는 소리를 시간에 따라 고막에 가해지는 압력의 변화로 $s(t)$와 같이 함수로써 수학적 표현을 할 수 있으며, 신호 파형(waveform)을 통해 시각적으로 압력의 변화를 관찰 수 있다. 이 외에 신호의 예로 심전도, 뇌전도, 사진, 동영상이나 안테나에서 방사되는 방송/통신 전파, 전기회로에서 소자의 전압 또는 전류, 주식 시세, 회사의 월별 매출 실적, 월별 강수량 등을 들 수 있다.

음성 신호처럼 독립변수가 한 개인 경우도 있지만 사진과 같은 영상 신호의 경우에는 수평 및 수직 방향의 거리(또는 위치)를 독립변수로 사용하여 $s(x, y)$와 같이 표현할 수 있다. 동영상의 경우에는 2차원 평면의 위치를 나타내는 두 개의 독립변수와 시간을 더하여 3개의 독립변수가 사용된다. 그러나 이 책에서는 시간의 함수인 신호만을 다루기로 한다.

신호의 형태나 속성을 변화시켜서 다른 신호를 만들어내는 개체를 시스템(system)이라 정의한다. 이와 같이 시스템은 입력 신호를 처리하여 출력 신호를 만들어낸다. 예를 들어 자동차 운전을 하는 경우 핸들의 조작이나 가속 페달에 가하는 압력이 입력 신호가 되며, 출력 신호는 자동차의 방향과 속도가 된다. 전기 통신에서는 송신 신호가 전화선과 같은 통신 매체를 통해 수신기에 도달하는데, 선로의 특성에 의하여 크기가 작아지거나 모양 변화가 일어나고 잡음이 더해져서 송신한 신호와 다른 파형의 신호가 수신기에 도달한다. 이 경우 통신 선로는 시스템으로 해석되며(통신 채널이라 부른다), 송신 신호와 수신 신호가 각각 시스템의 입력과 출력이 된다. 이 장에서는 여러 종류의 신호를 특성에 따라 분류하고, 신호와 시스템을 표현하는 방법에 대해 알아본다. 특히 시스템을 통과하였을 때의 입출력 신호의 관계를 시간 영역에서 표현하는 방법을 학습한다.

2.1 신호 해석을 위한 기초 용어

2.1.1 시간평균과 직류값 및 실효값

신호를 해석하는데 많이 사용되는 기초 용어로 직류(direct current: dc)값, 전력, 에너지, 실효값(root mean square: rms) 등이 있다. 이들에 대한 정의에 앞서 먼저 시간평균(time average)을 아래와 같이 정의하자.

시간평균(time average)[1]

연산자로서 시간평균은 다음 식과 같이 연산 대상을 시구간 동안 적분하고 적분구간으로 나눈 값으로 정의한다.

$$\langle [\cdot] \rangle = \lim_{T \to \infty} \frac{1}{T} \int_{-T/2}^{T/2} [\cdot] dt \tag{2.1}$$

직류값(dc value)

신호 $x(t)$의 직류값은 다음과 같이 신호에 대한 시간평균으로 정의한다.

$$x_{dc} = \langle x(t) \rangle = \lim_{T \to \infty} \frac{1}{T} \int_{-T/2}^{T/2} x(t) dt \tag{2.2}$$

어떤 유한 시구간 $t_1 < t < t_2$에서의 직류값을 구하고자 한다면 다음과 같은 연산을 취하면 된다.

$$\frac{1}{t_2 - t_1} \int_{t_1}^{t_2} x(t) dt \tag{2.3}$$

만일 신호가 T의 시간 간격으로 반복된다면(이를 주기 신호라 하며 T를 주기라 부른다) 직류값은 다음과 같이 한 주기 동안만의 시간평균과 동일하다.

---

1) 결정형 신호(deterministic signal)의 분석에서 평균값은 시간평균을 사용한다. 그러나 랜덤 신호(random signal)의 분석에서는 둠에서 평균(statistical average 또는 ensemble average)을 사용한다. 결정형 신호와 랜덤 신호의 분류는 다음 절에서 다루고 있으며, 통계적 평균은 6장에서 다룬다.

$$x_{\text{dc}} = \frac{1}{T} \int_{-T/2}^{T/2} x(t)dt = \frac{1}{T} \int_{t_0}^{t_0+T} x(t)dt, \quad t_0 \text{는 임의} \tag{2.4}$$

위의 식에서 보듯이 신호가 주기성을 갖고 반복되므로 전체 시간 동안 평균을 계산할 필요 없이 임의의 한 주기 동안만 시간평균을 구하면 된다. 앞으로 임의의 한 주기 T에 대한 적분의 표기로 다음 식과 같이 간단히 표기하기로 한다.

$$\int_T x(t)dt = \int_{t_0}^{t_0+T} x(t)dt, \quad t_0 \text{는 임의} \tag{2.5}$$

실효값(rms value)

신호 $x(t)$의 실효값(root mean square: rms)은 다음과 같이 신호의 제곱(square)에 대해 평균(mean)을 구한 후 제곱근(root)을 취한 것으로 정의한다.

$$x_{\text{rms}} = \sqrt{\langle |x(t)|^2 \rangle} = \sqrt{\lim_{T \to \infty} \frac{1}{T} \int_{-T/2}^{T/2} |x(t)|^2 dt} \tag{2.6}$$

만일 신호가 T의 주기를 갖는 주기 신호라면 실효값은 다음과 같이 된다.

$$x_{\text{rms}} = \sqrt{\frac{1}{T} \int_T |x(t)|^2 dt} \tag{2.7}$$

2.1.2 전력과 에너지

전력(power)

그림 2.1과 같은 전기 회로에서 어느 두 단자 사이에 걸린 전압이 $v(t)$이고 그 단자에 흘러 들어가는 전류를 $i(t)$라 하면, 순간전력(instantaneous power)은

$$p(t) = v(t)i(t) \tag{2.8}$$

와 같이 표현되며, 평균전력(average power)은 다음과 같이 된다.

$$P = \langle p(t) \rangle = \langle v(t)i(t) \rangle \tag{2.9}$$

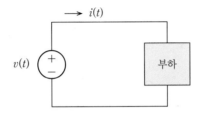

그림 2.1 부하 양단에서 소비되는 전력의 계산

그림 2.1의 회로에서 부하가 저항값 R을 가진 저항이라면, 식 (2.8)로 표현되는 순간전력은 다음과 같이 된다.

$$p(t) = v(t)i(t) = i^2(t)R = \frac{v^2(t)}{R} \tag{2.10}$$

통신 공학에서의 신호 해석에서는 정규화된(normalized) 전력의 개념이 사용된다. 즉 저항값이 $R = 1\Omega$ 이라고 가정한 전력의 정의가 사용된다. 이 경우 신호 $x(t)$ 가 전압 신호이든 전류 신호이든 순간전력은 동일하게 신호의 제곱으로 표현된다. 통신 시스템에서 수신 신호의 전력이 잡음의 전력에 비해 클수록 정보의 복원이 쉬워진다. 즉 신호나 잡음의 절대 전력이 중요한 것이 아니라 신호전력 대 잡음전력의 비율이 중요하다. 따라서 신호전력 대 잡음전력의 비(Signal to Noise Ratio: SNR) 산출에서 저항값 R이 자동적으로 상쇄되므로 정규화된 전력을 사용해도 되는 것이다. 앞으로 신호의 전력에 대한 정의는 아래와 같은 정규화된 전력을 사용한다.

평균전력(Average Power)

신호 $x(t)$ 의 평균전력은 다음과 같이 순간전력에 대한 시간평균으로 정의한다.

$$P = \left\langle |x(t)|^2 \right\rangle = \lim_{T \to \infty} \frac{1}{T} \int_{-T/2}^{T/2} |x(t)|^2 dt \tag{2.11}$$

위의 식에서 신호가 실수값을 가진다면 $|x(t)|^2 = x^2(t)$ 가 되며, 우리가 실험실에서 발생시킬 수 있는 모든 신호는 이 경우에 해당된다. 앞서 정의한 실효값과 평균전력은 다음과 같은 관계를 가진다.

$$x_{\mathrm{rms}} = \sqrt{P} \tag{2.12}$$

에너지(energy)

신호 $x(t)$의 에너지는 다음과 같이 신호를 제곱하여 적분한 값으로 정의한다.

$$E = \lim_{T \to \infty} \int_{-T/2}^{T/2} |x(t)|^2 dt \tag{2.13}$$

따라서 평균전력은 에너지를 시구간으로 나눈 값이 된다.

데시벨(decibel)

데시벨은 두 전력의 비율(ratio)을 로그(log) 값으로 표현한 것이다. 예를 들어 전기 회로에서 입력 전력 대 출력 전력의 비를 데시벨 이득(decibel gain)으로 나타낸다. 회로의 데시벨 이득은 다음과 같이 정의된다.

$$\text{dB} = 10 \log\left(\frac{P_{\text{out}}}{P_{\text{in}}}\right) \tag{2.14}$$

여기서 P_{in}은 입력의 평균전력이고, P_{out}은 출력의 평균전력을 나타낸다. 데시벨 이득을 신호의 rms 값으로 표현하면 다음과 같다.

$$\text{dB} = 20 \log\left(\frac{x_{\text{rms out}}}{x_{\text{rms in}}}\right) \tag{2.15}$$

만일 dB 값을 알고 있다면 입력과 출력의 전력비는 다음과 같이 구할 수 있다.

$$\frac{P_{\text{out}}}{P_{\text{in}}} = 10^{\text{dB}/10} \tag{2.16}$$

예를 들어 입력 신호 $x(t)$의 전력에 비해 출력 신호 $y(t)$의 전력이 10배, 1000배, 10^6배라면 전력 이득이 각각 10dB, 30dB, 60dB 발생했다고 하며, 1/10배, 1/1000배, 10^{-6}배라면 전력 이득이 −10dB, −30dB, −60dB 발생했다고 한다. $\log 2 = 0.3010$이므로 전력이 두 배가 되면 전력 이득이 3dB라고 하며, 전력이 절반으로 감소하면 전력 이득이 −3dB라고 한다(또는 손실이 3dB라고 해도 된다). 실효값은 평균전력에 제곱근을 취한 것이므로 신호 $y(t)$의 평균전력이 $x(t)$의 평균전력보다 2배 크다면 $y_{\text{rms}} = \sqrt{2}\, x_{\text{rms}} \approx 1.414 x_{\text{rms}}$가 되며, 신호 $y(t)$의 평균전력이 $x(t)$의 절반이라면 $y_{\text{rms}} = x_{\text{rms}}/\sqrt{2} \approx 0.707 x_{\text{rms}}$가 된다.

디지털 통신 시스템의 성능 분석에서 데시벨을 사용하는 예를 들어 보자. 비트오류 확률이 0.001인 성능을 얻기 위해 변조방식 A에서 필요한 신호·전력이 변조방식 B에서 요구되는 전력에 비해 1/4배라면 변조방식 A는 변조방식 B에 비해 6dB의 이득이 있다고 한다.

앞에서 정의한 데시벨 척도는 전력의 상대적인 값을 위하여 사용되지만, 특정 전력 레벨을 기준으로 하여 절대적인 전력 레벨을 나타내도록 할 수 있다. 1mW에 대한 데시벨 전력 레벨은 다음과 같이 정의된다.

$$\text{dBm} = 10\log\left(\frac{\text{신호전력(watts)}}{1\text{mW}}\right) = 10\log\left(\frac{\text{신호전력(watts)}}{10^{-3}\text{W}}\right) \qquad (2.17)$$
$$= 30 + 10\log(\text{신호전력(watts)})$$

전력의 절대적인 크기를 표현하는 또 다른 데시벨 척도로 dBW, dBk 등이 있다. 기준 전력으로 1W를 사용할 때의 전력의 데시벨 레벨을 dBW라 하고, 기준 전력으로 1kW를 사용할 때의 전력의 데시벨 레벨을 dBk라 한다. 예를 들어 5W의 전력을 여러 척도의 데시벨로 표현하면, 7dBW, 37dBm 또는 −23dBk가 된다.

2.1.3 주기와 주파수

주기(period)

T초의 시간 경과 후 신호가 다시 같은 값을 갖는다면, 즉 $x(t+T) = x(t)$라면, 신호의 파형은 T초마다 동일한 모양이 반복된다. 그림 2.2에 이러한 신호의 예를 보인다. $x(t+T) = x(t)$를 만족하는 신호를 주기 신호(periodic signal)라 하며, T를 주기(period)라 부른다. 주기의 단위는 초(sec)이다.

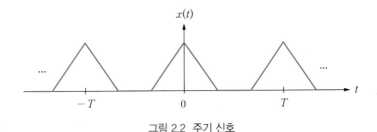

그림 2.2 주기 신호

주파수(frequency)

주기가 T인 주기 신호 $x(t)$는 동일한 모양이 T초마다 계속 나오는데, 이는 1초에 같은 모양이 $1/T$회 반복된다는 것으로 볼 수 있다. 단위 시간(1초)당 같은 모양이 반복되는 횟수를 주파수라 한다. 주파수를 f라 표기하면 $f = 1/T$의 관계가 성립한다. 주기의 단위가 초(sec)이므로 주파수의 단위는 1/sec인데 이를 헤르츠(Hertz)라 부르며, Hz로 표기한다. 예를 들어 신호의 주기가 1msec이면 주파수는 1000Hz $=$ 1kHz가 된다.

각주파수(angular frequency)

그림 2.3에 보인 바와 같이 원주 상을 회전하는 경우를 살펴보자. 그림 2.3(b)와 같이 반지름이 r이고 각(angle)이 θ[rad]라면 호(arc)의 길이는 $l = r\theta$가 된다. 만일 등속도로 회전한다면 각은 시간에 비례한다. 초기 시간 $t = 0$에서의 각을 0이라 하면 시각 t에서의 각은 $\theta(t) = \omega t$와 같이 쓸 수 있다. 여기서 ω는 비례상수로 속도의 의미를 갖는다. 그림 2.3(a)에 이러한 경우를 보이고 있다. ω는 시간과 곱하여 각을 나타내므로 각속도라 부르며 단위는 rad/sec이다.

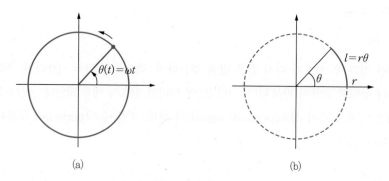

그림 2.3 등속도 회전 운동과 호의 길이

각이 2π[rad], 즉 360도가 되면 원주 상에서 초기 위치로 가고, 일정한 속도로 회전한다면 일정 시간마다 원 위치로 간다. 즉 시간의 함수로서 각 $\theta(t)$는 주기 신호가 된다. 주기를 T라 하면 $\theta(T) = \omega T = 2\pi$가 만족되어야 한다. 따라서 각속도는 $\omega = 2\pi/T$가 되며 단위는 rad/sec가 된다는 것을 알 수 있다.

앞서 주기가 T인 주기 신호의 주파수는 $f = 1/T$로 나타내었으므로 등속도의 회전운동에서 각속도는 $\omega = 2\pi/T = 2\pi f$가 된다. ω는 주파수 f에 비례상수를 곱한 것으로 각주파수(angular frequency)라고 부른다. 등속도의 회전운동에서 주파수, 각주파수, 주기의 관계를 정리하면 다음과 같다.

$$\omega = \frac{2\pi}{T} = 2\pi f, \ \ fT = 1, \ \ \omega T = 2\pi \tag{2.18}$$

2.2 신호의 유형 분류

우리가 다루는 신호는 여러 가지 서로 차별화되는 특성이 있다. 통신 시스템의 분석을 올바르게 하기 위해서는 신호가 가진 특성에 따라 분류를 할 필요가 있다. 이 책에서는 다음과 같이 신호를 분류하고 속성을 알아본다.

- 연속시간 신호와 이산시간 신호
- 아날로그 신호와 디지털 신호
- 주기 신호와 비주기 신호
- 에너지 신호와 전력 신호
- 결정형 신호와 랜덤 신호

2.2.1 연속시간 신호와 이산시간 신호

신호 $x(t)$가 독립변수인 시간 t의 연속적인 모든 값에 대하여 정의되는 경우 이 신호를 연속시간 신호(continuous time signal)라 하고, 신호가 불연속적인 시간에 대해서만 정의되는 경우 이 신호를 이산시간 신호(discrete time signal)라 한다. 예를 들어 실험실의 신호 발생기에서 출력되는 신호나 마이크로폰의 출력 신호는 연속시간 신호이며, 회사의 연도별 매출 실적은 이산시간 신호가 된다. 일반적으로 연속시간 신호는 $x(t)$로 표기하고, 이산시간 신호는 $x[n]$과 같이 표기한다. 연속시간 신호의 독립변수 t는 연속적인 시간축 상의 위치를 나타낸다. 이산시간 신호의 독립변수 n은 불연속적인 혹은 이산적인 시간축 상의 위치(또는 시간 인덱스)를 의미한다. 좀더 정확히 말하자면 n은 정수(integer)로서 시간 자체가 아니라 단위시간(T_s)이 n번 지난 후의 시간(즉 $t = nT_s$)을 나타낸다. 그러므로 t의 단위는 초(sec)이나, n은 정수값을 갖는 인덱스로서 단위는 없다. 또한 x는 특징 시각에서 신호의 값을 의미한다. 그림 2.4(a), (b)의 신호는 연속시간 신호의 예이며, 그림 2.4(c), (d)의 신호는 이산시간 신호의 예이다. 그림 2.4(c), (d)에서는 $T_s = 0.5$초인 경우 $x[n]$이 $x(t)$와 어떤 관계를 갖는지를 표현하고 있다.

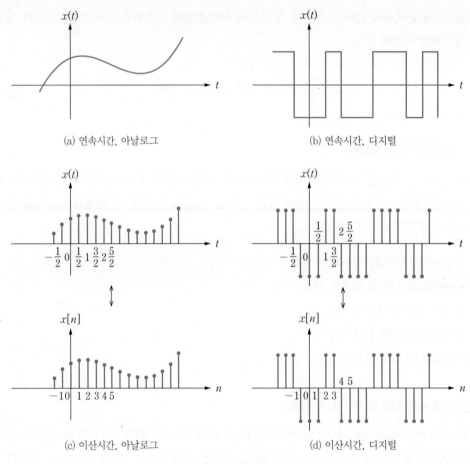

(a) 연속시간, 아날로그

(b) 연속시간, 디지털

(c) 이산시간, 아날로그

(d) 이산시간, 디지털

그림 2.4 신호의 분류

2.2.2 아날로그 신호와 디지털 신호

연속시간 신호와 이산시간 신호는 독립변수인 시간이 연속적인 값을 갖는지 이산적인 값을 갖는지에 의하여 구분된다. 이에 비하여 신호의 크기가 연속적인 범위에서 어떠한 값을 가질 수 있으면 아날로그 신호라 하고, 신호 크기가 유한한 이산적인 값만 가질 수 있으면 디지털 신호라 한다. 아날로그 신호는 크기가 무한히 많은 값을 가질 수 있다. 디지털 신호 중에서 두 개의 준위(즉 신호의 값)만을 갖는 신호를 이진(binary) 신호라 하며, M개의 준위를 갖는 신호를 M진(M-ary) 신호라 한다. 그림 2.4(a), (c)는 아날로그 신호이며, 그림 2.4(b), (d)는 디지털 신호이다. 연속시간 신호는 표본화(또는 샘플링: sampling) 과정을 통해 이산시간 신호로 변환될 수 있으며, 아날로그 신호는 양자화(quantization) 과정을 통해 디지털 신호로 변환될 수 있다. 표본화는 일정 시간 T_s의 주기로 연속시간 신호의 값을 취하는 작업이다. 양자화는 신호가 가질 수 있는 값을 유한한 L개의 영역으로 분할하여 신호의 값이 어떤 영역에 속하면 그 영역을 대표하는 하나의 값으로 근사화하는 작업이다. 그림 2.4(a)와 같은 연속시간 신호를 샘플링하면 그림 2.4(c)와 같은 이산시간 신호가 된다.

2.2.3 주기 신호와 비주기 신호

주기 신호는 2.1.3절에서 정의하였다. 신호 중에서 그림 2.2와 같이 일정한 시간 간격으로 파형이 동일하게 되풀이되는 경우, 즉 $x(t) = x(t+T)$가 만족되는 경우, 신호가 주기성(periodicity)을 가졌다고 하며, 이러한 특성을 가진 신호를 주기 신호(periodic signal)라 한다. 여기서 T를 주기(period)라 한다. 한편 주기성을 갖지 않은 나머지 모든 신호는 비주기 신호(nonperiodic 또는 apreiodic signal)라고 한다.

기본 주기(fundamental period)와 기본 주파수(fundamental frequency)

신호 $x(t)$가 T를 주기로 하는 주기 신호라면, 즉 $x(t) = x(t+T)$라면, 이 신호는 또한 주기 $mT(m$은 자연수)를 가진 주기 신호가 되는 것을 알 수 있다. 예를 들어 신호 파형이 1초마다 동일하게 반복된다면 5초 간격으로 보더라도 동일하게 파형이 반복된다. 주기 신호에 대해 가장 작은 주기 T_0를 기본 주기(fundamental period)라 한다. 기본 주기의 역수, 즉 $f_0 = 1/T_0$를 기본 주파수(fundamental frequency)라 한다.

가장 대표적인 주기 신호로 정현파(sinusoidal) 신호를 들 수 있다. 그림 2.5와 같이 기본 주기가 T_0인 정현파는 다음과 같은 함수로 표현할 수 있다.

$$x(t) = A\cos\left(\frac{2\pi t}{T_0}\right) = A\cos(\omega_0 t) = A\cos(2\pi f_0 t) \tag{2.19}$$

여기서 A는 신호의 진폭(amplitude)이다. 기본 주파수는 $f_0 = 1/T_0[\text{Hz}]$이며, 각주파수(angular frequency)로 나타내면 $\omega_0 = 2\pi f_0 = 2\pi/T_0[\text{rad/sec}]$이다.

주기 신호의 경우 시간평균 연산자는 한 주기에 대해 평균을 취한 것과 동일하므로 주기 신호의 평균전력은 다음 식과 같이 계산할 수 있다.

$$P = \frac{1}{T_0}\int_{T_0}|x(t)|^2 dt \tag{2.20}$$

식 (2.19)와 같은 정현파의 평균전력은

$$P = \frac{1}{T_0}\int_0^{T_0} A^2 \cos^2\left(\frac{2\pi t}{T_0}\right)dt = \frac{1}{T_0}\int_0^{T_0} \frac{A^2}{2}\left\{1 + \cos\left(\frac{4\pi t}{T_0}\right)\right\}dt = \frac{A^2}{2} \qquad (2.21)$$

가 되어 주파수와 상관 없이 $A^2/2$ 로 진폭에만 관계된다는 것을 알 수 있다.

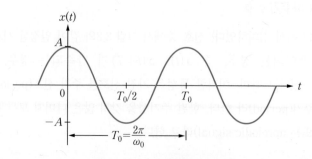

그림 2.5 주기 T_0 의 정현파 신호

2.2.4 에너지 신호와 전력 신호

앞서 정의한 신호의 전력과 에너지를 바탕으로 신호를 분류해본다. 신호가 0이 아닌 유한한 에너지를 갖는다면 이 신호를 에너지 신호라 하며, 0이 아닌 유한한 평균전력을 갖는다면 이 신호를 전력 신호라 한다. 평균전력과 에너지가 모두 유한하지 않은 신호도 있다. 따라서 신호를 에너지 신호, 전력 신호, 둘 다 아닌 신호로 분류할 수 있다.

에너지 신호(energy signal)

다음 조건을 만족시키는 신호를 에너지 신호라 한다.

$$0 < E = \int_{-\infty}^{\infty} |x(t)|^2 dt < \infty \qquad (2.22)$$

전력 신호(power signal)

다음 조건을 만족시키는 신호를 전력 신호라 한다.

$$0 < P = \lim_{T \to \infty}\int_{-T/2}^{T/2} |x(t)|^2 dt < \infty \qquad (2.23)$$

다음 신호의 에너지와 평균전력을 구하고, 에너지 신호인지 전력 신호인지를 판별하라. 신호의 파형은 그림 2.6에 보인다.

(a) $x(t) = \begin{cases} 0, & t < 0 \\ Ae^{-t}, & t > 0 \end{cases}$　　　　(b) $x(t) = \begin{cases} A, & t < 0 \\ Ae^{-t}, & t > 0 \end{cases}$

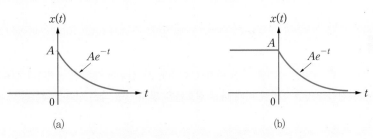

그림 2.6　예제 2.1의 신호

풀이

(a) 에너지

$$E = \int_{-\infty}^{\infty} |x(t)|^2 dt = \int_{0}^{\infty} A^2 e^{-2t} dt = \frac{A^2}{2}$$

$0 < E < \infty$ 이므로 에너지 신호이다.

평균전력

$$P = \lim_{T \to \infty} \frac{1}{T} \int_{-T/2}^{T/2} |x(t)|^2 dt = \lim_{T \to \infty} \int_{0}^{T/2} A^2 e^{-2t} dt = \lim_{T \to \infty} \frac{1}{T} \left[-\frac{A^2}{2} e^{-2t} \right]_{0}^{T/2} = \lim_{T \to \infty} \frac{A^2}{2T} = 0$$

$0 < P < \infty$ 를 만족시키지 못하므로 전력 신호가 아니다.

(b) 에너지

$$E = \int_{-\infty}^{\infty} |x(t)|^2 dt = \int_{-\infty}^{0} A^2 dt + \int_{0}^{\infty} A^2 e^{-2t} dt = \infty$$

$0 < E < \infty$ 를 만족시키지 못하므로 에너지 신호가 아니다.

평균전력

$$P = \lim_{T \to \infty} \frac{1}{T} \int_{-T/2}^{T/2} |x(t)|^2 dt = \lim_{T \to \infty} \frac{1}{T} \int_{-T/2}^{0} A^2 dt + \lim_{T \to \infty} \frac{1}{T} \int_{0}^{T/2} A^2 e^{-2t} dt$$
$$= \lim_{T \to \infty} \frac{1}{T} A^2 \frac{T}{2} + 0 = \frac{A^2}{2}$$

$0 < P < \infty$ 를 만족시키므로 전력 신호다.

에너지 신호와 전력 신호에 대하여 다음과 같은 성질이 있음을 확인해보자.

i) 에너지 신호의 평균전력은 0이다.

ii) 전력 신호의 에너지는 ∞이다.

iii) 에너지 신호도 아니고 전력 신호도 아닌 신호가 존재한다(예: $x(t)=t$ 또는 $x(t)=e^t$).

iv) 주기 신호는 전력 신호이다.

예제 2.2

그림 2.7의 신호들은 동일한 주기를 가진 주기 신호이다. 각 신호에 대해 평균전력과 실효값을 구하라. 최대의 평균전력을 갖는 신호에 비해 다른 신호들은 몇 데시벨 작은 전력을 갖는가?

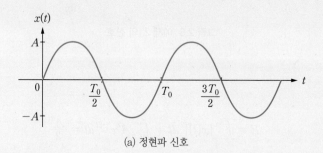

(a) 정현파 신호

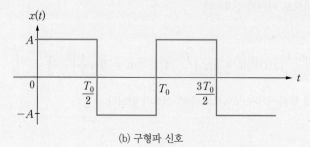

(b) 구형파 신호

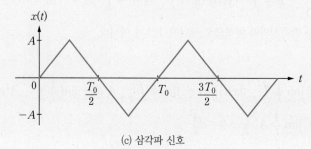

(c) 삼각파 신호

그림 2.7 예제 2.2의 신호

(a) 정현파 신호

$$x(t) = A \sin(2\pi t/T_0)$$

$$P = \frac{1}{T_0} \int_{-T_0/2}^{T_0/2} A^2 \sin^2\left(\frac{2\pi t}{T_0}\right) dt = \frac{1}{T_0} \int_{-T_0/2}^{T_0/2} \frac{A^2}{2}\left\{1 - \cos\left(\frac{4\pi t}{T_0}\right)\right\} dt = \frac{A^2}{2}$$

$$x_{\text{rms}} = \frac{A}{\sqrt{2}}$$

(b) 구형파 신호

$$P = \frac{1}{T_0} \int_{-T_0/2}^{0} (-A)^2 dt + \frac{1}{T_0} \int_{0}^{T_0/2} A^2 dt = \frac{A^2}{2} + \frac{A^2}{2} = A^2$$

$$x_{\text{rms}} = A$$

(c) 삼각파 신호

$$P = \frac{4}{T_0} \int_{0}^{T_0/4} \left(\frac{4At}{T_0}\right)^2 dt = \frac{A^2}{3}$$

$$x_{\text{rms}} = \frac{A}{\sqrt{3}}$$

구형파 신호의 전력이 가장 크며, 정현파가 3dB 작고, 삼각파는 4.77dB 작다.

2.2.5 결정형 신호와 랜덤 신호

신호를 표현함에 있어 불확실성이 없어서 수학적이나 그래픽 형태로 신호에 대한 물리적인 기술을 완전히 할 수 있는 신호를 결정형 신호(deterministic signal)라 한다. 결정형 신호의 경우 신호 파형은 단 한 가지로 이미 결정되어 있다. 이에 비하여 신호에 불확실한 요소가 들어 있어서 파형이 여러 가지로 나올 수 있는 신호를 랜덤(또는 불규칙) 신호(random signal)라 한다. 랜덤 신호는 파형이 유일하게 결정되어 있는 것이 아니라 경우에 따라 파형이 다르게 나올 수 있어서 확률 개념을 도입하여 표현한다. 간단한 예로 아래 수식과 같은 신호를 살펴보자.

$$x(t) = 10 \cos(2\pi t) \tag{2.24}$$

$$x(t) = A \cos(2\pi t), \quad A \text{는 5와 10 사이의 임의의 값} \tag{2.25}$$

식 (2.24)는 진폭이 10이고 주기가 1인 정현파로 파형이 하나로 정해져 있다. 이에 비해 식 (2.25)는 동일한 주기의 정현파이지만 진폭이 정해져 있지 않으므로 파형이 어떻게 나올지 알 수 없다. 진폭은 확률분포 특성에 의해 결정된다.

앞서 예제에서 다루었던 신호들은 수식을 사용하여 완벽히 표현할 수 있으므로 결정형 신호이다. 그러나 실제 세계에서 접하는 잡음은 정해진 모양의 파형을 갖지 않아서 랜덤 신호로 분류된다. 잡음과 같은 랜덤 신호들은 신호의 값이 정해져 있지 않아서, 즉 신호 파형이 어떤 것이 나올지 모르므로 하나의 파형에 대한 시간평균이 전체를 대표할 수 없다. 이 경우 시간평균 대신 통계적 평균(statistical average)을 사용하여 신호에 대한 기술을 한다. 통신 시스템에서 수신 신호는 항상 잡음을 포함하게 된다. 따라서 수신 신호는 랜덤 신호로써 표현되며, 통신 시스템의 성능 분석을 위해서는 통계적 개념이 들어간 시스템 이론을 알 필요가 있다.[2]

2.3 신호의 기본 연산

이번 절에서는 신호의 독립변수를 변환시킴으로써 나타나는 신호 파형의 변화와 물리적인 의미를 살펴본다. 여기서 다루는 신호의 독립변수는 시간이며, 고려할 독립변수의 변환은 시간 천이, 시간 반전, 시간 척도 변경이다. 이러한 독립변수 변환에 의하여 시간 영역 신호 파형이 어떻게 변화되는지 알아보며, 주파수 영역에서의 신호 스펙트럼이 받는 변화에 대해서는 3장에서 푸리에 변환을 학습하면서 살펴본다.

2.3.1 시간 천이

신호에 대한 시간 천이(time shift)는 신호를 시간축 상에서 이동시키는 변환을 나타낸다. 신호 $x(t)$를 시간축에서 t_0 만큼 오른쪽으로 이동시킨 신호는 다음과 같이 표현된다.

$$x(t-t_0) \tag{2.26}$$

여기서 $t_0 > 0$인 경우는 신호를 실제로 오른쪽으로 이동시킨 것이며, 신호를 지연(delay)시킨 것을 의미한다. 반대로 $t_0 < 0$인 경우는 신호를 실제로 왼쪽으로 이동시킨 것이며, 신호를 선행(advance)시킨 것을 의미한다. 통신 시스템을 예로 들면 송신기와 수신기 사이의 거리에 의해 수신기에 도달하는 신호는 송신기에서 보낸 신호가 지연된 형태로, 즉 $y(t) = x(t-t_0)$와 같은 형태로 표현된다. 그림 2.8에 신호의 시간 천이에 관한 예를 보인다.

---

[2] 사실 대부분의 송신 신호도 랜덤 신호이다. 예를 들어 디지털 통신에서 보낼 정보 데이터가 1인지 0인지 미리 정해져 있지 않다면 결정형 신호가 아니다.

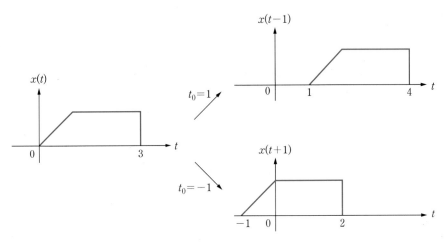

그림 2.8 시간 천이된 신호 $x(t-t_0)$의 예

2.3.2 시간 반전

신호에 대한 시간 반전(time reversal, reflection)은 신호를 $t = 0$ 축(즉 세로축)을 중심으로 뒤집은, 즉 거울상(mirror image)으로 변환시키는 효과를 나타낸다. 신호 $x(t)$를 시간 반전시킨 신호는 다음과 같이 표현된다.

$$x(-t) \tag{2.27}$$

신호에 대한 시간 반전은 음반에 녹음된 음악을 반대 방향으로 재생시키는 것과 같은 조작을 의미한다. 그림 2.9에 신호의 시간 반전에 관한 예를 보인다.

그림 2.9 시간 반전된 신호 $x(-t)$의 예

2.3.3 시간 척도 변경

신호 $x(t)$에 대해 시간 척도 변경(time scaling)된 신호는 다음과 같이 표현된다.

$$x(at) \tag{2.28}$$

여기서 $|a| > 1$인 경우는 신호의 모양을 시간축 상에서 압축(contraction)시킨 것이며, 음악을 빠르게 재생시키는 것과 같은 처리를 의미한다. 예를 들어 $a = 2$인 경우는 2배속으로 재생시키는 처리를 의미한다. 반대로 $|a| < 1$인 경우는 신호의 모양을 시간축 상에서 신장(expansion)시킨 것이며, 음악을 느리게 재생시키는 것과 같은 연산을 의미한다. 그림 2.10에 신호의 시간 압축/신장에 관한 예를 보인다.

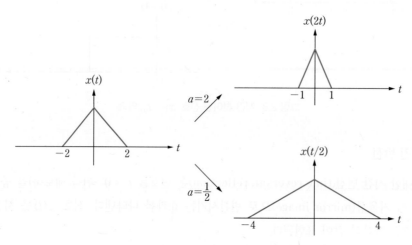

그림 2.10 시간 척도 변경(압축/신장)된 신호 $x(at)$의 예

2.4 신호 해석에 많이 사용되는 기본 함수

시스템의 동작을 분석하기 위하여 특수한 종류의 입력 신호에 대한 응답을 관찰하는 방법을 많이 사용한다. 이러한 기본 신호(elementary signal)에 대한 시스템의 응답을 근거로 하여 일반적인 신호에 대한 시스템의 응답을 어느 정도 유추할 수 있다. 많이 사용되는 기본 신호로 임펄스 함수와 계단 함수를 들 수 있다. 또한 시스템의 주파수 영역 특성을 분석하기 위하여 정현파 신호를 입력으로 가하여 응답을 분석하기도 한다. 이번 절에서는 통신 시스템의 분석을 위하여 많이 사용되는 기본 신호들과 시험 신호로 자주 사용되는 신호들에 대한 정의를 한다. 앞으로 함수와 신호는 같은 의미로 사용된다. 동일한 이름의 신호가 연속시간 형태와 이산시간 형태로 정의되어 있으나, 이 책에서는 연속시간 신호 위주로 기술한다.

2.4.1 계단 함수

단위 계단 함수(unit step function)는 다음과 같이 정의된다.

$$u(t) \triangleq \begin{cases} 1, & t > 0 \\ 0, & t < 0 \end{cases} \tag{2.29}$$

계단 함수는 $t = 0$ 이전에는 0의 값을 갖다가 $t = 0$ 이후에 순간적으로 상수값을 갖는 함수로서 $t = 0$에서 불연속적이다. 단위 계단 함수는 계단의 크기(step size)가 1인 계단 함수이다. 그림 2.11에 단위 계단 함수의 파형을 보인다.

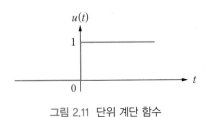

그림 2.11 단위 계단 함수

　단위 계단 함수는 전기회로의 해석에서 스위치 동작에 따라 전원이 갑자기 가해지거나 제거되는 회로를 표현하는데 사용되며, 신호의 분석에서 어떤 시구간의 신호 부분을 절사(truncate)한 파형을 표현하는데 사용된다. 예를 들어 파형이 $x(t)$인 신호를 $t = 0$ 이후에 입력하는 경우 입력 신호는 $x(t)u(t)$와 같이 표현하면 된다. 반대로 파형이 $x(t)$인 신호를 가하다가 $t = 0$ 이후에 단절하는 경우 입력 신호는 $x(t)u(-t)$와 같이 표현하면 된다. 신호 $x(t)$ 중에서 t_1부터 t_2 사이 부분만 취한 신호는 $x(t)[u(t_2) - u(t_1)]$와 같이 나타낼 수 있다.

　시구간 $t < 0$에서 신호의 값이 0인 신호를 인과(causal) 신호라 한다. 지수함수 $x(t) = e^{-at}$ $(a > 0)$는 에너지 신호도 아니고 전력 신호도 아니다. 그러나 이 신호가 $t = 0$부터 시작한다면 $e^{-at}u(t)$로 표현할 수 있으며 에너지 신호가 되는 것을 쉽게 확인할 수 있다.

2.4.2 임펄스 함수

시스템의 해석에 있어서 가장 중요한 함수 중의 하나가 임펄스 함수이다. 특정 시각에만 순간적으로 존재하는 무한 크기의 신호가 임펄스 함수의 개념이다. 2.5절에서 다룰 내용이지만 시스템에 단위 임펄스를 가하여 나오는 응답(이를 임펄스 응답이라 한다)을 일단 얻고 나면, 임의의 입력에 대해서 선형 시스템의 출력을 구할 수 있다. 이런 의미에서 임펄스 응답은 시스템을 표현하는 한 가지 방법이 된다. 연속시간 단위 임펄스 함수를 Dirac delta 함수라 하며 $\delta(t)$로 표기한다.

단위 임펄스 함수

단위 임펄스 함수(unit impulse function)는 다음과 같이 정의된다. $t=0$에서 연속인 함수 $x(t)$에 대하여

$$\int_{t_1}^{t_2} x(t)\delta(t)dt = x(0), \quad t_1 < 0 < t_2 \tag{2.30}$$

를 만족시키면서 다음의 성질을 갖는 함수 $\delta(t)$를 단위 임펄스 함수라 한다.[3]

$$
\begin{aligned}
&\text{i) } \delta(t)=0 \quad \text{for } t \neq 0 \\
&\text{ii) } \delta(0) \to \infty \\
&\text{iii) } \int_{-\varepsilon}^{\varepsilon} \delta(t)dt = 1 \quad \text{for any } \varepsilon > 0 \\
&\text{iv) } \delta(t)=\delta(-t) \ \text{ i.e. even function}
\end{aligned} \tag{2.31}
$$

임펄스 함수는 $t=0$에서만 순간적으로 존재하고, 그 크기는 유한한 값으로 정의할 수 없다. 그러나 함수 아래의 면적(즉 적분값)은 유한한 값을 가진다. 이러한 임펄스 신호는 실제 환경에서 발생시킬 수는 없지만 신호와 시스템 해석에서 매우 중요한 의미를 갖는 함수이다.

임펄스 함수의 가중치

임펄스 신호의 파형은 그림 2.12와 같이 나타내는데, 신호의 파형과 함께 가중치를 같이 표기한다. 여기서 가중치는 임펄스를 적분했을 때의 값을 의미한다. 단위 임펄스 함수는 가중치가 1인 함수이다. 가중치가 k인 임펄스는 $k\delta(t)$이며 다음과 같이 적분 결과가 k가 된다.

$$\int_{-\infty}^{\infty} k\delta(t)dt = k \tag{2.32}$$

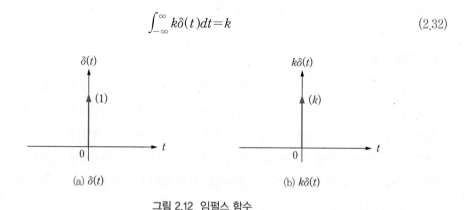

(a) $\delta(t)$ (b) $k\delta(t)$

그림 2.12 임펄스 함수

---

3) 이산시간 신호와 시스템의 해석에서도 임펄스 함수를 정의하여 사용하지만 연속시간 임펄스 함수와 성질이 다르다. 이산시간 임펄스 함수를 Kroneker delta 함수라 한다.

임펄스 함수의 근사화

단위 임펄스 함수는 그림 2.13과 같이 단위 면적을 가지고 폭이 좁은 사각 펄스 $\delta_\Delta(t)$로 근사화된다. 이 펄스의 폭 Δ가 좁을수록 펄스의 크기 $1/\Delta$는 커지며, 펄스폭 $\Delta \to 0$의 극한이 취해지면 단위 임펄스 함수가 된다. 임펄스 함수는 사각 펄스 외에 삼각 펄스, 지수 함수, 샘플링 함수 등에 의하여 근사화시킬 수도 있다.

$$\delta(t) = \lim_{\Delta \to 0} \delta_\Delta(t) \tag{2.33}$$

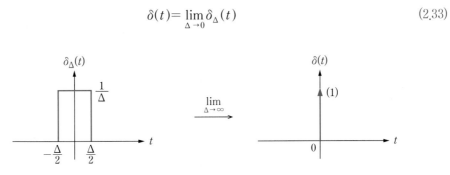

그림 2.13 단위 임펄스 함수의 근사화

임펄스와 계단 함수와의 관계

단위 임펄스 함수를 적분하면 단위 계단 함수가 얻어지며, 반대로 단위 계단 함수를 미분하면 단위 임펄스 함수가 얻어진다. 계단 함수는 $t=0$에서 불연속이므로 일반적 개념으로는 미분 불가능이다. 그러나 그림 2.14에 보인 바와 같이 계단 함수를 미분 가능 함수로 근사화한 후 극한을 취함으로써 미분하였을 때 임펄스 함수를 얻을 수 있다. 계단 함수와 임펄스 함수의 미적분 관계를 식으로 표현하면 다음과 같다.

$$\frac{du(t)}{dt} = \delta(t)$$
$$\int_{-\infty}^{t} \delta(\lambda)d\lambda = u(t) \tag{2.34}$$

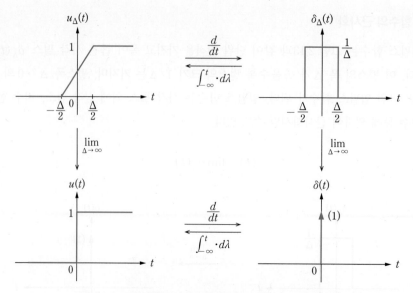

그림 2.14 단위 계단 함수와 단위 임펄스 함수의 미적분 관계

임펄스 함수는 수학적으로 잘 정의된 함수라 할 수 없으나 공학적으로는 매우 유용하게 사용된다. 임펄스 함수의 주요 특성을 좀더 살펴보자.

샘플링(sampling) 특성

임펄스 함수는 $t=0$인 순간에만 값이 존재하므로 연속시간 함수 $x(t)$와 임펄스를 곱해도 역시 $t=0$인 순간에만 값이 존재하여 결과는 임펄스 함수가 된다. 신호 $x(t)$와 단위 임펄스를 곱하면 $t=0$에서의 신호값 $x(0)$이 샘플링(표본화)되어 이 값을 가중치로 한 임펄스 함수가 된다. 이 관계를 수식으로 표현하면 다음과 같다.

$$x(t)\delta(t)=x(0)\delta(t) \tag{2.35}$$

이와 유사하게 $t=t_0$의 위치에 있는 임펄스를 연속시간 함수 $x(t)$와 곱하면 다음과 같이 된다.

$$x(t)\delta(t-t_0)=x(t_0)\delta(t-t_0) \tag{2.36}$$

즉 $t=t_0$에서의 신호값 $x(t_0)$가 샘플링된다.

그림 2.15에 $x(t)=e^{-t}$인 경우를 예로 들어 임펄스의 샘플링 성질을 보인다. $t=0$에 있는

임펄스로 샘플링하면 $e^{-t}\delta(t) = e^0\delta(t) = \delta(t)$가 되어 가중치가 1인 임펄스가 되며, $t=2$ 에 있는 임펄스로 샘플링하면 $e^{-t}\delta(t-2) = e^{-2}\delta(t-2)$가 되어 가중치가 e^{-2}인 임펄스가 된다.

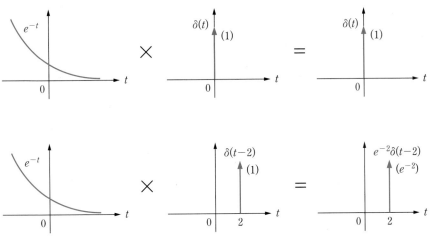

그림 2.15 임펄스 함수의 샘플링 성질

체질(sifting) 특성

임펄스 함수의 샘플링 특성으로부터 단위 임펄스 함수와 연속시간 함수를 곱하면 가중치가 변화된 임펄스가 만들어진다. 식 (2.35)를 적분하면 $t=0$에서의 신호값 $x(0)$만 남게 된다. 즉

$$\int_{-\infty}^{\infty} x(t)\delta(t)dt = x(0)\int_{-\infty}^{\infty}\delta(t)dt \qquad (2.37)$$
$$= x(0)$$

와 같이 된다. 같은 방법으로 식 (2.36)을 적분하면 $t=t_0$에서의 신호값 $x(t_0)$가 얻어진다.

$$\int_{-\infty}^{\infty} x(t)\delta(t-t_0)dt = x(t_0)\int_{-\infty}^{\infty}\delta(t-t_0)dt = x(t_0) \qquad (2.38)$$

이와 같이 신호 $x(t)$와 임펄스를 곱하여 적분하면 임펄스가 위치한 곳의 신호값 $x(t_0)$가 걸러져 나온다.

위의 적분에서 적분 구간이 무한 구간일 필요는 없다. 적분 구간 내에 임펄스가 포함되기만 하면 $x(t_0)$가 얻어진다. 반면에 적분 구간이 임펄스가 있는 위치를 포함하지 않는다면 적분 결과는 0이 된다. 이 점을 고려하여 식 (2.38)을 다시 표현하면 다음과 같다.

$$\int_{t_1}^{t_2} x(t)\delta(t-t_0)dt = \begin{cases} x(t_0), & t_1 < t_0 < t_2 \\ 0, & \text{otherwise} \end{cases} \tag{2.39}$$

예제 2.3

다음 적분값을 구하라.

(a) $\int_{-4}^{2} (2t+t^3)\delta(t-3)dt$ (b) $\int_{1}^{4} (2t+t^3)\delta(t-3)dt$

(c) $\int_{0}^{2} e^{2t}\delta(1-t)dt$ (d) $\int_{-\infty}^{\infty} \cos \pi t \delta(t+1)dt$

풀이

(a) 임펄스의 위치 $t_0=3 \notin (-4, 2)$이므로 적분값은 0

(b) 임펄스의 위치 $t_0=3 \in (1, 4)$이므로 적분값은 $[2t+t^3]_{t=3}=6+27=33$

(c) $\delta(1-t)=\delta(t-1)$이고 임펄스의 위치 $t_0=1 \in (0, 2)$이므로 적분값은 $[e^{2t}]_{t=1}=e^2$

(d) 적분값은 $[\cos \pi t]_{t=-1}=\cos(-\pi)=-1$

컨볼루션(convolution) 특성

임펄스 함수의 체질 특성에서 변수 치환을 $t \rightarrow \tau$, $t_0 \rightarrow t$로 하고 임펄스의 우함수 성질을 이용하면 다음과 같은 결과를 얻을 수 있다.

$$\int_{-\infty}^{\infty} x(\tau)\delta(t-\tau)d\tau \triangleq x(t) * \delta(t) = x(t) \tag{2.40}$$

위의 적분 식은 시스템 해석에서 많이 사용되는 컨볼루션 적분이다. 따라서 신호 $x(t)$와 단위 임펄스 함스 $\delta(t)$와의 컨볼루션을 취하면 신호 $x(t)$ 자신이 되는 것을 알 수 있다. 또한 신호 $x(t)$와 시간 천이된 임펄스 함수 $\delta(t-t_0)$와의 컨볼루션을 취하면 시간 천이된 신호 $x(t-t_0)$를 얻는다는 것을 알 수 있다. 즉

$$x(t) * \delta(t-t_0) = x(t-t_0) \tag{2.41}$$

시간 척도 변경(scaling) 특성

앞서 단위 임펄스 함수를 펄스폭이 Δ이고 크기가 $1/\Delta$인, 따라서 면적이 1인, 사각 펄스

$\delta_\Delta(t)$로 근사화하였다. 이 사각 펄스를 척도 변경하면 $\delta_\Delta(at)$는 크기는 동일하고 펄스폭이 $1/|a|$배가 되며, 따라서 면적은 $1/|a|$이 된다. 그러므로 Δ를 무한소로 보내면 $\delta_\Delta(at)$는 가중치가 $1/|a|$인 임펄스가 된다. 따라서 다음과 같은 성질을 얻을 수 있다.

$$\delta(at) = \frac{1}{|a|}\delta(t)$$
$$\delta(at+b) = \frac{1}{|a|}\delta\left(t+\frac{b}{a}\right) \tag{2.42}$$

2.4.3 사각 펄스(구형파)

크기가 1이고 펄스폭이 1인(따라서 면적이 1인) 사각 펄스(rectangular pulse)는 다음과 같이 정의되며, 앞으로 편의상 $\Pi(t)$의 기호를 사용하여 표기하기로 한다.[4]

$$\Pi(t) = \begin{cases} 1, & \text{for} -\frac{1}{2} < t < \frac{1}{2} \\ 0, & \text{otherwise} \end{cases} \tag{2.43}$$

이 단위 사각 펄스는 단위 계단 함수를 사용하여 다음과 같이 표현할 수 있다.

$$\Pi(t) = u\left(t+\frac{1}{2}\right) - u\left(t-\frac{1}{2}\right) \tag{2.44}$$

그림 2.16에 사각 펄스의 파형을 보인다. 시간 척도 변경 효과를 이용하면 펄스폭이 τ인 사각 펄스는 $\Pi(t/\tau)$가 된다는 것을 쉽게 알 수 있다. 즉

$$\Pi\left(\frac{t}{\tau}\right) = u\left(t+\frac{\tau}{2}\right) - u\left(t-\frac{\tau}{2}\right) \tag{2.45}$$

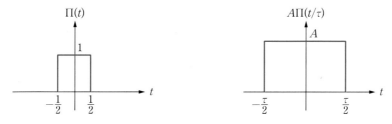

그림 2.16 사각 펄스(구형파)

---

4) rect(t) 기호를 사용하는 책도 많이 있다.

2.4.4 삼각 펄스

삼각 펄스(triangular pulse)는 크기가 1이고 펄스폭이 2인 삼각형(따라서 면적이 1인) 모양의 신호로 다음 식과 같이 정의되며, 앞으로 편의상 $\Lambda(t)$의 기호를 사용하여 표기하기로 한다.[5]

$$\Lambda(t) = \begin{cases} 1 - |t|, & \text{for } -1 < t < 1 \\ 0, & \text{otherwise} \end{cases} \tag{2.46}$$

크기가 A이고 펄스폭이 2τ인 삼각파는 $A\Lambda(t/\tau)$와 같이 표현할 수 있다. 그림 2.17에 삼각 펄스의 파형을 보인다.

그림 2.17 삼각 펄스

2.4.5 표본화 함수

아날로그 정보를 디지털로 처리하기 위하여 연속시간 신호를 이산시간 신호로 변환하는 표본화 과정을 거치게 된다. 연속시간 신호를 이산시간 신호로 표본화하거나 이산시간 신호로부터 연속시간 신호를 복원하는 과정에서 시간 영역이나 주파수 영역에서 접하게 되는 표본화 함수 (sampling function) $\mathrm{Sa}(t)$는 다음과 같이 정의된다.

$$\mathrm{Sa}(t) = \frac{\sin t}{t} \tag{2.47}$$

표본화 함수의 파형을 그림 2.18에 보인다. 식 (2.47)을 보면 분자는 진폭이 1인 정현파로 크기가 제한된 반면 분모의 크기는 시간에 따라 증가하므로 표본화 함수는 그 모양이 진동하면서 감쇠한다는 것을 알 수 있다. 이 신호는 $t = 0$에서 최댓값 1을 가지며, $t = n\pi$ (n은 정수)에서 0을 교차하는 특성을 가진다.[6]

---

5) $\mathrm{tri}(t)$ 기호를 사용하는 책도 많이 있다.

6) $t = 0$에서의 값은 L'Hopital 정리를 적용하여 극한값을 구하면 된다.

표본화 함수의 다른 형태로서 sinc 함수는 다음과 같이 정의된다.

$$\text{sinc}(t) = \frac{\sin \pi t}{\pi t} = \text{Sa}(\pi t) \tag{2.48}$$

이 sinc 함수는 $t = n$에서, 즉 정수 시간에서 0을 교차하는 특성을 가지며, $\text{Sa}(t)$를 시간축에서 압축(척도 $\pi > 1$이므로)시킨 것으로 볼 수 있다.

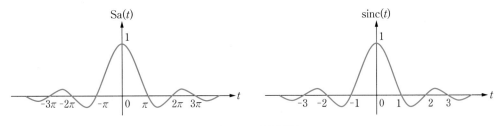

그림 2.18 표본화 함수

2.4.6 정현파 함수

정현파(sinusoid)는 신호값이 삼각함수(trigonometric function)로 주어지는 신호로서 그 각 (angle)이 시간에 비례하여(즉 등속도로) 변화한다. 정현파는 그림 2.19와 같은 모양을 가지며, 다음과 같이 세 개의 파라미터(진폭, 주파수, 위상)를 가진 수식으로 표현된다.

$$x(t) = A\cos(\omega_0 t + \phi) = A\cos(2\pi f_0 t + \phi) \tag{2.49}$$

여기서 A를 신호의 진폭(amplitude)이라 하고, ϕ를 위상(phase)이라 한다. 삼각함수의 각은 $\theta(t) = \omega_0 t + \phi [\text{rad}]$로 시간에 비례하며, 초기 시간 $t = 0$에서의 각이 위상(또는 초기 위상)인 것이다. 이 정현파 신호의 주파수(frequency) 및 각주파수(angular frequency)는 각각 $f_0[\text{Hz}]$와 $\omega_0[\text{rad/sec}]$이다.

주기는 $T_0 = 1/f_0 = 2\pi/\omega_0[\text{sec}]$가 되며, 주파수와 각주파수의 관계는 $\omega_0 = 2\pi f_0$와 같다. 앞으로는 주파수와 각주파수를 편의상 모두 주파수로 부르기로 한다. 위의 정현파(sine) 신호의 위상을 90° 천이시키면 여현파(cosine) 신호가 된다. 앞으로 특별히 구별해야 할 필요가 있는 경우 외에는 정현파와 여현파의 구별 없이 통틀어 정현파로 부르기로 한다.

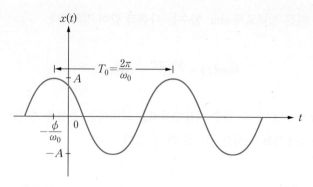

그림 2.19 정현파 $x(t) = A\cos(\omega_0 t + \phi)$

그림 2.20에 주파수가 1[Hz]인(위상은 0) 정현파 $x_1(t) = \sin(2\pi f_1 t) = \sin(2\pi t)$와 주파수가 2[Hz]인 정현파 $x_2(t) = \sin(2\pi f_2 t) = \sin(4\pi t)$의 파형을 보인다. 주파수와 주기는 역수 관계로 주파수가 높을수록 주기가 작아진다. 즉 $T_1 = 1[\text{sec}]$, $T_2 = 0.5[\text{sec}]$가 된다.

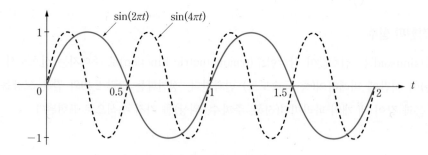

그림 2.20 정현파의 주파수와 주기

정현파의 위상

정현파에서 위상 ϕ가 0이 아닌 경우를 살펴보자. 식 (2.49)는 다음과 같이 다시 쓸 수 있다.

$$x(t) = A\cos(\omega_0 t + \phi) = A\cos(\omega_0(t+\tau)), \quad \tau = \frac{\phi}{\omega_0} \tag{2.50}$$

다른 신호 $y(t)$를 $y(t) = A\cos(\omega_0 t)$라 하고 식 (2.50)의 $x(t)$와 비교해보자. 시각 t에서 $x(t)$ 신호값이 시각 $t+\tau$에서의 $y(t)$ 신호값과 같다는 것이다. 즉 $\tau = \phi/\omega_0$초 후의 $y(t)$ 신호와 $x(t)$ 신호가 같다는 것이므로 $x(t)$가 $y(t)$와 모양은 같지만 시간적으로 먼저 나온다는(선행한다는) 것이다. 만일 $\tau < 0$이라면 $x(t)$가 $y(t)$와 모양은 같지만 시간적으로 나중

에 나온다는(지연된) 것이다.

이와 같이 정현파에서 위상은 시간차와 같은 의미를 가진다. 즉 두 정현파가 위상만 다르다는 것은 파형은 동일하고 시간적으로 선행하거나 지연된 것을 의미한다. 그런데 주기 신호에서는 동일한 파형이 반복되므로 선행과 지연의 구별이 없다. 주기가 T_0라면 τ만큼 지연되었다는 것은 $T_0 - \tau$만큼 선행한다는 것과 같기 때문이다.

정현파의 전력

정현파 $x(t) = A\cos(\omega_0 + \phi)$의 평균전력을 구해보자. 이 신호는 주기가 $T_0 = 2\pi/\omega_0$인 주기 신호이므로 평균전력은 다음과 같이 계산할 수 있다.

$$P = \frac{1}{T_0}\int_0^{T_0} A^2\cos^2\left(\frac{2\pi t}{T_0} + \phi\right)dt = \frac{1}{T_0}\int_0^{T_0}\frac{A^2}{2}\left\{1 + \cos\left(\frac{4\pi t}{T_0} + 2\phi\right)\right\}dt \tag{2.51}$$
$$= \frac{A^2}{2}$$

정현파는 sin 함수이든 cos 함수이든 주파수(또는 주기)나 위상과 상관 없이 평균전력이 $A^2/2$이다.

2.4.7 복소 정현파 함수

복소 정현파(complex sinusoid)는 다음과 같이 정의된다.

$$x(t) = e^{j\omega_0 t} \tag{2.52}$$

복소 정현파를 살펴보기에 앞서 복소수에 대한 기초 지식을 정리해보자. 복소수 z는 일반적으로 다음 식과 같이 직교좌표 형식(rectangular form)과 극좌표 형식(polar form)으로 표현할 수 있다.

$$\begin{aligned} z &= x + jy \qquad \text{rectangular form} \\ &- r\angle\theta \qquad \text{polar form} \end{aligned} \tag{2.53}$$

여기서 x와 y는 각각 실수부와 허수부를 나타내며, r과 θ는 각각 크기(magnitude)와 각(angle)을 나타낸다. 이들은 서로 다음 식과 같은 관계를 가지며, 그림 2.21에 이 관계를 보인다.

$$x = r\cos\theta, \qquad y = r\sin\theta$$
$$r = \sqrt{x^2 + y^2}, \qquad \theta = \tan^{-1}\left(\frac{y}{x}\right)$$

(2.54)

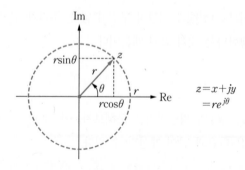

그림 2.21 복소수의 직교좌표 형식과 극좌표 형식의 관계

이번에는 아래와 같은 Euler의 항등식을 사용하여 복소수를 표현해보자.

$$e^{j\theta} = \cos\theta + j\sin\theta$$

(2.55)

이 수식의 의미는 $e^{j\theta}$ 가 크기는 1이고($\cos^2\theta + \sin^2\theta = 1$ 이므로) 각은 θ 인 복소수라는 것이다. 따라서 식 (2.53)의 극좌표 형식을 $r\angle\theta$ 로 표현하는 대신 $re^{j\theta}$ 로 표현할 수 있다. 앞으로 이 책에서는 복소수의 극좌표 형식으로 주로 $re^{j\theta}$ 표현을 사용할 것이다. Euler 공식의 결과로 삼각함수 $\cos\theta$ 와 $\sin\theta$ 를 다음과 같이 복소 정현파를 사용하여 표현할 수 있다.

$$\cos\theta = \frac{e^{j\theta} + e^{-j\theta}}{2}$$
$$\sin\theta = \frac{e^{j\theta} - e^{-j\theta}}{j2}$$

(2.56)

복소 정현파

$e^{j\theta}$ 는 복소 평면에서 반지름이 1인 원주 상의 한 점이다. 여기서 각 θ 가 상수가 아니라 시간에 비례하여 변한다면 $\theta(t) = \omega_0 t + \phi$ [rad]와 같이 표현할 수 있다. 여기서 ω_0 는 비례상수로서 각속도를 나타내며, ϕ 는 $t = 0$ 에서의 각, 즉 위상이다. 따라서 $e^{j\theta(t)} = e^{j(\omega_0 t + \phi)}$ 는 복소 평면에서 반지름이 1인 원주 상을 등속도로 회전하는 복소 함수이다. $\phi = 0$ 인 경우 $e^{j\theta(t)} = e^{j\omega_0 t}$ 의 시간에 따른 복소 평면상의 궤적을 그림 2.22에 보인다.

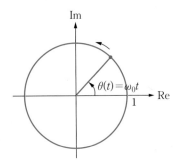

그림 2.22 복소 정현파 $e^{j\omega_0 t}$ 의 궤적

Euler 공식을 이용하여 $e^{j\omega_0 t}$ 를 다음과 같이 표현할 수 있다.

$$e^{j\omega_0 t} = \cos \omega_0 t + j \sin \omega_0 t \tag{2.57}$$

따라서 실수부는 $T_0 = 2\pi/\omega_0$ 의 주기를 갖는 정현파가 되며, 허수부는 $T_0 = 2\pi/\omega_0$ 의 주기를 갖는 여현파가 된다. 그러므로 $e^{j\omega_0 t}$ 를 복소 정현파라 부른다. 정현파와 여현파는 다음과 같이 복소 정현파 함수를 사용하여 표현할 수 있다.

$$\begin{aligned}
\cos \omega_0 t &= \text{Re}\{e^{j\omega_0 t}\} = \frac{1}{2} e^{j\omega_0 t} + \frac{1}{2} e^{-j\omega_0 t} \\
\sin \omega_0 t &= \text{Im}\{e^{j\omega_0 t}\} = \frac{1}{2j} e^{j\omega_0 t} - \frac{1}{2j} e^{-j\omega_0 t}
\end{aligned} \tag{2.58}$$

복소 정현파의 주기성과 주파수

복소 정현파 $e^{j\omega_0 t}$ 가 주기성을 갖는다는 것을 확인해보자. 복소 평면에서 각 2π [rad]는 0[rad]과 같아서 $e^{j2\pi} = 1$ 이다. $e^{j\omega_0 t}$ 에 $e^{j2\pi} = 1$ 를 곱하면

$$e^{j\omega_0 t} \cdot 1 = e^{j\omega_0 t} \cdot e^{j2\pi} = e^{j\omega_0 (t + 2\pi/\omega_0)} \tag{2.59}$$

가 성립하기 때문에 $e^{j\omega_0 t}$ 는 $T_0 = 2\pi/\omega_0$ 의 수기를 갖는다는 것을 알 수 있다. 또한 주파수는 $f_0 = 1/T_0 = \omega_0/2\pi$ [Hz]이며, 각속도 ω_0 [rad/sec]는 각주파수가 된다.

복소 정현파의 평균전력

$Ae^{j\omega_0 t}$ 는 복소 평면에서 반지름이 A인 원주 상을 회전하는 신호이므로 크기는 $|Ae^{j\omega_0 t}| = A \cdot |e^{j\omega_0 t}| = A$ 로 일정하다. 또한 주기성을 가지므로 $e^{j\omega_0 t}$ 는 평균전력이 A^2인 전력 신호라는 것을 알 수 있다.

> **주**
>
> 진폭이 A인 정현파의 평균전력은 $A^2/2$ 임에 비해, 진폭이 A인 복소 정현파의 평균전력은 A^2 이다.

2.4.8 지수 함수

지수 함수(exponential function)는 다음과 같이 정의된다.

$$x(t) = e^{st} \tag{2.60}$$

여기서 지수 s는 실수로 한정하지 않는다. 지수가 실수와 복소수인 경우로 나누어 파형을 살펴보자.

s가 실수인 경우: 실지수 함수(real exponential function)

식 (2.60)에서 s가 실수인 경우 $x(t)$를 실지수 함수라 하며, s의 값에 따라 서로 다른 형태를 갖는다. 그림 2.23에 s의 값에 따른 신호의 파형 예를 보인다.

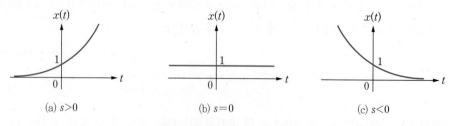

(a) $s>0$ (b) $s=0$ (c) $s<0$

그림 2.23 실지수 함수 $x(t) = e^{st}$

s가 순허수인 경우: 복소 정현파(complex sinusoid)

식 (2.60)에서 s가 순허수(pure imaginary)인 경우, 즉 $s = j\omega_0$ 인 경우는 2.4.7절에서 정의한 복소 정현파(complex sinusoid)가 된다. Euler 공식을 적용하면 다음과 같이 실수부 신호와 허수부 신호의 합으로 표현할 수 있다.

$$x(t) = e^{j\omega_0 t} = \cos\omega_0 t + j\sin\omega_0 t \tag{2.61}$$

복소 정현파 $\exp(j\omega_0 t)$는 그림 2.22에 보인 바와 같이 복소 평면에서 반지름이 1인 원주상을 회전하며, 주기 $T_0 = 2\pi/\omega_0$ 를 갖는 주기 신호이다. 실수부와 허수부 신호는 각각 동일한 주기의 cos 함수와 sin 함수이다.

　반대로 Euler 공식에 의해 cos 함수와 sin 함수를 복소 정현파로써 표현할 수 있다. 주파수가 ω_0 [rad/sec]인 cos 함수와 sin 함수는

$$\cos\omega_0 t = \frac{e^{j\omega_0 t} + e^{-j\omega_0 t}}{2}, \ \ \sin\omega_0 t = \frac{e^{j\omega_0 t} - e^{-j\omega_0 t}}{j2} \tag{2.62}$$

와 같이 $\exp(j\omega_0 t)$와 $\exp(-j\omega_0 t)$의 합과 차로 표현할 수 있다. 여기서 $\exp(-j\omega_0 t)$는 음(negative)의 주파수를 가진 복소 정현파처럼 생각할 수 있겠지만 $\exp(j\omega_0 t)$와 같은 속도로, 그러나 반대 방향으로 회전하는 함수로 보면 된다. 따라서 주기는 동일하다.

　만일 복소 정현파의 초기 위상(즉 $t = 0$에서의 각)이 0이 아니라 ϕ 라디안이라면 신호는 다음과 같이 표현된다.

$$x(t) = e^{j(\omega_0 t + \phi)} = e^{j\omega_0 t} \cdot e^{j\phi} \tag{2.63}$$

즉 $\exp(j\omega_0 t)$에 $\exp(j\phi)$를 곱한 것과 같다. 여기서 $\exp(j\phi)$는 상수로 크기가 1이고 각이 ϕ인 복소수이다. $\exp(j\omega_0 t)$에 $\exp(j\phi)$를 곱한다는 것은 복소 평면에서 일정한 각속도 ω_0로 회전하는 점에 옵셋(offset)을 ϕ만큼 주는 효과로 나타난다. 그림 2.24는 이를 설명하고 있다. 그러면 복소 정현파의 실수부와 허수부는 다음과 같이 위상이 ϕ인 cos 함수와 sin 함수가 된다.

$$\begin{aligned} \text{Re}\{x(t)\} &= \cos(\omega_0 t + \phi) \\ \text{Im}\{x(t)\} &= \sin(\omega_0 t + \phi) \end{aligned} \tag{2.64}$$

Euler 공식에 의해 식 (2.64)를 다음과 같이 복소 정현파로써 표현할 수 있다.

$$\cos(\omega_0 t+\phi)=\frac{e^{j(\omega_0 t+\phi)}+e^{-j(\omega_0 t+\phi)}}{2}=\frac{1}{2}e^{j\phi}e^{j\omega_0 t}+\frac{1}{2}e^{-j\phi}e^{-j\omega_0 t}$$

$$\sin(\omega_0 t+\phi)=\frac{e^{j(\omega_0 t+\phi)}-e^{-j(\omega_0 t+\phi)}}{j2}=\frac{1}{j2}e^{j\phi}e^{j\omega_0 t}-\frac{1}{j2}e^{-j\phi}e^{-j\omega_0 t}$$

$$(2.65)$$

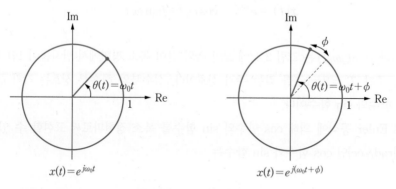

그림 2.24 복소 정현파의 궤적

s가 일반적인 복소수인 경우: 복소 지수 함수(complex exponential)

가장 일반적인 지수 함수로 식 (2.60)에서 s가 일반적인 복소수인 경우를 고려하자. 복소수 s를 다음과 같이 직교 좌표 형식으로 표현하자.

$$s=\sigma+j\omega_0 \tag{2.66}$$

그러면 $x(t)$는 다음과 같이 표현할 수 있다.

$$x(t)=e^{st}=e^{(\sigma+j\omega_0)t}=e^{\sigma t}e^{j\omega_0 t}$$
$$=e^{\sigma t}\cos\omega_0 t+je^{\sigma t}\sin\omega_0 t$$

$$(2.67)$$

즉 복소 지수 함수는 복소 정현파 $e^{j\omega_0 t}$에 실지수 함수 e^{at}를 곱한 것과 같다. σ의 값에 따라 복소 지수 함수 e^{st}의 궤적이 달라진다. $\sigma=0$이면 복소 정현파가 되어 원주상을 일정 주기로 회전한다. $\sigma>0$이면 e^{st}는 회전하면서 크기가 점점 커지는 궤적을 가지며, $\sigma<0$이면 e^{st}는 회전하면서 크기가 점점 작아지는 궤적을 갖는다. 그림 2.25에 e^{st}의 궤적을 보인다.

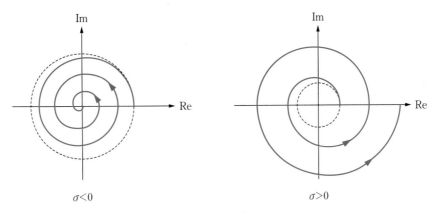

그림 2.25 복소 지수 함수의 궤적

복소 지수 함수를 식 (2.67)의 아래 부분에 보인 것처럼 실수부 신호와 허수부 신호로 표현할 수 있다. 그림 2.26에 복소 지수 함수의 실수부 파형을 보인다. σ의 부호에 따라 진동하면서 진폭이 커지거나 진동하면서 진폭이 감쇠하는 것을 관찰할 수 있다. 복소 정현파에서와 같이 $e^{j\phi}$를 곱하여 정현파의 위상을 ϕ로 만들 수 있다. 즉

$$x(t) = e^{(\sigma + j\omega_0)t} \cdot e^{j\phi} = e^{\sigma t} e^{j(\omega_0 t + \phi)}$$
$$= e^{\sigma t} \cos(\omega_0 t + \phi) + j e^{\sigma t} \sin(\omega_0 t + \phi)$$

(2.68)

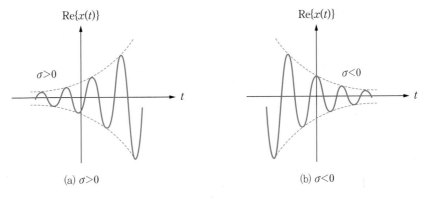

그림 2.26 $e^{\sigma t} \cos \omega_0 t$의 파형

2.5 선형 시스템

신호의 형태나 속성을 변화시켜서 다른 신호를 만들어내는 개체를 시스템(system)이라 정의

한다. 시스템은 입력(input) 신호에 대해 시스템 고유의 처리 또는 연산 과정을 통해 출력 (output) 신호를 만들어낸다. 여기서 출력에 대한 다른 용어로 응답(response)이란 표현도 흔히 사용된다. 그림 2.27에 시스템의 개념을 보인다. 시스템은 입력 신호에 연산을 취하여 출력 신호를 만들어내는 연산자로 볼 수 있다. 여기서 연산자 $T[\cdot]$는 함수 $x(t)$를 또 다른 함수 $y(t) = T[x(t)]$로 변환시켜 주는 연산을 나타낸다.

그림 2.27 시스템의 정의

시스템을 표현하는 방법은 시간 영역 방법과 주파수 영역 방법이 있다. 시간 영역 시스템 표현 방법은 입력-출력 간의 관계를 표현함으로써 가능하다. 구체적으로 입력-출력 간의 미분방정식, 상태 변수를 사용한 표현 방식, 임펄스 응답 등이 시간 영역 시스템 표현 방식이다. 주파수 영역 표현 방식으로는 주파수 응답을 들 수 있다. 여기서는 시간 영역 표현 방법에 대해 알아보고, 다음 장에서 푸리에 변환을 공부한 후에 주파수 응답을 사용한 주파수 영역 표현 방법을 알아보기로 한다. 먼저 시스템이 가진 속성에 따라 유형을 분류하고, 선형 시스템을 대상으로 하여 입출력 관계 등 좀더 상세히 성질을 알아보도록 한다.

2.5.1 시스템의 유형 분류

시스템을 분류하는 주요 속성으로 선형성, 시불변성, 인과성, 안정성 등이 있다. 이 개념들은 주어진 시스템에 대하여 가해진 입력 신호가 어떤 출력 신호를 만들어낼지를 구하거나, 또는 원하는 방향으로 출력이 얻어지도록 하는 시스템의 구조를 설계하는데 필요하다. 시스템을 분석하거나 설계를 할 때 시스템에 대한 **수학적 모델링**이 필요한데, 시스템의 수학적 모델링이 정교할수록 실제 시스템의 동작을 정확하게 분석할 수 있지만 연산이 너무 복잡해져서 처리가 불가능할 수도 있다. 따라서 모델링의 정교성과 연산의 복잡도를 고려하여 적절한 타협이 필요하다. 여기서는 시스템의 모델링에 있어 매우 중요한 의미를 갖는 시스템 속성을 정의하고 그 의미를 살펴본다.

선형 시스템과 비선형 시스템

시스템의 입력으로 $x_1(t)$를 가했을 때의 출력이 $y_1(t)$이고, 입력 $x_2(t)$를 가했을 때의 출력이 $y_2(t)$라고 하자. 만일 두 입력 신호를 더한 신호, 즉 $x(t) = x_1(t) + x_2(t)$를 입력시키는 경우, 출력이 개별 입력에 대한 출력을 더한 것이 된다면, 즉 $y(t) = y_1(t) + y_2(t)$이 된다면 이 시스템을 가산적(additive)이라고 부른다. 또한 $x_1(t)$를 상수 배만큼 곱한 신호, 즉 $x(t) = \alpha x_1(t)$를 입력시키는 경우, 출력도 동일한 비율로 곱해져서 출력된다면, 즉 $y(t) = \alpha y_1(t)$가 된다면 이 시스템을 동질적(homogeneous)이라고 부른다. 만일 시스템이 가산성과 동질성의 두 가지 성질을 모두 만족시키는 경우, 이 시스템을 선형 시스템(linear system)이라 한다. 선형 시스템이 되기 위해 만족시켜야 할 가산성과 동질성을 다음과 같이 요약할 수 있다.

$$\text{가산성} \quad T[x_1(t) + x_2(t)] = T[x_1(t)] + T[x_2(t)] \tag{2.69}$$

$$\text{동질성} \quad T[\alpha x(t)] = \alpha T[x(t)] \tag{2.70}$$

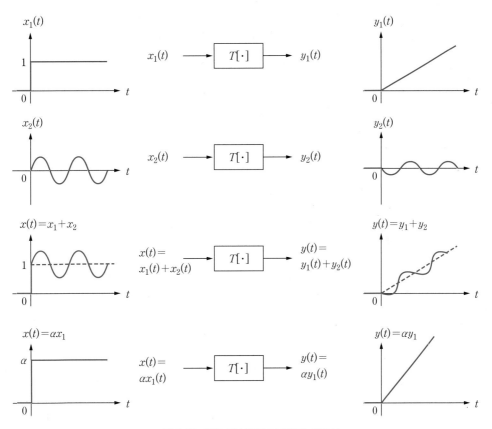

그림 2.28 선형 시스템의 가산성과 동질성

그림 2.28에 선형 시스템의 가산성과 동질성의 개념을 보이는 예를 보인다. 시스템의 선형성에 대한 필요충분 조건은 하나의 식으로 표현할 수 있다. $x_1(t)$과 $x_2(t)$를 선형 조합(linear combination)하여 새로운 입력으로, 즉 $x(t) = \alpha x_1(t) + \beta x_2(t)$를 시스템에 가할 때, 동일한 가중치로 $y_1(t)$과 $y_2(t)$를 선형 조합한 신호, 즉 $y(t) = \alpha y_1(t) + \beta y_2(t)$가 출력된다면, 이 시스템은 선형적(linear)이다. 여기서 가중치 α와 β는 임의의 상수이다. $\alpha = \beta = 1$인 경우 가산성을 나타내며, $\beta = 0$인 경우는 동질성을 나타낸다. 이와 같은 관계를 중첩의 성질(superposition property)이라 하며 다음과 같이 표현된다.

$$중첩의 원리 \quad T[\alpha x_1(t) + \beta x_2(t)] = \alpha T[x_1(t)] + \beta T[x_2(t)] \tag{2.71}$$
$$= \alpha y_1(t) + \beta y_2(t)$$

이와 같이 어떤 시스템의 입력과 출력 사이에 중첩의 원리가 성립하면, 이 시스템을 선형 시스템이라 하며, 그렇지 않으면 비선형 시스템(nonlinear system)이라 한다. 시스템을 설계할 때 신호 처리와 해석의 단순화를 위하여 선형 시스템 모델을 많이 사용한다. 주어진 시스템의 분석에 있어서도 해석의 편이성을 위해 대상 시스템을 선형으로 근사화하는 경우가 많다. 한편 통신 시스템에서는 일부 비선형 소자를 의도적으로 포함시켜 활용하는 경우도 있다.

시변 시스템과 시불변 시스템

시스템의 속성이 시간에 따라 변하는 경우 이 시스템을 시변(time−varying: TV) 시스템이라 하며, 그렇지 않는 경우 시불변(time−invariant: TIV) 시스템이라 한다. 시스템이 동작하는 시점에 상관 없이 정해진 모양의 입력에 대해 항상 정해진 모양의 출력을 발생시키는 시스템이 시불변 시스템이다.

시불변 시스템의 개념을 그림 2.29에 보인다. 입력 $x(t)$에 대한 출력을 $y(t) = T[x(t)]$라 하자. 이 입력을 t_0초 후에 가하는 경우, 즉 $x_1(t) = x(t-t_0)$를 가하는 경우 출력이 $y_1(t) = y(t-t_0)$가 된다면, 즉 t_0초 후에 동일한 파형의 출력이 나온다면 이 시스템을 시불변 시스템이라 한다. 즉 시불변 시스템에서는 다음과 같은 관계가 성립한다.

$$T[x(t-t_0)] = y(t-t_0) \tag{2.72}$$

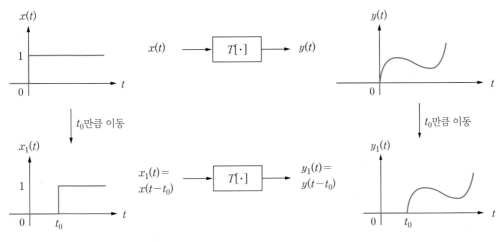

그림 2.29 시불변 시스템의 개념

저항(R), 인덕터(L), 커패시터(C)로 구성된 일반적인 전기회로를 예로 들어보자. 입력을 가하는 시점과 상관 없이 주어진 입력에 관련된 출력이 시간 천이만 갖고 나오므로 이 회로는 시불변 시스템이다. 그러나 만일 인덕턴스 값이 시간에 따라 변한다면 입력을 가하는 시점에 따라 다른 모양의 출력이 나와서 시변 시스템이 된다. 시스템을 입출력 미분방정식에 의하여 표현하는 경우 미분방정식의 계수가 상수이면 시불변 시스템이 되고, 미분방정식의 계수가 시간의 함수이면 시변 시스템이 된다.

인과 시스템과 비인과 시스템

아직 들어오지 않은 미래의 입력에 대해 미리 출력을 만들어내는 시스템을 구현할 수 있을까? 일반적으로 우리가 만들 수 있는 시스템은 과거로부터 현재까지의 입력에 의해서만 출력이 결정되는 시스템일 것이다. 아직 들어오지 않은 미래의 입력은 현재의 출력에 영향을 미치지 않는 시스템, 즉 원인(cause)이 있어야 결과(effect)가 있는 시스템의 속성을 인과성(causality)이라 한다.

시각 t_0 에서 시스템의 출력이 과거로부터 현재까지의 입력, 즉 $t \leq t_0$ 의 입력에 의해서만 결정되는 시스템을 인과 시스템(causal system)이라 한다. 이에 비해 $t > t_0$ 의 입력이 $y(t_0)$ 에 영향을 미치는 시스템을 비인과 시스템(non-causal system)이라 한다. 선형 인과 시스템은 입력을 가하기 전까지는 출력이 발생되지 않는 시스템이다. 이를 다음과 같이 표현할 수 있다.

$$x(t) = 0 \ (t \leq t_0) \quad \Rightarrow \quad y(t) = 0 \ (t \leq t_0) \tag{2.73}$$

그림 2.30에 선형 인과 시스템과 비인과 시스템의 예를 보인다. (a)와 (b)의 경우 입력이 가해지는 순간부터 또는 그 이후에 출력이 나오므로 인과성 조건이 만족된다. 그러나 (c)의 경우 입력이 가해지기 전부터 출력이 나오고 있으므로 비인과적이다.

비인과 시스템은 미래에 들어올 입력을 알아서 현재의 출력을 발생시키는 시스템으로, 실시간으로 동작하는 시스템에서는 구현이 불가능하다. 이런 의미에서 인과 시스템을 실현 가능한 시스템(physically realizable system) 또는 예측불가능 시스템(non-anticipatory system)이라 부르기도 한다.

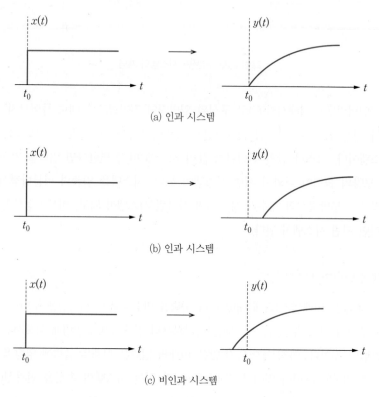

(a) 인과 시스템

(b) 인과 시스템

(c) 비인과 시스템

그림 2.30 선형 인과 시스템과 비인과 시스템의 예

입력을 가하지 않는데도 미래에 가해질 입력에 대응하여 출력을 발생시키는 시스템은 실시간 구현이 불가능하다. 이와 같이 시스템의 인과성은 우리가 그 시스템을 실제로 구현할 수 있는지를 나타내기 때문에 시스템의 설계에 있어 꼭 만족시켜야 할 특성이다. 원하는 동작 요건을 만족하도록 시스템을 설계한다고 할 때 설계된 시스템이 인과적인지 여부를 확인하는 과정이 필요하다. 만일 인과성을 만족하지 않는다면 설계된 시스템이 아무리 다른 좋은 성질을

가졌다고 하더라도 물리적으로 실현이 불가능하기 때문이다.

안정 시스템과 불안정 시스템

어떤 시스템에 유한한 크기의 입력을 가했는데도 출력이 무한한 크기로 커진다면 매우 위험한
상황을 맞을 것이며, 이것이 불안정한 시스템의 개념이다. 어떤 소자에 흐르는 전류가 출력이
라면 불안정한 시스템의 경우 과전류로 인하여 화재가 발생할 수 있는 일이므로 반드시 피해
야 한다. 따라서 시스템 설계에 있어 설계된 시스템이 안정적인지 확인할 필요가 있다.

시스템의 안정성에 대한 정의는 여러 가지가 있지만 여기서는 가장 기본적인 유한입력−유
한출력(bounded input bounded output: BIBO) 안정도(stability)를 고려한다. 시스템에 임
의의 유한한 크기의 입력을 가했을 때, 출력이 무한한 크기로 발산하지 않는다면 그 시스템을
BIBO 안정 시스템(stable system)이라 한다. 즉 모든 t에서

$$|x(t)| \leq B_x < \infty \tag{2.74}$$

와 같이 크기가 유한한 임의의 입력에 대해, 출력이 모든 t에서

$$|y(t)| \leq B_y < \infty \tag{2.75}$$

을 만족시킨다면 이 시스템은 BIBO 안정하다고 정의한다.

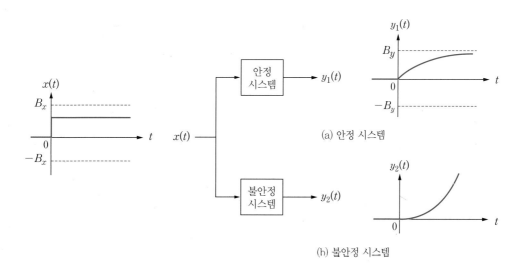

그림 2.31 안정 시스템과 불안정 시스템의 입출력 예

앞의 경우와 반대로 입력이 크기가 유한한 값 이내에 있도록 제한하더라도 출력이 무한한 크기로 커지는 경우가 있다면, 그 시스템을 불안정 시스템(unstable system)이라 한다. 그림 2.31에 안정 시스템과 불안정 시스템의 입출력 예를 보인다. 시스템의 여러 속성 중, 특히 시스템 설계에 있어서 안정도는 매우 중요하게 요구되는 속성이다. 따라서 시스템을 설계하는 경우 안정성을 만족하는지 검증을 해야 한다.

2.5.2 시스템의 시간 영역 표현

지금까지 시스템의 속성을 나타내는 용어를 정의하고 그 의미를 살펴보았다. 앞으로는 특별한 언급이 없는 경우 시스템이 선형 시불변(linear time invariant: LTI)이라고 가정한다. 시스템의 분석이나 설계를 위하여 시스템의 수학적 모델링을 하는데, 시간 영역에서 접근할 수도 있고 주파수 영역에서 접근할 수도 있다. 여기서는 시간 영역 접근 방법을 알아보고 3장에서 주파수 영역 접근 방법을 알아보기로 한다.

시간 영역에서 시스템을 수학적으로 표현하는 방법으로는 입출력 미분방정식, 임펄스 응답, 상태-공간 표현이 있다. 시스템의 수학적 모델을 얻으면 주어진 입력에 대하여 출력을 구할 수 있다. 미분방정식에 의한 시스템 표현은 입력과 출력 신호를 변수로 하여 미분방정식을 유도한 것으로, 출력을 구한다는 것은 미분방정식의 해를 구한다는 것과 동일하다.

임펄스 응답이란 단위 임펄스 함수를 시스템에 입력으로 가했을 때의 출력을 의미한다. 선형 시스템의 임펄스 응답을 안다는 것은 시스템에 대해 모두 안다는 것과 같다. 그 이유는 일단 임펄스 응답만 알면 임의의 입력에 대해 출력을 구할 수 있기 때문이다. 이러한 의미에서 임펄스 응답은 시스템을 표현하는 한 가지 방법이 되는 것이다. 그러면 알려진 시스템에 대해 (즉 임펄스 응답이 주어졌을 때) 출력을 구하는 방법을 알아야 할 것이다. 출력을 구하는 것은 입력과 임펄스 응답과의 컨볼루션 적분을 구하는 과정이 되는데, 이것이 이번 단원의 주요 학습 내용이다.

상태-공간 표현은 시스템에 대한 상태 변수를 정의하고, 상태 변수를 사용한 상태방정식 및 출력방정식에 의해 시스템을 표현하는 방식이다. 상태방정식도 미분방정식 형태로 표현되는데 고차의 미분방정식이 아니라 여러 개의 상태 변수에 의한 연립 1차 미분방정식 형태로 주어진다.

이 책에서는 상태-공간 표현은 생략하고, 입출력 미분방정식과 임펄스 응답을 중점적으로 다룬다. 또한 시스템을 선형 시불변(LTI)으로만 한정한다. 비선형이거나 시변 시스템의 경우 미분방정식이 복잡해서 해를 구하기 어려우며, 컨볼루션 적분으로 출력을 구하는 것은 시스템이 선형이어야만 가능하다.

입출력 미분방정식에 의한 시스템 표현

시스템의 한 예로 전기 회로를 들 수 있다. 전원이 입력이 되고 특정 소자에 걸리는 전압 또는 특정 소자에 흐르는 전류가 출력이 된다. 회로 해석에 의해 원하는 출력과 입력 간의 미분방정식을 유도할 수 있다. 예를 들어 그림 2.32의 회로를 고려하자. 여기서 전류원 $i_s(t)$가 입력 $x(t)$가 된다. 커패시터에 걸리는 전압 $v_C(t)$를 출력 $y(t)$로 보자. 키르히호프의 전류 법칙을 적용하여 다음을 얻을 수 있다.

$$i_s(t) = i_R(t) + i_C(t) = \frac{v_C(t)}{R} + C\frac{dv_C(t)}{dt} \tag{2.76}$$

여기에 $i_s(t) = x(t),\ v_c(t) = y(t)$를 대입하고 정리하면 다음 식을 얻는다.

$$\frac{dy(t)}{dt} + \frac{1}{RC}y(t) = \frac{1}{C}x(t) \tag{2.77}$$

위의 식은 입력과 출력을 변수로 한 미분방정식이다.

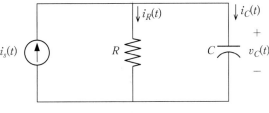

그림 2.32 전기회로의 예

일반적으로 선형 시스템의 미분방정식은 출력과 입력의 여러 차수 도함수들의 선형 조합(즉 가중치가 있는 여러 성분의 합)으로써 표현된다. 이 때 시스템이 시불변이라면 선형 조합의 가중치가 시간의 함수가 아닌 상수가 된다. 인과 선형 시불변(Linear Time Invariant: LTI) 시스템의 입출력 미분방정식은 다음과 같은 선형 상미분방정식으로 표현된다.

$$\sum_{n=0}^{N} a_n \frac{d^n y(t)}{dt^n} = \sum_{m=0}^{M} b_m \frac{d^m x(t)}{dt^m},\ N \geq M \tag{2.78}$$

위의 미분방정식의 차수는 N으로 차수가 높을수록 시스템의 역동성을 정교하게 표현할 수 있으나 미분방정식의 해를 구하는 것이 어려워진다. 인과 시스템에서는 $N \geq M$ 의 관계가 성립한다. 미분방정식의 계수 $\{a_k, b_k\}$ 는 시스템의 구조에 따라 결정된다. 그림 2.32의 회로는 1차 회로이며, 미분방정식의 계수는 회로의 저항값과 커패시터 용량값에 의해 결정된다. 만일 미분방정식의 계수 $\{a_k, b_k\}$ 가 상수가 아니라 시간의 함수라면, 이 시스템은 시변 시스템이 된다.

임펄스 응답에 의한 시스템 표현

그림 2.33에 보인 바와 같이 시스템에 단위 임펄스 $\delta(t)$ 를 입력으로 가했을 때의 출력을 임펄스 응답(impulse response)으로 정의한다. 임펄스 응답을 $h(t)$ 로 표기하면

$$h(t) = T[\delta(t)] \tag{2.79}$$

가 된다.[7] 임펄스 응답은 선형 시스템의 해석에서 매우 중요하다. 그 이유는 일단 임펄스 응답을 알고 있기만 하면, 주어진 입력에 대한 출력을 비교적 쉽게 계산할 수 있기 때문이다. 여기서 출력을 구하는 과정은 임펄스 응답과 입력과의 컨볼루션 적분을 계산하는 것인데,

$$y(t) = h(t) * x(t) = \int_{-\infty}^{\infty} x(\tau)h(t-\tau)d\tau \tag{2.80}$$

와 같은 수식의 연산이 된다. 컨볼루션 적분에 의하여 출력을 계산하는 방법은 2.5.3절에서 예제를 통해 설명한다. 미분방정식에 의한 시스템 표현과 비교하면, 미분방정식의 차수가 높은 경우 방정식의 해를 구하는 것이 쉽지 않다. 임펄스 응답에 의한 시스템 표현에서는 식 (2.80)의 적분만 계산하면 되므로 상대적으로 출력을 구하기가 쉽다.[8] 한편 컨볼루션에 의해 출력을 구하는 것은 외부 입력에 대한 응답만을 구한 것으로 시스템 내부 에너지에 의한 응답은 고려하지 않은 것이라는 점은 유의할 필요가 있다.

---

7) 만일 시스템이 시변이라면 임펄스 응답은 임펄스를 언제 가하는가에 따라 달라진다. 임펄스를 시각 τ 에서 가했을 때의 응답은 $h(t,\tau) = T[\delta(t-\tau)]$ 와 같이 변수 두 개를 사용하여 표현한다. 만일 시스템이 시불변이라면 $h(t,\tau) = h(t-\tau)$ 가 된다. 이 책에서는 시불변 시스템에 대해서만 다루는 것으로 한정한다.

8) 다만 임펄스 함수는 이론적으로만 가능하며 물리적으로 실현할 수는 없는 신호이다.

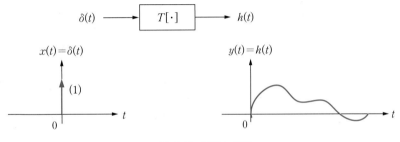

그림 2.33 임펄스 응답

모르는 시스템이라 하더라도(단 선형 시스템이어야 함) 임펄스를 입력으로 가하여 나오는 출력을 측정하기만 하면 임의의 입력에 대해서도 출력이 어떻게 나올 것인지 (컨볼루션 적분을 사용하여) 계산을 할 수 있다.[9] 따라서 임펄스 응답을 알고 있다는 것은 시스템을 알고 있다는 것과 동등하다. 이런 의미에서 임펄스 응답은 시스템을 표현하는 한 가지 방법이 되는 것이다.

2.5.3 컨볼루션 적분

2장에서 살펴보았던 임펄스 함수의 체질 성질(sifting property)을 다시 써보자.

$$x(t) = \int_{-\infty}^{\infty} x(\tau)\delta(t-\tau)d\tau \tag{2.81}$$

식 (2.81)을 이용하여 LTI 시스템의 출력 $y(t)$를 구해보자. 선형성으로부터

$$y(t) = T[x(t)] = T\left[\int_{-\infty}^{\infty} x(\tau)\delta(t-\tau)d\tau\right] = \int_{-\infty}^{\infty} x(\tau)T[\delta(t-\tau)]d\tau \tag{2.82}$$

가 성립한다. 시스템이 시불변이라면 임펄스를 τ만큼 이동시켜 입력했을 때의 출력은 $h(t)$를 τ만큼 이동시킨 것과 같다. 즉

$$h(t-\tau) = T[\delta(t-\tau)] \tag{2.83}$$

따라서 식 (2.82)는 다음과 같이 된다.

---

9) 임펄스 함수를 물리적으로 정확히 실현할 수 없으므로 모르는 시스템에 임펄스를 가하여 임펄스 응답을 정확히 구한다는 것 역시 현실적으로 가능한 것은 아니다.

$$y(t) = \int_{-\infty}^{\infty} x(\tau)\, T[\delta(t-\tau)]d\tau = \int_{-\infty}^{\infty} x(\tau)h(t-\tau)d\tau \qquad (2.84)$$

식 (2.84)와 같은 형태의 적분식을 컨벌루션 적분, 간단히 컨벌루션(convolution)이라고 부르며 다음과 같이 * 기호를 사용하여 표현한다.

$$x(t) * h(t) \equiv \int_{-\infty}^{\infty} x(\tau)h(t-\tau)d\tau \qquad (2.85)$$

이상의 결과를 요약하면, LTI 시스템의 출력은 입력과 임펄스 응답과의 컨볼루션이 된다.

컨볼루션의 성질

컨볼루션이 지니고 있는 성질들은 시스템 해석에 있어 중요한 물리적 의미를 갖는다. 이러한 성질들은 시스템의 분석과 설계에서 유용하게 활용할 수 있다. 컨볼루션의 성질을 이용하면 컨볼루션 계산을 쉽게 할 수 있으며, 또한 다수의 시스템 블록들을 여러 가지 형태로 상호 연결했을 때 전체 시스템을 대표하는 등가 임펄스 응답을 쉽게 구할 수 있다.

① 교환성: 연산 대상 신호의 순서를 바꾸어도 상관 없다.

$$x(t) * h(t) = h(t) * x(t) \qquad (2.86)$$

컨볼루션의 교환성은 그림 2.34(a)에 보인 바와 같이 선형 시불변 시스템의 입력과 임펄스 응답의 역할을 서로 바꾸어도 동일한 출력을 만들어낸다는 것을 의미한다.

② 결합성: 연속하여 컨벌루션을 할 때 조합되는 순서는 영향을 주지 않는다.

$$\{x(t) * h_1(t)\} * h_2(t) = x(t) * \{h_1(t) * h_2(t)\} \qquad (2.87)$$

컨볼루션의 결합성이 나타내는 의미는 다음과 같다. 임펄스 응답이 각각 $h_1(t)$와 $h_2(t)$인 두 개의 시스템을 직렬로 연결한 경우의 출력은 임펄스 응답이 $h(t) \equiv h_1(t) * h_2(t)$인 한 개의 등가 시스템의 출력과 동일하다. 이 관계를 그림 2.34(b)에 보인다.

③ 분배성: 덧셈 연산에 대해 분배 법칙이 성립한다.

$$x(t) * \{h_1(t) + h_2(t)\} = x(t) * h_1(t) + x(t) * h_2(t) \tag{2.88}$$

컨볼루션의 분배성이 나타내는 의미는 다음과 같다. 임펄스 응답이 각각 $h_1(t)$와 $h_2(t)$인 두 개의 시스템을 병렬로 연결한 경우의 출력은 임펄스 응답이 $h(t) \equiv h_1(t) + h_2(t)$인 한 개의 등가 시스템의 출력과 동일하다. 이 관계를 그림 2.34(c)에 보인다.

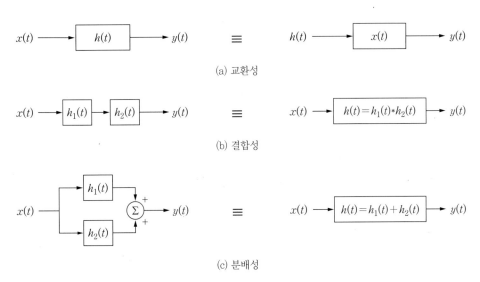

그림 2.34 컨볼루션의 성질

컨볼루션 적분의 계산

식 (2.85)로 표현되는 컨볼루션 적분의 계산에서는 $x(\tau)$와 $h(t-\tau)$를 곱하고 τ에 대해 적분하면 된다. 이 때 두 신호가 모든 시구간에 존재하는 것은 아니므로 실질적으로 겹치는 구간에서만 적분을 해주면 된다. 두 신호가 겹치는 구간을 따지기 위해 그림을 그려서 접근하는 것이 쉽다. 컨볼루션 적분 수식에서 적분 변수는 τ이므로 두 신호에 대한 시간축을 τ로 생각하고 신호를 그린다. 슬라이딩(sliding) 방식으로 불리는 이 계산 방식은 두 신호 중 하나 $x(\tau)$는 고정시키고 다른 신호는 $h(t-\tau)$ 형태로 τ축을 따라 이동시키면서 두 신호가 겹치는 구간에서 적분을 계산하는 방식이다.

여기서 $h(t-\tau)$의 파형에 대해 살펴보자. $h(t-\tau)$에서 시간 변수는 τ이고 t는 파라미터임을 주의하자. 먼저 $h(-\tau)$는 $h(\tau)$에 대한 시간 반전이므로 그 모양은 $h(\tau)$를 세로축에 대해 뒤집은 거울상(mirror image)이 된다. 그 다음 $h(t-\tau) = h(-(\tau-t))$이므로 $h(t-\tau)$는 $h(-\tau)$를 오른쪽으로 t만큼 이동시킨 모양이 된다(물론 $t < 0$이면 실제로는 왼쪽으로 이동

된 신호이다). 그 다음 두 신호가 겹치는 부분에 대해 적분을 계산하면 되는데, t에 따라 겹치는 구간이 달라지므로 이에 맞추어 적분 상한과 하한을 결정한다.

컨볼루션은 교환성을 가지므로 고정시키는 신호와 반전-이동시키는 신호 중 선택의 자유가 있다. 즉 $h(\tau)$를 고정시키고 $x(t-\tau)$의 그래프를 t에 따라 이동시키면서 적분을 구해도 된다. 이제 컨볼루션 적분의 계산 방법을 예제를 통해 구체적으로 알아보도록 하자.

예제 2.4

그림 2.35와 같은 모양을 가진 다음 두 신호의 컨볼루션을 구하고 결과 신호 $y(t)=x(t)*h(t)$를 그림으로 그려보라.

$$x(t)=e^{-at}u(t), \quad a>0$$
$$h(t)=u(t)$$

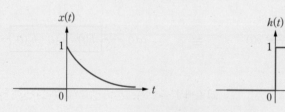

그림 2.35 예제 2.4의 신호

풀이

그림 2.36에 계산 과정을 보이는데, $x(\tau)$를 고정시키고 $h(t-\tau)$를 τ 축에서 이동시키면서 두 파형이 겹치는 구간에서 두 신호의 곱을 적분한다. $h(t-\tau)=h(-(\tau-t))$이므로 $h(t-\tau)$는 $h(-\tau)$를 오른쪽으로 t만큼 이동시킨 신호이다. 그림 2.36(a)에 $x(\tau)$와 $h(t-\tau)$의 파형을 보인다. 그림 2.36(b)는 t의 여러 경우에 대해 겹치는 구간 유형이 달라짐을 보인다.

i) $t<0$

$x(\tau)$와 $h(t-\tau)$가 겹치는 구간이 없으므로

$$y(t)=0$$

ii) $t \geq 0$

겹치는 구간은 $(0, \ t)$이므로

$$y(t) = \int_{-\infty}^{\infty} x(\tau)h(t-\tau)d\tau = \int_{0}^{t} e^{-a\tau}d\tau = \frac{1}{a}(1-e^{-at})$$

위의 결과에 의해 출력은 다음과 같으며 출력의 모양은 그림 2.36(c)와 같다.

$$y(t) = \frac{1}{a}(1-e^{-at})u(t)$$

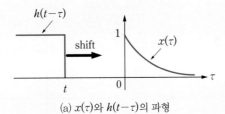

(a) $x(\tau)$와 $h(t-\tau)$의 파형

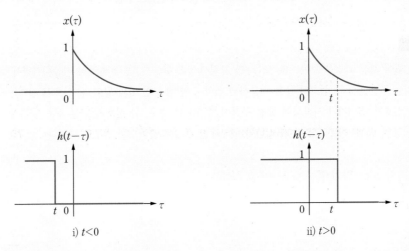

i) $t<0$ ii) $t>0$

(b) t에 따른 $x(\tau)$와 $h(t-\tau)$의 겹치는 구간 유형

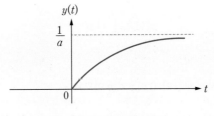

(c) 컨볼루션 계산 결과 파형

그림 2.36 예제 2.4의 풀이 과정

그림 2.37에 보인 입력 신호와 임펄스 응답의 컨볼루션을 구하고 출력 신호 $y(t)=x(t)*h(t)$를 그림으로 그려보라.

$$x(t)=u(t)-u(t-a)$$
$$h(t)=u(t)-u(t-b), \quad b>a>0$$

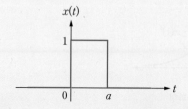
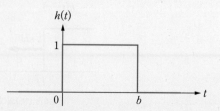

그림 2.37 예제 2.5의 입력과 임펄스 응답

풀이

그림 2.38에 계산 과정을 보이는데, $x(\tau)$를 고정시키고 $h(t-\tau)$를 τ 축에서 이동시키면서 두 파형이 겹치는 구간에서 두 신호의 곱을 적분하면 된다. 그림에 보인 바와 같이 두 신호가 겹치는 구간의 유형은 신호가 겹쳐지기 시작하여 중첩 구간이 증가하는 경우, 한 신호가 다른 신호 구간에 완전히 들어간 경우, 반전-이동 신호가 빠져 나가면서 중첩 구간이 줄어드는 경우로 나뉜다.

(a) $t<0$

$x(\tau)$와 $h(t-\tau)$가 겹치는 구간이 없으므로

$$y(t)=0$$

(b) $0 \leq t < a$

$x(\tau)$와 $h(t-\tau)$가 겹치는 구간이 $0 \leq \tau < t$이므로

$$y(t)=\int_0^t (1)d\tau = t$$

(c) $a \leq t < b$

$x(\tau)$와 $h(t-\tau)$가 겹치는 구간이 $0 \leq \tau < a$이므로

$$y(t)=\int_0^a (1)d\tau = a$$

(d) $b \leq t < a+b$

$x(\tau)$와 $h(t-\tau)$가 겹치는 구간이 $t-b \leq \tau < a$ 이므로

$$y(t) = \int_{t-b}^{a} (1)d\tau = a+b-t$$

(e) $t \geq a+b$

$x(\tau)$와 $h(t-\tau)$가 겹치는 구간이 없으므로

$$y(t) = 0$$

이상 (a)~(e)의 결과를 종합하여 그림 2.38(f)를 얻는다.

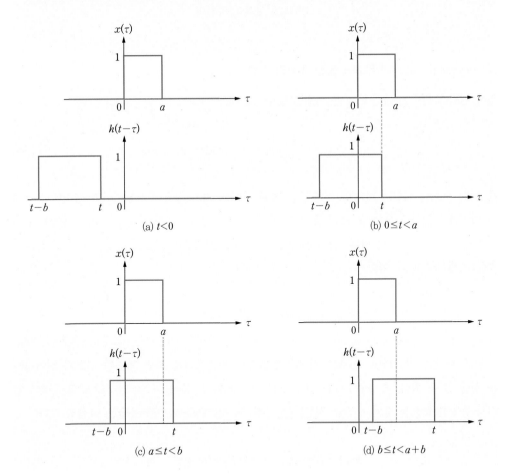

(a) $t<0$

(b) $0 \leq t < a$

(c) $a \leq t < b$

(d) $b \leq t < a+b$

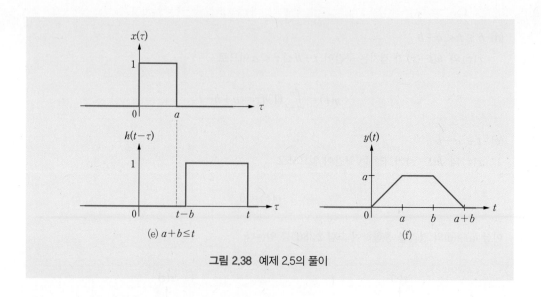

(e) $a+b \leq t$

(f)

그림 2.38 예제 2.5의 풀이

항등(identity) 시스템과 무왜곡 통신 채널의 임펄스 응답

앞서 임펄스 함수의 다음과 같은 성질을 알아보았다.

$$x(t) * \delta(t) = \int_{-\infty}^{\infty} x(\tau)\delta(t-\tau)d\tau = x(t) \tag{2.89}$$

즉 어떤 신호를 임펄스 함수와 컨볼루션 적분을 하면 자기 자신이 된다. 어떤 시스템의 출력이 입력과 동일한 경우(예를 들어 통신 시스템의 수신 신호가 송신 신호와 동일한 경우) 이 시스템을 항등 시스템이라 한다. 위의 결과에 의해 항등 시스템의 임펄스 응답은 다음과 같다는 것을 쉽게 확인할 수 있다.

$$h(t) = \delta(t) \leftrightarrow y(t) = x(t) \tag{2.90}$$

위의 결과를 확장하면, 신호를 지연된 임펄스와 컨볼로션을 하면 지연된 신호가 얻어진다는 것을 알 수 있다. 즉 $x(t) * \delta(t-t_0) = x(t-t_0)$가 된다. 그러므로 어떤 시스템의 출력이 입력과 동일한 모양을 갖되 t_0만큼 지연되는 경우, 이 시스템의 임펄스 응답은 다음과 같다.

$$h(t) = \delta(t-t_0) \leftrightarrow y(t) = x(t-t_0) \tag{2.91}$$

통신 시스템에서 송신기를 떠난 신호는 거리에 따라 크기가 감쇠하고 지연되어 수신기로 들어온다. 송신 신호가 상수의 배율(k배)로 곱해지고 일정 시간(t_0)만큼 지연되어 수신기에 들어온다면 수신 신호의 모양 자체는 송신 신호의 모양과 동일하므로 정보의 복구에 문제가 없다. 이러한 통신 환경을 무왜곡 전송(distortionless transmission) 조건이라 한다. 이 조건을 만족시키는 통신 채널의 임펄스 응답은 다음 식과 같이 된다. 그림 2.39에 이 특성을 보인다.

$$h(t) = k\delta(t - t_0) \leftrightarrow y(t) = kx(t - t_0) \tag{2.92}$$

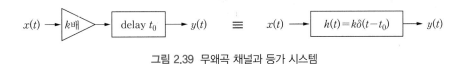

그림 2.39 무왜곡 채널과 등가 시스템

2.5.4 선형 시불변 시스템

LTI 시스템의 임펄스 응답을 안다는 것은 그 시스템에 대한 모든 것을 안다는 것과 같다. 임펄스 응답만 알고 있으면 임의의 입력에 대한 출력을 계산할 수 있기 때문이다. 이번 절에서는 LTI 시스템에 대하여 시스템의 주요 속성이 임펄스 응답과 어떻게 관계되는지 정리해본다. 시스템 설계에서 중요한 속성들, 예를 들어 인과성과 안정성을 임펄스 응답을 조사함으로써 판정할 수 있음을 보인다.

① 무기억성

LTI 시스템이 무기억성(memoryless)을 갖는다는 것은 출력이 현재 순간의 입력에만 관계될 뿐, 과거나 미래의 입력과는 무관하다는 것을 의미한다. 이러한 시스템의 출력은

$$y(t) = Kx(t), \quad K\text{는 상수} \tag{2.93}$$

와 같이 표현되므로 임펄스 응답은 다음과 같다.

$$h(t) = K\delta(t) \tag{2.94}$$

② 인과성(causality)

인과성의 개념은 미래의 입력이 현재의 출력에 영향을 주지 않는다는 것이다. LTI 시스템이

인과적이기 위해서는 '입력이 없으면 출력도 없다'라는 원칙이 지켜져야 한다. 임펄스 함수는 $t<0$에서 0이므로 임펄스에 대한 출력인 임펄스 응답도 $t<0$에서 0이어야만 인과적이 될 수 있다. 정리하면 LTI 시스템이 인과적이기 위해서는 다음 조건을 만족해야 한다.

$$h(t)=0, \ t<0 \tag{2.95}$$

LTI 시스템이 인과적이라면 컨볼루션에 의한 출력의 연산은 다음과 같이 된다.

$$y(t) = \int_{-\infty}^{\infty} x(\tau)h(t-\tau)d\tau = \int_{-\infty}^{t} x(\tau)h(t-\tau)d\tau$$
$$= \int_{-\infty}^{\infty} h(\tau)x(t-\tau)d\tau = \int_{0}^{\infty} h(\tau)x(t-\tau)d\tau \tag{2.96}$$

③ 안정성(stability)

시스템이 BIBO 안정적이기 위해서는 크기가 제한된 임의의 입력에 대해 출력도 크기가 제한되어야 한다는 것이다. LTI 시스템에 대하여 이 조건을 임펄스 응답과 관계지어보자. 유한한 크기의 입력, 즉 $|x(t)|<B$인 신호가 LTI 시스템에 가해진다고 하자. 그러면 출력의 크기는 다음과 같이 된다.

$$|y(t)|=\left|\int_{-\infty}^{\infty} h(\tau)x(t-\tau)d\tau\right| \le \int_{-\infty}^{\infty} |h(\tau)||x(t-\tau)|d\tau \le B\int_{-\infty}^{\infty} |h(\tau)|d\tau \tag{2.97}$$

시스템의 임펄스 응답이 절대 적분가능(absolutely integrable)하다고 하자. 즉 다음 조건을 만족시킨다고 하자.

$$\int_{-\infty}^{\infty} |h(t)|dt < \infty \tag{2.98}$$

그러면 식 (2.97)에서 출력이 유한한 크기가 된다는 것이며, 따라서 시스템은 BIBO 안정하다.

LTI 시스템의 안정성을 정리해보자. BIBO 안정성 정의에 따라 임의의 유한 크기의 입력이 유한 크기의 출력을 발생시키는지 확인하는 방법을 사용해도 되지만 임펄스 응답 $h(t)$만 가지고도 안정성 판정이 가능하다. 식 (2.98)이 만족되면, 즉 임펄스 응답이 절대 적분가능하면 시스템은 BIBO 안정하다.

2.6 상관 함수

두 신호 사이에 얼마나 유사성이 있는지, 또는 어느 신호의 현재 시점에서의 값이 과거의 값과 어느 정도 연관이 있는지를 나타내는 척도를 정의하면 신호 처리나 통신에서 매우 유용하다. 예를 들어 디지털 통신 시스템에서 데이터에 따라 두 개의 신호 중 한 개가 전송되고, 수신기에서는 어느 신호가 들어왔는지를 판단해야 한다. 수신기에서는 입력 신호가 두 개의 신호 중 어느 것과 유사한지를 비교하여 그 결과에 따라 데이터를 복구하도록 수신기를 설계할 수 있다. 이것이 정합필터의 개념인데, 뒤에 디지털 수신기를 다루는 장에서 상세히 설명한다. 여기서 두 신호 사이의 유사성 정도를 표현하는 척도로 상호상관 함수(cross-correlation function)를 사용할 수 있다.

또 다른 예로 정현파 신호와 같은 규칙적인 신호와 잡음과 같이 극도로 불규칙한 신호에 대해 생각해보자. 우리가 손으로 정현파 신호를 그린다고 할 때 과거의 신호 파형의 궤적을 보고 현재의 신호값을 결정하여 그리게 된다. 이것은 신호 파형의 현재 값은 이전 값과 유사성이 있다는 것을 이용한 것이다. 이에 비하여 잡음 파형을 그릴 때는 바로 이전의 샘플 값을 의식하지 않고 임의로 그릴 것이다. 즉 잡음 파형의 현재 값은 전 후의 값과 유사성이 없다. 이와 같이 어느 한 신호에 대하여 시간축 상으로 천이시켰을 때 유사성 정도를 표현하는 척도로 자기상관 함수(auto-correlation function)를 사용한다.

이와 같이 두 신호 사이의 유사성 정도를 나타낼 때 상호상관 함수를 사용하고, 한 신호에 대해 시간차에 따른 유사성 정도를 나타낼 때 자기상관 함수를 사용한다. 앞서 우리는 신호를 결정형 신호와 랜덤 신호, 그리고 에너지 신호와 전력 신호 등으로 분류하였다. 신호 사이의 유사성 정도를 수학적으로 정의하기 위해서는 신호가 가진 특성을 같이 고려해야 한다. 구체적으로 신호가 에너지 신호인지 전력 신호인지에 따라 서로 다른 유사성 척도의 정의를 사용하며, 또한 결정형 신호인지 랜덤 신호인지에 따라 다른 정의를 사용한다. 여기서는 신호가 결정형 신호라고 가정하고 상호상관 함수와 자기상관 함수를 정의한다. 랜덤 신호에 대한 상관 함수는 6장에서 확률과정을 다루면서 정의하기로 한다. 랜덤 신호는 전력 신호로 분류되며, 결정형 전력 신호의 상관 함수의 정의에서 시간평균이 사용되는 데에 비해 랜덤 신호의 상관 함수의 정의에서는 통계적 평균이 사용된다.

2.6.1 신호의 유사성과 신호 검출

통신 시스템의 수신기에서 수신 신호가 여러 데이터를 대표하는 신호 집합 중에서 어느 신호인지를 판별하거나, 레이더에서의 신호 검출과 같이 어떤 물체가 존재하는지 여부를 판단하는 과정에서 신호 간 유사성 정도를 척도로 사용한다. 레이더에서는 미리 정한 신호 펄스를 전송하고 물체로부터 반사되어 들어오는 동일한 모양의 신호가 있는지를 조사한다. 물체가 존재하지 않으면 반사되는 펄스는 존재하지 않고 잡음 형태의 신호만 수신될 것이다. 만일 물체가 존재한다면 반사되어 들어오는 펄스가 수신되므로, 미리 알고 있는 펄스와 수신 신호 간의 유사성을 검사하여 물체의 유무를 판정한다. 두 신호 $x(t)$와 $y(t)$ 간의 유사성 척도로 다음과 같은 식을 고려할 수 있다.

$$c = \int_{-\infty}^{\infty} x(t)y(t)dt \tag{2.99}$$

그러나 동일한 모양의 신호가 지연되어 들어오는 경우 위의 적분값은 0이 되어 상관도가 없는 것으로 판정할 수 있다. 실제로 레이더의 경우 물체 간의 거리로 인하여 반사파와 전송 펄스와는 시간차가 있게 된다. 그리고 이 시간차를 이용하여 물체 간 거리도 계산할 수 있다. 이러한 문제를 해결하기 위하여 전송 신호 $x(t)$와 수신 신호를 τ만큼 천이시킨 신호 $y(t+\tau)$와의 상관값을 사용한다. 즉

$$R_{xy}(\tau) \triangleq \int_{-\infty}^{\infty} x(t)y(t+\tau)dt \tag{2.100}$$

와 같이 상관 함수를 정의하여 사용한다.

2.6.2 상호상관 함수

앞서 정의한 상관 함수에서는 레이더의 펄스 신호와 같이 에너지 신호에 대해서는 유용하지만 다른 부류의 신호인 경우에는 수정이 필요하다. 식 (2.100)은 전력 신호인 경우 값이 ∞로 발산할 수 있으므로 이 경우 시간평균을 적용한다. 한편 랜덤 신호인 경우에는 통계적 평균을 사용하며 6장에서 정의한다. 여기서는 신호가 결정형 신호라고 가정한다.

에너지 신호의 상호상관 함수

에너지 신호 $x(t)$와 $y(t)$ 간의 상호상관 함수(cross-correlation function)는 다음과 같이 정의한다.

$$R_{xy}(\tau) \triangleq \int_{-\infty}^{\infty} x^*(t)y(t+\tau)dt \tag{2.101}$$

앞의 정의는 일반적으로 복소 신호를 가정한 것이고, 만일 신호가 실(real) 신호라면 식 (2.100)과 동일하다.

전력 신호의 상호상관 함수

전력 신호 $x(t)$와 $y(t)$ 간의 상호상관 함수(cross-correlation function)는 다음과 같이 시간평균을 사용하여 정의한다.

$$R_{xy}(\tau) = \lim_{T \to \infty} \frac{1}{T} \int_{-T/2}^{T/2} x^*(t) y(t+\tau) dt \tag{2.102}$$

만일 신호가 주기 T_0를 가진 주기 신호라면 식 (2.102)는 다음과 같이 된다.

$$R_{xy}(\tau) = \frac{1}{T} \int_{-T_0/2}^{T_0/2} x^*(t) y(t+\tau) dt \tag{2.103}$$

2.6.3 자기상관 함수

임의의 신호와 그 자신의 신호에 대한 상관을 자기상관(auto-correlation)이라 한다. 자기상관 함수는 신호가 시간에 따라 어느 정도 특성 변화를 가지는지를 나타내는 척도로 해석할 수 있다. 자기상관 함수는 주파수 영역에서도 신호의 특성 해석에 사용될 수 있다. 즉 자기상관 함수에 대한 푸리에 변환을 하면 에너지가 어느 주파수대에 분포되어 있는지를 나타내는 스펙트럼 밀도를 나타낸다. 주파수 영역에서의 의미는 다음 장에서 다루기로 한다.

에너지 신호의 자기상관 함수

에너지 신호 $x(t)$의 자기상관 함수는 다음과 같이 정의한다.

$$R_x(\tau) \triangleq \int_{-\infty}^{\infty} x^*(t) x(t+\tau) dt \tag{2.104}$$

자기상관 함수는 다음과 같은 성질을 가진다.

① 대칭성

$$R_x(\tau) = R_x^*(-\tau) \tag{2.105}$$

만일 실수값을 갖는 신호라면, $R_x(\tau) = R_x(-\tau)$가 성립한다.

② 시간차 $\tau = 0$인 경우 자기상관 함수값은 신호의 에너지가 된다. 즉

$$R_x(0) = \int_{-\infty}^{\infty} |x(t)|^2 dt = E \tag{2.106}$$

③ $\tau = 0$에서 최대의 상관값을 가진다. 즉 모든 τ에 대하여 다음이 성립한다.

$$|R_x(\tau)| \le R_x(0) \tag{2.107}$$

예제 2.6

그림 2.40에 있는 신호의 자기상관 함수를 구하고 그려보라.

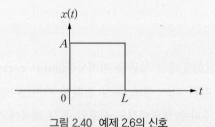

그림 2.40 예제 2.6의 신호

풀이

에너지 신호의 자기상관 함수 정의에 따라 값을 계산할 수 있지만, 여기서는 컨볼루션을 이용하여 표현해보기로 한다. $x(t)$는 실수값을 가지므로 대칭성 성질을 이용하면 자기상관 함수를 다음과 같이 표현할 수 있다.

$$R_x(\tau) = \int_{-\infty}^{\infty} x(t)x(t-\tau)dt$$

따라서 자기상관 함수는 다음과 같이 컨볼루션을 사용하여 표현할 수 있다.

$$R_x(\tau) = x(\tau) * x(-\tau)$$

그림 2.41에 자기상관 함수의 파형을 보인다. $R_x(0)$는 신호의 에너지와 동일한 것을 확인하라.

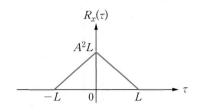

그림 2.41 예제 2.6 신호의 자기상관 함수

전력 신호의 자기상관 함수

전력 신호 $x(t)$의 자기상관 함수는 다음과 같이 시간평균을 사용하여 정의한다.

$$R_x(\tau) = \lim_{T \to \infty} \frac{1}{T} \int_{-T/2}^{T/2} x^*(t)x(t+\tau)dt \qquad (2.108)$$

만일 신호가 주기 T_0를 가진 주기 신호라면 식 (2.108)은 다음과 같이 된다.

$$R_x(\tau) = \frac{1}{T_0} \int_{-T_0/2}^{T_0/2} x^*(t)x(t+\tau)dt \qquad (2.109)$$

전력 신호의 자기상관 함수의 성질은 에너지 신호의 자기상관 함수의 성질을 모두 만족하는데, 식 (2.106)은 에너지 대신 평균전력으로 대치된다. 즉

$$R_x(0) = \lim_{T \to \infty} \frac{1}{T} \int_{-T/2}^{T/2} |x(t)|^2 dt = P \qquad (2.110)$$

이 된다. 추가로 주기 신호인 경우 자기상관 함수 역시 주기성을 가지며, 주기는 동일하다는 성질이 있다.

그림 2.42에 있는 신호의 자기상관 함수를 구하고 그려보라.

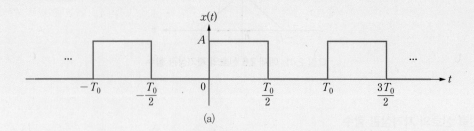

(a)

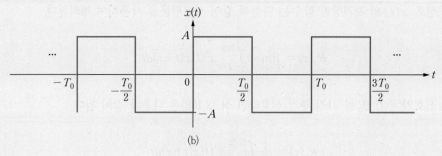

(b)

그림 2.42 예제 2.7의 신호

풀이

$x(t)$는 주기 신호이며 실수값을 가지므로 대칭성 성질을 이용하여 자기상관 함수를 다음과 같이 표현할 수 있다.

$$R_x(\tau) = \frac{1}{T_0} \int_{-T_0/2}^{T_0/2} x(t)x(t-\tau)dt$$

그림 2.43에 자기상관 함수의 파형을 보인다. $R_x(0)$는 신호의 평균전력과 동일한 것을 확인하라.

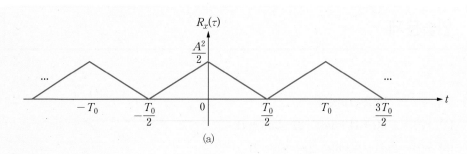

(a)

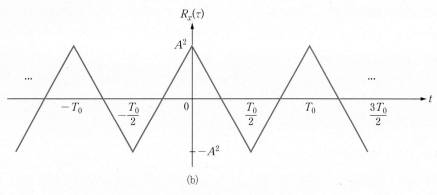

(b)

그림 2.43 예제 2.7 신호의 자기상관 함수

다음과 같은 정현파 신호의 자기상관 함수를 구하라.

$$x(t) = A\cos(2\pi f_0 t + \theta)$$

풀이

$$
\begin{aligned}
R_x(\tau) &= \frac{1}{T_0}\int_{-T_0/2}^{T_0/2} x(t)x(t-\tau)dt \\
&= \frac{1}{T_0}\int_{-T_0/2}^{T_0/2} A\cos(\omega_0 t + \theta)\cdot A\cos(\omega_0(t-\tau)+\theta)dt \\
&= \frac{1}{T_0}\int_{-T_0/2}^{T_0/2} \frac{A^2}{2}\{\cos(\omega_0\tau) + \cos(2\omega_0 t - \omega_0\tau + 2\theta)\}dt \\
&= \frac{A^2}{2}\cos(\omega_0\tau)
\end{aligned}
$$

자기상관 함수는 주기 신호이며, θ와는 무관하다는 것을 알 수 있다. $R_x(0)$는 신호의 평균전력 $A^2/2$과 동일하다.

연습문제

2.1 다음 신호의 파형을 그려보라.

(a) $x(t) = -u(t+1) + 3u(t-2) - 2u(t-4)$

(b) $x(t) = 2u(1-t) + \delta(t-2) - 2\delta(t+2)$

(c) $x(t) = 2\Pi(2t+3)$

(d) $x(t) = u(t)[u(t-2) + 2t^2\delta(t-4) - t^3\delta(t+3)]$

(e) $x(t) = u(1+t)u(2-t)$

(f) $x(t) = \Pi\left(\dfrac{t}{4}\right) * [\delta(2t) + \delta(t-2)]$

(g) $x(t) = \Lambda\left(\dfrac{t+1}{2}\right) - \Lambda\left(\dfrac{t-1}{2}\right)$

(h) $x(t) = \mathrm{Re}\{2e^{j\pi t/4}\}$

(i) $x(t) = \mathrm{Im}\{5e^{(-1+j\pi/2)t}\}$

(j) $x(t) = \Lambda(t-1) * \delta(2t-1)$

2.2 다음 신호의 파형을 그려보라. 신호의 에너지와 평균전력을 구하라. 신호가 에너지 신호인지, 전력 신호인지, 아니면 어느 쪽도 아닌지를 판단하라.

(a) $x(t) = \mathrm{sinc}\left(\dfrac{t}{2}\right)$

(b) $x(t) = \begin{cases} \sin t, & -\pi \le t \le \pi \\ 0, & \text{otherwise} \end{cases}$

(c) $x(t) = \left(\dfrac{1}{2} - e^{-t}\right)u(t)$

(d) $x(t) = (\sin \pi t)u(-t)$

(e) $x(t) = \begin{cases} -3, & t < 0 \\ t-3, & 0 \le t < 3 \\ 0, & t \ge 3 \end{cases}$

(f) $x(t) = -t[u(t+1) - u(t-1)]$

(g) $x(t) = \dfrac{1}{t}[u(t-1) - u(t-2)]$

2.3 다음 신호에 대한 1차 도함수를 수식으로 표현하고, $x(t)$와 $dx(t)/dt$의 파형을 그려보라.

(a) $x(t) = \sin \pi t [u(t) - u(t-3)]$

(b) $x(t) = \cos \pi t [u(t) - u(t-3)]$

(c) $x(t) = t u(t-1)$

(d) $x(t) = \sin\left(2t + \dfrac{\pi}{2}\right) u(2t)$

(e) $x(t) = \left(\cos \dfrac{2\pi t}{3}\right) u(-t)$

(f) $x(t) = \cos^2 t$

(g) $x(t) = e^{-2t}[u(t) - u(t-2)]$

(h) $x(t) = e^{-2t} u(t) * \delta(2t-1)$

(i) $x(t) = \Lambda\left(\dfrac{t-1}{2}\right) * \delta(t-1)$

(j) $x(t) = \Lambda(2t-1)$

2.4 다음의 적분값을 구하라.

(a) $\displaystyle\int_{-\infty}^{\infty} \left(\cos \dfrac{\pi t}{3}\right) u(1-t)\delta(t+1)dt$

(b) $\displaystyle\int_{0}^{2\pi} t\sin \dfrac{t}{2}\, \delta\left(\dfrac{\pi}{2}-t\right)dt$

(c) $\displaystyle\int_{-2}^{1} \left[e^{t-1}u(-1+t) + 2t\cos\left(\dfrac{\pi t}{3}\right)\right]\delta(2t-1)dt$

(d) $\displaystyle\int_{-2}^{1} \left[e^{-2t} + 2\sin\left(\dfrac{\pi t}{3}\right)\right][\delta(\pi(t+1)) - \delta(2t-\pi)]dt$

(e) $\displaystyle\int_{-\infty}^{\infty} (t^2-1)\delta(t+2)dt$

(f) $\displaystyle\int_{-\infty}^{\infty} (2t+1)\delta\left(\dfrac{2}{3}t-1\right)dt$

(g) $\displaystyle\int_{-2}^{2} \left[e^{t-1} + \cos\left(\dfrac{\pi t}{3}\right)\right]\delta(t+1)dt$

(h) $\displaystyle\int_{-3}^{-2} \left[e^{-t+1} + 2\cos\left(\dfrac{\pi t}{6}\right)\right]\delta(t+1)dt$

(i) $\displaystyle\int_{-\infty}^{t} \sin \tau u(\tau)d\tau$

(j) $\displaystyle\int_{-\infty}^{t} \cos \tau \delta(\tau)d\tau$

(k) $\displaystyle\int_{-\infty}^{t} \cos \dfrac{\pi \tau}{8}\delta(2-\tau)d\tau$

2.5 $h(t)$가 크기는 1이고 펄스폭이 2인 삼각 펄스, 즉 $h(t) = \Lambda(t)$라 하자. $x(t)$는 다음 식과 같은 주기 T의 임펄스열이라 하자.

$$x(t) = \sum_{n=-\infty}^{\infty} \delta(t - nT)$$

다음의 경우에 대하여 컨볼루션 적분 $y(t) = h(t) * x(t)$를 구하고 파형을 그려보라.

(a) $T = 3$

(b) $T = 2$

(c) $T = 1.5$

2.6 다음의 컨볼루션을 구하고 결과 신호의 파형을 그려보라.

(a) $t[u(t) - u(t-1)] * u(t+1)$

(b) $\Pi\left(\dfrac{t}{2}\right) * u(t+1)$

(c) $\Pi\left(\dfrac{t}{2}\right) * \Pi\left(\dfrac{t}{2}\right)$

(d) $u(t) * u(t)$

2.7 그림 P2.7에 보인 두 신호를 컨볼루션하여 얻어진 신호를 그려보라.

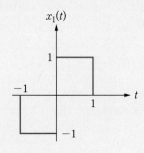 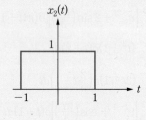

(a)

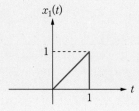 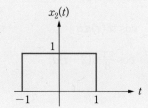

(b)

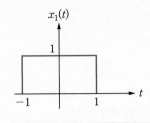

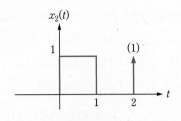

(c)

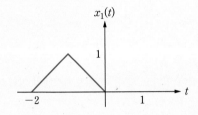

(d)

그림 P2.7

2.8 LTI 시스템의 입력 $x(t)$ 와 임펄스 응답 $h(t)$ 가 다음과 같다고 하자. 시스템의 출력 $y(t)$ 를 구하고 그려보라.

(a) $x(t) = e^{-t}u(t), \quad h(t) = u(t-1)$

(b) $x(t) = u(t), \quad h(t) = 2e^{-2t}u(t) + \delta(t+1)$

(c) $x(t) = \Lambda\left(\dfrac{t-2}{2}\right), \quad h(t) = \delta(t) + \delta(t-2) - \delta(t-4)$

2.9 어떤 LTI 시스템의 입력과 출력이 그림 P2.9와 같다고 하자.

(a) 이 시스템의 임펄스 응답을 구하라.

(b) $x(t) = 2\Pi\left(\dfrac{t-3}{6}\right)$ 이 입력되는 경우 출력을 구하라.

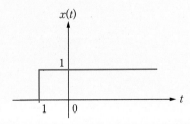

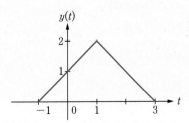

그림 P2.9

2.10 다음 컨볼루션에 의하여 얻어지는 신호의 파형을 그려보라.

(a) $y(t) = \Pi(4t) * 4\delta(2t)$

(b) $y(t) = \Pi(4t) * \mathrm{comb}(t)$

(c) $y(t) = \Pi(4t) * \mathrm{comb}(2t)$

(d) $y(t) = [\Lambda(2t+1) - \Lambda(2t-1)] * \frac{1}{2}\mathrm{comb}\left(\frac{t}{2}\right)$

여기서 $\mathrm{comb}(t)$는 다음과 같이 주기가 1인 임펄스열로 정의한다.

$$\mathrm{comb}(t) = \sum_{n=-\infty}^{\infty} \delta(t-n)$$

2.11 그림 P2.11에 보인 것처럼 서브시스템이 연결된 시스템이 있다고 하자. 각 서브시스템의 임펄스 응답은 다음과 같다고 가정하자.

$$h_1(t) = e^{-3t}u(t)$$
$$h_2(t) = e^{-2t}u(t)$$
$$h_3(t) = \delta(t-1)$$

(a) 이 시스템을 한 개의 등가 시스템으로 표현할 때, 임펄스 응답 $h_e(t)$는 어떻게 되는가?

(b) 이 시스템은 인과적인가?

(c) 이 시스템은 BIBO 안정적인가?

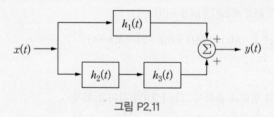

그림 P2.11

2.12 다음과 같은 임펄스 응답을 갖는 LTI 시스템의 인과성과 BIBO 안정성을 판별하라.

(a) $h(t) = \mathrm{sinc}^2(t)$

(b) $h(t) = \Lambda(t)$

(c) $h(t) = \Pi\left(\frac{1}{4}t - \frac{1}{2}\right)$

(d) $h(t) = (1-e^{-t})u(t)$

2.13 두 에너지 신호 $x(t)$와 $y(t)$의 상호상관 함수는 다음과 같이 정의된다.

$$R_{xy}(\tau) = \int_{-\infty}^{\infty} x(t)y(t-\tau)dt = \int_{-\infty}^{\infty} x(t+\tau)y(t)dt$$

(a) $R_{xy}(\tau) = x(\tau) * y(-\tau)$가 되는 것을 증명하라.

(b) $R_{xy}(\tau) = R_{yx}(-\tau)$가 되는 것을 증명하라.

2.14 LTI 시스템의 입력과 출력을 각각 $x(t)$와 $y(t)$라 하고, 임펄스 응답을 $h(t)$라 하자. 시스템 출력의 자기상관 함수는 다음과 같이 되는 것을 증명하라.

$$R_y(\tau) = R_x(\tau) * h(\tau) * h(-\tau)$$

2.15 다음 신호에 대하여 에너지 신호인지 전력 신호인지 판단하고, 자기상관 함수를 구하라.

(a) $x(t) = 2[u(t) - u(t-3)]$

(b) $x(t) = 5\cos(4\pi t + \pi/6)$

(c) $x(t) = 2 + \sin(5t)$

2.16 문제 2.15의 신호에 대해 에너지와 평균전력을 구하라.

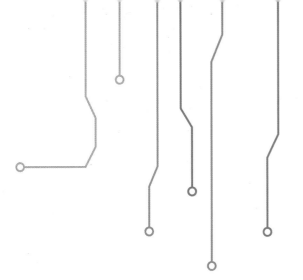

CHAPTER 03
신호의 주파수 영역 해석

신호의 주파수 영역 해석

2장에서는 신호와 시스템을 시간 영역에서 표현하고 해석하는 방법을 알아보았다. 시스템을 시간 영역에서 표현하는 방법으로 입출력 미분방정식과 임펄스 응답이 있다. LTI 시스템에서 주어진 입력 신호에 대한 출력을 구하는 것은 미분방정식의 해를 구하거나, 입력과 임펄스 응답과의 컨볼루션 적분을 계산하는 것이 된다. 이번 장에서는 신호와 시스템을 주파수 영역에서 표현하고 해석하는 방법을 다룬다. 신호의 주파수 영역 해석은 신호가 어떤 주파수 성분을 얼마나 많이 가지고 있는지를 나타내는 것이 기본이다. 이 개념은 신호를 여러 주파수 성분들로 분해할 수 있고, 역으로 이 주파수 성분들을 모두 더하여 신호를 다시 합성할 수 있다는 것이다.

시간 영역 시스템 해석은 입력신호의 값이 출력신호의 값과 시간에 따라 어떻게 매핑되는지 그 관계를 표현하고 분석하는 것이라 할 수 있다. 주파수 영역 시스템 해석은 입력신호의 주파수 성분과 출력신호의 주파수 성분이 어떻게 매핑되는지 그 관계를 해석하는 것이라 할 수 있다. 예를 들어 입력의 어떤 주파수 이상의 성분은 출력에서 억제하고 입력의 다른 주파수 성분은 잘 통과시키는 특성을 보이는 시스템을 생각할 수 있다. 이 예와 같이 신호를 구성하는 주파수 성분 중에서 선택적으로 통과시키고 차단하는 시스템을 필터(filter)라 한다. 주파수 성분별로 입력이 출력에 어떻게 매핑되는지 나타낸 함수를 주파수 응답(frequency response)이라 하며, 주파수 응답은 시스템을 주파수 영역에서 표현하는 방법이 된다.[1] 입력 신호를 여러 주파수 성분들의 합으로 표현할 수 있다면, 선형 시스템의 출력은 주파수 응답에 의하여 변화된 크기와 위상을 갖는 주파수 성분들이 합이 될 것이다.

주기 신호는 그 기본 주파수의 정수 배 주파수를 가진 정현파들을 크기와 위상을 적절히

---

1) 주파수 성분이 얼마나 되는지는 실수가 아닌 복소수로 나타낸다. 즉 크기 뿐만아니라 위상까지 정보에 포함시킨다. 주파수 응답은 입력의 주파수 성분 별로 크기와 위상을 얼마나 변화시켜서 출력으로 내보내는지를 나타내는 함수이다.

조절하여 더함으로써 합성할 수 있는데, 이것이 푸리에 급수의 이론이다. 신호를 합성하는 여러 주파수의 정현파들이 어떤 크기와 위상을 갖는지 안다는 것은 신호에 대한 모든 정보를 안다는 것과 동등하다. 따라서 신호를 구성하는 주파수 성분들의 크기와 위상을 제시하는 것은 신호를 시간 파형으로써 표현하는 방법과 다른 또 하나의 표현 수단이 된다. 이것이 신호의 주파수 영역 표현 방법이며 푸리에 급수가 이 표현 방법의 기초가 된다. 신호의 주파수 영역 표현은 비주기 신호에 대해서도 확장할 수 있으며, 푸리에 변환이 사용된다.

이 장에서는 시스템을 표현하고 출력을 구하는데 주파수 영역 접근 방법을 사용하는 기법에 대하여 알아본다. 입력 신호를 여러 주파수 성분들의 합으로 볼 수 있기 때문에, 만일 선형 시스템의 주파수 응답을 알고 있다면, 출력은 주파수 응답에 의하여 변화된 크기와 위상을 갖는 주파수 성분들이 합이 될 것이다. 시스템의 주파수 응답을 알 때 주어진 입력에 따라 출력을 구하는 과정을 알아볼 것이며, 신호와 시스템의 시간 영역 특성(예를 들어 전력, 에너지, 상관 함수 등)이 주파수 영역에서는 어떻게 관계되는지를 살펴본다. 통신 채널을 주파수 영역에서 살펴보고, 불완전한 통신 채널이 어떤 왜곡을 발생시키는지 분석한다. 또한 디지털 통신을 위한 신호의 표본화를 주파수 영역에서 해석한다.

3.1 스펙트럼의 개념

다음과 같은 정현파 신호를 고려하자.

$$x_1(t) = A_1 \cos(2\pi f_1 t + \phi_1) \tag{3.1}$$

이 신호의 주파수는 f_1 [Hz]이고, 신호를 특징짓는 다른 두 개의 파라미터는 진폭 A_1과 위상 ϕ_1이다. 식 (3.1) 신호의 주파수는 f_1으로 $x_1(t)$는 하나의 주파수 성분만 있다. (A_1, ϕ_1) 정보만 안다면 신호의 파형을 정확히 묘사할 수 있다.

한편 식 (3.1)은 $x_1(t) = A_1 \cos(2\pi f_1(t + \tau_1))$, $\tau_1 = \phi_1/2\pi f_1$와 같이 쓸 수도 있다. 즉 정현파의 위상은 시간 옵셋의 의미를 가진다. 다시 말해서 두 정현파가 위상만 다르다는 것은 두 신호가 서로 시간차(선행하거나 후행하거나)가 있다는 것과 같으며, 위상과 시간 옵셋은 결국 같은 정보라는 의미이다.

이번에는 다음과 같은 신호를 고려하자.

$$x_2(t) = A_2 \cos(2\pi f_2 t + \phi_2) \tag{3.2}$$

이 신호는 주파수가 f_1과 f_2인 두 개의 정현파를 더한 신호이며, 따라서 $x_2(t)$는 '두 개의 주파수 성분을 갖고 있다'는 표현을 할 수 있다. 주파수 성분별 진폭과 위상, 즉 (A_1, ϕ_1) 및 (A_2, ϕ_2)를 알면 신호를 정확히 묘사할 수 있다. 두 정현파가 더해져서 만들어진 $x_2(t)$ 파형만 보면, 특히 두 정현파의 위상이 다른 경우, 어느 주파수 성분이 얼마나 있는지 알아내기 어렵다. 그러나 식 (3.2)의 우변과 같이 두 정현파의 합으로 분해해서 나타내면 주파수 성분별로 얼마나 있는지를 쉽게 알 수 있다. 이것이 신호의 주파수 영역 표현의 개념이다. 신호를 주파수 성분별로 분해하여 주파수 성분별 진폭과 위상, 즉 (A_1, ϕ_1)와 (A_2, ϕ_2)로 나타낸 것이 스펙트럼(spectrum)이다.

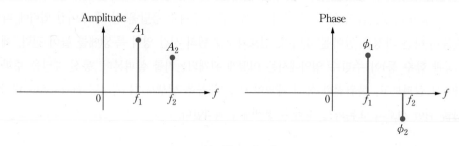

(a) 단측 스펙트럼

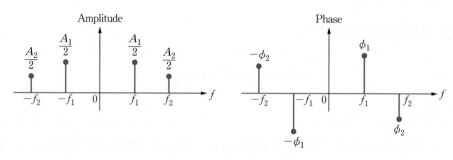

(b) 양측 스펙트럼

그림 3.1 스펙트럼의 개념

그림 3.1(a)에 $x_2(t)$의 스펙트럼을 보인다. 진폭 스펙트럼은 주파수 성분별 크기를 나타내며, 위상 스펙트럼은 주파수 성분별 위상을 나타낸다. 그림 3.1(b)의 양측 스펙트럼에 대해 설명하기 전에 먼저 정현파들을 더해 만들어진 신호 파형과 스펙트럼의 예를 살펴보자.

그림 3.2에 2~3개의 정현파를 더해 만들어진 신호 파형과 스펙트럼을 보인다. (a)는 주파수가 1Hz와 2Hz인 두 개의 정현파 $\cos(2\pi t)$와 $0.5\cos(4\pi t)$ 각각의 파형과 두 정

현파를 더해서 만들어진 신호의 파형이며, (b)는 신호의 스펙트럼이다. (c)는 $\cos(2\pi t)$
와 $0.5\cos(4\pi t + \pi/4)$ 각각의 파형과 두 정현파를 더해서 만들어진 신호의 파형이며, (d)
는 신호의 스펙트럼이다. 여기서 2Hz 주파수의 정현파가 위상만 바뀌었는데(따라서 시간차
가 달라짐) 신호 파형은 크게 달라지는 것을 볼 수 있다. (e)는 세 개의 정현파 $\cos(2\pi t)$와
$0.5\cos(4\pi t + \pi/4)$ 및 $0.25\cos(8\pi t - \pi/3)$ 각각의 파형과 세 정현파를 더해서 만들어진 신호
의 파형이며, (f)는 신호의 스펙트럼이다.

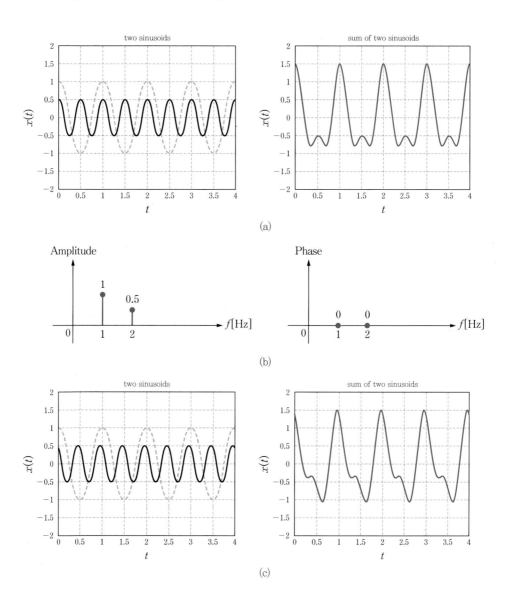

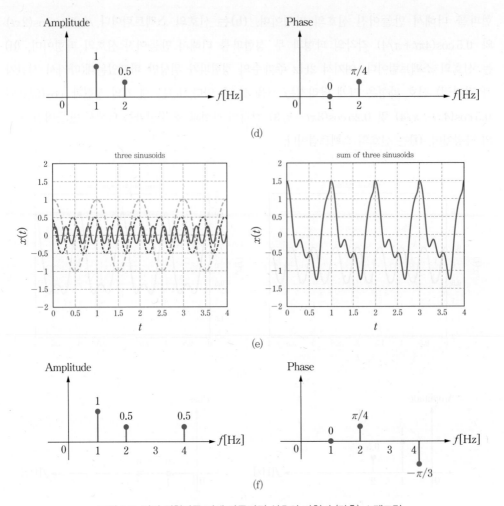

(d)

(e)

(f)

그림 3.2 여러 정현파를 더해 만들어진 신호의 파형과 (단측) 스펙트럼

이제 양측 스펙트럼에 대해 알아보자. 식 (3.1)에 Euler 공식, 즉

$$e^{\pm j\theta} = \cos\theta \pm \sin\theta$$
$$\Rightarrow \cos\theta = \frac{e^{j\theta} + e^{-j\theta}}{2}, \quad \sin\theta = \frac{e^{j\theta} - e^{-j\theta}}{j2}$$

(3.3)

을 적용하면 정현파를 다음과 같이 복소 정현파를 사용하여 표현할 수 있다.

$$x_1(t) = A_1 \cos(2\pi f_1 t + \phi_1) = A_1 \frac{e^{j(2\pi f_1 t + \phi_1)} + e^{-j(2\pi f_1 + \phi_1)}}{2} = \frac{A_1 e^{j\phi_1}}{2} e^{j2\pi f_1 t} + \frac{A_1 e^{-j\phi_1}}{2} e^{-j2\pi f_1 t}$$

(3.4)

즉 주파수 f_1의 정현파를 $\exp(j2\pi f_1 t)$ 성분과 $\exp(-j2\pi f_1 t)$ 성분의 합으로 나타낼 수 있다. 여기서 $\exp(j2\pi f_1 t)$와 $\exp(-j2\pi f_1 t)$는 주기가 동일하고, 따라서 주파수도 동일하다. $\exp(-j2\pi f_1 t)$는 음(negative)의 주파수 성분으로 표현하지만 물리적인 주파수는 f_1이다. 다만 $\exp(-j2\pi f_1 t)$와 $\exp(j2\pi f_1 t)$는 복소 평면에서 서로 반대 방향으로 회전한다. 이와 같이 식 (3.1)의 단일 정현파 신호는 식 (3.4)와 같이 f_1의 복소 정현파 성분과 $-f_1$의 복소 정현파 성분의 합으로써 표현이 가능하며, f_1 성분의 가중치는 $A_1 e^{j\theta_1}/2$이고 $-f_1$ 성분의 가중치는 $A_1 e^{-j\theta_1}/2$이다. 여기서 가중치는 실수가 아닌 복소수로서 진폭과 위상으로써 표현된다. 그러므로 식 (3.4)의 표현에 의한 스펙트럼은 양과 음의 주파수 성분으로 표현되는 양측 스펙트럼(two-sided spectrum)이다. 이에 비해 식 (3.1) 표현에 의한 스펙트럼은 양의 주파수 성분만으로 표현된 단측 스펙트럼(one-sided spectrum)이다.

지금까지 살펴본 내용을 정리해보자. 신호를 여러 주파수 성분의 정현파들의 합으로 표현하고, 각각의 주파수 성분별 크기와 위상을 나열한 것이 단측 스펙트럼이다. 신호를 여러 양과 음의 주파수 성분의 복소 정현파의 합으로 표현하고, 양과 음 각각의 주파수 성분의 크기와 위상을 나열한 것이 양측 스펙트럼이다. 동일한 신호를 단측 스펙트럼과 양측 스펙트럼으로 표현할 수 있는데, 양측 스펙트럼에서는 진폭은 절반으로 줄고, 위상은 양의 주파수는 변함이 없지만 음의 주파수에서는 부호가 반대이다.

같은 방법으로 식 (3.2)의 $x_2(t)$를 표현하면

$$
\begin{aligned}
x_2(t) &= A_1 \cos(2\pi f_1 t + \phi_1) + A_2 \cos(2\pi f_2 t + \phi_2) \\
&= \frac{A_1 e^{j\phi_1}}{2} e^{j2\pi f_1 t} + \frac{A_1 e^{-j\phi_1}}{2} e^{-j2\pi f_1 t} + \frac{A_2 e^{j\phi_2}}{2} e^{j2\pi f_2 t} + \frac{A_2 e^{-j\phi_2}}{2} e^{-j2\pi f_2 t}
\end{aligned}
\tag{3.5}
$$

와 같으며, 양측 스펙트럼을 그림 3.1(b)에 보인다.

지금까지 살펴본 것을 확장하여 여러 개(N개)의 정현파를 더하여 만들어진 신호는 스펙트럼 상에서 주파수 성분별로 나타낼 수 있으며, 스펙트럼을 보면 어떤 주파수 성분이 많이 있고 어떤 주파수 성분이 적게 있는지 알 수 있다. 또한 시스템의 입출력 스펙트럼을 관찰함으로써 시스템이 어떤 주파수 성분을 증대시키고(또는 잘 통과시키고) 어떤 주파수 성분을 감쇠시키는지(또는 억제하는지) 파악할 수 있게 되며, 이것이 주파수 영역 시스템 해석의 개념이다.

그렇다면 정현파가 아닌 일반적인 신호에 대해서도 주파수 영역 표현이 가능한가? 신호를 여러 정현파 신호의 선형 조합(즉 가중치가 있는 합)으로 표현할 수만 있다면 간단히 해결된다. 즉 임의의 신호에 대해 다음과 같은 형태로 표현할 수 있다면 주파수 영역 해석이 가능할 것이다.

$$x(t) = A_1\cos(2\pi f_1 t + \phi_1) + A_2\cos(2\pi f_2 t + \phi_2) + A_3\cos(2\pi f_3 t + \phi_3) + \cdots$$
$$= \sum_n A_n\cos(2\pi f_n t + \phi_n)$$

(3.6)

위의 식은 여러 주파수의 정현파를 크기와 위상을 적당히 조절하여 더하면 $x(t)$와 동일한 파형을 만들어낼 수 있다는 것을 의미한다. 앞서 언급하였지만 여기서 정현파의 위상은 시간 천이와 동일한 의미를 갖는다. 그러므로 식 (3.6)은 여러 주파수의 정현파를 크기와 시간 천이(지연)를 조절하고 더함으로써 $x(t)$를 합성할 수 있다는 말과 같다.

여기서 생각할 수 있는 질문은 주어진 신호 $x(t)$가 과연 유한한 개수의 주파수 성분으로써 표현될 수 있는지, $x(t)$는 어떤 주파수 성분들이 있는지, 해당 주파수 성분의 크기과 위상을 산출하는 방법은 무엇인지 등이다. 푸리에(Fourier) 이론이란 신호를 여러 주파수의 정현파 신호의 합(또는 적분[2])으로 나타내는 이론이며, 신호와 주파수 성분(스펙트럼) 간의 관계를 알 수 있도록 해준다. 주어진 신호에 대한 푸리에 변환은 신호가 가진 주파수 성분별 양을 나타낸다. 만일 신호가 주기 신호라면 주파수 영역에서 볼 때 모든 주파수 성분을 갖지는 않고 기본 주파수의 정수 배 주파수 성분만을 갖는데, 이것이 푸리에 급수 표현이다. 3.3절에서는 주기 신호에 대한 푸리에 급수 표현을 알아보고, 3.4절에서는 비주기 신호에 대한 푸리에 변환에 대해 알아본다. 신호 해석을 컴퓨터와 같은 디지털 장치로써 처리하기 위해서는 신호를 이산시간 신호로 변환하는 표본화 과정을 거치는데, 이 경우 연속시간 신호의 스펙트럼과 이산시간 신호의 스펙트럼 간 차이가 발생한다. 표본화된 신호의 스펙트럼에 대해서는 3.8절에서 알아본다.

3.2 직교 기저함수에 의한 신호의 표현

신호가 가진 주파수 성분의 양을 나타내는 방법은 신호 공간을 주기성을 가진 기저함수(basis function)로써 축조하는 이론을 기반으로 하는데, 주로 사용되는 기저함수는 정현파 함수 또는 복소 정현파 함수이다. 푸리에 이론이란 신호를 여러 주파수의 정현파 또는 복소 정현파를 기저함수로 하여 축조한 함수 공간에서 표현하는 이론이다. 이를 위해서는 벡터 공간에서 직교 기저벡터를 사용하여 임의의 벡터를 표현하는 것을 이해하는 것이 도움이 된다. 그 다음 함수 공간에서 직교 기저함수인 복소 정현파를 사용하여 신호를 표현하는 푸리에 이론을 다룬다.

---

[2] 주파수가 이산적이 아니라 연속적인 경우

3.2.1 직교 벡터 공간

그림 3.3과 같이 같이 3차원 공간에 있는 임의의 벡터 $\mathbf{x}$를 직교 기저벡터(orthogonal basis vector) $\mathbf{u}_1$, $\mathbf{u}_2$ 및 $\mathbf{u}_3$ 방향의 세 성분으로 분해하여 다음과 같이 직교 벡터의 선형 조합 (linear combination)으로 나타낼 수 있다.

$$\mathbf{x}=c_1\mathbf{u}_1+c_2\mathbf{u}_2+c_3\mathbf{u}_3 \tag{3.7}$$

여기서 벡터들이 서로 직교(orthogonal)한다는 것은 다음과 같이 내적이 0이 된다는 것을 의미한다.[3] 즉

$$\mathbf{u}_1\cdot\mathbf{u}_2=\mathbf{u}_2\cdot\mathbf{u}_3=\mathbf{u}_3\cdot\mathbf{u}_1=0 \tag{3.8}$$

이다. 벡터의 크기가 모두 1인 경우, 즉

$$\mathbf{u}_i\cdot\mathbf{u}_i=|\mathbf{u}_i|^2=1, \quad i=1,2,3 \tag{3.9}$$

을 만족하면 단위 벡터라 한다. 벡터들이 식 (3.8)과 식 (3.9)를 만족시키면 정규 직교 (orthonormal) 벡터라 한다.

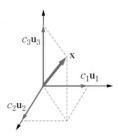

그림 3.3 3차원 공간에서의 벡터 표현

식 (3.7)과 같이 임의의 벡터를 직교 기저벡터들의 선형 조합으로 표현하려면 계수(또는 가

---

3) 벡터 공간에서 두 벡터 $\mathbf{x}$와 $\mathbf{y}$의 내적은 $\mathbf{x}\cdot\mathbf{y}=|\mathbf{x}|\cdot|\mathbf{y}|\cos\theta$와 같이 계산된다. 여기서 θ는 두 벡터 간의 사잇각 이다. 내적이 0이라는 것은 사잇각이 90도(즉 수직)라는 것을 의미한다. 벡터 자신과의 내적은 사잇각이 0도이므로 벡터 크기의 제곱이 된다.

중치) c_1, c_2, c_3를 결정해야 한다. 계수를 구하기 위해 먼저 식 (3.7)과 벡터 $\mathbf{u}_1$과의 내적을 구하면

$$\mathbf{x} \cdot \mathbf{u}_1 = c_1 \mathbf{u}_1 \cdot \mathbf{u}_1 + c_2 \mathbf{u}_2 \cdot \mathbf{u}_1 + c_3 \mathbf{u}_3 \cdot \mathbf{u}_1 = c_1 |\mathbf{u}_1|^2 \tag{3.10}$$

이 된다. 그러므로 벡터 $\mathbf{x}$와 $\mathbf{u}_1$과의 내적을 구하고 $\mathbf{u}_1$ 크기의 제곱으로 나누면 $\mathbf{u}_1$ 방향의 가중치 c_1을 구할 수 있다. 같은 방법으로 c_2와 c_3를 구할 수 있다. 이상을 정리하면 선형 조합에서의 계수는 다음과 같이 결정된다.

$$c_i = \frac{\mathbf{x} \cdot \mathbf{u}_i}{\mathbf{u}_i \cdot \mathbf{u}_i} = \frac{1}{|\mathbf{u}_i|^2} \mathbf{x} \cdot \mathbf{u}_i, \quad i = 1, 2, 3 \tag{3.11}$$

N차원 공간 벡터로 위의 표현 방식을 확장시켜보자. N개의 직교 기저벡터, 즉

$$\mathbf{u}_i \cdot \mathbf{u}_j = \begin{cases} 0, & i \neq j \\ |\mathbf{u}_i|^2, & i = j \end{cases} \tag{3.12}$$

를 만족하는 벡터들을 사용하여 임의의 벡터 $\mathbf{x}$를

$$\mathbf{x} = \sum_{i=1}^{N} c_i \mathbf{u}_i \tag{3.13}$$

와 같이 직교 벡터들의 선형 조합으로 나타낼 수 있으며, 그 계수는 다음과 같이 된다.

$$c_i = \frac{1}{|\mathbf{u}_i|^2} \mathbf{x} \cdot \mathbf{u}_i, \quad i = 1, \cdots, N \tag{3.14}$$

3.2.2 직교 함수 공간

벡터 공간에서 임의의 벡터를 직교 기저벡터들의 선형 조합으로 표현한 개념을 함수 공간으로 확장시켜본다. 즉 함수 공간에서 임의의 함수를 직교 기저함수(orthogonal basis function)들의 선형 조합으로 표현하고자 한다. 두 함수의 직교성을 정의하기 위해 함수 공간에서의 내적을 정의할 필요가 있다. 구간 $[t_1, t_2]$에서 두 함수 $f_1(t)$와 $f_2(t)$간의 내적은 다음과 같이 정의한다.

$$<f_1(t), f_2(t)> \triangleq \int_{t_1}^{t_2} f_1(t) f_2^*(t) dt \tag{3.15}$$

두 신호의 내적이 0일 때 두 신호는 서로 직교(orthogonal)한다고 부른다. 신호 자신과의 내적은 신호의 에너지가 된다.[4] 즉

$$<f_1(t), f_1(t)> = \int_{t_1}^{t_2} |f_1(t)|^2 dt = E \tag{3.16}$$

이 된다.

구간 $[t_1, t_2]$에서 임의의 함수를 식 (3.17)을 만족시키는 $\{\Psi_1(t), \Psi_2(t), \cdots\}$들의 선형 조합으로 나타낼 수 있을 때 이 함수 집합을 직교 기저함수(orthogonal basis function)라 한다.

$$<\Psi_i(t), \Psi_j(t)> = \begin{cases} 0, & i \neq j \\ E_i, & i = j \end{cases} \tag{3.17}$$

여기서 기저 함수들의 에너지가 1인 경우, 이 함수들을 정규 직교(orthonormal) 기저함수라 부른다.

구간 $[t_1, t_2]$에서 임의의 함수 $x(t)$는 직교 기저함수 $\{\Psi_1(t), \Psi_2(t), \cdots\}$들의 선형 조합으로 나타낼 수 있다. 즉

$$\begin{aligned} x(t) &= c_1\Psi_1(t) + c_2\Psi_2(t) + \cdots + c_i\Psi_i(t) + \cdots \\ &= \sum_{i=1}^{\infty} c_i\Psi_i(t) \end{aligned} \tag{3.18}$$

여기서 선형 조합의 계수(즉 가중치) c_n을 결정하기 위해 식 (3.18)로 표현된 함수와 $\Psi_n(t)$와의 내적을 구하면

$$<x(t), \Psi_n(t)> = \sum_{i=1}^{\infty} c_i <\Psi_1(t), \Psi_n(t)> = c_n \int_{t_1}^{t_2} |\Psi_n(t)|^2 dt \tag{3.19}$$

와 같이 되어 c_n은 다음과 같이 된다.

---

4) 벡터 공간에서 벡터 자신과의 내적이 크기의 제곱이 되는 것과 유사하다.

$$c_n = \frac{<x(t), \Psi_n(t)>}{\int_{t_1}^{t_2} |\Psi_n(t)|^2 dt} = \frac{1}{E_n} \int_{t_1}^{t_2} x(t) \Psi_n^*(t), \quad n = 1, 2, \cdots \tag{3.20}$$

여기서 $E_n = \int_{t_1}^{t_2} |\Psi_n(t)|^2 dt$ 는 함수 $\Psi_n(t)$ 의 에너지이다. 만일 $\{\Psi_1(t), \Psi_2(t), \cdots\}$ 이 정규 직교 함수 집합이라면, 각 함수의 에너지가 1이므로 선형 조합의 계수는 다음과 같이 된다.

$$c_n = \int_{t_1}^{t_2} x(t) \Psi_n^*(t), \quad n = 1, 2, \cdots \tag{3.21}$$

예제 3.1

시구간 $t_0 \le t \le t_0 + T$ 에서(t_0 는 임의) 다음과 같이 정의된 정현파 함수들은 서로 직교한다는 것을 보여라.

$$\{\sin(n\omega_0 t), \cos(n\omega_0 t), n = 1, 2, \cdots, \infty\} \quad \left(\omega_0 = \frac{2\pi}{T}\right) \tag{3.22}$$

풀이

직교성 판정을 위해 두 함수의 내적을 구해보자. 두 함수가 모두 sin 함수인 경우, 모두 cos 함수인 경우, 그리고 하나는 sin 함수이고 다른 하나는 cos 함수인 경우로 나누어 살펴본다.

$$\int_{t_0}^{t_0+T} \sin(m\omega_0 t)\sin(n\omega_0 t)dt$$
$$= \frac{1}{2}\int_{t_0}^{t_0+T} \cos((m-n)\omega_0 t)dt - \frac{1}{2}\int_{t_0}^{t_0+T} \cos((m+n)\omega_0 t)dt$$
$$= \begin{cases} \dfrac{T}{2}, & m = n \\ 0, & m \ne n \end{cases}$$

$$\int_{t_0}^{t_0+T} \cos(m\omega_0 t)\cos(n\omega_0 t)dt$$
$$= \frac{1}{2}\int_{t_0}^{t_0+T} \cos((m-n)\omega_0 t)dt + \frac{1}{2}\int_{t_0}^{t_0+T} \cos((m+n)\omega_0 t)dt$$
$$= \begin{cases} \dfrac{T}{2}, & m = n \\ 0, & m \ne n \end{cases}$$

$$\int_{t_0}^{t_0+T} \sin(m\omega_0 t)\cos(n\omega_0 t)dt$$
$$= \frac{1}{2}\int_{t_0}^{t_0+T}\sin((m-n)\omega_0 t)dt + \frac{1}{2}\int_{t_0}^{t_0+T}\sin((m+n)\omega_0 t)dt$$
$$= 0$$

시구간 $t_0 \leq t \leq t_0 + T$ 에서(t_0 는 임의) 다음과 같이 정의된 복소 정현파 함수들은 서로 직교한다는 것을 보여라. 신호의 에너지를 구하라.

$$\{\exp(jn\omega_0 t), \ \ n = 0, \pm 1, \pm 2, \cdots, \pm\infty\} \quad \left(\omega_0 = \frac{2\pi}{T}\right) \tag{3.23}$$

풀이

직교성 판정을 위해 두 함수의 내적을 구해보자.

$$<\exp(jm\omega_0 t), \exp(jn\omega_0 t)>$$
$$= \int_{t_0}^{t_0+T} \exp(jm\omega_0 t)\exp(jn\omega_0 t)^* dt$$
$$= \int_{t_0}^{t_0+T} \exp[j(m-n)\omega_0 t]dt$$

$m \neq n$ 인 경우 위의 적분은

$$\int_{t_0}^{t_0+T} \exp[j(m-n)\omega_0 t]dt$$
$$= \left[\frac{e^{j(m-n)\omega_0 t}}{j(m-n)\omega_0}\right]_{t=t_0}^{t=t_0+T} = \frac{e^{j(m-n)\omega_0 t_0}[e^{j(m-n)\omega_0 T}-1]}{j(m-n)\omega_0} = \frac{e^{j(m-n)\omega_0 t_0}[e^{j2\pi(m-n)}-1]}{j(m-n)\omega_0} = 0$$

이 되며, $m = n$ 인 경우 다음과 같이 된다.

$$\int_{t_0}^{t_0+T} \exp[j(m-n)\omega_0 t]dt = [e^0]_{t=t_0}^{t=t_0+T} = T$$

그러므로 $\omega_0 = 2\pi/T$ 는 길이가 T 인 시구간에서 복소 정현파의 기본 주파수가 되며

chapter 03 신호의 주파수 영역 해석 113

$$\langle \exp(jm\omega_0 t), \exp(jn\omega_0 t) \rangle = \begin{cases} T, & m=n \\ 0, & m \neq n \end{cases}$$

가 되어, 기본 주파수의 정수 배 주파수의 복소 정현파들은 정수가 다를 때$(m \neq n)$ 서로 직교한다. 신호의 에너지는 자신과의 내적이므로 위의 식에서 $m=n$ 일 때의 내적이다. 따라서 $E=T$ 가 된다.

3.3 푸리에 급수

푸리에 급수는 신호를 직교 기저함수를 기반으로 하여 표현하는 방법 중의 하나로 공학, 특히 통신에 관련된 문제를 해결하는데 매우 유용하다. 앞의 예제 3.1과 예제 3.2에 보인 정현파나 복소 정현파는 직교 함수 집합을 이룬다. 이들을 사용하여 주기 신호를 주파수 성분별 선형 조합으로 표현하는 것이 푸리에 급수이다. 정현파를 기저함수로 사용하는 경우 삼각 함수형 푸리에 급수라 하며, 복소 정현파를 기저함수로 사용하는 경우 복소 지수 함수형 푸리에 급수라 한다.

삼각 함수형 푸리에 급수는 신호를 정현파들의 합으로 나타내기 때문에 물리적 의미를 이해하거나 시각적으로 신호 합성 효과를 설명하기가 쉽다. 그러나 복소 지수 함수형 푸리에 급수가 신호를 표현하는 수식이나 선형 조합의 계수를 구하는 수식이 간결하여 이론적 해석에서는 주로 이 방식이 사용된다. 이 책에서는 복소 지수 함수형 푸리에 급수를 위주로 푸리에 해석을 다룬다.

3.3.1 복소 지수 함수형 푸리에 급수

복소 지수 함수형 푸리에 급수(complex exponential Fourier series)는 복소 정현파 함수를 직교 기저함수로 사용한다. 예제 3.2에서 살펴본 바와 같이 구간 $t_0 \leq t \leq t_0 + T_0$ 에서 다음의 복소 정현파 함수들은 직교 함수 집합을 이룬다.

$$\left\{ \Psi_n(t) = \exp\left(\frac{j2\pi nt}{T_0}\right), \quad n=0, \pm 1, \pm 2, \cdots, \pm \infty \right\} \tag{3.24}$$

복소 정현파 $\exp(j2\pi t/T_0)$는 주기 신호로 주기가 T_0 이며, 주파수는 $f_0 = 1/T_0$ [Hz]가 된다. $\Psi_1(t) = \exp(j2\pi f_0 t)$는 T_0 동안 복소 평면에서 반지름이 1인 원주상을 1회전(따라서 2π

라디안 회전)하는 복소 정현파이며, $\Psi_n(t) = \exp(j2\pi n f_0 t)$는 주파수가 f_0의 n배인 복소 정현파로 T_0 동안 복소 평면의 원주상을 n회전한다.

복소 지수 함수형 푸리에 급수

구간 $t_0 \leq t \leq t_0 + T_0$에서 임의의 신호 $x(t)$는 다음과 같이 복소 정현파의 선형 조합으로 나타낼 수 있다.

$$x(t) = \sum_{n=-\infty}^{\infty} c_n \exp(j2\pi n f_0 t) = \sum_{n=-\infty}^{\infty} c_n \exp(jn\omega_0 t) \tag{3.25}$$

여기서 $f_0 = 1/T_0$이며, 선형 조합의 가중치 c_n은 식 (3.20)으로부터 다음과 같이 주어진다.

$$c_n = \frac{<x(t), \psi_n(t)>}{\int_{t_0}^{t_0+T_0} |\psi_n(t)|^2 dt} = \frac{\int_{t_0}^{t_0+T_0} x(t)\psi_n^*(t)dt}{\int_{t_0}^{t_0+T_0} 1 dt} = \frac{1}{T_0}\int_{t_0}^{t_0+T_0} x(t)e^{-jn\omega_0 t}dt \tag{3.26}$$

만일 신호 $x(t)$가 기본 주기 T_0를 가진 주기 신호라면 복소 정현파 $\exp(j2\pi t/T_0)$도 역시 동일한 주기를 가진 함수가 되므로 식 (3.25)~(3.26)의 표현은 한 주기의 구간을 넘어서 모든 시구간 $-\infty < t < \infty$로 확장할 수 있다. 이를 주기 신호에 대한 푸리에 급수 표현이라 한다. 즉 주기 신호의 푸리에 급수는 기본 주파수 $f_0 = 1/T_0$의 정수 배 주파수(nf_0)를 가진 복소 정현파의 선형 조합이다. 선형 조합의 계수(즉 가중치) c_n은 nf_0의 주파수 성분이 얼마나 있는지를 나타낸다. 푸리에 급수는 주기 신호의 주파수 영역 해석에 매우 유용하게 사용된다.

기본 주기가 T_0라면 기본 주파수는 $f_0 = 1/T_0$ [Hz](또는 $\omega_0 = 2\pi/T_0$ [rad/sec])가 되며, $\exp(j2\pi f_0 t)$를 기본파라 부른다. 기본 주파수의 정수 배 주파수, $nf_0(n > 1)$를 n차 고조파(n th harmonic) 주파수라 부르며, $\exp(j2\pi f_0 t)$를 n차 고조파라 한다. 식 (3.26)에서 $n = 0$이면 푸리에 계수 c_0는

$$c_0 = \frac{1}{T_0}\int_{t_0}^{t_0+T_0} x(t)dt \tag{3.27}$$

가 되어 시간 평균(즉 직류 성분)을 나타낸다.

위의 푸리에 급수 표현에서 t_0는 임의의 값이므로 식 (3.26)에서 적분 구간을 임의의 한 주

기로 한다는 의미로 $\int_{T_0}$ 의 표기 방법을 사용한다. 실제로 푸리에 계수를 구할 때는 $t_0=0$ 또는 $t_0=-T_0/2$ 로 선정하는 것이 편리하다. 주기 신호의 푸리에 급수 표현을 다시 요약하면 다음과 같다.

$$
\begin{array}{ll}
x(t)=\displaystyle\sum_{n=-\infty}^{\infty} c_n e^{j2\pi n f_0 t}=\sum_{n=-\infty}^{\infty} c_n e^{j2\pi n t/T_0} & \text{(a)} \\[4mm]
c_n=\dfrac{1}{T_0}\displaystyle\int_{T_0} x(t) e^{-j2\pi n f_0 t}\,dt=\dfrac{1}{T_0}\int_{T_0} x(t) e^{-j2\pi n t/T_0}\,dt & \text{(b)}
\end{array}
\tag{3.28}
$$

식 (3.28)-(a)는 주기 신호 $x(t)$를 기본 주파수 f_0의 정수 배 주파수를 가진 복소 정현파의 무한 멱급수로써 합성할 수 있다는 것을 나타내며, 식 (3.28)-(b)는 반대로 $x(t)$로부터 무한 멱급수의 계수를 분석해내는 연산 방법을 나타낸다. 이러한 의미에서 식 (3.28)-(a)는 합성 방정식(synthesis equation)이라 부르고, 식 (3.28)-(b)는 분석 방정식(analysis equation)이라 부른다.

푸리에 계수와 스펙트럼

푸리에 계수(Fourier coefficient) 또는 스펙트럼 계수(spectrum coefficient) c_n의 의미는 신호 $x(t)$를 복소 정현파들의 선형 조합으로 표현함에 있어 n차 고조파 성분(즉 nf_0 성분)의 가중치를 나타낸다. 따라서 c_n의 크기 분포를 살펴보면 신호 $x(t)$가 어떤 주파수 성분을 많이 가지고 있는지를 파악할 수 있다. 특별히 $n=0$인 경우 푸리에 계수 c_0는 단순히 신호의 평균이 되므로 직류(dc) 값이 된다. 여기서 주목해야 할 것은 푸리에 계수 c_n은 일반적으로 복소수라는 것이다. c_n의 크기를 $|c_n|$이라 하고 c_n의 위상을 $\angle c_n$이라 하자. c_n의 극좌표계 형식(polar form) 표현은 다음과 같다.

$$
c_n=|c_n| e^{j\angle c_n}
\tag{3.29}
$$

푸리에 계수 c_n을 안다는 것은 신호를 구성하는 주파수 성분(복소 정현파 $e^{j2\pi n f_0 t}$ 성분)의 크기와 위상을 안다는 것과 동등하다. 주파수 f(또는 ω)에 따른 $|c_n|$의 분포를 진폭 스펙트럼(amplitude spectrum)이라 하고, 주파수에 따른 $\angle c_n$의 분포를 위상 스펙트럼(phase spectrum)이라 하며, 두 개의 그림으로 표현할 수 있다.

3.3.2 삼각 함수형 푸리에 급수

예제 3.1의 결과에 따라 아래 식에 보인 기본 주파수 $f_0 = 1/T_0$의 정수 배 주파수의 정현파 함수들은 서로 직교하는 것을 알 수 있다.

$$\{1, \ \cos 2\pi n f_0 t, \ \sin 2\pi n f_0 t, \ n = 1, 2, 3, \cdots\} \tag{3.30}$$

따라서 이를 이용하여 임의의 주기 함수를 기본 주파수의 정수 배 주파수를 가진 정현파들의 선형 조합으로 표현할 수 있으며, 이것이 삼각 함수형 푸리에 급수(trigonometric Fourier series)이다. 즉 주기가 T_0인 임의의 주기 함수 $x(t)$를 다음과 같이 나타낼 수 있다.

$$x(t) = a_0 + \sum_{n=1}^{\infty} [a_n \cos 2\pi n f_0 t + b_n \sin 2\pi n f_0 t] \tag{3.31}$$

여기서 푸리에 계수 $\{a_n, b_n\}$은 식 (3.20)으로부터 다음과 같이 결정된다.

$$
\begin{aligned}
a_n &= \frac{<x(t), \cos 2\pi n f_0 t>}{\int_{T_0} |\cos 2\pi n f_0 t|^2 dt} = \frac{\int_{T_0} x(t) \cos 2\pi n f_0 t \, dt}{\int_{T_0} \frac{1}{2}(1 + \cos 4\pi n f_0 t) dt} \\
&= \frac{2}{T_0} \int_{T_0} x(t) \cos 2\pi n f_0 t \, dt \\
b_n &= \frac{<x(t), \sin 2\pi n f_0 t>}{\int_{T_0} |\sin 2\pi n f_0 t|^2 dt} = \frac{2}{T_0} \int_{T_0} x(t) \sin 2\pi n f_0 t \, dt, \qquad n = 1, 2, 3, \cdots
\end{aligned}
\tag{3.32}
$$

한편 $n = 0$의 경우에는

$$a_0 = \frac{<x(t), 1>}{\int_{T_0} |1|^2 dt} = \frac{1}{T_0} \int_{T_0} x(t) dt \tag{3.33}$$

가 되어 한 주기 동안의 신호의 평균(즉 직류 값)이 되는 것을 알 수 있다.

삼각 함수형 푸리에 급수를 정리하면 다음과 같다.

$$x(t) = a_0 + \sum_{n=1}^{\infty} [a_n \cos 2\pi n f_0 t + b_n \sin 2\pi n f_0 t]$$

$$a_0 = \frac{1}{T_0} \int_{T_0} x(t) dt,$$

$$a_n = \frac{2}{T_0} \int_{T_0} x(t) \cos 2\pi n f_0 t dt, \quad n = 1, 2, 3, \cdots$$

$$b_n = \frac{2}{T_0} \int_{T_0} x(t) \sin 2\pi n f_0 t dt, \quad n = 1, 2, 3, \cdots$$

(3.34)

삼각 함수형 푸리에 급수와 복소 지수 함수형 푸리에 급수의 계수는 다음과 같은 관계를 가지며, 증명은 생략한다.

$$c_n = \begin{cases} \frac{1}{2}[a_n - jb_n], & n > 0 \\ a_0, & n = 0 \\ \frac{1}{2}[a_{-n} + jb_{-n}], & n < 0 \end{cases}$$

(3.35)

3.3.3 스펙트럼의 특성

이산 스펙트럼(Discrete Spectrum)

주기 신호의 푸리에 급수 표현은 기본 주파수 f_0의 정수 배 주파수를 가진 복소 정현파 함수의 선형 조합이다. 이것은 주기 신호의 경우 모든 주파수 성분을 가지고 있는 것이 아니라 f_0의 정수 배 주파수 성분만 가진다는 것을 의미한다. 그러므로 스펙트럼은 주파수 상에서 연속 스펙트럼이 아니라 이산 스펙트럼(또는 선 스펙트럼: line spectrum) 형태가 된다. 이에 비해 3.4절에서 다룰 비주기 신호의 스펙트럼은 연속 스펙트럼(continuous spectrum) 형태를 갖는다. 즉 비주기 신호의 경우 모든 주파수 성분을 가질 수 있다.

스펙트럼의 대칭성

물리적으로 우리에게 주어지는 신호 $x(t)$는 실수 값을 갖는 함수이다. 그러므로 실(real) 함수의 경우 스펙트럼이 갖는 성질을 살펴보는 것은 의미 있는 일이다. $x(t)$가 실수 값을 갖는 신호인 경우(즉 $x(t) = x^*(t)$인 경우) c_n이 갖는 성질을 살펴보자.[5] 그러면 푸리에 계수는

---

[5] 복소수가 $z = z^*$라는 것은 $z = a + jb = a - jb = z^*$로부터 $b = 0$이라는 것과 같으며, 이는 z가 실수라는 것을 의미한다. 한편 복소수가 $z = -z^*$라는 것은 $z = a + jb = -a + jb = -z^*$로부터 $a = 0$이라는 것과 같으며, 이는 z가 순허수라는 것을 의미한다.

$$c_n^* = \left[\frac{1}{T_0}\int_{T_0} x(t)e^{-jn\omega_0 t}\,dt\right]^* = \frac{1}{T_0}\int_{T_0} x(t)e^{jn\omega_0 t}\,dt = \frac{1}{T_0}\int_{T_0} x(t)e^{-j(-n)\omega_0 t}\,dt \qquad (3.36)$$
$$= c_{-n}$$

와 같이 된다. 즉 양의 주파수 성분의 계수와 음의 주파수 성분의 계수는 공액 복소수의 관계가 있다. 공액 복소수는 크기는 같고 위상은 반대이므로 다음 결과가 얻어진다.

$$|c_{-n}| = |c_n|, \quad \angle c_{-n} = -\angle c_n \qquad (3.37)$$

이것은 진폭 스펙트럼은 좌우 대칭이고 위상 스펙트럼은 원점에 대칭이라는 것을 의미한다. 따라서 스펙트럼을 그릴 때 양의 주파수에 대해서만 계산하여 그리고, 음의 주파수 스펙트럼은 대칭성을 이용하여 그리면 된다.

3.3.4 푸리에 급수 표현의 예

사각 펄스열

그림 3.4에 사각 펄스(구형파)열을 보인다. 이 신호의 주기는 T_0이고 펄스폭은 $\tau(< T_0)$라고 가정하자. 이 신호에 대한 푸리에 계수를 구하라.

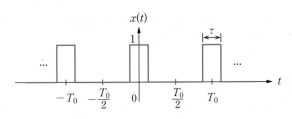

그림 3.4 예제 3.3의 신호 파형

풀이

푸리에 계수를 구하기 위하여 식 (3.28)을 적용하면 다음과 같다.

$$c_n = \frac{1}{T_0}\int_{-T_0/2}^{T_0/2} x(t)e^{-jn\omega_0 t}\,dt = \frac{1}{T_0}\int_{-T_0/2}^{T_0/2} x(t)\exp\!\left(\frac{-j2\pi nt}{T_0}\right)dt$$
$$= \frac{1}{T_0}\int_{-\tau/2}^{\tau/2} (1)\exp\!\left(\frac{-j2\pi nt}{T_0}\right)dt$$

여기서 지수 함수의 적분을 구해야 하는데, $n=0$이면 지수 함수가 아니라 상수가 되므로 $n=0$인 경우와 $n \neq 0$인 경우로 나누어 구한다.

i) $n=0$의 경우

$$c_0 = \frac{1}{T_0} \int_{-\tau/2}^{\tau/2} (1) dt = \frac{\tau}{T_0} \tag{3.38}$$

가 된다. c_0는 직류 성분으로 신호의 평균값을 나타내는데, 이 예제에서는 한 주기 동안 사각형의 면적을 주기로 나눈 값과 같게 된다.

ii) $n \neq 0$의 경우

$$
\begin{aligned}
c_n &= \frac{1}{T_0} \int_{-\tau/2}^{\tau/2} (1) \exp\left(\frac{-j2\pi nt}{T_0}\right) dt = \frac{1}{-j2\pi n} \exp\left(\frac{-j2\pi nt}{T_0}\right)\Big|_{-\tau/2}^{\tau/2} \\
&= \frac{1}{j2\pi n}\left[\exp\left(\frac{j\pi n\tau}{T_0}\right) - \exp\left(\frac{-j\pi nt}{T_0}\right)\right] = \frac{\sin(\pi n\tau/T_0)}{\pi n} = \frac{\tau}{T_0} \frac{\sin(\pi n\tau/T_0)}{(\pi n\tau/T_0)} \\
&= \frac{\tau}{T_0} \operatorname{sinc}\left(\frac{n\tau}{T_0}\right) = \frac{\tau}{T_0} \operatorname{sinc}(nf_0\tau)
\end{aligned} \tag{3.39}
$$

가 된다. 식 (3.39)에 $n=0$을 대입하면 식 (3.38)과 동일하게 된다. 그러므로 식 (3.39)는 0을 포함한 모든 정수 n에 대하여 성립한다.

주파수에 따라 스펙트럼이 어떤 모양을 갖는지 살펴보는 것도 중요하다. 예를 들면 (의미 있는) 최대 주파수 성분은 얼마인지, 주파수가 높아질수록 주파수 성분이 감쇠하는지, 어떤 비율로 감쇠하는지 등을 알게 되면 신호의 처리에 매우 유용하다.

그러면 사각 펄스열의 스펙트럼이 어떤 모양을 갖는지 살펴보자. 식 (3.39)의 c_n은 연속 주파수 함수 $c(f) = (\tau/T_0)\operatorname{sinc}(f\tau)$를 기본 주파수 f_0의 정수배 주파수 nf_0에서 표본화한 값을 가진다. 즉

$$c_n = c(nf_0) = \frac{\tau}{T_0} \operatorname{sinc}(nf_0\tau) = \frac{\tau}{T_0} \operatorname{sinc}(f\tau)\Big|_{f=nf_0} \tag{3.40}$$

이 된다. $c(f) = (\tau/T_0)\operatorname{sinc}(f\tau)$의 파형은 진동하면서 감쇠하는 성질이 있는데, $f = n/\tau (n \neq 0)$마다 0을 교차한다. 처음으로 0을 교차하는 주파수는 $f = 1/\tau$가 되는데, 이 주파수는 펄스폭 τ에 반비례한다는 것을 알 수 있다. 신호의 대역폭(bandwidth)에 대한 정의는 여러 가지가 있는데 진폭 스펙트럼이 처음으로 0으로 떨어지는 주파수(first null bandwidth)로 정의하는 경우도 많이 있다.[6] 이와 같은 방식으로 대역폭을 정의한다면 시간 영역에서 펄스폭이 좁을수록 주파수 영역에서 대역폭이 넓어진다는 것을 알 수 있다. 그림 3.5에 푸리에 계수의 포락선 $c(f) = (\tau/T_0)\operatorname{sinc}(f\tau)$

의 파형과 이를 표본화한 푸리에 계수 c_n을 보인다. 스펙트럼 포락선을 보면 처음으로 0을 교차하는 주파수가 $f = 1/\tau$이 된다. 따라서 펄스폭 τ가 작을수록 스펙트럼 모양이 넓어질(따라서 대역폭도 넓어질) 것임을 알 수 있다.

이 예제에서는 주어진 신호 $x(t)$가 실함수이며 우함수이므로 c_n은 실수 값을 가진다. 따라서 푸리에 계수 c_n을 직접(진폭과 위상을 별도로 그리는 대신) 그림으로 그릴 수 있다. 만일 진폭 스펙트럼과 위상 스펙트럼을 별도로 그리고자 한다면 $c_n > 0$인 영역에서는 위상이 0이고, $c_n < 0$인 영역에서는 위상이 $\pm\pi$로 하여 그리면 된다.

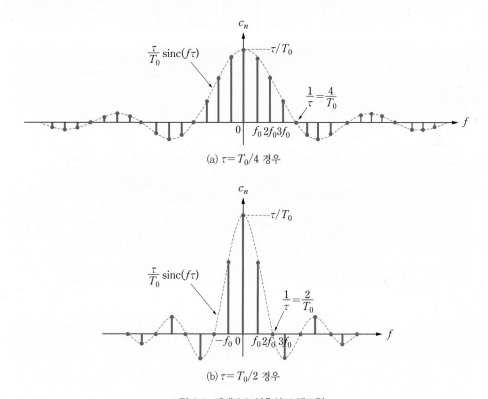

(a) $\tau = T_0/4$ 경우

(b) $\tau = T_0/2$ 경우

그림 3.5 예제 3.3 신호의 스펙트럼

---

6) 신호의 대역폭이란 신호가 얼마나 높은 주파수 성분까지 가지고 있는지를 나타낸다. 그런데 어떤 주파수 이상은 완벽하게 0으로 떨어지는 신호는 많지 않다. 따라서 어느 정도까지를 의미 있는 주파수 성분으로 볼 것인가에 따라 대역폭 정의를 달리 하여 사용한다.

그림 3.6에 주기 T_0의 양극성 구형 펄스열을 보인다. 이 신호에 대한 푸리에 계수를 구하라.

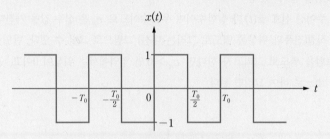

그림 3.6 예제 3.4의 신호 파형

풀이

$$c_n = \frac{1}{T_0}\int_0^{T_0} x(t)e^{-j2\pi n f_0 t}\,dt$$

$$= \frac{1}{T_0}\int_0^{T_0}(1)e^{-j2\pi n f_0 t}\,dt + \frac{1}{T_0}\int_{T_0/2}^{T_0}(-1)e^{-j2\pi n f_0 t}\,dt$$

$$= \frac{1}{-j2\pi n f_0 T_0}e^{-j2\pi n f_0 t}\Big|_0^{T_0/2} - \frac{1}{-j2\pi n f_0 T_0}e^{-j2\pi n f_0 t}\Big|_{T_0/2}^{T_0}$$

$$= \frac{1}{-j2\pi n}[\{e^{-j\pi n}-1\}-\{e^{-j2\pi n}-e^{-j\pi n}\}]$$

$$= \frac{1-e^{-j\pi n}}{j\pi n}$$

여기서

$$e^{-j\pi n} = \begin{cases} -1, & n=\text{홀수} \\ +1, & n=\text{짝수} \end{cases}$$

를 이용하면 푸리에 계수는 다음과 같이 된다.

$$c_n = \begin{cases} \dfrac{2}{jn\pi}, & n=\text{홀수} \\ 0, & n=\text{짝수} \end{cases}$$

이 예제에서는 신호 $x(t)$가 실함수이면서 기함수이므로 푸리에 계수가 순허수가 되는 것을 확인할 수 있다.

그림 3.7(a)에 주기가 T_0 인 임펄스열을 보인다. 이 신호의 푸리에 계수를 구하라.

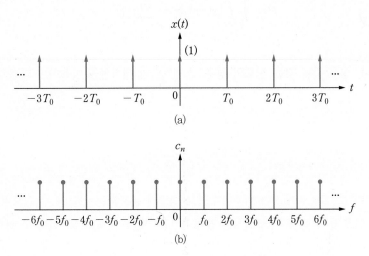

그림 3.7 임펄스열과 푸리에 스펙트럼

풀이

적분 구간을 $(-T_0/2, T_0/2)$ 로 선택하면 이 구간에서 신호는 $x(t) = \delta(t)$ 가 된다. 임펄스 함수의 표본화 성질을 이용하면 다음의 결과를 얻는다.

$$c_n = \frac{1}{T_0}\int_{-T_0/2}^{T_0/2} x(t)e^{-j2\pi nf_0 t}dt = \frac{1}{T_0}\int_{-T_0/2}^{T_0/2} \delta(t)e^{-j2\pi nf_0 t}dt$$
$$= \frac{1}{T_0}$$

임펄스열의 스펙트럼은 모든 주파수에서 균일하게 $1/T_0$ 가 되는 것을 알 수 있다. 그림 3.7(b)에 푸리에 계수를 보인다. 앞의 두 예제와 달리 임펄스열의 스펙트럼은 아무리 주파수가 높아도 크기가 감소하지 않는다.

3.3.5 Parseval의 정리와 전력 스펙트럼

Parseval의 정리

주기 신호는 전력 신호이며, 2장에서는 평균전력을 신호 크기의 제곱에 대한 시간평균(time average)으로 정의하였다. Parseval의 정리는 주기 신호의 평균전력이 모든 푸리에 계수의

크기의 제곱을 더한 것과 같다는 것을 제시한다. 즉

$$P = \frac{1}{T_0}\int_{T_0}|x(t)|^2 dt = \sum_{n=-\infty}^{\infty}|c_n|^2 \qquad (3.41)$$

와 같이 된다. 실수 값을 갖는 신호의 경우, 스펙트럼의 대칭성을 이용하여 다음과 같이 표현할 수 있다.

$$P = |c_0|^2 + 2\sum_{n=1}^{\infty}|c_n|^2 \qquad (3.42)$$

$|c_n|^2$ 의 분포를 살펴보면 전력이 주파수별로 어떻게 분포되는지를 알 수 있으며, 특정 주파수 대역의 신호의 전력을 나타낼 수 있게 된다. 따라서 $|c_n|^2$ 을 전력 스펙트럼(power spectrum)이라 부른다.

3.4 푸리에 변환

2장에서는 신호를 시간 영역에서 해석하고 시스템을 임펄스 응답이나 입출력 신호 간의 미분 방정식으로 표현하여, 시스템이 입력 신호에 대하여 어떻게 반응하여 출력 신호를 만들어내는가를 분석하는 방법을 알아보았다. 주파수 영역에서의 신호와 시스템의 분석은 신호를 주파수 성분들로 분해하고 시스템이 주파수별 신호 성분들을 어떻게 선택적으로 변화시키는지를 분석하는 것이다. 이와 같은 분석 방법을 이용하여 신호에 포함된 잡음이나 간섭 신호를 제거하는 필터링(filtering)을 할 수 있고, 주파수 성분의 선택적인 증폭이나 감쇠를 통하여 등화(equalization)를 할 수 있어서 통신 시스템의 분석과 설계에 매우 유용하다.

앞 절에서는 주파수 영역 신호 분석 방법으로 주기 신호를 푸리에 급수로 표현하는 방법을 알아보았다. 주기 신호의 푸리에 급수 표현은 주기 신호를 여러 주파수의 정현파 또는 복소 정현파 함수들의 합으로 나타내는 것으로, 모든 주파수 성분이 존재하는 것이 아니라 기본 주파수의 정수 배 성분만 존재하므로 신호의 스펙트럼은 선 스펙트럼 형태가 된다. 그러나 실세계에 존재하는 많은 신호들은 일반적으로 주기성을 갖지 않는다. 이번 절에서는 비주기 신호를 분석하는데 사용되는 푸리에 변환에 대해 알아본다. 비주기 신호는 주기 신호가 무한대의 주기를 갖는 것으로 볼 수 있으므로, 주기 신호에 대한 푸리에 급수로부터 주기를 무한대로 수렴시키는 과정을 통하여 비주기 신호에 대한 푸리에 변환을 유도할 수 있다.

3.4.1 비주기 신호의 푸리에 변환

비주기 신호를 주기가 무한대인 주기 신호로 봄으로써 푸리에 급수로부터 푸리에 변환으로 유도하는 방법을 알아보자. 먼저 비주기 신호로 그림 3.8(a)와 같이 펄스폭이 τ인 사각 펄스 $x(t)$를 고려하자. 첫 단계로 비주기 신호를 인위적으로 주기 신호화하여 푸리에 급수를 구해보자. 그림 3.8(b)와 같이 주기 T마다 $x(t)$ 파형이 반복되도록 주기적 확장을 해서 만들어진 주기 신호를 $x_p(t)$라 하자. $x_p(t)$를 푸리에 급수로 전개하면 다음과 같다.

$$x_p(t) = \sum_{n=-\infty}^{\infty} c_n e^{j2\pi n f_0 t}$$

$$c_n = \frac{1}{T} \int_{-T/2}^{T/2} x_p(t) e^{-j2\pi n f_0 t} dt \quad (f_0 = 1/T)$$

(3.43)

앞 절의 예제 3.3에서 사각 펄스열의 푸리에 급수와 스펙트럼 모양을 알아보았다. 신호의 스펙트럼은 sinc 함수를 f_0의 정수 배 주파수에서 표본화한 형태를 가진다. 구체적으로 푸리에 계수는

$$c_n = \frac{\tau}{T} \mathrm{sinc}(f\tau)\Big|_{f=nf_0} = \frac{\tau}{T} \mathrm{sinc}(nf_0\tau)\Big|$$

(3.44)

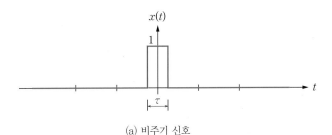

(a) 비주기 신호

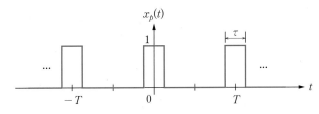

(a) 주기적 확장에 의해 만들어진 주기 신호

그림 3.8 비주기 신호의 주기 신호화

와 같이 된다. 여기서 펄스폭 τ는 스펙트럼의 모양을 결정하는데, 주파수축 상에서 처음 0을 교차하는 주파수(또는 first-null 대역폭)는 $1/\tau$로 펄스폭이 좁을수록 대역폭이 넓어진다. 한편, 주기 T는 주파수 샘플링 간격(즉 이산 스펙트럼 간격) f_0를 결정한다. 주파수 샘플링 간격 f_0는 신호의 주기에 반비례하므로, 만일 주기를 두 배로 증가시키면 선 스펙트럼 간격이 반으로 줄어든다. 그림 3.9에 주기화된 신호의 이산 스펙트럼을 보인다. 그림 3.9(a)는 주기가 $T = T_0$인 경우이고 그림 3.9(b)는 $T = 2T_0$인 경우로 스펙트럼이 두 배로 조밀해진 것을 볼 수 있다. 따라서 주기를 무한대로 수렴시키면 모든 주파수에 대해 연속적인 스펙트럼이 만들어질 것임을 짐작할 수 있다. 그런데 T를 증대시키면 c_n의 크기가 감소한다. 그러므로 식 (3.44)에서 $T \to \infty$로 하면 푸리에 계수가 0으로 되는 문제가 생긴다. 그 대신 푸리에 계수 c_n에 T를 곱한 Tc_n을 살펴보면

$$Tc_n = \tau \operatorname{sinc}(nf_0\tau) \xrightarrow{\ T \to \infty\ } \tau \operatorname{sinc}(f\tau) \tag{3.45}$$

가 되어 연속 스펙트럼이 되는데, 이것이 바로 사각 펄스의 푸리에 변환이다.

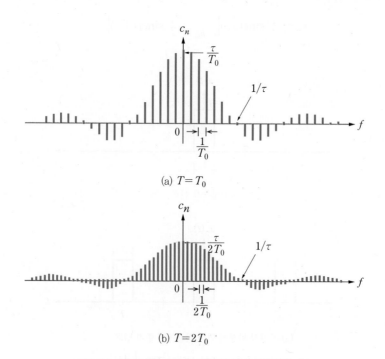

(a) $T = T_0$

(b) $T = 2T_0$

그림 3.9 주기 변화에 따른 구형 펄스열의 푸리에 계수

이제 좀더 구체적으로 주기화한 신호의 푸리에 급수로부터 주기를 무한대화 하여 푸리에 변환을 얻는 과정을 살펴보자. 푸리에 계수 c_n에 T를 곱하여 $X(nf_0)$라 정의하자. 식 (3.43)의 두 번째 식 양변에 T를 곱하여

$$X(nf_0) \triangleq Tc_n = \int_{-T/2}^{T/2} x_p(t)e^{-j2\pi nf_0 t}dt \tag{3.46}$$

를 정의한다. 그 다음 주기를 무한대로 증가시켜보자. 그러면 $x_p(t)$는 $x(t)$가 되며, 이산 주파수 nf_0는 연속 변수 f로 표현된다. 따라서 $T \to \infty$에 따라 식 (3.46)은 다음과 같이 된다.

$$X(nf_0) = Tc_n \xrightarrow{\ T \to \infty\ } \int_{-\infty}^{\infty} x(t)e^{-j2\pi ft}dt \triangleq X(f) \tag{3.47}$$

또한 $T \to \infty$에 따라 이산 스펙트럼의 주파수 간격 f_0가 무한소로 감소하므로 이를 df로 나타낼 수 있으며, 식 (3.43)의 첫 번째 식에서 주파수 성분의 무한 급수가 주파수 변수의 적분으로 된다. 따라서 다음의 결과를 얻을 수 있다.

$$x(t) = \lim_{T \to \infty} x_p(t) = \lim_{T \to \infty} \frac{1}{T} \sum_{n=-\infty}^{\infty} Tc_n e^{j2\pi nf_0 t} = \lim_{\substack{T \to \infty \\ f_0 \to 0}} \sum_{n=-\infty}^{\infty} Tc_n e^{j2\pi nf_0 t} \cdot f_0$$
$$= \int_{-\infty}^{\infty} X(f)e^{j2\pi ft}df \tag{3.48}$$

이상을 다음과 같은 푸리에 변환(Fourier transform) 및 푸리에 역변환(inverse Fourier transform) 식으로 정리할 수 있다.

$$\boxed{\begin{aligned} X(f) &= \mathcal{F}\{x(t)\} = \int_{-\infty}^{\infty} x(t)e^{-j2\pi ft}dt \\ x(t) &= \mathcal{F}^{-1}\{X(f)\} = \int_{-\infty}^{\infty} X(f)e^{j2\pi ft}df \end{aligned}} \tag{3.49}$$

위의 푸리에 변환과 역변환 쌍을 다음과 같이 표기한다.

$$x(t) \xleftrightarrow{\ \mathcal{F}\ } X(f) \tag{3.50}$$

식 (3.49)의 관계로부터 신호 $x(t)$의 푸리에 변환 $X(f)$는 주파수가 f인 성분이 $x(t)$에 얼마나 있는지(가중치)를 나타낸다. 따라서 주파수에 따른 $X(f)$의 분포 모양을 살펴봄으로써 신호가 가진 주파수 성분의 상대적인 크기 분포를 알 수 있다. 주기 신호의 푸리에 스펙트럼이 이산 스펙트럼인 것에 비해 비주기 신호의 스펙트럼은 연속 스펙트럼이 된다. 복소 지수 함수형 푸리에 급수와 마찬가지로 푸리에 변환 $X(f)$는 일반적으로 복소수이다. 따라서 극좌표 형식을 사용하여 표현하면 다음과 같이 된다.

$$X(f) = |X(f)|e^{j\angle X(f)} \tag{3.51}$$

여기서 $|X(f)|$와 $\angle X(f)$를 각각 진폭 스펙트럼과 위상 스펙트럼이라 부른다.

이제 주요 함수의 푸리에 변환을 예제를 통해 알아보자.

예제 3.6 | **사각 펄스**

다음과 같이 표현되는 펄스폭이 τ인 사각 펄스 신호 $x(t)$의 푸리에 변환을 구하라.

$$x(t) = \Pi(t/\tau) = \begin{cases} 1, & |t| \le \tau/2 \\ 0, & \text{otherwise} \end{cases} \tag{3.52}$$

풀이

푸리에 변환의 정의에 따라 다음을 얻는다.

$$\begin{aligned} \mathcal{F}[\Pi(t/\tau)] &= \int_{-\tau/2}^{\tau/2} \exp(-j2\pi ft)dt \\ &= -\frac{\exp(-j2\pi ft)}{j2\pi f}\Big|_{-\tau/2}^{\tau/2} = \frac{\sin(\pi f\tau)}{\pi f} \end{aligned}$$

위의 식을 표본화 함수를 사용하여 표현하면

$$X(f) = \tau\frac{\sin(\pi f\tau)}{\pi f\tau} = \tau\,\text{sinc}(f\tau) \tag{3.53}$$

이 된다. 따라서 다음과 같은 푸리에 변환쌍을 얻는다.

$$\Pi(t/\tau) \xleftrightarrow{\;\mathcal{F}\;} \tau\,\mathrm{sinc}(f\tau) \tag{3.54}$$

이 예제에서는 $X(f)$가 실수 값을 가지므로 진폭 스펙트럼과 위상 스펙트럼을 별도로 그리는 대신 $X(f)$를 직접 그릴 수 있다.[7] 그림 3.10에 사각 펄스 신호의 파형과 푸리에 변환을 보인다. $X(f)$의 모양을 살펴보면 주파수가 $f = 1/\tau$에서 처음 0을 교차하는 것을 알 수 있다. 따라서 시간 영역에서 펄스폭이 좁을수록 주파수 영역에서 스펙트럼이 넓어지는(즉 대역폭이 커지는) 것을 알 수 있다.

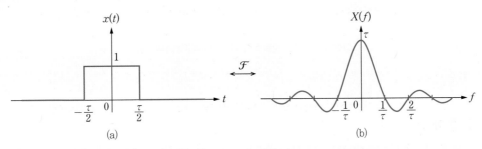

그림 3.10 예제 3.6의 사각 펄스 신호의 파형과 스펙트럼

예제 3.7 | 임펄스

단위 임펄스 함수 $\delta(t)$의 푸리에 변환을 구하라.

풀이

임펄스 함수의 표본화 특성을 이용하여 다음을 얻는다.

$$\mathcal{F}[\delta(t)] = \int_{-\infty}^{\infty} \delta(t)e^{-2\pi ft}dt = e^{0}\int_{-\infty}^{\infty}\delta(t)dt = 1$$

따라서 다음과 같은 푸리에 변환쌍을 얻는다.

$$\delta(t) \xleftrightarrow{\;\mathcal{F}\;} 1 \tag{3.55}$$

---

7) 푸리에 급수의 싱글과 유사하게 $x(t)$가 실수 값을 가지면서 짝우 대칭이면 푸리에 변환도 실수 값을 갖고 짝우 대칭이다. 이 성질은 뒤에서 다시 알아본다.

임펄스 함수의 스펙트럼은 상수이므로 모든 주파수 성분의 크기가 균일하다는 것을 알 수 있다. 그림 3.11에 임펄스 함수의 파형과 푸리에 변환을 보인다. 임펄스 함수의 스펙트럼은 상수이므로 임펄스 신호에는 직류 성분에서부터 무한대 주파수까지의 모든 주파수 성분들이 균일한 크기로 포함되어 있다는 것을 알 수 있다.

그림 3.11 단위 임펄스의 파형과 푸리에 스펙트럼

주 임펄스 응답과 주파수 응답

2장에서 시간 영역에서 시스템을 표현하는 방법의 하나로 임펄스 응답을 다루었다. 임펄스 응답이란 시스템에 임펄스를 가했을 때의 출력으로, 일단 임펄스 응답을 알면 주어진 입력에 대해 출력을 구할 수 있으므로 임펄스 응답을 안다는 것은 시스템에 대한 정보를 모두 알고 있다는 것과 동등하다. 이것을 주파수 영역에서 해석해보자. 시스템에 임펄스를 입력시킨다는 것은 0에서부터 무한대까지 주파수 성분을 균일하게 동시에 입력시키는 것과 동등하다. 임펄스 응답의 푸리에 변환은 시스템에 가해진 균일한 크기의 모든 주파수 성분에 대하여 시스템이 주파수별로 선택적으로 동작하여 어떤 주파수 성분은 증폭시키고 어떤 주파수 성분은 감쇠시켜서 출력을 만들어내는가에 대한 정보를 가지고 있는 것이다. 따라서 임펄스 응답의 푸리에 변환을 주파수 응답(frequency response)이라 부른다. 임펄스 응답이 시간 영역에서 시스템을 표현한 것이라면 주파수 응답은 주파수 영역에서 시스템을 표현한 것이 된다. 임펄스 신호는 이와 같은 특성으로 인해 시스템이나 신호의 해석에 널리 사용된다.

예제 3.8 | **주파수 영역 임펄스**

주파수 영역에서의 단위 임펄스 $\delta(t)$의 푸리에 역변환을 구하라.

풀이

임펄스 함수의 표본화 특성을 푸리에 역변환 공식에 대입하여 다음을 얻는다.

$$\mathcal{F}^{-1}[\delta(f)] = \int_{-\infty}^{\infty} \delta(f)e^{j2\pi ft}df = e^0 \int_{-\infty}^{\infty} \delta(f)df = 1$$

따라서 다음과 같은 푸리에 변환쌍을 얻는다.

$$1 \xleftarrow{\mathcal{F}} \delta(f)$$

(3.56)

상수 신호 $x(t) = 1$의 스펙트럼이 임펄스라는 것은 $f = 0$의 단일의 주파수 성분만 가진다는 것이다. 이것은 신호 $x(t)$가 직류 신호라는 것을 나타낸다. 그림 3.12에 상수 신호의 파형과 스펙트럼을 보인다.

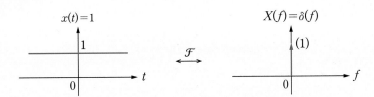

그림 3.12 직류 신호의 파형과 푸리에 스펙트럼

예제 3.9	사각 펄스형 스펙트럼

푸리에 변환 $X(f)$가 식 (3.57)과 같이 $-\tau/2 < f < \tau/2$ 범위에서 상수인 신호의 푸리에 역변환을 구하라.

$$X(f) = \Pi(f/\tau) = \begin{cases} 1, & |f| < \tau/2 \\ 0, & |f| > \tau/2 \end{cases}$$

(3.57)

이 신호의 스펙트럼 모양을 그림 3.13(b)에 보이는데, 밑변이 τ인 사각형 모양을 갖는다.[8]

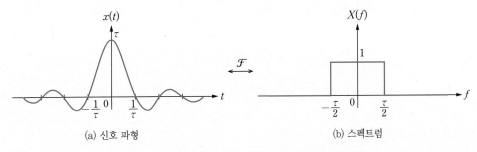

(a) 신호 파형   (b) 스펙트럼

그림 3.13 예제 3.9의 sinc 함수 형태의 신호와 스펙트럼

---

8) 이 신호의 대역폭은 $\tau/2$이나. 대역폭은 신호의 주파수 성분이 어디까지 있는지를 의미하는데 양의 주파수만 고려한다.

푸리에 역변환의 정의에 따라 다음을 얻는다.

$$x(t) = \mathcal{F}^{-1}\{\Pi(f/\tau)\} = \int_{-\tau/2}^{\tau/2} \exp(j2\pi ft)df$$

$$= \frac{\exp(j2\pi ft)}{j2\pi t}\bigg|_{-\tau/2}^{\tau/2} = \frac{\sin(\pi\tau t)}{\pi t} = \tau\,\text{sinc}(\tau t)$$

따라서 다음과 같은 푸리에 변환쌍을 얻는다.

$$\boxed{\tau\,\text{sinc}(\tau t) \xleftrightarrow{\,\mathcal{F}\,} \Pi\left(\frac{f}{\tau}\right)} \tag{3.58}$$

이 결과를 예제 3.6과 비교하는 것도 의미가 있다. 예제 3.6에서는 시간 영역 파형이 사각 펄스이면 스펙트럼이 sinc 함수 형태임을 확인하였다. 이 예제에서는 그 반대로 스펙트럼이 사각 펄스 모양인 경우 시간 영역 파형은 sinc 함수 형태라는 결과를 얻었다. 즉 주파수 변수와 시간 변수를 서로 맞바꾸면 동일한 효과가 얻어진다. 이를 푸리에 변환의 쌍대성(duality) 성질이라 한다.

예제 3.10 ┃ 지수 함수

지수 함수 $x(t) = e^{-at}u(t),\ a > 0$의 푸리에 변환을 구하라.

풀이

지수 a가 0보다 큰 지수 함수는 $t \to \infty$에 따라 0으로 수렴하므로 푸리에 변환은

$$X(f) = \int_{-\infty}^{\infty} e^{-at}e^{-j2\pi ft}u(t)dt = \int_{0}^{\infty} e^{-(a+j2\pi f)t}dt$$

$$= \left[-\frac{e^{-(a+j2\pi f)t}}{a+j2\pi f}\right]_{0}^{\infty} = \frac{1}{a+j2\pi f},\ a > 0$$

따라서 다음과 같은 푸리에 변환쌍을 얻는다.

$$\boxed{e^{-at}u(t) \overset{\mathcal{F}}{\longleftrightarrow} \frac{1}{a+j2\pi f}} \tag{3.59}$$

진폭 스펙트럼은

$$|X(f)| = \frac{1}{\sqrt{a^2 + 4\pi^2 f^2}} = \frac{1}{a}\frac{1}{\sqrt{1+\left(\frac{2\pi f}{a}\right)^2}} \tag{3.60}$$

이 되며, 위상 스펙트럼은

$$\angle X(f) = -\tan^{-1}\left(\frac{2\pi f}{a}\right) \tag{3.61}$$

이 된다. 그림 3.14에 진폭 스펙트럼과 위상 스펙트럼의 모양을 보인다. 진폭 스펙트럼은 좌우 대칭이고, 위상 스펙트럼은 원점에 대칭인 것을 확인할 수 있다. 진폭 스펙트럼을 보면 직류 성분이 $1/a$ 로 최대이고, 주파수가 높을수록 그 주파수 성분의 크기가 감소하며, 주파수 $f = a/2\pi$ 에서 최댓값의 $1/\sqrt{2}$ 배로 되는 것을 알 수 있다.

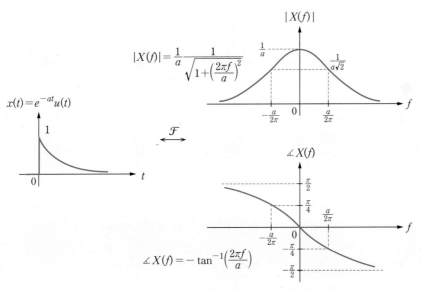

그림 3.14 지수 함수 $x(t) = e^{-at}u(t)$ 의 파형과 푸리에 스펙트럼

다음 신호의 푸리에 변환을 구하고 스펙트럼을 그려보라.

(a) $x(t) = e^{at}u(-t)$, $a > 0$

(b) $x(t) = e^{-a|t|}$, $a > 0$

$$= \begin{cases} e^{-at}, & t \geq 0 \\ e^{at}, & t \leq 0 \end{cases}$$

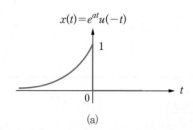

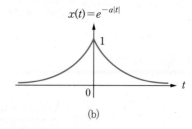

그림 3.15 연습 3.1의 신호

예제 3.11 | 부호 함수

다음과 같이 정의된 부호(sign) 함수의 푸리에 변환을 구하라.

$$x(t) = \text{sgn}(t) = u(t) - u(-t)$$
$$= \begin{cases} 1, & t > 0 \\ -1, & t < 0 \end{cases}$$

풀이

함수 $\text{sgn}(t)$는 그림 3.16의 왼쪽에 보인 함수에서 $a \to 0$의 극한을 취한 것으로 볼 수 있으며 수식으로 다음과 같이 표현할 수 있다.

$$x(t) = \text{sgn}(t) = \lim_{a \to 0}[e^{-at}u(t) - e^{at}u(-t)]$$

예제 3.10과 연습 3.1(a)의 결과를 이용하여 다음의 푸리에 변환을 얻는다.

$$X(f) = \lim_{a \to 0}\left[\int_{-\infty}^{\infty} e^{-at}e^{-j2\pi ft}u(t)dt - \int_{-\infty}^{\infty} e^{at}e^{-j2\pi ft}u(-t)dt\right]$$
$$= \lim_{a \to 0}\left[\int_{0}^{\infty} e^{-(a+j2\pi f)t}dt - \int_{-\infty}^{0} e^{(a-j2\pi f)t}dt\right] = \lim_{a \to 0}\left[\frac{1}{a+j2\pi f} - \frac{1}{a-j2\pi f}\right]$$
$$= \lim_{a \to 0}\left[\frac{-j4\pi f}{a^2+(2\pi f)^2}\right] = \frac{1}{j\pi f}$$

결과를 정리하면 다음과 같다.

$$\text{sgn}(t) \xleftrightarrow{\ \mathcal{F}\ } \frac{1}{j\pi f}$$

(3.62)

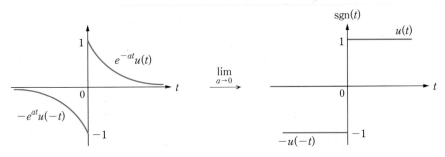

그림 3.16 극한에 의한 sgn(t) 함수의 표현

예제 3.12 ▎ **계단 함수**

단위 계단 함수 $x(x) = u(t)$의 푸리에 변환을 구하라.

풀이

단위 계단 함수 $u(t)$는 부호 함수 sgn(t)와 상수의 합으로 다음과 같이 표현할 수 있다.

$$x(t) = u(t) = \frac{1}{2}\text{sgn}(t) + \frac{1}{2}$$

앞의 예제 결과를 이용하여 다음과 같은 푸리에 변환을 얻는다.

$$\mathcal{F}\{u(t)\} = \frac{1}{2}\mathcal{F}\{\text{sgn}(t)\} + \frac{1}{2}\mathcal{F}\{1\} = \frac{1}{j2\pi f} + \frac{1}{2}\delta(f)$$

결과를 정리하면 다음과 같다.

$$u(t) \xleftrightarrow{\ \mathcal{F}\ } \frac{1}{j2\pi f} + \frac{1}{2}\delta(f)$$

(3.63)

3.4.2 푸리에 변환의 성질

푸리에 변환은 여러 가지 유용한 성질이 있다. 이러한 성질을 이용하면 푸리에 변환을 비교적 쉽게 계산할 수도 있으며, 또한 주어진 신호에 대하여 푸리에 변환을 완전히 계산하지 않고도 스펙트럼이 대략적으로 어떤 특성을 가질 것이라는 예측을 할 수 있다. 이러한 푸리에 변환의 성질을 이해함으로써 통신 시스템의 설계 및 분석을 직관적으로 접근할 수 있게 된다. 여기서는 여러 가지 푸리에 변환의 성질과 그것이 어떻게 해석되고 응용되는지 알아본다.

선형성(Linearity)

두 개의 신호 $x_1(t)$와 $x_2(t)$가 각각 $X_1(f)$와 $X_2(f)$의 푸리에 변환을 갖는다고 하자. 그러면 두 개의 신호를 선형 조합하여 만들어진 신호를 푸리에 변환하면 각각의 푸리에 변환을 동일한 계수로써 선형 조합한 것과 같다. 즉

$$ax_1(t)+bx_2(t) \xleftrightarrow{\;\mathcal{F}\;} aX_1(f)+bX_2(f) \qquad (3.64)$$

가 된다. 푸리에 변환의 정의를 적용하면 쉽게 증명할 수 있으며 연습으로 남긴다.

시간 천이(Time Shifting)

신호 $x(t)$에 대한 푸리에 변환을 $X(f)$라 하자. 신호를 시간 영역에서 t_0만큼 천이시킨 신호 $x(t-t_0)$의 푸리에 변환은 다음과 같다.

$$x(t-t_0) \xleftrightarrow{\;\mathcal{F}\;} e^{-j2\pi f t_0}X(f) \qquad (3.65)$$

위의 성질은 푸리에 변환의 정의로부터 다음과 같이 간단히 증명된다.

$$\begin{aligned}
\mathcal{F}[x(t-t_0)] &= \int_{-\infty}^{\infty} x(t-t_0)e^{-j2\pi ft}dt \\
&= e^{-j2\pi ft_0}\int_{-\infty}^{\infty} x(t-t_0)e^{-j2\pi f(t-t_0)}d(t-t_0) \\
&= e^{-j2\pi ft_0}X(f)
\end{aligned}$$

주파수 천이(Frequency Shifting) 및 변조(Modulation)

신호 $x(t)$ 에 복소 정현파를 곱하면 주파수축에서 천이된 스펙트럼을 갖는다. 즉

$$e^{\pm j2\pi f_0 t}x(t) \xleftrightarrow{\ \mathcal{F}\ } X(f \mp f_0) \tag{3.67}$$

가 된다. 이 성질의 증명은 다음과 같다.

$$\mathcal{F}[e^{\pm j2\pi f_0 t}x(t)] = \int_{-\infty}^{\infty} e^{\pm j2\pi f_0 t}x(t)e^{-j2\pi ft}dt$$
$$= \int_{-\infty}^{\infty} x(t)e^{-j2\pi(f \mp f_0)t}dt = X(f \mp f_0)$$

한편 Euler의 공식 $e^{\pm j\theta} = \cos\theta \pm j\sin\theta$ 을 이용하여 다음의 결과를 얻을 수 있다.

$$\begin{aligned}
\cos(2\pi f_0 t)\cdot x(t) &\xleftrightarrow{\ \mathcal{F}\ } \frac{X(f-f_0)+X(f+f_0)}{2} \\
\sin(2\pi f_0 t)\cdot x(t) &\xleftrightarrow{\ \mathcal{F}\ } \frac{X(f-f_0)-X(f+f_0)}{2j}
\end{aligned} \tag{3.68}$$

식 (3.68)과 같이 신호 $x(t)$에 정현파를 곱하면 정현파의 진폭이 $x(t)$에 비례하여 변화하는데 이러한 처리를 진폭 변조(amplitude modulation)라 한다. 진폭 변조의 효과를 주파수 영역에서 보면 신호 $x(t)$의 스펙트럼이 정현파 주파수만큼 오른쪽 및 왼쪽으로 이동한다. 즉 저주파대에 있던 주파수 성분들이 높은 주파수 대역으로 이동된다. 정현파 $\cos(2\pi f_0 t)$가 신호 $x(t)$를 실어 나르는 역할을 하므로 반송파(carrier)라 하며, 주파수 f_0를 반송파 주파수(carrier frequency)라 한다. 변조와 복조에 대해서는 4장에서 자세히 다룬다.

식 (3.67)과 식 (3.68)의 특별한 경우로 만일 $x(t)=1$이라면, 이 두 식은 각각 복소 정현파와 정현파의 푸리에 변환이 된다. 이 경우 $X(f) = \delta(f)$이므로 다음의 결과를 얻는다.

$$
\begin{aligned}
e^{\pm j2\pi f_0 t} &\xleftarrow{\;\mathcal{F}\;} \delta(f \mp f_0) \\
\cos(2\pi f_0 t) &\xleftarrow{\;\mathcal{F}\;} \frac{\delta(f-f_0)+\delta(f+f_0)}{2} \\
\sin(2\pi f_0 t) &\xleftarrow{\;\mathcal{F}\;} \frac{\delta(f-f_0)-\delta(f+f_0)}{2j}
\end{aligned}
\tag{3.69}
$$

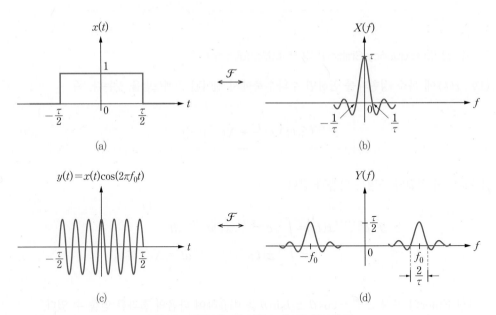

그림 3.17 진폭 변조에 의한 스펙트럼 천이의 예

그림 3.17(a)의 사각 펄스 $x(t) = \Pi(t/\tau)$를 $\cos(2\pi f_0 t)$로 변조한 신호 $x(t)\cos(2\pi f_0 t)$의 푸리에 변환을 구하고 그려보라.

풀이

예제 3.6으로부터 사각 펄스의 푸리에 변환은 다음과 같다.

$$\Pi(t/\tau) \xleftrightarrow{\;\mathcal{F}\;} \tau\,\mathrm{sinc}(f\tau)$$

식 (3.68)로부터 $x(t)\cos(2\pi f_0 t)$의 푸리에 변환쌍은 다음과 같이 된다.

$$\Pi(t/\tau)\cos(2\pi f_0 t) \xleftrightarrow{\;\mathcal{F}\;} \frac{1}{2}[\tau\,\mathrm{sinc}((f-f_0)\tau)+\tau\,\mathrm{sinc}((f+f_0)\tau)]$$

변조된 신호의 스펙트럼을 그림 3.17(d)에 보인다.

보충 설명 | **변조와 대역통과 신호**

변조는 신호의 스펙트럼을 주파수축 상에서 천이시키는 효과를 만들어낸다. 위의 예제에서 사각 펄스를 통신시스템의 메시지 신호라 하자. 이 신호의 스펙트럼을 보면 대부분의 주파수 성분이 저주파 대역에 존재하는 것을 알 수 있다. 이러한 신호를 기저대역(baseband) 신호라 한다. 이 신호를 반송파와 곱하면, 즉 진폭 변조하면, 변조된 신호의 스펙트럼은 반송파 주파수 대역으로 천이한다. 이러한 스펙트럼 특성을 가진 신호를 대역통과(bandpass) 신호라 한다. 두 신호의 스펙트럼을 살펴보면 변조에 의해 만들어진 대역통과 신호가 기저대역 신호에 비해 두 배의 대역폭을 가진다는 것을 알 수 있다.[9] 그러면 대역폭을 두 배나 사용하면서 변조를 하는 이유가 무엇일까? 첫 번째 이유로 무선 링크를 통하여 신호를 전송하는 시스템을 가정하자. 효율적으로 전력을 방사하기 위해서 필요한 안테나의 크기는 신호의 파장과 비슷해야 한다. 만일 정보 신호가 음성과 같이 저주파 성분을 가지고 있다면 파장이 너무 크므로 필요한 안테나의 크기가 비현실적으로 커진다. 따라서 변조에 의해 높은 주파수 대역으로 스펙트럼을 천이시키면 이러한 문제점을 해결할 수 있다. 두 번째 이유로 여러 통신 시스템이 공존하는 환경을 가정하자. 모든 시스템이 기저대역에서 신호를 전송하면 여러 신호가 서로 간섭하여 수신기에서 원하는 신호를 검출할 수 없게 된다. 이러한 문제점은 각각의 통신 시스템이 서로 다른 반송파 주

---

9) 신호의 대역폭은 신호가 가진 주파수 성분의 범위로 정의한다. 어떤 주파수까지를 범위로 보는가에 따라 여러 가지의 대역폭 정의 방식이 있다. 유의할 점은 대역폭은 양의 주파수에 대해서만 고려한다는 것이다. 기저대역 신호에서 음의 주파수 영역 스펙트럼이 변조를 거치면 반송파 주파수 쪽으로 이동하여 양의 주파수 영역에 포함되므로 변조된 신호의 대역폭은 기저대역 신호 대역폭의 두 배가 된다.

파수를 사용하여 변조하도록 하여 해결할 수 있다. 이렇게 주파수 대역을 분할하여 동시에 여러 신호를 전송하도록 하는 방법을 주파수분할 다중화(frequency division multiplexing: FDM)라고 한다.

시간 반전

신호 $x(t)$에 대한 푸리에 변환을 $X(f)$라 하자. 신호를 시간 상에서 반전한 신호 $x(-t)$의 푸리에 변환은 다음과 같다.

$$\boxed{x(-t) \xleftrightarrow{\ \mathcal{F}\ } X(-f)} \tag{3.70}$$

이것은 신호를 시간 상에서 반대로 뒤집으면 스펙트럼도 주파수 상에서도 반대로 뒤집는 효과로 나타난다는 것을 의미한다. 또한 만일 신호가 시간 상에서 좌우 대칭이면 스펙트럼도 주파수 상에서 좌우 대칭이라는 것을 의미한다. 이 성질의 증명은 푸리에 변환의 정의식으로부터 바로 얻을 수 있으므로 생략한다.

대칭성(Symmetry)

신호 $x(t)$를 복소 신호라고 가정하자. 공액 복소 신호 $x^*(t)$의 푸리에 변환은

$$\begin{aligned}
\mathcal{F}\left[x^*(t)\right] &= \int_{-\infty}^{\infty} x^*(t) e^{-j2\pi ft} dt = \left[\int_{-\infty}^{\infty} x(t) e^{j2\pi ft} dt\right]^* \\
&= \left[\int_{-\infty}^{\infty} x(t) e^{-j2\pi(-f)t} dt\right]^*
\end{aligned} \tag{3.71}$$

가 된다. 이 식의 우변은 푸리에 변환을 f 대신 $-f$를 사용하여 계산한 후 공액 복소수를 취한 결과와 같다. 따라서 공액 복소 신호의 푸리에 변환은 다음과 같이 표현할 수 있다.

$$\boxed{x^*(t) \xleftrightarrow{\ \mathcal{F}\ } X^*(-f)} \tag{3.72}$$

많은 경우 우리가 해석하고자 하는 신호는 실수 값을 갖는 신호이다. 신호가 실수 값을 갖는다는 것은 $x(t) = x^*(t)$라는 것을 의미한다. 이 경우 다음의 관계가 성립한다.

$$X(f) = X^*(-f) \tag{3.73}$$

이것을 공액 대칭성(conjugate symmetry)이라 한다. 이 성질은 주기 신호의 푸리에 급수에서 $c_{-n} = c_n^*$와 유사하다. 양의 주파수 스펙트럼과 음의 주파수 스펙트럼이 공액 복소수의 관계에 있다는 것이다. 그러므로 실함수의 진폭 스펙트럼은 우함수이고 위상 스펙트럼은 기함수가 된다. 즉

$$|X(f)| = |X(-f)|$$
$$\angle X(f) = -\angle X(-f) \tag{3.74}$$

다음으로 $x(t)$가 실함수이면서(즉 $x(t) = x^*(t)$) 추가로 시간 상에서 좌우 대칭인(즉 $x(t) = x(-t)$) 경우를 가정하자. 식 (3.73)과 식 (3.70)으로부터 $X(f) = X(-f) = X^*(f)$가 얻어진다. 그러므로 스펙트럼도 실수 값만 있고 주파수 상에서 좌우 대칭이 된다.

이번에는 $x(t)$가 실함수이면서(즉 $x(t) = x^*(t)$) 추가로 시간 상에서 원점 대칭인(즉 $x(t) = -x(-t)$) 경우를 가정하자. 식 (3.73)과 식 (3.70)으로부터 $X(f) = -X(-f) = -X^*(f)$가 얻어진다. 그러므로 스펙트럼은 허수 값만 있고 주파수 상에서 원점 대칭이 된다.

이와 같은 특성은 예제 3.6에서 좌우 대칭인 파형을 가진 구형 펄스의 푸리에 변환이 실수 값만 가지며 좌우 대칭인 sinc 함수가 되는 것을 살펴봄으로써 확인할 수 있다. 또한 예제 3.11에서 원점에 대칭인 sgn 함수의 푸리에 변환이 순허수 값만 가지며 주파수에 대해 기함수라는 것을 확인할 수 있다.

쌍대성(Duality)

앞의 예제 3.7과 예제 3.8에서 시간 영역에서 임펄스는 주파수 영역에서 상수이고, 반대로 시간 영역에서 상수는 주파수 영역에서 임펄스라는 것을 살펴보았다. 또한 예제 3.6과 예제 3.9에서 한 쪽 영역에서 사각 펄스 형태이면 다른 쪽 영역에서는 sinc 함수 형태가 되는 결과를 얻었다. 이와 같이 푸리에 변환과 역변환 사이에 시간 변수와 주파수 변수를 맞바꿀 수 있는 관계가 성립하게 되는데 이러한 성질을 쌍대성이라 한다. 일반적인 함수에 대해 쌍대성을 표현해보자. 신호 $x(t)$와 $X(f)$가 푸리에 변환쌍이라고 하면, 다음이 성립한다.

$$y(t) = X(t) \xleftrightarrow{\ \mathcal{F}\ } Y(f) = x(-f) \tag{3.75}$$

따라서 어떤 푸리에 변환쌍이 주어진다면, 시간 변수와 주파수 변수의 역할을 서로 바꾸어도 동일한 형태의 푸리에 변환쌍이 얻어진다. 이와 같은 푸리에 변환의 쌍대성은 복잡한 푸리에 변환을 간단히 계산할 수 있는 단서를 제공하기도 하고, 신호나 시스템의 해석에 있어서 시간과 주파수의 역할을 서로 바꾸어 접근할 수 있게 하기도 한다.

예를 들어 사각 펄스 $x(t) = \Pi(t/\tau)$의 푸리에 변환은 표본화 함수 $X(f) = \tau\,\text{sinc}(f\tau)$이다. 만일 신호가 시간 영역에서 표본화 함수 $y(t) = X(t) = \tau\,\text{sinc}(t\tau)$라면 이 신호의 푸리에 변환은 주파수 영역에서 사각형 $Y(f) = x(-f) = \Pi(f/\tau)$가 된다. 이 관계를 그림 3.18에 보인다.

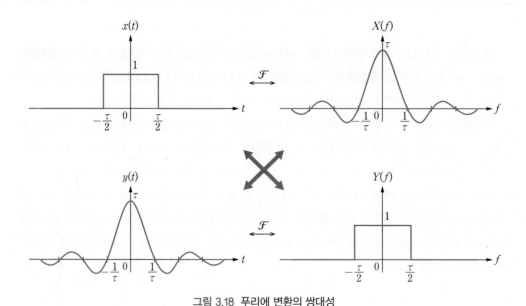

그림 3.18 푸리에 변환의 쌍대성

컨볼루션 및 곱셈

두 신호 $x(t)$와 $h(t)$를 시간 상에서 컨볼루션하여 만들어진 신호, 즉

$$y(t) = x(t) * h(t) = \int_{-\infty}^{\infty} x(\tau)h(t-\tau)d\tau \tag{3.76}$$

를 푸리에 변환하면 각 신호의 푸리에 변환을 주파수 상에서 곱한 것과 동일하다. 즉

$$x(t) * h(t) \overset{\mathcal{F}}{\longleftrightarrow} X(f) \cdot H(f) \tag{3.77}$$

가 된다. 이에 대한 쌍대성으로 주파수 상에서 두 신호의 컨볼루션, 즉

$$Y(f) = X(f) * H(f) = \int_{-\infty}^{\infty} X(\lambda)H(f-\lambda)d\lambda \qquad (3.78)$$

에 대한 푸리에 역변환은 시간 상에서 두 신호의 곱과 동일하다. 즉

$$\boxed{x(t) \cdot h(t) \xleftarrow{\quad \mathcal{F} \quad} X(f) * H(f)} \qquad (3.79)$$

식 (3.77)을 증명해보자. 푸리에 변환의 정의에 의해 두 신호의 컨볼루션에 대한 푸리에 변환은 다음과 같다.

$$
\begin{aligned}
\mathcal{F}\{x(t) * h(t)\} &= \int_{-\infty}^{\infty}\left[\int_{-\infty}^{\infty} x(\tau)h(t-\tau)d\tau\right]e^{-j2\pi ft}dt \\
&= \int_{-\infty}^{\infty} x(\tau)\left[\int_{-\infty}^{\infty} h(t-\tau)e^{-j2\pi ft}dt\right]d\tau
\end{aligned}
\qquad (3.80)
$$

위의 식에서 대괄호 안의 식은 $h(t)$를 τ만큼 지연시킨 신호의 푸리에 변환이므로 시간 천이 성질을 이용하여 다음 결과를 얻는다.

$$
\begin{aligned}
\mathcal{F}\{x(t) * h(t)\} &= \int_{-\infty}^{\infty} x(\tau)\left[H(f)e^{-j2\pi f\tau}\right]d\tau \\
&= H(f)\int_{-\infty}^{\infty} x(\tau)e^{-j2\pi f\tau}d\tau = H(f)X(f)
\end{aligned}
\qquad (3.81)
$$

식 (3.79)도 동일한 방법으로 증명할 수 있으며 이는 연습으로 남긴다.

식 (3.77)에서 $x(t)$를 선형 시스템의 입력이라 하고 $h(t)$를 선형 시스템의 임펄스 응답이라 하자. 2장에서 알아본 바와 같이 시간 영역에서 출력 $y(t)$는 두 신호의 컨볼루션이 된다. 주파수 영역에서 출력 $Y(f)$는 입력의 푸리에 변환 $X(f)$와 임펄스 응답의 푸리에 변환 $H(f)$의 곱이 된다. 임펄스 함수의 푸리에 변환은 상수이므로 임펄스란 모든 주파수 성분을 균일하게 갖는 신호로 해석할 수 있다. 임펄스 응답의 푸리에 변환 $H(f)$는 모든 주파수 성분이 균일하게 입력될 때의 주파수 성분별 출력을 의미한다. 이러한 이유로 $H(f)$를 주파수 응답(frequency response)이라 부른다. 선형 시스템의 출력을 주파수 영역에서 연산할 때 $X(f)$와 $H(f)$를 곱하는 과정에서 $H(f)$의 특성에 따라 입력의 특정 주파수 성분을 선택적으로 증가시키거나 감소시킨다. 이러한 의미로 $H(f)$를 필터로 해석할 수 있다.

2장의 컨볼루션에 대한 예제에서 펄스폭이 각각 L_1과 L_2인 두 개의 신호 $x_1(t)$와 $x_2(t)$의 컨볼루션 결과로 만들어진 신호, 즉 $x_1(t) * x_2(t)$는 펄스폭이 $L_1 + L_2$가 되는 것을 확인하였다. 이번에는 주파수 대역폭이 각각 B_1과 B_2 Hz인 두 개의 신호 $x_1(t)$와 $x_2(t)$를 시간 영역에서 곱한다고 하자. 두 신호의 곱, 즉 $x_1(t) \cdot x_2(t)$는 주파수 영역에서 컨볼루션이므로 결과 신호의 대역폭은 $B_1 + B_2$가 된다는 것을 알 수 있다. 따라서 신호 $x(t)$의 대역폭이 B라면 $x^2(t)$의 대역폭은 $2B$가 되고 $x^3(t)$의 대역폭은 $3B$가 된다. 이와 같이 시간 영역에서 신호를 곱하면 대역폭이 증가한다. 그러므로 신호가 원래 가지고 있지 않던 주파수 성분이 생길 수 있다. 정현파를 제곱하면 두 배의 주파수 성분이 생기는 것과 같은 이치이다.

예제 3.14

크기가 1이고 펄스폭이 2τ인 단위 삼각 펄스 $x(t) = \Lambda(t/\tau)$의 푸리에 변환을 구하고 그려보라.

풀이

그림 3.19(a)에 보인 바와 같이 크기가 τ이고 펄스폭이 2τ인 삼각 펄스는 크기가 1이고 펄스폭이 τ인 사각 펄스 두 개의 컨볼루션과 동일하다. 즉

$$\tau \Lambda(t/\tau) = \Pi(t/\tau) * \Pi(t/\tau)$$

이 된다. 예제 3.6의 결과로부터 사각 펄스의 푸리에 변환이 $\tau \mathrm{sinc}(f\tau)$이므로 크기가 1인 단위 삼각 펄스의 푸리에 변환은 다음과 같이 된다.

$$\Lambda\left(\frac{t}{\tau}\right) \xleftarrow{\ \mathcal{F}\ } \tau \mathrm{sinc}^2(f\tau)$$

그림 3.19(b)에 삼각 펄스의 스펙트럼을 보인다.

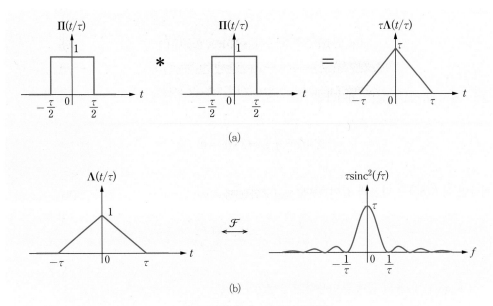

그림 3.19 삼각 펄스의 푸리에 변환

시간 영역 미분 및 적분

시간 영역에서 미분한 신호의 푸리에 변환은 다음과 같다.

$$\frac{dx(t)}{dt} \xleftrightarrow{\mathcal{F}} j2\pi f X(f)$$ (3.82)

식 (3.82)의 증명을 위하여 푸리에 역변환 식을 다시 써보면

$$x(t) = \int_{-\infty}^{\infty} X(f)e^{j2\pi ft}df$$ (3.83)

이고, 이 식을 미분하면 다음과 같다.

$$\frac{dx(t)}{dt} = \int_{-\infty}^{\infty} j2\pi f X(f)e^{j2\pi ft}df$$ (3.84)

따라서 $dx(t)/dt$ 는 $j2\pi f X(f)$ 를 푸리에 역변환한 것이므로 식 (3.82)의 푸리에 변환쌍을 얻는다.

한편, 시간 영역에서 적분한 신호의 푸리에 변환은 다음과 같다.

$$\int_{-\infty}^{t} x(\tau)d\tau \xleftrightarrow{\ \mathcal{F}\ } \frac{X(f)}{j2\pi f} + \frac{X(0)}{2}\delta(f) \tag{3.85}$$

만일 $x(t)$의 직류 성분이 0이라면, 즉

$$X(0) = \int_{-\infty}^{\infty} x(t)dt = 0 \tag{3.86}$$

이라면 식 (3.85)는 다음과 같이 된다.

$$\int_{-\infty}^{t} x(\tau)d\tau \xleftrightarrow{\ \mathcal{F}\ } \frac{X(f)}{j2\pi f} \tag{3.87}$$

식 (3.85)는 다음의 관계를 이용하여 증명할 수 있다.

$$x(t)*u(t) = \int_{-\infty}^{\infty} x(\tau)u(t-\tau)d\tau = \int_{-\infty}^{t} x(\tau)d\tau \tag{3.88}$$

이 식에 푸리에 변환을 취하면 단위 계단 함수의 푸리에 변환쌍을 이용하여 다음을 얻는다.

$$\begin{aligned}
\mathcal{F}\left\{\int_{-\infty}^{t} x(\tau)d\tau\right\} &= \mathcal{F}\{x(t)*u(t)\} = \mathcal{F}\{x(t)\}\cdot\mathcal{F}\{u(t)\} \\
&= X(f)\left[\frac{1}{j2\pi f} + \frac{1}{2}\delta(f)\right] \\
&= \frac{X(f)}{j2\pi f} + \frac{X(0)}{2}\delta(f)
\end{aligned} \tag{3.89}$$

예제 3.15

크기가 1이고 펄스폭이 2τ인 삼각 펄스 $x(t) = \Lambda(t/\tau)$의 푸리에 변환을 미적분 특성을 이용하여 구하라.

풀이

그림 3.20에 보인 바와 같이 삼각 펄스를 미분한 신호 dx/dt는 두 개의 사각 펄스로 표현되며, 이 신호를 다시 미분하면 d^2x/dt^2은 다음과 같이 3개의 임펄스 함수로 표현할 수 있다.

$$\frac{d^2 x}{dt^2} = \frac{1}{\tau}[\delta(t+\tau) - 2\delta(t) + \delta(t-\tau)]$$

이 신호의 푸리에 변환을 구하면 다음과 같다.

$$\mathcal{F}\left\{\frac{d^2x}{dt^2}\right\} = \frac{1}{\tau}[e^{j2\pi f\tau} - 2 + e^{-j2\pi f\tau}]$$

$$= \frac{2}{\tau}[\cos(2\pi f\tau) - 1] = -\frac{4}{\tau}\sin^2(\pi f\tau)$$

d^2x/dt^2 의 직류값은 0이므로 식 (3.85)를 적용하여 다음을 얻는다.

$$\mathcal{F}\left\{\frac{dx}{dt}\right\} = -\frac{4}{\tau}\frac{\sin^2(\pi f\tau)}{j2\pi f}$$

또한 dx/dt 의 직류값도 0이므로 식 (3.85)를 적용하여 다음을 얻는다.

$$\mathcal{F}\{x(t)\} = -\frac{4}{\tau}\frac{\sin^2(\pi f\tau)}{(j2\pi f)^2} = \tau\frac{\sin^2(\pi f\tau)}{(\pi f\tau)^2} = \tau\,\text{sinc}^2(f\tau)$$

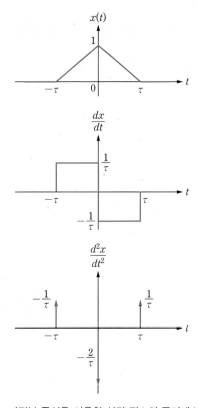

그림 3.20 미적분 특성을 이용한 삼각 펄스의 푸리에 변환의 연산

시간축 및 주파수축 척도 변경(압축/신장)

신호 $x(t)$와 $X(f)$가 푸리에 변환쌍이라고 하자. 시간축에서 척도 변경(압축/신장)된 신호 $x(at)$의 푸리에 변환은 다음과 같다.

$$x(at) \overset{\mathcal{F}}{\longleftrightarrow} \frac{1}{|a|} X\left(\frac{f}{a}\right) \tag{3.90}$$

따라서 시간축에서 신호를 압축시키면(즉 $a > 1$이라면) 그 스펙트럼은 주파수축에서 신장된다는 것을 알 수 있다. 신호 $x(t)$를 시간 상에서 a배 압축시킨다는 것은 신호가 a배만큼 빠르게 변화한다는 것을 의미한다. 이러한 신호를 합성하기 위해서는 a배 높은 주파수의 정현파가 필요하게 된다. 이것은 신호의 주파수 스펙트럼이 a배 신장된다는 것을 의미한다. 즉 시간축에서 신호를 압축시키면 저주파대에 분포된 에너지를 더 높은 주파수대까지 분산시키는 효과가 발생한다. 이 성질로부터 녹음된 테이프를 고속으로 재생시켰을 때 고음이 들리는 원리의 설명이 가능하다.

그림 3.21에 펄스폭이 다른 두 개의 사각 펄스 신호와 이들의 스펙트럼을 보인다. 시간 상에서 신호의 펄스폭이 넓어질수록 신호의 스펙트럼은 좁아지는 것을 볼 수 있다. 펄스폭을 두배로 하면 신호의 대역폭은 반으로 줄어든다는 것을 의미한다. 이와 같이 신호의 펄스폭과 대역폭은 서로 상대적인 관계를 가진다.

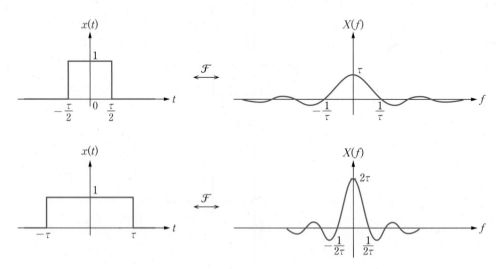

그림 3.21 푸리에 변환의 시간축/주파수축 척도 변경 특성

Parseval의 정리

시간 영역에서 두 신호 $x(t)$와 $y(t)$의 내적을 다음과 같이 정의하자.

$$<x(t),\ y(t)> = \int_{-\infty}^{\infty} x(t)y^*(t)dt \qquad (3.91)$$

위의 식에서 $y^*(t)$에 대하여 푸리에 역변환 정의를 적용하여 전개하면 다음을 얻는다.

$$\begin{aligned}
\int_{-\infty}^{\infty} x(t)y^*(t)dt &= \int_{-\infty}^{\infty} x(t)\Big[\int_{-\infty}^{\infty} Y^*(f)e^{-j2\pi ft}df\Big]dt \\
&= \int_{-\infty}^{\infty} Y^*(f)\Big[\int_{-\infty}^{\infty} x(t)e^{-j2\pi ft}dt\Big]df \\
&= \int_{-\infty}^{\infty} X(f)Y^*(f)df
\end{aligned} \qquad (3.92)$$

그러므로 신호의 시간 상 내적은 스펙트럼의 주파수 상 내적과 동일하다는 것을 의미한다. 특별한 경우로 두 신호가 동일하면, 이 신호의 내적은 신호 에너지가 된다. 이 경우 식 (3.92)는 다음과 같이 된다.

$$E = \int_{-\infty}^{\infty} |x(t)|^2 dt = \int_{-\infty}^{\infty} |X(f)|^2 df \qquad (3.93)$$

따라서 신호의 에너지를 시간 영역에서 구할 수도 있고 스펙트럼으로부터 구할 수도 있다는 것을 의미한다. $|X(f)|^2$을 살펴보면 신호의 에너지가 주파수 상에서 어떻게 분포되어 있는지를 알 수 있으며, 특정 주파수 밴드에 있는 신호의 에너지를 구할 수 있다. 이와 같은 이유로 $|X(f)|^2$를 에너지 스펙트럼 밀도(energy spectral density: ESD)라 부른다.

예제 3.16

다음 신호에 대하여 Parseval 정리가 성립함을 보여라.

$$x(t) = e^{-at}u(t),\ a > 0 \qquad (3.94)$$

풀이

먼저 시간 영역에서 에너지를 구하면

$$E = \int_{-\infty}^{\infty} |x(t)|^2 dt = \int_{0}^{\infty} e^{-2at} dt = \frac{1}{2a}$$

이 된다. 이번에는 주파수 영역에서 에너지는 다음과 같이 된다.

$$E = \int_{-\infty}^{\infty} |x(t)|^2 dt = \int_{-\infty}^{\infty} |X(f)|^2 df$$
$$= \int_{-\infty}^{\infty} \left| \frac{1}{j2\pi f + a} \right|^2 df = \int_{-\infty}^{\infty} \frac{1}{4\pi^2 f^2 + a^2} df$$

여기서

$$\int \frac{1}{a^2 + b^2 x^2} dx = \frac{1}{ab} \tan^{-1}\left(\frac{bx}{a} \right)$$

를 이용하면

$$E = \frac{1}{2\pi a} \tan^{-1}\left(\frac{2\pi f}{a} \right) \Big|_{-\infty}^{\infty} = \frac{1}{2a}$$

이 되어 시간 영역에서 구한 것과 동일하다.

표 3.1에 푸리에 변환의 성질을 요약하였으며, 표 3.2에는 주요 함수의 푸리에 변환을 보인다.

표 3.1 푸리에 변환의 성질

선형성	$ax_1(t) + bx_2(t) \xleftrightarrow{\mathcal{F}} aX_1(f) + bX_2(f)$
시간 척도 변경	$x(at) \xleftrightarrow{\mathcal{F}} \frac{1}{|a|} X\left(\frac{f}{a} \right)$
시간 천이	$x(t-t_0) \xleftrightarrow{\mathcal{F}} e^{-j2\pi ft_0} X(\omega)$
주파수 천이 (변조)	$e^{\pm j2\pi f_0 t} x(t) \xleftrightarrow{\mathcal{F}} X(f \mp f_0)$ $\cos(2\pi f_0 t) \cdot x(t) \xleftrightarrow{\mathcal{F}} \frac{X(f-f_0) + X(f+f_0)}{2}$ $\sin(2\pi f_0 t) \cdot x(t) \xleftrightarrow{\mathcal{F}} \frac{X(f-f_0) - X(f+f_0)}{2j}$
쌍대성	$y(t) = X(t) \xleftrightarrow{\mathcal{F}} Y(f) = x(-f)$

대칭성	$x(t)$가 실수이면, $X(f) = X^*(-f)$ i) $x(t)$가 실수이면, $\|X(f)\| = \|X(-f)\|$, $\angle X(f) = -\angle X(-f)$ ii) $x(t)$가 실수이면서 우함수이면, $X(f)$도 실수이면서 우함수 iii) $x(t)$가 실수이면서 기함수이면, $X(f)$는 순허수이면서 기함수
미분	$\dfrac{d^n x(t)}{dt^n} \xleftrightarrow{\ \mathcal{F}\ } (j2\pi f)^n X(f)$
적분	$\displaystyle\int_{-\infty}^{t} x(\tau)d\tau \xleftrightarrow{\ \mathcal{F}\ } \dfrac{X(f)}{j2\pi f} + \dfrac{X(0)}{2}\delta(f)$
컨볼루션	$x(t) * h(t) \xleftrightarrow{\ \mathcal{F}\ } X(f)H(f)$
곱셈	$x(t)h(t) \xleftrightarrow{\ \mathcal{F}\ } X(f) * H(f)$
Parseval의 정리	$E = \displaystyle\int_{-\infty}^{\infty} \|x(t)\|^2 dt = \int_{-\infty}^{\infty} \|X(f)\|^2 df$

표 3.2 주요 함수의 푸리에 변환

$x(t)$	$X(f)$
$\delta(t)$	1
1	$\delta(f)$
$\delta(t-t_0)$	$e^{-j2\pi f t_0}$
$e^{\pm j2\pi f_0 t}$	$\delta(f \mp f_0)$
$e^{-at}u(t),\ a > 0$	$\dfrac{1}{a + j2\pi f}$
$e^{at}u(t),\ a > 0$	$\dfrac{1}{a - j2\pi f}$
$e^{a\|t\|},\ a > 0$	$\dfrac{2a}{a^2 + (2\pi f)^2}$
$te^{-at}u(t),\ a > 0$	$\dfrac{1}{(a + j2\pi f)^2}$
$\cos(2\pi f_0 t)$	$\dfrac{\delta(f-f_0) + \delta(f+f_0)}{2}$
$\sin(2\pi f_0 t)$	$\dfrac{\delta(f-f_0) - \delta(f+f_0)}{2j}$
$u(t)$	$\dfrac{1}{2}\delta(f) + \dfrac{1}{j2\pi f}$
$\Pi\left(\dfrac{t}{\tau}\right)$	$\tau\,\mathrm{sinc}(f\tau)$
$\Lambda\left(\dfrac{t}{\tau}\right)$	$\tau\,\mathrm{sinc}^2(f\tau)$
$\displaystyle\sum_{n=-\infty}^{\infty}\delta(t-nT)$	$f_0\displaystyle\sum_{n=-\infty}^{\infty}\delta(f-nf_0),\quad f_0 = \dfrac{1}{T}$

3.4.3 주기 신호의 푸리에 변환

3.3절에서는 주기 신호의 주파수 영역 해석을 위하여 신호를 푸리에 급수로 표현하였으며, 3.4.1절의 푸리에 변환의 유도에서는 비주기 신호를 대상으로 하여 전개하였다. 그러나 푸리에 변환은 비주기 신호를 포함하여 주기 신호에 대해서도 적용이 가능하다. 신호 $x(t)$가 주기 T_0를 갖는 주기 신호라 하자. 이 신호는 다음과 같이 푸리에 급수를 사용하여 표현할 수 있다.

$$x(t) = \sum_{n=-\infty}^{\infty} c_n e^{j2\pi nf_0 t} \tag{3.95}$$

이 식의 양변에 푸리에 변환을 취해보자. $\exp(2\pi nf_0 t)$의 푸리에 변환이 $\delta(t-t_0)$이므로 식 (3.95)의 푸리에 변환은 다음과 같이 된다.

$$
\begin{aligned}
X(f) &= \mathcal{F}\left[\sum_{n=-\infty}^{\infty} c_n e^{j2\pi nf_0 t} \right] = \sum_{n=-\infty}^{\infty} c_n \mathcal{F}[e^{j2\pi nf_0 t}] \\
&= \sum_{n=-\infty}^{\infty} c_n \delta(f-nf_0)
\end{aligned}
\tag{3.96}
$$

즉 가중치가 c_n인 임펄스열이다.

이제 다음과 같이 정의된 푸리에 계수 c_n에 대해 좀더 살펴보자.

$$c_n = \frac{1}{T_0} \int_{-T_0/2}^{T_0/2} x(t) e^{-j2\pi nf_0 t} dt \tag{3.97}$$

주기 신호 $x(t)$에서 한 주기의 신호만 취하고 나머지는 절사(truncate)한 신호를 $x_T(t)$라 하자. 즉

$$x_T(t) = \begin{cases} x(t), & -\dfrac{T_0}{2} \le t \le \dfrac{T_0}{2} \\ 0, & \text{otherwise} \end{cases} \tag{3.98}$$

라 하자. 그러면 $x_T(t)$는 에너지 신호이고, 따라서 푸리에 변환이 존재한다. 식 (3.97)에서 한 주기의 $x(t)$ 대신 전체 시구간의 $x_T(t)$로 바꾸어도 결과는 같으므로 푸리에 계수는 다음과 같이 된다.

$$c_n = \frac{1}{T_0}\int_{-T_0/2}^{T_0/2} x(t)e^{-j2\pi nf_0 t} = \frac{1}{T_0}\int_{-\infty}^{\infty} x_T(t)e^{-j2\pi nf_0 t}dt$$

$$= \frac{1}{T_0}\Big[\int_{-\infty}^{\infty} x_T(t)e^{-j2\pi ft}dt\Big]_{f=nf_0} \qquad (3.99)$$

$$= \frac{1}{T_0}[X_T(f)]_{f=nf_0}$$

위의 식은 c_n이 한 주기 부분만의 신호인 $x_T(t)$의 푸리에 변환을 주파수 nf_0에서 샘플링하고 주기로 나눈 것과 동일하다는 것을 의미한다.

지금까지 살펴본 내용을 요약해보자. 주기 신호 $x(t)$의 푸리에 변환은 아래 식 (3.100)과 같이 가중치가 c_n인 주파수 영역 임펄스열이 된다. 여기서 c_n은 푸리에 계수의 정의를 사용하여 구해도 되지만 $c_n = X_T(nf_0)/T_0$의 관계를 이용하여 한 주기 부분만 취해 만들어진 신호를 푸리에 변환한 다음 f_0의 정수 배에서 샘플링하여 얻을 수 있다.

$$X(f) = \sum_{n=-\infty}^{\infty} c_n \delta(f-nf_0)$$

$$= \sum_{n=-\infty}^{\infty} \frac{X_T(nf_0)}{T_0}\delta(f-nf_0) \qquad (3.100)$$

$$= \sum_{n=-\infty}^{\infty} \frac{X_T(f)}{T_0}\delta(f-nf_0)$$

예제 3.17 **임펄스열**

그림 3.22와 같이 가중치가 1이고 주기가 T_0인 임펄스열의 푸리에 변환을 구하라.

$$x(t) = \sum_{k=-\infty}^{\infty} \delta(t-kT_0) \qquad (3.101)$$

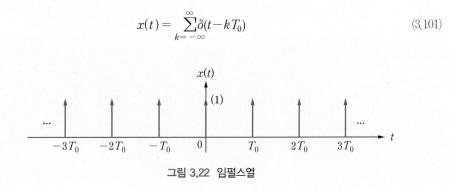

그림 3.22 임펄스열

3.3절에서 식 (3.101)과 같은 임펄스열의 푸리에 계수를 구해보았다. 푸리에 계수는 모든 n에서 $c_n = 1/T_0$를 얻었고, 따라서 푸리에 변환은 다음과 같이 된다.

$$X(f) = \sum_{n=-\infty}^{\infty} c_n \delta(f-nf_0) = \sum_{n=-\infty}^{\infty} \frac{1}{T_0} \delta(f-nf_0) = f_0 \sum_{n=-\infty}^{\infty} \delta(f-nf_0)$$

다른 방법으로 구해보자. 신호 $x(t)$에서 한 주기만 취하고 절사한 신호는 $x_T(t) = \delta(t)$이다. 이 신호 $x_T(t)$의 푸리에 변환은 $X_T(f) = 1$로 주파수 영역에서 상수가 되는데, 이를 nf_0에서 샘플링해도 동일하게 1이 된다. 즉 $X_T(nf_0) = 1$이 되므로 식 (3.100)의 두 번째 식에 대입하여 다음을 얻는다.

$$X(f) = \sum_{n=-\infty}^{\infty} \frac{X_T(nf_0)}{T_0} \delta(f-nf_0) = \sum_{n=-\infty}^{\infty} \frac{1}{T_0} \delta(f-nf_0) = f_0 \sum_{n=-\infty}^{\infty} \delta(f-nf_0) \tag{3.102}$$

이와 같이 시간 영역에서 임펄스열은 주파수 영역에서도 임펄스열이며, 주파수 임펄스 간 간격(즉 f_0)은 주기(T_0)에 반비례한다는 것을 알 수 있다. 즉 시간 영역에서 주기가 길수록 주파수 영역에서 임펄스 간 간격이 줄어든다. 그림 3.23(a)에 임펄스열의 푸리에 변환 $X(f)$를 보인다. 그림 3.23(b)에는 비교를 위해 푸리에 급수에 의한 스펙트럼 c_n을 보인다. 푸리에 변환에 의한 스펙트럼은 임펄스열인데 비해 푸리에 급수에 의한 스펙트럼은 모든 n에서 상수이다.

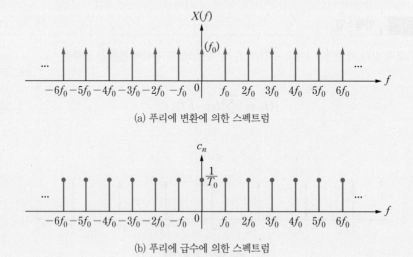

(a) 푸리에 변환에 의한 스펙트럼

(b) 푸리에 급수에 의한 스펙트럼

그림 3.23 임펄스열의 스펙트럼

그림 3.24와 같이 펄스폭이 1이고 주기가 4인 사각 펄스열의 푸리에 변환을 구하라. 푸리에 급수로도 표현하라.

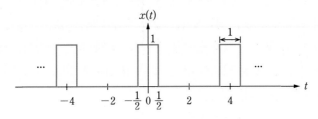

그림 3.24 예제 3.18의 사각 펄스열

풀이

주기가 $T_0 = 4$ 이므로 기본 주파수는 $f_0 = 1/4$ 이다. 신호 $x(t)$ 에서 한 주기만 취하고 절사한 신호 $x_T(t) = \Pi(t)$ 의 푸리에 변환은

$$X_T(f) = \tau \operatorname{sinc}(f\tau)|_{\tau=1} = \operatorname{sinc}(f)$$

이므로 식 (3.100)에 적용하여 다음을 얻으며, 스펙트럼을 그림 3.25에 보인다.

$$X(f) = \sum_{n=-\infty}^{\infty} \frac{1}{T_0} \tau \operatorname{sinc}(f\tau)\delta(f-nf_0)$$
$$= \sum_{n=-\infty}^{\infty} \frac{1}{4} \operatorname{sinc}(f)\delta\left(f-\frac{n}{4}\right)$$

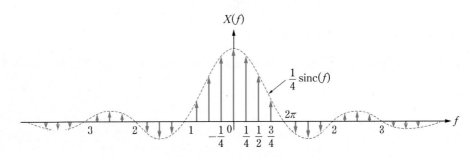

그림 3.25 사각 펄스열의 푸리에 변환

3.5 스펙트럼 밀도

실세계에서 우리가 접하는 신호는 대부분 시간 함수이며 2장에서는 신호와 시스템을 시간 영역에서 해석하는 방법에 대하여 알아보았다. 3장에서는 푸리에 변환이 주파수 영역에서 신호와 시스템을 해석할 수 있는 방법을 제시한다는 것을 알게 되었다. 시간 영역에서는 쉽게 해석되지 않던 신호의 특성이 주파수 영역에서는 쉽게 해석이 되는 경우가 많이 있다. 신호의 스펙트럼 분석은 통신 시스템의 분석과 설계에 매우 중요하다. 이번 절에서는 에너지 신호와 전력 신호에 대해 에너지 스펙트럼 밀도와 전력 스펙트럼 밀도를 정의하고 LTI 시스템에서 입출력 스펙트럼의 관계를 살펴본다.

3.5.1 신호의 에너지와 에너지 스펙트럼 밀도

신호 $x(t)$의 에너지는 $|x(t)|^2$을 시간 상에서 적분한 것으로 정의된다. Parseval의 정리는 신호의 에너지를 다음과 같이 주파수 영역에서 구할 수 있다는 것을 의미한다.

$$E = \int_{-\infty}^{\infty} |x(t)|^2 dt = \int_{-\infty}^{\infty} |X(f)|^2 df \tag{3.103}$$

$|X(f)|^2$을 살펴보면 신호의 에너지가 주파수 상에서 어떻게 분포되어 있는지를 알 수 있으며, 특정 주파수 밴드에 있는 신호의 에너지를 구할 수 있다. 에너지 스펙트럼 밀도(energy spectral density: ESD) $\Psi_x(f)$는 주파수 상에서 적분했을 때 에너지가 되도록 정의한다. 즉

$$E = \int_{-\infty}^{\infty} \Psi(f) df \tag{3.104}$$

으로 정의하면 식 (3.103)에 의해 ESD는 다음과 같이 된다.

에너지 신호의 에너지 스펙트럼 밀도(energy spectral density: ESD) $\Psi_x(f)$는 다음 식과 같이 정의된다.

$$\Psi_x(f) = |X(f)|^2 \tag{3.105}$$

이와 같이 ESD를 정의하면 총 에너지뿐만 아니라 특정 주파수대 $B_1 \le f \le B_2$ 내에 있는

신호의 에너지를 다음과 같이 구할 수 있다.[10]

$$E_{(B_1, B_2)} = \int_{-B_2}^{-B_1} |X(f)|^2 df + \int_{B_1}^{B_2} |X(f)|^2 df = 2\int_{B_1}^{B_2} |X(f)|^2 df \tag{3.106}$$

자기상관 함수와의 관계

에너지 신호 $x(t)$의 자기상관 함수는 다음과 같이 정의된다.

$$R_x(\tau) = \int_{-\infty}^{\infty} x(t)x(t+\tau)dt \tag{3.107}$$

여기서 $x(t)$는 실함수를 가정하였다. 위의 자기상관 함수의 푸리에 변환을 구해보자. 자기상관 함수는 변수가 t가 아니라 τ임을 유의한다. $R_x(\tau)$의 푸리에 변환은 다음과 같이 쓸 수 있다.

$$\begin{aligned}\mathcal{F}\{R_x(\tau)\} &= \int_{-\infty}^{\infty} R_x(\tau)e^{-j2\pi f\tau}d\tau = \int_{-\infty}^{\infty} e^{-j2\pi f\tau}\left[\int_{-\infty}^{\infty} x(t)x(t+\tau)dt\right]d\tau \\ &= \int_{-\infty}^{\infty} x(t)\left[\int_{-\infty}^{\infty} x(\tau+t)e^{-j2\pi f\tau}d\tau\right]dt\end{aligned} \tag{3.108}$$

위의 마지막 식에서 대괄호 안의 항은 $x(\tau)$가 왼쪽으로 t만큼 천이된 신호 $x(\tau+t)$의 푸리에 변환이다. 푸리에 변환의 시간 천이 특성을 이용하면 위의 식은 다음과 같이 된다.

$$\begin{aligned}\mathcal{F}\{R_x(\tau)\} &= \int_{-\infty}^{\infty} x(t)\left[X(f)e^{j2\pi ft}\right]dt = X(f)\int_{-\infty}^{\infty} x(t)e^{j2\pi ft}dt \\ &= X(f)X(-f) = |X(f)|^2 = \Psi_x(f)\end{aligned} \tag{3.109}$$

그러므로 자기상관 함수의 푸리에 변환은 에너지 스펙트럼 밀도가 된다.

요약하면, 에너지 신호의 ESD는 다음의 두 가지 방법으로 구할 수 있다.

① 식 (3.105)의 정의에 의한 직접 연산

② 간접적인 방법으로 자기상관 함수를 구한 다음 푸리에 변환을 취하는 방법

이상을 다시 정리하면 다음과 같다.

---

10) $x(t)$를 실함수로 가정하였다.

$$\Psi_x(f) = |X(f)|^2$$
$$= \mathcal{F}\{R_x(\tau)\} = \mathcal{F}\left\{\int_{-\infty}^{\infty} x(t)x(t+\tau)dt\right\} \tag{3.110}$$

또한 총에너지는 다음과 같이 구할 수 있다.

$$E = \int_{-\infty}^{\infty} |x(t)|^2 dt = \int_{-\infty}^{\infty} \Psi_x(f) df = R_x(0) \tag{3.111}$$

예제 3.19

다음과 같이 크기가 A이고, 펄스폭이 T인 구형파 신호의 ESD를 구하라.

$$x(t) = A\Pi\left(\frac{t}{T}\right)$$

풀이

ESD를 구하는 직접적인 방법으로 먼저 푸리에 변환을 구하면 다음과 같다.

$$X(f) = AT\,\mathrm{sinc}(fT)$$

진폭 스펙트럼을 제곱하여 다음의 ESD를 얻는다.

$$\Psi_x(f) = |X(f)|^2 = A^2 T^2 \mathrm{sinc}^2(fT) \tag{3.112}$$

ESD를 간접적으로 구하기 위해 자기상관 함수를 구하면 다음과 같은 삼각파 신호가 된다.

$$R_x(\tau) = \int_{-\infty}^{\infty} x(t)x(t+\tau)dt = A^2 T\Lambda\left(\frac{\tau}{T}\right)$$

위의 자기상관 함수에 푸리에 변환을 구하면 ESD가 된다. 예제 3.14에서

$$\Lambda\left(\frac{t}{T}\right) \overset{\mathcal{F}}{\longleftrightarrow} T\,\mathrm{sinc}^2(fT)$$

의 결과를 적용하여 식 (3.112)와 동일한 결과를 얻는다. 그림 3.26에 사각 펄스의 ESD를 구하는 방법을 보인다.

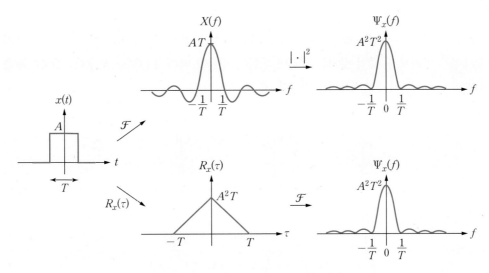

그림 3.26 사각 펄스의 ESD를 구하는 방법

LTI 시스템 출력의 ESD

선형 시불변(LTI) 시스템의 출력 $y(t)$는 입력 $x(t)$와 임펄스 응답 $h(t)$의 컨볼루션이다. 따라서 출력의 푸리에 변환은 다음 식과 같이 입력의 푸리에 변환과 임펄스 응답의 푸리에 변환과의 곱이 된다.

$$Y(f) = H(f)X(f) \tag{3.113}$$

그러므로 다음 관계가 성립한다.

$$|Y(f)|^2 = |H(f)|^2|X(f)|^2 \tag{3.114}$$

따라서 출력의 ESD는 입력의 ESD에 $|H(f)|^2$을 곱한 것과 같다. 즉

$$\Psi_y(f) = |H(f)|^2 \Psi_x(f) \tag{3.51}$$

변조된 신호의 ESD

신호 $x(t)$에 정현파 $\cos(2\pi f_0 t)$를 곱하는 변조 과정을 거쳐서 만들어진 신호 $y(t)$의 ESD에 대하여 알아보자. 앞서 살펴본 푸리에 변환의 성질에 따라 $Y(f)$는 $X(f)$를 주파수축을 따라 좌우로 이동시킨 스펙트럼을 가진다. 즉

$$Y(f) = \frac{1}{2}[X(f+f_0) + X(f-f_0)] \tag{3.116}$$

기저대역 신호 $x(t)$의 ESD를 $\Psi_x(f)$라 하고 변조된 신호 $y(t)$의 ESD를 $\Psi_y(f)$라 하면, $\Psi_y(f)$는 다음과 같다.

$$\Psi_y(f) = |Y(f)|^2 = \frac{1}{4}|X(f+f_0) + X(f-f_0)|^2 \tag{3.117}$$

만일 기저대역 신호 $x(t)$가 그림 3.23(a)에 보인 예와 같이 BHz로 대역 제한되었다면(즉 BHz 이상의 주파수 성분이 없다면), $f_0 \geq 2B$ 주파수의 정현파로 변조된 신호의 $X(f+f_0)$와 $X(f-f_0)$는 서로 겹치지 않는다. 이 경우 $y(t)$의 ESD는 다음과 같이 된다.

$$\begin{aligned} \Psi_y(f) &= \frac{1}{4}[|X(f+f_0)|^2 + |X(f-f_0)|^2] \\ &= \frac{1}{4}[\Psi_x(f+f_0) + \Psi_x(f-f_0)] \end{aligned} \tag{3.118}$$

그림 3.27에 기저대역 신호 $x(t)$와 변조된 신호 $y(t)$의 ESD를 보인다. 변조에 의하여 $x(t)$의 ESD가 좌우로 f_0만큼 천이된다는 것을 알 수 있다. $\Psi_y(f)$의 면적이 $\Psi_x(f)$에 비해 절반이 되므로 $y(t)$의 에너지는 $x(t)$의 에너지의 1/2이 된다. 즉

$$E_y = \frac{1}{2}E_x, \ \ f_0 \geq 2B \tag{3.119}$$

이 된다. 이와 같이 변조를 하면 에너지가 1/2로 줄어든다. 간단한 예로 크기가 A이고 펄스 폭이 T인 사각 펄스를 가정하자. 이 신호의 에너지를 시간 영역에서 구하면 간단히 $A^2 T$를 얻을 수 있다. 사각 펄스에 정현파를 곱한 신호의 에너지를 구하면 $A^2 T/2$가 되는 것을 쉽게 확인할 수 있다.

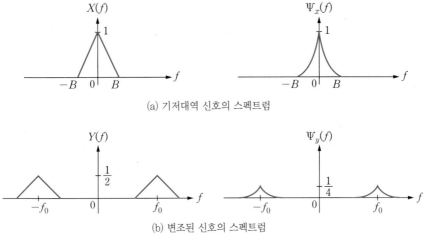

(a) 기저대역 신호의 스펙트럼

(b) 변조된 신호의 스펙트럼

그림 3.27 변조된 신호의 ESD

3.5.2 신호의 전력과 전력 스펙트럼 밀도

전력 신호의 경우 에너지가 무한대이므로 신호의 크기를 측정할 수 있는 척도로 $|x(t)|^2$ 을 시구간으로 평균화한 평균전력이 사용된다. 신호 $x(t)$ 의 평균전력은 다음과 같이 정의된다.

$$P = \lim_{T \to \infty} \frac{1}{T} \int_{-T/2}^{T/2} |x(t)|^2 dt \tag{3.120}$$

에너지 스펙트럼 밀도(ESD)를 식 (3.104)가 성립하도록 정의한 것과 같이 전력 스펙트럼 밀도 (power spectral density: PSD) $S_x(f)$ 를 다음 식이 성립하도록 정의하고자 한다.

$$P = \int_{-\infty}^{\infty} S_x(f) df \tag{3.121}$$

그리고 PSD와 신호의 푸리에 변환 및 자기상관 함수와의 관계를 알아보자. 먼저 일반적인 전력 신호의 경우에 대해 알아보고, 주기 신호의 경우에 대해 알아본다.

전력 신호 $x(t)$ 에서 시구간 $-T/2 \le t \le T/2$ 에서만 취하고 나머지는 절사한 신호 $x_T(t)$ 를 정의하자.

$$x_T(t) = \begin{cases} x(t), & -T/2 \le t \le T/2 \\ 0, & \text{otherwise} \end{cases} \tag{3.122}$$

절단된 신호 $x_T(t)$의 예를 그림 3.28에 보인다. 그러면 식 (3.120)의 전력은 다음과 같이 $x_T(t)$의 에너지 E_T를 사용하여 표현할 수 있다.

$$P = \lim_{T \to \infty} \frac{1}{T} \int_{-\infty}^{\infty} |x_T(t)|^2 dt = \lim_{T \to \infty} \frac{E_T}{T} \tag{3.123}$$

전력 신호를 절단하여 만들어진 신호 $x_T(t)$는 T가 유한한 경우 에너지 신호가 되므로 푸리에 변환이 존재하며, Parseval 정리에 의해 다음의 관계가 성립한다.

$$E_T = \int_{-\infty}^{\infty} |x_T(t)|^2 dt = \int_{-\infty}^{\infty} |X_T(f)|^2 df \tag{3.124}$$

여기서 $X_T(f)$는 $x_T(t)$의 푸리에 변환이다. 그러므로 신호 $x(t)$의 전력은 다음과 같이 된다.

$$P = \lim_{T \to \infty} \frac{E_T}{T} = \lim_{T \to \infty} \frac{1}{T} \left[\int_{-\infty}^{\infty} |X_T(f)|^2 df \right] \tag{3.125}$$

그러므로 식 (3.121)이 성립하도록 다음과 같이 PSD를 정의한다.

전력 신호의 전력 스펙트럼 밀도(power spectral density: PSD)[11]는 다음 식과 같이 정의된다.

$$S_x(f) = \lim_{T \to \infty} \frac{|X_T(f)|^2}{T} \tag{3.126}$$

PSD는 항상 0 이상의 값을 가진다는 것을 주목한다. 또한 PSD는 신호의 위상 스펙트럼과는 무관하다는 성질이 있다. 이것은 시간 지연된 신호가 원 신호와 동일한 PSD를 가진다는 것을 의미한다.

---

11) 여기서 신호는 결정형(deterministic signal) 신호를 가정한다. 랜덤 신호인 경우의 PSD는 자기상관 함수의 푸리에 변환이 되며, 여기서 자기상관 함수는 시간평균 대신 통계적 평균을 사용하여 정의한다. 랜덤 신호에 대한 PSD는 6장에서 다룬다.

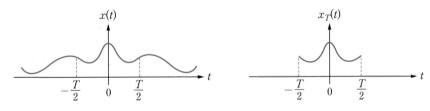

그림 3.28 절단된 신호 $x_T(t)$의 정의

자기상관 함수와의 관계

전력 신호 $x(t)$의 자기상관 함수는 다음과 같이 정의된다.

$$R_x(\tau) = \lim_{T \to \infty} \frac{1}{T} \int_{-T/2}^{T/2} x(t)x(t+\tau)dt \tag{3.127}$$

여기서 $x(t)$는 실함수를 가정하였다. 앞서 에너지 신호의 ESD는 자기상관 함수의 푸리에 변환이 되는 것을 증명하였다. 전력 신호의 경우에도 유사하게 PSD가 자기상관 함수의 푸리에 변환이 된다는 것을 보이고자 한다. 전력 신호 $x(t)$의 자기상관 함수는 절단 신호 $x_T(t)$를 사용하여 다음과 같이 표현할 수 있다.

$$R_x(\tau) = \lim_{T \to \infty} \frac{1}{T} \int_{-\infty}^{\infty} x_T(t)x_T(t+\tau)dt \tag{3.128}$$

위의 식의 푸리에 변환을 구하면 식 (3.109)를 적용하여 다음을 얻는다.

$$\mathcal{F}\{R_x(\tau)\} = \lim_{T \to \infty} \frac{|X_T(f)|^2}{T} = S_x(f) \tag{3.129}$$

즉 자기상관 함수의 푸리에 변환은 PSD가 된다.

요약하면, PSD는 다음의 두 가지 방법으로 구할 수 있다.

① 식 (3.126)를 적용하여 직접 계산하는 방법

② 간접적인 방법으로 먼저 자기상관 함수를 구하고 푸리에 변환을 취하는 방법

다시 정리하면 다음 식과 같다.

$$S_x(f) = \lim_{T \to \infty} \frac{|X_T(f)|^2}{T}$$
$$= \mathcal{F}\{R_x(\tau)\} = \mathcal{F}\left[\lim_{T \to \infty} \frac{1}{T} \int_{-T/2}^{T/2} x(t)x(t+\tau)dt\right]$$

(3.130)

또한 신호의 평균전력은 다음과 같이 구할 수 있다.

$$P = \lim_{T \to \infty} \frac{1}{T} \int_{-T/2}^{T/2} |x(t)|^2 dt = \int_{-\infty}^{\infty} S_x(f)df = R_x(0)$$

(3.131)

주기 신호의 PSD

신호 $x(t)$가 주기 T_0를 가진 주기 함수라고 하자. 주기 신호의 푸리에 급수 표현에서 Parseval 정리에 따라 다음과 같이 평균전력을 구할 수 있는 것을 살펴본 바 있다.

$$P = \frac{1}{T_0} \int_{T_0} |x(t)|^2 dt = \sum_{n=-\infty}^{\infty} |c_n|^2$$

(3.132)

한편 식 (3.121)이 성립해야 하므로 PSD는 다음과 같이 된다.

$$S_x(f) = \sum_{n=-\infty}^{\infty} |c_n|^2 \delta(f - nf_0)$$

(3.133)

여기서 $f_0 = 1/T_0$ 이다.

예제 3.20

다음과 같은 정현파 신호의 PSD와 평균전력을 구하라.

$$x(t) = A\cos(2\pi f_0 t)$$

(3.134)

풀이

자기상관 함수의 푸리에 변환을 취하여 PSD를 구하는 방법을 사용해보자. $x(t)$의 자기상관 함수는 다음과 같다.

$$R_x(\tau) = \lim_{T \to \infty} \frac{1}{T} \int_{-T/2}^{T/2} A\cos(2\pi f_0 t) A\cos(2\pi f_0(t+\tau)) dt$$

$$= \lim_{T \to \infty} \frac{1}{T} \int_{-T/2}^{T/2} \frac{A^2}{2}\{\cos(2\pi f_0 \tau) + \cos(4\pi f_0 t + 2\pi f_0 \tau)\} dt \qquad (3.135)$$

$$= \frac{A^2}{2}\cos(2\pi f_0 \tau) \lim_{T \to \infty} \frac{1}{T} \int_{-T/2}^{T/2} dt + \frac{A^2}{2} \lim_{T \to \infty} \frac{1}{T} \int_{-T/2}^{T/2} \cos(4\pi f_0 t + 2\pi f_0 \tau) dt$$

$$= \frac{A^2}{2}\cos(2\pi f_0 \tau)$$

주파수 f_0 의 정현파는 자기상관 함수도 역시 동일한 주파수의 정현파라는 것을 알 수 있다. 식 (3.135)에 푸리에 변환을 취하여 다음의 PSD를 얻는다.

$$S_x(f) = \mathcal{F}\left\{ \frac{A^2}{2}\cos(2\pi f_0 \tau) \right\} = \frac{A^2}{4}[\delta(f-f_0) + \delta(f+f_0)] \qquad (3.136)$$

그림 3.29에 정현파 신호의 PSD를 보인다. PSD를 적분하면 다음과 같이 평균전력을 구할 수 있다.

$$P = \int_{-\infty}^{\infty} \frac{A^2}{4}[\delta(f-f_0) + \delta(f+f_0)] df = \frac{A^2}{2}$$

평균전력은 시간 영역에서 순간 전력을 시간평균을 통하여 동일하게 얻을 수 있음을 확인하라. 한편 이 정현파를 푸리에 급수로 표현하면

$$x(t) = A\cos(2\pi f_0 t) = \frac{A}{2}e^{j2\pi f_0 t} + \frac{A}{2}e^{-j2\pi f_0 t}$$

$$= \sum_{n=-\infty}^{\infty} c_n e^{j2\pi n f_0 t}$$

이므로 푸리에 계수는

$$c_1 = c_{-1} = \frac{A}{2}$$

$$c_n = 0, \ n \neq \pm 1$$

이 된다. 따라서 식 (3.133)을 적용하면 식 (3.136)과 동일한 PSD를 얻을 수 있다.

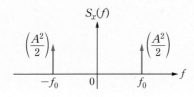

그림 3.29 정현파 신호의 PSD

그림 3.30의 사각 펄스열의 PSD를 구하라.

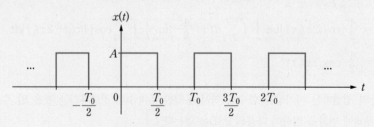

그림 3.30 예제 3.21의 사각 펄스열

풀이

식 (3.99)를 이용하여 주기 신호 $x(t)$의 푸리에 계수를 구할 수 있다. 한 주기의 신호만 취한 절단 신호를 $x_T(t)$라 하면 c_n은

$$c_n = \frac{1}{T_0}[X_T(f)]_{f=nf_0} = \frac{X_T(nf_0)}{T_0}$$

가 되므로

$$|c_n| = \left[\frac{1}{T_0}\frac{AT_0}{2}\operatorname{sinc}\left(f\frac{T_0}{2}\right)\right]_{f=nf_0} = \left[\frac{A}{2}\operatorname{sinc}\left(\frac{f}{2f_0}\right)\right]_{f=nf_0} = \frac{A}{2}\operatorname{sinc}\left(\frac{n}{2}\right)$$

가 된다. 따라서 $x(t)$의 PSD는 다음과 같이 된다.

$$S_x(f) = \sum_{n=-\infty}^{\infty}\left(\frac{A}{2}\right)^2\operatorname{sinc}^2\left(\frac{n}{2}\right)\delta(f-nf_0) \tag{3.137}$$

그림 3.31에 $x(t)$의 PSD를 보인다.

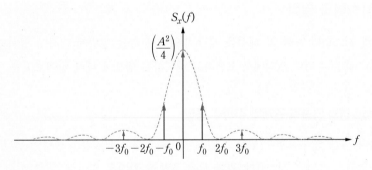

그림 3.31 예제 3.21의 신호의 PSD

LTI 시스템 출력의 PSD

PSD는 ESD의 시간평균이므로 LTI 시스템의 입력의 PSD와 출력의 PSD 관계는 입출력의 ESD 관계와 유사하다. LTI 시스템의 주파수 응답을 $H(f)$라 하면 출력 신호의 PSD는 입력 신호의 PSD와 다음과 같은 관계를 가진다.

$$S_y(f) = |H(f)|^2 S_x(f) \tag{3.138}$$

변조된 신호의 PSD

에너지 신호를 정현파와 곱하여 변조시켰을 때의 ESD를 유도한 것과 유사하게 전력 신호를 변조하였을 때 변조된 신호의 PSD를 구할 수 있다. 기저대역 전력 신호 $x(t)$를 변조한 신호 $y(t) = x(t)\cos(2\pi f_0 t)$의 PSD는 다음과 같이 된다.

$$S_y(f) = \frac{1}{4}[S_x(f+f_0) + S_x(f-f_0)] \tag{3.139}$$

여기서 $x(t)$는 대역제한 되었다고 가정하며, f_0는 스펙트럼이 겹치지 않게 충분히 크다고 가정하였다. 이와 같이 변조에 의하여 $r(t)$의 PSD가 주파수 상에서 좌우로 f_0만큼 천이된다는 알 수 있다.

3.6 선형 시스템과 필터

2장에서 선형 시스템의 표현 및 해석을 시간 영역에서 하는 방법에 대하여 알아보았다. 여기서는 LTI 시스템을 주파수 영역에서 표현하고 해석하는 방법에 대해 알아보고자 한다.

3.6.1 선형 시스템의 입출력 관계와 주파수 응답

선형 시스템의 시간 영역 표현 방법으로 입출력 미분방정식과 임펄스 응답이 있다. 입출력 미분방정식과 임펄스 응답은 시스템에 관한 모든 정보를 가지고 있어서, 입력 신호가 주어지면 시스템이 어떤 출력 신호를 만들어 낼 것인가를 알 수 있다. 출력을 구하는 방법은 미분방정식의 해를 구하거나 임펄스 응답과 입력과의 컨볼루션을 계산하는 것이다. LTI 시스템의 임펄스 응답이 $h(t)$일 때 출력은 다음과 같은 컨볼루션이다.

$$y(t) = h(t) * x(t) \tag{3.140}$$

위의 식에 푸리에 변환을 취하면 다음과 같이 된다.

$$Y(f) = H(f)X(f) \tag{3.141}$$

식 (3.141)의 의미는 입력의 f 주파수 성분에 이득(gain) $H(f)$가 곱해져서 출력의 f 주파수 성분을 만들어낸다는 것이다. 여기서 이득 $H(f)$는 주파수의 함수이므로 주파수별로 다른 이득을 갖고 출력을 만들어내는 것이다. 이러한 측면에서 $H(f)$를 주파수 응답(frequency response)이라 부른다. 식 (3.141)로부터 주파수 응답은 출력의 푸리에 변환을 입력의 푸리에 변환으로 나눈 것이다. $H(f)$는 임펄스 응답의 푸리에 변환이므로 입력의 형태와는 상관이 없고, 시스템 고유의 특성을 담고 있다. 결국 임펄스 응답과 주파수 응답은 시스템에 대한 동일한 정보를 담고 있으며, 임펄스 응답은 시간 영역, 주파수 응답은 주파수 영역에서의 시스템을 나타내고 있는 것이다. 주파수 응답을 정리하면 다음과 같은 수식으로 요약된다.

$$\boxed{H(f) \triangleq \mathcal{F}\{h(t)\} = \frac{Y(f)}{X(f)}} \tag{3.142}$$

일반적으로 주파수 응답 $H(f)$는 복소 값을 가지며 다음과 같이 극좌표 형식으로 표현할 수 있다.

$$H(f) = |H(f)|e^{j\angle H(f)} \tag{3.143}$$

여기서 $|H(f)|$는 시스템의 진폭 응답이며, $\angle H(f)$는 위상 응답이다. 따라서 주파수 성분별로 입력의 진폭에 $|H(f)|$만큼 곱해져서 출력의 진폭을 만들어내고, 입력의 위상에 $\angle H(f)$만큼 더해져서 출력의 위상을 만들어낸다. 이러한 주파수 영역에서의 입출력 스펙트럼 관계를 수식으로 나타내보면 다음과 같다.

$$
\begin{aligned}
Y(f) &= |Y(f)|e^{j\angle Y(f)} \\
&= |H(f)| \cdot |X(f)|e^{j[\angle H(f) + \angle X(f)]} \\
\Rightarrow \quad & \\
&|Y(f)| = |H(f)| \cdot |X(f)| \\
&\angle Y(f) = \angle H(f) + \angle X(f)
\end{aligned}
\tag{3.144}
$$

신호가 시스템을 통과하면서 주파수 성분별로 입력 신호에 $|H(f)|$가 곱해져서 출력된다는 것은 $|H(f)|$가 1보다 크면 신호가 증폭되고, 1보다 작으면 신호가 감쇠된다는 것을 뜻한다. 또한 어떤 주파수에서 $|H(f)|$가 0이면 입력에 있는 그 주파수 성분이 제거되어 출력에는 나타나지 않는다는 것을 뜻한다. 이와 같이 $|H(f)|$는 주파수 선택적으로 입력의 주파수 성분을 증폭시키거나 감쇠시킨다. 또한 신호가 시스템을 통과하면서 $\angle H(f)$만큼 위상이 더해진다는 것은 주파수 성분별로 시간 지연이 발생한다는 것을 의미한다. $|H(f)|$와 $\angle H(f)$의 그림은 시스템이 입력의 주파수 성분별로 크기와 위상을 어떻게 변화시키는지를 한눈에 보여준다.

주파수 응답의 대칭성

실제 환경에서 임펄스 응답 $h(t)$는 보통 실수 값의 함수이므로 푸리에 변환의 성질에 의해 주파수 응답은 양의 주파수에서의 값과 음의 주파수에서의 값이 공액 복소수 관계를 가진다. 즉 $H(-f) = H^*(f)$이다. 따라서 진폭응답 $|H(f)|$는 우함수이며, 위상응답 $\angle H(f)$는 기함수가 된다. 즉

$$
\begin{aligned}
&|H(f)| = |H(-f)| \\
&\angle H(f) = -\angle H(-f)
\end{aligned}
\tag{3.145}
$$

복소 정현파 및 정현파 신호에 대한 응답

LTI 시스템의 입력으로 주기 신호인 복소 정현파 $x(t) = e^{j2\pi f_0 t}$ 가 입력된다고 하자. 입력의 푸리에 변환은 $X(f) = \delta(f - f_0)$ 이므로 출력의 푸리에 변환은

$$Y(f) = H(f)X(f) = H(f)\delta(f - f_0) = H(f_0)\delta(f - f_0) \tag{3.146}$$

가 되며, 따라서

$$y(t) = H(f_0)e^{j(2\pi f_0 t)} = |H(f_0)|e^{j(2\pi f_0 t + \angle H(f_0))} \tag{3.147}$$

가 된다. 즉 동일한 주파수의 복소 정현파가 출력되며, 크기는 $|H(f_0)|$ 만큼 곱해지고 위상은 $\angle H(f_0)$ 만큼 더해진다. 정리하면 다음과 같다.

$$\boxed{x(t) = e^{j(2\pi f_0 t)} \longrightarrow y(t) = H(f_0)e^{j(2\pi f_0 t)} = |H(f_0)|e^{j(2\pi f_0 t + \angle H(f_0))}} \tag{3.148}$$

이번에는 입력으로 정현파 $x(t) = A\cos(2\pi f_0 t)$ 가 가해진다고 하자. 입력의 푸리에 변환은 $X(f) = \{\delta(f - f_0) + \delta(f + f_0)\}/2$ 이므로 출력의 푸리에 변환은

$$Y(f) = H(f)X(f) = \frac{1}{2}H(f_0)\delta(f - f_0) + \frac{1}{2}H(-f_0)\delta(f + f_0) \tag{3.149}$$

가 된다. 주파수 응답의 대칭성, 즉 $|H(f)| = |H(-f)|$, $\angle H(f) = -\angle H(-f)$ 을 이용하여 출력이 다음과 같이 되는 것을 알 수 있다.

$$\begin{aligned} y(t) &= \frac{1}{2}|H(f_0)|e^{j(2\pi f_0 t + \angle H(f_0))} + \frac{1}{2}|H(-f_0)|e^{j(-2\pi f_0 t + \angle H(-f_0))} \\ &= \frac{1}{2}|H(f_0)|e^{j(2\pi f_0 t + \angle H(f_0))} + \frac{1}{2}|H(f_0)|e^{-j(2\pi f_0 t + \angle H(f_0))} \\ &= |H(f_0)|\cos(2\pi f_0 t + \angle H(f_0)) \end{aligned} \tag{3.150}$$

즉 동일한 주파수의 정현파가 출력되며, 크기는 $|H(f_0)|$ 만큼 곱해지고 위상은 $\angle H(f_0)$ 만큼 더해진다. 정리하면 다음과 같다.

$$x(t) = \cos(2\pi f_0 t) \longrightarrow y(t) = |H(f_0)|\cos(2\pi f_0 t + \angle H(f_0)) \qquad (3.151)$$

임의의 주기 신호에 대한 응답

입력 $x(t)$가 주기 T_0를 갖는 주기 신호라고 가정하자. 주기 신호 $x(t)$를 푸리에 급수로 표현하면

$$x(t) = \sum_{n=-\infty}^{\infty} c_n e^{j2\pi n f_0 t} \qquad (3.152)$$

이며, 여기에 푸리에 변환을 취하면 다음과 같이 가중치가 푸리에 계수인 임펄스열이 된다.

$$X(f) = \sum_{n=-\infty}^{\infty} c_n \delta(f - n f_0) \qquad (3.153)$$

그러면 출력의 푸리에 변환은

$$Y(f) = H(f)X(f) = \sum_{n=-\infty}^{\infty} c_n H(n f_0)\delta(f - n f_0) \qquad (3.154)$$

가 된다. 따라서 출력도 동일한 주기를 갖는 주기 신호이며, 푸리에 급수로 표현할 수 있다. 출력의 푸리에 계수 d_n은 입력의 푸리에 계수 c_n과 다음과 같이 관계되는 것을 알 수 있다.

$$d_n = H(n f_0) c_n \qquad (3.155)$$

표 3.3에 선형 시스템에 대한 입출력 관계를 시간 영역과 주파수 영역에서 요약하였으며, 정현파 및 임의의 주기 신호가 입력되는 경우 입출력 관계를 요약하였다.

표 3.3 선형 시스템의 입출력 관계

	시간 영역	주파수 영역
일반 신호	$y(t) = h(t) * x(t)$	$Y(f) = H(f)X(f)$ $\Psi_y(f) = \|H(f)\|^2 \Psi_x(f)$ $S_y(f) = \|H(f)\|^2 S_x(f)$ 에너지 신호의 ESD는 $\Psi_x(f) = \|X(f)\|^2 = \mathcal{F}\{R_x(\tau)\}$ 주기 신호의 PSD는 $S_x(f) = \sum_{n=-\infty}^{\infty} \|c_n\|^2 \delta(f - nf_0) = \mathcal{F}\{R_x(\tau)\}$
정현파 신호	정현파 입력 $\quad x(t) = A\cos(2\pi f_0 t)$ 의 경우 출력 신호는 $\quad y(t) = A\|H(f_0)\|\cos(2\pi f_0 t + \angle H(f_0))$ 입력의 평균전력은 $\quad P_x = \dfrac{1}{T_0}\int_{T_0} \|x(t)\|^2 dt = A^2/2$ 출력의 평균전력은 $\quad P_y = A^2\|H(f_0)\|^2/2$	$X(f) = \dfrac{A}{2}\delta(f - f_0) + \dfrac{A}{2}\delta(f + f_0)$ $Y(f) = \dfrac{A}{2}H(f_0)\delta(f - f_0) + \dfrac{A}{2}H(-f_0)\delta(f + f_0)$ $S_x(f) = \dfrac{A^2}{4}\delta(f - f_0) + \dfrac{A^2}{4}\delta(f + f_0)$ 입력의 평균전력은 $P_x = \int_{-\infty}^{\infty} S_x(f)df = A^2/2$ $S_y(f) = \dfrac{A^2}{4}\|H(f_0)\|^2\delta(f - f_0) + \dfrac{A^2}{4}\|H(-f_0)\|^2\delta(f + f_0)$ 출력의 평균전력은 $P_y = \int_{-\infty}^{\infty} S_y(f)df = A^2\|H(f_0)\|^2/2$
일반 주기 신호	임의의 주기 신호 $\quad x(t) = \sum_{n=-\infty}^{\infty} c_n e^{-j2\pi n f_0 t}$ $\quad y(t) = \sum_{n=-\infty}^{\infty} d_n e^{-j2\pi n f_0 t}$ 여기서 $\quad d_n = H(nf_0)c_n$	$X(f) = \sum_{n=-\infty}^{\infty} c_n \delta(f - nf_0)$ $Y(f) = \sum_{n=-\infty}^{\infty} d_n \delta(f - nf_0)$ $S_x(f) = \sum_{n=-\infty}^{\infty} \|c_n\|^2 \delta(f - nf_0)$ $S_y(f) = \sum_{n=-\infty}^{\infty} \|d_n\|^2 \delta(f - nf_0)$

그림 3.32에 보인 RC 회로의 임펄스 응답 및 주파수 응답을 구하고 진폭 응답과 위상 응답을 그려 보라.

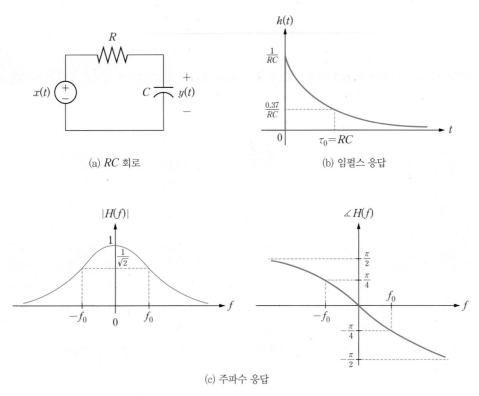

(a) RC 회로   (b) 임펄스 응답

(c) 주파수 응답

그림 3.32 예제 3.22의 회로와 시간 및 주파수 영역 특성

풀이

Kirchhoff의 전압 법칙을 이용하면 다음과 같은 입출력 미분방정식을 얻을 수 있다.

$$x(t) = Ri(t) + y(t) = RC\frac{dy}{dt} + y(t)$$

양변에 푸리에 변환을 취하면

$$X(f) = RC(j2\pi f)Y(f) + Y(f)$$

가 되므로 주파수 응답은 다음과 같이 된다.

$$H(f) = \frac{Y(f)}{X(f)} = \frac{1}{1+j(2\pi RC)f}$$

표 3.1을 이용하여 다음의 임펄스 응답을 얻을 수 있다.

$$h(t) = \frac{1}{\tau_0} \exp\left(-\frac{t}{\tau_0}\right) u(t)$$

여기서 $\tau_0 = RC$ 이며 회로의 시정수(time constant)이다. 그림 3.32(b)에 임펄스 응답을 보인다. 한편 진폭 응답과 위상 응답은 다음과 같다.

$$|H(f)| = \frac{1}{\sqrt{1+(2\pi RC)^2 f^2}} = \frac{1}{\sqrt{1+\left(\frac{f}{f_0}\right)^2}}$$

$$\angle H(f) = -\tan^{-1}(2\pi RC f) = -\tan^{-1}\left(\frac{f}{f_0}\right)$$

여기서 $f_0 = 1/2\pi RC$ 이며, 진폭 응답과 위상 응답을 그림 3.32(c)에 보인다. 진폭 응답의 최댓값은 주파수가 0일 때(즉 직류일 때) 얻어지며 크기는 1이다. 주파수가 증가함에 따라 진폭 응답은 감쇄한다. 따라서 이 회로는 저주파 성분은 통과시키고 고주파 성분은 저지하는 저역통과 필터의 성질을 갖는다는 것을 알 수 있다. 주파수가 $f = f_0$ 일 때 진폭 응답은 $1/\sqrt{2}$ 이 된다. 만일 입력으로 크기가 A이고 주파수가 f_0인 정현파, 즉 $x(t) = A\cos(2\pi f_0 t)$를 가하면 출력은

$$y(t) = A|H(f_0)|\cos(2\pi f_0 t + \angle H(f_0))$$
$$= \frac{A}{\sqrt{2}}\cos(2\pi f_0 t - \pi/4)$$

이 되어 신호의 진폭이 $1/\sqrt{2}$ 배로 감쇄한다. 따라서 출력 신호의 전력은 입력 신호의 전력에 비하여 1/2배로 감소(또는 3dB 감소)한다. 이와 같이 필터(또는 시스템)의 진폭 응답이 최댓값의 $1/\sqrt{2}$ 배로 되는 주파수 f_0를 3dB 대역폭이라 한다.

3.6.2 무왜곡 전송

통신 채널을 통해 신호를 전송할 때 수신단에서 메시지를 정확히 복구하기 위해서는 수신 신호가 송신 신호와 동일하게 되는 것이 바람직하다. 통신 채널을 선형 시스템으로 모델링하는 경우, 출력이 입력과 동일하게 될 조건은 시스템의 임펄스 응답이 $h(t) = \delta(t)$ 가 되는 것이

다. 따라서 주파수 응답은 $H(f)=1$이 되어 입력의 모든 주파수 성분을 그대로 통과시키는 것이다.

만일 수신 신호가 송신 신호의 상수 배가 되면 두 개의 파형은 서로 동일한 모양을 갖게 되어 메시지를 복원하는데 문제가 되지 않는다. 또한 신호가 일정 시간만큼 지연되어도 송신 메시지를 복원하는데 문제가 되지 않는다. 이와 같이 입력과 출력 사이에 다음과 같은 조건이 만족되면 무왜곡 전송(distortionless transmission)되었다고 한다.

$$y(t) = Kx(t-t_d) \tag{3.156}$$

위의 식을 푸리에 변환하면 다음을 얻는다.

$$Y(f) = KX(f)e^{-j2\pi f t_d} \tag{3.157}$$

통신 채널을 LTI 시스템이라고 모델링하는 경우, 무왜곡 전송을 위한 시스템의 조건을 임펄스 응답과 주파수 응답에 대하여 구해보자. $y(t)=h(t)*x(t)$와 식 (3.156), 그리고 $Y(f)=H(f)X(f)$와 식 (3.157)로부터 다음을 얻는다.

$$h(t) = K\delta(t-t_d)$$
$$H(f) = Ke^{-j2\pi f t_d} \tag{3.158}$$

무왜곡 전송을 위한 주파수 응답 조건을 진폭 응답과 위상 응답으로 분리하여 표현하면 다음과 같다.

$$|H(f)| = K$$
$$\angle H(f) = -(2\pi t_d)f \tag{3.159}$$

즉 진폭 응답이 상수이고, 위상 응답은 주파수의 선형 함수(비례상수는 $-2\pi t_d$)이어야 한다는 것을 나타낸다. 위상 응답의 기울기에 의해 입력에 대한 출력의 지연 시간이 결정된다. 만일 진폭 응답이 상수기 아닌 경우 주파수 성분별로 다른 크기로 출력되는데, 이 경우 진폭 왜곡이 발생했다고 한다. 위상 응답이 선형이 아닌 경우 주파수 성분별로 다른 지연을 갖고 출력되는데, 이 경우 위상 왜곡이 발생했다고 한다. 그림 3.33에 무왜곡 전송을 위한 주파수 응답의 조건을 보인다.

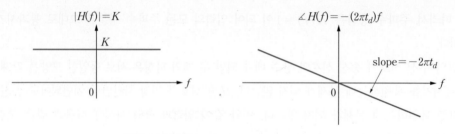

그림 3.33 무왜곡 전송을 위한 주파수 응답의 조건

선형 위상의 의미

정현파의 위상 천이는 신호의 지연(또는 선행)을 의미한다. 예를 들어

$$x(t) = \cos(\omega_0 t - \theta) = \cos(\omega_0(t - \theta/\omega_0)) = \cos(\omega_0(t - \tau)) \tag{3.161}$$

와 같이 주파수가 ω_0 인 정현파에서 θ 의 위상 천이는 $\tau = \theta/\omega_0$ 의 시간 지연과 동일하다. 여기서 시간 지연은 주파수와 관계된다는 것을 알 수 있다. 만일 신호가 단일 정현파로만 되어 있다면 식 (3.159)와 (3.160)의 무왜곡 전송 조건이 필요 없다. 왜냐 하면 식 (3.161)에 의해 임의의 위상 천이가 일어나더라도 단일 정현파 신호의 지연으로 표현되기 때문이다. 그러나 신호가 두 개 이상의 주파수 성분을 가지고 있다면 무왜곡을 위해서는 선형 위상 조건이 필요하게 된다. 채널의 주파수 응답이 선형 위상이라는 것은 정현파가 채널을 통과하였을 때 발생하는 위상 천이가 주파수에 비례한다는 것으로 $\theta = -\alpha\omega$ ($-\alpha$ 는 비례상수)와 같이 표현된다. 이번에는 신호가 두 개의 주파수 성분으로 구성되어 있는 경우, 즉 $x(t) = \cos\omega_1 t + \cos\omega_2 t$ 와 같이 두 개 정현파의 합인 경우를 가정하자. 채널의 진폭 응답은 상수 1이며 선형 위상 응답을 가진다면 출력은 다음과 같이 된다.

$$\begin{aligned} y(t) &= \cos(\omega_1 t + \theta_1) + \cos(\omega_2 t + \theta_2) \\ &= \cos(\omega_1 t - \alpha\omega_1) + \cos(\omega_2 t - \alpha\omega_2) \\ &= \cos(\omega_1(t - \alpha)) + \cos(\omega_2(t - \alpha)) \\ &= x(t - \alpha) \end{aligned} \tag{3.162}$$

따라서 α 만큼 지연된 신호가 출력된다. 만일 위상 천이가 주파수에 비례하지 않는다면 두 개의 주파수 성분이 동일하지 않은 지연을 갖게 되어 파형의 모양이 변화하게 된다. 위상 왜곡에 대한 구체적인 예는 예제 3.23을 참고한다.

무왜곡 전송 조건에 대한 보충 설명

무왜곡 전송을 위한 진폭 응답 조건을 살펴보면 시스템이 모든 주파수 성분을 동일한 크기 K 배로 출력한다는 것이다. 이것은 시스템이 전역통과 필터(allpass filter)이어야 한다는 것이며 대역폭이 무한대가 된다는 것을 의미한다. 만일 송신 신호가 대역제한된(bandlimited) 신호라고 가정하면 무왜곡 전송을 위한 조건으로 상기 조건을 완벽하게 만족할 필요는 없다. 신호가 가진 주파수 대역에서만 상수의 진폭 응답 및 선형 위상 응답을 만족시키면 된다. 만일 시스템의 대역폭이 신호의 대역폭보다 작다면 출력 신호에 왜곡이 생기는 것은 피할 수 없게 된다. 바꾸어 말하면, 주어진 채널의 대역폭보다 더 높은 주파수 성분을 신호가 가지고 있다면(예를 들어 고속의 데이터를 전송하는 경우) 수신된 신호는 왜곡된다. 이것을 시간 영역에서 해석하면 어떻게 되는가? 즉 채널의 대역폭이 신호의 대역폭에 비해 작은 경우 출력 신호의 파형에 미치는 영향은 어떤가? 이 효과에 대해서는 다음 절에서 분석해보기로 한다.

통신 채널이 무왜곡 전송의 조건을 완벽하게 만족시키지 못하는 것이 일반적이다. 예를 들어 통신 채널이 f_1의 주파수 성분은 증폭시키고, f_2의 주파수 성분은 감쇠시킨다고 가정하자. 그러면 수신 신호의 파형은 송신 신호의 파형과 다르게 된다. 이 경우 수신기에서 채널 특성과는 반대로 f_1의 주파수 성분은 감쇠시키고 f_2의 주파수 성분은 증폭시키는 시스템을 구성하여 수신 신호를 통과시키면 채널의 왜곡 효과를 보상할 수 있다. 이렇게 채널에서 발생된 왜곡을 수신기에서 보상하는 시스템을 등화기(equalizer)라 한다. 등화기의 개념을 그림 3.34에 보인다. 등화기의 입력으로 채널을 통해 왜곡되어 수신된 신호가 들어가서, 채널 $H(f)$와 등화기 $E(f)$가 연결된 전체 등가 시스템 $H_{\text{overall}}(f)$이 무왜곡 전송의 조건을 만족하도록 한다. 즉 $H_{\text{overall}}(f) = Ke^{-j2\pi f t_d}$가 되도록 하면 된다. 등화기 설계의 간단한 방법으로 $E(f) = 1/H(f)$로 구성하면 전체 등가 시스템의 전달함수는 $H_{\text{overall}}(f) = H(f)E(f) = 1$ 이 되어 무왜곡 특성을 갖게 된다. 이와 같은 형태의 등화기를 역 필터(inverse filter)라 한다. 역 필터는 개념상으로는 매우 간단하지만 실제로는 잘 사용되지 않는데, 그 이유는 채널에서 감쇠된 주파수 성분을 역 필터가 증폭시키는 과정에서 수신 신호와 더해져서 들어온 잡음까지 증폭하기 때문이다. 또한 역 필터를 구현하기 위해서는 채널의 주파수 응답을 알고 있어야 하는데, 많은 경우 채널의 특성을 사전에 알지 못하며, 특히 이동통신 채널은 특성이 시간에 따라 변화한다. 이와 같은 문제점으로 인하여 등화기의 설계는 간단하지 않다.

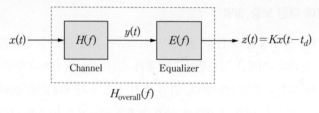

$$H_{overall}(f)$$

그림 3.34 등화기의 개념

진폭 왜곡 및 위상 왜곡의 효과

그림 3.35에 보인 두 종류의 채널을 고려하자. 채널 A는 무왜곡 전송을 위한 진폭 응답 조건을 만족시키지 못하며, 채널 B는 위상 응답 조건을 만족시키지 못하는 것을 알 수 있다. 다음과 같은 두 정현파의 합을 입력 신호로 가정하자.

$$x(t) = \sin(2\pi f_0 t) + 0.5 \sin(4\pi f_0 t) \tag{3.163}$$

채널 A와 채널 B의 출력을 구하고 신호 파형을 그려보라.

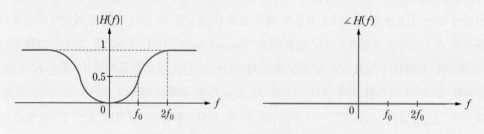

(a) 채널 A의 주파수 응답

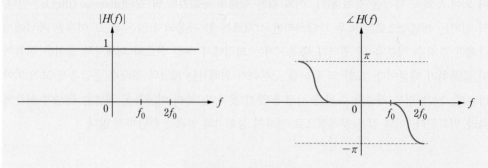

(b) 채널 B의 주파수 응답

그림 3.35 예제 3.23의 채널 특성

정현파 입력에 대한 출력은 식 (3.150)을 이용하여 표현할 수 있다. 따라서 출력 신호는 다음과 같이 된다.

$$y(t) = |H(f_0)| \sin(2\pi f_0 t + \angle H(f_0)) + 0.5 |H(2f_0)| \sin(4\pi f_0 t + \angle H(2f_0))$$

채널 A의 진폭 응답은 $|H(f_0)| = 0.5$, $|H(2f_0)| = 1$ 이고 위상 응답은 $\angle H(f_0) = \angle H(2f_0) = 0$ 이므로 출력은 다음과 같이 된다.

$$y(t) = 0.5 \sin(2\pi f_0 t) + 0.5 \sin(4\pi f_0 t)$$

채널 B의 진폭 응답은 $|H(f_0)| = |H(2f_0)| = 1$ 이고 위상 응답은 $\angle H(f_0) = 0$, $\angle H(2f_0) = \pi$ 이므로 출력은 다음과 같이 된다.

$$\begin{aligned} y(t) &= \sin(2\pi f_0 t) + 0.5 \sin(4\pi f_0 t + \pi) \\ &= \sin(2\pi f_0 t) - 0.5 \sin(4\pi f_0 t) \end{aligned}$$

그림 3.36(a)에 입력 신호의 파형을 보인다. 그림 3.36(b)와 그림 3.36(c)에 채널 A의 출력 신호와 채널 B의 출력 신호 파형을 보인다.

제공된 Matlab 프로그램 'ex3_1'과 'ex3_2'를 실행하여 그림 3.36의 결과가 얻어지는 것을 확인해 본다. 프로그램을 변형하여 채널의 진폭 응답 특성과 위상 응답 특성을 변화시키면서 출력이 어떻게 왜곡되는지 관찰하라.

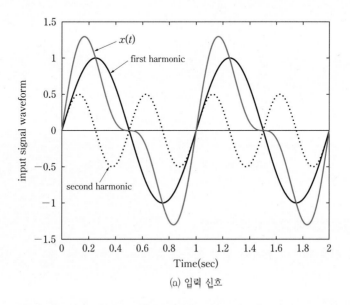

(a) 입력 신호

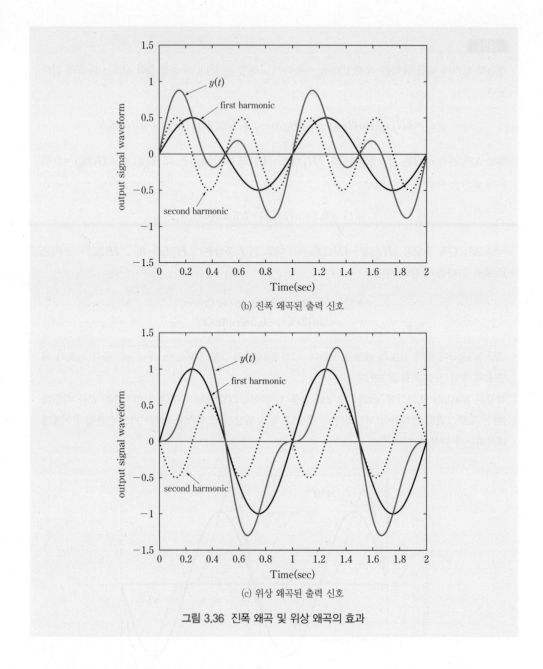

(b) 진폭 왜곡된 출력 신호

(c) 위상 왜곡된 출력 신호

그림 3.36 진폭 왜곡 및 위상 왜곡의 효과

음성 신호와 영상 신호에 대한 왜곡의 영향

예제 3.23에서 진폭 왜곡의 효과와 위상 왜곡의 효과를 살펴보았다. 두 가지 왜곡 중에서 어느 것이 더 문제가 되는가? 일반적으로 사람의 귀는 진폭 왜곡에 대해 민감한 반면 위상 왜곡에 대해서는 둔감하다. 위상 왜곡은 지연 시간의 변동으로 나타나는데, 이 위상 왜곡의 실제 영향을 분석하기 위해서는 지연 시간의 변동을 신호의 지속 시간과 비교해야 한다. 음성 신호의 경우 각 음절의 평균 지속시간이 0.01~0.1초인데 비해 보통의 음성 시스템의 위상 응답의 기울기 변화는 msec 보다 작기 때문에 귀로 잘 느끼지 못한다.

이와 반대로 사람의 눈은 진폭 왜곡에 둔감한 반면 위상 왜곡에 민감하다. 예를 들어 TV 신호에서 진폭 왜곡은 사람의 눈이 바로 감지하지 못하도록 부분적으로 값이 틀려진다. 그러나 위상 왜곡은 화면 요소마다 다른 지연을 발생시키는데, 결과적으로 화면이 희미하게 되어 눈으로 쉽게 감지된다. 이와 같이 음성 신호를 처리할 때는 시스템의 진폭 응답 특성이 상대적으로 중요하며, 영상 신호를 처리하는 경우에는 시스템의 위상 응답 특성에 더 주의를 기울여야 한다는 것을 알 수 있다.

3.6.3 필터

신호 처리에서 필터란 신호에 포함되어 있는 성분 중에서 불필요하거나 원하지 않는 성분들을 걸러내고 원하는 성분만 통과시키는 시스템이다. 주파수 영역에서의 특성으로 주파수 선택 필터(frequency selective filter)는 특정 주파수 대역의 신호 성분은 통과시키고 나머지 주파수 성분은 차단시키는 시스템이다. 필터는 통과시키거나 저지하는 주파수 대역에 따라 저역통과 필터(Lowpass Filter: LPF), 고역통과 필터(Highpass Filter: HPF), 대역통과 필터(Banspass Filter: BPF), 대역차단 필터(Bandstop Filter: BSF) 등으로 분류된다. 이상적인 필터(ideal filter)란 원하는 주파수 대역에서는 입력 신호의 주파수 성분을 균일한 이득으로 통과시키고 나머지 주파수 성분은 완벽히 차단하는 시스템이다. 이상적인 필터는 그 이름 자체가 의미하는 것처럼 이론적으로만 가능하고 실제 하드웨어로 구현할 수 없는 필터이다. 시스템의 구현 가능성은 인과성(causality)에 의해 판단할 수 있다. 이상적인 필터가 왜 실현 불가능한지를(비인과성) 알아보고 실제의 필터는 어떤 종류가 있으며 어떤 특성을 갖는지 살펴보도록 한다.

이상적인 필터(Ideal Filters)

신호의 스펙트럼 중 0에서 W까지의 주파수 성분은 그대로 통과시키고 나머지 성분은 완벽하게 차단하는 필터를 이상적인 저역통과 필터(lowpass filter: LPF)라 한다. 시스템의 주파수 응답이 다음과 같이 사각형 모양을 갖는 경우 이상적인 저역통과 필터기 된다.

$$H(f) = \Pi\left(\frac{f}{2W}\right) = \begin{cases} 1, & -W < f < W \\ 0, & \text{otherwise} \end{cases} \tag{3.164}$$

저역통과 필터에서 주파수 W를 차단 주파수(cutoff frequency)라 하고, $|f| < W$ 의 대역을 통과대역(passband)이라 하며, 그 외의 대역을 차단대역(stopband)이라 한다. 필터의 대역폭(bandwidth)은 통과대역의 폭으로 정의하는데 양의 주파수만 가지고 계산한다. 식 (3.164)의 저역통과 필터는 대역폭이 W[Hz]이다. 신호의 대역폭이 필터의 대역폭보다 넓은 경우 필터 대역폭보다 높은 주파수 성분이 제거되어 신호 파형이 변형된다(왜곡이 발생한다). 그러나 신호의 대역폭이 이상적인 필터의 대역폭보다 작다면 필터를 통과한 출력은 입력과 동일하다. 식 (3.164)의 주파수 응답을 갖는 필터의 임펄스 응답은 다음과 같이 샘플링 함수 모양을 갖는다.

$$h(t) = 2W \operatorname{sinc}(2Wt) \tag{3.165}$$

그림 3.37에 주파수 응답과 임펄스 응답의 모양을 보인다. 그림을 보면 $t < 0$ 에서 임펄스 응답이 0이 아니라는 것을 알 수 있다. 이것은 $t = 0$ 에서 가해진 입력에 대해 그 이전에 이미 출력이 있다는 것을 의미하므로 이상적인 저역통과 필터는 비인과 시스템(noncausal system)이라는 것을 알 수 있으며, 따라서 실현 불가능하다.

일반적으로 이상적인 저역통과 필터는 식 (3.164)보다 덜 엄격하게 조건을 정하고 있는데, $H(f)$ 대신 $|H(f)|$가 사각형 모양을 갖도록 요구한다. 보통 이상적인 필터는 통과대역에서 진폭 응답은 일정하고 위상 응답은 선형이며, 나머지 주파수대에서는 이득이 0인 시스템으로 정의된다. 즉 이상적인 저역통과 필터는 다음과 같은 주파수 응답을 갖는다.

$$|H(f)| = K\Pi\left(\frac{f}{2W}\right)$$
$$\angle H(f) = -(2\pi t_0)f, \quad -W < f < W \tag{3.166}$$

위의 식과 같이 진폭 응답이 균일하다는 것은 모든 주파수 성분이 동일한 이득으로 곱해져서 출력된다는 것을 의미한다. 위상 응답이 선형이라는 것은 위상이 주파수에 비례한다는 것인데, 이것은 모든 주파수 성분이 동일한 지연을 갖고 출력된다는 것을 의미한다. 만일 입력 신호의 대역폭이 필터 대역폭보다 작다면 입력의 크기가 K배가 되고 t_0 만큼 지연되어 출력된다. 즉 $y(t) = Kx(t-t_0)$가 출력된다. 그러므로 지연만 있을 뿐 입력과 동일한 모양을 가진 신호가 출력된다.

이와 같은 특성을 가진 필터의 주파수 응답과 임펄스 응답을 그림 3.37(b)에 보인다. 위상 응답의 기울기는 임펄스 응답의 지연시간을 의미한다. 따라서 이상적인 저역통과 필터의 임펄스 응답은 sinc 함수를 지연시킨 것인데, sinc 함수는 $|t|$가 커질수록 크기는 감소하지만 0으로 되지는 않으므로 아무리 지연 t_0 를 크게 하더라도(즉 필터 설계에서 선형 위상 응답의 기

울기를 충분히 크게 선정하더라도) $\{h(t) = 0, \ t < 0\}$가 얻어지지 않는다. 따라서 이 시스템은 인과적이 될 수 없다. 저역통과 필터의 설계에 있어 선형 위상 응답의 기울기를 충분히 크게 결정하면 임펄스 응답의 지연이 증가하여 $t < 0$에서 무시할 수 있을 정도가 된다. 여기서 $t < 0$ 부분을 절단하면 근사화된 이상적인 저역통과 필터를 얻을 수 있는데, 이러한 필터는 인과적이 되어 물리적으로 구현 가능하다. 위상 응답의 기울기를 크게 선정할수록 이상적인 필터에 가까워지지만 지연시간이 길어지므로 음성 필터와 같은 실시간 응용에서는 적절히 선택해야 한다. 또한 $\hat{h}(t) = h(t)u(t)$와 같이 이상적인 필터 임펄스 응답의 $t < 0$ 부분을 절단하여 필터를 설계하면 이상적인 필터의 균일한 이득 성질이 손상되고 스펙트럼이 확장되는 등 다른 문제점이 발생하게 된다. 이상적인 필터를 근사화하여 구현 가능하도록 설계하는 문제는 후에 다시 다루기로 한다.

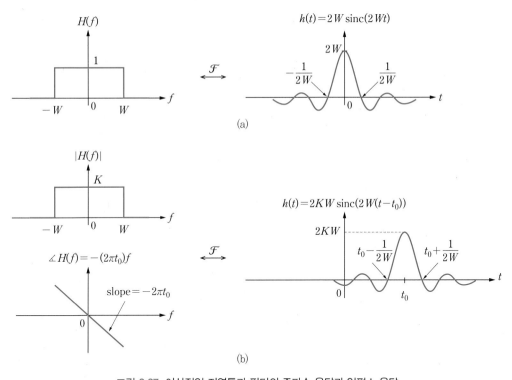

그림 3.37 이상적인 저역통과 필터의 주파수 응답과 임펄스 응답

그림 3.38에 이상적인 고역통과 필터와 대역통과 필터의 주파수 응답을 보인다. 이 필터들 역시 저역통과 필터와 같이 비인과적이어서 물리적으로 구현이 불가능하다. 이러한 이상적인 필터의 비인과성은 임펄스 응답을 살펴봄으로써 판단 가능하다. 즉

$$h(t) = 0, \ t < 0 \tag{3.167}$$

의 조건이 만족되는지를 보고 판단할 수 있다. 이와 같은 시간 영역 판단 외에 주파수 영역에서 시스템의 인과성을 판단할 수 있는 방법이 있다면 편리한 경우가 있을 것이다. Payley-Wiener 판별식은 주파수 응답 특성에 의해 시스템의 인과성을 판단하는 방법을 제시한다. LTI 시스템이 다음을 만족한다고 가정한다.

$$\int_{-\infty}^{\infty} |h(t)|^2 dt = \int_{-\infty}^{\infty} |H(f)|^2 df < \infty \tag{3.168}$$

이 시스템이 인과적이 될(즉 물리적으로 구현 가능할) 필요충분 조건은

$$\int_{-\infty}^{\infty} \left| \frac{\ln|H(f)|}{1+f^2} \right| df < \infty \tag{3.169}$$

와 같이 된다. 이 조건을 살펴보면, 시스템의 주파수 응답이 $|H(f)| = 0$이 되는 주파수 구간이 존재한다면(그러나 이산 주파수에서 주파수 응답의 값이 0이 되는 것은 상관 없다) $\ln|H(f)| = -\infty$이므로 위의 적분이 수렴하지 않는다. 따라서 이상적인 필터는 인과적이 될 수 없다는 것을 알 수 있다. 그러므로 어떤 인과적인 필터도 특정 주파수 대역을 완전히 제거하는 것은 불가능하다는 것을 알 수 있다.

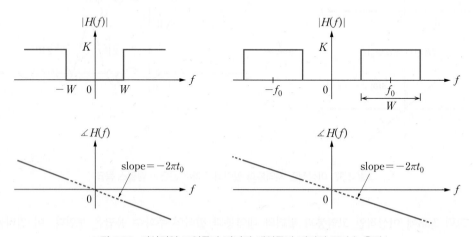

그림 3.38 이상적인 고역통과 필터와 대역통과 필터의 주파수 응답

실용적 필터(Practical Filters)

앞서 살펴본 바와 같이 특정 주파수대에서 주파수 응답이 0이 되는 특성을 가진 이상적인 필터는 구현이 불가능하다. 이상적인 필터 특성에 근사한 구현 가능한 필터의 한 예로 Butterworth 필터가 있으며 다음과 같은 진폭 응답을 갖는다.

$$|H(f)| = \frac{1}{\sqrt{1+(f/W)^{2n}}}, \ n = 1, \ 2, \ 3, \ \cdots \tag{3.170}$$

그림 3.39에 Butterworth 필터의 진폭 응답을 보인다. 필터 차수 n이 커질수록 필터의 특성이 이상적인 저역통과 필터 특성에 근접한다는 것을 알 수 있다.

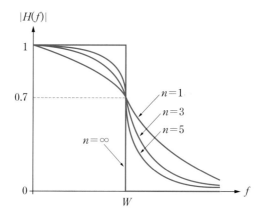

그림 3.39 Butterworth 필터의 진폭 응답 특성

실용적 필터의 경우 이상적인 필터와 달리 차단 주파수나 대역폭을 명료하게 정의하기 어렵다. 정확히 어떤 주파수부터 진폭 응답이 0이 되는 것이 아니기 때문이다. 이 경우 흔히 사용하는 것이 3dB 주파수(대역폭)이다. 주파수 f의 정현파를 입력시켰을 때 출력 정현파의 전력은 f에 따라 변화하는데 최대 전력의 절반이 나올 때의 주파수로 정의한다. 이것은 진폭 응답이 최대 이득의 $1/\sqrt{2}$ 배(약 0.707배)로 될 때의 주파수를 의미한다. 즉 3dB 주파수 f_c는 다음과 같다.

$$\frac{|H(f_c)|^2}{|H(f)|^2_{\max}} = \frac{1}{2} \quad \text{또는} \quad \frac{|H(f_c)|}{|H(f)|_{\max}} = \frac{1}{\sqrt{2}} \tag{3.171}$$

이와 같이 3dB 주파수로써 대역폭을 정의하면 그림 3.39의 필터들은 모든 n에 대하여 동일한 대역폭 W[Hz]를 가진다는 것을 알 수 있다. 한편, 필터의 설계에 있어서 주파수 응답의 진폭 $|H(f)|$와 위상 $\angle H(f)$는 상호 연관되어 있어서 완전히 독립적으로 설계할 수 없다. 예를 들어 필터의 진폭 응답 특성을 이상적인 필터에 가깝도록 할수록($n \to \infty$) 위상 응답 특성은 차단 주파수 근처에서 왜곡이 커져서 이상적인 필터 특성에서 멀어진다. 반대로 위상 응답 특성을 이상적인 필터에 가깝게 할수록 진폭 응답 특성은 이상적인 필터 특성에서 멀어지게 된다. 이와 같이 필터의 설계에 있어서 이상적인 진폭 응답 특성과 이상적인 위상 응답 특성 사이에 타협이 존재한다.

신호에 대한 필터 처리 과정은 디지털로 처리할 수 있다. 아날로그 신호를 샘플링 및 양자화를 거쳐 얻어진 디지털 신호에 대하여 디지털 신호처리 하드웨어나 컴퓨터를 통하여 필터 처리를 할 수 있다. 아날로그 필터의 구현에 있어 동작 주파수대와 대역폭, 필터의 차수 등에 따라 회로의 물리적인 제한을 받게 되며, 회로 소자의 정밀도, 온도에 대한 안정도, 시간에 따른 소자 특성 변화 등과 같은 영향을 받게 된다. 한편, 디지털 필터는 아날로그 필터의 구성 요소인 RLC나 연산증폭기 대신 가산기, 곱셈기, 천이기, 지연소자 등과 같은 간단한 소자들로 구성되어 환경에 대한 영향을 적게 받고 고차의 필터를 구현할 때도 문제가 되지 않는다. 또한 디지털 신호처리 프로세서를 사용하면 필터 조건을 변경하고자 하는 경우에도 알고리즘만 변경함으로써 쉽게 수정할 수 있다.

시간 영역에서 필터의 대역제한 효과

지금까지 필터의 특성을 주로 주파수 영역에서 나타내었기 때문에 필터의 효과를 주파수 영역에서 살펴보는 것이 상대적으로 쉽다. 다음 예제를 통하여 대역제한된 필터의 효과를 시간 영역에서 살펴보고 필터의 대역폭 특성이 통신에 있어 어떤 영향을 미치는지 알아보자.

예제 3.24 | **계단함수 및 펄스에 대한 저역통과 필터의 출력**

대역폭이 W이고 다음과 같은 주파수 응답을 가진 1차 Butterworth 필터를 가정하자.

$$H(f) = \frac{W}{W+jf} = \frac{1}{1+jf/W} \tag{3.172}$$

이 필터에 대하여 다음의 신호가 입력될 때의 출력을 구하라.

(a) 단위 계단 함수 $x_1(t) = u(t)$

(b) 펄스폭이 T인 사각 펄스 $x_2(t) = p_T(t) \triangleq u(t) - u(t-T)$

풀이

(a) 필터 출력을 컨볼루션을 이용하여 구할 수도 있지만 여기서는 주파수 영역에서 구해본다. 출력의 푸리에 변환은 다음과 같다.

$$Y_1(f) = H(f)X_1(f) = \frac{W}{W+jf} \times \left(\frac{1}{j2\pi f} + \frac{1}{2}\delta(f) \right)$$

위의 식을 정리하면

$$Y_1(f) = \frac{W}{j2\pi f(W+jf)} + \frac{1}{2}\frac{W}{W+jf}\delta(f) = \frac{W}{j2\pi f(W+jf)} + \frac{1}{2}\delta(f)$$

와 같이 된다. 부분 분수로 전개하면

$$Y_1(f) = \frac{1}{j2\pi f} - \frac{1}{2\pi} \cdot \frac{1}{W+jf} + \frac{1}{2}\delta(f)$$

와 같으며, 푸리에 역변환을 이용하여 다음의 출력을 얻는다.

$$y_1(t) = \mathcal{F}^{-1}\left[\frac{1}{j2\pi f} + \frac{1}{2}\delta(f) \right] - \mathcal{F}^{-1}\left[\frac{1}{2\pi W + j2\pi f} \right]$$
$$= [1 - e^{-2\pi Wt}]u(t)$$

필터의 입출력을 그림 3.40에 보인다. 대역폭 W가 무한대인 경우 출력은 입력과 동일한 계단 함수가 된다. 출력 신호의 상승 속도는 필터의 대역폭에 의해서 결정된다. 필터 대역폭이 작을수록 출력의 상승 속도가 느린 것을 알 수 있다.

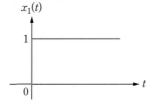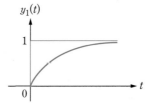

그림 3.40 단위 계단 함수에 대한 필터 출력

(b) 시불변 시스템이므로 출력은 다음과 같이 된다.

$$y_2(t) = y_1(t) - y_1(t-T)$$
$$= [1 - e^{-2\pi Wt}]u(t) - [1 - e^{-2\pi W(t-T)}]u(t-T)$$
$$= \begin{cases} 1 - e^{-2\pi Wt}, & 0 < t < T \\ 1 - e^{-2\pi WT}, & t = T \\ [1 - e^{-2\pi WT}]e^{-2\pi W(t-T)}, & t > T \end{cases}$$

그림 3.41에 사각 펄스에 대한 필터 출력을 보인다. 펄스가 대역 제한된 필터를 통하면 펄스가 퍼지며, 필터의 대역폭이 작을수록 펄스의 상승 및 하강이 느리고 펄스의 퍼짐 정도가 커진다는 것을 알 수 있다. 따라서 그림 3.42와 같이 펄스열을 대역 제한된 통신 채널을 통해 전송하면 펄스의 퍼짐으로 인하여 인접 심볼에 영향을 줄 수 있다. 이러한 현상을 심볼 간 간섭(intersymbol interference: ISI)이라 한다. 이러한 심볼 간 간섭 현상을 줄이기 위해서는 심볼 펄스 간 시간 간격을 어느 정도 이상이 되게 두는데, 이 시간 간격을 보호 구간(guard time)이라 한다. 보호 구간을 너무 크게 설정하면 단위 시간당 전송할 수 있는 펄스의 수가 줄어들게 되므로 채널의 대역폭에 따라 적절히 선정해야 한다. 이와 같이 채널의 대역폭에 따라 전송할 수 있는 펄스의 수가 영향을 받는다.

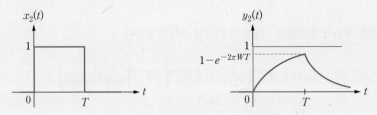

그림 3.41 사각 펄스에 대한 필터 출력

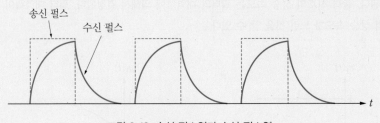

그림 3.42 송신 펄스열과 수신 펄스열

3.7 신호의 왜곡

앞서 통신 채널을 LTI 시스템으로 가정하고 통신 과정에서 왜곡이 발생하지 않을 조건을 알아보았다. 그러나 실제로 송신 신호는 처리 과정이나 통신 채널을 통과하는 과정에서 왜곡되는데, 이 절에서는 왜곡의 종류와 특성에 대하여 알아본다.

3.7.1 선형 왜곡

먼저 통신 채널을 LTI 시스템으로 가정하고 왜곡에 대하여 알아보자. LTI 시스템의 입출력 관계는 시간 영역에서는 입력과 임펄스 응답과의 컨볼루션, 주파수 영역에서는 입력의 푸리에 변환과 주파수 응답과의 곱으로 표현된다는 것을 알고 있다. LTI 채널에서 무왜곡으로 전송될 조건은 3.5절에서 알아보았다. LTI 채널의 무왜곡 조건을 다시 써보면 다음 식과 같다.

$$h(t) = K\delta(t - t_0) \tag{3.173}$$

$$|H(f)| = K \tag{3.174}$$
$$\angle H(f) = -(2\pi t_d)f$$

식 (3.173)은 시간 영역 조건이고 식 (3.174)는 주파수 영역 조건이다. 주파수 영역 조건을 보면 진폭 응답이 균일해야 하고, 위상 응답은 주파수의 선형 함수이어야 한다는 것을 나타낸다. 균일 진폭 조건이 만족되지 않으면 진폭 왜곡이 발생하였다고 하며, 선형 위상 조건이 만족되지 않으면 위상 왜곡이 발생하였다고 한다.

진폭 왜곡이 발생하지 않으려면 신호가 가진 모든 주파수 대역에서 채널의 주파수 응답이 일정한 진폭을 가져야 한다. 그러나 예제 3.24와 같이 채널의 대역폭이 신호의 대역폭에 비해 작은 경우 수신 신호는 시간 영역에서 퍼지게 된다. 또한 예제 3.23에서 살펴본 바와 같이 위상 왜곡이 발생하면 신호의 주파수 성분별로 지연시간이 달라지게 되어 역시 펄스의 퍼짐 현상이 일어나게 된다.

선형 왜곡이 펄스의 퍼짐을 일으킨다는 것을 다른 측면에서 살펴보자. LTI 시스템에서 출력의 푸리에 변환은 입력의 푸리에 변환과 주파수 응답과의 곱이므로 새로운 주파수 성분이 만들어지지 않으며 신호의 스펙트럼은 넓어질 수 없다. 신호 대역폭의 감소는 시간 상에서 펄스폭의 증가를 가져온다. 한편 식 (3.173)이 만족된다는 것은 채널의 임펄스 응답이 임펄스 함수로서 펄스폭이 궁극적으로 0이라는 것인데, 이 조건이 만족되지 못하면 임펄스 응답의 폭이 0보다 커서 입력과의 컨볼루션을 취하면 펄스폭이 늘어나게 된다.

이상에서 살펴본 바와 같이 선형 왜곡은 펄스의 모양뿐만 아니라 펄스의 퍼짐을 일으키는

데, 그 영향으로 인접 펄스에 영향을 미치므로 시분할 다중화(TDM) 시스템에서 채널 간 간섭이 발생하게 되므로 바람직하지 못하다.

예제 3.25 **진폭 왜곡에 의한 펄스의 퍼짐 현상**

다음과 같은 주파수 응답을 가진 채널을 가정하자.

$$H(f) = 0.5(1 + \cos(2\pi\tau f)) \tag{3.175}$$

펄스폭이 T인 사각 펄스 $x(t) = p_T(t) \triangleq u(t) - u(t-T)$가 전송되는 경우 수신 신호를 구하라.

풀이

수신 신호의 푸리에 변환은 다음과 같이 표현된다.

$$
\begin{aligned}
Y(f) &= H(f)X(f) \\
&= \frac{1}{2}(1 + \cos(2\pi\tau f))X(f) \\
&= \frac{1}{2}X(f) + \frac{1}{4}(e^{j2\pi\tau f} + e^{-j2\pi\tau f})X(f)
\end{aligned}
$$

푸리에 변환의 시간 천이 성질을 이용하여 다음을 얻는다.

$$y(t) = \frac{1}{2}x(t) + \frac{1}{4}[x(t+\tau) + x(t-\tau)]$$

따라서 펄스가 확산되는 것을 알 수 있다. 그림 3.43에 채널의 주파수 응답과 수신 신호의 파형을 보인다.

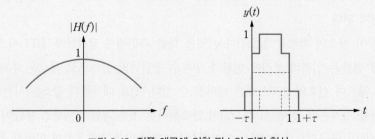

그림 3.43 진폭 왜곡에 의한 펄스의 퍼짐 현상

3.7.2 비선형 왜곡

지금까지는 채널을 선형 시스템으로 가정하였으나 실제의 통신 채널에서는 비선형성이 존재한다. 특히 미약 신호를 송신하기 위하여 전력 증폭기를 사용하는데, 효율이 높은 증폭기(C급)는 비선형 특성을 가진다. 채널이 선형 시스템인 경우에는 출력에 새로운 주파수 성분이 만들어지지 않는다는 것을 앞서 살펴보았다. 이것은 선형 시스템의 경우 출력이 입력과 임펄스 응답과의 컨볼루션이므로 출력의 스펙트럼이 입력의 스펙트럼과 주파수 응답과의 곱이라는 것으로부터 쉽게 유추할 수 있다. 그러나 시스템이 비선형인 경우 출력이 입력과 임펄스 응답과의 컨볼루션으로 표현할 수 없으며, 아래의 예에 보인 바와 같이 새로운 주파수 성분이 발생할 수 있다는 것이 큰 특징이다.

비선형 시스템의 입출력 특성을 다음과 같이 표현해보자.

$$y(t) = f(x) = a_0 + a_1 x(t) + a_2 x^2(t) + a_3 x^3(t) + \cdots + a_x x^k(t) + \cdots \qquad (3.176)$$

두 신호의 곱에 대한 푸리에 변환은 각 신호의 푸리에 변환의 주파수 영역 컨볼루션이다. 따라서 신호 $x(t)$의 대역폭이 $B\text{Hz}$라면 $x^k(t)$의 대역폭은 $kB\text{Hz}$가 된다. 결론적으로 출력의 스펙트럼은 입력의 스펙트럼보다 대역폭이 확장되며, 이것은 입력 신호에는 없는 새로운 주파수 성분이 생긴다는 것이다. 이것이 선형 왜곡과의 큰 차이점이다.

예제 3.26 | **비선형 왜곡의 효과**

다음과 같은 입출력 관계를 갖는 비선형 채널을 가정하자.

$$y(t) = a_1 x(t) + a_2 x^2(t)$$

(a) 이 시스템의 입력으로 다음과 같이 두 개의 주파수 성분을 가진 신호를 가정하자.

$$x(t) = A_1 \cos \omega_1 t + A_2 \cos \omega_2 t$$

입출력 스펙트럼을 구하고 새롭게 생긴 주파수 성분이 어떤 것이 있는지 나열하라.

(b) 입력 신호가 $x(t) = 1000 \, \text{sinc}(100t)$라고 가정하자. 이 신호에 대한 출력 $y(t)$와 스펙트럼 $Y(f)$를 구하라. 출력 신호를 처리하여 $x(t)$를 복원할 수 있는가?

(a) 출력 신호를 구하면 다음과 같다.

$$y(t) = a_1(A_1\cos\omega_1 t + A_2\cos\omega_2 t) + a_2(A_1\cos\omega_1 t + A_2\cos\omega_2 t)^2$$
$$= a_1(A_1\cos\omega_1 t + A_2\cos\omega_2 t) + a_2(A_1^2\cos\omega_1^2 t + A_2^2\cos\omega_2^2 t + 2A_1 A_2\cos\omega_1 t\cos\omega_2 t)$$
$$= a_1(A_1\cos\omega_1 t + A_2\cos\omega_2 t) + a_2[A_1^2\frac{1+\cos 2\omega_1 t}{2} + A_2^2\frac{1+\cos 2\omega_2 t}{2} +$$
$$A_1 A_2\{\cos(\omega_1-\omega_2)t + \cos(\omega_1+\omega_2)t\}]$$
$$= a_1(A_1\cos\omega_1 t + A_2\cos\omega_2 t) + \frac{1}{2}a_2(A_1^2+A_2^2) +$$
$$\frac{1}{2}a_2(A_1^2\cos 2\omega_1 t + A_2^2\cos 2\omega_2 t) + a_2 A_1 A_2\{\cos(\omega_1-\omega_2)t + \cos(\omega_1+\omega_2)t\}$$

위의 식의 첫 번째 항은 원하는 출력 신호이며, 두 번째 항은 직류 성분이며, 세 번째 항은 입력 주파수의 고조파 항이다. 네 번째 항은 입력 주파수의 고조파의 합과 차 주파수 항이다. 첫 번째 항을 제외한 나머지 항이 새롭게 발생된 주파수 성분이다. 그림 3.44(a)에 입출력 스펙트럼을 보인다.

(b) 푸리에 변환의 성질을 이용하여 출력의 푸리에 변환을 다음과 같이 표현할 수 있다.

$$Y(f) = a_1 X(f) + a_2 X(f) * X(f)$$

한편 입력의 푸리에 변환은

$$X(f) = 10\Pi\left(\frac{f}{100}\right)$$

이므로 출력의 푸리에 변환은 그림 3.44(b)와 같이 된다. 출력의 스펙트럼 모양은 입력의 스펙트럼 모양과 다르며, 또한 대역폭이 증가한 것을 볼 수 있다. 특히 비선형 특성에 의한 왜곡 성분의 스펙트럼이 선형 성분, 즉 원하는 신호 성분의 스펙트럼과 중첩되므로 필터를 사용하여 비선형 왜곡을 제거하여 원하는 신호를 얻는 것은 불가능하다는 것을 알 수 있다. 즉 원하는 신호와 왜곡 성분을 분리하는 것은 불가능하다.

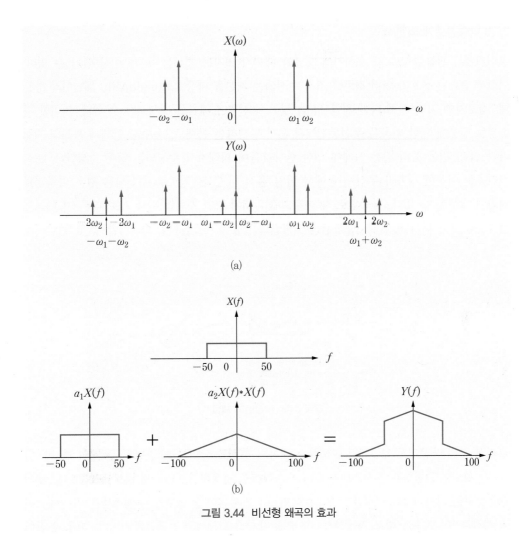

그림 3.44 비선형 왜곡의 효과

위의 예제에서 살펴본 바와 같이 신호가 비선형 채널을 통해 전송되면 신호의 왜곡뿐만 아니라 스펙트럼의 확산이 발생하여 원래 신호에는 없는 주파수 성분이 나타나서 주파수 영역에서 인접한 신호들에게 간섭을 준다. 주파수분할 다중화(FDM) 시스템은 여러 주파수 채널에다른 신호를 전송하는 시스템으로서 채널의 비선형성은 신호 간 간섭을 유발할 수 있다. 한편비선형 특성을 가진 소자는 주파수 체배기(multiplier)로 사용할 수 있다. 위의 예제와 같이 2차 비선형 특성을 가진 소자는 입력 정현파 주파수를 2배로 하는 장치로 사용할 수 있다.

3.7.3 다중경로에 의한 왜곡

송신기에서 전송된 신호가 수신기에 도달할 때까지 거치는 경로는 두 개 이상이 될 수 있다. 이렇게 전송된 신호가 여러 경로를 거쳐 수신되는 채널을 다중경로(multipath) 채널이라 하는데, 경로차에 따라 서로 다른 지연시간을 갖고 수신되어 왜곡을 발생시킬 수 있다. 이러한 다중경로 전송에 의한 왜곡은 무선통신에서 흔히 발생하는 문제로, 송수신 안테나 사이의 직접파와 언덕, 건물 등과 같은 물체에 의한 반사파들이 더해져서 수신되는 경우 발생한다. 또한 전리층을 이용한 장거리 무선 전송에서 단일 홉과 다중 홉 경로로 수신되는 경우 다중경로 왜곡이 발생할 수 있다. 다중경로 채널은 그림 3.45에 보인 것처럼 각각 서로 다른 이득과 시간지연을 갖는 부시스템(subsystem)들이 병렬로 결합된 시스템으로 모델링할 수 있다.

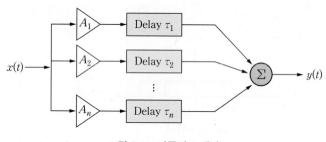

그림 3.45 다중경로 채널

이와 같은 다중경로 채널에서 발생하는 왜곡의 특성을 살펴보자. 간단히 두 개의 경로만 있고, 각 경로를 표현하는 부시스템은 LTI 시스템으로 가정하자. 첫 번째 경로에 대한 시스템의 전달함수는 이득이 1이고 시간지연이 t_0 이며, 두 번째 경로를 표현하는 시스템은 이득이 A이고 시간지연이 $t_0 + \Delta t$ 라고 가정하자. 이 경우 다중경로 채널의 전체 전달함수는 다음과 같이 표현된다.

$$
\begin{aligned}
H(f) &= e^{-j2\pi f t_0} + A e^{-j2\pi f(t_0 + \Delta t)} \\
&= e^{-j2\pi f t_0}(1 + A e^{-j2\pi f \Delta t}) \\
&= e^{-j2\pi f t_0}(1 + A\cos(2\pi f \Delta t) - jA\sin(2\pi f \Delta t)) \\
&= \sqrt{1 + A^2 + 2A\cos(2\pi f \Delta t)} \cdot \exp\left[-j\left\{2\pi f t_0 + \tan^{-1}\left(\frac{A\sin(2\pi f \Delta t)}{1 + A\cos(2\pi f \Delta t)}\right)\right\}\right] \\
&= |H(f)| \cdot \exp[-j\angle H(f)]
\end{aligned}
\tag{3.177}
$$

부시스템 각각의 주파수 응답은 무왜곡 전송의 조건을 만족시키지만 전체 시스템의 주파수 응답은 무왜곡 전송의 조건을 만족시키지 못한다는 것을 알 수 있다. 결과적으로 선형 왜곡이 발생하여 펄스의 퍼짐 현상이 일어난다. 특히 위의 시스템에서는 주파수 응답의 진폭과 위상이 주파수 영역에서 주기 $1/\varDelta t$ 의 주기 함수가 된다. 그림 3.46에 위의 다중경로 채널의 주파수 응답 특성을 보인다.

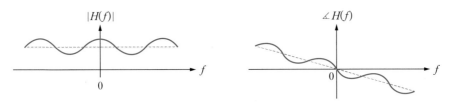

그림 3.46 다중경로 채널의 주파수 응답의 예

위의 채널의 이득은 $1/2\varDelta t$ 의 짝수 배 주파수에서 최대가 되며, $1/2\varDelta t$ 의 홀수 배 주파수에서 최소가 된다. 두 개의 경로 이득이 동일하다면($A=1$), 신호의 $1/2\varDelta t$ 의 홀수 배 주파수 성분은 완전히 사라진다. 이와 같이 다중경로 채널에서는 주파수 성분에 따라 커지기도 하고 작아지기도 하는 현상이 발생하는데 이것을 주파수 선택적 페이딩(frequency selective fading)이라 한다.

지금까지의 채널 특성은 시간적으로 변화하지 않는다고 가정하여 채널을 시불변 시스템으로 모델링하였다. 그러나 실제로는 채널의 전송 특성이 시간에 따라 변화하며, 무선 전송의 경우 전리층의 변화나 매체의 특성이 시간에 따라 변하는 기상 상태와 관계가 있다. 특히 이동통신의 경우 송수신기의 위치가 시간에 따라 변화하여 주변 환경으로부터의 반사 특성이 변화하므로 채널을 시변(time varying) 시스템으로 모델링하는 것이 일반적이다. 이러한 경우 경로의 개수 및 시간지연이 일정하지 않아서 채널의 주파수 응답은 주기적이지 못하고 랜덤하게 변화하여 랜덤 페이딩을 일으킨다. 이러한 페이딩은 무선통신에서 심각한 품질 저하를 야기할 수 있으므로 채널부호화, 등화기, 인터리버, 레이크 수신기 등과 같은 특수한 처리를 하여 대처한다.

3.8 푸리에 변환의 디지털 연산

신호 $x(t)$ 의 푸리에 변환 $X(f)$ 를 컴퓨터나 디지털 하드웨어를 사용하여 수치적으로 구하기 위해서는 $x(t)$ 를 이산시간에서 표본화(sampling)한 값들을 사용해야 한다. 또한 $X(f)$ 를 나타내기 위해서도 이산주파수에서 $X(f)$ 를 표본화한 값들을 사용해야 한다. 한편 푸리에 변환의 계산을 처리하기 위해서는 유한한 개수의 신호 표본을 사용해야 안나. 즉 일성 시구산에서의 신호를 취하여 T_s 간격으로 표본화해서 만들어진 이산시간 신호 $\{x_n = x(nT_s),\ n = 0,\ 1,\ 2,\ \cdots,\ N-1\}$를 가지고 이산주파수, 즉 f_0의 정수 배 주파수에서의 스펙트럼 $\{X_k = X(kf_0),\ k$는 정수$\}$를 구하고자 하는 것이다.

유한한 개수(N개)의 데이터 $\{x_n = x(nT_s),\ n = 0,\ 1,\ 2,\cdots,\ N-1\}$를 가지고 처리를 해야 하므로 시간 제한된(time limited), 즉 지속시간이 유한한 신호를 대상으로 해야 한다는 현실적인 문제점이 있다. 그러나 일반적인 신호는 시간 제한적이라는 보장이 없다. 따라서 적당한 구간에서 신호를 절단하여 처리한다. 여기서는 신호 $x(t)$가 $0 < t < \tau$의 구간을 제외한 나머지 구간에서는 값이 0인 유한 지속시간의 신호라고 가정한다.

시간 영역 표본화

연속시간 신호 $x(t)$가 아니라 표본화 과정을 통해 얻은 신호 표본들을 가지고 푸리에 변환을 계산해야 하므로 표본화된 이산시간 신호의 스펙트럼은 어떻게 되는지 먼저 살펴보자. 표본화에 대한 상세한 설명은 7장에서 다루기로 하고 여기서는 신호 $x(t)$에 임펄스열을 곱하는 방법을 사용한 이상적인 표본화를 고려한다. 임펄스열은 실제로 구현할 수 없기 때문에 이상적인 표본화라 한다. 신호 $x(t)$를 주기 T_s마다(또는 표본화 주파수 $f_s = 1/T_s$로) 임펄스 함수를 사용하여 표본화한 신호는 다음과 같이 $x(t)$와 임펄스열의 곱으로 표현할 수 있다.

$$x_s(t) \triangleq \sum_{n=-\infty}^{\infty} x(nT_s)\delta(t-nT_s) = x(t) \cdot \left\{ \sum_{n=-\infty}^{\infty} \delta(t-nT_s) \right\} \tag{3.178}$$

그러므로 표본화된 신호 $x_s(t)$의 푸리에 변환은 다음과 같이 적분 대신 합으로 표현된다.

$$\begin{aligned} \mathcal{F}\{x_s(t)\} &= \int_{-\infty}^{\infty} x_s(t)e^{-j2\pi ft}dt = \int_{-\infty}^{\infty} \sum_{n=-\infty}^{\infty} x(nT_s)\delta(t-nT_s)e^{-j2\pi ft}dt \\ &= \sum_{n=-\infty}^{\infty} x(nT_s)e^{-j2\pi fnT_s} \\ &= \sum_{n=-\infty}^{\infty} x_n e^{-j2\pi fnT_s} \end{aligned} \tag{3.179}$$

여기서 x_n은 $x_n \triangleq x(nT_s)$로 정의한 이산시간 신호 표본이다. 한편 푸리에 변환의 곱셈/컨볼루션 성질에 의해 다음과 같이 표현된다.

$$\mathcal{F}\{x_s(t)\} = \mathcal{F}\left\{ x(t) \cdot \sum_{n=-\infty}^{\infty} \delta(t-nT_s) \right\} = \mathcal{F}\{x(t)\} * \mathcal{F}\left\{ \sum_{n=-\infty}^{\infty} \delta(t-nT_s) \right\} \tag{3.180}$$

앞의 식에서 임펄스열의 푸리에 변환은

$$\mathcal{F}\left\{\sum_{n=-\infty}^{\infty}\delta(t-nT_s)\right\} = f_s\sum_{n=-\infty}^{\infty}\delta(f-nf_s), \ \left(f_s=\frac{1}{T_s}\right) \tag{3.181}$$

와 같이 주파수 영역에서의 임펄스열이라는 사실을 이용하여 식 (3.180)을 다음과 같이 표현할 수 있다.

$$\mathcal{F}\{x_s(t)\} = X(f) * f_s\sum_{n=-\infty}^{\infty}\delta(f-nf_s) = \frac{1}{T_s}\sum_{n=\infty}^{\infty}X(f-nf_s) \tag{3.182}$$

그러므로 신호 $x(t)$를 시간 T_s 마다 표본화한 신호 $x_s(t)$의 푸리에 변환은 $X(f)$가 주파수 상에서 주기 $f_s = 1/T_s$를 갖고 반복되는 주기 함수가 된다는 것을 알 수 있다.

주기성 표현을 간략히 하기 위하여 다음과 같은 표기를 사용하자.

$$\tilde{g}_T(t) = \sum_{n=-\infty}^{\infty}g(t-nT) \tag{3.183}$$

여기서 $\tilde{g}_T(t)$는 $g(t)$가 주기 T를 가지고 반복되는 주기 신호라는 것을 나타낸다.

시간 영역 표본화를 다음의 푸리에 변환쌍으로 요약할 수 있다.

$$x(t) \xrightarrow[T_s]{\text{sample}} x_s(t) \xleftarrow{\ \mathcal{F}\ } \frac{1}{T_s}\tilde{X}_{f_s}(f) = \frac{1}{T_s}\sum_{n=-\infty}^{\infty}X(f-nf_s) \tag{3.184}$$

그림 3.47에 시간 영역 표본화에 의한 스펙트럼의 주기화 관계를 보인다. 신호 $x(t)$를 표본화하여(주기 T_s) 만들어진 이산시간 신호 $x_s(t)$의 푸리에 변환은 주파수 상에서 주기성을 갖는다(주기 $f_s = 1/T_s$). 스펙트럼이 겹치지만 않으면 필터를 사용하여 원래의 신호를 복원할수 있다는 것을 알 수 있다. 여기서 스펙트럼 중첩이 발생하지 않기 위해서는 주파수 상에서 주기기 길어야 한다. 스펙트럼 주기는 $f_s = 1/T_s$로 표본화 주기의 역수이다. 따라서 스펙트럼 중첩을 피하려면 표본화 간격을 줄여야 한다. 그림 3.47에서 보듯이 $x(t)$의 대역폭이 B인 경우 $f_s - B \geq B$이면, 즉 $f_s \geq 2B$이면 중첩이 발생하지 않는다. 반면 이 조건이 만족되지 않으면 스펙트럼 중첩이 발생하여(이를 'aliasing'이라 부른다) 왜곡이 발생하는데, 이 경우 원래의

신호를 다시 복원하는 것은 불가능하다. 이것이 표본화 정리(sampling theorem)로 표본화 주파수를 $f_s \geq 2B$가 되도록 연속시간 신호를 표본화하면 표본화된 신호로부터 차단 주파수가 $f_s/2$인 저역통과 필터를 통과시킴으로써 원래 신호를 복원시킬 수 있다.

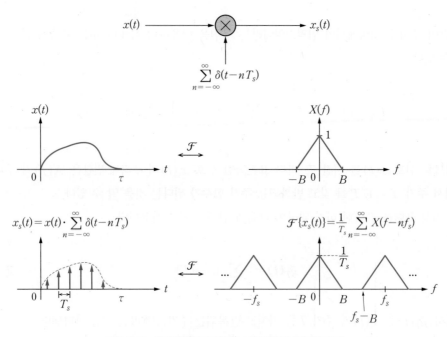

그림 3.47 시간 영역 표본화와 스펙트럼의 주기성 관계

주파수 영역 표본화

연속시간 신호 $x(t)$를 시간 영역에서 표본화하여 얻은 이산시간 신호 $x_s(t)$의 푸리에 변환은 $\tilde{X}_{f_s}(f)/T_s$로 주파수 영역에서 $f_s = 1/T_s$의 주기성을 갖는다는 것을 확인하였다. 그러나 시간 상에서 이산적이라도 스펙트럼은 주파수 상에서 연속적이기 때문에 디지털 처리를 위해서는 이산주파수에서 표본화하여 나타내야 한다. 이번에는 푸리에 변환이 $Y(f)$로 주어진 신호에 대하여 스펙트럼을 주파수 상에서 f_0 간격으로 표본화한다고 하자. 주파수 영역 표본화를 통해 얻어진 이산 스펙트럼 $Y_s(f)$에 대응하는 시간 함수는 어떤 특성을 갖는지 알아보자. 결과는 위의 시간 영역 표본화의 경우에 쌍대성을 적용하여 예상할 수 있다. 주파수 영역에서 임펄스를 사용하여 표본화한 스펙트럼은 다음과 같이 표현할 수 있다.

$$Y_s(f) \triangleq \sum_{k=-\infty}^{\infty} Y(kf_0)\delta(f-kf_0) = Y(f)\cdot\left\{\sum_{k=-\infty}^{\infty}\delta(f-kf_0)\right\} \tag{3.185}$$

따라서 주파수 상에서 표본화한 신호 $Y_s(f)$의 푸리에 역변환은 다음과 같이 된다.

$$\mathcal{F}^{-1}\{Y_s(f)\} = \int_{-\infty}^{\infty} Y_s(f)e^{j2\pi ft}df = \int_{-\infty}^{\infty} Y_s(kf_0)\delta(f-kf_0)e^{j2\pi ft}df$$
$$= \sum_{k=-\infty}^{\infty} Y_s(kf_0)e^{j2\pi kf_0 t} \tag{3.186}$$
$$= \sum_{l=-\infty}^{\infty} Y_s[k]e^{j2\pi kf_0 t}$$

한편 푸리에 변환의 곱셈/컨볼루션 성질에 의해 다음과 같이 표현된다.

$$\mathcal{F}^{-1}\{Y_s(f)\} = \mathcal{F}^{-1}\left\{Y(f)\cdot \sum_{k=-\infty}^{\infty}\delta(f-kf_0)\right\}$$
$$= \mathcal{F}^{-1}\{Y(f)\} * \mathcal{F}^{-1}\left\{\sum_{k=-\infty}^{\infty}\delta(f-kf_0)\right\}$$
$$= y(t) * \frac{1}{f_0}\sum_{k=-\infty}^{\infty}\delta(t-kT_0),\ T_0 = \frac{1}{f_0} \tag{3.187}$$
$$= \frac{1}{f_0}\sum_{k=-\infty}^{\infty}y(t-kT_0)$$
$$= \frac{1}{f_0}\tilde{y}_{T_0}(t)$$

여기서 $y(t)$는 $Y(f)$의 시간 영역 신호이다. 식 (3.187)은 연속 스펙트럼 $Y(f)$를 주파수 상에서 f_0 간격으로 표본화한 이산 스펙트럼 $Y_s(f)$의 푸리에 역변환은 $y(t)$가 시간 상에서 주기 $T_0 = 1/f_0$를 갖고 반복되는 주기 신호가 된다는 것을 나타낸다. 이상으로부터 다음의 푸리에 변환쌍이 성립되는 것을 알 수 있으며, 이를 그림 3.48에 보인다.

$$\frac{1}{f_0}\tilde{y}_{T_0}(t) = \frac{1}{f_0}\sum_{k=-\infty}^{\infty}y(t-kT_0) \xleftarrow{\ \mathcal{F}\ } Y_s(f) \xleftarrow[f_0]{\text{sample}} Y(f) \tag{3.188}$$

그림 3.48로부터 시간 영역 신호가 중첩이 되지 않을 조건은 $y(t)$가 τ로 시간 제한적이고 (즉 신호의 지속시간이 τ로 유한하고) $T_0 > \tau$이어야 한다는 것을 알 수 있다. 이 조건은 주파수상에서 표본화를 $f_0 \le 1/\tau$ 간격으로 한다는 것과 동등하다.

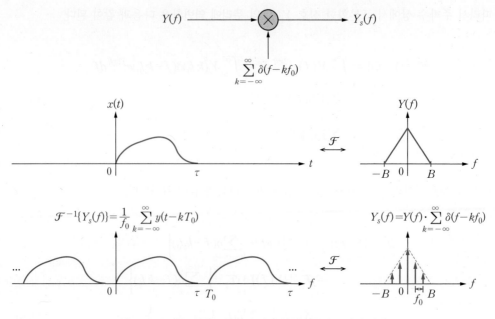

그림 3.48 주파수 영역 표본화와 시간 영역 신호의 주기성 관계

시간 및 주파수 영역 표본화

신호를 디지털 시스템으로 처리하기 위해서는 시간 영역과 주파수 영역에서 모두 유한한 표본을 가지고 계산해야 한다. 즉 디지털 신호 처리를 위해서는 시간 영역뿐만 아니라 주파수 영역에서도 표본화가 이루어져야 한다. 앞서 살펴본 그림 3.47은 시간 영역에서의 표본화와 주파수 영역에서의 주기화를 보여주며, 반대로 그림 3.48은 주파수 영역에서의 표본화와 시간 영역에서의 주기화를 보여준다. 다음 단계로 시간 영역에서 $x(t)$에 대하여 표본화와 주기화를 동시에 하여 얻어진 신호의 푸리에 변환에 대해 알아보자. 앞 단계에서 살펴본 결과로부터 주파수 영역에서 주기화와 표본화가 동시에 이루어진 스펙트럼을 얻을 것이라고 추론할 수 있다.

먼저 시간상에서 표본화 간격 T_s로 표본화하고 동시에 주기 T_0로 주기화시킨 신호는 다음과 같이 표현할 수 있다.

$$\tilde{x}_{s,T_0}(t) \triangleq x_s(t) * \sum_{k=-\infty}^{\infty} \delta(t-kT_0) = \left(x(t) \cdot \sum_{n=-\infty}^{\infty} \delta(t-nT_s) \right) * \sum_{k=-\infty}^{\infty} \delta(t-kT_0) \qquad (3.189)$$

푸리에 변환의 성질을 이용하면 식 (3.189)에 대한 푸리에 변환을 다음과 같이 구할 수 있다.

$$\mathcal{F}\{(\tilde{x}_{T_0})_s(t)\} = \mathcal{F}\{x_s(t)\} \cdot \mathcal{F}\left\{\sum_{t=-\infty}^{\infty}\delta(t-kT_0)\right\}$$

$$= \frac{1}{T_s}\sum_{n=-\infty}^{\infty}X(f-nf_s)\cdot f_0\sum_{k=-\infty}^{\infty}\delta(f-kf_0) \qquad (3.190)$$

$$= \frac{f_0}{T_s}\sum_{n=-\infty}^{\infty}\sum_{k=-\infty}^{\infty}X(kf_0-nf_s)\delta(f-kf_0)$$

결과적으로 $X(f)$를 주파수상에서 표본화하고 주기화한 스펙트럼이 얻어진다는 것을 알 수 있다. 이것을 그림 3.49에 보인다.

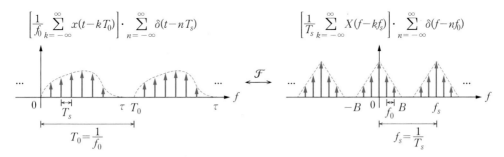

그림 3.49 주기 확장 및 표본화된 신호의 스펙트럼

이산 푸리에 변환(Discrete Fourier Transform: DFT)

위의 그림 3.49에서 신호의 주기 T_0가 표본화 간격 T_s의 정수배가 되도록, 즉

$$\frac{T_0}{T_s} = N \ \Rightarrow \ \frac{f_s}{f_0} = N \qquad (3.191)$$

의 관계가 성립하도록 설정했다고 하자. 또한 주파수 영역 표본화 간격을 선정할 때, 신호의 주기가 신호의 지속구간보다 크게, 즉 $T_0 > \tau$가 만족되도록 선정한다고 하자. 그러면 시간 상의 한 주기나 주파수 상의 한 주기는 모두 N개의 유한한 표본만으로 구성되므로 디지털 시스템으로 처리하기에 적합하게 된다.

$x_s(t)$의 푸리에 변환을 주파수 영역에서 표본화하면 식 (3.179)와 식 (3.184)로부터 다음을 얻는다.

$$\frac{1}{T_s}X_{f_s}(kf_0) - \sum_{n=0}^{N-1}x_n e^{-j2\pi kf_0 nT_s} = \sum_{n=0}^{N-1}r_n e^{-j\frac{2\pi kn}{N}} \qquad (3.192)$$

앞의 식에서

$$X_k \triangleq \frac{1}{T_s} X_{f_s}(kf_0)$$

와 같이 정의하면

$$X_k = \sum_{n=0}^{N-1} x_n e^{-j2\pi kn/N} \tag{3.193}$$

를 얻으며 이를 DFT(Discrete Fourier Transform)라 한다.

한편 식 (3.193)의 양변에 $e^{j2\pi km/N}$ 을 곱하고 $k = 0, 1, \cdots, N-1$ 에 대하여 합을 구하면 다음과 같이 된다.

$$\sum_{k=0}^{N-1} X_k e^{j\frac{2\pi km}{N}} = \sum_{k=0}^{N-1} \sum_{n=0}^{N-1} x_n e^{-j\frac{2\pi kn}{N}} e^{j\frac{2\pi km}{N}} = \sum_{n=0}^{N-1} x_n \sum_{k=0}^{N-1} e^{j\frac{2\pi k(m-n)}{N}} \tag{3.194}$$

그런데

$$\sum_{k=0}^{N-1} e^{j\frac{2\pi kl}{N}} = \begin{cases} N, & l = 0, \ \pm N, \ \pm 2N, \ \cdots \\ 0, & \text{otherwise} \end{cases} \tag{3.195}$$

이므로(증명은 연습) 식 (3.194)는 다음과 같이 된다.

$$\sum_{k=0}^{N-1} X_k e^{j\frac{2\pi km}{N}} = \sum_{n=0}^{N-1} x_n \sum_{k=0}^{N-1} e^{j\frac{2\pi k(m-n)}{N}} = x_m \cdot N \tag{3.196}$$

따라서 이산 푸리에 역변환은 다음과 같이 표현할 수 있다.

$$x_m = \frac{1}{N} \sum_{k=0}^{N-1} X_k e^{j\frac{2\pi km}{N}} \tag{3.197}$$

이상 DFT에 관하여 정리해보자. 먼저 신호 $x(t)$ 에 대한 관측 구간(또는 확장 주기) T_0, 표본화 주기 T_s, 그리고 주파수 분해능(또는 주파수 영역 표본화 간격) f_0, DFT 연산을 위한 샘플 수 N을 결정해야 한다. T_s 는 스펙트럼 중첩 현상(aliasing)이 발생하지 않도록

$f_s = 1/T_s \geq 2B$(B는 신호의 최대 주파수 성분)이 되도록 선택한다. 주파수 분해능 f_0는 신호의 주기화에서 겹침이 발생하지 않도록 $T_0 = 1/f_0 \geq \tau$(τ는 신호의 지속 구간)이 만족되도록 결정하며 f_0를 충분히 작게 선택할수록(또는 T_0를 크게 선택할수록) 높은 정밀도의 스펙트럼을 얻을 수 있다. 그러나 주파수 분해능이 작을수록 $N = T_0/T_s = f_s/f_0$가 커지므로 처리해야 할 계산량이 증가한다. 신호 $x(t)$의 표본값으로 이루어진 이산 신호 $x_n = x(nT_s)$에 대한 DFT 쌍은 다음과 같다. 그림 3.50에 이산시간 신호 $\{x_n\}_{n=0,1,2,\cdots,N-1}$와 이산 스펙트럼 $\{X_k\}_{k=0,1,2,\cdots,N-1}$의 예를 보인다.

$$X_k = \sum_{n=0}^{N-1} x_n e^{-j\frac{2\pi kn}{N}}$$
$$x_n = \frac{1}{N}\sum_{k=0}^{N-1} X_k e^{j\frac{2\pi kn}{N}}$$

(3.198)

여기서 주파수 영역 이산 신호 X_k는 $x(t)$의 푸리에 변환 $X(f)$와 다음과 같은 관계를 가진다.

$$X_k = \frac{1}{T_s} X(kf_0)$$

(3.199)

식 (3.198)의 DFT 연산에서 하나의 표본 X_k를 계산하는데 N개의 복소수 곱셈과 $N-1$개의 복소수 덧셈이 요구된다. 따라서 $\{X_k, \ k = 0, 1, 2, \cdots, N-1\}$를 모두 구하는데 N^2개의 복소수 곱셈과 $N(N-1)$개의 복소수 덧셈이 요구된다. 따라서 N의 값이 큰 경우 많은 계산량과 이에 따른 시간이 소요된다. 1965년 Turkey와 Cooley는 N의 값을 2의 멱수로 하고 복소 정현파 함수의 특성을 사용하여 계산량을 $N\log N$급으로 줄인 알고리즘을 개발하였다.

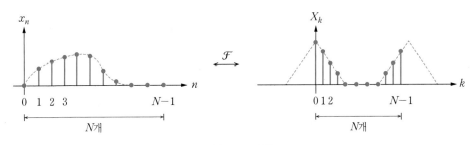

그림 3.50 DFT

이 알고리즘을 고속 푸리에 변환(Fast Fourier Transform: FFT)이라 하며 디지털 신호처리에 많이 사용되고 있다.

3.9 Matlab을 이용한 실습

예제 3.27 | **푸리에 변환**

1) 펄스폭이 2이고 크기가 1인 사각 펄스의 파형, 즉 $x(t) = \Pi(t/2)$을 그려보라.
2) 신호의 푸리에 변환을 구하여 진폭 스펙트럼과 에너지 스펙트럼을 그려보라.
3) 다음에는 펄스폭이 2이고 크기가 1인 삼각 펄스의 파형, 즉 $x(t) = \Lambda(t)$을 그려보라.
4) 신호의 푸리에 변환을 구하여 진폭 스펙트럼과 에너지 스펙트럼을 그려보라.

풀이

제공된 Matlab 프로그램 'ex3_3'을 실행하여 그림 3.51과 그림 3.52의 결과를 얻는 것을 확인한다. 푸리에 변환을 구하기 위해 fftseq 함수를 사용하며, 0의 주파수 성분을 중앙에 오도록 그림을 그리기 위하여 matlab toolbox에 있는 fftshift 함수를 사용한다.

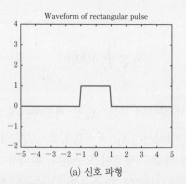

(a) 신호 파형

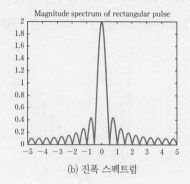

(b) 진폭 스펙트럼

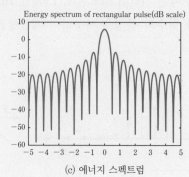

(c) 에너지 스펙트럼

그림 3.51 사각 펄스의 파형과 스펙트럼

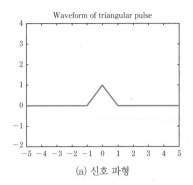

(a) 신호 파형

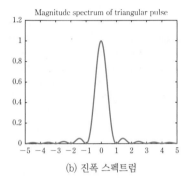

(b) 진폭 스펙트럼

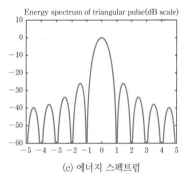

(c) 에너지 스펙트럼

그림 3.52 삼각 펄스의 파형과 스펙트럼

예제 3.27을 위한 Matlab 프로그램의 예(ex3_3.m)

```
% Fourier transform
close all; clear;
df=0.01; %frequency resolution
fs=10; %sampling frequency
ts=1/fs; %sampling period
t=[-5:ts:5]; %observation time interval

% Signal generation of rectangular pulse
x1=zeros(size(t));
x1(41:61)=ones(size(x1(41:61)));
[X1,x11,df1]=fft_mod(x1,ts,df);
X11=X1/fs; %scaling
```

```
f=[0:df1:df1*(length(x11)−1)]−fs/2; %frequency vector (range to plot)
plot(t,x1); axis([−5 5 −2 4])
title('Waveform of rectangular pulse');
pause %Press any key to see magnitude spectrum
mag_X11=fftshift(abs(X11));
plot(f,mag_X11)
title('Magnitude spectrum of rectangular pulse');
pause %%Press any key to see spectrum in dB scale
mag_X11_db=20*log10(mag_X11);
plot(f,mag_X11_db); axis([−5 5 −60 10])
title('Energy spectrum of rectangular pulse (dB scale)');
pause %%Press any key to continue

% Signal generation of triangular pulse
x2=zeros(size(t));
x2(41:51)=t(41:51)+1;
x2(52:61)=−t(52:61)+1;
[X2,x21,df1]=fft_mod(x2,ts,df);
X21=X2/fs;
f=[0:df1:df1*(length(x21)−1)]−fs/2;
figure
plot(t,x2); axis([−5 5 −2 4])
title('Waveform of triangular pulse');
pause %Press any key to see magnitude spectrum
mag_X21=fftshift(abs(X21));
plot(f,mag_X21)
title('Magnitude spectrum of triangular pulse');
pause %%Press any key to see spectrum in dB scale
mag_X21_db=20*log10(mag_X21);
plot(f,mag_X21_db); axis([−5 5 −60 10])
title('Energy spectrum of triangular pulse (dB scale)');
```

LTI 시스템에 다음과 같이 표현되는 입력 신호를 가한다고 하자.

$$x(t) = \begin{cases} 2, & -2 \le t \le -1 \\ 2 - 2\cos(0.5\pi t), & -1 \le t \le 1 \\ 2, & 1 \le t \le 2 \\ 4 - t, & 2 \le t \le 4 \\ 0, & \text{otherwise} \end{cases} \tag{3.200}$$

1) 입력 신호 $x(t)$의 파형을 그려보라.

2) $x(t)$의 푸리에 변환을 취하여 진폭 스펙트럼을 그려보라.

3) $x(t)$를 대역폭이 1.5Hz인 이상적인 저역통과 필터에 통과시켰을 때의 출력 파형을 그려보라.

4) 이 신호를 다음과 같은 임펄스 응답을 가진 LTI 시스템에 통과시켰다고 가정하자.

$$h(t) = \begin{cases} t, & 0 \le t \le 1 \\ 2 - t, & 1 \le t \le 2 \\ 0, & \text{otherwise} \end{cases}$$

시스템의 주파수 응답을 구하고 진폭 응답을 그려보라.

5) 시스템의 출력 파형을 그려보라.

풀이

제공된 Matlab 프로그램 'ex3_4'를 실행하여 다음과 같은 결과를 얻는지 확인하라.

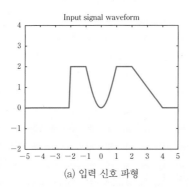

(a) 입력 신호 파형

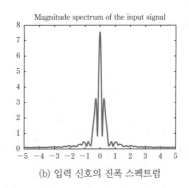

(b) 입력 신호의 진폭 스펙트럼

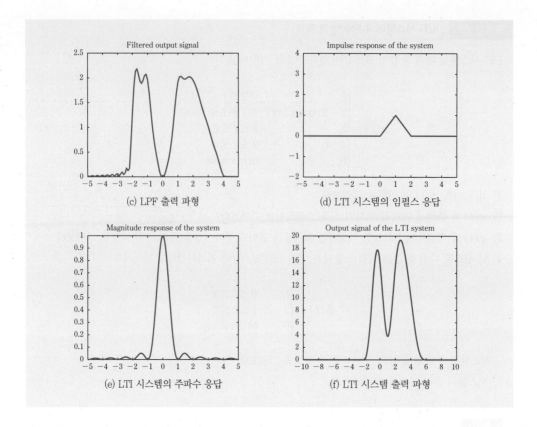

(c) LPF 출력 파형

(d) LTI 시스템의 임펄스 응답

(e) LTI 시스템의 주파수 응답

(f) LTI 시스템 출력 파형

[검토] 위의 LTI 시스템은 어떤 종류의 필터로 동작하는가? 이상적인 저역통과 필터와 특성을 비교해보라. 각각의 출력 파형을 비교하여 필터가 어떻게 동작하였는지 설명하라.

예제 3.28을 위한 Matlab 프로그램의 예(ex3_4.m)

```
% LTI system analysis in frequency domain
close all; clear;
df=0.01;            % Freq. resolution
fs=10;              % Sampling frequency  ⇒ 10 samples per sec
ts=1/fs;            % Sampling interval
t=[-5:ts:5];        % Time vector

x=zeros(1,length(t));               % Generate input signal
```

```
x(31:40)=2*ones(1,10);              % x(t)=0   for −2⟨t⟨−1
x(41:61)=2−2*cos(0.5*pi*t(41:61));  % x(t)=2−2cos(pi*t/2)  for −1⟨t⟨1
x(62:71)=2*ones(1,10);              % x(t)=1   for 1⟨t⟨2
x(72:91)=4−t(72:91);                % x(t)=4−t   for 2⟨t⟨4

pause   %Press any key to see input signal waveform
plot(t,x); axis([−5 5 −2 4])
title('Input signal waveform');

% Part 1
[X,x1,df1]=fft_mod(x,ts,df);        % Spectrum of the input
f=[0:df1:df1*(length(x1)−1)]−fs/2;  % Frequency vector
X1=X/fs;                            % Scaling
pause       % Press any key to see spectrum of the input
plot(f,fftshift(abs(X1)))
title('Magnitude spectrum of the input signal');

% Ideal Lowpass Filter transfer function
H=[ones(1,ceil(1.5/df1)),zeros(1,length(X)−2*ceil(1.5/df1)),ones(1,ceil(1.5/df1))];

Y=X.*H;                             % Output spectrum
y1=ifft(Y);                         % Output of the filter
pause     % Press any key to see the output of the lowpass filter
plot(t,abs(y1(1:length(t))));
title('Filtered output signal');

% Part 2
% LTI system impulse response
h=zeros(1,length(t));
h(51:60)=t(51:60);        % h(t)=t   for 0⟨t⟨1
h(61:70)=2−t(61:70);      % h(t)=2−t  for 1⟨t⟨2
pausc     % Press any key to see the impulse response of the system
plot(t,h); axis([−5 5 −2 4])
title('Impulse response of the system');

[H2,h2,df1]=fft_mod(h,ts,df);
```

```
H21=H2/fs;
f=[0:df1:df1*(length(h2)−1)]−fs/2;
pause    %Press any key to see the frequency response of the system
mag_H21=fftshift(abs(H21));
plot(f,mag_H21)
title('Magnitude response of the system');

% Compute output by convolution
y2=conv(h,x);                % Output of the LTI system
pause      % Press any key to see the output signal of the LTI system
plot([−10:ts:10],y2);
title('Output signal of the LTI system');
```

연습문제

3.1 그림 P3.1과 같이 $[0, 4)$의 구간에서 정의된 3개의 함수를 고려하자.

(a) $\Psi_1(t)$, $\Psi_2(t)$, $\Psi_3(t)$ 함수들은 $[0, 4)$의 구간에서 직교 함수군을 이루는 것을 증명하라.

(b) 신호 $x(t) = t[u(t) - u(t-4)]$를 $\Psi_1(t)$, $\Psi_2(t)$, $\Psi_3(t)$의 선형 조합으로 표현하라. 즉

$$\hat{x}(t) = c_1\Psi_1(t) + c_2\Psi_2(t) + c_3\Psi_3(t)$$

(c) $\tilde{x}(t)$와 오차 $e(t) = x(t) - \hat{x}(t)$를 그려보라.

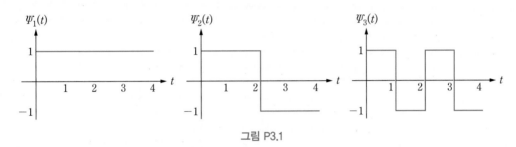

그림 P3.1

3.2 다음과 같은 신호를 고려하자.

(a) $x(t) = 1 + 2\cos 5t - \sin 5t - 3\cos 10t + 4\cos(15t - \pi/6)$

(b) $x(t) = 5 - 4\cos(20\pi t - 60°) + 2\sin(60\pi t)$

위의 신호에 대해 (1) 푸리에 급수로 표현하고, (2) 진폭 스펙트럼과 위상 스펙트럼을 그려보라. (3) 신호의 평균전력을 구하라.

3.3 다음과 같은 주기 신호를 고려하자.

$$x(t) = 2 + \cos(2\pi t + 60°) + \frac{1}{2}\cos(4\pi t) - \sin(8\pi t + 45°)$$

(a) 신호를 복소 지수형 푸리에 급수로 표현하라.

(b) 진폭 스펙트럼과 위상 스펙트럼을 f의 함수로 그려보라.

(c) 신호 $x(t)$의 평균전력을 구하라.

(d) 신호 $x(t)$를 주파수 응답이 다음과 같은 시스템에 입력시킨다고 하자. 출력 신호 $y(t)$의 평균전력을 구하라.

$$H(f) = \Pi\left(\frac{f}{5}\right)$$

3.4 그림 P3.4에 보인 신호의 푸리에 급수를 구하고, 3차 고조파 성분까지의 푸리에 계수를 구하라.

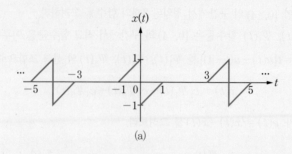

(a)

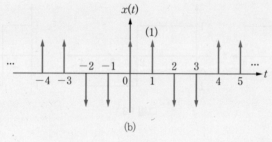

(b)

그림 P3.4

3.5 그림 P3.5에 정현파 $\sin \pi t$ 를 반파 정류기(half-wave rectifier)에 통과시킨 신호를 보인다. 이 신호의 푸리에 급수를 구하라. 4차 고조파까지 푸리에 계수를 구하고, 진폭 스펙트럼과 위상 스펙트럼을 그려보라.

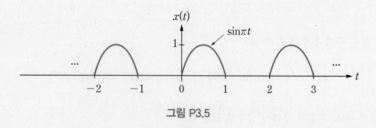

그림 P3.5

3.6 그림 P3.6에 정현파 $\sin \pi t$를 전파 정류기(full-wave rectifier)에 통과시킨 신호를 보인다. 이 신호의 푸리에 급수를 구하라. 4차 고조파까지 푸리에 계수를 구하고, 진폭 스펙트럼과 위상 스펙트럼을 그려보라.

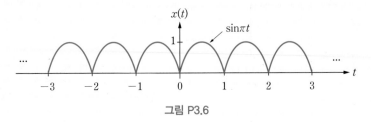

그림 P3.6

3.7 그림 P3.7과 같은 주기 신호를 고려하자.

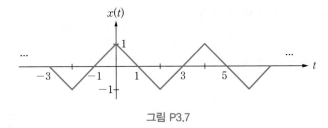

그림 P3.7

(a) 반파 정류기를 통과시켜 얻어진 신호를 푸리에 급수로 표현하라.

(b) 전파 정류기를 통과시켜 얻어진 신호를 푸리에 급수로 표현하라.

3.8 그림 P3.8에 보인 신호의 푸리에 급수를 구하고, 진폭 스펙트럼과 위상 스펙트럼을 그려보라.

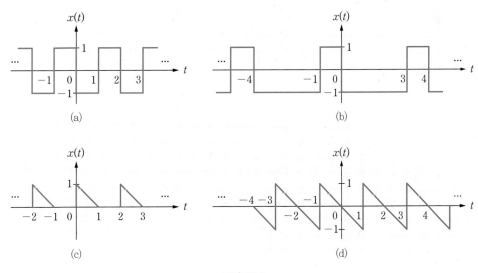

그림 P3.8

3.9 그림 P3.9에 보인 주파수 응답을 가진 LTI 시스템이 있다. 다음 신호에 대한 출력 신호를 구하라.

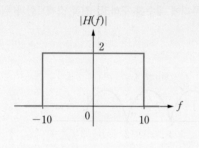 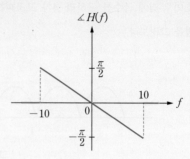

그림 P3.9

(a) $x(t) = 5\exp(j5\pi t)$

(b) $x(t) = \exp(j8\pi t) + \exp(j24\pi t)$

(c) $x(t) = 2\cos\left(10\pi t + \dfrac{\pi}{3}\right)$

(d) $x(t) = \cos\left(5\pi t - \dfrac{\pi}{4}\right) + \sin\left(25\pi t + \dfrac{\pi}{3}\right)$

3.10 다음과 같은 주기 신호를 고려하자.

$$x(t) = t^2 \Pi\left(\frac{t}{2\pi}\right) * \sum_{k=-\infty}^{\infty} \delta(t - 2k\pi)$$

(a) 이 신호의 직류값을 구하라.

(b) 신호를 푸리에 급수로 표현하라.

(c) 신호의 평균전력을 구하라.

(d) 주파수가 2rad/sec 이하인 성분의 전력을 구하라.

3.11 어떤 LTI 시스템이 다음과 같은 입출력 미분방정식으로 표현된다고 하자.

$$\frac{dy(t)}{dt} + 2y(t) = 2x(t)$$

이 시스템에 다음과 같은 신호가 입력된다고 하자. 출력 신호를 구하라.

(a) $x(t) = 5$

(b) $x(t) = 2e^{j2t}$

(c) $x(t) = 10\cos(t) + 10\cos(2t + \pi/4)$

3.12 어떤 LTI 시스템이 다음과 같은 입출력 미분방정식으로 표현된다고 하자.

$$\frac{d^2 y(t)}{dt^2} + 4\frac{dy(t)}{dt} + 4y(y) = \frac{dx(t)}{dt} + x(t)$$

이 시스템에 다음과 같은 신호가 입력된다고 하자. 출력 신호를 구하라.

(a) $x(t) = 5$

(b) $x(t) = 5\cos(t) + 10\cos(2t + \pi/3)$

3.13 그림 P3.13과 같은 전기회로를 고려하자.

(a) 이 회로의 주파수 응답 $H(\omega)$를 구하고 진폭 응답과 위상 응답을 그려보라.

(b) 다음과 같은 입력이 가해지는 경우 출력을 구하라.

$$x(t) = 2 + \cos\frac{t}{2} + \sin\left(t + \frac{\pi}{6}\right)$$

(c) (b)의 경우에 대해 입력과 출력의 평균전력을 구하라.

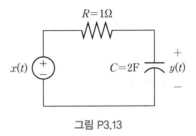

그림 P3.13

3.14 그림 P3.13의 회로에 주기가 4π인 주기신호 $x(t)$가 입력되고, $x(t)$의 푸리에 계수는 다음과 같다고 하자.

$$c_n = \frac{1}{1 + n^2} e^{jn\pi/3}$$

(a) 입력 신호 $x(t)$의 평균값을 구하라.

(b) 출력의 푸리에 계수 d_n을 $n = 0, 1, 2, 3$에 대하여 구하라. $n \to \infty$에 따라 d_n은 어떻게 되는가?

3.15 그림 P3.13의 회로에서 출력을 저항 양단에 걸린 전압이라고 보고 문제 3.13을 반복하라.

3.16 그림 P3.13의 회로에서 출력을 저항 양단에 걸린 전압이라고 보고 문제 3.14를 반복하라.

3.17 $x(t) = \exp[-3t]u(t)$라 하자. $y(t) = x(t+2) - x(t-2)$라 할 때 $y(t)$의 푸리에 변환 $Y(f)$를 구하라.

3.18 다음 신호의 에너지를 시간 영역과 주파수 영역에서 구하라. 신호의 에너지 스펙트럼 밀도(ESD)를 구하라.

(a) $x(t) = e^{-2t}u(t)$

(b) $x(t) = \Pi\left(\dfrac{1}{8}t - \dfrac{1}{2}\right)$

(c) $x(t) = \text{sinc}(t)$

3.19 다음 신호의 평균 전력을 시간 영역과 주파수 영역에서 구하라. 신호의 전력 스펙트럼 밀도(PSD)를 구하라.

(a) $x(t) = 3$

(b) $x(t) = 5 + \cos 4\pi t + 2\cos 12\pi t$

(c) $x(t) = \cos\left(2\pi t - \dfrac{\pi}{4}\right) + 3\sin\left(6\pi t + \dfrac{\pi}{3}\right)$

3.20 다음 신호의 푸리에 변환을 구하라.

(a) $x(t) = \delta(t+2) - \delta(t-2)$

(b) $x(t) = \cos 6\pi t[u(t+2) - u(t-2)]$

(c) $x(t) = \sin 4\pi t[u(t+1) - u(t-1)]$

(d) $x(t) = e^{-2(t+1)}u(t+1) - e^{-2(t-1)}u(t-1)$

(e) $x(t) = e^{-j\pi t}\Lambda(t+1)$

(f) $x(t) = \cos 4\pi t u(t)$

(g) $x(t) = 2\,\text{sinc}^2(t/4)$

3.21 어떤 신호 $x(t)$의 푸리에 변환이 $X(f) = \Pi[(f-2)/4]$라고 하자. 푸리에 변환의 성질을 이용하여 다음 신호들의 푸리에 변환을 구하라.

(a) $x(-2t)$

(b) $x\left(\dfrac{t+2}{4}\right)$

(c) $x(2t-1)\cos(4\pi t)$

(d) $x^2(t)$

(e) $x(t) * \delta(t-2)$

(f) $x(t) * \delta(2t+1)$

3.22 신호 $x(t)=\text{sinc}^2(4t)$가 있다. 다음과 같은 연산을 취하여 만들어진 신호 $y(t)$의 푸리에 변환을 구하라.

(a) $y(t)=x(t)\cos(16\pi t)$

(b) $y(t)=x(t) * \cos(4\pi t)$

3.23 임펄스 응답이 $h(t)=4\,\text{sinc}(2t)$인 LTI 시스템에 $x(t)=\exp[-at]u(t)$의 신호가 입력된다고 하자.

(a) 입력 신호의 에너지를 구하라.

(b) 출력 신호의 ESD를 구하라.

(c) 출력의 에너지가 입력의 에너지의 절반이 되도록 하는 a의 값을 구하라.

3.24 그림 P3.24에 보인 RC 회로에서 커패시터 양단의 전압을 출력으로 보자.

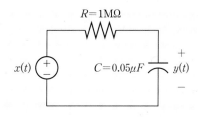

(a) 회로의 주파수 응답을 구하고 진폭 응답을 그려보라.

(b) 이 시스템의 3dB 대역폭을 구하라.

(c) 임펄스 응답을 구하라.

(d) 회로에서 C 값을 두 배로 증가시키면 3dB 대역폭은 어떻게 변화하는가?

3.25 신호의 90% 대역폭 B를 다음과 같이 정의하자.

$$\int_{-B}^{B}|X(f)|^2 df = 2\int_{0}^{B}|X(f)|^2 df = 0.9E$$

여기서 E는 신호 $x(t)$의 에너지이다. 다음 신호에 대한 90% 대역폭을 구하라.

(a) $x(t) = e^{-2t}u(t)$

(b) $x(t) = \text{sinc}(5t)$

3.26 Parseval의 정리를 이용하여 다음 신호의 에너지를 구하라.

(a) $x(t) = 2\Pi\left(\dfrac{t-2}{4}\right)$

(b) $x(t) = 2e^{-3t}u(t)$

(c) $x(t) = 2\text{sinc}(4t)$

3.27 푸리에 변환의 성질을 이용하여 다음의 적분값을 구하라.

(a) $\displaystyle\int_{0}^{\infty}\frac{1}{4+t^2}dt$

(b) $\displaystyle\int_{0}^{\infty}\frac{1}{\left(4+t^2\right)^2}dt$

(c) $\displaystyle\int_{-\infty}^{\infty}\text{sinc}^2(2t)dt$

(d) $\displaystyle\int_{-\infty}^{\infty}\text{sinc}^4(2t)dt$

3.28 다음 신호들이 에너지 신호인지 전력 신호인지를 판별하고, 각 유형에 따라 자기상관 함수와 ESD/PSD를 구하라.

(a) $x(t) = 3\Pi\left(\dfrac{t}{2}\right)$

(b) $x(t) = \cos\pi t + \cos 2\pi t$

(c) $x(t) = 5e^{j\pi t/2}$

(d) $x(t) = e^{-2t}u(t)$

3.29 신호 $x(t) = 2 + \cos 10\pi t + 2\cos 20\pi t$ 가 있다.

(a) 이 신호의 PSD를 구하고 그려보라.

(b) 평균전력을 구하라.

3.30 주파수 응답이 $H(f) = \Lambda(f/2)e^{-j\pi f}$ 인 시스템이 있다. 이 시스템에 $x(t) = \mathrm{sinc}2t$ 의 신호가 입력된다고 하자.

(a) 입력 신호의 에너지를 구하라.

(b) 출력 신호의 ESD를 그리고 에너지를 구하라.

3.31 주파수 응답이 그림 P3.31과 같은 시스템이 있다. 이 시스템에 다음과 같은 신호가 입력된다고 하자. 출력 신호를 구하라. 출력에 왜곡이 발생하였는가?

(a) $x(t) = 10 + 5\cos(10\pi t)$

(b) $x(t) = 10\cos(10\pi t) + 20\cos(20\pi t + \pi/3)$

(c) $x(t) = 10\cos(30\pi t + \pi/4) + 20\cos(50\pi t + \pi/4)$

(d) $x(t) = 10 + 10\cos(50\pi t + \pi/3)$

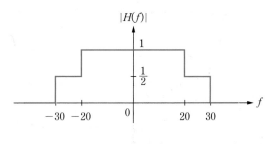

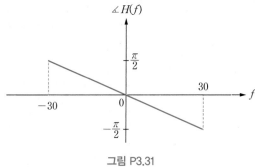

그림 P3.31

3.32 대역폭이 10Hz이고 통과대역의 이득이 2인 이상적인 저역통과 필터가 있다. 이 필터에 다음과 같은 입력이 가해진다고 할 때 출력의 에너지를 구하라.

(a) $x(t) = \delta(t-1)$

(b) $x(t) = e^{-2t}u(t)$

(c) $x(t) = 4\,\mathrm{sinc}(2t-1)$

3.33 그림 P3.33과 같은 주기 신호의 푸리에 변환과 푸리에 급수를 구하라.

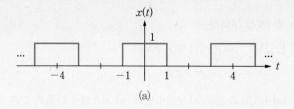

(a)

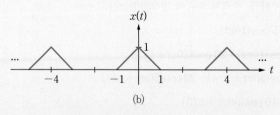

(b)

그림 P3.33

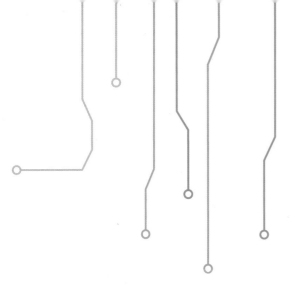

CHAPTER 04
진폭 변조

넓은 의미로 변조(modulation)란 전송하고자 하는 신호를 주어진 통신 채널에 적합하도록 신호를 조작하는 과정으로 정의할 수 있다. 일반적으로 신호가 원래 가지고 있는 주파수 범위(기저대역: baseband)보다 충분히 높은 주파수 대역으로 스펙트럼을 이동시켜 전송한다. 기저대역에서 신호의 형태를 변형시키는 방식을 기저대역 변조(baseband modulation)라 하는데, 그 예로 펄스 변조가 있다. 신호의 스펙트럼을 고주파대로 이동시키는 변조 방식을 대역통과 변조(bandpass modulation)라 하는데, 좁은 의미의 변조란 이 대역통과 변조를 가리킨다. 기본적인 대역통과 변조로 진폭 변조와 각 변조가 있는데, 이번 장에서는 진폭 변조 방식에 대해 알아보고 다음 장에서 각 변조를 다루기로 한다.

4.1 변조의 필요성

기저대역 신호의 스펙트럼을 높은 주파수대로 천이하여 전송하는 과정으로서의 변조에 대하여 그 필요성을 여러 측면에서 알아보자. 무선 통신에서 전송하고자 하는 신호는 안테나를 통하여 전자기파로 변환되어 공중으로 방사되는데, 방사 효율이 최대로 되는 안테나 크기는 전송 신호의 파장 또는 주파수에 따라 결정된다. 반파장-다이폴(dipole) 안테나의 경우 안테나의 길이가 신호 파장의 절반 정도일 때 최대 방사 효율을 얻을 수 있다. 사람이 귀로 들을 수 있는 주파수는 4kHz 이내인데,[1] 음성 신호를 기저대역으로 전송하는 경우를 생각해보자. 신호의 $f_0 = 3\,\text{kHz}$ 성분을 최대로 방사하기 위한 안테나의 크기는

$$L = \frac{\lambda_0}{2} = \frac{C}{2f_0} = \frac{3 \times 10^8 \, \text{m/sec}}{2 \times 3000 \, \text{Hz}} = 50 \, \text{km} \tag{4.1}$$

---

1) 이를 가청주파수(audible frequency)라고 한다.

가 되어 현실적으로 구현이 불가능하다. 따라서 안테나의 크기가 지나치게 커지는 것을 피하기 위해서는 신호가 높은 주파수 성분을 갖도록 해주는 것이 바람직하다. 이번에는 변조 과정을 거쳐 스펙트럼을 $f_0 = 3\,\text{GHz}$로 이동시켜 전송한다고 가정하자. 이 경우 안테나의 크기는

$$L = \frac{\lambda_0}{2} = \frac{C}{2f_0} = \frac{3 \times 10^8 \,\text{m/sec}}{2 \times 3 \times 10^9 \,\text{Hz}} = 5\,\text{cm} \tag{4.2}$$

가 되어 상당히 작아진다.

변조를 사용하여 얻을 수 있는 다른 이득을 보면 기저대역 스펙트럼을 특정 주파수대로 천이시킴으로써 넓은 주파수 영역을 다수의 사용자가 효율적으로 사용할 수 있다는 점을 들 수 있다. 만일 여러 사용자가 동시에 기저대역 신호를 전송한다면 상호 간섭이 발생하여 원하는 신호를 수신기에서 검출하기 어려워진다. 그러나 사용자별 신호를 서로 다른 주파수대로 천이시켜서 스펙트럼이 겹치지 않게 하면 다른 사용자 신호의 간섭 없이 원하는 신호를 복구할 수 있다. 동시에 여러 사용자 신호를 전송하는 것을 다중화(multiplexing)라고 하는데, 주파수 상에서 사용자별로 다른 주파수대를 할당하여 신호를 전송하는 방식을 주파수분할 다중화(Frequency Division Multiplexing: FDM)라 한다. 예를 들면, 여러 개의 라디오나 TV 방송국 신호가 FDM으로 다중화되어 전송된다.

이와 같이 전자기파 채널을 통해 신호를 전송할 때 안테나의 크기를 적절히 줄이기 위해서나 스펙트럼 천이에 의한 다중화를 위하여 변조를 사용한다. 또한 변조를 사용함으로써 잡음의 영향을 적게 받게 할 수 있다.

기저대역 스펙트럼을 특정 대역으로 천이시키는데 보편적으로 사용하는 것이 $s_c(t) = A\cos(2\pi f_c t + \theta)$로 표현되는 정현파 신호이다. 정현파의 진폭과 위상에 정보(메시지)를 담아서 수신기까지 운반하므로 이 정현파를 반송파(carrier)라 하며, 사용하는 정현파의 주파수를 반송파 주파수(carrier frequency)라 한다. 그림 4.1은 변조의 모델과 용어를 정의하고 있다. 변조기에 입력되는 신호 $m(t)$는 전송하고자 하는 정보 신호로서 기저대역 신호, 메시지 신호 또는 변조 신호(modulating signal)라 한다. 변조기의 출력 신호 $s_m(t)$는 변조된 신호 또는 피변조 신호(modulated signal)라 한다.

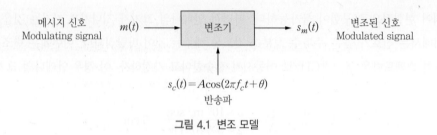

그림 4.1 변조 모델

반송파로 사용하는 정현파 신호는 진폭, 주파수, 위상의 3개 파라미터가 있다. 변조 과정은 반송파의 파라미터를 메시지 신호에 의하여 변화시키는 과정이라 할 수 있다. 정현파의 진폭을 메시지 신호에 비례해서 변화시키는 변조 방식을 진폭 변조(Amplitude Modulation: AM)라 한다. 즉 AM 신호는 반송파의 진폭에 정보가 실려서 전송되는 것이다. 정현파의 순시 주파수 또는 위상을 메시지 신호에 따라 변화시키는 변조 방식을 각각 주파수 변조(Frequency Modulation: FM)와 위상 변조(Phase Modulation: PM)라 한다. FM 변조와 PM 변조는 각 변조(Angle Modulation)라 부르는 변조 방식에 속하는데, 이 두 변조 방식은 유사한 성질을 가진다.

4.2 양측파대 억압 반송파 진폭 변조(DSB-SC; DSB)

진폭 변조는 메시지 신호에 따라 반송파의 진폭을 변화시키는 변조 방식으로, 진폭 변조에도 DSB-SC(Double Sideband Suppressed Carrier), DSB-TC(Double Sideband Transmitted Carrier), SSB(Single Sideband), VSB(Vestigial Sideband)와 같은 여러 방식이 있으며, 각 방식에 따라 신호의 대역폭과 검출 방식이 다르다. 이 절에서는 DSB-SC 변복조 방식의 원리와 시간 영역 파형 및 주파수 영역 스펙트럼 특성에 대하여 알아본다.

4.2.1 DSB-SC 변조의 원리

진폭 변조는 반송파 $s_c(t) = A\cos(2\pi f_c t + \theta)$의 주파수와 위상은 고정시키고, 진폭 A를 메시지 신호 $m(t)$의 함수로 변화시키는 변조 방식이다. DSB-SC 변조 방식에서는 변조된 정현파의 진폭을 $A(t) = km(t)$와 같이 메시지 신호에 비례하도록 한다. 편의상 $k = 1$, $\theta = 0$으로 가정하자. 그러면 DSB-SC 변조된 신호는 다음과 같이 표현된다.

$$s_m(t) = m(t)\cos 2\pi f_c t \tag{4.3}$$

따라서 DSB-SC 변조된 신호는 메시지 신호 $m(t)$를 반송파 신호 $s_c(t) = \cos 2\pi f_c t$와 곱하여 발생시킬 수 있다. 앞 장의 푸리에 변환의 성질에 의해 변조된 신호의 푸리에 변환은 다음과 같이 표현된다.

$$S_m(f) = \mathcal{F}\{s_m(t)\} = \mathcal{F}\{m(t)\cos 2\pi f_c t\}$$
$$= \frac{1}{2}\{M(f-f_c) + M(f+f_c)\} \tag{4.4}$$

그러므로 DSB-SC 변조는 메시지 신호의 스펙트럼을 반송파 주파수 f_c만큼 좌우로 이동시키는 과정이다. 그림 4.2(a)는 메시지 신호 $m(t)$를 반송파 $s_c(t)$와 곱하는 DSB-SC 변조

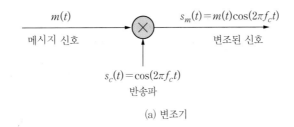

(a) 변조기

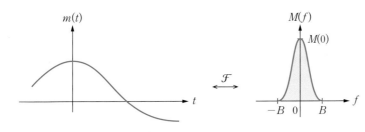

(b) 기저대역 신호의 파형과 스펙트럼

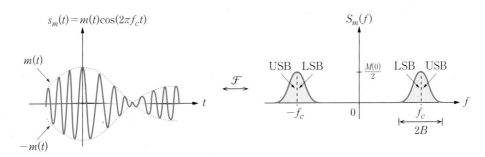

(c) DSB-SC 변조된 신호의 파형과 스펙트럼

그림 4.2 DSB-SC 변조 과정

과정을 나타낸다. 메시지 신호, 즉 기저대역 신호의 파형과 스펙트럼이 그림 4.2(b)와 같다고 하자. 그림 4.2(c)는 변조된 신호의 파형과 스펙트럼을 보인다. 메시지 신호 $m(t)$에 의해 반송파의 진폭(포락선)이 변화되므로 진폭 변조라 하는 것이다. DSB-SC 변조는 메시지 신호의 스펙트럼을 주파수 상에서 $\pm f_c$만큼 이동시키되 스펙트럼의 모양은 변형시키지 않고 전체적으로 크기만 절반으로 축소시킨다는 것을 알 수 있다. 이와 같이 진폭 변조는 메시지 신호의 스펙트럼 형태를 변화시키지 않으므로 선형 변조(linear modulation) 범주에 포함시킨다.

메시지 신호의 대역폭이 BHz라면 그림 4.2(c)와 같이 변조된 신호의 대역폭은 $2B$Hz가 된다. 즉 메시지 신호 대역폭의 두 배가 된다. 또한 변조된 신호의 스펙트럼 형태는 f_c를 중심으로 위쪽과 아래쪽의 두 개 대역을 차지한다. 따라서 양측파대(Double-Sideband: DSB) 변조 방식이라 부른다. 특히 $|f| > f_c$의 주파수대를 상측파대(Upper Sideband: USB)라 부르고 $|f| < f_c$의 주파수대를 하측파대(Lower Sideband: LSB)라 부른다. 주파수가 f_c인 정현파의 스펙트럼은 주파수 상에서 $\pm f_c$의 위치에 임펄스를 가진다. 그러나 그림 4.2(c)에서 보듯이 변조된 신호의 스펙트럼 형태는 $\pm f_c$에 임펄스가 존재하지 않는다. 이와 같이 반송파에 해당하는 임펄스성 스펙트럼이 드러나 있지 않으므로 이 변조 방식을 양측파대 억압 반송파(Double Sideband Suppressed Carrier: DSB-SC) 변조 방식이라 부른다.

이와 같은 변조 방식을 앞으로 단순히 DSB 변조라 부르기로 하며, 경우에 따라 DSB 변조를 강조하기 위하여 변조된 신호를 $s_m(t)$ 대신 $S_{DSB}(t)$를 사용하여 표기하기도 할 것이다. 다음 절에서 설명할 양측파대 전송 반송파(Double Sideband Transmitted Carrier: DSB-TC) 변조 방식은 AM 방송에서 사용되는 변조 방식으로 간략히 AM 변조라고 부르기도 한다.

변조된 신호를 복구할 수 있기 위해서는 반송파 주파수가 충분히 커야 하는데, 정보 신호의 대역폭과 관계가 있다. 반송파를 곱함으로써 f_c만큼 좌우로 천이된 스펙트럼이 겹치면 스펙트럼 형태가 변형되어 정보 신호를 복구할 수 없게 된다. 그림 4.2(c)에서 보듯이 스펙트럼이 겹치지 않게 하기 위해서는 $f_c \geq 2B$를 만족시켜야 한다는 것을 알 수 있다.

메시지 신호가 다음과 같다고 가정하자.

$$m(t) = \frac{\sin(2\pi t)}{\pi t}$$

이 신호를 주파수가 100Hz인 반송파를 사용하여 DSB–SC 변조한다고 하자. 변조된 신호의 파형과 스펙트럼을 구하고 그려보라. 메시지 신호와 변조된 신호의 대역폭을 구하라.

풀이

메시지 신호를

$$m(t) = \frac{\sin(2\pi t)}{\pi t} = 2\frac{\sin(2\pi t)}{2\pi t} = 2\operatorname{sinc}(2t) = A\tau\operatorname{sinc}(\tau t)$$

와 같이 쓰면 $\tau = 2$ 이고 $A = 1$ 이 된다. 3장의 푸리에 변환 공식을 이용하여

$$M(f) = A\Pi\left(\frac{f}{\tau}\right) = \Pi\left(\frac{f}{2}\right)$$

를 얻는다. 그림 4.3(a)에 기저대역 신호의 파형과 스펙트럼을 보인다. 이 신호의 대역폭은 1Hz이다. DSB–SC 변조된 신호는

$$s_m(t) = 2\operatorname{sinc}(2t)\cos(200\pi t)$$

와 같이 표현되며, 푸리에 변환은

$$S_m(f) = \frac{1}{2}\Pi\left(\frac{f-100}{2}\right) + \frac{1}{2}\Pi\left(\frac{f+100}{2}\right)$$

이 된다. 대역폭은 기저대역 신호 대역폭의 두 배인 2Hz이다. 변조된 신호의 파형과 스펙트럼을 그림 4.3(b)에 보인다.

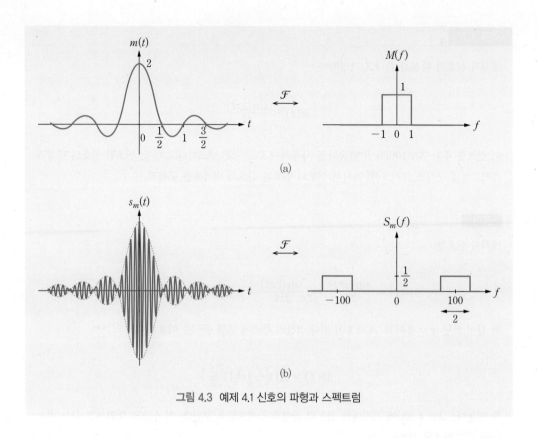

그림 4.3 예제 4.1 신호의 파형과 스펙트럼

4.2.2 DSB-SC 신호의 복조

변조된 신호 $s_m(t)$로부터 메시지 신호 $m(t)$를 복원하는 과정을 복조(demodulation) 또는 검파(detection)라 하며 그림 4.4(a)에 복조기의 개념도를 보인다. 변조 과정에서와 같이 수신된 신호에 다시 한 번 반송파를 곱해주면 주파수 영역에서 스펙트럼을 좌우로 f_c만큼 천이시키므로 f_c의 위치에 있던 스펙트럼은 기저대역과 $2f_c$의 위치로 이동하고, $-f_c$의 위치에 있던 스펙트럼은 기저대역과 $-2f_c$의 위치로 이동하게 된다. 그러므로 저역통과 필터를 사용하여 기저대역 성분만 통과시키고 $\pm 2f_c$의 위치에 있는 성분을 제거하면 원래의 신호를 얻을 수 있다. 그림 4.4(c)에 주파수 영역에서 복조 과정에서의 신호의 스펙트럼을 보인다.

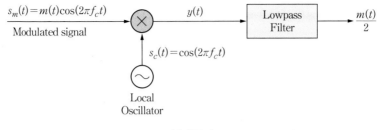

(a) 복조기

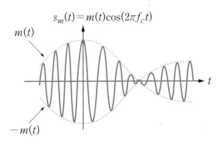

(b) 복조 과정에서의 신호 파형

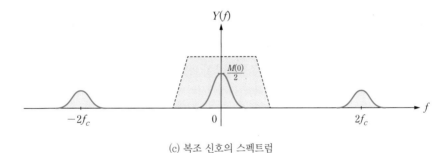

(c) 복조 신호의 스펙트럼

그림 4.4 DSB−SC 신호의 복조 과정

위의 복조 과정을 시간 영역에서 살펴보자. 수신된 DSB−SC 신호에 수신기의 국부 발진기 (local oscillator)에서 발생시킨 반송파를 다시 곱한 신호를 $y(t)$라 하면 $y(t)$는 다음과 같이 표현된다.

$$y(t) = s_m(t)\cos(2\pi f_c t) = m(t)\cos^2(2\pi f_c t) = \frac{1}{2}m(t)[1 + \cos(4\pi f_c t)] \tag{4.5}$$

반송파 주파수가 메시지 신호 $m(t)$가 가진 주파수 성분에 비해 충분히 크다면 $y(t)$를 저역통과 필터에 통과시켰을 때 식 (4.5)에 있는 기저대역 신호 성분 $m(t)/2$만 통과되고 고주파 성분은 제거되어 메시지 신호가 복원된다. 그림 4.4(b)에 수신 과정에서의 신호 파형을 보인다. 저역통과 필터가 시간 영역에서 동작하는 것은 평균화 과정으로 이해할 수도 있다. 그림 4.4(b)에서 $y(t)$의 파형에 평균화를 취하면 $m(t)/2$가 되는 것을 알 수 있다.

복조 과정의 주파수 영역 해석을 수식으로 표현하기 위하여 식 (4.5)에 푸리에 변환을 취하면 다음과 같이 된다.

$$\begin{aligned}\mathcal{F}\{s_m(t)\cos(2\pi f_c t)\} &= \frac{S_m(f+f_c) + S_m(f-f_c)}{2} \\ &= \frac{1}{2}M(f) + \frac{1}{4}M(f+2f_c) + \frac{1}{4}M(f-2f_c)\end{aligned} \tag{4.6}$$

따라서 저역통과 필터를 사용하면 $M(f)/2$의 기저대역 신호를 얻는다. 출력의 크기가 절반으로 줄어드는 것은 신호의 성질에 영향을 주는 것이 아니므로 문제가 되지 않는다. 크기는 반송파를 곱하는 과정에서 $\cos(2\pi f_c t)$ 대신 $2\cos(2\pi f_c t)$를 사용하거나 증폭기를 사용하여 조절할 수 있다.

예제 4.2

메시지 신호가 $m(t) = \cos(2\pi f_m t)$인 정현파라고 가정하자. 이 신호를 주파수가 $f_c \gg f_m$인 반송파를 사용하여 DSB-SC 변조하는 경우 변조된 신호의 파형과 스펙트럼을 그려보라. 신호의 스펙트럼에서 상측파대와 하측파대를 표시하라. 복조 과정에서의 신호의 파형과 스펙트럼을 그려보라.

풀이

메시지 신호의 스펙트럼은

$$M(f) = \frac{1}{2}[\delta(f-f_m) + \delta(f+f_m)]$$

으로 두 개의 임펄스로 구성된다. DSB-SC 변조된 신호는 다음과 같이 표현된다.

$$s_m(t) = m(t)\cos(2\pi f_c t) = \cos(2\pi f_m t)\cos(2\pi f_c t)$$
$$= \frac{1}{2}[\cos(2\pi(f_c - f_m)t) + \cos(2\pi(f_c + f_m)t)]$$

따라서 변조된 신호의 스펙트럼은

$$S_m(t) = \frac{1}{4}[\delta(f - f_c - f_m) + \delta(f - f_c + f_m) + \delta(f + f_c - f_m) + \delta(f + f_c + f_m)]$$

이 된다. 기저대역 신호가 f_m의 단일 주파수 성분을 갖는 정현파인 경우 변조된 신호는 주파수가 $f_c + f_m$과 $f_c - f_m$인 두 개 정현파의 합이 된다. 상측파대는 주파수가 f_c보다 큰 영역의 신호 성분으로 $\frac{1}{2}\cos(2\pi(f_c + f_m)t)$이며, 하측파대는 주파수가 f_c보다 작은 영역의 신호 성분으로 $\frac{1}{2}\cos(2\pi(f_c - f_m)t)$이다. 그림 4.5(a)와 (b)에 메시지 신호와 DSB-SC 변조된 신호의 파형과 스펙트럼을 보인다. 변조된 신호의 스펙트럼을 보면 반송파 주파수 f_c에 아무런 신호도 없는 것을 알 수 있다. 이와 같은 이유로 억압 반송파 변조방식으로 불린다.

이번에는 수신기에서 신호의 파형과 스펙트럼을 구해보자. DSB-SC 변조된 신호에 반송파를 곱한 신호는 다음과 같다.

$$y(t) = s_m(t)\cos(2\pi f_c t) = \cos(2\pi f_m t)\cos^2(2\pi f_c t)$$
$$= \frac{1}{2}\cos(2\pi f_m t)[1 + \cos(4\pi f_c t)]$$
$$= \frac{1}{2}\cos(2\pi f_m t) + \frac{1}{2}\cos(2\pi f_m t)\cos(4\pi f_c t)$$

여기서 $\frac{1}{2}\cos(2\pi f_m t)\cos(4\pi f_c t)$는 $2f_c$의 주파수로 기저대역 신호를 이동시킨 것이므로 저역통과 필터를 통과하면 제거된다. 그림 4.5(c)에 복조 과정에서의 신호 파형과 스펙트럼을 보인다.

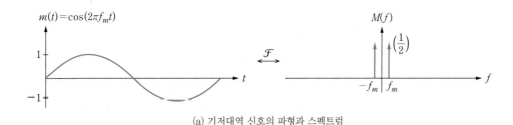

(a) 기저대역 신호의 파형과 스펙트럼

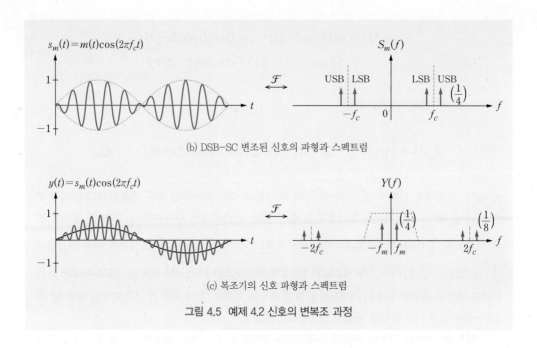

(b) DSB-SC 변조된 신호의 파형과 스펙트럼

(c) 복조기의 신호 파형과 스펙트럼

그림 4.5 예제 4.2 신호의 변복조 과정

동기 검파

DSB-SC 신호의 복조 과정에서 수신 신호에 곱해주는 반송파는 송신기에서 사용한 반송파와 정확히 일치(즉 주파수와 위상이 동일)한다고 가정하였다. 이와 같이 수신 신호에서 반송파의 위상을 추출하여 복조하는 방식을 동기 검파(synchronous detection 또는 coherent detection)라고 한다. 따라서 동기 검파를 사용하는 복조기에서는 변조기에서 사용한 반송파와 주파수 및 위상이 동일한 정현파 신호를 발생시킬 수 있는 국부 발진기를 갖추어야 한다. 만일 변조된 신호를 실어 나르는 반송파와 수신기에서 발생시킨 정현파가 주파수/위상이 일치하지 않는 경우 복조기 출력 파형은 메시지 신호의 파형과 다르게 되어 신호 복원 품질이 저하된다. 동기 검파를 사용하는 수신기의 구현에 있어서 반송파 복구는 매우 중요한 요소가 되며, 이를 구현하기가 간단하지 않아서 동기 검파 수신기의 복잡도와 가격이 높아지게 되는 요인이 된다. 반송파 복구 문제는 뒤에서 다시 다루기로 한다.

DSB-SC 수신기의 국부 발진기와 반송파가 동기되지 않았을 때의 문제점에 대해 알아보자. 수신기의 국부 발진기와 송신측의 반송파간에 주파수 및 위상에서 각각 Δf 및 $\Delta \theta$ 의 오차가 있다고 하자. 수신 신호와 오차가 있는 반송파를 곱한 신호는

$$y(t) = s_m(t)\cos[(2\pi(f_c + \Delta f)t) + \Delta\theta]$$
$$= m(t)\cos(2\pi f_c t)\cos[2\pi(f_c + \Delta f)t + \Delta\theta] \tag{4.7}$$
$$= \frac{1}{2}m(t)\cos(2\pi\Delta ft + \Delta\theta) + \frac{1}{2}m(t)\cos[(2\pi(2f_c + \Delta f)t) + \Delta\theta]$$

가 된다. 저역통과 필터를 통하면

$$\{y(t)\}_{\text{LPF}} = \frac{1}{2}m(t)\cos(2\pi\Delta ft + \Delta\theta) \tag{4.8}$$

를 얻는다. 만일 주파수 오차는 없고 위상 오차만 있다면

$$\{y(t)\}_{\text{LPF}} = \frac{1}{2}m(t)\cos(\Delta\theta) \tag{4.9}$$

가 된다. 따라서 위상 오차에 따라 출력의 크기가 작아진다는 것을 알 수 있다. 만일 $\Delta\theta$ 가 $90°$ 에 근접하면 출력 신호가 없어진다. $\Delta\theta$ 의 값이 상수라면 위상 오차는 출력의 크기만 변화시킬 뿐 신호를 왜곡시키지는 않는다. 그러나 무선 환경의 경우 $\Delta\theta$ 의 값이 시간에 따라 불규칙적으로 변화하는 경우가 많이 발생한다. 이러한 현상은 전파의 경로 차이에 의하여 일반적으로 일어난다.

이번에는 위상 오차는 없고 주파수 오차만 있다고 가정하자. 복조기의 출력은

$$\{y(t)\}_{\text{LPF}} = \frac{1}{2}m(t)\cos(2\pi\Delta ft) \tag{4.10}$$

가 된다. 위의 식은 원하는 신호에 낮은 주파수 Δf 의 정현파를 곱한 형태가 된다. 따라서 신호의 크기가 천천히 변동하는 형태가 되므로 이것은 결과적으로 수신기의 볼륨을 최대에서 최저로 Δf 의 주파수로 조작하는 것과 같은 효과를 보이게 된다.

4.2.3 변조기 구조

진폭 변조 과정은 기저대역 신호와 반송파를 곱하는 과정 또는 스펙트럼을 특정 주파수대로 이동시키는 과정으로 볼 수 있다. 이 절에서는 이러한 변조 과정을 구현하는 문제를 살펴본다. 진폭 변조를 수행하기 위하여 실제로 기저대역 신호를 정현파 신호와 곱하는 방법이 있지만 다른 방법을 사용할 수도 있다. 예를 들어 정현파를 사용하는 대신 동일한 주기의 구형파

를 사용할 수 있다. 여기서는 몇 가지 중요한 변조기들에 대하여 알아보기로 한다.

곱셈 변조기(Multiplier Modulator)

기저대역 신호에 정현파 $\cos(2\pi f_c t)$를 아날로그 곱셈기를 사용하여 직접 곱하는 변조기를 의미한다. 그러나 증폭기의 선형성을 유지하기 어렵고 가격이 비싸다.

스위칭 변조기(Switching Modulator)

DSB-SC 변조는 기저대역 신호에 정현파를 곱해서 스펙트럼을 이동시킨다. 그러나 스펙트럼 천이를 위해 반드시 정현파를 이용할 필요는 없다. 기본 주파수가 f_c인 임의의 주기 신호를 곱해도 기저대역 스펙트럼이 $\pm f_c$의 위치에 이동된 스펙트럼을 얻을 수 있다. 기본 주파수가 f_c인 임의의 주기 신호 $x(t)$는 다음과 같이 푸리에 급수를 사용하여 표현할 수 있다.

$$
\begin{aligned}
x(t) &= \sum_{n=-\infty}^{\infty} c_n \exp(-j2\pi n f_c t) \\
c_n &= \frac{1}{T_c} \int_{T_c} x(t) e^{-j2\pi n f_c t} dt
\end{aligned}
\tag{4.11}
$$

이 식에 푸리에 변환을 취하면

$$
X(f) = \sum_{n=-\infty}^{\infty} c_n \delta(f - n f_c)
\tag{4.12}
$$

가 되어 f_c의 정수 배 주파수에서 임펄스를 갖게 된다. 기저대역 신호 $m(t)$와 $x(t)$의 곱은 주파수 영역에서 각 신호의 푸리에 변환의 컨볼루션이 된다. 즉

$$
\begin{aligned}
\mathcal{F}\{m(t)x(t)\} &= M(f) * X(f) = M(f) * \sum_{n=-\infty}^{\infty} c_n \delta(f - n f_c) \\
&= \sum_{n=-\infty}^{\infty} c_n \{M(f) * \delta(f - n f_c)\} = \sum_{n=-\infty}^{\infty} c_n M(f - n f_c)
\end{aligned}
\tag{4.13}
$$

이 되어 중심 주파수가 f_c인 대역통과 필터를 통하면 원하는 신호를 얻을 수 있게 된다. 여기서 비례상수인 푸리에 계수 c_n은 주기 신호의 파형에 따라 결정된다. 그림 4.6에 몇 가지 종류의 주기 신호에 대하여 기저대역 신호와 곱했을 때의 스펙트럼 형태를 보인다. 그림 4.6(b)는 지금까지 개념적인 변조를 설명할 때 사용한 정현파로서 주파수 성분이 하나 밖에 없다. 즉

c_1 과 c_{-1} 만 있고 나머지 계수는 0이다. 그림 4.6(c)는 단극성 구형파이고, 그림 4.6(d)는 양극성 구형파이다. 그림 4.6(c)에서 보듯이 기저대역 스펙트럼이 f_c의 정수 배 주파수에서 계속 나타나므로(크기는 다름) f_c를 중심 주파수로 한 대역통과 필터를 통하면 원하는 변조된 신호 $km(t)\cos(2\pi f_c t)$ 를 얻을 수 있다.[2] 양극성 구형파인 경우 직류값이 0이므로 $c_0 = 0$이 된다. 따라서 그림 4.6(d)의 스펙트럼에서 보듯이 기저대역에 신호가 존재하지 않는다. 결과적으로 대역통과 필터에서 제거해야 할 성분의 하나인 기저대역 신호가 없으므로 필터 설계가 용이해진다.

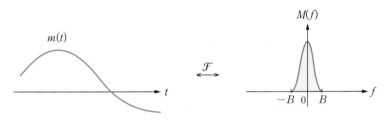

(a) 기저대역 신호와 스펙트럼

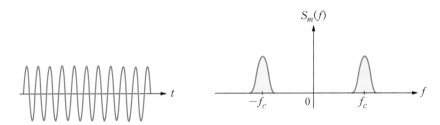

(b) 정현파와 곱셈기 출력의 스펙트럼

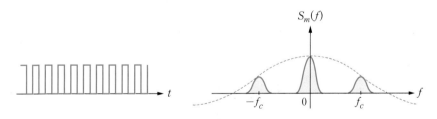

(c) 단극성 구형파와 곱셈기 출력의 스펙트럼

---

[2] 성질지 못한다면 좌우 대칭인 구형파를 곱했을 때 $2c_1 m(t)\cos(2\pi f_c t)$ 를 얻는다. 단극성 구형파인 경우 $c_1 = 1/\pi$ 이고 양극성 구형파인 경우 $c_1 = 2/\pi$ 가 되는 것을 확인해보라.

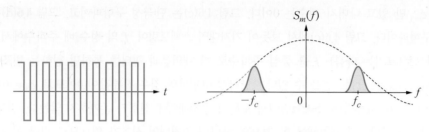

(d) 양극성 구형파와 곱셈기 출력의 스펙트럼

그림 4.6 곱셈기의 입력신호 파형과 스펙트럼

정현파 대신 곱하는 이 주기 신호의 파형과 곱셈을 구현하는 회로에 따라 몇 가지 유형의 변조기가 있다. 기저대역 신호에 곱하는 신호를 사각 펄스열을 사용하는 경우를 고려해보자. 사각 펄스열을 곱하는 것은 그림 4.7(b)와 같이 스위치를 사각 펄스열의 주기에 맞추어 개폐를 반복함으로써 구현할 수 있다. 여기서 스위치는 기계적인 스위치가 아니라 다이오드나 트랜지스터를 이용한 전기적인 스위치이다. 이렇게 기저대역 신호에 사각 펄스열을 곱하는 과정을 게이트(gate) 회로로써 구현한 변조기를 쵸퍼(chopper) 변조기라 한다.

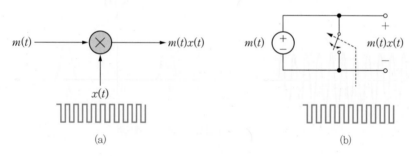

그림 4.7 아날로그 곱셈기와 게이트 회로

쵸퍼 변조기는 사용하는 스위치 소자의 형태와 스위치 구동 회로에 따라 여러 종류가 있다. 대표적인 쵸퍼 변조기로 다이오드를 스위치 소자로 사용하는 다이오드-브릿지 변조기와 링 변조기(ring modulator)가 있다. 그림 4.8에 다이오드-브릿지 변조기의 구조를 보인다. $\cos(2\pi f_c t) > 0$의 반주기 동안에는 B점이 A점에 비해 전위가 높기 때문에 다이오드는 모두 절연되며, C와 D 사이는 개방 회로가 되어 입력 전압이 그대로 출력된다. 반대로 $\cos(2\pi f_c t) < 0$인 동안에는 A점이 B점에 비해 전위가 높아지므로 모든 다이오드들이 도통되어 C와 D 사이는 단락되므로 출력은 0이 된다. 이러한 원리로 다이오드-브릿지가 스위치로서 동작한다. 즉 AB 사이에 $\cos(2\pi f_c t)$의 신호를 가하면 CD 사이가 $1/f_c$의 주기로 개폐를

반복하게 된다.

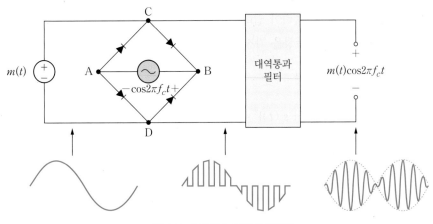

그림 4.8 다이오드-브릿지 변조기

그림 4.9에는 링 변조기의 구조를 보인다. $\cos(2\pi f_c t) > 0$ 의 반주기 동안에는 D_1과 D_3가 도통되고 D_2와 D_4는 절연된다. 따라서 A와 C가 연결되고 B와 D가 연결되어 $m(t)$에 비례하는 신호가 출력된다. 반대로 $\cos(2\pi f_c t) < 0$ 의 반주기 동안에는 D_2와 D_4가 도통되고 D_1과 D_3는 절연된다. 따라서 A와 D가 연결되고 C와 B가 연결되어 $-m(t)$에 비례하는 신호가 출력된다. 결과적으로 $m(t)$에 그림 4.6(d)의 양극성 구형파가 곱해진 효과를 얻을 수 있다. 그러므로 대역통과 필터에 $m(t)$ 성분이 입력되지 않는다. 이러한 형태의 변조기를 이중 평형 변조기(double balanced modulator)라 하며 뒤에서 다시 다루기로 한다.

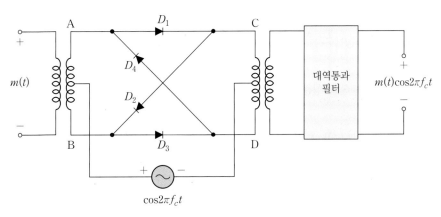

그림 4.9 링 변조기

비선형 변조기

비선형 소자를 사용하면 게이트 회로를 이용한 쵸퍼 변조기보다 더 간단히 변조기를 구현할 수 있다. 비선형 소자 중에서 출력이 입력의 제곱이 되는 소자를 가정하자. 다이오드나 트랜지스터는 근사적으로 제곱법 특성을 가진다. 메시지 신호와 반송파를 더하여 제곱법 소자에 입력시키면 출력은

$$y(t) = [m(t) + s_c(t)]^2 = \underbrace{m^2(t) + s_c^2(t)}_{\text{원하지않는 신호}} + \underbrace{2m(t)s_c(t)}_{\text{원하는 신호}} \tag{4.14}$$

와 같이 된다. 이 출력에서 대역통과 필터로 원하는 신호만 통과시키면 DSB-SC 변조된 신호를 얻을 수 있다. 이러한 형태의 변조기를 제곱법 변조기(square law modulator)라 하며 그림 4.10에 구조를 보인다. 그런데 제곱법 소자의 출력에서 원하는 신호 성분인 $2m(t)\cos(2\pi f_c t)$만 통과시키고 나머지 신호 성분은 제거할 수 있는지 알아보기 위하여 각 성분들의 스펙트럼을 조사해보자. 식 (4.14)의 $m^2(t)$의 스펙트럼은 푸리에 변환의 성질에 의하여

$$\mathcal{F}[m^2(t)] = M(f) * M(f) \tag{4.15}$$

가 된다. 유한한 길이를 갖는 두 함수의 컨볼루션을 구하면 결과 함수의 길이가 각 함수의 길이를 더한 것과 같다. 만일 $m(t)$의 대역폭이 BHz라면 $m^2(t)$의 대역폭은 $2B$Hz가 된다. 그리고 식 (4.14)의 $s_c^2 = \cos^2(2\pi f_c t)$의 스펙트럼은

$$\mathcal{F}\{s_c^2(t)\} = \mathcal{F}\left\{\frac{1 + \cos(4\pi f_c t)}{2}\right\} = \frac{1}{2}\delta(f) + \frac{1}{4}\delta(f - 2f_c) + \frac{1}{4}\delta(f + 2f_c) \tag{4.16}$$

이 된다. 한편 원하는 신호 성분인 $2m(t)s_c(t)$의 스펙트럼은

$$\mathcal{F}\{2m(t)s_c(t)\} = \mathcal{F}\{2m(t)\cos(2\pi f_c t)\} = M(f - f_c) + M(f + f_c) \tag{4.17}$$

이다. 그림 4.11에 제곱법 소자의 출력 성분들의 스펙트럼의 예를 보인다. 만일 반송파 주파수가 $f_c > 3B$를 만족시킨다면 원하는 성분과 원하지 않는 성분의 스펙트럼이 겹치지 않으므로 대역통과 필터를 사용하여 원하지 않는 신호들을 제거할 수 있다.

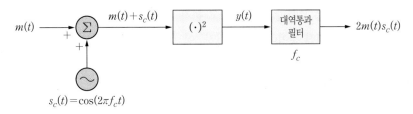

그림 4.10 제곱법 변조기

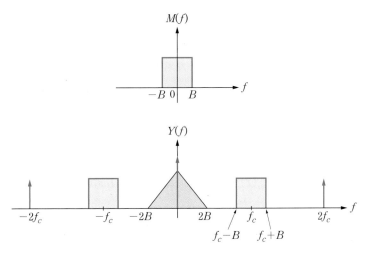

그림 4.11 제곱법 변조기에서 각 신호 성분의 스펙트럼

이와 같이 제곱법 소자를 사용하면 DSB-SC 변조기를 쉽게 구현할 수 있다. 그러나 정확한 제곱법 특성을 가진 소자나 장치를 구현하기 어렵다는 문제점이 있다. 일반적인 비선형 소자의 입출력 관계는 Taylor 급수를 사용하여 다음과 같이 전개할 수 있다.

$$y(t) = f[x(t)] = a_0 + a_1 x(t) + a_2 x^2(t) + a_3 x^3(t) + \cdots \tag{4.18}$$

여기서 $x(t)$와 $y(t)$는 각각 소자에 대한 입력과 출력을 나타낸다. 위의 식에서 a_2만 0이 아니고 나머지 계수는 모두 0이라면 정확한 제곱법 소자가 된다. 비선형 소자가 다음과 같이 근사화된다고 가정하자.

$$y(t) = a_1 x(t) + a_2 x^2(t) \tag{4.19}$$

즉 a_0, a_3, $\cdots$의 계수들은 무시할 만큼 작다고 하자. 다시 말해서 비선형 소자가 제곱법 특성에 선형 특성 성분이 더해진 것이라고 가정하자. 이 경우 $x(t) = m(t) + s_c(t)$를 입력시킬 때의 출력은

$$
\begin{aligned}
y(t) &= a_1[m(t) + s_c(t)] + a_2[m(t) + s_c(t)]^2 \\
&= \underbrace{a_1 m(t) + a_1 s_c(t) + a_2 m^2(t) + a_2 s_c^2(t)}_{\text{원하지 않는 신호}} + \underbrace{2a_2 m(t)s_c(t)}_{\text{원하는 신호}}
\end{aligned}
\tag{4.20}
$$

가 된다. 여기서 문제가 되는 항은 $a_1 s_c(t) = a_1 \cos 2\pi f_c t$의 반송파 성분으로 원하는 신호의 스펙트럼과 겹쳐서 대역통과 필터를 사용하여 제거할 수 없다.

이 문제를 해결하기 위한 방안으로 그림 4.12와 같은 변조기를 고려해보자. 여기서 비선형 소자는 식 (4.19)의 특성을 가진 소자라고 가정한다. 그러면 출력 $z(t)$는

$$
\begin{aligned}
z(t) &= y_1(t) - y_2(t) \\
&= [a_1 x_1(t) + a_2 x_1^2(t)] - [a_1 x_2(t) + a_2 x_2^2(t)]
\end{aligned}
\tag{4.21}
$$

가 된다. 이 식에 $x_1(t) = m(t) + \cos 2\pi f_c t$, $x_2(t) = -m(t) + \cos 2\pi f_c t$를 대입하면

$$
z(t) = 2a_1 m(t) + 4a_2 m(t) \cos 2\pi f_c t
\tag{4.22}
$$

가 되어 문제가 되는 반송파 항이 상쇄된다. 여기에 대역통과 필터를 사용하면 원하는 DSB−SC 신호를 얻을 수 있다. 그림 4.12와 같은 구조의 변조기를 평형 변조기(balanced modulator)라 부른다. 이러한 구조의 변조기를 사용하면 제곱법 특성에 오차가 있는 경우 그 효과를 제거할 수 있게 된다.

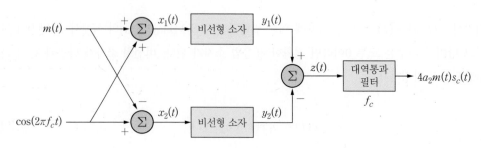

그림 4.12 비선형 DSB−SC 변조기

이 시스템에는 두 개의 입력 신호 $m(t)$와 $\cos 2\pi f_c t$가 필요하며, 대역통과 필터를 통하여 원하는 $am(t)\cos 2\pi f_c t$ 성분을 출력시킨다. 시스템의 구조적 특성으로부터 대역통과 필터에는 두 개의 입력 중 한 개의 신호 성분(여기서는 반송파 성분)은 입력되지 않는다. 이 시스템은 $\cos 2\pi f_c t$에 대하여 평형을 이룬다고 한다. 이와 같이 두 개의 성분 중에서 한 개를 평형화시킨(즉 대역통과 필터 입력에 포함되지 않는) 형태의 변조기를 단일 평형 변조기(single balanced modulator)라 한다. 두 입력 신호를 모두 평형화시킨 형태의 변조기를 이중 평형 변조기(double balanced modulator)라 하며, 그 예로는 앞서 살펴본 링 변조기가 있다.

주파수 변환기와 혼합기

제곱법 소자나 조금 더 일반적인 식 (4.18)과 같은 비선형 소자를 사용하면 두 개의 입력 신호를 결합하여 두 입력 주파수의 합과 차의 성분(또는 그 이상의 주파수 조합)을 얻을 수 있다. 이와 같이 비선형 소자를 사용하여 두 입력 주파수의 합과 차의 성분을 얻는 회로를 혼합기(mixer)라고 한다. 혼합기는 주파수를 섞는다는 의미를 가진다. 일반적으로 두 주파수의 합과 차를 만들어 주파수를 천이시키는 장치를 주파수 변환기(frequency converter)라고 하는데, 혼합기는 주파수 변환기 중에서 비선형 소자를 이용한 회로를 이른다.

4.3 양측파대 전송 반송파 진폭변조(DSB-TC; AM)

4.3.1 DSB-TC 변조의 원리

DSB-SC 변조 방식으로 전송한 신호를 복조하기 위해서는 동기 검파기(coherent detector)를 사용해야 하며, 변조 과정에서 사용된 반송파와 동일한 주파수 및 위상을 가진 반송파를 수신기에서 재생해야 하는 어려움이 있다. 동기 검파를 사용하는 수신기는 국부 발진기(local oscillator)를 가지고 있으며, 발진기 출력의 주파수와 위상이 반송파와 일치하도록 하는 동기 회로를 포함하고 있다. 즉 수신 신호로부터 반송파를 추출하는 반송파 복구회로가 포함되어 있다. 앞 절에서 살펴보았던 DSB-SC 변조된 신호의 스펙트럼을 보면 반송파 주파수 성분이 이산 스펙트럼으로 드러나 있지 않거나, 그 주파수 성분이 없을 수도 있어서 수신 신호로부터 반송파를 추출하기가 쉽지 않다.

수신기에서 반송파를 쉽게 추출할 수 있도록 하는 방법으로 송신측에서 변조되지 않은 반송파를 추가로 전송하는 방안을 생각할 수 있다. 즉 DSB-SC 변조된 신호와 함께 반송파를 같이 전송한다. 반송파가 추가된 피변조 신호를 $s_{AM}(t)$라 하면

$$s_{AM}(t) = s_{DSB}(t) + A_c \cos 2\pi f_c t$$
$$= [m(t) + A_c] \cos 2\pi f_c t \tag{4.23}$$

와 같이 표현할 수 있다. $s_{AM}(t)$의 스펙트럼은 DSB-SC 변조된 신호 $s_{DSB}(t)$의 스펙트럼에 반송파 주파수 위치의 임펄스 스펙트럼을 더한 것과 같다. DSB 신호 외에 추가로 반송파를 전송하기 때문에 이 변조 방식을 양측파대 전송 반송파(Double Sideband Transmitted Carrier: DSB-TC) 변조방식이라 한다.

여기서 생각해 볼 것은 추가로 전송하는 반송파의 크기 A_c 이다. 별도의 반송파에는 기저대역 신호에 대한 아무런 정보도 들어 있지 않으며, 수신기가 동기 검파를 위해 수신 신호로부터 반송파 신호를 쉽게 추출하도록 도와주는 역할만 한다. 그러나 반송파를 추가로 전송함으로써 전력을 낭비하는 문제가 생긴다. 따라서 만일 수신기의 동기 검파를 돕는 것이 목적이라면 반송파의 진폭 A_c를 가능한 한 작게 하는 것이 바람직할 것이다.

그런데 진폭 A_c를 메시지 신호 $m(t)$의 크기에 비해 어느 정도 이상 크게 하면 수신기에서 반송파 추출이 필요 없는 비동기 검파(noncoherent detection)가 가능하다. 비동기 검파의 예로 포락선 검파(envelope detection)라는 매우 간단한 검파 방식이 있는데, 반송파 추출 회로가 불필요하여 수신기를 저렴한 가격으로 구현할 수 있다. 이와 같은 변조 방식은 수신기가 간단한 반면 송신측에서 큰 전력을 사용하므로 비싼 송신기가 요구된다. 일대일 통신의 경우에는 수신기가 복잡하더라도 송신단에서 고출력 전송장비를 사용하지 않아도 되는 DSB-SC 방식을 많이 사용한다. 그러나 방송 시스템과 같이 일대다 통신의 경우 송신단에서 고출력의 장비를 사용하고 많은 수신기를 간단하고 값싸게 제작하는 것이 효율적이다. 이러한 경우에는 송신기에서 추가의 반송파를 전송하는 DSB-TC 변조방식을 사용하는 것이 바람직하다. 최초의 라디오 방송에서 이 변조 방식을 사용하였으며, 보통 AM 변조(amplitude modulation)라 하면 DSB-TC 변조방식을 의미한다. AM 변조는 또한 DSB-LC(Double Sideband Large Carrier)라 부르기도 한다.

DSB-TC 변조된 신호의 스펙트럼은 식 (4.23)에 푸리에 변환을 취하여

$$S_{AM}(f) = \mathcal{F}\{(m(t) + A_c) \cos 2\pi f_c t\}$$
$$= \frac{1}{2}[M(f-f_c) + M(f+f_c)] + \frac{A_c}{2}[\delta(f-f_c) + \delta(f+f_c)] \tag{4.24}$$

와 같이 된다. 그림 4.13(a)에 DSB-TC 변조기의 개념도를 보이며, 그림 4.13(b)에 신호 스펙트럼의 예를 보인다.

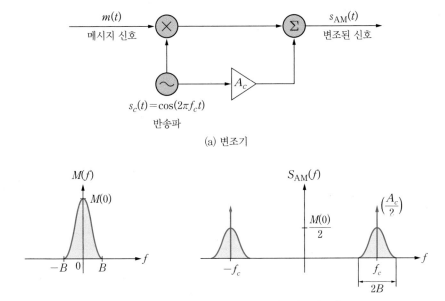

(a) 변조기

(b) 기저대역 신호와 DSB–TC 변조된 신호의 스펙트럼

그림 4.13 DSB–TC 변조 과정

추가 반송파의 진폭과 변조지수

식 (4.23)의 형태를 보면 DSB–TC 변조는 $m(t)+A_c$를 DSB–SC로 변조한 것과 같다. 즉 메시지 신호에 직류 성분을 더한 다음 DSB–SC 변조한 것이므로 DSB–SC 신호의 복조에서 사용하는 동기 검파기를 사용하여 복조할 수 있다. 반송파 주파수에 임펄스성의 스펙트럼이 있으므로 반송파 추출이 DSB–SC 신호의 복조에 비해 용이하지만 기본적으로 동기 검파기를 사용하면 수신기가 복잡해진다.

이번에는 DSB–TC 변조된 신호의 파형의 포락선(envelope)에 대하여 알아보자. DSB–TC 신호의 포락선은 $|m(t)+A_c|$인데 만일 $m(t)+A_c \geq 0$라면 $|m(t)+A_c| = m(t)+A_c$가 된다. 그림 4.14에 추가 반송파의 진폭 A_c에 따른 신호의 파형과 포락선을 보인다. 만일 $m(t)+A_c \geq 0$이 만족된다면 변조된 신호의 포락선은 메시지 신호 $m(t)$와 동일한 모양을 갖는다는 것을 알 수 있다. 이 경우 수신기에서는 수신 신호의 포락선만 추출함으로써 $m(t)+A_c$를 복원할 수 있으며, 여기서 직류 성분만 제거하면 원 신호 $m(t)$를 복원할 수 있다. 신호에서 포락선을 추출하는 것은 매우 간단히 구현할 수 있으며, 이와 같은 포락선 검출기를 사용한 복조기는 반송파의 복구를 필요로 하지 않으므로 비동기 검파(noncoherent detection)라 한다.

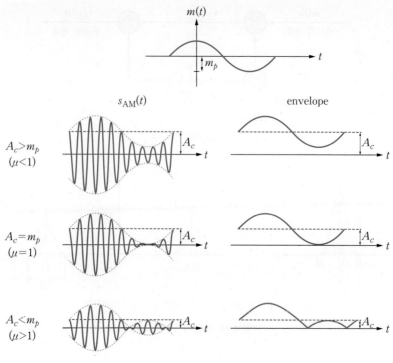

그림 4.14 DSB–TC 신호와 포락선

DSB–TC 신호의 포락선 검파가 가능하기 위한 조건을 다시 써보면

$$m(t) + A_c \geq 0 \quad \text{for all } t \tag{4.25}$$

가 되는데, 메시지 신호의 피크값을

$$m_p = |\min m(t)| \tag{4.26}$$

와 같이 정의하자. 앞으로 편의상 $m_p = |\min m(t)| = \max |m(t)|$라고 하자. 식 (4.25)의 조건은 다음과 같이 표현된다.

$$A_c \geq m_p \tag{4.27}$$

이와 같이 메시지 신호의 피크값과 추가 반송파 진폭의 상대적인 크기에 따라 포락선 검파가 가능한지가 결정된다. 이 비율을 변조지수(modulation index)라 하며 다음과 같이 정의한다.

$$\mu \triangleq \frac{m_p}{A_c} = \frac{\text{메시지 신호의 최대진폭}}{\text{추가 반송파의 최대진폭}} \tag{4.28}$$

따라서 포락선 검파가 가능할 조건을 변조지수를 사용하여 표현하면 $0 < \mu \le 1$이 된다. 만일 $\mu > 1$(즉 $A_c < m_p$)이면 포락선 검파가 불가능한데, 이 경우를 과변조(overmodulation)되었다고 한다. 이 경우에는 동기 검파기를 사용하여 복조해야 한다.

DSB-TC 변조된 신호는 변조지수를 사용하여 다음과 같이 표현할 수 있다.

$$\begin{aligned} s_{\text{AM}}(t) &= [A_c + m(t)]\cos 2\pi f_c t \\ &= A_c\left[1 + \frac{m_p}{A_c} \cdot \frac{m(t)}{m_p}\right]\cos 2\pi f_c t \\ &= A_c[1 + \mu m_n(t)]\cos 2\pi f_c t \end{aligned} \tag{4.29}$$

여기서 $m_n(t)$는

$$m_n(t) \triangleq \frac{m(t)}{m_p} = \frac{m(t)}{\max|m(t)|} \tag{4.30}$$

로 최댓값이 1이 되도록 정규화된 메시지 신호이다.

전력 효율

AM 변조는 반송파를 추가로 전송함으로써 수신기에서 포락선 검파에 의한 간단한 복조가 가능하게 해준다. 그러나 추가로 전송하는 반송파에는 기저대역 신호에 대한 아무런 정보도 포함하고 있지 않으므로 전력 소모가 발생한다. 다시 말해서 AM 송신기가 사용하는 전체 전력 중에서 일부만 정보가 담겨 있는 DSB 신호이고 나머지는 수신을 쉽게 하기 위하여 반송파를 전송하는 소모성 전력이다. 전체 전력 중에서 메시지 신호를 전송하는 데 사용되는 전력의 비율을 전력 효율로 정의하고, AM 변조의 여러 조건에 대해 전력 효율을 살펴보자. DSB-SC 변조의 전력 효율은 100%라는 것은 쉽게 알 수 있다. 한편 DSB-TC 변조는 전력 효율이 항상 100%보다 작게 되는데, 전력 효율은 변조지수와 메시지 신호의 파형에 따라 다른 값을 갖는다.

AM 변조된 신호의 평균 전력은 다음과 같다.

$$
\begin{aligned}
P &= \langle s_{\text{AM}}^2(t) \rangle_T = \langle (A_c + m(t))^2 \cos^2(2\pi f_c t) \rangle_T \\
&= A_c^2 \langle \cos^2(2\pi f_c t) \rangle_T + \langle m^2(t) \cos^2(2\pi f_c t) \rangle_T + 2A_c \langle m(t) \cos^2(2\pi f_c t) \rangle_T \\
&= \frac{A_c^2}{2} + \frac{1}{2}\langle m^2(t) \rangle_T + \frac{1}{2}\langle m^2(t) \cos(4\pi f_c t) \rangle_T + A_c \langle m(t) \rangle_T + A_c \langle m(t) \cos(4\pi f_c t) \rangle_T
\end{aligned}
\tag{4.31}
$$

여기서 $\langle \cdot \rangle$는 시간평균 연산자이다. 메시지 신호 $m(t)$는 반송파에 비해 매우 느리게 변화하며, 또한 $m(t)$의 평균(직류 성분)은 0이라고 가정하자(실제 우리가 다루는 신호는 많은 경우 이러한 특성을 가진다). 그러면 식 (4.31)의 마지막 줄은 처음 두 항만 남고 나머지 항들은 근사적으로 0이 된다. 여기서 첫 번째 항은 반송파의 전력이며 두 번째 항은 측파대(sideband) 전력이다. 따라서 AM 신호의 평균 전력은 다음과 같이 된다.

$$
P = P_C + P_S = \frac{A_c^2}{2} + \frac{1}{2}\langle m^2(t) \rangle_T
\tag{4.32}
$$

전력 효율을 전체 전력 P에 대한 측파대 전력 P_S의 비로 정의하면

$$
\eta = \frac{P_S}{P_C + P_S} = \frac{\langle m^2(t) \rangle_T}{A_c^2 + \langle m^2(t) \rangle_T}
\tag{4.33}
$$

와 같이 된다. 한편 식 (4.30)과 식 (4.28)로부터 $m(t) = A_c \mu m_n(t)$와 같이 표현할 수 있다. 그러므로 전력 효율을 다음과 같이 정규화된 메시지 신호를 사용하여 나타낼 수 있다.

$$
\eta = \frac{\mu^2 \langle m_n^2(t) \rangle_T}{1 + \mu^2 \langle m_n^2(t) \rangle_T}
\tag{4.34}
$$

위의 식에서 변조지수가 작을수록 전력 효율이 떨어지는 것을 알 수 있다. 전력 효율은 변조지수뿐만 아니라 메시지 신호의 파형에 따라 다르다. 정규화된 메시지 신호 $m_n(t)$의 평균 전력은 1을 넘을 수 없다. 포락선 검파를 위해서는 $\mu \leq 1$이어야 하므로 전력 효율은 1/2보다 클 수 없다.

정규화된 메시지 신호 $m_n(t)$가 구형파와 정현파인 경우에 대하여 포락선 검파가 가능한 AM 변조의 최대 전력 효율을 구하라.

풀이

(a) $m_n(t)$가 구형파인 경우 신호가 가질 수 있는 값은 ±1이므로 $m_n(t)$의 평균 전력은

$$\langle m_n^2(t) \rangle_T = 1$$

이다. 따라서 전력 효율은 식 (4.34)에 대입하여 다음과 같이 된다.

$$\eta = \frac{1}{1+1} = \frac{1}{2}$$

(b) $m_n(t)$가 정현파인 경우 평균 전력은

$$\langle m_n^2(t) \rangle_T = \frac{1}{2}$$

이다. 따라서 전력 효율은 식 (4.34)에 대입하여 다음과 같이 된다.

$$\eta = \frac{\frac{1}{2}}{1+\frac{1}{2}} = \frac{1}{3}$$

이상에서 살펴본 바와 같이 메시지 신호가 정현파인 경우 최대 33%의 전력 효율이 얻어지므로 전체 송신된 전력 중에서 1/3 정도만 유효한 전력이라 할 수 있다. 여기서 전력 효율의 최댓값은 $\mu = 1$인 경우에 얻어지고 변조지수가 작을수록 효율은 더 떨어진다. 실제의 경우 DSC-SC에 비하여 AM에서는 25% 이하의 전력만 유효한 전력으로 사용된다.

4.3.2 DSB-TC 변조기 구조

DSB-TC 신호는 $[A_c + m(t)]$를 DSB-SC 변조한 것과 동일하므로 앞서 살펴본 DSB-SC 변조기를 사용하여 얻을 수 있다. DSB-SC 변조기에서는 대역통과 필터에 들어갈 수 있는 반송파 신분은 차단해야 하므로 평형 변조기 형태의 구조를 사용한다. 그러나 DSB-TC 변

조에서는 대역통과 필터에 입력되는 반송파를 차단할 필요가 없으므로 구현이 간단해진다.

그림 4.15(a)에 AM 변조를 위한 스위치 변조기의 예를 보인다. 주기 $1/f_c$로 개폐를 반복하는 하는 스위치 동작에 의하여 $[A\cos(2\pi f_c t)+m(t)]$에 사각 펄스열을 곱한 효과를 얻는다. 여기서 $A \gg |m(t)|$인 경우 다이오드를 스위치 대신 사용할 수 있으며, 그림 4.15(b)에 그 구조를 보인다. 이 조건이 만족되면 $A\cos(2\pi f_c t)+m(t) \cong A\cos(2\pi f_c t)$가 되어 다이오드가 $1/f_c$의 주기로 도통/불통이 반복되어 스위치 역할을 하게 된다. 이와 같은 구조를 사용하면 DSB-SC 변조기의 경우처럼 다이오드-브릿지를 사용하지 않고 한 개의 다이오드만 사용하여 구현할 수 있다.

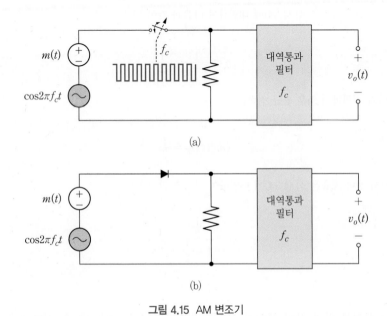

(a)

(b)

그림 4.15 AM 변조기

4.3.3 DSB-TC 신호의 복조

AM 신호는 $[A_c+m(t)]$를 DSB-SC 변조한 것과 같으므로 동기 검파기를 사용하여 복조할 수 있다. 그러나 동기 검파기를 사용한다는 것은 AM 변조의 장점을 활용하지 않은 것으로 볼 수 있다. 여기서는 수신 신호로부터 반송파 추출을 하지 않는 비동기 검파를 사용한 AM 복조기에 대해 알아보기로 한다. AM 복조기의 구조는 여러 종류가 있지만 대표적인 정류 검파기와 포락선 검파기에 대하여 살펴본다.

정류 검파기(Rectifier Detector)

정류 검파기는 AM 신호를 정류한 다음 저역통과 필터를 통하게 하는 방식을 사용하며, 그림 4.16에 구조도를 보인다. 정류기는 그림 4.16(b)와 같이 다이오드와 저항을 사용하여 쉽게 구현할 수 있다. 수신된 AM 신호를 반파 정류(half wave rectification)한 신호는 AM 신호에 반송파와 동일한 주파수의 사각 펄스열을 곱한 것과 같다. 사각 펄스열 $p_T(t)$를 푸리에 급수로 전개하면 정류기 출력 신호는 다음과 같이 표현할 수 있다.

$$
\begin{aligned}
y(t) &= \{[A_c+m(t)]\cos(2\pi f_c t)\}\cdot p_T(t) \\
&= \{[A_c+m(t)]\cos(2\pi f_c t)\}\cdot \sum_{n=-\infty}^{\infty} c_n e^{j2\pi n f_c t} \\
&= \{[A_c+m(t)]\cos(2\pi f_c t)\}\cdot [c_0 + c_1 e^{j2\pi f_c t} + c_{-1} e^{-j2\pi f_c t} + c_2 e^{j4\pi f_c t} + c_{-2} e^{-j4\pi f_c t} + \cdots] \quad (4.35) \\
&= \{[A_c+m(t)]\cos(2\pi f_c t)\}\cdot [c_0 + 2c_1 \cos(2\pi f_c t) + 2c_2 \cos(4\pi f_c t) + \cdots] \\
&= [A_c+m(t)]\cdot [c_1 + \text{고주파 항}]
\end{aligned}
$$

그러므로 저역통과 필터를 통과하면 $c_1[A_c+m(t)]$만 남게 된다.[3] 여기서 직류 성분은 RC 회로를 사용하여 제거할 수 있으며, 결과적으로 우리가 원하는 신호 $c_1 m(t)$를 얻을 수 있다. 반파 정류기 대신 전파 정류기(full wave rectifier)를 사용하면 출력을 2배로 만들 수 있는데, 증명은 연습문제로 남긴다.

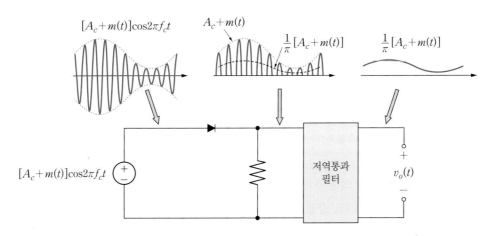

그림 4.16 AM 신호의 복조를 위한 정류 검파기

---

3) 여기서 c_1은 $p_T(t)$의 푸리에 계수의 1차항으로 $c_1 = 1/\pi$ 이다.

포락선 검파기(Envelope Detector)

입력 신호 파형의 포락선을 찾아내는 회로는 그림 4.17과 같이 다이오드와 저항(R), 커패시터(C)를 사용하여 쉽게 구현할 수 있다. 그림에서 AM 신호의 양의 반주기 동안에는 다이오드가 도통 상태에 있으며 커패시터는 다이오드를 통해 입력 신호의 피크값까지 충전된다. 신호 값이 피크값을 지나면 커패시터에 충전된 전압이 신호 값보다 크게 되어 다이오드는 차단된다. 다이오드가 차단되면 커패시터에 충전된 전압은 저항을 통해 시정수 RC로 방전하기 시작한다. 저항을 통해 방전되면서 커패시터 전압 값은 점점 떨어지다가 입력 전압보다 낮아지면 다시 다이오드가 도통되어 입력 신호를 따라 충전된다. 이와 같이 양의 반주기 동안에는 커패시터가 입력을 따라 피크값까지 충전되다가 음의 반주기 동안에는 저항을 통해 방전되는 과정이 되풀이된다. 다이오드의 차단과 도통에 따라 커패시터의 전압이 충전과 방전 과정을 반복함으로써 출력 전압 $v_0(t)$는 그림에 보인 것과 같은 파형을 갖게 된다. 그리고 $v_0(t)$에 포함된 직류 성분은 직류 차단용 커패시터를 사용하여 제거할 수 있다.

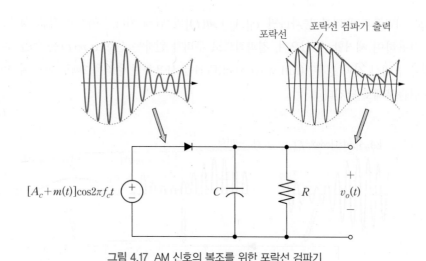

그림 4.17 AM 신호의 복조를 위한 포락선 검파기

　커패시터의 방전 현상에 의해 출력은 입력 신호의 정확한 포락선이 아니라 리플(ripple)이 있는 파형을 만들어낸다. 따라서 방전 시정수 RC의 값을 적절히 선택해야 하는데, 그림 4.18은 시정수가 검파된 파형에 미치는 영향을 보여준다. 출력 신호의 리플 현상은 RC 값을 크게 선택하여 방전이 천천히 일어나게 하면 줄일 수 있다. 그러나 그림 4.18(a)와 같이 RC 값을 너무 크게 하면 방전 속도가 너무 늦어서 포락선을 제대로 검출할 수 없게 된다. 이와 반대로 RC 값을 너무 작게 선택하면 그림 4.18(b)와 같이 리플이 커져서 톱니파 모양의 출력이 나온다.

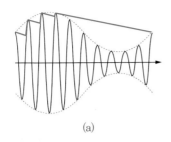
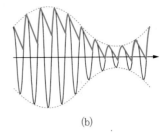

(a)   (b)

그림 4.18 포락선 검파기에서 시정수 선택이 부적합한 예

4.4 단측파대 변조(SSB)

4.4.1 SSB 변조의 원리

대역폭이 BHz인 기저대역 신호를 DSB 변조(DSB–SC 또는 DSB–TC)하면 대역폭이 $2B$Hz로 기저대역 신호의 두 배가 된다. DSB 신호는 반송파를 중심으로 USB와 LSB의 두 개 측파대를 가진다. 푸리에 변환의 성질에서 실수 값의 함수 $x(t)$의 푸리에 변환 $X(f)$는 공액 대칭, 즉 $X(f) = X^*(-f)$이라는 것을 알고 있다. 바꾸어 말하면 진폭 스펙트럼은 우함수(좌우 대칭)이고 위상 스펙트럼은 기함수(원점에 대칭)이다. 이것은 양의 주파수에서 $X(f)$의 값을 알고 있다면 음의 주파수에서의 $X(f)$의 값을 알 수 있다는 것을 의미한다. 그러므로 DSB 신호의 두 개 측파대 중에서 어느 한 쪽만 전송해도 정보의 손실이 없다. 이와 같이 양 측파대 중 한 쪽의 단측파대만 전송하는 방식을 단측파대(Single Side Band: SSB) 변조라 한다. SSB 변조에서는 동일한 정보를 전송하기 위하여 필요한 대역폭이 기저대역 대역폭과 동일하게 BHz가 되어 DSB 변조의 절반이다. 그러므로 SSB 변조 방식은 스펙트럼을 매우 효율적으로 사용하는 변조 방식이라 할 수 있다. 결과적으로 한정된 주파수 대역에서 두 배의 신호를 다중화하여 전송할 수 있다. 그림 4.19에 SSB 신호의 스펙트럼을 보인다. 이 그림에서는 SSB의 개념을 쉽게 표현하기 위해 기저대역 신호의 스펙트럼을 $M(f) = M(-f)$로 가정하였다(정확히는 공액 대칭이지만 $m(t)$가 우함수라고 가정하면 이 관계가 성립한다).

    SSB 신호의 복조는 DSB–SC의 복조와 같이 동기 검파기를 사용하면 된다. 예를 들어 그림 4.19(c)와 같은 USB 신호에 반송파 $\cos 2\pi f_c t$를 곱하면 그림 4.19(e)와 같은 스펙트럼을 얻는다. 이 신호를 서익통과 필터에 통과시키면 원히는 기저대역 신호를 얻을 수 있다. LSB 신호도 동일한 방법으로 복조할 수 있다.

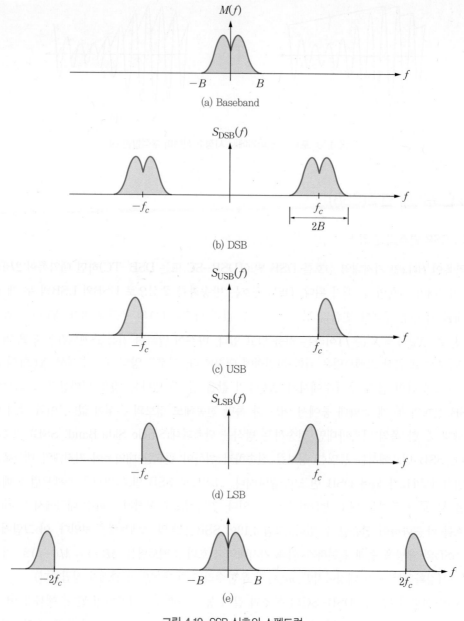

그림 4.19 SSB 신호의 스펙트럼

SSB 신호의 특성과 신호의 표현 방법에 대하여 알아보자. 일반적인 메시지 신호에 대해 알아보기 전에 메시지 신호가 단일 정현파 $m(t) = A_m \cos 2\pi f_m t$ 인 경우를 통해 SSB 신호의 특성을 살펴보자. 이 신호에 대한 DSB 신호는 다음과 같다.

$$s_{\mathrm{DSB}}(t) = A_m \cos 2\pi f_m t \cdot \cos 2\pi f_c t$$

$$= \frac{A_m}{2} \cos 2\pi (f_c - f_m)t + \frac{A_m}{2} \cos 2\pi (f_c + f_m)t \tag{4.36}$$

그러므로 USB 신호와 LSB 신호는 각각 다음과 같다.

$$s_{\mathrm{USB}}(t) = \frac{A_m}{2} \cos 2\pi (f_c + f_m)t \tag{4.37}$$

$$s_{\mathrm{LSB}}(t) = \frac{A_m}{2} \cos 2\pi (f_c - f_m)t \tag{4.38}$$

한편 식 (4.37)과 식 (4.38)을 전개하여

$$s_{\mathrm{USB}}(t) = \frac{A_m}{2} \cos 2\pi f_m t \cdot \cos 2\pi f_c t - \frac{A_m}{2} \sin 2\pi f_m t \cdot \sin 2\pi f_c t \tag{4.39}$$

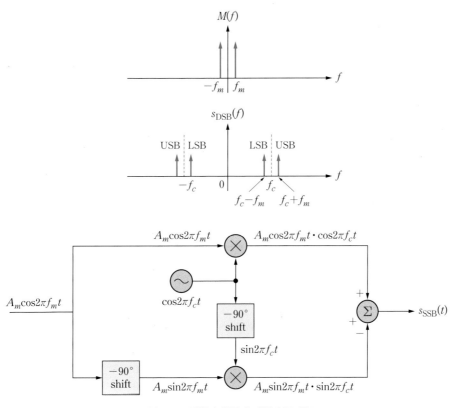

그림 4.20 정현파 신호에 대한 SSB 변조

$$s_{\text{LSB}}(t) = \frac{A_m}{2}\cos 2\pi f_m t \cdot \cos 2\pi f_c t + \frac{A_m}{2}\sin 2\pi f_m t \cdot \sin 2\pi f_c t \tag{4.40}$$

와 같이 쓸 수 있다. 그러므로 메시지 신호가 정현파인 경우 그림 4.20과 같이 하여 SSB 신호를 만들 수 있다. 즉 한쪽에서는 메시지 신호에 $\cos 2\pi f_c t$를 곱하고, 다른 쪽에서는 메시지 신호를 $-90°$ 위상 천이하고 $\sin 2\pi f_c t$를 곱한 다음 두 신호를 더하면 SSB 신호가 만들어진다.

이제 일반적인 신호의 경우 SSB 변조된 신호의 표현에 대해 알아보자. 결론부터 말하자면 일반적인 신호에 대해서도 위의 방법을 사용하여 SSB 변조된 신호를 만들 수 있다. 그런데 정현파인 경우 $-90°$ 위상 천이의 효과를 쉽게 알 수 있지만 일반적인 신호에 대한 위상 천이가 어떤 의미를 갖는지, 그리고 위상 천이기는 어떻게 구현할 수 있는지를 살펴볼 필요가 있다.

먼저 다음과 같은 주파수 응답을 갖는 시스템을 고려하자.

$$H(f) = -j\,\text{sgn}(f) = \begin{cases} -j, & f > 0 \\ j, & f < 0 \end{cases} \tag{4.41}$$

이 주파수 응답을 극좌표 형식으로 표현하면

$$H(f) = |H(f)|e^{j\angle H(f)} = \begin{cases} 1 \cdot e^{-j90°}, & f > 0 \\ 1 \cdot e^{j90°}, & f < 0 \end{cases} \tag{4.42}$$

와 같으며, 그림 4.21에 진폭 응답과 위상 응답을 보인다. 이 시스템은 입력 신호의 크기는 변화시키지 않고 위상만 $-\pi/2$ 천이시킨다는 것을 알 수 있다. 이 시스템의 임펄스 응답은

$$h(t) = \mathcal{F}^{-1}\{-j\,\text{sgn}(f)\} = \frac{1}{\pi t} \tag{4.43}$$

가 된다. 이 시스템에 입력 $m(t)$가 들어오는 경우 출력 신호와 출력의 스펙트럼을 각각 $\hat{m}(t)$와 $\hat{M}(f)$로 표기하면

$$\hat{m}(t) = h(t) * m(t) = \frac{1}{\pi}\int_{-\infty}^{\infty}\frac{m(\tau)}{t-\tau}d\tau \tag{4.44}$$

$$\hat{M}(f) = H(f)M(f) = \begin{cases} -jM(f), & f > 0 \\ jM(f), & f < 0 \end{cases} \tag{4.45}$$

와 같이 표현된다. 식 (4.44)와 같은 연산을 Hilbert 변환이라 한다. 위에서 살펴본 바와 같이 Hilbert 변환은 신호의 위상을 $-\pi/2$만큼 천이시키는 위상 변환기이다. 예를 들어 신호 $m(t)$의 스펙트럼이 그림 4.22(a)와 같다고 하자. 식 (4.45)로부터

$$\frac{\hat{M}(f)}{j} = \begin{cases} -M(f), & f > 0 \\ M(f), & f < 0 \end{cases} \tag{4.46}$$

이므로 $m(t)$의 Hilbert 변환에 대한 스펙트럼은 그림 4.22(b)와 같이 된다. 따라서 $M(f)$에 $\hat{M}(f)/j$를 더하거나 빼면 $M(f)$의 양의 주파수 성분 또는 음의 주파수 성분을 제거할 수 있다.

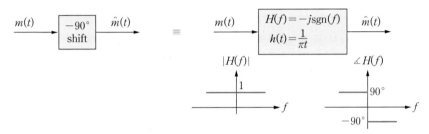

그림 4.21 위상 변환과 Hilbert 변환

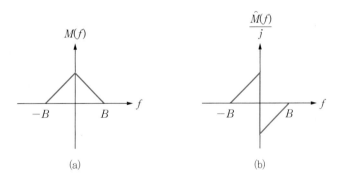

그림 4.22 Hilbert 변환에 의한 스펙트럼 변화

그림 4.20에서 입력을 정현파가 아닌 일반적인 신호 $m(t)$로 대치해보자. 이를 그림 4.23(a)에 보인다. 그림에서 $x_c(t)$와 $x_s(t)$의 스펙트럼을 구하면 다음과 같다.

$$X_c(f) = \mathcal{F}\{m(t)\cos 2\pi f_c t\} = \frac{M(f-f_c) + M(f+f_c)}{2} \tag{4.47}$$

$$X_s(f) = \mathcal{F}\{\hat{m}(t)\sin 2\pi f_c t\} = \frac{\hat{M}(f-f_c) - \hat{M}(f+f_c)}{2j} \tag{4.48}$$

즉 $x_s(t)$의 스펙트럼은 식 (4.46)의 스펙트럼을 주파수 상에서 좌우로 이동시킨 형태를 가진다. 이러한 스펙트럼 관계를 그림 4.23(b)에 보인다. 위상 천이기를 통과시킨 신호를 sin 함수로 변조하여 원 신호를 cos 함수로 변조한 신호에 더하거나 빼줌으로써 스펙트럼의 일부를 제거할 수 있는 것이다. $x_c(t)$와 $x_s(t)$의 합은 LSB 신호가 되고, 차는 USB 신호가 된다. 요약하면 SSB 신호는 다음과 같이 표현할 수 있다.

$$\boxed{\begin{aligned} s_{\mathrm{SSB}+}(t) &\triangleq s_{\mathrm{USB}}(t) = m(t)\cos 2\pi f_c t - \hat{m}(t)\sin 2\pi f_c t \\ s_{\mathrm{SSB}-}(t) &\triangleq s_{\mathrm{LSB}}(t) = m(t)\cos 2\pi f_c t + \hat{m}(t)\sin 2\pi f_c t \end{aligned}} \tag{4.49}$$

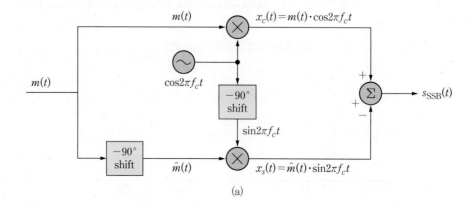

(a)

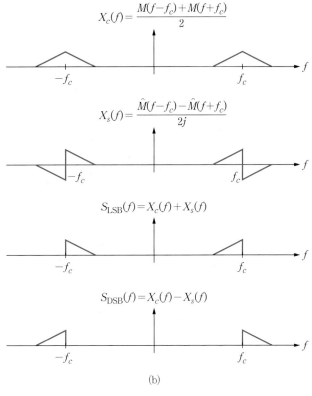

$$X_c(f) = \frac{M(f-f_c) + M(f+f_c)}{2}$$

$$X_s(f) = \frac{\hat{M}(f-f_c) - \hat{M}(f+f_c)}{2j}$$

$$S_{\text{LSB}}(f) = X_c(f) + X_s(f)$$

$$S_{\text{DSB}}(f) = X_c(f) - X_s(f)$$

(b)

그림 4.23 SSB 변조와 스펙트럼

4.4.2 SSB 변조기 구조

앞서 살펴본 SSB 변조 방식의 원리로부터 SSB 신호를 발생시키는 두 가지 방법은 다음과 같다. 한 가지 방법은 일단 DSB-SC 신호를 발생시킨 후에 필터를 통하여 한 쪽 측파대(USB 또는 LSB)만 통과시키고 나머지는 제거하는 방법이다. 다른 방법은 위상천이기를 통하여 Hilbert 변환한 신호를 이용하여 원하지 않는 주파수 성분을 상쇄시키는 방법이다. 전자를 필터 방법이라 하고 후자를 위상 천이 방법이라 한다.

필터 방법

주파수 차별(frequency discrimination) 방법이라고도 하며 DSB-SC 신호를 발생시킨 후 필터를 사용하여 DSB 스펙트럼 중 한쪽 단측파대만 선택하는 것이다. 이 방식에서는 서로 붙어있는(보호대역이 없이) 두 개의 측파대 중 하나만 택하는 것이므로 매우 정교한(빠른 감쇠 특성을 가진) 필터를 필요로 한다는 것이 단점이다. USB 신호를 얻고자 하는 경우 f_c 이상의 성분은 완벽히 통과시키고 f_c 이하의 성분은 완벽히 제거시켜야 한다. 그러나 이러한 결과를 얻기 위해서는 이상적인 필터가 필요하며 따라서 실현 불가능하다. 특히 그림 4.22(a)에 보인 예와 같이 메시지 신호가 직류에 가까운 저주파 성분을 많이 가지고 있다면 f_c 근처에서의 필터의 부정확성에 따른 영향이 상당히 크게 된다. 이에 비해 신호가 그림 4.24와 같이 0에 가까운 주파수 성분이 무시할 정도로 작다면(결과적으로 DSB 신호가 f_c 근처의 성분이 무시할 정도라면) 날카롭지 않은 필터를 사용해도 큰 문제가 되지 않는다. 음성 신호의 경우 스펙트럼을 보면 300Hz 이하의 주파수 성분은 거의 없기 때문에 필터를 이용한 음성 신호의 SSB 변조는 비교적 쉽다. 그러나 음악은 보통 50Hz의 낮은 주파수 성분까지 포함하므로 SSB는 음악을 전송하는 방송용으로는 사용되지 않고 주로 음성 위주의 통신용으로만 사용된다. 이와 같이 SSB 방식은 방송용 AM과는 달리 통신용이므로 방송용에 비해 송신기의 출력 전력이 매우 낮은 편이다.

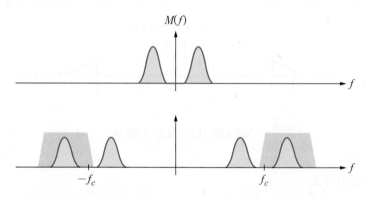

그림 4.24 저주파 성분이 적은 신호의 경우 필터 방법을 사용한 SSB 변조

SSB 변조를 위한 필터는 근본적으로 빠른 감쇠 특성을 가져야 하므로 필터의 Q 지수가 매우 높아야 한다. 그러므로 Q 값이 보통 수십에 불과한 LC 필터로는 구현이 어렵고 주로 수정 필터(crystal filter)가 사용된다. 수정 필터로는 100,000에 이르는 Q 값을 얻을 수 있으나 일단 제작된 후에는 사양을 변경할 수 없으므로 가변 동조와 같은 기능을 가질 수 없다.

위상 천이 방법

위상 차별(phase discrimination) 방법이라고도 하는데, 식 (4.49)를 기본으로 하고 있으며 위상천이기를 통해 Hilbert 변환한 신호를 이용하여 원하지 않는 주파수 성분을 상쇄시키는 방법이다. 이 방법의 장점은 필터가 사용되지 않는다는 것이다. 이 방식의 변조기 구조는 그림 4.23(a)와 같으며 두 개의 DSB 변조기와 위상천이기를 포함하고 있다. 위상 천이를 이용한 SSB 변조는 필터가 필요 없다는 장점이 있는 반면에 메시지 신호 $m(t)$에 대한 $-90°$ 위상 천이를 구현하는데 문제가 있다. 한 개의 주파수 성분만 가진 신호를 $-90°$ 위상 천이하는 것은 쉬운 일이지만 일반적인 신호 $m(t)$의 모든 주파수 성분에 대해 동일하게 $-90°$ 위상 천이하는 것은 불가능한 일이다. 만일 정보 신호 $m(t)$가 대역폭이 좁은 신호라면 어느 정도 근사적으로 구현할 수 있다. 음성 신호는 대역폭이 3~4kHz로 비교적 좁기 때문에 이 방법을 사용하여 SSB 변조가 가능하지만 텔레비전 영상 신호는 대역폭이 6MHz로 상당히 넓기 때문에 이 방법을 사용할 수 없다. 또한 텔레비전 영상 신호는 직류 성분을 가지고 있기 때문에 필터 방법을 사용하는 것도 문제가 된다. 결국 텔레비전 영상 신호는 SSB 변조를 사용하는 것이 현실적으로 불가능하며, 뒤에 나오는 VSB 변조 방식을 사용한다.

4.4.3 SSB 신호의 복조

SSB 신호는 DSB–SC 복조와 같이 동기 검파를 사용하여 복조할 수 있다. 그림 4.25에 동기 검파기를 사용한 SSB 신호의 복조 과정을 보인다. 여기서는 동기 검파 과정을 수식을 통하여 알아보고, 반송파 복원에 오차가 있는 경우 어떤 영향이 발생하는지 살펴보기로 한다. 식 (4.49)로 표현된 SSB 신호를 다시 써보자.

$$s_{\text{SSB}\pm}(t) = m(t)\cos 2\pi f_c t \mp \hat{m}(t)\sin 2\pi f_c t \tag{4.50}$$

여기서 $s_{\text{SSB}+}(t)$는 USB 신호를 나타내며 $s_{\text{SSB}-}(t)$는 LSB 신호를 나타낸다. 수신기의 국부 발진기가 주파수 및 위상에서 반송파와 정확히 동기되었다고 가정하면 혼합기의 출력은 다음과 같다.

$$\begin{aligned} s_{\text{SSB}\pm}(t)\cos 2\pi f_c t &= [m(t)\cos 2\pi f_c t \mp \hat{m}(t)\sin 2\pi f_c t]\cos 2\pi f_c t \\ &= \frac{1}{2}m(t) + \frac{1}{2}m(t)\cos 4\pi f_c t \mp \frac{1}{2}\hat{m}(t)\sin 4\pi f_c t \end{aligned} \tag{4.51}$$

즉 기저대역 신호와 $2f_c$ 주파수의 SSB 신호의 합으로 표현된다. 이 신호를 저역통과 필터에 통하면 원하는 신호 $m(t)/2$를 얻을 수 있다.

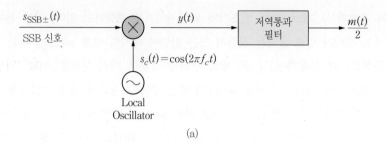

(a)

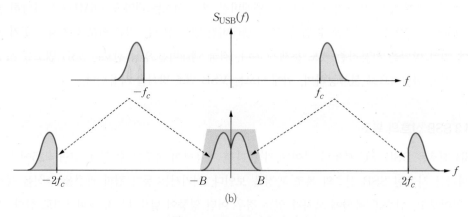

(b)

그림 4.25 SSB 신호의 동기 검파

DSB-SC의 복조에서와 같은 문제로 SSB 신호에는 반송파에 대한 어떠한 정보도 들어있지 않기 때문에 반송파 동기를 맞추는 작업이 쉽지 않다. 이번에는 반송파 동기화 오차의 영향을 살펴보자. 수신기 국부 발진기의 주파수와 위상이 실제 반송파와 각각 Δf와 $\Delta\theta$만큼 차이가 있다고 하자. 그러면 혼합기의 출력은

$$
\begin{aligned}
s_{\mathrm{SSB}\pm}&(t)\cos[2\pi(f_c+\Delta f)t+\Delta\theta]\\
&=[m(t)\cos 2\pi f_c t \mp \hat{m}(t)\sin 2\pi f_c t]\cos[2\pi(f_c+\Delta f)t+\Delta\theta]\\
&=\frac{1}{2}m(t)\{\cos(2\pi\Delta ft+\Delta\theta)+\cos[2\pi(2f_c+\Delta f)t+\Delta\theta]\}\\
&\quad \mp \frac{1}{2}\hat{m}(t)\{\sin(2\pi\Delta ft+\Delta\theta)+\sin[2\pi(2f_c+\Delta f)t+\Delta\theta]\}
\end{aligned}
\tag{4.52}
$$

와 같이 되며, 저역통과 필터를 통과시키면 신호는 다음과 같이 된다.

$$
y(t)=\frac{1}{2}m(t)\cos(2\pi\Delta ft+\Delta\theta)\mp\frac{1}{2}\hat{m}(t)\sin(2\pi\Delta ft+\Delta\theta)
\tag{4.53}
$$

위상 오차의 영향을 알아보기 위하여 $\Delta f = 0$으로 하면 식 (4.53)은

$$y(t) = \frac{1}{2} m(t) \cos \Delta\theta \mp \frac{1}{2} \hat{m}(t) \sin \Delta\theta \qquad (4.54)$$

가 된다. 위의 식 우변에서 첫 번째 항은 원하는 신호 성분으로 DSB-SC의 결과와 동일하다. 이 항은 위상 오차가 커져서 $90°$에 가까워질수록 원하는 신호 성분이 작아지는 효과로 나타난다. 두 번째 항은 SSB에서만 있는 성분인데, $\hat{m}(t)$의 스펙트럼이 $m(t)$와 동일한 대역을 차지하므로 필터를 사용하여 이 성분을 제거하는 것은 불가능하다. 사람의 귀는 신호의 크기에 민감하며 위상에 대해서는 상대적으로 둔감하다. 따라서 $m(t)$와 진폭 스펙트럼이 동일한 $\hat{m}(t)$는 귀에는 크게 거슬리지 않으므로 식 (4.54)의 우변 두 번째 성분은 음성 전송의 경우 큰 지장을 주지는 않는다. 한편 사람의 눈은 신호의 크기보다 위상에 민감하기 때문에 영상 신호의 전송에서는 SSB 방식을 사용하는데 한계가 있다. 지금까지 살펴본 바와 같이 텔레비전 영상 신호는 SSB를 사용하는 경우 변조나 복조에서 모두 문제점이 있다.

이번에는 주파수 오차 Δf가 동기 검파에 미치는 영향을 알아보기 위해 $\Delta\theta = 0$으로 하면 식 (4.53)은

$$y(t) = \frac{1}{2} m(t) \cos(2\pi\Delta ft) \mp \frac{1}{2} \hat{m}(t) \sin(2\pi\Delta ft) \qquad (4.55)$$

와 같이 된다. 즉 주파수 오차는 원하는 신호를 주파수 Δf의 반송파로 SSB 변조한 것과 같다. 결과적으로 원하는 출력 신호의 스펙트럼이 Δf만큼 이동되고 $\hat{m}(t)$ 성분에 의한 위상 왜곡의 효과로 나타난다.

보충 설명

지금까지 SSB의 동기 검파에 대하여 알아보았다. DSB-SC의 동기 검파에서 알아본 반송파 동기화의 부정확성에 의한 효과가 SSB에서는 더욱 심하다는 것을 알았다. 위상 오차가 있는 경우 출력이 감소할 뿐만 아니라 위상 왜곡이 함께 발생한다. 이와 같은 동기화에 따른 문제점을 해결하는 방안으로 송신측에서 SSB 신호와 함께 반송파를 전송함으로써 수신기에서 반송파 추출을 쉽게 하는 방식이 있다. 이 방식을 지시 반송파(pilot carrier) SSB 방식이라 한다. 이 방식은 AM 방식과 유사하지만 여기서 지시 반송파는 포락선 검파를 주목적으로 하는 AM 방식에서의 추가 반송파와 용도가 조금 다르다고 할 수 있다. 한편 지시 반송파의 진폭을 충분히 크게 하면 SSB 수신기에서도 포락선 검파가 가능해진다. 여기서는 그 원리를 설명히지는 않기로 한다. 포락선 검파의 측면에서 AM 방식과 비교하면, AM에서는 추가 반송파의 크기가 $A_c \geq \max|m(t)|$를 만족하면 포락선 검파가 가능하지만 지시 반송

파 SSB에서는 $A_c \gg \max|m(t)|$가 만족되어야 한다. 즉 반송파의 상대적인 전력이 AM 방식에 비해 상당히 높아야 하므로 전력 낭비가 심해서 보통 전력 효율이 5% 이하가 된다.

4.5 잔류측파대 변조(VSB)

SSB 방식은 DSB–SC나 AM에 비해 절반의 대역폭만 사용하므로 주파수 자원의 활용도가 높다는 장점이 있다. 그러나 송신기와 수신기의 구성이 매우 복잡하다는 단점이 있다. 송신기에서 필터 방법에 의한 SSB 변조는 직류 성분이 없을 때만 가능하고 날카로운 차단 특성을 가진 필터가 필요하다. 진폭 특성이 이상적인 필터에 가까울수록 필터의 위상 특성이 나빠져서 리플이 발생한다. 따라서 메시지 신호에서 저주파 성분을 무시할 수 없는 경우 SSB 신호 발생에 어려움이 있다. 또한 위상 천이를 사용한 SSB 변조에서는 정확한 위상 천이기를 구현할 수 없고 협대역 신호에 한해 근사화만 가능하다. 수신기에서도 반송파 복원에서 오차가 있는 경우 DSB–SC에서보다 더 큰 영향을 받는다. 텔레비전 영상 신호와 같이 대역폭이 4.5MHz에 이르는 경우 한정된 주파수 대역에서 많은 방송국을 할당하기 위해서는 대역폭 효율이 좋은 변조방식이 매력적일 것이다. 이 경우 SSB가 가장 선호되는 변조 방식일 수 있지만 영상 신호는 직류 성분을 가지고 있을 뿐만 아니라 광대역이어서 SSB 신호를 만드는데 필터 방법이나 위상 천이 방법 어느 것도 현실적으로 불가능하다. SSB 방식과 AM 방식을 절충한 방식이 잔류측파대(Vestigial Side Band: VSB) 변조 방식이다. 이 방식은 SSB 방식의 대역폭 절감과 AM 방식의 송수수신기 단순성을 추구하고 있다. VSB 신호는 SSB에 비해 간단히 만들 수 있고, 대역폭은 SSB에 비하여 조금 넓게(일반적으로 25~33% 정도 많게) 사용한다. VSB 변조 방식은 텔레비전 방송이나 팩시밀리 등에 널리 사용되고 있다.

VSB 방식은 양 측파대 중 원하지 않는 측파대를 완전히 제거하지 않고 그 일부를 잔류시켜 원하는 측파대와 함께 전송하는데 이러한 이유로 잔류측파대라 부르는 것이다. 원하지 않는 측파대를 완벽히 제거하지 않으므로 필터의 설계 조건이 까다롭지 않다. VSB 변조에서는 원하는 측파대도 완전한 모양 그대로 전송하는 것이 아니라 반송파 근처의 주파수 성분은 감쇠시켜 전송한다. 즉 원하는 측파대의 주파수 성분도 일부 왜곡이 발생한다. 이렇게 함으로써 송신기 필터 $H_v(f)$의 구현이 쉬워진다. 그러나 원하는 측파대의 신호가 일부 손상되었으므로 수신기에서 정보 신호를 정확히 복구하지 못할 가능성이 있다. 그러나 필터 $H_v(f)$를 적절히 설계하면 송신단의 왜곡을 보상하여 원하는 메시지 신호를 복구할 수 있음을 보일 것이다. 그림 4.26은 VSB 변조 방식의 기본 개념을 보여준다.

VSB 변조 과정을 보면, 먼저 메시지 신호를 DSB 신호로 만든 다음 필터 $H_v(f)$에 통과시킨다. VSB 필터를 거친 신호의 스펙트럼은 그림 4.26(a)에 있는 것과 같이 하측파대는 대부분 제거되지만 반송파 근처에서 일부가 남고, 상측파대는 대부분 그대로 있지만 반송파 근처에서 일부가 제거된다. 상측파대의 일부분이 손실되더라도 수신측에서 보상이 이루어져서 메시지 신호를 정확히 재생할 수 있느냐가 관건이며, 이것이 가능하도록 하기 위해서는 송신기의 VSB 필터가 어떤 특성을 가져야 하는지 살펴보아야 한다.

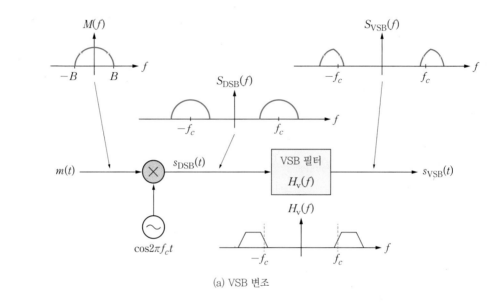

(a) VSB 변조

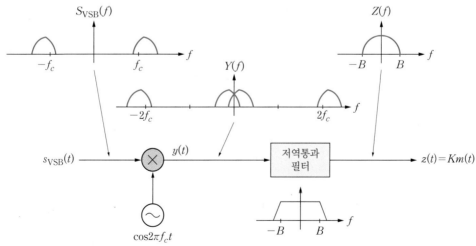

(b) VBS 복조

그림 4.26 VSB의 기본 개념

그림 4.26의 송신기에서 메시지 신호 $m(t)$에 반송파를 곱하여 만들어진 DSB 신호에 VSB 필터 $H_v(f)$를 통하면 다음과 같은 스펙트럼을 갖는 VSB 신호가 만들어진다.

$$
\begin{aligned}
S_{\text{VSB}}(f) &= H_v(f)S_{\text{DSB}}(f) \\
&= \frac{1}{2}H_v(f)[M(f+f_c)+M(f-f_c)]
\end{aligned}
\tag{4.56}
$$

동기 검파 수신기에서 VSB 신호에 반송파를 곱하면 신호의 스펙트럼이 다음과 같이 된다.

$$
\begin{aligned}
\mathcal{F}\{s_{\text{VSB}}(t)\cos 2\pi_c t\} &= \frac{1}{2}S_{\text{VSB}}(f+f_c)+\frac{1}{2}S_{\text{VSB}}(f-f_c) \\
&= \frac{1}{4}H_v(f+f_c)[M(f+2f_c)+M(f)]+\frac{1}{4}H_v(f-f_c)[M(f-2f_c)+M(f)]
\end{aligned}
\tag{4.57}
$$

저역통과 필터를 통하면

$$
\begin{aligned}
\{\mathcal{F}\{s_{\text{VSB}}(t)\cos 2\pi_c t\}\}_{\text{LPF}} &= \frac{1}{4}H_v(f+f_c)M(f)+\frac{1}{4}H_v(f-f_c)M(f) \\
&= \frac{1}{4}M(f)[H_v(f+f_c)+H_v(f-f_c)]
\end{aligned}
\tag{4.58}
$$

가 된다. 그러므로 메시지 신호의 대역폭 내에서 $H_v(f+f_c)+H_v(f-f_c)$가 일정하다면, 즉 VSB 필터가

$$
\boxed{H_v(f+f_c)+H_v(f-f_c) = K = \text{상수} \quad |f| \le B}
\tag{4.59}
$$

의 조건을 만족한다면 저역통과 필터의 출력은 원하는 메시지 신호와 동일한(크기만 상수 배)가 얻어져서 복조가 정확히 이루어진다는 것을 알 수 있다. 이러한 조건을 만족시키는 VBS 필터의 예를 그림 4.27에 보인다.

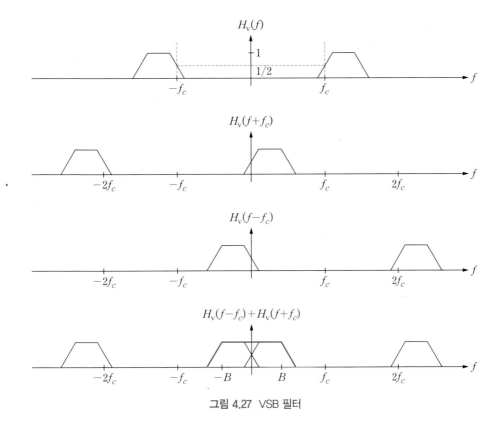

그림 4.27 VSB 필터

식 (4.59)의 조건을 만족하는 VSB 필터의 특성에 대하여 살펴보자. 그림 4.27에 보인 바와 같이 $H_v(f-f_c)$와 $H_v(f+f_c)$가 기대칭(antisymmetric)이면, 바꾸어 말하면 $H_v(f)$가 주파수 f_c에서 기대칭이면, 식 (4.59)의 조건을 만족한다. 여기서 필터 주파수 응답의 천이 (transition)과정 중의 중앙값인 $H_v(f_c)$의 크기는 통과대역 이득의 1/2이 되어야 한다. 이 조건을 다시 표현하면 다음과 같다.

$$\left[H_v(f-f_c) - \frac{K}{2} \right] = -\left[H_v(f+f_c) - \frac{K}{2} \right] \quad |f| \le B \tag{4.60}$$
$$H_v(f_c) = \frac{K}{2}$$

TV의 영상 신호는 4MHz 정도의 대역폭을 차지한다. 따라서 DSB 변조를 사용하면 영상만 전송하는데 약 8MHz의 대역폭이 필요하다. 주파수 활용도를 높이기 위하여 SSB 변조를 사용하면 좋겠지만 앞 절에서 살펴보았듯이 현실적으로 문제점이 여러 가지 있다. 영상 신호는 저주파 영역에 상당히 많은 정보가 남아 있다. 따라서 필터 방법을 사용한 SSB 신호 발생이 매우 어렵다. 날카로운 차단 특성의 필터가 필요한데, 진폭 특성이 이상적인 필터에 가까울수록 선형 위상의 구현이 어려우므로 위상 왜곡이 발생하는데, 영상에서는 위상 왜곡이 큰 결함이 된다. 또한 영상 신호는 광대역이므로 모든 주파수 성분에 대해 일정하게 위상을 천이시키는 장치의 구현이 불가능하므로 위상천이 방법을 사용한 SSB 신호의 발생도 문제가 있다. 따라서 TV에서는 DSB와 SSB의 절충 방식인 VSB를 사용하여 6MHz의 대역에 영상과 오디오를 실어서 전송한다. 그림 4.28에 TV 신호의 스펙트럼을 보인다. 반송파 주파수로부터 1.25MHz 낮은 주파수까지 잔류 스펙트럼이 있는 것을 볼 수 있다. 오디오 신호는 영상 반송파 주파수로부터 4.5MHz 떨어진 주파수의 반송파로 FM 변조하여 전송한다.

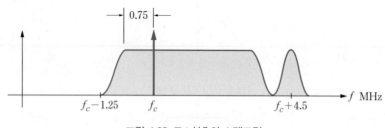

그림 4.28 TV 신호의 스펙트럼

4.6 반송파 추적

동기 검파를 사용하는 복조기에서는 신호를 실어 나르는 반송파와 주파수 및 위상이 동일한 정현파 신호를 발생시키는 국부 발진기를 갖추어야 한다. 수신된 신호로부터 반송파의 주파수와 위상에 관한 정보를 찾아내는 반송파 복구 작업은 동기 검파 수신기에서 매우 중요하다. 수신 신호가 반송파 주파수에서 이산 스펙트럼을 갖는다면 반송파 추출이 상대적으로 쉽지만 DSB-SC와 같이 반송파가 억압되어 있는 경우 반송파 추출이 까다롭다. 수신된 신호의 반송파와 수신기에서 발생시킨 정현파가 동기가 맞지 않은 경우 복조기 출력의 크기가 작아지거나 왜곡이 발생한다.

4.6.1 위상동기 루프(PLL)와 AM 신호의 동기 검파

위상동기 루프(Phase Locked Loop: PLL)는 신호로부터 주파수와 위상을 추적하는 기능을 가진 장치로서 현대의 통신 장비에서 가장 중요한 부품 중의 하나이며, 범용 IC화되어 있다. PLL은 동기 검파를 사용하는 변복조기에서뿐만 아니라 각 변조된 신호를 복조하는 데에도 사용된다. 그림 4.29에 PLL의 구성도를 보이는데, 위상 검출기(또는 위상 비교기), 저역통과 필터(또는 루프 필터) 및 전압제어 발진기(Voltage Controlled Oscillator: VCO)의 3가지 주요 소자로 구성되어 있다.

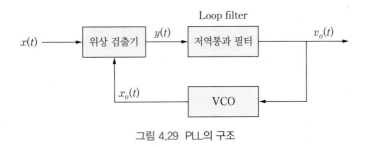

그림 4.29 PLL의 구조

VCO는 입력 전압에 의해 출력의 발진 주파수가 변화되는 발진기이다. VCO에서는 입력 전압에 따라 출력의 주파수가 선형적으로 변화한다. VCO의 입력 전압을 $v_0(t)$라 하면, 출력의 주파수 ω는 다음과 같이 표현된다.

$$\omega(t) = \omega_0 + Kv_0(t) \tag{4.61}$$

여기서 ω_0는 입력 전압이 0일 때의 발진 상태를 나타내는데, 이 상태를 자주 발진(free-running oscillation)이라 하며, 이 때의 주파수 ω_0를 자주 발진 주파수라 한다. 비례상수 K는 VCO 고유의 상수이다. 위상 검출기는 곱셈기를 사용하여 구현할 수 있는데, 곱셈기의 출력이 루프 필터를 통하여 저역통과되면 수신 신호와 VCO로 발생시킨 신호 사이의 위상차가 추출되어 VCO에 다시 입력된다. 이러한 전압 변화는 발진기의 주파수를 변화시키고 주파수 동기가 계속 이루어지게 된다.

아날로그 회로로 PLL을 구현한 경우 APLL(Analog Phase Locked Loop)이라 하고, 디지털 회로로 구현한 경우 DPLL(Digital Phase Locked Loop)이라 한다. 위상 검출기를 구현하는 방법은 여러 가지가 있다. 아날로그 PLL에서 위상 검출기를 구현하는 방법으로 아날로그 곱셈기를 사용할 수 있다. 아날로그 곱셈기는 이중 평형 혼합기를 사용하여 구현할 수 있다. 그림 4.30(a)에 아날로그 곱셈기를 사용한 위상 검출기로 구성된 PLL의 구조를 보인다.

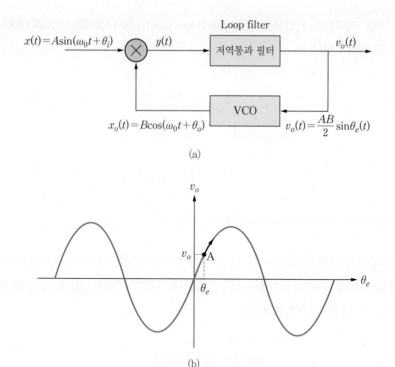

그림 4.30 아날로그 PLL과 동작 원리

    PLL의 입력 신호를 $x(t) = A\sin(\omega_0 t + \theta_i)$ 라 하고 VCO의 출력 신호를 $x_o(t) = V\cos(\omega_0 t + \theta_o)$ 라고 하자. 곱셈기의 출력 $y(t)$는 다음과 같이 된다.

$$y(t) = AB\sin(\omega_0 t + \theta_i)\cos(\omega_0 t + \theta_o)$$
$$= \frac{AB}{2}[\sin(\theta_i - \theta_o) + \sin(2\omega_0 t + \theta_i + \theta_o)] \tag{4.62}$$

마지막 항은 저역통과 필터에 의해 제거되어 VCO의 입력 $v_0(t)$는 다음과 같이 된다.

$$v_o(t) = \frac{AB}{2}\sin\theta_e(t), \quad \theta_e(t) \triangleq \theta_i(t) - \theta_o(t) \tag{4.63}$$

여기서 θ_e는 위상 오차이다.

    그림 4.30(b)에 v_o와 θ_e의 관계를 보인다. 이 그림으로부터 위상추적 과정을 살펴보자. 그림 4.30(b)의 동작점 A에서 VCO 입력과 위상 오차가 각각 v_o와 θ_e라 하고 θ_i와 θ_o가 상수라고 가정하자. 입력 신호의 주파수가 ω_0에서 $\omega_0 + \alpha$로 갑자기 증가하였다고 하자. 이것은

입력 신호가

$$x(t) = A \sin[(\omega_0 + \alpha)t + \theta_i] = A \sin(\omega_0 t + \tilde{\theta}_i), \quad \tilde{\theta} = \alpha t + \theta_i \tag{4.64}$$

로 되었다는 것이 된다. 입력 주파수가 커졌다는 것은 위상이 θ_i에서 $\tilde{\theta}_i = \alpha t + \theta_i$로 커졌다는 것으로 볼 수 있다. 따라서 θ_e 값이 커지게 되며, 이렇게 되면 그림 4.30(b)에서 동작점이 A에서부터 위쪽으로 움직이게 된다. 이것은 v_o의 값을 커지게 하고, 따라서 VCO의 출력 주파수가 증가하도록 한다. 이렇게 함으로써 입력 신호의 주파수와 VCO 출력 주파수가 같아지게 된다. 이 상태에 들어가면 두 신호의 위상이 동기(lock)되었다고 한다. 입력 신호의 주파수가 감소하는 경우에도 동일한 원리로 동작하는 것을 알 수 있다. 이러한 동작에 의하여 PLL은 입력 신호를 추적하게 된다. 지금까지의 설명에서는 θ_i와 θ_o가 상수라고 가정하였다. 이 값들이 상수가 아니라 천천히 변화하는 경우에도 위의 설명과 근사하게 PLL이 동작한다.

PLL이 동기(lock)를 획득하면 입력 신호의 주파수가 변화하더라도 PLL은 입력 주파수를 추적한다(주파수 변화가 너무 빠르게 일어나지 않는다면). 그러나 추적할 수 있는(lock 상태를 유지할 수 있는) 주파수 변화 범위가 한정되어 있다. 이 범위를 lock(또는 hold-in) 범위라고 한다. 이 lock 범위는 저역통과 필터의 직류 이득과도 관련이 있다. 한편, 입력 신호의 주파수가 lock 범위에 있더라도 입력의 초기 주파수와 VCO의 자주 발진 주파수의 차이가 너무 큰 경우에는 lock을 획득하지 못한다. 입력으로부터 동기 획득을 얻을 수 있는 주파수 범위를 pull-in(혹은 capture) 범위라 한다.

PLL의 동적인 특성 분석을 위해서는 루프 필터의 임펄스 응답과 피드백 시스템의 이론이 필요하다. PLL의 대역폭은 저역통과 필터의 대역폭에 의하여 제어되는데, 대역폭의 결정에 있어서 타협이 필요하다. 대역폭이 작으면 잡음을 제거하는 특성이 좋아지지만 너무 작을 경우 동기를 획득하기 어려워진다. PLL의 동작에 대한 상세한 분석은 생략한다.

그림 4.31에 PLL을 이용하여 AM 신호를 동기 검파하는 방법을 보인다. AM 신호는 포락선 검파에 의해 비동기 복조를 할 수 있지만 범용 IC로 제작되어 판매되고 있는 PLL을 사용하여 간단히 동기 검파할 수 있다. 앞서 살펴보았던 PLL의 동작에서 입력 $x(t)$는 정현파 함수로 표시되어 있고 VCO의 출력 $x_o(t)$는 여현파 함수로 표시되어 있음을 주목한다. 이 상태에서 $\theta_i(t) = \theta_o(t)$가 된다는 것은 결국 VCO의 출력이 PLL의 입력과 90° 차로 동기화된다는 것을 의미한다.

그림 4.31에서 $\hat{s}_{AM}(t)$는 AM 신호 $s_{AM}(t)$를 90° 천이시킨 신호이며 PLL 동작에 의해 VCO의 출력 $x_o(t)$는 $\hat{s}_{AM}(t)$와 90° 위상차로 동기화된다. 따라서 $s_{AM}(t)$와 $x_o(t)$는 서로

$0°$의 위상차로 동기화되므로 이 두 신호를 곱하여 동기 검파를 할 수 있다.

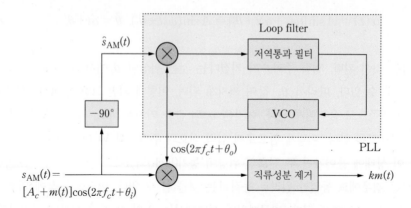

그림 4.31 PLL을 사용한 AM 검파기

4.6.2 제곱법 소자를 이용한 반송파 추출과 DSB-SC 신호의 검파

그림 4.32에 제곱법 소자를 이용하여 수신된 DSB-SC 신호로부터 반송파를 추출하는 방법을 보인다. 이 방식에서는 수신된 DSB 신호를 제곱한 후 주파수 분할기를 사용하여 반송파를 추출한다. 그림 4.32(a)에서 입력 DSB 신호가 먼저 제곱법 소자를 통과하면 출력은

$$s_{\text{DSB}}^2(t) = m^2(t)\cos^2 2\pi f_c t = \frac{1}{2}m^2(t) + \frac{1}{2}m^2(t)\cos 4\pi f_c t \tag{4.65}$$

가 된다. 기저대역 신호 $m(t)$의 대역폭이 B라면 $m^2(t)$의 대역폭은 그 두 배인 $2B$이므로 식 (4.65)의 우변 첫 번째 항은 대역폭이 $2B$인 저역통과 신호이며, 두 번째 항은 주파수 $2f_c$를 중심으로 하고 대역폭이 $4B$인 대역통과 신호이다. 그림의 BPF1은 중심 주파수가 $2f_c$인 대역통과 필터로서 제곱법 소자 출력에서 저역통과 신호를 제거하여 $0.5m^2(t)\cos 4\pi f_c t$를 출력한다. 이 신호가 제한기(limiter)를 통하면 출력은 그림에 보인 것과 같이 기본 주파수가 $2f_c$인 사각 펄스열이 된다. 여기서 제한기는 입력이 0보다 크면 출력을 1로 만들고 입력이 0보다 작으면 출력을 -1으로 만든다. 다음 단계로 주파수가 $2f_c$인 제한기 출력의 사각 펄스열을 2:1로 주파수 분할시키면 그림과 같이 기본 주파수가 f_c인 사각 펄스열을 얻을 수 있다. 이 사각 펄스열은 반송파 $\cos 2\pi f_c t$와 주파수 및 위상이 동기화된 상태이다. 마지막 단계로 중심 주파수가 f_c인 협대역 대역통과 필터 BPF2를 거치게 하여 모든 고조파들이 제거된 $A\cos 2\pi f_c t$의 파형을 얻을 수 있다. 이와 같은 방법으로 추출한 반송파를 이용하여 그림 4.33과 같이 동기 검파기를 구성할 수 있다.

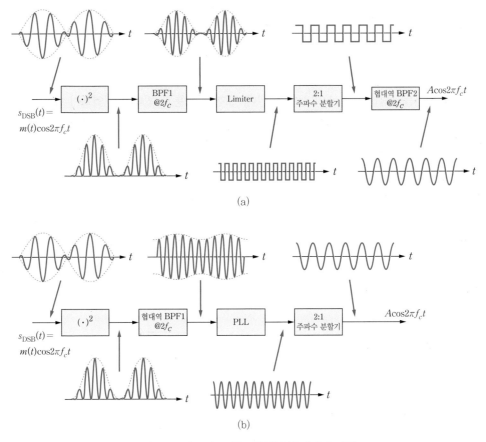

그림 4.32 제곱법 소자를 이용한 반송파 추출 과정

그림 4.32(b)에는 제곱법 소자와 PLL을 이용한 반송파 추출 방법을 보인다. 제곱법 소자를 거쳐 출력된 신호를 매우 좁은 대역폭을 가진 대역통과 필터에 통과시킨다. 제곱법 소자 출력인 식 (4.65)에서 $m^2(t)$의 특성을 살펴보자. 신호 $m^2(t)$는 항상 0 이상의 값을 갖는다. 따라서 이 신호의 직류 성분은 0보다 크다. 그러므로 이 신호를 다음과 같이 표현할 수 있다.

$$\frac{1}{2}m^2(t) = K + g_{ac}(t) \tag{4.66}$$

여기서 K는 직류 성분이고 $g_{ac}(t)$는 평균이 0인(직류 성분을 분리시켰으므로) 기저대역 신호이다. 이를 이용하여 식 (4.65)를 다음과 같이 표현할 수 있다.

$$s_{\mathrm{DSB}}^2(t) = \frac{1}{2}m^2(t) + \frac{1}{2}m^2(t)\cos 4\pi f_c t$$
$$= \frac{1}{2}m^2(t) + K\cos 4\pi f_c t + g_{ac}(t)\cos 4\pi f_c t \tag{4.67}$$

대역통과 필터를 통하면 $m^2(t)/2$는 제거된다. 또한 대역통과 필터의 대역폭이 매우 좁다면 $g_{ac}(t)\cos 4\pi f_c t$도 거의 제거된다. 그 이유를 살펴 보면 $g_{ac}(t)\cos 4\pi f_c t$의 스펙트럼은 $2f_c$를 중심으로 하고 있지만 $g_{ac}(t)$에는 직류 성분이 없기 때문에 $2f_c$ 근처에는 신호 성분이 별로 없다. 또한 기저대역 신호 $m(t)$의 대역폭이 BHz라면, $g_{ac}(t)\cos 4\pi f_c t$의 스펙트럼은 $4B$Hz에 걸쳐 분산되어 있다(푸리에 변환의 성질 적용). 그러므로 협대역 BPF를 통과하는 성분은 매우 적다. 이에 비해 $K\cos 4\pi f_c t$는 이산 스펙트럼을 가져서 모든 전력이 주파수 $2f_c$에 집중되어 있다. 결과적으로 대역통과 필터의 출력은 $K\cos 4\pi f_c t$와 $g_{ac}(t)\cos 4\pi f_c t$로부터 남은 소량의 원치 않는 신호가 된다. 이 원치 않는 신호 성분은 PLL을 통과함으로써 제거된다. PLL 출력 신호를 주파수 분할기를 통하게 하면 원하는 반송파를 얻는다.

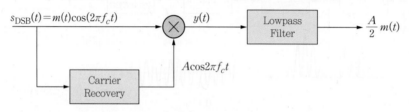

그림 4.33 동기 검파기의 구조

4.6.3 Costas 루프를 이용한 동기 검파기

그림 4.34에 PLL의 원리를 응용한 Costas 루프를 이용한 DSB–SC 신호의 동기 검파기를 보인다. 수신 신호를 $m(t)\cos(\omega_c t + \theta_i)$라 하고, VCO의 출력을 $\cos(\omega_c t + \theta_o)$라 하자. 그러면 위상 오차는 $\theta_e = \theta_i - \theta_o$가 된다. 그림 4.34의 위에 있는 저역통과 필터 LPF1의 출력과 아래에 있는 LPF2의 출력이 곱해지면 다음과 같이 된다.

$$v_o(t) = \{m(t)\cos(\omega_c t + \theta_i)\cdot \cos(\omega_c t + \theta_o)\}_{\mathrm{LPF}}\cdot\{-m(t)\cos(\omega_c t + \theta_i)\cdot \sin(\omega_c t + \theta_o)\}_{\mathrm{LPF}}$$
$$= \left\{\frac{1}{2}m(t)\cos\theta_e\right\}\cdot\left\{\frac{1}{2}m(t)\sin\theta_e\right\} \tag{4.68}$$
$$= \frac{1}{8}m^2(t)\sin 2\theta_e$$

이 신호가 가운데 있는 협대역 LPF3를 통과하고 나면 $k\sin 2\theta_e$가 되며 이 신호가 VCO

에 입력된다. 여기서 k는 $m^2(t)/8$의 직류 성분이다. 만일 $\theta_e = \theta_i - \theta_o > 0$이면 VCO의 입력 $k\sin 2\theta_e$가 VCO의 출력 주파수를 증가시켜서 θ_e가 줄어들게 한다. 이러한 동기 과정은 PLL이 동작하는 것과 같으며, 추출된 반송파를 사용하여 동기 검파를 할 수 있다.

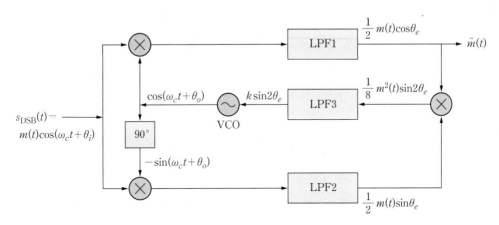

그림 4.34 Costas 루프를 이용한 DSB−SC 검파기

4.7 주파수분할 다중화와 수퍼헤테로다인 수신기

4.7.1 주파수분할 다중화(FDM)

다중화(multiplexing)란 동일한 통신 채널을 통해 동시에 여러 신호를 전송하는 방식이다. 다중화 방식으로는 주파수분할 다중화, 시분할 다중화, 코드분할 다중화 등이 있다. 시분할 다중화(Time Division Multiplexing: TDM)는 시간에 따라 번갈아가면서 여러 신호를 하나의 통신 매체를 사용하여 전송하는 방법으로 시간 슬롯 단위로 전송할 신호를 배정한다. 코드분할 다중화(Code Division Multiplexing: CDM)는 동시에 여러 신호가 지속적으로 전송되지만 신호 간에 서로 다른 코드를 할당 받아서 다른 신호와 구별될 수 있도록 하는 방식이다. TDM과 CDM은 이 책의 다른 장에 설명되어 있다. 주파수분할 다중화(Frequency Division Multiplexing: FDM)는 통신 채널의 주파수 대역을 분할하여 여러 신호가 서로 다른 주파수 대역을 사용하여 전송되도록 하는 방식이다. 이를 위하여 신호마다 서로 다른 반송파를 사용하여 변조하며, 신호의 스펙트럼이 겹치지 않도록 반송파 간 간격을 떨어뜨려야 한다. 그림 4.35(a)에 주파수분할 다중화의 예를 보인다. 수신단에서는 채널을 통해 전송된 여러 신호 중에서 원하는 신호의 반송파 주파수를 중심으로 하는 대역통과 필터를 사용하여 신호를 선택한다. 기저대역 신호를 높은 주파수(Radio Frequency: RF)의 반송파를 사용하여 스펙트럼

천이시키는데, AM 방송인 경우 540kHz에서부터 1600kHz까지의 RF 대역이 할당되어 있다. AM 변조에서는 음성의 최대 주파수 성분을 4kHz로 보고 변조하여 전송대역은 그 두 배인 8kHz가 된다. 그리고 신호 간 간섭이 적게 일어나게 하고 수신기에서 대역통과 필터에 의한 신호의 분리를 쉽게 하기 위해 스펙트럼 간에 2kHz 정도의 대역을 비워두는데 이를 보호 대역(guard band)이라 한다. AM 방송에서는 신호별 반송 주파수 간격이 10kHz로 정해져 있다. AM 방송의 수신기에서는 방송국의 분리와 복조가 이루어진다. 여러 방송국 중에서 원하는 채널을 선택할 수 있도록 하기 위해서는 그림 4.35(b)와 같이 수신기 대역통과 필터의 중심 주파수를 쉽게 변화시킬 수 있어야 한다.

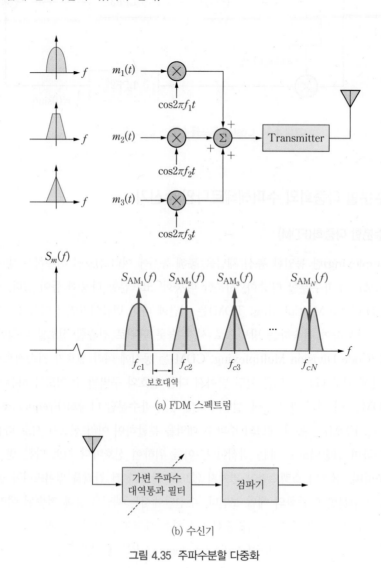

(a) FDM 스펙트럼

(b) 수신기

그림 4.35 주파수분할 다중화

4.7.2 수퍼헤테로다인 수신기

수신기의 안테나에 접수된 RF 신호에는 여러 채널의 스펙트럼이 같이 존재하고 있는데, 수신기의 동작 과정은 방송국의 분리(separation), 신호의 증폭 및 복조로 이루어진다. 수신기의 첫 번째 작업은 RF 대역에서 원하는 채널의 스펙트럼을 취하는 과정인데, 대역통과 필터를 사용하는 대신 LC 공진 회로의 대역통과 특성을 이용하면 구현이 간단해진다. 공진 회로에서 C 값을 변화시키면 대역통과 특성의 중심 주파수가 변화한다. 이를 이용하여 채널을 선택하는데, 이 작업을 동조(tuning)라 한다. 수신기의 안테나에 유기되는 전압의 크기는 매우 작기 때문에 증폭이 필요한데, 이것이 두 번째 과정이다. 동조 증폭기(tuned amplifier)를 사용하면 동조와 증폭을 동시에 실현할 수 있다.

공진 회로에서 중심 주파수는

$$f_0 = \frac{1}{2\pi\sqrt{LC}} \qquad (4.69)$$

가 되는데, C 값을 가변시킴으로써 원하는 채널의 반송파 주파수에 동조시킬 수 있다. 바람직한 동조 과정은 대역폭은 일정하고 중심 주파수만 가변인 대역통과 필터를 구현하는 것이다. 다시 말해서 어떤 방송국이 선택되든지 고정된 협대역(10kHz) 필터가 필요하다. 그러나 LC 공진회로의 문제점은 중심 주파수의 변화에 따라 대역폭이 변화한다는 것이다. LC 공진회로에서 동조 주파수가 n배로 증가하면 대역폭은 n^2 배 증가한다. AM 방송의 경우 최저 주파수가 540kHz이고 최고 주파수가 1600kHz이므로, 540kHz에 동조시켰을 때의 대역폭에 비해 1600kHz에 동조시켰을 때의 LC 공진회로는 대역폭이 약 9배가 되어 신호를 처리하는데 문제가 있다.

그림 4.36에 초창기의 AM 수신기 구조를 보이는데, 그림과 같이 RF 대역에서 직접 동조와 증폭이 이루어지는 구조의 수신기를 TRF(Tuned Radio Frequency) 수신기라 부른다. TRF 수신기에서는 중심 주파수가 가변인 대역통과 필터를 통하여 원하는 채널의 신호만 선택한다. 위에서 언급한 것처럼 이 방식은 채널에 따라 필터의 대역폭을 일정하게 유지시키기 어렵다는 문제점이 있다. 특히 높은 주파수의 채널을 10kHz의 대역폭으로 선택하려면 선택노(즉 Q 시수)가 높은 대역통과 필터가 필요하다. 높은 선택도의 대역통과 특성을 얻기 위해서는 다단(multi-stage)의 필터 과정을 구현하는데, 보통 3단을 사용한다. 그러나 모든 단의 동조 증폭기가 같은 비율로 변화하지 않으므로 동조시키기가 어렵다.

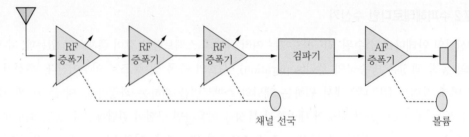

(a) TRF 수신기의 구조

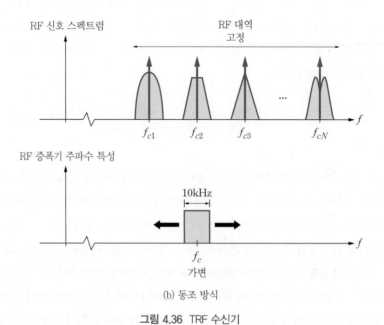

(b) 동조 방식

그림 4.36 TRF 수신기

　　TRF 수신기의 문제점을 해결한 방식으로 **수퍼헤테로다인**(superheterodyne) 수신기는 동조 증폭기의 중심 주파수를 특정 주파수에 고정시키고 수신된 전체 RF 스펙트럼을 이동시키면서 원하는 채널의 스펙트럼이 통과대역에 들어오게 하는 방식이다. 즉 주파수축에서 신호 선택 윈도우를 움직이는 대신, 윈도우의 위치를 고정시키고 전체 축을 움직이는 방식이다. 여기서 고정된 주파수를 **중간 주파수**(Intermediate Frequency: IF)라 하는데, 상용 AM 방송의 경우 $f_{\text{IF}} = 455\,\text{kHz}$로 정해져 있다. 그림 4.37에 수퍼헤테로다인 수신기의 구조와 원리를 보인다. 이 수신기는 RF부와 주파수 변환기, IF 증폭기, 포락선 검파기, 오디오 증폭기로 구성되어 있다.

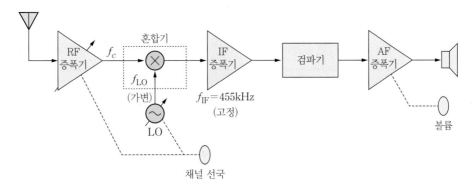

(a) 수퍼헤테로다인 수신기의 구조

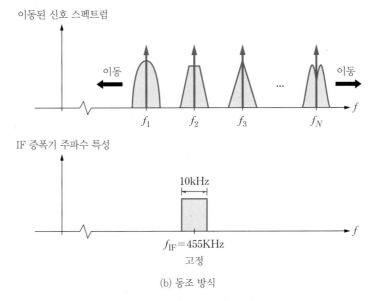

(b) 동조 방식

그림 4.37 수퍼헤테로다인 수신기

수신된 RF 신호는 가변 국부 발진기의 출력과 곱해짐으로써 주파수 천이된다. 이 과정에서 국부 발진기의 주파수를 조정하여 RF 스펙트럼 중 원하는 채널의 스펙트럼이 고정된 특성의 IF 증폭기의 대역폭 내에 들어오도록 한다. 헤테로다인(heterodyne)이란 주파수 변환기를 사용하여 주파수축에서 스펙트럼을 이동시키는 작업을 의미한다. 그리고 IF 주파수 455kHz는 가청(Audio Frequency: AF) 주파수보다 높기 때문에 수퍼소닉(supersonic)이라 하며, 이 두 단어를 합성하여 수퍼헤테로다인(superheterodyne)이라 부르는 것이다.

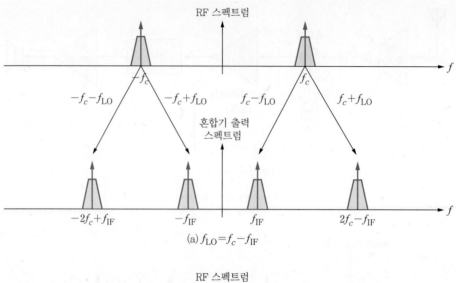

(a) $f_{\mathrm{LO}} = f_c - f_{\mathrm{IF}}$

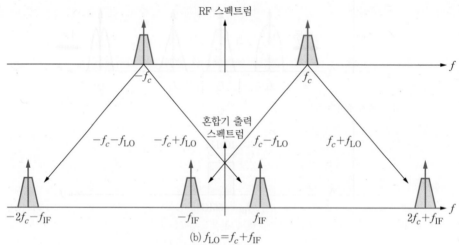

(b) $f_{\mathrm{LO}} = f_c + f_{\mathrm{IF}}$

그림 4.38 RF 스펙트럼을 IF 대역으로 주파수 천이시키는 두 가지 방법

주파수 변환기(또는 mixer)를 통하여 RF 스펙트럼을 IF 대역으로 이동시킨다. RF 스펙트럼에서 원하는 채널의 반송파 주파수를 f_c 라 하자. 이 주파수를 중간 주파수 f_{IF} 로 변환시키기 위하여 혼합기의 국부 발진기 주파수 f_{LO} 는 다음을 만족해야 한다.

$$|f_{\mathrm{LO}} - f_c| = f_{\mathrm{IF}} \tag{4.70}$$

따라서 다음 두 경우가 모두 가능하다.

$$f_{LO} = f_c + f_{IF} \qquad\qquad (4.71)$$

$$f_{LO} = f_c - f_{IF} \qquad\qquad (4.72)$$

이 두 가지 경우를 그림 4.38에 보인다. 그러나 식 (4.71)의 조건을 사용하는 것이 유리하다. 그 이유를 알아보기 위하여 그림 4.39를 참고한다. AM에서는 RF 스펙트럼이 $540 \le f_c \le 1600$ kHz 의 범위에 있으므로 $f_{LO} = f_c + f_{IF}$ 를 사용하는 경우 국부 발진기 주파수가 $995 \le f_{LO} \le 2055$ kHz 범위에서 가변되어야 한다. 반면에 $f_{LO} = f_c - f_{IF}$ 를 사용하면 국부 발진기 주파수가 $85 \le f_{LO} \le 1145$ kHz 범위에서 가변되어야 한다. 전자의 경우 최대 주파수 대 최저 주파수는 2.07인데 비해 후자의 경우는 그 비율이 13.5나 되는 큰 값을 가진다. 후자의 경우처럼 국부 발진기 주파수의 상대적인 가변 범위가 넓으면 구현하기가 어렵다. 결론적으로 수퍼헤테로다인 수신기에서는 원하는 RF 신호의 반송파 주파수보다 455kHz 높은 주파수를 혼합기의 국부 발진 주파수로 사용한다.

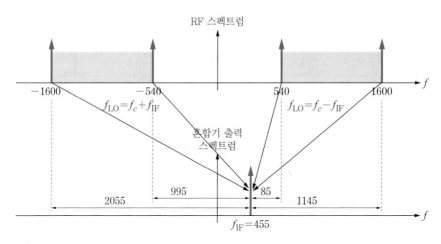

그림 4.39 주파수 변환 방법의 비교

수퍼헤테로다인 방식에도 단점이 있다. 주파수 변환 과정에서 수신 신호와 국부발진기 신호를 곱하면 두 주파수의 합과 차만큼 스펙트럼이 이동하는데, 원하는 채널뿐만 아니라 원하지 않는 채널의 스펙트럼까지 IF 대역에 들어오게 된다. 그림 4.40의 예를 보면서 문제점을 살펴보자. 원하는 채널의 주파수가 f_c인 경우 혼합기 국부발진기의 주파수는 $f_{LO} = f_c + f_{IF}$ 를 사용한다. 그런데 주파수 혼합 과정에서 주파수의 합과 차가 만들어지므로 원하지 않는 채널도

IF 대역으로 들어올 수 있다. 즉 주파수가 $f_{RF} = f_c + 2f_{IF}$ 인 원하지 않는 채널도

$$f_{RF} - f_{LO} = (f_c + 2f_{IF}) - (f_c + 2f_{IF}) = f_{IF} \qquad (4.73)$$

가 되어 IF 대역으로 들어와서 간섭을 유발한다. 이 주파수 f_{RF} 를 f_c 에 대한 영상 주파수(image frequency)라 한다. 이와 같이 어떤 채널을 선택하고자 하면 그 채널의 반송파 주파수보다 IF 주파수의 두 배만큼 높은 반송파 주파수의 채널도 함께 선택되므로 원하는 채널에 대한 간섭 신호로 작용하게 된다. 영상 채널이 일단 IF 대역에 들어오면 원하는 채널과 분리하는 것은 불가능하다. 따라서 주파수 변환하기 전 단계인 RF 대역에서 RF 동조 회로에 의해 영상 채널이 제거되어야 한다. TRF 수신기처럼 인접한 채널을 제거하는 것이 아니라 상당히 떨어진 주파수의 영상 채널을 제거하면 되므로 RF 동조 회로의 부담은 크지 않다. 지금까지 살펴본 수퍼헤테로다인 수신기법은 E. H. Armstrong에 의하여 개발되었으며, AM뿐만 아니라 FM 및 TV 수신에서도 사용된다.

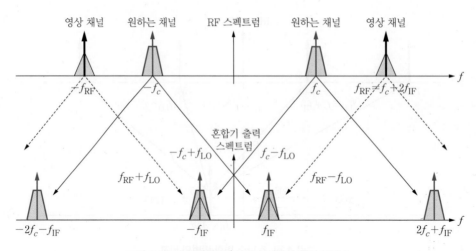

그림 4.40 수퍼헤테로다인 수신기에서 영상 주파수

4.8 Matlab을 이용한 실습

삼각파의 DSB-SC 변조

메시지 신호가 펄스폭이 $\tau = 0.1$이고 최댓값이 1인 삼각 펄스, 즉 $x(t) = \Lambda(2t/\tau)$이라고 하자. 메시지 신호를 반송파 $x_c(t) = \cos(2\pi f_c t)$로 DSB-SC 진폭 변조하여 만들어진 신호를 $x_m(t)$라 하자. 반송파 주파수는 $f_c = 250\,\mathrm{Hz}$를 사용한다. 신호 파형을 그리기 위하여 표본화는 $t_s = 0.001\,\mathrm{sec}$를 사용하고 시구간은 $[-0.1,\ 0.1]\,\mathrm{sec}$를 사용하라. 스펙트럼을 그리기 위한 주파수 해상도는 0.3Hz를 사용하라.

1) 메시지 신호를 발생시키고(triangle.m 이용 가능) 파형을 그려보라.
2) 이 신호의 푸리에 변환을 수식으로 유도하라.
3) 메시지 신호의 푸리에 변환을 계산하여 진폭 스펙트럼을 그려보라.
4) 이 신호가 위에 주어진 시구간, 즉 2초 주기로 반복되는 신호라고 가정하고 신호의 전력을 구하라.
5) 변조된 신호의 파형과 스펙트럼을 그려보라.
6) [생략 가능] 변조된 신호에 잡음이 더해져서 수신되는 경우를 고려하자. SNR이 20dB가 되도록 Gaussian 잡음을 발생시키고 수신 신호의 파형과 스펙트럼을 그려보라.

풀이

위의 실습을 위한 Matlab 코드의 예로 ex4_1.m을 참고한다. 이 파일을 실행시켜서 아래와 같은 결과를 얻는지 확인하라.

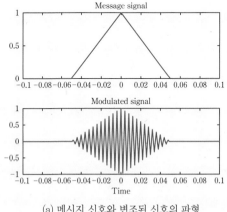

(a) 메시지 신호와 변조된 신호의 파형

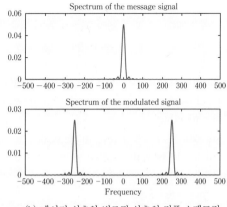

(b) 메시지 신호와 변조된 신호의 진폭 스펙트럼

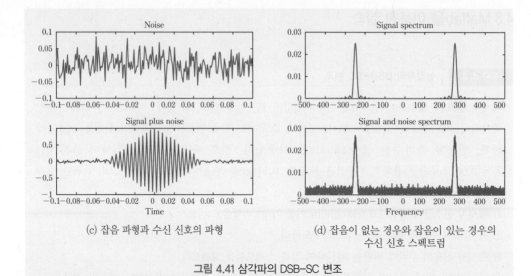

(c) 잡음 파형과 수신 신호의 파형   (d) 잡음이 없는 경우와 잡음이 있는 경우의
수신 신호 스펙트럼

그림 4.41 삼각파의 DSB-SC 변조

예제 4.4를 위한 Matlab 프로그램의 예(ex4_1.m)

```
% ----------------------------------------------------------------
% ex4_1.m (DSB-SC)
% Matlab program example for DSB-SC modulation
% The message signal is triangular pulse with pulse width tau=0.1
% ----------------------------------------------------------------
close all; clear;
df=0.3;                % desired frequency resolution [Hz]
ts=1/1000;             % sampling interval [sec]
fs=1/ts;               % sampling frequency
fc=250;                % carrier frequency
T1=-0.1; T2=0.1;       % observation time interval (from T1 to T2 sec)
t=[T1:ts:T2];          % observation time vector
N = length(t);
snr=20;                % SNR in dB scale
snr_lin=10^(snr/10);   % SNR in linear scale

% message signal
tau=0.1;                   % pulse width [sec]
x=triangle(tau, T1, T2, fs, df);   % triangular pulse
```

```
xc=cos(2*pi*fc.*t);                    % carrier signal
xm=x.*xc;                              % mixing (xm is modulated signal)
[X,x,df1]=fft_mod(x,ts,df);            % Fourier transform of message signal
X=X/fs;                                % scaling
f=[0:df1:df1*(length(x)−1)]−fs/2;      % frequency vector (range to plot)
[Xm,xm,df1]=fft_mod(xm,ts,df);         % Fourier transform of modulated signal
Xm=Xm/fs;                              % scaling
[XC,xc,df1]=fft_mod(xc,ts,df);         % Fourier transform of carrier


signal_power=norm(xm(1;N))^2/N;        % power of modulated signal
noise_power=signal_power/snr_lin;      % compute noise power
noise_std=sqrt(noise_power);           % compute noise standard deviation
noise=noise_std*randn(1,length(xm));   % generate noise
r=xm+noise;                            % add noise to the modulated signal
[R,r,df1]=fft_mod(r,ts,df);            % spectrum of the signal+noise
R=R/fs;                                % scaling


signal_power
disp('hit any key to continue'); pause
% ------------------------------------------------------------
% Time domain waveforms of message signal and modulated signal
% ------------------------------------------------------------
subplot(2,1,1); plot(t,xc(1:length(t)));
title('Carrier waveform'); xlabel('Time');
pause  % Press any key to see the message signal waveform
subplot(2,1,1); plot(t,x(1:length(t)));
title('Message signal'); %xlabel('Time');
pause  % Press any key to see the modulated signal waveform
subplot(2,1,2); plot(t,xm(1:length(t)));
title('Modulated signal'); xlabel('Time');
pause   % Press any key to see the spectra
% ------------------------------------------------------------
% Frequency domain plots of signal spectral
% ------------------------------------------------------------
subplot(2,1,1); plot(f,abs(fftshift(X)));
title('Spectrum of the message signal'); %xlabel('Frequency');
```

```
subplot(2,1,2); plot(f,abs(fftshift(Xm)));
title('Spectrum of the modulated signal'); xlabel('Frequency');
pause  % Press a key to see a noise sample
% ------------------------------------------------------------
% Waveform and spectrum of signal plus noise
% ------------------------------------------------------------
clf
subplot(2,1,1); plot(t,noise(1:length(t)));
title('Noise') ; %xlabel('Time');
pause  % Press a key to see the modulated signal and noise
subplot(2,1,2); plot(t,r(1:length(t)));
title('Signal plus noise'); xlabel('Time');
pause  % Press a key to see spectra of modulated signal and noise
subplot(2,1,1); plot(f,abs(fftshift(Xm)));
title('Signal spectrum'); %xlabel('Frequency');
subplot(2,1,2); plot(f,abs(fftshift(R)));
title('Signal and noise spectrum'); xlabel('Frequency');
```

예제 4.5 | **DSB-SC 신호의 동기 검파**

예제 4.4에서 사용한 삼각 펄스 메시지 신호로 DSB-SC 변조한 신호를 복조하는 실습이다. 메시지 신호는 펄스폭이 $\tau = 0.1$이고 최댓값이 1인 삼각 펄스, 즉 $x(t) = \Lambda(2t/\tau)$이다. 이 메시지 신호를 반송파 $x_c(t) = \cos(2\pi f_c t)$로 DSB-SC 변조하여 만들어진 신호를 $x_m(t)$라 하자. 반송파 주파수는 $f_c = 250\,\mathrm{Hz}$를 사용한다. 신호 파형을 그리기 위한 표본화 주파수는 $f_s = 1500\,\mathrm{Hz}$를 사용하고 시구간은 $[-0.1,\ 0.1]\mathrm{sec}$를 사용하라. 스펙트럼을 그리기 위한 주파수 해상도는 0.3Hz를 사용하라.

1) 메시지 신호와 변조된 신호의 파형을 그려보라.

2) 메시지 신호와 변조된 신호의 진폭 스펙트럼을 그려보라.

3) 이 신호가 수신되었다고 가정하고 수신기의 혼합기 출력의 스펙트럼을 그려보라.

4) 저역통과 필터를 통과한 신호의 스펙트럼을 그려보라. 메시지 신호와 복조기 출력 신호의 파형을 그려보라.

5) [생략 가능] 변조된 신호에 잡음이 더해져서 수신되는 경우를 고려하자. 메시지 신호가 위에 주어진 시구간, 즉 2초 주기로 반복되는 신호라고 가정하자. SNR이 20dB가 되도록 Gaussian 잡음을 발생시켜서 수신된 신호의 파형과 스펙트럼을 그려보라. 위의 복조과정을 거쳐서 나온 복조기 출력 신호의 파형을 그려보라.

위의 실습을 위한 Matlab 코드의 예로 ex4_2.m을 참고하라. 이 파일을 실행시켜서 다음과 같은 결과를 얻는지 확인하라. 메시지 신호와 변조된 신호의 파형의 스펙트럼은 생략한다(예제 4.4 참조).

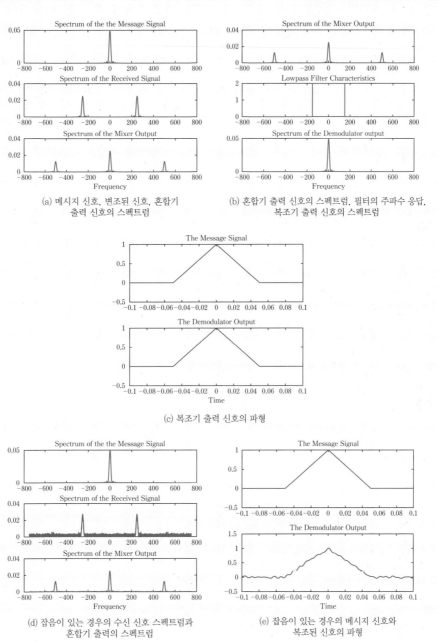

(a) 메시지 신호, 변조된 신호, 혼합기
출력 신호의 스펙트럼

(b) 혼합기 출력 신호의 스펙트럼, 필터의 주파수 응답,
복조기 출력 신호의 스펙트럼

(c) 복조기 출력 신호의 파형

(d) 잡음이 있는 경우의 수신 신호 스펙트럼과
혼합기 출력의 스펙트럼

(e) 잡음이 있는 경우의 메시지 신호와
복조된 신호의 파형

그림 4.42 DSB-SC 변조된 삼각파의 동기식 복조

[과제 1] 메시지 신호가 사각 펄스인 경우 위의 실습을 반복하라.

[과제 2] 복조기의 반송파가 변조에 사용한 반송파와 위상 오차가 있는 경우, 복조기의 출력을 관찰한다. 복조기의 국부발진기 출력 정현파가 변조기에서 사용한 반송파에 비해 30°, 60° 차이가 나는 경우에 대하여 각각 메시지 신호와 복조기 출력 신호의 파형을 그려보라.

[과제 3] 복조기의 반송파가 변조에 사용한 반송파와 주파수 오차가 있는 경우, 복조기의 출력을 관찰한다. 복조기의 국부발진기 출력 정현파가 변조기에서 사용한 반송파에 비해 25 Hz, 50Hz 큰 경우에 대하여 각각 메시지 신호와 복조기 출력 신호의 파형을 그려보라.

예제4.5를 위한 Matlab 프로그램의 예(ex4_2.m)

```
% ----------------------------------------------------------------
% ex4_2.m
% Matlab program example for DSB-SC demodulation
% The message signal is triangular pulse with pulse width tau=0.1
% ----------------------------------------------------------------
close all; clear;
df=0.3;              % desired frequency resolution [Hz]
ts=1/1500;           % sampling interval [sec]
fs=1/ts;             % sampling frequency
fc=250;              % carrier frequency
T1=-0.1; T2=0.1;     % observation time interval (from T1 to T2 sec)
t=[T1:ts:T2];        % observation time vector
N=length(t);
snr=20;                   % SNR in dB scale
snr_lin=10^(snr/10);      % SNR in linear scale
% --------------------------------------------
% modulation : DSB-SC
% --------------------------------------------
tau=0.1;                       % pulse width [sec]
x=triangle(tau, T1, T2, fs, df);    % message signal
xc=cos(2*pi*fc.*t);                 % carrier signal
```

286 아날로그 및 디지털 통신이론

```
xm=x.*xc;                              % mixing (xm is modulated signal)
[X,x,df1]=fft_mod(x,ts,df);            % Fourier transform of message signal
X=X/fs;                                % scaling
[Xm,xm,df1]=fft_mod(xm,ts,df);         % Fourier transform of modulated signal
Xm=Xm/fs;                              % scaling
[XC,xc,df1]=fft_mod(xc,ts,df);         % Fourier transform of carrier
f=[0:df1:df1*(length(xm)−1)]−fs/2;     %frequency vector (range to plot)
subplot(2,1,1); plot(t,x(1:length(t)));
title('Message signal')
subplot(2,1,2); plot(t,xm(1:length(t)));
xlabel('Time'); title('Modulated signal');
disp('hit any key to continue'); pause
subplot(2,1,1); plot(f,abs(fftshift(X)));
title('Spectrum of the message signal')
subplot(2,1,2); plot(f,abs(fftshift(Xm)));
title('Spectrum of the modulated signal'); xlabel('Frequency');
% ─────────────────────────────────────────────
% AWGN channel
% ─────────────────────────────────────────────
signal_power=norm(xm(1:N))^2/N;        % power in modulated signal
noise_power=signal_power/snr_lin;      % compute noise power
noise_std=sqrt(noise_power);           % compute noise standard deviation
noise=noise_std*randn(1,length(xm));   % generate noise
% Received signal
r=xm+noise;             % add noise
%r=xm;                  % without noise
[R,r,df1]=fft_mod(r,ts,df);            % spectrum of the received signal
R=R/fs;                                % scaling
% ─────────────────────────────────────────────
% demodulation : coherent detection
% We use ideal lowpass filter in this example.
% ─────────────────────────────────────────────
y=r.*xc;                               % mixing
[Y,y,df1]=fft_mod(y,ts,df);            % Fourier transform of mixer output
Y=Y/fs;                                % scaling
f_cutoff=150;                          % cutoff frequency of the filter
```

```
H=zeros(size(f));
H(1:n_cutoff)=2*ones(1,n_cutoff);      % freq. response of the lowpass filter
H(length(f)-n_cutoff+1:length(f))=2*ones(1,n_cutoff); % note that filter is periodic
Z=H.*Y;                                % spectrum of the filter output
z=real(ifft(Z))*fs;     % filter output waveform
pause % Press a key to see the effect of mixing
clf
subplot(3,1,1); plot(f,fftshift(abs(X)));
title('Spectrum of the the Message Signal')
subplot(3,1,2); plot(f,fftshift(abs(R)));
title('Spectrum of the Received Signal')
subplot(3,1,3); plot(f,fftshift(abs(Y)));
title('Spectrum of the Mixer Output'); xlabel('Frequency');
pause % Press a key to see the effect of filtering on the mixer output
clf
subplot(3,1,1); plot(f,fftshift(abs(Y)));
title('Spectrum of the Mixer Output')
subplot(3,1,2); plot(f,fftshift(abs(H)))
title('Lowpass Filter Characteristics')
subplot(3,1,3); plot(f,fftshift(abs(Z)));
title('Spectrum of the Demodulator output'); xlabel('Frequency');
pause % Press a key to compare the spectra of the message an the received signal
clf
subplot(2,1,1); plot(f,fftshift(abs(X)));
title('Spectrum of the Message Signal')
subplot(2,1,2); plot(f,fftshift(abs(Z)));
title('Spectrum of the Demodulator Output'); xlabel('Frequency');
pause % Press a key to see the message and the demodulator output signals
subplot(2,1,1); plot(t,x(1:length(t)));
title('The Message Signal')
subplot(2,1,2); plot(t,z(1:length(t)));
title('The Demodulator Output'); xlabel('Time');
```

메시지 신호로 다음과 같은 신호를 가정하자.

$$m(t) = \begin{cases} 1, & 0 < t < 0.05 \\ -2, & 0.05 < t < 0.1 \\ 0, & \text{otherwise} \end{cases} \tag{4.74}$$

이 메시지 신호를 반송파 $s_c(t) = \cos(2\pi f_c t)$ 로 변조지수 $\mu = 0.85$ 를 사용하여 DSB-TC 진폭 변조하여 만들어진 신호를 $s_m(t) = [1 + \mu m_n(t)]\cos(2\pi f_c t)$ 라 하자. 반송파 주파수는 $f_c = 250\,\text{Hz}$ 를 사용한다. 신호의 파형을 그리기 위하여 샘플링은 $t_s = 0.001\,\text{sec}$ 를 사용하고 시구간은 $[0,\ 0.15]\text{sec}$ 를 사용하라. 스펙트럼을 그리기 위한 주파수 해상도는 0.2Hz를 사용하라.

1) 메시지 신호를 발생시키고 신호의 파형을 그려보라.

2) 메시지 신호의 푸리에 변환을 계산하여 진폭 스펙트럼을 그려보라.

3) 이 신호가 위에 주어진 시구간, 즉 0.15초 주기로 반복되는 신호라고 가정하고 신호의 전력을 구하라.

4) 변조된 신호의 파형과 스펙트럼을 그려보라.

5) [생략 가능] 변조된 신호에 잡음이 더해져서 수신되는 경우를 고려하자. SNR이 10dB가 되도록 Gaussian 잡음을 발생시켜서 수신된 신호의 파형과 스펙트럼을 그려보라.

풀이

DSB_TC.m 참고

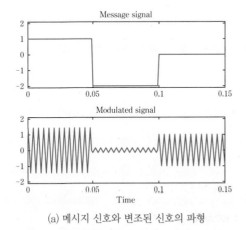

(a) 메시지 신호와 변조된 신호의 파형

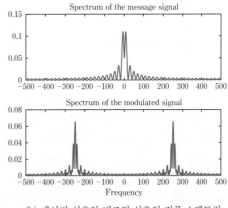

(b) 메시지 신호와 변조된 신호의 진폭 스펙트럼

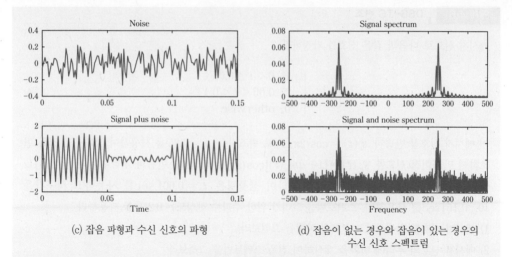

(c) 잡음 파형과 수신 신호의 파형

(d) 잡음이 없는 경우와 잡음이 있는 경우의
수신 신호 스펙트럼

그림 4.43 DSB-TC 변조

예제 4.6을 위한 Matlab 프로그램의 예(ex4_3.m)

```
% ------------------------------------------------------------
% ex4_3.m
% Matlab program example for DSB-TC AM modulation
% The message signal is
%       m(t) =  1  for 0 < t < 0.05
%       m(t) = -2 for 0.05 < t < 0.1
%       m(t) =  0  otherwise
% ------------------------------------------------------------
close all; clear;
df=0.2;              % desired frequency resolution [Hz]
ts=1/1000;           % sampling interval [sec]
fs=1/ts;             % sampling frequency
fc=250;              % carrier frequency
T1=0; T2=0.15;       % observation time interval (from T1 to T2 sec)
t=[T1:ts:T2];        % observation time vector
N=length(t);
a=0.85;              % Modulation index
snr=10;              % SNR in dB scale
```

```
snr_lin=10^(snr/10);  % SNR in linear scale
% message signal
m=[ones(1,T2/(3*ts)),−2*ones(1,T2/(3*ts)),zeros(1,T2/(3*ts)+1)];
s_c=cos(2*pi*fc.*t);            % carrier signal
m_n=m/max(abs(m));              % normalized message signal
[M,m,df1]=fft_mod(m,ts,df);     % Fourier transform
M=M/fs;                         % scaling
f=[0:df1:df1*(length(m)−1)]−fs/2;   % frequency vector
% modulated signal
s_m−(1+a*m_n).*s_c;
[S_m,s_m,df1]=fft_mod(s_m,ts,df);   % Fourier transform
S_m=S_m/fs;                     % scaling
signal_power=norm(s_m(1:N))^2/N;  % power of modulated signal
pmn=(norm(m(1:N))^2/N)/(max(abs(m)))^2;
eta=(a^2*pmn)/(1+a^2*pmn);      % modulation efficiency
noise_power=eta*signal_power/snr_lin;   % noise power
noise_std=sqrt(noise_power);            % noise standard deviation
noise=noise_std*randn(1,length(s_m));   % generate noise
r=s_m+noise;                            % add noise to the modulated signal
[R,r,df1]=fft_mod(r,ts,df);             % Fourier transform
R=R/fs;                                 % scaling
disp('Press a key to show the modulated signal power'); pause
signal_power
disp('Press a key to show the modulation efficiency'); pause
eta
disp('hit any key to continue'); pause
% −−−−−−−−−−−−−−−−−−−−−−−−−−−−−−−−−−−−−−−−−−−−−−−−−−−−−−−−−−−−−−−
% Time domain waveforms of message signal and modulated signal
% −−−−−−−−−−−−−−−−−−−−−−−−−−−−−−−−−−−−−−−−−−−−−−−−−−−−−−−−−−−−−−−
subplot(2,1,1); plot(t,s_c(1:length(t)));
title('Carrier waveform'); xlabel('Time');
pause  % Press any key to see the message signal waveform
subplot(2,1,1); plot(t,m(1:length(t)))
axis([0 0.15 −2.1 2.1]);
title('Message signal'); %xlabel('Time');
pause  % Press any key to see the modulated signal waveform
```

```
subplot(2,1,2); plot(t,s_m(1:length(t)));
axis([0 0.15 −2.1 2.1]);
title('Modulated signal'); xlabel('Time');
pause   % Press any key to see the spectra
% --------------------------------------------------------------------------------
% Frequency domain plots of signal spectral
% --------------------------------------------------------------------------------
subplot(2,1,1); plot(f,abs(fftshift(M)));
title('Spectrum of the message signal'); %xlabel('Frequency');
subplot(2,1,2); plot(f,abs(fftshift(S_m)));
title('Spectrum of the modulated signal'); xlabel('Frequency');
pause  % Press a key to see a noise sample
% --------------------------------------------------------------------------------
% Waveform and spectrum of signal plus noise
% --------------------------------------------------------------------------------
clf
subplot(2,1,1); plot(t,noise(1:length(t)));
title('Noise') ; %xlabel('Time');
subplot(2,1,2); plot(t,r(1:length(t)));
title('Signal plus noise'); xlabel('Time')
pause  % Press a key to see spectra of modulated signal and noise
subplot(2,1,1); plot(f,abs(fftshift(S_m)));
title('Signal spectrum'); %xlabel('Frequency');
subplot(2,1,2); plot(f,abs(fftshift(R)));
title('Signal and noise spectrum'); xlabel('Frequency');
```

[과제] 변조지수를 1.0, 1.5로 변화시켜 가면서 위의 실험과 동일한 과정을 반복하라. 과변조 (overmodulation)에 의하여 AM 신호의 스펙트럼이 어떤 영향을 받는가?

예제 4.6에서 사용한 메시지 신호로 DSB-TC 변조한 신호를 복조하는 실습이다. 이 메시지 신호를 반송파 $s_c(t) = \cos(2\pi f_c t)$로 변조지수 $\mu = 0.85$를 사용하여 DSB-TC 진폭 변조하여 만들어진 신호를 $s_m(t) = [1+\mu m_n(t)]\cos(2\pi f_c t)$라 하자. 반송파 주파수는 $f_c = 250\,\text{Hz}$를 사용한다. 신호의 파형을 그리기 위하여 표본화는 $t_s = 0.001\,\text{sec}$를 사용하고 시구간은 $[0,\ 0.15]\,\text{sec}$를 사용하라. 스펙트럼을 그리기 위한 주파수 해상도는 0.2Hz를 사용하라. 포락선 검파기를 이용한 비동기 복조기를 구현하라. 여기서 포락선을 구하기 위하여 Matlab 함수 hilbert.m을 사용하라.

1) 메시지 신호와 변조된 신호의 파형을 그려보라.

2) 이 신호가 수신되었다고 가정하고 수신 신호의 포락선을 그려보라.

3) 수신 신호의 스펙트럼과 hilbert.m 함수를 통해 구한 analytic 신호의 스펙트럼을 그려보라.

4) 포락선 검파기 출력 신호의 파형을 그려보라.

5) [생략 가능] 변조된 신호에 잡음이 더해져서 수신되는 경우를 고려하자. 메시지 신호가 위에 주어진 시구간, 즉 2초 주기로 반복되는 신호라고 가정하자. SNR이 10dB가 되도록 Gaussian 잡음을 발생시켜서 변조된 신호에 더하여 수신 신호를 만든다. 수신된 신호로부터 복조 과정을 거쳐 출력된 신호의 파형을 그려보라.

풀이

위의 실험을 위한 Matlab 코드의 예로 ex4_4.m을 참고하라. 이 파일을 실행시켜서 다음과 같은 결과를 얻는지 확인하라.

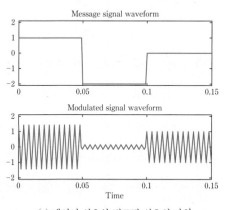

(a) 메시지 신호와 변조된 신호의 파형

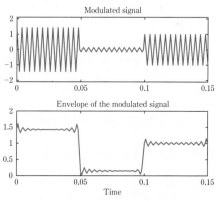

(b) 변조된 신호와 수신 신호의 포락선

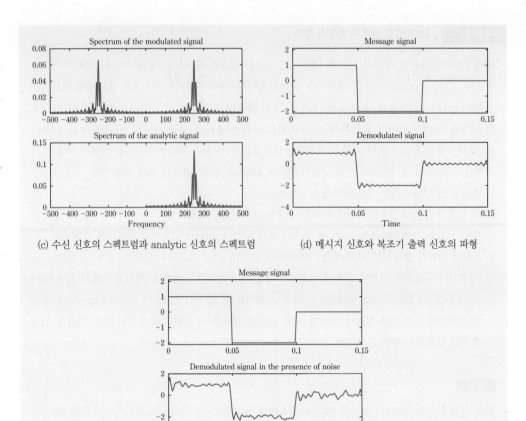

(c) 수신 신호의 스펙트럼과 analytic 신호의 스펙트럼

(d) 메시지 신호와 복조기 출력 신호의 파형

(e) 변조된 신호에 잡음이 더해져서 수신되는
경우의 출력 신호 파형

그림 4.44 DSB–TC 변조된 신호의 비동기식 복조

예제 4.7을 위한 Matlab 프로그램의 예(ex4_4.m)

```
% ------------------------------------------------------------
% ex4_4.m
% Matlab program example for DSB-TC AM demodulation
% The message signal is
%       m(t) =  1  for 0 < t < 0.05
%       m(t) = -2  for 0.05 < t < 0.1
%       m(t) =  0  otherwise
```

```
% ----------------------------------------------------------------
close all; clear;
df=0.25;              % desired frequency resolution [Hz]
ts=1/1000;            % sampling interval [sec]
fs=1/ts;              % sampling frequency
fc=250;               % carrier frequency
T1=0; T2=0.15;        % observation time interval (from T1 to T2 sec)
t=[T1:ts:T2];         % observation time vector
N=length(t);
a=0.85;               % Modulation index
% ----------------------------------------------------
% modulation : DSB-TC
% ----------------------------------------------------
% message signal m
m=[ones(1,T2/(3*ts)),-2*ones(1,T2/(3*ts)),zeros(1,T2/(3*ts)+1)];
s_c=cos(2*pi*fc.*t);               % carrier signal
m_max=max(abs(m));
m_n=m/m_max;                       % normalized message signal
[M,m,df1]=fft_mod(m,ts,df);        % Fourier transform
M=M/fs;                            % scaling
f=[0:df1:df1*(length(m)-1)]-fs/2;  % frequency vector
% modulated signal
s_m=(1+a*m_n).*s_c;
[S_m,s_m,df1]=fft_mod(s_m,ts,df);  % Fourier transform
S_m=S_m/fs;                        % scaling
% ------------------------------------------------------------
% noncoherent demodulation : envelope detection
% We use Hilbert transform to find the envelope of the bandpass signal
% The Hilbert transform function in Matlab, denoted by hilbert.m,
% generates the analytic signal z(t).
% The real part of z(t) is the original sequence, and its imaginary part
% is the Hilbert transform of the original sequence.
% ------------------------------------------------------------
z=hilbert(s_m);                    % get analytic signal
envelope=abs(z);                   % find the envelope
dem1-m_max*(envelope-1)/a;         % remove dc and rescale
```

```
[Z,z,df1]=fft_mod(z,ts,df);              % Fourier transform of analytic signal
Z=Z/fs;                                  % scaling

subplot(2,1,1); plot(t,m(1:length(t)));
axis([T1 T2 −2.1 2.1]);
title('Message signal waveform'); %xlabel('Time');
pause  % Press any key to see a plot of the modulated signal
subplot(2,1,2); plot(t,s_m(1:length(t)));
axis([T1 T2 −2.1 2.1]);
title('Modulated signal waveform'); xlabel('Time');
pause  % Press a key to see the envelope of the modulated signal
clf
subplot(2,1,1); plot(t,s_m(1:length(t)));
axis([T1 T2 −2.1 2.1]);
title('Modulated signal'); %xlabel('Time');
subplot(2,1,2); plot(t,envelope(1:length(t)));
title('Envelope of the modulated signal'); xlabel('Time');
pause   % Press any key to see the spectra
subplot(2,1,1); plot(f,abs(fftshift(S_m)));
title('Spectrum of the modulated signal'); %xlabel('Frequency');
subplot(2,1,2); plot(f,abs(fftshift(Z)));
title('Spectrum of the analytic signal'); xlabel('Frequency');
pause  % Press a key to compare the message and the demodulated signal
clf
subplot(2,1,1); plot(t,m(1:length(t)));
axis([T1 T2 −2.1 2.1]);
title('Message signal'); %xlabel('Time');
subplot(2,1,2); plot(t,dem1(1:length(t)));
title('Demodulated signal'); xlabel('Time');
pause  % Press a key to compare in the presence of noise
% ----------------------------------------------------------------
% AWGN channel
% ----------------------------------------------------------------
signal_power=norm(s_m(1:N))^2/N;         % power in modulated signal
noise_power=signal_power/100;            % noise power
noise_std=sqrt(noise_power);             % noise standard deviation
```

```
noise=noise_std*randn(1,length(s_m));         % generate noise
r=s_m+noise;                                   % add noise to the modulated signal
[R,r,df1]=fft_mod(r,ts,df);                    % Fourier transform
z=hilbert(r);                  % get analytic signal
envelope=abs(z);               % find the envelope
dem2=m_max*(envelope−1)/a;     % remove dc and rescale
clf
subplot(2,1,1); plot(t,m(1:length(t)));
axis([T1 T2 −2.1 2.1]);
title('Message signal'); %xlabel('Time');
subplot(2,1,2); plot(t,dem2(1:length(t)));
title('Demodulated signal in the presence of noise'); xlabel('Time');
```

연습문제

4.1 다음과 같은 기저대역 신호를 주파수 200Hz의 반송파를 사용하여 DSB-SC 변조한다고 하자. 기저대역 신호 $m(t)$와 변조된 신호 $s_m(t)$의 스펙트럼을 그려보라.

(a) $m(t) = 10\cos 20\pi t$

(b) $m(t) = 10 + 10\cos 20\pi t$

(c) $m(t) = 20\cos 10\pi t + 10\cos 30\pi t$

(d) $m(t) = 10\cos 20\pi t \cdot \cos 40\pi t$

(e) $m(t) = 10\exp(j10\pi t)$

4.2 문제 4.1의 기저대역 신호 $m(t)$와 변조된 신호 $s_m(t)$에 대하여 1) 평균전력 2) 전력스펙트럼밀도(PSD)를 구하라.

4.3 다음 신호를 주파수 1kHz의 반송파를 사용하여 DSB-SC 변조한다고 하자. 기저대역 신호 $m(t)$와 변조된 신호 $s_m(t)$의 파형과 스펙트럼을 그려보라.

(a) $m(t) = 2\Pi\left(\dfrac{t}{2}\right)$

(b) $m(t) = 5\,\text{sinc}(10t)$

(c) $m(t) = 5\Lambda(10t)$

(d) $m(t) = \exp(-2\pi|t|)$

4.4 그림 P4.4(a)는 정현파에 의해 AM 변조(DSB-TC)된 신호 $s_m(t)$의 파형이다. 반송파 주파수는 1000Hz이다.

(a) 변조지수를 구하라.

(b) 변조된 신호 $s_m(t)$의 푸리에 변환을 구하고, 스펙트럼을 그려보라. 이 신호의 대역폭은 얼마인가?

(c) 메시지 신호 $m(t)$와 변조된 신호 $s_m(t)$를 수식으로 표현하라.

(d) 변조된 신호 $s_m(t)$의 평균전력을 구하라.

(e) $s_m(t)$를 그림 P4.4(b)와 같은 수신기로 복조하고자 한다. 수신기의 국부발진기 출력은 송신 신호의 반송파와 동일하나 위상이 $\pi/3$만큼 차이가 있다고 가정하자. $v_0(t)$의 파형을 그려보라.

(f) 그림 P4.4(c)와 같은 수신기에 대하여 출력신호 $v_o(t)$를 구하라.

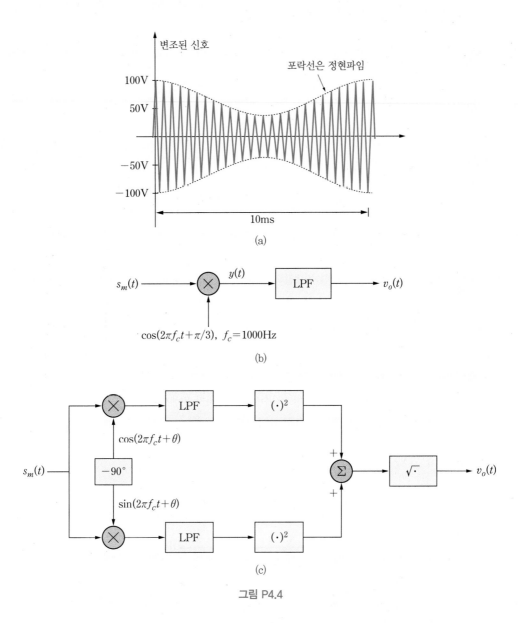

(a)

(b)

(c)

그림 P4.4

4.5 메시지 신호 $m(t) = 2\cos(2000\pi t)$ 가 10kHz의 반송파를 변조한다고 하자. 다음의 변조 방식에 대해 변조된 신호의 스펙트럼을 그려보라.

(a) DSB–SC

(b) AM($\mu = 0.5$)

(c) SSB(LSB)

(d) SSB(USB)

4.6 DSB–SC 변조된 신호 $s_m(t) = m(t)\cos(2\pi f_c t + \theta_t)$ 를 동기식 검파기를 사용하여 복조하는 수신기가 있다. 수신기의 반송파 복구회로에서는 $\cos(2\pi f_c t + \theta_r)$ 를 생성한다고 하자. 이 정현파를 $s_m(t)$ 와 곱한 후 저역통과 필터를 통과시킨다.

(a) 메시지 신호가 $m(t) = 2\Lambda(t) - 1$ 인 경우 수신기의 저역통과 필터 출력을 구하고 그려보라.

(b) 반송파 복구회로에서 생성한 반송파가 $30°$ 위상 오차가 있는 경우 필터 출력을 구하라.

(c) 복조된 신호의 크기가 가능한 최댓값의 90% 이상이 되도록 하는 위상 오차 $\theta_e = \theta_t - \theta_r$ 의 범위를 구하라.

4.7 메시지 신호의 파형이 그림 P4.7과 같다고 하자.

(a) DSB–SC 변조를 하는 경우, 변조된 신호의 파형을 그려보라.

(b) DSB–TC 변조를 하고자 한다. 변조지수를 0.1로 하기 위해서는 얼마나 큰 전력의 반송파가 추가로 전송되는가? 변조된 신호의 파형을 그려보라.

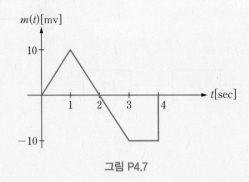

그림 P4.7

4.8 정현파와 여현파의 직교성을 이용하면 동일한 반송파로 두 개의 메시지 신호를 동시에 전송할 수 있다. 이를 quadrature multiplexing이라 하며, 그림 P4.8에 송수신기의 구조를 보인다. 수신기의 출력 $y_1(t)$ 와 $y_2(t)$ 를 구하라.

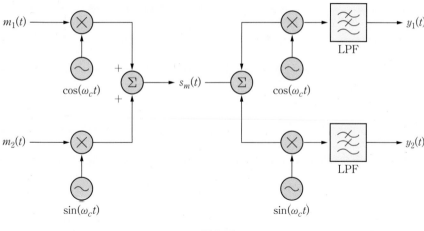

그림 P4.8

4.9 문제 4.8에 보인 quadrature multiplexing은 대역폭을 증가시키지 않으면서 두 개의 메시지 신호를 전송할 수 있는 방식으로 효율이 높다. 그러나 송수신기에서 좀더 정확한 위상 동기를 요구한다.

(a) 문제 4.8의 수신기에서 국부발진기에 $\Delta\theta$ [rad]의 위상 오차가 있다고 하자. $\Delta\theta$ 가 작다고 가정하고 $y_1(t)$ 의 수식을 유도하라.

(b) $m_2(t)$ 로 인한 간섭으로 인하여 $m_1(t)$ 의 크기가 10% 이내의 오차를 유지할 수 있도록 하려면 $\Delta\theta$ 를 몇 도 이내로 만들어야 하는가? $m_1(t)$ 와 $m_2(t)$ 는 크기가 동일하다고 가정하라.

4.10 DSB–SC 신호의 생성은 메시지 신호에 정현파 신호를 곱하는 대신 반송파 주파수의 역수를 주기로 하는 주기 신호($g(t)$ 라 하자)를 곱하고 반송파 주파수를 중심으로 하는 대역통과 필터를 통과시킴으로써 구현할 수 있다. 그림 P4.10에 변조기 구조를 보인다. DSB–SC 신호 발생을 위한 주기 신호로 $p_T(t) = e^{-at}[u(t) - u(t-T)]$ 가 주기 $T = 1/f_c$ 를 갖고 반복되는 신호를 사용한다고 하자. 즉

$$g(t) = \sum_{k=-\infty}^{\infty} p_T(t-kT) = \sum_{k=-\infty}^{\infty} p_T\left(t - \frac{k}{f_c}\right)$$
$$p_T(t) = e^{-at}[u(t) - u(t-T)]$$

여기서 f_c 는 반송파 주파수이고, $a > 0$ 을 가정한다. 이와 같은 과정을 거쳐 출력된 신호(즉 대역통과 필터 출력) $s_m(t)$ 와 스펙트럼 $S_m(f)$ 를 구하라. 메시지 신호에 정현파를 바로 곱하는 경우와 무엇이 달라졌는가?

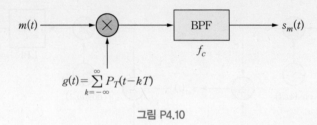

그림 P4.10

4.11 문제 4.10에서 주기 신호로 주기 $T = 1/f_c$의 임펄스열, 즉

$$g(t) = \sum_{n=-\infty}^{\infty} \delta(t - nT)$$

을 사용한다고 하자. 출력된 신호(즉 대역통과 필터 출력) $s_m(t)$와 스펙트럼 $S_m(f)$를 구하라.

4.12 어떤 DSB–TC 변조기의 입력으로(즉 메시지 신호로) 진폭이 10 V인 정현파 신호를 가했다고 하자. 변조기 출력 신호의 진폭 스펙트럼을 측정하니 측파대 스펙트럼 라인의 크기가 반송파 스펙트럼 라인 크기의 40%가 되었다고 하자.
(a) 변조지수를 구하라.
(b) 전력 효율을 구하라.
(c) 변조된 신호의 평균전력을 구하라.

4.13 기저대역 신호 $m(t) = \cos(10\pi t)$를 25 kHz의 반송파 주파수로 DSB–SC 변조하고자 한다. 정현파를 곱하여 변조하는 대신 그림 P4.13과 같은 사각 펄스열 $x(t)$와 곱하고 대역통과 필터를 통하게 하는 방식으로 구현한다고 하자. 여기서 $x(t)$는 펄스폭이 $\tau = 0.01$ ms 라고 가정하자. 이와 같은 시스템은 원하는 DSB–SC 신호를 발생시키는지 확인하라. $y(t)$와 $z(t)$의 스펙트럼을 그리고, 필터의 조건을 구하라.

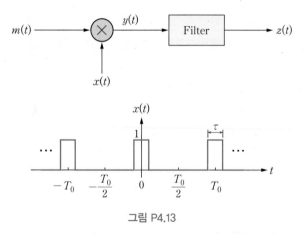

그림 P4.13

4.14 문제 4.13에서 $m(t) = 10 \operatorname{sinc}^2(5t)$ 라고 가정하고 같은 과정을 반복하라.

4.15 그림 P4.15와 같은 다이오드-브릿지 변조기를 가정하자. 여기서 $f_c = 100\ \text{kHz}$ 이며, 기저대역 신호는 $m(t) = 500 \operatorname{sinc}(1000t)$ 이다. $y(t)$, $z(t)$의 스펙트럼을 그리고 DSB-SC 변조가 가능하도록 필터의 조건을 제시하라.

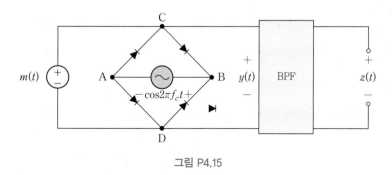

그림 P4.15

4.16 그림 P4.16과 같이 $B\,\text{Hz}$로 대역제한된 신호 $m(t)$를 $x(t)$와 곱하고 필터를 통과하게 하여 DSB-SC 변조기를 구현하고자 한다.

(a) 만일 $x(t) = \cos^3(2\pi f_c t)$를 사용하는 경우 원하는 DSB-SC 신호를 얻을 수 있는가?

(b) $y(t)$와 $z(t)$의 스펙트럼을 그리고 필터의 조건을 제시하라.

(c) 만일 $x(t) = \cos^2(2\pi f_c t)$를 사용하는 경우 원하는 DSB-SC 신호를 얻을 수 있는가?

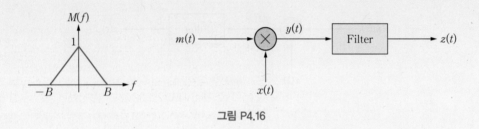

그림 P4.16

4.17 기저대역 신호 $m(t) = \text{sinc}(t)$를 DSB-SC 변조하는 과정에서 비선형 특성으로 인하여 다음과 같은 신호가 만들어졌다고 하자.

$$x(t) = m(t)\cos(2\pi f_c t) + a(m^2(t)\cos^2(2\pi f_c t))$$

(a) $x(t)$의 스펙트럼을 그려 보라.

(b) $m^2(t)\cos^2(2\pi f_c t)$ 성분을 제거하여 DSB-SC 신호를 얻는 것이 가능한가?

(c) 가능하다면 반송파 주파수 f_c가 어떤 조건을 만족해야 하는가?

4.18 그림 P4.18에 보인 신호 $m(t)$를 DSB-TC 변조하고자 한다. 변조지수 μ가 다음과 같을 때 변조된 신호의 파형을 그려보라.

(a) $\mu = 0.5$

(b) $\mu = 1$

(c) $\mu = 2$

(d) $\mu = \infty$

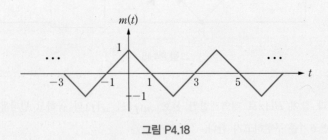

그림 P4.18

4.19 문제 4.18의 각 경우에 대하여 반송파 전력과 전력 효율을 구하라.

4.20 기저대역 신호 $m(t) = 2\cos(4\pi t)$를 DSB–TC 변조하여 $s_m(t) = [m(t)+6]\cos 200\pi t$의 신호를 전송한다고 하자.

(a) $s_m(t)$의 파형과 스펙트럼을 그려보라.

(b) 변조지수는 얼마인가?

(c) 전력 효율은 얼마인가?

(d) $s_m(t)$가 포락선 검파기에 입력될 때 출력 신호의 파형을 그려보라.

4.21 기저대역 신호 $m(t) = 1 + 4\sin(2\pi t)$를 DSB–TC 변조하고자 한다.

(a) 수신기에서 포락선 검파가 가능하도록 반송파의 진폭을 결정하라.

(b) 포락선 검파 복조를 가능하게 하는 최대 전력효율은 얼마인가?

4.22 $x(t) = \cos(2000\pi t) + \cos(2100\pi t)$의 포락선을 구하고 그려보라.

4.23 다음과 같은 기저대역 신호를 반송파 $s_c(t) = 2\cos(2000\pi t)$를 사용하여 SSB 변조하고자 한다. 여기서 SSB 변조는 $m(t)$와 $s_c(t)$를 곱한 다음 필터링하는 방법을 사용한다고 하자.

i) $m(t) = \cos(100\pi t)$

ii) $m(t) = 2\cos(200\pi t) + \cos(300\pi t)$

iii) $m(t) = \cos(200\pi t)\cos(400\pi)$

(a) $m(t)$의 스펙트럼과 DSB–SC 변조된 신호 $m(t)s_c(t)$의 스펙트럼을 그려보라.

(b) DSB–SC 변조된 신호에서 하측파대 스펙트럼을 제거하여 USB 스펙트럼을 얻었다고 하자. 이 경우 SSB 신호의 스펙트럼을 그리고 SSB 변조된 신호 $s_{USB}(t)$를 구하라.

(c) DSB–SC 변조된 신호에서 상측파대 스펙트럼을 제거하여 LSB 스펙트럼을 얻었다고 하자. 이 경우 SSB 신호의 스펙트럼을 그리고 SSB 변조된 신호 $s_{LSB}(t)$를 구하라.

4.24 문제 4.23에서 위상천이 방법을 사용하여 SSB 변조를 한다고 하자. 이 방법을 사용하여 $s_{USB}(t)$와 $s_{LSB}(t)$를 유도하라.

4.25 기저대역 신호 $m(t) = 40\,\text{sinc}(20t)$를 반송파 $s_c(t) = 2\cos(2000\pi t)$를 사용하여 SSB 변조하고자 한다.

(a) $m(t)$의 스펙트럼과 DSB–SC 변조된 신호 $m(t)s_c(t)$의 스펙트럼을 그려보라.

(b) DSB-SC 변조된 신호에서 하측파대 스펙트럼을 제거하여 USB 스펙트럼을 얻었다고 하자. 이 경우 SSB 신호의 스펙트럼을 그리고 SSB 변조된 신호 $s_{USB}(t)$를 구하라.

(c) DSB-SC 변조된 신호에서 상측파대 스펙트럼을 제거하여 LSB 스펙트럼을 얻었다고 하자. 이 경우 SSB 신호의 스펙트럼을 그리고 SSB 변조된 신호 $s_{LSB}(t)$를 구하라.

4.26 신호 $m(t)$의 힐버트 변한을 $\hat{m}(t)$라 하자.

(a) $\hat{m}(t)$의 힐버트 변환은 $-m(t)$임을 증명하라.

(b) $m(t)$와 $\hat{m}(t)$의 에너지는 동일함을 보여라.

4.27 메시지 신호를 $m(t) = 10\,\text{sinc}^2(100t)$라 하자. 이 신호를 1kHz 주파수의 반송파를 사용하여 단측파대 변조를 하고자 한다.

(a) USB 신호의 스펙트럼을 그려보라.

(b) LSB 신호의 스펙트럼을 그려보라.

4.28 문제 4.27의 신호를 동기식 검파기를 사용하여 복조한다고 하자. 그림 P4.28과 같이 수신기의 국부발진기에 오차가 있는 경우 출력 신호의 스펙트럼을 구하라. 여기서 $\Delta f = 10\,\text{Hz}$를 가정하고, USB 신호와 LSB 신호를 복조하는 각 경우에 대하여 $Y(f)$를 그려보라.

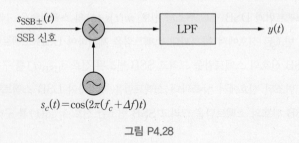

그림 P4.28

4.29 대역폭이 8kHz인 메시지 신호를 100kHz 주파수의 반송파를 사용하여 VSB 변조하고자 한다. 그림 P4.29(a)와 같은 VSB 필터 $H_v(f)$를 사용한다고 하자. 그림 P4.29(b)와 같은 수신기를 사용하여 복조하는 경우 등화기(저역통과 필터)의 주파수 응답 $H_e(f)$을 구하라.

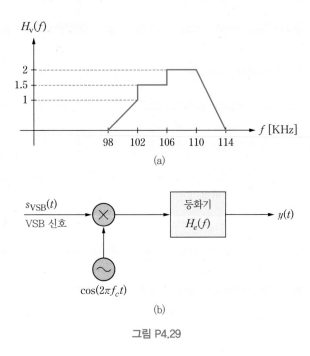

(a)

$s_{\text{VSB}}(t)$
VSB 신호

등화기
$H_e(f)$

$\cos(2\pi f_c t)$

(b)

그림 P4.29

4.30 기저대역 신호 $m(t) = 1 + \cos(1000\pi t)$ 를 주파수 10kHz의 반송파를 사용하여 VSB 변조하고 자 한다. 먼저 DSB–SC 변조한 후에 그림 P4.30과 같은 VSB 송신 필터를 통과시켜 VSB 신호를 얻는다고 하자. VSB 변조된 신호를 수식으로 표현하고 스펙트럼을 그려보라.

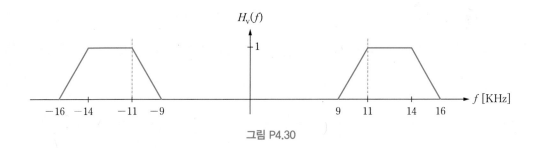

그림 P4.30

4.31 기저대역 신호를 $m(t) = 3000\,\text{sinc}(3000t)$ 라 가정하고 문제 4.30과 같은 과정을 거쳐 VSB 변조한다고 하자. VSB 변조된 신호의 스펙트럼을 그려보라.

4.32 IF 주파수가 10MHz인 수퍼헤테로다인 수신기를 가지고 1에서 40MHz의 주파수 대역을 수신할 수 있게 실계하고자 한다. 수신기 국부발진기의 주파수 범위를 구하니.

4.33 기저 대역폭이 5kHz이고, 50개의 채널을 선국할 수 있는 수퍼헤테로다인 수신기를 설계하고자 한다. RF 동조는 1MHz부터 시작하도록 하고, IF 주파수는 500kHz를 사용하려고 한다. 수신기 국부발진기의 주파수 범위를 구하라.

4.34 어떤 레이다 수신기 A가 2.8GHz에서 동작하며 수퍼헤테로다인 구조를 가진다고 하자. 이 수신기의 국부발진기 주파수는 2.86GHz라고 하자. 또 하나의 레이더 수신기 B가 있고, 수신기 A의 영상 주파수에서 동작한다고 하자.
  (a) 수신기 A의 IF 주파수를 구하라.
  (b) 수신기 B의 반송파 주파수는 얼마인가?

4.35 문제 4.34에서 수신기 A를 재설계하여 2.8~3.2GHz 대역에는 영상 주파수가 없도록 하려면 IF 주파수를 최소 얼마로 선정해야 하는가?

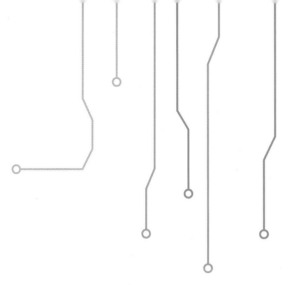

CHAPTER 05
각 변조

⃝5 각 변조

정보 신호를 실어 나르는 반송파로는 일반적으로 $A\cos(2\pi f_c t + \phi)$와 같이 표현되는 정현파 신호가 사용되는데, 진폭 A, 주파수 f_c, 위상 ϕ의 세 가지 파라미터가 있다. 변조 과정은 메시지에 따라 반송파의 파라미터를 변화시키는 과정이라 할 수 있다. 변조된 신호는 $s_m(t) = A(t)\cos\theta(t)$ 또는 $s_m(t) = A(t)\cos(2\pi f_c t + \phi(t))$와 같이 표현된다. 앞 장에서 살펴본 진폭 변조는 메시지 신호 $m(t)$에 의해 반송파의 크기를 변화시키는 변조 방식이다. 즉 변조된 반송파의 진폭에 정보가 담겨 있다. 이 장에서는 반송파의 각 $\theta(t)$에 정보를 실어 보내는 변조 방식에 대해 알아본다. 이 변조 방식을 각 변조라 하는데, 반송파의 진폭은 일정하게 하고 메시지 신호에 따라 반송파의 각이 변화하도록 한다. 반송파의 각은 $\theta(t) = 2\pi f_c t + \phi(t)$와 같이 주파수와 위상으로 나타낼 수 있는데, 위상 $\phi(t)$가 상수라면 주파수는 f_c로 고정된 값이다. 그러나 $\phi(t)$가 시간의 함수라면 주파수는 더 이상 상수가 아니고, $\phi(t)$의 변화율에 따라 주파수가 영향을 받을 것이다. 즉 위상이 시간의 함수라면 주파수 역시 시간의 함수가 되며, 시간의 함수로서의 주파수를 순시 주파수로 정의하여 변조에 적용한다. 메시지에 의해 반송파의 각을 변화시키는 각 변조는 다시 주파수 변조(FM)와 위상 변조(PM)로 분류한다. 주파수 변조는 메시지에 따라 반송파의 주파수를 변화시키는 변조 방식이고, 위상 변조는 메시지에 따라 반송파의 위상을 변화시키는 변조 방식이다.

진폭 변조는 잡음에 의해 신호의 진폭이 직접 영향을 받기 때문에 잡음에 대한 내성이 약하다. 이에 비해 각 변조는 정보를 반송파의 각에 실어 보내므로 진폭 변조에 비해 잡음 특성이 상대적으로 우수하지만 진폭 변조에 비해 더 넓은 전송대역폭을 필요로 한다. 진폭 변조에서는 메시지 신호와 변조된 신호가 선형 관계가 있는데 비해 각 변조에서는 선형 관계가 성립하지 않는다. 따라서 진폭 변조는 선형 변조 방식으로, 각 변조는 비선형 변조 방식으로 분류된다.

5.1 순시 주파수

순수 정현파 신호는 $A\cos(2\pi f_c t + \phi)$와 같이 표현되어 고정된 주파수를 갖는 신호이다. 한편 각 변조의 하나인 주파수 변조에서는 메시지 신호에 따라 반송파의 주파수를 변화시키는 방식이다. 그러므로 시간에 따라 변화하는 주파수를 갖는 신호는 순수 정현파 신호의 개념으로는 설명하기 곤란하다. 따라서 먼저 정현파 신호의 개념을 주파수가 시간에 따라 변화할 수 있는 일반화된 함수로 확장하고, 순시 주파수의 개념을 정의할 필요가 있다.

그림 5.1에 복소 평면에서 반지름이 A인 원주 위의 한 점을 값으로 갖는 복소 함수 $z(t) = Ae^{j\theta(t)}$을 보인다. 이 함수는 크기가 상수 A이고 시간에 따라 변하는 각 $\theta(t)$를 가진다. 이 함수의 실수부는 다음과 같다.

$$x(t) = \text{Re}\{Ae^{j\theta(t)}\} = A\cos\theta(t) \tag{5.1}$$

만일 원주 위를 일정한 속도로 회전한다면 각은 시간에 비례하며, 따라서 다음과 같이 표현된다.

$$\theta(t) = \omega_0 t + \phi \tag{5.2}$$

이 경우 $z(t) = Ae^{j\theta(t)} = Ae^{j(\omega_0 t + \phi)}$는 복소 정현파가 된다. 여기서 ω_0는 각속도이며 ϕ는 위상으로 $\omega_0 t$의 각에 추가로 더해지는 옵셋이다. 복소 정현파 함수의 각과 시간의 선형 관계를 그림 5.2(a)에 보인다. 여기서 기울기(비례상수)는 ω_0로 각속도이며 세로축 절편 ϕ는 위상으로 $t=0$에서의 초기 각이다. 이것은 등속도의 직선 운동에서 변위(거리)가 $x(t) = v_0 t + x_0$와 같이 표현되는 것과 유사하다. 직선 운동에서 속도가 $v(t) = dx(t)/dt$로 되는 것과 유사하게 회전하는 함수의 각속도는 식 (5.2)를 미분하여

$$\omega_0 = \frac{d\theta(t)}{dt}\,[\text{rad}/\sec] \tag{5.3}$$

가 된다. 등속도로 회전하는 복수 정현파 함수의 실수부는 다음과 같은 일상적인 정현파가 된다.

$$x(t) - \text{Re}\{Ae^{j\theta(t)}\} = A\cos\theta(t) = A\cos(\omega_0 t + \phi) \tag{5.4}$$

따라서 주기는 $T_0 = 2\pi/\omega_0$ 이 되며, 주파수는 역수인 $f_0 = 1/T_0 = \omega_0/2\pi$ 가 된다. 그러므로 주파수는 다음과 같이 표현할 수 있다.

$$f_0 = \frac{1}{2\pi} \frac{d\theta(t)}{dt} \ [\text{Hz}] \tag{5.5}$$

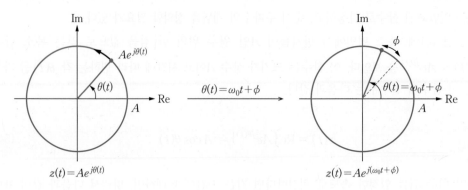

그림 5.1 복소 정현파

이번에는 일정하지 않은 속도로 회전하는 경우를 생각하자. 그림 5.2(b)에 각이 시간에 비례하지 않게 변화하는 경우를 보인다. 여기서 작은 시구간 (t_1, t_2) 동안 $\theta(t)$ 함수는 기울기가 ω_0 이고 절편이 ϕ 인 직선으로 근사화할 수 있다. 즉 $\theta(t) = \omega_0 t + \phi$ 로 근사화된다. 따라서 이 작은 시구간 $\Delta t = t_2 - t_1$ 동안은 원주상의 각 변화는 등속도 운동으로 근사화되며 각속도는 ω_0 가 된다. 그러므로 이 구간에서의 주파수는 식 (5.5)와 같이 표현된다. 이러한 개념을 일반화시켜서 특정 시각 t에서의 기울기를 순시 주파수(instantaneous frequency)로 정의한다. 즉 순시 주파수 $f_i(t)$와 각 $\theta(t)$는 미분, 적분의 관계로 다음과 같이 표현된다.

$$f_i(t) = \frac{1}{2\pi} \frac{d\theta(t)}{dt} \ [\text{Hz}] \quad \text{또는} \quad \omega_i(t) = \frac{d\theta(t)}{dt} \ [\text{rad/sec}]$$
$$\theta(t) = \int_{-\infty}^{t} 2\pi f_i(\tau) d\tau = \int_{0}^{t} 2\pi f_i(\tau) d\tau + \phi \tag{5.6}$$

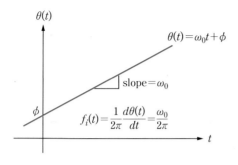

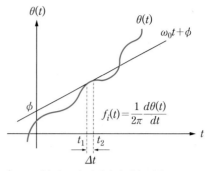

(a) 속도가 일정한 경우   (b) 속도가 일정하지 않은 경우

그림 5.2 순시 주파수의 개념

예제 5.1

다음 신호에 대해 순시 주파수를 구하라.

(a) $x(t) = 10\cos(6\pi t + 5)$

(b) $x(t) = 10\cos(100\pi t^2)$

(c) $x(t) = 10\cos(20\pi t + \sin 10t)$

(d) $x(t) = 10\cos(8\pi t e^{-t})$

풀이

(a) $f_i(t) = \dfrac{1}{2\pi}\dfrac{d\theta(t)}{dt} = \dfrac{1}{2\pi}\dfrac{d}{dt}(6\pi t + 5) = 3$

(b) $f_i(t) = \dfrac{1}{2\pi}\dfrac{d\theta(t)}{dt} = \dfrac{1}{2\pi}\dfrac{d}{dt}(100\pi t^2) = \dfrac{1}{2\pi}(200\pi t) = 100t$

(c) $f_i(t) = \dfrac{1}{2\pi}\dfrac{d\theta(t)}{dt} = \dfrac{1}{2\pi}\dfrac{d}{dt}(20\pi + \sin 10t) = 10 + \dfrac{5}{\pi}\cos 10t$

(d) $f_i(t) = \dfrac{1}{2\pi}\dfrac{d\theta(t)}{dt} = \dfrac{1}{2\pi}\dfrac{d}{dt}(8\pi t e^{-t}) = \dfrac{1}{2\pi}(8\pi e^{-t} - 8\pi t e^{-t}) = 4e^{-t}(1-t)$

5.2 각 변조

각 변조는 메시지 신호 $m(t)$에 의하여 반송파의 각을 변화시키는 변조 방식으로 각 변조에는 두 가지 방식이 있다. 한 가지는 위상 $\phi(t)$를 시간에 따라 $m(t)$에 비례하여 변화시키는 방식이다. 즉

$$\theta(t) = 2\pi f_c t + \phi(t) = 2\pi f_c t + D_p m(t) \tag{5.7}$$

여기서 D_p는 비례상수이고 f_c는 반송파 주파수이다. 이와 같은 변조 방식을 위상 변조 (Phase Modulation: PM)라 한다. 무변조 정현파의 각은 시간에 비례하여 증가하지만 위상 변조를 하면 시변(time varying) 옵셋 $\phi(t) = D_p m(t)$가 더해진다. 그러므로 순시 주파수는 f_c에서 $(1/2\pi)d\phi/dt$ 만큼 더해진다. 따라서 $\phi(t)$의 기울기에 따라 순시 주파수가 f_c로부터 증가하거나 감소한다.

PM 변조된 신호는 다음과 같이 표현할 수 있다.

$$s_{\mathrm{PM}}(t) = A\cos\theta(t) = A\cos\left[2\pi\left(f_c t + k_p m(t)\right)\right] \tag{5.8}$$

여기서 상수 $k_p = D_p/2\pi$는 PM 변조에서 메시지 신호에 비례하여 위상을 변화시키는 비례 상수로 위상 민감도(phase sensitivity)라 한다. 위상의 변화율에 따라 순시 주파수가 f_c에서 벗어나 가감되는데, PM 변조된 신호의 순시 주파수는 다음과 같이 된다.

$$f_i(t) = \frac{1}{2\pi}\frac{d\theta(t)}{dt} = f_c + k_p\frac{dm(t)}{dt} \tag{5.9}$$

즉 PM 변조된 신호의 순시 주파수는 메시지 신호의 도함수에 비례하여 변화한다. 메시지 신호의 변화율이 클수록 순시 주파수와 반송파 주파수의 차이가 커진다는 것을 알 수 있다.

식 (5.9)는 순시 주파수를 메시지 신호의 도함수(dm/dt)에 비례하여 변화시키는 것을 나타내는데, 순시 주파수를 메시지 신호 $m(t)$ 자체에 비례하여 변화시키는 방식도 생각할 수 있을 것이다. 즉

$$f_i(t) = f_c + k_f m(t) \tag{5.10}$$

여기서 k_f는 비례상수이다. 이러한 변조 방식을 주파수 변조(Frequency Modulation: FM)라 한다. k_f는 FM 변조에서 메시지 신호에 비례하여 순시 주파수를 변화시키는 비례상수로 주파수 민감도(frequency sensitivity)라 한다. FM 변조된 반송파의 각은

$$\theta(t) = \int_{-\infty}^{t} 2\pi\left(f_c + k_f m(\tau)\right)d\tau = 2\pi\left(f_c t + k_f \int_0^t m(\tau)d\tau\right) + \phi_0 \tag{5.11}$$

와 같다. 식 (5.11)에서 반송파의 각이 메시지 $m(t)$의 함수로서 변화하므로 FM 변조도 각 변조의 범주에 들어간다. 식 (5.11)에서 $\phi_0 = 0$으로 가정하면 FM 변조된 신호는 다음과 같

이 표현할 수 있다.

$$s_{\mathrm{FM}}(t) = A\cos\theta(t) = A\cos\left[2\pi\Big(f_c t + k_f \int_0^t m(\tau)d\tau\Big)\right] \tag{5.12}$$

이상을 요약하면 표 5.1과 같으며, FM이나 PM 모두 식 (5.13)과 같이 표현할 수 있다.

$$\begin{aligned} s_m(t) &= A\cos\theta(t) = A\cos[2\pi f_c t + \phi(t)] \\ \text{PM의 경우} \quad &\phi(t) = 2\pi k_p m(t) \\ \text{FM의 경우} \quad &\phi(t) = 2\pi k_f g(t) \\ &\text{여기서} \ \ g(t) \triangleq \int_0^t m(\tau)d\tau \end{aligned} \tag{5.13}$$

표 5.1 각 변조의 두 가지 방식

변조 방식	FM	PM
순시 주파수 $f_i(t)$	$f_i(t) = f_c + k_f m(t)$	$f_i(t) = f_c + k_p \dfrac{dm(t)}{dt}$
각 $\theta(t)$	$\theta(t) = 2\pi\left[f_c t + k_f \int_0^t m(\tau)d\tau\right]$	$\theta(t) = 2\pi\left[f_c t + k_p m(t)\right]$

그림 5.3에는 FM 변조된 신호와 PM 변조된 신호의 예를 보인다. 그림 5.3(a)와 같이 메시지 신호가 정현파인 경우, 메시지 신호를 미분해도 신호는 같은 모양을 가지므로 FM 변조된 신호나 PM 변조된 신호가 같은 모양을 가져서 구별이 되지 않는다는 것을 알 수 있다. 그림 5.3(b)와 같이 메시지 신호가 구형파인 경우 FM 변조된 신호는 두 개의 순시 주파수를 가진 신호가 된다. 메시지 신호가 양인 구간에서는 FM 신호의 순시 주파수가 반송파 주파수보다 높고, 메시지 신호가 음인 구간에서는 FM 신호의 순시 주파수가 반송파 주파수보다 낮다. 그러나 PM 변조된 신호는 주파수가 일정하고 위상만 변화한다. 구형파 같은 불연속 신호는 불연속점에서 미분 불가능하다. 따라서 이 불연속점에서 dm/dt는 임펄스를 포함한다. 이것은 불연속점에서 순시 주파수가 무한대가 된다는 것을 의미하며, 위상이 순간적으로 변화하게 된다.

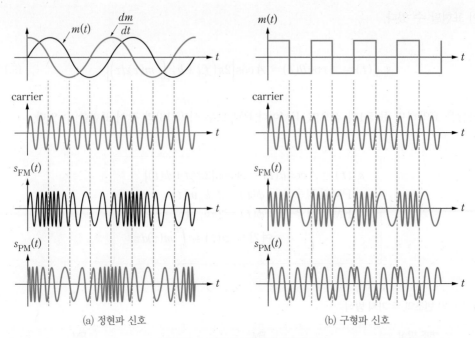

(a) 정현파 신호   (b) 구형파 신호

그림 5.3 FM 및 PM 변조된 신호의 예

5.2.1 FM과 PM의 관계

표 5.1을 보면 FM과 PM은 매우 유사하며 서로 상관성이 있다는 것을 알 수 있다. PM 신호에서 $m(t)$ 대신 $\int m(\tau)d\tau$ 를 대입하면 FM 신호가 된다. 즉 메시지 신호를 적분하여 PM 변조한 것은 메시지 신호를 FM 변조한 것과 동일하다. 이와 반대로 메시지 신호를 미분하여 FM 변조한 것은 메시지 신호를 PM 변조한 것과 동일하다. 그러므로 각 변조된 신호만 보면 이것이 FM 변조된 신호인지 PM 변조된 신호인지 알 수 없다. 특히 메시지 신호가 정현파인 경우 미분이나 적분을 해도 모양이 변화하지 않으므로 FM 변조된 신호나 PM 변조된 신호가 동일한 모양을 갖는다는 것을 알 수 있다. FM 변조나 PM 변조 모두 메시지 신호 $m(t)$ 에 의하여 반송파의 각을 변화시킨다. FM과 PM의 관계를 그림 5.4에 보인다.

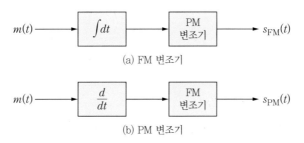

(a) FM 변조기

(b) PM 변조기

그림 5.4 FM 변조와 PM 변조의 관계

그림 5.5의 신호에 대하여 FM 변조된 신호와 PM 변조된 신호를 그려보라. 변조된 신호에 대하여 순시 주파수를 구하라. 반송파 주파수는 $f_c = 100\,\text{MHz}$이고, $k_f = 10^6$, $k_p = 25$ 라고 가정한다.

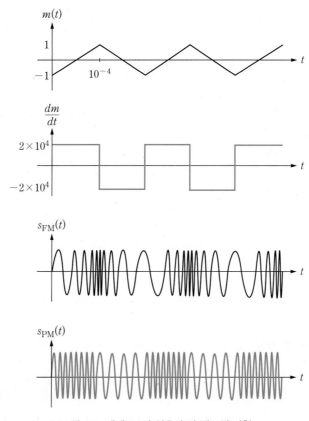

그림 5.5 예제 5.2의 신호와 각 변조된 파형

(a) FM 변조

FM 변조된 신호의 순시 주파수는 식 (5.10)으로부터

$$f_i(t) = f_c + k_f m(t) = 10^8 + 10^6 m(t)$$

이 된다. 여기서 메시지 신호 $m(t)$의 최솟값과 최댓값은 -1과 $+1$이므로 순시 주파수의 최솟값과 최댓값은 다음과 같다.

$$(f_i)_{min} = 10^8 + 10^6 \cdot min[m(t)] = 99 \text{ MHz}$$
$$(f_i)_{max} = 10^8 + 10^6 \cdot max[m(t)] = 101 \text{ MHz}$$

$m(t)$는 -1과 $+1$ 사이를 선형적으로 증가했다 감소했다 하기 때문에 FM 변조된 신호의 순시 주파수는 99MHz와 101MHz 사이를 증가했다 감소했다를 반복한다.

(b) PM 변조

PM 변조된 신호의 순시 주파수는 식 (5.9)로부터 다음과 같다.

$$f_i(t) = f_c + k_p \frac{dm(t)}{dt} = 10^8 + 25 \frac{dm(t)}{dt}$$

신호 $m(t)$는 선형적으로 증가했다 감소했다 하므로 PM 변조된 신호는 두 개의 순시 주파수를 갖는다. $m(t)$가 증가하는 구간에서는 기울기가 2×10^4이고, $m(t)$가 감소하는 구간에서는 기울기가 -2×10^4이므로 PM 변조된 신호의 순시 주파수는 다음과 같다.

$$(f_i)_{min} = 10^8 + 25 \cdot min\left[\frac{m(t)}{dt}\right] = 99.5 \text{ MHz}$$
$$(f_i)_{max} = 10^8 + 25 \cdot max\left[\frac{m(t)}{dt}\right] = 100.5 \text{ MHz}$$

5.2.2 각 변조된 신호의 특성

각 변조된 신호의 전력에 대해 알아보자. 진폭 변조에서는 메시지 신호에 따라 변조된 신호의 크기가 변화하므로 신호의 전력은 메시지 신호와 관계가 있다. 그러나 각 변조에서는 반송파의 진폭이 변화하지 않고 주파수와 위상만 변화한다. 따라서 각 변조된 신호의 전력은 메시지 신호와 관계되지 않는다. 반송파의 진폭이 A인 경우 FM 신호나 PM 신호의 전력은 모두

$A^2/2$가 되며, k_f나 k_p와는 관계되지 않는다는 것을 알 수 있다.

이번에는 각 변조된 신호가 차지하는 대역폭에 대해 생각해보자. 한정된 주파수 자원을 가지고 여러 사용자가 통신을 하기 위해서는 변조된 신호의 대역폭이 유한해야 한다. 따라서 효율적인 다중화를 위해서는 변조된 신호의 대역폭이 작을수록 유리하다. 진폭 변조에서는 DSB-SC의 경우 메시지 신호의 대역폭의 두 배가 필요하며, SSB의 경우 메시지 신호와 동일한 대역폭이 필요하다. 그러면 각 변조된 신호의 대역폭은 어떻게 될 것으로 예상하는가? 순시 주파수의 최댓값과 최솟값의 차가 대역폭일까? FM에서는 순시 주파수가 최저 $f_c + k_f \min\{m(t)\}$에서 최고 $f_c + k_f \max\{m(t)\}$까지 변한다. 따라서 k_f만 매우 작게 한다면 FM 신호의 순시 주파수는 거의 반송파 주파수 f_c 근처에만 분포할 것이며, 그 결과 대역폭이 매우 작을 것으로 생각될 수 있다. 이러한 추론은 실제로 FM 변조 방식이 나오면서 큰 관심을 끌었던 역사적 사실이다. 즉 측파대도 없이 통신이 가능하며 k_f만 매우 작게 하면 대역폭을 크게 줄일 수 있다는 것이다. 그러나 이것은 완전히 잘못된 생각이라는 것이 밝혀졌으며, FM 신호의 대역폭은 AM 신호의 대역폭보다 항상 크거나 같다는 것이 증명되었다. 잘못된 판단의 원인은 순시 주파수의 의미를 잘못 해석한 데 있다. 어떤 신호의 순시 주파수가 f_1에서 f_2 사이의 값만 가질 수 있다고 해서 그 스펙트럼도 f_1에서 f_2의 대역으로 제한되는 것은 아니기 때문이다. 즉 신호의 순시 주파수와 신호 스펙트럼상의 주파수를 혼동해서는 안 된다. 이에 대해서는 다음 절에서 좀더 상세히 다루기로 한다.

FM 변조에서 메시지 신호의 크기에 따라 순시 주파수가 반송파 주파수로부터 벗어나는 정도를 주파수 편이(frequency deviation)라 한다. 식 (5.10)으로부터 주파수 편이는

$$f_d(t) \triangleq f_i(t) - f_c = k_f m(t) \tag{5.14}$$

와 같이 표현된다. 최대 주파수 편이 Δf를 다음과 같이 정의하자.

$$\Delta f = \max |f_d(t)| = k_f \max |m(t)| \tag{5.15}$$

같은 방법으로 PM 변조에서 위상 편이(phase deviation)는

$$\theta_d(t) \triangleq \theta(t) - 2\pi f_c t = 2\pi k_p m(t) \tag{5.16}$$

로 정의하며, 최대 위상 편이는 다음과 같다.

$$\Delta\theta = \max|\theta_d(t)| = 2\pi k_p \max|m(t)| \tag{5.17}$$

이상에서 살펴본 바와 같이 FM 변조된 신호의 순시 주파수가 가질 수 있는 범위는 메시지 신호의 크기와 주파수 민감도 k_f에 의해 결정된다. 주파수 민감도 k_f를 작게 하면 순시 주파수의 범위가 작아지며, 그 결과 FM 신호의 대역폭도 작아진다. 이렇게 작은 값의 k_f를 사용한 변조 방식을 협대역 FM이라 하고, 큰 값의 k_f를 사용한 변조 방식을 광대역 FM이라 한다. 그러나 아무리 k_f를 작게 선택하더라도 FM 신호의 대역폭을 진폭 변조의 대역폭보다 작게 할 수 없다. 이에 대해서는 다음 절에서 설명한다.

5.3 각 변조된 신호의 대역폭

FM 변조된 신호의 순시 주파수는 최저 $f_c + k_f \min\{m(t)\}$에서 최고 $f_c + k_f \max\{m(t)\}$까지 변화할 수 있다. 따라서 순시 주파수의 변화폭은 최대 주파수 편이의 두 배, 즉 $2\Delta f = 2k_f \max|m(t)|$가 된다(편의상 $m(t)$의 최댓값과 최솟값은 크기가 동일하고 부호만 반대라고 가정하자). FM 신호의 스펙트럼이 순시 주파수의 범위 내에 존재하고, 따라서 FM 신호의 대역폭이 $2\Delta f$라고 생각하기 쉽다. 그리고 k_f만 매우 작게 하면 FM 신호의 순시 주파수는 거의 반송파 주파수 f_c 근처에만 분포하게 되어 대역폭이 매우 작을 것으로 생각될 수 있다. 그러나 이러한 생각은 잘못된 것이다. 그 이유가 무엇인지 살펴보자. FM 신호의 스펙트럼을 알기 위해서는 신호의 푸리에 변환을 구하는데, 푸리에 변환의 연산에서는 시구간 $-\infty < t < \infty$에서 계산을 해야 한다. 그러나 순시 주파수의 개념에서는 시간 구간을 고려하지 않는다. 즉 어느 순간에서의 값이지 어느 구간 동안 평균화된 값이 아니다. 예를 들어 메시지 신호가 구형파인 경우 PM 변조된 신호의 순시 주파수는 f_c이다(불연속점 제외). 그러나 구형파의 푸리에 변환은 sinc 함수이며 대역폭은 구형파의 펄스폭에 반비례한다. 따라서 구형파를 각 변조한 신호는 f_c뿐만 아니라 여러 주파수 성분을 가지며, 주파수 성분의 크기는 펄스폭과도 관계가 있게 된다. 이제 각 변조된 신호의 스펙트럼은 수식으로 유도할 수 있는지, 그리고 대역폭은 계산할 수 있는지, 대역폭은 k_f 또는 k_p와 어떻게 관련되는지 등에 관하여 알아보고자 한다.

5.3.1 협대역 각 변조(Narrow-Band Angle Modulation)

진폭 변조와 달리 각 변조는 중첩의 원리가 성립되지 않는 비선형 변조이다. 변조된 신호가 기저대역 신호 $m(t)$에 대해 선형적이라면 변조된 신호의 스펙트럼 특성과 대역폭을 $M(f)$로부터 쉽게 유추할 수 있다. 그러나 각 변조된 신호는 $m(t)$에 대해 중첩의 원리가 성립하지 않는다. 중첩의 원리가 성립하지 않는 것은 다음과 같이 증명할 수 있다. $m_1(t)$를 FM 변조한 신호를 $s_{\mathrm{FM1}}(t)$라 하고 $m_2(t)$를 FM 변조한 신호를 $s_{\mathrm{FM2}}(t)$라 하자. 그런데 $m_1(t)+m_2(t)$에 대해 FM 변조한 신호는

$$
\begin{aligned}
A\cos 2\pi\Big[&f_c t+k_f\int_0^t\{m_1(\tau)+m_2(\tau)\}d\tau\Big]\\
&\neq A\cos 2\pi\Big[f_c t+k_f\int_0^t m_1(\tau)d\tau\Big]+A\cos 2\pi\Big[f_c t+k_f\int_0^t m_2(\tau)d\tau\Big]\\
&\neq s_{\mathrm{FM1}}(t)+s_{\mathrm{FM2}}(t)
\end{aligned}
$$

와 같으므로 중첩의 원리가 성립되지 않는다. PM 변조한 신호가 메시지 신호에 대해 비선형 적이라는 것도 같은 방법으로 보일 수 있다.

이와 같이 각 변조된 신호는 메시지 신호에 대해 비선형적이므로 푸리에 변환에 의해 스펙트럼을 구하거나 대역폭을 해석적으로 구하기 어렵다. 그러나 k_f가 매우 작다면, 따라서 주파수 편이가 매우 작다면, FM 변조는 선형 변조로 근사화시킬 수 있다. 일반적으로 $|\theta|\ll 1$이면

$$\cos\theta\cong 1,\ \sin\theta\cong\theta \tag{5.18}$$

이 만족된다. FM 신호의 특성을 알아보기 위해 먼저 다음과 같은 함수를 정의하자.

$$g(t)\triangleq\int_{-\infty}^t m(\tau)d\tau \tag{5.19}$$

만일 k_f가 매우 작아서 $|k_f g(t)|\ll 1$이면 FM 변조된 신호는 다음과 같이 근사화된다.

$$
\begin{aligned}
s_{\mathrm{FM}}(t)&=A\cos[2\pi(f_c t+k_f g(t))]\\
&=A\cos 2\pi f_c t\cdot\underbrace{\cos 2\pi k_f g(t)}_{=1}-A\sin 2\pi f_c t\cdot\underbrace{\sin 2\pi k_f g(t)}_{=2\pi k_f g(t)}\\
&\cong A\cos 2\pi f_c t-2\pi A g(t)k_f\sin 2\pi f_c t
\end{aligned} \tag{5.20}
$$

그러므로 FM 신호는 $g(t)$에 대해 선형적이며, 따라서 $m(t)$에 대해 선형적인 특성을 갖게 된다. 따라서 이 식은 AM 변조에 대한 식과 유사하게 나타난다. 적분에 의한 대역폭의 변화는 없으므로, $g(t)$의 내역폭은 $m(t)$의 내역폭 B와 동일하나. 그러므로 FM 신호의 대역폭

은 $2B$가 된다. 위와 같이 k_f가 매우 작은 경우, 따라서 최대 주파수 편이가 매우 작은 경우를 협대역 FM(Narrow Band Frequency Modulation: NBFM) 변조라 한다. 협대역 FM 변조인 경우 신호의 대역폭은 양측파대 진폭 변조와 같이 $2B$가 된다.

식 (5.20)에 푸리에 변환을 취하면 다음을 얻는다.

$$S_{\mathrm{FM}}(f) \cong \frac{A}{2}[\delta(f-f_c)+\delta(f+f_c)] - 2\pi A k_f \frac{G(f-f_c)-G(f+f_c)}{2j} \tag{5.21}$$

한편 푸리에 변환의 성질에 의해

$$G(f) = \mathcal{F}\left\{\int_{-\infty}^{t} m(\tau)d\tau\right\} = \frac{M(f)}{j2\pi f} \tag{5.22}$$

이므로 협대역 FM 변조된 신호의 스펙트럼은 다음과 같이 표현된다.

$$S_{\mathrm{FM}}(f) = \frac{A}{2}[\delta(f-f_c)+\delta(f+f_c)] + \frac{A}{2}k_f\left[\frac{M(f-f_c)}{(f-f_c)} - \frac{M(f+f_c)}{(f+f_c)}\right] \tag{5.23}$$

그림 5.6에 NBFM 신호 스펙트럼의 예를 보인다. 그림으로부터 다음 두 가지 사실을 알 수 있다. 첫째 NBFM의 대역폭은 AM과 동일하게 기저대역 신호 대역폭의 두 배인 $2B$가 된다는 점이다. 둘째 NBFM 신호의 스펙트럼은 f_c에서 무한대가 될 수 있다는 점이다. 이것은 푸리에 변환의 미적분 특성에 의해 $G(f)$가 $f = 0$에서 임펄스를 포함할 수 있기 때문이다. 그러나 실제 상황에서 대부분의 기저대역 신호는 직류 성분이 0이므로 별 문제가 되지 않는다. 특히 음성 신호의 경우 약 15 Hz 이하에서는 스펙트럼 크기가 0이다.

PM 변조의 경우에도 k_p가 매우 작은 경우, 따라서 최대 위상 편이가 매우 작은 경우를 협대역 PM(Narrow Band Phase Modulation: NBPM) 변조라 한다. 일반적으로 PM 변조에서 최대 위상 편이가 0.2rad 이하이면 NBPM 변조로 분류한다. NBPM의 경우 k_p가 매우 작으면 신호의 표현은 식 (5.20)에서 $k_f g(t)$ 대신 $k_p m(t)$를 대입하면 된다. 즉 NBPM 신호는

$$\begin{aligned} s_{\mathrm{PM}}(t) &= A\cos[2\pi(f_c t + k_p m(t))] \\ &\cong A\cos 2\pi f_c t - 2\pi A m(t)k_p \sin 2\pi f_c t \end{aligned} \tag{5.24}$$

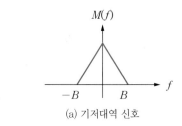

(a) 기저대역 신호

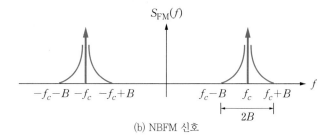

(b) NBFM 신호

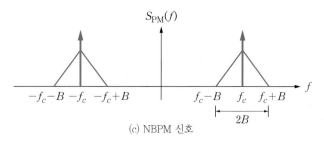

(c) NBPM 신호

그림 5.6 협대역 각 변조 신호 스펙트럼의 예

와 같이 표현된다. 따라서 협대역 PM 변조된 신호의 스펙트럼은 다음과 같이 된다.

$$S_{\mathrm{PM}}(f) = \frac{A}{2}[\delta(f-f_c)+\delta(f+f_c)] - 2\pi A k_p \frac{M(f-f_c)-M(f+f_c)}{2j} \tag{5.25}$$

그림 5.6에 NBPM 신호 스펙트럼의 예를 보인다. 그림으로부터 NBPM의 대역폭은 AM과 동일하게 기저대역 신호 대역폭의 두 배인 $2B$가 된다는 것을 알 수 있다.

협대역 각 변조는 AM 변조와 매우 유사하게 표현된다. 비교를 위해 AM과 NBFM, NBPM 신호의 표현을 같이 써보면 다음과 같다.

$$\begin{aligned}
s_{\mathrm{FM}}(t) &= A\cos 2\pi f_c t - 2\pi A g(t)k_f \sin 2\pi f_c t \\
s_{\mathrm{PM}}(t) &= A\cos 2\pi f_c t - 2\pi A m(t)k_p \sin 2\pi f_c t \\
s_{\mathrm{AM}}(t) &= A[1+\mu m_n(t)]\cos 2\pi f_c t = A\cos 2\pi f_c t + A\mu m_n(t)\cos 2\pi f_c t
\end{aligned} \tag{5.26}$$

모든 신호가 반송파와 $\pm f_c$에 중심을 둔 측파대로 이루어져 있으며 대역폭은 동일하게 $2B$가 된다. AM과의 차이점은 협대역 각 변조된 신호는 측파대 신호의 위상이 반송파와 $\pi/2$의 위 상차를 갖는다는 것이다. 위의 식에서 알 수 있듯이 NBFM이나 NBPM 신호는 AM 변조기 를 이용하여 만들 수 있다. 그림 5.7에 진폭 변조기를 이용한 협대역 각 변조기의 구성을 AM 변조기와 비교하여 보인다.

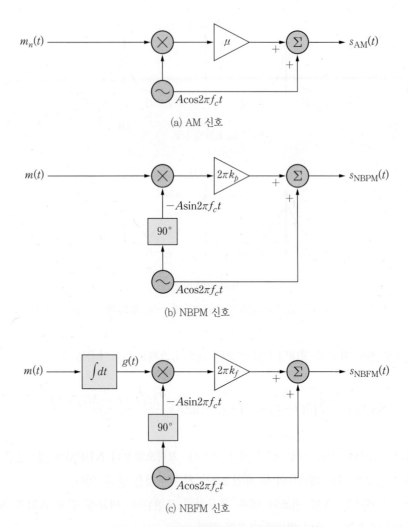

(a) AM 신호

(b) NBPM 신호

(c) NBFM 신호

그림 5.7 AM과 협대역 각 변조 신호의 발생

5.3.2 광대역 각 변조(Wide-Band Angle Modulation)

FM 변조를 이용한 다중화를 위해서는 변조된 신호의 대역폭을 산출할 수 있어야 한다. 진폭

변조나 협대역 각 변조에서는 변조된 신호와 메시지 신호 사이에 선형성이 성립하여 기저대역으로부터 전송대역을 바로 연관시킬 수 있었으며, 따라서 기저대역 신호의 특성으로부터 변조된 신호의 스펙트럼 특성이나 대역폭을 유추할 수 있었다. 그러나 주파수 편이나 위상 편이가 커지면 변조된 신호와 기저대역 신호 사이에 더 이상 선형 관계가 성립하지 않는다. 이와 같이 k_f가 커서 $|k_f g(t)| \ll 1$이 성립하지 않는 FM 변조를 광대역 FM(Wide-Band FM: WBFM)이라 하며, k_p가 커서 $|k_p m(t)| \ll 1$이 성립하지 않는 PM 변조를 광대역 PM(Wide-Band PM: WBPM)이라 한다. 광대역 각 변조된 신호는 $m(t)$에 대해 선형적이지 않으므로 분석이 매우 복잡해서 변조된 신호의 스펙트럼은 정량적인 해석이 거의 불가능하다. FM 변조의 스펙트럼 분석과 대역폭 산출이 어려운 이유를 살펴보자.

광대역 FM 신호의 특성을 살펴보는데 있어 수식 전개의 편이성을 위하여 변조된 신호를 복소 정현파를 이용하여 다음과 같이 표현하자.

$$
\begin{aligned}
s_{\mathrm{FM}}(t) &= A \cos\left[2\pi f_c t + 2\pi k_f g(t)\right] \\
&= \mathrm{Re}\{A e^{j[2\pi f_c t + 2\pi k_f g(t)]}\} = \mathrm{Re}\{A e^{j2\pi f_c t} \cdot e^{j2\pi k_f g(t)}\}
\end{aligned}
\tag{5.27}
$$

여기서 $g(t) = \int_0^t m(\tau)d\tau$ 이다. 만일 위의 식에서 $e^{j2\pi k_f g(t)}$의 푸리에 변환을 안다면 $\mathcal{F}\{A e^{j2\pi f_c t} \cdot e^{j2\pi k_f g(t)}\}$는 푸리에 변환의 성질(modulation)에 의해 쉽게 표현할 수 있으므로 FM 변조된 신호의 스펙트럼을 알 수 있다. 그러나 문제는 $\mathcal{F}\{e^{j2\pi k_f g(t)}\}$를 닫힌 형식(closed form) 수식으로 표현할 수 없다는 것이다. 그대신 $e^{j2\pi k_f g(t)}$를 무한 급수로 다음과 같이 표현해보자.

$$
e^{j2\pi k_f g(t)} = 1 + j2\pi k_f g(t) + \frac{(j2\pi k_f g(t))^2}{2!} + \cdots + \frac{(j2\pi k_f g(t))^n}{n!} + \cdots
\tag{5.28}
$$

그러면 FM 신호는 다음과 같이 된다.

$$
\begin{aligned}
s_{\mathrm{FM}}(t) &= \mathrm{Re}\{A e^{j2\pi f_c t} \cdot e^{j2\pi k_f g(t)}\} \\
&= A \cdot \mathrm{Re}\{e^{j2\pi k_f g(t)}(\cos 2\pi f_c t + j \sin 2\pi f_c t)\} \\
&= A\left[\cos 2\pi f_c t - 2\pi k_f g(t) \sin 2\pi f_c t - \frac{(2\pi k_f)^2 g^2(t)}{2!} \cos 2\pi f_c t + \cdots\right]
\end{aligned}
\tag{5.29}
$$

따라서 FM 변조된 신호는 반송파 신호와 함께 여러 형태로 변형된 신호들이 진폭 변조되어 만들어진 신호들이 더해진 형태로 표현된다. 여기서 $g(t)$는 $m(t)$를 적분한 것이므로 대역폭이 $m(t)$의 대역폭과 동일하게 B가 된다. 그러나 식 (5.29)에 있는 $g^2(t)$ 성분은 푸리에 변환의 곱셈/컨볼루션 성질에 의해 대역폭이 $2B$가 된다. 마찬가지로 $g^n(t)$ 성분의 대역폭은 nB가 된다. 그러므로 FM 변조된 신호는 $\{g^n(t), \ n=1, 2, \cdots\}$ 성분들을 f_c의 주파수대로 천이시킨 형태가 되므로 대역폭은 이론적으로 무한대가 된다. 다시 말해서 기저대역 신호의 대역폭이 제한되어 있더라도 FM 변조된 신호는 대역 제한되지 않는다. 그러나 $g^n(t)$ 성분의 가중치가 n의 증가에 따라 무시할 정도로 된다면, FM 신호에서 의미 있는 크기의 스펙트럼 성분은 유한 주파수 범위 내에 있을 수 있다. 실용적으로 신호의 대역폭을 정의할 때 최대 주파수 성분이 아니라 대부분의 신호 전력이 어느 주파수 범위에 있는가로 정의하기 때문에 FM 신호의 대역폭은 실제로는 유한하다. 어느 주파수 범위에 대부분의 신호 전력이 존재하는가는 변조 파라미터인 k_f와 기저대역 신호의 크기와 관계가 있으며, 대역폭을 산출하는데는 다소 복잡한 분석이 요구된다.

이와 같이 광대역 각 변조된 신호는 $m(t)$에 대해 선형적이지 않기 때문에 분석이 매우 복잡해서 변조된 신호의 스펙트럼은 정량적인 해석이 거의 불가능하다. 따라서 기저대역 신호가 단일 정현파인 경우에 대해 해석한 다음 이 결과를 토대로 일반적인 경우로 확대 유추하는 방법을 이용하기로 한다.

메시지 신호 $m(t)$가 순수한 단일 정현파라 가정하자. 즉

$$m(t) = a \cos 2\pi f_m t \tag{5.30}$$

라 하자. 그러면

$$g(t) = \int_0^t m(\tau)d\tau = \frac{a}{2\pi f_m} \sin 2\pi f_m t \tag{5.31}$$

가 된다. 이제 다음과 같이 주파수 편이비를 정의하자.

$$\beta \triangleq \frac{\Delta f}{B} \tag{5.32}$$

여기서 Δf는 FM 신호의 최대 주파수 편이이며 B는 $m(t)$의 대역폭이다. 주파수 편이비 β를 FM 변조지수(modulation index)라 한다. 순수 정현파의 경우 $B=f_m$이 되며, $\Delta f = k_f \max|m(t)| = ak_f$가 된다. 그러면 FM 신호는

$$s_{\mathrm{FM}}(t) = A\cos\left[2\pi f_c t + 2\pi k_f g(t)\right] = A\cos\left[2\pi f_c t + \beta\sin 2\pi f_m t\right] \tag{5.33}$$

와 같이 표현된다. 위의 식을 복소 정현파 함수를 사용하여 표현하면

$$s_{\mathrm{FM}}(t) = A \cdot \mathrm{Re}\{e^{j2\pi f_c t} \cdot e^{j\beta\sin 2\pi f_m t}\} \tag{5.34}$$

와 같이 된다. 여기서 $\exp(j\beta\sin 2\pi f_m t)$는 주기가 $1/f_m$인 주기 함수이므로 다음과 같이 푸리에 급수로 전개할 수 있다.

$$e^{j\beta\sin 2\pi f_m t} = \sum_{n=-\infty}^{\infty} c_n e^{j2\pi n f_m t}$$
$$c_n = f_m \int_{-1/2f_m}^{1/2f_m} e^{j\beta\sin 2\pi f_m t} \cdot e^{-j2\pi n f_m t} dt \tag{5.35}$$

위의 식에서 $2\pi f_m t = x$로 치환하면 푸리에 계수는

$$c_n = \frac{1}{2\pi} \int_{-\pi}^{\pi} e^{j(\beta\sin x - nx)} dx \tag{5.36}$$

와 같이 된다. 위의 적분은 n과 β의 함수이므로 $J_n(\beta)$로 표현하며 제1종 n차 베셀(Bessel) 함수라 부른다. 베셀 함수는 많은 물리적인 문제에서 자주 등장하는 함수로 n과 β의 값에 따라 미리 계산하여 표로 주어져 있다. 베셀 함수는 실수 값을 가진다(증명해보라). 표 5.2에 몇 가지의 n과 β에 대한 베셀 함수의 값을 소수점 두 자리로 표현하여 보인다. 그림 5.8에는 베셀 함수의 값을 그래프로 보이고 있다.

표 5.2 Bessel 함수표

n \ β	0.5	1	2	3	4	5	6	7	8	9	10
0	0.9385	0.7652	0.2239	−0.2601	−0.3971	−0.1776	0.1506	0.3001	0.1717	−0.09033	−0.2459
1	0.2423	0.4401	0.5767	0.3391	−0.06604	−0.3276	−0.2767	−0.004683	0.2346	0.2453	0.04347
2	0.03060	0.1149	0.3528	0.4861	0.3641	0.04657	−0.2429	−0.3014	−0.1130	0.1448	0.2546
3	0.002564	0.01956	0.1289	0.3091	0.4302	0.3648	0.1148	−0.1676	−0.2911	−0.1809	0.05838
4		0.002477	0.03400	0.1320	0.2811	0.3912	0.3576	0.1578	−0.1054	−0.2655	−0.2196
5			0.007040	0.04303	0.1321	0.2611	0.3621	0.3479	0.1858	−0.05504	−0.2341
6			0.001202	0.01139	0.04909	0.1310	0.2458	0.3392	0.3376	0.2043	0.01446

7					0.002547	0.01518	0.05338	0.1296	0.2336	0.3206	0.3275	0.2167
8						0.004029	0.01841	0.05623	0.1280	0.2235	0.3051	0.3179
9							0.005520	0.02117	0.05892	0.1263	0.2149	0.2919
10							0.001468	0.006964	0.02354	0.06077	0.1247	0.2075
11								0.002048	0.008335	0.02560	0.06222	0.1231
12									0.002656	0.009624	0.02739	0.06337
13										0.003275	0.01083	0.02897
14										0.001019	0.003895	0.01196
15											0.001286	0.004508
16												0.001567

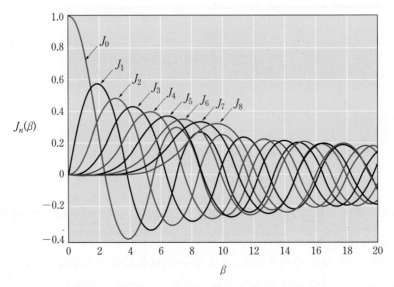

그림 5.8 다양한 n과 β의 함수로 나타낸 Bessel 함수의 값

지금까지 알아본 것을 정리해보자. 식 (5.34)에 포함된 신호 성분 $\exp(j\beta\sin 2\pi f_m t)$는 기본 주파수가 f_m인 주기 신호로 푸리에 급수로 표현할 때 스펙트럼 계수는 $c_n = J_n(\beta)$의 베셀 함수가 된다. FM 신호의 대역폭을 구하기 위해서는 의미 있는 크기의 스펙트럼 계수가 어디까지 있는가를 알아야 한다. 이를 위해서는 베셀 함수 $J_n(\beta)$의 성질에 대해 알 필요가 있다. 베셀 함수의 몇 가지 유용한 성질만 소개하면 다음과 같다.

$$(a)\ J_{-n}(\beta) = (-1)^n J_n(\beta)$$
$$\Rightarrow n\text{이 짝수이면 } J_{-n}(\beta) = J_n(\beta)$$
$$n\text{이 홀수이면 } J_{-n}(\beta) = -J_n(\beta)$$
$$(b)\ \sum_{n=-\infty}^{\infty} J_n^2(\beta) = 1 \tag{5.37}$$
$$(c)\ \beta\text{가 큰 경우}$$
$$J_n(\beta) \cong \frac{\left(\frac{\beta}{2}\right)^n}{\Gamma(n+1)}$$

이상의 결과로부터 식 (5.35)는 다음과 같이 표현할 수 있다.

$$e^{j\beta \sin 2\pi f_m t} = \sum_{n=-\infty}^{\infty} c_n e^{j2\pi f_m t} = \sum_{n=-\infty}^{\infty} J_n(\beta) e^{j2\pi n f_m t} \tag{5.38}$$

따라서 FM 신호는 다음과 같이 표현할 수 있다.

$$s_{\text{FM}}(t) = A \cdot \text{Re}\left\{ e^{j2\pi f_c t} \sum_{n=-\infty}^{\infty} J_n(\beta) e^{j2\pi n f_m t} \right\}$$
$$= A \sum_{n=-\infty}^{\infty} J_n(\beta) \cos 2\pi (f_c + n f_m t) \tag{5.39}$$

위의 식으로부터 FM 변조된 신호는 반송파 성분과 $f_c \pm f_m$, $f_c \pm 2f_m$, $\cdots$, $f_c \pm n f_m$, $\cdots$ 등 무한대의 측파대 스펙트럼을 가진다는 것을 알 수 있다. 주파수 $f_c \pm n f_m$에 위치한 주파수 성분의 크기는 $J_n(\beta)$가 된다. 메시지 신호 $m(t)$가 단일 정현파인 경우, AM 변조하면 반송파 주파수를 중심으로 두 개의 측파대만 있지만(따라서 대역폭은 $2B = 2f_m$이 됨), FM 변조하면 반송파 주파수를 중심으로 하여 고조파들이 무한대로 펼쳐진다. 따라서 $J_n(\beta)$가 0이 아닌 한 절대적 대역폭은 무한대가 된다. 그러나 FM 신호의 실용적인 대역폭은 유한하게 되는데 그 이유를 살펴보자.

표 5.2와 그림 5.8에 보인 바와 같이 주어진 β에 대해서 $J_n(\beta)$는 n이 커질수록 크기가 작아진다. 따라서 n이 충분히 크면 $J_n(\beta)$는 무시할 수 있을 정도가 되어 유한한 개수의 측파대 신호만이 의미가 있다. 보통 FM 신호의 대역폭은 전체 전력의 98%를 차지하는 측파대 범위로 보는데, 표 5.2에서 보듯이 $n > \beta + 1$이면 $J_n(\beta)$는 크기가 매우 작아진다. 따라서 의미가 있는 측파대 신호의 개수를 $\beta + 1$로 잡는다. 그러면 FM 신호의 근사적인 대역폭은 다음과 같이 된다.

$$BW_{\text{FM}} \simeq 2nf_m = 2(\beta+1)f_m$$
$$= 2(\Delta f + f_m) \tag{5.40}$$
$$= 2(ak_f + f_m)$$

지금까지 살펴본 것은 정보 신호가 단일 정현파인 경우에 대한 FM 신호의 대역폭이지만 일반적인 신호에 대해서도 f_m 대신 기저대역 신호의 대역폭 B를 사용하여 대역폭을 예측하는데 사용된다. 즉

$$BW_{\text{FM}} \cong 2(\beta+1)B$$
$$= 2(\Delta f + B) \tag{5.41}$$

와 같이 FM 신호의 대역폭을 근사화한다. 이 공식을 Carson의 법칙이라 부른다. FM 신호의 대역폭을 3dB 대역폭을 사용하여 구하려면 먼저 FM 신호의 스펙트럼을 구해야 하기 때문에 산출이 매우 복잡하다. Carson의 법칙은 매우 간단하게 각 변조된 신호의 대역폭을 구할 수 있도록 하기 때문에 매우 유용하게 사용된다(Carson의 법칙은 대역폭에 대한 근사값만 제공하며 스펙트럼 모양에 대해서는 정보를 제공하지 않는다).

한편 표 5.2와 그림 5.8에서 β 의 값이 매우 작으면 $J_0(\beta)$는 1에 근접하고 나머지 $J_n(\beta)$의 값은 매우 작아서 $n > 2$ 에서의 값은 무시할 만하다. 그러면 FM 신호의 스펙트럼은 f_c, $f_c \pm f_m$ 에 있는 임펄스만 고려하는 것이 합당하므로 대역폭은

$$BW_{\text{FM}} \cong 2f_m = 2B, \ \ \beta\text{가 작은 경우} \tag{5.42}$$

가 된다. 주파수 민감도 k_f 가 작으면 변조지수 β 가 작아지므로, 협대역 FM의 근사적인 대역폭은 식 (5.42)와 같이 된다는 것을 알 수 있다. 협대역 FM의 대역폭이 $2B$가 되는 것은 앞서 살펴본 바 있다.

PM 변조의 경우 $m(t) = a\cos 2\pi f_m t$ 에 의하여 PM 변조된 신호의 표현은 식 (5.33)과 유사하게

$$s_{\text{PM}}(t) = A\cos[2\pi f_c t + 2\pi k_p m(t)] = A\cos[2\pi f_c t + \Delta\theta \cos 2\pi f_m t] \tag{5.43}$$

와 같이 된다. 여기서 $\Delta\theta = 2\pi k_p a$ 는 최대 위상편이며, PM 변조에서는 변조지수를 최대 위

상편이로 정의한다. 즉

$$\beta_{\mathrm{PM}} \triangleq \Delta\theta = 2\pi k_p \max|m(t)| \tag{5.44}$$

이 된다. 그러므로 PM 신호의 스펙트럼은 기본적으로 FM과 유사하다. 그러나 스펙트럼이 변조지수와 메시지 신호의 주파수에 영향을 받는 양상은 FM과 다르다.

보충 설명

FM이나 PM 모두 변조지수(FM의 경우 $\beta = ak_f/f_m$, PM의 경우 $\beta = 2\pi ak_p$)가 클수록 측파대의 개수가 늘어나므로 대역폭이 증가한다. PM의 경우 메시지 신호의 주파수 f_m이 증가하면 측파대의 간격이 넓어지므로 대역폭이 증가하며, 또한 k_p가 커지면 비례해서 β가 커지므로 대역폭이 넓어진다. 즉 PM에서는 대역폭이 메시지 신호의 주파수에 비례해서 넓어지는 한편 최대 위상편이에 따라(또는 k_p에 따라) 넓어진다. 그러나 같은 각 변조일지라도 FM은 PM과 달리 상황이 단순하지 않다. 그 이유는 FM에서는 변조지수가

$$\beta = \frac{\Delta f}{B} = \frac{k_f|m(t)|_{\max}}{f_m} \tag{5.45}$$

와 같이 되어 k_f에 비례하는 한편 메시지 신호의 주파수 f_m에 반비례하기 때문이다. 변조지수 β를 증가시키는데 있어, Δf는 일정하게 하고 주파수 f_m을 줄이는 경우를 생각해보자. β의 증가에 따라 측파대의 개수가 증가하므로 대역폭이 넓어지는 효과가 발생한다. 그러나 다른 한편으로 보면 주파수 f_m을 작게 하면 측파대 사이의 간격이 감소함으로써 대역폭이 작아지는 효과가 발생한다. 이상의 두 가지 상반된 효과는 서로를 상쇄시키는 방향으로 작용하기 때문에 β가 증가함에 따라 FM의 대역폭은 어느 정도는 증가하지만 직접 β에 비례하지는 않는다. 이러한 이유로 FM은 대역폭이 일정하지는 않지만 어느 정도 대역폭이 제한되어 있는 것이다.

FM 방송

상업용 FM 방송에서는 기저대역 신호의 대역을 30Hz~15kHz로 하고, 최대 주파수편이를 $\Delta f = 75\,\mathrm{kHz}$로 제한하고 있으며(따라서 변조지수는 $\beta = \Delta f/B = 75/15 = 5$), 전송 대역폭은 채널당 200kHz를 할당하고 있다. FM 방송에서 신호의 대역폭은 Carson의 법칙으로부터 $2(75+15) = 180\,\mathrm{kHz}$가 되는 것을 알 수 있다. 음성 신호의 경우 보통 최대 주파수 성분을 3kHz로 보지만 음악을 전송하는 경우에는 고음질을 얻기 위해 이보다 더 높은 주파수까

지 포함시켜야 한다. AM 방송의 경우 채널당 전송 대역폭을 10kHz로 할당하고 있기 때문에 음성 방송에 적합하며 음악의 경우 음질이 떨어진다. 이에 비해 FM 방송에서는 15kHz까지 기저대역 신호의 대역을 허용하기 때문에 음악 방송에서 AM에 비해 더욱 생생한 원음을 전달할 수 있다. TV에서는 오디오 신호를 FM 변조하여 전송하는데 최대 주파수편이는 25kHz로, 최대 주파수는 15kHz로 정해져 있다. 따라서 TV 시스템에서 오디오 채널은 대역폭이 2(25+15)=80kHz가 된다.

예제 5.3   FM 신호의 대역폭

주파수가 50kHz인 정현파 신호를 100MHz의 반송파로써 주파수 변조하여 최대 주파수편이가 500kHz가 되었다고 하자. 발생된 FM 신호의 대역폭을 구하라. 또한 FM 변조지수를 구하라.

풀이

Carson의 법칙을 사용하여 근사적인 대역폭을 구하면

$$BW_{\text{FM}} \cong 2(\beta+1)B = 2(\Delta f + f_m)$$
$$= 2(500+50) = 1100\text{kHz}$$

가 되며, FM 변조지수는 다음과 같다.

$$\beta \triangleq \frac{\Delta f}{B} = \frac{\Delta f}{f_m} = \frac{500}{50} = 10$$

예제 5.4   FM 신호의 대역폭

100MHz의 반송파로 주파수가 50kHz인 정현파 신호를 주파수 변조한다고 하자. 이때 주파수 민감도는 $k_f = 100$ 를 사용한다고 가정하자. 정현파 신호의 진폭을 다음과 같이 변화시켰을 때 각 경우에 대하여 FM 변조된 신호의 대역폭을 구하라.

(a) $a = 10$ (b) $a = 100$ (c) $a = 1000$

풀이

$f_m = 50\text{kHz}, \ \Delta f = k_f \max|m(t)| = a k_f$ 이므로

(a) $BW_{\text{FM}} \cong 2(\Delta f + f_m) = 2(10 \times 100\text{Hz} + 50\text{kHz}) = 102\text{kHz}$

(b) $BW_{\text{FM}} \cong 2(\Delta f + f_m) = 2(100 \times 100\text{Hz} + 50\text{kHz}) = 120\text{kHz}$

(c) $BW_{\text{FM}} \cong 2(\Delta f + f_m) = 2(1000 \times 100\text{Hz} + 50\text{kHz}) = 300\text{kHz}$

FM 변조된 신호가 다음과 같이 표현된다고 가정하고, 신호의 대역폭을 구하라.

$$s_{\mathrm{FM}}(t) = 100 \cos[2\pi \times 10^8 t + 5 \sin(2\pi \times 10^4 t)]$$

풀이

FM 신호의 표현은

$$s_{\mathrm{FM}}(t) = A \cos\theta(t) = A \cos\left[2\pi\left\{f_c t + k_f \int_0^t m(\tau)d\tau\right\}\right]$$

와 같이 되므로 위의 신호는 정현파 신호를 FM 변조한 것이며, 신호의 주파수는

$$f_m = 10^4 \; \mathrm{Hz}$$

가 된다. 순시 주파수를 구하면 다음과 같다.

$$\begin{aligned} f_i(t) &= \frac{1}{2\pi}\frac{d\theta}{dt} = 10^8 + \frac{1}{2\pi}\frac{d}{dt} 5\sin(2\pi \times 10^4 t) \\ &= 10^8 + 5 \times 10^4 \cos(2\pi \times 10^4 t) \\ &= f_c + k_f m(t) \end{aligned}$$

따라서 최대 주파수 편이는

$$\Delta f = 5 \times 10^4 \, \mathrm{Hz}$$

가 되며, FM 신호의 대역폭은 다음과 같이 된다.

$$BW_{\mathrm{FM}} \approx 2(\Delta f + f_m) = 2(50\mathrm{kHz} + 10\mathrm{kHz}) = 120\mathrm{kHz}$$

FM 변조의 특성

진폭 변조에서는 변조된 신호의 대역폭이 변화될 수 없지만, 각 변조에서는 파라미터를 조절함으로써 변조된 신호의 대역폭을 변화시킬 수 있다. 앞서 살펴본 바와 같이 Δf 또는 k_f를 변화시키면 FM 신호의 대역폭이 변화한다. 또한 진폭 변조에서는 메시지 신호의 크기에 이

하여 변조된 신호의 대역폭이 변화하지 않지만 FM 변조에서는 메시지 신호의 크기에 의하여 변조된 신호의 대역폭이 변화한다. 한편 각 변조 시스템에서는 SNR 값이 전송 대역폭의 제곱에 비례한다. 따라서 Δf를 증가시키면 대역폭이 증가하고, 잡음에 강인해진다는 사실을 알 수 있다. 즉 FM 변조에서는 전송 대역폭과 SNR(또는 잡음에 대한 강인성) 사이에 적당한 선에서 타협을 할 수 있게 된다. FM 전송 대역폭이 넓을수록 잡음에 대한 특성이 우수해지므로 양질의 통신을 위해서 광대역 FM 변조를 사용하는 것이다. 따라서 보통 FM 변조라 하면 광대역 FM 변조를 지칭하는 것으로 본다.

FM 변조의 다른 장점으로 비선형 왜곡에 강인하다는 것을 들 수 있다. 이 특성은 변조된 신호의 진폭이 일정한 것에 기인한다. 예를 들어 변조된 신호가 선형 성분 외에 제곱 및 3제곱 성분을 가진 시스템을 통과한다고 하자. 즉 입출력 특성이 다음과 같은 특성을 가진 소자를 고려하자.

$$y(t) = a_1 x(t) + a_2 x^2(t) + a_3 x^3(t) \tag{5.46}$$

먼저 진폭 변조인 경우, 예를 들어 DSB-SC 신호 $x(t) = m(t)\cos\omega_c t$가 이 소자에 입력되는 경우 출력은 다음과 같이 된다.

$$
\begin{aligned}
y(t) &= a_1 m(t)\cos\omega_c t + a_2 m^2(t)\cos^2\omega_c t + a_3 m^3(t)\cos^3\omega_c t \\
&= a_1 m(t)\cos\omega_c t + a_2 m^2(t)\left\{\frac{1}{2} + \frac{1}{2}\cos 2\omega_c t\right\} + a_3 m^3(t)\left\{\frac{3}{4}\cos\omega_c t + \frac{1}{4}\cos 3\omega_c t\right\} \\
&= \frac{a_2}{2}m^2(t) + \left\{a_1 m(t) + \frac{3a_3}{4}m^3(t)\right\}\cos\omega_c t + \frac{a_2}{2}m^2(t)\cos 2\omega_c t + \frac{a_3}{4}m^3(t)\cos 3\omega_c t
\end{aligned} \tag{5.47}
$$

이 신호를 중심 주파수가 ω_c인 BPF에 통과시키면 원하는 성분인 $a_1 m(t)\cos\omega_c t$ 이외에 왜곡 성분인 $\frac{3a_3}{4}m^3(t)\cos\omega_c t$ 성분이 더해져서 출력된다. 그런데 $m^3(t)$의 푸리에 변환은 $M(f) * M(f) * M(f)$이므로 왜곡 성분의 스펙트럼은 원하는 신호의 스펙트럼과 중첩되어 필터로써 분리가 불가능하다. 그러므로 진폭 변조는 채널의 비선형성에 영향을 쉽게 받는다는 것을 알 수 있다.

이번에는 각 변조된 신호가 식 (5.46)의 특성을 가진 소자에 입력된다고 하자. FM 변조된 신호는 $x(t) = \cos\left[\omega_c t + 2\pi k_f \int_0^t m(\tau)d\tau\right]$와 같이 표현할 수 있다. 그러면 출력은

$$y(t) = a_1 \cos\left[\omega_c t + 2\pi k_f \int_0^t m(\tau)d\tau\right] + a_2 \cos^2\left[\omega_c t + 2\pi k_f \int_0^t m(\tau)d\tau\right]$$

$$+ a_3 \cos^3\left[\omega_c t + 2\pi k_f \int_0^t m(\tau)d\tau\right] \tag{5.48}$$

$$= \frac{a_2}{2} + \left(a_1 + \frac{3a_3}{4}\right)\cos\left[\omega_c t + 2\pi k_f \int_0^t m(\tau)d\tau\right]$$

$$+ \frac{a_2}{2}\cos\left[2\omega_c t + 4\pi k_f \int_0^t m(\tau)d\tau\right] + \frac{a_3}{4}\cos\left[3\omega_c t + 6\pi k_f \int_0^t m(\tau)d\tau\right]$$

와 같이 된다. 따라서 출력은 직류 성분과 원하는 성분, 원래 반송파의 2배 주파수를 갖는 반송파와 2배의 주파수 편이를 갖는 FM 신호 성분, 그리고 원래 반송파의 3배 주파수를 갖는 반송파와 3배의 주파수 편이를 갖는 FM 신호 성분으로 구성된다. 직류 및 $2\omega_c$, $3\omega_c$ 성분은 BPF를 사용하여 제거할 수 있다. 여기서 원하는 대역에는 원하는 신호가 왜곡되지 않은 형태로 남아 있는 것을 알 수 있다. 그러므로 채널의 비선형성에 의해 신호의 왜곡이 발생하지 않는다는 것을 알 수 있다. 마이크로파 중계 시스템에서는 효율이 높은 C급 증폭기를 많이 사용하는데, 이 경우 증폭기는 비선형 특성을 가진다. 정진폭 특성을 갖는 FM 변조를 사용하면 비선형성에 대한 영향을 적게 받는다. 이와 같은 이유로 마이크로파 중계 시스템에서는 FM 변조가 많이 사용된다.

위에서 살펴본 비선형 소자는 주파수 체배기(frequency multiplier)로 사용할 수 있다. 소자의 입출력 특성에 n차 함수 항이 있으면 이 성분에 대한 출력은 $n\omega_c$의 반송파와 $n\Delta f$의 최대 주파수 편이를 갖는 FM 신호가 출력에 나타난다. 따라서 비선형 소자를 사용하여 반송파 주파수와 주파수 편이를 몇 배로 증가시킨 FM 신호를 얻을 수 있다. 뒤에서 살펴보겠지만 이와 같은 소자의 특성을 이용하여 광대역 FM 신호를 발생시킬 수 있다.

5.4 FM 신호의 생성

FM 전송 대역폭이 넓을수록 잡음에 대한 특성이 좋아지기 때문에 주로 광대역 FM 변조를 사용한다. 따라서 FM 변조라 하면 보통 광대역 FM 변조를 지칭하는 것으로 본다. FM 변조 신호를 발생시키는 방법은 기본적으로 두 가지가 있다. 한 가지는 일단 협대역 FM 신호를 발생시킨 다음 주파수 체배기를 사용하여 일정한 비율로 주파수 편이를 증가시켜서 대역폭을 확장시키는 간접 생성 방법이고, 다른 한 가지는 VCO를 사용한 직접 생성 방법이다.

5.4.1 간접 생성 방법

광대역 FM 신호의 생성을 위하여 한꺼번에 높은 주파수 편이를 얻기에는 실제 가변 발진기의 능력에 한계가 있다. 따라서 일단 협대역 FM 신호를 발생시킨 다음 주파수 체배(frequency multiplying)를 통해 일정 비율로 주파수 편이를 늘려나가는 방법을 사용하는데, 이를 간접 변조 방법이라 한다. 협대역 FM(NBFM) 신호는 앞서 그림 5.7에 보인 방법을 사용하여 간단하게 발생시킬 수 있다. 그림 5.9에 간접 변조 방식을 사용한 FM 신호의 생성 방식을 보이는데, 이 방식을 Armstrong 방식이라 부른다. 주파수 편이를 증가시키기 위하여 NBFM 신호의 순시 주파수를 N배로 체배시키면 주파수 편이뿐만 아니라 중심 주파수까지 모두 N배가 된다. 이를 해결하기 위해 주파수 혼합기를 사용하여 원하는 주파수로 반송파 주파수를 낮추면 된다(혼합기를 사용하여 주파수를 천이할 때 주파수 편이는 변화하지 않는다).

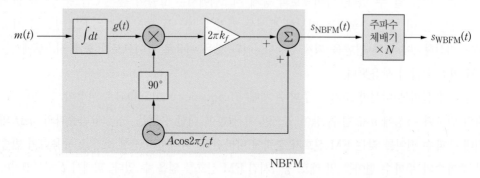

그림 5.9 NBFM 신호 발생기와 주파수 체배기를 이용한 WBFM 신호의 간접 생성 방식

주파수 체배를 구현할 때 한 개의 소자를 사용해도 되지만 여러 개의 소자를 직렬로 연결하여 구현할 수 있다. 예를 들어 12배로 주파수를 체배하는 경우 12차의 비선형 소자 한 개를 가지고 구현할 수도 있지만 두 개의 2차 비선형 소자와 한 개의 3차 비선형 소자를 직렬로 연결하여 구현할 수도 있다.

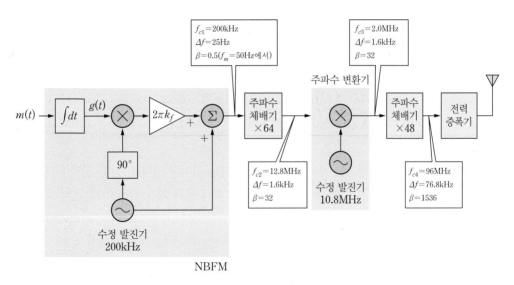

그림 5.10 Armstrong 방식의 상용 FM 송신기 구조

그림 5.10에 Armstrong 방식의 상용 FM 송신기 구조를 보인다. 여기서는 반송파 주파수가 96MHz이고 최대 주파수 편이는 $\Delta f = 75\,\text{kHz}$인 상업 FM 방송을 예로 들었다. 먼저 수정 발진기를 사용하여 반송파 주파수가 200kHz이고 변조지수가 $\beta < 0.5$가 되도록 NBFM 신호를 발생시킨다. 여기서 NBFM의 반송파 주파수를 200kHz로 선택한 이유는 이 주파수에서 매우 안정된 수정 발진기와 평형 변조기를 쉽게 구현할 수 있기 때문이다. 최대 주파수 편이는 $\Delta f = 25\,\text{Hz}$를 사용한다. 메시지 신호의 스펙트럼은 50Hz에서 15kHz의 대역을 차지하는데, $\beta = \Delta f / f_m$은 $f_m = 50\,\text{Hz}$에서 최댓값 0.5를 가지므로 메시지 신호의 모든 주파수 성분에 대해 $\beta < 0.5$를 만족하게 된다.

FM 방송의 최대 주파수 편이가 75kHz인데, NBFM에서 얻은 최대 주파수 편이 25Hz를 75kHz로 높이기 위해서는 3,000배의 주파수 체배가 필요하다. 한번에 높은 주파수 체배를 하는 것은 신호의 전력면에서 효율적이지 못하므로 3,000 정도의 배율을 얻기 위하여 두 단의 주파수 체배를 거치도록 한다. 그림 5.10에서는 $64 \times 48 = 3072$의 과정을 거쳐 주파수 체배를 하고 있으며, 최대 주파수 편이는 $3072 \times 25\,\text{Hz} = 76.8\,\text{kHz}$가 얻어진다. 주파수 체배를 64배와 48배로 연속하면 반송파 주파수는 $3072 \times 200\,\text{kHz} = 614.4\,\text{MHz}$가 되어 스펙트럼의 천이를 위하여 높은 주파수($614.4\,\text{MHz} - 96.0\,\text{MHz} = 518.4\,\text{MHz}$)의 발진기를 사용해야 한다. 이러한 점을 해결하기 위하여 첫 번째 주파수 체배기를 통과한 후 주파수 천이를 한다.

첫 번째 주파수 체배기를 통과하면 신호의 반송 주파수와 최대 주파수 편이는 각각 $200\,\text{kHz} \times 64 = 12.8\,\text{MHz}$와 $25\,\text{Hz} \times 64 = 1.6\,\text{kHz}$가 된다. 또한 β도 64배가 되어 32가 된

다. 다음 단의 10.8MHz 발진기를 사용하여 주파수 천이를 하면 반송파 주파수가 12.8 MHz − 10.8 MHz = 2.0 MHz 로 낮아진다. 주파수 천이를 하면 반송파 주파수는 낮아지지만 최대 주파수 편이와 β 는 변화하지 않는다. 두 번째 주파수 체배기를 통과하게 되면 최종 반송파 주파수는 2 MHz × 48 = 96 MHz 가 되고, 최대 주파수 편이는 $\Delta f = 1.6 \text{ kHz} \times 48 = 76.8 \text{ kHz}$ 가 되며, 변조지수는 $\beta = 32 \times 48 = 1536$ 인 광대역 FM 신호가 만들어진다.

이와 같은 방식의 FM 변조는 주파수가 안정적이라는 장점이 있지만, 많은 곱셈 과정을 거치기 때문에 이로 인한 왜곡이 발생하고 낮은 변조 주파수에서 왜곡이 생긴다는 단점이 있다. (예를 들어 비선형 소자를 사용하여 주파수 체배를 하는 경우 진폭 왜곡과 주파수 왜곡이 발생하는데, 낮은 변조 주파수 대역에서 왜곡이 크게 발생한다. 이에 대한 상세한 분석은 이 책에서는 생략한다.)

5.4.2 직접 생성 방법

FM 신호의 간접 생성 방식은 일단 협대역 FM 신호를 발생시킨 다음 주파수 체배를 하여 광대역으로 만들어 주는 방식이다. 직접 생성 방식에서는 VCO를 사용하여 FM 신호를 직접 생성한다. VCO는 외부 전원에 의하여 주파수가 변화하는 소자로, 출력 신호의 주파수는 이 소자에 가해지는 제어 전압에 비례한다. VCO 제어 신호로 메시지 신호 $m(t)$ 를 사용하면 순시 주파수가

$$f_i(t) = f_c + k_f m(t) \tag{5.49}$$

와 같이 되는 FM 신호를 얻을 수 있다. 그러나 직접 생성 방식에서도 주파수 체배기가 전혀 필요 없는 것은 아니며 다만 간접 생성 방식에 비해 상대적으로 체배율이 낮다는 것뿐이다. FM 변조기의 핵심은 VCO의 기능에 있으며 정확한 발진 특성을 얻도록 하는 것이 매우 중요하다. FM에서는 신호의 주파수 변화에 정보가 실려 있는 것이므로 발진기의 안정화는 진폭 변조에서보다 더욱 중요하다. VCO를 만드는 방법은 여러 가지가 있는데, LC 공진 회로를 이용하거나 수정 진동자를 이용하여 구성할 수 있다. 주파수를 변화시키기 위하여 C 나 L 의 값을 변화시킨다. 역 바이어스가 걸린 반도체 다이오드는 커패시터로 동작하는데, C 값은 바이어스 전압에 의하여 변화된다. 발진 주파수는 $\omega_0 = 1/\sqrt{LC}$ 이 되는데 C 값을 메시지 신호 $m(t)$ 에 따라 $C = C_0 - km(t)$ 와 같이 변화시키면 발진기의 순시 주파수가 변화하게 된다.

발진기를 구성하는 소자들이 실제로는 시간에 따라 조금씩 특성이 변하기 때문에 발진기의

자주 주파수(free running frequency)는 처음에 설정한 값을 중심으로 유동하게 된다. 따라서 발진기의 주파수의 변화에는 메시지 신호에 의한 주파수 변화 이외에 발진기 자체의 유동 주파수 성분까지 포함되게 된다. 이와 같은 VCO 성능의 한계를 극복하기 위하여 자동 주파수 제어(Automatic Frequency Control: AFC) 회로를 이용한 궤환(feedback) 시스템을 구성한다. 그림 5.11에 VCO와 AFC 및 주파수 체배기를 사용한 FM 변조기의 구성도를 보인다. 여기서 AFC와 주파수 체배기의 필요성은 발진기가 얼마나 안정되는가에 달려 있다. 일반적으로 LC 발진기로 구성된 VCO에서는 충분한 주파수 가변 범위를 얻을 수 있으므로 주파수 체배율을 높게 하지 않아도 원하는 범위의 주파수 편이를 얻을 수 있다. 그러나 LC 발진기는 자주 주파수의 유동이 크기 때문에 이를 보정하기 위한 AFC 회로가 반드시 필요하다. 한편, 수정 발진기를 사용하면 매우 정확한 발진을 얻을 수 있어서 AFC를 사용할 필요가 없다. 그러나 수정 발진기로 VCO를 구성하는 경우 주파수 가변 범위가 매우 좁아서 원하는 주파수 편이를 얻기 위하여 주파수 체배기를 사용해야 한다. 이와 같이 AFC와 주파수 체배기는 VCO를 구성하는 발진기 소자의 상반된 단점을 보완하여 높은 주파수에서 충분한 주파수 편이를 얻도록 해준다.

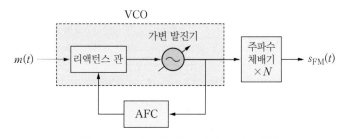

그림 5.11 VCO를 이용한 FM 신호의 직접 생성

그림 5.11의 FM 변조기에서 VCO는 발진기와 함께 발진 주파수를 결정하는 LC 가변 소자들로 이루어진 리액턴스 관(reactance tube)으로 구성되어 있다. AFC 회로는 발진기 자주 주파수의 유동을 검출하여 그 변화를 상쇄시키는 방향으로 궤환시켜서 리액턴스 관을 제어함으로써 발진기의 자주 주파수를 안정화시킨다.

PLL을 이용하면 FM 신호를 안정적으로 발생시킬 수 있다. 그림 5.12에 PLL을 이용한 FM 변조기의 구조를 보인다. 여기서 PLL은 AFC 기능도 겸하게 되므로 매우 안정된 시스템을 구성할 수 있다. 기준이 되는 수정 발진기의 발진 주파수 f_{ref} 와 VCO의 자주 발진 주파수 f_c 는 $f_c = Nf_{ref}$ 가 되도록 설정한다. 만일 VCO가 정확하다면 순시 주파수가 $f_i(t) = f_c + f_d$

인 FM 신호가 출력된다. 여기서 f_c는 반송파 주파수이며 f_d는 메시지 신호에 의한 주파수 편이이다. 그러나 VCO가 정확하지 않아서 δf의 주파수 유동이 있으면 출력 신호의 순시 주파수는 $f_i(t) = f_c + f_d + \delta f$와 같이 된다. VCO 출력 신호가 주파수 분할기를 거치면 $(f_c + f_d + \delta f)/N = f_{\mathrm{ref}} + (f_d + \delta f)/N$의 주파수로 되어 궤환된다. 위상 검출기를 거치면 수정 발진기의 신호와 주파수 분할기를 거쳐 궤환된 신호의 주파수차에 비례하는 전압이 만들어진다. 즉 위상 검출기의 출력은 $-k_v(f_d/N + \delta f/N)$가 된다. LPF를 통하면 위의 두 주파수 성분 중에서 변화 속도가 상대적으로 느린 δf 성분만 남게 되어 출력은 $-k_v \delta f/N$가 된다. 이 신호는 메시지 신호와 더해져서 VCO의 제어 전압이 된다. 메시지 신호에 의하여 주파수 편이 f_d는 정상적으로 만들어지며, $-k_v \delta f/N$의 전압으로 부궤환(negative feedback)된 신호에 의하여 VCO의 유동 주파수 성분 δf는 상쇄되는 방향으로 동작한다. 이와 같이 PLL을 이용한 FM 변조기는 VCO의 자주 주파수가 매우 안정되어 주파수 체배기를 사용하지 않고도 넓은 주파수 편이를 얻을 수 있으므로 현대 통신 장치에서 많이 사용되고 있다.

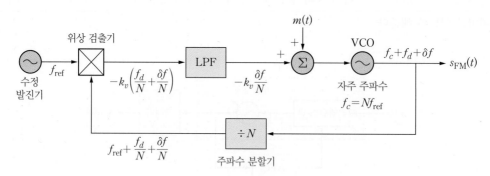

그림 5.12 PLL을 이용한 FM 변조기

5.5 FM 신호의 복조

FM 신호에서 정보는 순시 주파수 $f_i(t) = f_c + k_f m(t)$에 담겨 있다. FM 변조기는 입력의 전압 크기에 비례하여 출력의 주파수가 변하는 전압–주파수 변환기라 할 수 있다. 복조기는 역으로 입력 신호의 주파수에 비례하여 출력의 전압이 변하는 주파수–전압 변환기가 된다. 따라서 그림 5.13과 같이 FM 신호의 주파수 대역에서 선형 주파수 응답을 가진 전달함수를 가진 회로를 구성하면 입력의 순시 주파수에 비례하는 출력을 얻게 할 수 있다.

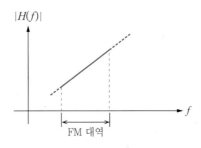

그림 5.13 FM 복조기의 주파수 응답

주파수 변별기

출력 전압을 입력 신호의 주파수에 비례하게 하는 가장 기본적인 회로가 미분기이다. 미분기의 전달 함수는

$$H(f) = j2\pi f = \begin{cases} 2\pi|f|e^{j90°}, & f > 0 \\ 2\pi|f|e^{-j90°}, & f < 0 \end{cases} \tag{5.50}$$

가 되어 주파수 성분 $\cos(2\pi f_c t)$ 은 $2\pi f_c \cos(2\pi f_c t + 90°)$ 가 되어 주파수가 큰 성분일수록 진폭이 커져서 출력된다. 그림 5.14(a)에 미분기의 주파수 응답을 보인다. 미분기에 FM 신호가 입력되면 출력은 다음과 같이 된다.

$$\dot{s}_{\text{FM}}(t) = \frac{d}{dt}\Big[A\cos\Big\{2\pi\Big(f_c t + k_f \int_0^t m(\tau)d\tau\Big)\Big\}\Big]$$
$$= -2\pi A(f_c + k_f m(t))\sin\Big[2\pi\Big(f_c t + k_f \int_0^t m(\tau)d\tau\Big)\Big] \tag{5.51}$$

따라서 미분기 출력 신호는 AM 신호와 유사하여 AM 신호의 복조에서와 같이 포락선 검파기를 통하여 메시지 신호를 복구할 수 있다. AM 신호와의 차이점은 FM 신호를 미분한 신호는 진폭 변조와 주파수 변조가 동시에 일어난 형태가 된다는 것이다. 그림 5.14(b)에 FM 신호의 입력에 대한 미분기의 출력 파형을 보이며, 그림 5.14(c)에 미분기를 이용한 FM 복조기의 구조를 보인다.

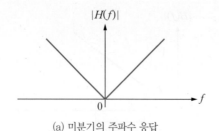

(a) 미분기의 주파수 응답

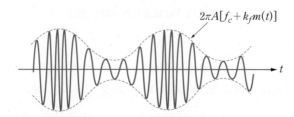

(b) FM 신호의 입력에 대한 미분기의 출력 파형

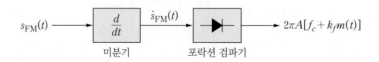

(c) 미분기를 이용한 FM 복조기의 구조

그림 5.14 미분기와 FM 신호의 복조

지금까지 FM 신호의 진폭은 일정하다고 가정하였다. 그러나 실제 환경에서는 채널의 페이딩이나 잡음, 감쇠 등에 의하여 수신되는 신호의 진폭이 일정하게 유지되지 못한다. 이와 같이 신호의 진폭이 상수가 아니라 시간에 따라 변화하는 함수라면 수신된 신호를 미분하였을 때 식 (5.51)에서 추가로 $\dot{A}(t)\cos\left[2\pi\left(f_c t + k_f \int_0^t m(\tau)d\tau\right)\right]$ 항이 더해진다. 결과적으로 포락선은

$$\sqrt{4\pi^2 A^2(t)\left[f_c + k_f m(t)\right]^2 + \dot{A}^2(t)} \tag{5.52}$$

와 같이 된다. 수신 신호의 진폭 변화율이 크면 복조 결과에 상당한 영향을 줄 수 있으며, 진폭 변화율이 작더라도 포락선 검파기의 출력은 $m(t)A(t)$에 비례하게 된다. 그러므로 신호 검출을 하기 전에 진폭의 변화를 억제할 필요가 있다.

대역통과 리미터(bandpass limiter)를 사용하면 수신된 FM 신호에서 진폭의 변화를 억제할 수 있다. 그림 5.15(a)에 대역통과 리미터의 구조를 보이는데, 신호를 하드 리미터에 통과시

킨 후 대역통과 필터에 통과시킨다. 그림 5.15(b)에는 하드 리미터의 입출력 관계를 보인다. 진폭 변화가 발생한 FM 신호가 하드 리미터를 통과하고 나면 그림 5.15(c)의 점선 파형과 같이 진폭이 일정한 구형파가 출력된다. 출력 파형은 구형파이지만 '0'을 통과하는 시점은 입력 신호와 동일하다. 이 신호를 대역통과 필터에 입력시키면 진폭이 일정한 FM 신호를 얻을 수 있으며, 미분기와 포락선 검파기를 통하여 메시지 신호를 복구할 수 있게 된다.

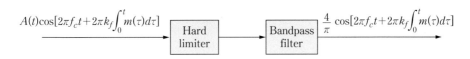

(a) 정진폭 FM 신호를 얻기 위한 대역통과 리미터

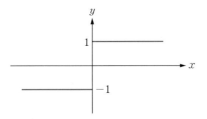

(b) 하드 리미터의 입출력 특성

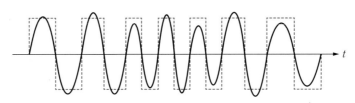

(c) 하드 리미터의 입력 신호와 출력 신호의 예

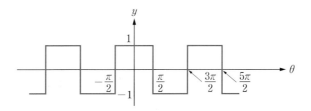

(d) θ의 함수로서 본 하드 리미터 출력 파형

그림 5.15 FM 신호의 진폭을 일정하게 만드는 방법

이 과정을 조금 더 상세히 알아보자. 진폭이 일정하지 않은 FM 수신 신호가 다음과 같다

고 하자.

$$x(t) = A(t)\cos\theta(t) \tag{5.53}$$

여기서

$$\theta(t) = 2\pi\left[f_c t + k_f \int_0^t m(\tau)d\tau\right] \tag{5.54}$$

이다. 하드 리미터의 출력 $y(t)$는 입력 $x(t) = A(t)\cos\theta(t)$가 양수인지 음수인지에 따라 ±1의 값을 가진다. 그런데 $A(t) \geq 0$이므로 $\theta(t)$의 값에 의하여 출력 값이 결정된다. 그러므로 출력 $y(t)$는 다음과 같이 $\theta(t)$의 함수로써 표현된다.

$$y(\theta) = \begin{cases} 1, & \cos\theta > 0 \\ -1, & \cos\theta < 0 \end{cases} \tag{5.55}$$

여기서 $\cos\theta > 0$이 되는 θ는 $2n\pi - \dfrac{\pi}{2} < \theta < 2n\pi + \dfrac{\pi}{2}$이고 $\cos\theta < 0$이 되는 θ는 $2n\pi + \dfrac{\pi}{2} < \theta < 2n\pi + \dfrac{3\pi}{2}$이므로 θ의 함수로 표현된 $y(\theta)$는 그림 5.15(d)와 같이 주기가 2π인 구형파 신호가 된다. 이 신호를 삼각함수형 푸리에 급수로 표현하면

$$\begin{aligned} y(\theta) &= a_0 + \sum_{n=1}^{\infty} a_n \cos(2\pi n f_0 \theta) + \sum_{n=1}^{\infty} b_n \sin(2\pi n f_0 \theta) \quad f_0 = \frac{1}{2\pi} \\ &= a_0 + \sum_{n=1}^{\infty} a_n \cos(n\theta) + \sum_{n=1}^{\infty} b_n \sin(n\theta) \\ &= \frac{4}{\pi}\cos\theta - \frac{4}{3\pi}\cos 3\theta + \frac{4}{5\pi}\cos 5\theta + \cdots \end{aligned} \tag{5.56}$$

와 같이 된다. 여기서 $\theta(t) = 2\pi f_c t + 2\pi k_f \int_0^t m(\tau)d\tau$ 이므로 출력은 원래의 FM 신호와 3, 5, 7배로 주파수가 체배된 신호의 합으로 표현할 수 있다. 이 신호를 중심 주파수가 f_c인 대역통과 필터에 통과시키면 진폭이 일정한 FM 신호를 얻을 수 있다. 정진폭 FM 신호가 만들어지면 앞서 알아본 미분기-포락선 검파기를 이용하여 복조를 할 수 있다.

지금까지 미분기와 포락선 검파기를 이용한 FM 신호의 복조에 대하여 알아보았다. 그런데 미분기 입력에 고주파 잡음이 있는 경우 출력이 매우 커지는 문제가 발생하여 복조 정확성을 저하시킬 수 있다. 그림 5.14(a)와 같이 모든 주파수에서 선형적인 크기 특성을 갖도록 할 필

요는 없고 신호의 대역에서만 선형 특성을 갖도록 하면 된다. 신호 대역 외에서도 진폭 특성이 주파수에 비례하도록 하면 잡음의 영향만 더 커져서 성능이 저하되는 요인이 된다. 따라서 그림 5.16과 같이 FM 신호의 대역 내에서만 선형성을 만족시키면 된다. 한편 위상 특성은 포락선 검파에 의해 무시되므로 크게 신경 쓸 필요가 없다. 이와 같이 어떠한 시스템이라도 그 주파수 응답의 진폭 특성이 FM 전송대역 내에서만 선형적이면 모두 FM 복조기로 사용될 수 있다. 이와 같은 시스템은 입력 신호의 주파수에 비례하는 출력 전압을 만들어내므로 주파수 변별기 또는 간단히 변별기(discriminator)라 한다.

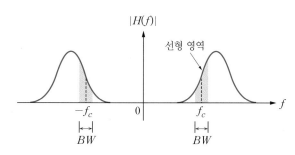

그림 5.16 주파수 변별기로 사용할 수 있는 시스템의 주파수 응답

실질적인 FM 복조기

미분기 대신 진폭 응답이 FM 신호 대역에서 선형적인 주파수 응답을 가진 회로를 사용하고 그 출력에 포락선 검출기를 연결한 형태의 복조기를 경도 복조기(slope detector)라 한다. 여기서 특정 대역에서 선형 주파수 응답 특성을 가진 시스템은 간단히 RLC 회로로 구현하거나 OP 앰프를 이용하여 구현할 수 있다. 예를 들어 그림 5.17과 같은 RLC 회로는 주파수 변별기로 동작하는데, 공진 주파수 $\omega_0 = 1/\sqrt{LC}$ 를 벗어나면 주파수 응답은 제한된 영역에서 $|H(\omega)| \cong a(\omega - \omega_c) + b$ 의 형태로 선형성을 보인다. 이 주파수 영역의 중심 주파수를 FM 신호의 반송파 주파수로 하고 선형 영역을 최대 주파수 편이 Δf 가 되도록 하면 FM 신호를 복조할 수 있다. 신호의 검출이 $|H(\omega)|$ 의 경사면에서 이루어지기 때문에 경도(slope) 복조기라 부른다.

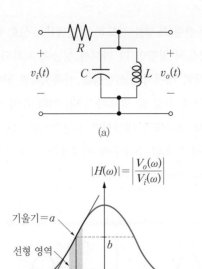

(a)

(b)

그림 5.17 RLC로 구성한 주파수 변별기 회로와 주파수 응답 특성

주파수 변별 회로와 포락선 검출기를 결합한 경도 복조기는 구조가 매우 간단하지만 주파수 변별 회로의 $|H(\omega)|$에서 선형성을 갖는 영역이 작기 때문에 출력에 왜곡이 발생한다. 이러한 단점을 보완한 것이 그림 5.18(a)에 보인 평형 복조기이다. 평형 복조기에서는 두 개의 주파수 변별 회로를 사용하는데, 각 주파수 변별 회로의 주파수 응답의 기울기를 $+a$와 $-a$가 되도록 하면 그림 5.18(b)와 같이 전체적으로 더 직선적이고 넓은 대역에서 선형성을 가진 특성을 얻을 수 있다.

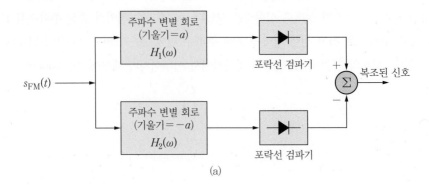

(a)

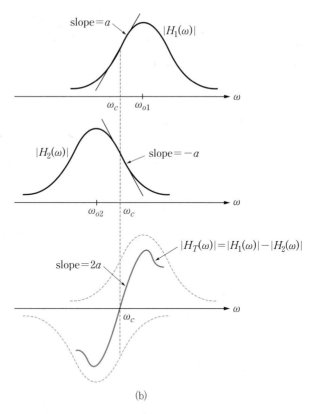

그림 5.18 평형 복조기

그 외 다른 형태의 FM 복조기로서 Foster−Seeley 검파기, 비(ratio) 검파기, 직교 검파기 등이 있는데 과거에는 많이 사용되었지만 근래에는 PLL을 이용한 FM 복조기가 가장 많이 사용된다. 그 이유는 PLL의 가격이 싸고 성능이 좋아졌기 때문이다.

PLL은 AM 복조에서 반송파를 추적하거나 FM 변조기에서 FM 신호를 발생시키는데 사용한다는 것을 이미 알아보았다. 여기서는 FM 복조기에서도 PLL을 활용하여 메시지 신호를 복구할 수 있다는 것을 알아본다. 그림 5.19에 PLL의 구조를 보인다. PLL은 내부에 VCO를 가지고 있어서 VCO의 출력 주파수가 입력 신호의 순시 주파수와 같게 되도록 하는데, 입력 주파수와의 동기화는 궤환(feedback) 구조에 의하여 이루어지게 된다. 입력 신호와 VCO 출력 간에 위상차가 있는 경우 역궤환에 의하여 위상차를 줄이는 방향으로 VCO를 동작시킨다 (순시 주파수는 위상의 변화율이므로 VCO 입력 전압을 변화시켜 출력의 순시 주파수를 변화시킴으로써 위상차가 줄어들도록 할 수 있다). 실제로 위상은 90° 차로 동기되기 때문에 그림에서 정현 함수의 여현 함수로 표현하였다. VCO의 출력 주파수가 PLL 입력의 순시 주파수와 같다면 VCO의 입력이 바로 FM 복조 신호가 된다. PLL을 복조기로 사용할 때는 변조기에서와는 달리 시정수(time constant)를 작게 하여 FM 신호의 주파수 변화를 신속히 따라갈 수 있도록 해야 한다.

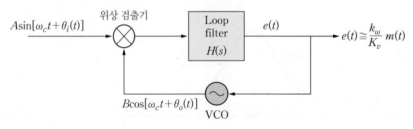

그림 5.19 PLL을 이용한 FM 복조기

PLL의 입력 신호가 $A\sin[\omega_c t + \theta_i(t)]$라고 하자. 초기에 VCO는 출력 주파수가 반송파 주파수 ω_c와 같도록 한다. 그러면 VCO의 출력 신호는 $B\cos[\omega_c t + \theta_o(t)]$와 같이 표현된다. 그러면 VCO 출력의 순시 주파수는 $\omega_c + \dot{\theta}_o(t)$ [rad/sec]가 된다. 한편 VCO의 입력을 $e(t)$라 하면, 출력의 주파수는 $\omega(t) = \omega_c + K_v e(t)$와 같이 표현된다. 여기서 K_v는 VCO 이득으로 [rad/sec/volt]의 단위를 갖는다. 위의 관계로부터 다음의 관계식을 얻을 수 있다.

$$\dot{\theta}_o(t) = K_v e(t) \tag{5.57}$$

위상 검출기는 곱셈기를 사용하여 구현할 수 있다. 이 경우 곱셈기의 출력은 다음과 같이 된다.

$$AB\sin(\omega_c t + \theta_i)\cos(\omega_c t + \theta_o) = \frac{AB}{2}[\sin(\theta_i - \theta_o) + \sin(2\omega_c t + \theta_i + \theta_o)] \tag{5.58}$$

루프 필터는 저역통과 필터의 특성을 갖도록 설계한다. 그러면 위의 식에서 $2\omega_c$의 주파수 성분은 제거된다. 따라서 $\frac{1}{2}AB\sin[\theta_i(t) - \theta_o(t)]$의 성분에 대한 효과만 고려하면 된다. 위상 오차 $\theta_e(t)$를 다음과 같이 정의하자.

$$\theta_c(t) \triangleq \theta_i(t) - \theta_o(t) \tag{5.59}$$

루프 필터의 임펄스 응답을 $h(t)$라 하면, 출력은 다음과 같이 표현된다.

$$e(t) = h(t) * \frac{1}{2}AB\sin\theta_e(t)$$
$$= \frac{1}{2}AB\int_0^t h(t-\tau)\sin\theta_e(\tau)d\tau \tag{5.60}$$

식 (5.60)을 식 (5.57)에 대입하면

$$\dot{\theta}_o(t) = AK\int_0^t h(t-\tau)\sin\theta_e(\tau)d\tau \tag{5.61}$$

가 된다. 여기서 $K = \frac{1}{2}K_v B$이다.

PLL의 입력 신호 $A\sin[\omega_c t + \theta_i(t)]$가 FM 변조된 신호라면 순시 주파수와 메시지 신호 $m(t)$는 다음 관계를 갖는다.

$$\theta_i(t) = k_\omega \int_{-\infty}^t m(\lambda)d\lambda \tag{5.62}$$

그러므로 식 (5.59)로부터

$$\theta_o(t) = k_\omega \int_{-\infty}^t m(\lambda)d\lambda - \theta_e(t) \tag{5.63}$$

가 되어 위상 오차 θ_e의 값이 작다면 루프 필터의 출력은

$$e(t) = \frac{1}{K_v}\dot{\theta}_o(t) \cong \frac{k_\omega}{K_v}m(t) \tag{5.64}$$

가 되어 메시지 신호가 복구된다.

5.6 각 변조 시스템에서 잡음의 효과

통신 채널을 통해 각 변조된 신호에 잡음이 더해져서 수신되는 경우 잡음이 복조 과정에 미치는 영향을 살펴보자. 여기서 잡음은 모든 주파수 성분에 대하여 동일한 전력 스펙트럼 밀도를 가진 백색 잡음을 가정한다. 각 변조된 신호를 복조하는 과정에서 잡음의 특성에 영향을 많이 주는 것이 주파수 변별기이다. 변별기의 미분 기능에 의하여 잡음의 전력 스펙트럼이 주파

수의 제곱에 비례하게 된다. 이것은 미분기의 전달함수가 $H(\omega) = j\omega$이므로 출력의 전력 스펙트럼은 입력의 전력 스펙트럼에 $|H(\omega)|^2$을 곱한 것이 되기 때문이다. 이와 같은 관계는 높은 주파수 성분일수록 출력에 더 큰 전력을 갖고 나온다는 것을 의미한다.

잡음 문제를 처리하는 방법을 알아보기 전에 잡음의 효과가 PM과 FM에서 어떻게 다르게 나타나는지 비교해보자. 먼저 각 변조된 신호를 다시 표현해보면

$$s_m(t) = Af\cos\theta(t) = A\cos[2\pi f_c t + \phi(t)]$$
$$\text{PM의 경우} \quad \phi(t) = 2\pi k_p m(t) \tag{5.65}$$
$$\text{FM의 경우} \quad \phi(t) = 2\pi k_f \int_0^t m(\tau)d\tau$$

와 같다. FM 신호를 복조하는 경우 수신기의 변별기 및 포락선 검파기 출력은

$$y(t) = K_D A \frac{d\phi(t)}{dt} = (2\pi k_f K_D A)\cdot m(t) \tag{5.66}$$

와 같이 된다. 한편 PM 신호를 복조하는 경우 포락선 검파기의 출력은 메시지 신호의 미분에 비례하는 형태가 되므로 메시지 신호를 복구하기 위하여 다시 적분기를 통과시킨다. 적분기의 전달함수는 $H(\omega) = 1/j\omega$이므로 최종 출력의 잡음 전력 스펙트럼은 다시 주파수에 따라 일정한 값을 갖게 된다. 그림 5.20에 수신기의 잡음 특성을 보인다.

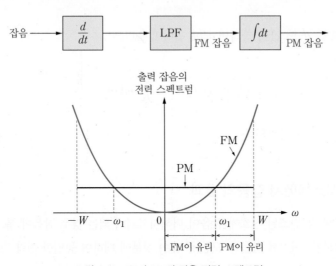

그림 5.20 FM과 PM의 잡음 전력 스펙트럼

이와 같은 관계에 의하여 수신기의 출력은 FM이 PM에 비해 저주파 성분의 잡음이 상대적으로 작고 고주파일수록 잡음이 크다는 것을 알 수 있다. 이와 반대로 PM의 신호 대 잡음의 비는 FM에 비해 주파수가 높을수록 크고 낮은 주파수일수록 작다. 따라서 만일 변복조 과정을 저주파 영역에서는 FM으로 동작하게 하고 고주파 영역에서는 PM으로 동작하도록 한다면 양쪽 개념의 장점을 모두 취하는 결과를 얻을 수 있다. 이와 같은 효과는 그림 5.21에 보인 시스템을 통하여 얻을 수 있다.

그림 5.21에서 송신측에서는 FM 변조를 하기 전에 일종의 고역통과 필터인 $H_p(\omega)$를 사용하여 메시지 신호의 고주파 성분의 세력을 사전에 강하게 해주며 이를 사전강세(preemphasis)라 한다. 한편 수신기에서는 $H_p(\omega)$에 의해 사전강세된 대역을 $H_d(\omega) = 1/H_p(\omega)$로써 사후에 원상 복구시켜주므로 이를 사후복세(deemphasis)라 한다. 사후복세 필터는 사전강세 필터의 역함수이므로 저역통과 특성을 가진다.

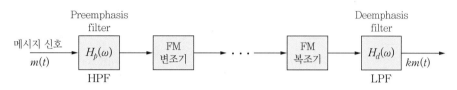

그림 5.21 FM 시스템에서의 사전강세와 사후복세

그림 5.21에서 신호에 대해 살펴보면, 송신측에서 사전강세된 신호는 수신측에서 복조된 다음 사전강세의 역 전달함수인 사후복세를 거치기 때문에 신호에 대한 전체 전달 함수는

$$H_p(\omega)H_d(\omega) = H_p(\omega)H_p(\omega)^{-1} = 1 \qquad (5.67)$$

이 되어 사전강세와 사전복세의 영향을 받지 않는다. 그러나 전송 도중에 혼입되는 잡음은 사전강세의 영향은 받지 않고 사후복세의 영향만 받기 때문에 최종 출력잡음의 전력은 $H_d(\omega)$에 의해 고주파 성분이 커지는 것을 억제할 수 있다.

사전강세 및 사후복세 회로는 그림 5.22와 같이 RC 회로를 사용하여 간단하게 구현할 수 있으며 실제 FM 방송에서 유용하게 사용되고 있다. 여기서 주파수 ω_2는 기서내역 신호의 최대 주파수보다 높게 선택한다. 사후복세 회로는 주파수 ω_1 이상에서는 주파수에 반비례하므로 주파수에 비례하는 변별기의 특성이 고주파 잡음을 증가시키는 것을 상쇄시킨다. 보통 $f_1 = 2.1\text{kHz}$를 사용하고(이것은 실험적 결과에 의하여 선택되었다) f_2는 30kHz나 그 이상의 주파수를 사용한다.

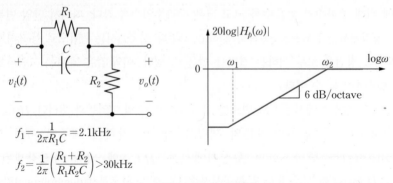

$$f_1 = \frac{1}{2\pi R_1 C} = 2.1 \text{kHz}$$

$$f_2 = \frac{1}{2\pi}\left(\frac{R_1 + R_2}{R_1 R_2 C}\right) > 30 \text{kHz}$$

(a) Preemphasis 필터

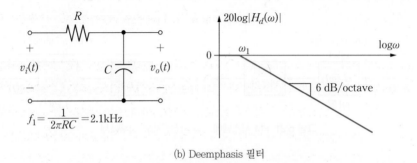

$$f_1 = \frac{1}{2\pi RC} = 2.1 \text{kHz}$$

(b) Deemphasis 필터

그림 5.22 사전강세 필터와 사후강세 필터의 회로와 주파수 응답

사전강세 회로의 주파수 응답은 다음과 같이 표현된다.

$$H_p(\omega) = K\frac{\omega_1 + j\omega}{\omega_2 + j\omega} \tag{5.68}$$

여기서 K는 이득값으로 ω_2/ω_1으로 고정되어 있다. 따라서

$$H_p(\omega) = \left(\frac{\omega_2}{\omega_1}\right)\frac{j\omega + \omega_1}{j\omega + \omega_2} \tag{5.69}$$

와 같이 된다. 이를 주파수 영역별로 나누어 다음과 같이 근사화할 수 있다.

$$H_p(\omega) \cong \begin{cases} 1, & \omega \ll \omega_1 \\ \dfrac{j\omega}{\omega_1}, & \omega_1 \ll \omega \ll \omega_2 \end{cases} \tag{5.70}$$

따라서 사전강세 필터는 ω_1 이상의 고주파 성분에 대해서는 미분기와 같은 역할을 하므로 ω_1 이하의 저주파 성분은 그대로 FM 변조되고 ω_1 이상의 고주파 성분은 미분된 다음 FM 변조되어 PM 변조되는 것과 같은 효과를 얻는다. 그러므로 사전강세-사후복세(PDE) 방법은 FM과 PM의 잡음 특성의 장점을 모두 취한 결과를 얻는다.

한편 그림 5.22(b)의 회로에서 사후복세 필터의 전달함수는 다음과 같이 표현된다.

$$H_d(\omega) = \frac{1}{1 + j\omega/\omega_1} = \frac{\omega_1}{j\omega + \omega_1} \tag{5.71}$$

식 (5.69)에서 $\omega \ll \omega_2$ 인 경우 $H_p(\omega) \cong (j\omega + \omega_1)/\omega_1$ 이 되어 $H_d(\omega) \cong 1/H_p(\omega)$ 이 된다. 따라서 0~15 kHz의 기저대역 내에서 $H_p(\omega)H_d(\omega) \cong 1$ 이 된다는 것을 알 수 있다.

PDE의 부가적인 장점은 간섭을 줄일 수 있다는 것이다. 간섭 신호는 송신단 다음에 더해지게 되는데, 이러한 간섭 신호에 대해서는 사후복세 과정만 수행하게 된다. 따라서 2.1 kHz 보다 높은 주파수의 간섭 신호는 사후복세 필터에 의하여 억제된다. 이러한 PDE 방식은 FM 방송뿐만 아니라 오디오의 기록/재생에서 잡음을 줄이는데 효과적으로 사용된다. 테이프에 녹음된 오디오 신호를 재생할 때 나오는 쉿소리는 고주파 영역에 집중되어 있는데 Dolby사의 잡음 감소 시스템은 PDE의 원리를 이용하여 잡음을 감소시킨다.

5.7 FM 스테레오

사람은 두 개의 귀를 사용하여 소리를 입체감 있게 들을 수 있다. 이와 같은 상황을 연출하기 위하여 송신단에서 두 개의 독립된 마이크로폰으로 왼쪽(L)과 오른쪽(R) 음향을 수집하여 동시에 전송하는 방식이 스테레오(stereo) 방송이다. L과 R의 두 신호는 수신기에서 분리되어 두 개의 스피커를 구동하도록 한다. 이렇게 함으로써 청취자가 방송 현장에서 직접 들을 수 있는 소리에 가까운 음향을 재생할 수 있도록 하는 것이다.

초창기의 FM 방송은 단청음향(monophonic; 이하 간략히 '모노'라 부르기로 한다)이었다. FM 방송을 위한 주파수 대역은 88~108 MHz이고, 각 방송국은 200 kHz만큼 떨어지며, 최대 주파수 편이는 $\Delta f = 75\,\text{kHz}$로 정하였다. 모노 FM 수신기는 수퍼헤테로다인 AM 수신기와 유사한 구조를 가진다. 차이점은 중간주파수로 10.7 MHz를 사용하고, 포락선 검출기 대신

PLL 또는 주파수 변별기가 있으며, 그 뒤에 사후복세기가 있다. 나중에 제안된 스테레오 방송은 기존의 모노 방송과 호환성을 가져야 했다. 즉 기존의 수신기로 $L+R$ 신호를 (스테레오 효과는 없더라도) 수신할 수 있어야 한다. 또한 송신기에서도 최대 주파수 편이가 75kHz를 넘지 못하도록 하면서 동일한 대역폭의 두 신호(L과 R)를 기존의 모노 전송 대역폭 (200kHz)에 수용함과 더불어 주파수상에서 분리시켜 전송해야 했다.

그림 5.23에 스테레오 방식의 송신기 및 수신기 구조를 보인다. 송신측에서는 먼저 두 개의 마이크로 왼쪽 음향 신호 $L(t)$와 오른쪽 음향 신호 $R(t)$를 발생시킨다. 이 두 신호를 직접 전송하는 대신 두 신호의 차 $L(t)-R(t)$와 두 신호의 합 $L(t)+R(t)$를 전송한다. 그 이유는 만일 $L(t)$와 $R(t)$를 직접 전송하면 모노 수신기로는 $L(t)$와 $R(t)$ 중 한쪽만 청취하게 되지만 합과 차의 신호를 전송하면 모노 수신기로도 $L(t)+R(t)$의 신호를 청취할 수 있게 되는 것이다.

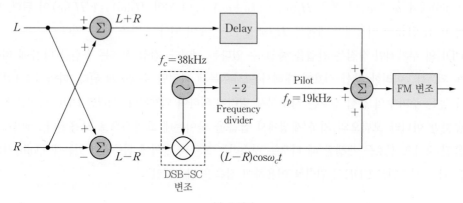

(a) 송신기

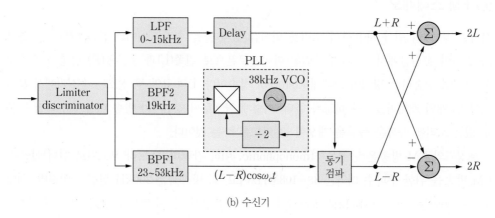

(b) 수신기

그림 5.23 FM 스테레오 시스템의 구조

두 개의 음향 신호는 대역폭이 15kHz가 되도록 하며, $L+R$과 $L-R$의 두 신호의 스펙트럼이 서로 중첩되지 않도록 한다. 이를 위하여 $L+R$ 신호는 본래의 기저대역에 그대로 머물게 하고 $L-R$ 신호는 주파수 $f_c=38\,\mathrm{kHz}$의 정현파를 사용하여 DSB-SC 변조시킴으로써 주파수 상에서 스펙트럼을 천이시킨다. 이 때 사용되는 38kHz의 정현파는 실제 전송을 위한 반송파가 아니라 단지 두 신호의 스펙트럼을 분리시키는 용도로 쓰이므로 부반송파라 한다. 이와 같은 과정을 거쳐 그림 5.24와 같은 새로운 기저대역 스펙트럼이 형성된다. 수신측에서는 주파수 천이된 $L-R$ 신호를 원래의 기저대역으로 환원시키기 위하여 38kHz의 정현파를 이용하여 동기 검파를 해야 한다. 동기 검파를 용이하게 하기 위하여 송신측에서는 부반송파의 주파수와 위상에 관한 정보도 함께 전송한다. 이를 위하여 부반송파 신호 자체를 전송하는 방법이 있다. 이와 같은 신호를 지시 반송파(pilot carrier)라 한다. 그러나 실제로는 부반송파와 동일한 위상을 가지면서 주파수는 절반($f_p=19\,\mathrm{kHz}$)인 정현파 신호를 지시 반송파로 사용한다. 수신기에서는 주파수 체배기를 이용하여 부반송파와 동기된 38kHz 정현파를 재생시킬 수 있다. 이상의 과정을 거쳐 스테레오 방식의 기저대역 스펙트럼은 그림 5.24와 같이 된다. 즉 $L+R$과 $(L-R)\cos 2\pi f_c t$ 및 $A_c\cos 2\pi f_p t$의 세 신호가 합해져서 다음과 같이 기저대역 신호 $m(t)$를 구성한다.

$$m(t)=(L+R)+(L-R)\cos 2\pi f_c t+A_c\cos 2\pi f_p t \tag{5.72}$$

여기서 38kHz의 정현파를 지시 반송파로 사용하지 않고 19kHz의 정현파를 지시 반송파로 사용한 이유는 수신단에서 19kHz의 신호를 분리해내기가 더 쉽기 때문이다. 그 이유는 19kHz 주변으로 4kHz 내에 아무 신호 성분이 없기 때문이다.

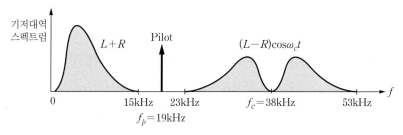

그림 5.24 기저대역 스테레오 신호의 스펙트럼

이번에는 스테레오 FM의 전송 대역폭에 대하여 살펴보자. 그림 5.24와 같이 스테레오 신호의 전체 기저 대역폭은 53kHz에 이르므로 기저대역폭이 15kHz인 모노 방식에 비해 매우 넓다. 따라서 주어진 FM 전송 대역폭 200kHz 내에 수용될 수 있는지를 살펴보아야 할 것이다. 모노 방식처럼 스테레오 방식에서도 최대 주파수편이를 75kHz까지 허용하면 Carson의 법칙에 의하여 스테레오 방식이 필요로 하는 전송 대역폭은

$$BW = 2(\Delta f + f_{\max}) = 2(75+53)\text{kHz} = 256\text{kHz} \tag{5.73}$$

가 된다. 한편 모노 방식의 경우 전송 대역폭은 다음과 같다.

$$BW = 2(\Delta f + f_{\max}) = 2(75+15)\text{kHz} = 180\text{kHz} \tag{5.73}$$

따라서 스테레오 방식의 전송 대역폭이 모노 방식에 비해 그리 크게 증가한 것은 아니다. 또한 기저대역 신호 성분 중에서 높은 주파수 성분인 $(L-R)\cos\omega_c t$ 에 의해 최대 주파수 편이가 결정되는 경우가 별로 없다. 그 이유는 $L-R$ 신호는 차의 신호이기 때문에 $L+R$에 비해 상대적으로 진폭이 작으며, 음향 신호의 보편적인 성질에 의해 높은 주파수 성분은 에너지가 낮은 경향이 있기 때문이다. 이와 같은 특성에 의하여 53kHz의 대역폭을 가진 스테레오 FM용 기저대역 신호를 FM 전송대역폭 200kHz 내에 실어서 전송할 수 있는 것이다.

이제는 그림 5.23(a)와 같이 전송한 스테레오 FM 신호를 수신하는 과정에 대하여 알아보자. 그림 5.23(b)에 스테레오 FM 수신기의 구조를 보인다. 스테레오 FM의 기저대역은 그림 5.24와 같이 세 종류의 신호 성분으로 구성되어 있으므로 수신기에서는 우선 각 성분을 선별해야 한다. 각 신호 성분을 분리하기 위해 주파수 변별기를 거친 다음 세 개의 필터를 통과시킨다. 통과대역이 23~53kHz인 대역통과필터 BPF1에 의해 $(L-R)\cos\omega_c t$ 신호를 얻으며, 19kHz의 지시 반송파는 중심 주파수가 19kHz인 협대역 대역통과필터 BPF2를 통하여 얻는다. 그리고 $L+R$ 신호는 차단 주파수가 15kHz인 저역통과 필터 LPF를 통하여 얻는다. BPF2의 출력인 19kHz의 지시 반송파는 수신기에서 $L-R$을 얻기 위하여 동기 검파를 하는데 기준으로 사용된다. 19kHz의 지시 반송파에 동기된 PLL의 VCO 출력으로부터 38kHz의 부반송파를 얻을 수 있으며, 이 부반송파를 사용하여 $(L-R)\cos\omega_c t$를 동기 검파하여 $L-R$을 얻는다.

일단 $L+R$과 $L-R$의 두 신호를 얻고 나면 두 신호를 서로 더하고 뺌으로써 각각 $2L$와 $2R$의 두 신호를 최종적으로 얻을 수 있다. 모노 수신기의 경우는 한 가지 신호 $L+R$만 청취하면 된다. 모노 수신기는 그림 5.23(b)에 보인 수신기에서 제일 위 쪽 가지만 가지고 구성하면 된다. 그림 5.23에서 송신기 및 수신기의 지연 소자는 $L+R$ 신호와 $L-R$ 신호가 거

치는 경로에 약간의 시간차가 있으므로 이에 따른 지연 시간을 보정하기 위한 것이다.

　지금까지 기존의 모노 방식을 그대로 수용하면서 스테레오 방송을 가능하게 하는 방식에 대해 알아보았다. FM 스테레오 방식의 장점은 방송 현장의 입체감 있는 음향을 전달한다는 데 있다. 그러나 FM 스테레오 방식은 모노 FM 방식에 비해 잡음 면에서는 불리하다. 앞서 FM의 잡음 특성이 사전강세와 사후복세를 통하여 크게 개선될 수 있음을 알아보았다. 그러나 스테레오 방식의 FM에서는 사전강세와 사후복세가 큰 효과를 보지 못한다. 그 이유는 다음과 같다. 송신측에서 사전강세 필터를 통하고 나면 고주파 성분이 강조된다. 그림 5.23(a)의 송신기에서 합성 신호를 만들기 전에 신호 $L+R$과 $L-R$에 대해 사전강세를 하면 합성 신호의 스펙트럼의 형태가 그림 5.25와 같이 된다. 여기에서는 사전강세의 효과가 그림 상에서 잘 나타나도록 $L+R$과 $L-R$의 스펙트럼을 사각형으로 가정하였다. 그림을 보면 $L+R$의 스펙트럼과 $(L-R)\cos\omega_c t$의 상측파대 스펙트럼은 사전강세의 득을 보지만 $(L-R)\cos\omega_c t$의 하측파대는 사전강세가 오히려 역작용을 하게 된다. 게다가 FM 복조과정에서 잡음 성분은 주파수에 비례하므로 상대적으로 높은 주파수 대역에 위치한 $(L-R)\cos\omega_c t$ 신호는 잡음에 대해 더 불리하다. 따라서 $(L-R)\cos\omega_c t$ 신호에는 $L+R$에 비해 더 많은 잡음이 포함될 것이며, 이 잡음은 $(L-R)\cos\omega_c t$가 동기 검파되는 과정에서 모두 가청 주파수 범위로 들어오게 된다. 이와 같은 이유로 스테레오 FM은 모노 FM에 비해 SNR이 떨어진다.

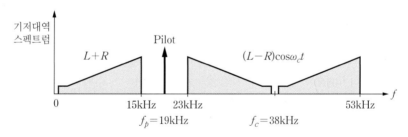

그림 5.25 사전강세를 거친 스테레오 신호의 기저대역 스펙트럼

　스테레오 전송에서 지시 반송파를 전송하는 것은 또 다른 SNR 감소 요인이 된다. 일반적으로 L과 R 신호는 매우 유사한 특성을 가지며, 이 신호들의 피크값을 A_p라 하자. 그리고 추가로 전송하는 지시 반송파의 진폭을 A_c라 하자. 그러면 식 (5.72)로 표현되는 합성 신호 $m(t)$의 피크값은 L과 R이 모두 최댓값에 도달하는 경우에 발생하며 그 값은

$$|m(t)|_{\max} = 2A_p + A_c \tag{5.75}$$

이다. 한편 모노 신호의 경우 기저대역 신호의 피크값은 $2A_p$ 이다. 따라서 스테레오 전송을 위한 합성 신호의 피크값과 모노 신호의 피크값 차이는 지시 반송파 신호의 크기인 A_c 만큼 나게 된다. 모노 전송이나 스테레오 전송 모두에서 최대 주파수 편이 Δf 가 동일하도록 하려면 스테레오 전송의 경우 신호 크기를 줄여야 한다. 일반적으로 스테레오 신호는 원래 신호의 90% 정도가 되도록 한다. 이 경우 신호의 전력은 $(0.9)^2 = 0.81$ 이 되어 결과적으로 SNR이 약 1dB 정도 감소한다.

5.8 Matlab을 이용한 실습

예제 5.6 │ **FM 변조**

메시지 신호로 다음과 같은 두 가지 신호를 가정하자.

신호 1: 멀티레벨 사각 펄스열

$$m(t) = \begin{cases} 1, & 0 < t < 0.05 \\ -2, & 0.05 < t < 0.1 \\ 0, & \text{otherwise} \end{cases} \tag{5.76}$$

신호 2: 삼각 펄스

$$m(t) = 2\Lambda\left(\frac{t}{\tau}\right), \ \tau = 0.05 \tag{5.77}$$

신호 1은 펄스폭이 0.05초인 펄스열이며, 신호 2는 펄스폭이 0.1이고 최댓값이 2인 삼각 펄스이다. 위의 메시지 신호를 주파수가 300Hz인 반송파 $s_c(t) = \cos(2\pi f_c t)$ 로 FM 변조하라. 주파수 민감도는 $k_f = 50\,\text{Hz/volt}$ 를 사용하라. 메시지 신호와 변조된 신호의 파형과 진폭 스펙트럼을 그려보라. 신호의 파형을 그리기 위하여 표본화 주파수는 2000Hz를 사용하고 스펙트럼을 그리기 위한 주파수 해상도는 0.2 Hz를 사용하라.

풀이

위의 실습을 위한 Matlab 코드의 예로 ex5_1.m을 참고하라. 이 파일을 실행시켜서 다음과 같은 결과를 얻는지 확인하라.

1) 신호 1: 멀티레벨 사각 펄스열

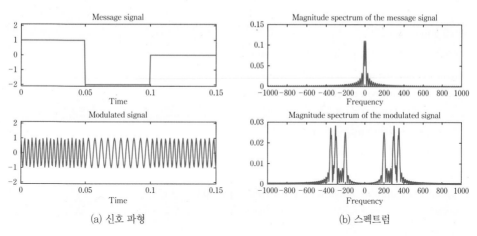

(a) 신호 파형   (b) 스펙트럼

그림 5.26 멀티레벨 사각 펄스 신호의 FM 변조

2) 신호 2: 삼각 펄스

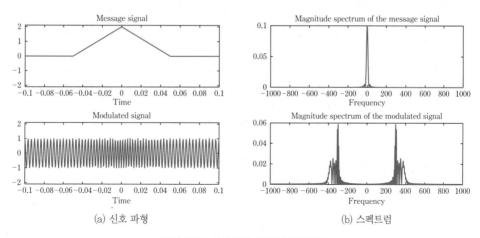

(a) 신호 파형   (b) 스펙트럼

그림 5.27 삼각 펄스 신호의 FM 변조

```
% --------------------------------------------------------------
% ex5_1.m
% Matlab program example for FM modulation
% Message signals are:
% Signal 1: multilevel rectangular pulse sequence
%        m(t) =  1  for 0 < t < 0.05
%        m(t) = -2  for 0.05 < t < 0.1
%        m(t) =  0  otherwise
%
% Signal 2: triangular pulse with pulse width tau=0.1
% --------------------------------------------------------------
clear; close all;
df=0.2;          % desired frequency resolution [Hz]
ts=1/2000;       % sampling interval [sec]
fs=1/ts;         % sampling frequency
fc=300;          % carrier frequency
kf=50;           % frequency sensitivity [Hz/volt]
% --------------------------------------------------------------
% For signal 1: multilevel rectangular pulse sequence
% --------------------------------------------------------------
T1=0; T2=0.15;     % observation time interval (from T1 to T2 sec)
t=[T1:ts:T2];      % observation time vector
% Message signal and spectrum
m=[ones(1,T2/(3*ts)),-2*ones(1,T2/(3*ts)),zeros(1,T2/(3*ts)+1)];
[M,m,df1]=fft_mod(m,ts,df);     % Fourier transform of message signal
M=M/fs;            % scaling
f=[0:df1:df1*(length(m)-1)]-fs/2;     % frequency vector
% FM modulation
integ_m(1)=0;
for i=1:length(t)-1          % integral of m
  integ_m(i+1)=integ_m(i)+m(i)*ts;
end
s_m=cos(2*pi*(fc*t + kf*integ_m));   % modulated signal
[S_m,s_m,df1]=fft_mod(s_m,ts,df);     % Fourier transform of modulated signal
```

```
S_m=S_m/fs;                    % scaling
% Signal waveform
subplot(2,1,1); plot(t,m(1:length(t)));
axis([T1 T2 −2.1 2.1]);
title('Message signal'); xlabel('Time');
subplot(2,1,2); plot(t,s_m(1:length(t)));
axis([T1 T2 −2.1 2.1]);
title('Modulated signal'); xlabel('Time');
disp('hit any key to continue'); pause
% Signal spectrum
subplot(2,1,1); plot(f,abs(fftshift(M)));
title('Magnitude spectrum of the message signal'); xlabel('Frequency');
subplot(2,1,2); plot(f,abs(fftshift(S_m)));
title('Magnitude spectrum of the modulated signal'); xlabel('Frequency');
disp('Press any key to continue for signal 2'); pause
% −−−−−−−−−−−−−−−−−−−−−−−−−−−−−−−−−−−−−−−−−−−−−−−−−−−−−−−−−−
% For signal 2: triangular pulse with pulse width tau=0.1 and amplitude=2
% −−−−−−−−−−−−−−−−−−−−−−−−−−−−−−−−−−−−−−−−−−−−−−−−−−−−−−−−−−
T1=−0.1; T2=0.1;        % observation time interval (from T1 to T2 sec)
t=[T1:ts:T2];           % observation time vector
% Message signal and spectrum
tau=0.1;                % Pulse width [sec]
m=2*triangle(tau, T1, T2, fs, df);
[M,m,df1]=fft_mod(m,ts,df);        % Fourier transform of message signal
M=M/fs;                 % scaling
f=[0:df1:df1*(length(m)−1)]−fs/2;        % frequency vector
% FM modulation
integ_m(1)=0;
for i=1:length(t)−1         % integral of m
  integ_m(i+1)=integ_m(i)+m(i)*ts;
end
s_m=cos(2*pi*(fc*t + kf*integ_m));  % modulated signal
[S_m,s_m,df1]=fft_mod(s_m,ts,df);        % Fourier transform of modulated signal
S_m=S_m/fs;                % scaling
figure;
subplot(2,1,1); plot(t,m(1:length(t)));
```

```
axis([T1 T2 −2.1 2.1]);
title('Message signal'); xlabel('Time');
subplot(2,1,2); plot(t,s_m(1:length(t)));
axis([T1 T2 −2.1 2.1]);
title('Modulated signal'); xlabel('Time');
pause   % Press any key to see the spectrum
subplot(2,1,1); plot(f,abs(fftshift(M)));
title('Magnitude spectrum of the message signal'); xlabel('Frequency');
subplot(2,1,2); plot(f,abs(fftshift(S_m)));
title('Magnitude spectrum of the modulated signal'); xlabel('Frequency');
```

[과제] 주파수 민감도 k_f를 10, 100으로 변화시켜가면서 예제 5.6과 동일한 과정을 반복하라. 주파수 민감도에 의하여 FM 신호의 파형과 스펙트럼이 어떤 영향을 받는가?

예제 5.7 | **FM 신호의 검파**

예제 5.6에서 사용한 메시지 신호로 FM 변조한 신호를 복조하는 실습이다. 동기 검파와 비동기 검파의 두 가지 복조 방법에 대하여 동작을 확인한다. 동기 검파 과정에서는 먼저 수신된 신호로부터 위상을 추출하여 메시지 신호에 비례하는 신호를 얻는다. 이 신호를 변조지수로 스케일링하여 메시지 신호를 재생한다. 비동기 복조는 여러 가지 방식이 있으나 여기에서는 주파수 변별기를 이용한다. 즉 수신 신호를 미분하여 진폭이 수신 신호의 순시 주파수에 비례하는 신호를 얻은 다음, DSB-TC 신호의 비동기 검파에서 사용한 포락선 검파를 사용하여 메시지 신호와 모양이 같은 신호를 얻는다. 이 신호를 스케일링하고 직류 성분을 제거하면 메시지 신호를 얻을 수 있다.

두 종류의 메시지 신호(신호 1: 멀티레벨 펄스열, 신호 2: 삼각 펄스) 각각에 대하여 다음과 같은 과정을 수행한다.

1) 메시지 신호와 변조된 신호의 파형을 그려보라.

2) 이 신호가 수신되었다고 가정하고 동기 복조기의 출력 파형을 그려보라. 자료로 제공된 complex_env.m 함수를 이용하면 대역통과 신호의 저역통과 등가신호, 즉 복소 포락선 (complex envelope)을 얻을 수 있다. 이 신호로부터 위상을 추출하면 된다.

3) 다음에는 비동기 복조를 해본다. 수신 신호를 미분한 후 출력의 포락선을 구한다. 즉 미분기 출력 신호에 대하여 hilbert.m 함수를 사용하여 analytic 신호를 얻고, 절대값을 취하여 포락선을 얻을 수 있다. 포락선 검파기 출력 신호의 파형을 그려보라.

4) 변조된 신호에 잡음이 더해져서 수신되는 경우를 고려하자. 메시지 신호가 위에 주어진 시구간을 주기로 반복되는 신호라고 가정하자. SNR이 30dB가 되도록 Gaussian 잡음을 발생시켜서 FM 신호에 더하여 수신 신호를 만든다. 수신된 신호로부터 동기 및 비동기 복조 과정을 거쳐 출력된 신호의 파형을 그려보라. (아래에 있는 샘플 코드에서는 잡음이 신호에 더해지지 않도록 되어 있다. 잡음이 있는 환경을 실험하기 위해서는 송신 신호에 잡음을 더하는 부분에 있는 %를 삭제하고 실행시켜야 할 것이다.)

풀이

위의 실습을 위한 Matlab 코드의 예로 ex5_2.m을 참고하라. 이 파일을 실행시켜서 다음과 같은 결과를 얻는지 확인하라.

1) 메시지 신호와 변조된 신호의 파형

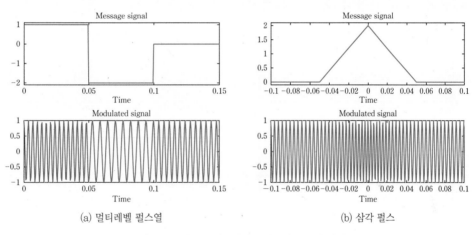

(a) 멀티레벨 펄스열   (b) 삼각 펄스

그림 5.28 메시지 신호와 FM 변조된 신호의 파형

2) 메시지 신호와 동기 복조기 출력 신호의 파형

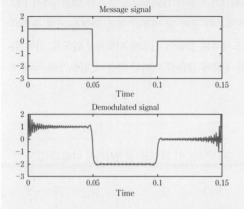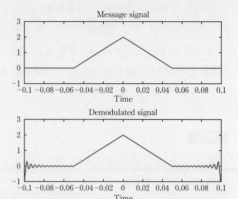

3) 메시지 신호와 비동기 복조기 출력 신호의 파형

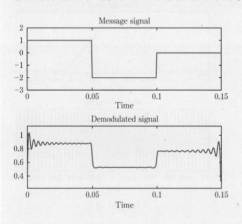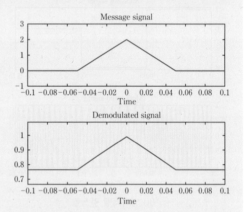

4) 변조된 신호에 잡음이 더해져서 수신되는 경우 동기 복조기 출력 신호의 파형

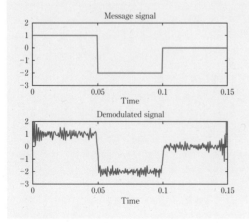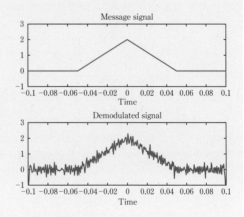

5) 신호에 잡음이 더해져서 수신되는 경우 비동기 복조기 출력 신호의 파형

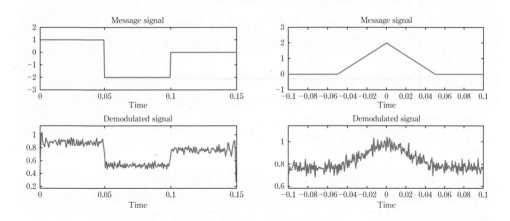

예제 5.7을 위한 Matlab 프로그램의 예(ex5_2.m)

```
% ------------------------------------------------------------
% ex5_2.m
% Matlab program example for FM demodulation
% Message signals are:
% Signal 1: multilevel rectangular pulse sequence
%       m(t) =  1  for 0 < t < 0.05
%       m(t) = -2  for 0.05 < t < 0.1
%       m(t) =  0  otherwise
%
% Signal 2: triangular pulse with pulse width tau=0.1
% ------------------------------------------------------------
clear; close all;
df=0.2;          % desired frequency resolution [Hz]
ts=1/2000;       % sampling interval [sec]
fs=1/ts;         % sampling frequency
fc=250;          % carrier frequency
kf=40  ;         % frequency sensitivity [Hz/volt]
% ------------------------------------------------------------
% Message signal generation
```

```
% -----------------------------------------------------
% For signal 1: multilevel rectangular pulse sequence
   T1=0; T2=0.15;          % observation time interval (from T1 to T2 sec)
   m=[ones(1,T2/(3*ts)),-2*ones(1,T2/(3*ts)),zeros(1,T2/(3*ts)+1)];

% For signal 2: triangular pulse with pulse width tau=0.1 and amplitude=2
   %T1=-0.1; T2=0.1;       % observation time interval (from T1 to T2 sec)
   %m=2*triangle(0.1, T1, T2, fs, df);

   m_min=min(m); m_max=max(m);
% -----------------------------------------------------
% FM Modulation
% -----------------------------------------------------
t=[T1:ts:T2];           % observation time vector
N=length(t);
integ_m(1)=0;
for i=1:length(t)-1            % integral of m
  integ_m(i+1)=integ_m(i)+m(i)*ts;
end
[M,m,df1]=fft_mod(m,ts,df);        % Fourier transform of message signal
M=M/fs;                 % scaling
f=[0:df1:df1*(length(m)-1)]-fs/2;      % frequency vector
s_m=cos(2*pi*(fc*t + kf*integ_m));   % modulated signal
[S_m,s_m,df1]=fft_mod(s_m,ts,df);    % Fourier transform of modulated signal
S_m=S_m/fs;                 % scaling

subplot(2,1,1); plot(t,m(1:length(t)));
axis([T1 T2 m_min-0.1 m_max+0.1]);
title('Message signal'); xlabel('Time');
subplot(2,1,2); plot(t,s_m(1:length(t)));
title('Modulated signal'); xlabel('Time');
disp('hit any key to continue'); pause

subplot(2,1,1); plot(f,abs(fftshift(M))) ;
title('Magnitude spectrum of the message signal'); xlabel('Frequency');
subplot(2,1,2); plot(f,abs(fftshift(S_m)))
```

```
title('Magnitude spectrum of the modulated signal'); xlabel('Frequency');
% ------------------------------------------------------
% AWGN channel
% ------------------------------------------------------
snr_dB=30;                      % SNR in dB scale
snr_lin=10^(snr_dB/10);         % SNR in linear scale
signal_power=(norm(s_m(1:N))^2)/N;       % modulated signal power
noise_power=signal_power/snr_lin;        % noise power
noise_std=sqrt(noise_power);    % noise standard deviation
noise=noise_std*randn(1,N);     % Generate noise
r=s_m(1:N);                     % When there is no noise
%r=s_m(1:N)+noise;              % Add noise to the modulated signal


% ------------------------------------------------------
% Coherent demodulation
% ------------------------------------------------------
z=complex_env(r,ts,T1,T2,fc);            % find phase of the received signal
phase=angle(z);
theta=unwrap(phase);            % restore original phase
demod=(1/(2*pi*kf))*(diff(theta)/ts); % demodulator output, differentiate and scale phase
pause    % Pres any key to see plots of the message and the demodulator output
figure;
subplot(2,1,1); plot(t,m(1:length(t)));
axis([T1 T2 m_min-1 m_max+1]);
title('Message signal'); xlabel('Time')
t1=t(1:length(t)-1);
subplot(2,1,2); plot(t1,demod(1:length(t1)));
axis([T1 T2 m_min-1 m_max+1]);
title('Demodulated signal'); xlabel('Time');
% ------------------------------------------------------
% Noncoherent demodulation
% ------------------------------------------------------
dr_dt=diff(r);
z=hilbert(dr_dt);               % get analytic signal
envelope=abs(z);                % find the envelope
demod1=envelope;
```

```
pause    % Pres any key to see plots of the message and the demodulator output
figure;
subplot(2,1,1); plot(t,m(1:length(t)));
axis([T1 T2 m_min−1 m_max+1]);
title('Message signal'); xlabel('Time');
subplot(2,1,2); plot(t1,demod1(1:length(t1)));
axis([T1 T2 min(demod1)−0.1 max(demod1)+0.1]);
title('Demodulated signal'); xlabel('Time');
```

연습문제

5.1 다음 수식으로 표현된 신호의 순시 주파수를 $t = 100$ 초에서 구하라.

(a) $x(t) = 5\cos[200\pi t + 200\sin(\pi t/100)]$

(b) $x(t) = 10\cos[\pi t(1 + \sqrt{t})]$

(c) $x(t) = 10\cos[100\pi t + 10\sin\pi t]$

(d) $x(t) = 5\exp[j400\pi(1 + \sqrt{t})]$

(e) $x(t) = \cos[200\pi t]\cos[2\sin2\pi t] + \sin[200\pi t]\sin[2\sin2\pi t]$

5.2 메시지 신호의 파형이 그림 P5.2와 같다고 하자.

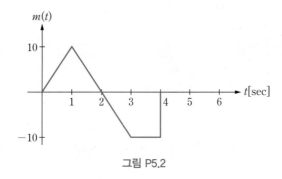

그림 P5.2

(a) 반송파 주파수 $f_c = 1\text{MHz}$ 와 $k_f = 5000$ 을 사용하여 FM 변조한 신호의 파형을 그려보라. 발생된 신호의 최대 주파수 편이는 얼마인가?

(b) 동일한 반송파를 사용하고, $k_p = 2000$ 을 사용하여 PM 변조한 신호의 파형을 그려보라. 발생된 신호의 최대 주파수 편이는 얼마인가?

5.3 다음과 같이 표현되는 메시지 신호가 있다.

$$m(t) = \sum_{k=-\infty}^{\infty} 2\Pi\left(\frac{t - kT_0}{T_0/2}\right) - 1$$

여기서 $T_0 = 1\text{msec}$ 이다. 이 신호를 반송파 주파수 $f_c = 1/T_0$ 를 사용하여 각 변조한 신호 파형이 다음과 같이 표현된다고 하자.

$$s_m(t) = A\cos\left(2\pi f_c t + \frac{\pi}{3}m(t)\right)$$

(a) 메시지 신호의 파형을 그려보라.

(b) 시간에 따른 신호 위상을 그림으로 그려보라.

(c) 신호의 순시 주파수를 시간에 따라 그려보라.

5.4 반송파 $s_c(t) = 10\cos(2\pi f_c t)$ 로써 $m(t) = 2u(t-T)$ 의 신호를 PM 변조한다. 여기서 $T = 1/f_c$ 이라고 가정하자. PM 변조지수가 다음과 같을 때 변조된 신호의 파형을 그려보라. 각 경우에서 최대 위상편이를 구하라.

(a) $k_p = \dfrac{1}{16}$　　(b) $k_p = \dfrac{1}{8}$　　(c) $k_p = \dfrac{1}{4}$

5.5 그림 P5.5와 같은 신호를 반송파 주파수 100kHz를 사용하여 각 변조한다.

(a) $k_p = 500$ 으로 FM 변조하는 경우 신호의 순시 주파수를 구하고 변조된 신호의 파형을 그려 보라.

(b) $k_p = 100$ 으로 PM 변조하는 경우 신호의 순시 주파수를 구하고 변조된 신호의 파형을 그려 보라.

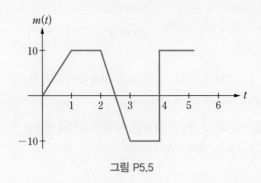

그림 P5.5

5.6 그림 P5.6과 같은 메시지 신호를 100kHz의 반송파 주파수로 FM 변조를 한다. $k_f = 10$ 를 가정하자.

(a) 주파수 편이를 구하라. 최대 주파수 편이는 얼마인가?

(b) 변조된 신호의 최대 위상 편이는 얼마이며, 언제 발생하는가?

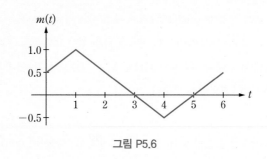

그림 P5.6

5.7 문제 5.6의 메시지 신호를 $k_p = 0.5$를 사용하여 PM 변조를 한다고 하자.

(a) 위상 편이를 구하라. 최대 위상 편이는 얼마인가?

(b) 변조된 신호의 최대 주파수 편이는 얼마인가?

5.8 반송파 주파수 10kHz를 사용하여 각 변조된 신호가 $0 \leq t \leq 2$의 구간에서 다음과 같이 표현된다고 하자.

$$s_m(t) = 10\cos(24000\pi t)$$

(a) 이 신호가 $k_f = 50$으로 FM 변조된 신호인 경우 메시지 신호 $m(t)$를 구하라.

(b) 주파수 편이와 위상 편이를 구하라.

5.9 문제 5.8의 신호가 $k_p = 50$으로 PM 변조된 신호인 경우 문제 5.8을 반복하라.

5.10 다음과 같은 메시지 신호를 진폭이 10이고 주파수가 1MHz인 반송파를 사용하여 각 변조한다고 하자.

$$m(t) = 5\cos(100\pi t) + 10\cos(1600\pi t)$$

(a) $k_p = 0.5$로 PM 변조한 신호의 파형을 표현하고, 근사 대역폭을 구하라.

(b) $k_f = 200$으로 FM 변조한 신호의 파형을 표현하고, 근사 대역폭을 구하라.

5.11 다음과 같이 변조한 신호의 대역폭을 구하라.

(a) 메시지 신호가 $m(t) = 1 + 40\cos(300\pi t)$라고 가정하자. 반송파 주파수가 5MHz이고 $k_f = 100[\text{Hz/V}]$로 FM 변조를 한다. FM 파형의 근사적인 대역폭을 구하라.

(b) 메시지 신호가 $m(t) = 300\,\text{sinc}(600t)$ 라고 가정하자. 이 신호를 반송파 주파수 5MHz, 변조 지수 $\mu = 0.5$ 를 사용하여 DSB–TC 변조를 하는 경우 대역폭을 구하라.

(c) (b)의 메시지 신호를 반송파 주파수 5MHz, $k_f = 10[\text{Hz/V}]$ 로써 FM 변조를 하는 경우 변조된 신호의 근사적인 대역폭을 구하라.

5.12 주파수 10MHz의 반송파를 정현파 메시지 신호로써 FM 변조하여 50kHz의 최대 주파수 편이가 얻어졌다고 하자. 메시지 신호의 주파수가 다음과 같은 경우 FM 변조된 신호의 대역폭을 구하라.

(a) 500kHz

(b) 500Hz

5.13 FM 변조된 신호가 다음과 같이 표현된다고 하자.

$$s_m(t) = 100\cos\left[10^6\pi t + 16\sin(2000\pi t)\right]$$

(a) 반송파 주파수를 구하라.

(b) 최대 주파수 편이와 변조지수를 구하라.

(c) 신호 대역폭을 구하라.

5.14 주파수 10MHz의 반송파를 진폭이 1이고 주파수는 5kHz인 정현파 메시지 신호로써 PM 변조를 하여 0.5[rad]의 최대 위상 편이가 얻어졌다고 하자.

(a) 변조된 신호의 최대 주파수 편이를 구하라.

(b) 변조된 신호의 대역폭을 구하라.

5.15 주파수 1GHz의 반송파를 주파수 10kHz의 정현파 메시지 신호로써 FM 변조하여 얻어진 신호 $s_m(t)$ 의 최대 주파수 편이가 40kHz가 되었다고 하자. 다음 경우에 대하여 FM 신호의 대역폭을 구하라. 대역폭을 구할 때 다음 두 가지 방법을 사용하라.

1) Carson의 법칙 적용

2) Bessel 함수에서 최댓값의 1% 이상이 되도록 하는 측파대 개수를 사용하여 계산

(a) $s_m(t)$ 의 대역폭

(b) 메시지 신호의 진폭을 두 배로 하는 경우

(c) 메시지 신호의 주파수를 두 배로 하는 경우

(d) 메시지 신호의 진폭과 주파수를 모두 두 배로 하는 경우

5.16 반송파 주파수 $f_c = 1\,\text{MHz}$로써 각 변조한 신호가 다음과 같다고 하자.

$$s_m(t) = 50 \cos[2\pi f_c t - \sin(800\pi t)]$$

(a) 최대 주파수 편이를 구하라.

(b) 최대 위상 편이를 구하라

(c) 근사 대역폭을 구하라

5.17 각 변조된 신호가 다음과 같이 표현된다고 하자.

$$s_m(t) = 10 \cos[2\pi \times 10^6 t + 0.01 \cos(600\pi t)]$$

(a) 순시 주파수를 구하라.

(b) 근사 대역폭을 구하라.

(c) 만일 이 신호가 FM 신호라면 메시지 신호는 어떻게 표현되는가?

(d) 만일 이 신호가 PM 신호라면 메시지 신호는 어떻게 표현되는가?

5.18 메시지 신호 $m(t) = 2\cos(400\pi t)$를 $k_f = 300$ 및 $k_p = 1/4\pi$ 을 사용하여 각 변조한다고 하자.

(a) FM 및 PM 변조된 신호의 근사 대역폭을 구하라.

(b) 메시지 신호의 크기를 두 배로 하는 경우 FM 및 PM 변조된 신호의 대역폭은 어떻게 되는가?

(c) 메시지 신호의 주파수를 두 배로 하는 경우 FM 및 PM 변조된 신호의 대역폭은 어떻게 되는가?

5.19 반송파 주파수 100Hz로 변조된 신호가 다음과 같이 표현된다고 하자. 이 신호의 포락선을 구하라.

$$s_m(t) = 5\cos(180\pi t) + 10\cos(200\pi t) + 4\cos(220\pi t)$$

5.20 다음을 증명하라.

(a) $\displaystyle\sum_{n=-\infty}^{\infty}J_n^2(\beta)=1$

(b) $J_n(\beta)=\dfrac{1}{\pi}\displaystyle\int_0^{\pi}\cos(\beta\sin x-nx)dx$

(c) $J_{-n}(\beta)=(-1)^n J_n(\beta)$

5.21 다음 함수를 Taylor 급수로 전개하여 근사적인 푸리에 변환을 구하라. 이 때 3개의 항만 사용하라.

(a) $x(t)=\cos(\beta\sin 2\pi f_m t)$

(b) $x(t)=\sin(\beta\sin 2\pi f_m t)$

5.22 다음과 같이 표현되는 FM 신호에 대한 근사적인 푸리에 변환을 구하라. 대역폭은 근사적으로 얼마인가?

$$s_m(t)=\cos(2\pi f_c t+\beta\sin 2\pi f_m t)$$

5.23 메시지 신호 $m(t)=0.5\cos(2000\pi t)$가 PM 변조기에 입력되어 다음과 같은 출력 신호가 생성된다고 하자.

$$s_m(t)=100\cos(2\pi\times 10^7 t+4\cos 2000\pi t)$$

(a) 최대 위상 편이와 k_p를 구하라.

(b) 최대 주파수 편이를 구하라.

(c) PM 변조된 신호의 대역폭을 구하라.

5.24 각 변조할 메시지 신호가 다음과 같은 단일 톤의 신호라 하자.

$$m(t)=\begin{cases}a\cos(2\pi f_m t),&\text{FM의 경우}\\a\sin(2\pi f_m t),&\text{PM의 경우}\end{cases}$$

(a) 변조된 신호는 $s_m(t)=A\cos[2\pi f_c t+\beta\sin 2\pi f_m t]$와 같이 표현됨을 보여라. 변조지수 β가 FM 주파수민감도 k_f 및 PM 위상민감도 k_p와 어떤 관계를 갖는지 표현하라.

(b) 변조된 신호 $s_m(t)$는 다음과 같이 표현됨을 보여라.

$$s_m(t)=A\sum_{n=-\infty}^{\infty}J_n(\beta)\cos[(\omega_c+n\omega_m)t]$$

(c) $s_m(t)$의 평균 전력을 구하라.

5.25 주파수 체배기에 다음과 같은 협대역 FM 신호를 가하여 광대역 FM 신호를 생성시킨다고 하자.

$$s_{\text{NBFM}}(t) = A\cos[2\pi f_{c1}t + \beta_1 \sin(2\pi f_m t)]$$

여기서 $\beta_1 < 0.5$ 이고 $f_{c1} = 200\text{kHz}$ 이며, 주파수 f_m 은 50Hz에서 15kHz 사이의 값을 갖는다고 하자. 출력 신호의 최대 주파수 편이는 $\Delta f = 75\text{kHz}$ 를 만들고자 한다.
(a) 주파수 체배는 몇 배를 해야 하는가?
(b) 입력 NBFM 신호의 최대 주파수 편이를 구하라.

5.26 다음과 같이 표현되는 FM 신호의 최대 주파수 편이를 구하라.

$$s_m(t) = \cos(2\pi f_c t + \beta_1 \sin 2\pi f_m t + \beta_2 \sin 4\pi f_m t)$$

5.27 그림 P5.27(a)와 같은 신호가 반송파 주파수 10kHz로써 FM 변조된다고 하자. 변조된 신호의 최대 주파수 편이는 $\Delta f = 2\,\text{kHz}$라고 가정하자.
(a) 주파수 민감도 k_f 는 얼마인가?
(b) 변조된 신호의 파형을 그려보라.
(c) 그림 P5.27(b)와 같은 방식으로 FM 신호를 복조한다고 하자. 각 블록에서의 출력 신호 파형을 그려보라.

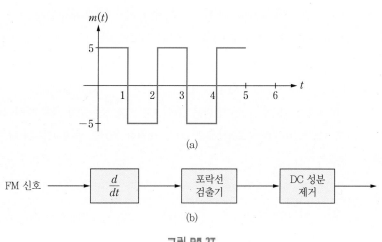

(a)

(b)

그림 P5.27

5.28 그림 P5.28(a)에 보인 시스템은 FM 복조기로 사용할 수 있음을 보여라. 또한 그림 P5.28(b)에 보인 시스템은 PM 복조기로 사용할 수 있음을 보여라. 이 때 메시지 신호에는 순간적으로 진폭 변화가 생기는 불연속점은 없다고 가정한다.

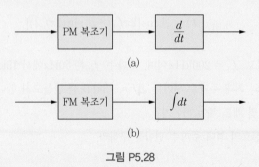

그림 P5.28

5.29 주파수대가 50Hz부터 10kHz인 메시지 신호를 광대역 FM 변조하는데 Armstrong 방식을 사용하여 구현하고자 한다. 즉 먼저 중심 주파수가 $f_{c1} = 200\,\text{kHz}$이고 $\beta \leq 0.2$인 협대역 FM 신호를 발생시킨 후, 주파수 체배와 주파수 천이를 사용하여 최종적으로 반송파 주파수가 $f_c = 50$ MHz이고 최대 주파수 편이가 4kHz인 FM 신호를 얻고자 한다. 주파수 체배기와 주파수 혼합기를 각각 한 번만 사용하는 시스템의 구조를 설계해보라.

5.30 $m(t) = \cos(2\pi \times 10^3 t)$의 신호를 반송파 주파수 500kHz를 사용하여 FM 변조한다고 하자. 이 때 최대 주파수 편이가 200Hz가 되도록 한다고 가정하자.
(a) FM 변조된 신호의 근사 대역폭을 구하라.
(b) 발생된 FM 신호를 10배 주파수 체배하는 경우 대역폭은 어떻게 되는가?
(c) 이어서 다시 10배 주파수 체배하는 경우 대역폭은 어떻게 되는가?

5.31 100~200MHz의 주파수 대역을 FM 방송용으로 정하고, 각 채널은 200kHz 간격으로 분리되도록 FM 스테레오 방송 시스템을 설계한다고 하자. 이때 가청 주파수가 최대 25kHz라고 가정하자. 즉 기저대역 신호의 대역폭을 25kHz라고 하자. 이러한 조건을 만족시키는 FM 스테레오 전송 방식을 설계하라.

5.32 그림 P5.32에 Armstrong FM 변조기의 블록도를 보인다. $f_1 = 200\text{kHz}$, $f_{LO} = 10.8\text{MHz}$ $\Delta f_1 = 25\text{Hz}$, $n_1 = 64$, $n_2 = 48$ 을 가정하고, 출력 신호의 최대 주파수 편이와 반송파 주파수를 구하라.

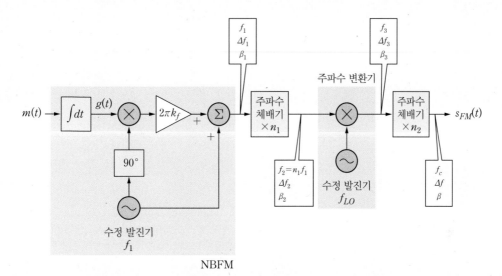

그림 P5.32

5.33 문제 5.32에 보인 Armstrong FM 변조기에서 $f_1 = 200\text{kHz}$, $\beta_1 = 0.2$, $n_2 = 150$ 을 사용한다고 하자. 입력의 메시지 주파수 f_m 은 50Hz에서 15kHz 사이의 값을 갖는다고 하자. 출력 신호의 최대 주파수 편이와 반송파 주파수를 각각 75kHz와 108MHz로 설계하고자 한다. 첫 번째 주파수 체배기의 n_1 과 믹서 주파수 f_{LO} 는 어떻게 선정해야 하는가?

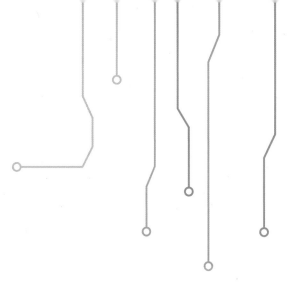

CHAPTER 06
확률변수와 랜덤 프로세스

contents

06 확률변수와 랜덤 프로세스

통신 시스템이 궁극적으로 지향하는 것은 송신측의 메시지를 수신측에서 정확히 복원하는 것이다. 그러나 송수신 과정의 신호 처리나 통신 채널의 특성으로 인하여 잡음이 더해지고 왜곡이 발생하여 전송한 메시지와 다른 결과가 얻어질 수 있다. 문제는 잡음과 같은 신호는 예측이 불가능하여 수신 신호가 어떤 파형을 가질지 알 수 없다는 것이다. 통신 시스템의 성능을 평가하는 지표가 여러 가지가 있지만 가장 기본적인 것은 수신측에서 복원한 메시지가 얼마나 신뢰성 있는지가 될 것이다. 통신 시스템의 신뢰도를 나타내는 방법은 송신한 신호와 수신기에서 재생한 신호 간의 차이가 얼마나 작은지를 표현하는 방법이다. 이 두 신호 간 차이를 잡음으로 본다면 시스템의 신뢰도는 신호 대 잡음의 비(SNR)로써 표현이 가능하며, 이것은 아날로그 통신 시스템의 성능을 나타내는 지표로 많이 사용된다. 그러나 디지털 통신에서는 정보를 0과 1로써 표현하고 0과 1에 해당하는 신호를 전송하는 방식이기 때문에 수신기에서 '송신 신호의 파형 자체를 얼마나 정확히 재생하는가'가 중요한 것이 아니라 '0과 1의 정보를 틀리지 않고 복원하는가'가 중요할 것이다. 즉 0에 해당하는 신호와 1에 해당하는 신호를 구별만 하면 된다. 0에 해당하는 신호를 전송했는데 통신 채널을 통과하면서 오염되어 수신기에서 1에 해당하는 신호로 판정을 하면 복원된 메시지 비트에 오류가 발생한다. 이러한 판정 오류가 발생하는 빈도가 낮을수록 좋은 통신 시스템이라 할 수 있다. 잡음은 예측이 불가능하여 확률적으로 묘사되며, 따라서 디지털 통신 시스템에서 비트 판정 오류는 확률적으로 표현된다. 그러므로 디지털 통신 시스템의 성능을 평가하는 지표로 비트오류 확률(bit error probability)을 사용한다. 이와 같은 배경에서 통신 시스템의 동작을 묘사하거나 성능을 표현하는 데 확률과 통계에 대한 개념이 필요하다.

이미 일어난 현상이나 정확히 예측 가능한 현상은 결정형(deterministic) 사건이다. 그러나 현상을 만들어내는 구조가 불규칙하거나 메커니즘을 정확히 알지 못하는 경우 어떤 결과가 일어날지 예측하기 어렵다. 이렇게 불확실성이 존재하는 사건은 그 결과에 대해 확률적으로만 말할 수 있다. 사건(event)을 표현하는 방법은 여러 가지가 있다. 불확실성이 있는 실험을 통해 나온 결과에 대하여 수치를 매겨 표현하는 방법이 있는데, 이를 확률변수(random variable)라 한다. 불확실성이 있는 사건은 확률변수를 사용하여 표현이 가능하다. 확률변수가 시간에 따라 전개되어가는 과정을 랜덤 프로세스(random process)라 한다. 즉 랜덤 프로세스는 확률변수에 시간의 개념을 추가한 것으로 볼 수 있다. 랜덤 프로세스는 예측할 수는 없지만 그렇다고 해서 전혀 예측이 불가능한 것은 아니다. 일반적으로 어떠한 사건이든지 그 사건에 대한 확률을 알 수 있다면 이를 바탕으로 사건이 전개되어 가는 과정을 확률적으로 예측할 수 있고 표현할 수 있다.

잡음과 같은 신호는 특정 시간 t에서 어떤 값을 갖는지 예측할 수 없다. 따라서 이러한 신호의 파형을 수식으로 표현하거나 하나의 그래프로 나타낼 수 없다. 이에 비하여 $x(t) = 10\cos(100t + \pi/4)$와 같은 신호는 시간 t가 주어지면 그 값을 정확히 알 수 있다. 즉 시간 t에 따라 신호의 값이 결정되어 있다. 이러한 신호를 결정형 신호(deterministic signal)라 한다. 이에 반하여 잡음과 같이 특성이 불규칙하여 그 값을 예측할 수 없는 불확실한 신호(random signal)는 랜덤 프로세스로 분류된다. 랜덤 프로세스는 잡음뿐만 아니라 정보를 가진 메시지 신호도 포함된다. 예를 들어 음성 신호나 디지털 데이터는 어떤 값을 가질지 사전에 알지 못한다. 따라서 메시지 신호 역시 불확실성이 있어서 하나의 파형으로 묘사할 수 없다. 다만 메시지 신호와 잡음 신호는 어떤 다른 구별되는 특성이 있고, 우리는 이 특성을 수학적으로 묘사하고자 하는 것이다.

2장과 3장에서는 결정형 신호를 기반으로 하여 시스템을 통과하였을 때 어떻게 영향을 받는지 시간 영역 및 주파수 영역에서 분석을 하였다. 그런데 메시지 신호나 잡음과 같은 불규칙한 신호(즉 랜덤 프로세스)는 값을 정확히 알 수 없으며, 신호가 시스템으로부터 받는 영향도 알 수 없다. 따라서 우리는 신호값 자체가 아니라 통계적 평균을 바탕으로 그 결과를 예측하고자 하는 것이다. 이 장에서는 확률에 대한 기초적인 개념을 간략히 살펴본 다음 확률변수 및 랜덤 프로세스의 특성을 통계적으로 묘사하는 방법에 대해 알아본다.

6.1 확률의 개념

불확실성이 존재하는 현상을 묘사하기 위하여 확률의 개념을 사용하는데, 먼저 관련된 주요 용어를 정의하자. 어떤 현상을 만들어내는 실험에 있어, 실험이 수행되는 조건을 정확하고 완전하게 미리 결정할 수 없거나 결과를 만들어내는 메커니즘을 완벽하게 알지 못하여 그 결과를 정확히 예측할 수 없는 경우, 그 실험을 무작위 실험(random experiment)이라 한다. 무작위 실험의 예로 주사위 던지기나 카드 뽑기 등을 들 수 있다. 실험에 따라 여러 가지의 결과 (outcome)를 가질 수 있는데, 주사위를 던지는 경우 여섯 면에 그려 있는 눈이 그 결과이다. 샘플 공간(sample space)이란 실험을 통해 나올 수 있는 모든 결과를 모아놓은 집합이다. 따라서 각 결과는 샘플 공간의 원소(element)가 된다. 사건(event)이란 실험을 통해 나올 수 있는 결과들의 집합이다. 그러므로 사건은 샘플 공간의 부분 집합(subset)이 된다는 것을 알 수 있다. 예를 들어 주사위 던지기 실험에서 각 눈이 나오는 결과를 ξ_1, ξ_2, ξ_3, ξ_4, ξ_5, ξ_6로 표현한다면 샘플 공간 S는 $S = \{\xi_1,\ \xi_2,\ \xi_3,\ \xi_4,\ \xi_5,\ \xi_6\}$가 된다. 사건은 샘플 공간의 부분 집합으로서 한 개의 결과가 될 수도 있고 여러 결과를 포함할 수 있다. 사건을 표현하는 방법은 여러 가지가 있다. 예를 들어 '짝수가 나올' 사건과 같이 설명적으로 표현할 수도 있고, $A = \{\xi_2,\ \xi_4,\ \xi_6\}$와 같이 원소를 직접 나열하여 표현할 수도 있다. 또한 확률변수를 사용하여 표현할 수도 있는데 이에 대해서는 나중에 설명하기로 한다.

어떤 사건 A에 대한 여사건(complementary event)은 A^c 또는 $\overline{A}$로 표기하는데, 이것은 A에 속하지 않는 샘플 공간의 모든 원소를 포함하는 사건이다. 주사위 던지기 실험에서 $A = \{\xi_2,\ \xi_4,\ \xi_6\}$인 경우 여사건은 $A^c = \{\xi_1,\ \xi_3,\ \xi_5\}$가 된다. 샘플 공간의 어느 원소도 포함하지 않는 공집합에 해당하는 사건을 공사건(null event)이라 한다.

사건 A와 사건 B의 합집합(union)은 $A \cup B$ 또는 $A + B$와 같이 표기하며, A 또는 B가 발생하는 사건으로 A와 B에 있는 모든 원소를 포함한다. 사건 A와 사건 B의 교집합 (intersection)은 $A \cap B$ 또는 간단히 AB와 같이 표기하며, A와 B가 동시에 발생하는 사건으로 A와 B에 공통으로 있는 원소를 포함한다. 이 사건에 대한 다른 표현으로 결합사건(joint event)이란 용어를 흔히 사용한다. 만일 결합사건이 공사건이라면, 즉 $AB = \varnothing$이면 두 사건 A와 B는 상호배반(mutually exclusive 또는 disjoint) 사건이라 한다.

그림 6.1에 주사위를 던지는 실험에 대한 샘플 공간과 여러 사건의 예를 보인다. 여기서 $A \cup B = \{\xi_2,\ \xi_3,\ \xi_4,\ \xi_6\}$이며, $A \cap B = \{\xi_4\}$가 된다는 것을 알 수 있다. 또한 사건 A와 C는 배반사건이 되어 두 사건은 동시에 일어날 수 없다는 것을 의미한다.

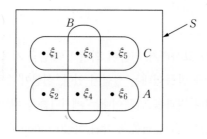

그림 6.1 주사위를 던지는 실험에 대한 샘플 공간과 여러 사건의 예

6.1.1 상대 빈도와 확률

무작위 실험에 따라 나올 수 있는 결과에는 여러 가지 경우가 있을 수 있으며 실제로 얻는 결과는 항상 동일하지 않은 것이 일반적이다. 따라서 앞으로 얻을 결과를 예측할 수는 없지만 통계적 규칙성은 찾을 수 있다. 예를 들어 주사위를 던지는 시행을 많은 횟수 동안 반복하면 특정 주사위 눈이 나오는 횟수는 전체 횟수의 약 1/6이 될 것이다. 이와 같이 무작위 실험을 N번 독립 시행하여 특정 사건 A가 나온 횟수를 $N(A)$라고 하고, 사건 A의 상대 빈도(relative frequency)를

$$f(A) = \frac{N(A)}{N} \tag{6.1}$$

와 같이 정의한다. 여기서 시행 회수 N이 충분히 크지 않으면 상대적 빈도는 상당히 큰 차이를 보일 것이다. 그러나 N이 커지면 상대적 빈도는 통계적 규칙성에 의하여 어떤 한 수로 접근할 것이라는 사실을 경험을 통해 알고 있다. 따라서 만약 주사위를 수없이 던졌을 때 특정 주사위 눈이 나올 상대적 빈도는 1/6에 수렴할 것으로 기대할 수 있다. 상대적 빈도의 이와 같은 수렴값을 사건 A의 확률로 정의하고 기호로는 $P(A)$로 표기한다. 이상으로 사건 A의 확률은 다음과 같다.

$$P(A) = \lim_{N \to \infty} \frac{N(A)}{N} \tag{6.2}$$

식 (6.2)에서 알 수 있듯이 $0 \le P(A) \le 1$ 이다. 만일 $A = \emptyset$ 이면 $P(A) = 0$ 이 되고, $A = S$ 라면 $P(A) = 1$ 이 된다.

6.1.2 상호배반 사건의 확률

어떤 무작위 실험을 N번 독립 시행하였을 때 사건 A와 사건 B가 각각 $N(A)$와 $N(B)$회 일어났다고 하자. 만일 사건 A와 사건 B가 상호배반 사건이라면(즉 $A \cap B = \emptyset$이면), 사건 A가 일어나면 사건 B는 일어나지 않고, 그 반대도 마찬가지이다. 따라서 사건 A 또는 사건 B 중 어느 하나가 일어나는 회수는, 즉 사건 $A \cup B$가 일어나는 회수는 $N(A) + N(B)$가 된다는 것을 알 수 있다. 그러므로 $A \cup B$의 확률은 식 (6.2)를 적용하여 다음과 같이 된다.

$$P(A+B) = P(A \cup B) = P(A) + P(B) \quad \text{상호배반 사건의 경우} \tag{6.3}$$

이 결과는 두 개 이상의 배반사건에 대해 확장할 수 있다. 즉

$$P\left(\bigcup_{i=1}^{L} A_i\right) = \sum_{i=1}^{L} P(A_i) \quad \text{if} \quad A_i \cap A_j = \varnothing \quad \text{for all} \quad i \neq j \tag{6.4}$$

만일 샘플 공간이 상호 배반인 L개의 사건으로 분할된다면 다음이 성립한다.

$$\sum_{i=1}^{L} P(A_i) = 1 \quad \text{if} \quad S = \bigcup_{i=1}^{L} A_i, \ A_i \cap A_j = \varnothing \quad \text{for all} \quad i \neq j \tag{6.5}$$

사건 사이의 관계

사건 A와 사건 B가 동시에 일어나는 사건을 결합사건(joint event)이라 정의하였고 $A \cap B$ 또는 AB로 표기하였다. 결합사건에 대한 확률, 즉 $P(AB)$를 결합확률(joint probability)이라 한다. 일반적으로 두 사건 A 또는 B가 일어날 확률은

$$P(A \cup B) = P(A+B) = P(A) + P(B) - P(AB) \tag{6.6}$$

가 된다. 만일 두 사건이 배반사건이라면 $AB = \varnothing$이므로 식 (6.6)은 식 (6.3)이 된다. 이 식을 많은 개수의 사건에 대해 일반화하면 다음과 같다.

$$P\left(\bigcup_{i=1}^{n} A_i\right) = \sum_{i=1}^{n} P(A_i) - \sum_{i<j} P(A_i \cap A_j) + \sum_{i<j<k} P(A_i \cap A_j \cap A_k) \cdots + (-1)^{n+1} P\left(\bigcap_{i=1}^{n} A_i\right) \tag{6.7}$$

사건 A에 대한 여사건 A^c는 서로 배반사건이며 $A \cup A^c = S$이므로 다음이 성립한다.

$$P(A^c) = 1 - P(A) \tag{6.8}$$

6.1.3 조건부 확률과 Bayes 법칙

어떤 사건이 다른 사건의 결과에 의해 영향을 받는 경우가 있다. 예를 들어 상자 안에 검정색의 공과 흰색의 공이 여러 개 들어 있다고 하자. 이 상자에서 공을 두 개 연이어 꺼내는 실험을 생각해보자. 사건 A를 첫 번째 꺼낸 공이 흰색인 사건이라 하고 사건 B를 두 번째 꺼낸 공

의 색이 흰색인 사건이라 하자. 첫 번째 꺼낸 공을 다시 상자에 넣고 두 번째 공을 꺼낼 경우
에는 두 번째 공의 색깔에 대한 확률은 첫 번째 공의 색깔에 영향을 받지 않을 것이다. 즉 사
건 B의 확률은 사건 A의 결과와 무관하다. 그러나 첫 번째 꺼낸 공을 다시 상자에 넣지 않고
두 번째 공을 꺼내게 되면 두 번째 공 색깔에 대한 확률은 당연히 첫 번째 공 색깔의 확률에
의해 영향을 받게 된다. 즉 사건 B의 확률은 사건 A가 일어났느냐에 따라 달라지게 된다. 이
와 같이 사건 A가 일어났음을 알았을 때 사건 B가 일어날 확률을 조건부 확률(conditional
probability)라 하며 $P(B|A)$라고 표기한다.

상자에서 공을 두 개 연이어 꺼내는 시행을 N번 독립적으로 시행하는 실험을 생각해보자.
그러면 사건 A와 B의 결과 쌍이 N개 얻어진다. 여기서 사건 A는 N_1회 일어나고, 이 가운데
사건 B는 N_2회 일어났다고 하자. 그러면

$$P(B|A) = \lim_{N \to \infty} \frac{N_2}{N_1} \tag{6.9}$$

가 된다는 것을 알 수 있다. 한편 N_2는 결합사건 AB가 일어난 횟수와 동일하다. 그러므로
결합확률은

$$P(AB) = \lim_{N \to \infty} \frac{N_2}{N} = \lim_{N \to \infty} \left(\frac{N_1}{N}\right)\left(\frac{N_2}{N_1}\right) = P(A)P(B|A) \tag{6.10}$$

와 같이 된다는 것을 알 수 있다. 같은 논리로

$$P(AB) = P(B)P(A|B) \tag{6.11}$$

를 얻는다. 따라서 조건부 확률은 다음과 같이 표현할 수 있다.

$$P(B|A) = \frac{P(AB)}{P(A)}$$
$$P(A|B) = \frac{P(AB)}{P(B)} \tag{6.12}$$

식 (6.10)과 식 (6.11)로부터

$$P(B|A) = \frac{P(A|B)P(B)}{P(A)}$$
$$P(A|B) = \frac{P(B|A)P(A)}{P(B)}$$

(6.13)

를 얻을 수 있으며 이를 Bayes 법칙(Bayes' rule)이라 한다. 이 법칙의 의미는 어떤 조건부 확률은 역 조건부 확률(reversed conditional probability)을 사용하여 표현할 수 있다는 것이다.

조건부 확률을 구하는데 Bayes 법칙을 사용하여 역 조건부 확률로써 표현하는 방법을 좀 더 살펴보자. 먼저 그림 6.2와 같이 샘플 공간 S가 상호 배반인 $\{A_1,\ A_2,\ \cdots,\ A_N\}$의 사건의 합으로 표현할 수 있다고 가정하자. 즉

$$S = \bigcup_{n=1}^{N} A_n \quad \text{with} \quad A_i \cap A_j = \varnothing \ \text{ for all } \ i \neq j$$

(6.14)

그러면 어떤 사건 B는

$$B = \bigcup_{n=1}^{N} (B \cap A_n)$$

(6.15)

와 같이 표현할 수 있다. 여기서 $\{B \cap A_n,\ n=1,\ \cdots,\ N\}$은 상호 배반이므로 식 (6.11)을 이용하여 사건 B의 확률을 다음과 같이 표현할 수 있다.

$$P(B) = \sum_{n=1}^{N} P(B \cdot A_n) = \sum_{n=1}^{N} P(B|A_n)P(A_n)$$

(6.16)

이것을 사건 B에 대한 총합 확률(total probability)이라 한다. 그러면 식 (6.13)으로 표현되는 Bayes 법칙을 이용하여 다음을 얻을 수 있다.

$$P(A_m|B) = \frac{P(B|A_m)P(A_m)}{P(B)} = \frac{P(B|A_m)P(A_m)}{\sum_{n=1}^{N} P(B|A_n)P(A_n)}$$

(6.17)

이 식의 의미는 사건 B가 일어난 조건하에서 사건 A_m이 일어날 확률을 구하는데 있어 역조건 확률, 즉 사건 A_m이 일어난 조건하의 사건 B의 확률들을 사용하여 표현할 수 있다는 것이다.

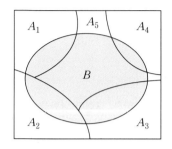

$$S = A_1 \bigcup A_2 \bigcup A_3 \bigcup A_4 \bigcup A_5$$
$$A_i \cap A_j = \varnothing \ \text{ for all } \ i \neq j$$
$$P(B) = \sum_{n=1}^{5} P(B \cdot A_n) = \sum_{n=1}^{5} P(B|A_n)P(A_n)$$

그림 6.2 총합 확률

한 사건의 발생이 다른 사건의 발생 확률에 영향을 주지 않으면 두 사건은 서로 독립(independent)이라 한다. 즉 다음을 만족하면 사건 B는 사건 A에 독립이다.

$$P(B|A) = P(B) \tag{6.18}$$

사건 B가 사건 A에 독립이면 사건 A는 사건 B에 독립이다. 즉

$$P(A|B) = P(A) \tag{6.19}$$

가 된다. 따라서 사건 A와 B가 서로 독립이면 다음 식이 성립한다.

$$P(AB) = P(A)P(B) \tag{6.20}$$

두 개의 동전을 던지는 실험을 한다고 하자. 사건 A는 두 개의 동전 중 최소한 한 개가 앞면이 나오는 경우라 하고, 사건 B는 두 개가 모두 같은 면이 나오는 경우라고 하자.

(a) 사건 A와 사건 B의 확률을 구하라.

(b) $P(A|B)$와 $P(B|A)$를 구하라.

(c) 두 사건은 서로 독립인가?

풀이

동전을 던져서 앞면이 나오면 H, 뒷면이 나오면 T로 표기하도록 하자. 그러면 실험을 통해 나온 모든 결과의 집합인 샘플 공간은

$$S = \{HH,\ HT,\ TH,\ TT\}$$

와 같이 되고, 사건 A와 B는 $A = \{HH,\ HT,\ TH\}$, $B = \{HH,\ TT\}$가 된다.

(a) $P(A) = \dfrac{3}{4}$, $P(B) = \dfrac{2}{4} = \dfrac{1}{2}$

(b) $AB = \{HH\}$이므로 다음과 같이 된다.

$$P(B|A) = \frac{P(AB)}{P(A)} = \frac{\frac{1}{4}}{\frac{3}{4}} = \frac{1}{3}$$

$$P(A|B) = \frac{P(AB)}{P(B)} = \frac{\frac{1}{4}}{\frac{1}{2}} = \frac{1}{2}$$

(c) $\dfrac{1}{4} = P(AB) \neq P(A) \cdot P(B) = \dfrac{3}{4} \cdot \dfrac{1}{2} = \dfrac{3}{8}$ 이므로 서로 독립이 아니다.

예제 6.2

이진 디지털 통신 시스템에서는 송신측에서 0 또는 1에 해당하는 신호를 전송하고 수신측에서는 수신된 신호로부터 정보가 0인지 1인지를 판단한다. 송신측에서 전송할 정보가 0인 사건을 A_0로, 전송할 정보가 1인 사건을 A_1으로 나타내자. 또한 수신측에서 0으로 판단하는 사건을 B_0로, 1로 판단하는 사건을 B_1으로 나타내자. 송신측에서 발생되는 데이터가 0일 확률과 1일 확률이 동일하게 $P(A_0) = p_0 = 0.5$와 $P(A_1) = p_1 = 1 - p_0 = 0.5$라고 가정하자. 통신 채널을 통과하면서 신호가 오염된다. 채널 영향으로 송신기에서는 0을 전송하였는데 수신기가 1로 오판할 확률이 $\alpha = 0.3$이며, 반대로 1을 전송하였는데 수신기가 0으로 오판할 확률도 동일하게 $\alpha = 0.3$이라고

가정하자.

(a) 수신기의 오류 확률을 구하라.

(b) 수신기가 판단한 데이터가 1인데, 실제로 송신측에서 1을 전송했을 확률을 구하라. 또한 수신기
가 판단한 데이터가 1인데, 실제로 송신측에서 전송한 데이터는 0일 확률을 구하라.

(c) 데이터 발생 확률이 $p_0 = 0.8$, $p_1 = 0.2$인 경우를 가정하고 (b)를 반복하라.

풀이

주어진 통신 채널의 특성은 다음과 같이 조건부 확률로써 표현된다.

$$P(B_1|A_0) = P(B_0|A_1) = \alpha = 0.3$$
$$P(B_0|A_0) = P(B_1|A_1) = 1-\alpha = 0.7$$

이와 같은 특성의 채널 모델을 이진 대칭 채널(binary symmetric channel: BSC)이라 하며, 그림
6.3에 보인다.

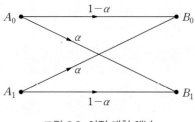

그림 6.3 이진 대칭 채널

(a) 수신기의 오류 확률은 다음과 같다.

$$P(\text{error}) = P(A_0 B_1) + P(A_1 B_0) = P(B_1|A_0)P(A_0) + P(B_0|A_1)P(A_1)$$
$$= \alpha \cdot p_0 + \alpha \cdot p_1 = \alpha = 0.3$$

(b) 수신측에서 판단한 데이터가 1인데, 실제로 송신측에서 전송한 데이터가 1이었을 확률은 식
(6.17)을 이용하여 다음과 같이 구할 수 있다.

$$P(A_1|B_1) = \frac{P(B_1|A_1)P(A_1)}{P(B_1|A_1)P(A_1) + P(B_1|A_0)P(A_0)} = \frac{(1-\alpha)p_1}{(1-\alpha)p_1 + \alpha p_0}$$
$$= \frac{(1-\alpha) \times 0.5}{(1-\alpha) \times 0.5 + \alpha \times 0.5} = 1-\alpha = 0.7$$

수신 데이터가 1인데, 실제 송신한 데이터는 0이었을 확률은 다음과 같다.

$$P(A_0|B_1) = \frac{P(B_1|A_0)P(A_0)}{P(B_1|A_1)P(A_1)+P(B_1|A_0)P(A_0)} = \frac{\alpha p_0}{(1-\alpha)p_1 + \alpha p_0} = \alpha = 0.3$$

여기서 $P(A_1|B_1) > P(A_0|B_1)$ 임을 주목한다.

(c) 수신측에서 판단한 데이터가 1인데, 실제로 송신측에서 전송한 데이터가 1이었을 확률은 다음과 같다.

$$P(A_1|B_1) = \frac{P(A_1|B_1)P(A_1)}{P(B_1|A_1)P(A_1)+P(B_1|A_0)P(A_0)} = \frac{(1-\alpha)p_1}{(1-\alpha)p_1 + \alpha p_0}$$
$$= \frac{(1-\alpha)\times 0.2}{(1-\alpha)\times 0.2 + \alpha \times 0.8} = \frac{1-\alpha}{1+3\alpha} = \frac{0.7}{1.9} = 0.37$$

수신 데이터가 1인데, 실제 송신한 데이터는 0이었을 확률은 다음과 같다.

$$P(A_0|B_1) = \frac{\alpha p_0}{(1-\alpha)p_1 + \alpha p_0} = \frac{\alpha \times 0.8}{(1-\alpha)\times 0.2 + \alpha \times 0.8} = \frac{4\alpha}{1+3\alpha} = 0.63$$

여기서 $P(A_1|B_1) < P(A_0|B_1)$ 임을 주목한다.

주어진 채널은 어느 정도 신뢰성이 있어서 송신한 데이터가 수신기에서 반대로 판정할 확률이 $\alpha < 0.5$ 이다. 이러한 채널 환경에서 (b)의 경우처럼 1과 0의 데이터 발생 확률이 동일한 경우(equally likely) 수신기 판단이 1이면 송신기가 보낸 데이터가 1이었을 것이라고 추정하는 것이 합리적이다. 그러나 (c)의 경우처럼 0의 데이터 발생 확률이 1의 데이터 발생 확률보다 매우 큰 경우에는 수신기 판단이 1이라 하더라도 송신 데이터가 0일 것이라고 추정하는 것이 안전한 것임은 직관적으로 알 수 있다.

6.2 확률변수

무작위 실험의 결과(outcome)는 주사위 던지기처럼 숫자로 표현할 수 있는 경우도 있지만 동전 던지기처럼 '앞면' 또는 '뒷면'과 같이 숫자로 표현하지 못하고 어떤 문구를 사용하여 표현 가능한 경우가 있다. 사건(event)은 특정 조건을 만족하는 결과의 집합이므로 사건을 표현할 때도 복잡한 문구를 사용해야 하여 불편한 경우가 있다. 만일 결과들이 모두 수로 표현된다면 매우 편리할 것이다. 이러한 이유로 실험 결과들(즉 샘플 공간의 모든 원소)에 대해 어떤 규칙을 정하여 실수 값을 부여하는데 이러한 규칙을 확률변수(random variable)라 한다. 즉 확률변수는 샘플 공간에 속한 각 원소 $\xi_i = (1, 2, \cdots)$에 대하여 대응하는 실수 $x_i(i = 1, 2, \cdots)$

를 매핑시키는 함수인 것이다. 따라서 $X(\xi_i) = x_i(i = 1, \ 2, \ \cdots)$와 같은 관계를 가지며, 대문자로 표현된 $X(\cdot)$는 확률변수를 나타내고 소문자로 표현된 x_i는 확률변수가 갖는 값을 나타낸다. 예를 들어 주사위 던지기에서 각 눈의 숫자 자체로 확률변수의 값을 부여할 수도 있고, 눈이 나온 숫자에 따라 일정한 규칙에 따라 배당금을 정한다면 그 방식이 확률변수가 된다. 또한 동전 던지기에서 앞면에는 1을 할당하고 뒷면에는 0을 할당하는 규칙으로써 확률변수를 정의할 수 있다.

이와 같이 확률변수를 정의하면 사건이나 그 사건에 대한 확률을 표현하기가 편리해진다. 예를 들어 $A = \{\xi \in S : X(\xi) \le x\}$와 같은 표현이 가능하다. 또한 이 사건은 간단히 $A = X \le x$와 같이 표기하기도 하며, 따라서 이 사건에 대한 확률은 $P(X \le x)$와 같이 표현한다.

6.2.1 이산 확률변수와 연속 확률변수

주사위를 던지는 실험에서 주사위의 눈은 6가지 종류 밖에 없다. 따라서 주사위 던지기에 따라 값을 부여하는 확률변수의 값은 이산적(discrete)이다. 한편 어떤 장소의 온도에 따라 확률변수의 값이 결정된다고 가정하자. 이 경우 셀 수 없이 무한히 많은 온도 값이 있을 수 있다. 즉 확률변수의 값은 연속적(continuous)이다. 이와 같이 확률변수는 이산적일 수도 있고 연속적일 수도 있다.

무작위 실험의 결과늘에 대해 셀 수 있는 수열 $\{x_1, \ x_2, \ x_3, \ \cdots\}$을 부여할 수 있다면 이 확률변수를 이산 확률변수라 한다. 이 경우 개별 결과(ξ_i)로 이루어진 사건$(A_i = \{x_i : X(\xi_i) = x_i\})$에 대한 확률을 확률질량함수(probability mass function: pmf)라 하며 $P(X = x_i)$ 또는 $P_X(x_i)$와 같이 표기한다. 그러면 모든 pmf의 합은 1이 된다. 즉

$$\sum_i P_X(x_i) = 1 \tag{6.21}$$

위의 식이 성립하는 이유는 각 사건이 배반사건이고 사건들의 합이 샘플 공간을 이루기 때문에 식 (6.5)를 적용할 수 있기 때문이다.

한편 확률변수가 어떤 구간 내의 임의의 값을 가질 수 있다면 이 확률변수를 연속 확률변수라 한다. 이 경우 사건을 원소 나열 형태로 표현할 수 없고 어떤 조건 제시 형식으로 표현한다. 예를 들면 $A = \{\xi : 0.5 < X(\xi) \le 0.8\}$와 같이 연속 확률변수의 사건을 표현한다. 연속 확률변수는 값을 셀 수 없기 때문에 이산 확률변수처럼 특정 실험 결과에 대한 확률을 부여할 수 없다. 즉 pmf를 정의할 수 없다. 따라서 식 (6.21)과 같은 표현은 불가능하다. 아래에 확

률변수를 사용한 무작위 실험의 해석 방법을 다루며, 확률밀도함수와 같은 개념을 사용하면 연속 확률변수에 대해서도 식 (6.21)과 유사한 관계를 도출할 수 있다.

6.2.2 확률분포함수(누적분포함수)

무작위 실험의 결과에 의해 가능한 사건들은 확률변수를 통하여 실수로 표현되며, 확률변수의 값에 따라 확률이 어떻게 분포되는지 알면 그 무작위 실험의 특성을 잘 파악할 수 있게 된다. 확률변수에 따른 확률분포 특성은 확률분포 함수와 확률밀도함수의 개념을 사용하여 표현한다. 먼저 확률분포함수(probability distribution function: PDF) $F_X(x)$는 확률변수 X가 정해진 실수 x보다 작거나 같을 확률로 정의된다. 즉

$$F_X(x) = P(X \leq x) \tag{6.22}$$

와 같다. $F_X(x)$는 실험 결과에 부여된 실수가 $-\infty$에서 x에 이르기까지의 모든 결과를 누적한 것에 대한 확률이므로 누적분포함수(cumulative distribution function: CDF)라 부르기도 한다. CDF $F_X(x)$는 다음과 같은 성질을 갖는다.

$$
\begin{aligned}
&\text{i) } 0 \leq F_X(x) \leq 1 \\
&\text{ii) } F_X(\infty) = 1 \\
&\text{iii) } F_X(-\infty) = 0 \\
&\text{iv) } F_X(x_1) \leq F_X(x_2) \ \text{ for } \ x_1 < x_2
\end{aligned} \tag{6.23}
$$

위의 식에서 첫 번째 성질은 $F_X(x)$가 확률이기 때문에 당연한 것이며, 두 번째와 세 번째 성질은 식 $F_X(\infty) = P(X \leq \infty)$와 $F_X(-\infty) = P(X \leq -\infty)$를 이용하여 확인할 수 있다. 네 번째 성질은 $F_X(x)$가 감소하지 않는(non-decreasing) 함수라는 성질을 의미한다. 식 (6.22)로부터

$$F_X(x_2) = P(X \leq x_2) = P[(X \leq x_1) \cup (x_1 < X \leq x_2)] \tag{6.24}$$

와 같이 표현할 수 있고, 두 사건 $(X \leq x_1)$과 $(x_1 < X \leq x_2)$는 상호배반이므로

$$F_X(x_2) = P(X \le x_1) + P(x_1 < X \le x_2)$$
$$= F_X(x_1) + P(x_1 < X \le x_2) \tag{6.25}$$

가 성립한다. 그런데 $P(x_1 < X \le x_2)$가 음이 아닌 수이므로 네 번째 성질이 증명된다. 또한 식 로부터 확률변수가 어떤 범위의 값을 가질 확률은

$$\boxed{P(x_1 < X \le x_2) = F_X(x_2) - F_X(x_1)} \tag{6.26}$$

와 같이 CDF로부터 구할 수 있다는 것을 알 수 있다. 그림 6.4(a)에 연속 확률변수의 경우 전형적인 CDF $F_X(x)$의 모양을 보이는데 일반적으로 x 값이 커짐에 따라 평탄한 모습을 가진다.

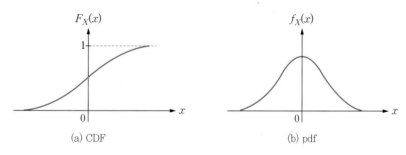

(a) CDF (b) pdf

그림 6.4 연속 확률변수의 전형적인 분포함수 특성

예제 6.3

주사위를 던져서 나온 눈의 개수를 확률변수의 값으로 취하는 실험을 고려하자. 이 확률변수의 CDF를 구하라.

풀이

이 확률변수는 이산 확률변수이며 각 눈이 나올 확률이 동일하므로

$$P(X=1) = P(X=2) = P(X=3) = P(X=4) = P(X=5) = P(X=6) = \frac{1}{6}$$

이 된다. 확률변수 X는 1보다 작은 값을 가질 수 없으므로 $x < 1$에 대해 $F_X(x) = 0$가 된다. 한편 $1 \le x < 2$에 대해 $F_X(x) = P(X \le x) = P(X=1) = 1/6$이 된다. 또한 $2 \le x < 3$에 대해

$F_X(x) = P(X \leq x) = P(X = 1 \text{ or } X = 2) = 1/6 + 1/6 = 1/3$ 이 된다. 같은 방법으로 CDF를 구하면

$$F_X(x) = \sum_{i=1}^{6} P(X = i)u(x-i) = \sum_{i=1}^{6} \frac{1}{6} u(x-i) \tag{6.27}$$

와 같이 되며 그림 6.5와 같은 모양을 갖는다.

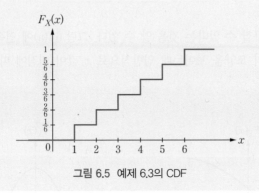

그림 6.5 예제 6.3의 CDF

6.2.3 확률밀도함수

연속 확률변수의 경우에는 확률변수 X가 연속된 구간의 값을 가질 수 있다. 연속된 구간에는 셀 수 없이 무한 개의 수가 있으므로 확률변수가 특정 값 x_i를 가질 확률 $P_X(x_i)$는 0에 가깝다. 이것이 이산 확률변수와 다른 점으로 확률질량함수를 사용할 수 없다. 연속 확률변수에서 의미 있는 확률은 $X = x_i$의 확률이 아니라 $x < X \leq x + \Delta x$의 확률이다. 즉 확률변수의 값이 어떤 범위에 있을 확률만 0보다 큰 값을 가질 수 있다. 이 확률은 CDF를 이용하면 $F_X(x + \Delta x) - F_X(x)$와 같이 표현된다. 만일 $\Delta x \to 0$이면

$$P(x < X \leq x + \Delta x) = \frac{F_X(x + \Delta x) - F_X(x)}{\Delta x} \Delta x \cong \frac{dF_X(x)}{dx} \Delta x \tag{6.28}$$

와 같이 된다. 여기서 $F_X(x)$를 미분한 함수를 $f_X(x)$와 같이 표현하자.

$$\boxed{f_X(x) \triangleq \frac{dF_X(x)}{dx}} \tag{6.29}$$

이 함수 $f_X(x)$를 확률변수 X의 확률밀도함수(probability density function: pdf)라 한다. 식 (6.29)와 $f_X(-\infty) = 0$을 이용하여

$$F_X(x) = \int_{-\infty}^{x} f_X(\lambda)d\lambda \tag{6.30}$$

를 얻는다. 또한 식 (6.26)으로부터

$$P(x_1 < X \leq x_2) = F_X(x_2) - F_X(x_1) = \int_{-\infty}^{x_2} f_X(x)dx - \int_{-\infty}^{x_1} f_X(x)dx$$
$$= \int_{x_1}^{x_2} f_X(x)dx \tag{6.31}$$

와 같이 된다. 그러므로 확률변수가 어떤 구간 $(x_1,\ x_2)$에 있을 확률은 pdf $f_X(x)$ 아래의 면적으로 된다. 또한 $f_X(\infty) = 1$이므로

$$\int_{-\infty}^{\infty} f_X(x)dx = 1 \tag{6.32}$$

이 성립한다. CDF $f_X(x)$가 감소하지 않는 함수이므로 그 미분인 pdf $f_X(x)$는 음의 값을 가질 수 없다는 것을 알 수 있다. 즉 모든 x에 대해 $f_X(x) \geq 0$이 된다. 그림 6.4(b)에 확률밀도함수의 예를 보인다. 확률밀도함수의 성질을 다음과 같이 정리할 수 있다.

$$
\boxed{
\begin{aligned}
&\text{i) } f_X(x) \geq 0 \ \text{ for all } x \\
&\text{ii) } \int_{-\infty}^{\infty} f_X(x)dx = 1 \\
&\text{iii) } F_X(x) = \int_{-\infty}^{x} f_X(\lambda)d\lambda \\
&\text{iv) } P(a < X \leq b) = F_X(b) - F_x(a) = \int_{a}^{b} f_X(x)dx \\
&\text{v) } P(X > a) = 1 - F_x(a) = \int_{a}^{\infty} f_X(x)dx
\end{aligned}
}
\tag{6.33}
$$

어떤 확률변수 X의 pdf가 다음과 같다고 하자.

$$f_X(x) = ae^{-b|x|}, \quad a > 0, \ b > 0$$

(a) 확률분포함수 $F_X(x)$를 구하라.

(b) 상수 a와 b는 어떤 관계를 가지는가?

(c) 확률변수 X가 1과 2 사이의 값을 가질 확률을 구하라.

풀이

(a) 확률분포함수는 확률밀도함수를 적분하여 얻을 수 있다.

　i) $x \leq 0$의 경우

$$F_X(x) = \int_{-\infty}^{x} ae^{b\lambda} d\lambda = \left[\frac{a}{b} e^{b\lambda} \right]_{-\infty}^{x} = \frac{a}{b} e^{bx}$$

　ii) $x > 0$의 경우

$$F_X(x) = \int_{-\infty}^{0} ae^{b\lambda} d\lambda + \int_{0}^{x} ae^{-b\lambda} d\lambda = \left[\frac{a}{b} e^{b\lambda} \right]_{-\infty}^{0} + \left[-\frac{a}{b} e^{-b\lambda} \right]_{0}^{x} = \frac{a}{b}(2 - e^{-bx})$$

　따라서 CDF는 다음과 같이 표현할 수 있다.

$$F_X(x) = \begin{cases} \dfrac{a}{b} e^{bx}, & x \leq 0 \\ \dfrac{a}{b}(2 - e^{-bx}), & x \geq 0 \end{cases}$$

(b) 확률밀도함수는 식 (6.33)의 성질을 가지므로 두 번째 식을 이용하여

$$\int_{-\infty}^{\infty} f_X(x)dx = \int_{-\infty}^{\infty} ae^{-b|x|} dx = \frac{2a}{b} = 1$$

　이 성립한다는 것을 알 수 있다. 따라서 $b = 2a$의 관계를 얻는다.

(c) 확률변수 X가 1과 2 사이의 값을 가질 확률은 식 (6.31)로부터 다음과 같이 된다.

$$P(1 < X \leq 2) = \frac{b}{2} \int_{1}^{2} e^{-b|x|} dx = \frac{1}{2}[e^{-b} - e^{-2b}]$$

이산 확률변수의 확률밀도함수

이산 확률변수의 경우 CDF는 그림 6.5와 같이 계단 함수의 모양을 가진다. 확률밀도함수는 이산 확률변수에 대해서도 적용 가능하다. 계단 함수의 미분은 임펄스이고 계단의 크기가 임펄스의 가중치가 된다. 그러므로 이산 확률변수의 pdf는 임펄스열이 되고 각 계단의 크기가 임펄스의 가중치가 된다.

이산 확률변수의 확률질량함수(pmf)가 $P(X = x_i) = P_X(x_i)$라면 CDF는 다음과 같이 계단 함수를 사용하여 표현할 수 있다.

$$F_X(x) = \sum_i P_X(x_i)u(x-x_i) \tag{6.34}$$

CDF를 미분하여 다음과 같이 pdf를 표현할 수 있다.

$$f_X(x) = \sum_i P_X(x_i)\delta(x-x_i) \tag{6.35}$$

그러면 pdf를 모든 구간에서 적분하면 1이 되는 특성은 pmf의 총합이 1이 되는 것과 같다. 즉

$$\int_{-\infty}^{\infty} f_X(x)dx = \sum_i P_X(x_i) = 1 \tag{6.36}$$

이와 같이 이산 확률변수인 경우에도 연속 확률변수에서 정의한 CDF와 pdf가 계속 유효하며, 식 (6.33)의 성질도 그대로 만족된다. 그러나 이산 확률변수인 경우에는 pdf $f_X(x)$ 대신 pmf $P_X(x_i)$를 사용하는 것이 더 편리하다. 확률을 구하기 위해 pdf를 적분하는 대신 pmf를 더하면 된다.

예제 6.3의 확률변수에 대한 pdf는 다음과 같다.

$$f_X(x) = \sum_{i=1}^{6} \frac{1}{6}\delta(x-i) \tag{6.37}$$

그림 6.6에 예제 6.3의 확률변수에 대한 pdf를 보인다.

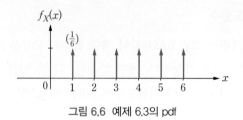

그림 6.6 예제 6.3의 pdf

6.2.4 결합 확률분포

두 개 또는 그 이상의 무작위 실험이 시행되는 경우 결합 사건은 각 실험 결과에 부여된 확률변수로써 표현할 수 있다. 이 경우 결합 분포 특성은 여러 개의 확률변수에 의한 다변수 함수로써 표현된다. 한 개의 확률변수 경우 분포함수 $F_X(x)$는 $X \le x$인 사건에 대한 확률로 정의된다. 이 개념을 확률변수가 두 개인 경우로 확장해보자. 확률변수 X와 Y의 결합 분포함수(joint distribution function), 즉 결합 CDF $F_{XY}(x, y)$는 결합사건 $(X \le x, Y \le y)$의 확률로 정의한다. 즉

$$F_{XY}(x, y) = P(X \le x, Y \le y) \tag{6.38}$$

결합 확률밀도함수(joint pdf)는 결합 CDF를 각 변수로 편미분한 것으로 다음과 같이 정의한다.

$$f_{XY}(x, y) = \frac{\partial^2}{\partial x\, \partial y} F_{XY}(x, y) \tag{6.39}$$

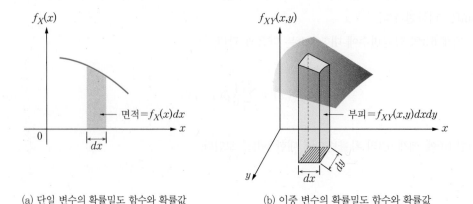

(a) 단일 변수의 확률밀도 함수와 확률값   (b) 이중 변수의 확률밀도 함수와 확률값

그림 6.7 단일 및 이중 확률변수에 대한 확률밀도함수

그림 6.7에 한 개의 확률변수에 대한 pdf $f_X(x)$와 두 개의 확률변수에 대한 결합 pdf $f_{XY}(x, y)$의 예를 보인다. 변수가 한 개인 경우 그림 6.7(a)와 같이 X가 $x < X \le x + dx$의 값을 가질 확률은 $f_X(x)$의 곡선 아래의 면적이다. 확률변수가 두 개인 경우 그림 6.7(b)와 같이 X와 Y가 $(x < X \le x + dx,\ y < Y \le y + dy)$의 값을 가질 확률은 $f_{XY}(x, y)$을 구성하는 표면 아래의 부피가 된다. 이로부터 다음의 관계를 얻는다.

$$P(x_1 < X \le x_2,\ y_1 < Y \le y_2) = \int_{y_1}^{y_2} \int_{x_1}^{y_2} f_{XY}(x,\ y) dx dy \tag{6.40}$$

결합 확률밀도함수는 다음과 같은 특성을 갖는다.

$$
\begin{aligned}
&\text{i) } F_{XY}(\infty,\ \infty) = P(X \le \infty,\ Y \le \infty) = \int_{-\infty}^{\infty} \int_{-\infty}^{\infty} f_{XY}(x,\ y) dx dy = 1 \\
&\text{ii) } F_X(x) = P(X \le x,\ -\infty \le Y \le \infty) = \int_{-\infty}^{\infty} \int_{-\infty}^{x} f_{XY}(x',\ y) dx' dy \\
&\text{iii) } f_X(x) = \int_{-\infty}^{\infty} f_{XY}(x,\ y) dy,\ \ f_Y(y) = \int_{-\infty}^{\infty} f_{XY}(x,\ y) dx
\end{aligned}
\tag{6.41}
$$

결합 분포하는 두 확률변수에서 한 변수만의 확률분포를 고려하는 경우 확률변수의 주변 분포(marginal distribution)라 한다. 식 (6.41)의 두 번째 식과 세 번째 식은 주변 확률분포함수(marginal CDF) 및 주변 확률밀도함수(marginal pdf)를 나타낸다.

만일 두 확률변수 X와 Y가 서로 독립이라면 각 확률변수로 표현되는 사건은 서로 독립적이다. 따라서 결합 확률분포함수는

$$F_{XY}(x,\ y) = P(X \le x,\ Y \le y) = P(X \le x)P(Y \le y) = F_X(x)F_Y(y) \tag{6.42}$$

와 같이 주변 확률분포함수의 곱이 된다. 또한 결합 pdf는 각 확률변수에 대한 주변 pdf의 곱과 같다. 즉

$$f_{XY}(x,\ y) = f_X(x)f_Y(y) \tag{6.43}$$

확률변수 X와 Y의 결합 확률밀도함수가 다음과 같다고 하자.

$$f_{XY}(x, \ y) = ae^{-(|x|+|y|)}$$

(a) 위의 수식이 유효한 결합 pdf가 되도록 상수 a의 값을 구하라.

(b) 주변 pdf를 구하라.

(c) X와 Y는 서로 독립인 확률변수인가?

(d) 확률변수 X는 $0 < X \leq 1$이고 확률변수 Y는 $Y \leq 0$의 값을 가질 확률을 구하라.

(e) 확률변수 X가 -1과 2 사이의 값을 가질 확률을 구하라.

풀이

(a) 결합 pdf의 특성

$$\int_{-\infty}^{\infty} \int_{-\infty}^{\infty} f_{XY}(x, \ y)dxdy = 1$$

를 이용하여 다음을 얻는다.

$$\int_{-\infty}^{\infty} \int_{-\infty}^{\infty} ae^{-(|x|+|y|)}dxdy = a\int_{-\infty}^{\infty} e^{-|x|}dx \int_{-\infty}^{\infty} e^{-|y|}dy = 4a = 1$$

따라서 $a = 1/4$가 된다.

(b) 주변 pdf는 다음과 같이 구할 수 있다.

$$f_X(x) = \int_{-\infty}^{\infty} f_{XY}(x, \ y)dy = \int_{-\infty}^{\infty} \frac{1}{4}e^{-(|x|+|y|)}dy = \frac{1}{2}e^{-|x|} \int_0^{\infty} e^{-y}dy = \frac{1}{2}e^{-|x|}$$

$$f_Y(y) = \int_{-\infty}^{\infty} f_{XY}(x, \ y)dy = \int_{-\infty}^{\infty} \frac{1}{4}e^{-(|x|+|y|)}dx = \frac{1}{2}e^{-|y|} \int_0^{\infty} e^{-x}dx = \frac{1}{2}e^{-|y|}$$

(c) 결합 확률밀도함수는

$$f_{XY}(x, \ y) = \frac{1}{4}e^{-(|x|+|y|)} = \left(\frac{1}{2}e^{-|x|}\right)\left(\frac{1}{2}e^{-|y|}\right) = f_X(x)f_y(y)$$

와 같이 주변 pdf의 곱과 같으므로 X와 Y는 서로 독립적이다.

(d) $P(0 < X \leq 1,\ Y \leq 0)$

$$P(0 < X \leq 1,\ Y \leq 0) = \left(\int_0^1 f_X(x)dx\right)\left(\int_{-\infty}^0 f_Y(y)dy\right)$$
$$= \left(\frac{1}{2}\int_0^1 e^{-|x|}dx\right)\left(\frac{1}{2}\int_{-\infty}^0 e^{-|y|}dy\right) = \frac{1}{4}\left(\int_0^1 e^{-x}dx\right)\left(\int_{-\infty}^0 e^y dy\right)$$
$$= \frac{1-e^{-1}}{4}$$

(e) $P(-1 < X \leq 2)$

$$P(-1 < X \leq 2) = \int_{-1}^2 f_X(x)dx$$
$$= \frac{1}{2}\int_{-1}^2 e^{-|x|}dx = \frac{1}{2}\left(\int_{-1}^0 e^x dx + \int_0^2 e^{-x}dx\right)$$
$$= \frac{2-e^{-1}-e^{-2}}{2}$$

6.3 통계적 평균

결정형(deterministic) 함수와 달리 확률변수는 실험에 따라 어떤 값을 가질지 사전에 알 수 없으며 확률적으로만 주어진다. 그러나 많은 실험을 반복하면 확률변수의 값이 어떤 값에 근사하는지 추정할 수 있으며 이것이 통계적 평균의 의미이다. 먼저 이산 확률분포의 경우를 고려하면, 확률변수 X가 가질 수 있는 값은 $x_1,\ x_2,\ \cdots$와 같으며, 그 값을 가질 확률은 $P_X(x_1),\ P_X(x_2),\ \cdots$와 같이 확률질량함수(pmf)로 주어진다. 이 경우 확률변수 X의 평균값(mean value)은 다음 식과 같이 확률변수가 가질 수 있는 값들을 pmf를 가중치로 하여 더한 것으로 정의한다.

$$m_X \equiv \overline{X} \equiv E[X] \triangleq \sum_i x_i P(x_i) \tag{6.44}$$

평균값은 기대값(expected value)이라고 부르기도 하는데 m_X, $\overline{X}$ 또는 $E[X]$와 같이 표기한다. 여기서 평균값 m_X은 더 이상 확률변수가 아님(즉 결정형임)을 유의한다.

연속 확률변수의 평균값은 이산 확률변수의 경우로부터 유도하여 정의할 수 있다. 즉 연속 확률변수가 갖는 값의 범위를 Δx로 분할하면 확률변수가 x_i와 $x_i + \Delta x$ 사이의 값을 가질 확률은 $P(x_i) = P(x_i \leq X \leq x_i + \Delta x) \cong f(x_i)\Delta x$ 가 된다. 따라서 식 (6.44)를 적용하고 $\Delta x \to dx$의 극한을 취하면 다음을 얻는다.

$$m_X \equiv \overline{X} \equiv E[X] \triangleq \int_{-\infty}^{\infty} x f_X(x) dx \tag{6.45}$$

이산 확률변수는 임펄스성의 pdf를 가진 연속 확률변수로 볼 수 있으므로 식 (6.45)가 좀 더 일반적인 식이라 할 수 있으며, 식 (6.45)는 식 (6.44)를 포함한다. 따라서 앞으로는 연속 확률변수에 대한 표현을 사용하기로 한다.

확률변수의 함수에 대한 평균값

확률변수 X의 함수 $Y = g(X)$는 또 하나의 확률변수가 된다. 새로운 확률변수 Y의 평균값을 구하기 위해 $f_Y(y)$를 구한 다음 $E[Y] = \int_{-\infty}^{\infty} y f_Y(y) dy$와 같이 계산할 수도 있지만

$$m_Y = E[Y] = \int_{-\infty}^{\infty} g(x) f_X(x) dx \tag{6.46}$$

와 같이 구할 수 있다. 즉 새로운 확률변수 Y에 대한 pdf를 구할 필요가 없다. 간단한 예로 $g(x) = 2x + 3$이라 하자. $Y = g(X) = 2X + 3$으로 정의된 확률변수 Y에 대한 평균값은 다음과 같이 구할 수 있다.

$$\begin{aligned} E[Y] &= \int_{-\infty}^{\infty} g(x) f_X(x) dx = \int_{-\infty}^{\infty} (2x+3) f_X(x) dx \\ &= 2\int_{-\infty}^{\infty} x f_X(x) dx + 3\int_{-\infty}^{\infty} f_X(x) dx = 2E[X] + 3 \end{aligned} \tag{6.47}$$

위의 과정을 간략히 다음 식과 같이 표현할 수 있다.

$$E[Y] = E[g(x)] = E[2X+3] = 2E[X] + 3 \tag{6.48}$$

n차 모멘트

확률변수 X의 n차 모멘트 $E[X^n]$는 식 (6.46)을 이용하여, 즉 $Y = g(X) = X^n$을 적용하여

$$E[X^n] = \int_{-\infty}^{\infty} x^n f_X(x) dx \tag{6.49}$$

와 같이 된다. 여기서 $n = 1$이면, 즉 X의 1차 모멘트는 평균값이 된다. 한편 $n = 2$이면, 즉

$E[X^2]$은 제곱 평균값(mean square value)이 된다. 확률변수 X와 평균값과의 차, 즉 $X - m_X$의 모멘트를 중심 모멘트(central moment)라 한다. 확률변수 X의 n차 중심 모멘트는 다음과 같다.

$$E[(X-m_X)^n] = \int_{-\infty}^{\infty} (x-m_X)^n f_X(x) dx \tag{6.50}$$

여기서 $n = 2$인 경우, 즉 2차 중심 모멘트를 분산(variance)이라 하며 σ_X^2 또는 $\text{Var}(X)$로 표기한다. 즉 확률변수 X의 분산은

$$\sigma_X^2 = E[(X-m_X)^2] = \int_{-\infty}^{\infty} (x-m_X)^2 f_X(x) dx \tag{6.51}$$

와 같이 정의되며 σ_X를 표준편차(standard deviation)라 한다. 분산이나 표준편차는 확률밀도 함수의 폭에 해당하는 정보를 가지며 또한 이는 확률변수의 불규칙한 정도를 의미한다. 분산에 대한 위의 식을 $(X-m_X)^2 = X^2 - 2m_X X + m_X^2$와 같이 전개하면

$$\sigma_X^2 = E[X^2] - 2m_X^2 + m_X^2 = E[X^2] - m_X^2 \tag{6.52}$$

와 같이 표현되는 식을 얻을 수 있다. 만일 평균이 0이라면 분산은 제곱 평균값과 같게 된다. 즉 $\sigma_X^2 = E[X^2]$이 된다.

예제 6.6

확률변수 X의 평균과 분산을 각각 m_X와 σ_X^2라고 하자. 상수 a와 b에 대하여 $Y = aX + b$로 표현되는 확률변수 Y의 평균과 분산을 구하라.

풀이

$$m_Y = E[aX+b] = \int_{-\infty}^{\infty} (ax+b) f_X(x) dx = am_X + b$$
$$\sigma_Y^2 = E[(Y-m_Y)^2] = E[(aX+b-am_X-b)^2]$$
$$= E[a^2(X-m_X)^2]$$
$$= a^2 \sigma_X^2$$

두 확률변수의 결합 모멘트와 상관

지금까지 한 개의 확률변수에 대한 평균과 모멘트, 분산에 대해 알아보았다. 이 개념을 두 개의 확률변수 경우로 확장해보자. 두 개의 확률변수 X와 Y의 jk차 결합 모멘트(joint moment)는 다음과 같이 정의된다.

$$E[X^j Y^k] = \int_{-\infty}^{\infty} \int_{-\infty}^{\infty} x^j y^k f_{XY}(xy) dx dy \tag{6.53}$$

여기서 $j = k = 1$인 경우, 즉 $E[XY]$를 X와 Y의 상관(correlation)이라 한다. 만일 두 확률변수가 독립이라면, 즉 $f_{XY}(xy) = f_X(x)f_Y(y)$이면 다음이 만족된다.

$$E[XY] = E[X]E[Y] \tag{6.54}$$

두 확률변수 X와 Y의 jk차 결합 중심 모멘트는 다음과 같이 정의된다.

$$E[(X - m_X)^j (Y - m_Y)^k] = \int_{-\infty}^{\infty} \int_{-\infty}^{\infty} (x - m_X)^j (y - m_Y)^k f_{XY}(xy) dx dy \tag{6.55}$$

여기서 $j = k = 1$인 경우, 즉

$$\text{cov}(X,\ Y) = \sigma_{XY} = E[(X - m_X)(Y - m_Y)] \tag{6.56}$$

를 공분산(covariance)이라 한다. 이 공분산은 또한

$$\sigma_{XY} = E[XY] - m_X m_Y \tag{6.57}$$

와 같이 표현되는 것을 쉽게 확인할 수 있다. 공분산을 정규화한 값, 즉

$$\rho = \frac{\sigma_{XY}}{\sigma_X \sigma_Y} = \frac{E[(X - m_X)(Y - m_Y)]}{\sqrt{E[(X - m_x)^2 E[(Y - m_Y)^2]]}} \tag{6.58}$$

와 같이 정의되는 값을 상관계수(correlation coefficient)라 한다. 상관계수는 두 확률변수 간의 통계적 유사성을 나타내는 척도가 된다.

두 확률변수가 서로 독립적일 경우 식 (6.54)를 식 (6.57)에 대입하여 공분산이 0이 되는 것을 알 수 있으며, 따라서 상관계수가 0이 된다. 이번에는 두 확률변수가 완전히 종속되어 $Y = aX$ 와 같은 관계를 가지는 경우를 가정하자. 이 경우 $\sigma_{XY} = a\sigma_X^2$ 이 되며 상관계수는

$$\rho = \frac{\sigma_{XY}}{\sigma_X \sigma_Y} = \frac{a\sigma_X^2}{\sqrt{a^2 \sigma_X^4}} = \frac{a}{|a|} = \pm 1 \tag{6.59}$$

이 된다. 이와 같이 상관계수는 항상

$$-1 \le \rho \le +1 \tag{6.60}$$

의 범위 내에 있다.

두 확률변수의 상관계수가 $\rho = 0$ 인 경우 "두 확률변수는 서로 무상관(uncorrelated)"이라고 한다. 확률변수들이 서로 독립적이면(즉 $f_{XY}(xy) = f_X(x)f_Y(y)$ 이면), 두 확률변수는 서로 무상관이다(즉 $\rho = 0$ 이다). 그러나 그 역은 반드시 성립하지는 않는다는 것을 유의한다.[1] 즉 서로 무상관이라고 해서 두 확률변수가 서로 독립적이라는 것을 보장할 수 없다.

확률변수의 합과 중심극한정리

두 확률변수의 합 $Z = X + Y$ 의 특성에 대해 알아보자. Z의 평균은

$$m_Z = E[X + Y] = E[X] + E[Y] = m_X + m_Y \tag{6.61}$$

가 되고, 분산은

$$\begin{aligned} \sigma_Z^2 &= E[(X + Y - m_X - m_Y)^2] = E[\{(X - m_X) + (Y - m_Y)\}^2] \\ &= E[(X - m_X)^2 + (Y - m_Y)^2 + 2(X - m_X)(Y - m_Y)] \\ &= \sigma_X^2 + \sigma_Y^2 + 2\sigma_{XY} \end{aligned} \tag{6.62}$$

가 된다. 만일 X와 Y가 서로 독립적이라면 다음과 같이 된다.

---

1) 두 확률변수가 접합 가우시안(jointly Gaussian)인 경우에는 역시 성립한다. 즉 무상관 결합 가우시안 확률변수들은 서로 독립적이다.

$$\sigma_Z^2 = \sigma_X^2 + \sigma_Y^2 \tag{6.63}$$

이번에는 확률변수를 더해서 만들어진 새로운 확률변수 Z의 분포 특성에 대해 알아보자. $Z \leq z$인 사건은 X와 Y에 대한 결합사건 $\{(x,\ y): y \leq z-x,\ -\infty < x < \infty\}$와 등가적이다. 그러므로 CDF는

$$
\begin{aligned}
F_Z(z) &= P(Z \leq z) = P(-\infty < x < \infty.\ y \leq z-x) \\
&= \int_{-\infty}^{\infty} \left(\int_{-\infty}^{z-x} f_{XY}(x,\ y) dy \right) dx
\end{aligned}
\tag{6.64}
$$

와 같이 된다. 이를 미분하여 다음의 pdf를 얻는다.

$$f_Z(z) = \frac{dF_Z(z)}{dz} = \int_{-\infty}^{\infty} f_{XY}(x,\ z-x) dx \tag{6.65}$$

즉 Z의 pdf $f_Z(z)$는 $f_X(x)$와 $f_Y(y)$의 중첩적분(superposition integral)이 된다. 만일 X와 Y가 서로 독립적이라면 식 (6.65)에서 $f_{XY}(x,\ z-x) = f_X(x) f_Y(z-x)$이므로 Z의 pdf는

$$f_Z(z) = \int_{-\infty}^{\infty} f_X(x) f_Y(z-x) dx \tag{6.66}$$

가 된다. 즉 Z의 pdf는 $f_X(x)$와 $f_Y(y)$의 컨볼루션 적분이 된다.

이상의 결과는 두 개 이상의 확률변수에 대해 확장할 수 있다. 확률변수 Z를

$$Z = \sum_{k=1}^{n} X_k \tag{6.67}$$

와 같이 정의하면 평균은

$$E[Z] = \sum_{k=1}^{n} E[X_k] \tag{6.68}$$

이고 분산은

$$\text{Var}(Z) = \text{cov}(Z, \ Z) = \text{cov}\left(\sum_{j=1}^{n} X_j, \ \sum_{k=1}^{n} X_k\right)$$

$$= \sum_{k=1}^{n} \text{Var}(X_k) + \sum_{j=1}^{n} \sum_{\substack{k=1 \\ k \neq j}}^{n} \text{cov}(X_j, \ X_k) \qquad (6.69)$$

가 된다. 만일 모든 확률변수가 서로 독립적이라면 식 (6.69)에서 모든 공분산 항들이 사라져서 Z의 분산은 각 확률변수의 분산의 합이 된다.

확률변수 X_1, X_2, $\cdots$, X_n이 서로 독립적이면서 동일한 확률밀도함수를 가진다고 가정하자. 그러면 Z의 확률밀도 함수는 X_k의 확률밀도함수를 n번 컨볼루션한 모양을 갖게 된다. 함수의 모양에 관계 없이 동일한 함수를 계속 컨볼루션하면 그 결과는 가우시안 pdf와 같이 종 모양의 함수에 근접하게 된다. 즉 X_k의 pdf 모양에 관계 없이 Z의 pdf는 가우시안 pdf에 근접하게 된다. 가우시안 분포(정규분포라고도 한다)에 대해서는 다음 절에서 설명한다. 여기서 X_k의 평균과 분산이 μ와 σ^2이라면 Z의 평균과 분산은 $n\mu$와 $n\sigma^2$가 된다. 정리하면, 평균과 분산이 μ와 σ^2인 동일한 pdf를 가진(그러나 pdf의 형태는 관계 없음) 서로 독립적인 확률변수들을 계속 더하면 평균과 분산이 $n\mu$와 $n\sigma^2$인 가우시안 분포에 근접한다. 이것을 중심극한정리(central limit theorem)라고 한다. 일반적으로 $n \geq 30$이면 근사화가 잘 적용되는 것으로 알려져 있으며, X_k의 분포가 종 모양에 가까울수록 작은 n으로 가우시안 분포의 근사화가 가능하다.

6.4 주요 확률분포

자연계에서 많이 일어나는 불규칙한 현상을 모델링하는데 적절한 확률분포들이 있다. 이와 같은 현상을 설명하는 분포함수는 통신 시스템의 잡음 및 페이딩 환경 하에서의 성능을 분석하는데 많이 사용된다. 이 절에서는 몇 가지 중요한 확률밀도함수와 그 특성에 대해 살펴보기로 한다.

6.4.1 균일 분포(Uniform Distribution)

구간 (a, b)에서 균일 분포를 따르는 확률변수는 다음과 같이 상수의 확률밀도함수를 갖는다.

$$f_X(x) = \begin{cases} \dfrac{1}{b-a}, & a < x < b \\ 0, & \text{otherwise} \end{cases} \qquad (6.70)$$

여기서 상수값이 $1/(b-a)$인 것은 pdf를 전 구간에서 적분했을 때 1이 되어야 하기 때문이다. 균일 분포 확률변수의 CDF는 다음과 같다.

$$F_X(x) = \begin{cases} 0, & x < a \\ \dfrac{x-a}{b-a}, & a \le x \le b \\ 1, & x > b \end{cases} \tag{6.71}$$

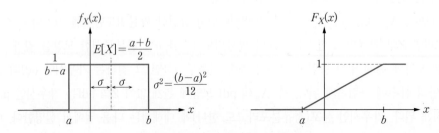

그림 6.8 균일 분포의 pdf와 CDF의 예

식 (6.70)의 pdf를 갖는 확률변수 X의 평균과 분산은 다음과 같다.

$$E[X] = \int_{-\infty}^{\infty} x f_X(x) dx = \int_a^b x \frac{1}{b-a} dx = \frac{1}{b-a} \left[\frac{x^2}{2} \right]_a^b = \frac{a+b}{2}$$

$$E[X^2] = \int_{-\infty}^{\infty} x^2 f_X(x) dx = \int_a^b x^2 \frac{1}{b-a} dx = \frac{1}{b-a} \left[\frac{x^3}{3} \right]_a^b = \frac{b^3 - a^3}{3(b-a)} = \frac{a^2 + ab + b^2}{3} \tag{6.72}$$

$$\mathrm{Var}(X) = E[X^2] - (E[X])^2 = \frac{a^2 + ab + b^2}{3} - \frac{(a+b)^2}{4} = \frac{(b-a)^2}{12}$$

6.4.2 가우시안 분포(Gaussian Distribution)

가우시안 분포는 정규(normal) 분포라고 부르기도 하는데 평균과 분산이 각각 m과 σ^2인 확률변수 X의 확률밀도함수는 다음과 같다.

$$f_X(x) = \frac{1}{\sigma\sqrt{2\pi}} \exp\left[-\frac{(x-m)^2}{2\sigma^2} \right] \tag{6.73}$$

가우시안 확률밀도함수의 모양을 그림 6.9에 보인다. 가우시안 pdf의 모양은 평균값을 중심으로 좌우 대칭인 특성을 갖는다. 확률밀도함수를 모든 구간에서 적분하면 1이 되는 특성으로부터 다음이 성립한다는 것을 알 수 있다.

$$\int_{-\infty}^{\infty} \frac{1}{\sigma\sqrt{2\pi}} \exp\left[-\frac{(x-m)^2}{2\sigma^2}\right]dx = 1 \tag{6.74}$$

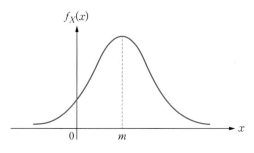

그림 6.9 가우시안 확률밀도함수

가우시안 분포를 가진 확률변수에 대하여 확률을 구하기 위해서는 식 (6.73)을 적분하거나 CDF $F_X(x)$에 x 값을 대입하여 구하면 된다. 그런데 가우시안 pdf의 적분이 닫힌 형식 표현 (closed form) 수식으로 정리되지 않기 때문에 사전에 마련된 표를 이용하여 계산한다. 그러나 모든 평균값과 분산을 파라미터로 갖는 가우시안 pdf에 대한 적분표를 만들 수 없으므로 하나의 평균과 분산에 대해서만 표를 만든다. 평균이 0이고 분산이 1인 가우시안 분포(이를 표준 정규분포라 한다)의 pdf를 적분한 함수가 Q 함수이다. 일반적인 평균과 분산을 가진 가우시안 분포에 대한 적분값은 변수 치환을 통하여 Q 함수로부터 계산할 수 있다.

평균이 0이고 분산이 1인 가우시안 확률변수의 pdf는

$$f_X(x) = \frac{1}{\sqrt{2\pi}} \exp\left(-\frac{x^2}{2}\right) \tag{6.75}$$

이며 CDF는 다음과 같다.

$$F_X(x) = P(X \le x) = \int_{-\infty}^{x} \frac{1}{\sqrt{2\pi}} \exp\left(-\frac{u^2}{2}\right)du \tag{6.76}$$

Q 함수는 다음과 같이 정의되어 있다.

$$Q(x) = \int_{x}^{\infty} \frac{1}{\sqrt{2\pi}} \exp\left(-\frac{u^2}{2}\right)du \tag{6.77}$$

따라서 Q 함수는 평균이 0이고 분산이 1로 정규화된(normalized) 가우시안 확률변수 X가 x 보다 큰 값을 가질 확률, 즉 $Q(x) = P(X > x) = 1 - F_X(x)$가 된다. 확률밀도함수를 모든 구간에 대해 적분하면 1이며 pdf가 좌우 대칭이라는 특성으로부터 Q 함수는 다음의 성질을 갖는다는 것을 알 수 있다.

$$Q(0) = 0.5$$
$$Q(-x) = 1 - Q(x), \ x > 0 \tag{6.78}$$

가우시안 분포는 통신 분야에서 가장 중요한 분포라 할 수 있다. 통신 시스템에 포함되는 잡음은 흔히 가우시안 분포 특성을 갖는데, 이 경우 시스템의 오류 확률은 Q 함수를 이용하여 많이 표현된다. 부록에 Q 함수의 값이 계산된 표가 주어져 있으며 디지털 통신 시스템의 성능 분석에 활용된다. 경우에 따라 Q 함수의 근사값을 알면 편리한데, x의 값이 충분히 크면 Q 함수는 다음과 같이 근사화된다.

$$Q(x) \cong \frac{1}{x\sqrt{2\pi}} \exp\left(-\frac{x^2}{2}\right) \text{ for } x \gg 1 \tag{6.79}$$

이제 일반적인 평균값과 분산을 가진 가우시안 분포의 확률을 Q 함수를 이용하여 계산하는 방법을 알아보자. 일반 가우시안 확률변수의 CDF는 pdf를 적분하여

$$F_X(x) = \int_{-\infty}^{x} \frac{1}{\sigma\sqrt{2\pi}} \exp\left(-\frac{(u-m)^2}{2\sigma^2}\right) du \tag{6.80}$$

이 되는데 $y = (u-m)/\sigma$로 변수 치환을 하면 식 (6.80)은 다음과 같이 된다.

$$F_X(x) = \frac{1}{\sqrt{2\pi}} \int_{-\infty}^{(x-m)/\sigma} \exp\left(-\frac{y^2}{2}\right) dy = 1 - Q\left(\frac{x-m}{\sigma}\right) \tag{6.81}$$

따라서 확률을 다음과 같이 Q 함수를 이용하여 표현할 수 있다.

$$P(X > x) = Q\left(\frac{x-m}{\sigma}\right)$$
$$P(a < X \le b) = Q\left(\frac{a-m}{\sigma}\right) - Q\left(\frac{b-m}{\sigma}\right) \tag{6.82}$$

Q 함수와 함께 통신에서 많이 사용되는 함수가 오류함수(error function) $erf(\cdot)$와 상보 오류함수(complementary error function) $erfc(\cdot)$이다. 오류함수는

$$erf(x) \triangleq \frac{2}{\sqrt{\pi}} \int_0^x \exp(-u^2) du \tag{6.83}$$

와 같이 정의되며, 상보오류함수는

$$erfc(x) \triangleq 1 - erf(x) = \frac{2}{\sqrt{\pi}} \int_x^\infty \exp(-u^2) du \tag{6.84}$$

와 같이 정의된다. Q 함수의 정의로부터 다음의 관계가 성립한다는 것을 알 수 있다.

$$erfc(x) = 2Q(\sqrt{2}\,x) \tag{6.85}$$

두 확률변수가 결합 가우시안 분포를 갖는 경우에 대해 간략히 살펴보자. 확률변수 X와 Y가 표준 가우시안 분포를 따른다고 하자. X와 Y의 결합 pdf는 다음과 같다.

$$f_{XY}(x,\ y) = \frac{1}{2\pi\sqrt{1-\rho^2}} \exp\left\{ -\frac{x^2+y^2-2\rho xy}{2(1-\rho^2)} \right\} \tag{6.86}$$

여기서 ρ는 상관계수이다. 만일 두 확률변수가 서로 독립적이라면 $\rho = 0$이 되어 결합 pdf는 다음과 같이 된다.

$$f_{XY}(x,\ y) = \frac{1}{2\pi} \exp\left\{ -\frac{x^2+y^2}{2} \right\} \tag{6.87}$$

6.4.3 레일리 분포(Rayleigh Distribution)

두 개의 확률변수 X와 Y가 서로 독립적이며, 평균이 0이고 분산은 동일하게 σ^2인 가우시안 분포를 따른다고 하자. 두 확률변수의 결합 확률밀도함수는 다음과 같다.

$$f_{XY}(x,\ y) = f_X(x)f_Y(y) = \frac{1}{2\pi\sigma^2} \exp\left(-\frac{x^2+y^2}{2\sigma} \right) \tag{6.88}$$

이 결합 확률밀도함수는 3차원 공간에서 종(bell) 모양이 된다. 평면에서 직교좌표 $(x,\ y)$ 위치의 점은 극좌표 $(r,\ \theta)$로 표현할 수 있다. 여기서

$$r = \sqrt{x^2 + y^2} \quad \theta = \tan^{-1}\frac{y}{x} \tag{6.89}$$

의 관계를 가진다. 두 개의 변수를 갖는 함수 $g_1(x,\ y) = \sqrt{x^2 + y^2}$과 $g_2(x,\ y) = \tan^{-1}(y/x)$에 의해 확률변수 X와 Y를 변환시킨다고 하자. 이러한 변환에 의해 만들어지는 두 개의 새로운 확률변수

$$R = g_1(X,\ Y) = \sqrt{X^2 + Y^2}$$
$$\Theta = g_2(X\ Y) = \tan^{-1}\left(\frac{Y}{X}\right) \tag{6.90}$$

의 분포 특성을 알아보자.

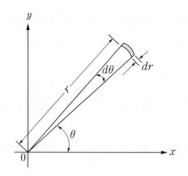

그림 6.10 극좌표로 나타낸 무한소 면적

그림 6.10에 보인 바와 같이 극좌표계에서 무한소 면적은 $rd\theta dr$이며, 이 면적 위에서 함수 $f_{XY}(x,\ y)$를 적분한 결과, 즉 부피는 $f_{XY}(x,\ y)rdrd\theta$이 되며, 이것은 $(X,\ Y)$가 이 무한소 영역에 있을 확률로 $P(r \le R \le r + dr,\ \theta \le \Theta \le \theta + d\theta)$와 동일하다. 이 확률은 식 (6.88)로부터 다음과 같이 표현된다.

$$\begin{aligned}
P(r \le R \le r + dr,\ \theta \le \Theta \le \theta + d\theta) &= f_{XY}(x,\ y)rdrd\theta \\
&= \frac{1}{2\pi\sigma^2}\exp\left(-\frac{r^2}{2\sigma^2}\right)rdrd\theta
\end{aligned} \tag{6.91}$$

또한 이 확률을 R과 Θ의 결합확률밀도함수로써 나타내면

$$P(r \leq R \leq r+dr, \ \theta \leq \Theta \leq \theta+d\theta) = f_{R\Theta}(r, \ \theta)drd\theta \tag{6.92}$$

와 같이 된다. 식 (6.91)과 식 (6.92)로부터, 그리고 Θ의 범위가 $(0, \ 2\pi)$이므로 다음을 얻는다.

$$\frac{1}{2\pi\sigma^2}\exp\left(-\frac{r^2}{2\sigma^2}\right)r = \left\{\frac{r}{\sigma^2}\exp\left(-\frac{r^2}{2\sigma^2}\right)\right\}\cdot\left\{\frac{1}{2\pi}\right\} = f_R(r)\cdot f_\Theta(\theta) \tag{6.93}$$

따라서 다음 결과가 얻어진다.

$$f_R(r) = \frac{r}{\sigma^2}\exp\left(-\frac{r^2}{2\sigma^2}\right) \quad r \geq 0 \tag{6.94}$$

$$f_\Theta(\theta) = \begin{cases} \dfrac{1}{2\pi}, & 0 \leq \Theta \leq 2\pi \\ 0, & \text{otherwise} \end{cases} \tag{6.95}$$

식 (6.94)와 같이 표현되는 pdf를 가진 확률변수 R은 레일리(Rayleigh) 분포를 가진다고 한다. 레일리 분포를 가진 확률변수의 pdf를 다시 써보면

$$\boxed{f_R(r) = \begin{cases} \dfrac{r}{\sigma^2}\exp\left(-\dfrac{r^2}{2\sigma^2}\right), & r \geq 0 \\ 0, & r < 0 \end{cases}} \tag{6.96}$$

과 같으며 그 모양을 그림 6.11에 보인다. 레일리 분포를 갖는 확률변수의 평균과 분산은

$$m_R = \sqrt{\frac{\pi}{2}}\,\sigma, \ \sigma_R^2 = \left(2-\frac{\pi}{2}\right)\sigma^2 \tag{6.97}$$

와 같이 된다. 레일리 pdf $f_R(r)$는 가우시안 pdf와 달리 평균값을 중심으로 대칭성을 갖지 않으며, $r = \sigma$에서 최댓값 $1/(\sigma\sqrt{e})$을 갖는다.

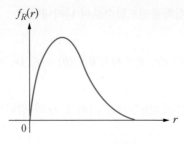

그림 6.11 레일리 확률밀도함수

뒤에서 다룰 대역통과 백색 가우시안 랜덤 프로세스 $N(t)$는 특정 주파수대에서 일정한 크기의 전력 스펙트럼을 갖는 신호이며, 특정 시각에서의 신호 샘플은 가우시안 확률변수가 되는 성질을 갖고 있다. 이 신호는 서로 독립이고 동일한 가우시안 분포 특성을 갖는 직교 성분 신호 $N_c(t)$와 $N_s(t)$로써 다음과 같이 표현된다.

$$N(t) = N_c(t)\cos 2\pi f_c t + N_s(t)\sin 2\pi f_c t \qquad (6.98)$$

여기서 $N_c(t)$와 $N_s(t)$의 샘플들은 평균이 0이고 분산이 σ^2인 가우시안 확률밀도함수를 갖는다. $N(t)$를 극좌표 형태로 표현하면

$$N(t) = R(t)\cos[2\pi f_c t + \Theta(t)] \qquad (6.99)$$

와 같이 된다. 그러면 신호의 크기 $R(t)$는

$$R(t) = \sqrt{N_c^2(t) + N_s^2(t)} \qquad (6.100)$$

의 관계를 가지므로 식 (6.96)과 같은 레일리 pdf를 갖는다는 것을 알 수 있다. 통신 시스템에서 수신기에 신호 없이 대역통과 백색 가우시안 잡음만 입력되는 경우 신호의 크기는 위와 같은 레일리 분포를 가진 확률변수로 모델링된다.

6.4.4 라이시안 분포(Ricean Distribution)

통신 시스템의 수신기에서 대역통과 백색 잡음과 함께 $A\cos(2\pi f_c t + \phi)$로 표현되는 신호가 수신된다면 이 신호는 다음과 같이 직교 성분 신호들의 합으로 표현할 수 있다.

$$X(t) = A\cos(2\pi f_c t + \phi) + N(t)$$
$$= [A + N_c(t)]\cos(2\pi f_c t + \phi) + N_s(t)\sin(2\pi f_c t + \phi) \tag{6.101}$$

신호를 극좌표 형식으로 표현하면

$$X(t) = R(t)[\cos(2\pi f_c t + \phi + \Theta(t))] \tag{6.102}$$

와 같이 된다. 임의의 시간 t에서 신호의 크기 R과 위상 Θ를 직교 성분으로 표현하면

$$R = \sqrt{(A + N_c)^2 + N_s^2}, \ \Theta = -\tan^{-1}\left(\frac{N_s}{A + N_c}\right) \tag{6.103}$$

와 같이 된다. 식 (6.88)~(6.93)의 과정을 따라 크기 R과 위상 Θ의 결합 확률밀도함수를 구하면

$$f_{R\Theta}(r, \ \theta) = \frac{r}{2\pi\sigma} \exp\left[-\frac{r^2 - 2Ar\cos\theta + A^2}{2\sigma^2}\right], \ r \geq 0, \ |\theta| \leq \pi \tag{6.104}$$

이 된다. 여기서 분산 $\sigma^2 = 2N_0 B$는 잡음의 전력이다. 신호 크기의 pdf를 구하기 위하여 θ에 대하여 적분을 취하면

$$f_R(r) = \int_{-\pi}^{\pi} f_{R\Theta}(r, \ \theta) d\theta$$
$$= \frac{r}{\sigma^2} \exp\left(-\frac{r^2 + A^2}{2\sigma^2}\right) \cdot \left[\frac{1}{2\pi} \int_{-\pi}^{\pi} \exp\left(\frac{Ar\cos\theta}{\sigma^2}\right) d\theta\right] \tag{6.105}$$

와 같이 된다. 여기서 변형된 1종 0차 베셀 함수(modified zero-order Bessel function of the first kind)

$$I_0(r) \triangleq \frac{1}{2\pi} \int_{-\pi}^{\pi} \exp(r\cos\theta) d\theta \tag{6.106}$$

를 사용하여 신호 크기의 pdf를 표현하면 식 (6.105)는 다음과 같이 된다.

$$f_R(r) = \frac{r}{\sigma^2} \exp\left(-\frac{r^2 + A^2}{2\sigma^2}\right) \cdot I_0\left(\frac{Ar}{\sigma^2}\right) \tag{6.107}$$

이와 같은 확률밀도 함수를 라이스(Rice) 또는 라이시안(Ricean) 밀도함수라 한다.

베셀 함수 I_0는 다음과 같은 성질이 있다.

$$I_0(x) \cong \begin{cases} \exp(x^2/4), & x \ll 1 \\ \dfrac{\exp(x)}{\sqrt{2\pi x}}, & x \gg 1 \end{cases} \tag{6.108}$$

따라서 정현파 신호 성분의 전력이 잡음의 전력에 비해 충분히 큰 경우, 즉 $A \gg \sigma$인 경우, 식 (6.107)에서

$$I_0\left(\frac{Ar}{\sigma^2}\right) \cong \sqrt{\frac{\sigma^2}{2\pi Ar}} \exp\left(\frac{Ar}{\sigma^2}\right) \tag{6.109}$$

와 같은 근사식을 얻는다. 그러면 식 (6.107)은

$$f_R(r) \cong \sqrt{\frac{r}{2\pi A\sigma^2}} \exp\left(-\frac{(r-A)^2}{2\sigma^2}\right) \tag{6.110}$$

와 같이 근사화된다. $A \gg \sigma$이면 $r \cong A$이므로

$$f_R(r) \cong \frac{1}{\sigma\sqrt{2\pi}} \exp\left(-\frac{(r-A^2)}{2\sigma^2}\right), \ A \gg \sigma \tag{6.111}$$

와 같이 되어 수신 신호의 크기 분포는 평균이 A이고 분산이 σ^2인 가우시안 분포와 근사하게 된다. 그림 6.12에 라이시안 확률밀도함수를 보인다. $A = 0$이면 라이시안 밀도함수는 레일리 밀도함수가 되며, A가 σ에 비해 점점 커질수록 라이시안 밀도함수는 가우시안 밀도함수에 근접해가는 것을 볼 수 있다.

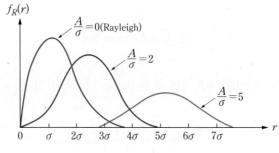

그림 6.12 라이시안 확률밀도함수

6.4.5 이항 분포(Binomial Distribution)

N회의 독립된 시행을 통해 성공한 횟수를 확률변수로 하는 무작위 실험을 가정하자. 각 시행에서 성공할 확률을 p_0라 하자. 이러한 실험의 예로 동전을 N회 던져서 앞면이 나오는 횟수를 확률변수로 하는 실험을 들 수 있다. 이 확률변수는 이산적이며, 확률변수의 값이 $k(0 \le k \le N)$일 확률은 다음과 같이 주어진다.

$$P_X(k) = \binom{N}{k} p_0^k (1-p_0)^{N-k} \tag{6.112}$$

여기서

$$\binom{N}{k} = \frac{N!}{k!(N-k)!} \tag{6.113}$$

이다. 따라서 확률밀도함수는

$$f_X(x) = \sum_{k=0}^{N} \binom{N}{k} p_0^k (1-p_0)^{N-k} \delta(x-k) \tag{6.114}$$

와 같이 표현되며, 이러한 분포를 이항(binomial) 분포라 한다. 이항 분포를 따르는 확률변수의 평균과 분산은 각각 $m_X = Np_0$, $\sigma_X^2 = Np_0(1-p_0)$가 된다.

6.5 랜덤 프로세스

확률변수는 불확실한 어떤 사건을 숫자로 모델링하는데 사용되는 것을 알았다. 시스템을 다루는 입장에서 우리에게 주어지는 것은 불확실성을 갖는 신호이다. 신호는 시간에 따라 그 값이 변화하는데, 모든 시간에 대해 신호의 값을 정확히 표현할 수 있으면 그 신호를 결정형 신호(deterministic signal)라 하고, 불확실성이 있어서 정확히 표현할 수 없을 때 그 신호를 랜덤 신호(random signal)라 한다. 불확실성을 갖는 신호를 모델링하는 데 사용되는 것이 랜덤 프로세스(random process)이다. 랜덤 프로세스는 확률변수를 확장한 것으로, 시간 함수로서의 확률변수라 할 수 있다. 랜덤 프로세스는 $X(t)$와 같이 표현하는데, 특정한 순간 $t = t_i$에서의 랜덤 프로세스는 확률변수 $X_i = X(t)|_{t=t_i} = X(t_i)$가 된다. 시변수 t는 무한히 많은 값을 가질 수 있으므로 랜덤 프로세스는 무한히 많은 확률변수들의 집합이라 할 수 있다.

랜덤 프로세스의 묘사

랜덤 프로세스는 확률변수의 확장이므로 앞서 살펴보았던 확률변수와 비교하여 설명하기로 한다. 확률변수는 무작위 실험의 결과 ξ를 실수 값으로 매핑시키는 함수로 $X(\xi)$와 같이 표현하는데 간단히 X로 표기한다. 확률변수의 값 x는 실험 결과 ξ_i에 대하여 정해진 값, 즉 $x_i = X(\xi_i)$를 의미한다. 샘플 공간은 무작위 실험의 결과 ξ_i를 전부 모아 놓은 집합이며, 이 것은 확률변수의 값 x_i를 전부 모아 놓은 집합과 동등하게 볼 수 있다.

랜덤 프로세스의 예를 들기 위하여 N개의 신호 발생기를 고려하자. 신호 발생기에서 만 들어지는 신호를 $x_1(t)$, $x_2(t)$, $\cdots$, $x_N(t)$라 하자. 무작위 실험의 결과에 따라 신호 발생 기가 선택된다면 발생되는 신호는 $X(\xi_i, t)$와 같이 표현할 수 있다. 따라서 랜덤 프로세스 는 확률변수에서 시간의 개념을 추가하여 확장한 것으로 볼 수 있다. 이와 같이 랜덤 프로 세스는 $X(\xi, t)$와 같이 표현하는데, 확률변수에서처럼 ξ를 생략하여 간단히 $X(t)$와 같 이 표기한다. 랜덤 프로세스에서 나올 수 있는 각 파형을 표본 함수(sample function), 표 본 경로(sample path) 또는 실현(realization)이라 하며, 모든 가능한 파형들의 모음을 앙상블 (ensemble)이라 한다. 그림 6.13에 랜덤 프로세스의 표본 함수의 예를 보인다. 어느 순간 $t = t_i$

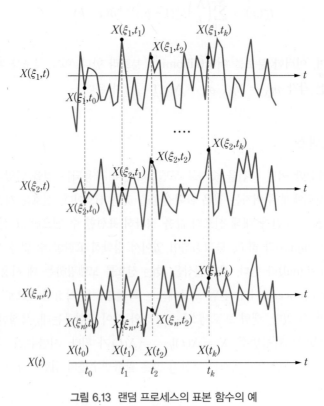

그림 6.13 랜덤 프로세스의 표본 함수의 예

에서의 랜덤 프로세스는 확률변수가 된다. 예를 들어 $X(5)$와 $X(15.2)$들은 확률변수이다.

이번에는 랜덤 프로세스(또는 랜덤 신호)를 묘사하는 방식에 대해 알아보자. 앞서 확률변수(또는 무작위 실험)를 묘사했던 방법을 먼저 되돌아보자. 무작위 실험의 결과를 사전에 알 수 없기 때문에, 즉 확률변수가 어떤 값을 갖게 될지를 사전에 알 수 없기 때문에 확률변수가 어떤 값을 가질 확률적인 가능성을 사용하여 묘사한다. 확률적인 속성으로 확률밀도함수 $f_X(x)$를 사용할 수 있는데, 이 pdf만 알면 확률을 알 수 있다. 따라서 확률밀도함수를 제시함으로써 확률변수 X 또는 해당 무작위 실험을 묘사하게 된다. 여기서 pdf를 구하기 위해서는 많은 횟수의 실험을 반복하고 그 결과를 이용한다.

이제 랜덤 프로세스를 수식으로 표현하고 특성을 묘사하는 방법에 대해 알아보자. 랜덤 신호는 결정형 신호처럼 파형을 수식화하여 표현하는 것은 불가능하다. 그러나 경우에 따라 확률변수를 포함한 수식으로 표현할 수 있다. 예를 들어 $X(t) = 10\cos(200\pi t + \Theta)$로 표현된 랜덤 프로세스를 생각해보자. 여기서 위상은 정해진 것이 아니라 $(0,\ 2\pi)$의 범위에서 무작위 실험의 결과에 따라 정해지는 값을 가질 수 있다. 따라서 위상을 $(0,\ 2\pi)$에 분포된 확률변수 Θ로 표현할 수 있으며, Θ의 pdf $f_\Theta(\theta)$에 의해 분포 특성을 표현한다. 그림 6.14에 이 랜덤 프로세스의 표본 함수 파형을 보인다. 또 다른 예로 $Y(t) = A\cos(100\pi t)$로 표현되는 랜덤 프로세스를 생각해보자. 이 신호의 진폭은 결정된 것이 아니라 확률변수 A로써 표현되며, A의 pdf $f_A(a)$가 주어지면 이 랜덤 신호의 통계적 특성을 알 수 있게 된다. 그림 6.15에 이 랜덤 프로세스의 표본 함수 파형을 보인다.

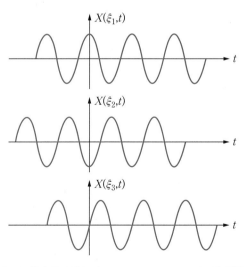

그림 6.14 랜덤 프로세스 $X(t) = 10\cos(100\pi t + \Theta)$의 표본 함수

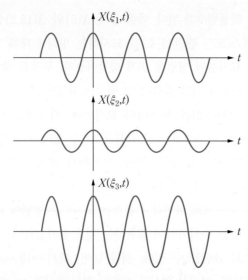

그림 6.15 랜덤 프로세스 $X(t) = A\cos(100\pi t)$ 의 표본 함수

이와 같이 랜덤 프로세스를 확률변수를 사용하여 수식으로 표현하였다. 그러나 모든 랜덤 프로세스를 이와 같이 수식으로 표현할 수 있는 것은 아니다. 위의 예에서 $X(t)$와 $Y(t)$는 정현파 신호에서 위상에 불확실성이 있는 경우와 진폭에 불확실성이 있는 경우를 각각 나타내고 있다. 그러나 잡음 신호와 같이 정형화된 형식으로 표현하기 어려운 경우가 일반적이다. 이 경우 신호의 통계적 특성을 묘사하기 위하여 모든 순간에서의 분포 특성을 나타내면 될 것이다. 특정 순간에서의 랜덤 프로세스는 확률변수라는 사실로부터 t_1, t_2, t_3, $\cdots$ 에서의 확률변수 $X_1 = X(t_1)$, $X_2 = X(t_2)$, $X_3 = X(t_3)$, $\cdots$ 의 결합 확률밀도함수 $f_{X_1 X_2 X_3 \cdots}(x_1, x_2, x_3, \cdots)$ 를 사용하여 랜덤 프로세스를 묘사할 수 있다. 여기서 결합 확률밀도함수를 시간 관계를 포함하여 정확히 표현하면 $f_{X_1 X_2 X_3 \cdots}(x_1, x_2, x_3, \cdots; t_1, t_2, t_3, \cdots)$ 와 같이 된다. 그러나 문제는 모든 시변수에 대하여 결합 확률밀도함수를 구하는 것은 불가능하다는 것이다. 그러나 우리가 다루는 많은 종류의 랜덤 프로세스는 현실적으로 '의미 있는' 가정을 하여 단순화하면 작은 차수의 결합 확률밀도함수로써 그 통계적 특성을 묘사할 수 있다. 특히 선형 시스템에 관련된 랜덤 프로세스는 1, 2차 결합 확률밀도함수만 가지고 처리해도 충분하다. 여기서 '의미 있는' 가정을 통하여 단순화한 랜덤 프로세스에 대해서는 아래에서 설명한다.

6.5.1 통계적 평균과 상관 함수

특정 순간 t_k 에서 랜덤 프로세스 $X(t_k) \triangleq X_k$ 는 확률변수이므로 이에 대한 통계적 평균을 표

현할 수 있다. 먼저 1차 모멘트인 평균은

$$m_{X_k} = E[X(t_k)] = \int_{-\infty}^{\infty} x_k f_{X_k}(x_k \,; t_k) dx_k \qquad (6.115)$$

와 같이 된다. 따라서 랜덤 프로세스의 평균은 시간의 함수가 되어 다음과 같이 표현할 수 있다.

$$m_X(t) = E[X(t)] = \int_{-\infty}^{\infty} x f_X(x \,; t) dx \qquad (6.116)$$

2차 모멘트인 분산은

$$\sigma_X^2(t) = E[\{X(t) - m_X(t)\}^2] = \int_{-\infty}^{\infty} \{x(t) - m_X(t)\}^2 f_X(x \,; t) dx \qquad (6.117)$$

와 같이 된다.

시각 t_1과 t_2에서의 랜덤 프로세스 $X(t_1)$과 $X(t_2)$는 두 개의 확률변수가 되며, 이들에 대하여 결합 확률밀도함수 및 결합 모멘트를 말할 수 있다. 두 확률변수에 대한 1차 결합 모멘트를 상관(correlation)이라 정의한 바 있다. 한 개의 랜덤 프로세스 $X(t)$를 서로 다른 시각 t_1과 t_2에서 표본화하여 만들어진 두 확률변수의 상관, 즉

$$R_X(t_1, \ t_2) \triangleq E[X(t_1)X(t_2)] = \int_{-\infty}^{\infty} \int_{-\infty}^{\infty} x_1 x_2 f_{X_1 X_2}(x_1, \ x_2 \,; t_1, \ t_2) dx_1 dx_2 \qquad (6.118)$$

를 자기상관(autocorrelation)이라 한다. 자기상관함수 $R_X(t_1, \ t_2)$는 랜덤 프로세스 $X(t)$가 시각 t_1과 t_2에서 얼마나 유사한가를 나타내는 정도를 표현한다고 해석할 수 있다. 다시 말하면 랜덤 신호의 통계적 특성이 t_1으로부터 $\tau = t_2 - t_1$초 지난 후에 얼마나 유사한지를 나타낸다고 볼 수 있다. 그림 6.16에 표본 함수의 파형이 느리게 변하는 랜덤 프로세스와 빠르게 변하는 랜덤 프로세스의 자기상관함수의 예를 보인다. 그림 6.16(a)와 같이 느리게 변하는 랜덤 프로세스에서는 상당히 큰 값의 τ에 대해서도 $X(t_1)$과 $X(t_2)$가 상관성을 가지겠지만, 그림 6.16(b)와 같이 빠르게 변하는 랜덤 프로세스에서는 작은 τ에 대해서도 상관성이 거의 없어진다. 따라서 자기상관함수를 알면 그 랜덤 프로세스의 표본 함수의 파형이 빠르게 변하는지 느리게 변하는지 예측할 수 있으며, 결과적으로 주파수 성분에 대한 정보를 알 수 있게 된다.

랜덤 프로세스에 대한 전력 스펙트럼 밀도(PSD)는 자기상관함수의 푸리에 변환으로 주어진다. 스펙트럼 밀도가 자기상관 함수의 푸리에 변환이라는 것은 결정형 신호의 경우와 동일하다. 랜덤 프로세스의 PSD에 대해서는 뒤에 다시 설명하기로 한다. 자기상관함수에서 $t_1 = t_2$이면, 즉 $\tau = 0$이면, 자기상관함수는 신호의 전력, 즉 $R_X(t_1,\ t_2) = E[X^2(t_1)]$이 된다.

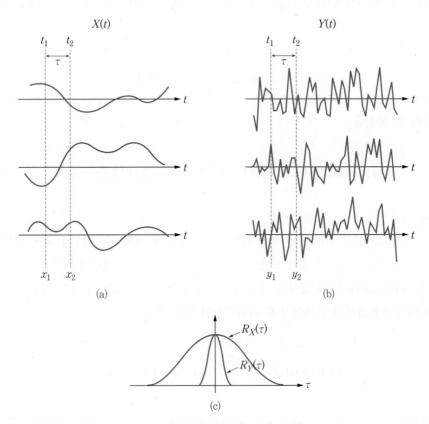

(a) (b)

(c)

그림 6.16 표본 함수의 파형이 느리게 변하는 랜덤 프로세스와 빠르게 변하는 랜덤 프로세스의 자기상관함수

좀더 일반적으로 두 개의 랜덤 프로세스 $X(t)$와 $Y(t)$의 상호상관(cross-correlation)은 다음과 같이 정의된다.

$$R_{XY}(t_1,\ t_2) \triangleq E[X(t_1)Y(t_2)] = \int_{-\infty}^{\infty} \int_{-\infty}^{\infty} x_1 y_2 f_{X_1 Y_2}(x_1,\ y_2\,;\, t_1,\ t_2) dx_1 dy_2 \tag{6.119}$$

2장에서 결정형(deterministic) 신호에 대한 평균을 시간 평균(time average) 연산자 $<\cdot>$를 사용하여 정의하였다. 예를 들어 결정형 신호 $x(t)$의 평균전력과 자기상관함수는

$$P = \langle x(t)^2 \rangle = \lim_{T \to \infty} \frac{1}{T} \int_{-T/2}^{T/2} x^2(t) dt$$
$$R_X(\tau) = \langle x(t)x(t+\tau) \rangle = \lim_{T \to \infty} \frac{1}{T} \int_{-T/2}^{T/2} x(t)x(t+\tau) dt$$

(6.120)

와 같이 정의된다.

랜덤 프로세스에서도 특정 표본 함수에 대하여 시간 평균을 취할 수 있다. 랜덤 프로세스의 앙상블 평균(통계적 평균)은 해당 시간에서 무한 개의 표본 함수를 가지고 평균을 취한 것이며, 시간 평균은 특정 표본 함수에 대하여 무한대의 시구간에 대하여 평균을 취한 것이다. 랜덤 프로세스의 통계적 특성이 변하는 경우 어떤 시간에서 구한 앙상블 평균은 다른 시간대에서는 달라지게 된다. 이와 같이 앙상블 평균과 시간 평균은 개념적으로 다르다. 그러나 랜덤 프로세스의 앙상블 평균은 실제 환경에서 구하기가 거의 불가능하다. 우리에게 주어지는 것은 랜덤 프로세스의 표본 함수이기 때문에 유한 구간에서의 시간 평균은 계산이 가능하다. 만일 어떤 랜덤 프로세스의 앙상블 평균과 시간 평균이 동일하다면 이 랜덤 프로세스를 처리하기가 매우 쉬울 것이다. 랜덤 프로세스가 이와 같은 특성을 가지면 이 랜덤 프로세스를 어고딕(ergodic)하다고 한다.

6.5.2 랜덤 프로세스의 정상성(stationarity)

일반적으로 랜덤 프로세스의 앙상블 평균은 시간에 따라 다른 시간 함수이다. 랜덤 프로세스를 특정 순간마다 표본화하여 만들어진 확률변수들의 pdf가 모두 동일하다는 보장이 없기 때문이다. 앞서 자기상관함수는 현재와 τ 초 후의 랜덤 프로세스의 값이 확률적으로 얼마나 유사한지를 나타낸다고 설명하였다. 그런데 t_1 으로부터 τ 초 후의 상관값과 t_2 로부터 τ 초 후의 상관값이 같다고 볼 수 없다. 이것은 t_1 에서 표본화한 확률변수 $X(t_1)$ 과 $t_1 + \tau$ 에서 표본화한 확률변수 $X(t_1 + \tau)$ 간의 결합 확률밀도함수 $f_{X_1 X_1'}(x_1,\ x_1';t_1,\ t_1 + \tau)$ 와 t_2 에서 표본화한 확률변수 $X(t_2)$ 와 $t_2 + \tau$ 에서 표본화한 확률변수 $X(t_2 + \tau)$ 간의 결합 확률밀도함수 $f_{X_2 X_2'}(x_2,\ x_2';t_2,\ t_2 + \tau)$ 가 같다는 보장이 없기 때문이다. 이 관계를 그림 6.17에 보인다.

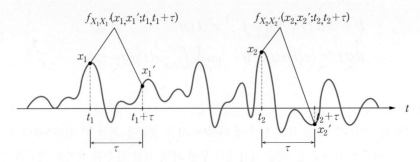

그림 6.17 시간에 따라 다른 결합 확률밀도함수

랜덤 프로세스의 모든 통계적 특성이 시간에 따라 변화하지 않는 것을 정상(stationary) 랜덤 프로세스라 한다. 좀더 정확하게 정의하자면 랜덤 프로세스의 모든 결합 확률밀도함수가 시간의 변화에 따라 달라지지 않는다면, 즉

$$f_{X_1 X_2 X_3 \cdots}(x_1, x_2, x_3, \cdots; t_1, t_2, t_3, \cdots) = f_{X_1' X_2' X_3' \cdots}(x_1', x_2', x_3', \cdots; t_1+\tau, t_2+\tau, t_3+\tau, \cdots) \quad (6.121)$$

이면 정상적이라 한다. 식 (6.121)의 조건이 만족되면

$$f_{X_1}(x_1; t_1) = f_{X_1'}(x_1'; t_1+\tau)$$
$$f_{X_1 X_2}(x_1, \ x_2; t_1, \ t_2) = f_{X_1' X_2'}(x_1', \ x_2'; t_1+\tau, \ t_2+\tau) \quad (6.122)$$

가 만족된다는 것을 알 수 있다. 식 (6.122)의 첫 번째 식은 임의의 시간에서 표본화한 확률변수의 pdf는 동일하다는 것이며, 이것은 랜덤 프로세스의 평균이 시간의 함수가 아니라 상수라는 것이다. 즉

$$E[X(t)] = m_X(t) = m_X \quad (6.123)$$

가 된다. 식 (6.122)의 두 번째 식은 임의의 두 순간에서 표본화한 확률변수 간의 결합 pdf는 절대적인 표본화 시점과 상관 없이 두 시점의 시간차에만 관계된다는 것을 의미한다. 이것은 다시 자기상관함수가 시간차만의 함수가 된다는 것을 의미한다. 즉

$$R_X(t_1, \ t_2) = R_X(t_1 - t_2) = R_X(\tau) \quad \tau = t_1 - t_2 \quad (6.124)$$

와 같이 τ를 변수로 한 함수로 나타낼 수 있다.

다시 정리하면, 어떤 랜덤 프로세스가 정상적이라면 평균은 상수이고 자기상관함수는 시간 차의 함수가 된다. 그러나 반대로 랜덤 프로세스의 평균이 상수이고 자기상관함수가 시간차의 함수라고 해서 이 랜덤 프로세스가 정상적이라고 할 수는 없다. 따라서 랜덤 프로세스가 정상적이라는 것은 매우 강한 조건이라는 것을 알 수 있다.

우리에게 주어진 신호가 어느 시점에서 측정하든 평균이 일정하고, 어느 시점에서 측정 하든 일정 시간 경과 후 신호의 유사성이 변하는 정도가 일정하다면(즉 자기상관 함수가 시 간차만의 함수이면) 이 신호를 처리하기가 한결 쉬워질 것이다. 랜덤 프로세스 중에서 평 균이 상수이고 자기상관 함수가 시간차의 함수라면 이것을 넓은 의미의 정상(wide sense stationary: WSS) 프로세스라고 한다. 정상 랜덤 프로세스는 WSS 랜덤 프로세스의 특수한 경우가 된다(그림 6.18 참조). 실제로 많은 랜덤 프로세스들을 WSS로 가정할 수 있다. WSS 랜덤 프로세스의 자기상관함수는

$$R_X(\tau) = E[X(t)X(t+\tau)] \tag{6.125}$$

와 같이 표현할 수 있으며 $\tau = 0$이면 자기상관함수는 신호의 평균 전력이 된다. 즉 $R_X(0) = E[X^2(t)]$이 되며 시간에 따라 변하지 않는다. 만일 랜덤 프로세스의 평균이 0이라 면 신호의 진력은 분산과 같게 된다.

랜덤 프로세스에서 평균이나 상관함수를 구하기 위해서는 앙상블 평균을 구해야 하는데 이를 위해서는 pdf를 알아야 한다. 그런데 이 pdf를 얻기 위해서는 충분히 많은 표본 함수가 필요한데 실제 환경에서는 이것이 불가능하다. 그러나 하나의 표본 함수를 얻는 것은 항상 가 능하며, 이로부터 유한 시구간에서의 시간 평균을 구하는 것은 가능하다. 앞서 언급한 것처럼 랜덤 프로세스가 어고딕하다면 평균과 상관함수를 구하는 것이 한결 쉬울 것이다. 실제로 접 하는 많은 종류의 정상 프로세스들은 최소한 2차 모멘트에 대해 어고딕하다. 시간 평균을 구 하면 그 값은 더 이상 시간의 함수가 아니라 상수이다. 이것은 어고딕 프로세스가 정상 프로 세스이어야 한다는 것을 의미한다. 따라서 어고딕 프로세서는 정상 프로세스의 특수한 경우 라는 것을 알 수 있다(그림 6.18 참조).

지금까지 랜덤 프로세스의 여러 종류를 알아보았다. 이렇게 랜덤 프로세스를 분류하는 이 유는 실제 환경에서 랜덤 신호를 처리하는 것을 쉽게(또는 처리가 가능하도록) 하기 위해서이 다. 그림 6.18에 랜덤 프로세스의 분류를 보인다.

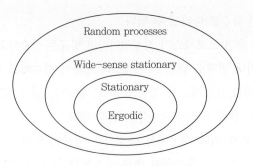

그림 6.18 랜덤 프로세스의 분류

다음과 같은 랜덤 프로세스를 가정하자.

$$X(t) = A\cos(2\pi t) \tag{6.126}$$

여기서 A는 확률변수로 $f_A(a)$의 pdf를 갖는다고 하자. 이 랜덤 프로세스의 평균과 자기상관함수를 표현해보라. 이 랜덤 프로세스는 WSS인가?

풀이

평균은

$$
\begin{aligned}
m_X(t) = E[X(t)] &= \int_{-\infty}^{\infty} x f_X(x\,;t)dx = E[A\cos(2\pi t)] \\
&= \int_{-\infty}^{\infty} a\cos(2\pi t)f_A(a)da \\
&= E[A]\cos(2\pi t) \\
&= m_A\cos(2\pi t)
\end{aligned}
$$

와 같이 되어 시간의 함수이므로 이 랜덤 프로세스는 WSS하지 않다. 자기상관함수는

$$
\begin{aligned}
R_X(t_1, t_2) &= E[X(t_1)X(t_2)] \\
&= E[A\cos(2\pi t_1)\cdot A\cos(2\pi t_2)] \\
&= E[A^2]\cos(2\pi t_1)\cos(2\pi t_2)
\end{aligned}
$$

와 같이 되어 시간차의 함수가 아니다.

다음과 같은 랜덤 프로세스를 가정하자.

$$X(t) = \cos(2\pi ft + \Theta) \tag{6.127}$$

여기서 Θ는 확률변수로 $(-\pi, \pi)$에서 균일한 분포 특성을 갖는다고 하자. 이 랜덤 프로세스의 평균과 자기상관함수를 표현해보라. 이 랜덤 프로세스는 WSS인가?

풀이

평균은

$$
\begin{aligned}
m_X(t) = E[X(t)] &= \int_{-\infty}^{\infty} x f_X(x\,;t)dx = E[\cos(2\pi ft + \Theta)] \\
&= \int_{-\infty}^{\infty} \cos(2\pi ft + \theta)f_\Theta(\theta)d\theta \\
&= \frac{1}{2\pi}\int_{-\pi}^{\pi} \cos(2\pi ft + \theta)d\theta \\
&= 0
\end{aligned}
$$

와 같이 되어 상수이다. 자기상관함수는

$$
\begin{aligned}
R_X(t_1, t_2) &= E[X(t_1)X(t_2)] \\
&= E[\cos(2\pi ft_1 + \Theta)\cdot\cos(2\pi ft_2 + \Theta)] \\
&= \int_{-\infty}^{\infty} \cos(2\pi ft_1 + \theta)\cos(2\pi ft_2 + \theta)f_\Theta(\theta)d\theta \\
&= \int_{-\pi}^{\pi} \frac{1}{2}[\cos\{2\pi f(t_1 - t_2)\} + \cos\{2\pi f(t_1 + t_2) + 2\theta\}]\cdot\frac{1}{2\pi}d\theta \\
&= \frac{1}{2}\cos\{2\pi f(t_1 - t_2)\} = \frac{1}{2}\cos(2\pi f\tau)
\end{aligned}
$$

와 같이 되어 시간차의 함수가 된다. 따라서 이 랜덤 프로세스는 WSS이다.

6.6 랜덤 프로세스의 전력 스펙트럼 밀도

결정형(deterministic) 신호와 시스템을 해석하는데 있어 주파수 영역에서의 신호 및 시스템의 표현이 매우 유용하며, 이를 위하여 푸리에 변환이 중심이 된다는 것을 3장에서 알아보았다. 신호는 여러 주파수 성분의 진폭과 위상으로써 표현되며, 시스템은 입력 신호의 주파수 성분들에 대해 선택적으로 진폭을 증폭/감쇠시키고 위상을 천이시켜 출력을 만들어낸다. 시스템이 입력 신호의 주파수 성분을 어떻게 변화시키는지는 주파수 응답을 살펴보면 알 수 있다. 이러한 주파수 영역 해석이 가능하기 위해서는 신호가 푸리에 변환으로 표현 가능해야 한다. 에너지 신호라면 항상 푸리에 변환이 존재하여 주파수 영역 해석이 가능하다. 실제 환경에서 우리에게 유한 시구간으로 주어지는 신호는 에너지 신호로 분류되어 푸리에 변환이 가능하다. 주기 신호와 같은 전력 신호의 경우 주파수 영역 임펄스를 포함하도록 하면 푸리에 변환이 가능하여 주파수 영역 해석이 가능하다.

그렇다면 랜덤 프로세스와 랜덤 프로세스를 입력으로 하는 선형 시스템의 해석도 주파수 영역 해석이 가능한지 의문을 갖게 된다. 랜덤 프로세스의 모든 표본 함수들이 모든 시구간 $(-\infty, \infty)$에서 존재한다고 가정하면 랜덤 프로세스는 전력 신호로 분류된다는 것을 알 수 있다. 그렇다면 랜덤 프로세스의 전력 스펙트럼 밀도(PSD)가 존재하는지 살펴보아야 할 것이다. 그러나 랜덤 프로세스의 푸리에 변환이나 PSD에 대한 개념을 적용하는데 몇 가지 문제가 있다. 첫째 랜덤 프로세스는 수식으로 정확하게 표현할 수 없다. 둘째 랜덤 프로세스를 제곱하여 적분함으로써 푸리에 변환이 존재하는지 판단하는 개념을 적용할 수 없어서 랜덤 프로세스에 직접적으로 푸리에 변환을 취할 수 없다. 셋째 랜덤 프로세스의 표본 함수는 푸리에 변환이 가능하다고 하더라도 표본 함수가 모두 다르므로 주파수 특성을 일관적으로 나타내는 PSD를 제시하는 것은 불가능하다. 그러나 랜덤 프로세스가 정상(최소한 넓은 의미의 정상, 즉 WSS)이라면 어느 정도 의미 있는 PSD를 정의하는 것이 가능하다. 비정상 (nonstationary) 프로세스의 PSD는 존재하지 않는다. 이번 절에서는 WSS 랜덤 프로세스를 대상으로 하여 PSD를 정의해본다.

3장에서 결정형 신호 중 전력 신호의 PSD를 다음과 같이 구하였다.

$$S_x(f) = \mathcal{F}[R_x(\tau)] = \lim_{T \to \infty} \frac{|X_T(f)|^2}{T} \tag{6.128}$$

여기서 $X_T(f)$는 절단된 신호 $x_T(t)$의 푸리에 변환이며, 자기상관함수 $R_x(\tau)$는 다음과 같이 $x(t)x(t+\tau)$의 시간 평균이다.

$$R_x(\tau) = \lim_{T \to \infty} \frac{1}{T} \int_{-T/2}^{T/2} x(t)x(t+x)dt = \lim_{T \to \infty} \frac{1}{T} \int_{-\infty}^{\infty} x_T(t)x_T(t+\tau)dt \tag{6.129}$$

랜덤 프로세스의 경우 시간 평균을 앙상블 평균으로 대치하여 적용한다. 시간 평균화를 거치면 시간 종속성이 없어지므로 랜덤 프로세스에서도 WSS인 경우만 PSD가 의미를 갖게 된다. WSS인 랜덤 프로세스의 자기상관함수

$$R_X(\tau) = E[X(t)X(t+\tau)] \tag{6.130}$$

는 더이상 랜덤 프로세스가 아니라 결정형 함수이며 여기에 푸리에 변환을 취하여 PSD

$$S_X(f) = \mathcal{F}[R_X(\tau)] = \int_{-\infty}^{\infty} R_X(\tau)e^{-j2\pi f\tau}d\tau \tag{6.131}$$

를 얻는다. 표 6.1에 결정형 신호와 랜덤 신호에 대하여 자기상관함수와 스펙트럼 밀도(ESD 또는 PSD)의 수식을 비교하여 정리하였다.

표 6.1 결정형 프로세스와 랜덤 프로세스의 자기상관함수와 스펙트럼 밀도

신호의 분류		자기상관함수	스펙트럼 밀도
Deterministic process	에너지 신호	$R_x(\tau) = \int_{-\infty}^{\infty} x(t)x(t+\tau)dt$	$\Psi_x(f) = \mathcal{F}[R_x(\tau)]$ $= \|X(f)\|^2$
	전력 신호	$R_x(\tau) = \langle x(t)x(t+\tau)\rangle$ $= \lim_{T\infty}\frac{1}{T}\int_{-T/2}^{T/2} x(t)x(t+\tau)dt$	$S_x(f) = \mathcal{F}[R_x(\tau)]$ $= \lim_{T\to\infty}\frac{\|X_T(f)\|^2}{T}$
Random process	전력 신호	$R_X(\tau) = E[X(t)X(t+\tau)]$	$S_X(f) = \mathcal{F}[R_x(\tau)]$

실수(real) 랜덤 프로세스의 자기상관함수는 τ에 대하여 우함수이며, $\tau = 0$에서의 자기상 관함수의 값은 랜덤 프로세스의 제곱 평균값(mean square value)이며, 이것은 랜덤 프로세스의 평균전력이 된다. 또한 랜덤 프로세스의 평균전력은 결정형 신호에서와 같이 PSD를 모든 주파수에 대해 적분한 것과 같다. 이상을 종합하면 다음과 같다.

$$P = E[X^2(t)] = R_X(0) = \int_{-\infty}^{\infty} S_X(f)df \tag{6.132}$$

다시 한번 강조하자면 WSS가 아닌 프로세스에서는 PSD가 존재하지 않는다. 앞으로 특별히 명시하지 않으면 랜덤 프로세스가 WSS하다고 가정한다.

메시지 신호 $M(t)$가 WSS 랜덤 프로세스라고 하자. 이 신호를 DSB-SC 변조한 신호

$$X(t) = M(t)\cos(2\pi f_c t + \Theta) \tag{6.133}$$

의 자기상관함수와 PSD를 구하라. 여기서 Θ는 $(0,\ 2\pi)$에서 균일한 분포 특성을 갖는 확률변수이며 $M(t)$와는 독립이라고 가정한다.

풀이

$X(t)$의 자기상관함수는

$$\begin{aligned} R_X(\tau) &= E[X(t)X(t+\tau)] \\ &= E[M(t)\cos(2\pi f_c t + \Theta)M(t+\tau)\cos(2\pi f_c(t+\tau)+\Theta)] \end{aligned}$$

와 같이 표현되는데, $M(t)$와 Θ는 독립이므로

$$\begin{aligned} R_X(\tau) &= E[M(t)M(t+\tau)] \cdot E[\cos(2\pi f_c t + \Theta)\cos(2\pi f_c(t+\tau)+\Theta)] \\ &= \frac{1}{2}R_M(\tau)\cos(2\pi f_c \tau) \end{aligned} \tag{6.134}$$

가 된다. 즉 $M(t)$의 자기상관함수를 DSB-SC 변조한 형태가 된다. 따라서 PSD는

$$S_X(f) = \frac{1}{4}[S_M(f-f_c) + S_M(f+f_c)] \tag{6.135}$$

가 된다. DSB-SC 변조된 신호의 전력은

$$E[X^2(t)] = R_X(0) = \frac{1}{2}R_M(0) = \frac{1}{2}E[M^2(t)] \tag{6.136}$$

가 되어 기저대역 신호 전력의 절반이다. 이 결과는 3장에서 살펴 보았던 결정형 신호에 대한 결과와 동일하다.

표본 함수의 파형이 그림 6.19와 같은 랜덤 프로세스를 가정하자. 신호는 두 개의 값 A와 $-A$를 동일한 확률로 갖는다. 한 상태에서 다른 상태로의 천이는 매 T_b 초마다 일어난다(즉 펄스의 지속 시간은 T_b 초이다). 표본 함수들은 서로 동기되지 않아서 $t = 0$ 이후 처음으로 천이가 일어날 수 있는 순간 α는 펄스폭 T_b 구간 내 임의의 한 값이 되며, α는 이 구간에서 균일하게 분포한다고 가정하자. 이 랜덤 프로세스의 자기상관함수와 PSD를 구하라.

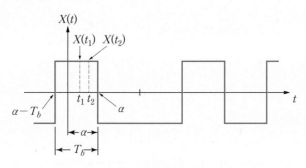

그림 6.19 이진 랜덤 프로세스의 표본 함수

풀이

임의의 시간 t_1과 t_2에 대하여 $|\tau| = |t_2 - t_1| < T_b$인 경우를 먼저 살펴보자. $t_2 > t_1$, 즉 $0 < \tau = t_2 - t_1 < T_b$라고 가정하자. 확률변수 $X(t_1)$과 $X(t_2)$가 동일한 펄스 구간 내에 존재할 조건은

$$\alpha - T_b < t_1 \ \text{ and } \ t_2 < \alpha \Rightarrow t_2 < \alpha < t_1 + T_b$$

가 된다. α의 분포는 펄스폭 T_b 구간에서 균일하므로 위의 조건을 만족할 확률은

$$P(t_2 < \alpha < t_1 + T_b) = \int_{t_2}^{t_1 + T_b} f_\alpha(\alpha) d\alpha = \frac{1}{T_b} \int_{t_2}^{t_1 + T_b} d\alpha$$
$$= \frac{T_b + t_1 - t_2}{T_b} = \frac{T_b - \tau}{T_b} = 1 - \frac{\tau}{T_b}$$

가 된다. 이 경우 $X(t_1)X(t_2) = A^2$이 된다. 같은 방법으로 만일 $t_2 < t_1$이면, 즉 $-T_b < \tau < 0$이면, 확률변수 $X(t_1)$과 $X(t_2)$가 동일한 펄스 구간 내에 존재할 조건은

$$\alpha - T_b < t_2 \ \text{ and } \ t_1 < \alpha \Rightarrow t_1 < \alpha < t_2 + T_b$$

가 된다. 따라서 이 조건을 만족할 조건은

$$P(t_1 < \alpha < t_2 + T_b) = \frac{T_b + t_2 - t_1}{T_b} = \frac{T_b + \tau}{T_b} = 1 + \frac{\tau}{T_b}$$

이 된다. 만일 확률변수 $X(t_1)$과 $X(t_2)$가 다른 펄스 구간 내에 존재한다면 $X(t_1)X(t_2)$는 동일한 확률로 A^2이 될 수도 있고 $-A^2$이 될 수도 있다. 종합하면 $|\tau| < T_b$인 경우 상관값은

$$E[X(t_1)X(t_2)] = R_X(\tau) = A^2\left(1 - \frac{|\tau|}{T_b}\right)$$

가 된다는 것을 알 수 있다.

이번에는 $|\tau| > T_b$인 경우를 살펴보자. 이 경우 확률변수 $X(t_1)$과 $X(t_2)$는 서로 다른 펄스 구간에 있으므로 서로 독립적이다. 따라서

$$E[X(t)X(t+\tau)] = E[X(t)]E[X(t+\tau)] = m^2 = 0, \ |\tau| > T_b$$

가 된다. 이상의 결과를 종합하면 $X(t)$의 자기상관함수는

$$R_X(\tau) = A^2 \Lambda\left(\frac{\tau}{T_b}\right) = \begin{cases} A^2\left(1 - \frac{|\tau|}{T_b}\right), & |\tau| < T_b \\ 0, & |\tau| > T_b \end{cases}$$

가 된다. 따라서 PSD는

$$S_X(f) = \mathcal{F}[R_x(\tau)] = A^2 T_b \operatorname{sinc}^2(fT_b)$$

가 된다. 그림 6.20에 이진 랜덤 프로세스의 자기상관함수와 PSD의 모양을 보인다.

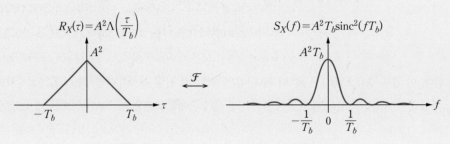

그림 6.20 이진 랜덤 프로세스의 자기상관 함수와 PSD

선형 시스템 출력의 PSD

랜덤 프로세스 $X(t)$가 주파수 응답이 $H(f)$인 LTI 시스템의 입력으로 가해지는 경우 출력은 역시 랜덤 프로세스가 된다. 이 경우 출력 프로세스 $Y(t)$의 자기상관함수와 PSD는 다음과 같이 된다.

$$R_Y(\tau) = h(\tau) * h(-\tau) * R_X(\tau)$$
$$S_Y(f) = |H(f)|^2 S_X(f)$$

(6.137)

6.7 대역통과 랜덤 프로세스

랜덤 프로세스의 PSD가 어느 특정 주파수 대역에 한정되어 있을 때, 이 프로세스를 대역통과(bandpass) 랜덤 프로세스라 한다. 그림 6.21에 대역폭이 $2B$Hz인 대역통과 랜덤 프로세스의 예를 보인다. 결정형 신호의 표현에서 대역통과 신호를

$$x(t) = r(t)\cos[2\pi f_c t + \theta(t)]$$

(6.138)

와 같은 극좌표 형태로 표현하거나

$$x(t) = x_c(t)\cos 2\pi f_c t + x_s(t)\sin 2\pi f_c t$$

(6.139)

와 같이 직교 성분들(quadrature components)의 합 형태로 표현할 수 있는 것처럼 대역통과 랜덤 프로세스 $X(t)$도 같은 방식으로 표현할 수 있다. $X(t)$를 직교 성분들의 합 형태로 표현하면

$$X(t) = X_c \cos 2\pi f_c t + X_s(t)\sin 2\pi f_c t$$

(6.140)

와 같이 된다. 여기서 $X_c(t)$와 $X_s(t)$는 대역폭이 BHz인 기저대역 랜덤 프로세스이다. 지금부터 식 (6.140)과 같은 표현이 가능하다는 것을 증명하고, $X_c(t)$와 $X_s(t)$의 통계적 특성과 $X(t)$의 통계적 특성과의 관계를 살펴보기로 한다.

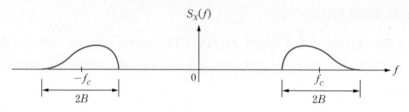

그림 6.21 대역통과 랜덤 프로세스의 PSD

먼저 그림 6.22(a)와 같은 시스템을 고려하자. 여기서 $H_0(f)$는 그림 6.22(b)와 같이 임펄스 응답이 $h_0(t)$이고 대역폭이 BHz인 이상적인 저역통과 필터이다. 이 시스템의 전체 주파수 응답 $H(f)$는 그림 6.22(c)와 같이 대역폭이 $2B$Hz인 이상적인 대역통과 필터라는 것을 보이고자 한다. 그러면 대역통과 랜덤 프로세스 $X(t)$가 입력될 때 그대로 출력될 것이다. 그림을 보면 시스템은 대역통과 랜덤 프로세스를 직교 성분들로 분해하고 다시 재합성하는 연산을 하는데, 이로부터 식 (6.140)과 같은 표현을 얻을 수 있는 것이다. 여기서 Θ는 $(0, 2\pi)$에서 균일 분포된 확률변수라고 가정하자. 이 시스템은 곱셈기를 포함하고 있으므로 시스템이 시불변이라는 보장이 없다. 그러므로 입력으로 $\delta(t-\alpha)$에 대한 시스템의 응답을 살펴보기로 한다. 임펄스 함수의 표본화 특성으로부터 연속 신호 $f(t)$에 대해 $f(t)\delta(t-t_0) = f(t_0)\delta(t-t_0)$가 성립한다는 것을 이용하여, 시스템의 입력이 $\delta(t-\alpha)$일 때 두 개의 저역통과 필터의 입력은 각각 $2\cos(2\pi f_c\alpha+\Theta)\delta(t-\alpha)$와 $2\sin(2\pi f_c\alpha+\Theta)\delta(t-\alpha)$가 된다는 것을 알 수 있다. LPF를 통과한 출력은 각각 $2\cos(2\pi f_c\alpha+\Theta)h_0(t-\alpha)$와 $2\sin(2\pi f_c\alpha+\Theta)h_0(t-\alpha)$가 된다. 따라서 최종 출력은

$$
\begin{aligned}
&2\cos(2\pi f_c t+\Theta)\cos(2\pi f_c\alpha+\Theta)h_0(t-\alpha) \\
&+2\sin(2\pi f_c t+\Theta)\sin(2\pi f_c\alpha+\Theta)h_0(t-\alpha) \\
&=2h_0(t-\alpha)\cos[2\pi f_c(t-\alpha)]
\end{aligned}
\tag{6.141}
$$

가 된다. 입력 $\delta(t-\alpha)$에 대한 출력이 $2h_0(t-\alpha)\cos[2\pi f_c(t-\alpha)]$이므로 이 시스템은 시불변이며, 전체 임펄스 응답은 다음과 같이 된다.

$$
h(t) = 2h_0(t)\cos 2\pi f_c t
\tag{6.142}
$$

따라서 전체 주파수 응답은

$$
H(f) = H_0(f-f_c)+H_0(f+f_c)
\tag{6.143}
$$

가 되어 전체 시스템은 대역폭이 2B인 이상적인 대역통과 필터라는 것을 알 수 있다.

이 시스템에 대역폭 2B의 대역통과 랜덤 프로세스 $X(t)$를 입력하면 출력도 역시 $X(t)$가 될 것이다. 시스템 내부의 두 개 저역통과 필터의 출력을 각각 $X_c(t)$와 $X_s(t)$라고 하면, 출력 $X(t)$는 다음과 같이 표현할 수 있다.

$$X(t) = X_c(t)\cos(2\pi f_c t + \Theta) + X_s(t)\sin(2\pi f_c t + \Theta) \tag{6.144}$$

여기서 $X_c(t)$와 $X_s(t)$는 대역폭이 BHz인 저역통과 필터의 출력이므로 저역통과 랜덤 프로세스라는 것을 알 수 있다. 식 (6.144)는 어떤 값의 Θ에 대해서도 만족되기 때문에 $\Theta = 0$을 대입하여 식 (6.140)과 같은 표현을 얻을 수 있다.

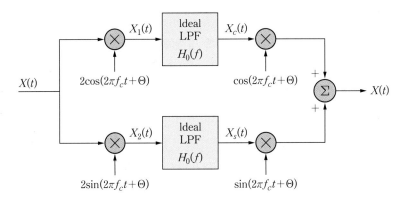

(a) 이상적인 대역통과 필터의 등가 시스템

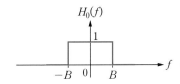

(b) 이상적인 저역통과 필터의 주파수 응답

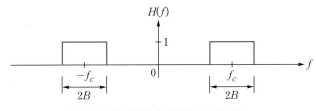

(c) 이상적인 대역통과 필터의 주파수 응답

그림 6.22 대역통과 랜덤 프로세스의 해석

이번에는 $X_c(t)$와 $X_s(t)$의 통계적 특성을 살펴보자. 예제 6.9의 결과를 이용하여 그림 6.22(a)에서 $X_1(t) = 2X(t)\cos(2\pi f_c t + \Theta)$의 PSD는 다음과 같이 된다.

$$S_{X_1}(f) = 4 \cdot \frac{1}{4}[S_X(f-f_c) + S_X(f+f_c)] \tag{6.145}$$

$X_2(t) = 2X(t)\sin(2\pi f_c t + \Theta)$의 PSD도 위의 식과 동일하다는 것을 쉽게 보일 수 있다. $X_c(t)$와 $X_s(t)$를 얻기 위하여 $X_1(t)$와 $X_2(t)$에 대역폭 B의 LPF $H_0(f)$를 통과시키면 다음과 같은 PSD를 얻을 수 있다.

$$\begin{aligned}S_{X_c}(f) = S_{X_s}(f) &= S_{X_1}(f)H_0(f) \\ &= \begin{cases} S_X(f-f_c) + S_X(f+f_c), & |f| < B \\ 0, & |f| > B \end{cases}\end{aligned} \tag{6.146}$$

즉 대역통과 프로세스 $X(t)$의 PSD를 오른쪽 및 왼쪽으로 f_c만큼 이동시킨 후 기저대역 부분만 택하면 $X_c(t)$와 $X_s(t)$의 PSD가 된다. 그림 6.23에 대역통과 프로세스 $X(t)$와 직교 성분인 저역통과 프로세스 $X_c(t)$와 $X_s(t)$의 PSD 관계를 보인다. 이 세 개의 랜덤 프로세스들의 PSD 면적은 동일하다는 것을 알 수 있다. 따라서 전력이 동일하다. 즉

$$E[X^2(t)] = E[X_c^2(t)] = E[X_s^2(t)] \tag{6.147}$$

이 된다.

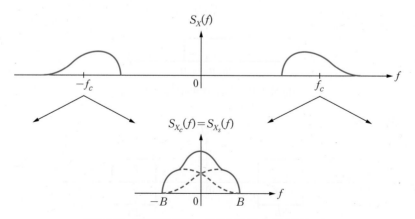

그림 6.23 대역통과 랜덤 프로세스와 직교 성분들의 PSD

그림 6.24와 같이 대역폭이 B이고 PSD가 일정한 크기 $N_0/2$인 대역통과 랜덤 프로세스 $N(t)$가 있다고 하자.

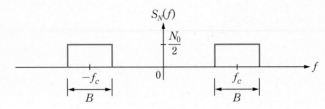

(a) 대역통과 백색 잡음의 PSD

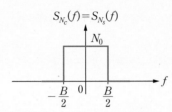

(b) 대역통과 백색 잡음의 직교 성분의 PSD

그림 6.24 대역통과 백색 잡음

(a) $N(t)$를 직교 성분 $N_c(t)$와 $N_s(t)$을 이용하여 표현하고, 직교 성분의 PSD를 유도하라.

(b) $N(t)$ 전력을 구하라.

(c) 직교 성분 $N_c(t)$와 $N_s(t)$의 전력을 구하라.

풀이

(a) $N(t)$를 직교 성분을 이용하여 표현하면 다음과 같다.

$$N(t) = N_c(t)\cos 2\pi f_c t + N_s(t)\sin 2\pi f_c t \tag{6.148}$$

여기서 직교 성분들의 PSD는 다음과 같다.

$$S_{N_c}(f) = S_{N_s}(f) = \begin{cases} S_N(f-f_c) + S_N(f+f_c), & |f| < B/2 \\ 0, & |f| > B/2 \end{cases}$$
$$= \begin{cases} N_0, & |f| < B/2 \\ 0, & |f| > B/2 \end{cases} \tag{6.149}$$

(b) $N(t)$의 전력을 구하면 다음과 같다.

$$E[N^2(t)] = \int_{-\infty}^{\infty} S_N(f)df = 2\int_{f_c-B/2}^{f_c+B/2} \frac{N_0}{2} df = N_0 B \qquad (6.150)$$

(c) 직교 성분들의 전력은 다음과 같다.

$$E[N_c^2(t)] = E[N_s^2(t)] = \int_{-B/2}^{B/2} N_0 df = N_0 B \qquad (6.151)$$

그러므로

$$E[N_c^2(t)] = E[N_s^2(t)] = E[N^2(t)] = N_0 B \qquad (6.152)$$

와 같이 모두 동일한 전력을 갖는다는 것을 알 수 있다.

6.8 백색 잡음

백색 잡음(white noise) $N(t)$는 PSD가 상수인, 즉 $S_N(f) = N_0/2$인 랜덤 프로세스이다. 모든 주파수 성분의 크기가 동일하게 있으므로 백색 잡음이라 부르는데, 무한대까지의 주파수 성분이 포함되어 있으므로 표본 함수의 파형이 변화가 매우 심한 모양을 갖는다는 것을 알 수 있다. 백색 잡음의 자기상관함수는

$$R_N(\tau) = E[N(t)N(t+\tau)] = \frac{N_0}{2}\delta(\tau)$$
$$\text{또는 } R_N(t_1, \ t_2) = E[N(t_1)N(t_2)] = \frac{N_0}{2}\delta(t_1 - t_2) \qquad (6.153)$$

가 되는데, 아무리 작은 시간차라도 전후의 신호 표본 간에 상관성이 없다는 것을 의미한다. 그림 6.25(a)에 백색 잡음의 PSD와 자기상관함수를 보인다. 백색 잡음의 PSD는 상수이므로 PSD를 적분하여 전력을 구하면 무한대가 된다는 것을 알 수 있다. 이와 같이 백색 잡음은 실제 환경에서는 존재하지 않는 가상의 잡음 모델이다.

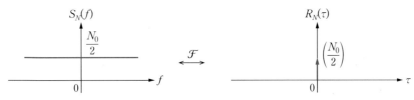

(a) 백색 잡음의 PSD와 자기상관함수

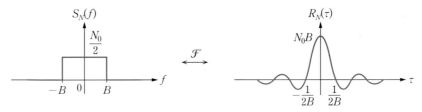

(b) 저역통과 백색 잡음의 PSD와 자기상관함수

그림 6.25 백색 잡음 및 저역통과 백색 잡음

저역통과 백색 잡음

그림 6.25(b)에 대역폭이 한정된 저역통과 백색 잡음의 PSD와 자기상관함수를 보인다. 대역폭이 BHz이고 PSD의 크기가 $N_0/2$인 저역통과 백색 잡음의 PSD와 자기상관함수를 표현하면 다음과 같다.

$$S_N(f) = \frac{N_0}{2}\Pi\left(\frac{f}{2B}\right)$$ (6.154)
$$R_N(\tau) = N_0 B \operatorname{sinc}(2B\tau)$$

따라서 잡음의 전력은 PSD를 적분하여 다음과 같이 구하거나

$$P = E\big[N^2(t)\big] = \int_{-\infty}^{\infty} S_N(f)df = \int_{-B}^{B} \frac{N_0}{2}df = N_0 B$$ (6.155)

또는 자기상관함수에 0을 대입하여 다음과 같이 구할 수 있다.

$$P = R_N(0) = N_0 B$$ (6.156)

대역제한(또는 저역통과) 백색 잡음은 식 (6.137)을 이용하여 그림 6.26과 같이 백색 잡음을 대역폭이 BHz인 이상적인 저역통과 필터에 통과시킨 것으로 모델링될 수 있다. 여기서 필

터의 주파수 응답은 다음과 같다.

$$|H(f)| = \Pi\left(\frac{f}{2B}\right) \tag{6.157}$$

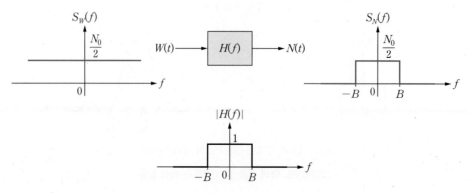

그림 6.26 저역통과 백색 잡음의 발생 모델

백색 가우시안 랜덤 프로세스

통신 시스템의 분석에서 많이 사용되는 잡음의 모델로 부가성 백색 가우시안 잡음(additive white Gaussian noise: AWGN)이 있다. 백색 잡음은 신호의 PSD 특성만 묘사할 뿐 신호 표본의 확률분포 특성을 묘사하지는 않는다. 평균이 0인 AWGN 잡음은 PSD가 상수이면서 신호 표본의 확률밀도함수가

$$f_N(n) = \frac{1}{\sigma\sqrt{2\pi}} \exp\left(-\frac{n^2}{2\sigma^2}\right) \tag{6.158}$$

와 같이 표현되는 랜덤 프로세스이다.

대역통과 백색 가우시안 랜덤 프로세스

평균이 0이고 주파수 f_c를 중심으로 대역폭 B에 걸쳐서 PSD가 균일하게 $N_0/2$인 대역통과 백색 가우시안 랜덤 프로세스 $N(t)$는 예제 6.11에서 알아본 바와 같이 다음과 같이 직교 성분들의 합으로 표현할 수 있다.

$$N(t) = N_c(t)\cos 2\pi f_c t + N_s(t)\sin 2\pi f_c t \tag{6.159}$$

여기서 기저대역 직교 성분들 $N_c(t)$와 $N_s(t)$의 PSD는

$$S_{N_c}(f) = S_{N_s}(f) = \begin{cases} N_0, & |f| < B/2 \\ 0, & |f| > B/2 \end{cases} \tag{6.160}$$

이고, 전력은

$$E[N_c^2(t)] = E[N_s^2(t)] = E[N^2(t)] = N_0 B \tag{6.161}$$

와 같이 $N(t)$, $N_c(t)$, $N_s(t)$가 동일하다.

직교 성분 $N_c(t)$와 $N_s(t)$는 무상관(uncorrelated)이며, 평균이 0이고 분산은 $N_0 B$인 가우시안 분포를 따른다. 일반적으로 결합 확률분포에서 두 확률변수가 독립이면 서로 무상관이지만 그 역은 성립하지 않는다. 그러나 가우시안 분포의 경우에는 두 확률변수가 무상관인 것과 두 확률변수가 독립이라는 것이 동등하게 성립한다. 따라서 대역통과 백색 가우시안 랜덤 프로세스에서 $N_c(t)$와 $N_s(t)$는 서로 독립이며, 이들의 pdf는 동일하게

$$f_{N_c}(n) = f_{N_s}(n) = \frac{1}{\sigma\sqrt{2\pi}} \exp\left(\frac{n^2}{2\sigma^2}\right) \tag{6.162}$$

로 주어진다. 여기서 분산은 다음과 같다.

$$\sigma^2 = N_0 B \tag{6.163}$$

앞서 언급한 바와 같이 대역통과 신호는 식 (6.159)와 같은 직교 성분을 이용한 표현 이외에 다음과 같이 극좌표 형식으로 표현할 수 있다.

$$N(t) = R(t)\cos[2\pi f_c t + \Theta(t)] \tag{6.164}$$

여기서 크기와 위상을 나타내는 랜덤 프로세스는 시 (6.159)의 직교 성분들과 다음과 같은 관계를 가진다.

$$R(t) = \sqrt{N_c^2(t) + N_s^2(t)}$$

$$\Theta(t) = -\tan^{-1}\left(\frac{N_s(t)}{N_c(t)}\right) \tag{6.165}$$

극좌표 표현에서 $R(t)$와 $\Theta(t)$는 서로 독립이며, $R(t)$는 레일리 분포 특성을 갖고 $\Theta(t)$는 $(0,\ 2\pi)$에서 균일 분포 특성을 갖는다. 즉

$$f_R(r) = \frac{r}{\sigma^2}\exp\left(-\frac{r^2}{\sigma^2}\right),\ r \geq 0,\ \sigma^2 = N_0 B$$

$$f_\Theta(\theta) = \frac{1}{2\pi},\ 0 \leq \theta \leq 2\pi \tag{6.166}$$

와 같은 pdf를 가진다.

대역통과 백색 가우시안 잡음이 더해진 정현파 신호

통신 시스템의 수신기에서 대역통과 백색 가우시안 잡음과 함께 $A\cos(2\pi f_c t + \phi)$로 표현되는 신호가 수신된다고 하자. 수신 신호를 직교 성분들을 가지고 표현하면

$$\begin{aligned}
X(t) &= A\cos(2\pi f_c t + \phi) + N(t) \\
&= [A + N_c(t)]\cos(2\pi f_c t + \phi) + N_s(t)\sin(2\pi f_c t + \phi)
\end{aligned} \tag{6.167}$$

와 같이 되며, 극좌표 형식으로 표현하면

$$X(t) = R(t)[\cos(2\pi f_c + \phi + \Theta(t))] \tag{6.168}$$

와 같이 된다. 임의의 시간 t에서 신호의 크기 R과 위상 Θ를 직교 성분으로 표현하면

$$R = \sqrt{(A + N_c)^2 + N_s^2},\ \Theta = -\tan^{-1}\left(\frac{N_s}{A + N_c}\right) \tag{6.169}$$

와 같이 된다. 그러면 신호의 크기가 라이시안(Ricean) 분포를 갖는다는 것을 6장에서 보인 바 있다. 즉 신호의 크기 R의 확률밀도함수는

$$f_R(r) = \frac{r}{\sigma^2}\exp\left(-\frac{r^2 + A^2}{2\sigma^2}\right) \cdot I_0\left(\frac{Ar}{\sigma^2}\right) \tag{6.170}$$

와 같이 된다. 여기서 I_0 는 변형된 1종 0차 베셀 함수이다.

만일 정현파 신호가 없는 경우, 즉 잡음만 있는 경우 수신 신호의 크기는 레일리 확률밀도함수를 가지며, 정현파 신호 성분의 전력이 잡음의 전력에 비해 충분히 큰 경우, 즉 $A \gg \sigma$ 인 경우, 수신 신호의 크기의 확률밀도함수는

$$f_R(r) \cong \frac{1}{\sigma\sqrt{2\pi}} \exp\left(\frac{(r-A)^2}{2\sigma^2}\right), \ A \gg \sigma \tag{6.171}$$

와 같이 근사화되어 가우시안 분포에 근접하게 된다.

6.9 Matlab을 이용한 실습

6.9.1 확률변수

여러 가지 확률분포 특성을 가진 난수(random number)를 발생시킨다. 이 실습에서는 다음과 같은 Matlab 내장함수를 사용한다. 각 함수에 대한 상세한 사용법을 help를 통하여 익히도록 한다.

① rand

균일 분포의 난수를 발생시킨다. rand(N)은 $N \times N$ 행렬의 난수를 발생시키는데, 행렬의 각 원소는 0과 1 사이에 균일 분포된 난수이다. rand(M, N)은 크기 $M \times N$ 행렬의 난수를 발생시킨다.

② randn

평균이 0이고 분산이 1인 가우시안 분포의 난수를 발생시킨다. 이 함수의 사용법은 rand와 유사하다.

③ histogram

Histogram을 계산하는 함수이다. histogram(Y, M)은 벡터 Y의 원소들을 M등분하여 가 구간에 몇 개의 원소가 있는지 계산한다. 따라서 Y의 분포 특성을 살펴보는데 이용된다. 만일 M이 주어지지 않으면 10등분하여 histogram을 구한다.

또한 내장함수와 별도로 교재에서 제공하는 다음 함수를 실습에 이용한다.

① uniform_noise.m
균일 분포의 난수를 발생시킬 때 사용하는 함수로 사용 방법은 아래와 같다. 이 함수는 (a, b) 사이에서 균일한 분포를 갖는 난수 N개를 발생시킨다.
  uniform_noise (a, b, N)

② gaussian_noise.m
가우시안 분포의 난수를 발생시키는데 사용하는 함수로 사용 방법은 아래와 같다. 여기서 mean은 평균이고, variance는 분산이며, N은 발생시킬 표본의 개수이다. Seed은 넣지 않아도 되는데, seed를 넘겨주면 randn 함수에서 사용하며 새로운 seed 값이 되돌아온다.
  gaussian_noise (mean, variance, N, seed)

예제 6.12 **균일 분포 난수의 발생**

1) (0, 1) 사이에서 균일하게 분포된 난수를 발생시키고 히스토그램을 그려서 이론적인 분포 특성과 같은지 확인하라. 발생된 난수로부터 CDF 및 pdf를 계산하고, 이론적 함수와 같이 그려서 비교해보라.
2) (−2, 3) 사이에서 균일하게 분포된 난수를 발생시키고 히스토그램을 그려서 이론적인 분포 특성과 같은지 확인하라. 발생된 난수로부터 CDF 및 pdf를 계산하고, 이론적 함수와 같이 그려서 비교해보라.

풀이

위의 실습을 위한 Matlab 코드의 예로 ex6_1.m을 참고한다.
Matlab 내장 함수 rand를 사용하면 (0, 1)에서 균일 분포된 난수가 발생된다. (a, b)에서 균일 분포된 난수를 발생시키려면 (0, 1) 사이의 값을 갖는 확률변수 X를 다음과 같이 변환시키면 된다.

$$Y = (b-a)X+a$$

다음과 같은 결과를 얻는지 확인하라.

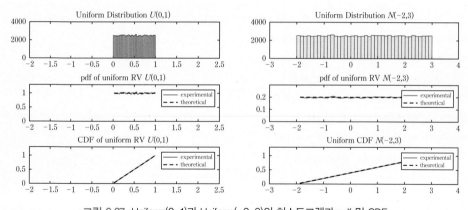

그림 6.27 Uniform(0, 1)과 Uniform(−2, 3)의 히스토그램과 pdf 및 CDF

예제 6.12를 위한 Matlab 프로그램의 예(ex6_1.m)

```matlab
clear; close all;
N = 100000;
num_bin = 40; % Number of bins for histogram computation
a = 0;  b = 1;
delta = (b−a)/num_bin; % Width of each histogram bar
X = rand(N,1); % Nx1 vector of random numbers with u(0,1)
subplot(311), h = histogram(X, num_bin)
v = axis; axis([−2 2.5 v(3) v(4)]);
title('Uniform Distribution {\it{U}} (0,1)');
disp('Hit any key to see pdf and CDF'); pause
% Normalize the histogram to plot approximate pdf
pdf_exp = h.Values/(N*delta);
x1(1:num_bin) = a + b* [1: num_bin]/num_bin;
pdf_theo(1:num_bin) = 1/(b−a);
subplot(312), plot(x1, pdf_exp); hold on;
axis([−2, 2.5, 0, 1.3]);
% pdf of uniform random variable
plot(x1,pdf_theo, '−−'); hold off
title('pdf of uniform RV {\it{U}} (0,1)');
legend('experimental', 'theoretical');
% CDF
```

```
CDF_exp=cumsum(pdf_exp)*delta; %Compute cumulative sum to get approximate CDF
subplot(313), plot(x1, CDF_exp); hold on;
axis([-2, 2.5, 0, 1.3]);
% CDF of uniform random variable
CDF_theo = cumsum(pdf_theo)* delta;
plot(x1,CDF_theo, '--'); hold off;
title('CDF of uniform RV {\it{U}} (0,1)');
legend('experimental', 'theoretical');
% --------------------------------------------------------------
disp('Hit any key to see distribution of U[a,b]'); pause
a = -2; b = 3;
X = uniform_noise(a,b,N);
figure;
delta = (b-a)/num_bin;
subplot(311), h = histogram(X, num_bin)
v = axis; axis([-3 4 v(3) v(4)]);
title(strcat('Uniform Distribution {\it{U}} (', num2str(a), ', ', num2str(b), ')'));
disp('Hit any key to see pdf and CDF'); pause
% Normalize the histogram to plot pdf
pdf_exp = h.Values/(N*delta);
x1(1:num_bin) = a + (b-a)* [1: num_bin]/num_bin;
pdf_theo(1:num_bin) = 1/(b-a);
subplot(312), plot(x1, pdf_exp); hold on;
axis([-3, 4, 0, 0.3]);
% pdf of uniform random variable
plot(x1,pdf_theo, '--'); hold off
title(strcat('pdf of uniform RV {\it{U}} (', num2str(a), ', ', num2str(b), ')'));
legend('experimental', 'theoretical');
% CDF
CDF_exp = cumsum(pdf_exp)*delta; % Compute cumulative sum
subplot(313), plot(x1, CDF_exp); hold on;
axis([-3, 4, 0, 1.3]);
% CDF of uniform random variable
CDF_theo = cumsum(pdf_theo)* delta;
plot(x1,CDF_theo, '--'); hold off
title(strcat('Uniform CDF {\it{U}} (', num2str(a), ', ', num2str(b), ')'));
legend('experimental', 'theoretical');
```

[과제 1]

(a) 예제 6.12의 문제에서 주어진 균일 분포의 확률변수에 대하여 평균값과 분산을 수식으로 유도하라.

(b) 실제로 발생시킨 난수로부터 Matlab 함수를 사용하여 평균과 분산을 구하고 (a)의 결과와 비교하여 일치하는지 확인해보라. 여기서 Matlab 내장함수 mean과 var을 사용하면 된다.

예제 6.13 | **가우시안 분포 난수의 발생**

1) 평균이 0이고 분산이 1인 가우시안 분포의 난수를 발생시키고 히스토그램을 그려보라. 발생된 데이터로부터 pdf 및 CDF 근사치를 계산하고 이론적인 분포 특성과 같은지 확인하라.

2) 평균이 20이고 분산이 30인 가우시안 분포의 난수를 발생시키고 히스토그램을 그려보라. 발생된 데이터로부터 pdf 및 CDF 근사치를 계산하고 이론적인 분포 특성과 같은지 확인하라.

풀이

위의 실습을 위한 Matlab 코드의 예로 ex6_2.m을 참고한다.

Matlab 내장함수 randn를 사용하면 평균이 0이고 분산이 1인 가우시안 분포, 즉 $N(0, 1)$의 분포를 따르는 난수가 발생된다. $N(0, 1)$의 확률변수 X를 발생시킨 다음

$$Y = \sigma X + m$$

와 같이 변환시켜 얻는 확률변수 Y는 $N(m, \sigma^2)$의 분포를 따르게 된다. 다음과 같은 결과를 얻는지 확인하라.

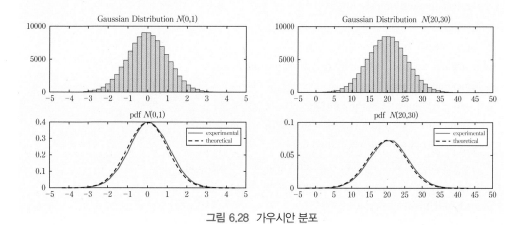

그림 6.28 가우시안 분포

```
clear; close all;
M = 100000;
num_bin = 40;
X = randn(M,1); % Mx1 vector of random numbers with N(0,1)
subplot(211), h = histogram(X, num_bin)
v = axis; axis([-5 5 v(3) v(4)]);
title('Gaussian Distribution {\it{N}}(0,1)');
% Experimental pdf
pdf_exp = h.Values/(M*h.BinWidth);
x1(1:num_bin) = h.BinLimits(1) + h.BinWidth* [1: num_bin];
subplot(212), plot(x1, pdf_exp); hold on;
% Theoretical pdf of Gaussian random variable N(0,1)
pdf_theo = exp(-0.5*x1.^2)/sqrt(2*pi);
plot(x1, pdf_theo, '--');
axis([-5, 5, 0, 0.4]);
title('pdf {\it{N}}(0,1)');
legend('experimental', 'theoretical'); hold off;
disp('Hit any key to see distribution of N(mean, variance)'); pause
% Generate an Mx1 vector of Gaussian distributed random numbers
figure;
mu = 20; % mean
sigma2 = 30; %variance
X = gaussian_noise(mu,sigma2,M);
subplot(211), h = histogram(X, num_bin)
v = axis; axis([-5 50 v(3) v(4)]);
title(strcat('Gaussian Distribution {\it{N}}(', num2str(mu), ', ', num2str(sigma2), ')'));
% Experimental pdf
pdf_exp = h.Values/(M*h.BinWidth);
x1(1:num_bin) = h.BinLimits(1) + h.BinWidth* [1: num_bin];
subplot(212), plot(x1, pdf_exp); hold on;
% Theoretical pdf of Gaussian random variable N(mu,sigma2)
pdf_theo = exp(-(x1-mu).^2/(2*sigma2))/sqrt(2*sigma2*pi);
plot(x1, pdf_theo, '--');
axis([-5, 50, 0, 0.1]);
```

title(strcat('pdf {\it{N}}(', num2str(mu), ', ', num2str(sigma2), ')'));
legend('experimental', 'theoretical'); hold off;

[과제 2] 예제 6.13에서 발생시킨 난수로부터 Matlab 함수를 사용하여 평균과 분산을 구하고, 문제에서 주어진 평균 및 분산과 일치하는지 확인해보라.

[과제 3] Rayleigh 분포 난수의 발생

(a) Rayleigh 분포의 난수를 발생시키고 히스토그램을 그리는 프로그램을 작성하라(ex_rayleigh.m 참고).

(b) 아래 식과 같이 표현되는 Rayleigh 확률변수의 pdf를 그려서(Matlab을 사용하여) (a)의 모양과 일치하는지 확인하라. 다음과 같은 결과를 얻는가(아래 그림은 $\sigma^2 = 10$을 사용하여 얻은 결과이다)?

$$f_R(r) = \begin{cases} \dfrac{r}{\sigma^2} \exp\left(-\dfrac{r^2}{2\sigma^2}\right), & r \geq 0 \\ 0, & r < 0 \end{cases}$$

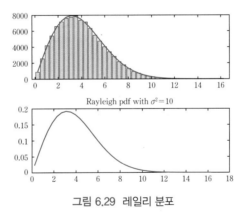

그림 6.29 레일리 분포

[과제 4] Ricean 분포 난수의 발생

(a) 여러 가지의 $\rho = A/\sigma$에 대하여 Ricean 분포의 난수를 발생시키고 히스토그램을 그리는 프로그램을 작성하라(ex_ricean.m 참고).

(b) 다음 식 같이 표현되는 Ricean 확률변수의 pdf를 그려서(Matlab을 사용하여) (a)의 모양

과 일치하는지 확인하라. Matlab에서 modified Bessel 함수는 'besseli.m' 함수를 이용하면 된다. 아래와 같은 결과를 얻는지 확인하라(아래 그림은 $\sigma^2 = 10$ 을 사용하여 얻은 결과이다).

$$f_R(r) = \frac{r}{\sigma^2} \exp\left(-\frac{r^2 + A^2}{2\sigma^2}\right) \cdot I_0\left(\frac{Ar}{\sigma^2}\right)$$

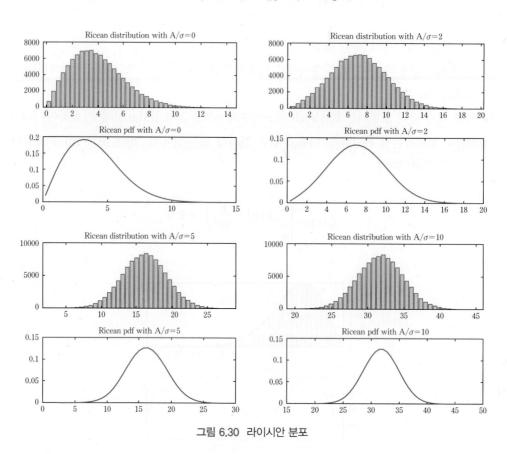

그림 6.30 라이시안 분포

6.9.2 랜덤 프로세스

정상(stationary) 랜덤 프로세스와 비정상(nonstationary) 랜덤 프로세스를 발생시키고 통계적 평균 및 시간 평균 특성을 살펴본다. 이 실습에서는 다음과 같은 Matlab 내장함수를 사용한다. 각 함수에 대한 상세한 사용법을 help를 통하여 익히도록 한다.

① mean

② meansq

③ xcorr: 시간 평균에 의한 상관함수를 계산한다.

또한 내장 함수와 별도로 교재에서 제공하는 다음 함수를 실습에 이용한다.

① sample_path1.m
랜덤 프로세스 $X(\Theta, t) = \cos(2\pi f_c t + \Theta)$의 표본 함수를 발생시키는 함수로 사용 방법은 아래와 같다. 여기서 fs는 표본화 주파수이며, N은 표본 개수이다.

   sample_path1(theta, fs, N)

② sample_path2.m
랜덤 프로세스 $X(A, t) = A \cos(2\pi f_c t)$의 표본 함수를 발생시키는 함수로 사용 방법은 아래와 같다. 여기서 fs는 표본화 주파수이며, N은 표본 개수이다

   sample_path2(A, fs, N)

③ autocorr.m
시간 평균 자기상관함수 $R_x(\tau)$를 계산하고 그리는 함수로 사용 방법은 아래와 같다. 여기서 X는 랜덤 프로세스 $X(t)$의 표본 함수 벡터이며, fs는 표본화 주파수이다. LAG는 τ 값의 범위를 나타낸다. $R_x(-LAG)$부터 $R_x(LAG)$까지 그림으로 그려준다.

   autocorr(X, fs, LAG)

④ psd_est.m
전력 스펙트럼 밀도 $S_x(f)$를 계산하는 함수로 사용 방법은 아래와 같다. 여기서 X는 랜덤 프로세스 $X(t)$의 표본 함수 벡터이며, fs는 표본화 주파수이다. M개 단위로 FFT 스펙트럼을 구하고 평균을 취하여 PSD 추정값을 구하고 $S_x(f)$를 그려준다. $S_x(f)$를 그릴 때 주파수 범위는 (0, fs/2)이며, type을 'linear' 또는 'decibel' 또는 'semilog'로 하여 그래프의 스케일을 결정한다.

   psd_est(X, fs, type, M)

랜덤 프로세스 $X(t) = X(\Theta,\ t) = \cos(2\pi f_c t + \Theta)$

랜덤 프로세스 $X(\Theta,\ t) = \cos(2\pi f_c t + \Theta)$를 고려하자. 여기서 위상 Θ는 $[0, 2\pi)$ 내의 값을 갖는 확률변수이다. $\theta = 0,\ \pi/2,\ \pi,\ 3\pi/2$의 각 경우에 대한 랜덤 프로세스의 표본 함수를 발생시키고 파형을 그려보라. 주파수는 $f_c = 500$ Hz를 사용하고 표본화 주파수는 $f_s = 10^5$ Hz를 사용하라.

풀이

위의 실습을 위한 Matlab 코드의 예로 ex6_3.m을 참고한다. 프로그램을 실행시켜서 다음과 같은 결과를 얻는지 확인하라.

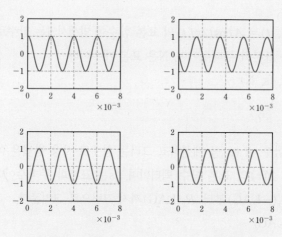

그림 6.31 $X(\Theta,\ t) = \cos(2\pi f_c t + \Theta)$의 표본 함수

예제 6.14를 위한 Matlab 프로그램의 예(ex6_3.m)

```
clear; close all;
fs = 10^5;  % sampling frequency
N = 800;    % number of samples per realization
time = [1:N]/fs;
fc = 500;  % frequency of sinusoidal signal
theta = pi*[0 1/2 1 3/2];
for i=1:4
    X(i,:) = sample_path1(theta(i), fc, fs, N);
```

```
        subplot(eval(['22' num2str(i)])), plot(time, X(i,:));
        v = axis;
        axis([v(1) v(2) −2 2]);
        grid;
    end
```

예제 6.15 랜덤 프로세스 $X(t) = X(A, \ t) = A\cos(2\pi f_c t)$

랜덤 프로세스 $X(A, \ t) = A\cos(2\pi f_c t)$ 를 고려하자. 여기서 A 는 확률변수이다. $A = 1, \ 2, \ 5, \ -4$ 의 각 경우에 대한 랜덤 프로세스의 표본 함수를 발생시키고 파형을 그려보라. 주파수는 $f_c = 500\,\text{Hz}$를 사용하고 표본화 주파수는 $f_s = 10^5\,\text{Hz}$를 사용하라.

풀이

위의 실습을 위한 Matlab 코드의 예로 ex6_4.m을 참고한다. 프로그램을 실행시켜서 다음과 같은 결과를 얻는지 확인하라.

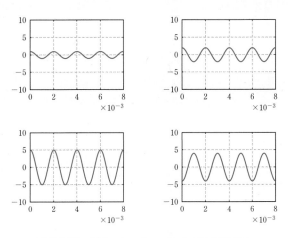

그림 6.32 $X(A, \ t) = A\cos(2\pi f_c t)$ 의 표본 함수

```
clear; close all;
fs = 10^5; % sampling frequency
N = 800; % number of samples per realization
time = [1:N]/fs;
fc = 500; % frequency of sinusoidal signal
A = [1 2 5 −4];
for i=1:4
    X(i,:) = sample_path2(A(i), fc, fs, N);
    subplot(eval(['22' num2str(i)])), plot(time, X(i,:));
    v = axis;
    axis([v(1) v(2) −10 10]);
    grid;
end
```

예제 6.16 ┃ AWGN 잡음 프로세스

(a) AWGN 잡음

평균이 0이고 분산(평균전력)이 1인 이산시간 AWGN 잡음 X_n을 발생시키고 자기상관함수와 PSD의 추정값을 계산하여 그려보라. 이 잡음은 대역 제한된 연속시간 가우시안 백색잡음 프로세스 $X(t)$를 $f_s = 10^4$ Hz로 표본화하여 얻은 것이라고 가정하라. 이 경우 $X(t)$의 PSD, 즉 $N_0/2$는 얼마인가?

(b) 정현파 신호에 AWGN 잡음이 더해진 경우

주파수가 500 Hz인 정현파 신호 $s(t) = \cos(100\pi t)$에 AWGN 잡음 $n(t)$가 더해진다고 하자. SNR을 변화시키면서 신호의 파형과 자기상관함수 및 PSD를 계산하고 그려보라.

풀이

(a) AWGN 잡음

먼저 평균 $m_X = 0$, 분산 $\sigma_X^2 = 1$인 가우시안 잡음 표본을 gaussian_noise 함수를 사용하여 발생시킨다. 교재에서 제공된 autocorr 함수 및 psd_est 함수를 사용하여 시간평균 자기상관함수 및 PSD 추정값을 계산한다. 정확도를 높이기 위해 여러 번 계산하여 평균을 취한다. 프로그램을 실행시켜 다음 그림과 같은 결과가 얻어지는지 확인하라. 자기상관함수는 임펄스와 유사한 모양을 갖는 것을 관찰할 수 있다.

잡음 전력과 PSD는 다음 관계를 가진다.

$$1 = \sigma^2 = \frac{N_0}{2} \cdot (2B) = \frac{N_0}{2} \cdot (2 \times 5 \text{kHz})$$

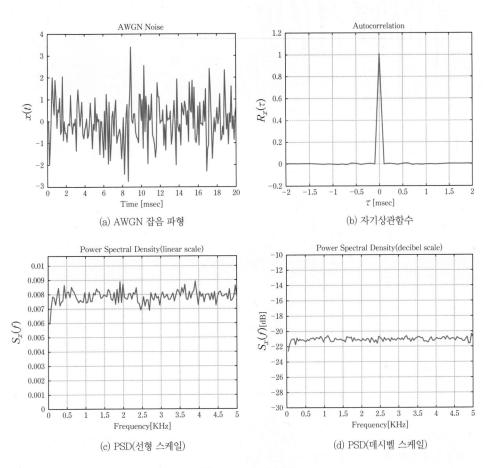

그림 6.33 AWGN 잡음

(b) 정현파 신호에 AWGN 잡음이 더해진 경우

주파수 500Hz인 정현파 신호를 발생시키고 AWGN 잡음 $n(t)$와 더한다. 잡음 발생에서는 SNR에 맞도록 분산을 결정한다. 프로그램을 실행시켜 다음 그림과 같은 결과가 얻어지는지 확인하라. 자기 상관함수를 보면 백색 잡음에 해당하는 임펄스 성분과 정현파 신호에 해당하는 500Hz의 정현파 성분을 관찰할 수 있다. PSD를 통해 500Hz의 주파수 성분을 확인할 수 있다.

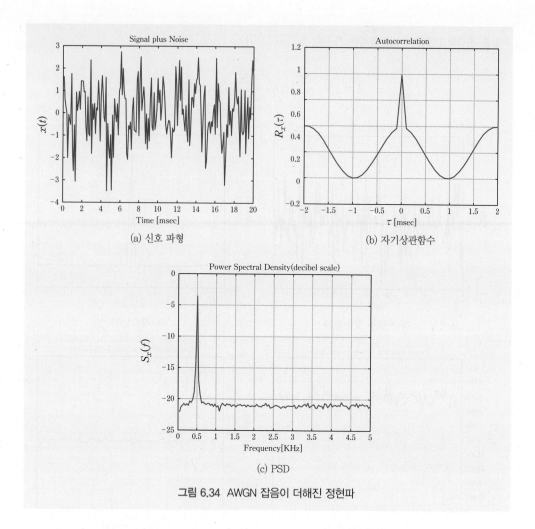

(a) 신호 파형   (b) 자기상관함수

(c) PSD

그림 6.34 AWGN 잡음이 더해진 정현파

예제 6.16을 위한 Matlab 프로그램의 예(ex6_5.m)

---

clear; close all;

M = 100000; % Total number of data points

M_plot = 200; % Number of data points to be plotted

fs = 10000; % Sampling frequency

% Generate an Mx1 vector of Gaussian distributed random numbers

mu = 0; % mean

sigma2 = 1; %variance

x = gaussian_noise(mu,sigma2,M);

time = [1:M_plot]/fs*1000; % Time vector in msec

```
plot(time, x(1:M_plot));
title('AWGN Noise');
xlabel('Time [msec]'); ylabel('x(t)');
disp('Hit any key to see Autocorrelation Function'); pause
figure;
% Compute Autocorrelation Function
autocorr(x, fs);
disp('Hit any key to see PSD'); pause
% Compute Power Spectral Density
figure;
%psd_est(x, fs, 'linear', 256);
psd_est(x, fs, 'decibel', 256);
disp('Hit any key to continue on signal in noise case'); pause
% ------------------------------------------------
% Sinusoidal signal plus AWGN noise
% ------------------------------------------------
close all;
SNR_dB = [0 -10 -20];
SNR = 10.^(SNR_dB/10);
mu = 0; % mean
sigma2 = 1./SNR; % noise variance
noise = gaussian_noise(mu,sigma2(1),M);
signal = cos(1000*pi*[0:M-1]/fs);
x = signal + noise;
time = [1:M_plot]/fs*1000; % Time vector in msec
plot(time, x(1:M_plot));
title('Signal plus Noise');
xlabel('Time [msec]');
ylabel('x(t)');
disp('Hit any key to see Autocorrelation Function'); pause
figure;
% Compute Autocorrelation Function
autocorr(x, fs);
disp('Hit any key to see PSD'); pause
% Compute Power Spectral Density
figure;
psd_est(x, fs, 'decibel', 256);
```

6.1 두 개의 주사위를 동시에 던진다고 하자. 한 개의 주사위는 공정하지만 다른 주사위는 편향되어 있어서 다음과 같은 확률을 갖는다고 하자.

$$P(1) = P(4) = \frac{1}{6}, \ P(2) = P(6) = \frac{1}{3}, \ P(3) = P(5) = 0$$

(a) 두 눈의 합이 6이 될 확률을 구하라.
(b) 두 눈의 합이 7이 될 확률을 구하라.

6.2 항아리 속에 6개의 흰 공과 7개의 검은 공이 있다. 세 개의 공을 계속해서 꺼내는 실험을 한다고 하자. 이 때 꺼낸 공을 다시 집어 넣지는 않는다. 처음 두 개의 공이 흰 공일 때 세 번째 공도 흰 공일 확률을 구하라.

6.3 항아리 A에는 3개의 빨간 공, 7개의 노란 공, 4개의 흰 공이 들어 있고, 항아리 B에는 6개의 빨간 공, 5개의 노란 공, 2개의 흰 공이 들어 있다. 각 항아리로부터 한 개의 공을 꺼낸다고 할 때 두 개의 공이 같은 색일 확률을 구하라.

6.4 다섯 비트로 구성된 메시지어(message word)에서 비트 0과 1이 각각 0.4와 0.6의 확률로 발생된다고 하자.

(a) 발생된 메시지어가 두 개의 1과 세 개의 0으로 이루어질 확률은 얼마인가?
(b) 메시지어에 1이 최소 3개 있을 확률은 얼마인가?
(c) 확률변수 X를 메시지어에 들어 있는 1의 개수라고 하자. $P(X \geq 4)$를 구하라.

6.5 어떤 시스템이 다음과 같은 이벤트가 발생하면 동작을 멈추도록 설계되었다고 하자. 이벤트 A와 이벤트 B가 동시에 일어나거나 이벤트 C가 일어나는 경우 동작을 멈춘다. 각 이벤트가 일어날 확률은 다음과 같다.

$$P(A) = 10^{-3}, \ P(B) = 2 \times 10^{-3}, \ P(C) = 10^{-5}$$

(a) 이벤트 A와 이벤트 B가 독립적이라고 가정하고 시스템의 동작이 멈출 확률을 구하라.

(b) $P(A|B) = 0.01$ 이라면 이벤트 A와 이벤트 B가 독립적인가?

(c) $P(A|B) = 0.01$ 인 경우 $P(B|A)$를 구하라.

6.6 이진 통신 시스템에서 송신하는 메시지 비트를 나타내는 확률변수를 X라 하고 수신되는 비트를 나타내는 확률변수를 Y라 하자. 통신 채널을 통해 $X = x$를 전송하였을 때 $Y = y$로 수신될 확률을 $P_{Y|X}(y|x)$라 하자. 어떤 이진 통신 채널이 1을 전송하였을 때 0으로 수신될 확률이 $P_{Y|X}(0|1) = 0.1$이고, 0을 전송하였을 때 1로 수신할 확률이 $P_{Y|X}(1|0) = 0.2$인 성질을 가졌다고 하자. 송신할 데이터 비트로 1이 발생될 확률이 $P_X(1) = 0.3$이라 가정하고 다음의 확률을 구하라.

(a) 수신되는 비트가 1일 확률, $P_Y(1)$

(b) 수신되는 비트가 1인데, 실제로 송신한 비트는 0일 확률, $P_{X|Y}(0|1)$

(c) 시스템의 비트오류 확률

6.7 어떤 이진 통신 시스템이 +1과 −1의 데이터를 전송하며, +1과 −1의 데이터 발생 확률은 동일하다고 하자. 통신 채널의 잡음으로 인해 오류가 발생하여 −1를 전송하였으나 수신기에서 +1로 판정할 확률을 $P(+1|-1) = 0.1$이라 하고, +1를 전송하였으나 수신기에서 −1로 판정할 확률을 $P(-1|+1) = 0.2$이라 가정하자. 또한 통신 채널을 거치는 중에 왜곡이나 간섭으로 인해 신호 유실이 발생하여 수신기가 판정을 내리지 못하는 경우가 있다고 하자. 이 상태를 '0'의 상태로 표현하자. 이와 같이 수신기의 상태는 +1, −1, 0의 세 가지가 있으며, 각각 수신기가 +1로 판단하거나 −1로 판단하거나 신호 유실했다고 판단하는 상태이다. $P(0|+1) = P(0|-1) = p$이라 하자.

(a) $p = 0$을 가정하고, 수신기에서 +1의 판정 결과를 낼 확률과 −1의 판정 결과를 낼 확률을 구하라.

(b) $p = 0$을 가정하고, 수신기에서 +1의 판정 결과를 냈는데 실제로 송신한 데이터가 +1이었을 확률을 구하라.

(c) $p = 0.1$을 가정하고 (b)를 반복하라.

6.8 동전을 4번 던져서 앞 면이 나온 개수를 세어 그 숫자의 제곱근(square root)을 확률변수 X라 하자. 다음을 구하라.

(a) $F_X(x)$

(b) $P(X \leq 1.5)$

6.9 확률변수 X의 CDF가 다음과 같다고 하자.

$$F_X(x) = \begin{cases} 0, & x \le -4 \\ \frac{1}{2}\left[1 + \sin\left(\frac{\pi x}{8}\right)\right], & -4 < x \le 4 \\ 1, & x > 4 \end{cases}$$

(a) $F_X(x)$의 그림을 그려보라.

(b) $P(X \le 2)$을 구하라.

(c) $P\left(|X| \le \frac{4}{3}\right)$을 구하라.

(d) $P\left(X > \frac{4}{3}\right)$을 구하라.

6.10 문제 6.9의 확률변수 X에 대한 확률밀도함수 $f_X(x)$를 구하고 그려보라.

6.11 확률변수 X의 CDF가 다음과 같다고 하자.

$$F_X(x) = \frac{1}{4}x^2 u(x) + \left(1 - \frac{1}{4}x^2\right)u(x-2)$$

(a) $F_X(x)$의 그림을 그려보라.

(b) X의 pdf $f_X(x)$를 구하고 그려보라.

(c) X의 pdf로부터 $P\left(\frac{1}{2} < X \le 1\right)$를 구하라.

(d) $P\left(X > \frac{1}{3}\right)$을 구하라.

6.12 연속 확률변수 X가 다음과 같은 CDF를 가진다고 하자.

$$F_X(x) = \begin{cases} 0, & x < 0 \\ \alpha x^3, & 0 \le x \le 2 \\ \beta, & x > 2 \end{cases}$$

(a) α와 β의 값을 구하고 $F_X(x)$를 그려보라.

(b) 확률밀도함수 $f_X(x)$를 구하고 그려보라.

(c) $P(X > 1)$을 구하라.

(d) $P\left(\frac{1}{2} \le X < 1\right)$을 구하라.

6.13 확률변수 X가 다음과 같은 pdf를 가진다고 하자.

$$f_X(x) = Ae^{-4|x|}$$

(a) A의 값을 구하라.

(b) $P(X < -2)$을 구하라.

(c) $P\left(-\dfrac{1}{4} \le X < 1\right)$을 구하라.

(d) X의 평균과 분산을 구하라.

6.14 확률변수 X의 pdf가 다음과 같다고 하자.

$$f_X(x) = \begin{cases} cx(2-x), & 0 < x \le 2 \\ 0, & \text{otherwise} \end{cases}$$

(a) $f_X(x)$의 그림을 그려보라. c의 값은 얼마인가?

(b) $P\left(1 < X \le \dfrac{3}{2}\right)$을 구하라.

(c) $F_X(x)$를 구하라.

6.15 Rayleigh 분포를 갖는 확률변수 X의 pdf는 다음과 같이 표현된다.

$$f_X(x) = \begin{cases} cx \exp\left[-\dfrac{x^2}{2\sigma^2}\right], & x \ge 0 \\ 0, & x < 0 \end{cases}$$

(a) c의 값을 구하라.

(b) $F_X(x)$를 구하라.

(c) $P(\sigma < X \le 2\sigma)$를 구하라.

6.16 가우시안 확률변수 X가 다음과 같은 pdf를 가진다고 하자.

$$f_X(x) = \frac{1}{4\sqrt{2\pi}} e^{-(x-3)^2/32}$$

(a) X의 평균과 분산은 얼마인가?

(b) $P(X > 6)$을 Q 함수를 사용하여 표현하라

(c) $P(-2 \leq X < 4)$을 Q 함수를 사용하여 표현하라. 이 때 $Q(\alpha)$에서 α는 0 이상의 값을 사용하여 표현하라.

(d) $P(X < 5)$을 Q 함수를 사용하여 표현하라.

6.17 확률변수 X가 그림 P6.17과 같은 pdf를 가진다고 하자.

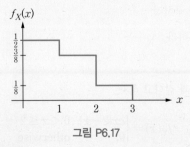

그림 P6.17

(a) X의 평균과 분산을 구하라.

(b) X의 CDF $F_X(x)$를 구하고 그려보라.

6.18 확률변수 X가 그림 P6.18과 같은 pdf를 가진다고 하자.

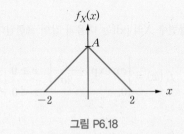

그림 P6.18

(a) A의 값을 구하라.

(b) $P(X > 1)$을 구하라.

(c) $P\left(-\frac{1}{2} \leq X < 1\right)$을 구하라.

(d) X의 평균과 분산을 구하라.

6.19 두 개의 확률변수 X와 Y가 다음과 같은 결합 pdf를 가진다고 하자. 상수 A의 값을 구하라. $f_X(x)$와 $f_Y(y)$를 구하고, 두 확률변수가 통계적으로 독립인지 판정하라.

(a) $f_{XY}(x, y) = Ae^{-|x|-2|y|}$

(b) $f_{XY}(x, y) = A(1-x-y), \ 0 \leq x \leq 1-y, \ 0 \leq y \leq 1$

6.20 다음 경우에 대해 확률변수 X의 평균과 분산을 구하라.

(a) 문제 6.14

(b) 문제 6.11

(c) 문제 6.9

6.21 확률변수 X의 pdf가 다음과 같다고 하자.

$$f_X(x) = ce^{-3x}u(x)$$

(a) $f_X(x)$의 그림을 그려보라. c의 값은 얼마인가?

(b) 확률변수 X의 평균과 분산을 구하라.

(c) $Y = 4X + 3$의 변환으로 만들어진 새로운 확률변수 Y의 평균과 분산을 구하라.

6.22 가우시안 확률변수 X가 평균은 −2이고 분산은 9라고 하자.

(a) X의 pdf를 수식으로 표현하라.

(b) $Y = 4X + 3$의 변환으로 만들어진 새로운 확률변수 Y의 평균과 분산을 구하라.

(c) $P(X > 2)$을 Q 함수를 사용하여 표현하라.

(d) $P(-3 < X \leq 4)$을 Q 함수를 사용하여 표현하라. 이 때 $Q(x)$의 x는 양의 값을 사용하여 표현하라.

6.23 두 개의 확률변수 X와 Y가 다음과 같은 결합 pdf를 가진다고 하자.

$$f_{XY}(x, \ y) = \begin{cases} A(1+xy), & 0 \leq x \leq 4, \ 0 \leq y \leq 3 \\ 0, & \text{otherwise} \end{cases}$$

다음을 구하라.

(a) A

(b) $F_{XY}(1, \ 3)$

(c) $f_{XY}(x, \ 1)$

(d) $f_Y(y)$

(e) $f_{X|Y}(x|2)$

6.24 X가 0과 4 사이에 균일하게 분포된 확률변수라고 하자.

(a) X의 pdf를 구하라.

(b) X의 평균과 분산을 구하라.

(c) 새로운 확률변수가 $Y = 3X - 2$의 관계를 가진다고 하자. Y의 평균을 구하라.

(d) 새로운 확률변수가 $Y = 2X^3 + 3$의 관계를 가진다고 하자. Y의 평균을 구하라.

6.25 확률변수 X가 다음과 같은 pdf를 가진다고 하자.

$$f_X(x) = A\delta(x-4) + \frac{1}{8}[u(x-2) - u(x-6)]$$

(a) A의 값을 구하라.

(b) $P(1 < X < 5)$를 구하라.

(c) X의 평균과 분산을 구하라.

6.26 두 개의 확률변수 X와 Y가 다음과 같은 결합 pdf를 가진다고 하자.

$$f_{XY}(x, \ y) = ce^{-(x+2y)}u(x)u(y)$$

(a) X와 Y는 통계적으로 독립적인가?

(b) 상수 c의 값을 구하라.

(c) $P(X \le 1, \ Y \le 1)$를 구하라.

(d) 주변(marginal) pdf $f_X(x)$와 $f_Y(y)$를 구하라.

6.27 두 개의 확률변수 X와 Y가 다음과 같은 평균과 분산을 갖는다고 하자.

$$m_X = 2, \ \sigma_X^2 = 4, \ m_Y = 1, \ \sigma_Y^2 = 8$$

새로운 확률변수 Z가 $Z = 3X - 2Y$와 같이 정의되었다고 하자. 확률변수 X와 Y 사이의 상관계수가 다음과 같을 때 Z의 평균과 분산을 구하라.

(a) $\rho = 0$

(b) $\rho = 0.25$

(c) $\rho = 0.5$

(d) $\rho = 1.0$

6.28 두 개의 확률변수 X와 Y가 다음과 같은 결합 pdf를 가진다고 하자.

$$f_{XY}(x, y) = xe^{-x(1+y)}u(x)u(y)$$

(a) X와 Y는 통계적으로 독립적인가?

(b) 주변(marginal) pdf $f_X(x)$와 $f_Y(y)$를 구하라.

(c) $P(X \leq 1, Y \leq 1)$를 구하라.

(d) $f_{Y|X}(y|1)$를 구하라.

6.29 다음과 같이 표현되는 랜덤 프로세스가 있다.

$$X(t) = A\cos(\omega_0 t) + B\sin(\omega_0 t)$$

여기서 ω_0는 상수이며, A와 B는 확률변수이다.

(a) $X(t)$가 정상적(stationary)이 되기 위해서는 다음 조건이 만족되어야 함을 보여라.

$$E[A] = E[B] = 0$$

(b) $X(t)$가 WSS가 되기 위한 필요충분 조건은 A와 B가 무상관(uncorrelated)이면서 분산이 동일해야 함을 보여라. 즉

$$E[AB] = 0, \ \sigma_A^2 = \sigma_B^2 = \sigma^2$$

6.30 랜덤 프로세스 $X(t)$의 공분산이 시간차의 함수인 경우, 즉 $C_X(t, t+\tau) = C_X(\tau)$인 경우 'covariance stationary'하다고 한다. 랜덤 프로세스 $X(t)$가 다음과 같다고 하자.

$$X(t) = (A+1)\cos t + B\sin t$$

여기서 A와 B는 서로 독립적인 확률변수이며 다음과 같은 성질을 갖는다고 가정하자.

$$E[A] = E[B] = 0, \ E[A^2] = E[B^2] = 1$$

(a) $X(t)$는 WSS가 아님을 보여라.

(b) $X(t)$는 covariance stationary함을 보여라.

6.31 랜덤 프로세스 $X(t)$가 WSS하다고 하자. 다음이 성립하는 것을 보여라.

$$E[\{X(t+\tau)-X(t)\}^2] = 2\{R_X(0)-R_X(\tau)\}$$

6.32 다음과 같이 표현되는 랜덤 프로세스가 있다.

$$X(t) = A\cos(\omega_0 t)$$

여기서 ω_0는 상수이며, A는 평균이 0이고 분산이 σ^2인 가우시안 확률변수이다. $X(t)$는 그림 P6.32와 같은 적분기를 통과하여 새로운 랜덤 프로세스 $Y(t)$가 된다.

(a) $X(t)$와 $Y(t)$의 가능한 표본함수 몇 개를 그려보라.

(b) 특정 시각 t_i에서 출력의 pdf를 표현해보라.

(c) 출력 프로세스 $Y(t)$는 WSS인가?

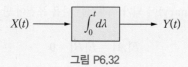

$$X(t) \longrightarrow \boxed{\int_0^t d\lambda} \longrightarrow Y(t)$$

그림 P6.32

6.33 다음과 같이 표현되는 랜덤 프로세스가 있다.

$$X(t) = At+b$$

여기서 A는 0과 5 사이에 균일하게 분포된 확률변수이며 b는 양의 상수이다.

(a) 이 랜덤 프로세스의 가능한 표본함수 몇 개를 그려보라.

(b) $X(t)$의 평균 $E[X(t)]$와 분산 $\mathrm{Var}[X(t)]$를 구하라.

(c) $X(t)$의 자기상관함수 $R_X(t_1,\ t_2)$를 구하라.

(d) 이 프로세스는 WSS인가?

6.34 다음과 같이 표현되는 랜덤 프로세스가 있다.

$$X(t) = A\cos(\omega_0 t + \Theta)$$

여기서 A는 -2와 2 사이에 균일하게 분포된 확률변수이고, Θ는 0과 2π 사이에 균일하게 분포된 확률변수이며, A와 Θ는 서로 독립이다.

(a) $E[X(t)]$를 구하라.

(b) $R_X(t_1,\ t_2)$를 구하라.

(c) 이 프로세스는 WSS인가? 그렇다면 이 프로세스의 전력은 얼마인가?

(d) 이 프로세스는 ergodic인가?

6.35 다음과 같이 표현되는 랜덤 프로세스가 있다.

$$Y(t) = X(t)\cos(\omega_0 t + \Theta)$$

여기서 $X(t)$는 $E[X(t)] = 0$이고 $R_X(\tau) = \sigma_X^2 e^{-|\tau|}$인 WSS 랜덤 프로세스이다.

(a) $\Theta = 0$인 경우 $E[Y(t)]$와 $E[Y^2(t)]$을 구하라.

(b) $\Theta = 0$인 경우 $R_Y(t_1,\ t_2)$를 구하라. $Y(t)$는 WSS인가?

(c) Θ가 $X(t)$에 독립인 확률변수이고 $(-\pi,\ \pi)$의 구간에서 균일한 분포를 가진다고 하자. 이 경우 $E[Y(t)]$와 $E[Y^2(t)]$을 구하라.

(d) (c)의 경우 $R_Y(t_1,\ t_2)$를 구하라. $Y(t)$는 WSS인가?

6.36 다음의 함수 중 자기상관함수가 될 수 없는 것은 어느 것인가? 이유를 제시하라. 여기서 $A,\ L,\ \omega_0$는 양의 상수이다.

(a) $A\sin(\omega_0 \tau)$

(b) $A\cos(\omega_0 \tau)$

(c) $\delta(\tau - 1)$

(d) $-A\delta(\tau)$

(e) $A\Pi(\tau/L)$

(f) $A\Lambda(\tau/L)$

6.37 다음의 함수 중 실수 랜덤 프로세스의 PSD가 될 수 있는 것은 어느 것인가?

(a) $\dfrac{1}{(2\pi f)^2 - 4}$

(b) $\dfrac{2\pi f}{(2\pi f)^2 + 4}$

(c) $\dfrac{(2\pi f)^2}{(2\pi f)^2 + 4}$

(d) $\operatorname{sinc}^2(10f)$

(e) $\delta(f+f_0)-\delta(f-f_0)$

(f) $j[\delta(f+f_0)+\delta(f-f_0)]$

6.38 랜덤 프로세스 $X(t)$가 WSS하다고 하자. 다음이 성립하는 것을 보여라.

(a) $R_X(-\tau)=R_X(\tau)$

(b) $|R_X(\tau)|\leq R_X(0)$

6.39 두 개의 랜덤 프로세스 $X(t)$와 $Y(t)$가 다음과 같다고 하자.

$$X(t)=A\cos(\omega t+\Theta)$$
$$Y(t)=A\sin(\omega t+\Theta)$$

여기서 A와 ω는 상수이며, Θ는 $[0,\ 2\pi)$에서 균일 분포를 갖는 확률변수이다.

(a) $X(t)$와 $Y(t)$의 상호상관함수를 구하라.

(b) $R_{XY}(-\tau)=R_{YX}(\tau)$가 됨을 보여라.

6.40 두 개의 랜덤 프로세스 $X(t)$와 $Y(t)$가 다음과 같다고 하자.

$$X(t)=A\cos\omega t+B\sin\omega t$$
$$Y(t)=B\cos\omega t-A\sin\omega t$$

여기서 ω는 상수이며, A와 B는 서로 독립인 확률변수이다. A와 B는 모두 평균이 0이며 동일한 분산 σ^2을 갖는다. $X(t)$와 $Y(t)$의 상호상관함수를 구하라.

6.41 WSS 랜덤 프로세스 $X(t)$가 다음과 같은 임펄스 응답을 갖는 LTI 시스템에 입력된다고 하자.

$$h(t)=2e^{-3t}u(t)$$

$E[X(t)]=12$라고 가정하고 출력 프로세스 $Y(t)$의 평균을 구하라.

6.42 $X(t)$는 WSS 프로세스이며, 평균이 0이고 자기상관함수는 다음과 같다.

$$R_X(\tau)=5e^{-4|\tau|}$$

(a) $X(t)$의 전력을 구하라.

(b) $X(t)$의 PSD를 구하라.

(c) $Y(t) = X(t-2)$의 평균과 자기상관함수를 구하라.

(d) $Y(t)$는 WSS 프로세스인가?

(e) $Y(t)$의 전력을 구하라.

6.43 문제 6.42에서 새로운 프로세스가 $Y(t) = tX(t)$라고 하자.

(a) $Y(t)$의 평균과 자기상관함수를 구하라.

(b) $Y(t)$는 WSS 프로세스인가?

6.44 문제 6.42에서 새로운 프로세스가 $Y(t) = X(t-1) + 2\cos(4\pi t)$라고 하자.

(a) $Y(t)$의 평균과 자기상관함수를 구하라.

(b) $Y(t)$는 WSS 프로세스인가?

6.45 $X(t)$는 자기상관함수가 $R_X = 2\Lambda(\tau)$인 WSS 프로세스이다. 랜덤 프로세스 $Y(t)$는 $Y(t) = X(t) + X(t - t_0)$의 관계를 가진다고 하자.

(a) $Y(t)$의 자기상관함수를 구하라. $Y(t)$는 WSS 프로세스인가?

(b) $Y(t)$의 PSD는 $S_y(f) = 4S_x(f)\cos^2(\pi f t_0)$가 되는 것을 증명하라.

(c) $t_0 = 1/4$인 경우 $Y(t)$의 PSD를 구하고, $X(t)$와 $Y(t)$의 전력을 구하라.

6.46 WSS 랜덤 프로세스 $X(t)$가 다음과 같은 자기상관함수를 갖는다고 하자.

$$R_X(\tau) = Ke^{-a|\tau|}$$

여기서 K와 a는 양의 상수이다. $X(t)$가 다음과 같은 임펄스 응답을 갖는 LTI 시스템에 입력된다고 하자.

$$h(t) = e^{-bt}u(t), \ b > 0$$

(a) $X(t)$와 $Y(t)$의 PSD를 구하라.

(b) $Y(t)$의 자기상관함수를 구하라.

6.47 WSS 프로세스 $X(t)$의 자기상관함수와 PSD가 각각 $R_X(\tau)$ 및 $S_X(f)$라고 하자. $X(t)$를 미분하여 만들어지는 랜덤 프로세스를 $Y(t)$라 하자. 다음을 증명하라.

(a) $R_{XY}(\tau) = \dfrac{dR_X(\tau)}{d\tau}$

(b) $R_Y(\tau) = -\dfrac{d^2 R_X(\tau)}{d\tau^2}$

(c) $S_Y(f) = (2\pi f)^2 S_X(f)$

6.48 랜덤 프로세스 $X(t)$가 양측 PSD $S_X(f) = N_0/2$를 가진 백색 잡음이라고 하자. $X(t)$는 그림 P6.48과 같은 RC 필터를 통과하여 새로운 랜덤 프로세스 $Y(t)$가 된다. 다음을 구하라.

(a) $S_Y(f)$

(b) $R_Y(\tau)$

(c) $E[Y^2(t)]$

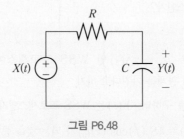

그림 P6.48

6.49 WSS 프로세스 $N(t)$는 PSD가 $S_n(f) = 2 \times 10^{-6}$ [W/Hz]인 백색 잡음이다. $N(t)$가 차단주파수가 500kHz이고 통과대역의 이득이 2인 이상적인 저역통과 필터를 통과한다고 하자.

(a) 출력 프로세스 $Y(t)$의 PSD를 표현하고 그려보라.

(b) 출력 프로세스의 자기상관함수를 표현하고 그려보라.

(c) 출력 프로세스의 전력을 구하라.

6.50 입력 프로세스 $X(t)$의 자기상관함수 또는 PSD가 다음과 같을 때, 다음의 선형 시스템 출력 프로세스 $Y(t)$의 자기상관함수와 PSD를 구하라.

(a) $R_X(\tau) = \dfrac{N_0}{2}\delta(\tau)$, $H(f) = \Pi\left(\dfrac{f}{2B}\right)$, N_0, B는 양의 상수

(b) $S_X(f) = \dfrac{\alpha}{1+(2\pi f \beta)^2}$, $h(t) = Ke^{-at}u(t)$, α, β, K, a는 양의 상수

6.51 임펄스 응답이 $h(t) = e^{-3t}u(t)$인 LTI 시스템에 PSD가 $N_0/2 = 1[\text{W/Hz}]$인 AWGN 프로세스가 입력된다고 하자. 이 시스템의 출력 프로세스를 $Y(t)$라 하자.

(a) $Y(t)$의 평균을 구하라.

(b) $Y(t)$의 자기상관함수와 PSD를 구하라.

(c) $Y(t)$의 전력을 구하라.

(d) 시간 t_0에서 출력의 확률밀도함수를 표현해보라.

6.52 대역 제한된 잡음 $N(t)$가 그림 P6.52와 같은 PSD를 가진다고 하자. 프로세스 $X(t) = N(t)\cos(2\pi f_0 t + \Theta) + N(t)\sin(2\pi f_0 t + \Theta)$의 PSD를 구하고 그려보라. 여기서 Θ는 $(0, 2\pi)$에서 균일하게 분포된 확률변수이다.

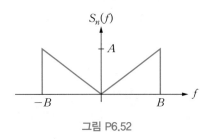

그림 P6.52

6.53 PSD가 그림 P6.53과 같은 협대역 잡음 프로세스 $N(t)$가 있다. $N(t)$를 식교 성분들의 합, 즉 $N(t) = N_c(t)\cos(2\pi f_0 t + \Theta) + N_s(t)\sin(2\pi f_0 t + \Theta)$의 형태로 표현하라. 중심 주파수는 $f_0 = 100\text{kHz}$를 사용하라. $S_{N_c}(f)$, $S_{N_s}(f)$를 구하고 그려보라.

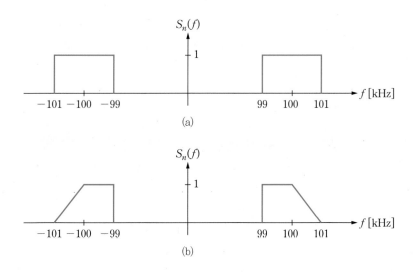

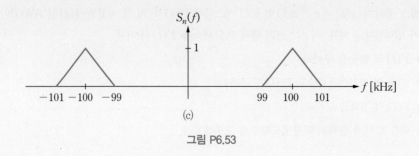

그림 P6.53

6.54 $f_0 = 99\text{kHz}$를 사용하여 문제 6.53을 반복하라.

6.55 $f_0 = 101\text{kHz}$를 사용하여 문제 6.53을 반복하라.

6.56 PSD가 $S_X(f) = N_0/2$인 백색잡음 $X(t)$가 차단 주파수가 $B\text{Hz}$인 이상적인 저역통과 필터에 입력된다고 하자.

(a) 필터 출력 $Y(t)$ 자기상관 함수를 구하라.

(b) 두 개의 출력 샘플이 서로 무상관(uncorrelated)되기 위해서는 시간차가 얼마이어야 하는가?

6.57 신호 $s(t) = 10\cos(2\pi t)$에 PSD가 $S_n(f) = e^{-2|f|}$인 잡음이 더해져서 수신된다고 하자. 수신 신호를 주파수 응답이 $H(f)$인 필터에 입력시킨다고 하자.

(a) 입력단의 SNR을 구하라.

(b) 차단 주파수가 2Hz이고 통과대역의 이득이 1인 이상적인 저역통과 필터에 통과시켰을 때 출력 SNR을 구하라. 이러한 신호처리에 의하여 SNR이 몇 dB 증가하는가?

(c) 통과대역이 (0.9, 1.1)이고 통과대역의 이득이 1인 이상적인 대역통과 필터에 통과시켰을 때 출력 SNR을 구하라. 이러한 신호처리에 의하여 SNR이 몇 dB 증가하는가?

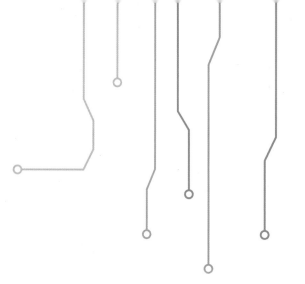

CHAPTER 07

펄스 변조와 펄스부호 변조

펄스 변조와 펄스부호 변조

아날로그 통신은 아날로그 정보 신호에 의하여 반송파의 파라미터를 변화시켜 전송하는 방식으로 4장과 5장에서 다룬 내용이 이에 속한다. 디지털 통신은 디지털로 표현된 정보를 여러 신호 집합 중 하나로 대응시켜 전송함으로써 정보를 전달하는 통신 방식이다. 정보가 아날로그 연속시간 신호에 담겨 있는 경우에는 디지털 통신을 위하여 표본화(sampling) 및 양자화(quantization) 과정이 필요하다. 아날로그 연속시간 신호는 표본화 과정을 거쳐서 이산시간 신호로 변환되고, 다시 양자화 과정을 거쳐 디지털 신호로 변환된다. 표본화 과정을 거치면 신호는 이산 시간에서만 값을 갖지만 신호의 값(진폭)은 계속 연속적이다. 7장에서 다루는 펄스 변조(Pulse Modulation)는 아날로그 신호를 표본화하여 신호 값에 따라 펄스의 크기나 폭, 위치 등의 파라미터를 변화시켜 전송하는 방식이다. 표본화된 신호의 순시값에 의해 펄스의 진폭을 결정하는 방식을 펄스진폭 변조(Pulse Amplitude Modulation: PAM)라 하고, 펄스의 폭을 결정하는 방식을 펄스폭 변조(Pulse Width Modulation: PWM)이라 하며, 펄스의 위치를 결정하는 방식을 펄스위치 변조(Pulse Position Modulation: PPM)라 한다.

펄스 변조는 신호를 표본화했을 때 신호의 크기가 연속적인 값을 가지므로 아날로그 변조 방식으로 분류된다. 앞서 4장과 5장에서 다루었던 변조 방식은 아날로그 연속시간 정보 신호를 그대로 사용하여 반송파를 변조시키는 방식으로, 좀더 세분하여 아날로그 연속파(continuous wave: cw) 변조라 한다.

표본화 과정은 디지털화 과정의 중간 단계로 볼 수 있다. 표본화에 이어 양자화를 거치면 신호의 값은 디지털 부호로 표현된다. 펄스부호 변조(Pulse Code Modulation: PCM)는 표본화 순간마다 한 개의 펄스를 전송하는 것이 아니라 신호의 디지털 부호에 해당하는 1과 0의 펄스열을 전송하는 방식으로 디지털 변조 방식으로 분류된다.

다중화에 있어서 아날로그 연속파 변조 방식은 신호의 대역폭이 한정된 점을 이용하여 주파수 상에서 대역을 분할하여 전송하는 주파수분할 다중화(Frequency Division

Multiplexing: FDM) 방식을 이용하지만 펄스 변조나 펄스부호 변조에서는 모든 시구간에서 펄스를 전송할 필요는 없으므로 여분의 시간에 다른 사용자 신호의 펄스를 전송하는 시분할 다중화(Time Division Multiplexing: TDM) 방식을 이용할 수 있다. 7장에서는 펄스 변조 및 펄스부호 변조 방식과 시분할 다중화 방식에 대해 알아본다.

7.1 표본화

표본화 이론은 필요한 조건만 만족되면 아날로그 신호를 일정한 주기로 표본화하여도 원래의 신호가 가지고 있는 정보에 손실이 일어나지 않게 할 수 있다는 것이다. 다시 말해서 이산 시간의 표본값들을 가지고 모든 시구간에서 원래의 아날로그 신호를 복원시키는 것이 가능하다는 것이다. 여기서 필요한 조건으로는 원래의 아날로그 신호에 대한 것과 표본화 과정에 대한 것이 있다. 신호에 대한 조건은 대역폭이 한정되어 있다는 것이고, 표본화 과정에 대한 조건은 표본화 속도를 신호가 가진 최고 주파수 성분의 2배 이상으로 해야 한다는 것이다. 이것이 표본화 정리이며 신호 처리와 디지털 통신에서 기초가 되는 이론이다. 이 절에서는 표본화 정리를 증명해보며, 이론적인(이상적인) 표본화 이론을 실제 환경에서 적용하기 어려운 문제점을 알아보고, 실용적 표본화 과정에 대해 알아본다.

7.1.1 이상적인 표본화(ideal sampling)

연속시간 신호를 이산시간 신호로 변환할 때 정보의 손실이 발생하지 않도록 하는 조건을 제시하는 이론이 표본화 정리(sampling theorem)이다. 여기서 정보의 손실이 발생하지 않는다는 것은 변환 과정을 거쳐 얻은 이산시간 신호로부터 원래의 연속시간 신호 복원이 가능하다는 것을 의미한다. 표본화 정리를 먼저 요약하면 다음과 같다. 어떤 연속시간 신호 $x(t)$ 가 최대 주파수 BHz로 대역 제한되었다고 하자. 이 신호를 일정한 시간 간격 $T_s \le 1/2B$ [sec]로 (또는 표본화 속도를 $f_s \ge 2B$ [samples/sec]로) 주기적으로 표본화하면 그 표본값들로부터 원래 신호 $x(t)$를 왜곡 없이 복원시킬 수 있다. 여기서 시간 간격 T_s를 표본화 주기라 하며 $f_s = 1/T_s$를 표본화 주파수라 한다. 왜곡 없는 표본화를 위한 최저 표본화 주파수, 즉 연속시간 신호 대역폭의 두 배 주파수를 나이퀴스트율(Nyquist rate)이라 한다. 만일 나이퀴스트율보다 낮은 주파수로 표본화를 하면 에일리어싱(aliasing)이라고 하는 스펙트럼 중첩 현상이 발생하는데, 이 경우 왜곡 없이 신호를 복원하는 것은 불가능하다.

　표본화된 신호 $x_s(t)$를 표현하는 방법으로 $t = nT_s$에서의 신호값 $x(nT_s)$를 가중치로 갖는 임펄스열로 나타낼 수 있다. 즉

$$x_s(t) = \sum_{n=-\infty}^{\infty} x(nT_s)\delta(t-nT_s) \tag{7.1}$$

주기가 T_s 인 임펄스열을 다음과 같이 표현하자.

$$\tilde{\delta}_{T_s}(t) \triangleq \sum_{n=-\infty}^{\infty} \delta(t-nT_s) \tag{7.2}$$

그러면 표본화된 신호 $x_s(t)$ 는 주어진 연속시간 신호 $x(t)$ 와 임펄스열 $\tilde{\delta}_{T_s}(t)$ 의 곱으로 표현할 수 있다. 즉

$$x_s(t) = x(t)\cdot\tilde{\delta}_{T_s}(t) = \sum_{n=-\infty}^{\infty} x(nT_s)\delta(t-nT_s) \tag{7.3}$$

따라서 표본화 과정은 그림 7.1과 같이 연속시간 신호 $x(t)$ 에 임펄스열을 곱하는 회로로써 구현할 수 있다. 그러나 임펄스열을 실제로 구현하는 것은 불가능하므로 이와 같은 표본화는 이상적인 표본화(ideal sampling)라 칭하며, 이론적인 토대를 마련해 준다는 의미에서 매우 중요하다. 실제로는 임펄스열 대신 사각 펄스열과 같은 신호를 사용하여 표본화를 구현한다. 이에 대해서는 뒤에서 다시 설명하기로 하고, 당분간 임펄스열을 사용한 표본화 이론을 좀더 살펴본다.

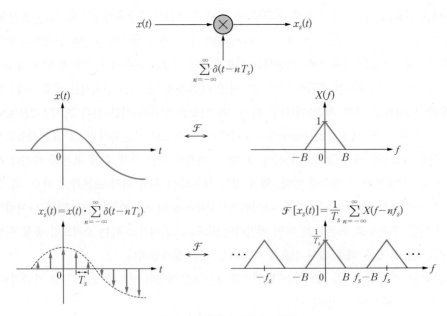

그림 7.1 이상적인 임펄스 표본화

푸리에 변환의 곱셈/컨볼루션 성질에 의해 식 (7.3)의 푸리에 변환은 다음과 같이 표현된다.

$$\mathcal{F}\{x_s(t)\} = \mathcal{F}\left\{x(t)\cdot\sum_{n=-\infty}^{\infty}\delta(t-nT_s)\right\} = \mathcal{F}\{x(t)\} * \mathcal{F}\left\{\sum_{n=-\infty}^{\infty}\delta(t-nT_s)\right\} \tag{7.4}$$

여기서 임펄스열의 푸리에 변환은

$$\mathcal{F}\left\{\sum_{n=-\infty}^{\infty}\delta(t-nT_s)\right\} = f_s\sum_{n=-\infty}^{\infty}\delta(f-nf_s),\ \left(f_s=\frac{1}{T_s}\right) \tag{7.5}$$

이므로 식 (7.4)는 다음과 같이 된다.

$$\mathcal{F}\{x_s(t)\} = X(f) * f_s\sum_{n=-\infty}^{\infty}\delta(f-nf_s) = \frac{1}{T_s}\sum_{n=-\infty}^{\infty}X(f-nf_s) \tag{7.6}$$

그러므로 신호 $x(t)$를 시간 T_s마다 표본화한 신호 $x_s(t)$의 푸리에 변환은 $X(f)$가 주파수 상에서 주기 $f_s=1/T_s$를 갖고 반복되는 주기 함수가 된다는 것을 알 수 있다. 이상적인 임펄스 표본화를 다음의 푸리에 변환쌍으로 요약할 수 있다.

$$\boxed{x(t) \xrightarrow[\ T_s\ ]{\text{sample}} x_s(t) \xleftarrow{\ \mathcal{F}\ } \frac{1}{T_s}\tilde{X}_{f_s}(f) = \frac{1}{T_s}\sum_{n=-\infty}^{\infty}X(f-nf_s)} \tag{7.7}$$

그림 7.1에 표본화에 의한 스펙트럼의 주기화 관계를 보인다. 신호 $x(t)$를 표본화하여(주기 T_s) 만들어진 이산시간 신호 $x_s(t)$의 푸리에 변환은 주파수 상에서 주기성을 갖는다(주기 $f_s=1/T_s$). 스펙트럼이 겹치지만 않으면 필터를 사용하여 원래의 신호를 복원할 수 있다는 것을 알 수 있다. 여기서 스펙트럼 중첩이 발생하지 않기 위해서는 주파수 상에서 주기가 길어야 한다. 스펙트럼 주기는 $f_s=1/T_s$로 시간 영역 표본화 주기의 역수이다. 따라서 스펙트럼 중첩을 피하려면 표본화 간격을 줄여야 한다. 그림 7.1에서 보듯이 $x(t)$의 대역폭이 B인 경우 $f_s-B \geq B$이면 중첩이 발생하지 않는다. 그러므로 표본화에 의해 스펙트럼 중첩이 발생하지 않을 조건은 다음과 같다.

$$f_s \geq 2B \tag{7.8}$$

즉 연속시간 신호의 최대 주파수의 2배 이상으로 표본화 주파수를 결정하는 것이다. 이 조건을 바꾸어 말하면 표본화 주기를

$$T_s \leq \frac{1}{2B}$$

(7.9)

가 되도록 하는 것이다. 표본화한 신호 $x_s(t)$로부터 $x(t)$를 다시 복원할 수 있는 최저 표본화 주파수 $f_s = 2B$를 나이퀴스트율(Nyquist rate)이라 한다. 스펙트럼이 겹치지 않으면 표본화된 신호로부터 차단 주파수가 $f_s/2$인 저역통과 필터를 통과시켜 기저대역 신호만 취함으로써 원래의 신호를 복원할 수 있다.

신호의 복원

표본화된 이산시간 신호 $x_s(t)$로부터 원래의 아날로그 신호 $x(t)$를 복원하는 문제를 생각해보자. 시간 영역에서 볼 때 이 문제는 이산 시간 $t = nT_s$에서의 신호값만 가지고 연속시간에서의 신호값을 채워주는 보간(interpolation) 문제인 것이다. 주파수 영역에서 신호의 복원을 생각하는 것이 더 간단하다. 앞서 알아본 바와 같이 나이퀴스트율 이상으로 표본화하였을 때 표본화된 신호의 스펙트럼은 원래의 아날로그 신호 스펙트럼이 주파수 상에서 주기적으로 반복되는(크기는 $1/T_s$배) 형태이므로 대역폭이 BHz인 이상적인 저역통과 필터를 사용하면 원래의 신호와 동일한 스펙트럼을 얻을 수 있다. 그러므로 재생(또는 보간) 필터의 주파수 응답은

$$H(f) = T_s \cdot \Pi\left(\frac{f}{2B}\right)$$

(7.10)

이 되며, 이상적인 보간 필터의 임펄스 응답은 다음과 같다.

$$h(t) = 2BT_s \, \text{sinc}(2Bt)$$

(7.11)

시간 영역에서 볼 때 이산시간 신호로부터 연속시간 신호를 얻는 보간법으로 가장 간단한 것은 $t = kT_s$에서의 표본값 $x(kT_s)$를 $(k-1/2)T_s \leq t < (k+1/2)T_s$ 동안 유지하는 것이다. 이러한 보간법은 0차 유지 회로(zero order hold circuit)로써 구현할 수 있는데, 이를 수행하는 필터의 임펄스 응답은

$$h_0(t) = u(t + T_s/2) - u(t - T_s/2) = \Pi\left(\frac{t}{T_s}\right) \tag{7.12}$$

와 같이 펄스폭이 T_s 인 구형파이다. 따라서 필터 출력은

$$\begin{aligned} y(t) &= x_s(t) * h_0(t) = \sum_{k=-\infty}^{\infty} x(kT_s)\delta(t - kT_s) * h_0(t) \\ &= \sum_{k=-\infty}^{\infty} x(kT_s)h_0(t - kT_s) = \sum_{k=-\infty}^{\infty} x(kT_s)\Pi\left(\frac{t - kT_s}{T_s}\right) \end{aligned} \tag{7.13}$$

와 같이 표현되며 $x(t)$ 를 계단 함수로 근사화한 것이 된다. 그림 7.2에 0차 유지 필터를 이용한 보간법을 보인다. 0차 유지 필터의 주파수 응답은 다음과 같다.

$$H_0(f) = T_s \operatorname{sinc}(T_s f) \tag{7.14}$$

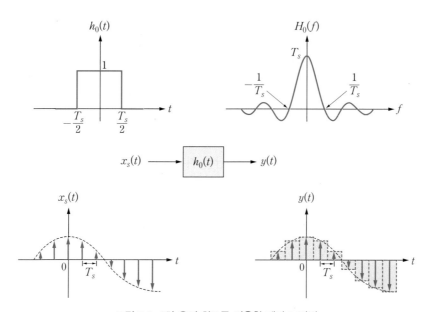

그림 7.2 0차 유지 회로를 이용한 계단 보간법

이와 같은 0차 유지 필터에 의한 보간법은 $x(t)$ 를 계단 함수로 근사화한 것으로 구현이 간단한 반면 상당한 오차가 있다. 계단형 보간법을 개선한 방법으로 신호의 표본들을 직선으로 연결하는 선형 보간법을 사용할 수 있다. 이러한 선형 보간법은 1차 유지 필터(first order hold filter)를 사용하여 구현할 수 있다. 이 필터의 임펄스 응답은

$$h_1(t) = \Lambda\left(\frac{t}{T_s}\right) \tag{7.15}$$

의 삼각파가 되는데, 이의 증명은 연습문제로 남긴다. 그림 7.3에 선형 보간법을 보인다.

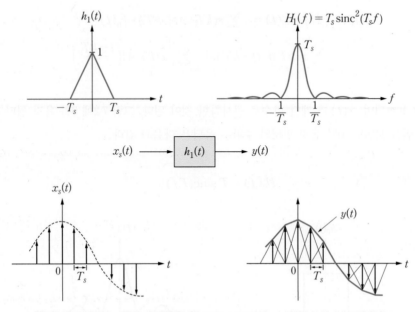

그림 7.3 선형 보간법

계단형 보간기나 선형 보간기의 임펄스 응답은 시간 영역에서 길이가 유한하다. 이에 비해 완벽한(오차가 없는) 보간기는 식 (7.11)로 표현되는 sinc 함수로서 길이가 무한대이다. 이상적인 보간기 출력은 다음과 같다.

$$y(t) = x_s(t) * h(t) = \sum_{k=-\infty}^{\infty} x(kT_s)h(t-kT_s) \tag{7.16}$$

$$= \sum_{k=-\infty}^{\infty} x(kT_s)2BT_s \, \text{sinc}[2B(t-kT_s)]$$

나이퀴스트율을 가정하면, 즉 $2BT_s = 1$이면,

$$y(t) = \sum_{k=-\infty}^{\infty} x(kT_s) \, \text{sinc}[2B(t-kT_s)] \tag{7.17}$$

가 된다. 그림 7.4에 이상적인 보간기의 특성과 신호 복원 과정을 보인다. 이상적인 보간기는 sinc 함수들을 $x(kT_s)$의 가중치를 주고 더한 것이 된다.

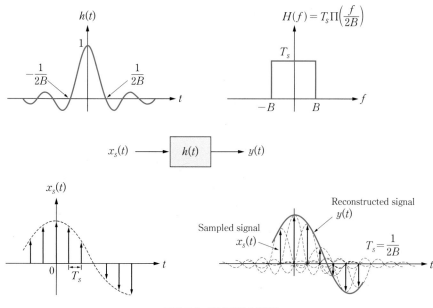

그림 7.4 이상적인 보간법

실제 환경에서의 문제점

신호를 표본화하고 표본들로부터 다시 원래의 신호를 복원하는 것이 이론적으로는 가능하지만 실제로는 여러 가지 문제점이 있다. 기본적으로 표본화 정리는 원래의 아날로그 신호가 대역 제한되어 있다고 가정한다. 그러나 실제로 우리에게 주어지는 신호는 시간 제한적이며, 대역 제한되지 않은 신호이다(시간-제한과 대역-제한은 동시에 될 수 없다. 신호가 시간 제한적이면 대역 제한될 수 없으며, 반대로 대역 제한된 신호는 시간 제한적이 될 수 없다). 그러므로 표본화 정리를 적용할 수 있는 유한 대역폭 조건이 실제로는 만족될 수 없다. 그러므로 실제 주어진 신호를 표본화하면 신호의 스펙트럼이 중첩된다. 다른 문제점으로는 표본화 정리를 적용할 때 사용한 임펄스열을 물리적으로 구현할 수 없다는 것, 그리고 원래의 신호를 복원할 때 사용하는 필터가 이상적인 저역통과 필터인데 이를 실제로 구현할 수 없다는 것을 들 수 있다.

　대역폭이 $B \mathrm{Hz}$인 신호를 표본화할 때 표본화 주파수를 나이퀴스트율보다 작게, 즉 $f_s < 2B$로 하면 스펙트럼 중첩이 발생하여 원래의 스펙트럼과 모양이 달라진다. 따라서 표본

화된 신호를 저역통과 필터에 통과시켰을 때 출력이 $X(f)$와 다르게 되어 신호의 복원이 불가능하다. LPF 출력의 스펙트럼 형태를 보면, 원래 신호의 $f > f_s/2$ 영역 성분이 잘려 나가고, 잘려 나간 주파수 성분이 $f < f_s/2$ 영역으로 침범하여 들어온다. 따라서 $f_s/2$ 이상의 성분이 상실될 뿐만 아니라 $f_s/2$ 이하의 성분도 변해버린다. 이와 같은 현상을 에일리어싱 (aliasing) 현상이라 한다. 그림 7.5에 표본화 주파수에 따른 스펙트럼을 보이는데, 그림 (b)에 에일리어싱 효과가 표현되어 있다.

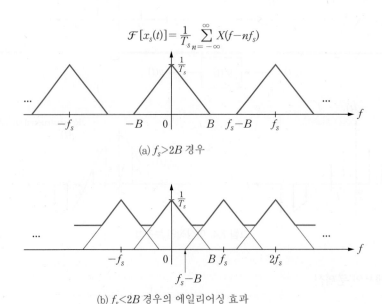

$$\mathcal{F}[x_s(t)] = \frac{1}{T_s} \sum_{n=-\infty}^{\infty} X(f - nf_s)$$

(a) $f_s > 2B$ 경우

(b) $f_s < 2B$ 경우의 에일리어싱 효과

그림 7.5 표본화 주파수와 신호의 스펙트럼

실제의 신호는 대역 제한되지 않으므로 표본화할 때 에일리어싱이 발생하게 된다. 에일리어싱으로 인한 신호의 왜곡을 줄이기 위한 방법으로 표본화 이전에 $f_s/2$ 이상의 성분을 제거하는 필터링 과정을 거치게 할 수 있다. 이렇게 함으로써 약간의 고주파 성분을 잃게 되지만 고주파 성분이 저주파 영역에 침범하여 저주파 성분을 변화시키는 것을 막을 수 있다. 이 필터는 저역통과 특성을 가지며 에일리어싱 방지 필터(anti-aliasing filter)라 부른다. 여기서 중요한 것을 에일리어싱 방지 필터링을 표본화 이전에 해야 하는 것이다. 그러나 이 에일리어싱 방지 필터가 완벽하게 기능을 수행하기 위해서는 이상적인 LPF이어야 하므로 구현이 불가능하다는 문제점이 있다. 실제로는 $f_s/2$ 이상의 성분을 매우 작게 감쇠시키는, 높은 기울기의 차단 특성을 갖는 필터를 사용한다. 따라서 약간의 스펙트럼 중첩이 발생하게 되므로 표본화 주파수를 에일리어싱 방지 필터 차단 주파수의 두 배보다 조금 크게 선정한다.

신호 복구시 저역통과 필터의 부담을 덜어주기 위해 표본화 주파수 f_s를 나이퀴스트율 $2B$ 보다 조금 크게 선택하여 B에서부터 $f_s - B$까지 보호 대역을 둔다. 예를 들어 전화에서 음성 신호를 표본화 하는 경우 최대 주파수 성분을 $B = 3.4\,\mathrm{kHz}$로 볼 때, 표본화 주파수를 $f_s = 8\,\mathrm{kHz}$로 하여 $(8 - 2 \times 3.4) = 1.2\,\mathrm{kHz}$만큼의 보호 대역을 둔다.

7.1.2 실용적 표본화

임펄스 표본화의 구현상 문제점은 임펄스열을 물리적으로 실현할 수 없다는 것이다. 실용적 표본화에서는 임펄스열 대신 유한한 펄스폭을 가진 사각 펄스열을 사용한다. 실용적 표본화는 두 가지 방식이 있는데, 한 가지는 그림 7.6(b)와 같이 펄스의 폭은 일정하지만 펄스 구간 동안에 펄스의 진폭이 일정하지 않고 아날로그 신호의 파형을 따라 변하도록 하는 방식인데, 이 방식을 자연 표본화(natural sampling)라 한다. 다른 방식은 그림 7.6(c)와 같이 펄스의 진폭이 표본화 순간의 아날로그 신호의 값으로 펄스 구간 동안 일정하게 유지되도록 하는 방식인데, 이를 평탄 표본화(flat-top sampling)라 한다.

자연 표본화된 신호 $x_{ns}(t)$는 다음과 같이 표현할 수 있다.

$$x_{ns}(t) = x(t) \cdot \tilde{p}_{T_s}(t) \tag{7.18}$$

여기서 $\tilde{p}_{T_s}(t)$는 크기가 1이고 펄스폭이 τ이며 주기가 T_s인 사각 펄스열이다. 즉

$$\tilde{p}_{T_s}(t) = \sum_{n=-\infty}^{\infty} \Pi\left(\frac{t - nT_s}{\tau}\right) \tag{7.19}$$

자연 표본화된 신호는 그림 7.7(a)와 같이 $x(t)$와 사각 펄스열을 곱하여 발생시킬 수 있는데, 사각 펄스열을 곱하는 것은 게이트(gate) 회로를 이용한 스위치로써 구현할 수 있다. 스위치는 표본화 펄스열 $\tilde{p}_{T_s}(t)$에 동기되어 주기적으로 닫히며, 스위치가 닫히는 구간 τ 동안 입력 신호 $x(t)$의 파형이 그대로 출력되며 스위치가 열린 동안에는 출력이 0이 된다. 따라서 출력 신호의 파형은 그림 7.6(b)와 같이 된다.

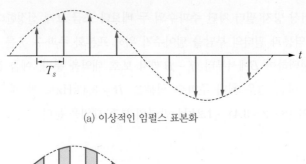

(a) 이상적인 임펄스 표본화

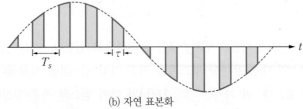

(b) 자연 표본화

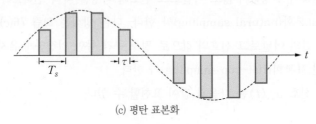

(c) 평탄 표본화

그림 7.6 실용적 표본화

사각 펄스열에서 원점에 위치한 한 주기의 사각 펄스를 $p(t)$라 하고, 이 신호의 푸리에 변환을 $P(f)$라 하면 다음의 푸리에 변환쌍이 성립한다.

$$p(t) = \Pi\left(\frac{t}{\tau}\right) \xleftarrow{\ \mathcal{F}\ } P(f) = \tau \operatorname{sinc}(f\tau) \tag{7.20}$$

그러면 표본화 펄스열 $\tilde{p}_{T_s}(t)$는

$$\tilde{p}_{T_s}(t) = p(t) * \sum_{n=-\infty}^{\infty} \delta(t - nT_s) \tag{7.21}$$

와 같이 표현할 수 있으며, 푸리에 변환은

$$\mathcal{F}\{\tilde{p}_{T_s}(t)\} = \mathcal{F}\left\{p(t) * \sum_{n=-\infty}^{\infty}\delta(t-nT_s)\right\} = \mathcal{F}\{p(t)\}\cdot\mathcal{F}\left\{\sum_{n=-\infty}^{\infty}\delta(t-nT_s)\right\}$$

$$= P(f)\cdot f_s \sum_{n=-\infty}^{\infty}\delta(f-nf_s) = \sum_{n=-\infty}^{\infty}f_s P(nf_s)\delta(f-nf_s) \qquad (7.22)$$

와 같이 된다. 식 (7.20)을 대입하여 다음의 푸리에 변환을 얻는다.

$$\mathcal{F}\{\tilde{p}_{T_s}(t)\} = \sum_{n=-\infty}^{\infty}f_s \tau \operatorname{sinc}(nf_s\tau)\delta(f-nf_s)$$

$$= \sum_{n=-\infty}^{\infty}c_n\delta(f-nf_s) \qquad (7.23)$$

$$c_n = f_s \tau \operatorname{sinc}(nf_s\tau)$$

이와 같이 사각 펄스열의 푸리에 변환은 주파수 영역에서 임펄스열이 된다. 이상적인 임펄스 표본화와 다른 점을 살펴보자. 이상적인 표본화에서 사용한 시간 영역 임펄스열의 푸리에 변환은 균일한 가중치(f_s)를 가진 주파수 영역 임펄스열이다. 그러나 자연 표본화에서 사용한 사각 펄스열의 푸리에 변환은 주파수상에서 균일하지 않은 가중치(c_n)의 임펄스열이다.

식 (7.18)과 식 (7.23)으로부터 자연 표본화된 신호의 푸리에 변환은 다음과 같다.

$$X_{ns}(f) = \mathcal{F}\{x(t)\cdot\tilde{p}_{T_s}(t)\} = \mathcal{F}\{x(t)\} * \mathcal{F}\{\tilde{p}_{T_s}(t)\}$$

$$= X(f) * \sum_{n=-\infty}^{\infty}c_n\delta(f-nf_s) = \sum_{n=-\infty}^{\infty}c_n X(f-nf_s) \qquad (7.24)$$

이 관계를 그림 7.7(b)에 보인다. 자연 표본화된 신호의 스펙트럼을 보면 원래의 연속시간 신호의 스펙트럼 모양이 주기적으로 반복되는 것을 알 수 있다. 이것은 이상적인 임펄스 표본화와 유사하다. 차이점은 임펄스 표본화에서는 $X(f)$가 균일한 이득 f_s만큼 곱해져서 반복되는데 비해 자연 표본화에서는 $X(f)$가 균일하지 않은 이득 c_n만큼 곱해져서 반복된다는 것이다. 그러나 균일하지 않은 이득은 전혀 문제가 되지 않는다. 표본화 정리는 계속 유효하여 표본화 주파수를 $f_s \geq 2B$가 되도록 선택하면 스펙트럼 중첩이 발생하지 않으며, 저역통과 필터를 사용하면 표본화된 신호로부터 원래의 연속시간 신호를 복원할 수 있다.

이번에는 펄스 진폭이 펄스 구간 동안 일정하게 유지되도록 하는 평탄 표본화(flat-top sampling)에 대해 알아보자. 펄스의 진폭을 펄스 구간의 중앙에서의 신호값으로 하는 경우 평탄 표본화된 신호는 다음과 같이 표현된다.

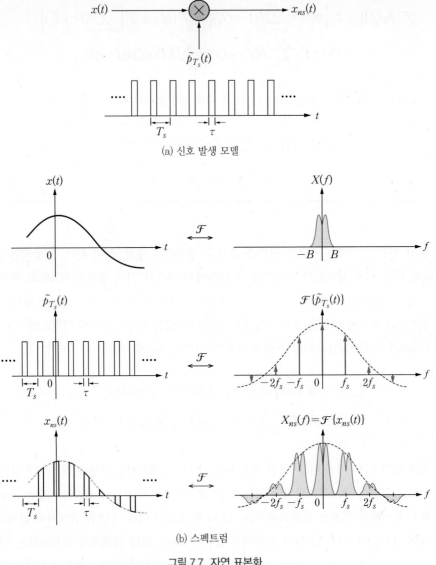

(a) 신호 발생 모델

(b) 스펙트럼

그림 7.7 자연 표본화

$$x_{fl}(t) = \sum_{n=-\infty}^{\infty} x(nT_s)p(t-nT_s) \tag{7.25}$$

여기서 $p(t)$는 식 (7.20)과 같이 정의된 펄스폭 τ의 사각 펄스이다. 한편 이상적인 임펄스 표본화가

$$x_s(t) = x(t) \cdot \tilde{\delta}_{T_s}(t) = \sum_{n=-\infty}^{\infty} x(nT_s)\delta(t-nT_s) \tag{7.26}$$

와 같이 표현되므로, 평탄 표본화된 신호는 그림 7.8(a)와 같이 임펄스 표본화된 신호를 임펄스 응답이 $p(t)$인 시스템을 통과시킨 출력으로 모델링할 수 있다. 즉

$$
\begin{aligned}
x_s(t) * p(t) &= \left[\sum_{n=-\infty}^{\infty} x(nT_s)\delta(t-nT_s) \right] * p(t) \\
&= \sum_{n=-\infty}^{\infty} x(nT_s)[\delta(t-nT_s) * p(t)] = \sum_{n=-\infty}^{\infty} x(nT_s)p(t-nT_s) \\
&= x_{fl}(t)
\end{aligned}
\tag{7.27}
$$

따라서 평탄 표본화된 신호의 스펙트럼은 임펄스 표본화된 신호의 스펙트럼과 표본화 펄스 $p(t)$의 스펙트럼 $P(f)$를 곱한 것이 된다. 그러므로 스펙트럼의 모양이 원 신호의 스펙트럼 $X(f)$와 달라진다. 그림 7.8(b)에 평탄 표본화된 신호의 스펙트럼 모양을 보인다. 사각 펄스의 폭이 작을수록 스펙트럼의 변형이 작게 일어난다는 것을 예상할 수 있다. 앞서 알아본 자연 표본화와 달리 평탄 표본화에서는 스펙트럼 변형이 일어나므로 신호의 복원 과정에서 $P(f)$의 영향을 보상해줄 필요가 있다. 신호의 복원 과정은 그림 7.8(c)와 같이 저역통과 필터와 역 필터 $T_s P^{-1}(f)$를 사용한 등화기로써 구현할 수 있다. 신호 재생을 위한 전체 주파수 응답은 다음과 같다.

$$H(f) = \begin{cases} T_s P^{-1}(f), & |f| < B \\ 0, & |f| > B \end{cases} \tag{7.28}$$

사각 펄스 $p(t)$의 펄스폭 τ가 좁을수록 스펙트럼 $P(f)$가 0을 교차하는 주파수 $1/\tau$가 커지고 저역통과 대역 내에서 특성이 더욱 평탄해진다. 펄스폭과 표본화 주기의 비 τ/T_s는 저역통과 대역 내에서 $P(f)$의 평탄 정도를 나타내는 척도가 된다. 예를 들어 $\tau/T_s < 0.1$이면 $|f| < f_s$에서 $P^{-1}(f)$와 이상적인 저역통과 필터와의 최대 차이는 1% 이하가 된다. 따라서 $\tau/T_s < 0.1$이 되도록 평탄 표본화를 하면 신호 재생 시 등화 작업을 무시할 수 있다.

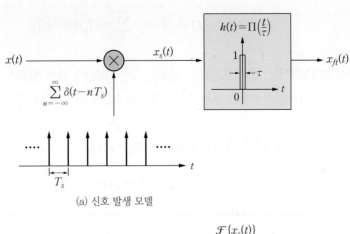

(a) 신호 발생 모델

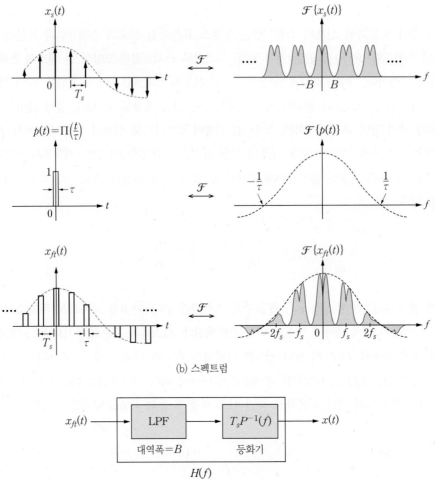

(b) 스펙트럼

(c) 신호의 복원

그림 7.8 평탄 표본화

7.2 펄스 변조

표본화 정리는 임의의 대역 제한된 아날로그 연속시간 신호를 전송할 때 모든 시구간에서 신호를 전송하지 않고 표본값을 사용하여 불연속으로 펄스열을 전송해도 원래의 아날로그 신호를 복원할 수 있음을 말해준다. 이것은 시구간에서 한 사용자의 신호 외에 다른 사용자의 신호를 전송하는 시분할 다중화가 가능함을 의미한다. 이 절에서는 신호를 표본화하여 표본값에 따라 펄스열의 파라미터를 변화시켜 전송하는 펄스 변조에 대해 알아본다. 펄스 변조에는 표본값에 따라 펄스의 진폭을 변화시키는 펄스진폭 변조(Pulse Amplitude Modulation: PAM), 펄스의 폭을 변화시키는 펄스폭 변조(Pulse Width Modulation: PWM), 그리고 펄스의 위치를 변화시키는 펄스위치 변조(Pulse Position Modulation: PPM)가 있다. 앞서 언급하였지만 신호의 표본값은 연속적이므로 펄스열의 파라미터 값도 연속적인 값을 갖게 되므로 펄스 변조는 아날로그 변조로 분류된다. 표본값을 양자화하여 디지털화한 숫자에 대응하는 펄스를 전송하는 펄스부호 변조는 디지털 변조로 분류되며, 이 장의 후반부에서 알아본다.

7.2.1 펄스진폭 변조(PAM)

펄스진폭 변조(이하 PAM)는 신호의 표본값에 따라 펄스열의 진폭을 결정하는 변조 방식이다. 7.1절에서 실제적 표본화의 두 가지 방식을 알아보았다. 한 가지는 그림 7.6(b)와 같이 펄스의 폭은 일정하지만 펄스 구간 동안에 펄스의 진폭이 일정하지 않고 메시지 신호의 파형을 따라 변하도록 하는 자연 표본화(natural sampling) 방식이고, 다른 방식은 그림 7.6(c)와 같이 펄스의 진폭이 표본화 순간의 메시지 신호의 값으로 펄스 구간 동안 일정하게 유지되도록 하는 평탄 표본화(flat-top sampling) 방식이다. 다른 펄스 변조 방식과의 비교를 위하여 그림 7.9(b)에 자연 표본화를 사용한 PAM 변조 방식을 다른 펄스 변조와 비교하여 보인다.

자연 표본화에 의한 PAM 변조는 게이트 회로를 이용하여 간단하게 구현할 수 있다. 수신기에서는 이상적인 저역통과 필터를 이용하여 원 신호를 복구한다. 여기서 이상적인 저역통과 필터는 표본과 표본 사이의 값들을 내삽시켜주는 역할을 한다.

평탄 표본화에 의한 PAM 변조는 표본-유지(sample-hold) 회로라는 간단한 게이트 회로를 이용하여 구현할 수 있다. 평탄 표본화된 신호는 임펄스 표본화된 신호를 임펄스 응답이 $p(t)$인 시스템을 통한 것으로 볼 수 있기 때문에 스펙트럼 모양이 변형된다. 그러나 펄스의 모양을 사전에 알고 있기 때문에 어떻게 왜곡이 발생하는지 알 수 있고, 수신기에서 이를 보상해 줄 수 있다. 그러나 펄스폭을 충분히 작게 선택하면 왜곡이 작게 발생하여 수신기에서 등화기로 왜곡을 보상해줄 필요가 없다.

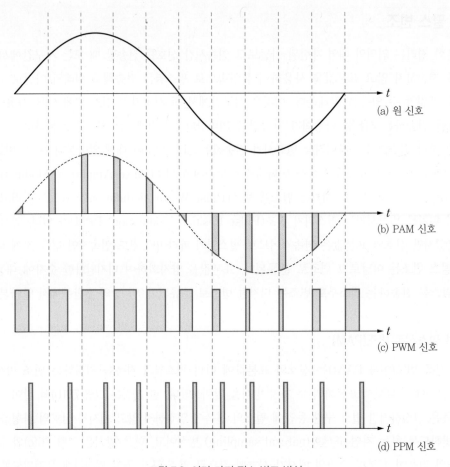

(a) 원 신호

(b) PAM 신호

(c) PWM 신호

(d) PPM 신호

그림 7.9 여러 가지 펄스 변조 방식

7.2.2 펄스폭 변조(PWM)

펄스폭 변조(이하 PWM) 변조는 그림 7.9(c)와 같이 펄스의 진폭과 위치는 일정하게 하고 펄스폭을 메시지 신호의 표본값에 비례하게 하는 변조 방식이다. PWM 변조된 신호를 수식으로 표현하면 다음과 같다.

$$x_{\text{PWM}}(t) = \sum_{n=-\infty}^{\infty} \Pi\left(\frac{t-nT_s}{\tau_n}\right), \ \tau_n = k_W x(nT_s) + C \tag{7.29}$$

여기서 k_W는 비례상수이고, C는 펄스폭이 0보다 작아지는 것을 막기 위해 더해지는 상수이다.

PWM 변조는 효율적인 스위칭 회로를 이용하여 모터를 제어하는데 사용된다. PWM의 단점으로는 펄스의 상승 부분과 하강 부분을 모두 검출해야 한다는 것이며, 또한 보호시간이 상대적으로 길어야 한다는 것을 들 수 있다.

7.2.3 펄스위치 변조(PPM)

펄스위치 변조(이하 PPM) 변조는 그림 7.9(d)와 같이 펄스의 폭과 크기는 일정하게 하고 펄스 위치를 메시지 신호의 표본값에 비례하게 하는 변조 방식이다. PPM 변조된 신호를 수식으로 표현하면 다음과 같다.

$$x_{\text{PPM}}(t) = \sum_{n=-\infty}^{\infty} \Pi\left(\frac{t - nT_s - \alpha}{\tau}\right), \ \alpha = k_P x(nT_s) + C \tag{7.30}$$

여기서 k_P는 비례상수이고, C는 펄스 위치가 0보다 작아지는 것을 막기 위해 더해지는 상수이다.

PPM 변조 방식에서는 펄스를 일정한 폭과 크기로 전송하므로 PWM에 비해 더 효율적으로 전송할 수 있다. 그러나 수신기에서는 표본 시간을 찾기 위한 클럭 타이밍을 재구성해야 한다는 점이 PAM이나 PWM에 비해 불리하다. 왜냐하면 PAM이나 PWM 신호에는 클럭 타이밍 정보가 직접 포함되어 있기 때문이다.

PWM과 PPM은 진폭이 일정한 펄스를 사용하기 때문에 부가성 잡음의 영향을 PAM에 비해 적게 받는다는 장점이 있다. 따라서 증폭기나 중계기의 특성이 선형적일 필요가 없다. 수신기에서는 제한 증폭기나 클리핑 회로를 이용하여 PWM이나 PPM의 진폭 변화를 제거한 다음 펄스의 상승 시간과 하강 시간만 검출하여 복조할 수 있다.

7.3 시분할 다중화(TDM)

연속시간 신호를 표본화하여 얻어진 PAM 신호는 동일한 모양의 스펙트럼이 주파수 상에서 반복되어 나타나므로 이론적인 대역폭이 무한대라고 볼 수 있다. 아날로그 CW 변조를 하면 여러 사용자 신호를 주파수분할 다중화하여 전송할 수 있지만, PAM 변조를 하면 대역폭이 무한대이므로 주파수분할 다중화가 불가능하다. 그러나 PAM 신호의 펄스폭을 표본화 주기에 비해 충분히 작게 선정하면 펄스와 펄스간의 공백 시간에 다수의 다른 PAM 신호를 삽입하여 다중화할 수 있는데, 이를 시분할 다중화(TDM)라 한다.

그림 7.10에 두 개의 신호를 PAM 변조하고 시분할 다중화하여 전송하는 예를 보인다. 신호 $x_1(t)$의 표본 펄스 사이에 다른 신호 $x_2(t)$의 표본 펄스를 삽입시켜 전송함으로써 두 신호의 표본 펄스가 교대로 전송된다. 시분할 다중화된 PAM 신호들은 동일한 주파수 대역을 점유하므로 주파수상에서는 분리가 불가능하다. 그러나 각 표본 펄스들의 시간상 위치가 겹치지 않으므로 시간상에서 분리가 가능하다. 수신기에서 일어나는 이러한 분리 과정을 역다중화(demultiplexing)라 한다.

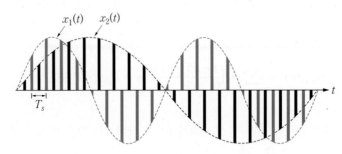

그림 7.10 두 개의 PAM 신호를 시분할 다중화시킨 예

그림 7.11은 8개 채널의 PAM 신호를 시분할 다중화하여 전송하고 수신측에서 역다중화하여 신호를 분리하는 시스템의 예를 보인다. 송신측에서는 절환기(commutator)라는 스위치를 사용하여 여러 채널의 입력 신호를 일정한 시간 간격으로 순차적으로 접속시켜 줌으로써 표본화와 시분할 다중화가 동시에 이루어지도록 한다. 절환기 스위치의 회전 주기는 표본화 주기 T_s와 같다. 시분할 다중화된 8개 채널의 PAM 신호들은 단일 전송로를 통해 전송되며 수신측에서는 송신측의 절환기와 동기되어 같은 순서로 회전하는 스위치(역절환기)에 의하여 역다중화가 이루어지며, 각 채널의 PAM 신호는 저역통과 필터를 통해 보간이 이루어져 메시지 신호를 재생시킨다. 다중화 및 역다중화 과정에서 절환기와 역절환기는 반드시 동기되어야 하며 만일 동기가 이루어지지 않으면 채널 간 표본들이 서로 바뀌어 혼신이 일어나게 되므로 동기화는 매우 중요하다. 전송 속도가 높은 데이터 시스템일 경우 동기화의 높은 정확성이 요구된다. 특히 송신측과 수신측 사이의 거리가 멀어질수록 동기화 문제는 더욱 어려워진다. 이러한 시스템에서는 수신측의 동기 작업을 돕기 위해 특별히 구성된 동기 신호를 별도로 주기적으로 보내기도 하며, 채널 중 하나를 전용으로 사용하여 수신측과 사전에 약속된 신호를 전송하기도 한다.

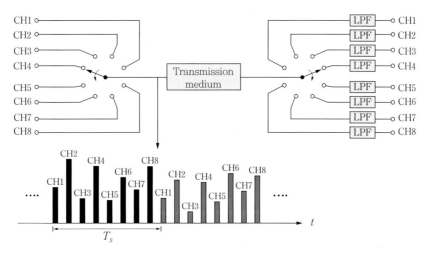

그림 7.11 시분할 다중화 시스템

시분할 다중화 시스템의 전송 대역폭

여러 채널의 아날로그 신호들을 PAM 변조하고 시분할 다중화하여 전송하는 시스템의 전송 대역폭에 대하여 알아보자. 기저대역 아날로그 신호의 대역폭은 모두 BHz로 동일하다고 가정하자. 표본화 주파수는 아날로그 신호의 최대 주파수의 두 배 이상이 되어야 하므로 $f_s \geq 2B$로 가정한다(실제로는 보호대역까지 고려하여 더 크게 선정한다). 다중화기에서 절환기의 회전 속도는 표본화 주파수와 같다. 만일 다중화하고자 하는 채널 수가 N개라면 각 표본 펄스의 폭 τ는 스위치의 회전 주기의 $1/N$을 초과할 수 없으므로 $\tau \leq 1/2BN$을 만족시켜야 한다. 펄스폭이 τ인 사각 펄스의 스펙트럼이 처음으로 0을 교차하는 주파수 $1/\tau$를 펄스의 근사적인 대역폭으로 간주하면 PAM 변조–시분할 다중화 시스템의 전송 대역폭은

$$BW_{\text{TDM}} \cong 1/\tau = 2BN \text{ Hz} \tag{7.31}$$

가 된다. 다중화하고자 하는 채널의 개수가 증가할수록 표본 펄스의 폭이 감소하며 이에 비례하여 전송 대역폭은 증가한다. 이러한 성질은 FDM에서 다중화 채널의 수에 비례하여 전송 대역폭이 증가하는 것과 같다. AM 변조–FDM 다중화 시스템의 전송 대역폭은 PAM 변조–TDM 다중화 시스템의 전송 대역폭과 거의 등가적이라는 것을 알 수 있다.

7.4 펄스부호 변조(PCM)

아날로그 펄스변조에서는 시변수가 이산적이지만 펄스의 크기, 폭, 위치와 같은 변수는 연속적인 값을 가지므로 아날로그 변조로 분류하며, 아날로그 변조와 디지털 변조의 중간 단계로 흔히 취급된다. 이번 절에서 다루는 펄스부호 변조(Pulse Code Modulation: PCM)는 펄스의 크기 및 시변수가 모두 이산적인 디지털 방식이다. 펄스의 크기를 이산적인 값으로 표현한다는 것은 유한한 자릿수로써 크기를 나타낸다는 것으로 양자화(quantization) 과정에 의하여 이 변환이 이루어진다. 아날로그 신호 $x(t)$ 가 가질 수 있는 값의 범위 $(-x_p,\ x_p)$ 를 M개의 구간으로 분할하고, 각 표본의 크기는 M개의 구간을 대표하는 수치(예를 들면 중간값) 중하나로 근사화한다. 전체 범위를 균등하게 분할한다면 각 구간의 크기는 $\Delta = 2x_p/M$ 이 된다. 그림 7.12에는 아날로그 신호의 크기 범위를 $M = 16$ 개의 구간으로 나누고, 해당 구간에 속한 표본값을 구간의 중간값으로 근사화하는 양자화의 예를 보인다. 이와 같은 양자화를 거치면 신호는 M진(M-ary) 디지털 신호가 된다.

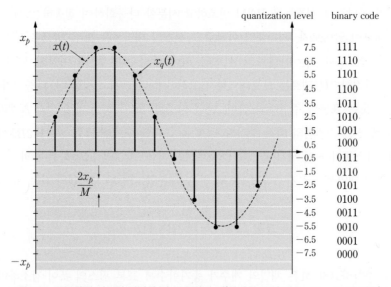

그림 7.12 표본화된 신호의 양자화 및 부호화의 예(양자화 준위 개수 $M = 16$ 의 경우)

표본을 M개의 레벨로 양자화하여 T_s마다 M개 중의 하나의 크기를 가진 펄스를 전송하는 방식을 M-ary PAM 변조라 한다. 이에 대한 수신기에서는 수신된 펄스의 크기가 M개의 기준값 중 어느 것과 가장 근사한가를 판단하여 신호를 복원하게 된다. 이 과정에서 수신 펄스의 크기를 판단하기 위해 $M-1$개의 문턱값과 비교를 해야 하는데, M이 클수록 처리가 복잡해진다.

만일 펄스의 크기가 두 종류라면 수신기에서의 판단은 매우 간단하다. 예를 들어 펄스의 크기를 A 또는 0으로 하여 전송한다면 수신단에서는 펄스의 유무만 판단하면 되므로 매우 간단해진다. 양자화된 표본값을 한 자릿수의 M진수로 표현하는 대신 여러 자릿수의 2진수로 표현할 수 있다. 이 때 필요한 자릿수(비트 수)는 $\log_2 M$ 이상인 정수가 될 것이다. 예를 들어 $M = 16$인 정수는 4비트의 2진수로 표현이 가능하다. M-ary PAM 변조가 T_s 마다 M진수로 표현된 크기의 펄스 한 개를 전송하는 것에 비해 펄스부호 변조(Pulse Code Modulation: PCM)는 T_s 마다 2진수로 부호화된 여러 개(비트 수만큼)의 펄스를 전송하는 방식이다. 그림 7.13에 2진 부호와 PCM 신호의 예를 보인다. 이와 같이 PCM에서는 1 또는 0을 나타내는 두 가지 펄스만 전송하므로 수신기가 간단하고, 전송 잡음에 의한 파형의 왜곡이 정보 왜곡으로 이어지는 정도가 다른 변조 방식에 비해 낮다.

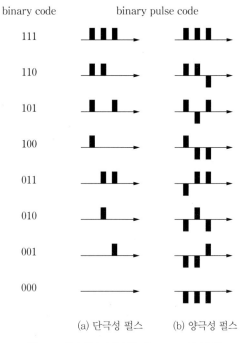

그림 7.13 2진 펄스 부호의 예($M = 8$ 의 경우)

송신기와 수신기 사이의 거리가 먼 경우 신호의 감쇠로 인하여 파형이 잡음에 의해 손상되는 것을 해결하기 위하여 전송로의 중간 중간에 중계기(repeater)를 둔다. 아날로그 전송에서의 중계기에서는 감쇠가 일어난 입력 신호를 증폭한 후 전송로에 다시 실어주는 방법을 사용하는데, 이 경우 중계기들을 거치면서 잡음이 누적 증폭되는 효과가 발생한다. 그러나 PCM을 사용한 디지털 전송에서는 증폭기가 아닌 재생 중계기(regenerative repeater)를 사용한다. 재생 중계기는 잡음에 의해 손상된 2진 파형을 1과 0의 두 파형으로 다시 복원한 다음 재전송하는 방법을 사용하여 최종 수신측에서는 송신기에서 전송한 2진 파형과 거의 동일한 파형을 얻을 수 있다. 따라서 잡음이 누적 증폭되는 문제가 발생하지 않는다. PCM의 단점을 살펴보면, T_s마다 한 개의 펄스를 전송하는 대신 여러 개의 펄스를 전송하므로 펄스폭을 작게해야 하며, 결과적으로 전송 대역폭이 증가한다는 것이다. 표본을 n비트로 표현하여 PCM 전송을 하는 경우 전송 대역폭이 PAM에 비하여 n배가 된다.

아날로그 값을 양자화한다는 것은 특정 범위에 있는 신호값을 하나의 대푯값으로 대치한다는 것이므로 원래의 값과 차이가 나는데, 이로 인한 오차를 양자화 잡음이라 한다. 양자화 잡음은 양자화 준위(level) 개수 M을 증가시키면 줄어들지만 M진수를 2진수로 표현할 때의 비트 수가 증가하므로 PCM 전송 대역폭이 증가한다. 채널의 대역폭이 신호의 전송 대역폭보다 작은 경우 왜곡이 발생한다. 이 경우 양자화 잡음을 증가시키지 않으면서 2진수로 표현할 때의 비트 수를 감소시킬 수 있는 양자화/부호화 방식이 있다면 매우 바람직할 것이다. 이 방법에 대해서는 차후에 살펴보기로 한다.

7.4.1 양자화(Quantization)

아날로그 신호를 디지털 신호로 변환하기 위해서는 표본화, 양자화, 부호화 과정을 거쳐야 한다. 표본화기에서 출력된 이산시간 신호는 크기가 연속인 값을 가진다. 양자화 과정은 신호의 크기를 미리 정한 유한한(M개) 값 중에서 제일 근사한 값으로 대체시키는 과정이다. 양자화기에 입력되는 신호 $x(t)$의 범위가 $(-x_p, x_p)$라고 하고 M개의 균일한 구간으로 균등 분할하여 양자화한다고 하자. 여기서 x_p는 신호의 최댓값이어야 할 필요는 없으며, $(-x_p, x_p)$의 범위를 벗어나는 신호의 값은 $\pm x_p$로 제한된다. 즉 x_p는 신호의 파라미터가 아니고 양자화기의 상수이다. 진폭 범위를 M개의 균등한 구간으로 나누면 각 구간의 폭은 $\Delta = 2x_p/M$이 되며, 신호 표본값은 그 표본이 속한 구간의 중간값으로 근사화된다. 진폭 범위를 균일한 구간으로 나누어 양자화하는 방식을 선형(linear) 양자화 또는 균일(uniform) 양자화라 한다. 그림 7.14(a)에 선형 양자화기의 입출력 특성을 보인다. 이에 비해 그림 7.14(b)와 같이 균일하지 않은 구간으로 나누어 양자화하는 방식을 비선형 또는 비균일 양자화라 하는데, 그 특성과 필요성에 대해서는 추후에 다루기로 한다. 앞으로 특별한 언급이 없으면 선형 양자화기를 가정한다.

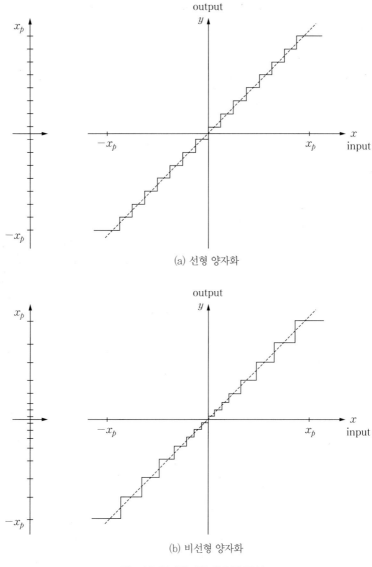

(a) 선형 양자화

(b) 비선형 양자화

그림 7.14 양자화기의 입출력 특성

양자화 다음 단계는 각 양자화 준위에 대응되도록 디지털 숫자로 표현하는 과정인데, 대표적인 방식이 0과 1로 구성된 2진 숫자로 표현하는 것이다. 2진 숫자의 자리를 비트(bit: binary digit)라 부른다. 양자화 준위의 개수가 $M = 2^n$을 만족한다면 양자화기 출력을 n비트의 2진 숫자로 부호화할 수 있다. PCM 전송에서는 표본화 주기 T_s마다 n개의 2진 펄스를 전송한다. 그림 7.13에 보인 예는 신호 표본을 8개의 준위로 양자화하고, 3비트의 2진수로 부호화하여 표본당 3개의 2진 펄스를 전송하는 시스템이다. 그림 (a)의 방식에서는 논리값 1에 대해서는 양의 전압을 가진 펄스를 전송하고, 논리값 0에 대해서는 0V의 전압을 가진 펄스를 전송한다. 그림 (b)의 방식에서는 논리값 1에 대해서는 양의 전압을 가진 펄스를 전송하고, 논리값 0에 대해서는 음의 전압을 갖는 펄스를 전송한다. 이와 다른 방법으로 1과 0에 대하여 구별 가능한 다른 파형을 가진 펄스를 전송하는 시스템을 생각할 수도 있다.

양자화 과정에서는 원래 신호의 값을 사전에 정한 유한한 개수의 값 중 하나로 대체하기 때문에 오차를 피할 수 없다. 표본의 원래 값과 양자화된 값 간의 차를 양자화 오차(quantization error)라 하며, 이는 신호에 대해 잡음과 같은 효과를 주므로 양자화 잡음(quantization noise)이라 부르기도 한다. 양자화 준위의 간격을 Δ라 하면 양자화 오차는 $(-\Delta/2, \Delta/2)$ 범위에 있다. 따라서 양자화 잡음의 크기는 $\Delta/2$ 이하가 된다. 양자화 잡음을 줄이기 위해서는 양자화 준위 수를 증가시키는 방법을 사용할 수 있는데, 이 경우 앞서 언급한 바와 같이 전송할 이진 펄스의 개수가 증가하여 전송 대역폭이 증가하는 결과가 발생한다.

표본화 시간 kT_s에서 신호 $x(t)$의 원래 표본과 양자화된 표본을 각각 $x(kT_s)$와 $x_q(kT_s)$라 하면 양자화 잡음 $q(kT_s)$는

$$q(kT_s) = x(kT_s) - x_q(kT_s) \qquad (7.32)$$

와 같이 표현할 수 있다. 그림 7.15에 선형 양자화기를 사용하였을 때의 입출력 신호와 양자화 오차의 예를 보인다. 여기서는 $(-4, 4)$ 범위의 입력 신호를 8개의 영역으로 분할하여 각 영역의 중간값 $(-3.5, -2.5, -1.5, \cdots, 3.5)$으로 출력 신호의 값을 정한다고 가정하였다.

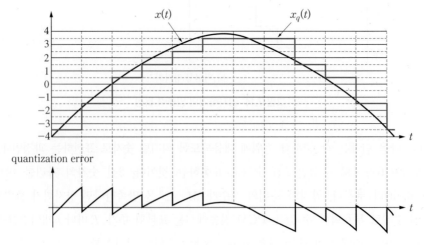

그림 7.15 양자화기 입출력 신호와 양자화 오차 신호의 예

그림 7.14(a)와 같은 입출력 특성을 가진 선형 양자화기의 경우 신호 표본 $x(kT_s)$의 값에 따른 양자화 잡음은 그림 7.16(a)와 같이 된다는 것을 알 수 있다. 실제의 신호 $x(t)$는 랜덤 프로세스이므로 양자화 잡음도 랜덤 프로세스이다. 따라서 특정 표본 시간 kT_s에서 잡음 $q(kT_s)$는 확률변수가 된다. 여기서 표본 시간에 상관 없이 양자화 잡음은 $(-\Delta/2, \Delta/2)$ 범위에서 균일한 분포 특성을 갖는다고 가정하자. 따라서 양자화 잡음의 확률밀도함수 $f(q)$는 그림 7.16(b)와 같이 된다. 그러므로 양자화 잡음의 평균은 0이 되고 제곱평균 오차(mean square error: 이하 MSE) 또는 잡음의 전력은

$$\mathrm{MSE} = E[q^2] = \int_{-\infty}^{\infty} q^2 f(q) dq = \frac{1}{\Delta} \int_{-\Delta/2}^{\Delta/2} a^2 dq = \frac{\Delta^2}{12} \tag{7.33}$$

가 된다. 따라서 양자화 잡음의 전력은 양자화 준위 간격 Δ의 제곱에 비례하고, 바꾸어 말하면 양자화 준위의 개수 M의 제곱에 반비례한다는 것을 알 수 있다. 양자화 잡음은 원래의 신호와 양자화된 신호의 차이를 정의한 것으로 실제 우리에게 의미 있는 것은 수신기의 최종 출력에 포함된 잡음일 것이다. 즉 양자화된 PAM 표본을 보간기(또는 저역통과 필터)에 통과시켰을 때의 잡음의 전력이 중요하다. 최종 출력에서의 신호 대 잡음 전력의 비를 구해보자. 해석의 편이를 위하여 표본화는 이상적인 임펄스 표본화를 가정하고 수신기의 보간 과정은 이상적인 저역통과 필터로써 이루어진다고 가정하자. 그러면 수신기의 입력 신호(즉 표본화 및 양자화된 신호)는 다음과 같이 표현된다.

$$\sum_{k=-\infty}^{\infty} x_q(kT_s)\delta(t-kT_s) = \sum_{k=-\infty}^{\infty} x(kT_s)\delta(t-kT_s) + \sum_{k=-\infty}^{\infty} q_k\delta(t-kT_s) \tag{7.34}$$

여기서 양자화 잡음은 $q_k \triangleq q(kT_s)$로 표기하였다. 위의 식 우변의 첫 항은 양자화되지 않은 표본 신호로서 저역통과 필터를 통과하면 원래의 아날로그 신호를 $1/T_s$ 배의 크기로 한 동일한 파형의 신호 $x(t)/T_s$가 된다. 따라서 이 신호 성분의 전력은 다음과 같이 된다.

$$S_{out} = \frac{E[x^2(t)]}{T_s^2} \tag{7.35}$$

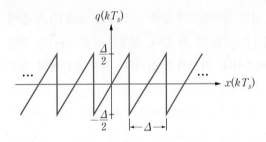
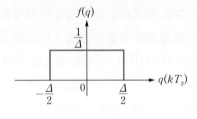

(a) 양자화기 입력에 따른 잡음의 값   (b) 양자화 잡음의 확률밀도함수

그림 7.16 양자화 잡음의 분포 특성

이번에는 양자화 잡음이 저역통과 필터를 통과하였을 때의 전력을 구해보자. 식 (7.34)의
우변 두 번째 항은 표본화된 양자화 잡음으로서 대역폭이 $B = f_s/2 = 1/2T_s$ 이고 전력이
$\sigma^2 = E[q^2] = \Delta^2/12$ 인 대역 제한된 백색 잡음 프로세스 $q(t)$ 를 표본화한 신호로 볼 수 있
다. 따라서 $q(t)$ 의 전력스펙트럼 밀도(PSD)는 $\sigma^2/2B = \Delta^2/24B$ 가 된다. 식 (7.34)에서와
같이 $q(t)$ 를 임펄스 표본화하면 PSD가 $\left(\sigma^2/2B\right)/T_s^2$ 이고 대역폭이 무한대인 백색잡음이 된
다. 수신기 출력을 대역폭이 B 인 저역통과 필터에 통과시키면 출력 잡음의 전력은

$$N_{out} = \frac{\sigma^2}{2BT_s^2} \cdot 2B = \frac{\sigma^2}{T_s^2} = \frac{\Delta^2}{12T_s^2} \tag{7.36}$$

이 된다. 식 (7.35)와 식 (7.36)으로부터 PCM 복조기 출력의 신호전력 대 양자화 잡음전력의
비(SNR)는

$$\frac{S_{out}}{N_{out}} = 12\frac{E[x^2(t)]}{\Delta^2} = 3M^2\frac{E[x^2(t)]}{x_p^2} \tag{7.37}$$

와 같이 된다. 신호의 전력 $E[x^2(t)]$ 와 신호의 피크값 x_p 가 고정되어 있다면 SNR은 양자화
준위 개수 M의 제곱에 비례한다는 것을 알 수 있다. 따라서 양자화 준위 개수를 두 배로 증
가시키면, 즉 양자화 비트 수를 하나 증가시키면, SNR은 6dB 증가하게 된다.

7.4.2 비선형 양자화와 압신

식 (7.37)의 SNR은 수신기에서 재생된 신호의 품질을 나타내는 지표라 할 수 있다. 신호의 피
크값 x_p 와 양자화 준위의 개수 M이 고정되어 있다면 SNR은 신호의 전력 $E[x^2(t)]$ 에 비례

한다. 그런데 신호의 전력은 사람에 따라 다르고, 회로의 특성에 따라서도 변화한다. 양자화 잡음의 전력은 고정되어 있는 반면 신호의 전력은 환경에 따라 다르므로 결과적으로 SNR이 다르게 되어 재생된 신호의 품질이 다르게 된다. 동일한 사람인 경우에도 작은 소리로 말할 때에는 수신 신호의 음질이 크게 악화된다. 통계적으로 사람 음성의 경우 큰 소리보다는 작은 소리의 시간 점유율이 높다고 알려져 있으며, 이것은 대부분의 시간대에서 SNR이 낮을 것이라는 것을 의미한다.

이러한 문제를 해결하는 방법을 알아보자. 바람직한 양자화 방법은 신호의 크기에 영향을 받지 않고 일정한 SNR을 얻을 수 있는 방식이라 할 수 있다. 위에 언급한 불균일한 신호 품질 문제점의 근원은 신호의 크기와 상관 없이 양자화 잡음의 전력은 일정하다는 데 있으며, 이것은 양자화 간격을 균일하게 $\Delta = 2x_b/M$ 으로 선정한 것에 기인한다. M을 증가시키면 잡음 전력이 줄어들지만 PCM 전송 대역폭이 증가한다는 문제점이 있다. 따라서 M은 고정시키고 수신 신호의 품질을 개선시키는 방법을 생각해보자. 비선형 양자화는 양자화 간격을 균일하게 하는 것이 아니라 그림 7.14(b)와 같이 양자화기 입력의 크기가 작은 영역에서는 양자화 간격을 작게 하고 크기가 큰 영역에서는 양자화 간격을 크게 하는 방식이다. 이렇게 하면 양자화기 입력의 크기가 작은 경우에는 양자화 잡음의 전력이 작아지고, 입력의 크기가 큰 경우에는 양자화 잡음의 전력이 커진다. 따라서 신호의 전력이 작은 경우에는 잡음의 전력도 작아지고, 신호의 전력이 큰 경우에는 잡음의 전력도 커져서 전체적으로 SNR에 큰 차이가 없게 된다.

이와 같은 비선형 양자화를 사용하면 신호의 크기에 따른 SNR의 변화를 줄일 수 있다는 장점이 있지만 선형 양자화기에 비해 구현이 복잡하다는 단점이 있다. 비선형 양자화를 사용하는 대신 먼저 신호 표본을 그림 7.17과 같은 입출력 특성을 가진 소자로 압축(compression)시킨 후 선형 양자화를 해도 동일한 효과를 얻을 수 있다. 그림 7.17의 압축기는 작은 입력 신호에 대해서는 입력의 변화량 Δx를 큰 변화량 Δy로 변환시키고, 큰 신호에 대해서는 입력의 큰 변화량이 축소되어 출력되도록 동작한다. 이러한 압축-선형 양자화는 비선형 양자화처럼 신호 크기와 상관 없이 균일한 SNR이 얻어지도록 하지만 압축 과정에서 신호의 왜곡이 일어났기 때문에 수신기에서 압축에 대한 역 과정을 거쳐야 원 신호를 복구할 수 있다. 압축에 대한 역 과정을 신장(expansion)이라 하며, 압축과 신장을 하는 장치를 압신기(compander: compressor+expander)라 한다.

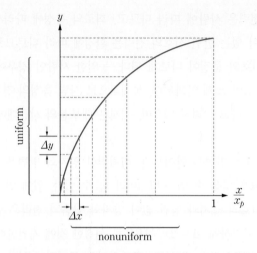

그림 7.17 비선형 양자화 효과를 얻기 위한 신호의 압축

압신 방법에는 북미나 한국에서 사용하는 μ-law 압신 방식과 유럽의 여러 나라에서 사용하는 A-law 압신 방식이 있는데 CCITT에서는 이 두 가지의 압축 방식을 국제 표준으로 지정하였다. μ-law(신호 값이 0보다 큰 부분에 대한) 압축에 사용되는 비선형 함수는

$$y = \frac{1}{\ln(1+\mu)} \ln\left(1+\mu\frac{x}{x_p}\right) \quad 0 \leq \frac{x}{x_p} \leq 1 \tag{7.38}$$

와 같으며, A-law(신호 값이 0보다 큰 부분에 대한) 압축에 사용되는 비선형 함수는

$$y = \begin{cases} \dfrac{A}{1+\ln A}\left(\dfrac{x}{x_p}\right), & 0 \leq \dfrac{x}{x_p} \leq \dfrac{1}{A} \\ \dfrac{1}{1+\ln A}\left(1+\ln\dfrac{Ax}{x_p}\right), & \dfrac{1}{A} \leq \dfrac{x}{x_p} \leq 1 \end{cases} \tag{7.39}$$

와 같다. 그림 7.18에 두 압축 방식의 입출력 특성을 보인다. 압축 파라미터 μ 또는 A는 압축의 정도를 나타낸다. 입력 신호의 크기 변화 범위가 40dB 이상인 경우 SNR을 일정하게 하기 위해서는 μ 값이 100 이상 되어야 한다. 현재 8비트로 양자화하는(즉 양자화 준위 개수는 256개) 시스템에서는 $\mu = 255$의 값을 사용하고 있으며, A-law에서는 비슷한 결과를 줄 수 있는 값으로 A=87.6을 사용하고 있다.

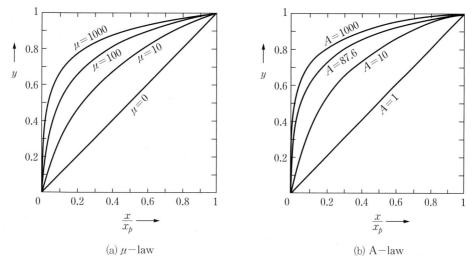

(a) $\mu-\text{law}$ (b) A$-\text{law}$

그림 7.18 신호 압축의 두 가지 표준

압축을 구현하는 방법을 알아보자. 한 가지 방법은 반도체 다이오드의 다음과 같은 전압-전류 특성을 이용하는 것이다.

$$V = \frac{KT}{q}\ln\left(1 + \frac{I}{I_s}\right) \tag{7.40}$$

조화된 다이오드 두 개를 극성이 반대가 되도록 연결하여 사용하면 근사적인 압축 특성을 얻을 수 있다. 다른 방법으로는 압축 함수를 구간 분할하여 부분적으로 선형 근사화한 법칙을 사용하여 구현하는 방식이 있다. 예를 들어 $\mu = 255$, 8비트 양자화에 대하여 15구간으로 선형 근사화한 방식이 사용되고 있다. 이러한 부분 선형 근사화 방식은 순수한 압축 방식에 비해 SNR이 나쁘다. 그러나 순수한 압축 방식을 사용하는 경우, 수신단에서 신장기가 송신단의 압축기와 특성이 정확히 조화되지 않은 경우 오히려 부분 선형 근사화 방식보다 성능이 나쁠 수도 있다.

지금까지 알아본 것을 요약해보자. 양자화 준위의 간격이 균일한 선형 양자화는 간단하지만 수신기에서의 SNR이 신호의 전력에 비례하기 때문에 신호 전력이 작은 경우 SNR이 작다는 문제점이 있다. 이 문제를 개선하기 위해 신호 크기에 따라 양자화 간격을 다르게 하는 비선형 양자화를 사용할 수 있다. 신호가 작으면 양자화 간격도 작게 하여 양자화 잡음을 줄이고, 신호가 크면 반대의 효과가 얻어지게 하는 비선형 양자화를 사용하면 신호 전력에 관계없이 일정한 SNR을 얻을 수 있다. 비선형 양자화기를 사용하는 대신 양자화기에 입력되는 신호를 압축시킨 다음 선형 양자화기를 사용하고, 수신기에서 신장시키는 방법을 사용하면 동일한 효과를 얻을 수 있다. 압축과 선형 양자화를 사용하였을 때 수신단에서의 SNR을 유도할 수 있으나, 그 과정은 생략하고 결과만 알아 보면 μ-law를 사용하였을 때 μ 값이 충분히 큰 경우

$$\frac{S_{out}}{N_{out}} \cong \frac{3M^2}{[\ln(1+\mu)]^2}, \quad \mu^2 \gg \frac{x_p^2}{E[x^2(t)]} \tag{7.41}$$

와 같이 된다. 그림 7.19에 $\mu = 255$ 인 경우와 $\mu = 0$ (선형 양자화)인 경우에 대하여 수신단에서의 SNR을 보인다. 선형 양자화의 경우 SNR이 신호 전력에 비례하여 일정하지 않지만 $\mu = 255$ 인 경우에는 SNR이 거의 일정하게 유지되는 것을 볼 수 있다.

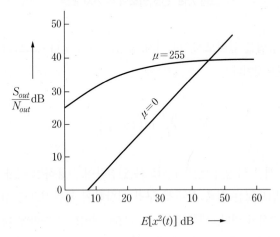

그림 7.19 압축을 사용한 경우 PCM의 SNR ($M = 256$ 경우)

부호화기(Encoder)와 A/D 변환기

양자화된 M진 PAM 펄스는 부호화기에서 펄스당 n비트의 2진 코드로 PCM 부호화된다. 보통 $M = 2^n$ 이 되도록 양자화/부호화하는데, 예를 들어 256 개의 양자화 준위를 사용하는 경우 표본화 주기마다 8비트의 코드가 출력된다. 부호화기 출력은 1 또는 0을 나타내는 두 종류의 펄스열이 되어 전송로를 통해 전송된다. 여기서 두 종류의 펄스는 펄스의 유무 또는 상반된 극성의 펄스를 사용하여 구별이 가능하게 할 수 있다. 전송로를 통과하면서 잡음이 더해져 송신 신호의 파형이 변형되어 수신기에 도달하지만 디지털 통신 수신기에서는 송신 신호 파형

의 복원을 최종 목표로 하는 것이 아니라 펄스 구간마다 펄스의 유무, 또는 두 종류의 펄스 중 어느 것인지를 판단하고 이를 기반으로 메시지를 복원한다. 이와 같은 수신기 동작을 위하여 일정한 문턱값을 정해 놓고 수신 펄스의 크기가 문턱값보다 크면 1로, 문턱값보다 작으면 0으로 판단한다. 표본화와 양자화/부호화를 하는 장치를 아날로그/디지털(A/D) 변환기라 하는데, 보통 상용 A/D 변환기에서는 양자화를 위한 회로와 부호화를 수행하는 회로 간에 명백한 구분이 없다. 아날로그 신호가 입력되면 표본/유지기에서 표본화되고 표본화 주기 T_s 동안 유지된다. 이 펄스의 크기를 각 양자화 준위에 대응하는 전압 기준치와 비교하여 펄스 크기가 속한 준위의 이진 코드를 출력한다.

7.4.3 PCM 신호의 대역폭과 SNR

$M = 2^n$ 개의 양자화 준위를 사용하여 PCM 전송을 하는 경우 필요한 대역폭에 대하여 알아보자. BHz로 대역 제한된 신호 $x(t)$를 f_s의 주파수로 표본화한다고 하자. 표본화 정리에 의하여 정보 손실이 없도록 하기 위한 표본화 주파수는 $f_s \geq 2B$가 되어야 한다. 즉 초당 최소한 $f_s = 2B$ 개의 표본을 취해야 한다. 양자화/부호화를 거치면 한 개의 표본이 n비트의 2진수로 변환되므로 결과적으로 초당 nf_s비트의 정보를 전송해야 한다. 즉 양자화/부호화를 거치면 nf_s bps(bit per second)의 2진 데이터가 발생된다. 송신기는 데이터가 1인지 0인지에 따라 두 종류의 펄스를 발생시켜 전송로에 실어준다. 여기서 한 비트의 데이터를 어떤 모양의 펄스로 만들어서 전송하는가에 따라 신호의 전송 대역폭이 결정된다. 신호의 대역폭에 대한 정의는 여러 가지가 있지만 간단히 신호 스펙트럼이 처음으로 0을 교차하는 주파수로 대역폭(first-null bandwidth)을 정의하자. 그러면 펄스폭이 T_b 초인(따라서 전송률이 $1/T_b$ bps인) 사각 펄스의 대역폭은 $1/T_b$ Hz가 된다.[1] 따라서 데이터를 사각 펄스로 전송하는 경우 1Hz 주파수를 사용하면서 단위 시간당 1비트의 데이터를 전송할 수 있다. 전송 방식의 주파수 효율을 주파수당 비트율 즉 bits/sec/Hz로 정의하면 비트열을 사각 펄스로 변환하여 전송하는 경우 효율은 1[bps/Hz]가 된다.

주파수 f_s로 표본화하고, 표본당 $M = 2^n$ 개의 양자화 준위를 사용하여 양자화 및 PCM 부호화한 다음 데이터를 사각 펄스로 변환시켜 전송하는 경우에는 nf_s Hz의 대역폭이 필요하게 된다. 나이퀴스트 속도로 표본화하는 경우 $f_s = 2B$이므로 PCM 전송 대역폭은 $2nB$ Hz가 된다. 펄스의 모양을 다른 형태로 바꾸면 전송 대역폭도 달라지게 된다.

이 시점에서 한 비트의 데이터를 전송하는데 필요한 최소 대역폭은 얼마이고, 그 때의 펄스

---

1) 푸리에 변환쌍 $\Pi\left(\dfrac{t}{T_b}\right) \overset{\mathcal{F}}{\longleftrightarrow} T_b \operatorname{sinc}(f T_b)$ 으로부터 처음 0 축을 교차하는 주파수는 $1/T_b$ 이다.

모양은 어떤 것인지 살펴볼 필요가 있다. 그러나 이 문제에 대한 상세한 고찰은 뒤로 미루기로 하고 결과만 받아들이기로 하자. 단위 대역폭(즉 1Hz)으로는 1초에 최대 두 개의 데이터를 전송할 수 있으며, 이 때의 펄스 파형은 sinc 함수의 형태가 된다. 바꾸어 말하면 초당 한 비트의 데이터가 발생하는 경우 요구되는 채널의 대역폭은 최소 1/2Hz이다. 그러므로 위와 같이 $M = 2^n$ 개 준위를 사용하여 PCM 변조를 하는 경우 필요한 이론적 최소 대역폭은 nBHz가 된다는 것을 알 수 있다. 즉 사각 펄스를 사용한 경우에 비해 요구되는 대역폭은 절반이다(따라서 효율은 2[bits/sec/Hz]가 된다). 이상을 요약해보자. 대역폭이 BHz인 연속시간 신호를 나이퀴스트율로 표본화하고, $M = 2^n$ 개 준위로 PCM 변조하는 경우 전송 신호의 대역폭(또는 요구되는 채널의 대역폭)은 다음과 같다.

$$BW_{\text{PCM}} = \begin{cases} 2nB \text{ Hz } (\text{사각 펄스의 경우}) \\ nB \text{ Hz } (\text{최소 대역폭, sinc 펄스의 경우}) \end{cases} \tag{7.42}$$

예제 7.1

대역폭이 3kHz인 신호 $x(t)$를 나이퀴스트율의 4/3배 속도로 표본화한다고 하자. 선형 양자화기를 사용하여 양자화할 때 양자화 오차는 신호 진폭의 최댓값 x_p의 0.5% 이하로 하고자 한다. 양자화된 신호 표본은 2진 코드로 부호화되어 전송된다.

(a) 2진 부호화된 PCM 신호를 전송하는데 필요한 최소 대역폭을 구하라.

(b) 동일한 방법으로 양자화/부호화한 24개의 신호를 시분할 다중화하여 전송한다고 하자. 각 비트의 데이터를 사각 펄스로 만들어서 전송한다고 할 때 전송 대역폭을 구하라.

풀이

나이퀴스트 표본화율은 $f_N = 2B = 2 \times 3,000 = 6,000\,\text{Hz}$이며, 이 속도보다 4/3배 높은 속도로 표본화하므로 실제 표본화 주파수는 $f_s = f_N \times (4/3) = 8,000\,\text{Hz}$가 된다. 신호값의 범위 $(-x_p, x_p)$를 M개의 준위로 양자화하면 양자화 준위의 간격은 $\Delta = 2x_p/M$가 된다. 이 경우 양자화 오차의 최댓값은 $\Delta/2$가 된다. 양자화 준위 개수를 2의 멱수가 되도록 하면, 즉 $M = 2^n$이 되도록 하면

$$\frac{\Delta}{2} = \frac{x_p}{2^n} \leq 0.005 x_p$$

를 만족시켜야 한다. 이 조건을 만족시키는 정수 n의 최솟값은 8이 된다. 따라서 신호 표본마다 8비트의 데이터가 발생된다. 초당 8,000개의 표본이 취해지므로, 각 표본을 8비트로 부호화하면 발생

되는 2진 데이터의 속도는 $R_b = nf_s = 8 \times 8,000 = 64,000\,\text{bps}$가 된다.

(a) 단위 시간당 한 비트의 데이터를 전송하는데 필요한 이론적인 최소 대역폭은 1/2Hz이므로 R_b bps의 데이터를 전송하는데 필요한 최소 대역폭은 $BW_{\min} = R_b/2 = 32\,\text{kHz}$가 된다.

(b) 각 채널에서 64kbps의 데이터가 발생되고 24개의 채널을 시분할 다중화하면 총 정보량은 $24 \times 64\text{kbps} = 1.536\text{Mbps}$가 된다. 2진 데이터를 사각 펄스를 사용하여 전송하는 경우 단위 시간당 한 비트의 데이터 전송을 위해 1Hz의 대역폭이 요구되므로 다중화된 PCM 신호의 전송 대역폭은 1.536MHz가 된다.

PCM 전송에서 수신기에서의 SNR은 선형 양자화를 사용한 경우는 식 (7.37)과 같고 압신을 사용한 비선형 양자화의 경우는 식 (7.41)과 같이 된다. 선형 양자화나 비선형 양자화 모두 SNR이 양자화 준위의 개수 M의 제곱에 비례한다는 것을 알 수 있다. $M = 2^n$이면 출력 SNR은 다음과 같이 표현할 수 있다.

$$\frac{S_{out}}{N_{out}} = \gamma M^2 = \gamma 2^{2n} \tag{7.43}$$

여기서

$$\gamma = \begin{cases} \dfrac{3E[x^2(t)]}{x_p^2} & \text{(선형 양자화의 경우)} \\ \dfrac{3}{[\ln(1+\mu)]} & \text{(비선형 양자화의 경우)} \end{cases} \tag{7.44}$$

이다. SNR을 데시벨로 표현하면 다음과 같다.

$$\begin{aligned} \left(\frac{S_{out}}{N_{out}}\right)_{\text{dB}} &= 10\log_{10}\left(\frac{S_{out}}{N_{out}}\right) = 10\log_{10}(\gamma 2^{2n}) \\ &= 10\log_{10}\gamma + 20n\log_{10}2 \\ &= (\alpha + 6n)\text{dB} \end{aligned} \tag{7.45}$$

따라서 A/D 변환기의 비트 수 n을 1만큼 증가시킬 때마다 출력 SNR은 6dB 증가한다(또는 4배가 된다)는 것을 알 수 있다. 그런데 PCM 신호의 최소 대역폭은 식 (7.42)와 같이 nBHz로 n의 증가에 따라 전송 대역폭도 증가한다. 즉 n을 증가시키면 출력 SNR이 증가하지만 전송 대역폭도 증가한다. PCM 신호의 대역폭이 n에 비례하는 것에 비해 SNR은 n의 제곱에 비례한다. 예를 들어 SNR을 4배로 하기 위해서는 2배의 대역폭을 사용해야 한다. 이와 같이 PCM에서는 전송 대역폭에 의하여 SNR을 제어할 수 있다. 그러나 채널의 대역폭이 한정된 경우 n이 제한되기 때문에 SNR의 개선에는 한계가 있다. 만일 정보량을 압축시켜서 데이터율을 낮출 수 있다면 동일한 채널 대역폭 조건 하에서 더 많은 양자화 레벨 수를 사용할 수 있고, 결과적으로 SNR을 좀더 개선시킬 수 있을 것이다. 다른 관점으로 보면 SNR을 유지하면서 요구되는 채널 대역폭을 낮출 수 있다. 이와 같은 데이터 압축은 음성 신호와 같이 신호 표본 간 상관도가 높은 경우 가능하며, 소스 부호화(source coding)라 한다.

7.4.4 PCM 시스템

그림 7.20에 PCM 통신 시스템의 전체 블록도를 보인다. 메시지 신호인 아날로그 신호 $x(t)$는 먼저 표본화기에서 주기 $T_s = 1/f_s$ 마다 표본화되어 PAM 신호가 된다. 이 신호는 양자화기에서 $M = 2^n$ 개의 정해진 준위에 맞추어 양자화된다. 양자화된 M진 PAM 신호 $x_q(kT_s)$는 부호화기에서 n비트의 2진 코드로 부호화되어 출력된다. 2진 데이터는 2진 펄스 신호로 변환되어 전송로를 통해 전송된다.

송신된 PCM 신호는 전송로를 거치면서 잡음이 더해져서 수신기에 도달한다. 수신기에서는 비트 구간별로 PCM 신호가 1을 나타내는 펄스인지 0을 나타내는 펄스인지를 판단해야 한다. 데이터가 1인지 0인지를 판단하는 방법은 여러 가지를 생각할 수 있지만 여기서는 간단한 방법을 알아보고, 추후 좀 더 나은 수신 방법을 알아보기로 한다. 송신단에서 1과 0에 해당하는 신호를 극성이 반대인 사각 펄스로 만들어서 전송한다고 하자. 수신기에서는 각 펄스 구간에서 수신 신호를 표본화하여 펄스 표본값이 0보다 크면 1로, 0보다 작으면 0으로 판단한다. 이 작업은 표본화 주파수가 nf_s 이고 양자화 비트수가 1인 양자화기로 구현할 수 있다. 복구된 2진 펄스열은 복호기(decoder)로 전달된다. 복호기는 송신측 부호화기의 역과정을 수행하여 2진 펄스열을 M진 PAM 신호로 재구성시킨다. 이와 같은 일련의 작업을 수행하는 장치를 디지털/아날로그(D/A) 변환기라 한다. 마지막으로 D/A 변환기의 출력 PAM 신호를 저역통과 필터에 통과시켜서 원 신호를 복원한다.

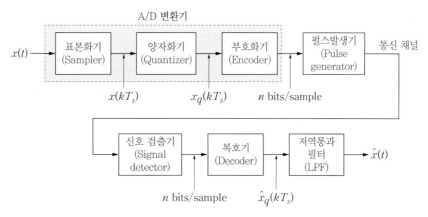

 영역 아래의 블록도

A/D 변환기

$x(t)$ → 표본화기 (Sampler) → 양자화기 (Quantizer) → 부호화기 (Encoder) → 펄스발생기 (Pulse generator) → 통신 채널

$x(kT_s)$　　$x_q(kT_s)$　　n bits/sample

신호 검출기 (Signal detector) → 복호기 (Decoder) → 저역통과 필터 (LPF) → $\hat{x}(t)$

n bits/sample　　$\hat{x}_q(kT_s)$

그림 7.20 PCM 통신 시스템의 블록도

7.4.5 T1 다중화 시스템

앞서 PAM 신호를 시분할 다중화하는 시스템에 대하여 알아보았다. 여기서는 여러 개의 PCM 신호를 시분할 다중화하는 디지털 전송 방식에 대하여 알아보기로 한다. 단일 전송 매체로 24개의 PCM 채널을 다중화하여 전송하는 T1 방식과 32개의 채널(순수 음성 데이터는 30 채널이고 2 채널에 해당하는 16비트는 동기화 및 시그널링 데이터)을 수용하는 E1 방식이 반송 시스템으로 규격화되어 있다. 여기서는 한국과 미국에서 일반적으로 사용하고 있는 T1 디지털 시스템에 대하여 좀더 상세히 알아본다.

그림 7.21에 T1 반송 시스템의 개념도를 보인다. 모두 24개의 채널로 음성 신호가 입력되는데 표본화를 하기 전에 저역통과 필터를 사용하여 음성의 기저대역을 3.4kHz로 제한한다. 표본화 주파수 f_s는 나이퀴스트율인 $2 \times 3.4 = 6.8\,\text{kHz}$를 약 20% 초과하는 8kHz로 한다. 절환기는 초당 8,000번 회전하면서 24개 채널의 음성 신호를 표본화하여 다중화된 PAM 신호를 발생시키며, 다중화된 PAM 신호는 압신기에 의해 압축된 다음 부호화기에서 8비트로 부호화된다. 따라서 절환기가 한 번 회전할 때마다(즉 주기 $T_s = 1/8,000 = 0.125\,\text{ms}$로) 발생되는 비트 수는 24 채널×8비트=192비트가 된다. 전송 중 발생하는 왜곡 및 잡음의 영향을 줄이기 위하여 전송 매체로 동축 케이블을 사용하며, 전송 선로의 중간 중간에 중계기를 설치하여 PCM 신호를 복조/재생시켜가면서 목적지로 전송한다.

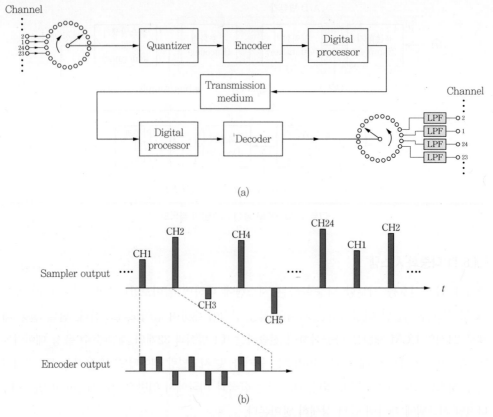

(a)

(b)

그림 7.21 PCM T1 반송 시스템

한 개의 PAM 펄스마다 8비트의 정보가 전송되는데, 송신기와 수신기 사이에 한 비트라도 시간 동기가 맞지 않으면 전혀 다른 신호가 재생되므로 디지털 전송 시스템에서 동기화는 매우 중요하다. 수신측에서는 부호화된 신호의 비트열뿐만 아니라 각 비트가 어떤 채널의 몇 번째 비트에 해당되는가를 알리기 위한 동기화 정보가 필요하다. 절환기가 한 회전을 하여 24개의 채널로부터 만들어진 데이터를 프레임(frame)이라 한다. T1 시스템에서는 프레임 동기화를 위해 절환기가 새로운 회전을 시작할 때마다 먼저 한 개의 동기화 비트를 전송한 다음 정보 신호들에 대한 비트를 발생시킨다. 따라서 한 프레임은 추가된 한 개의 동기화 비트와 24개 채널에 대한 메시지 데이터 192비트를 합하여 193비트로 구성된다. 그림 7.22에 T1 반송 시스템의 프레임 구조를 보인다. 여기서 F는 추가된 프레임 동기화 비트를 나타내는데, F비트의 값은 110111001000으로 지정되어 있다. 즉 F비트는 12개 프레임을 주기로 하여 특정 패턴이 반복되면서 수신측의 동기 설정에 사용된다.

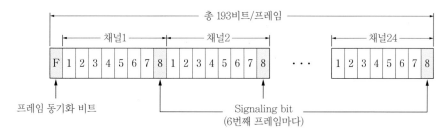

그림 7.22 T1 시스템의 프레임 구조

각 채널의 신호는 $f_s = 8,000\,\text{Hz}$의 속도로 표본화되므로 한 프레임의 시구간 T는

$$T = \frac{1}{8,000}\sec = 125\mu s \tag{7.46}$$

가 되며, 한 프레임은 193비트로 구성되어 있으므로 T1 반송 시스템의 비트율 R_b는 다음과 같이 된다.

$$R_b = \frac{193\text{bits}}{125\mu s} = 1.544\text{Mbps} \tag{7.47}$$

각 프레임의 데이터에는 음성 파형을 나타내는 192비트의 정보 데이터와 프레임 동기화를 위한 1비트가 있다. 그런데 전화 서비스를 위해서는 이러한 정보, 동기화 데이터 외에 추가로 전화 연결/종료, 다이얼링 펄스 등과 같은 제어 정보가 전달되어야 한다. 이러한 데이터를 시그널링(signaling) 데이터라 부른다. 시그널링 데이터는 항상 발생하는 것이 아니며, 또한 정보 양이 많지 않기 때문에 매우 느린 속도로 전송해도 되기 때문에 시그널링 용으로 전용 채널을 할당하지 않고 음성 데이터를 보내는 중간 중간에 시그널링 정보를 실어서 보내는 방법을 사용한다. 음성 신호의 부호화로는 8비트를 사용하는데, 8비트로 표현된 음성 데이터를 계속 전송하다가 시그널링 데이터가 전송되어야 하는 시점에서는 상위 7비트만 사용하여 음성을 표현하고 중요도가 낮은 최하위 비트(LSB)는 시그널링 비트를 채워서 전송한다. 따라서 시그널링 정보가 전송되는 프레임에서는 음성이 8비트가 아니라 7비트로 표현되므로 에러가 발생할 확률이 증가하게 된다. 시그널링 데이터를 전송하는 주기는 6 프레임으로, 5개 프레임 구간 동안은 음성이 8비트로 부호화되어 전송되고 6번째 프레임에서는 음성이 7비트로 부호화되며, 이 패턴이 계속 반복된다. 그러므로 5개 프레임 구간에서는 각 프레임이 $8 \times 24 = 192$ 개의 정보 비트와 1비트의 프레임 동기 비트로 구성되며, 매 6번째 프레임은

$7 \times 24 = 168$ 개의 정보 비트, 24개의 시그널링 비트, 1개의 프레임 동기 비트로 구성된다. 따라서 한 프레임 내의 평균 비트 수는

$$\frac{5 \times 8 + 1 \times 7}{6} = \frac{47}{6} = 7\frac{5}{6} \tag{7.48}$$

가 되며, 시그널링 비트의 속도는 다음과 같이 된다.

$$R_{s,\ signaling} = \frac{8,000}{6} = 1,333 \text{ bps} \tag{7.49}$$

한편 유럽에서는 프레임 구조가 32 채널의 8비트 데이터로 구성된 E1 반송 방식을 PCM 전송 방식으로 표준화하였다. 각 프레임은 $32 \times 8 = 256$ 개의 시간 슬롯으로 구성되어 있는데, 240개 시간 슬롯에는 30 채널의 음성 데이터(각 8비트)가 채워지고 나머지 16개의 시간 슬롯에는 프레임 동기화 비트와 시그널링 비트가 채워진다. E1의 전송 속도는 32 채널의 속도에 해당하는 32×8 bits$/125\ \mu$s $= 2.048$ Mbps 이다.

지금까지 살펴본 PCM 반송 시스템은 계층적으로 다중화되도록 규격화되어 있다. 그림

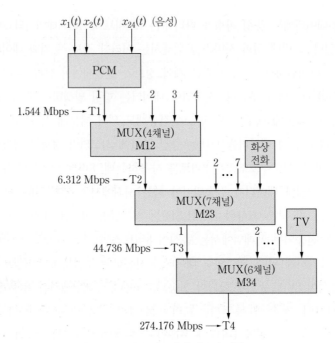

그림 7.23 T-반송 시스템의 다중화 계위 구조

7.23에 T1 시스템을 하위 구조로 하고 보다 높은 상위 구조로 계속 다중화하는 T-반송 시스템의 다중화 계위 구조를 보인다. 24개의 음성 채널을 다중화하여 만들어진 T1 시스템 4개를 M12 다중화 장치로써 시분할 다중화하여 T2 시스템이 만들어진다. M23은 7개의 T2 시스템과 1개의 화상전화 채널을 결합하여 T3 시스템으로 변환시키며, M34는 6개의 T3 시스템과 1개의 TV 채널을 결합하여 T4 시스템으로 변환시킨다. 이와 같은 다중화 방식을 사용하여 음성 외에도 화상전화 또는 TV 프로그램을 전송할 수 있도록 하고 있다.

7.5 차동 펄스부호 변조(DPCM)

PCM 전송 방식에서는 표본화 주기마다 신호 표본을 양자화하고 양자화 비트 수만큼 2진 펄스열을 전송한다. 이와 같이 1과 0의 두 종류의 펄스를 전송하기 때문에 전송로 상의 잡음으로 인하여 파형이 변형되더라도 수신기에서는 1과 0의 파형 중 어느 것에 가까운지 구별만 하면 되므로 잡음에 대한 내성이 크다. 그러나 양자화 과정의 한정된 양자화 준위 개수로 인하여 양자화 잡음이 발생하며, 신호 처리로는 이 잡음을 제거할 수 없어서 SNR이 작으면 판정 오류가 발생한다. 양자화 잡음의 전력을 줄이기 위해서는 양자화 준위의 수를 증가시켜서 해상도(resolution)를 높이면 된다. 앞서 A/D 변환기의 비트 수 n을 1만큼 증가시킬 때마다 SNR은 6dB 증가한다는 것을 확인하였다. 그러나 n의 증가에 따라 PCM 신호의 대역폭도 증가한다. 양자화 비트 수가 너무 커서 신호의 대역폭이 전송 채널의 대역폭보다 커지면 왜곡이 발생하게 된다. 이번에는 다중화의 관점에서 보자. 주어진 전송로(통신 채널)의 특성상 대역폭이 한정되어 있으므로 전송할 수 있는 최대 데이터율(data rate)은 한정되어 있다. 즉 다중화기 출력의 데이터율은 한정되어 있다. 따라서 신호 표본당 할당되는 비트 수를 증가시키면 다중화할 수 있는 채널의 수가 줄어든다는 것을 알 수 있다.

만일 PCM과 동일한 해상도를 제공하면서 단위 시간당 전송하는 비트 수를 줄일 수 있는(데이터 압축) 방법이 있다면 PCM과 동일한 품질(또는 SNR)을 유지하면서 더 많은 채널의 신호를 다중화하여 전송할 수 있을 것이다. 다른 관점으로 말하면, 데이터 압축을 사용함으로써 PCM과 동일한 데이터율을 사용하면서 더 좋은 통신 품질의 제공이 가능하다. 이와 같은 데이터 압축은 음성 신호와 같이 신호 표본 간 상관도가 높은 경우 가능한데,[2] 대표적인 방식이 차동 펄스부호 변조(differential PCM: DPCM)와 델타 변조(Delta Modulation: DM)이다. PCM은 표본화 순간마다 신호 표본을 독립적으로 부호화하는데 비해 DPCM이나

---

2) 신호 표본 간에 상관도가 높다는 것은 인접한 과거의 표본들로부터 현재의 표본이 어떤 값을 가질지 어느 정도 예상이 가능하다는 것을 의미한다.

DM은 과거 표본으로부터 현재 표본을 예측하고, 예측값과 실제값의 차를 부호화한다. 따라서 과거 표본의 값을 저장할 메모리가 필요하게 된다.

7.5.1 선형 예측

PCM에서 양자화기가 받아들이는 입력 표본의 값 범위가 $(-x_p,\ x_p)$인 경우, 표본을 n 비트로 양자화할 때 양자화 오차의 크기는 $\Delta/2 = x_p/2^n$ 이하가 된다. 여기서 양자화 비트 수 n을 크게 선택하거나 x_p가 작으면 양자화 오차의 크기는 줄어든다. 만일 신호가 시간에 따라 빠르게 변하지 않는 성질을 가졌다면, 인접한 두 표본 간의 차이가 변화할 수 있는 범위가 신호 자체가 변화할 수 있는 범위보다 작을 것이라고 예상할 수 있다. 즉 $x(kT_s)$의 변화 범위보다 $d(kT_s) \doteq x(kT_s) - x((k-1)T_s)$의 변화 범위가 작다. 이렇게 신호 표본 간 상관도가 높은 경우, 이 신호는 잉여도(redundancy)가 크다고 하며, 이러한 신호의 예로 음성 신호를 들 수 있다.

PCM에서는 표본 순간마다 신호 표본 $x(kT_s)$를 독립적으로 양자화/부호화하여 전송하는데 비해 DPCM에서는 인접한 표본 간의 차이 $d(kT_s)$를 양자화/부호화하여 전송하는 방식이라 할 수 있다. 수신기에서 $d(kT_s)$와 이전의 신호 표본 $x((k-1)T_s)$를 안다면 $x(kT_s)$를 재생할 수 있다. 그러므로 수신기에서 $d(kT_s)$를 알면 $x(kT_s)$를 반복적으로 재생할 수 있다. DPCM의 핵심은 현재의 신호 표본이 이전의 표본과 큰 차이가 없다는 데 있다. 즉 $x(kT_s)$에 비해 $d(kT_s)$의 크기가 작다. 그러므로 양자화기 입력의 상한값 x_p를 작게 할 수 있어서 동일한 양자화 비트 수 n을 사용하면서 PCM에 비해 양자화 오차를 줄일 수 있다. 다르게 표현하면 PCM과 동일한 품질을 제공하면서 양자화 비트 수 n을 줄여서 전송량을 줄일 수 있고, 결과적으로 다중화 채널의 수를 증가시킬 수 있다.

DPCM에서 양자화하는 대상은 현재의 신호 표본값 $x(kT_s)$와 현재의 표본을 예측한 값 $\hat{x}(kT_s)$와의 차이로 볼 수 있다. 가장 간단한 현재 값의 예측은 이전 값을 그대로 사용하는 것이다. DPCM은 신호 표본에 대한 예측 오차를 부호화하여 전송하는 방식이다. 만일 현재의 표본값을 좀더 정확하게 예측할 수만 있다면 양자화기 입력의 상한값을 더욱 작게 할 수 있어서 더 좋은 성능을 얻을 수 있을 것이다. 현재의 신호 표본 예측값에 대한 정확도를 높이기 위해서는 여러 개의 과거 표본들을 이용한다. 과거의 표본들의 값을 선형 조합하여(즉 가중치를 주고 더하여) 현재 표본에 대한 예측값으로 사용하는 방식을 선형 예측(linear prediction)이라 한다. 그림 7.24에 디지털 필터로 구성한 선형 예측기의 구조를 보인다. 이산 신호에 대한 표현을 간단히 하기 위하여 k번째 표본 순간의 신호값을

$$x[k] \triangleq x(kT_s) \tag{7.50}$$

와 같이 표기하기로 한다. $x[k]$에 대한 선형 예측값 $\hat{x}[k]$을 과거 N개의 신호 표본으로 구하는 경우

$$\hat{x}[k] = a_1 x[k-1] + a_2 x[k-2] + \cdots + a_N x[n-N] \tag{7.51}$$

과 같이 표현할 수 있다. 여기서 $\{a_1, a_2, \cdots, a_N\}$은 상수로 선형 조합을 위한 가중치이다. 실제의 신호 표본값 $x[k]$와 선형 예측값 $\hat{x}[k]$의 차인 예측 오차(prediction error)는

$$d[k] = x[k] - \hat{x}[k] \tag{7.52}$$

로 주어지는데, 선형 예측 계수 $\{a_1, a_2, \cdots, a_N\}$을 얼마나 잘 결정하는가에 따라 오차의 크기 정도가 정해진다. 보통 $\{a_1, a_2, \cdots, a_N\}$는 예측 오차의 제곱 평균(MSE)이 최소가 되도록 결정한다. 한편 선형 예측기의 차수(order) N은 과거 몇 개의 표본을 가지고 현재의 표본을 예측하는가를 나타내는데, 이 값이 클수록 예측의 정확도를 높일 수 있지만 구현이 복잡해진다.

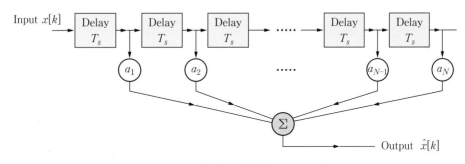

그림 7.24 선형 예측기

7.5.2 DPCM 시스템

DPCM의 기본 개념은 신호 표본 $x[k]$와 이 표본에 대한 예측값 $\hat{x}[k]$의 차, 즉 예측 오차 $d[k] = x[k] - \hat{x}[k]$를 양자화하여 전송하는 것이다. 여기서 $\hat{x}[k]$는 과거의 N개 표본 $\{x[k-1], x[k-2], \cdots, x[n-N]\}$으로부터 예측된다. 신호의 복원은 예측값과 예측 오차를 가지고 $x[k] = \hat{x}[k] + d[k]$와 같이 할 수 있다. 그러나 실제로 전송되는 것

은 $d[k]$가 아니라 이를 양자화한 $d_q[k]$이므로 수신측에서는 $d[k]$가 아닌 $d_q[k]$를 가지고 신호를 복원해야 한다. 또한 송신측에서는 $x[k]$의 예측값을 구하기 위한 과거의 표본 $\{x[k-1], x[k-2], \cdots, x[n-N]\}$을 가지고 있지만, 수신측에서는 양자화된 과거 표본 $\{x_q[k-1], x_q[k-2], \cdots, x_q[n-N]\}$만을 가질 수 있으므로 송신측과 동일한 $\hat{x}[k]$를 얻을 수 없다. 수신측에서는 그 대신 $x_q[k]$를 $\{x_q[k-1], x_q[k-2], \cdots, x_q[n-N]\}$로써 선형 예측한 $\hat{x}_q[k]$는 얻을 수 있다. 그러나 이 경우 송신측에서는 $\hat{x}[k]$를 사용하고 수신측에서는 $\hat{x}_q[k]$를 사용하므로 재생된 신호는 오차가 커질 것이라는 것을 예상할 수 있다.

이 문제를 해결하는 방법은 송신기에서도 $\hat{x}[k]$ 대신 $\hat{x}_q[k]$를 사용하는 것이다. 즉 $x[k]-\hat{x}[k]$를 양자화하여 전송하는 것이 아니라 $d[k]$를 $d[k] \triangleq x[k]-\hat{x}_q[k]$로 정의하고, 이를 양자화한 $d_q[k]$를 전송한다. 수신측에서는 $\hat{x}_q[k]$를 발생시킬 수 있고, 수신된 $d_q[k]$에 의하여 $x_q[k]$를 재생할 수 있다.

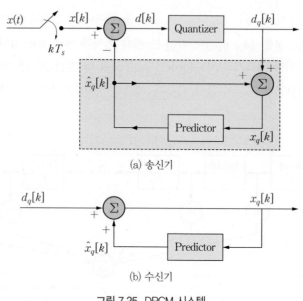

(a) 송신기

(b) 수신기

그림 7.25 DPCM 시스템

그림 7.25에 DPCM 시스템의 구조를 보인다. 예측기의 입력은 $x[k]$가 아니라 $x_q[k]$이다. 선형 예측기에서는 N개의 과거 표본 $\{x_q[k-1], x_q[k-2], \cdots, x_q[n-N]\}$를 가지고 $\hat{x}_q[k]$를 예측하여 출력한다. 입력 신호 표본 $x[k]$와 예측기 출력의 차인

$$d[k] \triangleq x[k]-\hat{x}_q[k] \tag{7.53}$$

를 양자화한 $d_q[k]$가 전송된다. 여기서 $d_q[k]$는

$$d_q[k] = d[k] + q[k] \tag{7.54}$$

와 같이 표현할 수 있으며, $q[k]$는 양자화 오차이다. 예측기의 출력 $\hat{x}_q[k]$와 전송되는 신호 $d_q[k]$를 더하면, 식 (7.53)으로부터

$$\begin{aligned}
\hat{x}_q[k] + d_q[k] &= x[k] - d[k] + d_q[k] \\
&= x[k] + q[k] \\
&= x_q[k]
\end{aligned} \tag{7.55}$$

가 얻어진다. $x_q[k]$는 예측기로 입력되어 $\hat{x}_q[k]$를 발생시켜 다시 입력측으로 피드백된다.

이번에는 그림 7.25(b)에 보인 DPCM 수신기의 구조를 살펴보자. 그림 7.25(a)의 송신기에서 음영 표시한 블록은 예측기 출력 $\hat{x}_q[k]$와 전송되는 신호인 $d_q[k]$를 더하여 $x_q[k]$를 만들어내므로 이 과정이 바로 수신 과정이라는 것을 알 수 있다. 따라서 DPCM 수신기는 송신기의 음영으로 표시된 부분이 되어 그림 7.25(b)와 같이 구성할 수 있다. 복원된 신호 $x_q[k]$를 복호(decode)하고 저역통과 필터를 거쳐서 원래의 아날로그 신호를 얻는다.

7.5.3 SNR 개선 효과

동일한 양자화 비트 수를 사용할 때 DPCM의 품질이 PCM의 품질에 비해 우수한데 어느 정도 SNR이 개선되는지 알아보자. 신호 $x(t)$와 예측 오차 $d(t)$의 최대 진폭을 각각 x_p와 d_p라 하자. 여기서 잉여도(redundancy)가 높은 신호는 $d_p < x_p$를 만족시킨다. 동일한 양자화 비트 수 n을 사용하면 DPCM의 양자화 준위의 간격은 $\Delta = 2d_p/2^n$로 d_p/x_p배로 감소한다. 양자화 잡음의 전력은 $\Delta^2/12$이므로 DPCM의 양자화 잡음의 전력은 PCM의 양자화 잡음에 비해 $(d_p/x_p)^2$배로 감소하며, 따라서 SNR이 증가한다. 결과적으로 SNR 이득은

$$G = \frac{P_x}{P_d} \tag{7.56}$$

가 된다. 여기서 P_x와 P_d는 각각 $x(t)$와 $d(t)$의 전력이다.

음성이나 영상 신호와 같이 잉여도가 높은 신호에 대해 DPCM을 사용하면 SNR이 약 25dB까지 개선된다. 다르게 표현하면, 동일한 SNR을 얻고자 할 때 식 (7.45)로부터 DPCM

은 PCM에 비해 표본당 양자화 비트 수를 4비트 정도 줄일 수 있다는 것을 의미한다. 예를 들어 음성을 8kHz로 표본화하고 8비트로 양자화하여 PCM 신호를 만드는 경우 데이터율은 64kbps가 된다. DPCM 변조를 하는 경우 4비트만 사용해도 동일한 품질을 얻을 수 있으며, 이 때 데이터율은 32kbps가 된다. 따라서 시분할 다중화를 할 때 두 배의 채널을 수용할 수 있게 된다.

이와 같이 DPCM에서 SNR이 개선될 수 있는 것은 신호 표본 간 상관도가 높아서 과거 표본들로부터 현재의 표본을 잘 예측할 수 있고, 따라서 양자화 대상인 예측 오차의 크기 d_p를 줄일 수 있기 때문이다. 신호 표본의 예측에 있어서 과거 표본의 개수 N을 크게 선택할수록 예측의 정확도가 높아질 것이라고 예상할 수 있다. 간단히 $N = 1$로 하는 경우 PCM에 비해 양자화 비트 수를 1비트 줄일 수 있다고 알려져 있다.

7.6 델타 변조(DM)

DPCM에서 신호 표본 간의 상관도가 높을수록 예측을 위한 과거 표본 개수 N을 작게 선택해도 된다. N이 작으면 예측기의 구조가 단순해진다. 신호를 표본화할 때 나이퀴스트율보다 더 높은 속도로 과표본화(oversampling)하면 표본 간의 상관도가 더욱 증가하므로 N을 작은 값으로 선택해도 되며, 예측 오차가 작아져서 양자화 비트 수 n을 작게 선택해도 된다. 표본화 속도를 매우 빠르게 하여 신호 표본 간 상관도를 크게 높이고 양자화 비트 수 n을 1로 한 방식이 델타 변조(Delta Modulation: DM)이다. DM은 신호를 나이퀴스트율보다 몇 배 빠른 속도로 과표본화하고, 1차 예측기($N = 1$)를 사용하여 표본을 예측하며, 1 비트만 사용하여($n = 1$) 양자화하는 방식이다. 따라서 DM은 DPCM의 특별 경우로 볼 수 있다.

7.6.1 델타 변조 시스템의 구조

그림 7.26에 DM의 송수신기 구조를 보인다. $x_q[k]$에 대한 1차 선형 예측은 간단히

$$\hat{x}_q[k] = x_q[k-1] \tag{7.57}$$

로 하며, 이것은 $x_q[k]$를 T_s만큼 지연시킨 것이다. 따라서 DPCM에서의 선형 예측기는 DM에서는 단순히 지연 소자가 된다. DPCM에서의 양자화기 입력을 나타내는 식 (7.53)은 DM에서는

$$d[k] = x[k] - \hat{x}_q[k] \tag{7.58}$$
$$= x[k] - x_q[k-1]$$

와 같이 된다. 이것을 1비트로 양자화한다는 것은 $d[k] > 0$ 이면 $d_q[k] = 1$ 로 부호화하고, $d[k] < 0$ 이면 $d_q[k] = 0$ 으로 부호화한다는 것이다. 즉

$$d_q[k] = \begin{cases} 1 & \text{if } x[k] > x_q[k-1] \\ 0 & \text{if } x[k] < x_q[k-1] \end{cases} \tag{7.59}$$

와 같이 하여 1비트 양자화기는 입력 표본과 양자화된 이전 표본을 비교하여 1 또는 0을 출력한다.

이번에는 원 신호를 재생하기 위하여 $d_q[k]$ 로부터 $x_q[k]$ 를 복원하는 과정을 살펴보자. DPCM의 식 (7.55)에 $\hat{x}_q[k] = x_q[k-1]$ 을 대입하여 다음을 얻는다.

$$x_q[k] = x_q[k-1] + d_q[k] \tag{7.60}$$

여기서 k 대신 $k-1$ 을 대입하면 식 (7.60)은

$$x_q[k-1] = x_q[k-2] + d_q[k-1] \tag{7.61}$$

과 같이 된다. 반복하여 k를 감소시키면서 위의 식을 전개하고, 초깃값을 $x_q[0] = 0$ 으로 하면, 이 식들을 모두 더하여 다음을 얻는다.

$$x_q[k] = \sum_{i=1}^{k} d_q[i] \tag{7.62}$$

따라서 신호의 재생 과정은 수신된 신호를 누진하여 더하는 것이며, 복조기는 단순히 누진기 (accumulator) 또는 적분기(integrator)로써 구현할 수 있다. 이 과정은 수신기뿐만 아니라 송신기에서도 그림 7.26(a)에서 음영으로 표시된 부분에 적용된다. 즉 송신기 출력으로부터 선형 예측기를 통하여 입력부로 피드백되는 부분을 누진기/적분기를 사용하여 구현할 수 있다.

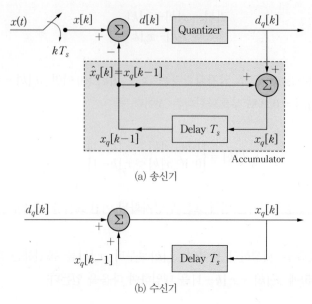

(a) 송신기

$$d_q[k] \quad \xrightarrow{\quad +\quad} \Sigma \xrightarrow{\quad\quad} x_q[k]$$

$$x_q[k-1] \quad \boxed{\text{Delay } T_s}$$

(b) 수신기

그림 7.26 델타 변조(DM) 시스템

그림 7.27에 실제적인 DM 변복조기의 구조를 보인다. 그림 7.26(a)의 1차 예측기를 포함한 피드백 부시스템을 7.27(a)의 송신기에서는 적분기로 대체하였다. 적분기는 1비트 양자화를 거쳐 T_s마다 $+\Delta$ 또는 $-\Delta$의 2진 값을 갖고 출력되는 신호를 적분함으로써 증가 또는 감소하는 계단 신호를 발생시킨다. 앞서 언급한 바와 같이 1비트 양자화기는 비교기로 대체하였다. 이와 같은 적분이나 비교기는 구조가 매우 간단하므로 DM 변복조기는 저렴하게 구현할 수 있다.

송신기에서 아날로그 신호 $x(t)$는 예측 신호로 간주되는 피드백 신호 $\hat{x}_q(t)$와 비교된다. $x(t) > \hat{x}_q(t)$이면 비교기는 양의 상수 $d_q(t) = +\Delta$를 출력하고, $x(t) < \hat{x}_q(t)$이면 음의 상수 $d_q(t) = -\Delta$를 출력한다. 비교기의 출력은 $f_s = 1/T_s$의 주파수로 표본화되어 2진 펄스열 $d_q[k]\hat{\delta}_{T_s}(t)$가 발생된다(편의상 임펄스열로 간주하자). 여기서 f_s는 나이퀴스트율보다 몇 배 큰 값으로 선정한다. 이와 같이 비교기/표본화기를 작동시키면 $T_s = 1/f_s$마다 $d_q = \pm\Delta$의 크기를 갖는 펄스열을 발생시키는 1비트 양자화기로 동작한다. 양자화된 신호의 전송에서는 양자화기 출력이 $+\Delta$인 경우에는 +1로 부호화하고, 양자화기 출력이 $-\Delta$인 경우에는 0으로 부호화하여 1 또는 0에 해당하는 펄스를 전송로에 실어준다.

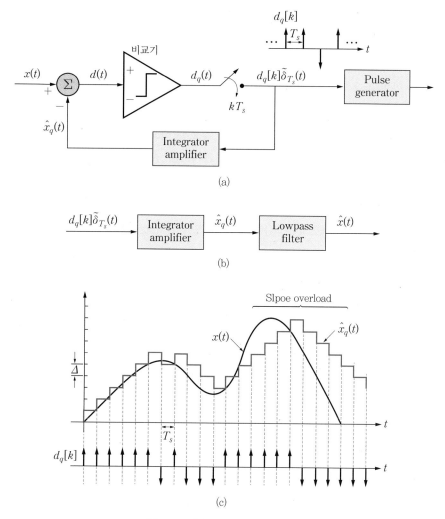

(a)

(b)

(c)

그림 7.27 실제적인 델타 변조 시스템

비교기의 다른 입력인 $\hat{x}_q(t)$를 얻기 위하여 식 (7.57)과 식 (7.62)를 적용한다. 즉

$$\hat{x}_q[k] = x_q[k-1] = \sum_{i=1}^{k-1} d_q[i] \tag{7.63}$$

이므로 $\hat{x}_q(t)$는 비교기(양자화기) 출력을 적분하여 얻는다. 양자화기 출력은 T_s마다 일정한 $+\Delta$의 크기를 갖는 임펄스이므로 이를 적분하면 출력은 계단파가 된다. 즉 적분기는 계단파 발생기로서 T_s마다 일정한 크기 Δ만큼 한 단계 증가하거나 감소하는 출력을 발생시킨다. 결

과적으로 적분기의 출력은 그림 7.27(c)와 같이 신호 $x(t)$를 추적하게 되며 이는 곧 $x(t)$에 대한 근사적인 양자화 신호 $\hat{x}_q(t)$가 된다.

시스템의 전체 동작을 정리해보자. $x(t) > \hat{x}_q(t)$이면, 즉 예측 신호가 실제 신호보다 작으면 $d_q[k]$는 양의 값을 갖도록 하고, 적분기를 통과하면서 $\hat{x}_q(t)$를 사전에 정해진 스텝 크기 (step size) Δ만큼 증가시켜서 $x(t)$를 따라가도록 한다. 반대로 $x(t) < \hat{x}_q(t)$이면, 즉 예측 신호가 실제 신호보다 크면 $d_q[k]$는 음의 값을 갖도록 하고, 적분기를 통과하면서 $\hat{x}_q(t)$를 Δ만큼 감소시켜서 $x(t)$를 따라가도록 한다. 결과적으로 $\hat{x}_q(t)$는 $x(t)$를 계단 함수로써 근사화한 신호가 된다. 복조기에서는 $\hat{x}_q(t)$를 저역통과 필터에 통과시켜서 모서리를 완만하게 하여 $x(t)$에 좀더 근접하도록 한다.

PCM에서는 아날로그 신호의 표본을 $M = 2^n$개의 영역으로 구별하여 양자화하고, 그 정보를 n개의 펄스에 담아서 전송하는 것이다. 이에 비해 DM에서는 신호 표본 자체에 대한 정보를 전송하는 것이 아니라 인접한 이전 표본과의 차이에 대한 정보를 1개의 펄스에 전송한다. 그 차이가 0보다 클 때에는 양의 펄스를 발생시키고, 차이가 0보다 작을 때는 음의 펄스를 발생시킨다. 따라서 DM은 $x(t)$의 도함수에 대한 정보를(증가/감소의 형태로) 전송하는 것으로 볼 수 있다. 복조기에서는 델타 변조된 신호를 적분함으로써 $x(t)$의 근사값인 $\hat{x}_q(t)$를 발생시킨다. DM에서는 신호가 증가하는지 감소하는지에 대한 정보만 보내기 때문에 표본화 주파수가 매우 높아야 한다는 것을 알 수 있다.

7.6.2 델타 변조의 문제점

델타 변조의 품질은 근사 양자화된 신호 $\hat{x}_q(t)$가 실제 아날로그 신호 $x(t)$와 얼마나 가까운지에 달려 있으며, 이는 두 가지 파라미터, 즉 표본 주기 T_s와 계단파의 스텝 크기 Δ에 크게 영향을 받는다. 아날로그 신호 $x(t)$의 최대 주파수가 알려져 있으면 이에 적합하도록 T_s와 Δ를 조정해야 한다. 이 파라미터들에 의하여 델타 변조 시스템이 받는 영향을 살펴보자.

먼저 아날로그 신호의 변화율이 높을 때 발생하는 문제를 살펴보자. 예를 들어 그림 7.27(c)를 보면 전반부는 신호 $x(t)$의 변화율이 크지 않아서 계단파 $\hat{x}_q(t)$가 신호를 잘 따라가고 있지만, 후반부에서는 $x(t)$의 변화율이 너무 커서 계단파가 따라가지 못하고 있다. 이와 같은 현상을 경사 과부하(slope overload)라 하며, 경사 과부하 잡음이 발생된다. 경사 과부하 현상을 방지하기 위해서는 다음 조건을 만족시키도록 표본화 주파수와 스텝 크기를 결정하면 된다.

$$\frac{\Delta}{T_s} = \Delta \cdot f_s > \left| \frac{dx(t)}{dt} \right|_{\max} \tag{7.64}$$

즉 경사 과부하 문제는 표본화 주파수 f_s를 증가시키거나 계단파의 스텝 크기 Δ를 증가시켜서 해결할 수 있을 것이다. 그러나 표본화 주파수를 높이면 데이터 양이 늘어나서 전송대역폭이 증가하게 된다. 또한 스텝 크기를 늘리면 신호의 변화가 심한 경우에는 계단파가 잘 따라가지만 신호의 변화가 거의 없는 경우에는 양자화 오차가 커진다는 문제점이 있다. 그림 7.28에 스텝 크기가 작은 경우와 큰 경우 발생하는 현상을 보인다. 그림 (a)의 경우는 스텝 크기가 너무 작아서 $\hat{x}_q(t)$가 $x(t)$를 따라가지 못하는 경사 과부하 현상이 발생하였다. 그림 (b)는 신호 $x(t)$가 변동 없이 일정한 경우 발생하는 현상을 보이고 있다. $\hat{x}_q(t)$가 $x(t)$보다 작으면 양자화기 출력은 양수가 되어 적분기를 통과하면 $\hat{x}_q(t)$가 Δ만큼 증가한다. 그러면 $\hat{x}_q(t)$는 $x(t)$보다 커지고, 양자화기 출력은 음수가 되어 적분기를 통과하면 $\hat{x}_q(t)$가 감소하여 이번에는 다시 $x(t)$보다 작아진다. 이와 같은 과정이 반복되어 $\hat{x}_q(t)$는 Δ만큼 계속 오르락 내리락 한다. 즉 $x(t)$가 일정하더라도 양자화 오차가 양과 음으로 계속 발생한다. 이러한 현상을 문턱(threshold) 효과라 하며, 이로 인한 잡음을 미립화 잡음(granular noise)이라 한다. 이 잡음은 스텝 크기가 클수록 커진다.

따라서 델타 변조에서 스텝 크기의 결정은 신중해야 하며 표본화 주파수와 연관하여 선정할 필요가 있다. 즉 스텝 크기를 너무 작게 선정하면 오차는 줄어들지만 경사 과부하 현상이 발생하며, 스텝 크기를 너무 크게 결정하면 경사 과부하 현상은 없어지지만 미립화 잡음의 전력이 커진다. 두 가지 현상을 모두 해결할 수 있는 한 방안은 스텝 크기를 작게 하면서 표본화율을 매우 크게 하는 것을 고려할 수 있으나 데이터 양이 많아져서 전송 대역폭이 커진다.

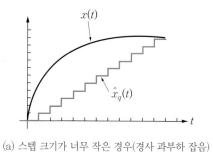

(a) 스텝 크기가 너무 작은 경우(경사 과부하 잡음)

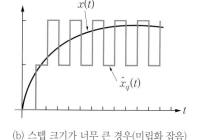

(b) 스텝 크기가 너무 큰 경우(미립화 잡음)

그림 7.28 델타 변조 시스템의 문제점

7.6.3 적응 델타 변조(ADM)

델타 변조의 문제점은 계단파의 스텝 크기를 결정하기 어렵다는 것이다. 스텝 크기를 너무 작게 정하면 신호의 변화가 큰 경우 경사 과부하가 발생하고, 반대로 스텝 크기를 너무 크게 정하면 신호의 변화가 없는 경우 미립화 잡음의 전력이 커진다. 표본화율을 변화시키지 않고 이 문제를 해결하기 위한 방법으로 계단파의 스텝 크기를 고정시키지 않고 상황에 따라 가변시키는 방법을 생각할 수 있다. 즉 신호의 변화율이 작은 동안에는 스텝 크기를 줄여서 양자화 잡음을 줄여나가고, 신호의 변화율이 클 때는 스텝 크기를 늘려서 경사 과부하를 줄여나가도록 동작한다. 상황에 적응하여 스텝 크기가 가변되므로 적응 델타 변조(Adaptive Delta modulation: ADM)라 한다. ADM을 사용하면 데이터율과 전송 대역폭을 늘리지 않고도 시스템의 성능을 향상시킬 수 있다.

ADM에서 문제가 될 수 있는 것은 수신기가 $\hat{x}_q(t)$를 재구성하기 위해서 전송된 DM 신호의 각 스텝 크기에 대한 정보가 필요하다는 것이다. 이를 위해서는 송신기뿐만 아니라 수신기에서도 스텝 크기를 결정하는 요소를 유추할 수 있어야 한다. 만일 스텝 크기가 DM 신호의 비트열에 의해서만 결정된다면 수신기에서도 정확한 적응적 동작이 재현될 수 있을 것이다. 즉 신호가 느리게 변하는 동안에는 양자화된 비트열은 1과 0이 교대로 나오는 형태가 될 것이며, 신호가 빠르게 변하는 동안에는 양자화된 비트열은 계속해서 1이 반복되거나 계속해서 0이 반복되는 형태가 될 것이다. 이와 같은 특성을 근거로 하여 다음과 같은 적응 알고리즘을 생각할 수 있다. 즉 수신기에서는 수신된 비트열을 보고 정해진 시간 내에 거의 같은 개수의 1과 0의 비트가 들어 있다면 이는 신호가 느리게 변하고 있다는 증거이므로 스텝 크기를 감소시킨다. 반대로 주어진 시간 내에 1의 비트와 0의 비트 사이에 개수 차이가 많이 나면 신호가 그만큼 빨리 변하고 있다는 증거이므로 스텝 크기를 증가시킨다.

그림 7.29에 ADM에서 스텝 크기를 적응적으로 제어하는 알고리즘의 예를 보인다. 스텝 크기는 바로 전의 비트와 현재 전송하고자 하는 비트를 비교하여 결정한다. 그림 7.29(a)의 알고리즘에서는 현재의 비트가 바로 전의 비트와 같을 때마다 스텝 크기를 Δ만큼씩 증가시켜주며, 반대로 현재의 비트와 전의 비트가 다르면 스텝 크기를 Δ만큼씩 감소시킨다. 따라서 전송할 비트가 연속적으로 1인 경우 스텝 크기는 Δ, 2Δ, 3Δ, 4Δ, $\cdots$와 같이 점차 증가한다. 그러나 이 방식은 그림에서 볼 수 있듯이 펄스와 같이 신호의 변화가 갑자기 없어지는 부분에서 감쇠 진동이 발생한다. 이에 비해 그림 7.29(b)의 알고리즘은 현재 비트가 이전의 비트와 같을 때 스텝 크기를 증가시키는 것은 같지만 비트가 서로 같지 않을 때는 즉시 최소 스텝 크기 Δ로 돌아가게 한다. 따라서 그림 7.29(a)와 같은 감쇠 진동이 발생하지 않는다.

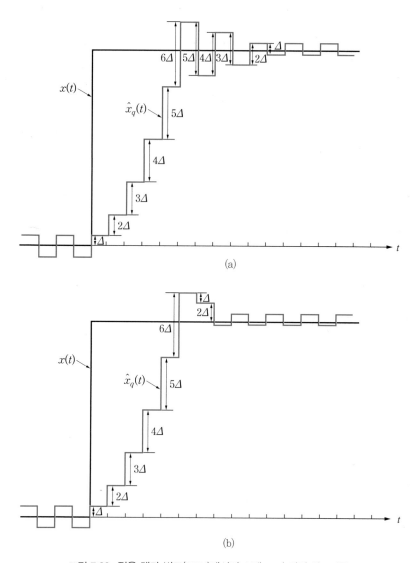

(a)

(b)

그림 7.29 적응 델타 변조(ADM)에서의 스텝 크기 결정 알고리즘

7.7 Matlab을 이용한 실습

연속시간 신호로 다음 신호를 고려하자.

$$x(t) = \text{sinc}^2(100t)$$

1) 이 신호의 대역폭은 얼마인가? 나이퀴스트율은 얼마인가?
2) 신호의 파형과 스펙트럼을 그려보라.
3) 나이퀴스트율의 2배, 1배, 0.75배로 표본화하고, 표본화된 신호 파형과 스펙트럼을 그려보라. 에일리어싱이 발생하는가?

풀이

위의 실습을 위한 Matlab 코드의 예로 ex7_1.m을 참고하라. 이 파일을 실행시켜서 아래와 같은 결과를 얻는지 확인하라.

1) 신호의 푸리에 변환은

$$X(f) = \frac{1}{100}\Pi\left(\frac{f}{100}\right)$$

이므로 대역폭은 100Hz이고 나이퀴스트 주파수는 200Hz이다.

2) 신호의 파형과 스펙트럼은 다음과 같다.

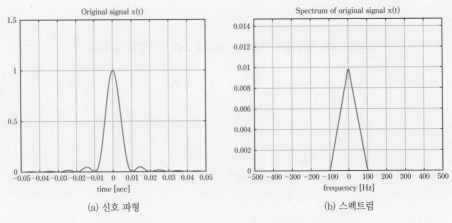

(a) 신호 파형   (b) 스펙트럼

그림 7.30 신호 $x(t) = \text{sinc}^2(100t)$ 의 파형과 스펙트럼

3) 나이퀴스트율의 2배, 1.5배, 1배, 0.75배로 표본화한 신호의 파형과 스펙트럼은 다음과 같다. 나이퀴스트율의 0.75배로 표본화한 경우 에일리어싱이 발생하는 것을 관찰할 수 있다.

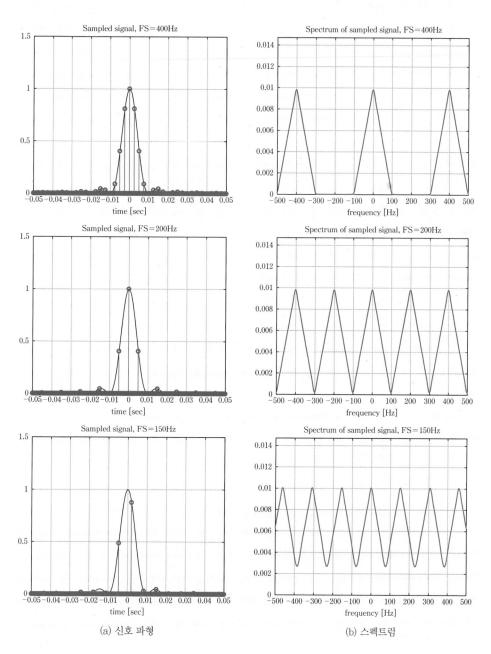

(a) 신호 파형

(b) 스펙트럼

그림 7.3ㅣ 표본화된 신호 파형과 스펙트럼

```
clear; close all;
ts = 1 / 2000;              % Sampling interval(time resolution) for Experiment
fs = 1 / ts;
T1 = -0.05; T2 = 0.05;
time = T1:ts:T2;            % Time vector
df = 0.01;                  % Frequency resolution
B = 100;                    % Signal bandwidth
x = sinc(B*time).^2;        % Original signal (sinc square)
[X, x1, df_x] = fft_mod(x, ts, df);
X = X / fs;
X = fftshift(abs(X));
freq = (0:df_x:df_x*(length(x1)-1)) - fs/2;  % Frequency vector
AXIS_TIME = [-inf inf 0, 1.5];
figure; plot(time, x); axis(AXIS_TIME); grid on;
xlabel('time [sec]'); title('Original signal x(t)');
disp('hit any key to see the spectrum'); pause
AXIS_FREQ = [-5*B, 5*B, 0, 1.5*max(abs(X))];
figure; plot(freq, X); axis(AXIS_FREQ); grid on;
xlabel('frequency [Hz]'); title('Spectrum of original signal x(t)');
disp('hit any key to see the waveform of sampled signal'); pause
% ----------------------------------------------------------------
sampling_freq = 1.5*B;      % Sampling frequency to see Aliasing Effect
str_fs = [num2str(sampling_freq), 'Hz'];
sample_index = round(fs / sampling_freq);
% Sampling
x_s = zeros(1, length(x));  % Sampled signal
x_s(1:sample_index:end) = x(1:sample_index:end);
% ----------------------------------------------------------------
[X_s, x_s1, df_x_hat] = fft_mod(x_s, ts, df);
X_s = X_s / sampling_freq;
X_s = fftshift(abs(X_s));   % Spectrum of sampled signal
% ----------------------------------------------------------------
figure; plot(time, x, 'k'); hold on;
stem(time, x_s); hold on;
```

```
axis(AXIS_TIME); grid on;
xlabel('time [sec]');
title(['Sampled signal, FS = ', str_fs]);
disp('hit any key to see the spectrum of sampled signal'); pause
figure; plot(freq, X_s);axis(AXIS_FREQ); grid on;
xlabel('frequency [Hz]');
title(['Spectrum of sampled signal, FS = ', str_fs]);
```

예제 7.3 **실용적 표본화**

연속시간 신호로 다음 신호를 고려하자.

$$x(t) = \mathrm{sinc}(t)$$

1) 이 신호의 대역폭은 얼마인가? 나이퀴스트율은 얼마인가?

2) 신호의 파형과 스펙트럼을 그려보라.

3) 펄스폭이 0.04sec이고 주기는 0.2sec인 펄스열을 사용하여 실용적 표본화를 한다. 자연 표본화
된 신호의 파형과 스펙트럼을 그려보라. 왜곡이 발생하였는가?

4) 평탄 표본화를 하는 경우 표본화된 신호의 파형과 스펙트럼을 그려보라. 왜곡이 발생하였는가?

풀이

위의 실습을 위한 Matlab 코드의 예로 ex7_2.m을 참고하라. 이 파일을 실행시켜서 아래와 같은 결
과를 얻는지 확인하라.

1) 신호의 푸리에 변환은

$$X(f) = \Pi(f)$$

이므로 대역폭은 0.5Hz이고 나이퀴스트 주파수는 1Hz이다.

2) 신호의 파형과 스펙트럼은 다음과 같다.

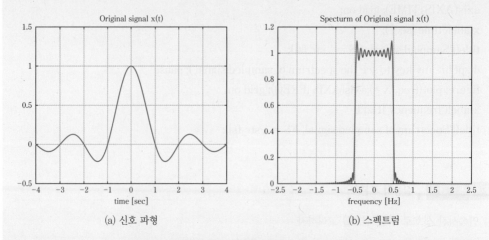

(a) 신호 파형   (b) 스펙트럼

그림 7.32 신호 $x(t) = \text{sinc}^2(100t)$ 의 파형과 스펙트럼

3) 자연 표본화를 하는 경우 신호의 파형과 스펙트럼은 다음과 같다. 동일한 모양의 스펙트럼이 다른 크기로 주기적으로 나오는 것을 볼 수 있다. 그러나 왜곡은 발생하지 않는다.

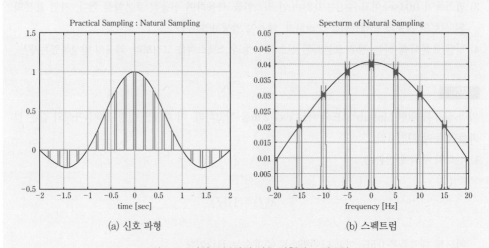

(a) 신호 파형   (b) 스펙트럼

그림 7.33 자연 표본화된 신호 파형과 스펙트럼

4) 평탄 표본화를 하는 경우 신호의 파형과 스펙트럼은 다음과 같다. 스펙트럼 모양이 사각펄스의 스펙트럼 형태에 의해 변화하는 것을 볼 수 있다. 이와 같이 신호에 왜곡이 발생한다. 왜곡은 높은 주파수일수록 많이 발생하는 것을 관찰할 수 있다.

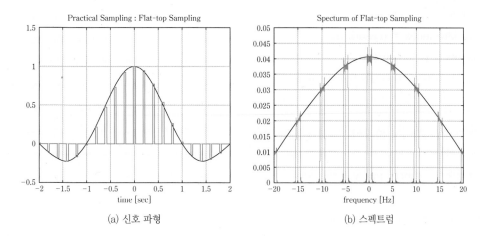

(a) 신호 파형　　　　　　　　　　　　(b) 스펙트럼

그림 7.34 평탄 표본화된 신호 파형과 스펙트럼

예제 7.3을 위한 Matlab 프로그램의 예(ex7_2.m)

```
clear; close all;
ts = 1 / 2000;                % Sampling interval(time resolution) for Experiment
fs = 1 / ts;
T1 = −10; T2 = 10;
time = T1:ts:T2;              % Time vector
df = 0.01;                    % Frequency Resolution;
% − − − − − − − − − − − − − − − − − − − − − − − − − − − − − − − − − −
B = 0.5;                      % Signal bandwidth
x = sinc(2*B*time);           % Original signal
p_ts = 0.2;                   % Sampling interval for practical sampling
p_width = 0.04;               % Pulse width
% − − − − − − − − − − − − − − − − − − − − − − − − − − − − − − − − − −
pt = zeros(1, length(time));
pt(time > −p_width/2 & time <= p_width/2) = 1;
[PF, pt1, df_pt] = fft_mod(pt, ts, df);
PF = PF/fs;
PF = fftshift(abs(PF));
freq_pt = (0:df_pt:df_pt*(length(pt1)−1)) − fs/2;
% − − − − − − − − − − − − − − − − − − − − − − − − − − − − − − − − − −
```

```
p_ts_index = p_ts/ts;
p_width_index = p_width/ts;
p_row = p_ts_index;
p_col = fix(length(x)/p_ts_index);
y = x(1:p_row*p_col);
% ------------------------------------------------------------
% Practical Sampling #1 : Natural Sampling
% ------------------------------------------------------------
y_s1 = reshape(y, p_row, p_col);
y_s1( fix(p_width_index/2)+1 : end-fix(p_width_index/2), : ) = 0;
y_s1 = y_s1(:)';
y_s1 = [y_s1, zeros(1, length(x)-p_row*p_col)];
% ------------------------------------------------------------
% Practical Sampling #2 : Flat-top Sampling
% ------------------------------------------------------------
y_s2 = reshape(y, p_row, p_col);
y_s2( fix(p_width_index/2)+1 : end-fix(p_width_index/2), : ) = 0;
init_value = y_s2(end-fix(p_width_index/2)+1, : );
init_matrix = ones(fix(p_width_index/2), 1)*init_value;
y_s2(end-fix(p_width_index/2)+1:end, : ) = init_matrix;
y_s2(1:fix(p_width_index/2),:)=[y_s2(1:fix(p_width_index/2),1),init_matrix(:,1:end-1)];
y_s2 = y_s2(:)';
y_s2 = [y_s2, zeros(1, length(x)-p_row*p_col)];
% ------------------------------------------------------------
[X, x1, df_x] = fft_mod(x, ts, df);
X = X / fs;
X = fftshift(abs(X));
freq_x = (0:df_x:df_x*(length(x1)-1)) - fs/2;
% ------------------------------------------------------------
[Y_s1, y_s11, df_ys1] = fft_mod(y_s1, ts, df);
Y_s1 = Y_s1 * (p_ts);
Y_s1 = Y_s1 / fs;
Y_s1 = fftshift(abs(Y_s1));
freq_ys1 = (0:df_ys1:df_ys1*(length(y_s11)-1)) - fs/2;
% ------------------------------------------------------------
[Y_s2, y_s22, df_ys2] = fft_mod(y_s2, ts, df);
```

```
Y_s2 = Y_s2 * (p_ts);
Y_s2 = Y_s2 / fs;
Y_s2 = fftshift(abs(Y_s2));
freq_ys2 = (0:df_ys2:df_ys2*(length(y_s22)−1)) − fs/2;
% −−−−−−−−−−−−−−−−−−−−−−−−−−−−−−−−−−−−−−−−−−
AXIS_TIME1 = [−4, 4, −0.5, 1.5];
AXIS_TIME2 = [−2, 2, −0.5, 1.5];
plot(time, x);
grid on; axis(AXIS_TIME1);
xlabel('time [sec]'); title('Original signal x(t)');
disp('hit any key to continue'); pause
figure; plot(time, x, 'k'); hold on;
stairs(time, y_s1, 'b'); hold on;
grid on; axis(AXIS_TIME2);
xlabel('time [sec]'); title('Practical Sampling : Natural Sampling');
disp('hit any key to continue'); pause
figure; plot(time, x, 'k'); hold on;
stairs(time, y_s2, 'b'); hold on;
grid on; axis(AXIS_TIME2);
xlabel('time [sec]'); title('Practical Sampling : Flat−top Sampling');
% −−−−−−−−−−−−−−−−−−−−−−−−−−−−−−−−−−−−−−−−−−
disp('hit any key to continue'); pause
AXIS_FREQ1 = [−5*B, 5*B, 0, 1.2];
AXIS_FREQ2 = [−40*B, 40*B, 0, 0.05];
figure; plot(freq_x, X);
grid on; axis(AXIS_FREQ1);
xlabel('frequency [Hz]'); title('Specturm of Original signal x(t)');
disp('hit any key to continue'); pause
figure; plot(freq_pt, PF, 'k'); hold on;
stairs(freq_ys1, Y_s1, 'b'); hold on;
grid on; axis(AXIS_FREQ2);
xlabel('frequency [Hz]'); title('Specturm of Natural Sampling');
disp('hit any key to continue'); pause
figure; plot(freq_pt, PF, 'k'); hold on;
stairs(freq_ys2, Y_s2, 'b'); hold on;
grid on; axis(AXIS_FREQ2);
xlabel('frequency [Hz]'); title('Specturm of Flat−top Sampling');
```

이하 실습 예제에서는 Quantization.m 함수를 사용한다.

정현파 신호의 양자화

진폭이 1이고 주파수가 f = 1Hz인 정현파를 발생시킨다. 시구간은 2초로 하고 표본화 주기는 0.001초로 하라.

1) 양자화 준위 수를 8로 하고 원래의 신호 파형과 양자화된 신호 파형을 그려보라. SQNR을 구하라.

2) 양자화 준위 수를 16으로 하고 위의 과정을 반복하라.

▎**풀이**

위의 실습을 위하여 제공된 예제 프로그램 ex7_3.m을 참고한다. 3비트 양자화기를 사용하기 위하여 다음과 같이 설정한다.

```
12   % --------------------------------------------------
13-  n = 3;              % Quantization Bits;
14-  [x_q] = quantization(x, n, 0);
```

프로그램 실행 결과 양자화된 신호와 양자화 잡음 파형은 아래 그림과 같다.

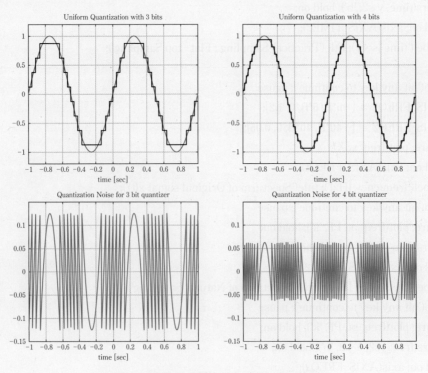

그림 7.35 양자화된 정현파 신호와 양자화 잡음 파형

평균이 0이고 분산이 1인 가우시안 확률분포를 따르는 신호 샘플을 1000개 발생시킨다.

1) 양자화 준위 수를 64로 하고 양자화 잡음의 파형을 그려보라. 또한 입력 대 양자화 출력의 관계를 그림으로 그려보라.

2) SQNR을 구하라.

3) 앞에 있는 5개의 신호값과 양자화된 신호의 값을 구하라.

4) 위의 양자화된 신호를 PCM 부호화한 출력을 구하라(제공된 PCM_edcode.m 함수를 사용해도 좋다).

풀이

위의 실습을 위한 Matlab 코드의 예로 ex7_4.m을 참고한다. 양자화 잡음 파형과 양자화기 입출력 관계 및 SQNR은 아래와 같다.

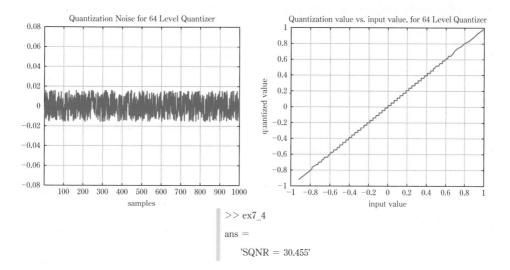

```
>> ex7_4
ans =
    'SQNR = 30.455'
```

그림 7.36 가우시안 잡음의 선형 양자화(64준위)

가우시안 잡음의 선형 양자화

예제 7.5를 양자화 준위 수를 16으로 하고 반복하라. 양자화 준위 수와 SQNR의 관계를 관찰하라.

풀이

위의 실습을 위한 Matlab 코드의 예로 ex7_5.m을 참고한다. 다음과 같은 결과를 얻는지 확인하라. 양자화 준위 수를 감소시킴에 따라 SQNR이 감소하는 것을 확인한다.

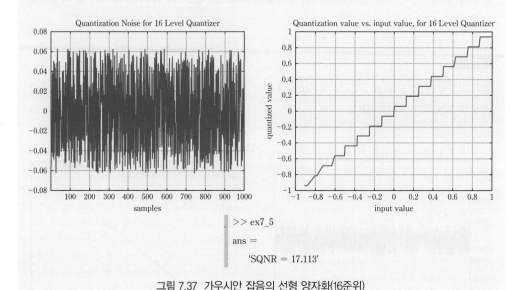

```
>> ex7_5

ans =

    'SQNR = 17.113'
```

그림 7.37 가우시안 잡음의 선형 양자화(16준위)

예제 7.7 **가우시안 잡음의 비선형 양자화**

이번에는 압신을 사용하여 비균일 양자화를 수행해보자. 평균이 0이고 분산이 1인 가우시안 확률 분포를 따르는 신호 표본을 1000개 발생시킨다.

1) μ-law 압축을 한 후(μ=255를 사용하라), 양자화 준위 수를 64로 하고 양자화하여 양자화 잡음 의 파형을 그려보라. 또한 입력 대 양자화 출력의 관계를 그림으로 그려보라. μ-law 압축을 하기 위해 제공된 mu_law.m 함수를 사용해도 좋다. μ-law 압축에 대한 역과정으로 신장을 해야 하 며, 이를 위해 inv_mu_law.m 함수를 사용해도 좋다.

2) SQNR을 구하라.

3) 양자화 준위 수를 16으로 하고, 위의 과정을 반복하라.

위의 실습을 위한 Matlab 코드의 예로 ex7_6.m을 참고한다. 압신과 양자화를 위해 다음과 같이 설정한다.

```
9-    [x_comp, K] = mu_law(x, 255);
10-   x1 = quantization(x_comp, n, 1);
11-   x2 = inv_mu_law(x1);
12-   x_qc = x2*K;
```

프로그램을 실행하여 아래와 같은 결과를 얻는지 확인한다.

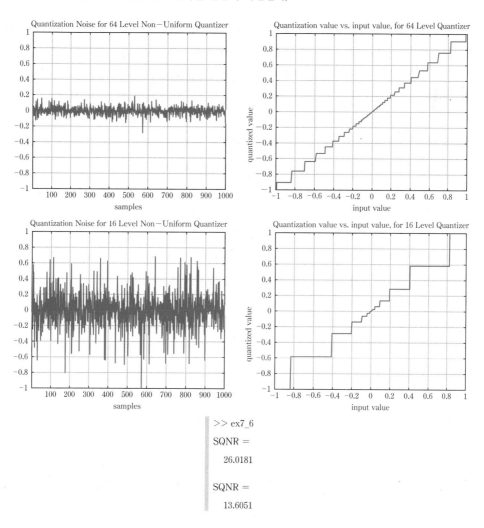

```
>> ex7_6
SQNR =
   26.0181

SQNR =
   13.6051
```

그림 7.38 가우시안 잡음의 비선형 양자화

[검토] 예제 7.7의 결과를 보면 비선형 양자화가 선형 양자화에 비해 성능이 떨어진다는 것을 알 수 있다. 그 이유는 가우시안 잡음이 넓은 범위에서 균일하게 분포되기 때문이다. 만일 입력 신호가 음성 신호라면 어떤 결과가 얻어질 것인가? 이에 대해서는 다음 예제를 통해 확인해본다.

예제 7.8 ▌음성 신호의 비선형 양자화

음성 신호에 대해 압신을 사용한 비선형 양자화를 수행해보자. 음성 데이터를 직접 A/D 변환한 데이터를 사용하거나 제공된 음성 샘플 데이터를 사용한다.

1) μ-law 압축을 한 후($\mu = 255$를 사용하라), 양자화 준위 수를 16으로(즉 4비트로 양자화) 하라.

2) SQNR을 구하라.

3) 동일한 양자화 준위 수를 사용하여 선형 양자화한 결과와 SQNR 및 음질을 비교해 보라.

풀이

위의 실습을 위한 Matlab 코드의 예로 ex7_7.m을 참고한다. 저장되어 있는 음성 신호 데이터를 로드하여 들어보기 위해서는 다음과 같이 처리하면 된다.

```
3-    load speech_sample samples Fs;
4
5-    time = 1/Fs:1/Fs:10;
6-    x = samples;
7-    sound(x, Fs);    % Original voice
```

프로그램을 실행하여 아래와 같은 결과를 얻는지 확인한다. 아래 첫 번째 신호 파형은 원 음성의 파형이고, 두 번째와 세 번째 파형은 각각 선형 양자화와 비선형 양자화를 수행하여 얻은 음성 신호의 파형이다. SQNR을 보면 앞 예제의 가우시안 잡음 경우와 달리 음성 신호에 대해서는 비선형 양자화가 SQNR이 높은 것을 알 수 있으며, 소리를 들어서 음질 차이를 확인해본다.

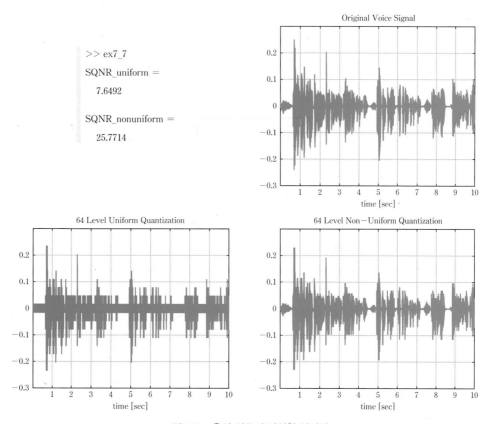

```
>> ex7_7

SQNR_uniform =

    7.6492

SQNR_nonuniform =

    25.7714
```

그림 7.39 음성 신호의 비선형 양자화

연습문제

7.1 신호 $x(t) = \cos(2\pi f_0 t)$를 이상적인 임펄스 표본화한다고 하자.

(a) $x(t)$의 푸리에 스펙트럼 $X(f)$를 그려보라.

(b) 표본화 주파수로 $f_s = 2.5 f_0$를 사용하는 경우 표본화된 신호 $x_s(t)$의 스펙트럼 $X_s(f)$를 그려보라.

(c) 표본화 주파수로 $f_s = 1.5 f_0$를 사용하는 경우 표본화된 신호 $x_s(t)$의 스펙트럼 $X_s(f)$를 그려보라. 발생된 에일리어싱 효과에 대해 설명하라.

7.2 신호 $x(t) = 1 + \cos(200\pi t)$를 이상적인 임펄스 표본화한다고 하자. 나이퀴스트 표본화 주파수를 f_N이라 하고 표본화된 신호를 $x_s(t)$라 하자.

(a) $x(t)$의 푸리에 스펙트럼 $X(f)$를 그려보라.

(b) $1.2 f_N$의 주파수로 표본화하는 경우 $x_s(t)$의 스펙트럼 $X_s(f)$를 그려보라.

(c) $0.8 f_N$의 주파수로 표본화하는 경우 $x_s(t)$의 스펙트럼 $X_s(f)$를 그려보라.

7.3 다음 신호들의 푸리에 변환을 구하고 그려보라. 나이퀴스트 표본화 주파수를 결정하라.

(a) $1 + \text{sinc}(12t)$

(b) $10\cos(20\pi t) + 4\,\text{sinc}^2(12t)$

(c) $20\,\text{sinc}(10t) + 3\,\text{sinc}(6t)$

(d) $12\,\text{sinc}(12t) + 3\,\text{sinc}^2(6t)$

(e) $10 + 36\,\text{sinc}(6t)\,\text{sinc}(12t)$

7.4 그림 P7.4에 신호 $x_1(t)$와 $x_2(t)$의 스펙트럼을 보인다. 다음 신호에 대한 나이퀴스트 표본화 주파수를 구하라.

(a) $x_1(t)$

(b) $x_2(t)$

(c) $x_1^2(t)$

(d) $x_2^2(t)$

(e) $x_1(t) - x_2(t)$

(f) $x_1(t) * x_2(t)$

(g) $x_1(t)x_2(t)$

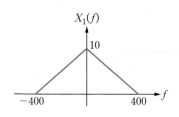 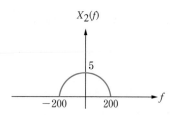

그림 P7.4

7.5 다음 신호의 스펙트럼을 그리고, 나이퀴스트 표본화 주파수를 결정하라.

(a) $x(t) = 12 \cos(100\pi t) \cos(500\pi t)$

(b) $x(t) = \dfrac{\sin 200\pi t}{\pi t}$

(c) $x(t) = \left(\dfrac{\sin 400\pi t}{\pi t} \right)^2$

7.6 신호 $x(t) = 10 \operatorname{sinc}^2(10t)$를 이상적인 임펄스 표본화한다고 가정하자. 이 때 표본화 주파수는 i) 10Hz ii) 20Hz iii) 40Hz를 사용한다고 하자. 이 세 가지 경우에 대하여

(a) 표본화된 신호의 파형을 그려보라.

(b) 표본화된 신호의 스펙트럼을 그려보라.

(c) 표본화된 신호로부터 원 신호 $x(t)$를 복구할수 있는지 설명하라.

(d) 표본화된 신호를 대역폭이 10Hz인 이상적인 저역통과 필터에 통과시켰다고 하자. 출력신호의 스펙트럼을 그려보라.

7.7 그림 P7.7에 보인 스펙트럼을 갖는 신호 $x(t)$를 이상적인 임펄스 표본화한다고 하자.

(a) 나이퀴스트 표본화 주파수를 결정하라.

(b) 표본화된 신호 $x_s(t)$의 스펙트럼을 그려보라.

(c) $x_s(t)$로부터 $x(t)$를 복원하기 위한 필터의 조건을 설명하라.

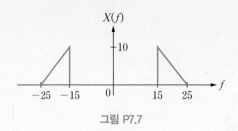

그림 P7.7

7.8 문제 7.7의 신호는 대역통과 신호로서 대역통과 표본화(bandpass sampling) 정리를 이용하면 7.7에서 결정한 표본화 주파수보다 낮은 주파수를 사용하여 표본화할 수 있다. 대역통과 표본화 이론은 다음과 같다. 대역통과 신호 $x(t)$는 대역폭이 BHz이고 최대 주파수 성분이 f_{max} Hz라고 하자. 표본화 주파수를 $f_s = 2f_{max}/k$(여기서 k는 $k \le f_{max}/B$를 만족하는 최대 정수)로 선택하면 표본화된 신호 $x_s(t)$로부터 $x(t)$를 대역통과 필터를 사용하여 복원할 수 있다. 문제 7.7의 신호에 대하여 대역통과 표본화 정리를 적용해보라.

(a) 표본화 주파수를 결정하라.

(b) 표본화된 신호 $x_s(t)$의 스펙트럼을 그려보라.

(c) $x_s(t)$부터 $x(t)$를 복원하기 위한 필터의 조건을 설명하라.

7.9 문제 7.7의 스펙트럼을 갖는 신호를 나이퀴스트 표본화 주파수 $2f_{max}$보다는 작고 문제 7.8에서 적용한 대역통과 표본화 주파수보다는 큰 주파수로 표본화한 경우 표본화된 신호의 스펙트럼을 그려보라. 원 신호의 복원이 가능한가?

7.10 신호 $x(t)$의 스펙트럼이 다음과 같다고 하자.

$$X(f) = \Lambda\left(\frac{f-350}{40}\right) + \Lambda\left(\frac{f+350}{40}\right)$$

문제 7.8과 같은 대역통과 표본화를 하는 경우 표본화 주파수를 어떻게 결정해야 하는가?

7.11 신호 $x(t) = \mathrm{sinc}^2(3t)$에 대하여 다음 연산을 취하여 만들어진 신호를 표본화할 때 나이퀴스트 표본화 주파수를 구하라.

(a) $y(t) = x^3(t) + 0.5x(t)$

(b) $y(t) = x(t) * h(t), \ h(t) = \mathrm{sinc}\left(\frac{t}{4}\right)$

(c) $y(t) = x(t)\cos(20\pi t)$

(d) $y(t) = x(3t)$

7.12 그림 P7.12(a)와 같은 스펙트럼을 가진 신호 $x(t)$를 표본화하려고 한다.

(a) 그림 P7.12(b)와 같은 임펄스열 $g_1(t) = \sum_{n=-\infty}^{\infty} \delta(t-nT)$로 표본화된 신호의 스펙트럼을 그려 보라. 여기서 $T = 1/B$로 표본화 주파수는 나이퀴스트율의 절반이다. 따라서 에일리어싱 오차가 발생한다.

(b) 그림 P7.12(c)와 같은 임펄스열 $g_2(t) = g_1(t-T/2)$로 표본화된 신호의 스펙트럼을 그려보라.

(c) 그림 P7.12(d)와 같은 임펄스열 $g_3(t) = \sum_{n=-\infty}^{\infty} \delta(t-nT_s)$로 표본화된 신호의 스펙트럼을 그려 보라. 여기서 $T_s = T/2$로 표본화 주파수는 나이퀴스트율이다. 따라서 에일리어싱 오차가 발생하지 않는다. 여기서 사용한 임펄스열은 $g_3(t) = g_1(t) + g_2(t)$과 같으므로 $g_3(t)$를 사용하여 표본화한 신호의 스펙트럼은 $g_1(t)$와 $g_2(t)$를 사용하여 표본화한 스펙트럼의 합과 같다. $g_1(t)$와 $g_2(t)$를 사용하였을 때 발생하는 에일리어싱 오차가 $g_3(t)$를 사용하였을 때는 제거되는 것을 보여라.

(d) $T = 1/2B$로 가정하고 (a)~(c)의 과정을 반복하여 표본화된 신호 스펙트럼을 그려보라.

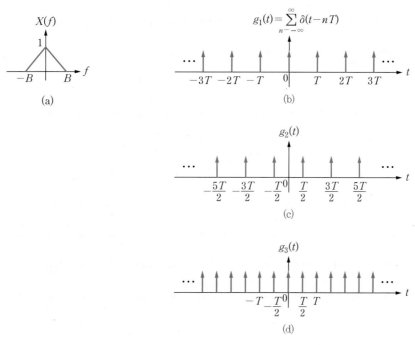

그림 P7.12

7.13 다음 신호를 표본화하고자 한다.

$$x(t) = \mathrm{sinc}^2(4t)$$

(a) 신호 $x(t)$의 스펙트럼을 구하고 그려보라.

(b) 에일리어싱이 일어나지 않도록 하는 최소 표본화 주파수를 구하라.

(c) 신호 $x(t)$를 10Hz의 주파수로 표본화한다고 하자. 이상적인 임펄스 표본화를 하는 경우 표본화된 신호의 파형과 스펙트럼을 그려보라.

(d) 펄스폭이 25ms인 펄스열을 사용하여 10Hz의 주파수로 자연 표본화를 하는 경우 표본화된 신호의 파형과 스펙트럼을 그려보라.

(e) 펄스폭이 25ms인 펄스열을 사용하여 10Hz의 주파수로 평탄 표본화를 하는 경우 표본화된 신호의 파형과 스펙트럼을 그려보라.

7.14 다음 신호를 표본화하여 PAM 신호로 만들어서 전송하고자 한다.

$$x(t) = 1 + 2\cos(2\pi t)$$

(a) 나이퀴스트 표본화율을 구하라.

(b) 나이퀴스트율의 2.5배로 표본화하고, 그림 P7.14와 같은 삼각 펄스 $p(t)$를 사용하여 PAM 신호로 만든다고 하자. 즉 PAM 신호는

$$s_{\mathrm{PAM}}(t) = \sum_{n=-\infty}^{\infty} x(nT_s)p(t-nT_s)$$

와 같이 표현된다. $\tau = 0.1$을 가정하고, PAM 신호의 스펙트럼을 그려보라.

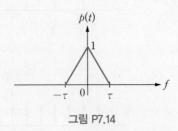

그림 P7.14

7.15 다음 신호를 표본화하여 PAM 신호로 만들어서 전송하고자 한다.

$$x(t) = 2\operatorname{sinc}(2t)$$

(a) 나이퀴스트율의 3배로 표본화하고, 그림 P7.14와 같은 삼각 펄스 $p(t)$를 사용하여 PAM 신호로 만든다고 하자. $\tau = 0.05$를 가정하고, PAM 신호의 파형과 스펙트럼을 그려보라.

(b) 원 신호를 복원하기 위한 수신기 구조를 그려보라.

(c) 수신기에서 필요한 등화기의 전달함수를 구하라.

7.16 다음 신호를 표본화 주파수 f_s를 사용하여 자연 표본화한다고 하자.

$$x(t) = \cos(2\pi t) + 2\cos(8\pi t)$$

자연 표본화를 위하여 $x(t)$와 곱하는 펄스열 $p_{T_s}(t)$는 주기가 $T_s = 1/f_s$이고 펄스폭은 τ인 사각 펄스열이다. 즉

$$p_{T_s}(t) = \sum_{n=-\infty}^{\infty} \Pi\left(\frac{t - nT_s}{\tau}\right)$$

나이퀴스트율의 2배로 표본화한다고 하자. 펄스폭이 $\tau = T_s/2$인 펄스열을 사용하여 자연 표본화하는 경우 표본화된 신호의 스펙트럼을 그려보라.

7.17 대역폭이 3.5kHz인 아날로그 신호를 디지털 변환하고 PCM 부호화하여 비트율 $R_b = 32\,\mathrm{kbps}$로 전송하고자 한다. 양자화 잡음 전력을 최소화하도록 표본화 주파수 f_s 및 샘플당 비트 수 n을 결정하라.

7.18 음성 신호(300~3000Hz)를 $f_s = 8000\,\mathrm{Hz}$의 주파수로 표본화한다고 하자.

(a) 64개의 준위를 가진 멀티레벨 PAM 신호로 만들어서 전송한다고 하자. 심볼 파형은 사각 펄스를 사용한다면 전송 신호 대역폭(first-null bandwidth)의 최솟값은 얼마인가? 심볼율(symbol rate)은 얼마인가?

(b) (a)의 멀티레벨 심볼을 PCM 부호화하여 이진 데이터로 전송한다면 전송 데이터의 비트율은 얼마인가? 펄스 파형은 구형파를 사용한다면 전송 신호의 대역폭은 얼마인가?

7.19 정현파 신호를 M개의 양자화 준위 수를 사용하여 이진 PCM 부호화한다고 하자. 양자화기 출력의 신호 대 양자화 잡음의 비는 다음과 같이 표현됨을 보여라.

$$\frac{S_o}{N_o} = \frac{3}{2}M^2$$

$$\text{또는} \quad \left(\frac{S_o}{N_o}\right)_{\text{dB}} = 1.76 + 20\log M$$

7.20 이진 PCM 시스템에서 출력 SNR을 30dB 이상 되도록 하여 전송하고자 한다. 입력되는 아날로그 신호가 정현파라고 가정하고, 요구되는 샘플당 양자화 비트 수 n 및 출력 SNR을 구하라.

7.21 컴팩트 디스크(CD) 녹음 시스템이 두 개의 스테레오 오디오 신호를 44.1kHz 16비트 A/D 변환기를 사용하여 이진 PCM 부호화한다고 하자.

(a) 오디오 신호를 정현파 신호로 가정하고 A/D 변환기의 출력 SNR을 구하라.

(b) 출력 데이터의 비트율을 구하라.

(c) 부호화된 신호를 전송할 때 요구되는 최소 대역폭을 구하라.

7.22 PCM 부호화기에서 $\mu-$law 압신기(compander)를 사용한다고 하자. μ 값이 충분히 큰 경우 출력 SNR은 식 (7.42)와 같이 근사화된다. 즉

$$\frac{S_o}{N_o} \cong \frac{3M^2}{[\ln(1+\mu)]^2}$$

$\mu = 255$ 인 경우 출력 SNR_{dB} 는 다음과 같이 표현됨을 보여라.

$$\left(\frac{S_o}{N_o}\right)_{\text{dB}} = 6.02n - 10.1 \text{ [dB]}$$

여기서 n은 샘플당 양자화 비트 수이다.

7.23 음성 신호(300~3000Hz)를 $f_s = 8000\,\text{Hz}$의 주파수로 표본화하여 전송하고자 한다. 양자화에서 요구되는 SNR이 40dB 이상이라고 하자. 음성 신호의 실효값(rms value)이 피크값의 $1/\sqrt{2}$ 배라고 가정하라.

(a) 균일 양자화기를 사용한다면 음성 표본당 최소 몇 비트를 사용해야 하는가?

(b) 데이터 전송을 위해 요구되는 채널 대역폭의 최솟값은 얼마인가?

(c) $\mu = 255$ 의 $\mu-$law 압신기를 사용한다고 가정하고 (a)와 (b)를 반복하라.

7.24 대역폭이 4kHz로 제한된 24개의 기저대역 채널을 나이퀴스트율로 표본화하여 PAM 신호로 만든 다음 시분할 다중화하여 전송한다고 하자.

(a) 이 시스템에서 요구되는 최소 클럭 주파수를 구하라.

(b) 다중화된 PAM 신호의 최대 펄스폭을 구하라.

(c) 다중화된 PAM 신호의 근사적인 전송 대역폭은 얼마인가?

(d) 표본화하지 않고 DSB–SC 변조하여 주파수 다중화하여 전송하는 경우 최소 전송대역폭은 얼마인가?

7.25 대역폭이 3kHz로 제한된 24개의 기지대역 채널을 표본화하고 시분할 다중화하여 전송하고자 한다.

(a) 나이퀴스트율로 표본화하여 PAM 신호로 만든 후 시분할 다중화하여 전송한다면 이 시스템에서 요구되는 최소 클럭 주파수는 얼마인가?

(b) 표본화한 신호를 6비트로 양자화하고 PCM 부호화한 후 시분할 다중화하여 전송한다면 이 시스템에서 요구되는 최소 클럭 주파수는 얼마인가?

(c) 다중화된 PCM 부호열을 전송하는데 필요한 최소 전송대역폭은 얼마인가?

7.26 ASCII 코드는 128개의 문자가 있으며 이진 부호화되어 표현된다. 어떤 컴퓨터로부터 초당 40만 개의 문자가 발생되어 선송된다고 하자.

(a) 전송되는 데이터의 비트율은 얼마인가?

(b) 데이터를 전송하는데 필요한 최소 전송대역폭은 얼마인가?

7.27 대역폭이 45kHz인 아날로그 신호를 A/D 변환하고 이진 PCM 부호화하여 전송하고자 한다.

(a) 나이퀴스트율로 표본화한다면 표본화율은 얼마인가?

(b) 가용한 채널 대역폭이 250kHz라고 하자. 전송 신호의 대역폭이 채널 대역폭보다 크지 않도록 하려면 신호 표본당 양자화 비트 수는 어떻게 결정해야 하는가?

7.28 그림 P7.28에 보인 신호를 이진 PCM으로 부호화하여 전송한다고 하자.

(a) 만일 요구되는 SNR이 최소 35dB라면 양자화 준위의 개수 M을 최소한 얼마로 해야 하는가?

(b) (a)에서 결정한 양자화 준위 개수를 사용한다면 얻어지는 SNR은 얼마인가?

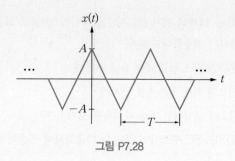

그림 P7.28

7.29 PCM 부호화기에 입력되는 아날로그 신호 $x(t)$가 모든 시간에서 $(-20,\ 20)$ V의 값을 갖고 신호의 평균 전력이 10W라고 가정하고 문제 7.28을 반복하라.

7.30 8비트 PCM 부호를 사용하는 시스템의 출력 SNR이 22dB임을 알았다. 출력 SNR을 40dB로 증가시키기 위하여 양자화 준위의 수를 증가시키고자 한다. 이 경우 전송 대역폭은 얼마나 증가하는가?

7.31 16개 채널로 구성된 시분할 다중화기의 입력으로 각각 8kHz로 표본화된 PAM 신호가 들어온다고 하자.

(a) 절환기(commutator) 출력에서는 단위 시간(초)당 몇 개의 PAM 신호가 전송되는가?

(b) 신호 전송을 위해 요구되는 채널 대역폭의 최솟값은 얼마인가?

7.32 4개의 아날로그 메시지 신호를 시분할 다중화하여 전송하고자 한다. 메시지 신호 $m_1(t)$는 대역폭이 3.6kHz이고, 나머지 메시지 신호 $m_2(t) \sim m_4(t)$는 모두 1.2kHz로 대역 제한되어 있다. 각 메시지 신호는 나이퀴스트 주파수로 표본화한다고 하자.

(a) 절환기의 회전 속도는 얼마가 되어야 하는가? 시분할 다중화기의 구조를 그려보라. 절환기에서는 단위 시간(초)당 몇 개의 샘플이 출력되는가?

(b) 절환기 출력을 $M = 512$ 레벨을 사용하여 이진 PCM 부호화한다고 하자. 출력 비트율은 얼마인가?

(c) 이진 PCM 데이터의 전송을 위해 요구되는 채널 대역폭의 최솟값은 얼마인가?

7.33 정현파 신호 $x(t) = A\cos 2\pi f_m t$ 를 표본화 주파수 f_s 및 스텝 크기 Δ 를 사용하여 델타 변조 (DM)한다고 하자. 정현파의 진폭이 다음과 같으면 경사 과부하가 발생함을 보여라.

$$A > \frac{\Delta \cdot f_s}{2\pi f_m}$$

7.34 정현파 신호 $x(t) = 5\cos 20\pi t$ 를 나이퀴스트율의 20배의 표본화 주파수를 사용하여 델타변조 한다고 하자. 경사 과부하 현상이 일어나지 않도록 하려면 스텝 크기 Δ 를 어떻게 결정해야 하는 가?

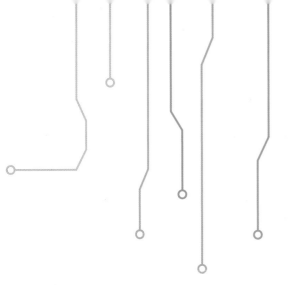

CHAPTER 08
디지털 데이터의
기저대역 전송

디지털 데이터의 기저대역 전송

디지털 통신은 M진수로 표현된 데이터를 M개의 신호 집합 중 하나로 대응시켜 전송함으로써 정보를 전달하는 통신 방식이다. 문자나 컴퓨터 데이터처럼 이미 디지털 데이터로 주어지는 경우도 있고, 정보가 아날로그 연속시간 신호에 담겨 있는 경우도 있다. 후자의 경우에는 7장에서 다루었던 표본화, 양자화 및 부호화 과정을 거쳐 디지털 데이터로 변환한다. 아날로그 통신과 달리 디지털 통신 시스템의 수신기에서는 송신된 파형의 복원이 목표가 아니라 데이터에 따라 정해진 펄스 파형 중 어느 것이 전송되었는지를 '구별'하는 것이 목표이다. 예를 들어 2진수로 표현된 데이터의 전송에서 수신기는 1에 해당하는 펄스가 전송되었는지 0에 해당하는 펄스가 전송되었는지만을 구별하면 된다. 따라서 아날로그 통신 시스템의 수신기와는 구조가 다르며, 통신 시스템의 성능을 표현하는 방법도 다르다.

통신 시스템의 성능을 표현하는 관점은 여러 가지가 있지만 잡음 환경하에서의 정보 전달의 정확성 측면에서 볼 때, 아날로그 통신 시스템에서는 재생된 신호의 SNR이 주요 성능 지표인데 비하여 디지털 통신 시스템에서는 복구된 데이터의 오류 확률이 주요 성능 지표이다. 따라서 디지털 통신 시스템의 수신기는 주어진 신호 집합 및 채널 환경에서 비트 오류 확률(bit error probability)을 최소화하도록 설계한다. 비트 오류 확률을 최소화하는 수신기의 구조 설계와 함께 시스템 설계에서 중요한 것은 M진 데이터에 대응하는 신호의 설계이다. 즉 채널을 통과하면서 왜곡이 발생하더라도 수신기가 구별하기 쉽도록 송신 신호 집합을 설계해야 한다. 이를 위해서 신호가 전송로의 특성에 의하여 어떤 영향을 받는지, 수신기에서 어떤 특성의 잡음이 부가되는지 등을 알아볼 필요가 있다. 통신 채널의 대역폭이 한정되어 있거나 별도의 대역폭 요구 조건이 있다면 신호의 설계에서 제약 사항으로 반영해야 한다. 디지털 통신 시스템에서 고려해야 할 다른 중요한 문제로 동기화를 들 수 있는데 신호의 설계에서 이 문제를 동시에 고려해야 한다. 이 장에서는 디지털 데이터를 기저대역을 사용해서 전송하는 경우의 시스템 구조를 다루며 9장에서는 잡음 환경하에서의 시스템 성능을 다룬다. 디지털 데이터를 반송파에 실어서 전송하는 대역통과 변조 방식은 10장 및 11장에서 다루는데, 대역통과 변조 방식의 성능 분석에서는 9장의 성능 분석 방법이 그대로 적용된다.

8.1 라인 코딩

아날로그 신호로부터 표본화 및 부호화 과정을 거쳐 생성된 디지털 데이터를 전송하기 위하여 통신 선로에 실어줄 때는 데이터에 따라 전기적인 펄스(또는 파형)로 변환시켜야 한다.[1] M진수로 주어진 데이터 각각을 구별하여 표현하기 위해서는 M개의 서로 다른 파형의 신호 집합을 가지고 있어야 한다. 디지털 통신에서는 2진수를 기반으로 한 통신, 즉 2진 통신(binary communication)을 기본으로 하는데, 2진 통신에서는 데이터 비트가 1인지 0인지에 따라 두 종류의 펄스가 전송된다. 앞으로 특별한 언급이 없는 한 2진 통신을 가정한다.

이와 같이 디지털 데이터를 통신 채널에 싣기 위하여 기저대역 신호 파형으로 변환하는 과정을 라인 코딩(line coding)이라 한다. 한편 데이터에 따라 반송파의 진폭, 주파수, 위상을 지정하여 대역통과 신호 형태로 전송하는 것을 대역통과 디지털 변조라 한다. 8장에서는 기저대역 변조인 라인 코딩의 여러 방식에 대해 특성을 알아보고, 대역통과 변조에 대해서는 2진 통신은 10장, M진 통신은 11장에서 다룬다.

그림 8.1(a)에 라인 코딩에 의하여 발생된 신호의 한 예를 보인다. 비트 구간을 T_b라 하면 발생된 신호는 다음과 같이 표현할 수 있다.

$$y(t) = \sum_k a_k p(t - kT_b) \tag{8.1}$$

여기서 a_k는 1 또는 0의 논리 데이터에 의해 결정되는 값이며, $p(t)$는 기본 펄스이다. 그림 8.1(a)의 예에서는 $a_k = \pm 1$이며, $p(t)$는 펄스폭이 T_b인 사각 펄스이다. 이와 같은 신호는 그림 8.1(b)와 같은 신호 발생 모델로 나타낼 수도 있다. 즉 메시지 데이터에 의해 신호

$$x(t) = \sum_k a_k \delta(t - kT_b) \tag{8.2}$$

가 발생되어 임펄스 응답이 $h(t) = p(t)$인 필터를 통과하여 만들어진 출력으로 볼 수 있다. 따라서 출력 신호의 스펙트럼은 $p(t)$의 모양에 의하여 크게 영향을 받는다는 것을 알 수 있다. 이러한 의미로 기본 펄스를 임펄스 응답으로 하는 시스템을 펄스정형 필터(pulse shaping filter)라 한다.

---

1) 정보는 디지털화하였지만 통신 선로에 실제로 실어주는 신호는 다시 연속시간 신호가 된다.

1 1 1 0 0 1 1 0 1 0 0

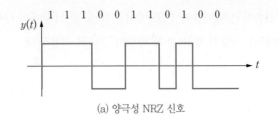

(a) 양극성 NRZ 신호

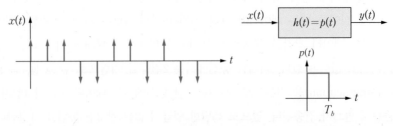

(b) 신호발생 모델

그림 8.1 라인 코딩을 거쳐 만들어진 신호와 신호발생 모델

데이터의 값에 따른 펄스 파형을 설계할 때는 전송로의 특성을 분석할 필요가 있다. 예를 들어 T1 시스템에서는 신호가 일련의 변압기나 커패시터에 의해 결합(coupling)되어 전송되는데, 이 과정에서 직류 성분이 전달되지 않는다. 따라서 신호 파형을 설계할 때 직류 성분이 많이 포함된 신호를 선정하면 전송과정에서 손실이 많이 발생한다. 그러면 신호 파형이 왜곡되어 수신기에서 1과 0을 구별하기 어려워지며, 결과적으로 비트오류 확률이 높아진다(즉 비트오율 성능이 떨어진다). 위와 같은 특성의 통신 채널을 그림 8.2(a)와 같이 간단한 고역통과 RC 회로로 모델링해보자. 데이터가 1인 경우 비트 구간 동안 $+A$ V의 전압을 유지하게 하고, 데이터가 0인 경우 비트 구간 동안 $-A$ V의 전압이 유지되도록 펄스 파형을 설계하였다면 그림 8.2(b)와 같은 신호가 전송될 것이다. 이 신호가 고역통과 필터로 모델링된 채널을 통과하였을 때 수신되는 신호의 파형을 살펴보자. RC 회로의 입출력 미분방정식을 유도하면 다음과 같이 된다.

$$\frac{dy}{dt} + \frac{1}{RC}y = \frac{dx}{dt} \tag{8.3}$$

이 시스템의 전달함수는

$$H(s) = \frac{s}{s + 1/RC} \tag{8.4}$$

가 되어 고역통과 필터라는 것을 확인할 수 있다. 만일 입력이 $x(t) = \pm A$ 라면 $X(s) = \pm A/s$ 가 되어 출력이

$$y(t) = \pm A \exp\left(-\frac{t}{RC}\right) \tag{8.5}$$

가 된다. 직류 전압이 입력으로 가해지면 출력은 $t = 0$ 인 순간 입력과 같다가 시간이 흐를수록 시정수 $\tau = RC$ 를 가지고 지수적으로 0으로 근접해간다. 그러므로 그림 8.2(b)와 같은 입력이 가해지면 그림 8.2(c)와 같은 출력이 얻어진다는 것을 알 수 있다. 송신 데이터가 1과 0 사이를 교대로 변화할 때는 펄스가 지수적으로 감쇠하는 정도가 작기 때문에 수신 신호는 송신 신호의 파형과 유사한 형태가 된다. 그러나 그림 8.2(b)의 중간 부분과 같이 1의 상태가 지속되는 경우에는(0의 상태가 지속되는 경우도 같다) 직류 성분이 형성되어 이에 따라 수신 신호는 0V에 가깝게 크게 감쇠한다. 따라서 1 또는 0이 오래 지속될수록 수신 파형으로부터 1

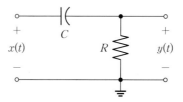

(a) 고역통과 필터로 모델링된 전송로

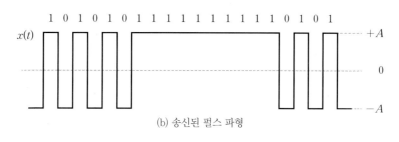

(b) 송신된 펄스 파형

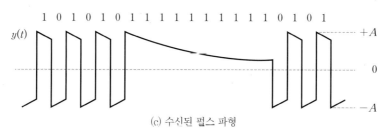

(c) 수신된 펄스 파형

그림 8.2 고역통과 특성을 가진 전송로에 의하여 펄스 파형이 변형되는 현상

과 0은 구별하기 어려워져서 적은 양의 잡음에 의해서도 비트 판정 오류가 쉽게 발생한다. 이와 같은 문제를 해결하기 위한 방법으로 데이터가 1 또는 0이 지속되더라도 전송 신호는 직류 성분이 포함되지 않도록 펄스 파형을 설계할 수 있다. 그러나 펄스 파형을 결정할 때는 위의 문제점뿐만 아니라 다른 측면도 고려해야 한다. 라인 코딩 방식에서 고려해야 할 요소가 어떤 것이 있고, 바람직한 특성은 어떤 것인지 알아보자.

① 전송 대역폭

전송 대역폭은 가능한 한 작아야 한다. 대역 제한된 채널 환경에서 많은 양의 데이터를 전송하고자 하는 경우에는 스펙트럼 효율, 즉 단위 주파수당 비트율[bits/sec/Hz]을 높이는 것이 중요하다.

② 전력 효율

원하는 비트오율(bit error rate)을 얻기 위해 요구되는 신호 전력은 작을수록 좋다.

③ 타이밍 정보

디지털 통신에서 동기화는 매우 중요해서 복조의 성능에 큰 영향을 미친다. 가능하면 전송 신호의 파형으로부터 타이밍 정보를 추출할 수 있으면 좋다.

④ 전력 스펙트럼 밀도

중계기에서는 교류 정합(ac coupling)과 변압기가 사용되는데, 교류 정합이 사용되면 직류 성분이 차단된다. 그러므로 신호에 직류 성분이 많이 포함되어 있는 경우 직류성분의 손실로 인해 파형이 상당히 왜곡된다. 이런 경우 라인 코드의 PSD가 $f = 0$에서 0의 값을 갖는 것이 바람직하다.

⑤ 오류 검출 능력

수신 신호의 파형을 조사하여 비트 오류의 발생을 검출할 수 있으면 좋다. 정보 데이터에 오류 검출 및 정정을 위한 데이터를 삽입하는 방법도 있지만, 이 경우 전송할 데이터 양이 늘어나서 전송 대역폭이 증가한다. 데이터를 추가하지 않고 신호의 파형 자체로부터 전송 중에 오류가 발생한 것을 검출하도록 할 수 있다면 바람직하다. 예를 들어 AMI 코드는 간단한 오류 검출 능력을 가지고 있다.

그림 8.3에 여러 가지 라인 코드의 펄스 파형의 예를 보인다. 라인 코드의 특성에 따라 몇 가지 분류 방식이 있다. (a)~(b)와 같이 신호값이 비트 구간 동안 유지되도록 하는 방식을 NRZ(NonReturn to Zero) 방식이라 하고, (c)~(e)와 같이 펄스 파형이 비트 구간 중간에서 0V로 되게 하는 방식을 RZ(Return to Zero) 방식이라 한다. 또 다른 분류 방법으로 논리 준위 1에 해당하는 펄스 파형의 전압을 $+A$V로 하고 논리 0에 해당하는 펄스는 0V로 하는 방식을 단극성(unipolar) 방식이라 하며, 논리 준위 1에 해당하는 펄스 파형의 전압을 $+A$V로 하고 논리 0에 해당하는 펄스는 $-A$V로 하는 방식을 양극성(polar) 방식이라 한다. 따라서 양극성 코딩 방식에서는 데이터가 1일 때 비트 구간 동안 펄스 $s(t)$가 전송되고, 데이터가 0인 경우에는 $-s(t)$가 전송된다. 펄스의 극성에 관한 또 한 가지 방식은 쌍극성(bipolar) 방식으로, 그림 8.3(e)와 같이 데이터가 0일 때는 펄스가 전송되지 않고 데이터가 1일 때는 펄스가 전송되는데, 극성을 바꾸어가면서 전송된다. 즉 데이터가 1인 경우 이전 1에 대한 펄스가 $s(t)$ 또는 $-s(t)$인가에 따라 $-s(t)$ 또는 $s(t)$를 전송한다. 1과 0의 데이터를 각각 'mark'와 'space'라 부르는데, 그림 8.3(e)와 같이 1이 연속되면 펄스의 부호를 반전시키면서 전송되

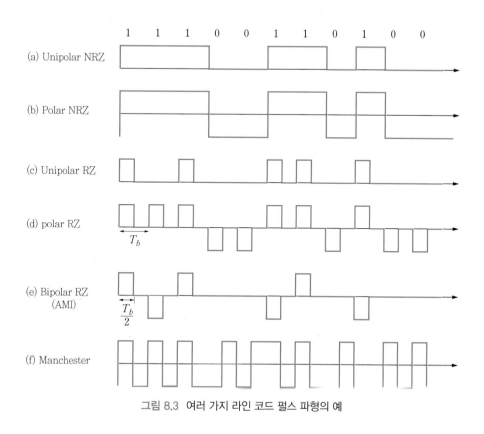

그림 8.3 여러 가지 라인 코드 펄스 파형의 예

므로 AMI(Alternate Mark Inversion) 방식이라 부르기도 한다.

이상으로부터 그림 8.3에 보인 라인 코드를 구분하면, (a)는 단극성 NRZ 방식이고, (b)는 양극성 NRZ 방식이다. (c)와 (d)는 각각 단극성 RZ와 양극성 RZ 방식이고, (e)는 쌍극성 RZ 또는 AMI 방식이라 한다. 그림 8.3(f)의 라인 코드에서는 데이터가 1이면 비트 구간의 전반부는 논리 0에 해당하는 펄스가 전송되고 후반부는 논리 1에 해당하는 펄스가 전송된다. 반대로 데이터가 0이면 비트 구간의 전반부는 논리 1에 해당하는 펄스가 전송되고 후반부는 논리 0에 해당하는 펄스가 전송된다. 이와 같은 방식을 맨체스터 방식이라 한다. 각 방식의 스펙트럼 특성과 장단점을 살펴보기로 하자.

8.1.1 NRZ 방식

그림 8.3의 (a)와 (b)는 NRZ 방식으로서 다른 방법에 비해 좁은 채널 대역폭이 요구된다는 장점이 있다. 그러나 NRZ는 전송에 있어 두 가지 문제점을 가지고 있다. 첫 번째 문제는 1이나 0이 연속되는 경우 송신 파형의 변화가 없어서 비트의 시작과 끝을 알 수 없게 되어 수신기에서의 비트 동기화에 문제가 생긴다. 즉 파형 자체로부터 동기화 정보를 추출할 수 없다. 두 번째 문제로 1 또는 0이 연속되는 경우 평균 전위가 올라가거나 내려가서 수신단에서 비트 식별 오류가 발생한다. 이러한 문제를 직류 표류(dc drift) 문제라 한다.

이번에는 NRZ 방식의 스펙트럼을 구해보자. 이 장의 부록에 있는 랜덤 펄스열의 PSD를 이용하여 각 방식의 PSD를 구한다. 부록의 신호 발생 모델에서 NRZ 방식의 경우 기본 펄스 $p(t)$의 모양은 폭이 T_b인 사각 펄스이다. NRZ 방식에서도 극성에 따라 양극성 NRZ와 단극성 NRZ 방식을 고려할 수 있다. 먼저 그림 8.3(b)와 같은 양극성 NRZ(polar NRZ) 신호의 스펙트럼을 구해보자. 이 경우 데이터가 1이면 $a_k = 1$이고, 데이터가 0이면 $a_k = -1$이 된다. 그러므로 a_k^2은 데이터가 1 또는 0의 확률과 관계 없이 항상 1이 되어

$$R_0 = \overline{a_k^2} = \lim_{T \to \infty} \frac{T_b}{T} \sum_k a_k^2 = \lim_{N \to \infty} \frac{1}{N} \sum_k a_k^2 = \lim_{N \to \infty} \frac{1}{N}(N) = 1 \tag{8.6}$$

이 된다. 한편 $a_k a_{k+1}$은 1 또는 -1이 된다. 데이터가 1일 확률과 0일 확률이 동일하게 1/2이라면, N개의 항에서 $a_k a_{k+1}$이 1인 개수와 -1인 개수는 동일하게 $N/2$가 된다. 따라서 a_k와 a_{k+1} 간의 자기상관 함수는 다음과 같다.

$$R_1 = \overline{a_k a_{k+1}} = \lim_{N \to \infty} \sum_k a_k a_{k+1} = \lim_{N \to \infty} \frac{1}{N} \left[\frac{N}{2}(1) + \frac{N}{2}(-1) \right] = 0 \tag{8.7}$$

같은 논리에 의하여 a_k와 a_{k+n} 간의 자기상관 함수는 다음과 같이 된다.

$$R_n = 0, \ n \geq 1 \tag{8.8}$$

그러므로 양극성 신호의 PSD는 식 (8.58)에 의하여

$$S_y(f) = \frac{|P(f)|^2}{T_b} R_0 = \frac{|P(f)|^2}{T_b} \tag{8.9}$$

가 된다. NRZ 신호에서는 기본 펄스가 $p(t) = \Pi(t/T_b)$이므로

$$P(f) = T_b \mathrm{sinc}(fT_b) \tag{8.10}$$

이다. 따라서 양극성 NRZ 신호의 PSD는 다음과 같다.

$$S_y(f) = T_b \mathrm{sinc}^2(fT_b) \tag{8.11}$$

그림 8.4에 양극성 NRZ 신호의 PSD 모양을 보인다. PSD가 0을 교차하는 첫 번째 주파수(first-null frequency)를 주엽(main lobe)이라 하면 양극성 NRZ 신호의 주엽은 $1/T_b = R_b$ Hz이다. 당분간 PSD의 주엽을 신호의 대역폭(bandwidth)으로 보자. 그러면 비트율(bit rate)이 R_b[bps]인 양극성 NRZ 신호의 대역폭은 $B = 1/T_b = R_b$로 이론적인 최소 대역폭(나이퀴스트 대역폭)의 두 배이다. NRZ 방식의 장점은 후에 살펴볼 RZ 방식을 포함한 다른 라인 코딩 방식에 비하여 대역폭이 작다는 것이다.

이 스펙트럼의 또 한가지 특징은 $f = 0$(직류)에서 PSD의 값이 0이 아니라는 것이다. 따라서 중계기에서 교류 정합을 사용하는 경우 직류 성분을 많이 잃어서 신호에 심각한 손상이 발생된다. 교류 정합은 변압기와 차단 커패시터를 이용하여 바이어스 제거, 임피던스 정합, 중계기에의 전원 공급을 쉽게 하도록 하는 것으로, 교류 정합이 불가능하다는 것은 양극성 NRZ 방식의 큰 단점이라 할 수 있다. 이와 같이 바람직하지 않은 스펙트럼 특성은 펄스 파형 $p(t)$의 모양을 바꿈으로써 $f = 0$에서 PSD를 강제적으로 0을 만들어서 해결할 수 있다. 이러한 신호 방식은 뒤에서 알아보기로 한다.

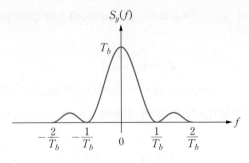

그림 8.4 양극성 NRZ 신호의 PSD

NRZ 방식에서 극성을 +와 −로 하는 대신 그림 8.3(a)와 같이 개폐(on−off) 형태로 할 수 있다. 이와 같은 단극성 NRZ(unipolar NRZ) 신호에서는 데이터가 1이면 펄스 $p(t)$를 전송하고 데이터가 0이면 펄스를 전송하지 않는다. 즉 데이터가 1이면 $a_k = 1$이고, 데이터가 0이면 $a_k = 0$이 된다. 데이터가 1일 확률과 0일 확률이 동일하다면, N개의 항에서 a_k가 1인 개수와 0인 개수는 동일하게 $N/2$가 된다. 따라서

$$R_0 = \overline{a_k^2} = \lim_{N \to \infty} \frac{1}{N}\left[\frac{N}{2}(1) + \frac{N}{2}(0)\right] = \frac{1}{2} \tag{8.12}$$

이 된다. 이번에는 $n \neq 0$인 경우의 R_n을 구하기 위해 $a_k a_{k+n}$의 평균을 구해보자. a_k와 a_{k+n}은 1 또는 0이 될 확률이 동일하게 1/2이므로 a_k와 a_{k+n}의 곱은 $1 \times 1 = 1$, $0 \times 1 = 0$, $1 \times 0 = 0$, $0 \times 0 = 0$의 확률이 동일하게 1/4이 된다. 따라서 $a_k a_{k+n}$의 값은 N개 중에서 1의 값을 갖는 경우가 $N/4$이고 0의 값을 갖는 경우가 $3N/4$이다. 그러므로

$$R_n = \overline{a_k a_{k+n}} = \lim_{N \to \infty} \frac{1}{N}\left[\frac{N}{4}(1) + \frac{3N}{4}(0)\right] = \frac{1}{4} \tag{8.13}$$

이 된다. 식 (8.56)으로부터

$$S_x(f) = \frac{1}{2T_b} + \frac{1}{4T_b}\sum_{\substack{n=-\infty \\ n \neq 0}}^{\infty} e^{-j2\pi nfT_b} = \frac{1}{4T_b} + \frac{1}{4T_b}\sum_{n=-\infty}^{\infty} e^{-j2\pi nfT_b} \tag{8.14}$$

가 된다. 여기서 $R_0 = 1/2 = 1/4 + 1/4$를 이용하였다. 주기가 T_b인 임펄스열을 푸리에 급수로 나타내면 다음과 같다.

$$\sum_{n=-\infty}^{\infty} \delta(t-nT_b) = \sum_{n=-\infty}^{\infty} c_n e^{j2\pi nt/T_b} = \frac{1}{T_b}\sum_{n=-\infty}^{\infty} e^{j2\pi nf_b t}, \quad f_b = \frac{1}{T_b} \tag{8.15}$$

즉 푸리에 계수는 $c_n = 1/T_b$ 이다. 이 식에 대한 푸리에 변환을 구해보자. 좌변에서 $\delta(t-nT_b)$의 푸리에 변환은 $\exp(-j2\pi nfT_b)$이고, 우변에서 $\exp(j2\pi nfT_b t)$의 푸리에 변환은 $\delta(f-nf_b)$인 성질을 이용하면 식 (8.15)에 대한 양변의 푸리에 변환은 다음과 같다.

$$\sum_{n=-\infty}^{\infty} e^{-j2\pi nfT_b} = \frac{1}{T_b}\sum_{n=-\infty}^{\infty} \delta\left(f-\frac{n}{T_b}\right) \tag{8.16}$$

식 (8.16)을 식 (8.14)에 대입하면 다음의 PSD를 얻을 수 있다.

$$S_x(f) = \frac{1}{4T_b} + \frac{1}{4T_b^2}\sum_{n=-\infty}^{\infty} \delta\left(f-\frac{n}{T_b}\right) \tag{8.17}$$

따라서 단극성 NRZ 신호 $y(t)$의 PSD는 식 (8.58)을 이용하여

$$
\begin{aligned}
S_y(f) &= |P(f)|^2 S_x(f) \\
&= |T_b\,\mathrm{sinc}(fT_b)|^2\left[\frac{1}{4T_b} + \frac{1}{4T_b^2}\sum_{n=-\infty}^{\infty} \delta\left(f-\frac{n}{T_b}\right)\right] \\
&= \frac{T_b}{4}\,\mathrm{sinc}^2(fT_b)\left[1 + \frac{1}{T_b}\sum_{n=-\infty}^{\infty} \delta\left(f-\frac{n}{T_b}\right)\right]
\end{aligned}
\tag{8.18}
$$

가 되는 것을 알 수 있다. 그런데 $n \neq 0$ 일 때 $f = n/T_b$ 에서 $\mathrm{sinc}(fT_b) = 0$ 이므로 식 (8.18) 은 다음과 같이 된다.

$$S_y(f) = \frac{T_b}{4}\,\mathrm{sinc}^2(fT_b) + \frac{1}{4}\delta(f) \tag{8.19}$$

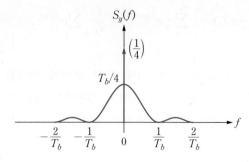

그림 8.5 단극성 NRZ 신호의 PSD

단극성 NRZ 신호의 PSD를 그림 8.5에 보인다. PSD를 살펴보면 양극성 NRZ 신호의 스펙트럼과 (크기만 다르고) 동일한 스펙트럼에 $f = 0$에서의 임펄스로 구성된 것을 알 수 있다. 결과적으로 양극성 NRZ 방식이나 단극성 NRZ 방식의 대역폭은 동일하다. 단극성 NRZ 신호는 그림 8.6에 보인 바와 같이 진폭이 절반인 양극성 NRZ 신호와 직류 성분의 합으로 표현할 수 있다. 그러므로 단극성 NRZ 신호의 PSD는 양극성 NRZ 신호의 PSD의 1/4 크기와 $f = 0$에서의 임펄스가 되는 것을 알 수 있다.

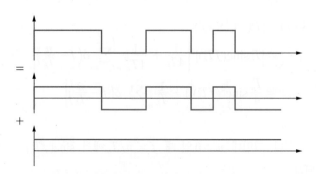

그림 8.6 양극성 NRZ 신호와 직류 신호의 합으로 표현한 단극성 NRZ 신호

8.1.2 RZ 방식

NRZ 방식이 비트 구간 T_b 동안 전압 레벨의 변화가 없는 것에 비해, RZ 방식은 비트 구간의 후반부 절반 구간 $T_b/2$ 동안 기준 전압 0 V의 레벨로 돌아간다. 그림 8.3(c)~(e)에 여러 형태의 RZ 방식의 예를 보인다. RZ 방식에서는 $T_b/2$ 동안 항상 0V를 유지하기 때문에 클럭 정보의 추출이 가능하다. NRZ 방식과 같이 RZ 방식도 양극성 방식과 단극성 방식이 가능하다.

이번에는 RZ 방식의 PSD를 구해보자. 먼저 양극성 RZ(polar RZ) 방식을 고려하자. 데이터가 1이면 펄스 $p(t)$를 전송하고, 데이터가 0이면 극성을 반전시켜 $-p(t)$를 전송하는데, NRZ와 다른 것은 $p(t)$의 펄스폭이 NRZ 방식에 비해 절반이라는 것이다. 즉 $p(t) = \Pi(2t/T_b)$이다. 따라서 양극성 RZ 신호의 PSD는 식 (8.9)에 $p(t) = \Pi(2t/T_b)$의 푸리에 변환

$$P(f) = \frac{T_b}{2} \text{sinc}\left(\frac{fT_b}{2}\right) \tag{8.20}$$

을 적용하여

$$S_y(f) = \frac{|P(f)|^2}{T_b} = \frac{T_b}{4} \text{sinc}^2\left(\frac{fT_b}{2}\right) \tag{8.21}$$

를 얻는다. 그림 8.7(a)에 양극성 RZ 방식의 PSD를 보인다. NRZ 방식에 비해 클럭 정보의 추출이 가능하다는 장점이 있지만 대역폭이 두 배가 된다는 것을 알 수 있다.

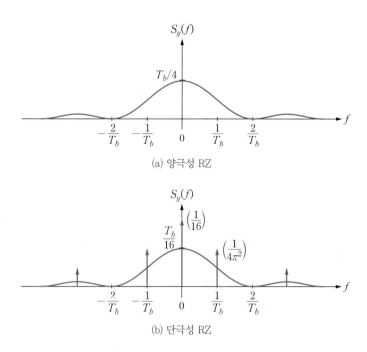

(a) 양극성 RZ

(b) 단극성 RZ

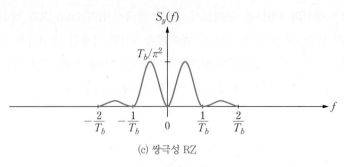

(c) 쌍극성 RZ

그림 8.7 RZ 방식의 PSD

단극성 RZ(unipolar RZ) 방식의 PSD도 앞서 유도한 단극성 NRZ 신호의 PSD에서 $p(t) = \Pi(2t/T_b)$를 적용하여 얻을 수 있다. 식 (8.18)에 식 (8.20)을 대입하면

$$
\begin{aligned}
S_y(f) &= |P(f)|^2 S_x(f) \\
&= \left| \frac{T_b}{2} \operatorname{sinc}\left(\frac{fT_b}{2} \right) \right|^2 \left[\frac{1}{4T_b} + \frac{1}{4T_b^2} \sum_{n=-\infty}^{\infty} \delta\left(f - \frac{n}{T_b} \right) \right] \\
&= \frac{T_b}{16} \operatorname{sinc}^2\left(\frac{fT_b}{2} \right) \left[1 + \frac{1}{T_b} \sum_{n=-\infty}^{\infty} \delta\left(f - \frac{n}{T_b} \right) \right] \\
&= \frac{T_b}{16} \operatorname{sinc}^2\left(\frac{fT_b}{2} \right) + \frac{1}{16} \sum_{n=-\infty}^{\infty} \operatorname{sinc}^2\left(\frac{n}{2} \right) \delta\left(f - \frac{n}{T_b} \right)
\end{aligned}
\tag{8.22}
$$

를 얻는다. 그림 8.7(b)에 단극성 RZ 신호의 PSD를 보인다. PSD를 살펴보면 연속 스펙트럼과 불연속 스펙트럼으로 구성되어 있다. 연속 스펙트럼은 양극성 RZ 신호의 스펙트럼과 (크기만 다르고) 동일하다. 불연속 스펙트럼은 클럭 주파수 $R_b = 1/T_b$의 정수배 주파수에 위치한 임펄스들이다.

다른 방법으로 단극성 NRZ 신호의 스펙트럼을 확인해보자. 단극성 NRZ 신호는 그림 8.8에 보인 바와 같이 진폭이 절반인 양극성 RZ 신호와 주기 신호인 사각 펄스열(주기는 T_b이고 펄스폭은 $T_b/2$)의 합으로 표현할 수 있다. 그러므로 단극성 NRZ 신호의 PSD는 양극성 RZ 신호의 PSD의 1/4 크기를 갖는 연속 스펙트럼(식 (8.22) 마지막 수식의 첫 번째 항)과 $f = n/T_b$의 이산 주파수 성분의 임펄스 스펙트럼(식 (8.22) 마지막 수식의 두 번째 항)을 갖는다는 것을 알 수 있다.[2]

---

2) 주기가 T_b인 주기 신호의 푸리에 변환은 $nf_0 = n/T_b$의 이산 주파수 성분만 있는 주파수 영역 임펄스열이다.

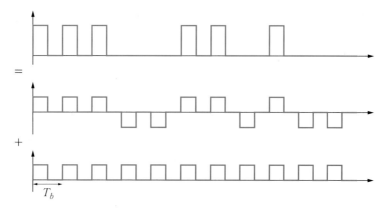

그림 8.8 양극성 RZ 신호와 주기 신호의 합으로 표현한 단극성 RZ 신호

그림 8.3(e)의 방식에서는 데이터가 0인 경우에는 펄스가 전송되지 않고 데이터가 1인 경우에만 펄스를 전송하는데, $p(t)$와 $-p(t)$를 교대로(펄스 극성을 바꿔가면서) 전송한다. 이와 같은 방법을 사용하면 직류 성분의 크기가 변동(dc drift)하는 현상을 방지하여 PSD가 $f = 0$ 주파수에서 0이 되도록 한다. 이러한 신호 방식을 쌍극성(bipolar) 방식 또는 AMI(Alternate Mark Inversion) 방식이라 한다. 쌍극성 신호 방식은 실제로 $p(t)$, 0, $-p(t)$를 사용하므로 2진 신호 방식이라기보다는 3진 신호 방식이라 할 수 있다.

AMI 방식의 PSD를 계산하기 위하여 R_n을 구해보자. 데이터가 0이면 $a_k = 0$이고 데이터가 1이면 $a_k = \pm 1$이므로, 정보 네이터가 1일 확률과 0일 확률이 농일한 경우

$$R_0 = \overline{a_k^2} = \lim_{N \to \infty} \frac{1}{N}\left[\frac{N}{2}(\pm 1)^2 + \frac{N}{2}(0)^2\right] = \frac{1}{2} \tag{8.23}$$

이 된다. R_1을 구하기 위해 펄스 가중치의 곱 $a_k a_{k+1}$의 평균을 구해보자. 연속한 두 비트 데이터의 가능한 4개의 상태 00, 01, 10, 11의 확률 분포는 동일하다. 데이터가 0이면 가중치가 0이므로 두 비트 데이터가 00, 01, 10인 경우는 $a_k a_{k+1} = 0$이 된다. 데이터가 11인 경우에는 펄스의 극성을 반대로 하여 전송하므로 $a_k a_{k+1} = -1$이 된다. 그러므로 R_1은 다음과 같다.

$$R_1 = \overline{a_k a_{k+1}} = \lim_{N \to \infty} \frac{1}{N}\sum_k a_k a_{k+1} = \lim_{N \to \infty} \frac{1}{N}\left[\frac{3N}{4}(0) + \frac{N}{4}(-1)\right] = -\frac{1}{4} \tag{8.24}$$

R_2를 구하기 위해서는 $a_k a_{k+2}$의 평균을 구해야 하는데, 쌍극성 방식에서는 이전 비트의

값에 따라 전송할 펄스의 극성이 영향을 받으므로 $a_k a_{k+2}$ 의 값을 구하기 위해서는 연속한 세 비트의 상태를 고려해야 한다. 가능한 세 비트의 조합 8가지 중에서 000, 001, 010, 011, 100, 110의 6가지 경우, 첫 번째 비트 또는 세 번째 비트가 0이므로 $a_k a_{k+2} = 0$ 이 된다. 111의 경우에는 첫 번째 비트와 세 번째 비트가 동일한 극성이므로 $a_k a_{k+2} = 1$ 이 되고, 101의 경우에는 첫 번째 비트와 세 번째 비트가 반대 극성을 가지므로 $a_k a_{k+2} = -1$ 이 된다. 따라서 $a_k a_{k+2}$ 의 N 개 관측값 중에서 6/8은 값이 0이고, 1/8은 값이 1이고, 1/8은 값이 -1이다. 그러므로 R_2 는 다음과 같다.

$$R_2 = \overline{a_k a_{k+2}} = \lim_{N \to \infty} \frac{1}{N} \left[\frac{6N}{8}(0) + \frac{N}{8}(1) + \frac{N}{8}(-1) \right] = 0 \tag{8.25}$$

같은 방법으로 $n > 2$ 일 때, $a_k a_{k+n}$ 의 값은 0, 1, -1이 가능한데, 1의 개수와 -1의 개수가 동일하다. 따라서

$$R_n = \overline{a_k a_{k+n}} = 0, \ n > 2 \tag{8.26}$$

이 된다. 그러므로 스펙트럼을 구할 때 R_0 와 R_1 만 고려하면 된다. 그러면 식 (8.57)로부터

$$S_x(f) = \frac{1}{T_b} \left[\frac{1}{2} - \frac{1}{2} \cos(2\pi f T_b) \right] = \frac{1}{T_b} \sin^2(\pi f T_b) \tag{8.27}$$

가 되고, 식 (8.58)로부터 쌍극성 RZ 신호의 PSD는 다음과 같이 된다.

$$S_y(f) = \frac{|P(f)|^2}{T_b} \sin^2(\pi f T_b) = \frac{T_b}{4} \mathrm{sinc}^2 \left(\frac{f T_b}{2} \right) \sin^2(\pi f T_b) \tag{8.28}$$

위의 수식으로부터 $P(f)$ 의 모양과는 상관 없이 쌍극성 방식은 $f = 0$ 에서 PSD가 0이 된다는 것을 알 수 있다. 그러므로 전송로에서 교류 정합을 사용하더라도 신호가 왜곡되는 문제가 발생하지 않는다. 그림 8.7(c)에 쌍극성 RZ 신호의 PSD를 보인다. RZ 방식이라 기본 펄스의 폭이 $T_b/2$ 라서 $P(f)$ 가 처음 0을 교차하는 주파수는 $2/T_b$ 이지만 쌍극성 RZ 신호의 PSD $S_y(f)$ 는 식 (8.28)에서 $\sin^2(\pi f T_b)$ 로 인하여 $f = n/T_b$ 에서 0을 교차한다. 결과적으로 쌍극성 RZ 신호의 주 대역폭은 $1/T_b = R_b \, \mathrm{Hz}$ 가 된다. 이것은 NRZ 방식의 대역폭과 동일하며, 앞서 살펴보았던 양극성 RZ 및 단극성 RZ 신호 대역폭의 절반이다. 즉 $p(t)$ 의 펄스

폭과 상관 없이 쌍극성 신호 방식의 대역폭은 $1/T_b$가 된다.

쌍극성 신호 방식은 직류 성분이 0이라는 장점 이외에 제한적이지만 오류 검출이 가능하다는 특성을 가진다. 데이터가 1이면 극성을 반전시킨 펄스를 전송하므로 만일 수신단에서 동일한 극성의 펄스가 연속하여 수신되었다면 오류가 발생하였다는 것을 의미한다. 따라서 한 비트의 오류 검출이 가능하게 된다. 또한 양극성 RZ 및 단극성 RZ 방식에 비해 대역폭이 절반이므로 대역폭을 효율적으로 사용한다고 할 수 있다.

8.1.3 맨체스터 방식

그림 8.3(f)에 보인 신호 방식에서는 비트 구간의 전반부와 후반부의 극성이 반대이다. 즉 항상 비트 구간의 절반 시점에서 펄스의 부호가 전환된다. 데이터가 1인 경우에는 비트 구간의 전반부에는 양의 극성을 갖다가 후반부에서는 음의 극성을 가지며, 데이터가 0인 경우에는 비트 구간의 전반부에는 음의 극성을 갖다가 후반부에서는 양의 극성을 갖는다. 이와 같은 방법을 사용하면 신호의 평균이 항상 0이 되기 때문에 PSD가 $f = 0$에서 0이 되어 전송로에서 교류 정합을 사용할 수 있게 된다. 이와 같은 신호 방식을 맨체스터(Manchester) 신호 방식이라 한다. 이 방식은 양극성 신호 방식이면서 기본 펄스 $p(t)$를 그림 8.9와 같은 파형의 신호를 사용한 것으로 볼 수 있다. 기본 펄스 파형을 동일한 기본 주파수의 정현파로 바꾸어 생각하면 1과 0의 신호는 서로 $180°$의 위상차를 가지고 분리된 것으로 볼 수 있다. 따라서 이러한 신호 방식을 위상 분리(split-phase) 방식이라 부르기도 한다.

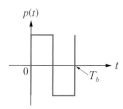

그림 8.9 맨체스터 신호 방식에서의 기본 펄스 파형

맨체스터 신호의 PSD는 양극성 NRZ 신호의 PSD를 표현하는 식 (8.9)에서 그림 8.9의 기본 펄스에 대한 스펙트럼을 대입하면 된다. 그림 8.9의 $p(t)$는

$$p(t) = \Pi\left(\frac{t - T_b/4}{T_b/2}\right) - \Pi\left(\frac{t - 3T_b/4}{T_b/2}\right) \tag{8.29}$$

와 같이 표현할 수 있으므로 푸리에 변환 $P(f)$는

$$
\begin{aligned}
P(f) &= \frac{T_b}{2}\operatorname{sinc}\left(\frac{fT_b}{2}\right)\left[\exp\left(-j2\pi f\frac{T_b}{4}\right)-\exp\left(-j2\pi f\frac{3T_b}{4}\right)\right] \\
&= \frac{T_b}{2}\operatorname{sinc}\left(\frac{fT_b}{2}\right)\exp\left(-j2\pi f\frac{T_b}{2}\right)\left[\exp\left(j\frac{\pi fT_b}{2}\right)-\exp\left(-j\frac{\pi fT_b}{2}\right)\right] \qquad (8.30) \\
&= \frac{T_b}{2}\operatorname{sinc}\left(\frac{fT_b}{2}\right)\exp\left(-j2\pi f\frac{T_b}{2}\right)\left[2j\sin\left(\frac{\pi fT_b}{2}\right)\right]
\end{aligned}
$$

가 된다. 식 (8.9)에 대입하여 다음의 PSD를 얻는다.

$$
S_y(f) = \frac{|P(f)|^2}{T_b} = T_b\operatorname{sinc}^2\left(\frac{fT_b}{2}\right)\sin^2\left(\frac{\pi fT_b}{2}\right) \qquad (8.31)
$$

그림 8.10에 맨체스터 방식의 PSD를 보인다. 쌍극성 방식과 같이 직류 성분이 0이라는 것을 알 수 있으며, 주 대역폭은 $2/T_b$가 된다.

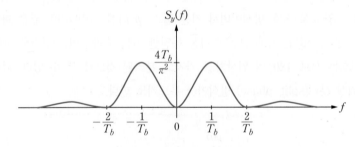

그림 8.10 맨체스터 방식의 PSD

표 8.1에 여러 가지 라인 코딩 방식에 대한 스펙트럼 특성을 요약하여 비교하였다. 여기서 기본 펄스 $p(t)$는 사각 펄스를 기반으로 하였다.

표 8.1 여러 가지 라인 코딩 방식의 스펙트럼 특성 비교

종류	PSD	대역폭 (First Null Bandwidth)	Zero dc?
Polar NRZ	$T_b \operatorname{sinc}^2(fT_b)$	$1/T_b$	no
Unipolar NRZ	$\dfrac{T_b}{4}\operatorname{sinc}^2(fT_b) + \dfrac{1}{4}\delta(f)$	$1/T_b$	no
Polar RZ	$\dfrac{T_b}{4}\operatorname{sinc}^2\left(\dfrac{fT_b}{2}\right)$	$2/T_b$	no
Unipolar RZ	$\dfrac{T_b}{16}\operatorname{sinc}^2\left(\dfrac{fT_b}{2}\right) + \dfrac{1}{16}\displaystyle\sum_{n=-\infty}^{\infty}\operatorname{sinc}^2\left(\dfrac{n}{2}\right)\delta\left(f-\dfrac{n}{T_b}\right)$	$2/T_b$	no
Bipolar RZ	$\dfrac{T_b}{4}\operatorname{sinc}^2\left(\dfrac{fT_b}{2}\right)\sin^2(\pi fT_b)$	$1/T_b$	yes
Manchester	$T_b\operatorname{sinc}^2\left(\dfrac{fT_b}{2}\right)\sin^2\left(\dfrac{\pi fT_b}{2}\right)$	$2/T_b$	yes

8.1.4 라인 코딩 방식의 비교

NRZ 방식은 대역폭이 작다는 장점이 있지만 신호로부터 동기화 정보를 추출할 수 없고, 직류 표류 문제로 인하여 수신단에서 데이터 식별 오류가 발생하기 쉬우며, 큰 직류 성분을 포함하고 있어서 중계기에서 교류 정합을 사용할 수 없다는 단점이 있다. 양극성/단극성 RZ 방식은 NRZ 방식에 비해 대역폭은 두 배로 넓지만 신호 파형으로부터 클럭 정보를 추출할 수 있다는 장점이 있다. 그러나 0이 오래 지속되면 클럭 신호가 미약하게 되어 동기를 잃을 수 있다. 또한 스펙트럼에 직류 성분이 있어서 전송로에서 교류 정합을 사용할 수 없다는 것은 NRZ 방식과 같다. 한편 쌍극성 방식은 RZ 방식과 같이 좁은 폭의 펄스를 사용하면서도 대역폭이 NRZ 방식과 같이 작으며, 스펙트럼에 직류 성분이 없다는 장점이 있다. 그러나 3개의 전압 레벨을 가져서 잡음에 취약하며, 0이 오래 지속되는 경우 클럭 신호를 유실할 수 있다. 맨체스터 방식은 요구되는 대역폭은 NRZ의 두 배이지만, 비트 중간에 극성이 반전되므로 안정된 클럭 정보를 추출할 수 있으며, 스펙트럼에 직류 성분이 없다는 장점이 있다. 양극성 방식과 단극성 방식을 비교하면, 동일한 잡음 환경 하에서 동일한 비트오율 성능을 갖기 위해서 요구되는 신호의 전력이 단극성의 경우가 더 많다. 바꾸어 말하면 동일한 신호 전력을 사용할 때 양극성 방식이 단극성 방식에 비해 비트 오율이 낮아서 성능이 우수하다는 장점이 있다.

8.2 통신 채널의 영향

통신 채널은 그림 8.11과 같이 대역 제한된 필터와 부가성 잡음으로 모델링할 수 있다. 이동통

신과 같이 채널 특성이 시간에 따라 변화하는 경우에는 채널 필터를 시변 시스템으로 모델링하는 것이 정확하지만 여기서는 채널의 특성이 시간에 따라 변화하지 않는다고 가정하고 선형 시불변 시스템으로 간단히 모델링하기로 한다.

아날로그 통신에서는 송신 신호와 가능한 한 가까운 파형을 복원하는 것이 수신기의 최대 과제이지만 디지털 통신에서는 송신 신호 파형의 복구 자체가 중요한 것이 아니라 비트 구간마다 데이터 1에 대응하는 펄스와 0에 대응하는 펄스 중 어느 것이 수신되었는지를 옳게 판별해내는 것이 중요하다. 따라서 디지털 통신 시스템의 성능은 송신측의 메시지 비트를 수신기에서 잘못 판별할 확률, 즉 비트오류 확률(bit error probability)로써 나타낸다. 이러한 측면에서 통신 채널이 수신기에서의 판단에 오류를 발생하도록 하는 영향을 살펴보기로 한다. 9장에서는 판단 오류를 최소화하는 수신기의 구조와 성능에 대하여 알아본다.

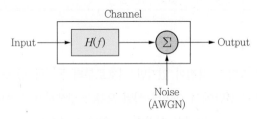

그림 8.11 채널 모델

8.2.1 잡음 및 대역제한 필터의 효과

그림 8.12에 사각 펄스를 사용한 양극성 NRZ 신호가 통신 채널을 거쳐 수신되는 신호의 파형 예를 보인다. 그림 (a)는 송신 신호의 파형이고, 그림 (b)는 잡음만 더해지는 경우의 수신 신호 파형이다. 즉 채널 필터는 무왜곡 전송 조건을 만족시키는 경우이다. 잡음의 전력이 커질수록 파형의 불규칙성이 증가하여 수신 신호가 데이터 1을 나타내는 펄스인지 0을 나타내는 펄스인지 구별하기 힘들어진다. 8.4절의 컴퓨터를 사용한 실습에서는 신호전력 대 잡음전력의 비(SNR)를 감소시켜가면서 수신된 파형으로부터 1과 0을 구별하기가 점점 어려워지는 것을 관찰해볼 것이다. 그림 (c)와 (d)는 잡음의 영향은 고려하지 않고 대역 제한된 필터의 효과를 보인 그림이다. 그림 (d)는 (c)에 비해 채널 필터의 대역폭이 더 작은 경우이다. 채널 필터의 대역폭이 송신 신호의 대역폭에 비해 작은 경우 수신 신호의 펄스가 퍼지는 현상이 발생한다. 이 현상은 필터의 대역폭이 작을수록 심하며 데이터의 판정에 오류가 발생하도록 한다. 펄스가 T_b 구간을 넘어 넓게 퍼지면 이웃한 펄스에 간섭을 일으킨다. 이러한 현상을 심볼 간 간섭(intersymbol interference: ISI)이라 하는데, 수신 펄스로부터 데이터를 복원하는데 오류를

일으키게 한다. ISI 효과를 줄이거나 방지하는 방안으로 사각 펄스 대신 특별한 모양의 펄스를 사용하는 방법이 있는데 이를 펄스정형(pulse shaping)이라 한다. 펄스정형에 대해서는 8.3절에서 상세히 알아본다.

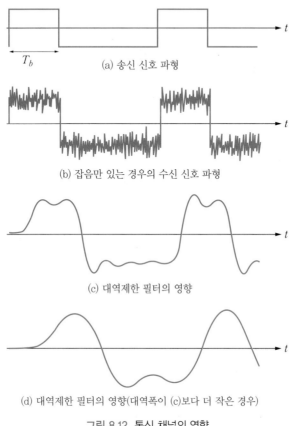

(a) 송신 신호 파형

(b) 잡음만 있는 경우의 수신 신호 파형

(c) 대역제한 필터의 영향

(d) 대역제한 필터의 영향(대역폭이 (c)보다 더 작은 경우)

그림 8.12 통신 채널의 영향

8.2.2 눈 다이어그램(Eye Diagram)

수신된 펄스열을 몇 개의 비트 구간에 대해 계속 겹치게 그리면 그림 8.13~8.15와 같은 패턴이 만들어진다. 이와 같은 그림은 오실로스코프에서 타이밍 신호를 하나 또는 몇 개의 심볼 구간 단위로 트리거시키고 여러 심볼(또는 비트) 구간 동안 수신된 펄스 신호를 겹쳐 그려서 만들 수 있다. 이러한 그림의 형태는 눈과 같은 형태를 가지므로 눈 다이어그램(eye diagram)이라 부른다. 그림 8.13~8.15에서는 비트율이 1kbps이고 양극성 NRZ 신호 방식으로 전송하는 것을 가정하였다. 그림 8.13은 대역제한 필터와 잡음의 영향이 없는 이상적인 경우이며, 그림 8.14는 잡음은 없고 대역제한 필터의 영향만 있는 경우이다. 그림 8.15는 대역제한 필터와 잡음의 영향이 모두 존재하는 경우이다. 눈 다이어그램을 보면 필터의 대역폭이 작을수록 그리고 잡음의 전력이 클수록 눈의 모양이 더욱 닫히게 된다.

눈 다이어그램은 데이터 전송 시스템에서 채널의 영향을 파악하는데 매우 유용하다. 수신된 펄스열의 눈 형태를 관찰하면 수신기의 오판 확률을 예상할 수 있다. 수신기에서는 비트 구간 $0 \leq t \leq T_b$ 내의 한 시점에서 수신 신호를 표본화하여 그 표본값으로부터 해당 펄스에 대응하는 비트가 1인지 0인지 판단하도록 할 수 있다. 수신기에서 1과 0을 판정하기 위하여 신호를 표본화하는 최적의 시간은 바로 눈이 가장 크게 열리는 순간이다. 그러나 눈이 가장 크게 열리는 순간이 항상 일정한 것이 아니라 잡음 및 필터에 의해 각 펄스 구간마다 변한다는 것이 수신기 구현에서 어려운 점이다. 매 펄스마다 최적의 표본화 시점을 판단한다는 것은 현실적으로 불가능한 일이다. 따라서 표본 시점을 비트마다 일정하게 고정시키고 표본화 순간에서는 잡음의 영향이 작게 되도록 하여(또는 신호 대 잡음비가 최대가 되도록 신호 처리를 하여) 표본화하는 방법을 현실적으로 사용한다. 이러한 형태의 수신기에 대해서는 9장에서 알아보기로 한다.

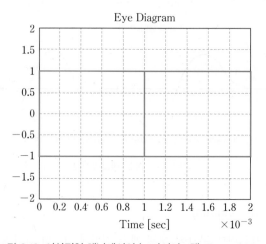

그림 8.13 이상적인 채널에서의 눈 다이어그램 ($R_b = 1$ kbps)

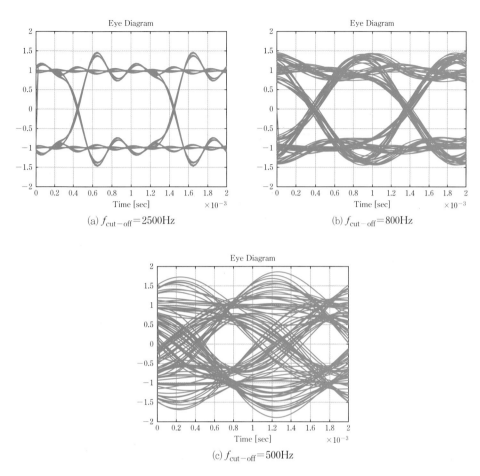

(a) $f_{\text{cut-off}} = 2500\text{Hz}$

(b) $f_{\text{cut-off}} = 800\text{Hz}$

(c) $f_{\text{cut-off}} = 500\text{Hz}$

그림 8.14 잡음은 없고 대역제한 필터만 있는 채널에서의 눈 다이어그램 ($R_b = 1$ kbps)

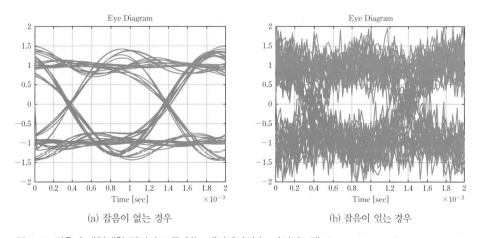

(a) 잡음이 없는 경우

(b) 잡음이 있는 경우

그림 8.15 잡음과 대역제한 필터가 모두 있는 채널에서의 눈 다이어그램 ($R_b = 1$ kbps, $f_{\text{cut-off}} = 800$ Hz)

8.3 심볼 간 간섭과 펄스정형

라인 코딩을 거쳐 만들어진 신호 $y(t)$의 PSD는 식 (8.58)과 같이 표현되는데, 다시 써보면 다음과 같다.

$$S_y(f) = \frac{|P(f)|^2}{T_b}\left[R_0 + 2\sum_{n=1}^{\infty}R_n\cos(2\pi nfT_b)\right]$$

여기서 $P(f)$는 기본 펄스 $p(t)$의 푸리에 변환이며, R_n은 라인 코딩 방식과 정보 데이터에 의해 결정되는 펄스 계수들 간의 상관값이다. 따라서 $S_y(f)$는 기본 펄스 $p(t)$의 파형에 직접적으로 강한 영향을 받는다. 라인 코딩 과정에서는 정보 비트마다 $p(t)$에 코딩 방식에 의해 정해진 계수 a_k(예를 들어 1, −1, 0)를 곱하여 출력 신호를 만들어낸다. 8.1절에서 살펴보았던 라인 코딩에서는 $p(t)$의 펄스폭이 T_b 또는 $T_b/2$인 경우를 고려하였다. 시간−제한된 펄스의 스펙트럼은 대역−제한적이지 못하다. 따라서 $P(f)$의 절대 대역폭은 무한대이며, 결과적으로 $S_y(f)$의 대역폭도 무한대이다. 앞서 살펴보았던 여러 라인 코드 신호의 대역폭은 근사적인 대역폭(first null bandwidth)이며, 절대적인 대역폭(absolute bandwidth)은 무한대이다. 그러므로 대역 제한된 채널을 통과하게 되면 고주파 성분의 손실이 발생하여 왜곡이 발생한다. 고주파 성분의 손실은 펄스가 시간적으로 퍼지게 하는 결과를 낳는데, 이러한 관계는 앞서 3장에서 살펴본 바 있다. 대역 제한된 필터를 통과하면 출력 신호는 대역−제한적이므로, 수신 펄스는 시간−제한적이지 못하다는 사실로부터 펄스의 퍼짐 현상을 설명할 수 있다.

송신기에서는 T_b마다 펄스를 전송하는데, 채널을 통과하여 수신된 펄스가 T_b 구간을 넘어 넓게 퍼지게 되면 이웃하는 펄스에 간섭을 일으키게 된다. 이러한 현상을 심볼 간 간섭(ISI)이라 하는데 검출기가 현재의 심볼(비트) 에너지와 인접한 심볼에서 분산된 에너지를 구별하는 능력을 떨어뜨려서 검출 오류가 발생한다. ISI가 문제되는 것은 채널 잡음이 존재하지 않는 경우에도 검출 오류를 발생시킬 수 있다는 것이다. 즉 채널 잡음의 영향을 수신기에서 모두 극복하더라도 비트오율 성능은 어느 한계(irreducible error rate)가 있게 된다.

8.3.1 펄스정형(Pulse Shaping)

시간−제한적인 펄스를 사용하든 대역−제한된 펄스를 사용하든 유한한 전송 대역폭을 가진 채널을 통과하면 수신 펄스는 시간−제한적이지 못하여 인접 심볼 구간을 침범해서 ISI를 피할 수 없을 것으로 보인다. 그러나 펄스 $p(t)$의 파형을 잘 설계하면 채널 통과 후 퍼짐 현상이 발생하더라도 ISI를 0으로 만들 수 있는 방법이 존재한다. 대역 제한된 채널을 통과하면 펄스는 시간-제한적이지 못하므로 T_b마다 발생된 수신 펄스들이 중첩되는 것은 피할 수 없다. 그러나 수신 신호로부터 데이터를 판정하기 위해 표본화하는 순간에서만 ISI가 없으면 충분하다. 나이퀴스트는 ISI를 0으로 만들 수 있는 펄스정형(pulse shaping)의 조건을 제안하였다.

ISI를 0으로 만들기 위한 나이퀴스트의 조건 세 가지 중 한 가지를 소개하면 다음과 같다. T_b를 연속하여 전송되는 펄스 간의 간격이라 하자. 펄스 파형이 $t = nT_b(n \neq 0)$의 순간마다 0이 되도록 하면, 예를 들어

$$p(t) = \begin{cases} 1, & t = 0 \\ 0, & t = \pm nT_b \ (n \neq 0) \end{cases} \tag{8.32}$$

와 같이 되도록 하면 그림 8.16(a)에 보인 바와 같이 각 펄스의 중앙(즉 표본화 순간)에서 ISI를 일으키지 않는다. 그림 8.16(b)와 같은 형태의 기본 펄스를 사용하면

$$y(t) = \sum_k a_k p(t - kT_b) \tag{8.33}$$

와 같이 신호를 발생시켜도 $t = 0, \ T_b, \ 2T_b, \ 3T_b, \ \cdots$에서 표본값은 다른 어떤 펄스로부터 간섭을 받지 않고 오직 (표본화 순간과 펄스의 중앙이 일치하는) 하나의 펄스값으로 주어진다. 즉 기본 펄스의 길이가 T_b보다 길어서 T_b마다 더해지는 펄스들이 시간적으로 중첩은 되지만 표본화 시점에서는 상호 영향을 미치지 않기 때문에 ISI는 0이 된다.

이와 같은 조건을 만족시키는 펄스의 한 예로 sinc 함수를 들 수 있다. 즉

$$p(t) = \operatorname{sinc}\left(\frac{t}{T_b}\right) = \operatorname{sinc}(R_b t) \tag{8.34}$$

와 같은 펄스를 사용하면 ISI를 0으로 만들 수 있다. 한편 이 펄스의 푸리에 변환은

$$P(f) = T_b \Pi(T_b f) \tag{8.35}$$

가 되어 $P(f)$는 그림 8.16(c)와 같이 대역폭이 $W_o = 1/2T_b = R_b/2\,\mathrm{Hz}$인 사각 스펙트럼을 갖는다. 그러므로 이 펄스를 대역폭이 $R_b/2\,\mathrm{Hz}$ 이상인 대역제한 채널을 통과시키더라도 스펙트럼 손실이 발생하지 않아서 왜곡이 일어나지 않는다.

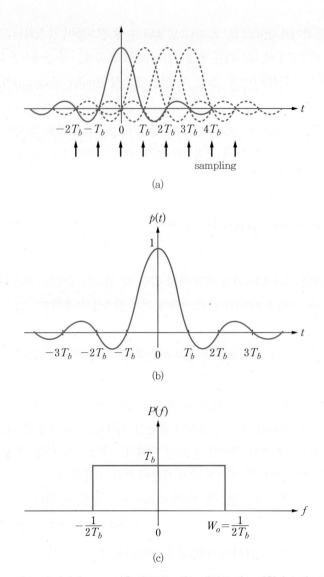

(a)

(b)

(c)

그림 8.16 나이퀴스트 조건을 만족하는 최소 대역폭 펄스 파형과 스펙트럼

식 (8.33)과 같이 펄스를 만들어서 전송하는 신호 발생 모델은 입력으로

$$x(t) = \sum_k a_k \delta(t - kT_b) \tag{8.36}$$

와 같은 임펄스열이 들어와서 임펄스 응답이 $h(t) = p(t)$ 인 필터를 통과하여 출력되는 것으로 표현할 수 있다. 이와 같은 필터를 펄스정형 필터(pulse shaping filter)라 한다.

이상으로부터 데이터율이 R_b bps인 정보 비트열을 라인 코딩하여 전송할 때 신호의 최소 대역폭은 $W_o = R_b/2\,\text{Hz}$가 된다는 것을 알 수 있으며, 이 때의 기본 펄스 파형은 식 (8.34)와 같은 sinc 함수가 된다. 이렇게 라인 코딩된 신호를 대역폭이 $R_b/2\,\text{Hz}$ 이상인 대역제한 채널에 통과시키더라도 수신 신호로부터 데이터를 복원할 때 ISI가 발생하지 않는다. 바꾸어 말하면, 주어진 채널의 대역폭이 $B\,\text{Hz}$인 경우 이 채널을 통해 ISI 없이 전송할 수 있는 최대 데이터율은 2Bbps가 된다. 즉 1Hz의 대역폭을 사용하여 ISI 없이 단위 시간당 최대 2비트를 전송할 수 있다는 것이다. 다시 요약하면 다음과 같다.

- R_b bps의 데이터를 기저대역에서 전송할 때 필요한 이론적 최소 대역폭은 $W_o = R_b/2\,\text{Hz}$이다.
- 이 때의 기본 펄스 파형은 $p(t) = \text{sinc}(R_b t) = \text{sinc}(t/T_b)$이다.
- 채널의 대역폭이 $R_b/2\,\text{Hz}$ 이상이면 검출기에서 ISI가 발생하지 않는다.

지금까지 살펴본 결과를 펄스 길이가 T_b인 사각 펄스를 사용하는 NRZ 방식과 비교해보자. NRZ 신호 방식에서는 주 대역폭(first-null)이 $W = 1/T_b = R_b$이지만 대역 제한적이지 않아서 채널의 대역폭이 유한하면 ISI가 발생한다. 이에 비해 sinc 함수로 나이퀴스트 펄스정형을 하면 신호의 스펙트럼은 사각형 형태를 가져서 대역 제한적이고, 대역폭은 $W_o = 1/2T_b = R_b/2$가 되어 NRZ의 절반이 된다. 또한 채널의 대역폭이 W_o 이상이면 수신단에서 신호 검출 시 ISI가 발생하지 않는다.

Sinc 함수로 펄스정형을 할 때의 문제점

Sinc 함수를 사용하여 펄스정형을 하면 신호의 대역폭이 최소가 된다는(따라서 ISI 없이 검출이 가능한 채널의 요구 대역폭이 최소가 된다) 장점이 있지만 몇 가지 구현상 문제점이 있다. 첫 번째 문제점은 펄스정형 필터가 이상적인 저역통과 필터이므로 구현할 수 없다는 것이다. 기본 펄스의 길이가 무한대가 되므로 $-\infty$부터 시작된 신호를 실현하는 것이 불가능하다. 펄스정형 필터의 임펄스 응답이 $t < 0$에서 0이 아니므로 비인과적이다. 두 번째 문제점은 sinc 함수가 시간에 따라 느린 속도로 크기가 감쇠하기 때문에 타이밍 에러에 민감하다는 것이다. 즉 클럭의 동기가 정확해야만 ISI가 0이 된다는 것이다. 펄스 파형 $p(t)$의 수식

$$p(t) - \text{sinc}\left(\frac{t}{T_b}\right) - \frac{\sin\left(\pi\frac{t}{T_b}\right)}{\left(\pi\frac{t}{T_b}\right)} \tag{8.37}$$

에서 보듯이 $1/t$ 의 느린 속도로 감쇠한다. 그러므로 표본화가 정확히 $t = nT_b$ 에서 이루어지지 않으면 상당한 ISI가 발생할 수 있다.

8.3.2 상승 여현 펄스정형(Raised Cosine Pulse Shaping)

Sinc 함수에 의한 펄스정형의 현실적 문제점을 완화하기 위하여 다른 펄스정형 방법을 찾아보기로 하자. ISI를 0으로 하기 위해서는 펄스가 식 (8.32)의 조건을 만족하는 것은 기본이다. Sinc 함수와 같은 최소 대역폭의 펄스를 사용하는 대신 대역폭은 조금 넓게 하더라도 펄스정형 필터가 구현 가능하고, 필터 임펄스 응답이 $1/t$ 보다 빠른 속도로 감쇠하여 타이밍 지터 (jitter)에 강하게 하고자 하는 것이다. 나이퀴스트에 의하면 이러한 조건을 만족하는 펄스의 대역폭은 $R_b/2 \le W \le R_b$ 이어야 한다. 즉 이론적 최소 대역폭 W_o 의 1배에서 2배 사이의 대역폭을 갖는다. 이에 대한 증명은 여기서는 생략하기로 한다.

$P(f)$ 의 대역폭을 $W = W_o + f_\Delta = R_b/2 + f_\Delta$ 와 같이 표현할 수 있다. 이론적 최소 대역폭 W_o 을 넘는 추가 대역폭 f_Δ 를 초과 대역폭(excess bandwidth)이라 한다. 초과 대역폭을 이론적 최소 대역폭에 대한 비율로 나타낸 값

$$r = \frac{\text{초과 대역폭}}{\text{이론적 최소 대역폭}} = \frac{f_\Delta}{W_o} = \frac{f_\Delta}{R_b/2} \tag{8.38}$$

를 roll-off 인수(roll-off factor)라 하며, 이 상수는

$$0 \le r \le 1 \tag{8.39}$$

의 값을 갖는다는 것을 알 수 있다. $P(f)$ 의 대역폭을 roll-off 인수를 사용하여 다음과 같이 표현할 수 있다.

$$W = W_o + f_\Delta = W_o + rW_o = \frac{(1+r)R_b}{2} \tag{8.40}$$

상기 조건을 만족시키는 하나의 해로서 **상승 여현 펄스정형**(raised cosine pulse shaping) 필터가 있다. 이 필터의 주파수 응답(즉 펄스 파형의 푸리에 변환)은 다음과 같이 표현된다.

$$P(f) = H_{rc}(f) = \begin{cases} 1, & |f| < W_o - f_\Delta = f_1 \\ \cos^2\left(\dfrac{\pi}{4} \cdot \dfrac{f + W - 2W_o}{W - W_o}\right), & W_o - f_\Delta < |f| < W_o + f_\Delta \\ 0, & |f| > W_o + f_\Delta = W \end{cases}$$

$$\qquad\qquad (8.41)$$

$$= \begin{cases} 1, & |f| < W_o - f_\Delta \\ \dfrac{1}{2}\left\{1 + \cos\left(\dfrac{\pi(f - f_1)}{2f_\Delta}\right)\right\}, & W_o - f_\Delta < |f| < W_o + f_\Delta \\ 0, & |f| > W_o + f_\Delta \end{cases}$$

여기서 $f_\Delta = 0(r = 0)$인 경우 이상적인 sinc 펄스정형의 경우가 되는 것을 알 수 있다. 그림 8.17에 식 (8.41)과 같이 표현된 상승 여현 필터의 주파수 응답 모양을 보인다.

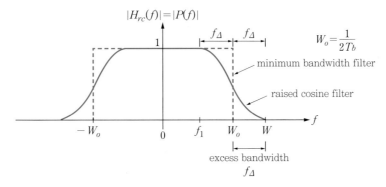

그림 8.17 Raised cosine filter의 주파수 응답

그림 8.18에 roll-off 인수의 여러 값에 대한 상승 여현 필터의 주파수 응답과 임펄스 응답을 보인다. 초과 대역폭 f_Δ가 클수록(또는 roll-off 인수 r이 클수록) 펄스정형 필터의 차단 특성이 완만해져서 구현이 쉬워지고, 차단 특성이 완만해지면 임펄스 응답의 발진 특성을 감소시켜서 빠르게 크기가 감소하여 타이밍 에러에 덜 민감하게 된다는 것을 알 수 있다. 초과 대역폭이 최대인 경우(즉 $r = 1$인 경우) 상승 여현 필터의 주파수 응답은 다음과 같이 된다.

$$P(f) = H_{rc}(f) = \frac{1}{2}\left[1 + \cos\left(\frac{\pi f}{2W_o}\right)\right]\Pi\left(\frac{f}{4W_o}\right)$$

$$= \cos^2\left(\frac{\pi f}{2R_b}\right)\Pi\left(\frac{f}{2R_b}\right) \qquad\qquad (8.42)$$

이 경우 대역폭이 R_b Hz가 되어 이론적 최소 대역폭 W_0의 두 배가 된다는 것을 알 수 있다. 임펄스 응답(또는 기본 펄스 파형)을 구해보면 다음과 같다.

$$p(t) = h_{rc}(t) = 2W_o \text{sinc}(2W_o t) \left[\frac{\cos(2\pi W_o t)}{1 - 16W_o^2 t^2} \right]$$

$$= R_b \text{sinc}(R_b t) \left[\frac{\cos(\pi R_b t)}{1 - 4R_b^2 t^2} \right] \tag{8.43}$$

위의 수식을 살펴보면 임펄스 응답의 감쇠 속도가 $1/t^3$ 으로 상당히 크다. 따라서 타이밍 지터에 의한 영향을 작게 받을 것이라는 것을 알 수 있다.

Roll-off 인수가 커질수록 필터 요구 조건이 약해져서 구현이 쉬워진다. 그러나 대역폭이 증가할 뿐 절대 대역폭은 제한되어 있어서 임펄스 응답의 길이가 여전히 무한대이므로 비인과성(noncausal) 필터이다. 그렇지만 임펄스 응답의 크기가 감쇠하는 속도가 빨라서 적당한 길이로 절단하여 근사화한 후 시간축에서 이동시킴으로써(즉 지연시킴으로써) 인과성을 갖도록 할 수 있다.

심볼율이 R_s sps(symbols per sec)인 데이터를 상승 여현 필터로 정형하여 ISI 없이 전송할 수 있는 신호의 대역폭은 다음과 같이 표현된다.[3]

$$W = W_o(1+r) = \frac{1}{2}(1+r)R_s \tag{8.44}$$

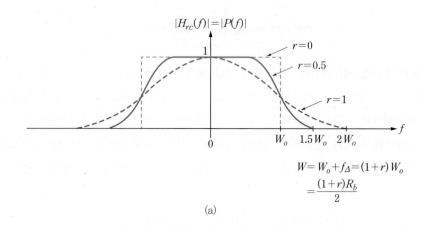

(a)

$$W = W_o + f_\Delta = (1+r)W_o$$
$$= \frac{(1+r)R_b}{2}$$

---

3) 2진 통신의 경우 심볼율 R 와 비트율 R_b 는 동일하다. M진 통신 $M = 2^n$ 의 경우 심볼 길이 T_s 는 비트 길이와 $T_s = nT_b$ 의 관계를 갖고, 심볼율과 비트율은 $R_s = R_b/n$ 의 관계를 갖는다.

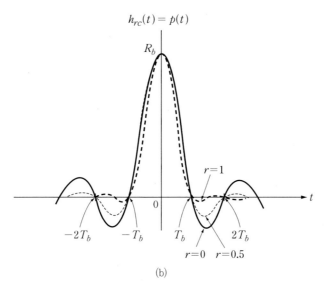

$$h_{rc}(t) = p(t)$$

(b)

그림 8.18 여러 roll-off 인수에 대한 상승 여현 필터의 주파수 응답과 임펄스 응답

예제 8.1

음성 신호(300~3,000Hz)를 표본화율 $f_s = 8,000\,\text{samples/sec}$로 표본화한다고 하자.

(a) PAM 신호를 roll-off 인수가 $r = 0.5$인 상승 여현 필터로 펄스정형하여 전송한다고 가정할 때 ISI 없이 PAM 신호를 검출할 수 있도록 하는 시스템의 최소 대역폭을 구하라.

(b) PAM 샘플을 8개 레벨로 양자화하여 PCM 부호화한다고 하자. 이진 PCM 신호를 ISI 없이 수신할 수 있도록 하는 시스템의 최소 대역폭을 구하라.

풀이

(a) $W = W_o(1+r) = \dfrac{1}{2}(1+r)R_s = \dfrac{1}{2}(1+0.5) \times 8000 = 6\text{kHz}$

(b) $R_b = 3R_s = 24\text{kbps}$

$W_{\min} = W_o = \dfrac{1}{2}R_b = \dfrac{1}{2} \times 24000 = 12\text{kHz}$

8.4 Matlab을 이용한 실습

지금까지 살펴본 내용에 대하여 Matlab을 사용한 실습을 통하여 확인해보기로 한다. 아래 실습에서는 여러 가지 종류의 라인 코드를 발생시키고 그 파형과 스펙트럼 모양을 관찰하며, 통신 채널을 대역제한 필터와 부가성 잡음으로 모델링하여 채널의 효과를 관찰해본다. 이 실습을 위하여 다음과 같은 함수를 이용한다.

① random_seq.m

랜덤한 이산 이진 비트열을 생성한다. 예를 들어 b = random_seq(10)을 실행시키면 0과 1의 수를 랜덤하게 생성하여 1×10의 벡터를 생성한다.

예) ≫b = random_seq(10)

    b =

       1 0 1 0 1 1 0 0 1 1

② linecode_gen.m

라인 코드 파형을 생성하는 함수로 호출 방법은 아래에 보인다. 여기서 x는 라인 코드 출력 신호 파형, time은 시간 벡터이다. pulse_shape은 비트 구간당 펄스의 파형이다. 입력 파라미터 b는 이진 입력 수열인데, 결정형(deterministic) 이진 숫자 벡터를 사용하거나, random_seq를 이용하여 랜덤 수열을 발생시켜 사용한다. code_name은 문자열인데 다음의 라인 코드 이름 중 하나를 선택할 수 있다: {'unipolar_nrz', 'unipolar_rz', 'polar_nrz', 'polar_rz', 'bipolar_nrz', 'bipolar_rz', 'manchester', 'triangle'}. Rb는 데이터율[bps]이며, 네 번째 파라미터인 fs는 표본화 주파수인데, 만약 이 파라미터를 넣지 않으면 default로 10 kHz의 값이 사용된다. 예를 들어 x = linecode_gen(b, 'unipolar_nrz', 1000)을 수행시키면 데이터열 b에 대해 unipolar NRZ 형태로 1000[bps]의 파형을 생성한다.

   x = linecode_gen (b, code_name, Rb, fs);

   [x, time] = linecode_gen (b, code_name, Rb, fs) ;

   [x, time, pulse_shape] = linecode_gen (b, code_name, Rb, fs) ;

③ waveform.m

이진 디지털 신호의 파형을 그리는 함수로 linecode_gen으로 발생시킨 라인 코드 신호 파형을 그리는데 사용한다. 함수 호출 방법은 아래에 보인다. 여기서 x는 파형을 그릴 대상 신호 벡터이고, fs는 표본화 주파수이며, time_range는 선택적으로 주어지는 파라미터로서 파형의 일부를 그릴 때 시간축의 범위이다. 만일 time_range를 지정하지 않으면 신호 전체의 길이를 시간축 범위로 하여 그린다.

   waveform(x, fs);

   waveform(x, fs, time_range);

④ psd_est.m

입력 신호에 대한 전력스펙트럼밀도(power spectral density: PSD)를 계산하여 그리는 함수로 호출 방법은 아래에 보인다. 여기서 X는 랜덤 프로세스 $X(t)$의 표본 함수 벡터이며, fs는 표본화 주파수이다. 신호를 M 개 단위의 여러 블록으로 분할하고, 블록 단위로 계산한 FFT 스펙트럼을 평균화하여 얻은 PSD 추정값 $S_x(f)$를 그려준다. PSD를 그리는 주파수 구간은 (0, fs/2)이다. 이 함수에서는 PSD에서 직류 성분을 제외하고 그리는데, 그 이유는 직류 성분이 매우 큰 경우 다른 주파수 성분의 크기가 그림으로 잘 나타나지 않기 때문이다. type을 'linear' 또는 'decibel' 또는 'semilog'로 하여 그래프의 스케일을 결정한다.

　psd_est(X, fs, type, M)

　[S, f] = psd_est(X, fs, type, M)

⑤ channel_filter.m

주어진 입력 신호에 대해 채널 출력을 생성하는 통신 채널을 모델링한다. 함수 호출 방법은 아래에 보인다. 입력 파라미터 f_cutoff는 필터의 차단 주파수[Hz]를 정의한다. f_cutoff를 스칼라 값으로 선정하면 채널은 저역통과 필터 형태가 되고, f_cutoff를 1x2의 벡터로 선정하면 채널은 대역통과 필터의 형태가 된다. 다른 입력 파라미터로 gain은 채널 주파수 응답의 이득이며, fs는 표본화 주파수이다. 입력 신호 x를 필터링하여 만들어진 신호에 전력이 noise_power인 Gaussian 잡음을 더하여 출력 신호를 생성한디. 아래에 보인 예와 같이 [r, t]=channel_filter(…)로 사용할 때 r은 출력 신호이며 t는 시간 벡터이다. 만일 출력 변수를 지정하지 않고 channel_filter(…)와 같이 함수를 실행시키면, 이 함수로부터 출력 신호는 리턴되지 않고 채널 필터의 주파수 응답이 그림으로 나타난다. 이 프로그램에서 사용한 필터의 종류는 Chebychev Type 1 디지털 필터이다. 필터 파라미터인 리플의 크기와 필터 차수를 변경하고자 하는 경우에는 프로그램 내에서 ripple과 filt_order 변수를 변경하면 된다.

　[r, t] = channel_filter(x, gain, noise_power, f_cutoff, fs)

⑥ eye_diagram.m

입력 신호의 눈 다이어그램을 그리는 함수로 라인 코딩된 신호가 채널을 통과하여 수신기에 입력될 때 어떤 모양을 갖는지, 수신 신호로부터 데이터를 복구하기 쉬운 정도를 판단하기 위한 용도로 사용한다. 함수 호출 방법은 아래에 보인다. 여기서 x는 눈 다이어그램을 그릴 대상 신호 벡터이고, Rb는 비트율이며, fs는 표본화 주파수이다.

　eye_diagram(x, Rb, fs);

데이터율은 Rb = 1kbps를 사용하고 표본화 주파수는 fs = 16kHz를 사용하여 실험한다.

1) 이진 데이터 b =[1 0 1 0 1 1]을 발생시키고 여러 종류의 라인 코드에 대하여 신호 파형을 그려 보라.

2) 이번에는 여러 라인 코드의 신호 파형에 대한 PSD를 그려본다. 라인 코드 신호는 결정형 신호가 아니라 랜덤 프로세스이므로 PSD를 추정해야 한다. 먼저 충분한 비트 수의 랜덤 이진 수열을 발생시키고, 이 비트열에 대한 라인 코드 파형을 발생시킨 후, 일정 길이의 신호 파형에 대한 FFT 스펙트럼을 구하고 평균을 내어 PSD 추정값을 구한다. 이진 비트열을 발생시키는데는 random_seq 함수를 이용하고, PSD를 구하는 데는 psd_est 함수를 이용한다. 여러 라인 코드에 대하여 PSD를 그려보고 대역폭을 구하라.

3) 데이터율을 2kbps로 변화시키고 PSD를 비교하라.

풀이

위의 실험을 위한 Matlab 코드의 예로 ex8_1.m을 참고한다. 프로그램을 실행시켜서 다음과 같은 라인 코드 신호 파형을 관찰하라.

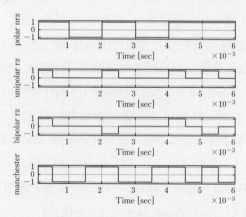

그림 8.19 라인 코드 신호 파형의 예

2000비트의 랜덤 이진 수열을 발생시키고, 데이터를 unipolar NRZ 및 Manchester로 부호화하여 1kbps로 전송하는 경우와 2kbps로 전송하는 경우에 대하여, 신호의 PSD를 그려보면 다음과 같다.

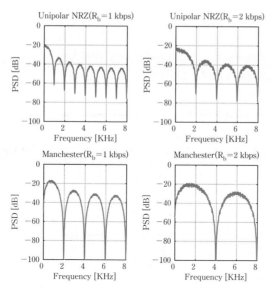

그림 8.20 Unipolar NRZ 및 Manchester 신호의 PSD

예제 8.2를 위한 Matlab 프로그램의 예(ex8_1.m)

```
clear; close all;
Rb = 1000;
fs = 16*Rb;
% Line code waveform
b =[ 1 0 1 0 1 1];
subplot(411), [x, t] = linecode_gen(b, 'polar_nrz', Rb, fs); waveform(x, fs)
ylabel('polar nrz');
subplot(412), [x, t] = linecode_gen(b, 'unipolar_rz', Rb, fs); waveform(x, fs)
ylabel('unipolar rz');
subplot(413), [x, t] = linecode_gen(b, 'bipolar_rz', Rb, fs); waveform(x, fs)
ylabel('bipolar rz');
subplot(414), [x, t] = linecode_gen(b, 'manchester', Rb, fs); waveform(x, fs)
ylabel('manchester');
disp('hit any key to see PSD'); pause
% Power spectral density
```

```
b = random_seq(2000);
figure;
subplot(221), [x, t] = linecode_gen(b, 'unipolar_nrz', 1000, fs);
  psd_est(x,fs, 'decibel'); axis([0 8 −100 0]);
  title('Unipolar NRZ (R_b = 1 kbps)')
subplot(222), [x, t] = linecode_gen(b, 'unipolar_nrz', 2000, fs); ...
  psd_est(x,fs, 'decibel'); axis([0 8 −100 0]);
  title('Unipolar NRZ (R_b = 2 kbps)')
subplot(223), [x, t] = linecode_gen(b, 'manchester', 1000, fs);
  psd_est(x,fs, 'decibel'); axis([0 8 −100 0]);
  title('Manchester (R_b = 1 kbps)')
subplot(224), [x, t] = linecode_gen(b, 'manchester', 2000, fs);
  psd_est(x,fs, 'decibel'); axis([0 8 −100 0]);
  title('Manchester (R_b = 2 kbps)')
```

예제 8.3 ┃ **통신 채널의 특성**

이번 실습에서는 통신 채널을 통과하면서 신호가 어떻게 영향을 받는지 알아보기로 한다. 통신 채널을 대역 제한된 필터와 잡음이 더해지는 것으로 모델링한다. 채널 대역폭이 신호의 대역폭보다 좁은 경우 채널을 통과하면서 신호에 왜곡이 발생하여 심볼 간 간섭(ISI)을 일으킨다. 통신 채널을 시뮬레이션하는 프로그램은 제공된 channel_filter.m 함수를 이용해도 된다. 수신 신호에 대하여 눈 다이어그램을 그려보라.

1) 속도가 1kbps인 랜덤 이진 데이터를 20비트 발생시키고 polar NRZ로 부호화된 신호를 발생시킨다. 이 신호를 차단 주파수가 5kHz인 저역통과 필터 특성의 채널에 입력시킨다. 채널의 통과대역 이득은 1이고 잡음은 없다고 가정한다. 채널을 통과하기 전의 신호와 통과한 후의 신호를 그려보라. 표본화 주파수는 40kHz를 사용하라.

2) 채널의 대역폭을 점점 감소시킴에 따라 신호가 어떤 영향을 받는지 실험해본다. 동일한 신호에 대하여 채널의 대역폭을 각각 2.5kHz, 0.8kHz, 0.5kHz로 변화시키면서 채널을 통과하기 전의 신호와 통과한 후의 신호 파형을 그려보라. 수신기에서 정보 데이터를 잘 복원할 수 있는지 판단해보라.

3) 이번에는 대역제한 필터에 추가로 잡음이 더해지는 경우 채널의 영향을 살펴보기로 한다. 잡음의 전력을 변화시키면서 채널 통과 후 신호 파형이 어떻게 변화하는지를 관찰한다. 앞서 발생시킨 정보 신호에 대하여 대역폭이 5kHz인 필터를 통과시킨다. 잡음 전력을 0.01, 0.1, 0.5, 1로 변화시키면서 채널통과 전후의 신호 파형을 그려보라. 수신기에서 정보 데이터를 잘 복원할 수 있는지 판단해보라.

4) 잡음의 전력을 변화시키면서 채널 통과 후 신호의 전력 스펙트럼이 어떻게 변화하는지를 관찰해보기로 한다. 먼저 2000비트의 랜덤 이진 비트열을 발생시키고 polar NRZ 방식으로 표현한 메시지 신호에 대하여 전력 스펙트럼을 그려본다. 다음에는 정보 신호를 대역폭이 5kHz인 필터를 통과시킨다. 잡음 전력을 0.01, 0.1, 0.5, 1로 변화시키면서 채널 통과 후의 신호의 전력 스펙트럼을 그려보라.

5) 채널의 대역폭과 라인 코드의 종류를 변화시키면서 위의 과정을 반복한다.

6) 주어진 라인 코드에 대하여 잡음은 부가하지 않고 채널 필터의 대역폭을 2500Hz, 1500Hz, 800Hz, 500Hz로 변화시키면서 수신 신호에 대한 눈 다이어그램을 그려보라.

7) 주어진 라인 코드에 대하여 채널 필터의 대역폭은 800Hz로 고정시키고 잡음 전력을 0, 0.05, 0.1, 0.2로 증가시키면서 수신 신호에 대한 눈 다이어그램을 그려보라.

풀이

위의 실험을 위한 Matlab 코드의 예로 ex8_2.m을 참고하라. 채널 필터의 차단 주파수를 5kHz, 2.5kHz, 0.8kHz, 0.5kHz로 하여 출력된 신호의 파형의 예는 다음과 같다.

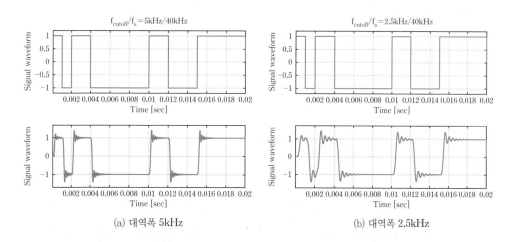

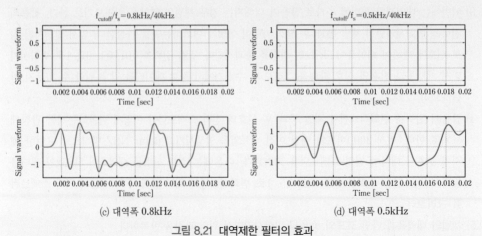

(c) 대역폭 0.8kHz   (d) 대역폭 0.5kHz

그림 8.21 대역제한 필터의 효과

채널의 대역폭은 5000Hz로 하고, 잡음의 전력을 0.01, 0.1, 0.5, 1로 변화시켰을 때 출력 신호의 파형은 다음과 같다.

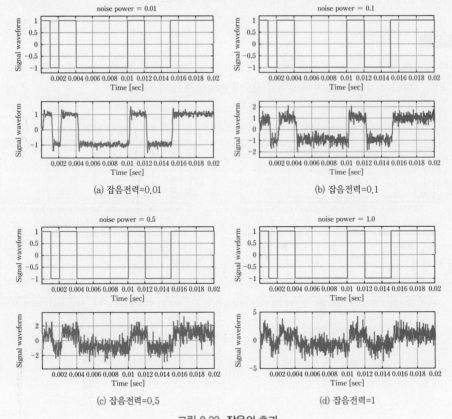

(a) 잡음전력=0.01   (b) 잡음전력=0.1

(c) 잡음전력=0.5   (d) 잡음전력=1

그림 8.22 잡음의 효과

2000비트의 랜덤 이진 비트열을 polar NRZ 부호화하고, 잡음 전력을 0.01, 0.1, 0.5, 1로 변화시키면서 출력 신호의 PSD를 구한 결과 그림은 다음과 같다.

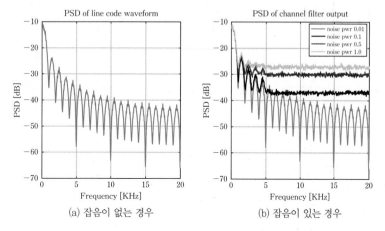

(a) 잡음이 없는 경우   (b) 잡음이 있는 경우

그림 8.23 Polar NRZ 신호에 잡음이 부가된 경우의 PSD

예제 8.3을 위한 Matlab 프로그램의 예(상세 프로그램은 ex8_2.m 참조)

```
close all; clear;
Rb = 1000;  % Bit rate
fs = 40*Rb;  % Sampling frequency
% Effects of channel bandwidth(2500Hz, 800Hz, 500Hz)
b = random_seq(20);
[x, t] = linecode_gen(b, 'polar_nrz', Rb, fs);
y = channel_filter(x, 1, 0.0, 2500,fs);
subplot(211), waveform(x, fs); title('f_{cutoff} / f_s = 5kHz / 40kHz')
subplot(212), waveform(y, fs)

% Effects of noise
y = channel_filter(x, 1, 0.01, 5000,fs);
subplot(211), waveform(x, fs); title('noise power = 0.01')
subplot(212), waveform(y, fs)
```

```
% PSD of channel filter output
figure;
b = random_seq(2000);
x = linecode_gen(b, 'polar_nrz', Rb, fs);
subplot(121), psd_est(x,fs, 'decibel'); a = axis;
title('PSD of line code waveform');
y=channel_filter(x, 1, 0.01, 5000, fs);
subplot(122), psd_est(x,fs, 'decibel'); axis(a), hold on
pause; disp('Press any key to continue');
psd_est(channel_filter(x, 1, 0.1, 5000, fs), fs, 'decibel');
pause; disp('Press any key to continue');
psd_est(channel_filter(x, 1, 0.5, 5000, fs), fs, 'decibel');
pause; disp('Press any key to continue');
psd_est(channel_filter(x, 1, 1, 5000, fs), fs, 'decibel');
title('PSD of channel filter output');
```

눈 다이어그램에 대한 실험을 위해서 ex8_3.m 프로그램을 참조하라. 400비트의 랜덤 이진 비트열을 polar NRZ 부호화하여 신호를 발생시킨 다음, 잡음은 부가하지 않고 채널 필터의 대역폭을 2.5kHz, 1.5kHz, 0.8kHz, 0.5kHz로 변화시키면서 수신 신호에 대한 눈 다이어그램을 그려보면 다음과 같다.

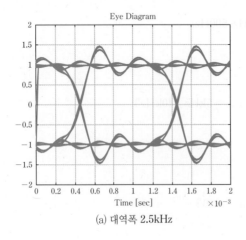

(a) 대역폭 2.5kHz

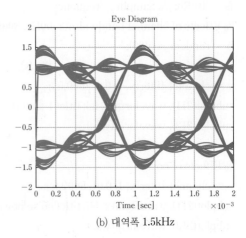

(b) 대역폭 1.5kHz

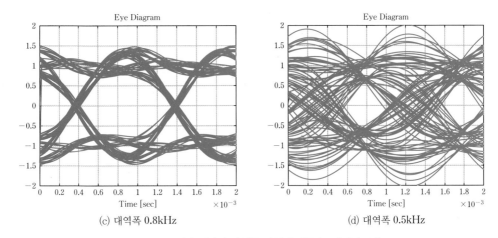

(c) 대역폭 0.8kHz　　　　　　　　　　　　　(d) 대역폭 0.5kHz

그림 8.24　채널 필터의 대역폭 변화에 따른 눈 다이어그램

100비트의 랜덤 이진 비트열을 polar NRZ 부호화하여 신호를 발생시킨 다음, 채널 필터의 대역폭은 0.8kHz로 고정시키고, 잡음 전력을 0, 0.05, 0.1, 0.2로 증가시키면서 수신 신호에 대한 눈 다이어그램을 그려보면 다음과 같다.

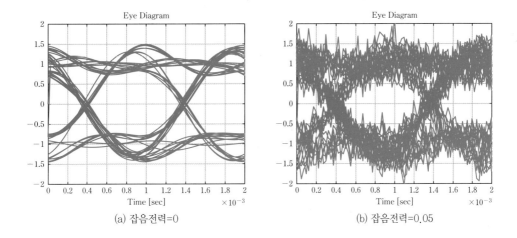

(a) 잡음전력=0　　　　　　　　　　　　　(b) 잡음전력=0.05

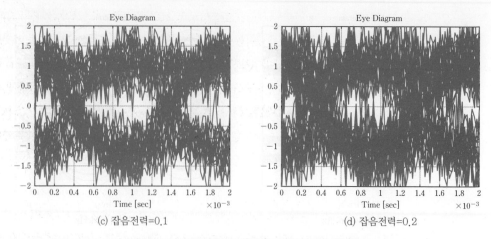

(c) 잡음전력=0.1   (d) 잡음전력=0.2

그림 8.25 잡음 전력의 변화에 따른 눈 다이어그램

예제 8.3의 눈 다이어그램을 위한 프로그램의 예(상세 프로그램은 ex8_3.m 참조)

```
close all; clear;
Rb = 1000;
fs = 40*Rb;
% Eye diagram
b = random_seq(400);
[x, t] = linecode_gen(b, 'polar_nrz', Rb, fs);

% Bandlimited filter only
y = channel_filter(x, 1, 0.0, 800, fs);
eye_diagram(y, Rb, fs);
pause; disp('Press any key to continue');

% Filter and noise
b = random_seq(100);
[x, t] = linecode_gen(b, 'polar_nrz', Rb, fs);
y = channel_filter(x, 1, 0.1, 800, fs);
eye_diagram(y, Rb, fs);
```

비트율 $R_b = 1$bps 의 데이터를 다음의 신호로 펄스정형을 한다고 가정하자. 각 펄스 신호의 파형과 진폭 스펙트럼을 그려보라. 스펙트럼을 보고 주엽(mainlobe)의 주파수와 부엽(sidelobe)의 크기를 관찰하라.

1) 사각 펄스
2) 삼각 펄스
3) 반파장 여현파
4) 절단된 가우시안 펄스

풀이

위의 실험을 위한 Matlab 코드의 예로 ex8_4.m을 참고한다. 프로그램을 실행시켜서 다음과 같은 펄스 파형과 진폭 스펙트럼을 관찰하라. 사각 펄스는 주엽이 R_b 로 가장 작지만 부엽 크기는 −13.6dB로 가장 크다. 삼각 펄스는 이에 비해 주엽이 $2R_b$ 로 사각 펄스의 두 배이지만 부엽 크기는 −26dB로 작다. 절단된 가우시안 펄스는 주엽은 삼각 펄스와 비슷하지만 부엽 크기가 약 −34dB로 가장 작다. 반파장 여현파는 사각 펄스와 삼각 펄스의 중간에 해당하여 주엽이 $1.5R_b$ 이고 부엽 크기는 −22 dB 정도가 된다.

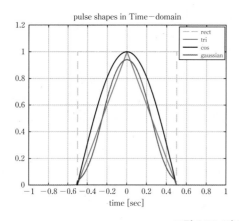
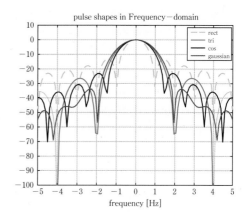

그림 8.26 펄스 파형과 스펙트럼

```
clear; close all;
Rb = 1; fs = 100*Rb; Tb = 1/Rb; ts = 1/fs; df = 0.1;
Nbit = fs/Rb;
p_time = −(Tb/2):ts:(Tb/2)−ts;
Ttime = −Tb:ts:Tb−ts;
pulse_rect = ones(1, Nbit);
pulse_tri = (−2/Tb).*abs(p_time)+1;
pulse_cos = cos((pi*p_time)/(Tb));
% For truncated Gaussian pulse
BT = 1.0; Bo = BT/Tb;
Qalpha = 2*pi*Bo./(sqrt(log(2)));
pulse_gau = (1/(Tb)).*(Q_funct(Qalpha.*(p_time−Tb/4)) −···
Q_funct(Qalpha.*(p_time+Tb/4)));
% −−−−−−−−−−−−−−−−−−−−−−−−−−−−−−−−−−−−−−−−−−−−−−−
pulse_rect = [zeros(1,Nbit/2), pulse_rect, zeros(1,Nbit/2)];
pulse_tri = [zeros(1,Nbit/2), pulse_tri, zeros(1,Nbit/2)];
pulse_cos = [zeros(1,Nbit/2), pulse_cos, zeros(1,Nbit/2)];
pulse_gau = [zeros(1,Nbit/2), pulse_gau, zeros(1,Nbit/2)];
figure; stairs(Ttime, pulse_rect, 'm−−'); hold on;
plot(Ttime, pulse_tri, 'b'); hold on;
plot(Ttime, pulse_cos, 'k'); hold on;
plot(Ttime, pulse_gau, 'r'); hold on; grid on; axis([−1*Tb, 1*Tb, 0, 1.2]);
xlabel('time [sec]'); title('pulse shapes in Time−domain');
legend('rect','tri','cos','gaussian');
% −−−−−−−−−−−−−−−−−−−−−−−−−−−−−−−−−−−−−−−−−−−−−−−
[Srect, xrect1, df1] = fft_mod(pulse_rect, ts, df);
[Stri, xtri1, df2] = fft_mod(pulse_tri, ts, df);
[Scos, xcos1, df3] = fft_mod(pulse_cos, ts, df);
[Sgau, xgau1, df4] = fft_mod(pulse_gau, ts, df);
Srect = Srect./fs;  Srect = fftshift(abs(Srect)); Srect = Srect./max(Srect);
Stri = Stri./fs;   Stri = fftshift(abs(Stri)); Stri = Stri./max(Stri);
Scos = Scos./fs;   Scos = fftshift(abs(Scos)); Scos = Scos./max(Scos);
Sgau = Sgau./fs;   Sgau = fftshift(abs(Sgau)); Sgau = Sgau./max(Sgau);
freq1 = (0:df1:(length(xrect1)−1)*df1) − fs/2;
```

```
freq2 = (0:df2:(length(xtri1)−1)*df2) − fs/2;
freq3 = (0:df3:(length(xcos1)−1)*df3) − fs/2;
freq4 = (0:df4:(length(xgau1)−1)*df4) − fs/2;
figure; plot(freq1, 20*log10(Srect), 'm−−'); hold on;
plot(freq2, 20*log10(Stri), 'b'); hold on;
plot(freq3, 20*log10(Scos), 'k'); hold on;
plot(freq4, 20*log10(Sgau), 'r'); hold on;
grid on; axis([−5*Rb, 5*Rb, −100 10]);
xlabel('frequency [Hz]'); title('pulse shapes in Frequency−domain');
legend('rect','tri','cos','gaussian');
```

[과제] 랜덤 비트열을 생성한 후(2000비트 이상), 예제 8.4의 펄스를 사용하여 펄스정형을 하라. 신호의 파형과 PSD를 그려보라. 발생된 신호를 대역 제한된 채널에 입력하여 출력된 신호의 파형과 PSD를 그려보라. 채널 대역폭을 변화시키면서 위의 과정을 반복하라. 채널 대역폭과 펄스정형을 왜곡이나 ISI, 효율 등 여러 측면에서 설명하라.

예제 8.5 ┃ 상승 여현 펄스정형

비트율 $R_b = 1$ bps 의 데이터를 상승 여현 필터를 사용하여 펄스정형을 한다고 가정하자.

1) Roll−off 인수를 0, 0.5, 1.0으로 변화시키면서 상승 여현 필터의 주파수 응답과 임펄스 응답을 그려보라.
2) 랜덤 비트열을 생성한 후(10^4 개), 사각 펄스와 상승 여현 펄스로 펄스정형을 하라. 이 때 roll−off 인수는 여러 값(예: 0, 0.5, 1.0)으로 한다. 그 다음 대역 제한된 필터를 통과시킨다. 필터 입력과 출력의 신호 파형과 PSD를 그려보라. 채널의 대역폭은 $W = 0.75R_b$ 로 한다.
3) 채널 필터의 대역폭을 변화시키면서 2)의 과정을 반복하라.

풀이

상승 여현 필터의 주파수 응답과 임펄스 응답이 다음과 같은지 확인한다(제공된 예제 프로그램 ex8_5.m 참조).

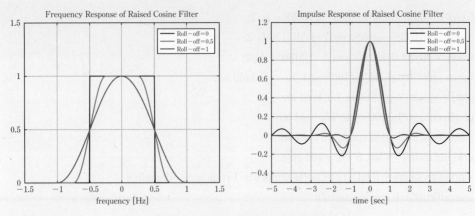

그림 8.27 상승 여현 필터의 주파수 응답과 임펄스 응답

랜덤 이진 수열을 발생시키고, 사각 펄스 및 상승 여현 펄스를 사용하여 펄스정형한 신호를 대역 제한된 채널 필터에 입력시킨다. 필터의 입력과 출력 신호 파형과 PSD를 그려보면 그림 8.28과 같다. 그림 (a)는 사각 펄스를 사용한 경우(즉 polar NRZ) 신호 파형과 필터 출력 파형이다. 그림 (b)~(d)는 상승 여현 펄스정형을 한 신호의 파형과 필터 출력의 파형이다. 그림 (e)와 (f)는 필터 입력과 출력의 신호 PSD이다. NRZ 신호의 경우 대역제한 필터에 의해 파형이 많이 변형된 것을 관찰할 수 있다. 이에 비해 상승 여현 펄스정형한 신호는 필터 전후의 변화가 크지 않으며, roll-off 인수가 작을수록 입출력 신호 파형의 변화가 작은 것을 볼 수 있다.[4] 아래 그림에 대한 예제 프로그램은 제공된 ex8_6.m을 참조한다.

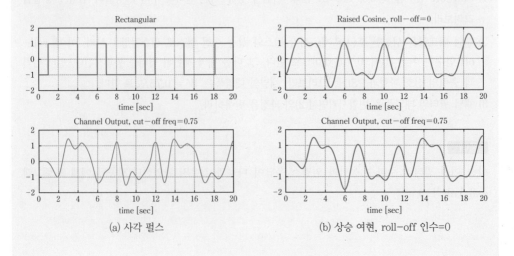

(a) 사각 펄스 (b) 상승 여현, roll-off 인수=0

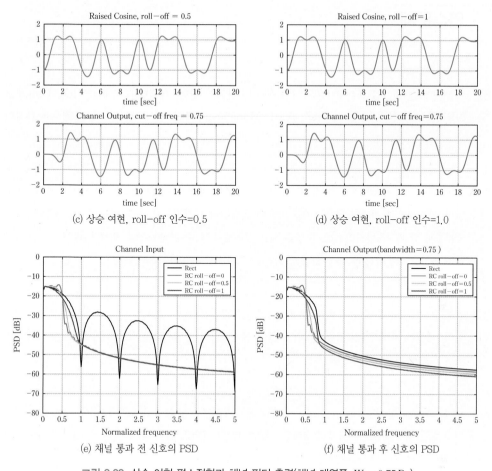

(c) 상승 여현, roll−off 인수=0.5

(d) 상승 여현, roll−off 인수=1.0

(e) 채널 통과 전 신호의 PSD

(f) 채널 통과 후 신호의 PSD

그림 8.28 상승 여현 펄스정형과 채널 필터 출력(채널 대역폭 $W = 0.75R_b$)

연습문제

8.1 이진 비트열 {0 1 1 0 0 0 1 0 1 1 1}을 전송하고자 한다. 데이터를 Polar NRZ, Unipolar NRZ, Polar RZ, Unipolar RZ, AMI, Manchester 신호 방식으로 전송하는 경우에 대하여 각 파형을 그려보라.

8.2 데이터율 R_b[bps]의 이진 데이터를 단극성 NRZ와 양극성 NRZ 방식을 사용하여 전송하려고 한다. 데이터 비트가 1일 확률과 0일 확률이 동일하다고 가정한다. 동일한 평균 전력 P[W]를 사용하도록 할 때 두 방식의 신호 파형을 예를 그려보라. 어떤 방식이 잡음에 대한 내성이 강한지(즉 어떤 방식이 동일한 잡음 환경 하에서 비트오류 확률이 작은지) 예측해보라.

8.3 컴퓨터의 RS-232 직렬 포트가 4800bps의 속도로 피크 전압 12V의 단극성 NRZ 신호를 전송한다. 데이터 비트가 1일 확률과 0일 확률이 동일하다고 가정하고 출력 신호의 PSD를 그려보라. 출력 신호의 평균전력은 얼마인가?

8.4 데이터율 R_b[bps]의 이진 데이터를 단극성 RZ 방식을 사용하여 전송한다. 데이터 비트는 1과 0이 동일한 확률로 발생된다고 가정하자. 기본 펄스가 그림 P8.4와 같이 폭이 $T_b/4$인 구형파라고 하자. 여기서 $T_b = 1/R_b$이다.

(a) 신호의 PSD를 구하고 그려보라.

(b) First-null 대역폭은 얼마인가?

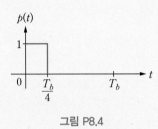

그림 P8.4

8.5 이진 데이터 1과 0이 T_b의 시간마다 동일한 확률로 발생된다고 하자. 전송되는 신호는 다음 식과 같이 표현된다.

$$x(t) = \sum_{n=-\infty}^{\infty} (-1)^{b_n} p(t - n T_b)$$

여기서 b_n은 n번째 비트로 0 또는 1이며, $p(t)$는 그림 P8.5와 같다고 하자.

(a) 신호의 PSD를 구하고 그려보라.

(b) First-null 대역폭은 얼마인가?

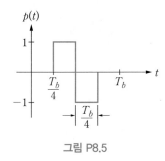

그림 P8.5

8.6 아날로그 신호를 주파수 $f_s = 8000\,\text{Hz}$로 표본화하고 표본당 12비트로 양자화하여 이진 데이터를 발생시킨다. 발생된 이진 데이터를 다시 $M = 16$ 레벨의 멀티레벨 펄스 신호로 만들어서 전송로에 실어 보낸다고 하자. ISI 없이 전송할 수 있는 이론적 채널 대역폭의 최솟값은 얼마인가?

8.7 24개 채널로 구성된 시분할 다중화기의 각 입력 채널로 8kHz로 표본화하여 만들어진 PAM 신호가 들어온다고 하자.

(a) 절환기(commutator)의 회전 속도는 얼마가 되어야 하는가? 다중화기 출력에서는 단위 시간 (초)당 몇 개의 샘플이 출력되는가?

(b) 다중화기 출력 PAM 표본을 전송하는데 요구되는 채널의 최소 대역폭은 얼마인가?

(c) 다중화기 출력 PAM 표본을 상승 여현 펄스정형하여 전송하고자 한다. 150kHz로 대역 제한된 채널에 신호를 전송할 수 있도록 하기 위해서는 상승 여현 필터의 roll-off 인수는 얼마로 결정해야 하는가?

8.8 문제 8.7 다중화기에서 출력 PAM 표본을 512 레벨의 PCM 부호화를 하여 전송하고자 한다.

(a) 전송할 데이터의 비트율은 얼마인가?

(b) 이진 PCM 데이터를 전송하는데 요구되는 채널의 최소 대역폭은 얼마인가?

(c) 이진 PCM 데이터를 roll-off 인수가 0.75인 상승 여현 필터 정형하여 전송하고자 한다. 이 신호를 전송하는 데 요구되는 채널의 최소 대역폭은 얼마인가?

8.9 어떤 통신 선로의 대역폭이 40kHz라 하자. 이진 데이터를 roll-off 인수 0.25의 상승 여현 펄스 정형을 하여 전송하는 경우 최대 몇 bps의 데이터를 보낼 수 있는가?

8.10 대역폭이 100kHz인 통신 채널이 있다.

(a) 이 채널을 통해 전송 가능한 최대 비트율은 얼마인가?

(b) 비트율이 150kbps인 데이터를 상승 여현 펄스정형하여 전송한다면 roll-off 인수를 얼마로 해야 하는가?

8.11 어떤 시분할 다중화기에는 8개의 입력 채널이 있다. 다중화기의 각 입력 채널은 대역폭이 4kHz인 아날로그 신호를 나이퀴스트율보다 25% 높은 표본화 주파수를 사용하여 표본화된 신호 표본으로 구성된다. 다중화기 출력은 양자화를 거쳐 이진 PCM 부호화된 다음 상승 여현 펄스정형하여 전송된다. 양자화 과정에서는 양자화 오차가 메시지 신호 피크값의 1% 이내가 되도록 한다.

(a) 다중화기 출력에서는 단위 시간당 몇 개의 표본이 발생되는가?

(b) 이진 PCM 데이터의 비트율은 얼마인가?

(c) 상승 여현 필터의 roll-off 인수를 0.25로 선택하는 경우 데이터 전송을 위해 요구되는 통신 채널의 최소 대역폭은 얼마인가?

8.12 비트율이 $R_b = 19.2$ kbps인 이진 데이터를 16진 심볼로 변환하고 펄스정형하여 전송한다고 하자.

(a) 심볼율(symbol rate 또는 baud rate)은 얼마인가?

(b) 사각 펄스로 펄스정형을 하는 경우 전송 신호의 first-null 대역폭은 얼마인가?

(c) 채널의 대역폭이 4.2kHz로 제한되어 있다고 하자. 상승 여현 펄스정형을 하는 경우 전송 신호의 대역폭이 채널 대역폭을 초과하지 않도록 하려면 roll-off 인수를 얼마로 해야 하는가?

(d) (c)와 같이 전송하는 경우 이론적 최소 대역폭으로부터의 초과 대역폭은 몇 Hz인가?

8.13 비트율 14400bps의 이진 데이터를 6 비트 단위로 멀티레벨 심볼을 만들어서 펄스정형을 한 후 통신 채널로 전송한다. 전체적인 전송 시스템(송신기, 채널, 수신기)은 roll-off 인수가 $r = 0.25$인 상승 여현 필터의 특성을 가진다고 하자.

(a) 심볼율과 심볼 길이는 얼마인가?

(b) 요구되는 최소의 채널 대역폭은 얼마인가?

(c) 전송 시스템의 6 dB 대역폭을 구하라.

(d) 전송 시스템의 절대 대역폭(absolute bandwidth)을 구하라.

8.14 상승 여현 필터에서 roll-off 인수가 1인 경우 필터의 임펄스 응답이 다음 식과 같이 되는 것을 유도하라.

$$h_{rc}(t) = R_b \, \text{sinc}(R_b t) \left[\frac{\cos(\pi R_b t)}{1 - 4R_b^2 t^2} \right]$$

8.15 300~3000Hz의 대역을 가진 음성신호를 나이퀴스율의 1.2배로 표본화한다고 하자. 표본화를 거쳐서 얻은 PAM 신호를 직접 전송할 수도 있고, PCM으로 부호화하여 전송할 수도 있다.

(a) PAM 표본을 roll-off 인수가 $r = 1$인 상승 여현 필터를 사용하여 펄스정형한 후 전송한다고 할 때 ISI 없이 PAM 신호를 검출할 수 있도록 하는 채널의 최소 대역폭을 구하라.

(b) PAM 표본을 64 레벨로 양자화하고 이진 PCM 부호화한 다음 (a)와 동일하게 펄스정형하여 전송한다고 할 때 신호를 ISI 없이 수신할 수 있도록 하는 채널의 최소 대역폭을 구하라.

(c) 256개의 양자화 레벨을 사용한다고 가정하고 (b)를 반복하라.

8.16 아날로그 신호를 표본화하고 256 레벨 양자화를 거친 후, 이진 PCM 신호로 변환하여 200kHz로 대역 제한된 채널을 통하여 전송한다고 하자. 전체 전송 시스템은 roll-off 인수가 $r = 0.6$인 상승 여현 필터 특성을 갖는다고 가정하자.

(a) 시스템이 ISI를 발생시키지 않도록 하는 최대 PCM 비트율을 구하라.

(b) 이 시스템으로 전송 가능한 아날로그 신호의 최대 대역폭을 구하라.

8.17 대역폭이 2kHz인 아날로그 신호를 나이퀴스트율의 주파수로 표본화한 후 표본당 9비트를 사용하여 이진 PCM 부호화하여 데이터를 전송하고자 한다. 데이터를 피크 전압 12V의 양극성 RZ 파형으로 변환한 후 통신 채널에 실어 보낸다.

(a) 데이터 비트가 1일 확률과 0일 확률이 동일하다고 가정하고 전송 신호의 PSD를 그려보라.

(b) First-null 대역폭은 얼마인가?

8.18 아날로그 신호를 8kHz의 주파수로 표본화하고 표본당 10비트로 양자화하여 얻어진 데이터를 전송한다고 하자.

(a) 2-레벨 펄스 형태로 만들어서 전송하는 경우 요구되는 채널 대역폭의 최솟값은 얼마인가?

(b) 32-레벨 펄스 형태로 만들어서 전송하는 경우 요구되는 채널 대역폭의 최솟값은 얼마인가?

(c) Roll-off 인수가 0.25인 상승 여현 펄스정형을 한다고 가정하고 (a)와 (b)를 반복하라.

8.19 문제 8.18의 각 경우에 대하여 스펙트럼 효율(즉 1Hz의 주파수로 전송할 수 있는 데이터 비트율)을 구하라.

8.20 비트율 $R_b = 64\,\text{kbps}$로 발생되는 이진 데이터를 사각 펄스를 사용하여 펄스정형한 후 이진 양극성 신호 파형으로 전송한다고 하자.

(a) 신호의 PSD를 그려보라.

(b) 대역폭과 스펙트럼 효율을 구하라.

8.21 문제 8.20의 데이터를 roll-off 인수가 $r = 0.75$인 상승 여현 펄스정형을 하여 전송한다고 가정하고 문제 8.20을 반복하라.

8.22 문제 8.20의 이진 데이터를 $M = 8$의 멀티레벨 심볼로 변환한 후 펄스정형하여 전송한다고 하자.

(a) 사각 펄스로 펄스정형하는 경우 전송 신호의 대역폭과 스펙트럼 효율을 구하라.

(b) Roll-off 인수 $r = 0.75$의 상승 여현 펄스정형하는 경우 전송 신호의 대역폭과 스펙트럼 효율을 구하라.

[부록] 랜덤 펄스열의 전력 스펙트럼 밀도

라인 코드의 PSD를 구하기 위하여 좀더 문제를 일반화하여 $p(t)$를 파형으로 하는 기본 펄스가 a_k의 가중치를 갖고 구간 T_b마다 반복되는 펄스열의 PSD를 구하는 문제를 살펴보자. 그러면 펄스열 $y(t)$는 다음과 같이 표현된다.

$$y(t) = \sum_{k=-\infty}^{\infty} a_k p(t - kT_b) \tag{8.45}$$

그림 8.29에 펄스열의 예를 보인다. 그림 (a)는 기본 펄스의 모양을 보이며, 그림 (b)는 펄스열 $y(t)$의 파형을 보인다.

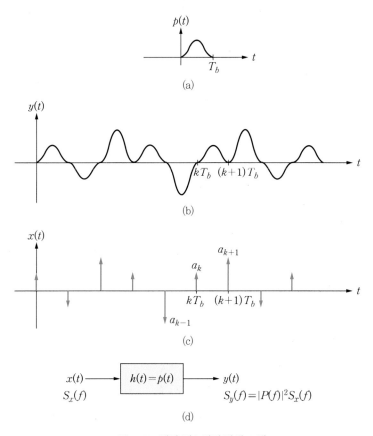

그림 8.29 랜덤 펄스열의 발생 모델

기본 펄스 파형은 라인 코드의 종류에 따라 다르다. 예를 들어 RZ 방식인 경우 $p(t)$는 펄스폭이 $T_b/2$인 사각 펄스이며, NRZ 방식의 경우 $p(t)$는 펄스폭이 T_b인 사각 펄스이다. 기본 펄스에 곱해지는 가중치 a_k는 2진 통신의 경우에는 두 개의 값을 갖고 데이터 비트의 상태를 나타내며, M진 통신의 경우에는 M개의 값을 갖고 데이터 심볼의 상태를 나타낸다. 또한 2진 통신의 경우 T_b는 비트 구간[sec]을 나타내며, $M = 2^n$의 M진 통신의 경우 T_b 대신 $T_s = nT_b$를 사용하여 심볼 구간을 나타낸다. 즉 M진 통신의 경우 T_s마다 $p(t)$가 a_k의 가중치를 갖고 반복된다.

디지털 통신에서 펄스열의 가중치 a_k는 정보 데이터에 따라 값이 정해지는 확률변수이다. 2진 통신에서 단극성 신호 방식을 사용하는 경우 a_k는 1 또는 0이며, 양극성 신호 방식을 사용하는 경우 a_k는 1 또는 −1이다.

식 (8.45)의 신호는 그림 8.29(d)에 보인 랜덤 펄스열의 발생 모델을 사용하여 표현할 수 있다. 그림 8.29(d)의 신호 발생 모델은 실제의 신호 구현용은 아니며 스펙트럼 산출 등 신호 해석을 하기 위한 수학적 모델이다. 그림 (b)의 신호는 그림 (c)의 랜덤 임펄스열 $x(t)$가 그림 (d)의 LTI 시스템에 입력되어 나오는 출력으로 볼 수 있다. 여기서 그림 (d)의 임펄스 응답은 $h(t) = p(t)$이다. 이 관계를 수식으로 나타내면 다음과 같다.

$$y(t) = h(t) * x(t) = \underbrace{p(t)}_{h(t)} * \underbrace{\sum_{k=-\infty}^{\infty} a_k \delta(t - kT_b)}_{x(t)} \tag{8.46}$$

입력 $x(t)$의 PSD를 $S_x(f)$라 하면 출력의 PSD는 $S_y(f) = |P(f)|^2 S_x(f)$이므로 $S_x(f)$를 먼저 구해보자. PSD는 자기상관 함수의 푸리에 변환이므로 임펄스열 $x(t)$의 자기상관 함수 $R_x(\tau)$를 구해보자. 가중치가 a_k인 임펄스 $a_k \delta(t)$는 펄스폭이 Δ이고 높이가 $h_k = a_k/\Delta$인(따라서 면적이 a_k인) 사각 펄스에서 $\Delta \to 0$으로 극한을 취한 것으로 표현할 수 있다. 임펄스열 $x(t)$는 그림 8.30(b)와 같이 사각 펄스열 $\hat{x}(t)$로써 근사화할 수 있다. 각 펄스는 폭이 Δ이고, k번째 펄스의 높이는 $h_k = a_k/\Delta$이다. 그러면 $\hat{x}(t)$의 자기상관 함수는 다음과 같다.

$$R_{\hat{x}}(\tau) = \lim_{T \to \infty} \frac{1}{T} \int_{-T/2}^{T/2} \hat{x}(t)\hat{x}(t-\tau)dt \tag{8.47}$$

$|\tau| < \Delta$인 경우를 먼저 살펴보자. 자기상관 함수는 우함수이므로 $0 \leq \tau < \Delta$인 경우만 고

려하면 된다. 식 (8.47)에서 적분값은 $\hat{x}(t)$와 이 신호를 τ만큼 지연시킨 신호 $\hat{x}(t-\tau)$와 곱한 결과의 면적이 된다. 따라서 자기상관 함수는 그림 8.30(b)의 신호와 그림 8.30(c)의 신호를 곱하여 겹치는 부분의 면적을 구하면 된다. k번째 펄스에 대하여 면적을 구하면 $h_k^2(\Delta-\tau)$가 된다. 따라서 자기상관 함수는

$$R_{\hat{x}}(\tau) = \lim_{T \to \infty} \frac{1}{T} \sum_k h_k^2 \cdot (\Delta-\tau) = \lim_{T \to \infty} \frac{1}{T} \sum_k \frac{a_k^2}{\Delta} \cdot \left(\frac{\Delta-\tau}{\Delta}\right)$$
$$= \left(\frac{1}{\Delta} \lim_{T \to \infty} \frac{1}{T} \sum_k a_k^2\right) \cdot \left(1 - \frac{\tau}{\Delta}\right) \tag{8.48}$$

와 같이 된다. 구간 T 동안 N개의 펄스가 존재한다면, 즉 $T = NT_b$이면 식 (8.48)은 다음과 같이 표현할 수 있다.

$$R_{\hat{x}}(\tau) = \left(\frac{1}{\Delta T_b} \lim_{T \to \infty} \frac{T_b}{T} \sum_k a_k^2\right) \cdot \left(1 - \frac{\tau}{\Delta}\right)$$
$$= \left(\frac{1}{\Delta T_b} \lim_{N \to \infty} \frac{1}{N} \sum_k a_k^2\right) \cdot \left(1 - \frac{\tau}{\Delta}\right) = \left(\frac{R_0}{\Delta T_b}\right) \cdot \left(1 - \frac{\tau}{\Delta}\right) \tag{8.49}$$

여기서 R_0는

$$R_0 \triangleq \lim_{N \to \infty} \frac{1}{N} \sum_k a_k^2 = \overline{a_k^2} \tag{8.50}$$

로 펄스 진폭 a_k의 제곱을 시간 평균한 값이다. 자기상관 함수가 우함수이므로 $|\tau| < \Delta$에 대하여 표현하면 다음과 같이 된다.

$$R_{\hat{x}}(\tau) = \frac{R_0}{\Delta T_b} \cdot \left(1 - \frac{|\tau|}{\Delta}\right), \quad |\tau| < \Delta \tag{8.51}$$

이와 같은 함수의 모양은 높이가 $R_0/\Delta T_b$이고 폭이 2Δ인 삼각 펄스이다.

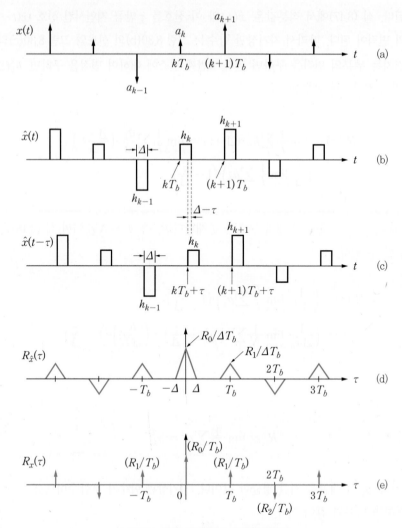

그림 8.30 랜덤 펄스열의 자기상관 함수

지연 시간 τ가 Δ보다 커지기 시작하면 그림 8.30(b)의 신호와 그림 8.30(c)의 신호가 겹치는 부분이 없어지므로 자기상관 값이 0이 된다. 즉 $\tau = 0$에서 피크값을 갖다가 τ의 증가에 따라 선형적으로 감소하며, $\tau = \Delta$를 넘어서면 0으로 된다. 그림 8.30(d)에 보인 바와 같이 자기상관 함수의 모양은 $\tau = 0$를 중심으로 한 삼각 펄스가 된다. 그러나 지연 시간 τ가 좀더 커져서 T_b에 근접하게 되면(좀더 정확히 τ가 $T_b - \Delta$보다 커지기 시작하면) 두 신호가 다시 겹치기 시작한다. 즉 $\hat{x}(t-\tau)$의 k번째 펄스가 $\hat{x}(t)$의 $(k+1)$번째 펄스와 겹치게 된다. 이 두 펄스는 $\tau = T_b$에서 완전히 겹친 후 $\tau = T_b + \Delta$가 될 때까지 겹치는 부분이 존재한다. 두 펄스가 겹치는 부분의 밑변 길이는 $T_b - \Delta < \tau < T_b$ 의 경우 $\tau + \Delta - T_b = \Delta + (\tau - T_b)$ 가 되고, $T_b < \tau < T_b + \Delta$ 의 경우 $T_b + \Delta - \tau = \Delta - (\tau - T_b)$ 가 된다. 따라서 자기상관 함수는 다음과 같이 표현된다.

$$
\begin{aligned}
R_{\hat{x}}(\tau) &= \lim_{T \to \infty} \frac{1}{T} \sum_k h_k h_{k+1} (\Delta - |\tau - T_b|) \\
&= \lim_{T \to \infty} \frac{1}{T} \sum_k \frac{a_k a_{k+1}}{\Delta} \cdot \left(\frac{\Delta - |\tau - T_b|}{\Delta} \right), \qquad |\tau - T_b| < \Delta \\
&= \left(\frac{R_1}{\Delta T_b} \right) \left(1 - \frac{|\tau - T_b|}{\Delta} \right)
\end{aligned}
\tag{8.52}
$$

여기서 R_1 은

$$
\begin{aligned}
R_1 &\triangleq \lim_{T \to \infty} \frac{T_b}{T} \sum_k a_k a_{k+1} = \lim_{N \to \infty} \frac{1}{N} \sum_k a_k a_{k+1} \\
&= \overline{a_k a_{k+1}}
\end{aligned}
\tag{8.53}
$$

로 인접한 두 펄스의 크기를 곱하여 평균을 낸 값이다. 따라서 자기상관 함수는 $\tau = T_b$ 의 위치에서 크기가 $R_1 / \Delta T_b$ 이고 폭이 2Δ 인 다른 삼각 펄스를 갖는다.

지연 시간이 다시 증가하여 $T_b + \Delta$ 보다 커지면 펄스가 겹치지 않아서 자기상관 함수의 값은 0이 되고, 좀더 증가하여 $2T_b$ 에 근접하면 k 번째 펄스와 $(k+2)$ 번째 펄스가 다시 겹치게 된다. 이와 같은 관계는 $\tau = \pm n T_b$ 근방에서 계속 일어난다. 따라서 자기상관 함수 $R_{\hat{x}}(\tau)$ 는 중심이 $\tau = \pm n T_b$ 에 있고, 크기는 $R_n / \Delta T_b$ 이며, 폭이 2Δ 인 삼각 펄스열이 된다. 여기서 R_n 은 다음과 같다.

$$
R_n \triangleq \lim_{N \to \infty} \frac{1}{N} \sum_k a_k a_{k+n} = \overline{a_k a_{k+n}}
\tag{8.54}
$$

자기상관 함수 $R_x(\tau)$ 를 구하기 위하여 $R_{\hat{x}}(\tau)$ 에 대하여 $\Delta \to 0$ 의 극한을 취한다. 밑변이 2Δ 이고 크기가 $1/\Delta$ 인 삼각 펄스의 면적은 항상 1이다. $\Delta \to 0$ 로 하면 이 삼각 펄스는 단위 임펄스가 된다. 따라서 $R_{\hat{x}}(\tau)$ 에서 $n T_b$ 에 위치한 삼각 펄스는 $\Delta \to 0$ 에 따라 가중치가 R_n / T_b 인 임펄스가 된다. 따라서 자기상관 함수 $R_x(\tau)$ 는 다음과 같이 된다.

$$
R_x(\tau) = \frac{1}{T_b} \sum_{n=-\infty}^{\infty} R_n \delta(\tau - n T_b)
\tag{8.55}
$$

그림 8.30(e)에 신호 $x(t)$의 자기상관 함수 $R_x(\tau)$의 모양을 보인다.

PSD $S_x(f)$는 자기상관 함수 $R_x(\tau)$의 푸리에 변환이므로

$$S_x(f) = \frac{1}{T_b}\sum_{n=-\infty}^{\infty}R_n e^{-j2\pi nfT_b} = \frac{1}{T_b}\left[R_0 + \sum_{\substack{n=-\infty \\ n\neq 0}}^{\infty}R_n e^{-j2\pi nfT_b}\right] \tag{8.56}$$

가 된다. $R_n = R_{-n}$이므로 PSD는 다음과 같이 쓸 수 있다.

$$S_x(f) = \frac{1}{T_b}\left[R_0 + 2\sum_{n=1}^{\infty}R_n \cos(2\pi nfT_b)\right] \tag{8.57}$$

지금까지 그림 8.29(d)와 같이 모델링한 시스템의 입력 $x(t)$의 자기상관 함수 $R_x(\tau)$와 PSD $S_x(f)$를 구해보았다. 임펄스 응답이 $h(t) = p(t)$인 선형 시스템의 출력 $y(t)$의 PSD는 $S_y(f) = |H(f)|^2 S_x(f) = |P(f)|^2 S_x(f)$이므로 다음과 같이 표현된다.

$$\begin{aligned} S_y(f) &= |P(f)|^2 S_x(f) \\ &= \frac{|P(f)|^2}{T_b}\left[\sum_{n=-\infty}^{\infty}R_n e^{-j2\pi nfT_b}\right] \\ &= \frac{|P(f)|^2}{T_b}\left[R_0 + 2\sum_{n=1}^{\infty}R_n \cos(2\pi nfT_b)\right] \end{aligned} \tag{8.58}$$

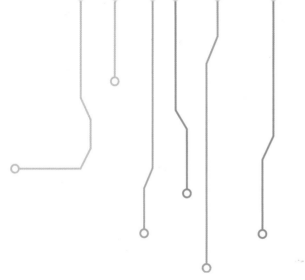

CHAPTER 09
디지털 수신기와
잡음 환경하에서의 성능

09 디지털 수신기와 잡음 환경하에서의 성능

디지털 통신 시스템의 송신측에서 메시지 비트열을 채널 특성에 적합하도록 부호화 및 펄스 정형하여 전송하면 수신기에서는 적당한 검출 과정을 통하여 수신 신호로부터 메시지 비트열을 다시 복구해낸다. 이진 통신 시스템의 송신기에서는 각 비트 구간마다 데이터 비트의 값에 따라 1 또는 0에 대응하는 두 종류의 펄스를 전송하며, 수신기에서는 1에 해당하는 펄스가 전송되었는지 0에 해당하는 펄스가 전송되었는지만을 구별하면 된다. 즉 아날로그 통신과 달리 디지털 통신 시스템의 수신기에서는 송신 펄스 파형의 복원이 목표가 아니라 어떤 펄스가 전송되었는지를 '구별'하는 것이 주목표이다. 그러므로 디지털 통신 시스템에서의 성능을 표현하는 주요 지표는 비트오류 확률(bit error probability) 또는 비트오율(bit error rate: BER)이다.

디지털 통신 시스템의 비트오류 확률은 채널 환경뿐만 아니라 수신기의 구조, 송신기에서의 부호화 방식 및 송신 펄스 파형에 따라 달라진다. 이번 장에서는 백색 가우시안 잡음이 더해지는 채널 환경에서 시스템의 비트오율 성능을 극대화하기 위한 수신기의 구조와 그 때의 비트오류 확률 등에 대하여 알아본다.

9.1 NRZ 신호의 검출

디지털 수신기는 아날로그 수신기와 비교하여 그 동작에 근본적인 차이점이 있다. 아날로그 수신기는 송신기에서 전송한 신호와 가능한 한 가까운 파형을 복원하는 것이 목표이지만 디지털 수신기에서는 전송 신호 파형의 복구 자체가 목표가 아니라 오직 비트 결정 순간마다 1과 0 중 어떤 비트를 나타내는 신호가 수신되었는지를 판단하는 것이 중요하다. 즉 신호의 구별이 중요하다. 따라서 비트의 판단에 도움이 된다면 수신기는 신호처리 필터를 통하여 수신된 파형을 원하는 대로 조작하는 것도 가능하다.

디지털 통신 시스템의 수신기에서는 비트 구간마다 1 또는 0의 데이터를 판별하여 출력한다. 수신기가 수신된 펄스를 표본화하여 그 펄스가 비트 1에 대응되는 펄스인지 비트 0에 대응되는 펄스인지를 판단하는 문제에 대해 알아보자. 통신 채널에서는 왜곡이 발생하지 않고 부가성 백색 가우시안 잡음(additive white Gaussian noise: AWGN)만 있다고 가정한다. 앞으로 수신기에 입력되는 AWGN 잡음은 평균이 0이고 양측 전력스펙트럼 밀도가 $S_n(f) = N_0/2$라고 가정한다. 수신기의 동작을 설명하기 위하여 당분간 양극성 NRZ 방식으로 신호를 전송한다고 가정하자. 그러면 한 비트 구간 동안 전송 신호는 다음과 같이 표현된다.

$$s(t) = \begin{cases} s_1(t) = A & \text{for binary 1, } 0 \le t \le T_b \\ s_2(t) = -A & \text{for binary 0, } 0 \le t \le T_b \end{cases} \tag{9.1}$$

가장 간단한 형태의 수신기는 그림 9.1과 같은 표본화 수신기로서 한 비트 구간 $(0, T_b)$ 내의 적당한 한 시점 t_o에서 수신 신호를 표본화하여 그 표본값이 문턱값(threshold)보다 큰지 작은지를 비교하여 정보 비트가 1인지 0인지를 판단한다.

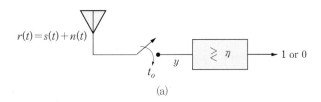

(a)

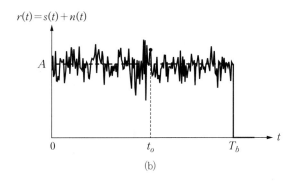

(b)

그림 9.1 표본화 수신기

위와 같은 표본화 수신기에서 문제가 되는 것은 표본화 시점 t_o이다. 물론 시간 $(0, T_b)$ 사이에서 가장 잡음이 적은 부분을 택하면 좋겠지만 매 펄스마다 이를 판단한다는 것은 현실적으로 불가능한 일이다. 다른 방법으로 그림 9.2와 같이 수신 신호를 처리하여(예: 필터를 통하여) 정해 놓은 표본 시점에서 잡음의 효과를 줄이는(또는 신호 대 잡음비를 높이는) 방식을 사용하는 것이 일반적이다. 여기서 수신기 필터 구조와 비트 판정을 위한 문턱값 등을 적절히 설계해야 한다.

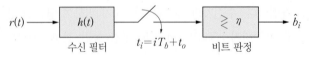

$$r(t) \rightarrow \boxed{h(t)} \quad \underset{t_i=iT_b+t_o}{\nearrow} \quad \boxed{\gtrless \eta} \rightarrow \hat{b}_i$$

수신 필터 $t_i=iT_b+t_o$ 비트 판정

그림 9.2 디지털 수신기의 구조

이와 같은 수신 신호처리 필터로는 고주파 잡음을 저지하는 간단한 RC 필터부터 적분기, 그리고 뒤에 상세히 알아볼 정합 필터 등이 있다. 지금 우리가 고려하고 있는 양극성 NRZ 라인코드를 사용한 시스템에서 수신 신호를 처리하는 예로서 적분기를 통과하는 방법을 고려해보자(적분기도 필터로 볼 수 있다). 수신 신호를 적분하면

$$z(t) = \int_0^t r(\tau)d\tau = \underbrace{\int_0^t s(\tau)d\tau}_{s_o(t)} + \underbrace{\int_0^t n(\tau)d\tau}_{n_o(t)} \tag{9.2}$$

와 같이 된다. 적분기 출력에 포함된 잡음 성분 $n_o(t)$는 평균이 0이므로 적분 구간 t가 증가함에 따라 점차 제거되는 반면, 비트 구간 동안 일정한 상수인 사각 펄스 성분은 적분 구간에 비례하여 선형적으로 증가한다(그림 9.3(b)). 신호전력 대 잡음전력의 비(SNR)는 시간에 따라 점점 커지며 $t = T_b$일 때, 즉 펄스가 끝나는 순간에 SNR은 최대가 된다. 따라서 최적의 표본 시점은 펄스가 끝나는 T_b이며, 그 때의 표본값이 0보다 큰지 작은지를 비교하여 수신한 펄스가 데이터 1의 펄스인지 데이터 0의 펄스인지를 판단하도록 하면 비트오율 성능을 개선시킬 수 있다. 이와 같이 수신된 파형을 조작하여 판정 순간의 SNR만 최대로 할 수 있다면 어떠한 조작도 허용되는 것이 디지털 수신기의 특징이다. 연속된 데이터 비트를 판정하기 위하여 적분기는 한 비트 구간 동안 적분하며, 새로운 비트 구간이 시작되면 적분기는 0으로 초기화된다. 이와 같이 적분기를 사용하여 각 비트 구간 동안 적분하고 출력을 문턱값과 비교하여 비트를 판정하는 수신기를 적분-덤프(integrate-and-dump: I&D) 수신기라 하며 그림 9.3에 구조를 보인다. 그림 9.3(c)에는 양극성 NRZ 신호를 적분-덤프 수신기에 입력시켰을 때 적분기 출력을 보인다. 시간 $t = iT_b$에서 적분기 출력 $s_o(iT_b)$는 데이터 비트가 1인 경우에는 $+AT_b$가 되고, 데이터 비트가 0이면 $-AT_b$가 된다. 따라서 수신기의 비트 판정기에서는 적

분기 출력이 0보다 큰지 작은지를 비교하여 데이터 비트를 복원한다.

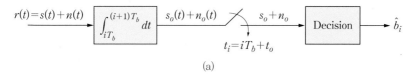

(a)

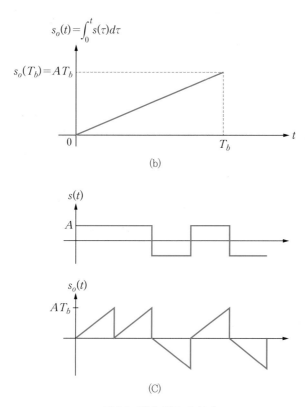

(b)

(C)

그림 9.3 적분-덤프 수신기

출력 SNR

적분-덤프 수신기에서 양극성 NRZ 신호와 AWGN 잡음이 더해져서 입력되는 경우 적분기 출력의 SNR을 구해보자. 식 (9.1)과 같은 신호에 대하여 적분기 출력에 포함된 신호 성분은

$$s_o(t) = \int_0^t s(\tau)d\tau = \pm At \tag{9.3}$$

가 된다. 잡음 $n(t)$가 가우시안 랜덤 프로세스이므로 적분기 출력에 포함된 잡음 성분

$$n_o(t) = \int_0^t n(\tau)d\tau \tag{9.4}$$

는 가우시안 확률 변수가 된다. $n(t)$의 평균이 0이므로 $n_o(t)$의 평균은 0이 된다. $n(t)$가 양측 PSD $S_n(f) = N_0/2$의 백색잡음이라면 적분기 출력 잡음의 전력은 다음과 같이 된다.

$$\begin{aligned}
E\left[n_o^2(t)\right] &= E\left[\int_0^t n(\tau)d\tau \int_0^t n(\lambda)d\lambda\right] = \int_0^t \int_0^t E[n(\tau)n(\lambda)]d\tau d\lambda \\
&= \int_0^t \int_0^t \frac{N_0}{2}\delta(\tau-\lambda)d\tau d\lambda = \int_0^t \frac{N_0}{2}d\lambda \\
&= \frac{N_0}{2}t
\end{aligned} \tag{9.5}$$

따라서 출력 SNR은

$$SNR_o = \frac{E\left[s_o^2(t)\right]}{E\left[n_o^2(t)\right]} = \frac{A^2 t^2}{\frac{N_0}{2}t} = \frac{2A^2}{N_0}t \tag{9.6}$$

가 되어 시간에 따라 증가한다는 것을 알 수 있다. 따라서 출력 SNR은 비트가 끝나는 시간 T_b에서 최대가 되며 최댓값은 다음과 같다.

$$SNR_{\max} = \frac{2A^2 T_b}{N_0} = \frac{E_b}{N_0/2} \tag{9.7}$$

여기서 $E_b = A^2 T_b$는 NRZ 신호의 한 비트 에너지이다.

9.2 정합 필터와 일반 이진 신호의 검출

앞 절에서 설명한 적분-덤프 수신기는 NRZ 신호 방식을 사용하는 시스템에서는 잘 동작한다. 그러나 다른 종류의 신호 방식을 사용하는 시스템에서는 잘 동작하지 않을 수 있다. 예를 들어 맨체스터 라인코딩을 사용하는 시스템에서는 동작하지 않는다. 그 이유는 1을 나타내는 신호나 0을 나타내는 신호 모두 한 비트 구간 동안 적분을 하면 0이 되어 두 신호를 구별할 수 없게 되기 때문이다. 이와 같이 일반적인 펄스 모양을 가진 두 신호 $s_1(t)$와 $s_2(t)$로써 1

과 0을 나타내도록 하는 통신 방식에서는 적분-덤프 수신기가 제대로 동작한다는 보장이 없다. 지금부터는 양극성 NRZ 방식이 아닌(즉 전송 신호가 비트 구간 동안 상수가 아닌) 일반적인 파형을 가진 펄스로써 데이터를 구별하는 이진 디지털 통신 시스템을 고려하여 수신기의 구조와 성능을 알아보기로 하자. 먼저 이진 송신 신호를 다음과 같이 표현하자.

$$s(t) = \begin{cases} s_1(t) & \text{for binary 1, } 0 \le t \le T_b \\ s_2(t) & \text{for binary 0, } 0 \le t \le T_b \end{cases} \tag{9.8}$$

여기서 신호 $s_1(t)$와 $s_2(t)$는 통신 시스템에서 설계한 임의의 파형을 갖는 펄스라고 가정한다. 양극성 NRZ 신호는 특수 경우로서 $s_1(t) = A$ 및 $s_2(t) = -A$에 해당된다. 이 신호에 AWGN 잡음이 더해져서 수신되었다고 가정하고, 수신 신호를 처리하여(필터링하여) 표본 순간에서 신호 대 잡음의 비를 최대로 하는 방안을 살펴본다.

9.2.1 정합 필터(Matched Filter)

그림 9.4와 같이 $0 \le t \le T_b$의 구간 동안 지속되는 신호 $s(t)$를 검출하는 시스템을 고려하자. 채널을 통해 신호에 잡음 $n(t)$가 더해져서 시스템(필터)에 입력된다. 필터 출력을 T_b에서 표본화하였을 때 신호 대 잡음의 비가 최대로 되는 조건(필터의 임펄스 응답)을 유도해보자.

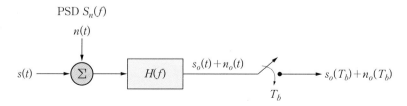

그림 9.4 출력 SNR을 최대로 하는 필터

필터의 입력은 $s(t) + n(t)$이고, 잡음 $n(t)$는 전력 스펙트럼이 $S_n(f)$인 랜덤 프로세스라고 하자. 먼저 임의의 PSD를 가진 잡음에 대하여 원하는 필터의 임펄스 응답을 유도하고, 특별한 경우로서 PSD가 상수인 백색 잡음의 경우에 대하여 필터의 임펄스 응답을 유도한다. 필터의 출력을 T_b에서 표본화하므로 최종 출력은 $s_o(T_b) + n_o(T_b)$이며, 필터 $H(f)$의 역할은 출력에서 신호전력 대 잡음전력의 비 $SNR_o = s_o^2(T_b)/E[n_o^2(T_b)]$를 최대로 만드는 데 있다.

신호 $s(t)$의 Fourier 변환을 $S(f)$라 하면, 잡음이 없는 경우 출력 신호는(또는 필터 출력에서 신호 성분은)

$$s_o(t) = \mathcal{F}^{-1}[H(f)S(f)] = \int_{-\infty}^{\infty} H(f)S(f)e^{j2\pi ft} df \qquad (9.9)$$

와 같이 표현할 수 있다. 표본화 순간에서는

$$s_o(T_b) = \int_{-\infty}^{\infty} H(f)S(f)e^{j2\pi fT_b} df \qquad (9.10)$$

와 같이 된다. 한편, 잡음 $n(t)$의 PSD가 $S_n(f)$이므로 필터를 통과한 잡음 $n_o(t)$의 PSD는 $|H(f)|^2 S_n(f)$가 된다. 따라서 출력의 신호 대 잡음비는 다음과 같이 표현된다.

$$SNR_o = \frac{s_o^2(T_b)}{E[n_o^2(T_b)]} = \frac{\left| \int_{-\infty}^{\infty} H(f)S(f)e^{j2\pi fT_b} df \right|^2}{\int_{-\infty}^{\infty} |H(f)|^2 S_n(f) df} \qquad (9.11)$$

위의 식을 최대로 하는 $H(f)$를 구하는 것이 우리의 목적이다. Schwartz 부등식을 적용하여 이 문제를 접근해보자. Schwartz 부등식은 임의의 두 복소 함수 $X(f)$와 $Y(f)$ 사이에 항상 다음의 관계가 성립하는 것을 말한다.

$$\left| \int_{-\infty}^{\infty} X(f)Y(f)df \right|^2 \le \left[\int_{-\infty}^{\infty} |X(f)|^2 df \right] \cdot \left[\int_{-\infty}^{\infty} |Y(f)|^2 df \right] \qquad (9.12)$$

위의 부등식에서 등호가 성립하는 경우는 임의의 상수 K에 대해

$$X(f) = KY^*(f) \qquad (9.13)$$

를 만족할 때이다. 이제 식 (9.11)에서 $X(f)$와 $Y(f)$를

$$X(f) = \sqrt{S_n(f)}\, H(f)$$
$$Y(f) = \frac{1}{\sqrt{S_n(f)}} S(f)e^{j2\pi fT_b} \qquad (9.14)$$

와 같이 하여 식 (9.12)의 Schwartz 부등식에 적용하면 다음을 얻을 수 있다.

$$SNR_o = \frac{\left|\int_{-\infty}^{\infty} X(f)Y(f)df\right|^2}{\int_{-\infty}^{\infty} |X(f)|^2 df} \le \int_{-\infty}^{\infty} |Y(f)|^2 df \tag{9.15}$$

여기서 등호는 식 (9.13)의 관계로부터

$$H(f) = K \frac{S^*(f)}{S_n(f)} e^{-j2\pi f T_b} \tag{9.16}$$

일 때 성립한다. 그러므로 식 (9.16)과 같은 주파수 응답을 갖는 필터를 사용하면 출력의 신호 대 잡음비가 최대가 되며, 이 때의 최대 SNR은 다음과 같이 된다.

$$SNR_{\max} = \int_{-\infty}^{\infty} |Y(f)|^2 df = \int_{-\infty}^{\infty} \frac{|S(f)|^2}{S_n(f)} df \tag{9.17}$$

만일 잡음 $n(t)$가 백색 잡음으로서 PSD가 $S_n(f) = N_0/2$인 경우, 출력 SNR을 최대로 만드는 필터의 주파수 응답과 임펄스 응답은 식 (9.16)으로부터 각각 다음과 같이 된다.

$$H(f) = \frac{2K}{N_0} S^*(f) e^{-j2\pi f T_b}$$
$$h(t) = \frac{2K}{N_0} s(T_b - t) \tag{9.18}$$

여기서 K는 임의의 상수이다. 그러므로 백색 잡음이 신호와 더해져서 입력되는 경우, 출력의 SNR을 최대로 하는 필터의 임펄스 응답은 간단히 다음과 같이 표현할 수 있다.

$$\boxed{h(t) = Ks(T_b - t)} \tag{9.19}$$

백색 잡음의 경우 출력의 최대 SNR은 식 (9.17)로부터 Parseval의 정리를 적용하여 다음과 같이 된다.

$$SNR_{\max} = \int_{-\infty}^{\infty} \frac{|S(f)|^2}{N_0/2} df = \frac{\int_0^{T_b} |s(t)|^2 dt}{N_0/2} = \frac{E_b}{N_0/2} \tag{9.20}$$

여기서 E_b는 신호의 한 비트 에너지이다. 이것은 양극성 NRZ 신호 방식의 경우 적분–덤프 수신기에서 적분기 출력 SNR의 최댓값 식 (9.7)과 일치한다는 것을 알 수 있다.

식 (9.19)의 임펄스 응답 $h(t)$는 입력 신호 파형 $s(t)$를 시간 반전시킨 $s(-t)$를 T_b만큼 지연시킨 $s(-(t-T_b)) = s(T_b-t)$이 된다. 임펄스 응답의 모양과 입력 신호의 모양이 중앙 $t = T_b/2$을 축으로 하여 대칭이므로 이와 같은 필터를 정합 필터(matched filter)라 부른다.

그림 9.5에 정합 필터의 동작 예로서 입력 신호와 정합 필터의 임펄스 응답, 그리고 정합 필터 출력 파형을 보인다. 그림 (a)는 입력 비트 펄스 $s(t)$가 구형파인 경우로 정합 필터의 출력 $s_o(t)$는 삼각파 형태가 되며 $t = T_b$에서 최대이다. 그림 (b)의 경우도 정합 필터의 출력은 $t = T_b$에서 최대가 되는 것을 관찰할 수 있다. 그러므로 $t = T_b$에서 정합 필터의 출력을 표본화하면 SNR이 최대가 된다. 그림 (a)의 경우는 NRZ 신호 방식에 해당하는 것으로 이 경우 정합 필터의 임펄스 응답은 구형파로 비트 구간 동안 상수가 되는데, 임펄스 응답 크기를 1로 하는 경우 $t = T_b$에서 필터의 출력은 다음과 같이 된다.

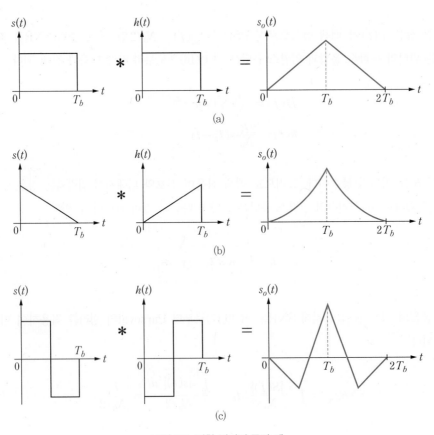

그림 9.5 정합 필터의 동작 예

$$y(T_b) = s(t) * h(t)|_{t=T_b} = \int_{-\infty}^{\infty} s(\tau)h(T_b - \tau)d\tau$$

$$= \int_0^{T_b} s(\tau)u(T_b - \tau)d\tau = \int_0^{T_b} s(\tau)d\tau \qquad (9.21)$$

이는 정합 필터가 적분기로서 동작하는 것을 의미한다. 따라서 NRZ 신호 방식의 경우 적분–덤프 수신기와 정합필터 수신기가 동등하다는 것을 알 수 있다. 그림 (c)의 경우의 신호는 맨체스터 방식의 펄스 모양과 같다. 적분기를 사용하면 $t = T_b$에서 출력이 0이 되지만, 정합 필터의 출력은 선형적으로 증가하여 $t = T_b$에서 최대가 된다.

9.2.2 정합 필터를 이용한 신호의 검출

AWGN 잡음 환경 하에서 신호의 유무 검출을 정합 필터를 이용하여 수행하는 문제를 고려하자. 관찰 시구간은 $0 \le t \le T_b$를 가정한다. 신호가 존재하는 경우에는 신호와 잡음이 더해져서 정합 필터에 입력되고, 신호가 존재하지 않는 경우에는 잡음만 필터에 입력된다. 신호 $s(t)$가 존재하는 경우, 즉 $r(t) = s(t) + n(t)$이 필터에 입력되는 경우, $t = T_b$에서 필터의 출력을 $r_o = s_o + n_o = s_o(T_b) + n_o(T_b)$라 표기하자. 그러면 신호 성분 s_o는 다음과 같다.

$$s_o = [s(t) * h(t)]_{t=T_b} = \int_0^{T_b} s(\tau)h(T_b - \tau)d\tau$$

$$= \int_0^{T_b} s^2(\tau)d\tau = E_b \qquad (9.22)$$

여기서 정합 필터의 임펄스 응답은 $h(t) = Ks(T_b - t)$로부터 임의의 상수로 $K = 1$을 적용하였으며, 신호의 에너지는 E_b로 표기하였다. 한편 잡음 성분 n_o는

$$n_o = [n(t) * h(t)]_{t=T_b} = \int_0^{T_b} n(\tau)h(T_b - \tau)d\tau$$

$$= \int_0^{T_b} n(\tau)s(\tau)d\tau = \langle n(t), s(t) \rangle_{T_b} \qquad (9.23)$$

가 되어 신호와 잡음 간의 상호상관(cross-correlation) 값이 된다. 신호는 결정형 (deterministic) 함수이고 잡음은 가우시안 랜덤 프로세스이므로 n_o는 가우시안 확률변수가 된다. 잡음 $n(t)$는 평균이 0인 랜덤 프로세스이므로 n_o의 평균은

$$E[n_o] = E\left[\int_0^{T_b} n(\tau)s(\tau)d\tau\right] = \int_0^{T_b} E[n(\tau)]s(\tau)d\tau = 0 \qquad (9.24)$$

이 된다. $n(t)$ 가 PSD $S_n(f) = N_0/2$ 의 백색 잡음이면 n_o 의 분산은 다음과 같다.

$$E[n_o^2] = E\left[\int_0^{T_b} n(\tau)s(\tau)d\tau \int_0^{T_b} n(\lambda)s(\lambda)d\lambda\right] = \int_0^{T_b}\int_0^{T_b} E[n(\tau)n(\lambda)]s(\tau)s(\lambda)d\tau d\lambda$$

$$= \int_0^{T_b}\int_0^{T_b} \frac{N_0}{2}\delta(\tau-\lambda)s(\tau)s(\lambda)d\tau d\lambda = \int_0^{T_b}\frac{N_0}{2}s^2(\lambda)d\lambda \qquad (9.25)$$

$$= \frac{N_0}{2}E_b$$

이 때의 SNR은

$$SNR = \frac{E[s_o^2]}{E[n_o^2]} = \frac{E_b^2}{N_0 E_b/2} = \frac{E_b}{N_0/2} \qquad (9.26)$$

가 되어 식 (9.20)과 일치한다. n_o 는 평균이 0이고 분산이 $\sigma^2 = E[n_o^2] = N_0 E_b/2$ 인 가우시 안 확률변수이므로 필터 출력 r_o 는 평균이 $s_o = E_b$ 이고 분산이 $\sigma^2 = N_0 E_b/2$ 인 가우시안 확률변수가 된다.

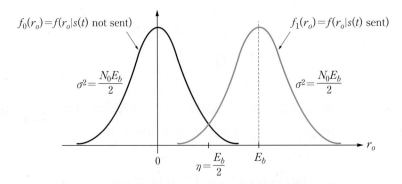

그림 9.6 신호의 유무에 따른 정합 필터 출력의 확률밀도 함수

만일 신호가 존재하지 않는다면 필터에는 잡음 $n(t)$ 만 입력될 것이다. 이 경우 필터의 출력은 $r_o = n_o$ 가 되어 r_o 는 평균이 0이고 분산이 $\sigma^2 = N_0 E_b/2$ 인 가우시안 확률변수가 된다. 그림 9.6에 신호에 잡음이 더해진 경우와 신호 없이 잡음만 있는 경우의 필터 출력 r_o 의 확률 밀도함수를 보인다. 잡음이 없다고 가정하면 신호가 존재하는 경우 필터 출력은 $r_o = E_b$ 가 되고, 신호가 존재하지 않는 경우 필터 출력은 $r_o = 0$ 이 될 것이다. 따라서 잡음이 있으면 신호의 유무 검출에서는 필터 출력이 E_b 에 가까우면 신호가 존재한다고 판정하고, 필터 출력이

0이 가까우면 신호가 존재하지 않는다고 판정하면 된다. 신호 검출에서 판정 논리를 다르게 표현하면, 문턱값 η를 0과 E_b의 중간값 $\eta = E_b/2$로 설정하고 필터 출력이 η보다 크면 신호가 존재한다고 판정하고, 필터 출력이 η보다 작으면 신호가 존재하지 않는다고 판정하면 된다.

이와 같은 신호 검출 문제를 적용하면 단극성 신호 방식에서 수신기를 구현할 수 있다. 단극성 신호 방식에서는 정보 비트가 1인 경우 T_b 길이의 구간 동안 펄스 $p(t)$를 전송하고, 정보 비트가 0인 경우 펄스를 전송하지 않는다. 즉 단극성 신호는 다음과 같이 표현된다.

$$s(t) = \sum_i b_i p(t - iT_b) \tag{9.27}$$

여기서 i번째 데이터 비트가 1인 경우 $b_i = 1$이고, 데이터 비트가 0인 경우 $b_i = 0$이다. 수신기에서는 정합 필터의 임펄스 응답이 $h(t) = p(T_b - t)$가 되도록 하고, T_b 구간마다 정합 필터의 출력을 표본화하고 문턱값과 비교하여 비트를 판정하면 된다. 그림 9.7에 정합 필터 수신기를 이용한 단극성 신호의 복조 과정을 보인다.

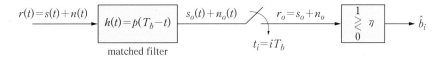

그림 9.7 정합 필터를 이용한 단극성 신호 방식의 복조기

일반적인 이진 통신 시스템에 대한 정합 필터 수신기

이번에는 일반적인 이진 통신의 문제로 식 (9.8)과 같이 데이터 비트의 값에 따라 $s_1(t)$ 또는 $s_2(t)$가 전송되는 경우 수신기에서 둘 중 어느 신호가 수신되었는지 판별하는 문제를 고려하자. AWGN 채널의 경우 수신 신호는 다음과 같이 표현된다.

$$r(t) = \begin{cases} s_1(t) + n(t) & \text{for binary 1, } 0 \le t \le T_b \\ s_2(t) + n(t) & \text{for binary 0, } 0 \le t \le T_b \end{cases} \tag{9.28}$$

그림 9.8(a)와 같이 두 개의 정합 필터로 구성된 수신기로 신호를 복조할 수 있다. 여기서 한 개의 필터는 $s_1(t)$에 정합되도록 하고, 다른 한 개의 필터는 $s_2(t)$에 정합되도록 한다. 위의 필터는 $s_1(t)$의 유무를 검출하고, 아래의 필터는 $s_2(t)$의 유무를 검출한다. 각 신호의 에너지와 상호상관 함수를 다음과 같이 정의하자.

$$E_1 = \int_0^{T_b} s_1^2(t)dt$$

$$E_2 = \int_0^{T_b} s_2^2(t)dt \tag{9.29}$$

$$\gamma = \int_0^{T_b} s_1(t)s_2(t)dt$$

위쪽 정합 필터 출력을 r_1 이라 하고 아래쪽 정합 필터 출력을 r_2 라 하자. 일단 잡음이 없는 경우를 생각해보자. 만일 $s_1(t)$ 가 전송되었다면(즉 데이터 비트가 1인 경우) $r_1 = E_1$ 이 되고 $r_2 = \gamma$ 가 된다. 만일 $s_2(t)$ 가 전송되었다면(즉 데이터 비트가 0인 경우) $r_1 = \gamma$ 이 되고 $r_2 = E_2$ 가 된다. 따라서 $r_1 - r_2$ 는 다음과 같다.

$$r_1 - r_2 = \begin{cases} E_1 - \gamma & \text{for binary 1} \\ \gamma - E_2 & \text{for binary 0} \end{cases} \tag{9.30}$$

만일 두 신호의 에너지가 동일하다면, 즉

$$E_1 = E_2 = E \tag{9.31}$$

라면 $r_1 - r_2$ 는 다음과 같이 된다.

$$r_1 - r_2 = \begin{cases} E - \gamma & \text{for binary 1} \\ -(E - \gamma) & \text{for binary 0} \end{cases} \tag{9.32}$$

따라서 비트 판정기에서는 $r_1 - r_2$ 가 0보다 크면 1로 판정을 하고, $r_1 - r_2$ 가 0보다 작으면 0으로 판정하면 된다. 즉 판정 문턱값은 $r_1 - r_2$ 가 가질 수 있는 중간값인 $\eta = 0$ 이 된다. 이 때 $E - \gamma$ 의 값이 클수록 잡음의 영향을 적게 받을(즉 비트오류 확률이 작아질) 것이라는 예상을 쉽게 할 수 있다. 두 신호 사이의 상관 함수 γ 의 값이 0보다 크면 $E - \gamma$ 의 값이 작아진다. 그러면 $r_1 - r_2$ 가 가질 수 있는 두 값의 차가 줄어들어서 잡음이 있을 때 판정 오류가 발생할 가능성이 높아진다. 그러므로 신호의 설계에 따라 시스템의 성능이 다르게 된다. 예를 들어 두 신호가 서로 직교하도록 설계하는 경우(즉 $\gamma = 0$)에는 $E - \gamma = E$ 이고, 양극성 신호 방식과 같이 두 신호가 극성만 다르도록 설계하는 경우(즉 $\gamma = -E$)에는 $E - \gamma = 2E$ 가 된다. 그러므로 직교 신호를 사용하는 것보다 극성이 반대인 신호를 사용하는 것이 잡음에 강인하다는 것을 알 수 있다. 구체적인 비트오율 성능은 뒤에서 알아보기로 한다.

단극성 신호 방식의 경우 $s_2(t) = 0$ 으로 볼 수 있으므로 $\gamma = 0$ 이고 $E_2 = 0$ 이다. 그러므로 $r_1 - r_2$는 E_1 또는 0이다. 따라서 비트 판정을 위한 문턱값은 중간값인 $\eta = E_1/2$가 되며, 이는 앞서 살펴보았던 것과 일치한다.

일반적인 이진 통신 시스템에서 수신기를 그림 9.8(a)와 같이 두 개의 정합 필터를 사용하는 대신 한 개의 정합 필터를 사용하여 구현할 수 있다. 즉 임펄스 응답이 각각 $h_1(t) = s_1(T_b - t)$과 $h_2(t) = s_2(T_b - t)$인 두 개의 필터를 사용하는 대신 그림 9.8(b)와 같이 두 신호의 차 $s_d \triangleq s_1(t) - s_2(t)$에 정합된 하나의 필터, 즉 $h(t) = s_d(T_b - t)$를 사용해도 출력은 $r = r_1 - r_2$로 동일하다. 예를 들어 양극성 신호 방식의 경우 $s_2(t) = -s_1(t)$이므로 $s_d(t) = s_1(t) - s_2(t) = 2s_1(t)$가 되어 수신기의 정합 필터를 $s_1(t)$에 정합되도록 하여, 즉 $h(t) = Ks_d(T_b - t) = s_1(T_b - t)$의 필터를 사용하여 복조하면 된다. 단극성 신호 방식의 경우 $s_2(t) = 0$이므로 $s_d(t) = s_1(t) - s_2(t) = s_1(t)$가 되어 역시 $h(t) = s_1(T_b - t)$의 필터 한 개를 사용하여 수신기를 구현할 수 있다.

좀더 단순한 신호 방식으로 양극성 NRZ 신호를 복조하는 경우를 살펴보자. $s_1(t) = A$이고 $s_2(t) = -A$이므로 수신기는 임펄스 응답이

$$h(t) = K2A = 1, \quad 0 \le t \le T_b \tag{9.33}$$

와 같이 사각 펄스인 정합 필터를 사용하여 구현할 수 있다. 임펄스 응답이 $h(t) = u(t) - u(t - T_b)$인 필터의 출력을 $t = T_b$에서 표본화하는 것은 $(0, T_b)$ 구간 동안 적분하는 것과 동등하므로 양극성 NRZ 신호에 대한 정합 필터 수신기는 결국 적분-덤프 수신기와 동일하다는 것을 알 수 있다.

단극성 NRZ 신호 방식의 경우에도 $s_1(t) = A$이고 $s_2(t) = 0$이므로 양극성 NRZ와 동일하게 수신기를 구성하면 된다. 차이점은 양극성 신호 방식에서는 비트 판정을 위한 문턱값이 $\eta = 0$인데 비해 단극성 방식에서는 문턱값이 $\eta = E/2$가 된다. 동일한 전압 레벨을 사용하여 전송하는 경우 데이터에 따라 정합 필터 출력이 가질 수 있는 값의 차는 양극성 방식에서는 $2AT_b$이고 단극성 방식에서는 AT_b가 된다. 그러므로 양극성 방식이 단극성 방식에 비해 잡음에 대한 내성이 강할 것이라고 예상할 수 있다. 각 방식에 대한 비트오류 확률은 뒤에서 유도해보기로 한다.

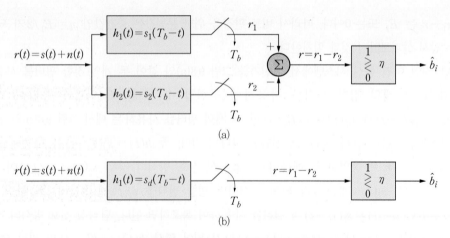

$$h_1(t) = s_1(T_b - t)$$
$$r_1$$
$$T_b$$
$$h_2(t) = s_2(T_b - t)$$
$$r_2$$
$$T_b$$

(a)

$$r(t) = s(t) + n(t)$$
$$h_1(t) = s_d(T_b - t)$$
$$r = r_1 - r_2$$
$$T_b$$

(b)

그림 9.8 정합 필터를 이용한 이진 디지털 통신 시스템의 수신기

9.2.3 상관 수신기(Correlation Receiver)

앞서 $r(t) = s(t) + n(t)$가 수신기에 입력될 때 출력의 SNR을 최대로 하는 필터는 임펄스 응답이

$$h(t) = Ks(T_b - t) \tag{9.34}$$

인 정합 필터라는 것을 알아보았다. 정합 필터의 출력 $y(t)$에 대한 식을 다시 써보면 다음과 같다.

$$y(t) = r(t) * h(t) = \int_0^t r(\tau) \cdot Ks(T_b - t + \tau)d\tau \tag{9.35}$$

표본 순간 $t = T_b$에서의 출력은

$$y \triangleq y(T_b) = \int_0^{T_b} r(\tau) \cdot Ks(\tau)d\tau \tag{9.36}$$

가 되어 수신 신호 $r(t)$와 송신 신호 $s(t)$를 (상수배 하여) 곱하고 한 비트 구간 동안 적분한 것과 동일하다. 이것은 두 신호 $r(t)$와 $Ks(t)$와의 상관값이 된다. 식 (9.36)과 같은 출력을 만들어 내는 수신기는 두 신호를 곱하여 적분을 취하는 형태이므로 상관 수신기(correlation receiver)라 한다. 이와 같이 수신 신호를 임펄스 응답이 $h(t) = Ks(T_b - t)$인 정합 필터에 통과시킨 후 $t = T_b$에서 표본화하는 대신 수신 신호와 $Ks(t)$를 $(0,\ T_b)$ 구간에서 상관값을 구해도 동일한 결과를 얻는다. 그림 9.9에 상관 수신기의 구조를 보인다.

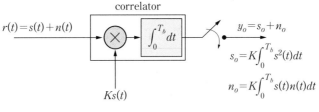

그림 9.9 상관 수신기

유의해야 할 점은 상관 수신기의 출력과 정합 필터 수신기의 출력이 모든 시간에서 동일한 것은 아니라는 것이다. 두 시스템이 동등한 것은 $t = T_b$인 시점에서이다. 그러나 정합 필터 수신기와 상관 수신기가 표본화 시점에서 동일한 출력을 내므로 비트 판정을 하는데는 차이가 없다. 상관기는 단순한 곱셈기와 적분기만 요구되므로 신호의 파형을 임펄스 응답으로 하는 필터를 직접 구하는 것보다 구현이 용이하다.

앞서 일반적인 이진 통신 시스템의 수신기를 정합 필터를 사용하여 구성하는 방법에 대해 알아보았다. 즉 식 (9.8)과 같이 신호를 전송하는 경우, 각각의 신호에 정합된 두 개의 정합 필터를 사용하여 그림 9.8(a)와 같이 수신기를 구성하여 데이터를 복원할 수 있다. 정합 필터와 상관기의 동등성을 이용하면 그림 9.10(a)와 같이 두 개의 상관기를 사용하여 수신기를 구성할 수 있다. 여기서 위의 상관기는 수신 신호와 $s_1(t)$와의 상관값을 계산하며, 아래의 상관기는 수신 신호와 $s_2(t)$와의 상관값을 계산한다.

한편 각각의 신호에 정합된 두 개의 필터를 사용하는 대신 두 신호의 차 $s_d(t) \triangleq s_1(t) - s_2(t)$에 정합된 하나의 정합 필터를 사용하여 그림 9.8(b)와 같이 수신기를 구현해도 동일한 결과를 얻는다는 것을 알아보았다. 상관 수신기에서도 두 개의 상관기를 사용하는 대신 하나의 상관기를 사용하여 수신 신호와 $s_d(t)$와의 상관값을 구하도록 하여 동일한 결과를 얻을 수 있다. 이러한 구조의 수신기를 그림 9.10(b)에 보인다.

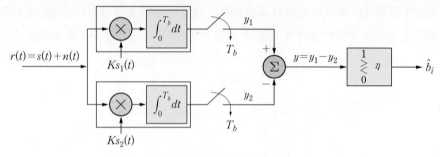

(a) 두 개의 상관기를 사용한 구현

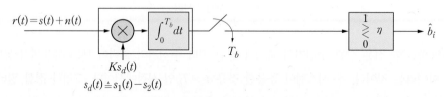

(b) 한 개의 상관기를 사용한 구현

그림 9.10 상관기를 이용한 이진 디지털 통신 시스템의 수신기

　　예를 들어 양극성 NRZ 신호를 복조하는 경우를 살펴보자. $s_1(t) = A$ 이고 $s_2(t) = -A$ 이므로 수신 신호와 상관을 취할 신호는

$$Ks_d(t) = K2A = 1 \tag{9.37}$$

로 하여 상관 수신기를 구현할 수 있다. $(0,\ T_b)$ 동안 수신 신호와 1과의 상관값을 구한다는 것은 수신 신호를 $(0,\ T_b)$ 구간 동안 적분한 것과 동등하므로 양극성 NRZ 신호에 대한 상관 수신기는 결국 적분–덤프 수신기와 등가라는 것을 알 수 있다.

9.3 최적 수신기

앞 절에서는 전송된 신호와 함께 잡음이 부가되어 수신기에 입력되는 경우 잡음의 영향을 가장 작게 받도록 하는 수신기의 구조에 대하여 알아보았다. 여기서의 수신 필터는 표본화 순간에서 출력의 SNR을 최대로 하는 필터가 되는데, 그 결과는 두 신호의 차 $s_d(t) = s_1(t) - s_2(t)$ 에 정합된 필터, 즉 임펄스 응답이 $Ks_d(T_b - t)$ 인 정합 필터가 된다. 이번 절에서는 이진 통신 시스템에서 비트오율(bit error rate: BER) 성능이 최적인 수신기의 구조에 대하여 알아보기로 한다. 여기서 '최적(optimal)'이란 수식어를 사용할 때는 어떤 측면에서 최적인지를 언급해야 한다. 우리는 시스템의 비트오율 성능 측면에서 최적인, 즉 비트오류 확률(probability of bit error)이 가장 작은, 수신기의 구조를 찾고자 한다. 비트오율 성능 측면에서 최적인 수신기가 앞 절에서 살펴보았던, 출력 SNR을 최대로 하는 정합 필터 수신기와 동일하다는 보장은 없다. 그러나 아래에 최적 수신기를 유도하는 과정에서 정합 필터 수신기와 일치하는 결과를 얻을 것이다.

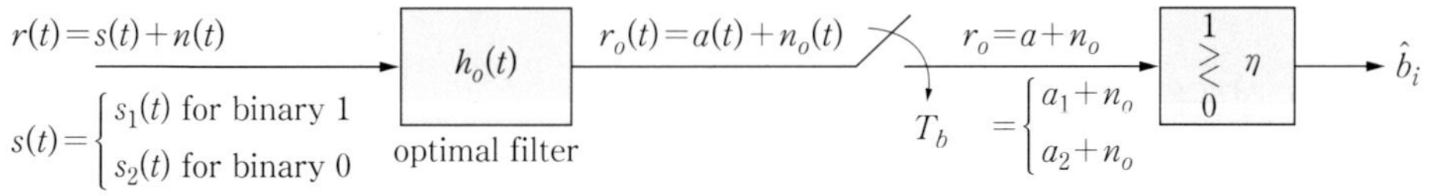

그림 9.11 최적 수신기

그림 9.11에 이진 통신 시스템에 대한 최적 수신기의 구조를 보인다. 송신기에서 이진 신호는 식 (9.8)과 같으며, 데이터 비트가 1일 확률과 0일 확률은 동일하다고 가정한다. 수신기에서 신호에 부가되는 잡음 $n(t)$는 평균이 0이고 양측 PSD가 $S_n(f) = N_0/2$인 AWGN 프로세스라고 가정한다. 우리의 과제는 데이터 비트에 대응하는 두 개의 신호 $\{s_1(t),\ s_2(t)\}$에 대하여, 비트오류 확률을 최소로 하는 수신 필터의 임펄스 응답 $h_o(t)$와 비트 판정을 위한 문턱값, 그리고 비트오류 확률을 구하는 것이다.

수신기 필터에 입력되는 신호는 다음과 같다.

$$r(t) = s(t) + n(t) = \begin{cases} s_1(t) + n(t) & \text{for binary 1, } 0 \le t \le T_b \\ s_2(t) + n(t) & \text{for binary 0, } 0 \le t \le T_b \end{cases} \tag{9.38}$$

필터를 거쳐 출력된 신호는 다음과 같이 표현할 수 있다.

$$r_o(t) = a(t) + n_o(t) \tag{9.39}$$

여기서 $a(t)$는 출력에 포함된 신호 성분이며 $n_o(t)$는 필터 출력의 잡음 성분이다. 즉

$$a(t) = h_o(t) * s(t) = \begin{cases} h_o(t) * s_1(t) & \text{for binary 1} \\ h_o(t) * s_2(t) & \text{for binary 0} \end{cases} \tag{9.40}$$

이며

$$n_o(t) = h_o(t) * n(t) \tag{9.41}$$

이다. 표본화 순간 $t = T_b$ 에서의 필터 출력을 다음과 같이 표기하자.

$$r_o \triangleq r_o(T_b) = a + n_o \tag{9.42}$$

여기서 신호 성분은

$$a = a(T_b) = \begin{cases} a_1 = \int_0^{T_b} s_1(\tau) h_o(T_b - \tau) d\tau & \text{for binary 1} \\ a_2 = \int_0^{T_b} s_2(\tau) h_o(T_b - \tau) d\tau & \text{for binary 0} \end{cases} \tag{9.43}$$

이며, 잡음 성분은

$$n_o \triangleq n_o(T_b) = \int_0^{T_b} n(\tau) h_o(T_b - \tau) d\tau \tag{9.44}$$

이다. 데이터 비트가 주어지면 a_i 는 정해진 값을 갖는다. 한편 $n(t)$ 는 가우시안 랜덤 프로세스이므로 선형 필터를 통과하였을 때 특정 시점에서의 출력 n_o 는 가우시안 확률 변수가 된다. 잡음 $n(t)$ 의 평균이 0이므로 n_o 의 평균은

$$\begin{aligned} E[n_o] &= E\left[\int_0^{T_b} n(\tau) h_o(T_b - \tau) d\tau \right] \\ &= \int_0^{T_b} E[n(\tau)] h_o(T_b - \tau) d\tau = 0 \end{aligned} \tag{9.45}$$

이고, $n(t)$ 가 백색 잡음이므로 n_o 의 분산은

$$\begin{aligned} \sigma^2 = E[n_o^2] &= \int_0^{T_b} \int_0^{T_b} E[n(\tau)n(\lambda)] h_o(T_b - \tau) h_o(T_b - \lambda) d\tau d\lambda \\ &= \int_0^{T_b} \int_0^{T_b} \frac{N_0}{2} \delta(\tau - \lambda) h_o(T_b - \tau) h_o(T_b - \lambda) d\tau d\lambda \\ &= \frac{N_0}{2} \int_0^{T_b} h_0^2(t) dt \end{aligned} \tag{9.46}$$

가 된다. 그러므로 데이터가 1인 경우 필터 출력 r_o는 평균이 a_1이고 분산이 σ^2인 가우시안 확률변수이고, 데이터가 0인 경우 r_o는 평균이 a_2이고 분산이 σ^2인 가우시안 확률변수이다. 필터 출력 r_o를 판정기에 입력하여 데이터 비트를 결정하므로 r_o를 결정변수(decision variable)라 한다.

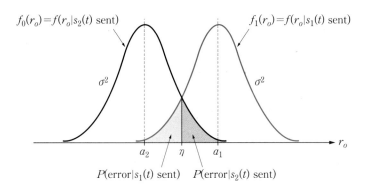

그림 9.12 결정변수 r_o의 확률밀도 함수와 판정 오류 확률

그림 9.12에 결정변수 r_o의 조건부 확률밀도 함수를 보인다. 잡음이 없다면 $s_1(t)$를 전송하는 경우 $r_o = a_1$이고, $s_2(t)$를 전송하는 경우 $r_o = a_2$가 될 것이다. 잡음이 있다면 잡음의 분산 크기에 따라 이 값들로부터 벗어나게 된다. 비트 판정기에서는 r_o의 값이 문턱값 η보다 크면 $s_1(t)$가 전송되었다고 판정하여 데이터를 1로 복호하며, r_o의 값이 η보다 작으면 $s_2(t)$가 전송되었다고 판정하여 데이터를 0으로 복호한다. 송신기에서 $s_1(t)$가 전송되었는데, 수신기에서 r_o의 값이 η보다 작으면 오류가 발생한다. 반대로 송신기에서 $s_2(t)$가 전송되었는데, 수신기에서 r_o의 값이 η보다 크면 오류가 발생한다. 문턱값 η는 비트오류 확률이 최소가 되도록 결정해야 한다. 가우시안 확률 변수의 경우 평균을 중심으로 좌우 대칭이므로 η는 중간값인

$$\eta = (a_1 + a_2)/2 \tag{9.47}$$

이 된다.[1]

이제 비트오류 확률을 구해보자. 송신된 데이터는 0인데(즉 $s_2(t)$를 전송했는데) 수신기에

---

[1] 확률밀도함수가 평균값을 축으로 좌우 대칭이 아닌 경우(예를 들어 Rayleigh 분포의 경우) 판정 문턱값 η는 두 조건부 평균들의 중앙값이 되지 않는다. 이 경우에는 비트오류 확률은 η의 함수로 유도하고, 이 확률을 최소화하는 η를 구해야 한다.

서 1로 판단할 조건부 확률과, 송신된 데이터는 1인데(즉 $s_1(t)$를 전송했는데) 수신기에서 0 으로 판정할 조건부 확률을 구해보자. 전자의 확률은 $s_2(t)$를 전송했는데 수신기에서 판정기에 입력되는 결정변수 r_o가 η보다 클 확률이며, 이는 조건부 pdf $f_0(r_o)$를 η부터 ∞까지 적분한 값이 된다. 즉

$$P(\text{error}|s_2(t)\,\text{sent}) = \int_\eta^\infty f_0(r_o)dr_o = \int_\eta^\infty \frac{1}{\sigma\sqrt{2\pi}}\exp\left\{-\frac{(r_o-a_2)^2}{2\sigma^2}\right\}dr_o \tag{9.48}$$

이 된다. 여기서 다음과 같이 변수 치환을 하자.

$$z = \frac{r_o - a_2}{\sigma} \tag{9.49}$$

그러면 z는 평균이 0이고 분산이 1인 가우시안 확률변수가 된다. 식 (9.47)의 문턱값에 식 (9.49)를 적용하면 식 (9.48)은 다음과 같이 된다.

$$P(\text{error}|s_2(t)\,\text{sent}) = \int_{(a_1-a_2)/2\sigma}^\infty \frac{1}{\sqrt{2\pi}}\exp\left\{-\frac{z^2}{2}\right\}dz = Q\left(\frac{a_1-a_2}{2\sigma}\right) \tag{9.50}$$

다음으로 송신된 데이터는 1인데(즉 $s_1(t)$를 전송했는데) 수신기에서 0으로 판정할 조건부 확률을 구해보자. 이 확률은 $s_1(t)$를 전송했는데 수신기에서 판정기에 입력되는 결정변수 r_o가 η보다 작을 확률이며, 이는 조건부 pdf $f_1(r_o)$를 $-\infty$부터 η까지 적분한 값이 된다. 즉

$$P(\text{error}|s_1(t)\,\text{sent}) = \int_{-\infty}^\eta f_1(r_o)df_o = \int_{-\infty}^\eta \frac{1}{\sigma\sqrt{2\pi}}\exp\left\{-\frac{(r_o-a_1)^2}{2\sigma^2}\right\}dr_o \tag{9.51}$$

가우시안 pdf의 대칭성에 의하여 식 (9.51)은 식 (9.50)과 값이 동일함을 확인할 수 있다.

비트오류 확률은 위의 두 조건부 확률을 이용하여 다음과 같이 표현할 수 있다.

$$P_b = P(\text{error}|s_1(t)\,\text{sent})\cdot P(s_1(t)\,\text{sent}) + P(\text{error}|s_2(t)\,\text{sent})\cdot P(s_2(t)\,\text{sent}) \tag{9.52}$$

데이터가 1일 확률과 0일 확률이 동일하게 1/2이고, 식 (9.50)과 식 (9.51)이 동일하므로 비트오류 확률은 다음과 같다.

$$P_b = Q\left(\frac{a_1 - a_2}{2\sigma}\right) \tag{9.53}$$

여기서 함수 $Q(x)$는 x에 따라 감소하는 함수이므로 비트오류 확률을 최소로 하기 위해서는 $(a_1 - a_2)/\sigma$의 값을 최대화해야 한다. 또는 $(a_1 - a_2)^2/\sigma^2$을 최대화해야 한다. 식 (9.43)에서 $a_1 - a_2$는

$$a_1 - a_2 = \int_0^{T_b} [s_1(\tau) - s_2(\tau)] h_o(T_b - \tau) d\tau = \int_0^{T_b} s_d(\tau) h_o(T_b - \tau) d\tau \tag{9.54}$$

이므로 $(a_1 - a_2)^2/\sigma^2$을 최대화한다는 것은 $s_d(t)$와 잡음을 필터에 입력했을 때 출력의 SNR을 최대로 한다는 것과 동등하다. 따라서 최대 SNR을 얻기 위한 필터는 $s_d(t)$에 정합된 필터이다. 그러므로 비트오류 확률을 최소로 하는 최적 필터의 임펄스 응답은

$$h_o(t) = K s_d(T_b - t) \tag{9.55}$$

인 정합 필터이다. $s_d(t)$에 정합된 필터 대신 입력 신호와 $K s_d(t)$와의 내적을 구하는 상관 수신기를 사용하여도 동일한 결과를 얻을 수 있다.

식 (9.55)를 식 (9.43)에 대입하면 다음을 얻는다.

$$\begin{aligned} a_1 &= \int_0^{T_b} s_1(t) K s_d(t) dt = K[E_1 - \gamma] \\ a_2 &= \int_0^{T_b} s_2(t) K s_d(t) dt = K[\gamma - E_2] \end{aligned} \tag{9.56}$$

여기서

$$E_1 \triangleq \int_0^{T_b} s_1^2(t) dt, \quad E_2 \triangleq \int_0^{T_b} s_2^2(t) dt, \quad \gamma \triangleq \int_0^{T_b} s_1(t) s_2(t) dt \tag{9.57}$$

이다. 그러면 결정변수 r_o로부터 비트 판정을 위한 문턱값은 식 (9.47)에 식 (9.56)을 대입하여 다음과 같이 된다.

$$\eta = \frac{a_1 + a_2}{2} = \frac{K[E_1 - E_2]}{2} \tag{9.58}$$

따라서 두 신호의 에너지가 동일하면 판정 문턱값은 $\eta = 0$이 된다는 것을 알 수 있다.

한편 필터 출력에 있는 잡음 성분의 분산은 식 (9.46)에 식 (9.55)를 대입하여

$$
\begin{aligned}
\sigma^2 &= \frac{N_0}{2} \int_0^{T_b} h_o^2(t) dt = \frac{N_0}{2} K^2 \int_0^{T_b} s_d^2(t) dt \\
&= \frac{N_0}{2} K^2 [E_1 + E_2 - 2\gamma]
\end{aligned}
\tag{9.59}
$$

와 같이 된다.

이상을 정리하면 다음과 같다. 이진 통신 시스템에서 비트오류 확률을 최소로 하는 최적 수신기를 구성하는 필터는 정합 필터이며, 필터의 임펄스 응답과 비트를 판정하기 위한 문턱값은 다음과 같다.

$$
\boxed{
\begin{aligned}
h_o(t) &= K s_d(T_b - t) \\
\eta &= \frac{a_1 + a_2}{2} = \frac{K[E_1 - E_2]}{2}
\end{aligned}
}
\tag{9.60}
$$

여기서 $s_d(t)$는 두 신호의 차이며, E_1과 E_2는 각 신호의 에너지이다.

9.4 수신기의 비트오율 성능

지금까지 이진 통신 시스템의 최적 수신기 구조를 살펴보았다. 이 절에서는 송신 신호에 AWGN 잡음이 부가되어 수신될 때 최적 수신기의 비트오류 확률을 구하고, 신호 방식에 따라 비트오율 성능이 어떻게 차이가 있는지 살펴본다. 이 결과는 비트오율 성능을 좋게 하기 위해서 신호를 어떻게 설계해야 하는가를 시사한다.

주어진 두 개의 신호 $s_1(t)$와 $s_2(t)$를 사용하여 전송하는 시스템에서 최적 수신기는 식 (9.60)과 같은 정합 필터이며, 그 때의 비트오류 확률은 식 (9.53)과 같다. 여기서 a_1과 a_2는 필터 출력에 있는 신호 성분으로 식 (9.56)과 같이 표현된다. 한편 필터 출력에 포함된 잡음 성분의 분산은 식 (9.59)와 같다. 그러면 비트오류 확률은 다음과 같이 표현할 수 있다.

$$
\boxed{
\begin{aligned}
P_b &= Q\left(\frac{a_1 - a_2}{2\sigma} \right) \\
&= Q\left(\frac{K(E_1 + E_2 - 2\gamma)}{K\sqrt{2N_0(E_1 + E_2 - 2\gamma)}} \right) \\
&= Q\left(\sqrt{\frac{E_1 + E_2 - 2\gamma}{2N_0}} \right)
\end{aligned}
}
\tag{9.61}
$$

여기서 γ 는 식 (9.57)에 주어진 바와 같이 두 신호의 상관값이다. 상관 계수 ρ 를

$$\rho = \frac{\gamma}{\sqrt{E_1}\sqrt{E_2}} = \frac{\int_0^{T_b} s_1(t)s_2(t)dt}{\sqrt{E_1}\sqrt{E_2}} \tag{9.62}$$

와 같이 정의하자. 두 신호의 에너지가

$$E = E_1 = E_2 \tag{9.63}$$

로 동일하다면, $\rho = \gamma/E$ 가 되고 식 (9.61)은 다음과 같이 표현된다.

$$P_b = Q\left(\sqrt{\frac{E(1-\rho)}{N_0}}\right) \tag{9.64}$$

이와 같이 비트오류 확률은 두 신호의 상관 계수에 따라 다르게 된다. $Q(\cdot)$ 함수는 감소 함수이므로 ρ 값이 작을수록 비트오류 확률이 작아진다. 그림 9.13에 신호 간 상관 계수에 따른 비트오류 확률을 보인다. $\rho = -1$ 인 경우 가장 우수한 성능을 보인다는 것을 알 수 있다. 따라서 신호의 설계에 있어 신호 간 상관 계수를 작게(-1에 가깝게) 만들수록 성능이 좋아진다는 것을 알 수 있다.

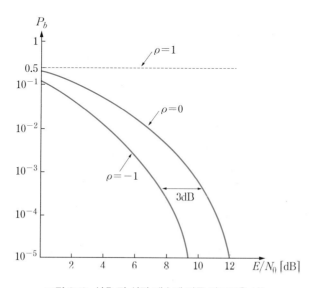

그림 9.13 신호 간 상관 계수에 따른 비트오율 성능

상관 계수가 $\rho = 1$이라는 것은 두 신호가 동일하다는 것이며(크기는 다를 수 있음), 결과적으로 비트오류 확률은 $Q(0) = 1/2$가 된다.[2] 서로 직교하는 두 신호를 사용하는 경우에는 $\rho = 0$이 되어 비트오류 확률은

$$P_b = Q\left(\sqrt{\frac{E}{N_0}}\right) \quad \text{(orthogonal signal set)} \tag{9.65}$$

가 된다. 만일 두 신호가 파형은 같으면서 극성이 다르다면 $\rho = -1$이 되어 비트오류 확률은

$$P_b = Q\left(\sqrt{\frac{2E}{N_0}}\right) \quad \text{(antipodal signal set)} \tag{9.66}$$

가 된다. $\rho = 0$의 경우 $\rho = -1$의 경우와 동일한 비트오류 확률을 얻기 위해서는 두 배의 에너지를(3dB 많은 에너지를) 사용해야 한다.

일반적인 이진 통신 시스템의 비트오류 확률은 식 (9.61)과 같이 표현되며, 특별 경우로 두 신호의 에너지가 동일하다면 비트오류 확률은 식 (9.64)와 같이 표현된다. 단극성 신호의 경우에는 $s_2(t) = 0$이므로 $E_2 = 0$이고 $\gamma = 0$이다. 따라서 식 (9.61)로부터 비트오류 확률은

$$P_b = Q\left(\sqrt{\frac{E}{2N_0}}\right) \tag{9.67}$$

가 된다. 여기서 $E = E_1$은 피크(peak) 비트 에너지이다. 전송 방식을 에너지 효율 측면에서 비교하는 데는 피크 에너지보다 평균 에너지를 사용하는 것이 합리적이다. 평균 비트 에너지는 다음과 같이 데이터가 1일 때의 에너지와 데이터가 0일 때의 에너지에 대한 통계적 평균으로 정의한다. 데이터가 1일 확률과 0일 확률이 동일하다고 가정하면

$$\begin{aligned} E_b &= E_1 \times \Pr(\text{data}=1) + E_2 \times \Pr(\text{data}=0) \\ &= E_1 \times \frac{1}{2} + E_2 \times \frac{1}{2} = \frac{E_1 + E_2}{2} \end{aligned} \tag{9.68}$$

가 된다. 양극성 NRZ 신호의 경우에는 피크 비트 에너지와 평균 비트 에너지가 같다. 즉

$$E_b = E_1 = E_2 = E \tag{9.69}$$

---

[2] 가장 성능이 나쁜 수신기의 비트오류 확률은 1이 아니라 0.5이다. 비트오류 확률이 1인 수신기에서 비트 판정을 반대로 하면 오류 확률이 0으로 된다.

단극성 NRZ 신호의 경우에는 $E_2 = 0$이므로

$$E_b = \frac{E_1 + E_2}{2} = \frac{E}{2} \tag{9.70}$$

가 된다. 비트오류 확률을 평균 비트 에너지를 사용하여 표현하면 다음과 같다.

$$\boxed{\begin{aligned} P_b &= Q\left(\sqrt{\frac{2E_b}{N_0}}\right) \quad \text{(polar NRZ)} \\ P_b &= Q\left(\sqrt{\frac{E_b}{N_0}}\right) \quad \text{(unipolar NRZ)} \end{aligned}} \tag{9.71}$$

예제 9.1

맨체스터 코드를 사용하는 시스템에서 정합 필터 수신기의 비트오류 확률을 E_b/N_0의 함수로 표현하라.

풀이

신호의 진폭을 A라 하자. 맨체스터 코드의 두 펄스는 극성만 반대이므로 평균 비트 에너지는

$$E_b = E_1 = E_2 = A^2 T_b$$

가 되며, 비트오류 확률은 양극성 NRZ와 동일하게

$$P_b = Q\left(\sqrt{\frac{2E_b}{N_0}}\right)$$

가 된다.

예제 9.2

그림 9.14와 같은 펄스를 사용하는 이진 통신 시스템을 가정하자. 정합 필터 수신기를 구현할 때 비트오류 확률을 E_b/N_0의 함수로 표현하라. 펄스 파형의 최댓값은 $A = 1\,\text{volt}$이고, 비트 길이는 $T_b = 1\,\text{ms}$, AWGN 잡음의 PSD는 $N_0/2 = 10^{-4}\,\text{watt/Hz}$를 가정한다. 비트 판정을 위한 문턱값 η와 비트오류 확률을 구하라. 각 경우에 대하여 비트오류 확률을 Q 함수로써 나타내고 비교하라.

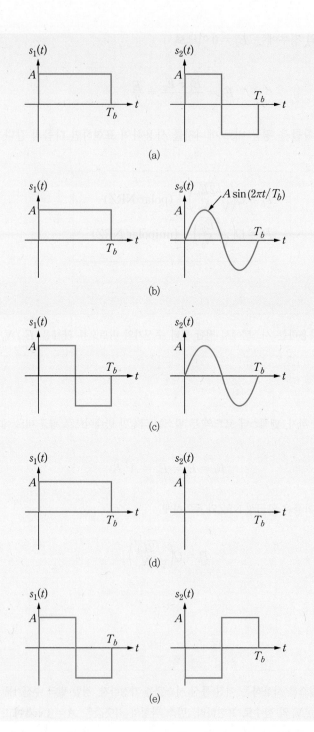

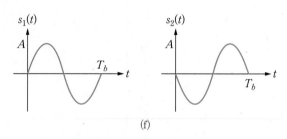

(f)

그림 9.14 예제 9.2에서 이진 통신 시스템의 펄스 파형

풀이

(a) 각 신호의 에너지는 동일하게

$$E_1 = \int_0^{T_b} s_1^2(t)dt = A^2 T_b = 10^{-3} = E_2$$

이므로 평균 비트 에너지는

$$E_b = E_1 \times \frac{1}{2} + E_2 \times \frac{1}{2} = 10^{-3}$$

가 된다. 두 신호는 서로 직교하므로 상관 계수는

$$\rho = \frac{\int_0^{T_b} s_1(t)s_2(t)dt}{E_b} = 0$$

이다. 따라서 식 (9.64)에 대입하여 다음의 비트오류 확률을 얻는다.

$$P_b = Q\left(\sqrt{\frac{E_b}{N_0}}\right) = Q\left(\sqrt{\frac{10^{-3}}{2 \times 10^{-4}}}\right) = Q(\sqrt{5}) = Q(2.24) \tag{9.72}$$

판정 문턱값은 식 (9.60)으로부터

$$\eta = 0$$

이 된다.

(b) 각 신호의 에너지는

$$E_1 = \int_0^{T_b} s_1^2(t)dt = A^2 T_b = 10^{-3}$$

$$E_2 = \int_0^{T_b} s_2^2(t)dt = \frac{1}{2}A^2 T_b = 0.5 \times 10^{-3}$$

이므로 평균 비트 에너지는

$$E_b = E_1 \times \frac{1}{2} + E_2 \times \frac{1}{2} = \frac{3}{4} \times 10^{-3}$$

가 된다. 두 신호는 서로 직교하므로 상관 계수는

$$\rho = 0$$

이다. 따라서 식 (9.64)에 대입하여 다음의 비트오류 확률을 얻는다.

$$P_b = Q\left(\sqrt{\frac{E_b}{N_0}}\right) = Q\left(\sqrt{\frac{(3/4) \times 10^{-3}}{2 \times 10^{-4}}}\right) = Q(\sqrt{15/4}) = Q(1.94) \tag{9.73}$$

판정 문턱값은 식 (9.60)으로부터

$$\eta = \frac{K[E_1 - E_2]}{2} = \frac{K}{4} \times 10^{-3}$$

이 된다.

(c) 각 신호의 에너지는 (b)와 같이

$$E_1 = A^2 T_b = 10^{-3}$$

$$E_2 = 0.5A^2 T_b = 0.5 \times 10^{-3}$$

이고 평균 비트 에너지는

$$E_b = E_1 \times \frac{1}{2} + E_2 \times \frac{1}{2} = \frac{3}{4}T_b = \frac{3}{4} \times 10^{-3}$$

가 된다. 두 신호의 상관 함수는

$$\gamma = \int_0^{T_b} s_1(t)s_2(t)dt = 2\int_0^{T_b/2} \sin(2\pi t/T_b)dt$$

$$= \left[-\frac{T_b}{\pi}\cos(2\pi t/T_b)\right]_0^{T_b/2} = \frac{2T_b}{\pi} = 0.64 T_b$$

이다. 따라서 식 (9.61)에 대입하여 다음의 비트오류 확률을 얻는다.

$$P_b = Q\left(\sqrt{\frac{1.5\,T_b - 1.28\,T_b}{2N_0}}\right) = Q\left(\sqrt{0.15\frac{E_b}{N_0}}\right) = Q(\sqrt{0.55}) = Q(0.74) \qquad (9.74)$$

판정 문턱값은 식 (9.60)으로부터

$$\eta = \frac{K[E_1 - E_2]}{2} = \frac{K}{4} \times 10^{-3}$$

이 된다.

(d) 각 신호의 에너지는

$$E_1 = \int_0^{T_b} s_1^2(t)dt = A^2\,T_b = 10^{-3}, \quad E_2 = 0$$

이므로 평균 비트 에너지는

$$E_b = E_1 \times \frac{1}{2} + E_2 \times \frac{1}{2} = \frac{1}{2}\,T_b = \frac{1}{2} \times 10^{-3}$$

가 된다. 두 신호의 상관 함수는

$$\gamma = 0$$

이다. 따라서 식 (9.61)에 대입하여 다음의 비트오류 확률을 얻는다.

$$P_b = Q\left(\sqrt{\frac{T_b}{2N_0}}\right) = Q\left(\sqrt{\frac{E_b}{N_0}}\right) = Q(\sqrt{2.5}) = Q(1.58) \qquad (9.75)$$

판정 문턱값은 식 (9.60)으로부터

$$\eta = \frac{K[E_1 - E_2]}{2} = \frac{K}{4} \times 10^{-3}$$

이 된다.

(e) 각 신호의 에너지는

$$E_1 = \int_0^{T_b} s_1^2(t)dt = A^2\,T_b = 10^{-3} = E_2$$

이므로 평균 비트 에너지는

$$E_b = E_1 \times \frac{1}{2} + E_2 \times \frac{1}{2} = A^2 T_b = 10^{-3}$$

가 된다. 두 신호는 서로 반대 극성을 가지므로 상관 계수는

$$\rho = -1$$

이다. 따라서 식 (9.64)에 대입하여 다음의 비트오류 확률을 얻는다.

$$P_b = Q\left(\sqrt{\frac{2E_b}{N_0}}\right) = Q\left(\sqrt{\frac{2 \times 10^{-3}}{2 \times 10^{-4}}}\right) = Q(\sqrt{10}) = Q(3.16) \tag{9.76}$$

판정 문턱값은 식 (9.60)으로부터

$$\eta = 0$$

이 된다.

(f) 각 신호의 에너지는

$$E_1 = \int_0^{T_b} s_1^2(t)dt = \frac{1}{2}A^2 T_b = 0.5 \times 0^{-3} = E_2$$

이므로 평균 비트 에너지는

$$E_b = E_1 \times \frac{1}{2} + E_2 \times \frac{1}{2} = \frac{1}{2}A^2 T_b = \frac{1}{2} \times 10^{-3}$$

가 된다. 두 신호는 서로 반대 극성을 가지므로 상관 계수는

$$\rho = -1$$

이다. 따라서 식 (9.64)에 대입하여 다음의 비트오류 확률을 얻는다.

$$P_b = Q\left(\sqrt{\frac{2E_b}{N_0}}\right) = Q\left(\sqrt{\frac{10^{-3}}{2 \times 10^{-4}}}\right) = Q(\sqrt{5}) = Q(2.24) \tag{9.77}$$

판정 문턱값은 식 (9.60)으로부터

$$\eta = 0$$

이 된다.

이상을 정리하면 다음 표와 같다.

표 9.1 예제 9.2의 비트오류 확률 비교

	E_b/N_0의 함수로 표현한 비트오율	비트오류 확률	BER 순위
(a)	$Q\left(\sqrt{\dfrac{E_b}{N_0}}\right)$	$Q(2.24)$	2
(b)	$Q\left(\sqrt{\dfrac{E_b}{N_0}}\right)$	$Q(1.94)$	3
(c)	$Q\left(\sqrt{\dfrac{0.15E_b}{N_0}}\right)$	$Q(0.74)$	5
(d)	$Q\left(\sqrt{\dfrac{E_b}{N_0}}\right)$	$Q(1.58)$	4
(e)	$Q\left(\sqrt{\dfrac{2E_b}{N_0}}\right)$	$Q(3.16)$	1
(f)	$Q\left(\sqrt{\dfrac{2E_b}{N_0}}\right)$	$Q(2.24)$	2

이진 통신 시스템의 비트오류 확률은 신호 방식과 비트 에너지, 잡음 전력에 의해 결정된다. 신호 대 잡음비 E_b/N_0가 클수록 비트오류 확률이 작아지며, 동일한 비트 에너지의 경우 신호 방식(상관 계수)에 따라 성능이 다르게 된다. 이 예제에서 (e)와 (f)는 양극성 신호 방식으로 E_b/N_0의 함수로 표현된 비트오류 확률은 같지만 (e)의 비트 에너지가 (f)에 비해 크기 때문에 비트오류 확률이 더 작다. 이와 유사하게 (a)와 (b)가 동일하게 직교 신호 방식이지만 비트 에너지가 (a)가 더 크기 때문에 비트오류 확률이 더 작다. (a)와 (f)를 비교하면, (a)의 비트 에너지가 (f)에 비해 두 배이므로 직교 신호 방식이지만 양극성 방식과 비트오류 확률이 동일하다. 한편, (c)는 두 신호 간의 상관도가 크기 때문에 수신기에서 구별이 어렵기 때문에 가장 성능이 떨어진다.

9.5 Matlab을 이용한 실습

지금까지 살펴본 내용에 대하여 Matlab 실습을 통하여 확인해보기로 한다. 아래 실습에서는 특정 신호 방식으로 전송한 신호를 정합 필터 수신기 또는 상관 수신기로 구현하는 경우 출력의 파형을 관찰하며, 출력으로부터 비트를 판정하도록 한다. AWGN 잡음이 있는 환경에서 수신기의 비트오율 성능을 모의 실험을 통하여 구하고 이론값과 동일한지 검증한다. 이 실습을 위하여 8장의 실습에서 사용한 함수를 사용하며, 추가로 다음과 같은 함수를 이용한다.

① matched_filter.m
입력 신호와 기준 신호에 대한 정합 필터의 출력을 만들어내는 함수로 다음 방법으로 호출한다. 여기서 s는 입력 신호이며, pulse_shape는 수신기가 가지고 있는 기본 펄스, 즉 한 비트 구간에 대한 신호의 파형이다.

   y = matched_filter(pulse_shape, s, fs);

② correlator.m
입력 신호와 기준 신호와의 상관값을 구하는 함수로 아래 방법으로 호출한다. 기본 펄스의 시 구간 동안 두 신호를 곱하고 적분하며, 펄스 구간이 끝나는 시점에서 적분기를 초기화시키고 다음 비트 구간 동안 다시 상관값을 구한다.

   y = correlator(pulse_shape, s, fs)

예제 9.3 │ **라인 코드 신호 파형과 정합 필터 출력 및 상관기 출력**

1) 이진 데이터 b =[1 0 1 0 1 1]를 발생시키고 양극성 NRZ 라인 코드에 대하여 신호 파형을 그려 보라.
2) 발생시킨 신호가 잡음 없이 그대로 수신된다고 가정하고 정합 필터 출력과 상관기 출력을 그려본 다. 이 출력으로부터 정보 비트열을 복구할 수 있는지 확인하라.
3) 다른 종류의 라인 코드를 사용하여 위의 과정을 반복하라.

풀이

위의 실험을 위한 Matlab 코드의 예로 ex9_1.m을 참고하라. 이 프로그램을 실행시켜서 그림 9.15와 같은 라인 코드 신호 파형과 정합 필터 출력 및 상관기 출력이 얻어지는지 확인하라. 이 출력을 비트 구간마다 표본화하여 판정 문턱값 $\eta = 0$과 비교하여 메시지 비트열을 정확히 복구할 수 있다.

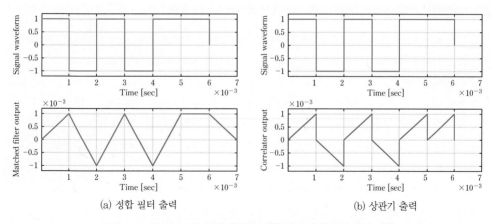

(a) 성합 필터 출력   (b) 상관기 출력

그림 9.15 양극성 NRZ 신호에 대한 정합 필터 및 상관기 출력 파형

예제 9.3를 위한 Matlab 프로그램의 예(ex9_1.m)

```
% **********************************************
% Matched filter and correlator
% **********************************************
Rb = 1000;
fs = 100*Rb;
ts = 1/fs;
Tb = 1/Rb;
close all;
b = [ 1 0 1 0 1 1];
[s, t, pulse_shape] = linecode_gen(b, 'polar_nrz', Rb, fs);
no_bits = length(b)+1;  % Observe signal waveform for 2 bit interval
time_range = [ts  (no_bits*Tb)]; %  Time axis range to draw pulse waveform
subplot(211), waveform(s, fs, time_range);
y = matched_filter(pulse_shape, s, fs);
subplot(212), waveform(y, fs); ylabel('Matched filter output');
disp('hit any key to see correlator output'); pause
figure;
subplot(211), waveform(s, fs, time_range);
y = correlator(pulse_shape, s, fs);
subplot(212), waveform(y, fs, time_range); ylabel('Correlator output');
```

1) 이진 데이터 b = [1 0 1 0 1 1 0 0 0 1]을 발생시키고 양극성 NRZ 라인 코드에 대하여 신호 파형을 그려본다. 단순히 비트 구간마다 수신 신호를 표본화하여 메시지 비트열을 복구할 수 있는지 확인하라.

2) 통신 채널의 대역폭은 25kHz이고 부가되는 잡음의 전력은 5W라고 가정한다. 채널을 통해 수신된 신호에 대하여 RC 저역통과 필터를 통과시켰을 때와 정합 필터를 통과시켰을 때의 출력을 그려보라. 이 출력으로부터 메시지 비트열을 복구할 수 있는지 확인하라. 어떤 수신기 필터가 좋은 성능을 보일 것으로 예상하는가?

3) 채널의 조건(대역폭, 잡음 전력)을 변화시키면서 위의 과정을 반복하라.

4) 다른 종류의 라인 코드를 사용하여 위의 과정을 반복하라.

풀이

위의 실험을 위한 Matlab 코드의 예로 ex9_2.m을 참고한다. 송신 신호와 채널을 통과하여 수신되는 신호의 파형은 그림 9.16(a)와 같다. 수신 신호를 비트 구간 내의 한 시점에서 표본화하여 비트를 판정하도록 수신기를 구현하면 비트 판정 오류가 발생하기 쉬운 것을 알 수 있다. 수신 신호를 간단한 RC 저역통과 필터를 통과하게 했을 때와 정합 필터를 통과하게 했을 때의 출력을 그림 9.16(b)에 보인다. 단순 표본화 수신기에 비해 LPF 수신기를 사용하면 잡음의 효과를 줄일 수 있어서 비트 판정 오류를 줄일 수 있을 것임을 예상할 수 있다. 정합 필터를 사용하여 비트 구간이 끝나는 시점마다 표본화하여 비트 판정을 하면 더욱 좋은 성능을 기대할 수 있다.

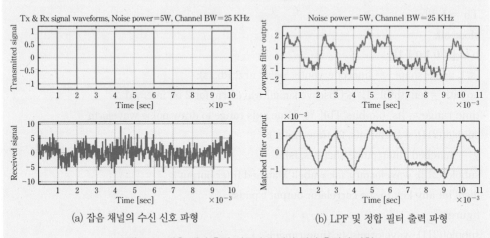

(a) 잡음 채널의 수신 신호 파형　　　(b) LPF 및 정합 필터 출력 파형

그림 9.16 잡음 채널 출력 신호와 수신기 필터 출력의 파형

예제 9.4를 위한 Matlab 프로그램의 예(ex9_2.m)

```
close all; clear;
Rb = 1000;  Tb = 1/Rb;
fs = 60*Rb;  ts=1/fs;
b = [1 0 1 0 1 1 0 0 0 1];
[x, t, pulse_shape] = linecode_gen(b, 'polar_nrz', Rb, fs);
r = channel_filter(x, 1, 5.0, 25000, fs);
subplot(211), waveform(x, fs); ylabel('Transmitted signal');
title('Tx & Rx signal waveforms, Noise power = 5 W, Channel BW = 25 KHz')
subplot(212), waveform(r, fs); ylabel('Received signal');
disp('hit any key to continue'); pause
figure;
% RC LPF receiver
y = RC_LPF(r, 1000, fs, Rb);
% Matched filter receiver
z = matched_filter(pulse_shape, r, fs);
subplot(211), waveform(y, fs); ylabel('Lowpass filter output');
title('Noise power = 5 W, Channel BW = 25 KHz')
subplot(212), waveform(z, fs); ylabel('Matched filter output');
```

예제 9.5 | **통신 시스템의 비트오율 성능 분석 – Monte Carlo Simulation**

이 실험에서는 컴퓨터 모의 실험을 통하여 비트오율 성능을 구하여 이론값과 비교한다. 시스템의 성능 분석 방법은 Monte Carlo 시뮬레이션을 사용한다. 충분히 큰 개수의 랜덤 이진 비트열을 발생시킨 다음 E_b/N_0를 변화시켜가면서 채널 조건에 맞게 신호 파형과 잡음을 발생시키고, 수신기에서 비트 판정 오류가 발생한 개수를 세어서 비트오류 확률을 계산한다.

i) 신호 진폭의 결정

신호의 평균 비트 에너지 E_b를 고정시키고(예를 들어 $E_b = 1$) 주어진 비트 길이 T_b 및 신호 방식에 따라 신호의 진폭을 결정하고자 한다. 그리고 E_b/N_0에 따라 가우시안 잡음의 분산을 결정한다. 평균 비트 에너지는 식 (9.68)과 같이 정의하는데, 데이터가 1일 확률과 0일 확률이 동일하다고 가정한다. 예를 들어 양극성 NRZ인 경우에는

$$E_b = \int_0^{T_b} A^2 dt \cdot \frac{1}{2} + \int_0^{T_b} A^2 dt \cdot \frac{1}{2} = A^2 T_b$$

이며, 따라서 신호의 진폭은

$$A = \sqrt{\frac{E_b}{T_b}}$$

와 같이 결정하여 신호를 발생시키면 된다. 맨체스터 코드의 경우도 양극성 NRZ와 동일하다. 한편 단극성 NRZ인 경우에는 평균 비트 에너지가 $E_b = A^2 T_b/2$ 이므로 신호의 진폭은

$$A = \sqrt{\frac{2E_b}{T_b}}$$

와 같이 결정하여 신호를 발생시키면 된다.

ii) 잡음 분산의 결정

대역폭이 한정된 백색 잡음의 PSD는 다음과 같이 표현된다.

$$S_n(f) = \frac{N_0}{2} = \frac{\sigma_n^2}{2 \times B} \quad -B < f < B$$

여기서 B는 시스템 대역폭이다. 그러면 잡음의 분산은

$$\sigma_n^2 = BN_0$$

가 된다. 시뮬레이션을 위하여 주어진 E_b/N_0를 변수 $EbNo$로 정의하고, 발생시킬 잡음의 분산은

$$\sigma_n^2 = BE_b \frac{1}{(E_b/N_0)} = \frac{BE_b}{EbNo}$$

와 같이 결정하면 된다. 따라서 $E_b = 1$로 가정하고

$$\sigma_n^2 = \frac{B}{EbNo} \tag{9.78}$$

와 같이 하여 잡음을 발생시키면 된다. 이 실험에서 데이터 비트율은 1kbps이고 표본화 주파수는 $f_s = 10\,\text{kHz}$를 사용하라. 시스템의 대역폭은 $B = f_s/2$가 되어 5kHz가 된다. 신호 대 잡음비에 따라 시스템의 비트오율 성능을 구하기 위하여 $EbNo$를 0dB에서 12dB까지 2dB씩 증가시켜가면서 비트오류 확률을 구한다.

1) 10^5 비트의 랜덤 이진 수열을 발생시키고 이것을 송신할 정보 데이터라고 간주한다. 이 비트열을 양극성 NRZ 방식을 사용하여 전송한다.

2) 먼저 평균이 0이고 분산이 1인 가우시안 분포를 가진 잡음을 발생시킨다. 표본화 주파수는 데이터율의 10배로 하라. 이 경우 잡음 샘플은 10^6개를 발생시켜야 한다. E_b/N_0에 맞게 잡음의 크기를 결정해준다.

3) 신호에 잡음을 더하여 수신기에 입력시킨다. 한 비트 구간의 중간에서 표본화하여 비트를 결정하는 단순 표본화 수신기와 RC LPF 수신기, 정합 필터 수신기를 구현하여 복조한다. 복호된 비트열을 송신 비트열과 비교하여 일치하지 않은 비트 수를 전체 비트수로 나누어 비트오류 확률을 구한다.

4) E_b/N_0를 다른 값으로 변화시키면서 위의 2), 3) 과정을 반복한다.

5) 위에서 구한 비트오율 성능을 그래프로 그려보라. 이 때 semilog 스케일로 그림을 그린다. 이론적인 비트오율 성능을 같이 그려서 시뮬레이션 결과가 이론값과 유사하게 나오는지 확인한다. 양극성 NRZ 방식의 경우 정합 필터 수신기의 BER 성능은 $Q(\sqrt{2R_b/N_0})$가 된다. 첨부된 Q_funct.m 파일을 사용하여 이론적인 비트오율을 계산한다.

풀이

위의 실험을 위한 Matlab 코드의 예로 ex9_3.m을 참고하라. 이 파일을 실행시켜서 그림 9.17과 같은 결과를 얻는지 확인한다. 수신 신호를 처리하지 않고 표본화하여 비트를 판정하는 수신기의 성능이 가장 나쁘고, 저역통과 필터로 수신 신호를 처리하여 잡음의 영향을 줄이면 성능이 개선되는 것을 알 수 있으며, 가장 성능이 우수한 수신기는 정합 필터 수신기라는 것을 알 수 있다.

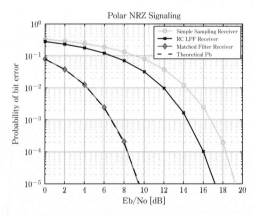

그림 9.17 여러 종류의 수신기 형태에 따른 비트오율 성능

```
close all; clear;
Rb = 1000;   Tb = 1/Rb;
fs = 10*Rb;  Ts = 1/fs;
B = fs/2;         % System bandwidth
f_cutoff = 3000;    % Cut-off frequency for RC LPF
nBits = 1 * 10^6; % Total number of bits : nBits
M = fs/Rb; % Number of samples per bit duration

% Signal generation
linecode = 'polar_nrz';
b = random_seq(nBits);
[x, t, pulse_shape] = linecode_gen(b, linecode, 1000, fs);
% Determine signal amplitude assuming that Eb = 1
Eb = 1;  % Average bit energy
if strcmp(linecode, 'polar_nrz')
   A = sqrt(Eb/Tb); % polar_nrz
   threshold_A = 0;
   threshold_B = 0;
   k = 2; % For theoretical BER
   str = 'Polar NRZ Signaling';
else if strcmp(linecode, 'unipolar_nrz')
      A = sqrt(2*Eb/Tb); % unipolar_nrz
      threshold_A = A/2;
      threshold_B = A*Tb/2;
      k = 1; % For theoretical BER
      str = 'Unipolar NRZ Signaling';
   end
end
x = A*x;  x=x(:); % Make x be column vector

EbNo_dB = 0:2:20;
for n = 1:length(EbNo_dB)
   EbNo = 10^(EbNo_dB(n)/10);
   Pe_theory(n) = Q_funct(sqrt(k*EbNo));  % Theoretical BER
```

```
noise_var = B/EbNo; % Genarete noise
noise = AWGN(0, noise_var, length(x)); noise = noise(:);
r = x + noise;
% ——————————————————————————————————————————
% 1. Simple sampling receiver
index = 1:nBits;
b_hat = r(M*index−M/2); % Decision variable − sampling received signal
b_hat( find( b_hat < threshold_A ) ) = 0;
b_hat( find( b_hat > threshold_A ) ) = 1;
b = b(:); b_hat = b_hat(:);
num_error1 = 0;  % Check error
err_bit1 = find( (b − b_hat) ~= 0);
num_error1 = num_error1 + length(err_bit1);
Pe_simple(n) = num_error1/nBits;
% ——————————————————————————————————————————
% 2. RC LPF receiver
y = RC_LPF(r, f_cutoff, fs, Rb);
index = 1:nBits;
b_hat = y(M*index−M/2); % Decision variable − sampling RC filter output
b_hat( find( b_hat < threshold_A ) ) = 0;
b_hat( find( b_hat > threshold_A ) ) = 1;
b = b(:); b_hat = b_hat(:);
num_error2 = 0;  % Check error
err_bit2 = find( (b − b_hat) ~= 0);
num_error2 = num_error2 + length(err_bit2);
Pe_lpf(n) = num_error2/nBits;
% ——————————————————————————————————————————
% 3. Matched filter receiver
z = matched_filter(pulse_shape, r, fs);
index = 1:nBits;
b_hat = z(M*index); % Decision variable − sampling matched filter output
b_hat( find( b_hat < threshold_B ) ) = 0;
b_hat( find( b_hat > threshold_B ) ) = 1;
b = b(:); b_hat = b_hat(:);
num_error3 = 0;   % Check error
err_bit3 = find( (b − b_hat)  ~= 0);
```

```
    num_error3 = num_error3 + length(err_bit3);
    Pe_opt(n) = num_error3/nBits;
    % ----------------------------------------------------
end
semilogy(EbNo_dB, Pe_simple, 'ob-'), hold on;
semilogy(EbNo_dB, Pe_lpf, 'xk-'), hold on;
semilogy(EbNo_dB, Pe_opt, 'dr-'), hold on;
semilogy(EbNo_dB, Pe_theory, 'k--'), hold off;
axis([-inf inf 10^(-5)  1]), grid;
xlabel('Eb/No [dB]'); ylabel('Probability of bit error'); title(str)
legend('Simple Sampling Receiver', 'RC LPF Receiver', ...
        'Matched Filter Receiver', 'Theoretical Pb');
```

9.1 그림 P9.1과 같은 파형을 가진 신호 $s(t)$에 PSD가 $N_0/2 = 10^{-4} \text{W/Hz}$ 인 AWGN 잡음이 더해져서 수신된다고 하자.

(a) 신호 검출을 위한 정합 필터의 임펄스 응답을 그려보라.

(b) 잡음이 없다고 가정하고 정합 필터의 출력 파형을 시간의 함수로 그려보라.

(c) 필터 출력의 신호 대 잡음비가 최대로 되는 것은 언제이며 이 때의 SNR을 구하라.

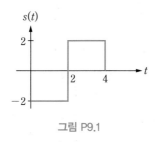

그림 P9.1

9.2 그림 P9.2의 파형을 가진 신호에 PSD가 $N_0/2$ 인 AWGN 잡음이 더해져서 수신되는 환경에서 신호 검출을 하고자 한다.

(a) 각 신호의 에너지를 구하라.

(b) 정합 필터를 사용하여 신호 검출을 한다고 할 때 $s_1(t)$, $s_2(t)$, $s_3(t)$ 각 경우에 대해 필터 출력의 최대 SNR을 구하라. 신호 검출에 가장 유리한 신호는 어떤 것인가?

(c) 정합 필터 대신 적분기를 사용한다고 하자. 각 신호 경우에 대해 적분기 출력의 최대 SNR을 구하라. 적분기를 사용해도 신호 검출이 가능한가?

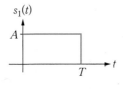 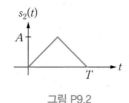 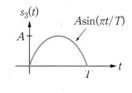

그림 P9.2

9.3 신호 $s(t)$가 다음과 같다고 하자.

$$s(t) = \begin{cases} \cos(1000\pi t), & 0 \le t \le 0.5 \times 10^{-3} \\ 0, & \text{otherwise} \end{cases}$$

(a) 이 신호에 대한 정합 필터의 임펄스 응답을 그려보라.

(b) 출력의 최댓값은 얼마인가?

(c) 신호와 함께 PSD가 $N_0/2 = 10^{-4}$ W/Hz 인 AWGN 잡음이 수신된다고 하자. 시간 0.5 ms 에서 정합 필터 출력의 신호 대 잡음비를 구하라.

(d) 위의 (c)에서 정합 필터 대신 적분–덤프 수신기를 사용한다고 하자. 이 경우 시간 0.5 ms 에서 정합 필터 출력의 신호 대 잡음비를 구하라.

9.4 신호 $s(t) = A[u(t) - u(t - T)]$와 함께 PSD가 $N_0/2$인 AWGN 잡음이 더해져서 수신기에 입력된다고 하자.

(a) 수신 필터의 출력 SNR을 최대로 하는 정합 필터의 임펄스 응답을 그려보라.

(b) 잡음이 없다고 가정하고 수신기 출력을 그려보라.

(c) 정합 필터 출력의 SNR을 구하라. 출력 SNR은 언제 최대가 되며, 최댓값은 얼마인가?

9.5 문제 9.4의 정합 필터 대신 그림 P9.5에 보인 RC 필터를 사용한다고 가정하자.

(a) 필터의 임펄스 응답을 구하고 그려보라.

(b) 잡음이 없다고 가정하고 수신기 출력을 그려보라.

(c) 필터 출력의 SNR을 구하라. 출력 SNR은 언제 최대가 되며, 최댓값은 얼마인가?

(d) $RC = T$를 가정하고 필터 출력의 SNR을 구하라.

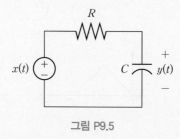

그림 P9.5

9.6 다음과 같은 파형을 가진 신호 $s(t)$를 가정하자.

$$s(t) = e^{-t}[u(t) - u(t-T)]$$

(a) 이 신호에 대한 정합 필터의 임펄스 응답을 그려보라.

(b) 잡음이 없다고 가정하고 정합필터 출력을 그려보라. 출력의 최댓값은 얼마인가?

(c) 신호와 함께 PSD가 $N_0/2$인 AWGN 잡음이 수신된다고 하자. $0 \leq t \leq T$에서 정합 필터 출력의 SNR을 구하라. 출력 SNR의 최댓값은 얼마인가?

9.7 이진 통신 시스템에서 전송 신호 $s(t)$가 다음과 같다고 하자.

$$s(t) = \begin{cases} s_1(t), & 0 \leq t \leq T \text{ for binary 1} \\ s_2(t), & 0 \leq t \leq T \text{ for binary 0} \end{cases}$$

신호 $s(t)$와 함께 잡음이 더해져서 수신기에 입력되며, 수신 필터의 출력, 즉 결정변수가 다음과 같이 표현된다고 하자.

$$z = a_i + n_o, \quad i = 1, \ 2$$

여기서 a_i는 신호 성분이고 n_o는 잡음 성분이다. 조건부 확률밀도함수 $f_z(z|s_i)$를 알고 있다고 가정하자. $f_z(z|s_i)$를 s_i에 대한 우도(likelihood)라 한다. 또한 송신측 데이터의 발생 확률 $P(s_i)$을 알고 있다고 가정하자. 판정 단계에서는 데이터가 1이라는 가설(H_1)과 데이터가 0이라는 가설(H_0) 중에서 하나를 선택한다.

(a) $P(s_1|z) > P(s_2|z)$이면 데이터가 1이라고 판단하고, $P(s_1|z) < P(s_2|z)$이면 데이터가 0이라고 판단하는 수신기의 결정 법칙(maximum a posteriori(MAP) criterion)은 다음과 같이 우도비(likelihood ratio)를 사용하여 표현할 수 있음을 보여라.

$$\Lambda(z) = \frac{f_z(z|s_1)}{f_z(z|s_2)} \underset{H_2}{\overset{H_1}{\gtrless}} \frac{P(s_2)}{P(s_1)}$$

(b) 잡음이 AWGN이고 $f_z(z|s_i)(i = 1, \ 2)$가 대칭이라고 하자. $P(s_1) = P(s_2)$인 경우 수신기의 결정 법칙은 다음과 같이 됨을 보여라.

$$z \underset{H_2}{\overset{H_1}{\gtrless}} \eta, \quad \eta = \frac{a_1 + a_2}{2}$$

9.8 문제 9.7과 같은 통신 시스템에서 판정오류 확률은 다음과 같이 표현된다.

$$P_e = P(H_2|s_1)P(s_1) + P(H_1|s_2)P(s_2)$$

수신기에는 송신 신호와 함께 AWGN 잡음이 더해져서 수신된다고 하자. $f_z(z|s_i)$는 평균이 a_i 인 가우시안 pdf이다. 수신기 출력으로부터 다음과 같이 가설을 선택한다.

$$z \underset{H_2}{\overset{H_1}{\gtrless}} \eta$$

오류 확률을 최소로 하기 위해서는(minimum error criterion) 다음과 같은 판정 법칙을 적용 하면 됨을 보여라. $P(s_1) = P(s_2)$를 가정한다.

$$z \underset{H_2}{\overset{H_1}{\gtrless}} \eta, \quad \eta = \frac{a_1 + a_2}{2}$$

[힌트] P_e를 판정 문턱값 η의 함수로 표현하고 $dP_e/d\eta = 0$으로 하여 최소점을 찾는다.

9.9 어떤 이진 통신 시스템이 정보 비트에 따라 $s_i(t)$, $i = 1, 2$를 전송한다고 하자. 수신기의 결정 변수가 $z = a_i + n_o$와 같이 표현된다고 하자. 여기서 z에 포함된 신호 성분은 $a_1 = +2$ 또는 $a_2 = -2$이며, 잡음 성분 n_o는 확률변수로서 pdf가 $[-5, +5]$에 균일하게 분포되어 있다고 가 정하자. 데이터 비트가 1 또는 0이 발생할 확률이 동일하다고 가정하고($P(s_1) = P(s_2)$), 최소 비 트오류 확률을 위한 결정 문턱값을 구하고, 이 때의 비트오류 확률을 구하라.

9.10 문제 9.9에서 $P(s_1) = 0.4$, $P(s_2) = 0.6$을 가정하고 반복하라.

9.11 비트율이 $R_b = 10$ kbps 인 이진 데이터를 다음과 같이 양극성 NRZ 신호로 만들어서 전송한다 고 하자.

$$s(t) = \begin{cases} s_1(t) = +A & \text{for } 0 \le t \le T_b \\ s_2(t) = -A & \text{for } 0 \le t \le T_b \end{cases}$$

여기서 신호의 전압은 $A = 10$ mV 이며, 채널을 통하여 PSD가 $N_0/2 = 10^{-9}$ W/Hz인 AWGN 잡음이 신호에 더해진다. 수신측에서는 적분–덤프 수신기로 검출을 한다. $P(s_1) = P(s_2)$를 가정한다.

(a) 비트오류 확률을 구하라.

(b) 비트율을 10배 증가시킨다고 하자. (a)에서와 동일한 비트오류 확률을 얻기 위해서는 신호의 전압 A를 어떻게 결정해야 하는가?

9.12 비트율이 $R_b = 4$ kbps 인 이진 데이터를 +0.5V와 −0.5V의 전압 레벨을 갖는 양극성 NRZ 신호로 만들어서 전송하는 시스템이 있다. 신호의 주엽(mainlobe)과 같은 대역폭으로 대역 제한된 백색 잡음이 신호에 더해져서 수신된다고 하자. 백색 잡음의 PSD는 $N_0/2 = 10^{-5}$ W/Hz 라고 가정하자. 단순 표본화 수신기 구조를 사용하여 신호를 복조한다.

(a) 전송 신호가 0.5V인 경우 수신기 표본화기 출력의 확률밀도함수를 표현해보라.

(b) 전송되는 데이터가 1일 확률과 0일 확률이 동일하다고 할 때 수신기의 비트오류 확률을 구하라.

9.13 문제 9.12의 통신 시스템에서 비트오류 확률을 1/10 배로 줄이려면 송신 데이터의 전압을 몇 배로 해야 하는가?

9.14 다음과 같은 양극성 NRZ 신호를 가정하자.

$$s(t) = \begin{cases} s_1(t) = +5 & \text{for } 0 \le t \le T_b \\ s_2(t) = -5 & \text{for } 0 \le t \le T_b \end{cases}$$

채널을 통하여 PSD가 $N_0/2 = 10^{-5}$ W/Hz 인 AWGN 잡음이 신호에 더해진다고 가정하자. 수신기는 정합 필터로 구현한다고 하자. 비트오류 확률이 $P_b \le 10^{-3}$ 이 되도록 하는 최대 비트율을 구하라.

9.15 이진 통신 시스템이 정보 비트에 따라 그림 P9.15와 같은 두 개의 신호를 전송한다. 채널을 통하여 PSD가 $N_0/2 = 10^{-4}$ W/Hz 인 AWGN 잡음이 신호에 더해진다고 하자.

(a) 한 개의 정합 필터로써 수신기를 구현하는 경우 정합 필터의 임펄스 응답을 구하고 파형을 그려보라.

(b) 필터 출력으로부터 비트 판정을 하기 위한 문턱값을 구하라.

(c) 수신기의 비트오류 확률을 구하라.

(d) 신호의 진폭을 두 배로 하면 비트오류 확률은 어떻게 변화하는가?

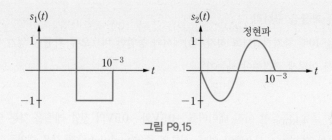

그림 P9.15

9.16 이진 통신 시스템이 정보 비트에 따라 그림 P9.16과 같은 두 개의 신호를 전송한다. 채널을 통하여 PSD가 $N_0/2 = 10^{-4}$ W/Hz 인 AWGN 잡음이 신호에 더해진다고 하자.

(a) 한 개의 정합 필터로써 수신기를 구현하는 경우 정합 필터의 임펄스 응답을 그려보라.

(b) 필터 출력을 T에서 표본화할 때 신호 성분의 값과 잡음 성분의 전력을 구하라.

(c) 필터 출력으로부터 비트를 결정하기 위한 문턱값을 구하라.

(d) 수신기의 비트오류 확률을 구하라.

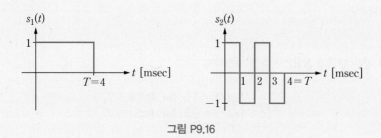

그림 P9.16

9.17 이진 통신 시스템이 정보 비트에 따라 그림 P9.17과 같은 두 개의 신호를 전송한다. 여기서 $0 \le \tau \le T/2$이다. 채널을 통하여 PSD가 $N_0/2$인 AWGN 잡음이 신호에 더해진다.

(a) 한 개의 정합 필터로써 수신기를 구현하는 경우 정합 필터의 임펄스 응답을 그려보라.

(b) 한 개의 상관기를 사용하여 수신기를 구현하는 경우 수신 신호를 어떤 신호와 상관을 구해야 하는가?

(c) 수신기의 비트오류 확률을 τ와 N_0의 함수로 표현하라. 비트오류 확률이 최소인 경우와 최대인 경우는 τ가 어떤 값을 가질 때인가?

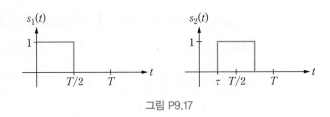

그림 P9.17

9.18 다음과 같은 신호 파형을 사용하는 이진 디지털 통신 시스템이 있다.

$$s(t) = \begin{cases} s_1(t) = \sin 1000\pi t & 0 \le t \le 10^{-3} & \text{for binary 1} \\ s_2(t) = -\sin 1000\pi t & 0 \le t \le 10^{-3} & \text{for binary 0} \end{cases}$$

수신기에는 PSD가 $N_0/2 = 10^{-4}$ W/Hz 인 AWGN 잡음이 신호에 더해져서 들어온다고 하자.

(a) 한 개의 정합 필터로써 수신기를 구현하는 경우 정합 필터의 임펄스 응답을 그려보라.

(b) $s_1(t)$와 $s_2(t)$가 전송된 각 경우에 대하여 $t = T = 10^{-3}$에서 정합 필터 출력의 신호 성분을 구하라. 출력에 포함된 잡음 성분의 평균과 분산을 구하라.

(c) 수신기의 비트오류 확률을 구하라.

9.19 다음과 같은 양극성 NRZ 신호 파형을 사용하는 이진 디지털 통신 시스템이 있다.

$$s(t) = \begin{cases} s_1(t) = +A & 0 \le t \le T_b & \text{for binary 1} \\ s_2(t) = -A & 0 \le t \le T_b & \text{for binary 0} \end{cases}$$

채널을 통하여 PSD가 $N_0/2 = 10^{-5}$ W/Hz 인 AWGN 잡음이 신호에 더해진다고 가정하자. 정합 필터로 구성한 수신기의 비트오류 확률이 $P_b \le 10^{-4}$이 되도록 하고자 한다. 신호의 진폭을 $A = 5$V 로 가정하고 전송 가능한 최대 비트율를 구하라.

9.20 문제 9.19에서 신호의 진폭을 두 배로 증가시킨다고 하자. 동일한 비트오율 성능이 가능하기 위해서 전송 비트율이 영향을 받는가? 받는다면 얼마나 변화하는가?

9.21 그림 P9.21과 같은 신호 파형을 사용하는 이진 디지털 통신 시스템이 있다.

$$s(t) = \begin{cases} s_1(t) & \text{for binary 1} & 0 \le t \le T \\ s_2(t) & \text{for binary 0} & 0 \le t \le T \end{cases}$$

(a) 한 개의 상관기를 사용하여 수신기를 구현하는 경우 수신 신호를 어떤 신호와 상관을 구해야 하는가?

(b) $s_1(t)$와 $s_2(t)$가 전송된 각 경우에 대하여 상관기의 출력을 그려보라.

(c) 한 개의 정합 필터로써 수신기를 구현하는 경우 정합 필터의 임펄스 응답을 그려보라.

(d) $s_1(t)$와 $s_2(t)$가 전송된 각 경우에 대하여 정합 필터의 출력을 $0 \leq t < \infty$에 대하여 그려보라.

(e) AWGN 채널 환경에서 수신기의 비트오류 확률을 평균 비트 에너지 E_b와 잡음의 PSD N_0를 사용하여 표현하라.

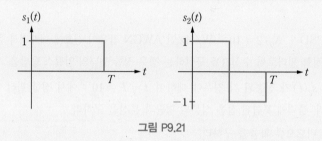

그림 P9.21

9.22 그림 P9.22와 같은 신호 파형을 사용하는 이진 디지털 통신 시스템을 가정하고 문제 9.21을 반복하라.

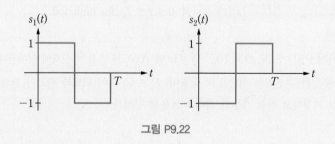

그림 P9.22

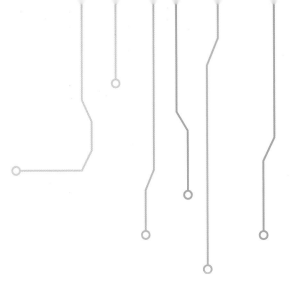

CHAPTER 10
디지털 대역통과 변조

contents

10 디지털 대역통과 변조

지금까지 디지털 신호를 주파수대를 변화시키지 않고 기저대역 상에서 전송하는 방법에 대해 알아보았다. 기저대역 신호는 저주파수 영역에 대부분의 전력이 집중되어 있기 때문에 구리선, 동축 케이블, 광섬유 케이블 등의 유선 전송에 적합하다. 그러나 방송, 이동 통신, 위성 통신과 같이 무선 채널을 통해 전송하는 경우 저주파대 스펙트럼을 효과적으로 전파시키기 위한 안테나의 크기가 비현실적으로 크다. 필요한 안테나의 직경은 신호 주파수에 반비례하기 때문에 안테나의 크기를 줄이기 위해서는 신호의 스펙트럼을 저주파대에서 고주파대로 천이시킬 필요가 있다. 또한 전송 매체의 대역폭을 분할하여 신호들을 다른 주파수대로 천이시킴으로써 신호 간 간섭 없이 동시에 여러 사용자의 메시지를 전송할 수 있게 된다. 대역통과 특성을 가진 통신 채널을 통해 메시지 신호를 전송하는 경우 그 채널의 특성에 적합하도록 반송파를 디지털 메시지 신호에 의해 변조시키는데 이를 디지털 대역통과 변조라 부른다.

앞서 아날로그 변조에서 고주파 정현파를 반송파로 사용하여 기저대역 메시지 신호를 고주파수 대역으로 천이하는 방식들을 알아보았다. 아날로그 변조는 메시지 신호에 따라 반송파의 진폭, 순시 주파수, 위상을 변화시키는 AM, FM, PM으로 분류된다. 디지털 변조의 기본 형태는 AM, FM, PM에 대응하는 진폭천이 변조(ASK), 주파수천이 변조(FSK), 위상천이 변조(PSK)로 크게 나눌 수 있다. ASK 방식은 정보 데이터에 따라 반송파의 진폭을 변화시키는 것이며, FSK는 반송파의 주파수를, PSK는 반송파의 위상을 각각 변화시키는 변조 방식이다. 이 장에서는 정보 데이터의 비트 단위로 두 종류의 신호 중 하나를 전송하는 이진 디지털 변조 방식의 원리와 수신기의 구조 및 성능에 대해 알아보고, 여러 비트로 구성된 심볼 단위로 M개 신호 중의 하나를 전송하는 M진 디지털 변조는 다음 장에서 알아본다.

디지털 통신에서의 성능을 나타내는 지표로는 주어진 환경에서 얼마나 신뢰성 있게 정보를 전달하는가를 나타내는 비트오류 확률이 대표적이다. 동일한 전력을 사용하는 경우 비트오류 확률이 작은 변조 방식, 바꾸어 말하면 원하는 비트오율 성능을 얻기 위해 필요한 전력이 작은 변조 방식이 선호된다.

아날로그 정보 신호를 디지털로 변환할 때 정확도를 높이기 위해서는 많은 비트 수를 사용하는 것이 좋지만 통신 과정에서 전송할 데이터 양이 증가한다. 전송량이 많다는 것은 높은 데이터율을 의미하며, 이는 넓은 채널 대역폭을 요구한다. 그러나 주어진 전송로의 특성상 신호를 왜곡 없이 전송하기에 대역폭이 충분하지 않은 경우가 있으며, 또한 많은 사용자를 수용하거나 시스템 간 간섭을 줄이기 위하여 가용한 채널 대역폭을 제한하고 있다. 이러한 경우 요구되는 대역폭이 작은 변조 방식이 선호된다. 특히 무선 통신에서의 주파수 자원은 값이 비싸기 때문에 대역폭 효율이 좋은 변조 방식이 매우 중요하다. 다음 장에서는 대역폭 효율을 높이기 위한 M진 변조에 대해 알아본다.

10.1 진폭천이 변조(ASK)

진폭천이 변조 방식(Amplitude Shift Keying: ASK)은 정보 데이터에 의하여 반송파의 진폭을 결정하는 변조 방식이다. 이진 통신에서는 두 가지의 진폭이 사용되는데, 정보 비트가 1이면 반송파의 진폭을 A로 하고 정보 비트가 0이면 진폭을 0으로 한다. 따라서 이진 ASK(Binary ASK: BASK) 전송 신호는 다음과 같이 표현된다.

$$s(t) = \begin{cases} s_1(t) = A\cos(2\pi f_c t) & \text{for binary 1,} \ \ 0 \leq t \leq T_b \\ s_2(t) = 0 & \text{for binary 0,} \ \ 0 \leq t \leq T_b \end{cases} \tag{10.1}$$

이와 같은 이진 ASK 신호의 파형은 데이터가 1인 구간에서는 반송파가 있고 데이터가 0인 구간에서는 반송파가 없는 형태가 되므로 OOK(On-Off Keying) 변조라고 부르기도 한다.

10.1.1 ASK 신호의 발생

그림 10.1(a)에 이진 ASK 신호 파형의 예를 보인다. 이러한 신호는 그림 10.1(b)와 같이 정보 비트열로부터 단극성 NRZ로 부호화한 기저대역 신호를 DSB 변조하여(즉 혼합기를 사용하여 기저대역 신호와 반송파를 곱해서) 발생시키거나, 그림 10.1(c)와 같이 스위치를 동작시켜 반송파 신호를 전송/차단시키도록 하여 발생시킬 수 있다. 혼합기(mixer) 기반의 변조 방법은 선형 변조(linear modulation)로 분류되고, 스위치 기반의 변조 방법은 비선형 변조로 분류된다. 두 방법 중 어느 것이 유리한지는 후에 알아보기로 한다.

(a) ASK 파형

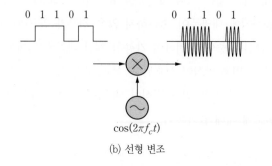

(b) 선형 변조

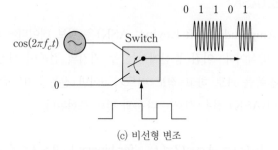

(c) 비선형 변조

그림 10.1 ASK 신호 파형과 ASK 신호의 발생 방법

OOK 신호는 단극성 NRZ 신호를 DSB 변조한 형태이기 때문에 전력 스펙트럼은 단극성 NRZ 신호의 스펙트럼을 $\pm f_c$ 만큼 천이한 것과 같다. 단극성 NRZ 신호의 전력 스펙트럼은 $f = 0$ 에 임펄스가 있으므로 OOK 파형의 전력 스펙트럼은 반송 주파수 $\pm f_c$ 의 위치에 임펄스가 존재한다. 구체적으로 OOK 신호의 PSD를 표현해보자. 먼저 단극성 NRZ 신호의 PSD는 식 (8.19)로부터

$$S_{unipolar}(f) = \frac{T_b}{4}\operatorname{sinc}^2(fT_b) + \frac{1}{4}\delta(f) \tag{10.2}$$

가 된다. OOK 신호는 단극성 NRZ 신호에 $A\cos 2\pi f_c t$ 를 곱한 것이므로 식 (3.139)에 의해 다음과 같이 된다.

$$S_{OOK}(f) = A^2 \cdot \frac{1}{4}[S_{unipolar}(f-f_c)+S_{unipolar}(f+f_c)]$$

(10.3)

$$= \frac{A^2}{16}[T_b \operatorname{sinc}^2((f-f_c)T_b)+T_b \operatorname{sinc}^2((f+f_c)T_b)+\delta(f-f_c)+\delta(f+f_c)]$$

그림 10.2에 OOK 신호의 전력 스펙트럼을 보인다. OOK 신호의 null-to-null 대역폭은 $W = 2/T_b$ Hz가 된다.[1] 따라서 구형파를 기본 펄스로 사용한 OOK 변조의 대역폭 효율은 $\eta = R_b/W = 0.5$ bit/sec/Hz가 된다. 구형파를 사용한 OOK 신호의 전력 스펙트럼은 부엽 (sidelobe) 크기가 상당히 커서 인접 시스템에 영향을 주거나, 대역폭이 작은 채널을 통과하면서 상당한 스펙트럼 손실이 발생하여 왜곡이 발생할 수 있다. 이 경우 OOK 신호를 필터에 통과시켜서 신호의 대역폭을 제한하거나, 펄스정형을 하여 부엽의 크기를 줄이는 방법을 사용하기도 한다. 그림 10.3(a)에 구형파를 사용한 이상적인 OOK 신호와 대역 제한된 OOK 신호 파형의 예를 보인다.

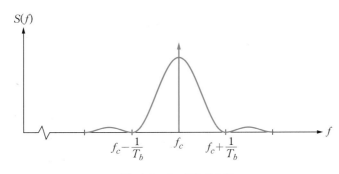

그림 10.2 ASK 신호의 PSD

그림 10.3(b)와 (c)에 대역 제한된 OOK 신호를 발생시키는 방법을 보인다. 한 가지 방법은 구형파 기반 OOK 신호를 발생시킨 다음 대역통과 필터를 통과하게 하는 방법이고, 다른 방법은 기저대역에서 저역통과 필터(또는 펄스정형 필터)를 통하여 사전에 스펙트럼을 제한한 다음에 반송파를 곱하는 방법이다. 앞서 OOK 신호를 발생시키는 두 가지 방법으로 스위칭 방법(비선형 변조)과 단극성 NRZ 신호 생성 후 DSB 변조하는 방법(선형 변조)을 알아보았다. 스위치는 비선형 소자로서 스위치를 구동시키는 펄스 파형이 반송파의 포락선으로 전달되지 않는다. 따라서 스위칭 방법에서는 기저대역 사전 필터링(pre-filtering)을 할 수 없으므로 대역 제한된 OOK 신호를 발생시키기 위해서는 그림 10.3(b)와 같이 구형파 기반 OOK 신호 생성 후 대역통과 필터링을 하는 방법을 사용해야 한다. 그런데 고주파대에서 좁은 통과대역

---

1) NRZ 신호의 first-null 대역폭은 $1/T_b$ 이다. 정현파를 곱하여 스펙트럼 천이를 시키면 대역폭이 두 배가 된다.

(passband)의 대역통과 필터를 제작하는 것은 상당한 비용이 소요된다. 예를 들어 이동통신 주파수대인 900MHz의 반송파 주파수를 사용하고 대역폭을 30kHz로 제한하는 대역통과 필터를 제작하는 경우 Q 인수(Quality factor)가 $900 \times 10^6 / 30 \times 10^3 = 30,000$ 이 되도록 요구되는데, 이러한 높은 Q 값의 필터는 크리스탈 필터로만 제작이 가능하다. 그러나 크리스탈 필터는 통과대역에서 진폭 리플 특성과 그룹 지연 특성이 나쁘다는 문제점이 있다. 또한 ISI가 발생하지 않도록 하기 위한 대역통과 제곱근 상승여현 필터(root raised cosine filter) 응답을 얻는 것은 매우 어렵다. 한편 선형 변조에서는 기저대역 펄스의 포락선이 반송파의 포락선에 그대로 전달된다. 따라서 단극성 NRZ 신호를 생성하고 DSB 변조하는 방법을 사용하면 그림 10.3(c)와 같이 대역제한 필터링을 기저대역에서 해도 되기 때문에(즉 대역통과 필터 대신 저역통과 필터를 구현하면 되기 때문에) 대역통과 필터를 구현할 때의 문제점이 발생하지 않는다.

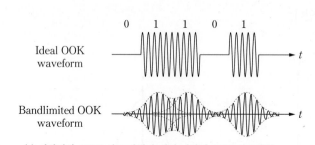

(a) 이상적인 OOK 신호 파형과 대역 제한된 OOK 신호파형

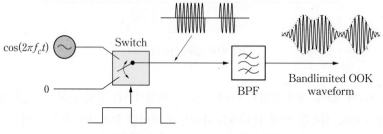

(b) 대역통과 필터를 사용한 신호 발생 방법

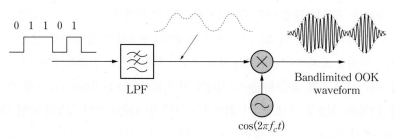

(c) 기저대역 필터를 사용한 신호 발생 방법

그림 10.3 대역 제한된 OOK 신호의 파형과 신호 발생 방법

10.1.2 ASK 신호의 동기식 복조

ASK 신호는 정보 비트열로부터 단극성 NRZ 신호를 생성하고 DSB 변조함으로써 만들어지므로 아날로그 DSB 신호의 복조와 동일한 방법을 사용하여 복조할 수 있다. 즉 수신 신호로부터 다시 기저대역 단극성 NRZ 신호를 복구한 다음, 1과 0의 데이터를 판정할 수 있다. 기저대역 신호를 복구하는 과정에서는 DSB 복조에서와 같이 동기식 검파와 비동기식 검파를 사용할 수 있다. 일단 단극성 NRZ 신호를 복원한 다음에는 9장에서 살펴보았던 기저대역 수신기 이론을 사용하여 데이터 비트를 복구할 수 있다. 즉 비트 구간 내에서 신호를 표본화하고 판정 문턱값과 비교하여 비트 판정을 하거나, 더욱 성능을 높이기 위하여 정합 필터 또는 상관기를 통하여 비트를 판정하면 된다.

지금까지 설명한 방법은 ASK 변조를 기저대역 디지털 변조와 대역통과 아날로그 변조의 독립된 과정으로 본 것으로, 수신기에서 각각의 역과정을 수행하도록 하는 것이다. 그러나 변조 과정을 거쳐 전송되는 신호는 결국 식 (10.1)과 같이 $s_1(t)$와 $s_2(t)$의 두 종류의 신호이므로 9장에서 알아보았던 일반적인 이진 신호에 대한 최적 수신기를 구현하여 효과적으로 복조할 수 있다. 여기서 최적 수신기는 두 신호의 차 $s_d(t) = s_1(t) - s_2(t)$를 가지고 정합 필터를 이용하거나 상관기를 이용하여 구현하면 된다.

먼저 정합 필터 또는 상관기를 이용한 수신기에 대하여 알아보자. 정합 필터 수신기와 상관 수신기는 등가이므로 상관 수신기를 가지고 설명한다. 그림 10.4에 식 (10.1)로 표현되는 신호에 잡음이 더해져서 수신되는 경우에 대한 상관 수신기의 구조를 보인다.

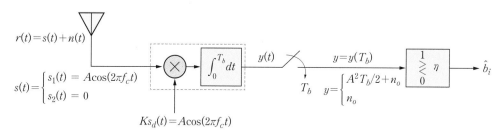

그림 10.4 상관 수신기를 이용한 OOK 신호의 복조

수신기 입력의 잡음 $n(t)$는 평균이 0인 부가성 백색 가우시안 잡음(Additive White Gaussian Noise: AWGN)이며 양측 전력스펙트럼밀도가 $S_n(f) = N_0/2$라 가정한다. 상관 수신기에서는 입력 신호와 $Ks_d(t) = K[s_1(t) - s_2(t)] = Ks_1(t)$와의 상관값을 구한다. 여기서 K는 임의의 상수이므로 그림 10.4에서는 간단히 $K = 1$로 하여 수신 신호와

$s_1(t) = A\cos(2\pi f_c t)$와의 상관값을 구하도록 하였다.[2] 상관기의 출력을 시간 T_b에서 표본한 값은 다음과 같이 표현된다.

$$y = y(T_b) = \begin{cases} a_1 + n_o = A^2 T_b/2 + n_o & \text{for binary 1} \\ a_2 + n_o = n_o & \text{for binary 0} \end{cases} \tag{10.4}$$

여기서 a_1과 a_2는 데이터가 각각 1과 0일 때 출력에 포함된 신호 성분이며, n_o는 AWGN 잡음 $n(t)$가 상관기를 거쳐 출력된 값으로 가우시안 확률변수가 된다. 잡음 성분 n_o는 평균이 0이고 분산은 다음과 같다.

$$\begin{aligned} \sigma^2 &= E\left[\left\{\int_0^{T_b} s_1(t)n(t)dt\right\}^2\right] = A^2 \int_0^{T_b}\int_0^{T_b} E[n(t)n(\tau)]\cos(2\pi f_c t)\cos(2\pi f_c \tau)dtd\tau \\ &= A^2 \int_0^{T_b}\int_0^{T_b} \frac{N_0}{2}\delta(t-\tau)\cos(2\pi f_c t)\cos(2\pi f_c \tau)dtd\tau \\ &= \frac{A^2 N_0 T_b}{4} \end{aligned} \tag{10.5}$$

따라서 상관기의 출력, 즉 결정변수 y는 평균이 $A^2 T_b/2 = a_1$ 또는 $0 = a_2$ 이고 분산은 σ^2인 가우시안 확률변수가 된다. 그림 10.5에 결정변수 y의 확률밀도함수를 보인다.

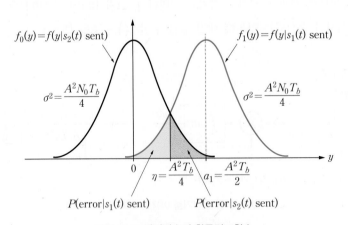

그림 10.5 결정변수의 확률밀도함수

가우시안 확률밀도함수의 대칭성으로부터 정보 비트의 판정을 위한 문턱값은

---

2) K가 임의의 상수이므로 상관기와 곱하는 신호를 $Ks_d(t) = \cos(2\pi f_c t)$와 같이 반송파만 곱하는 것이 일반적이다.

$$\eta = \frac{a_1 + a_2}{2} = \frac{A^2 T_b}{4} \qquad (10.6)$$

가 된다. 이제 수신기의 비트오류 확률을 구해보자. 두 신호의 에너지는

$$E_1 = \int_0^{T_b} s_1^2(t)dt = \frac{A^2 T_b}{2}$$
$$E_2 = \int_0^{T_b} s_2^2(t)dt = 0 \qquad (10.7)$$

이며, 1과 0의 데이터가 동일한 확률로 주어진다면 평균 비트 에너지는

$$E_b = E_1 \times \frac{1}{2} + E_2 \times \frac{1}{2} = \frac{A^2 T_b}{4} = \frac{E_1}{2} \qquad (10.8)$$

가 된다. 한편 상관함수는 $s_2(t) = 0$ 이므로

$$\gamma = \int_0^{T_b} s_1(t)s_2(t)dt = 0 \qquad (10.9)$$

이 된다. 그러므로 식 (9.61)로부터 비트오류 확률은 다음과 같다.

$$\boxed{\begin{aligned} P_b &= Q\Big(\frac{a_1}{2\sigma}\Big) = Q\Big(\sqrt{\frac{E_1}{2N_0}}\Big) \\ &= Q\Big(\sqrt{\frac{E_b}{N_0}}\Big) \end{aligned}} \qquad (10.10)$$

이것은 단극성 NRZ 방식의 성능과 동일하다. OOK 신호는 단극성 NRZ 신호를 DSB 변조한 것으로, 반송파를 곱하는 것은 주파수 상에서 스펙트럼의 천이만 일어날 뿐 성능에는 영향을 미치지 않는다는 것을 알 수 있다.

상관 수신기에서는 $s_1(t) = A\cos(2\pi f_c t)$ 와 동일한 신호를 발생시켜서 수신 신호와 곱해주기 때문에 동기식(coherent) 수신기이다. 만일 수신 신호의 반송파와 $\Delta\theta$ 만큼 위상 오차가 있는 신호로써 수신기를 구현한다면 상관기 출력의 신호 성분은 데이터가 1인 경우

$$a_1 = \int_0^{T_b} A\cos(2\pi f_c t) \cdot A\cos(2\pi f_c t + \Delta\theta)dt = \frac{A^2 T_b}{2}\cos\Delta\theta \qquad (10.11)$$

이고, 데이터가 0인 경우

$$a_2 = 0 \tag{10.12}$$

이 된다. 한편 잡음 성분 n_o 의 평균과 분산은 변화가 없다. 그러므로 비트오류 확률은

$$P_b = Q\left(\frac{a_1}{2\sigma}\right) = Q\left(\sqrt{\frac{E_b}{N_0}\cos^2\Delta\theta}\right) \tag{10.13}$$

가 된다. 따라서 위상 오차가 있으면 비트오류 확률이 증가한다. 극단적으로 $\Delta\theta = 90°$ 의 오차가 있으면 $a_1 = 0$ 가 되어 a_2 와 같아져서 비트오류 확률은

$$P_b = Q(0) = 0.5 \tag{10.14}$$

로 최대가 된다.

10.1.3 ASK 신호의 비동기식 복조

지금까지 동기식 검파를 사용한 OOK 신호의 복조에 대해 알아보았다. 이번에는 비동기식 검파를 사용하여 OOK 신호를 복조할 수 있는지 알아보자. 아날로그 진폭 변조에서 메시지 신호가 항상 0 이상인 경우에는 AM 변조된 신호의 포락선 모양은 메시지 신호의 파형과 동일하다. 따라서 수신 신호의 반송파와 동기된 국부 발진기를 사용하지 않고 포락선 검파기만 이용하여 메시지 신호를 복원할 수 있다. OOK 신호의 파형도 반송파가 있다가 없다가 하는 형태이므로 포락선만 알면 기저대역 신호 파형을 알 수 있고, 결과적으로 메시지 비트들을 복구할 수 있다. 그림 10.6에 AM 변조에서 많이 사용되는 포락선 검파기를 이용하여 OOK 신호를 비동기식으로 복조하는 수신기의 예를 보인다.

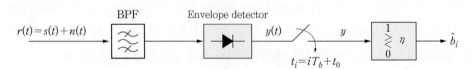

그림 10.6 포락선 검파기를 이용한 OOK 신호의 비동기식 복조

그림 10.6의 비동기식 수신기의 비트오율 성능을 분석해보자. 먼저 정보 비트가 0인 경우

출력의 통계적 특성을 살펴보자. 정보 비트가 0인 경우 대역통과 필터에는 AWGN 잡음 $n(t)$만 입력된다. 따라서 포락선 검출기의 입력은 대역통과 특성의 가우시안 잡음이 된다. 대역통과 가우시안 잡음은 다음과 같이 표현된다.

$$n_o(t) = n_c(t)\cos 2\pi f_c t - n_s(t)\sin 2\pi f_c t$$
$$= \rho(t)\cos[2\pi f_c t + \phi(t)] \qquad (10.15)$$

여기서 $n_c(t)$와 $n_s(t)$는 평균이 0인 독립 가우시안 랜덤 프로세스이며, 전력은

$$\sigma^2 = E[n_o^2(t)] = E[n_c^2(t)] = E[n_s^2(t)] \qquad (10.16)$$

이다. 대역통과 필터를 나이퀴스트 최소 대역폭 $B = 1/T_b$ Hz의 이상적인 필터라고 가정하면 출력 잡음의 전력은

$$\sigma^2 = \frac{N_0}{2} \times 2B = \frac{N_0}{T_b} \qquad (10.17)$$

가 된다. 6장에서는 서로 독립인 가우시안 랜덤 프로세스 $n_c(t)$와 $n_s(t)$로부터 만들어진 $\rho(t) = \sqrt{n_c^2(t) + n_s^2(t)}$ 가 Rayleigh 분포를 가진 랜덤 프로세스라는 것을 알아보았다. 그러므로 그림 10.6에서 포락선 검출기의 출력을 표본한 y는 Rayleigh 분포를 가진 확률변수가 된다. 즉 y는 다음과 같은 확률밀도함수를 가진다.

$$f_0(y) = \frac{y}{\sigma^2} \exp\left[-\frac{y^2}{2\sigma^2}\right], \quad y \geq 0 \qquad (10.18)$$

이번에는 정보 비트가 1인 경우에 대해 포락선 검출기 출력의 통계적 특성을 알아보자. 수신 신호는 $r(t) = A\cos 2\pi f_c t + n(t)$이며, 대역통과 필터를 통과하게 되면 출력은

$$A\cos 2\pi f_c t + n_o(t) = A\cos 2\pi f_c t + n_c(t)\cos 2\pi f_c t - n_s(t)\sin 2\pi f_c t \qquad (10.19)$$

가 된다. 6장의 결과에 의하여 포락선 $\rho(t) = \sqrt{(A + n_c(t))^2 + n_s^2(t)}$ 는 Ricean 분포를 가진 랜덤 프로세스이다. 그러므로 그림 10.6에서 포락선 검출기의 출력을 표본한 y는 Ricean 분포를 가진 확률변수가 된다. 즉 y는 다음과 같은 확률밀도 함수를 가진다.

$$f_1(y) = \frac{y}{\sigma^2} \exp\left(-\frac{y^2 + A^2}{2\sigma^2}\right) \cdot I_0\left(\frac{Ay}{\sigma^2}\right) \tag{10.20}$$

이상의 결과로부터 포락선 검출기 출력의 확률밀도함수는 그림 10.7과 같다.

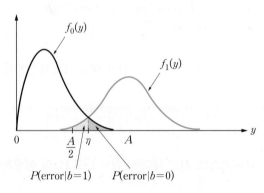

그림 10.7 포락선 검출기 출력의 확률밀도함수

정합 필터 수신기의 경우와 달리 포락선 검출기 출력의 확률밀도함수는 대칭적이지 않으므로 비트 판정을 위한 문턱값은 $A/2$가 되지 않는다. 비트 판정을 위한 판정 문턱값 η는 두 확률밀도 함수 $f_0(y)$와 $f_1(y)$가 교차하는 점이다. 따라서 η는 다음으로부터 구한다.

$$\frac{\eta}{\sigma^2} \exp\left[-\frac{\eta^2}{2\sigma^2}\right] = \frac{\eta}{\sigma^2} \exp\left(-\frac{\eta^2 + A^2}{2\sigma^2}\right) \cdot I_0\left(\frac{A\eta}{\sigma^2}\right) \tag{10.21}$$

즉 다음을 만족하는 η를 구하면 된다.

$$\exp\left(-\frac{A^2}{2\sigma^2}\right) \cdot I_0\left(\frac{A\eta}{\sigma^2}\right) = 1 \tag{10.22}$$

이 수식은 다음과 같은 근사식으로 표현된다.

$$\eta = \frac{A}{2}\sqrt{1 + \frac{8\sigma^2}{A^2}} \tag{10.23}$$

한편 OOK 신호에서 평균 비트 에너지는 $E_b = A^2 T_b/4$이고 $\sigma^2 = N_0/T_b$이므로 식 (10.23)을 다시 표현하면 다음과 같이 된다.

$$\eta = \frac{A}{2}\sqrt{1+\frac{2}{E_b/N_0}} \tag{10.24}$$

그러므로 최적 판정 문턱값은 동기식 정합 필터 수신기처럼 주어진 A에 따라 고정된 것이 아니라 E_b/N_0에 따라 다르게 된다는 것을 알 수 있다. E_b/N_0가 충분히 큰 경우 판정 문턱값은 근사적으로 다음과 같이 된다.[3]

$$\eta = \frac{A}{2} \tag{10.25}$$

신호 성분의 전력이 잡음의 전력에 비해 충분히 큰 경우, 즉 $A \gg \sigma$인 경우(또는 $E_b/N_0 \gg 1$인 경우), y는 가우시안 확률변수로 근사화되어 식 (10.20)은

$$f_1(y) \cong \frac{1}{\sigma\sqrt{2\pi}} \exp\left(-\frac{(y-A)^2}{2\sigma^2}\right), \quad A \gg \sigma \tag{10.26}$$

와 같이 표현된다. 이 경우를 가정하고 비트오류 확률을 구해보자. 데이터가 0인 경우 비트 판정 오류가 발생할 확률은 다음과 같다.

$$\begin{aligned}
P(\text{error}|b=0) &= \int_{A/2}^{\infty} f_0(y)dy = \int_{A/2}^{\infty} \frac{y}{\sigma^2}\exp\left(-\frac{y^2}{2\sigma^2}\right)dy \\
&= \left[-\exp\left(-\frac{y^2}{2\sigma^2}\right)\right]_{A/2}^{\infty} = \exp\left(-\frac{A^2}{8\sigma^2}\right) = \exp\left(-\frac{1}{2}\frac{E_b}{N_0}\right)
\end{aligned} \tag{10.27}$$

데이터가 1인 경우 비트 판정 오류가 발생할 확률은 다음과 같다.

$$\begin{aligned}
P(\text{error}|b=1) &= \int_{-\infty}^{A/2} f_1(y)dy \cong \int_{-\infty}^{A/2} \frac{1}{\sigma\sqrt{2\pi}}\exp\left(-\frac{(y-A)^2}{2\sigma^2}\right)dy \\
&= Q\left(\frac{A}{2\sigma}\right) = Q\left(\sqrt{\frac{E_b}{N_0}}\right)
\end{aligned} \tag{10.28}$$

데이터가 1일 확률과 0일 확률이 동일하다고 가정하면 비트오류 확률은 다음과 같이 된다.

---

3) Ricean 분포에서 잡음에 비해 신호의 전력이 충분히 크면 가우시안 분포에 근사하게 된다.

$$P_b = P(\text{error}|b=0) \times P(b=0) + P(\text{error}|b=1) \times P(b=1)$$

$$= P(\text{error}|b=0) \times \frac{1}{2} + P(\text{error}|b=1) \times \frac{1}{2} \tag{10.29}$$

$$\cong \frac{1}{2}\left\{\exp\left(-\frac{1}{2}\frac{E_b}{N_0}\right) + Q\left(\sqrt{\frac{E_b}{N_0}}\right)\right\}$$

식 (10.27)과 식 (10.28)을 비교해 보면 $E_b/N_0 \gg 1$ 경우 0을 1로 잘못 판정할 확률이 1을 0으로 판정할 확률보다 더 크다. 예를 들어 $E_b/N_0 = 10$ 인 경우 식 (10.27)이 식 (10.28)에 비해 약 8.7배 정도 크다. 그러므로 식 (10.29)에서 전자의 확률이 후자의 확률에 비해 지배적이라는 것을 알 수 있다. 실제로 Q 함수에 대한 근사식

$$Q(x) \cong \frac{1}{x\sqrt{2\pi}}e^{-\frac{x^2}{2}}, \ x \gg 1 \tag{10.30}$$

을 사용하면 식 (10.29)의 비트오류 확률은 다음과 같이 근사화된다.

$$P_b \cong \frac{1}{2}\left\{1 + \frac{1}{\sqrt{2\pi E_b/N_0}}\right\}\exp\left(-\frac{1}{2}\frac{E_b}{N_0}\right)$$

$$\cong \frac{1}{2}\exp\left(-\frac{1}{2}\frac{E_b}{N_0}\right), \qquad\qquad E_b/N_0 \gg 1 \tag{10.31}$$

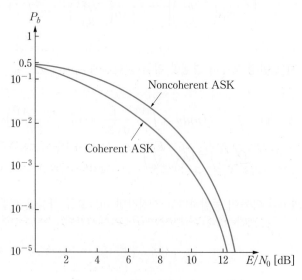

그림 10.8 ASK 변조 방식의 비트오류 확률

그림 10.8에 ASK 변조 방식의 비트오류 확률을 보인다. 비동기식 수신기는 구현이 간단하지만 동기식 정합필터 수신기에 비해 성능이 떨어진다. 동기식과 비동기식의 성능 차이는 1dB 이하이며, E_b/N_0가 클수록 성능 차이가 줄어드는 것을 알 수 있다.

지금까지 포락선 검출기를 이용한 비동기식 수신기의 구조와 성능을 알아보았다. 그림 10.9와 그림 10.10에 다른 구조의 비동기식 수신기 구조를 보인다. 그림 10.9는 제곱법 검파기를 이용한 OOK 비동기식 수신기의 구조를 보인다. 잡음이 없다고 가정하면 제곱법 소자의 출력은 다음과 같이 표현된다.

$$y(t) = s^2(t) = s_{\text{base}}^2(t)\cos^2 2\pi f_c t = \frac{1}{2}s_{\text{base}}^2(t)(1 + \cos 4\pi f_c t) \qquad (10.32)$$

여기서 $s_{\text{base}}(t)$는 기저대역 단극성 NRZ 신호를 나타낸다. 저역통과 필터를 통과하게 되면

$$z(t) = \frac{1}{2}s_{\text{base}}^2(t) \qquad (10.33)$$

가 된다. 따라서 $z(t)$는 데이터에 따라 $A^2/2$ 또는 0의 값을 가지므로 $z(t)$를 비트 구간 내에서 표본화하여 문턱값과 비교하면 정보 데이터를 복구할 수 있다. 여기서 유의할 것은 저역통과 필터의 차단 주파수이다. 신호를 제곱하면 스펙트럼은 주파수 영역에서 컨볼루션이므로 대역폭이 두 배가 된다. 그러므로 식 (10.33)에서 $z(t)$의 대역폭은 기저대역 단극성 NRZ 신호의 대역폭의 두 배에 이르므로 저역통과 필터의 차단 주파수를 이에 맞도록 결정해야 한다. 이와 같은 제곱법 검파는 앞서 살펴본 포락선 검파와 마찬가지로 기저대역 신호 $s_{\text{base}}(t)$가 항상 0 이상인 단극성 신호일 때만 가능하다.

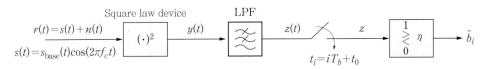

그림 10.9 제곱법 검파기를 이용한 OOK 비동기식 수신기

그림 10.10에 또 다른 형태의 비동기식 검파기로서 직교 검파기(quadrature detector)의 구조를 보인다. 수신기에서는 반송파와 동일한 주파수의 국부 발진기가 필요하지만 반송파와 위상을 동기시킬 필요가 없다. 따라서 이 방식의 수신기는 비동기식으로 분류된다. 수신 신호의

반송파 위상은 θ이며 수신기에서는 이 값이 알려져 있지 않다고 가정한다. 두 개의 저역통과 필터 출력은 동기 검파에서와 같이

$$y_c(t) = \frac{1}{2} s_{\text{base}}(t) \cos \theta$$
$$y_s(t) = \frac{1}{2} s_{\text{base}}(t) \sin \theta \tag{10.34}$$

와 같이 표현되며, 각각을 제곱하여 더하여 얻어지는 $z(t)$는 다음과 같이 된다.

$$z(t) = \frac{1}{4} s_{\text{base}}^2(t)(\cos^2 \theta + \sin^2 \theta) = \frac{1}{4} s_{\text{base}}^2(t) \tag{10.35}$$

그러므로 $z(t)$를 비트 구간 내에서 표본화하여 데이터를 복구할 수 있다.

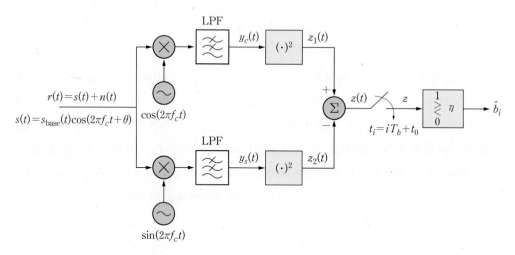

그림 10.10 직교 검파기를 이용한 OOK 비동기식 수신기

10.2 주파수천이 변조(FSK)

주파수천이 변조 방식(Frequency Shift Keying: FSK)은 정보 데이터에 의하여 반송파의 순시 주파수가 여러 값 사이에서 천이되도록 하는 변조 방식이다. 이진 FSK 변조의 경우 변조된 신호는 두 개의 순시 주파수를 갖는다. 이진 FSK 신호는 다음과 같이 표현할 수 있다.

$$s(t) = \begin{cases} s_1(t) = A \cos(2\pi f_1 t) & \text{for binary 1,} \quad 0 \le t \le T_b \\ s_2(t) = A \cos(2\pi f_2 t) & \text{for binary 0,} \quad 0 \le t \le T_b \end{cases} \tag{10.36}$$

FSK 신호는 진폭이 일정하기 때문에 채널의 진폭 변화에 덜 민감하다. FSK는 두 개의 서로 다른 주파수를 사용하여 정보를 전달하므로 수신기에서는 두 개의 주파수 중 어느 주파수로 들어오는지만 검출하면 되므로 간단히 수신기를 구성할 수 있으며 진폭 왜곡에 상당히 강인하다.

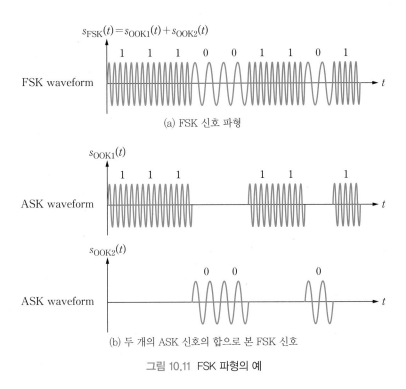

(a) FSK 신호 파형

(b) 두 개의 ASK 신호의 합으로 본 FSK 신호

그림 10.11 FSK 파형의 예

그림 10.11(a)에 이진 FSK 신호 파형의 예를 보인다. 이 예에서는 기저대역 신호로 기본적인 사각 펄스를 사용한 경우이며, 보통 ISI를 제거하거나 대역 제한을 위해 펄스 정형을 하여 전송한다. 그림 10.11(a)의 FSK 파형은 그림 10.11(b)와 같이 반송 주파수가 서로 다른 두 개의 OOK 신호의 합으로 볼 수 있다. 그러므로 FSK 신호의 전력 스펙트럼은 그림 10.12에 보인 것과 같이 근사적으로 주파수 상에서 두 개의 ASK 스펙트럼이 더해진 형태가 된다. 따라서 FSK 신호의 대역폭은 근사적으로

$$B \cong f_1 - f_2 + \frac{2}{T_b} \, [\text{Hz}] \tag{10.37}$$

와 같이 되어 심볼의 길이뿐만 아니라 심볼 상태에 따라 할당된 두 개의 주파수 차

$\Delta f = f_1 - f_2$ 에도 관계된다. $\Delta f / f_c$ 가 큰 경우에는 두 ASK 신호의 스펙트럼이 겹치지 않으며 FSK 신호의 대역폭이 증가한다. 반대로 $\Delta f / f_c$ 가 작은 경우에는 두 ASK 신호의 스펙트럼이 겹쳐져서 FSK 신호의 대역폭이 감소한다. 그러나 이 경우 두 신호 사이에 간섭이 커져서 수신기의 성능이 떨어진다. 결과적으로 FSK 신호의 대역폭은 ASK 신호나 추후 살펴볼 PSK 신호의 대역폭에 비하여 넓다. FSK 신호는 심볼 상태가 변화하는(즉 1/0의 상태에서 0/1의 상태로 변화하는) 시점에서 위상의 불연속이 발생할 수 있다. 뒤에 언급되어 있지만 FSK 신호는 발생 방법에 따라 위상의 불연속이 발생할 수도 있고, 연속 위상이 보장되는 방법이 있다. 위상 불연속이 발생하는 FSK 신호의 경우 스펙트럼의 부엽(sidelobe) 에너지가 연속위상 FSK 신호에 비해 커지는 단점이 생긴다.

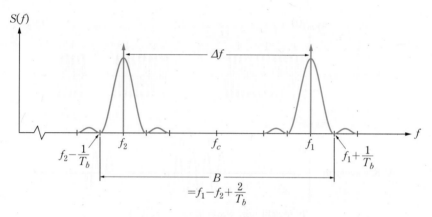

그림 10.12 FSK 신호의 전력 스펙트럼

10.2.1 FSK 신호의 발생

FSK 신호를 발생시키는 방법을 알아보자. 한 가지 방법은 그림 10.13(a)와 같이 1과 0에 대해 각기 다른 주파수를 할당하여 두 개의 신호를 발생시키고 스위치를 통해 데이터에 따라 신호를 선택하게 하는 방식이다. 그러나 이 방식에서는 스위칭 순간(즉 심볼 상태가 변하는 시점)에서 위상의 급격한 변화가 발생할 수 있다. 위상의 불연속은 스펙트럼에서 고주파 성분을 발생시켜서 전송 대역폭이 넓어진다. FSK 신호를 발생시키는 다른 방법은 그림 10.13(b)와 같이 VCO(Voltage Controlled Oscillator)를 사용하는 것이다. 이 방법을 사용하면 심볼 상태가 변하는 시점에서도 위상이 연속적이다. 이렇게 위상의 불연속이 발생하지 않는 FSK 방식을 CPFSK(Continuous Phase Frequency Shift Keying)라 한다.

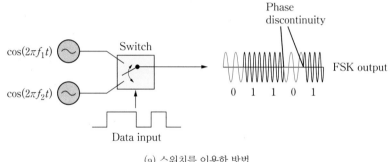

(a) 스위치를 이용한 방법

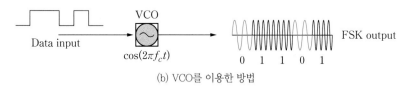

(b) VCO를 이용한 방법

그림 10.13 FSK 신호의 발생

10.2.2 FSK 신호의 동기식 복조

FSK 신호는 아날로그 FM에서 순시 주파수가 이산적인 값(이진 FSK에서는 두 개의 값)을 갖도록 제한된 경우로 볼 수 있다. 따라서 FSK 신호의 복조는 아날로그 FM 신호의 복조에서 사용되는 주파수 변별기, 직교 검파기, PLL을 이용한 검파기 등이 모두 사용될 수 있다. 그러나 기저대역 신호 파형의 재생이 아니라 메시지 비트 1 또는 0의 복구가 목적인 디지털 수신기를 위해서는 정합 필터를 사용하면 더욱 우수한 성능을 얻을 수 있다. FM 신호의 복조에서와 같이 FSK 신호는 동기식 검파기와 비동기식 검파기를 사용하여 복조할 수 있다. 먼저 동기식 정합 필터 수신기의 구조와 성능에 대해 알아보자.

최적 수신기는 임펄스 응답이 $Ks_d(T_b-t)$인 한 개의 정합 필터를 사용하거나 $Ks_d(t)$와 상관값을 구하는 단일 상관 수신기로 구현할 수 있다. 그러나 $s_d(t)=s_1(t)-s_2(t)$를 발생시키는 데 두 개의 발진기가 필요하고, 두 정현파 신호의 차를 발생시켜서 수신 신호와 곱하는 것보다는 각각의 정현파 신호와 수신 신호와 상관을 구하고 결과의 차를 구하는 것이 구현상 더 간단하다. FSK 복조를 위한 동기식 수신기의 구조를 그림 10.14에 보인다. 그림 10.14(a)는 정합 필터로 구현한 방식이며 (b)는 상관기로 구현한 방식이다.

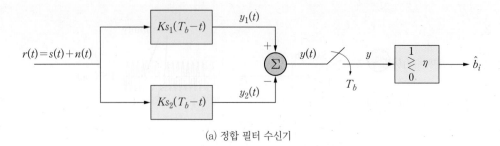

(a) 정합 필터 수신기

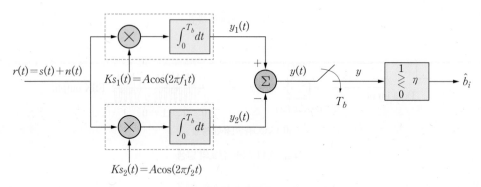

(b) 상관 수신기

그림 10.14 FSK 신호의 동기식 복조

　　FSK 정합필터 수신기의 비트오율 성능을 구해보자. 비트 판정기에 입력되는 결정변수 y의 확률밀도함수와 판정 문턱값을 구해보자. 결정변수는 $y = a + n_o$와 같이 신호 성분과 잡음 성분으로 표현할 수 있다. 신호 성분을

$$a = \begin{cases} a_1 & \text{for binary 1} \\ a_2 & \text{for binary 0} \end{cases} \tag{10.38}$$

와 같이 표현하고 a_1, a_2의 값과 n_o의 분산 σ^2을 구하자. 수신기의 비트오류 확률은 $(a_1 - a_2)/\sigma$의 함수로써 표현된다. 먼저 위쪽 상관기 출력의 통계적 특성을 알아보자. 데이터가 1인 경우 $s_1(t)$가 전송되므로 상관기 출력의 신호 성분은 다음과 같다.

$$a_u = \int_0^{T_b} s_1^2(t)dt = \int_0^{T_b} A^2 \cos^2 2\pi f_1 t dt = \frac{A^2}{2} \int_0^{T_b} [1 + \cos 4\pi f_1 t]dt = \frac{A^2 T_b}{2} \tag{10.39}$$

데이터가 0이라면 $s_2(t)$가 전송되므로 상관기 출력의 신호 성분은 다음과 같다.

$$a_u = \int_0^{T_b} s_1(t)s_2(t)dt = \int_0^{T_b} A^2(\cos 2\pi f_1 t \cdot \cos 2\pi f_2 t)dt$$

$$= \frac{A^2}{2}\int_0^{T_b}\{\cos 2\pi(f_1 - f_2)t + \cos 2\pi(f_1 + f_2)t\}dt$$

(10.40)

만일 $|f_1 - f_2| \gg 1/T_b$ 또는 $|f_1 - f_2| = n/2T_b$ 가 되도록 두 신호의 반송파 주파수를 선정한다면 식 (10.40)은 근사적으로 0이 된다. 잡음 성분 n_{ou} 는 평균이 0인 가우시안 확률변수이며 분산은

$$E[n_{ou}^2] = E\left[\left(\int_0^{T_b} n(t)s_1(t)dt\right)^2\right] = A^2 \int_0^{T_b}\int_0^{T_b} E[n(t)n(\lambda)]\cos 2\pi f_1 t \cos 2\pi f_1 \lambda dt d\lambda$$

$$= A^2 \int_0^{T_b}\int_0^{T_b} \frac{N_0}{2}\delta(t-\lambda)\cos 2\pi f_1 t \cos 2\pi f_2 \lambda dt d\lambda = \frac{A^2 T_b N_0}{4}$$

(10.41)

가 된다. 아래쪽 상관기의 통계적 특성도 같은 방법으로 구할 수 있다. 데이터가 1인 경우 $s_1(t)$ 가 전송되므로 상관기 출력의 신호 성분은

$$a_l = \int_0^{T_b} s_1(t)s_2(t)dt \simeq 0$$

(10.42)

이 되고, 데이터가 0인 경우는 $s_2(t)$ 가 전송되므로 상관기 출력의 신호 성분은

$$a_l = \int_0^{T_b} s_2^2(t)dt = \int_0^{T_b} A^2 \cos^2 2\pi f_2 t dt = \frac{A^2 T_b}{2}$$

(10.43)

이 된다. 잡음 성분 n_{ol} 은 평균이 0인 가우시안 확률변수이며 분산은

$$E[n_{ol}^2] = E\left[\left(\int_0^{T_b} n(t)s_2(t)dt\right)^2\right] = \frac{A^2 T_b N_0}{4}$$

(10.44)

이 된다. 그러므로 결정변수 $y = y_1 - y_2 = (a_u - a_l) + (n_{ou} - n_{ol})$ 는 가우시안 확률변수이며 평균은

$$a \triangleq a_{ou} - a_{ol} = \begin{cases} a_1 = A^2 T_b/2 - 0 = A^2 T_b/2 & \text{for binary 1} \\ a_2 = 0 - A^2 T_b/2 = -A^2 T_b/2 & \text{for binary 0} \end{cases}$$

(10.45)

이 된다. 독립적인 가우시안 확률변수의 합의 분산은 각 분산의 합과 같으므로 $n_o = n_{ou} - n_{ol}$ 의 분산은

$$\sigma^2 = E[n_o^2] = \frac{A^2 T_b N_0}{4} + \frac{A^2 T_b N_0}{4} = \frac{A^2 T_b N_0}{2} \tag{10.46}$$

이 된다. 그림 10.15에 결정변수의 확률밀도함수를 보인다. 비트 판정을 위한 문턱값은 다음과 같이 된다.

$$\eta = \frac{a_1 + a_2}{2} = 0 \tag{10.47}$$

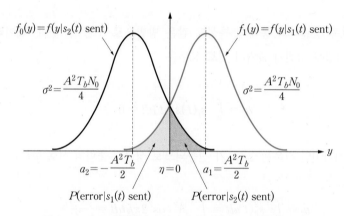

그림 10.15 FSK 정합 필터 수신기에서 결정변수의 확률밀도함수

수신기의 비트오류 확률을 결정하는 변수는 $(a_1 - a_2)/2\sigma$ 이다. 비트오류 확률은 식 (9.61) 로부터

$$P_b = Q\left(\frac{a_1 - a_2}{2\sigma}\right) = Q\left(\sqrt{\frac{(A^2 T_b)^2/4}{A^2 T_b N_0/2}}\right) = Q\left(\sqrt{\frac{A^2 T_b}{2N_0}}\right) \tag{10.48}$$

가 된다. 각 신호의 비트 에너지를 표현해보면

$$E_1 = \int_0^{T_b} s_1^2(t)dt = A^2 \int_0^{T_b} \cos^2 2\pi f_1 t dt = \frac{A^2}{2} \int_0^{T_b} [1 + \cos 4\pi f_1 t]dt \tag{10.49}$$
$$E_2 = \int_0^{T_b} s_2^2(t)dt = A^2 \int_0^{T_b} \cos^2 2\pi f_2 t dt = \frac{A^2}{2} \int_0^{T_b} [1 + \cos 4\pi f_2 t]dt$$

이 된다. 여기서 $f_1 \gg 1/T_b$, $f_2 \gg 1/T_b$를 만족한다면 $E_1 = E_2 \cong A^2 T_b/2$이 된다. 데이터가 1이 될 확률과 0이 될 확률이 동일하다고 가정하면 평균 비트 에너지는

$$E_b = \frac{E_1 + E_2}{2} = A^2 T_b/2 \tag{10.50}$$

이 된다. 그러므로 식 (10.48)을 평균 비트 에너지를 사용하여 다시 표현하면

$$P_b = Q\left(\sqrt{\frac{E_b}{N_0}}\right) \tag{10.51}$$

가 되어 ASK와 동일하게 표현된다.

이번에는 식 (9.64)를 사용하여 비트오류 확률을 다시 구해보자. 두 신호의 에너지는 동일하게 $E_1 = E_2 = E_b \cong A^2 T_b/2$이며, 두 신호의 상관 계수는

$$\begin{aligned} \rho &= \frac{\int_0^{T_b} s_1(t)s_2(t)dt}{E_b} = \frac{A^2 \int_0^{T_b} \cos 2\pi f_1 t \cdot \cos 2\pi f_2 t\, dt}{A^2 T_b/2} \\ &= \frac{1}{T_b}\int_0^{T_b}[\cos 2\pi(f_1 - f_2)t + \cos 2\pi(f_1 + f_2)t]dt \\ &= \frac{1}{T_b}\left[\int_0^{T_b} \cos(2\pi\Delta f t)dt + \int_0^{T_b} \cos(4\pi f_c t)dt\right] \end{aligned} \tag{10.52}$$

가 된다. 여기서 반송파 주파수 차는 $\Delta f = f_1 - f_2$이며, 두 신호의 주파수는 $f_1 = f_c + \Delta f/2$, $f_2 = f_c - \Delta f/2$와 같이 표현할 수 있다. 보통 $f_c T_b \gg 1$이므로 식 (10.52)의 고주파수 항은 무시할 수 있다. 따라서 상관 계수는 다음과 같이 된다.

$$\begin{aligned} \rho &\cong \frac{1}{T_b}\int_0^{T_b} \cos(2\pi\Delta f t)dt = \frac{1}{T_b}\frac{\sin(2\pi\Delta f T_b)}{2\pi\Delta f} \\ &= \operatorname{sinc}(2\Delta f T_b) \end{aligned} \tag{10.53}$$

그림 10.16에 두 신호의 상관 계수를 Δf의 함수로 나타낸 모양을 보인다. 식 (10.53)에서

$$2\pi\Delta f T_b = n\pi \tag{10.54}$$

를 만족하면, 즉 두 신호의 주파수 차가

$$\Delta f \triangleq f_1 - f_2 = \frac{n}{2T_b} \tag{10.55}$$

을 만족하면 두 신호는 서로 직교하여 상관 계수가 0이 된다. 따라서 비트오류 확률은 식 (9.60)에 $\rho = 0$을 대입하여 식 (10.51)과 같이 된다.

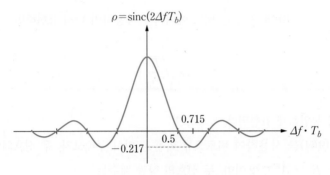

그림 10.16 FSK 신호의 상관 계수

과연 식 (10.51)이 동기식 FSK에서 얻을 수 있는 최적의 성능인가 살펴보자. 앞서 9장에서는 이진 통신 시스템의 비트오류 확률을 최소로 하기 위한 신호의 조건은 두 신호의 상관 계수 ρ가 −1에 가깝도록 하는 것임을 확인하였다. 그러므로 위에서 고려하였던 $\rho = 0$이 아니라 상관 계수를 음수로 만들 수 있다면 비트오류 확률을 더 작게 할 수 있다. 식 (10.53)에 의하면 신호의 상관 계수는 두 신호의 주파수 선택과 관련이 있다. 식 (10.53)에서 신호 간 상관 계수를 최소로 하는 주파수 조건을 구해보자. 식 (10.53)을 Δf에 대해 미분하면

$$\frac{d\rho}{d(\Delta f)} = \frac{1}{T_b} \frac{2\pi T_b \cos(2\pi \Delta f T_b) 2\pi \Delta f - \sin(2\pi \Delta f T_b) 2\pi}{(2\pi \Delta f)^2} \tag{10.56}$$

가 된다. 이 식을 0으로 하는 조건은

$$2\pi \Delta f T_b = \tan(2\pi \Delta f T_b) \tag{10.57}$$

이다. 이를 만족시키는 해는 $2\pi \Delta f T_b = 1.43\pi$이다. 따라서

$$\Delta f \cong \frac{0.715}{T_b} \tag{10.58}$$

의 조건을 만족하면 상관 계수는 최소가 되고, 이 때의 상관 계수는

$$\rho \cong \frac{\sin(\pi \times 2 \times 0.715)}{\pi \times 2 \times 0.715} \cong -0.217 \tag{10.59}$$

가 된다. 그러므로 식 (10.58)을 만족하도록 두 개의 반송파를 선정하면 최적의 성능을 얻을 수 있으며, 이 때의 비트오류 확률은 9장에서 유도한 식 (9.64)로부터 다음과 같이 된다.

$$P_b = Q\left(\sqrt{\frac{E(1-\rho)}{N_0}}\right)\Bigg|_{\rho = -0.217} = Q\left(\sqrt{\frac{1.217 E_b}{N_0}}\right) \tag{10.60}$$

그러나 식 (10.58)의 조건은 두 개의 신호 $s_1(t)$와 $s_2(t)$가 동일한 위상을 갖는다는 가정 하에 구한 조건이다. 만일 두 개의 신호가 위상차가 있어서

$$\begin{aligned} s_1(t) &= A\cos(2\pi f_1 t + \theta_1) \\ s_2(t) &= A\cos(2\pi f_2 t + \theta_2) \end{aligned} \tag{10.61}$$

와 같이 주어진다면(이것이 좀더 현실에 가까운 상황이다) 식 (10.52)의 상관 계수는

$$\rho \cong \frac{1}{T_b}\int_0^{T_b} \cos(2\pi \Delta f t + \Delta \theta)dt = \frac{\sin(2\pi \Delta f T_b + \Delta \theta) - \sin(\Delta \theta)}{2\pi \Delta f T_b} \tag{10.62}$$

와 같이 된다. 여기서 $\Delta \theta = \theta_1 - \theta_2$ 이다. 그러므로 식 (10.58)의 조건이 항상 상관 계수를 최소로 한다는 보장은 없으며 두 신호의 위상차에도 관계가 된다. 그러나 만일

$$\Delta f \cdot T_b = n \tag{10.63}$$

의 조건이 만족된다면 식 (10.62)는 위상차 $\Delta \theta$ 와 관계 없이 항상 0이 된다. 즉 FSK의 두 반송파 주파수를

$$\boxed{\Delta f \triangleq f_1 - f_2 = \frac{n}{T_b}} \tag{10.64}$$

이 되도록 선정한다면 위상차와 관계 없이 두 신호가 항상 직교하여 상관 계수 $\rho = 0$이 보장

된다.[4] 따라서 수신기의 성능은 두 반송파의 위상차와 무관하게 된다. 식 (10.64)의 조건이 만족된다면 FSK 수신기의 성능은 식 (9.64)로부터 다음과 같이 된다.

$$P_b = Q\left(\sqrt{\frac{E(1-\rho)}{N_0}}\right) = Q\left(\sqrt{\frac{E_b}{N_0}}\right) \tag{10.65}$$

이것은 단극성 NRZ 방식의 성능과 동일하며, 또한 동기식 ASK 변조 방식의 성능과 동일하다.

10.2.3 FSK 신호의 비동기식 복조

지금까지 정합 필터를 사용한 FSK 동기식 복조 방법을 알아보았다. 지금부터는 FSK 신호의 복조에서 두 반송파의 위상에 대한 정보를 필요로 하지 않는 비동기식 검파 방식에 대해 알아보기로 한다. FSK 변조에서 두 반송파 주파수는 두 신호가 서로 직교하도록, 즉 식 (10.64)가 만족되도록 선정되었다고 가정한다. 그림 10.17에 비동기식 수신기의 한 가지 방식으로 주파수 변별기를 이용한 FSK 복조기의 구조를 보인다. 이것은 앞서 5장에서 FM 신호를 복조하는 방식과 유사하다. 정현파 신호 $A\cos(2\pi ft)$를 미분하면 $-2\pi Af\sin(2\pi ft)$가 되어 진폭이 주파수에 비례하여 변화한다. 따라서 수신 신호를 미분하면 $s_1(t)$과 $s_2(t)$에 따라 출력의 포락선 크기에 차이가 생기며 이를 포락선 검파기로 검파함으로써 1과 0을 판별할 수 있다. 그림 10.18에 주파수 변별기 출력 파형의 예를 보인다. 그러나 이 복조 방식의 단점은 미분 특성의 소자를 사용하기 때문에 잡음의 고주파 성분이 크게 증가한다는 것이다.

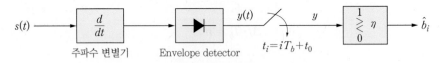

그림 10.17 **주파수 변별기를 이용한 비동기식 FSK 복조기**

---

4) 두 반송파가 직교할 조건은 위상차가 없는 경우에는 식 (10.55)이며, 위상차가 있는 경우는 식 (10.64)와 같다. 즉 식 (10.64)가 만족되면 두 반송파는 위상에 관계 없이 직교한다.

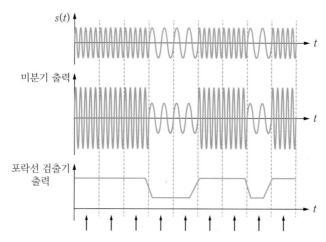

그림 10.18 주파수 변별기 및 포락선 검파기의 출력신호 파형의 예

다른 방식의 비동기식 FSK 복조기로 그림 10.17의 미분기 대신 두 개의 대역통과 필터를 사용하여 복조하는 방식을 그림 10.19(a)에 보인다. FSK 신호는 주파수가 각각 f_1, f_2인 두 개의 OOK 신호로 볼 수 있기 때문에 수신 신호를 중심 주파수가 각각 f_1, f_2인 두 개의 대역통과 필터를 사용하여 두 개의 OOK 신호로 분리시킬 수 있다. 각 OOK 신호에 대해 포락선 검파기를 통과시킨 다음 두 출력을 비교하여(또는 두 출력 신호의 차를 표본하여) 메시지 비트를 복구할 수 있다. 그림 10.19(b)에 대역통과 필터를 사용한 비동기식 FSK 수신기의 각 블록에서의 출력 파형을 보인다.

이제 비동기식 FSK 수신기의 비트오류 확률을 구해보자. 그림 10.19(a)의 FSK 복조기에서 각 대역통과 필터의 출력 $y_1(t)$, $y_2(t)$는 OOK 신호가 되므로 상하 포락선 검출기 출력 $z_1(t)$, $z_2(t)$의 통계적 특성은 앞 절의 비동기식 ASK 검파기에서 살펴본 결과를 이용하여 유추할 수 있다. 수신기에 FSK 신호와 PSD가 $N_0/2$인 AWGN 잡음 $n(t)$가 더해져서 입력된다고 하자. 정보 비트가 1이면 $z_1(t)$의 표본은 Ricean 분포 특성을 가지며, $z_2(t)$의 표본은 Rayleigh 분포 특성을 가진다. 즉 $z_1(t_i)$와 $z_2(t_i)$의 확률밀도함수는 각각

$$f_{z_1} = \frac{z_1}{\sigma^2} \exp\left(-\frac{z_1^2 + A^2}{2\sigma^2}\right) \cdot I_0\left(\frac{Az_1}{\sigma^2}\right)$$

$$f_{z_2} = \frac{z_2}{\sigma^2} \exp\left(-\frac{z_2^2}{2\sigma^2}\right), \quad z_2 \geq 0$$

(10.66)

가 된다. 반대로 정보 비트가 0이면 $z_1(t_i)$는 Rayleigh 분포를 가지고 $z_2(t_i)$는 Ricean 분포

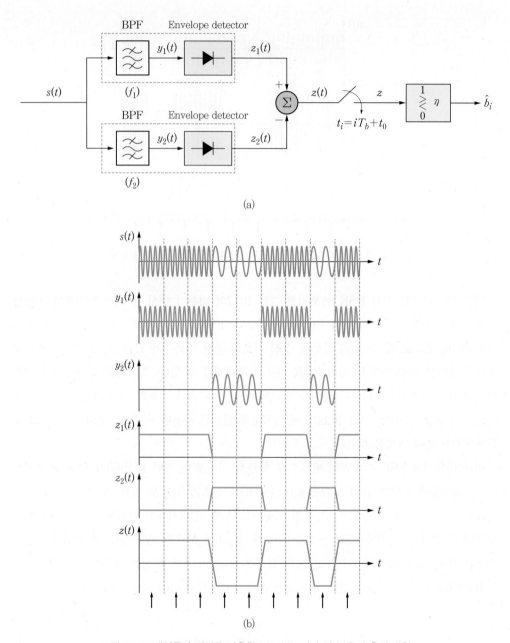

(a)

(b)

그림 10.19 대역통과 필터를 사용한 FSK 복조기와 각 블록의 출력 파형

를 가진다. 비트 판정기에서는 $z_1 > z_2$이면 1로 판정하고, $z_1 < z_2$이면 0으로 판정하면 된다. 또는 상하 포락선 검출기 출력의 차로부터 $z = z_1 - z_2 > 0$이면 1로 판정하고, $z < 0$이면 0으로 판정해도 된다. 즉 비트 판정 문턱값은 $\eta = 0$이 된다.

구체적으로 데이터 1이 전송되었다고 가정하고 비트 판정에서 오류가 발생할 확률을 구해보자. 이 때 z_1과 z_2의 확률밀도함수는 식 (10.66)과 같으며, 판정 오류는 $z_1 < z_2$인 경우 발생한다. 따라서 데이터가 1일 때 판정 오류 확률은

$$P(\text{error}|b=1) = P(0 < z_1 < \infty, \ z_1 < z_2)$$
$$= \int_0^\infty \int_{z_1}^\infty f_{z_1 z_2}(z_1, \ z_2) dz_2 dz_1 \tag{10.67}$$

이다. 그런데 z_1과 z_2가 서로 독립이므로 $f_{z_1 z_2}(z_1, z_2) = f_{z_1}(z_1) f_{z_2}(z_2)$이다. 따라서 식 (10.67) 은 다음과 같이 된다.

$$P(\text{error}|b=1) = \int_0^\infty \frac{z_1}{\sigma^2} \exp\left(-\frac{z_1^2 + A^2}{2\sigma^2}\right) I_0\left(\frac{Az_1}{\sigma^2}\right) dz_1 \cdot \int_{z_1}^\infty \frac{z_2}{\sigma^2} \exp\left(-\frac{z_2^2}{2\sigma^2}\right) dz_2$$
$$= \int_0^\infty \frac{z_1}{\sigma^2} \exp\left(-\frac{2z_1^2 + A^2}{2\sigma^2}\right) I_0\left(\frac{Az_1}{\sigma^2}\right) dz_1 \tag{10.68}$$

여기서 $x = \sqrt{2}z_1$, $v = A/\sqrt{2}$로 변수 치환을 하면 위의 식을 다음과 같이 표현할 수 있다.

$$P(\text{error}|b=1) = \frac{1}{2} \exp\left(-\frac{A^2}{4\sigma^2}\right) \int_0^\infty \frac{x}{\sigma^2} \exp\left(-\frac{x^2 + v^2}{2\sigma^2}\right) I_0\left(\frac{vx}{\sigma^2}\right) dx \tag{10.69}$$

가 된다. 식 (10.69)에서 우변의 적분 대상은 Ricean 확률밀도함수이므로 적분 값은 1이 된다. 그러므로 정보 비트가 1인 경우 수신기 판정 오류 확률은 다음과 같이 된다.

$$P(\text{error}|b=1) = \frac{1}{2} \exp\left(-\frac{A^2}{4\sigma^2}\right) \tag{10.70}$$

이번에는 정보 비트가 0인 경우 수신기에서 오류가 발생할 확률을 구해보자. 이 경우 $z_1(t_i)$는 Rayleigh 분포를 가지고 $z_2(t_i)$는 Ricean 분포를 가진다. 위에서 전개한 방법과 유사한 과정을 거쳐 데이터가 0일 때 판정 오류 확률은 다음과 같이 된다.

$$P(\text{error}|b=0) = \frac{1}{2} \exp\left(-\frac{A^2}{4\sigma^2}\right) \tag{10.71}$$

데이터가 1일 확률과 0일 확률이 동일하다면 수신기의 비트오류 확률은

$$P_b = \frac{1}{2} \exp\left(-\frac{A^2}{4\sigma^2}\right) \tag{10.72}$$

가 된다. 여기서 $\sigma^2 = N_0/T_b$ 이고, FSK 신호의 평균 비트 에너지는 $E_b = A^2 T_b/2$ 이므로 비트오류 확률을 다음과 같이 표현할 수 있다.

$$\boxed{P_b = \frac{1}{2} \exp\left(-\frac{E_b}{2N_0}\right)} \tag{10.73}$$

위의 결과는 비동기식 OOK 복조기에서 $E_b/N_0 \gg 1$ 에서의 성능과 동일하다. E_b/N_0 가 작은 경우 비동기식 OOK는 비동기식 FSK에 비해 성능이 다소 떨어진다. ASK에서와 마찬가지로 동기식 복조와 비동기식 복조의 성능 차이는 1dB 이하이며, E_b/N_0 가 클수록 성능 차이가 줄어든다.

추가 설명 | **ASK와 FSK의 비교**

ASK와 FSK을 비교해보자. 동기식 정합 필터 수신기의 비트오류 확률은 동일하게 $P_b = Q(\sqrt{E_b/N_0})$ 이며, 비동기식 수신기의 성능은 근사적으로 동일하게 식 (10.73)과 같이 된다. 비트 판정을 위한 최적 문턱값은 FSK의 경우에는 $\eta = 0$ 으로 고정되어 있지만, ASK의 경우 식 (10.24)와 같이 최적 문턱값이 E_b/N_0 에 따라 변화한다. 따라서 페이딩 채널 환경에서 ASK는 성능이 크게 떨어진다. FSK는 포락선이 일정하고 판정 문턱값이 0으로 고정된다는 장점이 있어서 ASK보다 선호된다. 그 외에 비동기식 ASK 복조에서는 1을 0으로 판정할 확률과 0을 1로 판정할 확률이 서로 다르지만 비동기식 FSK에서는 두 종류의 오류 확률이 동일하다. ASK에 비해 FSK의 단점은 신호의 대역폭이 더 크다는 것이다.

그림 10.20에 다른 형태의 비동기식 검파기인 FSK 직교 수신기(Quadrature receiver) 구조를 보인다. ASK 복조에서 알아보았던 ASK 직교 수신기와 다른 점은 주파수 성분이 두 개라는 것이다. 이 그림에서는 저역통과 필터 대신 적분기를 사용하였는데, 적분기는 일종의 저역통과 필터이므로 서로 교환하여 사용해도 된다. 상하 두 개의 블록에서 해당 주파수의 정현파 함수와 여현파 함수를 곱하여 적분한 다음 이를 제곱함으로써 분리된 ASK 신호의 포락선의 제곱을 추출한다. 두 개 블록의 출력을 비교함으로써 데이터 비트를 복구할 수 있다.

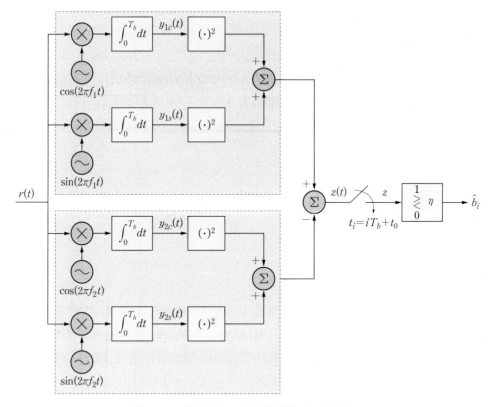

그림 10.20 비동기식 FSK 복조를 위한 직교 수신기 구조

그림 10.21에는 PLL(phase-locked loop)을 이용한 비동기식 FSK 복조 방식을 보인다. 아날로그 변복조에서 PLL의 중요성을 알아보았다. PLL은 디지털 통신에서도 반송파 동기 및 심볼 동기를 위해 많이 사용되는 중요한 소자이다. PLL은 크게 VCO(voltage controlled oscillator), 위상 검출기(phase detector), 루프 필터(loop filter)의 세 개 블록으로 구성되어 있다. VCO는 입력 전압에 비례하는 주파수의 정현파 신호를 발생시킨다. 위상 검출기는 두 입력 사이의 위상차에 비례하는 전압을 발생시키는데, 보통 곱셈기(multiplier)나 XOR 게이트를 이용하여 구현한다. 루프 필터는 피드백 회로의 특성을 제어한다. 그림 10.21의 FSK 수신기 동작을 살펴보자. PLL은 입력 신호의 위상과 VCO의 위상을 비교한다. 위상차에 의해 발생된 전압에 의하여 VCO의 주파수 및 위상을 변화시켜서 입력 신호와 동일하도록 만든다. 위상 검출기의 출력이 평균적으로 0이 되면 시스템은 안정된 정상 상태(steady state)에 도달하며, 이는 VCO가 입력 신호에 위상 동기되었다는 것을(phase-locked) 의미한다. 따라서 VCO 입력 신호의 파형을 표본하여 데이터를 복구하면 된다.

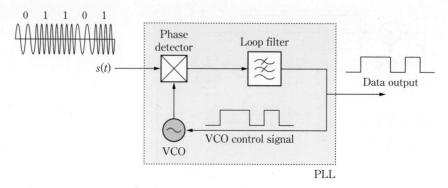

그림 10.21 PLL을 이용한 FSK 복조

10.3 위상천이 변조(PSK)

위상천이 변조(Phase Shift Keying: PSK)는 정보 데이터 심볼 값에 따라 반송파의 위상이 여러 가지 상태로 천이되도록 하는 변조 방법이다. 정보 데이터가 이진 비트열인 경우 전송되는 신호는 데이터에 따라 반송파의 위상이 둘 중 하나의 값으로 천이되는데, 이러한 변조 방식을 이진 위상천이변조(Binary Phase Shift Keying: BPSK)라 한다. BPSK 신호는 다음과 같이 표현할 수 있다.

$$s(t) = \begin{cases} s_1(t) = A\cos(2\pi f_c t + \theta_1), & 0 \le t \le T_b \ \text{(for binary 1)} \\ s_2(t) = A\cos(2\pi f_c t + \theta_2), & 0 \le t \le T_b \ \text{(for binary 0)} \end{cases} \tag{10.74}$$

즉 BPSK에서는 데이터에 따라 위상값이 다른 두 정현파 신호 $s_1(t)$와 $s_2(t)$가 전송된다. 여기서 각 신호의 위상 θ_1과 θ_2는 일정한 상수이며, 위상차는 임의로 정할 수 있지만 이에 따라 성능이 다르게 되므로 적절히 선택해야 한다. 수신기의 성능을 최대로 하기 위해서는 두 신호 사이의 상관 계수를 최소화시켜야 한다. 두 신호는 동일한 비트 에너지 $A^2 T_b/2$를 가지며 상관 계수는

$$\begin{aligned} \rho &= \frac{\int_0^{T_b} A^2 \cos(2\pi f_c t + \theta_1)\cos(2\pi f_c t + \theta_2)dt}{A^2 T_b/2} \\ &= \frac{A^2 \int_0^{T_b} \{\cos(\theta_1 - \theta_2) + \cos(4\pi f_c t + \theta_1 + \theta_2)\}dt}{A^2 T_b} \\ &= \cos(\theta_1 - \theta_2) \end{aligned} \tag{10.75}$$

가 되어 $\theta_1 - \theta_2 = \pi$ 일 때 상관 계수는 $\rho = -1$ 로 최소가 된다. 이 결과는 두 신호가 최대의 위상차, 즉 $180°$ 의 위상차를 가질 때 가장 구별이 잘 될 것이라는 직관과 일치한다. 이 때의 BPSK 신호는 다음과 같이 표현된다.

$$s(t) = \begin{cases} s_1(t) = A\cos(2\pi f_c t + \theta_1), & \text{for binary 1} \\ s_2(t) = A\cos(2\pi f_c t + \theta_1 + \pi) = -s_1(t), & \text{for binary 0} \end{cases} \tag{10.76}$$

여기서 임의의 상수 θ_1 은 0으로 가정해도 문제가 되지 않으므로 앞으로는 특별한 언급이 없으면 $\theta_1 = 0$ 으로 가정한다. 따라서 BPSK 신호는 간단히

$$s(t) = \pm A\cos 2\pi f_c t, \quad 0 \le t \le T_b \tag{10.77}$$

와 같이 표현되어, 데이터에 따라 신호의 부호가 결정된다. 그러므로 BPSK 신호는 기저대역 양극성 NRZ 신호를 DSB 변조하여(즉 양극성 NRZ 신호와 반송파 $A\cos 2\pi f_c t$ 를 곱하여) 발생시킬 수 있다.

10.3.1 BPSK 신호의 발생

그림 10.22에 BPSK 신호 파형의 예와 신호 발생 방법을 보인다. ASK 신호에서와 같이 위상 차가 있는 두 개의 정현파 사이를 데이터에 의해 제어되는 스위치로 연결하는 비선형 변조와 양극성 NRZ 신호를 발생시킨 후 DSB 변조하는 선형 변조 방식이 있다. ASK 변조에서 설명한 것과 같이 BPSK 신호의 대역을 제한할 필요가 있는 경우 스위칭 방식은 높은 Q 인수를 가진 대역통과 필터의 구현이 어렵기 때문에 바람직한 방식이 아니다. 선형 변조 방식은 필터링이 필요한 경우 기저대역에서 미리 저역통과 필터를 사용하여 펄스 정형을 하면 되므로 유리하다.

　단극성 NRZ 신호를 DSB 변조한 것이 OOK이고, 양극성 NRZ 신호를 DBS 변조한 것이 BPSK이므로 BPSK의 전력 스펙트럼은 양극성 NRZ 스펙트럼을 반송파 주파수대로 좌우 이동시킨 모양을 갖는다. 그림 10.23에 BPSK 신호의 전력 스펙트럼을 보인다. OOK와 전체적으로 모양이 같지만 반송파 주파수에서 임펄스가 없다는 점이 OOK의 진력 스펙드림과 다르다. 대역폭(null-to-null)은 OOK와 동일하게 $B = 2/T_b$ 이다. 구체적으로 BPSK 신호의 PSD를 표현해보자. 양극성 NRZ 신호의 PSD는 식 (8.11)로부터

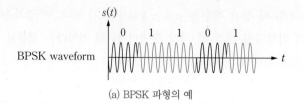

(a) BPSK 파형의 예

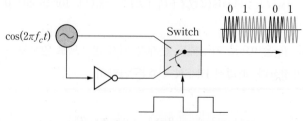

(b) 스위칭 방법에 의한 BPSK 신호의 발생

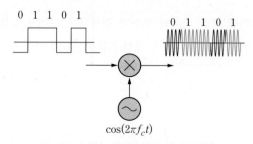

(c) 선형 변조를 이용한 BPSK 신호의 발생

그림 10.22 BPSK 신호 파형과 발생 방법

$$S_{polar}(f) = T_b \operatorname{sinc}^2(fT_b) \tag{10.78}$$

가 된다. BPSK 신호는 양극성 NRZ 신호에 $A\cos 2\pi f_c t$ 를 곱하여 얻어지므로 식 (3.139)를 이용하여 다음과 같은 BPSK 신호의 PSD가 얻어진다.

$$
\begin{aligned}
S_{BPSK}(f) &= A^2 \cdot \frac{1}{4}[S_{polar}(f-f_c) + S_{polar}(f+f_c)] \\
&= \frac{A^2 T_b}{4}[\operatorname{sinc}^2((f-f_c)T_b) + \operatorname{sinc}^2((f+f_c)T_b)]
\end{aligned}
\tag{10.79}
$$

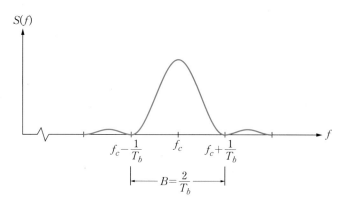

그림 10.23 BPSK 신호의 전력 스펙트럼

10.3.2 BPSK 신호의 복조

BPSK 변조는 기저대역 양극성 NRZ 신호를 DSB 변조한 것과 동일하므로 반송파를 발생시키고 수신 신호와 곱한 후 저역통과 필터를 통과시키는 동기식 DSB 검파기를 사용하여 다시 양극성 NRZ 신호를 복원시킨 후 비트를 판정하는 방법으로 복조할 수 있다. 동기식 검파를 위해서는 수신기에서 반송파를 재생하는 과정이 먼저 이루어져야 한다. PSK 변조는 위상에 정보가 있으므로 기본적으로 비동기식 검파가 불가능하다. 이러한 특성이 OOK나 FSK와 다른 점이라 할 수 있다.

정보 비트를 복구하는데 있어서 비트오율을 최소화하는 최적의 디지털 수신기는 이진 정합 필터나 상관기로써 구현할 수 있다. 그림 10.24에 정합 필터 수신기와 등가인 상관 수신기의 구조를 보인다. 여기서 $s_1(t)$과 $s_2(t)$는 식 (10.76)에 정의된 바와 같다. BPSK에서는 $s_2(t) = -s_1(t)$이므로 $s_d(t) = s_1(t) - s_2(t) = 2A\cos 2\pi f_c t$가 되어 그림 10.24(b)와 같이 한 개의 발진기와 한 개의 상관기만 가지고 수신기를 구성할 수 있다. 여기서 수신 신호와 곱하는 $Ks_d(t) = 2KA\cos 2\pi f_c t$ 신호는 K가 임의의 상수이므로 $K = 1/2$를 사용하여 구현한다고 가정하자.

상관 수신기에서 비트 판정을 위한 최적 문턱값과 수신기의 비트오율 성능을 구해보자. 수신기 입력의 잡음 $n(t)$는 평균이 0인 AWGN 프로세스이며 양측 전력스펙트럼밀도가 $S_n(f) = N_0/2$라 가정한다. 수신기에서는 입력 신호와 $Ks_d(t) = A\cos 2\pi f_c t$와의 상관값을 구한다. 상관기의 출력을 시간 T_b에서 표본한 값은 다음과 같이 표현된다.

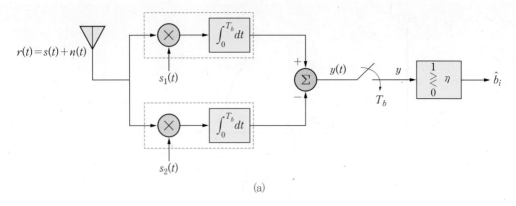

(a)

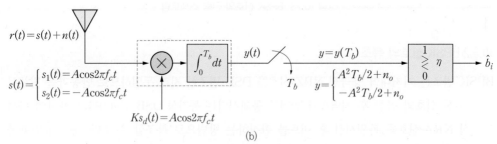

(b)

그림 10.24 상관 수신기를 이용한 BPSK 신호의 복조

$$y = \begin{cases} a_1 + n_o = A^2 T_b/2 + n_o & \text{for binary 1} \\ a_2 + n_o = -A^2 T_b/2 + n_o & \text{for binary 0} \end{cases} \tag{10.80}$$

여기서 a_1과 a_2는 데이터가 각각 1과 0일 때 출력에 포함된 신호 성분이며, n_o는 AWGN 잡음 신호 $n(t)$가 상관기를 거쳐 출력된 값으로 가우시안 확률변수가 된다. BPSK 수신기의 구조는 ASK 수신기 구조와 동일하므로 비트 판정기 입력에 포함된 잡음 성분 n_o의 통계적 특성이 동일하다. 따라서 n_o는 평균이 0이고 분산은

$$\sigma^2 = E\left\{\int_0^{T_b} s_1(t)n(t)dt\right\} = \frac{A^2 N_0 T_b}{4} \tag{10.81}$$

이다. 그러므로 결정변수 y는 평균이 $A^2 T_b/2 = a_1$ 또는 $-A^2 T_b/2 = a_2$이고 분산은 σ^2인 가우시안 확률변수가 된다. 그림 10.25에 결정변수 y의 확률밀도함수를 보인다.

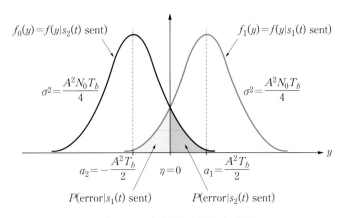

$$f_0(y) = f(y|s_2(t) \text{ sent}) \qquad f_1(y) = f(y|s_1(t) \text{ sent})$$

$$\sigma^2 = \frac{A^2 N_0 T_b}{4} \qquad\qquad \sigma^2 = \frac{A^2 N_0 T_b}{4}$$

$$a_2 = -\frac{A^2 T_b}{2} \qquad \eta = 0 \qquad a_1 = \frac{A^2 T_b}{2}$$

$$P(\text{error}|s_1(t) \text{ sent}) \qquad P(\text{error}|s_2(t) \text{ sent})$$

그림 10.25 결정변수의 확률밀도함수

가우시안 확률밀도함수의 대칭성으로부터 정보 비트의 판정을 위한 문턱값은

$$\eta = \frac{a_1 + a_2}{2} = 0 \tag{10.82}$$

이 되는 것을 알 수 있다. 두 신호는 동일한 에너지를 가지며, 1과 0의 데이터가 동일한 확률로 주어진다면 평균 비트 에너지도 동일하게

$$E_b = E_1 = E_2 = \frac{A^2 T_b}{2} \tag{10.83}$$

가 된다. 두 신호는 부호만 반대이므로, 즉 $s_2(t) = -s_1(t)$ 이므로 두 신호의 상관 계수는 $\rho = -1$ 이 된다. 그러므로 식 (9.61)로부터 비트오류 확률은 다음과 같다.

$$P_b = Q\left(\frac{a_1 - a_2}{2\sigma}\right) = Q\left(\sqrt{\frac{E_b(1-\rho)}{N_0}}\right) = Q\left(\sqrt{\frac{2E_b}{N_0}}\right) \tag{10.84}$$

이것은 양극성 NRZ 방식의 성능과 동일하다. BPSK 신호는 양극성 NRZ 신호를 DSB 변조한 것으로, 반송파를 곱하는 것은 주파수 상에서 스펙트럼의 천이만 일어날 뿐 성능에는 영향을 미치지 않는다는 것을 알 수 있다. 식 (10.84)에 표현된 BPSK 수신기의 성능은 동기식 ASK 및 동기식 FSK 수신기의 성능 $Q\left(\sqrt{E_b/N_0}\right)$ 에 비해 3dB의 이득이 있다. 즉 동일한 비트오율을 얻기 위하여 필요한 에너지가 ASK나 FSK의 절반이 된다.

그림 10.26에 세 가지 변조 방식의 비트오율 성능을 비교하여 보인다. 가장 성능이 우수한 것은 BPSK로 동기식 ASK와 동기식 FSK에 비해 3dB의 이득이 있으며, 비동기식 ASK나 비동기식 FSK는 동기식 복조에 비해 약 1dB의 성능 열화가 있다. 비동기식 복조는 성능이 다소 떨어지지만 반송파의 위상을 알아내는 과정이 필요 없기 때문에 수신기의 구현이 간단하다. BPSK의 경우 성능은 우수하지만 비동기식 복조가 불가능하다.

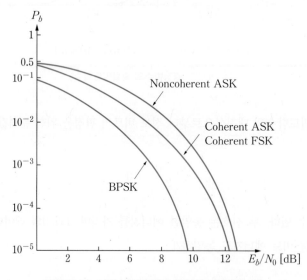

그림 10.26 이진 디지털 변조 방식의 비트오율 성능

BPSK는 동기식 복조기를 사용해야 하므로 반송파의 주파수 및 위상을 알아야 한다. 앞서 알아본 ASK의 동기식 복조에서와 같이 수신기에서 복구한 반송파에 위상 오차가 있으면 비트 판정기의 입력에 포함된 신호 성분의 크기가 변화하여 비트오율 성능이 떨어질 수 있다. 만일 수신기에서 발생시킨 반송파에 $\Delta\theta$만큼 위상 오차가 있는 경우 상관기 출력의 신호 성분은 데이터가 1인 경우

$$a_1 = \int_0^{T_b} A\cos(2\pi f_c t)\cdot A\cos(2\pi f_c t + \Delta\theta)dt = \frac{A^2 T_b}{2}\cos\Delta\theta \qquad (10.85)$$

이고, 데이터가 0인 경우

$$a_2 = \int_0^{T_b} A\cos(2\pi f_c t + \pi)\cdot A\cos(2\pi f_c t + \Delta\theta)dt = -\frac{A^2 T_b}{2}\cos\Delta\theta \qquad (10.86)$$

이 되어 성능을 결정하는 신호 성분 간 거리는

$$d \triangleq a_1 - a_2 = A^2 T_b \cos \Delta\theta = 2E_b \cos \Delta\theta \tag{10.87}$$

가 된다. 잡음 성분 n_o 의 평균과 분산은 변화가 없으므로 비트오류 확률은

$$P_b = Q\left(\frac{d}{2\sigma}\right) = Q\left(\sqrt{\frac{2E_b}{N_0} \cos^2 \Delta\theta}\right) \tag{10.88}$$

가 된다. 따라서 위상 오차가 있으면 비트오류 확률이 증가한다. 위상 오차가 $\Delta\theta = 90°$ 라면 $d = 0$ 이 되어 두 신호 성분이 구별되지 않으므로 비트오류 확률은 $P_b = Q(0) = 0.5$ 이 된다. 한편 위상 오차가 $\Delta\theta = 180°$ 라면 두 신호 성분이 반대 극성으로 되어 복구되는 비트열은 위상 오차가 없는 경우의 복구된 비트열과 1과 0이 완전 뒤바뀐 결과를 얻게 된다.

10.3.3 반송파 복구와 반송파 위상의 모호성

BPSK 복조를 위해 반송파 복구를 하는 한 가지 방법을 그림 10.27에 보인다. 이 그림에서는 수신된 BPSK 신호로부터 반송파를 재생하고 이를 사용하여 DSB 동기 검파를 하여 기저대역 양극성 NRZ 신호를 복원하도록 동작한다. 출력 신호를 비트 구간마다 적분하고 비트 판정을 하면 메시지 데이터를 복원할 수 있다. 수신되는 BPSK 신호는 $A \cos(2\pi f_c t + \theta)$ 와 같이 표현되며, 여기서 θ 는 데이터에 따라 0 또는 π 가 된다. 이 신호를 제곱법 소자로써 제곱하면

$$A^2 \cos(2\pi f_c t + \theta) = \frac{A^2}{2} + \frac{A^2}{2} \cos(4\pi f_c t + 2\theta) \tag{10.89}$$

와 같이 되어 직류 성분과 주파수가 두 배인 정현파 성분의 신호가 된다. 여기서 2θ 는 0 또는 2π 가 되므로 BPSK 변조의 효과가 사라진다. 즉 BPSK 신호를 제곱하면 출력은 중간에 위상 반전이 없는 2체배된 주파수 성분을 포함하게 된다. 제곱법 소자 출력을 중심 주파수가 $2f_c$ 인 대역통과 필터를 통과시키면 직류 성분은 제거되고 반송파의 2배 주파수 성분만 남는다. 대역통과 필터 출력을 주파수 분할기에 통과시키면 반송파와 동일한 주파수의 정현파를 얻을 수 있다. 제곱법 소자를 통하면 원하는 $2f_c$ 주파수 부근에서 잡음이 증가되는 경향이 있으므로 중심 주파수 $2f_c$ 의 대역통과 필터는 매우 좁은 대역폭을 갖도록 구현하는 것이 바람직하다. 이러한 이유로 보통 대역통과 필터와 함께 PLL을 사용한다.

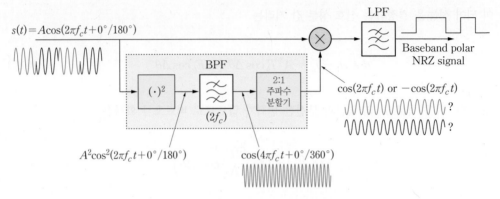

$s(t) = A\cos(2\pi f_c t + 0°/180°)$

BPF

$(\cdot)^2$

2:1 주파수 분할기

$(2f_c)$

LPF

Baseband polar NRZ signal

$\cos(2\pi f_c t)$ or $-\cos(2\pi f_c t)$?

?

?

$A^2\cos^2(2\pi f_c t + 0°/180°)$

$\cos(4\pi f_c t + 0°/360°)$

그림 10.27 BPSK 수신기에서 반송파 복구와 기저대역 양극성 NRZ 신호의 복원

이와 같은 제곱법 소자 기반의 반송파 복구 방법은 간단하지만 한 가지 큰 단점이 있다. 두 배 반송파 주파수 성분을 주파수 분할기를 통과시키는 과정에서 $180°$의 위상 모호성(phase ambiguity)이 발생한다. 그림 10.27에서 보듯이 입력되는 신호는 위상차가 $180°$ 있는 신호이 지만 제곱을 하면 위상차가 $360°$가 되어 구별되지 않는다. 즉 BPSK 신호가 $s(t) = A\cos(2\pi f_c t)$이든 $s(t) = -A\cos(2\pi f_c t)$이든 복구되는 반송파는 동일하다. 만일 부 호가 반대인 반송파를 가지고 복구를 하는 경우에는 $(1\,0\,1\,0)$의 정보 데이터가 $(0\,1\,0\,1)$과 같이 검출되어 모든 비트가 반대로 되는 결과를 낳는다.

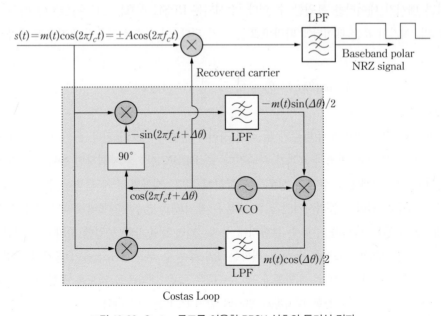

$s(t) = m(t)\cos(2\pi f_c t) = \pm A\cos(2\pi f_c t)$

LPF

Baseband polar NRZ signal

Recovered carrier

$-\sin(2\pi f_c t + \Delta\theta)$

LPF

$-m(t)\sin(\Delta\theta)/2$

90°

$\cos(2\pi f_c t + \Delta\theta)$

VCO

LPF

$m(t)\cos(\Delta\theta)/2$

Costas Loop

그림 10.28 Costas 루프를 이용한 BPSK 신호의 동기식 검파

그림 10.28에는 Costas 루프를 이용하여 재생한 반송파로 동기 검파를 하는 방법을 보인다. Costas 루프의 동작은 4장에서 DSB 신호의 동기 검파에서 알아보았다. DSB 변조된 신호는 $s(t) = m(t)\cos(2\pi f_c t)$와 같이 표현하였다. BPSK 변조된 신호도 동일한 형태이며, $m(t) = \pm A$인 경우로 볼 수 있다. VCO의 출력을 $\cos(2\pi f_c t + \Delta\theta)$라 하자. 여기서 $\Delta\theta$는 위상 오차이다. 그림 10.28의 상하 저역통과 필터 출력이 곱해지면 다음과 같이 된다.

$$\begin{aligned} e(t) &= \{-m(t)\cos(2\pi f_c t)\cdot \sin(2\pi f_c t + \Delta\theta)\}_{\text{LPF}} \cdot \{m(t)\cos(2\pi f_c t)\cdot \cos(2\pi f_c t + \Delta\theta)\}_{\text{LPF}} \\ &= \left\{-\frac{1}{2}m(t)\sin\Delta\theta\right\}\cdot\left\{\frac{1}{2}m(t)\cos\Delta\theta\right\} = -\frac{1}{8}m^2(t)\sin(2\Delta\theta) \\ &= -\frac{A^2}{8}\sin(2\Delta\theta) \end{aligned} \qquad (10.90)$$

BPSK에서는 $m^2(t) = A^2$로 일정하므로 4장의 Costas 루프(그림 4.34 참조)와 달리 $e(t)$에 별도의 저역통과 필터를 통과하게 할 필요가 없다. 만일 $\Delta\theta > 0$이면 VCO의 입력 $e(t)$가 VCO의 출력 주파수를 감소시켜서 $\Delta\theta$가 줄어들게 한다. 이러한 동기 과정을 거쳐 추출된 반송파를 사용하여 동기 검파를 하여 기저대역 양극성 NRZ 신호를 복원할 수 있다. 이 신호를 비트 구간 동안 적분하고 비트 판정을 하면 정보 데이터를 복원할 수 있다.

Costas 루프를 사용한 반송파 복구 방법에서는 그림 10.27의 방법에서 사용한 제곱법 소자를 필요로 하지 않는다. 따라서 원 반송파의 두 배 주파수 성분이 발생하지 않고, 따라서 주파수 분할기가 필요 없다. 그러나 이 방식에서도 $s(t) = A\cos(2\pi f_c t)$와 $s(t) = -A\cos(2\pi f_c t)$가 구별이 되지 않아서 복구되는 반송파는 동일하다. 따라서 검출된 데이터가 1과 0이 모두 뒤바뀌는 $180°$의 위상 모호성 문제가 여전히 존재한다.

BPSK에서 위상 모호성 문제를 해결하는 한 가지 방법으로 그림 10.29와 같이 메시지 데이터를 보내기 전에 앞 부분에 학습 비트열(training sequence)을 보내는 방법이 있다. 사전에 미리 정한 비트열을 전송함으로써 수신기에서는 데이터의 부호 반전이 발생했는지를 알 수 있게 되어 조치를 취할 수 있게 된다. 이러한 학습 비트열은 기본적으로 초기에 한 번만 보내면 된다. 그러나 페이딩 환경에서와 같이 채널이 불량한 상태에 자주 빠지게 되면 반송파 동기를 잃게 되어 반송파 동기를 새로 획득해야 하는데, 이 때 반송파 위상의 모호성 문제가 다시 발생하게 된다. 이를 위해서 학습 비트열을 데이터 전송 초기에만 보내지 않고 주기적으로 재전송하는 방법을 사용한다. 그러나 이로 인하여 유효 데이터 전송량이 줄어들게 된다.

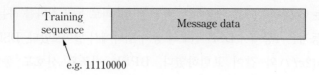

e.g. 11110000

그림 10.29 반송파 복구에서의 위상 모호성 문제를 해결하기 위하여 학습 비트열을 삽입하는 방법

10.4 차동 위상천이 변조(DPSK)

BPSK 방식은 FSK에 비해 대역폭이 절반 이하일 뿐 아니라 비트오율 성능도 3dB 정도 우수하다는 장점이 있으며, 수신기에서 반송파의 복구도 좀더 쉽게 구현할 수 있다. 그러나 수신된 신호로부터 재생한 반송파의 위상에 모호성이 있어서 복조기의 출력이 0과 1을 완전히 반대로 판단할 수 있다. 즉 두 가지의 BPSK 신호 $s(t) = A\cos 2\pi f_c t$ 나 $s(t) = -A\cos 2\pi f_c t$ 에 대해서 수신기에서 복구된 반송파는 동일하여 구분을 할 수 없다. 따라서 기저대역 양극성 NRZ 신호의 부호가 완전히 반전된 경우에도 같은 결과가 나오게 된다. BPSK의 변형으로서 차동 위상천이 변조(Differential PSK: DPSK)는 수신기에서 인접한 비트 구간에서 반송파의 위상차만 알면 복조가 가능한 방식이다. 즉 반송파의 절대 위상에 정보가 담겨 있는 것이 아니라 인접 비트 구간에서의 상대적인 위상(즉 위상차)에 정보가 담겨 있는 것이다. 다시 말해서 DPSK 수신기에서는 비트 구간마다 신호의 위상이 0°인지 180°인지를 구별해서 비트 판정을 하는 것이 아니라 현재 비트 구간에서의 신호 위상이 이전 비트 구간에서의 위상과 같은지 다른지만 구별하여 비트를 판정한다. 따라서 재생된 반송파가 원래의 반송파와 반대의 극성을 가진 것인지 아닌지에 관한 모호함이 복조에 영향을 주지 않는다. 또한 DPSK의 다른 장점은 복조기에서 반송파를 재생시키지 않아도 된다는 것이다.

10.4.1 차동 부호화(Differential Encoding)

PSK는 데이터에 따라 반송파의 위상을 결정하여 전송하는 방식인데 비해 DPSK는 데이터에 따라 반송파의 위상 천이 여부를 결정하여 전송하는 방식이다. 즉 PSK에서는 신호의 절대 위상에 정보가 실려 있는 것에 비해, DPSK에서는 신호의 상대 위상에 정보가 실려 있다. 따라서 수신기에서는 수신된 신호의 위상을 검출하는 것이 아니라 위상 천이가 일어났는지를 검출하여 데이터를 복구하면 된다.

그림 10.30(a)에 DPSK 파형의 예를 보인다. 정보 비트열 b_i 에 따른 전송 신호 $s(t)$ 의 파형을 보면 $b_i = 0$ 이면 $s(t)$ 의 위상이 이전 비트 구간에서의 위상으로부터 바뀌지 않는다. 데이터가 $b_i = 1$ 이면 $s(t)$ 의 위상이 180° 반전된다. 이와 같은 변조 신호를 발생시키는 방법으

로 먼저 정보 비트열 b_i을 부호화하여 g_i 비트열을 발생시킨 다음 DSB 변조해도 된다. 그림 10.30(b)에 부호화를 통한 DPSK 변조기의 구조를 보인다.

그림에서 b_i는 논리값이 0 또는 1인 정보 비트열이고 $b(t)$는 이에 대한 양극성 NRZ 신호를 나타낸다. 데이터가 $b_i = 1$이면 신호는 $b(t) = 1$의 값을 갖고, $b_i = 0$이면 신호는 $b(t) = -1$의 값을 갖는다고 가정한다. BPSK에서는 $b(t)$를 DSB 변조하여 전송하지만, DPSK에서는 b_i를 부호화하여 만들어진 새로운 비트열 g_i로부터 만들어진 NRZ 신호 $g(t)$를 DSB 변조하여 전송한다. 새로운 비트열 g_i는 현재의 정보 비트 b_i와 이전의 부호화된 데이터 비트 g_{i-1}의 XOR(Exclusive OR) 연산을 하여 발생시킨다. 이 과정은 그림과 같이 부호화된 신호 $g(t)$를 한 비트 구간 T_b만큼 지연시킨 $g(t-T_b)$를 XOR 게이트의 한 입력으로 하고 다른 입력은 $b(t)$가 되도록 하여 발생시킨다. 표 10.1에 그림 10.30 회로의 동작을 진리표로 작성한 결과를 보인다. 이 표를 살펴보면 $b_i = 0$의 경우 g_i는 이전 비트 g_{i-1}과 동일하게, 즉 $g(t) = g(t-T_b)$이 되도록 부호화된다는 것을 알 수 있다. 한편 정보 비트가 $b_i = 1$인 경우에는 g_i는 이전 비트 g_{i-1}과 다르게, 즉 $g(t) = \overline{g(t-T_b)}$이 되도록 부호화된다. 이와 같이 입력이 1이면 출력의 논리값을 이전 값과 다르게 하고, 입력이 0이면 출력의 논리값을 이전 상태와 동일하게 하는 부호화 방법을 차동 부호화(differential encoding)라 한다. 이러한 부호화기는 매우 간단히 구현되고 데이터 모뎀의 처리량(throughput)을 변화시키지 않는다. DPSK에서는 부호화기 출력 신호 $g(t)$를 DSB 변조하여 전송하므로, 결과적으로 정보 비트가 $b_i = 0$이면 반송파의 위상이 이전 비트 구간과 동일하고, 반대로 정보 비트가 $b_i = 1$이면 반송파의 위상이 180° 반전되어 전송된다. 즉 정보 비트가 반송파 위상의 반전 유무를 결정한다. 그러므로 DPSK 신호의 복조에서도 비트 구간마다 위상 반전이 있는지 없는지만 검출하면 데이터를 복원할 수 있게 된다.

DPSK에서는 부호화를 위하여 이전 비트의 상태를 알아야 한다. 결과적으로 초기 조건이 주어져야 한다. 부호화기 출력의 초깃값 g_0는 0 또는 1로 임의로 정하면 된다. 그림 10.30(a)에 보인 파형에서는 부호화기 출력의 초깃값을 $g_0 = 0$으로 가정하였다. 복조기에서는 초깃값 g_0에 대한 가정과는 무관하게 복조할 수 있다. 이것은 복조기에서 수신된 신호의 위상 반전이 있는지만 검출하면 되기 때문이다.

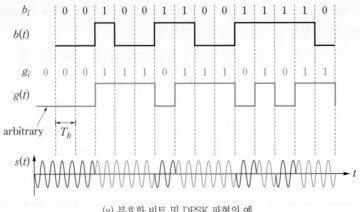

(a) 부호화 비트 및 DPSK 파형의 예

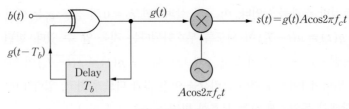

(b) DPSK 변조기

그림 10.30 DPSK 변조기와 파형

표 10.1 차동 부호화기 진리표

정보 비트		이전 부호화기 출력		현 부호화기 출력	
b_i	$b(t)$	g_{i-1}	$g(t-T_b)$	g_i	$g(t)$
0	-1	0	-1	0	-1
0	-1	1	1	1	1
1	1	0	-1	1	1
1	1	1	1	0	-1

$g(t) = g(t-T_b)$

$g(t) = \overline{g(t-T_b)}$

10.4.2 DPSK 신호의 복조

DPSK 신호의 복조는 앞서 살펴보았던 BPSK 동기식 복조기와 동일한 구조의 수신기를 사용하여 복조할 수 있다. 즉 수신 신호로부터 반송파를 추출하고 기저대역 신호 $g(t)$를 복원한 후에 극성 변화로부터 정보 비트를 복호(송신기에서의 부호화에 대한 역 과정)할 수 있다. PSK 변조된 신호는 위상으로부터 정보를 추출해야 하기 때문에 포락선 검파기와 같은 비동기식 복조는 사용할 수 없다. 그러나 차동 부호화된 PSK 신호는 수신기에서 반송파 복구를 하지 않고 복조가 가능하다. 그림 10.31에 비동기식 DPSK 복조기 구조를 보인다. 이 그림을 보면 수신 신호로부터 반송파를 추출하는 과정이 포함되어 있지 않다. 반송파 복구 회로가 없으므로 수신기 구조가 간단하다. 그러나 DPSK도 위상에 정보가 담겨 있기 때문에 위상 변화(또는 극성 변화)를 검출해야 한다. BPSK와 같이 직접 반송파를 추출하여 수신 신호와 곱해주는 대신 DPSK에서는 간접적인 방법을 사용할 수 있다. 즉 수신 신호와 이를 T_b만큼 지연시킨 신호를 서로 곱하는 방법을 사용한다. BPSK 수신기의 반송파 복구 회로에서는 수신 신호의 위상을 정확히 알아내야만 한다. 재생된 반송파에 위상 오차 $\Delta\theta$가 있으면 성능이 크게 떨어질 수 있기 때문이다. 그러나 그림 10.31과 같은 수신기에서는 수신 신호 자체를 그대로 곱해주므로 이러한 문제가 없다.[5] 이를 강조하기 위하여 그림 10.31의 수신기에 입력되는 신호는 DPSK 변조된 신호가 $\Delta\theta$만큼 위상이 변화되었다고 가정하자. 즉 수신 신호 모델을 $g(t)A\cos(2\pi f_c t + \Delta\theta)$라고 가정하자. 이 수신기에서는 $\Delta\theta$를 알아낼 필요가 없고, 이로 인하여 성능이 저하되지 않는 것을 볼 것이다. 수신된 신호와 이를 T_b만큼 지연시킨 신호를 서로 곱하면 다음과 같이 된다.

$$A^2 g(t)g(t-T_b)\cos(2\pi f_c t + \Delta\theta)\cos\{2\pi f_c(t-T_b)+\Delta\theta\}$$
$$= \frac{A^2}{2}g(t)g(t-T_b)[\cos 2\pi f_c T_b + \cos(4\pi f_c t - 2\pi f_c T_b + 2\Delta\theta)] \tag{10.91}$$

여기서 반송 주파수의 두 배인 성분은 적분기를 통과하면 제거된다. 또한 반송파 주파수를 데이터율 R_b의 정수 배가 되도록 선정한다면, 즉 $f_c T_b = n$의 관계를 만족하도록 하면 $\cos(2\pi f_c T_b) = 1$이 되므로 적분기 출력 $y(t)$는 다음과 같이 된다.

$$y(t) = \frac{A^2}{2}\int_0^t g(\tau)g(\tau-T_b)d\tau = \frac{A^3 t}{2}g(t)g(t-T_b) \tag{10.92}$$

표 10.1로부터 $g(t)$와 $g(t-T_b)$ 같은 부호인지를 비교하면 메시지 신호 $b(t)$를 복구해낼 수 있다. 송신기에서 정보 신호가 $b(t) = 0$인 경우는 $g(t)$와 $g(t-T_b)$의 값이 같게 되어 $g(t)g(t-T_b) = 1$이 된다. 반대로 $b(t) = 1$인 경우는 $g(t)$와 $g(t-T_b)$의 값이 서로 반대이므로 $g(t)g(t-T_b) = -1$이 된다. 따라서 수신기에서 $g(t)g(t-T_b)$의 극성으로부터 $b(t)$가 0인지 1인지를 판정할 수 있다. 잡음의 효과는 고려하지 않는다면 그림 10.31의 수신기에서 적분기의 출력을 T_b에서 표본한 결정변수 y는 다음과 같이 된다.

---

[5] BPSK 복조에서는 송신기에서 '깨끗한' 반송파를 재생하여 수신 신호와 곱해주지만 그림 10.31의 수신기에서는 잡음이 더해진 수신 신호를 반송파 대신 곱하기 때문에 이로 인한 성능 열화가 있다.

$$y = \begin{cases} -A^2 T_b/2 & \text{if } b_i = 1 \\ +A^2 T_b/2 & \text{if } b_i = 0 \end{cases} \qquad (10.93)$$

그러므로 결정변수의 값이 0보다 크면 정보 비트가 0인 것으로 판정하고 결정변수의 값이 0보다 작으면 정보비트가 1인 것으로 판정한다.

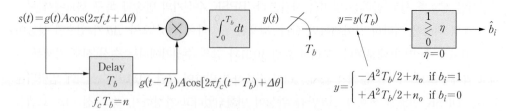

그림 10.31 DPSK 수신기

지금까지 DPSK의 변복조 과정과 장점을 알아보았다. 장점을 다시 열거해보면, 정보가 위상 변화에 담겨 있으므로 BPSK와 같이 반송파 복구시 180° 위상 모호성의 영향을 받지 않는다는 것, 수신기에서 반송파를 복구할 필요가 없다는 것 등을 들 수 있다. 그러나 DPSK는 수신기에서 어떤 비트에 대한 오판이 발생하면 연속된 다음의 비트도 오류가 발생한다는 단점이 있다. 즉 한 비트의 오류가 두 비트의 오류로 전파된다는 것이다. 이것은 DPSK 복조가 현재 비트의 상태를 이전 비트의 상태와 비교하여 이루어지기 때문이다. 그러므로 어떤 한 비트의 판정을 잘못하면 연속된 다음 비트도 판정 오류가 발생하게 된다.

그림 10.31의 DPSK 수신기의 성능에 대해 알아보자. 비트 오류의 전파 문제 이외에 DPSK 수신기에서는 BPSK에서와 달리 반송파 복구를 거쳐 생성된 잡음 없는 정현파를 위상 기준으로 사용하는 것이 아니라 잡음이 섞인 수신 신호를 지연시켜서 위상 기준으로 사용하기 때문에 성능이 떨어진다. DPSK 수신기의 비트오류 확률에 대한 정확한 유도는 다소 복잡하므로 유도 과정은 생략하고 직관적인 유도와 결과만 제시하기로 한다. DPSK는 사실상 직교 변조로 볼 수 있다. 정보 비트가 1인 경우에는 두 개의 펄스가 $2T_b$ 동안 $(+g, +g)$ 또는 $(-g, -g)$로 전송되며, 정보 비트가 0인 경우에는 $(+g, -g)$ 또는 $(-g, +g)$로 전송된다. 그러므로 1의 데이터에 대한 신호와 0에 대한 신호가 서로 직교한다. 신호의 위상을 알 필요가 없으므로 비동기식 검출에 대한 식을 적용하면 되고, 한 비트의 판정에 두 비트 구간의 에너지 $2E_b$를 사용하므로 비동기식 FSK 검출기에 비해 3dB의 이득이 있다. 따라서 DPSK의 비트오류 확률은 다음과 같이 된다.

$$P_b \cong \frac{1}{2} \exp\left(-\frac{E_b}{N_0}\right) \tag{10.94}$$

추가 설명 | **이진 변조 방식의 성능 비교**

지금까지 살펴본 이진 디지털 변조방식에 대하여 각종 복조기의 성능을 비교해보면 그림 10.32와 같다. 가장 비트오율 성능이 우수한 방식은 동기식 BPSK이며, 동기식 BPSK는 동기식 ASK나 FSK에 비하여 3dB 성능이 우수하다. 비동기식 검파기를 구성하는 경우 ASK나 FSK 검파기는 동기식 검파기에 비하여 비트오율이 10^{-5} 정도에서 약 1dB 성능이 떨어진다. 비동기식 검파는 다소 성능이 떨어지지만 수신기에서 반송파의 복구 과정이 필요하지 않다는 장점이 있다. PSK 신호는 근본적으로 비동기식 검파가 불가능하지만 송신단에서 차동 부호화하여 전송하는 DPSK 방식을 사용하면 수신기에서 반송파 복구를 하지 않고도 복조가 가능하다. 비동기식 DPSK 수신기의 성능은 동기식 BPSK에 비하여 비트오율이 10^{-5} 정도에서 약 1dB 성능이 떨어지며, 비동기식 FSK 및 비동기식 ASK에 비해서는 약 3dB 성능이 우수하다.

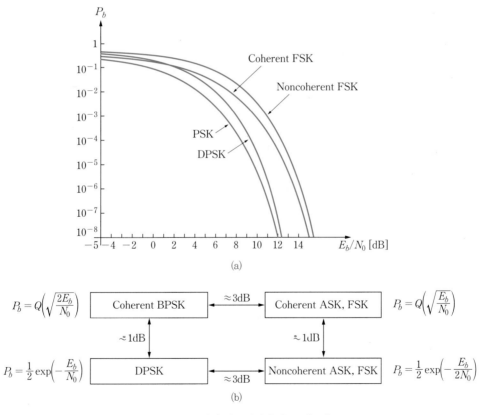

그림 10.32 여러 변조방식의 비트오율 성능

10.5 Matlab을 이용한 실습

지금까지 살펴본 내용을 Matlab 실습을 통해 확인해보자. 아래의 실습에서는 여러 가지 이진 디지털 변조방식에 대하여 주어진 비트열에 대한 변조 신호의 파형을 발생시키고 스펙트럼 특성을 관찰한다. 변조된 신호를 복조하기 위한 동기식 수신기 및 비동기식 수신기의 동작을 확인해보며, 잡음이 있는 환경에서 수신기의 동작이 어떻게 영향을 받는지 살펴본다. 다음에는 변조방식의 비트오율 성능을 실험을 통하여 분석하는 방법인 Monte Carlo 시뮬레이션을 수행해보고 그 결과를 이론적인 성능과 비교한다. 이 실험을 위하여 제공된 아래의 함수를 이용한다.

① random_seq.m
랜덤한 이진 비트열을 생성하는 함수로 상세 내용은 8장을 참고한다.

② linecode_gen.m
라인 코드 파형을 생성하는 함수로 상세 내용은 8장을 참고한다.

③ waveform.m
이진 디지털 신호의 파형을 그리는 함수로 상세 내용은 8장을 참고한다.

④ cw_waveform.m
연속신호의 파형을 그리는 함수로 변복조 과정에서 발생되는 신호의 파형을 그리는데 사용한다.

⑤ gaussian_noise.m
가우시안 잡음을 발생시키는 함수로 평균, 분산, 발생시킬 표본 수, seed를 매개변수로 넘겨준다.

⑥ matched_filter.m
입력 신호로부터 정합필터의 출력을 만들어내는 함수로 상세 내용은 9장을 참고한다.

⑦ Q_funct.m

시뮬레이션 결과를 이론적인 결과와 비교하기 위하여 Q 함수값을 계산하는데 사용한다.

예제 10.1 **이진 대역통과 변조된 신호의 발생**

비트율 $R_b = 1\text{kbps}$로 이진 데이터를 발생시키고 ASK, FSK, PSK 변조하여 신호의 파형과 전력 스펙트럼을 그려보라. 반송파 주파수는 ASK와 PSK의 경우 5kHz를 사용하고, FSK의 경우 2kHz 와 5kHz를 사용하라.

풀이

이 예제를 위한 Matlab 코드의 예로 ex10_1.m을 참고한다. 메시지 데이터를 [1 0 0 1 0 1]이라고 가정하고 변조된 신호의 파형을 그린다. ASK는 unipolar NRZ 신호를 발생시킨 후 반송파를 곱하 여 발생시키고, PSK는 polar NRZ 신호를 발생시킨 후 반송파를 곱하여 발생시킨다. FSK 신호는 서로 다른 반송파 주파수로 두 개의 OOK 신호를 발생시킨 다음 더하여 만든다. 전력 스펙트럼을 구하기 위하여 랜덤 데이터를 10^4개 발생시키고 PSD 추정치를 계산한다. 예제 프로그램을 실행하 여 다음과 같은 파형과 스펙트럼을 얻는지 확인한다.

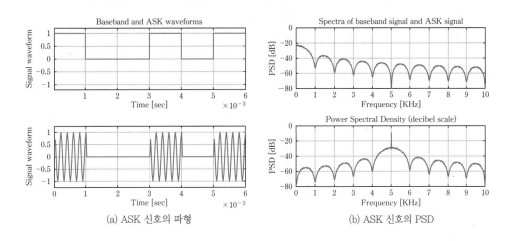

(a) ASK 신호의 파형　　　　　　　　(b) ASK 신호의 PSD

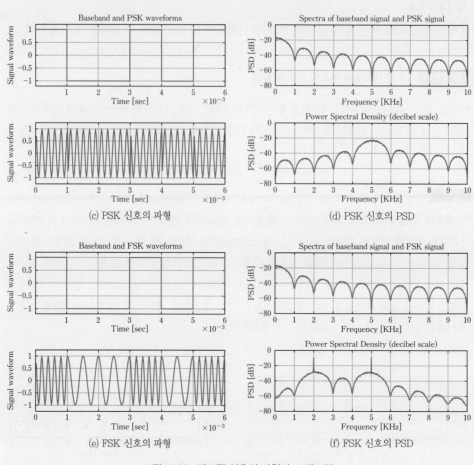

(c) PSK 신호의 파형   (d) PSK 신호의 PSD

(e) FSK 신호의 파형   (f) FSK 신호의 PSD

그림 10.33 변조된 신호의 파형과 스펙트럼

예제 10.1을 위한 Matlab 프로그램의 예(ex10_1.m)

```
clear; close all;
Rb = 1000;   Tb = 1/Rb;
fs = 40*Rb;   ts=1/fs;
fc = 5*Rb;
AXIS_time = [0, 6*Tb, −1.25 1.25];
AXIS_freq = [0 10 −80 0];
% − − − − − − − − − − − − − − − − − − − − − − − − − − − − − − − − − − − −
```

708 아날로그 및 디지털 통신이론

```
% ASK
b = [ 1 0 0 1 0 1];  data = [b  random_seq(10^4)];
[x, time, pulse_shape] = linecode_gen(data, 'unipolar_nrz', Rb, fs);
N = length(x);   N1 = length(b)*fs/Rb;
carrier = carrier_gen(fc, fs, N);
x = x(:)'; carrier = carrier(:)';
xm = carrier.*x;
subplot(211), waveform(x(1:N1), fs);
title('Baseband and ASK waveforms');
subplot(212), plot(time, xm); grid on; axis(AXIS_time);
xlabel('Time [sec]'); ylabel('Signal waveform');
disp('Press any key to continue'); pause
clf; M = 2^12;
subplot(211), psd_est(x, fs, 'decibel', M); axis(AXIS_freq);
title('Spectra of baseband signal and ASK signal');
subplot(212), psd_est(xm, fs, 'decibel', M); axis(AXIS_freq);
disp('Press any key to continue'); pause
% ------------------------------------------------
% PSK
close all;
[x, time, pulse_shape] = linecode_gen(data, 'polar_nrz', Rb, fs);
x = x(:)'; xm = carrier.*x;
subplot(211), waveform(x(1:N1), fs);
title('Baseband and PSK waveforms');
subplot(212), plot(time, xm); grid on; axis(AXIS_time);
xlabel('Time [sec]'); ylabel('Signal waveform');
disp('Press any key to continue'); pause
clf;
subplot(211), psd_est(x, fs, 'decibel', M); axis(AXIS_freq);
title('Spectra of baseband signal and PSK signal');
subplot(212), psd_est(xm, fs, 'decibel', M); axis(AXIS_freq);
disp('Press any key to continue'); pause
% ------------------------------------------------
% FSK
close all;
[x, time, pulse_shape] = linecode_gen(data, 'polar_nrz', Rb, fs);
```

```
x1 = (1−x)/2;   x2 = (1+x)/2;
fc1 = 2000;   fc2 = 5000;   N=length(x);
carrier1 = carrier_gen(fc1, fs, N);
carrier2 = carrier_gen(fc2, fs, N);
x1 = x1(:)'; carrier1 = carrier1(:)';
x2 = x2(:)'; carrier2 = carrier2(:)';
xm1 = carrier1.*x1;   xm2 = carrier2.*x2;
xm = xm1 + xm2;
subplot(211), waveform(x(1:N1), fs);
title('Baseband and FSK waveforms');
subplot(212), plot(time, xm); grid on; axis(AXIS_time);
xlabel('Time [sec]'); ylabel('Signal waveform');
disp('Press any key to continue'); pause
clf
subplot(211), psd_est(x, fs, 'decibel', M); axis(AXIS_freq);
title('Spectra of baseband signal and FSK signal');
subplot(212), psd_est(xm, fs, 'decibel', M); axis(AXIS_freq);
```

예제 10.2 | ASK 신호의 복조

이진 디지털 변조방식으로 전송된 신호를 수신단에서 복조하는 과정을 실험을 통하여 이해하도록 한다. ASK, FSK 신호는 동기식 복조와 비동기식 복조가 모두 가능하다. 이 실험에서 동기식 복조는 정합필터를 사용한 복조기를 구성하고, 비동기식 복조는 포락선 검파를 사용하라.

1) ASK 신호의 동기식 복조

메시지 데이터를 [1 0 0 1 0 1]이라고 가정하고 ASK 변조된 신호의 파형을 발생시키고, 이 신호를 정합필터 수신기를 이용하여 복조한다. 비트율은 $R_b = 1\text{kbps}$이고 반송파 주파수는 5kHz를 가정하라. 정합필터 출력을 그리고, 필터 출력을 표본화하여 메시지 데이터를 복구할 수 있는지 확인하라.

2) 반송파의 위상에 오차가 있는 경우의 동기식 ASK 복조기의 동작

위의 실험 1)과 동일한 조건에서 수신기의 반송파 발생시 위상 오차가 있는 경우 복조기가 받는 영향을 분석한다. 송신기에서 사용한 반송파의 위상과 수신기에서 발생시킨 반송파 사이에 30° 차이가 있는 경우 정합필터 출력을 그려보라. 이 신호를 표본화하여 메시지 데이터를 복구할 수 있는가?

3) 반송파의 주파수에 오차가 있는 경우의 동기식 ASK 복조기의 동작

위의 실험 1)과 동일한 조건에서 수신기의 반송파 발생시 주파수 오차가 있는 경우 복조기가 받는 영향을 분석한다. 송신기에서 사용한 반송파의 주파수보다 수신기에서 발생시킨 국부 발진기의 정현파의 주파수가 50Hz 높은 경우 정합 필터 출력을 그려보라. 이 신호를 표본화하여 메시지 데이터를 복구할 수 있는가?

4) ASK 신호의 비동기식 복조

ASK 신호를 포락선 검파기를 사용하여 복조한다. ASK 변조를 하기 위해 발생시킨 unipolar NRZ 신호의 파형과 수신된 ASK 신호의 포락선을 그려보라. 대역통과 신호의 포락선을 구하기 위해 MATLAB hilbert.m 함수를 사용한다. 포락선을 표본화하여 메시지 데이터를 복구할 수 있는가?

풀이

이 예제를 위한 Matlab 코드의 예로 ex10_2.m를 참고한다.

1) ASK 신호의 동기식 복조

반송파 위상 및 주파수에 오차가 없는 경우 그림 10.34(a)와 같은 결과를 얻는다.

2) 반송파의 위상에 오차가 있는 경우의 동기식 ASK 복조기의 동작

송신기에서 사용한 반송파의 위상과 수신기에서 발생시킨 반송파 사이에 30° 차이가 있는 경우 정합필터 출력은 그림 10.34(b)와 같다. 수신기 국부 발진기의 위상을 변화시키면서(즉 위상 오차를 변화시키면서) 정합필터 출력의 피크값을 관찰하라. 위상 오차가 90°를 초과한 경우 복조 결과가 어떻게 되는가?

3) 반송파의 주파수에 오차가 있는 경우의 동기식 ASK 복조기의 동작

송신기에서 사용한 반송파의 주파수보다 수신기에서 발생시킨 국부 발진기의 정현파의 주파수가 50Hz 높은 경우 정합필터 출력은 그림 10.34(c)와 같다. 송신기 반송파 주파수와 수신기에서 사용한 반송파의 주파수에 차이가 있는 경우, 정합 필터의 출력의 포락선은 주파수 오차를 반송파 주파수로 하여 변조되는 효과를 갖게 된다. 위의 실험 결과에 대하여 설명하라. 주파수 오차를 10, 25, 50, 75, 100Hz로 변화시키면서 정합필터 출력을 그려보라. 정합필터 출력으로부터 메시지 데이터를 복구할 수 있는가? 실험 결과가 나오게 된 이유에 대하여 설명하라.

4) ASK 신호의 비동기식 복조

포락선 검출기의 출력은 그림 10.34(d)와 같다.

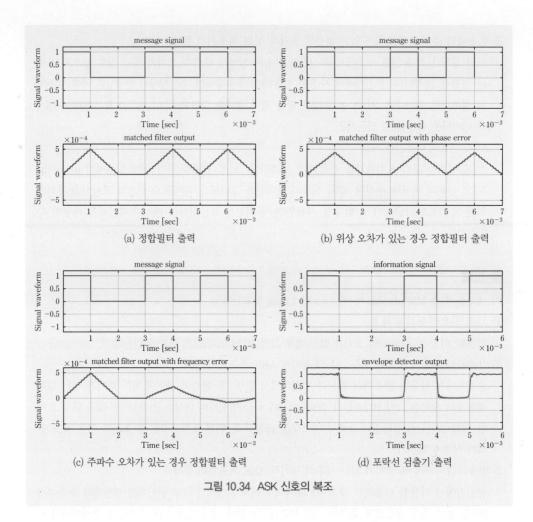

(a) 정합필터 출력

(b) 위상 오차가 있는 경우 정합필터 출력

(c) 주파수 오차가 있는 경우 정합필터 출력

(d) 포락선 검출기 출력

그림 10.34 ASK 신호의 복조

예제 10.2를 위한 Matlab 프로그램의 예(ex10_2.m)

```
clear; close all;
Rb = 1000;   Tb = 1/Rb;
fs = 40*Rb;  ts=1/fs;
% ASK Modulation
b = [ 1 0 0 1 0 1];
[x, t, pulse_shape] = linecode_gen(b, 'unipolar_nrz', Rb, fs);
fc = 5000; N = length(x);
```

```
carrier = carrier_gen(fc, fs, N);
x = x(:)'; carrier = carrier(:)';
xm = carrier.*x;
% ------------------------------------------------------------
% ASK Demodulation with matched filter
% ------------------------------------------------------------
y = carrier.*xm;
z = matched_filter(pulse_shape, y, fs);
no_bits = length(b)+1;
time_range = [ts  (no_bits*Tb)]; %  Time axis range to draw pulse waveform
subplot(211), waveform(x, fs, time_range); title('message signal');
subplot(212), waveform(z, fs); title('matched filter output');
AXIS_time = axis;
disp('Press any key to continue'); pause
% ------------------------------------------------------------
% Carrier phase error가 있는 경우 복조기 출력
% ------------------------------------------------------------
rx_carrier = carrier_gen(fc, fs, N, 30); % Phase error of 30 degrees
y = rx_carrier.*xm;
z = matched_filter(pulse_shape, y, fs);
subplot(211), waveform(x, fs, time_range); title('message signal');
subplot(212), waveform(z, fs); title('matched filter output with phase error');
axis(AXIS_time);
disp('Press any key to continue'); pause
% ------------------------------------------------------------
% Carrier frequency error가 있는 경우 복조기 출력
% ------------------------------------------------------------
rx_carrier = carrier_gen(fc+50, fs, N, 0); % Frequency error of 50Hz
y = rx_carrier.*xm;
z = matched_filter(pulse_shape, y, fs);
subplot(211), waveform(x, fs, time_range); title('message signal');
subplot(212), waveform(z, fs); title('matched filter output with frequency error');
axis(AXIS_time);
disp('Press any key to continue'); pause
% ------------------------------------------------------------
% Noncoherent Demodulation
```

```
% ASK
% Theoretical envelope detection
z = hilbert(xm);          % get analytic signal
envelope = abs(z);          % find the envelope
subplot(211), waveform(x, fs); title('information signal');
subplot(212), cw_waveform(envelope,fs); title('envelope detector output');
```

예제 10.3 FSK 신호의 복조

메시지 데이터를 [1 0 0 1 0 1]이라고 가정하고 FSK 변조된 신호의 파형을 발생시키고, 이 신호를 정합필터 수신기를 이용하여 복조한다. 비트율은 $R_b = 1\text{kbps}$이고 반송파 주파수는 5kHz를 가정하라. 정합필터 출력을 그리고, 필터 출력을 표본화하여 메시지 데이터를 복구할 수 있는지 살펴보라. 다음에는 FSK 신호를 포락선 검파기를 사용하여 복조해본다.

풀이

이 예제를 위한 Matlab 코드의 예로 ex10_3.m을 참고한다.
1) FSK 신호의 동기식 복조
   반송파 위상 및 주파수에 오차가 없는 경우 정합필터 출력은 그림 10.35(a)와 같다.
2) FSK 신호의 비동기식 복조
   포락선 검출기의 출력은 그림 10.35(b)와 같다.

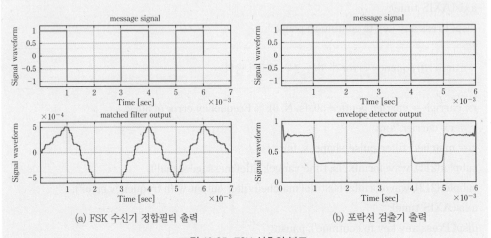

(a) FSK 수신기 정합필터 출력   (b) 포락선 검출기 출력

그림 10.35 FSK 신호의 복조

```
clear; close all;
Rb = 1000;   Tb = 1/Rb;
fs = 40*Rb;  ts=1/fs;
% FSK Modulation
b = [ 1 0 0 1 0 1];
[x, time, pulse_shape] = linecode_gen(b, 'polar_nrz', Rb, fs);
x1 = (1−x)/2;  x2 = (1+x)/2;
fc1 = 2000;   fc2 = 5000;   N=length(x);
carrier1 = carrier_gen(fc1,fs,N);  carrier2 = carrier_gen(fc2,fs,N);
x1 = x1(:)'; carrier1 = carrier1(:)';
x2 = x2(:)'; carrier2 = carrier2(:)';
xm1 = carrier1.*x1; xm2 = carrier2.*x2;
xm = xm1 + xm2;
% −−−−−−−−−−−−−−−−−−−−−−−−−−−−−−−−−−−−−−−−−−
% Coherent FSK Demodulation
% −−−−−−−−−−−−−−−−−−−−−−−−−−−−−−−−−−−−−−−−−−
y1 = carrier1.*xm;   y2 = carrier2.*xm;
z1 = matched_filter(pulse_shape, y1, fs);
z2 = matched_filter(pulse_shape, y2, fs);
z = z2 − z1;
no_bits = length(b)+1;
time_vec = [ts  (no_bits*Tb)];
subplot(211), waveform(x, fs, time_vec); title('message signal');
subplot(212), waveform(z, fs);  title('matched filter output');
disp('Press any key to continue'); pause
% −−−−−−−−−−−−−−−−−−−−−−−−−−−−−−−−−−−−−−−−−−
% Noncoherent FSK Demodulation
% −−−−−−−−−−−−−−−−−−−−−−−−−−−−−−−−−−−−−−−−−−
% Theoretical envelope detection
dr_dt = diff(xm);
z = hilbert(dr_dt);       % get analytic signal
envelope = abs(z);        % find the envelope
subplot(211), waveform(x, fs); title('message signal');
subplot(212), plot(time(1:end−1), envelope); grid on;
title('envelope detector output');
r = axis; AXIS_time = [r(1) r(2) 0 1]; axis(AXIS_time);
xlabel('Time [sec]'); ylabel('Signal waveform');
```

시스템의 비트오율 성능을 Monte Carlo 시뮬레이션을 사용하여 분석한다. 충분히 큰 개수의 랜덤 이진 비트열을 발생시키고, E_b/N_0 를 변화시켜가면서 조건에 맞게 신호와 잡음을 발생시켜서 변복조를 수행한다. 복원된 비트열에서 오류가 발생한 개수를 세어서 비트오류 확률을 구한다.

i) 신호 진폭의 결정

신호의 평균 비트 에너지 E_b 를 1로 고정시키고 주어진 비트 길이 T_b 및 변조 방식에 따라 신호의 진폭을 결정한다. 그리고 주어진 E_b/N_0 에 따라 가우시안 잡음의 분산을 결정한다. 1과 0의 발생 확률이 동일한 경우 OOK 신호의 평균 비트 에너지는 $E_b = A^2 T_b/4$ 이므로 신호의 진폭은

$$A = \sqrt{4E_b/T_b} \tag{10.95}$$

가 된다. PSK 및 FSK 경우에는 평균 비트 에너지가 $E_b = A^2 T_b/2$ 이므로 신호의 진폭은

$$A = \sqrt{2E_b/T_b} \tag{10.96}$$

가 된다. 따라서 $E_b = 1$ 로 가정하면, ASK 신호의 진폭은 $A = \sqrt{4/T_b}$ 가 되며, FSK 또는 PSK 신호는 $A = \sqrt{2/T_b}$ 와 같이 결정하면 된다.

ii) 잡음 분산의 결정

대역폭이 한정된 AWGN 잡음의 PSD는 다음과 같이 표현된다.

$$S_n(f) = \frac{N_0}{2} = \frac{\sigma_n^2}{2B} \tag{10.97}$$

여기서 B 는 시스템 대역폭이다. 따라서 $\sigma_n^2 = BN_0$ 가 되며, 시뮬레이션을 위하여 주어진 E_b/N_0 에 대한 잡음의 분산을 다음과 같이 결정할 수 있다.

$$\sigma_n^2 = BE_b \frac{1}{(E_b/N_0)} \tag{10.98}$$

따라서 $E_b = 1$ 로 가정하면

$$\sigma_n^2 = B \frac{1}{(E_b/N_0)} \tag{10.99}$$

와 같이 하여 잡음을 발생시키면 된다. 여기서 시스템의 대역폭은 표본화 주파수의 절반이 된다. 이 실험에서 데이터 속도는 1kbps이고 표본화 주파수는 $f_s = 20\,\text{kHz}$를 사용하라. 시스템의 대역폭은 $B = f_s/2$가 되어 10kHz가 된다.

ASK 수신기의 성능을 분석해보자. 신호 대 잡음비에 따라 시스템의 비트오율 성능을 구하기 위하여 E_b/N_0를 0 dB에서 12dB까지 2dB씩 증가시켜가면서 비트 오류가 발생할 확률을 구한다. 만일 E_b/N_0가 xdB라면 선형 스케일 값은 다음과 같다.

$$E_b/N_0 = 10^{\frac{x}{10}} \tag{10.100}$$

1) 10^5 비트의 랜덤 이진수열을 발생시키고 이것을 송신할 메시지 데이터라고 간주한다. 이 비트열을 ASK 변조하여 전송한다.

2) 먼저 평균이 0이고 분산이 1인 Gaussian 분포를 가진 잡음을 발생시킨다. 표본화를 데이터율의 20배로 하였으므로 잡음 표본은 20×10^5개를 발생시켜야 한다. E_b/N_0에 맞게 잡음의 크기를 결정해 준다.

3) 신호에 잡음을 더하여 수신 신호로 간주한다. 정합필터 수신기를 구현하여 메시지 비트를 복원한다. 복원된 비트열을 송신 비트열과 비교하여 일치하지 않은 비트 수를 전체 비트수로 나누어 비트오류 확률을 구한다.

4) E_b/N_0를 다른 값으로 변화시키면서 2)와 3)의 과정을 반복하여 비트오율을 기록한다.

5) 위에서 구한 비트오율 성능을 그래프로 그려보라. 이 때 semilog 스케일로 그림을 그리도록 한다. 이론적인 비트오율 성능을 같이 그려서 시뮬레이션 결과가 이론값과 유사하게 나오는지 확인한다. ASK 방식의 경우 정합필터 수신기의 BER 성능은 $Q\!\left(\sqrt{E_b/N_0}\right)$가 된다.

풀이

위의 실험을 위한 Matlab 코드의 예로 ex10_4.m을 참고하라. 그림 10.36은 시뮬레이션 결과로 얻은 성능을 이론적인 결과와 비교하여 보이고 있다.

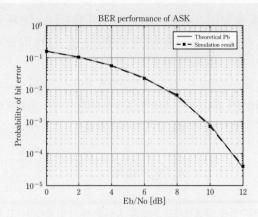

그림 10.36 ASK 시스템의 비트오율 성능

예제 10.4를 위한 Matlab 프로그램의 예(ex10_4.m)

```
% ------------------------------------------------------------
% Bandpass Simulation of ASK
% ------------------------------------------------------------
clear; close all;
Rb = 1000;  Tb = 1/Rb;
fs = 20*Rb;  ts=1/fs;
B = fs/2;        % System bandwidth
nBits = 1 * 10^5;  % Total number of bits
M = fs/Rb;       % Number of samples per bit duration
% ------------------------------------------------------------
b = random_seq(nBits);
[x, time, pulse_shape] = linecode_gen(b, 'unipolar_nrz', Rb, fs);
fc = 5*Rb;  N = length(x);
carrier = carrier_gen(fc, fs, N);
x = x(:)'; carrier = carrier(:)';
% Determine signal amplitude assuming unit bit energy (Eb = 1)
A = sqrt(4*Rb);    % Signal amplitude for ASK
xm = A*carrier.*x; % ASK modulation
% Decision Threshold
```

```
threshold = A*Tb/4;
% ——————————————————————————————————————
EbNodB = 0:2:12;
for n = 1:length(EbNodB)
  EbNo = 10^(EbNodB(n)/10);
  Pe_theory(n) = Q_funct(sqrt(EbNo)); % Theoretical BER
  % AWGN channel
  noise_var = B/EbNo;
  noise = gaussian_noise(0, noise_var, length(x));
  r = xm + noise; r = r(:)';
  % ASK Demodulation with matched filter
  y = carrier.*r;
  z = matched_filter(pulse_shape, y, fs);
  % Bit decision
  bhat = z(M*(1:nBits)); % Sample the matched filter output
  bhat(bhat > threshold) = 1;
  bhat(bhat < threshold) = 0;
  num_error = sum(abs(b−bhat));
  Pe(n) = num_error/nBits;
end
semilogy(EbNodB, Pe_theory, 'b'), hold on;
semilogy(EbNodB, Pe, 'xr−−'), hold off;
axis([−inf inf 10^(−5) 1]), grid;
xlabel('Eb/No [dB]'); ylabel('Probability of bit error');
legend('Theoretical Pb', 'Simulation result');
title('BER performance of ASK');
```

[과제 1] 동기식 FSK, PSK 시스템의 성능을 시뮬레이션을 통하여 분석하라.

[과제 2] 비동기식 ASK, FSK 시스템의 성능을 시뮬레이션을 통하여 분석하라.

[과제 3] 데이터 비트가 [1 0 0 1 0 1 1 1 0]이라고 가정하고 DPSK 변조를 하는 실험을 하라. 먼저 초기 부호화된 비트를 0이라고 가정하고 부호화된 비트를 발생시키고, 기저대역 신호 파형을 그려보라. 다음에는 송신되는 신호의 파형을 그린다.

[과제 4] 대역통과 변조의 기저대역 시뮬레이션

대역통과 디지털 변조 방식의 성능을 분석하기 위하여 컴퓨터로 시뮬레이션을 하는 방법을 알아보았다. 컴퓨터로 시뮬레이션을 하기 위하여 표본화를 하였는데 표본화 주파수는 신호가 가지고 있는 최대 주파수 성분의 두 배 이상으로 결정해야 한다. 그러나 반송파 주파수가 큰 경우 변복조 성능 분석을 하기 위하여 필요한 표본화 주파수는 매우 커져서 시뮬레이션 시간이 너무 길어지는 문제가 발생한다. 이러한 문제를 해결하기 위하여 대역통과 신호를 복소 포락선(complex envelope)[6]으로 표현하여 시뮬레이션하는 기법을 사용한다. 복소 포락선은 기저대역 신호이므로 표본화 주파수를 작게 하여 시뮬레이션할 수 있다. 이 경우 신호가 복소수이므로 잡음도 복소 랜덤 프로세스를 사용해야 한다. 이 방법을 사용하여 위의 실험을 반복하라.

---

6) 11장의 복소 포락선을 사용한 대역통과 신호의 표현을 참고한다.

연습문제

10.1 대역폭이 5kHz인 아날로그 신호를 나이퀴스트율로 표본화하고 256 레벨 양자화기를 사용하여 PCM 부호화한다고 하자.

    (a) 생성된 이진 데이터를 기저대역에서 전송하고자 할 때 ISI 없이 수신이 가능하도록 하는 채널의 최소 대역폭을 구하라.

    (b) 이진 데이터를 사각 펄스로 펄스정형하여 전송하는 경우 전송되는 신호의 대역폭은 얼마인가?

    (c) 이진 데이터를 roll-off 인수가 $r = 0.5$인 상승 여현 필터로 펄스정형하여 전송하는 경우 송신 신호의 대역폭은 얼마인가?

    (d) 이진 데이터를 사각 펄스로 펄스정형한 다음 반송파 주파수 $f_c = 100\text{kHz}$로 BPSK 변조하여 전송하는 경우 송신 신호의 대역폭은 얼마인가?

    (e) (d)에서 $r = 0.5$인 상승 여현 필터로 펄스정형한다면 송신 신호의 대역폭은 얼마인가?

10.2 문제 10.1의 각 경우에 대해 송신 신호의 스펙트럼 모양을 그리고 대역폭 효율을 구하라.

10.3 비트율 $R_b = 1\text{kbps}$의 데이터를 다음의 변조 방식을 사용하여 전송하고자 한다. 메시지 비트가 1 0 1 1 0 0 0 1인 경우 변조된 신호의 파형을 그려보라. 반송파 주파수는 $f_c = 2\text{kHz}$를 사용한다고 가정하라. FSK 경우 두 이진 신호가 직교하도록 주파수를 선택하라.

    (a) ASK   (b) FSK   (c) PSK   (d) DPSK

10.4 비트율 $R_b = 8\text{kbps}$로 발생된 데이터를 1MHz 주파수의 반송파를 사용하여 BPSK 변조하여 전송한다고 하자. 데이터 1과 0이 발생할 확률은 동일하다고 가정한다.

    (a) 구형파로 펄스정형을 하는 경우 변조된 신호의 PSD를 그리고 대역폭을 구하라.

    (b) Roll-off 인수가 $r = 0.25$인 상승 여현 필터로 펄스정형을 하는 경우 변조된 신호의 PSD를 그리고 대역폭을 구하라.

10.5 비트율 $R_b = 10\text{kbps}$로 발생된 데이터를 1MHz 주파수의 반송파를 사용하여 OOK 변조하여 전송한다. 이 때 펄스 파형은 구형파를 사용한다고 하자.

(a) 데이터가 1과 0이 교대로 발생되는 수열이라고 가정하고 변조된 신호의 PSD를 구하라. 진폭 스펙트럼을 그리고 null-to-null 대역폭을 구하라.

(b) 데이터가 1과 0이 랜덤하게 발생되는 수열이라고 가정하고 (a)의 과정을 반복하라.

10.6 문제 10.5에서 데이터를 BPSK 변조하는 경우를 가정하고 같은 문제의 해를 구하라.

10.7 이진 FSK 변조에서 두 신호 $s_1(t) = A\cos(2\pi f_1 t + \theta_1)$와 $s_2(t) = A\cos(2\pi f_2 t + \theta_2)$가 T_b 시구간에서 서로 직교하도록 하는 주파수차 $f_1 - f_2$의 최솟값(minimum tone spacing)을 다음의 경우에 대하여 구하라.

(a) 두 신호의 위상이 동기된 경우(coherent FSK signaling), 즉 $\theta_1 = \theta_2$인 경우

(b) 두 신호의 위상이 동기되지 않은 경우(noncoherent FSK signaling), 즉 $\theta_1 \neq \theta_2$인 경우

10.8 비트율 $R_b = 40\text{kbps}$로 발생되는 데이터를 BFSK 변조하여 전송한다. 데이터 0은 950kHz를 사용하고, 데이터 1은 1050kHz를 사용한다. 변조된 신호를 roll-off 인수가 0.75인 상승여현 필터에 통과시켜 전송하는 경우, FSK 변조된 신호의 대역폭을 구하라.

10.9 비트율 $R_b = 40\text{kbps}$로 발생되는 데이터를 BFSK 변조하여 전송한다. 두 신호의 주파수는 $f_1 = f_c + \delta$, $f_2 = f_c - \delta$와 같이 하며, $f_c = 1\text{MHz}$로 한다. 두 신호가 비트 구간 동안 서로 직교하도록 하며, 두 신호의 위상은 동기화시키지 않는다. 두 신호 간의 주파수차를 최소로 하려면 f_1과 f_2를 어떻게 결정해야 하는가? 이 때 BFSK 신호의 null-to-null 대역폭은 얼마인가?

10.10 비트율 2kbps로 발생된 데이터를 BPSK 변조하여 전송하는 시스템이 있다. 통신 채널은 양측 전력스펙트럼밀도가 $N_0/2 = 0.5 \times 10^{-7}\,\text{W/Hz}$인 AWGN 채널이라고 가정하자. 수신 신호의 전력이 0.8mW인 경우 최적 수신기의 비트오류 확률은 어떻게 되는가?

10.11 AWGN 채널 환경에서 비트율 16kbps의 메시지 데이터를 BPSK 변조하여 전송하는 시스템이 있다. 잡음의 양측 PSD는 $N_0/2 = 0.5 \times 10^{-10}\,\text{W/Hz}$라고 가정하자. 신호의 E_b/N_0는 6dB라고 하자.

(a) 신호의 전력을 구하라. 정합필터 수신기를 사용하여 복조한다면 비트오류 확률은 얼마인가?

(b) 변조 방식을 FSK로 변경한다고 하자. Noncoherent FSK 수신기를 사용하여 복조하도록 시스템을 구성하는 경우 동일한 비트오율 성능을 얻기 위해서는 신호의 전력을 몇 dB 증가시켜야 하는가?

10.12 비트율 $R_b = 100\text{kbps}$ 로 발생되는 데이터를 ASK, FSK, PSK를 사용하여 전송하고자 한다. 통신 채널은 AWGN 잡음만 있는 채널이며 잡음의 양측 PSD는 $N_0/2 = 0.5 \times 10^{-7}$ 라고 가정한다. 원하는 비트오율 성능은 10^{-4} 이라고 하자.

(a) 각 변조 방식에 대해 원하는 비트오류 확률을 얻기 위해 필요한 신호 전력의 최솟값을 구하라.

(b) 각 방식의 신호 대역폭을 구하라. 여기서 대역폭은 주엽, 즉 null-to-null 대역폭을 사용하라. FSK의 경우에는 두 신호의 동기를 맞추지 않는다고 가정하고 최소 대역폭을 구한다.

10.13 AWGN 채널에서 비트오류 확률이 10^{-4} 이하인 통신 시스템을 구현하고자 한다. 다음의 변조 방식을 사용하는 경우 원하는 성능이 얻어지도록 하는 E_b/N_0 를 구하라. 동기식 검파를 사용한 경우와 비동기식 검파를 사용한(가능하다면) 경우 각각에 대해 구하라.

(a) OOK   (b) BFSK   (c) BPSK   (d) DPSK

10.14 문제 10.13의 시스템에서 AWGN 잡음의 양측 PSD가 $N_0/2 = 0.5 \times 10^{-10} \, \text{W/Hz}$ 라고 하자. 변조된 신호의 진폭이 $A = 1\text{mV}$ 라고 하자. 각 변조 방식에서 원하는 비트오율 성능을 유지하면서 얻을 수 있는 최대의 비트율은 얼마[bps]인가?

10.15 비트율 $R_b = 4800\text{bps}$ 로 발생된 데이터를 OOK 변조하여 전송하는 시스템이 있다. 수신기에는 OOK 신호와 AWGN 잡음이 더해져서 입력된다고 하자. 이 시스템은 10^{-5} 의 비트오율 성능이 얻어지도록 하고자 한다.

(a) 최소 전송 대역폭을 구하라.

(b) 정합필터 수신기를 사용하여 복조하는 경우 수신기 입력에서 요구되는 E_b/N_0 의 최솟값을 구하라.

(c) 수신되는 신호의 진폭이 10mV 라고 하자. 원하는 비트오율 성능을 얻기 위해 허용되는 잡음의 양측 PSD 값 $N_0/2$ 의 최댓값은 얼마인가?

(d) 비동기식 검파기를 사용하는 경우 (b)의 해를 다시 구하라. 정합필터 수신기에 비해 얼마나 높은 E_b/N_0 가 필요한가?

10.16 다음과 같은 비트율을 갖는 데이터를 전송하고자 한다. 위상 동기 FSK와 위상 비동기 FSK, ASK, BPSK, DPSK 변조 방식에 대해 각 경우의 신호 대역폭을 구하라. FSK의 경우 두 신호가 직교하도록 하는 최소 주파수 차를 사용하며, 대역폭 산출에서는 스펙트럼의 주엽(mainlobe)만 고려한다.

(a) $R_b = 100\text{kbps}$　　(b) $R_b = 200\text{kbps}$　　(c) $R_b = 1\text{Mbps}$　　(d) $R_b = 8\text{Mbps}$

10.17 상관 수신기를 가지고 동작하는 동기식 BPSK 시스템이 있다. 이 시스템의 비트율은 $R_b = 20\text{Mbps}$이며 roll-off 인수가 $r = 0.5$인 상승여현 펄스정형 필터를 사용한다. 수신기에 입력되는 백색 잡음의 양측 PSD는 $N_0/2 = 2.5 \times 10^{-11}\,\text{W/Hz}$라고 하자. 수신 신호의 진폭은 100mV이며 반송파 주파수는 2.4GHz이다.

(a) 신호의 대역폭을 구하라.

(b) 이 수신기의 비트오류 확률을 구하라.

(c) 수신기의 비트오류 확률을 10^{-7}으로 하려면 신호 진폭이 몇 배가 되어야 하는가? 몇 dB 많은 신호 에너지를 사용해야 하는가?

10.18 비트율 $R_b = 5\text{kbps}$로 발생된 데이터를 OOK 변조하여 전송하는 시스템이 있다. 반송파 주파수는 1MHz이고 신호의 진폭은 0.1V이다. 수신기에는 OOK 신호와 양측 PSD가 $N_0/2 = 0.5 \times 10^{-7}\,\text{W/Hz}$인 AWGN 잡음이 더해져서 입력된다고 하자. 정합필터 수신기를 구현할 때 $\Delta\theta$의 위상 오차가 발생한다고 하자. 이 수신기의 성능이 비동기식 수신기보다 성능이 떨어지는 결과는 위상 오차 $\Delta\theta$가 얼마 이상인 경우에 발생하는가?

10.19 비트율 $R_b = 4800\text{bps}$로 발생된 데이터를 FSK 변조하여 전송하는 시스템이 있다. 데이터에 따른 두 반송파 주파수의 차는 $\Delta f = f_1 - f_2 = 1.5R_b$이다. 수신기에는 FSK 신호와 AWGN 잡음이 더해져서 입력된다고 하자.

(a) 최소 전송 대역폭을 구하라.

(b) 비트오율 10^{-4}을 얻고자 한다. 정합필터 수신기를 사용하여 복조하는 경우 수신기 입력에서 요구되는 E_b/N_0의 최솟값을 구하라.

(c) 비동기식 검파기를 사용하는 경우 (b)의 해를 다시 구하라.

10.20 비트율 $R_b = 2400\text{bps}$ 로 발생된 데이터를 FSK 변조하여 전송하는 시스템이 있다. 데이터에 따른 두 반송파 주파수의 차는 $\Delta f = 4800\text{Hz}$ 를 사용하며, 수신기에서는 비동기식 검파를 사용한다. 수신기에는 FSK 신호와 AWGN 잡음이 더해져서 입력된다고 하자.

(a) FSK 신호의 최소 대역폭을 구하라. 또한 기본 펄스 파형을 구형파로 사용한 경우와 roll-off 인수가 $r = 0.5$ 인 상승여현 필터로 펄스 정형한 경우에 대하여 FSK 신호의 대역폭을 구하라.

(b) 비트오율 10^{-4} 을 얻기 위하여 수신기 입력에서 요구되는 E_b/N_0 의 최솟값은 몇 dB인가?

(c) 비트오율 10^{-4} 을 얻기 위하여 수신기 입력에서 요구되는 SNR의 최솟값은 몇 dB인가? 여기서 기본 펄스 파형은 구형파를 사용한다고 가정한다.

10.21 대역폭이 4kHz인 신호를 나이퀴스트율의 1.2배로 표본화하고, 표본당 256개의 준위를 사용하여 PCM 부호화한 후 BPSK 변조하여 전송하는 시스템이 있다.

(a) ISI 없이 전송 가능한 채널의 최소 대역폭을 구하라.

(b) 구형파를 사용하여 펄스정형을 하는 경우 송신 신호의 null-to-null 대역폭을 구하라.

(c) Roll-off 인수가 0.4인 상승 여현 펄스정형을 사용하는 경우 송신 신호의 대역폭을 구하라.

10.22 비트율 100bps로 발생되는 데이터를 다음과 같이 BFSK 변조하여 전송하는 시스템이 있다. 통신채널은 양측 전력스펙트럼밀도가 $N_0/2 = 10^{-4}$ W/Hz인 AWGN 채널이라고 가정하자. 수신기에서는 동기식 수신기를 사용하여 복조한다고 하자.

$$s(t) = \begin{cases} s_1(t) = 0.5\cos(2000\pi t) & 0 \le t \le T_b \text{ for binary 1} \\ s_2(t) = 0.5\cos(2000\pi t + 2\pi\Delta f t) & 0 \le t \le T_b \text{ for binary 0} \end{cases}$$

(a) $\Delta f = 100$ Hz 인 경우 비트오류 확률을 구하라.

(b) $\Delta f = 10$ Hz 인 경우 비트오류 확률을 구하라.

10.23 다음과 같은 이진 변조 시스템이 있다. 통신 채널은 양측 PSD가 $N_0/2$ 인 AWGN 채널이며, 메시지 데이터 1과 0의 발생 확률은 동일하다고 가정하자.

$$s(t) = \begin{cases} s_1(t) = A\cos(2\pi f_c t) & 0 \le t \le T_b \text{ for binary 1} \\ s_2(t) = \dfrac{A}{2}\cos(2\pi f_c t + \pi) & 0 \le t \le T_b \text{ for binary 0} \end{cases}$$

(a) 비트오류 확률을 최소로 하는 상관 수신기의 구조를 제시하라. 결정변수, 즉 상관기 출력의 평균과 분산을 구하라. 결정변수의 pdf를 그려보라.

(b) 비트 판정을 위한 최적 문턱값은 얼마로 설정해야 하는가?

(c) 최소 비트오류 확률을 구하라. 평균 비트에너지를 사용하여 표현하라.

10.24 비트율 100kbps로 발생되는 데이터를 다음과 같이 BPSK 변조하여 전송하는 시스템이 있다. 통신 채널은 양측 PSD가 $N_0/2 = 10^{-10}$ W/Hz인 AWGN 채널이며, 메시지 데이터 1과 0의 발생 확률은 동일하다고 가정하자.

$$s(t) = \begin{cases} s_1(t) = A\cos(2\pi f_c t) & 0 \le t \le T_b \ \text{for binary 1} \\ s_2(t) = A\cos(2\pi f_c t + \pi) & 0 \le t \le T_b \ \text{for binary 0} \end{cases}$$

수신측에서는 $A\cos 2\pi f_c t$와 비트 구간 동안 상관값을 계산하여 판정하는 수신기를 사용하여 복조한다고 하자. $A = 10\text{mV}$를 가정한다.

(a) 상관기 출력의 평균과 분산을 구하라. 최소 비트오류 확률을 위한 판정기의 문턱값 η_o는 얼마로 설정해야 하는가? 최소 비트오류 확률을 구하라.

(b) 비트 판정기의 문턱값을 $\eta = 0.1\sqrt{E_b}$로 설정하는 경우 비트오류 확률을 구하라. 여기서 E_b는 평균 비트에너지이다.

10.25 AWGN 채널 환경에서 BPSK 변조를 사용하여 데이터를 전송하는 시스템이 있다. 메시지 데이터 1과 0의 발생 확률은 동일하며, 백색 잡음의 양측 PSD는 $N_0/2$라고 가정하자.

$$s(t) = \begin{cases} s_1(t) = A\cos(2\pi f_c t) & 0 \le t \le T_b \ \text{for binary 1} \\ s_2(t) = A\cos(2\pi f_c t + \pi) & 0 \le t \le T_b \ \text{for binary 0} \end{cases}$$

수신측에서는 $A\cos 2\pi f_c t$와 비트 구간 동안 상관값을 계산하여 판정하는 수신기를 사용하여 복조한다. 그런데 적분기에서 타이밍 오류가 발생하여 $\beta T_b (0 \le \beta \le 1)$만큼 늦게 적분을 시작하고 끝낸다고 하자. 즉 $\beta T_b \le t \le T_b + \beta T_b$의 구간 동안 적분을 한 후 비트 판정을 한다고 하자.

(a) 비트오류 확률을 β의 함수로써 표현하라.

(b) 이 시스템은 50kbps의 비트율로 데이터를 전송하며, 수신 신호의 진폭은 $A = 10\text{mV}$이고, 백색 잡음의 양측 PSD는 $N_0/2 = 10^{-10}$ W/Hz라 하자. $\beta = 0.2$인 경우 비트오류 확률을 구하라. 타이밍 오류가 발생하지 않았을 때와 성능을 비교하라.

10.26 비트율 $R_b = 200\text{bps}$ 로 발생된 데이터를 다음과 같이 BPSK 변조하여 전송하는 시스템이 있다. 반송파 주파수는 100kHz이고 수신 신호의 진폭은 10mV이다. 수신기에는 BPSK 신호와 양측 PSD가 $N_0/2 = 10^{-7}$ W/Hz 인 AWGN 잡음이 더해져서 입력된다. 동기식 수신기의 비트오류 확률을 θ 의 함수로 표현하라.

$$s(t) = \begin{cases} s_1(t) = A\cos(2\pi f_c t) & 0 \leq t \leq T_b \ \text{ for binary 1} \\ s_2(t) = A\cos(2\pi f_c t + \theta) & 0 \leq t \leq T_b \ \text{ for binary 0} \end{cases}$$

CHAPTER 11

M-진 변조

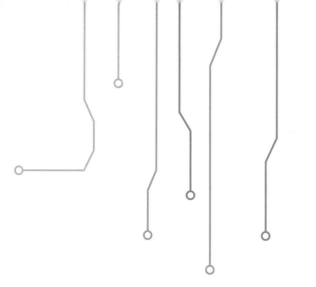

11 *M*-진 변조

앞 장에서는 이진 디지털 변조방식의 원리와 비트오율 성능에 대해 알아보았다. 이진 통신에서는 정보 비트의 값에 따라 두 종류의 신호 중 하나를 전송한다. 디지털 통신의 단점 중의 하나는 전송 대역폭이 넓다는 것이다. 특히 아날로그 신호를 디지털 데이터로 표현할 때 정확도를 높이기 위하여 표본화 속도를 높이고 많은 양자화 비트 수를 사용하는 경우 데이터율이 매우 높아지며, 요구되는 채널의 대역폭도 비례해서 넓어진다. 만일 채널의 대역폭이 충분하지 않다면 신호의 고주파 성분의 손실로 인하여 신호에 왜곡이 생기며, 이로 인하여 비트오율 성능이 떨어진다. 즉 잡음에 대한 내성이 떨어진다. 통신 매체를 여러 사용자가 공유하는 환경을 고려해보자. 다중 사용자 통신 환경에서는 사용자 수를 증가시키거나 시스템 간 간섭을 줄이기 위하여 신호의 대역폭을 한정하고 있다. 사용자의 대역폭이 한정된다는 것은 전송률이 한정되어 고속의 데이터를 전송하는 데 제한을 받는다는 것을 의미한다. 이와 같이 변조 방식의 선택에서는 비트오율 성능뿐만 아니라 대역폭 효율도 중요하게 고려해야 한다. 여기서 대역폭 효율은 단위 주파수당 비트율[bits/sec/Hz]로 정의한다. 이진 변조에서는 비트 단위로 두 종류의 신호 중 하나가 전송되므로 대역폭 효율은 비트율 R_b를 신호 대역폭 B로 나눈 값이 된다. 만일 여러 비트를 모아서 한 개의 심볼을 구성하고, 심볼 단위로 구별되는 신호를 전송한다면 심볼 길이가 길어져서 대역폭 효율을 높일 수 있는 여지가 생긴다. 예를 들어 k개 비트로 하나의 심볼을 구성한다면 심볼 길이는 $T_s = kT_b$로 비트 길이의 k배가 된다. 그러면 심볼율(symbol rate) R_s는 비트율 R_b의 $1/k$배 속도가 된다. 이 때 가능한 심볼 상태(멀티레벨 심볼인 경우 레벨 개수)는 $M = 2^k$개가 된다. 그러므로 필요한 신호의 개수는 $M = 2^k$개가 되어, 심볼 단위로 M개 중 한 개의 신호가 전송된다. 이러한 M개의 신호를 만드는 방법에 따라 여러 형태의 변조 방식이 가능하며, 이러한 변조 방식을 M-진($M-ary$) 변조라 한다. 이번 장에서는 반송파의 진폭, 주파수, 위상을 두 개 이상으로 하는 M-진 변조의 원리와 수신기에 대해 알아본다. 먼저 M-진 위상천이 변조의 특수 경우로 $M = 4$인 QPSK 변조에 대해 알아보고 일반적인 M-진 변조에 대해 알아본다.

11.1 대역통과 신호의 표현

M-진 대역통과 변조 방식과 신호를 표현하기 위하여 먼저 특정 주파수대의 대역통과 신호를 표현하는 방법에 대해 알아보자. 반송파 주파수가 f_c이고, 진폭이 $A(t)$이며, 위상이 $\theta(t)$ 인 정현파는

$$s(t) = A(t)\cos(2\pi f_c t + \theta(t)) \qquad (11.1)$$

와 같이 표현된다. 삼각함수의 공식을 이용하여 다시 표현하면 다음과 같이 된다.

$$s(t) = I(t)\cos 2\pi f_c t - Q(t)\sin 2\pi f_c t \qquad (11.2)$$

여기서 $A(t)$, $\theta(t)$와 $I(t)$, $Q(t)$의 관계는 다음과 같다.

$$I(t) = A(t)\cos\theta(t), \quad Q(t) = A(t)\sin\theta(t)$$
$$A(t) = \sqrt{I^2(t) + Q^2(t)}, \quad \theta(t) = \tan^{-1}\left(\frac{Q(t)}{I(t)}\right) \qquad (11.3)$$

만일 $f_c \gg 1/T_b$라면 $(0, T_b)$의 구간에서 두 신호 $\cos 2\pi f_c t$와 $-\sin 2\pi f_c t$는 서로 직교한다. 따라서 이 두 신호를 직교 기저함수로 사용하여 임의의 신호를 선형조합 형태로써 나타낼 수 있다. 식 (11.2)는 이러한 방법으로 대역통과 신호를 직교하는 두 성분으로 표현한 것이다. 여기서 $\cos 2\pi f_c t$ 방향의 성분 $I(t)$를 동위상(in-phase) 성분이라 하고, $\cos 2\pi f_c t$와 수직인 $\cos(2\pi f_c t + 90°) = -\sin 2\pi f_c t$ 방향의 성분 $Q(t)$를 역위상(quadrature-phase) 성분이라 한다. 그림 11.1(a)에 $\cos 2\pi f_c t$와 $-\sin 2\pi f_c t$를 직교 기저함수로 하여 대역통과 신호를 표현한 그림을 보인다.

대역통과 신호를 표현하는 다른 방법은 복소 포락선(complex envelope)을 사용하는 것이나. 식 (11.1)의 신호에 내한 복소 포락선은 나음과 같이 정의된다.

$$\tilde{s}(t) = A(t)e^{j\theta(t)} \qquad (11.4)$$

복소 포락선과 대역통과 신호의 관계는 다음과 같다.

$$\tilde{s}(t) = \mathrm{Re}\{\tilde{s}(t)e^{j2\pi f_c t}\} = \mathrm{Re}\{A(t)e^{j\theta(t)}e^{j2\pi f_c t}\}$$
$$= A(t)\cos(2\pi f_c t + \theta(t))$$

(11.5)

즉 복소 포락선에 복소 정현파를 곱하고 실수부를 취하면 대역통과 신호가 얻어진다. 복소 포락선과 동위상 및 역위상 성분의 관계를 살펴보면 식 (11.6)과 같으며, 그림 11.1(b)에 복소 포락선에 의한 대역통과 신호의 표현 방법을 보인다.

$$\tilde{s}(t) = A(t)e^{j\theta(t)} = A(t)\cos\theta(t) + jA(t)\sin\theta(t)$$
$$= I(t) + jQ(t)$$

(11.6)

이상의 결과로부터 반송파 주파수 f_c를 사용하여 대역통과 변조된 신호는 식 (11.1)로 표현하는 대신 $\{I(t),\ Q(t)\}$ 또는 $\tilde{s}(t)$를 사용하여 표현해도 된다. 반송파 주파수 f_c만 알면 $\{I(t),\ Q(t)\}$ 또는 $\tilde{s}(t)$로부터 $s(t)$를 정확히 표현할 수 있기 때문이다. 변조된 신호 $s(t)$가 대역통과 신호임에 비해 $\{I(t),\ Q(t)\}$ 또는 $\tilde{s}(t)$는 기저대역 신호라는 사실을 강조할 필요가 있다. 이것은 대역통과 신호의 등가적인 표현뿐만 아니라 변조 방식을 컴퓨터로 성능분석하는 데 있어서도 고주파 대역이 아니라 기저대역에서 할 수 있어서 표본화율을 낮출 수 있다는 것을 의미한다.

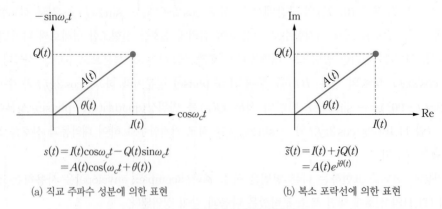

(a) 직교 주파수 성분에 의한 표현 (b) 복소 포락선에 의한 표현

그림 11.1 대역통과 신호의 표현 방법

11.2 직교 위상천이 변조

일반적인 M-진 대역통과 변조에 대해 알아보기 전에 특수 경우로서 $M = 4$ 인 위상천이 변조에 대해 알아본다. 이 변조 방식은 두 개의 BPSK를 동일한 주파수의 정현파 및 여현파 반송파로써 다중화하여 전송하는 방식으로 볼 수 있다.

11.2.1 QPSK(Quternary Phase Shift Keying)

BPSK는 기저대역 양극성 NRZ 신호를 반송파 $\cos 2\pi f_c t$ 를 사용하여 DSB 변조하여 전송하는 변조 방식이다. 이 반송파 $\cos 2\pi f_c t$ 와 $90°$ 위상차를 갖는 $\sin 2\pi f_c t$ 는 서로 직교한다. 그러므로 또 하나의 기저대역 NRZ 신호를 $\sin 2\pi f_c t$ 의 반송파를 사용하여 BPSK 변조하여 동시에 전송하더라도 수신기에서는 두 기저대역 신호의 분리가 가능하다. 이는 동일 주파수의 직교 반송파 $\cos 2\pi f_c t$ 와 $\sin 2\pi f_c t$ 를 사용하여 다중화시킴으로써 전송 속도를 두 배로 증가시킬 수 있다는 것을 의미한다. 그림 11.2에 두 개의 기저대역 신호를 직교 반송 다중화하여 전송하는 시스템의 송수신기 구조를 보인다. 입력되는 기저대역 신호 $b_I(t)$ 와 $b_Q(t)$ 는 데이터율이 R_b bps이고 양극성 NRZ 신호로 가정한다. 두 신호는 직교 반송파 $\cos 2\pi f_c t$ 와 $\sin 2\pi f_c t$ 를 사용하여 각각 BPSK 변조되어 더해져서 전송된다. 수신된 신호는 $\cos 2\pi f_c t$ 와 $\sin 2\pi f_c t$ 를 사용하여 독립적으로 복조된다. 두 반송파의 직교성으로 인해 수신기의 위 아래 상관기의 출력에 두 BPSK 신호는 상호 영향을 미치지 않는다. 두 BPSK 신호는 동일한 주파수 대역을 사용하므로 대역폭의 변화 없이 전송률을 두 배로 증가시킬 수 있다.

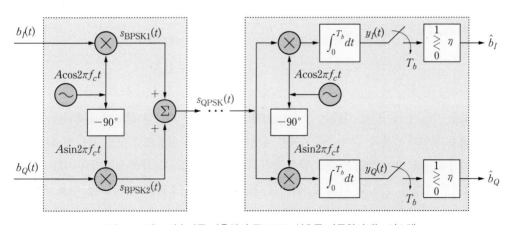

그림 11.2 직교 반송파를 사용하여 두 BPSK 신호를 다중화시키는 시스템

그림 11.2의 송신기에서는 두 개의 비트열 $\{b_I\}$ 와 $\{b_Q\}$ 로부터 두 개의 BPSK 신호를 다음

과 같이 발생시킨다고 하자.

$$s_{\text{BPSK1}}(t) = \pm A \cos 2\pi f_c t = \begin{cases} +A \cos 2\pi f_c t & \text{if } b_I = 1 \\ -A \cos 2\pi f_c t & \text{if } b_I = 0 \end{cases}$$
$$s_{\text{BPSK2}}(t) = \pm A \sin 2\pi f_c t = \begin{cases} +A \sin 2\pi f_c t & \text{if } b_Q = 1 \\ -A \sin 2\pi f_c t & \text{if } b_Q = 0 \end{cases} \tag{11.7}$$

이 두 신호를 더하여 만들어지는 전송 신호는

$$s_{\text{QPSK}}(t) = \begin{cases} -A \cos 2\pi f_c t - A \sin 2\pi f_c t \leftrightarrow (b_I,\ b_Q) = (0\ 0) \\ -A \cos 2\pi f_c t + A \sin 2\pi f_c t \leftrightarrow (b_I,\ b_Q) = (0\ 1) \\ +A \cos 2\pi f_c t - A \sin 2\pi f_c t \leftrightarrow (b_I,\ b_Q) = (1\ 0) \\ +A \cos 2\pi f_c t + A \sin 2\pi f_c t \leftrightarrow (b_I,\ b_Q) = (1\ 1) \end{cases} \tag{11.8}$$
$$= \pm A (\cos 2\pi f_c t \pm \sin 2\pi f_c t)$$

와 같이 되어 네 가지 심볼 상태를 갖는다. 삼각함수의 공식

$$\cos \omega_c t \pm \sin \omega_c t = \sqrt{2} \cos\left(\omega_c t \mp \frac{\pi}{4}\right) \tag{11.9}$$

를 이용하면 식 (11.8)은 다음과 같이 표현된다.

$$s_{\text{QPSK}}(t) = \begin{cases} s_0(t) = \sqrt{2}\, A \cos\left(2\pi f_c t + \dfrac{3\pi}{4}\right) \leftrightarrow (b_I,\ b_Q) = (0\ 0) \\ s_1(t) = \sqrt{2}\, A \cos\left(2\pi f_c t - \dfrac{3\pi}{4}\right) \leftrightarrow (b_I,\ b_Q) = (0\ 1) \\ s_2(t) = \sqrt{2}\, A \cos\left(2\pi f_c t + \dfrac{\pi}{4}\right) \leftrightarrow (b_I,\ b_Q) = (1\ 0) \\ s_3(t) = \sqrt{2}\, A \cos\left(2\pi f_c t - \dfrac{\pi}{4}\right) \leftrightarrow (b_I,\ b_Q) = (1\ 1) \end{cases} \quad 0 \le t \le T_b \tag{11.10}$$

따라서 두 비트의 데이터에 의하여 식 (11.10)에 있는 4개 중 하나의 신호가 선택되어 전송된다. 신호는 동일한 진폭과 주파수를 가지며, 4개의 서로 다른 위상으로 구별된다. 이 4개의 신호는 그림 11.3과 같이 동일 반경의 원주 상에서 90° 간격으로 균등하게(따라서 서로 직교하게) 떨어진 4개의 점으로 나타낼 수 있는데, 이러한 신호점의 배치도를 신호 성상도(constellation diagram)라 부른다. 이와 같이 두 비트 데이터의 네 가지 상태에 따라 반송파의 4개 위상 중 하나로 매핑시켜 전송하는 변조 방식을 직교 위상천이 변조(Quadrature PSK: QPSK)라 한다.

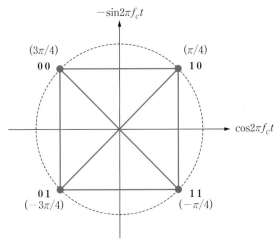

그림 11.3 QPSK 신호 성상도

위에서 알아본 전송 방식은 데이터 비트율이 R_b[bps]인 한 개의 BPSK 신호를 전송하는데 필요한 대역폭$(B = 2/T_b = 2R_b)$을 가지고 두 개의 BPSK 신호를 전송하는 방식이다. 직교 반송파를 사용함으로써 대역폭 증가 없이 데이터율을 두 배로 할 수 있다. 그림 11.2에 보인 시스템에서 독립된 두 개의 정보 비트열을 입력시키는 대신 한 개의 정보 비트열을 직렬/병렬 변환하여 입력시키도록 할 수 있다. 이러한 시스템의 송신기 구조를 그림 11.4(a)에 보인다. 입력되는 신호의 비트율이 R_b라면 직렬/병렬 변환기를 거치면 홀수 비트로부터 만들어진 신호 $b_o(t)$와 짝수 비트로부터 만들어진 신호 $b_e(t)$는 데이터율이 $R_b/2$로 절반이 된다. 한 번에 전송하는 여러 비트를 심볼로 정의하자. QPSK에서는 두 비트로 심볼을 구성하여 전송하므로 심볼 길이는 $T_s = 2T_b$로 비트 길이의 두 배가 되며, 심볼율(symbol rate)은 $R_s = R_b/2$[sps]로 비트율의 절반이 된다. QPSK에서는 심볼율이 $R_s = R_b/2$인 $b_o(t)$와 $b_e(t)$ 두 개의 신호를 직교 반송파 $\cos 2\pi f_c t$와 $\sin 2\pi f_c t$를 사용하여 BPSK 변조한 후 더하여 전송한다. 따라서 변조된 신호는 다음과 같이 된다.

$$s_{\mathrm{QPSK}}(t) = \begin{cases} s_0(t) = \sqrt{2}\,A\cos\left(2\pi f_c t + \dfrac{3\pi}{4}\right) \leftrightarrow (b_o,\ b_e) = (0\,0) \\[2mm] s_1(t) - \sqrt{2}\,A\cos\left(2\pi f_c t - \dfrac{3\pi}{4}\right) \leftrightarrow (b_o,\ b_e) = (0\,1) \\[2mm] s_2(t) = \sqrt{2}\,A\cos\left(2\pi f_c t + \dfrac{\pi}{4}\right) \leftrightarrow (b_o,\ b_e) = (1\,0) \\[2mm] s_3(t) = \sqrt{2}\,A\cos\left(2\pi f_c t - \dfrac{\pi}{4}\right) \leftrightarrow (b_o,\ b_e) = (1\,1) \end{cases} \quad 0 \le t \le 2T_b \quad (11.11)$$

이와 같이 정보 비트열을 홀수 비트열과 짝수 비트열로 분해하고 정현파 및 여현파로써 BPSK 다중화하여 보내는 방식으로서의 QPSK 변조는, 정보 비트열을 BPSK 변조하여 전송하는 방식에 비해 절반의 대역폭$(B = 1/T_b)$을 사용한다. 따라서 대역폭 효율이 BPSK의 두 배가 된다.

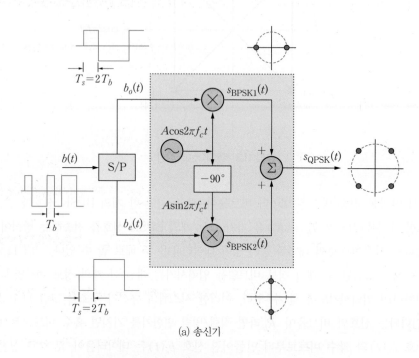

(a) 송신기

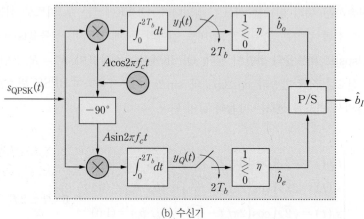

(b) 수신기

그림 11.4 QPSK 시스템

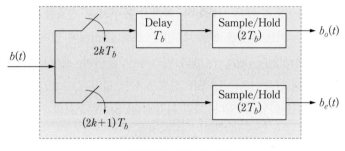

(a) 직렬/병렬 변환기의 구성

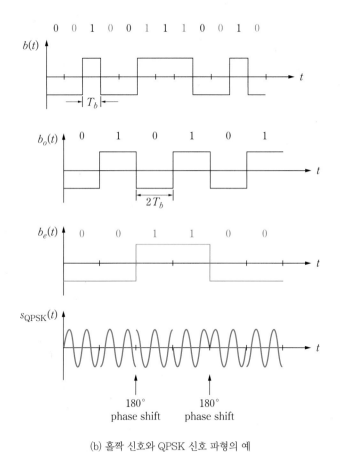

(b) 홀짝 신호와 QPSK 신호 파형의 예

그림 11.5 QPSK 시스템의 직병렬 변환기와 QPSK 신호 파형

　그림 11.4(a)의 송신기에서 입력 신호 $b(t)$를 병렬로 홀수 비트 신호 $b_o(t)$와 짝수 비트 신호 $b_e(t)$로 분리시키는 직렬/병렬 변환기는 그림 11.5(a)와 같은 회로로써 구현할 수 있다. 정보 신호가 홀짝수 비트로 이어져 들어오기 때문에 홀수 비트 신호를 표본화하는 순간에 짝

수 비트 신호는 아직 들어오지 않은 상태이다. 따라서 홀수 비트 신호를 한 비트 구간 동안 지연시키면 동시에 홀짝수 비트 신호를 얻을 수 있다. 그림 11.5(b)에 입력 신호로부터 $b_o(t)$와 $b_e(t)$가 생성되는 예를 보인다. 신호 $b(t)$의 펄스폭은 T_b이며, $b_o(t)$와 $b_e(t)$의 펄스폭은 $T_s = 2T_b$이다. 이로부터 만들어지는 QPSK 신호는 심볼 길이 $(T_s = 2T_b)$마다 반송파의 위상이 0, $\pm \pi/2$, $\pm \pi$만큼 변화할 수 있다. 그림 11.6에 QPSK 반송파의 가능한 위상 천이를 보인다.

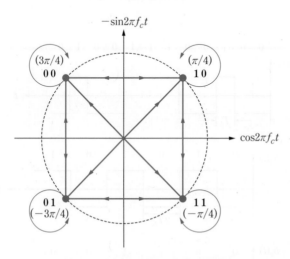

그림 11.6 QPSK 신호의 가능한 위상 천이

QPSK 신호의 복조는 그림 11.4(b)와 같은 수신기를 이용하여 구현할 수 있다. 수신 신호에 직교 반송파를 곱하고 $2T_b$ 구간 동안 적분함으로써 홀수 비트와 짝수 비트에 대한 상관 수신기가 구현되며 문턱값 판정기를 통하여 정보 비트열이 복원된다.

11.2.2 OQPSK(Offset QPSK)

QPSK 신호의 반송파 위상은 $2T_b$마다 변할 수 있다. 만일 $2T_b$ 후에 데이터가 불변하면 반송파의 위상은 변하지 않으며, $b_o(t)$나 $b_e(t)$ 중 한 개만 부호가 변화하면 위상의 천이는 $\pi/2$만큼 생긴다. 만일 $b_o(t)$나 $b_e(t)$ 모두 부호가 변화하면 반송파 위상의 천이는 π만큼 생긴다. π의 위상 천이가 일어난다는 것은 신호의 극성이 반대로 바뀐다는 것이다. 이 경우 신호가 송신기 및 수신기의 필터를 통과하게 되면 출력 신호의 진폭에 변화가 일어나게 되며, 추가의 오차를 발생시킨다. QPSK 변조된 신호는 스펙트럼의 부엽(sidelobe)을 줄이기 위한 필터를 통과하게 되면 파형의 정 포락선(constant envelope) 특성이 손상된다. 특히 180°의

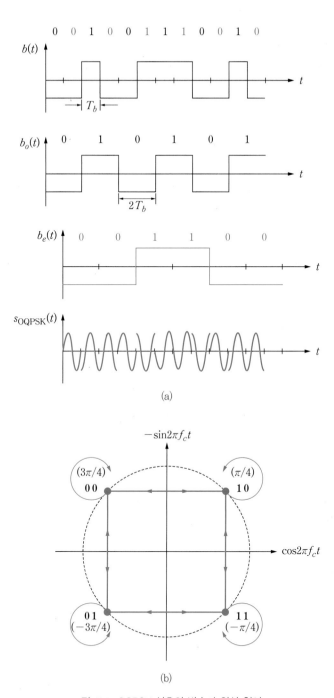

(a)

(b)

그림 11.7 OQPSK 신호와 반송파 위상 천이

위상천이는 포락선을 순간적으로 0이 되게 한다. 따라서 선형성(linearity)이 매우 좋은 전력 증폭기의 사용이 요구된다. 이것은 이동 단말기와 같이 저렴하고 전력 효율이 좋은 증폭기의 사용이 바람직한 경우 적합하지 않게 된다.

만일 그림 11.5(b)에서 $b_o(t)$나 $b_e(t)$의 부호가 동시에 변하는 경우가 발생하지 않도록 한다면 QPSK 신호의 위상이 180° 변화하는 경우가 발생하지 않을 것이다. OQPSK(Offset QPSK) 변조 방식은 $b_o(t)$나 $b_e(t)$ 중 하나가 시간 상으로 반 심볼 길이만큼, 즉 $T_s/2 = T_b$ 만큼 지연되도록 만들고 직교 반송파로 다중화/변조하는 전송 방식이다. 이와 같이 두 신호 간 시간차가 생기게 함으로써 $b_o(t)$나 $b_e(t)$가 동시에 부호 변화가 일어나는 것을 방지하여, 변조된 신호의 반송파 위상이 180° 천이되는 현상이 발생하지 않도록 한다. 이러한 시스템을 구현하기 위해서는 그림 11.5(a)의 직렬/병렬 변환기에서 위에 있는 지연 소자를 제거하면 된다. 그러면 $b_e(t)$가 $b_o(t)$에 비해 T_b만큼 늦게 출력된다. 그림 11.7에 OQPSK의 홀짝수 비트 신호와 변조된 신호의 가능한 위상 천이를 보인다. QPSK가 $T_s = 2T_b$ 마다 위상 천이가 일어나는데 비해 OQPSK는 $T_s/2 = T_b$ 마다 최대 90°의 위상 천이가 일어날 수 있으며, 필터를 통과하였을 때 QPSK와 달리 포락선이 순간적으로 0으로 떨어지는 일이 발생하지 않는다. 즉 OQPSK 신호도 대역제한 필터를 통과하였을 때 포락선 변동이 생길 수 있지만 QPSK에 비해 변화폭이 작다. 이러한 이유로 OQPSK는 시스템이나 채널에 비선형성이 있는 경우, 또는 이동 단말기와 같이 증폭기의 높은 효율이 요구되는 경우 유리하다.

11.2.3 QPSK의 비트오율 성능

QPSK 변조 방식의 비트오율 성능을 BPSK와 비교해보자. 진폭이 A인 BPSK 신호를 표현하면 다음과 같다.

$$s_{\text{BPSK}}(t) = \pm A \cos 2\pi f_c t = A \cos(2\pi f_c t + \theta), \ \ \theta = \pm \pi \tag{11.12}$$

이 BPSK 신호의 평균전력은 $A^2/2$이다. QPSK 방식을 BPSK와 비교하기 위하여 QPSK 신호도 동일한 전력 $A^2/2$을 갖도록 표현하자. 이를 위하여 식 (11.8)로 표현한 QPSK 신호에 대한 진폭을 조절하여 다음과 같이 표현하자.

$$\begin{aligned} s_{\text{QPSK}}(t) &= \pm \frac{A}{\sqrt{2}} \cos 2\pi f_c t \pm \frac{A}{\sqrt{2}} \sin 2\pi f_c t \\ &= A \cos(2\pi f_c t + \theta), \quad \theta = \pm \pi/4, \ \pm \pi 3/4 \end{aligned} \tag{11.13}$$

이러한 신호는 그림 11.8(c)와 같이 홀수 및 짝수 비트 신호 $b_o(t)$와 $b_e(t)$를 각각 $A\cos 2\pi f_c t/\sqrt{2}$와 $A\sin 2\pi f_c t/\sqrt{2}$를 사용하여 BPSK 변조하여 얻을 수 있다. 그림 11.4(b)와 같이 수신기를 구성하고 각 BPSK 채널에서의 비트오류 확률을 구해보자. 먼저 BPSK 수신기의 성능을 다시 정리해보자. 그림 11.8(a)에 BPSK 수신기를 보인다. 잡음이 더해져서 수신된 BPSK 신호를 반송파 $A\cos 2\pi f_c t$와 곱하고 T_b 동안 적분한 출력에 포함된 신호 성분을 a_1 및 a_2라 하고 잡음 성분을 n_o라 하자. 여기서 a_1은 $b(t)=1$일 때의 상관기 출력에 있는 신호 성분이고, a_2는 $b(t)=-1$일 때의 신호 성분이다. 따라서 $a_1 = A^2 T_b/2$, $a_2 = -A^2 T_b/2$가 된다. 잡음 성분 n_o는 평균이 0인 가우시안 확률변수이고 분산은 $\sigma^2 = A^2 N_0 T_b/4$이다. BPSK 수신기의 성능은 신호 성분의 거리와 잡음 표준 편차의 비율에 의해 결정된다. 상관기 출력의 두 신호 성분간 거리를 $d = a_1 - a_2$라 하면, BPSK 수신기의 비트오류 확률은 다음과 같이 된다.

$$P_b = Q\left(\frac{d}{2\sigma}\right) = Q\left(\frac{A^2 T_b}{2} \cdot \sqrt{\frac{4}{A^2 N_0 T_b}}\right)$$

$$= Q\left(\sqrt{\frac{A^2 T_b}{N_0}}\right) = Q\left(\sqrt{\frac{2E_b}{N_0}}\right) \tag{11.14}$$

여기서 평균 비트 에너지는 $E_b = A^2 T_b/2$를 이용하였다.

이번에는 QPSK 수신기에서 I 채널과 Q 채널 복조기의 비트오류 확률을 구해보자. 각 채널의 신호 길이는 $2T_b$이므로 반송파를 곱한 후 $2T_b$ 동안 적분을 취해야 한다. 그림 11.8(d)에 QPSK 신호의 I 채널 복조 과정을 보인다. I 채널 상관기 출력을 시간 $2T_b$에서 표본할 때 신호 성분은

$$a_{I1} = \int_0^{2T_b}\left(\frac{A}{\sqrt{2}}\cos 2\pi f_c t \pm \frac{A}{\sqrt{2}}\sin 2\pi f_c t\right)A\cos 2\pi f_c t dt = \frac{A^2 T_b}{\sqrt{2}} \quad \text{if } b_o(t)=1$$

$$a_{I2} = \int_0^{2T_b}\left(-\frac{A}{\sqrt{2}}\cos 2\pi f_c t \pm \frac{A}{\sqrt{2}}\sin 2\pi f_c t\right)A\cos 2\pi f_c t dt = -\frac{A^2 T_b}{\sqrt{2}} \quad \text{if } b_o(t)=-1 \tag{11.15}$$

가 되어 신호 성분 간 간격은 $d = a_{I1} - a_{I2} = \sqrt{2}A^2 T_b$가 된다. 한편 잡음 성분

$$n_o = \int_0^{2T_b} n(t)A\cos 2\pi f_c t dt \tag{11.16}$$

는 평균이 0이고 분산은

$$\sigma^2 = E\left[\int_0^{2T_b}\int_0^{2T_b} n(t)n(\lambda)A^2\cos 2\pi f_c t \cos 2\pi f_c \lambda\, dt\, d\lambda\right] \tag{11.17}$$
$$= \frac{A^2 N_0 T_b}{2}$$

가 된다. 그러므로 홀수 비트의 비트오류 확률은

$$P_{b_o} = Q\!\left(\frac{d}{2\sigma}\right) = Q\!\left(\frac{\sqrt{2}\,A^2 T_b}{2}\cdot\sqrt{\frac{2}{A^2 N_0 T_b}}\right) \tag{11.18}$$
$$= Q\!\left(\sqrt{\frac{A^2 T_b}{N_0}}\right) = Q\!\left(\sqrt{\frac{2E_b}{N_0}}\right)$$

가 된다. Q 채널 신호의 검출도 $\sin 2\pi f_c t$ 를 사용한다는 것 외에는 동일하다. 따라서 짝수 비트의 비트오율도 동일하게

$$P_{b_e} = Q\!\left(\sqrt{\frac{2E_b}{N_0}}\right) \tag{11.19}$$

가 된다. 홀수 비트와 짝수 비트의 오류 확률이 동일하므로 QPSK의 비트오류 확률은

$$\boxed{P_b = Q\!\left(\sqrt{\frac{2E_b}{N_0}}\right)} \tag{11.20}$$

가 되어 BPSK와 동일하다.

지금까지 분석한 결과를 정리하면 다음과 같다. QPSK는 BPSK에 비해 절반의 대역폭을 사용하면서(즉 대역폭 효율이 두 배) 비트오율은 동일하다.

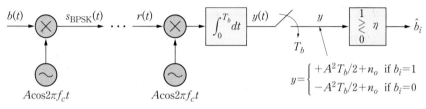

(a) BPSK 송수신기

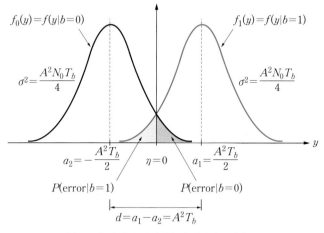

(b) BPSK 수신기 결정변수의 확률밀도 함수

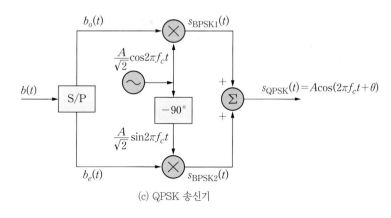

(c) QPSK 송신기

$$r(t) = s_{QPSK}(t) + n(t)$$

$$y = \begin{cases} +A^2 T_b/\sqrt{2} + n_o & \text{if } b_o = 1 \\ -A^2 T_b/\sqrt{2} + n_o & \text{if } b_o = 0 \end{cases}$$

(d) QPSK 신호의 I 채널 복조기

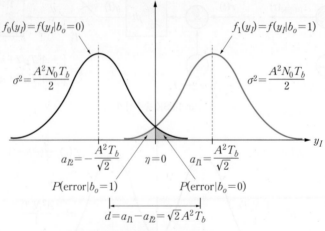

$$f_0(y_I) = f(y_I|b_o=0)$$

$$f_1(y_I) = f(y_I|b_o=1)$$

$$\sigma^2 = \frac{A^2 N_0 T_b}{2} \qquad \sigma^2 = \frac{A^2 N_0 T_b}{2}$$

$$a_{I2} = -\frac{A^2 T_b}{\sqrt{2}} \qquad \eta = 0 \qquad a_{I1} = \frac{A^2 T_b}{\sqrt{2}}$$

$$P(\text{error}|b_o=1) \qquad P(\text{error}|b_o=0)$$

$$d = a_{I1} - a_{I2} = \sqrt{2}\, A^2 T_b$$

(e) QPSK 신호의 I 채널 결정변수의 확률밀도 함수

그림 11.8 BPSK와 QPSK의 송수신기와 결정변수의 확률밀도함수

11.3 최소천이 변조(MSK)

11.3.1 MSK 변조기

BPSK나 QPSK 변조된 신호는 $180°$의 큰 위상 변화가 있기 때문에 고주파 성분이 많이 생성된다. OQPSK에서는 $180°$의 위상 변화는 발생하지 않지만 기본적으로 PSK 변조된 신호의 스펙트럼은 부엽이 크기 때문에 대역 외 간섭이 크다는 단점이 있다. 이러한 문제를 해결하기 위하여 기저대역 신호에 대해 저역통과 필터링을 하여 부엽의 크기를 감소시키는 방법을 사용할 수 있다. 그러나 이러한 필터링은 QPSK에서 채널 간 간섭을 유발하는 문제점이 있다. 또한 위상 변화가 큰 신호의 부엽을 필터로써 제거하는 경우, 신호의 위상 변화가 급격한 시점에서 변조된 신호 파형의 진폭이 변화하게 된다. 신호의 진폭에 변화가 있는 경우 비선형 특성을 가진 매체나 시스템을 통과하게 되면 신호 스펙트럼의 주엽 범위 밖에 주파수 성분을 다시 발생시킬 수 있으므로, 간섭을 유발하는 한편 앞서 저역통과 필터를 사용하여 수행한 대역 제한의 효과를 상쇄시킬 수 있다. 그러므로 QPSK 신호를 비선형 특성을 가진 중계기를 사용하여 재전송하거나 비선형 특성의 전력 증폭기와 함께 사용하는 경우 문제가 될 수 있다.

OQPSK에서는 I 채널과 Q 채널 신호 간에 시간차를 두어 위상 변화를 $90°$로 제한함으로써 변조된 신호의 진폭 변화가 QPSK 신호에 비해 작게 된다. OQPSK에서 위상 변화 폭을 더 줄이면 대역 외 스펙트럼 특성을 더 좋게 만들 수 있을 것이다. 최소천이 변조(Minimum Shift Keying: MSK)는 기저대역 신호에 대해 펄스정형을 함으로써 OQPSK 변조된 신호의 위상이 연속적으로 변하게 하는 변조 방식이다. QPSK나 OQPSK에서는 기저대역 파형으로 크기 변화가 급격한 사각 펄스를 사용하지만 MSK에서는 반주기의 정현파 펄스를 사용한다. 즉 MSK는 OQPSK 변조에서 기저대역 신호를 펄스폭이 $2T_b$ 인 사각 펄스 대신 반 주기가 $2T_b$ 인 정현파를 사용한 변조 방식이다. 그림 11.9(a)에 QPSK/OQPSK에서 사용하는 펄스 모양과 (b)에 MSK에서 사용하는 펄스의 모양을 보인다. 정현파 펄스는 크기 변화가 완만하므로 MSK 변조된 신호의 파형은 QPSK 변조된 신호에 비해 주엽은 1.5배 증가하지만 부엽의 크기가 대폭 감소한다.

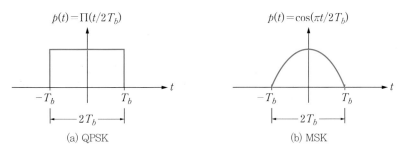

그림 11.9 QPSK와 MSK의 기저대역 펄스 파형

그림 11.10에 MSK 변조기의 구조를 보인다. OQPSK와 유사한 구조이나 정현파 펄스정형부가 추가되어 있다. 데이터 비트열 $b(t)$ 를 OQPSK에서와 같이 홀수 비트열 $b_o(t)$ 와 짝수 비트열 $b_e(t)$ 로 분해한다. 따라서 $b_o(t)$ 와 $b_e(t)$ 는 심볼 길이가 $T_s = 2T_b$ 가 된다. 여기서 $b_e(t)$ 는 $b_o(t)$ 에 비해 반 심볼, 즉 한 비트 구간, T_b 만큼 지연되도록 한다. 각 기저대역 신호에 주기가 $4T_b$ 인 정현파 중 절반의 파형을 사용하여 펄스정형을 한다. T_b 의 홀수 배마다 위상이 변화하는 $b_o(t)$ 에는 $\cos(\pi t/2T_b)$ 를 곱하고, T_b 만큼 지연되어 T_b 의 짝수 배마다 위상이 변화하는 $b_e(t)$ 에는 $\cos(\pi(t-T_b)/2T_b) = \sin(\pi t/2T_b)$ 를 곱한다. 두 채널의 신호를 직교 반송파 $\cos 2\pi f_c t$ 와 $\sin 2\pi f_c t$ 로 각각 BPSK 변조하여 더하면 MSK 신호가 된다.

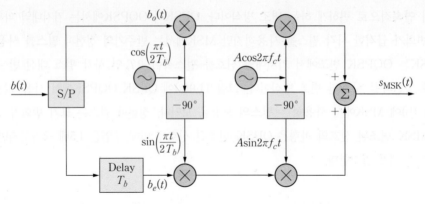

그림 11.10 MSK 변조기의 구조

그림 11.11에는 그림 11.10의 변조기에서 신호가 발생되는 과정을 보이고 있다. 그림 (a)와 같은 데이터 비트열 $b(t)$를 홀수 비트열 신호 $b_o(t)$와 짝수 비트열 신호 $b_e(t)$로 분리한 신호의 파형을 그림 (b)와 (c)에 보인다. 그림 (d)에는 펄스정형을 위해 $b_o(t)$와 $b_e(t)$에 곱해주는 주기 $4T_b$의 정현/여현 파형을 보인다. 이와 같이 하면 각 채널의 신호는 심볼 구간의 끝에서 항상 값이 0이 된다. 두 채널의 신호를 반송파 $\cos 2\pi f_c t$와 $\sin 2\pi f_c t$로 각각 변조한 파형을 그림 (e)와 (f)에 보인다. 최종적으로 이 두 채널의 신호를 더하면 그림 (g)와 같은 전송 신호가 만들어진다. MSK 변조된 신호를 수식으로 표현하면 다음과 같다.

$$s_{\text{MSK}}(t) = A\left[b_o(t)\cos\left(\frac{\pi t}{2T_b}\right)\right]\cos(2\pi f_c t) + A\left[b_e(t)\sin\left(\frac{\pi t}{2T_b}\right)\right]\sin(2\pi f_c t) \tag{11.21}$$

그림 11.12에 MSK 변조기의 다른 구조를 보인다. 그림 11.10과 같이 OQPSK 변조기의 구조를 사용하면서 반 주기의 정현파 신호로 펄스정형하는 방법을 사용해도 되지만, 그림에 보인 송신기에서는 삼각함수의 정리를 이용하여 조금 다른 구현 방법을 제시하고 있다. 식 (11.21)을 다음과 같이 전개하여 쓸 수 있다.

$$\begin{aligned} s_{\text{MSK}}(t) = {} & \frac{A}{2}b_o(t)\left\{\cos\left(2\pi f_c t - \frac{\pi t}{2T_b}\right) + \cos\left(2\pi f_c t + \frac{\pi t}{2T_b}\right)\right\} \\ & + \frac{A}{2}b_e(t)\left\{\cos\left(2\pi f_c t - \frac{\pi t}{2T_b}\right) - \cos(2\pi f_c t) + \frac{\pi t}{2T_b}\right\} \end{aligned} \tag{11.22}$$

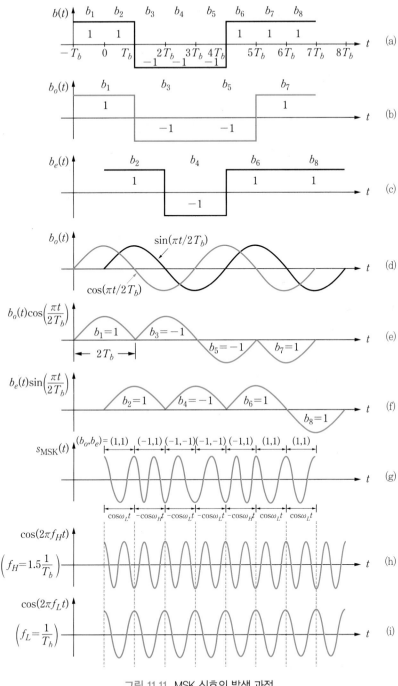

그림 11.11 MSK 신호의 발생 과정

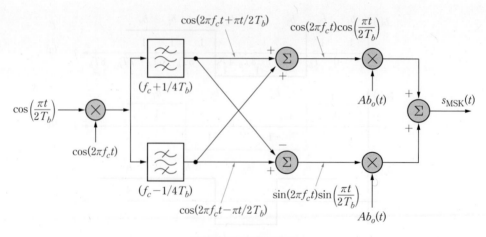

그림 11.12 MSK 변조기

여기서 $\cos(2\pi f_c t - \pi t/2T_b)$ 성분과 $\cos(2\pi f_c t + \pi t/2T_b)$ 성분은 $\cos(2\pi f_c t)$와 $\cos(\pi t/2T_b)$를 곱하고 중심 주파수가 각각 $f_c - 1/4T_b$ 및 $f_c + 1/4T_b$인 대역통과 필터를 통하여 얻을 수 있다. 식 (11.22)와 같은 수식을 구현하도록 송신기를 구성하면 $90°$의 위상 천이기를 사용하지 않고도 MSK 신호를 얻을 수 있다는 장점이 있다.

지금까지 MSK는 OQPSK에서 기저대역 펄스를 구형파 대신 정현파로 대체함으로써 대역 외 간섭을 줄인 변조 방식으로 이해하였다. 이제 MSK를 다른 방향으로 살펴보자. 식 (11.21)을 삼각함수 공식을 이용하여 다시 표현한 식 (11.22)는 다음과 같이 쓸 수 있다.

$$
\begin{aligned}
s_{\text{MSK}}(t) = {}& A\left[\frac{b_o(t) - b_e(t)}{2}\right]\cos\left[2\pi\left(f_c + \frac{1}{4T_b}\right)t\right] \\
& + A\left[\frac{b_o(t) + b_e(t)}{2}\right]\cos\left[2\pi\left(f_c - \frac{1}{4T_b}\right)t\right]
\end{aligned}
\tag{11.23}
$$

여기서

$$
b_1(t) \triangleq \frac{b_o(t) - b_e(t)}{2}, \ \ b_2(t) \triangleq \frac{b_o(t) + b_e(t)}{2}
\tag{11.24}
$$

로 정의하고

$$
f_H \triangleq f_c + \frac{1}{4T_b}, \ \ f_L \triangleq f_c - \frac{1}{4T_b}
\tag{11.25}
$$

로 정의하자. 그러면 식 (11.23)은 다음과 같이 표현할 수 있다.

$$s_{\text{MSK}}(t) = Ab_1(t)\cos(2\pi f_H t) + Ab_2(t)\cos(2\pi f_L t) \tag{11.26}$$

한편 식 (11.24)에서 $b_o(t)$와 $b_e(t)$는 모두 ± 1의 값을 갖는다. 따라서 $b_o(t) = b_e(t)$이면 $b_1(t) = 0$, $b_2(t) = b_o(t)$이 되며, $b_o(t) = -b_e(t)$이면 $b_1(t) = b_o(t)$, $b_2(t) = 0$이 된다. 그러므로 식 (11.23)은 다음과 같이 표현할 수 있다.

$$s_{\text{MSK}}(t) = \begin{cases} Ab_o(t)\cos 2\pi f_L t, & \text{if } b_o(t) = b_e(t) \\ Ab_o(t)\cos 2\pi f_H t, & \text{if } b_o(t) = -b_e(t) \end{cases}$$
$$= \begin{cases} A\cos 2\pi f_L t, & \text{if } (b_o b_e) = (1,\ 1) \\ -A\cos 2\pi f_L t, & \text{if } (b_o b_e) = (-1,\ -1) \\ A\cos 2\pi f_H t, & \text{if } (b_o b_e) = (1,\ -1) \\ -A\cos 2\pi f_H t, & \text{if } (b_o b_e) = (-1,\ 1) \end{cases} \tag{11.27}$$

이와 같이 MSK 신호는 $b_o(t)$와 $b_e(t)$에 의하여 두 개의 주파수 중 하나가 결정되므로 이진 FSK 신호와 동일한 파형을 가진다.[1] 여기서 두 주파수 차이는

$$\Delta f = f_H - f_L = \frac{1}{2T_b} \tag{11.28}$$

가 된다. 이진 FSK에서 두 개의 톤(tone) 신호가 비동기적일 때(위상이 동일하다는 조건이 없을 때), 두 정현파 신호가 직교할 조건은 두 신호의 주파수 차가 $1/T_b$의 정수 배라는 것을 10장에서 알아 보았다. 즉

$$\int_0^{T_b} \cos(2\pi f_1 t + \theta_1)\cos(2\pi f_2 t + \theta_2)dt = 0 \tag{11.29}$$

가 되기 위한 조건은 $f_1 - f_2 = n/T_b$이다. 만일 두 신호가 동기적이라면, 즉 $\theta_1 = \theta_2$라면, 두 신호가 직교할 조건은 $f_1 - f_2 = n/2T_b$이다. 10장에서 살펴본 이진 FSK에서는 비동기적 FSK를 가정하여 최소 주파수차를 $\Delta f = 1/T_b$로 보았다. 식 (11.28)에 의해 MSK는 두 정현파 신호가 직교할 최소의 주파수 차를 갖는다는 것을 알 수 있다. 이로부터 최소천이 변조라는 명칭을 사용하게 된 것이다.

---

1) MSK 신호의 순시 주파수는 $b_o = b_e$이면 $f_L = f_c - R_b/4$, $b_o \neq b_e$이면 $f_L = f_c + R_b/4$가 된다. MSK 신호의 위상을 살펴보면 기울기 $\pm\pi/2T_b$로 선형적으로 증가하거나 감소하여 T_b가 지날 때마다 $\pm\pi/2$만큼 변하며 연속 위상이라는 특성이 있다. 따라서 MSK는 연속위상 FSK로 볼 수 있다.

이진 FSK로 본 MSK 신호의 두 정현파가 직교하기 위한 조건, 즉

$$\int_0^{T_b} \cos(2\pi f_H t)\cos(2\pi f_L t)dt = 0 \tag{11.30}$$

을 만족하는 조건은 식 (11.28)과 함께

$$f_H + f_L = 2f_c = \frac{m}{2T_b} \ (m은 \ 정수) \tag{11.31}$$

도 만족해야 한다. 그러므로 식 (11.25)를 적용하여 MSK의 반송파 주파수 f_c는 $1/4T_b$의 정수 배가 된다. 따라서 MSK의 두 주파수는 다음과 같이 된다.

$$f_H = \frac{m+1}{4T_b}, \ f_L = \frac{m-1}{4T_b} \tag{11.32}$$

그림 11.10은 $m = 5$인 경우, 즉 $f_H = 1.5/T_b$, $f_L = 1/T_b$인 경우에 대한 신호 파형을 보이고 있다.

지금까지 MSK 변조를 두 가지 측면에서 살펴보았다. MSK 신호는 OQPSK에서 구형파 대신 반 파장의 정현파로 펄스정형한 것으로 볼 수 있으며, 또한 MSK 신호는 식 (11.32)와 같은 반송파를 사용하여 연속위상 이진 FSK 변조한 신호로 볼 수 있다. MSK를 OQPSK의 특수 경우로 보는 경우, 홀수 비트 신호 $b_o(t)$와 짝수 비트 신호 $b_e(t)$는 심볼 길이가 $T_s = 2T_b$이다. 이에 비해 BFSK로 보는 경우에는 T_b 구간 단위로 주파수가 천이된다.

11.3.2 MSK의 비트오율 성능

MSK 변조된 신호는 OQPSK에서 구형파 대신 반 파장의 정현파로 펄스정형을 한 것으로 볼 수 있으며, 또한 연속위상 이진 FSK 변조한 신호로 볼 수 있다. 그러므로 MSK 신호의 복조는 OQPSK의 복조 방식이나 FSK의 복조 방식 모두 가능하다.

먼저 OQPSK 신호로 보고 복조하는 방법을 살펴보자. OQPSK 신호로 보기 때문에 동기식 복조 방법을 사용해야 한다. 앞서 QPSK는 BPSK와 동일한 비트오율 성능을 갖는다는 것을 확인하였다. 그 이유는 QPSK를 두 개의 직교 반송파로써 BPSK 변조한 것으로 볼 수 있기 때문이다. 한 개의 비트열을 T_b만큼 지연시킨다고 해서 반송파의 직교성이 손상되지 않으므로, OQPSK도 BPSK나 QPSK와 동일한 비트오율을 갖는다. MSK와 OQPSK의 차이

점은 기저대역 펄스의 모양이다. 그러나 이로 인하여 비트오율 성능이 변하지 않으므로 MSK 는 OQPSK, 따라서 BPSK와 동일한 비트오율을 갖는다. 펄스정형에 의하여 성능이 변하지 않는 것을 확인해보자. 그림 11.13에 MSK 신호의 복조를 상관기로 구성한 수신기의 구조를 보인다. 홀수 비트열에 대한 비트오류 확률을 구해보자. 수신기에 입력되는 신호는 다음과 같다.

$$r(t) = s_{MSK}(t) + n(t)$$
$$= A\left[b_o(t)\cos\left(\frac{\pi t}{2T_b}\right)\right]\cos(2\pi f_c t) + A\left[b_e(t)\sin\left(\frac{\pi t}{2T_b}\right)\right]\sin(2\pi f_c t) + n(t) \tag{11.33}$$

여기서 잡음 $n(t)$는 PSD가 $N_0/2$인 AWGN 프로세스이다. 홀수 비트열을 복조하기 위해 수신 신호를 $A\cos(\pi t/2T_b)\cos(2\pi f_c t)$와 곱하고 심볼 구간 $2T_b$ 동안 적분을 취한다. 이 상관기의 출력에서 신호 성분은 다음과 같이 된다.

$$a = \int_0^{2T_b} s_{MSK}(t)A\cos\left(\frac{\pi t}{2T_b}\right)\cos(2\pi f_c t)dt$$
$$= \int_0^{2T_b} A^2 b_o(t)\cos^2\left(\frac{\pi t}{2T_b}\right)\cos^2(2\pi f_c t)dt$$
$$+ \int_0^{2T_b} A^2 b_e(t)\sin\left(\frac{\pi t}{2T_b}\right)\sin(2\pi f_c t)\cos\left(\frac{\pi t}{2T_b}\right)\cos(2\pi f_c t)dt \tag{11.34}$$
$$= \begin{cases} a_1 = +\dfrac{A^2 T_b}{2} & \text{if } b_o = 1 \\ a_2 = -\dfrac{A^2 T_b}{2} & \text{if } b_o = 0 \end{cases}$$

여기서 식 (11.31)의 조건을 적용하였다. 따라서 홀수 비트가 1인 경우와 0인 경우 상관기 출력의 신호 성분 간 거리 d는

$$d = a_1 - a_2 = A^2 T_b \tag{11.35}$$

가 된다. 한편 상관기 출력에서 잡음 성분의 전력은

$$\sigma^2 = E\left[\left(\int_0^{2T_b} n(t)A\cos\left(\frac{\pi t}{2T_b}\right)\cos(2\pi f_c t)dt\right)^2\right]$$
$$= A^2 \frac{N_0}{2}\int_0^{2T_b}\cos^2\left(\frac{\pi t}{2T_b}\right)\cos^2(2\pi f_c t)dt = \frac{A^2 N_0 T_b}{4} \tag{11.36}$$

가 된다. 그러므로 비트오류 확률은 다음과 같다.

$$P_{bo} = Q\left(\frac{d}{2\sigma}\right) = Q\left(\frac{A^2 T_b}{2\sqrt{A^2 N_0 T_b/4}}\right) = Q\left(\sqrt{\frac{A^2 T_b}{N_0}}\right) \qquad (11.37)$$

비트오류 확률을 평균 비트 에너지의 함수로 나타내기 위해 MSK 신호의 E_b를 구하면

$$\begin{aligned}
E_b &= \int_0^{T_b} s_{\mathrm{MSK}}^2(t)dt \\
&= \int_0^{T_b} A^2 b_o^2(t)\cos^2\left(\frac{\pi t}{2T_b}\right)\cos^2(2\pi f_c t)dt + \int_0^{T_b} A^2 b_e^2(t)\sin^2\left(\frac{\pi t}{2T_b}\right)\sin^2(2\pi f_c t)dt \quad (11.38) \\
&= \frac{A^2 T_b}{2}
\end{aligned}$$

이다. 그러므로 MSK 홀수 비트열에 대한 오류확률은 다음과 같이 된다.

$$P_{bo} = Q\left(\sqrt{\frac{A^2 T_b}{N_0}}\right) = Q\left(\sqrt{\frac{2E_b}{N_0}}\right) \qquad (11.39)$$

짝수 비트열도 동일하게 복조할 수 있으며 비트오류 확률도 동일하다. 따라서 MSK 신호를 QPSK와 같이 정합필터를 사용하여 $2T_b$ 주기로 홀수 비트열과 짝수 비트열을 복조하면 BPSK, QPSK, OQPSK와 동일하게 다음의 비트오율 성능을 얻을 수 있다.

$$P_b = Q\left(\sqrt{\frac{2E_b}{N_0}}\right) \qquad (11.40)$$

이번에는 MSK 신호를 BFSK 변조된 신호로 볼 때의 수신기 구조와 성능을 알아보자. MSK 신호를 BFSK 신호로 표현한 식 (11.26)을 다시 써보면 다음과 같다.

$$s_{\mathrm{MSK}}(t) = Ab_1(t)\cos(2\pi f_H t) + Ab_2(t)\cos(2\pi f_L t) \qquad (11.41)$$

MSK 신호는 비트 구간 T_b 마다(심볼 구간이 아님을 주의하자) 주파수 f_H 또는 f_L의 반송파로 FSK 변조된 신호로 볼 수 있다. 따라서 동기식과 비동기식 FSK 수신기로 복조가 가능하다. 동기식 수신기는 수신 신호를 $\cos(2\pi f_H t)$ 및 $\cos(2\pi f_L t)$와 비트 구간 동안 상관을 취하여 $b_1(t)$와 $b_2(t)$의 값을 복구한다. 여기서 $b_1(t)$와 $b_2(t)$는 식 (11.24)와 같다. 그러므로 $b_1(t)$와 $b_2(t)$의 값을 구하면

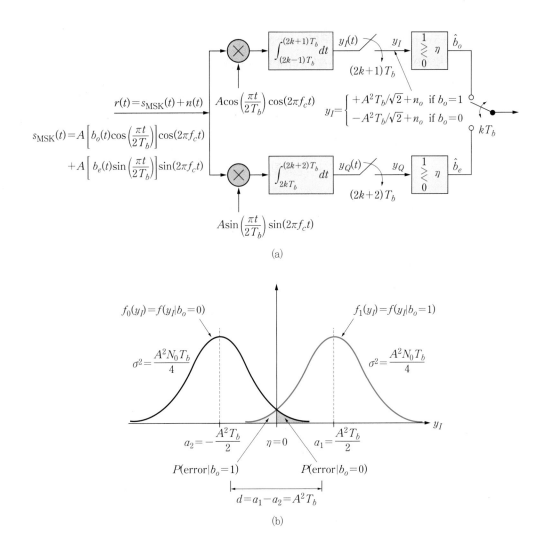

(a)

(b)

그림 11.13 MSK 수신기 구조와 결정변수의 확률밀도함수

$$b_o(t) = b_1(t) + b_2(t), \ \ b_e(t) = -b_1(t) + b_2(t) \tag{11.42}$$

를 이용하여 짝수 비트 및 홀수 비트를 복구할 수 있다. 그런데 10장에서 알아본 바에 의하면 동기식 FSK의 비트오율 성능은 BPSK에 비하여 3dB 떨어진다. 따라서 MSK 신호를 동기식 FSK 수신기를 사용하여 복조하는 경우 비트오율은 $P_b = Q(\sqrt{E_b/N_0})$가 된다.

이번에는 MSK 신호를 BFSK 변조된 신호로 보고 비동기식으로 검파했을 때의 비트오율 성능을 알아보자. FSK 신호는 주파수 변별기와 포락선 검출기 등을 사용하여 비동기식 복조가 가능함을 10장에서 알아보았다. 10장의 결과로부터 비동기식 BFSK 수신기의 비트오율 성능은 $P_b = 0.5 \exp(-E_b/2N_0)$가 된다.

MSK 변조 방식의 비트오율 성능을 정리해보자. MSK를 펄스정형된 OQPSK로 보고 정합필터 수신기를 사용하는 경우 비트오류 확률은 QPSK와 같이 $P_b = Q(\sqrt{2E_b/N_0})$이다. MSK를 FSK로 보는 경우 동기식 복조를 사용하면 비트오율이 $P_b = Q(\sqrt{E_b/N_0})$이고, 비동기식 복조를 사용하면 이보다 약 1dB 떨어진 $P_b = \frac{1}{2}\exp(-E_b/2N_0)$가 된다.

11.3.3 MSK 신호의 전력 스펙트럼

QPSK와 OQPSK 신호의 PSD를 먼저 구해보자. 기본 펄스는 길이가 $T_s = 2T_b$인 사각 펄스, 즉 $p(t) = \Pi(t/T_s)$이므로 기본 펄스의 푸리에 변환은

$$P(f) = T_s \operatorname{sinc}(fT_s) = 2T_b \operatorname{sinc}(2fT_b) \tag{11.43}$$

가 된다. QPSK나 OQPSK에서 직렬/병렬 변환기를 거쳐 만들어진 신호 $b_o(t)$나 $b_e(t)$는 길이가 $T_s = 2T_b$인 양극성 NRZ 신호이므로 PSD는 동일하게 주어지며, 식 (8.9)를 이용하여 다음과 같이 된다.

$$S_{base}(f) = \frac{|P(f)|^2}{T_s} = T_s \operatorname{sinc}^2(fT_s) = 2T_b \operatorname{sinc}^2(2fT_b) \tag{11.44}$$

기저대역 신호에 반송파를 곱하여 얻어지는 신호의 PSD는 식 (3.139)를 이용하여 얻을 수 있다. 즉 QPSK와 OQPSK의 PSD는 식 (11.44)를 주파수 천이한 다음과 같은 식으로 표현된다.

$$\begin{aligned} S_{\text{QPSK}}(f) &= \frac{A^2}{4}[S_{base}(f-f_c) + S_{base}(f+f_c)] \\ &= \frac{A^2 T_b}{2}[\operatorname{sinc}^2(2(f-f_c)T_b) + \operatorname{sinc}^2(2(f+f_c)T_b)] \end{aligned} \tag{11.45}$$

QPSK(OQPSK)의 null-to-null 대역폭은

$$B_{\text{QPSK}} = \frac{1}{T_b} \text{ [Hz]} \tag{11.46}$$

가 되어 BPSK 대역폭의 절반이 되는 것을 알 수 있다.

이제 MSK의 PSD를 구해보자. MSK에서 기본 펄스는 길이가 $T_s = 2T_b$인 반 주기의 정현파, 즉 $p(t) = \Pi(t/2T_b) \cdot \cos(\pi t / 2T_b)$ 이다. 이것은 QPSK의 기본 펄스인 사각 펄스를 주파수 $f_0 = 1/4T_b$의 정현파로 변조한 것과 같다. 그러므로 MSK 기본 펄스의 푸리에 변환은 사각 펄스의 푸리에 변환을 좌우로 $f_0 = 1/4T_b$ 만큼 이동시킨 것과 같다. 즉

$$P(f) = \frac{1}{2}[2T_b \operatorname{sinc}(2(f-f_0)T_b) + 2T_b \operatorname{sinc}(2(f+f_0)T_b)] \tag{11.47}$$

펄스정형을 한 기저대역 신호는

$$p_o(t) = b_o(t)\cos\left(\frac{\pi t}{2T_b}\right), \quad p_e(t) = b_e(t)\sin\left(\frac{\pi t}{2T_b}\right) \tag{11.48}$$

와 같으며, 이는 $b_o(t)$와 $b_e(t)$를 주파수가 $1/4T_b$인 정현파 및 여현파로 각각 변조한 것으로 볼 수 있다. 따라서 $p_o(t)$와 $p_e(t)$의 PSD는 동일하며, 다음과 같이 된다.

$$S_{base}(f) = \frac{|P(f)|^2}{T_s} = \frac{T_b}{2}|\operatorname{sinc}(2(f-f_0)T_b) + \operatorname{sinc}(2(f+f_0)T_b)|^2 \tag{11.49}$$

위의 수식에 $f_0 = 1/4T_b$을 대입하여 정리하면 다음과 같다.

$$
\begin{aligned}
S_{base}(f) &= \frac{T_b}{2}\left[\operatorname{sinc}\left(2fT_b - \frac{1}{2}\right) + \operatorname{sinc}\left(2fT_b + \frac{1}{2}\right)\right]^2 \\
&= \frac{T_b}{2}\left[\frac{\sin(2\pi fT_b - \pi/2)}{\pi(2fT_b - 1/2)} + \frac{\sin(2\pi fT_b + \pi/2)}{\pi(2fT_b + 1/2)}\right]^2 \\
&= \frac{T_b}{2}\left[\frac{-\cos(2\pi fT_b)}{\pi(2fT_b - 1/2)} + \frac{\cos(2\pi fT_b)}{\pi(2fT_b + 1/2)}\right]^2 \\
&= \frac{8T_b}{\pi^2}\left[\frac{\cos(2\pi fT_b)}{1 - (4fT_b)^2}\right]^2
\end{aligned}
\tag{11.50}
$$

위의 식에서 $s_{base}(f)$가 처음 0을 교차하는 주파수는 $3/4T_b$가 되어 식 (11.44)에서 처음 0을 교차하는 주파수의 1.5배가 된다는 것을 알 수 있다. 따라서 반 주기의 정현파로 펄스정형을 하면 기저대역 신호의 대역폭이 사각 펄스를 사용하는 경우의 1.5배가 된다. 식 (11.21)로부터 MSK 신호를 다시 표현하면

$$s_{MSK}(t) = Ap_o(t)\cos(2\pi f_c t) + Ap_e(t)\sin(2\pi f_c t) \tag{11.51}$$

와 같이 되어, $p_o(t)$와 $p_e(t)$를 주파수가 f_c인 직교 반송파로 변조한 것이므로 MSK 신호의 PSD는 다음과 같이 된다.

$$S_{\text{MSK}}(f) = \frac{4A^2 T_b}{\pi^2}\left[\frac{\cos\{2\pi(f-f_c)T_b\}}{1-16(f-f_c)^2 T_b^2}\right]^2 + \frac{4A^2 T_b}{\pi^2}\left[\frac{\cos\{2\pi(f+f_c)T_b\}}{1-16(f+f_c)^2 T_b^2}\right]^2 \tag{11.52}$$

따라서 MSK 신호의 null-to-null 대역폭은

$$B_{\text{MSK}} = \frac{1.5}{T_b}\,[\text{Hz}] \tag{11.53}$$

가 되어 QPSK(OQPSK)의 1.5배가 된다. 그림 11.14는 MSK 신호의 PSD를 다른 변조 방식의 PSD와 비교하여 보이고 있다. MSK 스펙트럼의 주엽이 QPSK(OQPSK)에 비해 1.5배로 넓다. 그 대신 부엽의 크기는 QPSK(OQPSK)에 비해 MSK가 상당히 작다. 그 이유는 주파수가 $f > f_c$일 때 QPSK(OQPSK)의 전력 스펙트럼은 $1/f^2$의 비율로 감쇠하지만 MSK의 전력 스펙트럼은 $1/f^4$의 비율로 감쇠하기 때문이다. 또한 MSK 경우는 약 $1.2/T_b$의 대역 내에 신호 전력의 99%가 포함되어 있지만 QPSK 경우는 약 $8/T_b$의 대역은 되어야 신호 전력의 99%가 포함된다. 따라서 MSK가 QPSK나 OQPSK에 비해 스펙트럼을 효율적으로 사용하는 변조방식이라 할 수 있다.

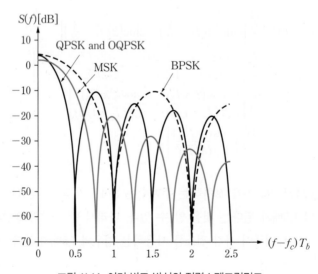

그림 11.14 여러 변조 방식의 전력스펙트럼밀도

11.4 M-진 진폭천이 변조(MASK)

11.4.1 MASK 송수신기

이진 대역통과 변조에서는 반송파 파라미터(예를 들어 진폭, 주파수, 위상)의 상태가 두 개만 있고, 상태의 값은 정보 비트에 의해 결정되도록 한다. 이를 일반화한 M-진 대역통과 변조에서는 반송파의 상태가 M개가 있도록 하는 변조 방식이다. 반송파의 상태를 데이터에 의하여 결정되도록 하려면 필요한 비트 수는 $\log_2 M$ 이상의 정수가 된다. 만일 $\log_2 M$이 정수 k라면 $M = 2^k$의 관계를 만족한다. 정보 데이터 k비트 단위로 심볼을 구성한다면 데이터의 비트율 R_b [bps]와 심볼율 R_s [sps] 사이에는 $R_s = R_b/k$의 관계가 성립하며, 비트 구간 T_b와 심볼 구간 T_s 사이에는 $T_s = kT_b$의 관계가 성립한다. 심볼 길이가 길어지므로 대역폭을 작게 할 수 있어서 M-진 변조는 이진 변조에 비해 대역폭 효율을 높일 수 있는 여지가 있다(M-진 FSK 변조는 예외). 그러므로 채널의 대역폭이 좁아서 고속의 데이터를 전송하는 데 문제가 있는 경우 M-진 변조를 사용하면 주파수당 전송 비트 수를 높일 수 있다. 일반적으로 M-진 변조에서는 심볼 상태의 수 M을 증가시킴에 따라 대역폭 효율이 높아지는 장점이 있지만 잡음에 대한 내성이 작아져서 비트오율이 증가한다. 단, 이와 같은 특성은 M-진 FSK 변조에서는 성립하지 않는다. 이에 대해서는 MFSK 변조에서 다루기로 한다.

M-진 진폭천이 변조(MASK)는 정보 데이터에 따라 반송파의 진폭을 M개 중 하나로 결정하여 전송하는 변조 방식이다. M-진 진폭 변조는 기저대역 변조와 대역통과 변조 모두 가능하다. 동기식 검파를 하는 기저대역 M-진 진폭 변조에서는 k비트의 데이터에 따라, 즉 심볼에 따라 $\{\pm Ap(t),\ \pm 3Ap(t),\ \cdots,\ \pm A(M-1)p(t)\}$ 중 하나를 $T_s = kT_b$ 초마다 전송한다. 여기서 $p(t)$는 길이가 $T_s = kT_b$인 펄스이며, 진폭이 1인 구형파 신호로 가정한다. 만일 비동기 검파가 가능하도록 한다면 신호의 진폭 값을 모두 0 이상의 값을 갖도록 하면 된다. 기저대역 M-진 진폭 변조된 신호에 대해 반송파를 곱하면 MASK 신호가 된다. 따라서 MASK 변조된 신호는 다음과 같이 표현할 수 있다.

$$s_{\text{MASK}}(t) = A_i p(t) \cos(2\pi f_c t), \quad 0 \le t \le kT_b$$
$$A_i \in \{\pm A,\ \pm 3A,\ \cdots,\ \pm(M-1)A\}$$

(11.54)

그림 11.15에 MASK 변복조 과정을 보인다. 송신기의 앞 단에는 k비트의 데이터, 즉 심볼 단위로 펄스의 진폭을 대응시키는 레벨 변환기가 있다. 이 레벨 변환기는 심볼마다 M개의 진폭 중 하나를 대응시키는 매핑 규칙을 가지고 있다. 두 개의 신호 레벨만 갖는 데이터율 R_b의 펄

스열(펄스폭은 T_b)이 레벨 변환기에 입력되면, 데이터율이 $R_s = R_b/k$이고 $M = 2^k$개의 신호 레벨을 갖는 펄스열(펄스폭은 $T_s = kT_b$)이 출력된다. 뒤에서 살펴보겠지만 레벨 변환기에서 심볼값 대 펄스 레벨의 매핑 규칙에 따라 비트오류 확률이 달라진다(심볼오류 확률은 동일함). 레벨 변환기에서 출력된 멀티레벨 펄스 신호는 반송파와 곱해져서 전송된다. 전송 대역폭은 펄스의 크기와 상관 없기 때문에 MASK 신호의 대역폭은 이진 ASK의 대역폭에 비해 $1/k$배가 된다.

이와 같은 MASK 신호를 복조하기 위해서는 수신기에서 $p(t)\cos(2\pi f_c t)$에 정합된 필터를 구성한다. 그림 11.15(b)에 보인 수신기에서는 수신된 신호를 $\cos(2\pi f_c t)$와 곱한 후 $p(t)$와 kT_b 동안 상관을 취한다. 상관기 출력을 표본하여 M개의 가능한 출력값과 비교한다. 상관기 출력값과 가장 가까운 출력에 대응하는 메시지 심볼을 결정하고 이에 따른 k비트 데이터를 출력한다.

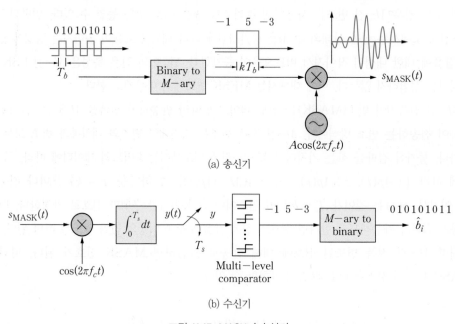

(a) 송신기

(b) 수신기

그림 11.15 MASK 송수신기

11.4.2 MASK의 비트오율 성능

AWGN 잡음이 MASK 신호와 더해져서 수신되는 경우 그림 11.15(b)의 수신기 비트오율을 구해보자. 상관기 출력의 신호 성분은 다음과 같다.

$$a = \int_0^{kT_b} s(t)\cos(2\pi f_c t)dt = \int_0^{T_s} A_i \cos^2(2\pi f_c t)dt$$
$$= \frac{A_i T_s}{2} = \frac{A_i k T_b}{2} \tag{11.55}$$

따라서 잡음이 없을 때 상관기 출력이 가질 수 있는 값은

$$\pm \frac{T_s}{2}\{A, \ 3A, \ 5A, \ \cdots, \ (M-1)A\} \tag{11.56}$$

가 된다. 상관기 출력에 있는 잡음 성분의 분산은

$$\sigma^2 = E\left[\int_0^{T_s} n(t)\cos(2\pi f_c t)dt\right]^2 = \frac{N_0 T_s}{4} \tag{11.57}$$

가 된다. 그러므로 상관기 출력은 평균이 식 (11.56)의 값 중 하나이고 분산은 식 (11.57)과 같이 주어지는 가우시안 확률변수이다. 그림 11.16에 상관기 출력, 즉 결정변수의 조건부 확률밀도함수를 보인다. 결정변수의 평균이 식 (11.56)과 같으므로 심볼 판정을 위한 $M-1$개의 문턱값은 다음과 같이 주어진다.

$$\pm \frac{T_s}{2}\left\{-\left(\frac{M}{2}-1\right)2A, -\left(\frac{M}{2}-2\right)2A, \cdots, -2A, 0, 2A, 4A, \cdots, \left(\frac{M}{2}-2\right)2A, \left(\frac{M}{2}-1\right)2A\right\}$$
$$= \pm \frac{T_s A}{2}\{-(M-2), -(M-4), \cdots, -2, 0, 2, 4, \cdots, (M-4), (M-2)\} \tag{11.58}$$

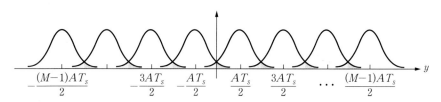

그림 11.16 상관기 출력의 확률밀도함수

P_s를 심볼오류 확률이라고 하고, $P(\varepsilon|A_i)$를 심볼 m_i가 전송되었을 때(이 심볼에 대응하는 송신 신호의 진폭을 A_i라 하자)의 심볼 검출오류 확률이라고 하자. 송신 신호의 진폭이 양극단, 즉 $\pm(M-1)A$인 경우를 제외하고, 심볼오류 확률을 구하기 위해서는 결정변수의 확률밀도함수 좌우 방쪽의 경계들 고려해야 한다. 송신 신호의 진폭이 $\pm(M-1)A$인 성

우는 BPSK와 유사하게 한 쪽의 경계만 고려하면 된다. 진폭이 양극단이 아닌 경우의 심볼 오류 확률은 진폭이 양극단인 경우의 심볼오류 확률의 두 배가 된다. 먼저 송신 신호의 진 폭이 $-(M-1)A$인 경우 심볼오류 확률을 구해보자. 이 경우 수신기의 결정변수는 평균이 $-(M-1)AT_s/2$이고 분산은 $\sigma^2 = N_0 T_s/4$인 가우시안 확률변수이다. 심볼오류가 발생할 확률은 결정변수의 값이 문턱값 $-T_s A(M-2)/2$보다 클 확률이다. 이 확률을 표현하면 다음 과 같다.

$$P(\varepsilon | A_i = -(M-1)A) = \int_\eta^\infty f_z(z|A_i = -(M-1)A)dz \tag{11.59}$$

여기서 $\eta = -T_s A(M-2)/2$이다. 결정변수를

$$v = \frac{z + (M-1)AT_s/2}{\sigma} \tag{11.60}$$

로 치환하면, v는 평균이 0이고 분산이 1인 가우시안 확률변수가 된다. 식 (11.60)에서 $z = \eta = -T_s A(M-2)/2$일 때 $v = T_s A/2\sigma$가 되므로 식 (11.59)는

$$P(\varepsilon | A_i = -(M-1)A) = Q\left(\frac{T_s A}{2\sigma}\right) \tag{11.61}$$

가 된다. 송신 신호의 진폭이 $+(M-1)A$인 경우도 대칭성에 의하여 심볼오류 확률은 동일 하다. 그 외의 송신 신호 진폭에 대해서는 심볼오류 확률이 식 (11.61)의 두 배가 된다. 따라 서 심볼오류 확률은 각 심볼이 발생할 확률이 동일한 경우 다음과 같이 표현된다.

$$\begin{aligned}
P_s &= \sum_{i=1}^M P(\varepsilon|A_i) = \frac{1}{M}\sum_{i=1}^M P(\varepsilon|A_i) \\
&= \frac{1}{M}\left[Q\left(\frac{T_s A}{2\sigma}\right) + Q\left(\frac{T_s A}{2\sigma}\right) + (M-2)2Q\left(\frac{T_s A}{2\sigma}\right)\right] \\
&= \frac{2(M-1)}{M}Q\left(\frac{T_s A}{2\sigma}\right)
\end{aligned} \tag{11.62}$$

위의 심볼오류 확률을 평균 비트 에너지를 사용하여 표현해보자. 심볼 구간 T_s 동안 식 (11.54)로 표현되는 신호의 평균 심볼 에너지는 각 심볼의 발생 확률이 동일한 경우 다음과 같 이 된다.

$$E_s = \sum_{i=1}^{M} \left(\int_0^{T_s} A_i^2 \cos^2(2\pi f_c t) dt \right) P(A_i)$$

$$= \frac{2}{M} \frac{A^2 T_s}{2} \{1 + 9 + 25 + \cdots + (M-1)^2\} = \frac{A^2 T_s}{M} \sum_{j=0}^{(M-2)/2} (2j+1)^2 \tag{11.63}$$

$$= \frac{(M^2-1)A^2 T_s}{6} \cong \frac{M^2 A^2 T_s}{6} \quad M \gg 1$$

하나의 M-진 심볼은 $k = \log_2 M$ 비트에 해당하므로 평균 비트 에너지 E_b 는 다음과 같다.

$$E_b = \frac{E_s}{\log_2 M} = \frac{(M^2-1)A^2 T_s}{6k} \tag{11.64}$$

식 (11.62)의 심볼오류 확률을 비트 에너지를 사용하여 표현하면 다음과 같다.

$$P_s = 2\frac{M-1}{M} Q\left(\frac{T_s A}{2\sigma} \right)$$

$$= \frac{2(M-1)}{M} Q\left(\sqrt{\frac{6k}{M^2-1} \cdot \frac{E_b}{N_0}} \right) \cong 2Q\left(\sqrt{\frac{6k}{M^2} \cdot \frac{E_b}{N_0}} \right) \quad M \gg 1 \tag{11.65}$$

위의 식에서 $k = 1(M = 2)$인 경우, 즉 이진 변조의 경우 심볼오류 확률은 비트오류 확률이 되며 $P_b = Q(\sqrt{2E_b/N_0})$가 되어 BPSK와 동일하다. BPSK와 동일한 이유는 동기식 검파를 사용하도록 가정하여 양극성 기저대역 신호를 사용했기 때문이다.

이제 심볼오류 확률로부터 비트오류 확률을 구해보자. 이를 위하여 한 심볼오류가 몇 개의 비트오류에 영향을 미치는지를 알아야 한다. 이것은 레벨 변환기에서 심볼을 구성하는 k비트의 패턴과 송신 신호 크기 A_i와의 매핑 규칙과 관련이 있다. 즉 k비트 데이터를 심볼 레벨로 매핑시키는 규칙에 따라 동일한 심볼오류 확률에도 비트오류 확률이 달라질 수 있다. 그림 11.16에서 보듯이 가까운 심볼일수록 오류가 발생할 가능성이 크다. 그런데 심볼오류가 발생했을 때 심볼을 이루는 모든 k비트가 오류는 아니다. 그러므로 매핑 규칙을 설계할 때 인접한 심볼들에 대해서는 각 심볼의 비트 패턴에서 서로 다른 비트 개수를 적게 만들수록 심볼오류 확률 대비 비트오류 확률이 작아진다. 이러한 경우 Gray 코드를 사용하면 효과적이다. Gray 코드는 인접한 코드 간 서로 다른 비트 수는 한 개가 되는 특성을 갖는다. 표 11.1에 Gray 코드와 이를 적용한 심볼 레벨 매핑의 예를 보인다. 이와 같이 MASK의 레벨 변환기에서 Gray 코드를 적용한 심볼 레벨 매핑 규칙을 따라 신호의 진폭을 결정하면, 한 개의 심볼 오류에 대해 1비트만 오류이고 나머지 $k-1$비트는 오류가 아니다. 따라서 심볼오류 확률과 비트오류 확률 간에 다음과 같은 관계가 성립한다.

$$P_b = \frac{P_s}{k} = \frac{P_s}{\log_2 M} \tag{11.66}$$

그러므로 Gray 코드를 적용한 심볼 레벨 매핑 규칙을 사용하는 MASK 시스템의 비트오류 확률은 다음과 같이 된다.

$$\boxed{P_b = \frac{P_s}{k} \cong \frac{2}{k} Q\left(\sqrt{\frac{6k}{M^2} \cdot \frac{E_b}{N_0}}\right) \quad M \gg 1} \tag{11.67}$$

그림 11.17에 여러 M의 값에 따른 시스템의 비트오율 성능을 보인다. M을 증가시킬수록 비트오율이 증가하는 것을 볼 수 있다.

표 11.1 Gray 코드를 사용한 레벨 변환의 예

입력 비트열 (Gray 코드)	출력 심볼 레벨
1 0 0	7
1 0 1	5
1 1 1	3
1 1 0	1
0 1 0	−1
0 1 1	−3
0 0 1	−5
0 0 0	−7

정해진 비트율의 정보를 $M = 2^k$ 인 MASK를 사용하여 전송하면 심볼 길이가 k배 증가하여 전송 대역폭은 $1/k$ 배로 감소한다. 즉 대역폭 효율이 k배 증가한다. 그러나 식 (11.67)과 같이 비트오율 성능은 떨어진다. 대역폭 효율을 높이기 위해 k를 증가시키면서 심볼오류 확률을 일정하게 유지하기 위해서는 식 (11.65)로부터 심볼 에너지 $E_s = kE_b$를 M^2 배로 증가시켜야 한다는 것을 알 수 있다. 즉 MASK의 전송 전력을 $M^2/k = 2^{2k}/k$ 배만큼 증가시켜야 한다.

한편 주어진 대역폭을 그대로 유지한다면 MASK로 전송할 수 있는 데이터 양이 k배 증가한다. 즉 전송 비트율을 k배로 증가시킬 수 있다. 위의 경우와 다르게 전송량을 증가시키면서 대역폭은 변화시키지 않으므로 심볼 길이가 일정하게 유지된다. 따라서 위의 경우에 비해 심볼 길이가 $1/k$이 되어 동일한 심볼 에너지를 위한 전력이 k배가 된다. 그러므로 전송률을 증가시키면서 심볼오류 확률을 일정하게 유지하기 위해서는 전송 전력을 $(M^2/k) \times k = M^2 = 2^{2k}$배 증가시켜야 한다는 것을 알 수 있다. 즉 데이터율을 k배 높이면 전송 전력을 2^{2k}배로 높여야 한다. 이와 같은 고출력은 매우 비현실적이다. MASK는 여러 개의 진폭을 가지므로 채널의 이득 변화에 매우 민감하다. 또한 송수신 처리 과정에 선형성이 요구된다. 이와 같은 이유로 이진 ASK 외에 MASK가 사용되는 예는 별로 없다.

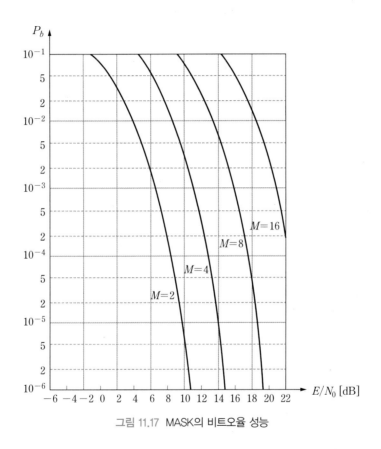

그림 11.17 MASK의 비트오율 성능

11.5 M-진 주파수천이 변조(MFSK)

11.5.1 MFSK

이진 FSK를 M-진 변조로 확장한 것을 M-진 주파수천이 변조(M-ary Frequency Shift Keying: MFSK)라 한다. MFSK에서는 k비트로써 구성된 심볼의 $M = 2^k$개 심볼 상태를 표현하는 데 길이 $T_s = kT_s$ 구간에서 직교하는 M개 주파수의 정현파를 사용한다. 따라서

MFSK 변조된 신호는 다음과 같이 표현할 수 있다.

$$s_{\text{MFSK}}(t) = A\cos(2\pi f_i t), \ 0 \le t \le T_s, \quad i = 1, \, 2, \, \cdots, \, M \tag{11.68}$$

여기서 신호 간의 직교성을 위하여 반송파 주파수를 다음과 같이 선정한다.

$$f_i = \frac{N + li}{T_s} = \frac{N + li}{kT_b} \tag{11.69}$$

여기서 N과 l은 임의의 정수이다. 위의 조건은 다음으로부터 유도할 수 있다.

$$\int_0^{T_s} \cos(2\pi f_i t + \theta_i)\cos(2\pi f_j t + \theta_j)dt = 0 \tag{11.70}$$

이와 같이 주파수를 선정하면 MFSK의 인접한 반송파 주파수는

$$f_{i+1} - f_i = \frac{l}{T_s} \tag{11.71}$$

이 된다. 그림 11.18에 $l = 1$인 경우와 $l = 2$인 경우의 MFSK 스펙트럼을 보인다. MFSK 신호의 대역폭(null-to-null 대역폭)은 $l = 1$인 경우 $B \cong M/T_s = 2^k/kT_b$, $l = 2$인 경우 $B \cong 2M/T_s = 2^{k+1}/kT_b$가 되어 k에 따라 지수적으로 증가한다는 것을 알 수 있다. 이것은 MASK와 매우 양상이 다르다. MASK에서는 k에 따라 기저대역 펄스폭이 증가하여 전송 대역폭이 감소한다. 그러나 MFSK에서는 k가 커지면 사용되는 주파수 개수가 지수적으로 증가하여 전송 대역폭이 지수적으로 증가한다. MASK가 심볼 길이의 증가(즉 k의 증가)에 따라 전송 대역폭이 반비례하여 감소(즉 대역폭 효율이 증가)하는 것과 다르게 MFSK는 심볼 길이에 따라 전송 대역폭이 지수적으로 증가하여 대역폭 효율이 급격하게 떨어진다. 뒤에서 살펴보겠지만 MASK에서는 심볼 길이의 증가에 따라 비트오율 성능은 저하되는데 비해 MFSK에서는 비트오율 성능이 개선된다.

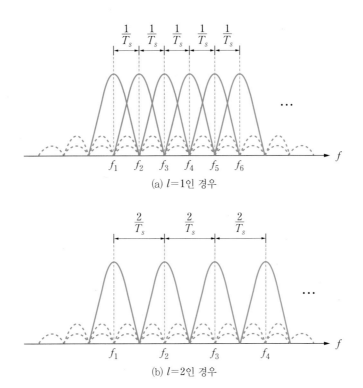

(a) $l=1$인 경우

(b) $l=2$인 경우

그림 11.18 MFSK 스펙트럼

11.5.2 동기식 MFSK 복조와 비트오율 성능

MFSK 신호의 복조는 BFSK와 같이 동기식과 비동기식 모두 가능하다. 그림 11.19에 동기식 MFSK 수신기의 구조를 보인다. M개의 반송파는 심볼 구간 동안 서로 직교하므로 잡음이 없다면 송신 심볼 주파수의 상관기 하나만 출력이 최댓값으로 나오고 나머지 상관기 출력값은 0이 될 것이다. 최대 출력의 상관기로부터 심볼을 복구한 다음 송신기에서 적용한 비트 패턴–심볼 주파수 매핑 규칙을 역으로 적용하여 비트를 복구하면 된다.

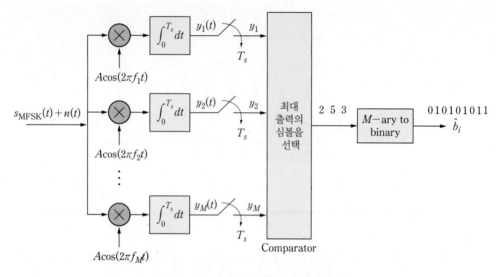

그림 11.19 MFSK 동기식 수신기

이제 MFSK 수신기의 비트오류 확률을 구해보자. 송신기에서는 m번째 심볼이 전송되었다고 가정하고, 수신기에는 송신된 신호에 PSD가 $N_0/2$인 AWGN 잡음이 더해져서 입력된다고 하자. 즉 수신 신호는

$$r(t) = s_{\mathrm{MFSK}}(t) + n(t) = A\cos(2\pi f_m t) + n(t) \tag{11.72}$$

와 같이 표현할 수 있다. 수신기의 i번째 상관기 출력을 시간 T_s에서 표본한 값 y_i는

$$y_i = \int_0^{T_s} [A\cos(2\pi f_m t) + n(t)] A\cos(2\pi f_i t) dt \tag{11.73}$$

가 된다. 각 정현파는 $(0,\ T_s)$의 구간에서 서로 직교하므로 상관기 출력은 다음과 같이 된다.

$$y_i = \begin{cases} \dfrac{A^2 T_s}{2} + \displaystyle\int_0^{T_s} An(t)\cos 2\pi f_i t\, dt, & i = m \\ \displaystyle\int_0^{T_s} An(t)\cos 2\pi f_i t\, dt, & i \neq m \end{cases} \tag{11.74}$$

그러므로 y_i는 가우시안 확률변수이며, 평균은

$$E[y_i] = \begin{cases} \dfrac{A^2 T_s}{2}, & i = m \\ 0, & i \neq m \end{cases} \tag{11.75}$$

이고, 분산은

$$\begin{aligned}
\sigma^2 &= A^2 \int_0^{T_s} \int_0^{T_s} E[n(t)n(\tau)] \cos(2\pi f_i t) \cos(2\pi f_i \tau) dt d\tau \\
&= A^2 \int_0^{T_s} \int_0^{T_s} \frac{N_0}{2} \delta(t-\tau) \cos(2\pi f_i t) \cos(2\pi f_i \tau) dt d\tau \\
&= \frac{A^2 N_0}{2} \int_0^{T_s} \cos^2(2\pi f_i t) dt = \frac{A^2 N_0 T_s}{4}
\end{aligned} \tag{11.76}$$

가 된다. 따라서 y_i의 확률밀도함수는 그림 11.20과 같다.

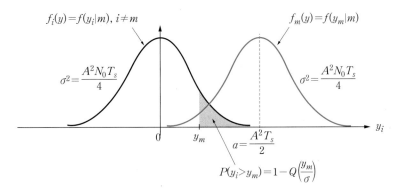

그림 11.20 MFSK 수신기에서 상관기 출력의 확률밀도함수

송신기에서 m번째 심볼을 전송했을 때 수신기에서 정확한 판정을 내리는 경우는 m번째 상관기의 출력이 최대가 되는 경우이다. m번째 상관기 출력 y_m을 제외한 나머지 상관기 출력 $y_i(i \neq m)$는 동일한 확률밀도함수를 가지므로 정확한 판정을 내릴 확률은 다음과 같이 표현할 수 있다.

$$\begin{aligned}
&P(\text{correct decision}|m) \\
&= P(y_m < \infty, y_1 < y_m, y_2 < y_m, y_{m-1} < y_m, y_{m+1} < y_m, \cdots, y_M < y_m) \\
&= \int_{-\infty}^{\infty} f_{y_m}(y_m) \left(\prod_{\substack{i=1 \\ i \neq m}}^{M} \int_{-\infty}^{y_m} \frac{1}{\sigma\sqrt{2\pi}} e^{\frac{y_i^2}{2\sigma^2}} dy_i \right) dy_m \\
&= \int_{-\infty}^{\infty} \frac{1}{\sigma\sqrt{2\pi}} e^{-\frac{(y_m-a)^2}{2\sigma^2}} \left(\int_{-\infty}^{y_m} \frac{1}{\sigma\sqrt{2\pi}} e^{-\frac{x^2}{2\sigma^2}} dx \right)^{M-1} dy_m \\
&= \frac{1}{\sigma\sqrt{2\pi}} \int_{-\infty}^{\infty} e^{-\frac{(y_m-a)^2}{2\sigma^2}} \left[1 - Q\left(\frac{y_m}{\sigma}\right) \right]^{M-1} dy_m
\end{aligned} \tag{11.77}$$

여기서 a는 m번째 상관기 출력의 평균으로 $a = A^2 T_s/2$이다. 따라서 m번째 심볼을 전송했을 때 수신기에서의 심볼 판정에 오류가 발생할 확률은 다음과 같이 된다.

$$P_s(\varepsilon|m) = 1 - \frac{1}{\sigma\sqrt{2\pi}} \int_{-\infty}^{\infty} e^{-\frac{(y_m-a)^2}{2\sigma^2}} \left[1 - Q\left(\frac{y_m}{\sigma}\right)\right]^{M-1} dy_m \tag{11.78}$$

확률밀도함수의 대칭성으로부터 송신된 심볼이 다른 경우에 대해서도 수신기의 심볼오류 확률은 식 (11.78)과 동일하다. 따라서 모든 심볼이 동일한 확률로 발생한다고 가정하면 수신기에서 심볼오류 확률은 식 (11.78)이 된다. 이 식에 $x = y_m/\sigma$로 변수 치환을 하면 심볼오류 확률은 다음과 같이 표현된다.

$$P_s = 1 - \frac{1}{\sqrt{2\pi}} \int_{-\infty}^{\infty} \exp\left\{-\frac{1}{2}\left(x - \frac{a}{\sigma}\right)^2\right\} [1 - Q(x)]^{M-1} dx \tag{11.79}$$

평균 심볼 에너지를

$$E_s = \int_0^{T_s} A^2 \cos^2(2\pi f_i t) dt = \frac{A^2 T_s}{2} \tag{11.80}$$

라 하면

$$\frac{a^2}{\sigma^2} = \frac{(A^2 T_s/2)^2}{A^2 N_0 T_s/4} = \frac{A^2 T_s}{N_0} = \frac{2E_s}{N_0} = \frac{2kE_b}{N_0} \tag{11.81}$$

가 된다. 여기서 심볼 길이와 비트 길이가 $T_s = kT_b$의 관계에 있으므로 심볼 에너지와 비트 에너지도 $E_s = kE_b$의 관계에 있다. 식 (11.81)을 식 (11.79)에 대입하면 심볼오류 확률은

$$P_s = 1 - \frac{1}{\sqrt{2\pi}} \int_{-\infty}^{\infty} \exp\left\{-\frac{1}{2}(x - \sqrt{2kE_b/N_0})^2\right\} [1 - Q(x)]^{M-1} dx \tag{11.82}$$

와 같이 표현할 수 있다. 그림 11.21에 여러 $M = 2^k$ 값에 대하여 심볼오류 확률을 E_b/N_0의 함수로 구한 결과를 보인다. M이 증가할수록 심볼오율 성능이 좋아지는 것을 알 수 있다.

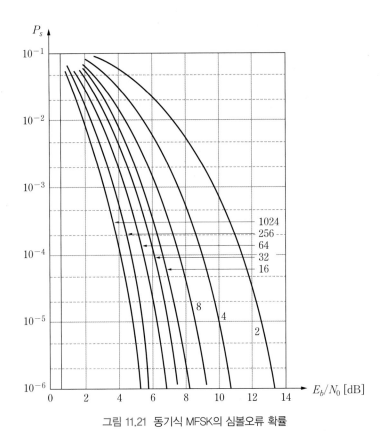

그림 11.21 동기식 MFSK의 심볼오류 확률

이제 비트오류 확률을 구해보자. 심볼오류 확률을 구했으므로 심볼오류 확률과 비트오류 확률 간의 관계만 구하면 된다. 앞서 MASK에서 Gray 코드를 적용한 비트패턴–심볼레벨 매핑 규칙을 사용하면 비트오율 P_b와 심볼오율 P_s 간에 $P_b = P_s/k = P_s/\log_s M$ 의 관계가 성립하는 것을 알아보았다. 그러나 MFSK에서는 이러한 관계가 성립하지 않는다. 그 이유를 살펴보자. MASK의 경우 심볼 오류가 대부분 인접한 심볼 간에서 발생하므로 Gary 코드를 사용하면 심볼 오류가 발생했을 때 실제 비트 오류는 k비트 중 한 개만 일어난다. 이것은 Gray 코드에서 인접한 심볼 코드 간에는 한 비트만 차이가 있다는 성질을 이용한 것이다. 그러나 MFSK에서는 심볼 오류가 대부분 인접한 심볼 간에 발생하는 것이 아니라 모든 심볼이 다르게 판정될 가능성은 동일하다.

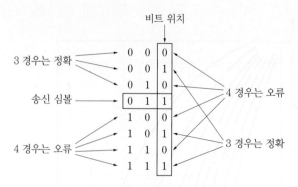

그림 11.22 심볼오류와 비트오류의 관계($M = 8$ 인 경우)

그림 11.22에 P_b 와 P_s 의 관계 예를 보인다. 이 예는 $M = 8$ 인 경우를 고려하고 있다. 송신한 심볼이 0 1 1인 경우, 심볼 오류가 발생하였다면 나머지 $M-1 = 7$ 개의 심볼로 판정하였을 가능성은 동일하다. 각 비트 위치마다 1의 개수와 0의 개수는 동일하게 $M/2 = 4$ 이다. 따라서 잘못된 7개의 심볼에서 특정 비트가 잘못된 것은 4개이며, 이것은 모든 비트 위치에 대하여 동일하다. 그러므로 심볼 오류가 발생한 조건 하에 각 비트가 오류일 확률은 4/7이 된다. 따라서 비트오류 확률 P_b 와 심볼오류 확률 P_s 사이에 다음의 관계가 성립한다.

$$P_b = \frac{M/2}{M-1}P_s = \frac{2^{k-1}}{2^k-1}P_s \tag{11.83}$$

만일 k 가 충분히 크다면, 근사적으로

$$P_b \cong \frac{1}{2}P_s, \ \ k \gg 1 \tag{11.84}$$

의 관계가 성립한다. 따라서 동기식 MFSK의 비트오류 확률은 다음과 같이 된다.

$$
\begin{aligned}
P_b &= \frac{2^{k-1}}{2^k-1} \cdot \left[1 - \frac{1}{\sqrt{2\pi}}\int_{-\infty}^{\infty} \exp\left\{-\frac{1}{2}(x-\sqrt{2kE_b/N_0})^2\right\}\{1-Q(x)\}^{M-1}dx\right] \\
&\cong \frac{1}{2} \cdot \left[1 - \frac{1}{\sqrt{2\pi}}\int_{-\infty}^{\infty} \exp\left\{-\frac{1}{2}(x-\sqrt{2kE_b/N_0})^2\right\}\{1-Q(x)\}^{M-1}dx\right], \ \ k \gg 1
\end{aligned}
\tag{11.85}
$$

그림 11.23에 동기식 MFSK 수신기의 비트오율 성능을 보인다. 심볼 상태의 개수 M 을 증가시킬수록 대역폭 효율은 떨어지지만 비트오율 성능은 개선된다. 그러나 −1.6dB의 한계치를

넘을 수는 없다. 이에 대해 살펴보자. 식 (11.82)에서 $k \rightarrow \infty$ 의 극한을 취하면 다음과 같은 흥미로운 결과를 얻을 수 있다.[2]

$$\lim_{k \to \infty} P_s = \begin{cases} 1, & E_b/N_0 < \log_e 2 \\ 0, & E_b/N_0 \geq \log_e 2 \end{cases} \tag{11.86}$$

이 결과는 $k \rightarrow \infty$ 인 경우 E_b/N_0 를 $\log_e 2 = 0.69 = -1.6$ dB 보다 작게 하여 전송하면 비트 오류 확률이 $P_b = 0.5$ 로 최대가 되며, 반면 E_b/N_0 를 -1.6 dB 보다 크게 하면 비트오류 없이(즉 $P_b = 0$) 전송이 가능하다는 것을 의미한다. 따라서 k 를 증가시킴에 따라 주어진 비트오율 성능을 만족시키기 위하여 요구되는 E_b/N_0 가 줄어들어서 한계치인 -1.6 dB 에 접근하게 된다. 즉 MASK와 달리 MFSK에서는 k 를 증가시킴에 따라 대역폭 효율은 나빠지지만 비

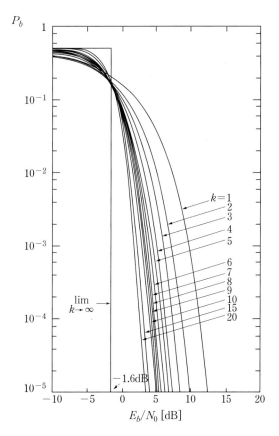

그림 11.23 동기식 MFSK의 비트오류 확률

2) A. J. Viterbi, *Principles of Coherent Communication*, McGraw-Hill, New York, 1966.

트오율 성능은 좋아진다.

식 (11.82)이나 식 (11.85)의 수식은 닫힌 형식(closed form)이 아니라서 값을 구하기가 복잡하다. 그 대신 심볼/비트 오류 확률의 상한선에 대하여 닫힌 형식의 수식 표현을 구해보자. 심볼오류 확률은

$$P_s(\varepsilon|m) = P(y_1 > y_m \text{ or } y_2 > y_m \text{ or } \cdots$$
$$\text{or } y_{m-1} > y_m \text{ or } y_{m+1} > y_m \text{ or } \cdots \text{ or } y_M > y_m) \tag{11.87}$$

와 같이 표현할 수 있으므로 다음의 부등식이 성립한다.

$$P_s(\varepsilon|m) \le P(y_1 > y_m) + \cdots + P(y_{m-1} > y_m) + P(y_{m+1} > y_m) + \cdots + P(y_M > y_m)$$
$$= \sum_{\substack{i=1 \\ i \ne m}}^{M} P(y_i - y_m > 0) \tag{11.88}$$

여기서 $y_i - y_m$은 평균이 $-A^2 T_s/2$이고 분산은 $2\sigma^2 = A^2 N_0 T_s/2$인 가우시안 확률변수이므로 위의 부등식은 다음과 같이 된다.

$$P_s(\varepsilon|m) \le (M-1)\int_0^\infty \frac{1}{\sqrt{2\sigma^2}\sqrt{2\pi}} e^{-\frac{(y+a)^2}{4\sigma^2}} dy$$
$$= (M-1)Q\left(\frac{a}{\sqrt{2\sigma^2}}\right) = (M-1)Q\left(\sqrt{\frac{E_s}{N_0}}\right) \tag{11.89}$$

여기서 $E_s = A^2 T_s/2$는 심볼 에너지이다. 모든 심볼이 동일한 확률로 발생한다고 가정하면 심볼오류 확률 P_s와 비트오류 확률 P_b의 상한선은 다음과 같이 된다.

$$P_s \le (M-1)Q\left(\sqrt{\frac{E_s}{N_0}}\right)$$
$$P_b \le \frac{1}{2}(M-1)Q\left(\sqrt{\frac{kE_b}{N_0}}\right), \quad k \gg 1 \tag{11.90}$$

11.5.3 비동기식 MFSK 복조

BFSK에서와 같이 MFSK 신호도 M개의 포락선 검출기를 이용한 비동기식 복조가 가능하다. 그림 11.24에 포락선 검출기를 사용한 MFSK 수신기의 구조를 보인다. 10장에서 포락선

검출기를 사용한 비동기식 BFSK 수신기의 비트오류 확률이 $P_b = \frac{1}{2}\exp(-E_b/2N_0)$가 되는 것을 확인하였다. 비동기식 MFSK에서는 정확한 심볼오류 확률을 구하는 대신 상한선만 알아보기로 하자. 동기식 MFSK에서 심볼오류 확률의 상한선을 유도하는 과정을 따르면서 포락선 검출기 출력의 확률분포 특성을 적용하면 다음과 같은 심볼오류 확률 및 비트오류 확률의 상한선을 얻을 수 있다.

$$P_s \leq \frac{1}{2}(M-1)\exp\left(-\frac{E_s}{2N_0}\right)$$
$$P_b \leq \frac{1}{4}(M-1)\exp\left(-\frac{kE_b}{2N_0}\right), \quad k \gg 1$$

(11.91)

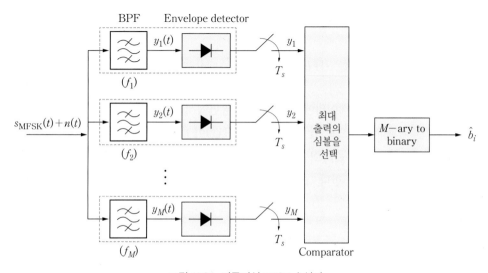

그림 11.24 비동기식 MFSK 수신기

11.6 M-진 위상천이 변조(MPSK)

BPSK는 데이터 비트가 갖는 두 개의 상태, 즉 1과 0에 따라 두 개의 반송파 위상을 대응시켜 전송하는 방식이다. 비트 단위로 전송하는 대신 k 비트씩 심볼을 구성하여 가능한 $M = 2^k$ 개의 심볼 상태를 반송파의 위상에 대응시켜 심볼 단위로 전송하는 방식이 M-진 위상천이 변조(M-ary PSK: MPSK)이다. MPSK에서 심볼 위상을 등간격으로 배정하는 경우 심볼 위상 간 차이는 $2\pi/M$ 이 된다. 앞서 살펴보았던 QPSK는 MPSK에서 $k = 2$ 인 경우로 볼 수 있다. MPSK 신호를 표현하면 다음과 같다.

$$s_{\mathrm{MPSK}}(t) = A\cos(2\pi f_c t + \theta_i), \quad 0 \le t \le T_s, \quad i = 0, 1, \cdots, M-1$$
$$\theta_i = \frac{2\pi i}{M} \tag{11.92}$$

여기서 $T_s = kT_b$이다. MPSK 신호를 식 (11.2)와 같이 동위상 성분과 역위상 성분으로 분해하여 표현하면 다음과 같다.

$$\begin{aligned}s_{\mathrm{MPSK}}(t) &= A\cos\theta_i \cos 2\pi f_c t - A\sin\theta_i \sin 2\pi f_c t \\ &= I(t)\cos 2\pi f_c t - Q(t)\sin 2\pi f_c t\end{aligned} \tag{11.93}$$

여기서 $\tilde{s}(t) = I(t) + jQ(t)$는 MPSK 신호의 복소 포락선이다. 복소 평면에서 $I(t) + jQ(t)$는 크기가 A이고 위상이 θ_i인 점으로

$$\tilde{s}(t) = I(t) + jQ(t) = Ae^{j\theta_i}, \quad 0 \le t \le T_s \tag{11.94}$$

의 관계를 가진다. 정보 데이터에 따라 복소 평면에서 $\tilde{s}(t)$의 한 값(또는 $\cos 2\pi f_c t$와 $-\sin 2\pi f_c t$를 직교 좌표축으로 할 때 $s(t)$의 좌표값)이 대응되는데, k비트로 구성된 심볼의 $M = 2^k$개 값에 대응되는 $\tilde{s}(t)$의 복소 평면에서의 자리(신호점)를 나타낸 것을 신호 성상도 (constellation diagram)라 한다. 그림 11.25에 $M = 8$인 경우의 MPSK 신호 성상도를 보인다.

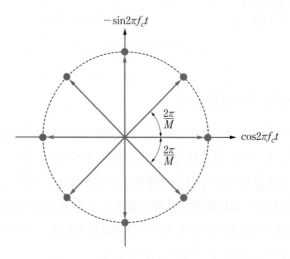

그림 11.25 MPSK 신호의 성상도($M = 8$의 경우)

심볼 구간의 길이가 $T_s = kT_b$ 이므로 MPSK 신호의 대역폭은 BPSK에 비하여 $1/k$ 배가 된다. 따라서

$$B_{\text{null-to-null}} = \frac{2}{T_s} = \frac{2}{kT_b} = \frac{2}{k}R_b \quad \text{(rectangular pulse shaping)}$$

$$B_{\text{absolute}} = (1+r)\frac{1}{kT_b} = (1+r)\frac{R_b}{k} \quad \text{(raised cosine pulse shaping)} \tag{11.95}$$

로 되어 M(또는 k)이 커질수록 대역폭 효율이 높아진다. 따라서 주어진 전송 대역폭으로 전송할 수 있는 데이터 양이 증가한다. 그러나 M이 증가하면 심볼을 구별하는 신호점 간 위상차가 감소하여 복조시 오류를 유발하기 쉬울 것이라는 것을 쉽게 예상할 수 있다.

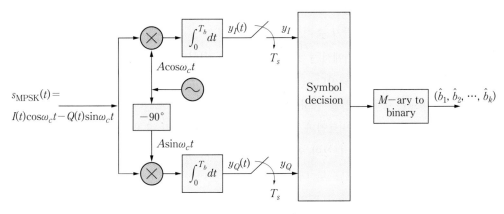

그림 11.26 MPSK 수신기의 구조

MPSK 신호는 위상에 심볼 정보가 담겨 있으므로 동기식 수신기를 사용하여 복조를 해야 한다. 수신 신호를 $A\cos(2\pi f_c t + \theta_i)$, $i = 0, \cdots, M-1$와 $(0, T_s)$ 구간에서 상관을 취하여 M개의 출력 중 최대가 되는 상관기의 위상을 선택하여 심볼을 검출하는 복조기를 구성할 수도 있지만 상관기 개수가 많아진다는 문제점이 있다. 이 방법 대신 $A\cos 2\pi f_c t$ 및 $A\sin 2\pi f_c t$ 와의 상관을 구하여 $I(t)$와 $Q(t)$만 구하면 $\tilde{s}(t) = I(t) + jQ(t)$의 위상을 계산하여 심볼을 복조할 수 있다. 그림 11.26에 MPSK 수신기의 구조를 보인다. MPSK 신호와 $A\cos 2\pi f_c t$ 와의 상관을 구하면 다음과 같다.

$$y_I = \int_0^{T_s} s_{\text{MPSK}}(t)A\cos(2\pi f_c t)dt$$

$$= \int_0^{T_s} [I(t)\cos(2\pi f_c t) - Q(t)\sin(2\pi f_c t)]A\cos(2\pi f_c t)dt \tag{11.96}$$

$$= \frac{I(t)AT_s}{2} = \frac{A^2 T_s}{2}\cos\theta_i$$

같은 원리로 MPSK 신호와 $A\sin 2\pi f_c t$ 의 상관은

$$y_Q = \int_0^{T_s} s_{\text{MPSK}}(t)A\sin(2\pi f_c t)dt = \frac{Q(t)AT_s}{2} = \frac{A^2 T_s}{2}\sin\theta_i \tag{11.97}$$

가 된다. 따라서 $z = y_I + jy_Q$ 의 위상과 $I(t) + Q(t)$ 의 위상이 동일하다. 그러므로 z의 위상을 알면 어떤 심볼이 전송되었는지 알아낼 수 있다.

수신기에서는 두 개의 상관기 출력으로부터 결정변수 $z = y_I + jy_Q$ 를 계산하여 심볼 판정기에 입력시킨다. 심볼 판정기에서는 z와 가장 가까운 송신 심볼의 위상을 추출하여 이에 대응하는 k비트의 데이터를 출력한다. 그림 11.27에 잡음이 없는 경우의 심볼 판정기의 가능한 입력과 위상 비교를 통하여 심볼 판정을 내리기 위한 경계선을 보인다. 그림 11.27(a)와 (b)에는 표 11.2에 주어진 메시지 비트열과 MPSK 심볼 위상 간 매핑 규칙을 적용한 신호점 및 판정 경계선을 보이고 있다. 표 11.2의 왼쪽 열에 있는 매핑 규칙은 심볼 위상이 증가하는 순서대로 메시지 비트열이 이진 코드로 대응되도록 하고 있다. 이에 비해 표 11.2의 오른쪽 열의 매핑 규칙은 심볼 위상을 Gray 코드의 비트 패턴과 대응되도록 하고 있다. Gray 코드 기반의 매핑 규칙을 적용하면 인접한 신호점 간의 비트 패턴이 한 비트만 차이가 있게 된다.

MASK에서 심볼 판정 오류가 인접한 심볼 레벨 간에 발생하듯이 MPSK에서 심볼 판정오류는 주로 인접한 심볼 위상 간에서 발생한다. 심볼 판정오류가 발생했다고 해서 심볼을 구성하는 k비트의 데이터가 모두 오류인 것은 아니다. 그러므로 비트열-심볼 위상 매핑 규칙을 만들 때, 오류 가능성이 큰 인접한 위상의 심볼들은 메시지 비트 패턴에서 서로 다른 비트 개수가 최소화되도록 하는 것이 바람직하다. 따라서 Gray 코드 기반의 비트열-심볼 위상 매핑 규칙을 사용하면 동일한 심볼오류 확률에 대한 비트오류 확률을 작게 할 수 있다.

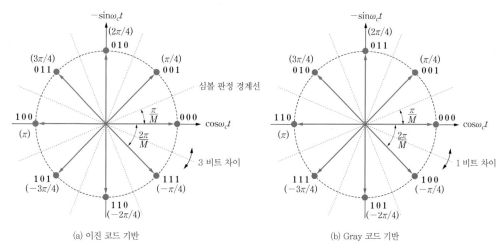

그림 11.27 MPSK 심볼 위상과 메시지 비트 패턴의 관계($M = 8$인 경우)

표 11.2 비트 패턴–심볼 위상 매핑 규칙의 예

메시지 비트열 (Binary code)	심볼 위상	메시지 비트열 (Gray code)
1 1 1	$7\pi/4$	1 0 0
1 1 0	$6\pi/4$	1 0 1
1 0 1	$5\pi/4$	1 1 1
1 0 0	π	1 1 0
0 1 1	$3\pi/4$	0 1 0
0 1 0	$2\pi/4$	0 1 1
0 0 1	$\pi/4$	0 0 1
0 0 0	0	0 0 0

MPSK 시스템의 비트오율 성능을 유도하는 것은 다소 복잡하므로 이 책에서는 유도 과정은 생략하고 결과만 제시하기로 한다. AWGN 잡음 환경에서 MPSK의 심볼오류 확률 P_s에 대한 수식 또한 복잡해서 수식으로부터 쉽게 성능을 파악하기 어렵다. 따라서 E_b/N_0가 충분히 큰 경우의 근사적인 성능만 제시한다. $E_b/N_0 \gg 1$에서 MPSK의 심볼오류 확률은 근사적으로 다음과 같다.

$$P_s \simeq 2Q\left(\sqrt{\frac{2E_s}{N_0}} \sin \frac{\pi}{M}\right) \tag{11.98}$$

여기서 $E_s = kE_b$는 심볼 에너지이다. $M \gg 2$인 경우(즉 $k \gg 1$인 경우)[3] 위의 식은 다시

$$P_s \cong 2Q\left(\sqrt{\frac{2k\pi^2}{M^2} \cdot \frac{E_b}{N_0}}\right) \tag{11.99}$$

와 같이 되어 식 (11.65)로 표현되는 MASK의 심볼오류 확률과 유사한 형태가 되는 것을 알 수 있다. MASK와 마찬가지로 MPSK는 M의 증가에 따라 전송 대역폭은 감소하지만 심볼 오율 성능이 떨어진다.

이번에는 MPSK의 비트오류 확률 P_b에 대해 알아보자. 그림 11.27을 보면 가장 인접한 위상을 가진 심볼 간에 판정 오류가 생길 가능성이 크다. 즉 MPSK의 심볼 오류는 가장 인접한 위상의 심볼에 의해 좌우된다고 할 수 있다. 그림 11.27(a)와 같이 이진 코드 기반의 메시지 비트열-심볼 위상 매핑 규칙을 사용하면 인접한 위상의 심볼로 잘못 판정했을 때 k비트 전부 오류가 발생할 수 있다. 이에 비해 Gray 코드 기반의 매핑 규칙을 사용하면 인접 위상 심볼로의 판정 오류는 항상 한 비트의 오류로 이어지도록 한다. 따라서 심볼오류 확률과 비트 오류 확률 간에는 $P_b = P_s/k$의 관계가 성립한다. 그러므로 MPSK의 비트오류 성능은 다음과 같이 된다.

$$P_b \cong \frac{2}{k}Q\left(\sqrt{\frac{2kE_b}{N_0}}\sin\frac{\pi}{M}\right), \quad E_b/N_0 \gg 1 \tag{11.100}$$

그림 11.28에 MPSK의 심볼오류 확률과 비트오류 확률을 보인다.

---

3) x가 충분히 작은 경우 $\sin(x) \simeq x$의 근사식을 $x = \pi/M$으로 하여 적용하면 된다.

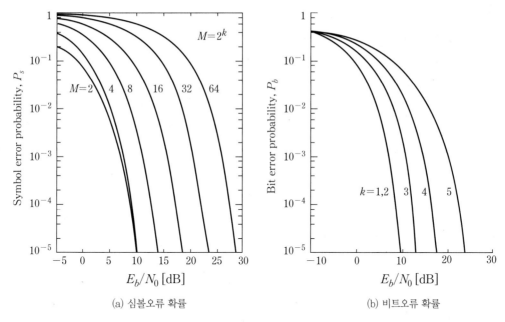

図 11.28 MPSK의 심볼오류 확률과 비트오류 확률

표 11.3에는 MPSK의 대역폭 효율과 전력 효율을 보인다. 대역폭 효율 η_B는 1Hz의 대역폭으로 전송할 수 있는 데이터율[bps], 즉 $\eta_B = R_b/B$ [bits/sec/Hz]로 정의한다. 표 11.3에서 기저대역 신호는 사각 펄스를 사용한 것으로 가정하였으며, 신호의 대역폭 B는 null-to-null 대역폭을 기준으로 하였다. 만일 Nyquist 필터를 사용하여 최소 대역폭을 사용하도록 펄스정형을 한다면 표에 있는 대역폭 효율의 두 배가 된다. 전력 효율은 10^{-6}의 비트오율을 얻기 위하여 요구되는 신호의 E_b/N_0 값으로 정의하였다.

표 11.3 MPSK의 대역폭 효율과 전력 효율

$M = 2^k$	2	4	8	16	32	64
$\eta_B = R_b/B$ [bits/sec/Hz]	0.5	1	1.5	2	2.5	3
비트오율 10^{-6}을 얻기 위한 E_b/N_0 [dB]	10.5	10.5	14	18.5	23.4	28.5

11.7 QAM

지금까지 살펴본 변조 방식은 반송파의 세 가지 파라미터, 즉 진폭, 주파수 및 위상 중에서 두 개는 고정시키고 한 개만 정보 데이터에 따라 변화시키는 방식이었다. 그러나 데이터에 따라 두 개 또는 그 이상의 파라미터를 변화시키는 변조 방식도 가능하다. 정보 데이터에 따라 진폭과 위상을 모두 변화시키는 방식, 즉 MASK와 MPSK를 결합한 변조 방식을 Quadrature Amplitude Modulation(QAM) 또는 Amplitude Phase Keying(APK)이라고 한다. MASK에서는 k비트로 구성된 심볼에 따라 2^k개의 심볼 상태를 반송파의 진폭으로 구별을 하며, MPSK에서는 k비트로 구성된 심볼에 따라 2^k개의 심볼 상태를 반송파의 위상으로 구별을 한다. 이 두 방식을 결합한 QAM에서는 $2k$비트로 구성된 심볼에 따라 2^{2k}개의 심볼 상태를 반송파의 진폭과 위상으로 구별을 하게 된다. 즉 QAM에서는 심볼 길이와 비트 길이의 관계가 $T_s = 2kT_b$가 되며, $M = 2^{2k}$이 된다. QAM 변조된 신호는

$$
\begin{aligned}
s_{\text{QAM}}(t) &= A_i \cos(2\pi f_c t + \theta_i), &&\quad 0 \le t \le T_s, \quad i = 0,\ 1,\ \cdots,\ M-1 \\
&= A_i \cos\theta_i 2\pi f_c t - A_i \sin\theta_i \sin 2\pi f_c t &&\hspace{3cm}(11.101)\\
&= I(t)\cos 2\pi f_c t - Q(t)\sin 2\pi f_c t
\end{aligned}
$$

와 같이 표현할 수 있다. QAM 신호의 성상도(constellation diagram), 즉 복소 포락선 $\tilde{s}(t) = A_i e^{j\theta_i} = (A_i \cos\theta_i,\ A_i \sin\theta_i)$의 배치는 임의로 설계가 가능하지만 이에 따라 시스템의 비트오율 성능이 달라진다. 그림 11.29에 $M = 16$인 경우 QAM 신호 성상도의 한 예를 보인다. 이 그림에서는 QAM 신호점을 격자(lattice)형으로 배치한 경우를 나타낸다. 이와 다르게 여러 개 반지름의 동심원 상의 점으로 신호 성상도를 구성하는 것도 가능하다.

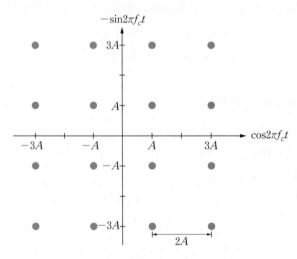

그림 11.29 16진 QAM의 신호 성상도

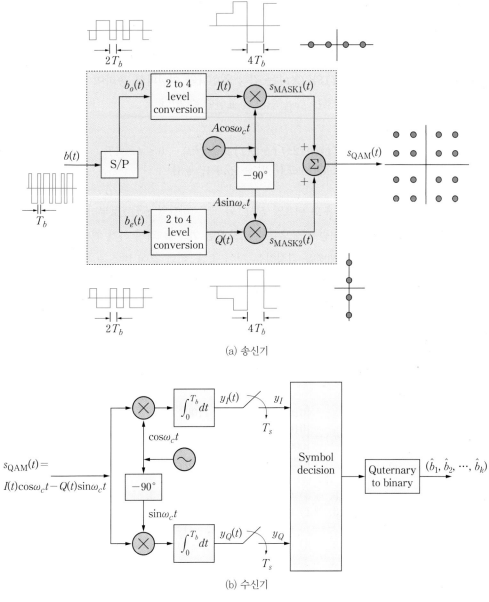

(a) 송신기

(b) 수신기

그림 11.30 16진 QAM 송수신기 구조

그림 11.30에 16진 QAM의 송신기와 수신기의 구조 예를 보인다. $M = 16$의 경우, 4비트 단위로 반송파의 진폭 A_i와 위상 θ_i를 사전에 정해진 매핑 규칙에 따라 결정하여 전송한다. 그림 11.30(a)의 송신기에서는 먼저 정보 비트열이 직렬/병렬 변환기를 통하여 홀수 비트열 $b_o(t)$와 짝수 비트열 $b_e(t)$로 분리된다. $b_o(t)$와 $b_e(t)$는 이진 레벨의 펄스열이며, 펄스폭은

정보 비트열의 펄스폭 T_b의 두 배이다. 이 두 개의 비트열은 레벨 변환기를 통해 멀티레벨 신호 $I(t)$와 $Q(t)$를 생성한다. $b_o(t)$와 $b_e(t)$의 연속한 두 개 펄스의 값에 의해 $I(t)$ 및 $Q(t)$가 만들어지므로 $I(t)$와 $Q(t)$ 신호의 레벨 개수는 4개가 되며, $T_s = 4T_b$마다 신호의 레벨이 변화한다. 두 신호 $I(t)$와 $Q(t)$는 각각 정현파와 여현파를 통하여 변조되고 더해져서 전송된다. QAM 변조된 신호는 다음과 같이 표현할 수 있다.

$$s_{\text{QAM}}(t) = A(I(t)\cos 2\pi f_c t - Q(t)\sin 2\pi f_c t), \quad 0 \le t \le 4T_b \tag{11.102}$$
$$I(t),\ Q(t) \in \{-3,\ -1,\ +1,\ +3\}$$

여기서 $I(t)$와 $Q(t)$는 각각 홀수 비트열 $b_o(t)$와 짝수 비트열 $b_e(t)$로부터 레벨 변환을 하여 얻는데, 앞서 MASK에서처럼 심볼오류시 비트오류 개수를 적게 하기 위해서는 표 11.4와 같이 Gray 코드를 사용하여 레벨을 결정하는 것이 좋다. 이와 같이 변조를 하는 경우 신호의 성상도 $A(I(t),\ Q(t))$를 그려보면 그림 11.29와 같이 복소 평면에서 상하좌우로 등간격인 16개 격자점이 된다. 변조기에 입력되는 4개의 비트 $(b_1,\ b_2,\ b_3,\ b_4)$는 직렬/병렬 변환기를 거쳐 $(b_{o1},\ b_{o2}) = (b_1,\ b_3)$와 $(b_{e1},\ b_{e2}) = (b_2,\ b_4)$가 되며, 각각의 두 비트 상태에 따라 출력 레벨 $I(t)$와 $Q(t)$의 레벨이 결정된다. 따라서 입력 4비트와 신호의 성상도의 매핑 규칙은 다음 행렬과 같다.

$$(b_1,\ b_2,\ b_3,\ b_4) = \begin{bmatrix} 0100 & 0110 & 1110 & 1100 \\ 0101 & 0111 & 1111 & 1101 \\ 0001 & 0011 & 1011 & 1001 \\ 0000 & 0010 & 1010 & 1000 \end{bmatrix} \leftrightarrow$$

$$\tag{11.103}$$

$$(I,\ Q) = \begin{bmatrix} (-3,\ +3) & (-1,\ +3) & (+1,\ +3) & (+3,\ +3) \\ (-3,\ +1) & (-1,\ +1) & (+1,\ +1) & (+3,\ +1) \\ (-3,\ -1) & (-1,\ -1) & (+1,\ -1) & (+3,\ -1) \\ (-3,\ -3) & (-1,\ -3) & (+1,\ -3) & (+3,\ -3) \end{bmatrix}$$

표 11.4 16진 QAM의 레벨 변환 규칙

레벨 변환기 입력	레벨 변환기 출력
$b_o(t),\ b_e(t)$	$I(t),\ Q(t)$
1 0	+3
1 1	+1
0 1	−1
0 0	−3

식 (11.102)를 $M = 2^{2k}$ 로 일반화한 QAM 신호를 표현하면 다음과 같다.

$$s_{\text{QAM}}(t) = A(I(t)\cos 2\pi f_c t + Q(t)\sin 2\pi f_c t), \quad 0 \leq t \leq 2kT_b$$
$$I(t),\ Q(t) \in \left\{ -2^k + 1,\ \cdots,\ -3,\ -1,\ +1,\ +3,\ \cdots,\ 2^k - 1 \right\} \tag{11.104}$$

QAM 신호의 복조는 그림 11.30(b)와 같이 구현할 수 있다. QAM 신호를 각각 $\cos 2\pi f_c t$ 및 $\sin 2\pi f_c t$ 와 $T_s = 4T_b$ 구간 동안 상관을 취하면 $(y_I,\ y_Q) = A'(I,\ Q)$ 를 얻을 수 있다. 여기서 $A' = AT_s/2$ 이다. 상관기 출력 $(y_I,\ y_Q)$ 를 신호 성상도와 비교하여 심볼 판정을 하고, 역매핑(demapping)을 하여 정보 비트를 복구시킨다.

격자형 신호 성상도를 갖는 QAM 신호를 정합필터 수신기로 복조하는 경우, 비트오류 확률은 근사적으로 다음과 같은 것으로 알려져 있다.

$$P_b \cong \frac{2(1 - 2^{-k})}{k} Q\left(\sqrt{ \frac{3k}{2^{2k} - 1} \cdot \frac{2E_b}{N_0} } \right) \tag{11.105}$$

여기서 $M = 2^{2k}$ 이며, 각 레벨 변환기는 k비트의 데이터로부터 Gray 코드를 사용하여 2^k 진 레벨의 심볼을 생성한다고 가정하였다. 위의 비트오류 확률의 유도는 이 책에서는 생략한다. 16진 QAM의 경우 비트오류 확률은 다음과 같다.

$$P_b \cong \frac{3}{4} Q\left(\sqrt{ \frac{4E_b}{5N_0} } \right) \tag{11.106}$$

표 11.5에는 QAM의 대역폭 효율과 전력 효율을 보인다. 대역폭 효율 η_B 는 1Hz의 대역폭으로 전송할 수 있는 비트율, 즉 $\eta_B = R_b/B$ [bits/sec/Hz]이다. 기저대역 신호는 사각 펄스를 사용한 것으로 가정하였으며, 신호의 대역폭 B 는 null-to-null 대역폭을 기준으로 하였다. 만일 최소 대역폭이 되도록 Nyquist 펄스정형을 한다면 표에 있는 대역폭 효율의 두 배가 된다. 전력 효율은 10^{-6} 의 비트 오율을 얻기 위하여 요구되는 신호의 E_b/N_0 의 값으로 정의하였다.

표 11.5 QAM의 대역폭 효율과 전력 효율

$M=2^{2k}$	4	16	64	256	1024	4096
$\eta_B = R_b/B[\text{bits}/\text{sec}/\text{Hz}]$	1	2	3	4	5	6
비트오율 10^{-6}을 얻기 위한 $E_b/N_0[\text{dB}]$	10.5	15	18.5	24	28	33.5

M-진 변조로서 MPSK와 QAM을 비교해보자. 어느 경우나 M의 증가에 따라 대역폭 효율은 증가하지만 전력 효율이 떨어진다. 즉 M을 크게 하면 전송 대역폭은 줄어들지만 원하는 비트오율 성능을 얻기 위하여 필요한 에너지가 커진다(바꾸어 말하면, 정해진 E_b/N_0에서 비트오류 확률이 커진다). 어떤 변조 방식이나 대역폭 효율과 전력 효율 사이에는 타협이 있다. 즉 한 가지를 높이면 다른 한 가지의 희생을 감수해야 한다. 그러나 MPSK와 QAM을 비교해보면 QAM의 전력 효율이 좀더 우수하다. 이것은 표 11.3과 표 11.5를 비교하여 유추할 수 있다. 예를 들어 $M=16$의 경우 16-QAM이 16-PSK에 비해 잡음에 대한 내성에 있어 3.5dB의 이득이 있다. 이것은 그림 11.31과 같이 16-QAM과 16-PSK의 성상도를 평균전력을 동일하게 한 상태에서 그려보면 예상할 수 있다. 심볼오류는 가장 근접한 심볼 간의 거리에 의해 결정되는데, QAM 신호점 간의 거리가 PSK 신호점 간의 거리에 비해 더 크기 때문에 비트오율 성능이 우수하다. 이와 같은 이유로 M이 16 이상의 경우, MPSK보다 QAM이 선호된다. 그러나 QAM은 MPSK와 달리 신호의 진폭이 일정하지 않으므로 증폭기의 높은 선형성이 요구되며, 통신 채널에서 진폭 왜곡이 심하게 일어나는 경우에는 오히려 MPSK보다 성능이 떨어질 수도 있다. QAM은 반송파의 진폭과 위상에 정보가 담겨 있으므로 채널의 진폭 왜곡과 위상 왜곡에 민감하다. 무선 통신의 경우 다중경로 수신으로 인한 페이딩이 발생하여 진폭과 위상 왜곡이 발생하는 것이 일반적이다. 이 경우 QAM 심볼 중에 순수 데이터 외에 사전에 정한 파일럿 심볼을 삽입시켜서 전송하면, 수신기에서 파일럿 심볼의 크기와 위상을 조사하여 채널의 상태를 추정할 수 있다. 이 결과를 이용하여 채널 효과를 보상하면 시스템의 비트오율 성능을 개선시킬 수 있다.

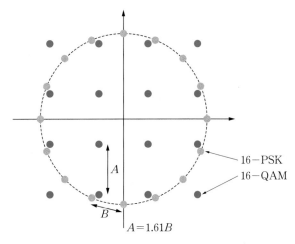

그림 11.31 동일한 평균 심볼전력에서 16−PSK와 16−QAM의 성상도 비교

11.8 Matlab을 이용한 실습

지금까지 살펴본 내용에 대하여 Matlab을 사용하여 확인해보기로 하자. 아래의 실습에서는 여러 가지 디지털 변조방식에 대하여 주어진 비트열에 대한 변조 신호의 파형을 발생시키고 스펙트럼 특성을 관찰한다. 다음에는 Monte Carlo 시뮬레이션을 통하여 변조방식의 비트오율 성능을 분석해본다. 이 실습에서는 다음과 같은 함수를 이용한다.

① random_seq.m, linecode_gen.m, waveform.m: 상세 내용은 8장 참고

② matched_filter.m: 상세 내용은 9장 참고

③ cw_waveform.m, gaussian_noise.m, Q_funct.m: 상세 내용은 10장 참고

④ s_to_p.m
Serial−to−parallel 변환을 하는 함수로 사용 방법은 아래와 같다. 여기서 x는 신호 벡터이며 x_o와 x_e는 입력 신호로부터 각각 홀수 비트열과 짝수 비트열을 취하여 만들어진 신호이며, 이 출력 신호들은 심볼 길이가 비트 길이의 두 배이다. 입력 파라미터 D를 넣어 주면 홀수 비트열이 한 비트 길이만큼 지연된 신호가 만들어진다.

    [x_o x_e] = s_to_p(x, D);
    [x_o x_e] = s_to_p(x);

⑤ graycode_gen.m

Gray code를 발생시키는 함수로 MPSK와 QAM에서 심볼 매핑에서 사용한다. 여기서 k에 따라 $M = 2^k$ 비트의 코드 집합이 만들어진다.

  graycode = graycode_gen(k)

⑥ symbol2phase.m

MPSK에서 데이터 심볼에 따라 반송파 위상을 결정하는 함수로 gray 코드에 대응하여 위상이 매핑된다. 결정된 위상에 따라 I 채널과 Q 채널의 신호가 출력된다

  [ich, qch, phase] = symbol2phase(k, data, graycode)

⑦ level_transform.m

QAM의 I 채널과 Q 채널에서 데이터에 따라 심볼 레벨을 결정하는 함수로 gray 코드에 대응하여 심볼 레벨이 매핑된다. 입력 데이터로부터 주어진 코드(graycode)에 따라 I 채널과 Q 채널의 신호레벨이 결정되어 출력된다

  [bi, bq, level] = level_transform(b, k, graycode)

⑧ mpsk_decision.m, qam_decision.m

수신기에서 I 채널 및 Q 채널의 상관기 출력을 표본화한 결정변수로부터 MPSK 또는 QAM 심볼 판정기를 구현하여 정보 데이터를 복구하는 함수이다.

비트율 $R_b = 2\text{kbps}$ 로 이진 데이터를 발생시키고 QPSK, OQPSK, MSK 변조하여 신호의 파형과 전력 스펙트럼을 그려보라. 표본화 주파수는 40kHz를 사용하라. 반송파 주파수는 3kHz를 사용하라.

풀이

이 예제를 위한 Matlab 코드의 예로 ex11_1.m을 참고한다. 메시지 비트열을 [1 1 0 0 1 1 1 0 0 1 1 1]이라고 가정하고 변조된 신호의 파형을 그려보자. 전력 스펙트럼을 구하기 위해 충분한 비트 수의 랜덤 비트열을 발생시키고 전력 스펙트럼을 추정한다.

1) QPSK

정보 신호를 직렬/병렬 변환하여 홀수 비트열로부터 $b_o(t)$를 만들고 짝수 비트열로부터 $b_e(t)$를 만들어서 각각 정현파와 여현파로 변조하여 더한다. 그림 11.32(a)에 기저대역 신호와 QPSK 변조된 신호의 파형을 보인다. 신호의 위상이 예상한 것과 같은지 확인하라. 특히 $b_o(t)$와 $b_e(t)$가 동시에 극성 반전되는 곳에서 π의 위상 변화가 일어나는 것을 주목한다. 그림 11.32(b)에는 QPSK 신호의 전력 스펙트럼을 보인다. BPSK에 비해 대역폭이 절반인 것을 확인한다.

2) OQPSK

QPSK와 같으나 $b_o(t)$를 만들 때 홀수 비트열을 한 비트 지연시킨다. 그림 11.32(c)에 기저대역 신호와 OQPSK 변조된 신호의 파형을 보인다. 신호의 위상이 예상한 것과 같은지 확인하라. QPSK는 $2T_b$마다 신호의 위상이 변화하는데 비해 OQPSK는 T_b마다 위상이 변화한다. 그러나 π의 위상 변화가 발생하지는 않으며, 최대 $\pi/2$까지 위상 변화가 가능하다. 그림 11.32(d)에는 OQPSK 신호의 전력 스펙트럼을 보인다. BPSK에 비해 대역폭이 절반이며 QPSK의 스펙트럼과 같은 것을 확인한다.

3) MSK

OQPSK와 같이 $b_o(t)$를 만들 때 홀수 비트열을 한 비트 지연시키는데, OQPSK가 구형파로 펄스정형하는데 비해 MSK는 정현파로 펄스정형을 한다. 그림 11.32(e)에 기저대역 신호와 MSK 변조된 신호의 파형을 보인다. QPSK나 OQPSK에서 불연속적인 위상 변화가 발생하는데 비해 MSK의 위상은 연속적이다. 따라서 대역외 스펙트럼의 크기가 작다. 그림 11.32(f)에는 MSK 신호의 전력 스펙트럼을 보인다. QPSK나 OQPSK에 비해 null-to-null 대역폭은 1.5배로 넓지만 부엽의 크기가 작은 것을 확인한다.

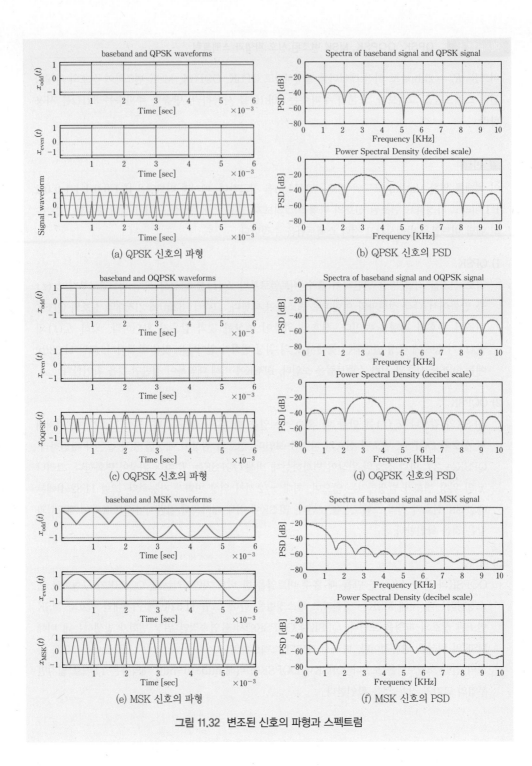

(a) QPSK 신호의 파형

(b) QPSK 신호의 PSD

(c) OQPSK 신호의 파형

(d) OQPSK 신호의 PSD

(e) MSK 신호의 파형

(f) MSK 신호의 PSD

그림 11.32 변조된 신호의 파형과 스펙트럼

```
clear; close all;
Rb = 2000;  Tb = 1/Rb;              % Bit rate
fs = 20*Rb;                         % Sampling frequency
ts = 1/fs;                          % Sampling interval
fc = 1.5*Rb;                        % Carrier frequency
% =================================================
% QPSK
b = [1 1 0 0 1 1 1 0 0 1 1 1];
data = [b random_seq(20000)];
[data_o data_e] = s_to_p(data);    % Serail to parallel conversion without delay
[x_o, time, pulse_shape] = linecode_gen(data_o, 'polar_nrz', Rb, fs);
[x_e, time, pulse_shape] = linecode_gen(data_e, 'polar_nrz', Rb, fs);
N = length(x_o);  N1 = length(b)*fs/Rb;
carrier_cos = carrier_gen(fc, fs, N, 0);          % I-ch carrier
carrier_sin = carrier_gen(fc, fs, N, -90);        % Q-ch carrier
x_o = x_o(:)';  x_e = x_e(:)';
carrier_cos = carrier_cos(:)'; carrier_sin = carrier_sin(:)';
I_xm = carrier_cos.*x_o;   Q_xm = carrier_sin.*x_e;
xm = I_xm + Q_xm;
subplot(311), waveform(x_o(1:N1), fs); ylabel('x_{odd}(t)');
title('baseband and QPSK waveforms');
subplot(312), waveform(x_e(1:N1), fs); ylabel('x_{even}(t)');
subplot(313), cw_waveform(xm(1:N1), fs); ylabel('x_{QPSK}(t)');
xlabel('Time [sec]'); ylabel('Signal waveform');
disp('Press any key to continue'); pause
% QPSK spectrum
clf; M = 2^12; AXIS_freq = [0 10 -80 0];
subplot(211), psd_est(x_o, fs, 'decibel', M); axis(AXIS_freq);
title('Spectra of baseband signal and QPSK signal');
subplot(212), psd_est(xm, fs, 'decibel', M); axis(AXIS_freq);
disp('Press any key to continue'); pause
% =================================================
% OQPSK
[data_o data_e] = s_to_p(data, 1); % Serail to parallel conversion with delay
```

```
[x_o, time, pulse_shape] = linecode_gen(data_o, 'polar_nrz', Rb, fs);
[x_e, time, pulse_shape] = linecode_gen(data_e, 'polar_nrz', Rb, fs);
N = length(x_o);  N1 = length(b)*fs/Rb;
carrier_cos = carrier_gen(fc, fs, N, 0);          % I-ch carrier
carrier_sin = carrier_gen(fc, fs, N, -90);        % Q-ch carrier
x_o = x_o(:)';  x_e = x_e(:)';
carrier_cos = carrier_cos(:)'; carrier_sin = carrier_sin(:)';
I_xm = carrier_cos.*x_o;
Q_xm = carrier_sin.*x_e;
xm = I_xm + Q_xm;
subplot(311), waveform(x_o(1:N1), fs); ylabel('x_{odd}(t)');
title('baseband and OQPSK waveforms');
subplot(312), waveform(x_e(1:N1), fs); ylabel('x_{even}(t)');
subplot(313), cw_waveform(xm(1:N1), fs);  ylabel('x_{OQPSK}(t)');
disp('Press any key to continue'); pause
% OQPSK spectrum
clf;
subplot(211), psd_est(x_o, fs, 'decibel', M); axis(AXIS_freq);
title('Spectra of baseband signal and OQPSK signal');
subplot(212), psd_est(xm, fs, 'decibel', M); axis(AXIS_freq);
disp('Press any key to continue'); pause
% ===============================================
% MSK
[data_o data_e] = s_to_p(data, 1); % Serail to parallel conversion with delay
[x_o, time, pulse_shape] = linecode_gen(data_o, 'polar_nrz', Rb, fs);
[x_e, time, pulse_shape] = linecode_gen(data_e, 'polar_nrz', Rb, fs);
N = length(x_o); N1 = length(b)*fs/Rb;
for k =1:N
    x_o(k) = x_o(k)*cos(0.5*pi*Rb*k*ts);
    x_e(k) = x_e(k)*sin(0.5*pi*Rb*k*ts);
end
carrier_cos = carrier_gen(fc, fs, N, 0);          % I-ch carrier
carrier_sin = carrier_gen(fc, fs, N, -90);        % Q-ch carrier
x_o = x_o(:)';  x_e = x_e(:)';
carrier_cos = carrier_cos(:)'; carrier_sin = carrier_sin(:)';
I_xm = carrier_cos.*x_o;
```

```
Q_xm = carrier_sin.*x_e;
xm = I_xm + Q_xm;
subplot(311), waveform(x_o(1:N1), fs); ylabel('x_{odd}(t)');
title('baseband and MSK waveforms');
subplot(312), waveform(x_e(1:N1), fs); ylabel('x_{even}(t)');
subplot(313), cw_waveform(xm(1:N1), fs); ylabel('x_{MSK}(t)');
disp('Press any key to continue'); pause
% MSK spectrum
clf;
subplot(211), psd_est(x_o, fs, 'decibel', M); axis(AXIS_freq);
title('Spectra of baseband signal and MSK signal');
subplot(212), psd_est(xm, fs, 'decibel', M); axis(AXIS_freq);
```

예제 11.2 ┃ QPSK 시스템의 BER 성능 분석

Monte Carlo 시뮬레이션을 통하여 QPSK 시스템의 비트오율 성능을 구하라. 데이터의 비트율은 $R_b = 1\text{kbps}$를 가정하고 표본화 주파수는 $f_s = 20\text{kHz}$를 사용하라. E_b/N_0의 값을 0dB부터 12dB까지 변화시켜가면서 비트오류 확률을 구하여 그림으로 그려보라. 수신기는 정합필터 수신기 또는 상관 수신기를 사용하라.

풀이

10장의 예제 10.4와 같은 방법을 사용하여 실험한다. 충분히 큰 개수의 랜덤 이진 비트열을 발생시키고, E_b/N_0를 변화시켜가면서 조건에 맞게 신호와 잡음을 발생시켜서 변복조를 수행한다. 수신기에서 비트오류가 발생한 개수를 세어서 비트오류 확률을 계산한다. 다음 단계를 따르도록 Matlab 프로그램을 작성하고 실행시킨다.

i) 2×10^6 비트의 랜덤 이진수열을 발생시키고 이것을 송신할 메시지 데이터라고 간주한다. 이 비트 열을 QPSK 변조하여 전송한다.

ii) 신호 진폭의 결정

신호의 평균 비트에너지 E_b를 1로 고정시키고 주어진 비트 길이 T_b 및 변조 방식에 따라 신호의 진폭을 결정한다. 그리고 주어진 E_b/N_0에 따라 가우시안 잡음의 분산을 결정한다. 1과 0이 발생 확률이 동일한 경우 QPSK 신호의 평균 비트 에너지가 $E_b = A^2 T_b/2$이므로 신호의 진폭은

$$A = \sqrt{2E_b/T_b} \tag{11.107}$$

가 된다. 따라서 $E_b = 1$로 가정하면 $A = \sqrt{2/T_b}$와 같이 결정하면 된다.

iii) 잡음 분산의 결정

대역폭이 B로 한정된 AWGN 잡음의 PSD는 식 (10.93)과 같이 표현되므로 시뮬레이션을 위하여 주어진 E_b/N_0에 대한 잡음의 분산을 식 (10.94)와 같이 결정할 수 있다. $E_b = 1$로 가정하면 식 (10.95)와 같이 잡음의 분산이 결정된다. 다시 써보면

$$\sigma_n^2 = B \frac{1}{(E_b/N_0)} \tag{11.108}$$

와 같다. 시뮬레이션 프로그램에서는 먼저 평균이 0이고 분산이 1인 Gaussian 분포를 가진 잡음을 발생시킨 다음 잡음의 크기를 σ_n 배 하여 위에서 결정된 분산을 갖도록 한다.

iv) 신호에 잡음을 더하여 수신 신호를 만든 후 수신기의 정합필터를 통과하도록 한다. 정합필터의 출력을 심볼 구간의 끝에서 표본화하고 판정기를 통하여 정보 비트를 복호한다. 복호된 비트열을 송신 비트열과 비교하여 일치하지 않은 비트 수를 전체 비트 수로 나누어 비트오율을 구한다.

v) E_b/N_0를 다른 값으로 변화시키면서 위의 과정을 반복하여 비트오율을 구한다.

vi) 얻어진 비트오율 성능을 그래프로 그린다. 이 때 semilog 스케일로 그림을 그리도록 한다. 이론적인 비트오율 성능을 같이 그려서 시뮬레이션 결과가 이론값과 유사하게 나오는지 확인한다. QPSK의 경우 정합필터 수신기의 BER 성능은 $Q(\sqrt{2E_b/N_0})$가 된다. Q_funct.m 파일을 사용하여 이론적인 비트오율을 계산하여 시뮬레이션을 통해 얻은 비트오율과 같게 나오는지 함께 그려서 비교한다.

이 예제를 위한 Matlab 코드의 예로 ex11_2.m을 참고한다. 제공된 프로그램을 실행하면 그림 11.33과 같은 결과를 얻을 수 있다.

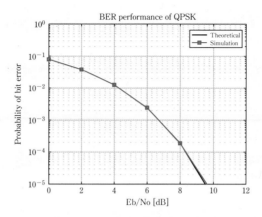

BER performance of QPSK

그림 11.33 QPSK 시스템의 비트오율 성능

예제 11.2를 위한 Matlab 프로그램의 예(ex11_2.m)

```
clear; close all;
Rb = 1000;  Tb = 1/Rb;       % Bit rate
fs = 20*Rb; ts = 1/fs;        % Sampling frequency
B = fs/2;                      % System bandwidth
Ns = fs/Rb;                    % Number of samples per bit duration
nSymbol = 10^6;                % Total number of symbols
fc = 5000;                     % Carrier frequency
% – – – – – – – – – – – – – – – – – – – – – – – – – – – – – – – – – –
b = random_seq(nSymbol*2);
b_i = b(1:2:length(b));   b_q = b(2:2:length(b));
[x_i, t, pulse_shape_i] = linecode_gen(b_i, 'polar_nrz', Rb, fs);
[x_q, t, pulse_shape_q] = linecode_gen(b_q, 'polar_nrz', Rb, fs);
x_i=x_i(:)'; x_q=x_q(:)';
N = length(x_i);
carrier_cos = carrier_gen(fc, fs, N);      % I–ch carrier
carrier_sin = carrier_gen(fc, fs, N, −90); % Q–ch carrier
carrier_cos = carrier_cos(:)';  carrier_sin = carrier_sin(:)';
xm_i = carrier_cos.*x_i;  xm_q = carrier_sin.*x_q;
xm = xm_i + xm_q;
% Determine signal amplitude assuming Eb = 1
```

```
A = sqrt(2*Rb); % for PSK
xm = A*xm;   xm = xm(:)';
% Decision Threshold
threshold = 0;

EbNodB = 0:2:12;
b_hat_i=[];  b_hat_q=[];
for n = 1:length(EbNodB)
  EbNo = 10^(EbNodB(n)/10);
  Pe_theory(n) = Q_funct(sqrt(2*EbNo)); % Theoretical BER
  noise_var = B/EbNo;
  noise = gaussian_noise(0, noise_var, length(xm));
  r = xm + noise;  r = r(:)';  % Received signal
  yi = carrier_cos.*r;   yq = carrier_sin.*r;
  z_ich = matched_filter(pulse_shape_i, yi, fs);
  z_qch = matched_filter(pulse_shape_q, yq, fs);
  % Bit decision
  b_hat_i = z_ich(Ns*(1:nSymbol)); % Sample the matched filter output
  b_hat_q = z_qch(Ns*(1:nSymbol));
  b_hat_i(b_hat_i > threshold) = 1;
  b_hat_i(b_hat_i < threshold) = 0;
  b_hat_q(b_hat_q > threshold) = 1;
  b_hat_q(b_hat_q < threshold) = 0;
  % Count errors
  b_hat = zeros(1,length(b_hat_i)*2);
  b_hat(1:2:length(b_hat))=b_hat_i(1:length(b_hat_i));
  b_hat(2:2:length(b_hat))=b_hat_q(1:length(b_hat_q));
  num_error = sum(abs(b-b_hat));
  Pe(n) = num_error/(nSymbol*2);
end
semilogy(EbNodB, Pe_theory, 'k'), hold on;
semilogy(EbNodB, Pe, 'b-square'), hold off;
axis([-inf inf 10^(-5) 1]), grid;
xlabel('Eb/No [dB]');   ylabel('Probability of bit error');
legend('Theoretical', 'Simulation');
title('BER performance of QPSK')
```

Monte Carlo 시뮬레이션을 통하여 MPSK 시스템의 비트오율 성능을 구하라. 데이터의 비트율은 $R_b = 1\text{kbps}$를 가정하고 표본화 주파수는 $f_s = 20\,\text{kHz}$를 사용하라. E_b/N_0의 값을 변화시켜가면서 비트오류 확률을 구하여 그림으로 그려보라. 수신기는 정합필터 수신기 또는 상관 수신기를 사용하라.

풀이

예제 11.2와 같은 방법을 사용하여 실험한다. 충분히 큰 개수의 랜덤 이진 비트열을 발생시키고, E_b/N_0를 변화시켜가면서 조건에 맞게 신호와 잡음을 발생시키고, 수신기에서 비트 오류가 발생한 개수를 세어서 비트오류 확률을 구한다. 데이터 심볼을 이루는 비트열과 MPSK 반송파 위상의 매핑 과정에서는 Gray 코드를 사용한다. MPSK 시스템의 비트오율 이론값, 즉 식 (11.100)과 같은 결과가 얻어졌는지 확인한다. 위의 실험을 위한 Matlab 코드의 예로 ex11_3.m을 참고한다. 제공된 프로그램을 실행하면 그림 11.34와 같은 결과를 얻을 수 있다.

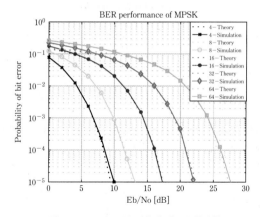

그림 11.34   MPSK 시스템의 비트오율 성능

```
clear; close all;
Rb = 1000;  Tb = 1/Rb;      % Bit rate
fs = 20*Rb; ts = 1/fs;       % Sampling frequency
B = fs/2;                    % System bandwidth
Ns = fs/Rb;                  % Number of samples per bit duration
nSymbol = 10^5;              % Total number of symbols => nBits = nSymbol * k
fc = 5000;                   % Carrier frequency
% ----------------------------------------------------------
M_set = [4 8 16 32 64];
max_EbN0 = [12 16 20 24 30];
for M_len = 1:length(M_set)
    M = M_set(M_len);            % M = 2^k
    k = log2(M);                 % Number of bits per symbol
    B = fs/(2*k);                % System bandwidth
    % ----------------------------------------------------------
    % MPSK Modulation
    % ----------------------------------------------------------
    graycode = graycode_gen(k);     % Generate Gray code
    b = random_seq(nSymbol * k);
    [b_i b_q phase] = symbol2phase(k,b,graycode);     % Symbol to phase mapping
    x_i = zeros(1,Ns*length(b_i));  x_q = zeros(1,Ns*length(b_q));
    for ii=1:length(b_i)
        for jj=1:Ns
            x_i((ii−1)*Ns+jj)=b_i(ii);
            x_q((ii−1)*Ns+jj)=b_q(ii);
        end
    end
    x_i=x_i(:)'; x_q=x_q(:)';    N = length(x_i);
    carrier_cos = carrier_gen(fc, fs, N);          % I−ch carrier
    carrier_sin = carrier_gen(fc, fs, N, −90);   % Q−ch carrier
    carrier_cos = carrier_cos(:)';  carrier_sin = carrier_sin(:)';
    xm_i = carrier_cos.*x_i;   xm_q = carrier_sin.*x_q;
    xm = xm_i + xm_q;
    % Determine signal amplitude assuming Eb = 1
```

```
A = sqrt(2*Rb); % for MPSK
xm = A*xm;     xm=xm(:)';

EbNodB = 0:2:max_EbN0(M_len);
b_hat_i=[];   b_hat_q=[];
for n = 1:length(EbNodB)
  EbNo = 10^(EbNodB(n)/10);
  Pe_theory(M_len,n) = (2/k)*Q_funct(sqrt(2*k*EbNo)*sin(pi/M));
  noise_var = B/EbNo;
  noise = gaussian_noise(0,noise_var,length(xm)); noise = noise(:)';
  r = xm + noise;  r = r(:)';  % Received signal
  % M-PSK Demodulation with correlator
  y_i = carrier_cos.*r;    y_q = carrier_sin.*r;
  for index = 1:nSymbol
    b_hat_i_int(1,index)=sum(y_i(Ns*(index-1)+1:Ns*index));
    b_hat_q_int(1,index)=sum(y_q(Ns*(index-1)+1:Ns*index));
  end
  % Bit decision
  b_hat = mpsk_decision(b_hat_i_int, b_hat_q_int, graycode,M);
  % Count errors
  num_error = sum(abs(b-b_hat));
  Pe(M_len,n) = num_error/(nSymbol*k);
  end
end
theory_shape=['k:';'c:';'r:';'b:';'g:'];
simul_shape=['k-x';'c-o';'r-*';'b-d';'g-s'];
for iii=1:length(M_set)
  semilogy(EbNodB, Pe_theory(iii,:), theory_shape(iii,:)), hold on;
  semilogy(EbNodB, Pe(iii,:), simul_shape(iii,:))
end
xlabel('Eb/No [dB]'); ylabel('Probability of bit error');
axis([-inf inf 10^(-5) 1]); grid on;
legend('4-Theory', '4-Simulation','8-Theory', '8-Simulation','16-Theory',...
  '16-Simulation','32-Theory', '32-Simulation','64-Theory', '64-Simulation');
title('BER performance of MPSK')
```

Monte Carlo 시뮬레이션을 통하여 QAM 시스템의 비트오율 성능을 구하라. 데이터의 비트율은 $R_b = 1\text{kbps}$를 가정하고 표본화 주파수는 $f_s = 20\,\text{kHz}$를 사용하라. E_b/N_0의 값을 변화시켜가면서 비트오류 확률을 구하여 그림으로 그려보라. 수신기는 정합필터 수신기 또는 상관 수신기를 사용하라.

풀이

예제 11.2와 같은 방법을 사용하여 실험한다. 충분히 큰 개수의 랜덤 이진 비트열을 발생시키고, E_b/N_0를 변화시켜가면서 조건에 맞게 신호와 잡음을 발생시키고, 수신기에서 비트오류가 발생한 개수를 세어서 비트오류 확률을 구한다. QAM 변조 과정에서 비트열과 진폭의 매핑 과정에서는 Gray 코드를 사용한다. QAM 시스템의 비트오율 이론값, 즉 식 (11.105)와 같은 결과가 얻어졌는지 확인한다. 위의 실험을 위한 Matlab 코드의 예로 ex11_4.m을 참고한다. 제공된 프로그램을 실행하면 그림 11.35와 같은 결과를 얻을 수 있다.

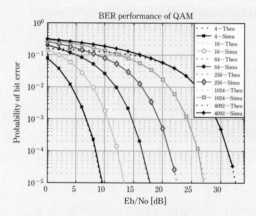

그림 11.35 QAM 시스템의 비트오율 성능

```
clear; close all;
Rb = 1000;  Tb = 1/Rb;     % Bit rate
oversample=10;             % Over sampling factor
fs = 2*Rb*oversample;      % Sampling frequency
B = fs/2;                  % System bandwidth
Ns = fs/Rb;                % Number of samples per bit duration
fc = 5000;                 % Carrier frequency
% ------------------------------------------------
M_set = [4 16 64 256 1024 4096];     % M-ary symbol
max_EbN0 = [12 16 20 26 28 34];     % Maximum Eb/No
nSymbol = 10^5;         % Total number of samples : nBits=nSymbol*2*k

for M_len=1:length(M_set)
   M = M_set(M_len);       % M = 2^(2k)
   k = log2(M)/2;          % one symbol = 2*k bits
   B = fs/(4*k);           % System bandwidth
   % QAM Modulation
   graycode = graycode_gen(k);     % Generate Gray code
   b = random_seq(nSymbol * 2*k);
   [b_i b_q level] = level_transform(b,k,graycode);
   % Pulse shaping
   x_i = zeros(1,Ns*length(b_i));   x_q = zeros(1,Ns*length(b_i));
   data = ones(1,Ns);            % Rectangular pulse
   for ii = 1:length(b_i)
      x_i(1,(ii−1)*Ns+1:ii*Ns) = data(1,:).*b_i(ii);
      x_q(1,(ii−1)*Ns+1:ii*Ns) = data(1,:).*b_q(ii);
   end
   x_i=x_i(:)'; x_q=x_q(:)'; N = length(x_i);
   carrier_cos = carrier_gen(fc, fs, N);          % I-ch carrier
   carrier_sin = carrier_gen(fc, fs, N, −90);   % Q-ch carrier
   carrier_cos = carrier_cos(:)';  carrier_sin = carrier_sin(:)';
   xm_i = carrier_cos.*x_i;   xm_q = carrier_sin.*x_q;
   xm = xm_i + xm_q;
   % Determine signal amplitude assuming Eb = 1
```

```
A = sqrt(2*Rb); % for QAM
xm = A*xm;   xm = xm(:)';

EbNodB = 0:2:max_EbN0(M_len);
for n = 1:length(EbNodB)
    EbNo = 10^(EbNodB(n)/10);
    Pe_theory(M_len,n)=2*(1−2^(−k))/k*Q_funct(sqrt(3*k/(2^(2*k)−1)*2*EbNo));
    noise_var = B/EbNo;        % Noise variance
    noise = gaussian_noise(0,noise_var,length(x_i)); noise = noise(:)';
    r = xm + noise;   r = r(:)';  % Received signal
    % QAM Demodulation with correlator
    yi = carrier_cos.*r;   yq = carrier_sin.*r;
    for index = 1:nSymbol;
        b_hat_i(1,index)=sum(yi(Ns*(index−1)+1:Ns*index))/(A*oversample);
        b_hat_q(1,index)=sum(yq(Ns*(index−1)+1:Ns*index))/(A*oversample);
    end
    b_hat = qam_decision(b_hat_i, b_hat_q,level,graycode,k); % Bit decision
    num_error = sum(abs(b−b_hat));  % Count errors
    Pe(M_len,n) = num_error/(nSymbol*k*2);
    end
end
theory_shape=['k:';'c:';'r:';'b:';'g:';'k:'];
simul_shape=['k−x';'c−o';'r−*';'b−d';'g−s';'k−+'];
for iii=1:length(M_set)
    semilogy(EbNodB, Pe_theory(iii,:), theory_shape(iii,:)),hold on;
    semilogy(EbNodB, Pe(iii,:), simul_shape(iii,:))
end
axis([−inf inf 10^(−5)  1]);
xlabel('Eb/No [dB]');   ylabel('Probability of bit error');
legend('4−Theo', '4−Simu','16−Theo', '16−Simu','64−Theo', '64−Simu',...
'256−Theo', '256−Simu','1024−Theo', '1024−Simu','4092−Theo', '4092−Simu');
title('BER performance of QAM'),  grid on;
```

[과제 1] 대역통과 변조의 기저대역 시뮬레이션

위의 예제에서는 대역통과 신호를 만들고 수신기를 구성하여 성능 분석을 하였다. 따라서 반송파 주파수가 높은 경우 매우 높은 표본화율이 필요하다. 10장에서와 같이 복소 포락선을 사용하여 기저대역 시뮬레이션을 하면 표본화율을 낮추어서 성능분석을 할 수 있다. MPSK, QAM 변조에 대해 기저대역 시뮬레이션을 하여 대역통과 시뮬레이션 결과와 비교하라.

[과제 2] MSK, DPSK

MSK 및 DPSK 시스템의 비트오율 성능을 대역통과 및 기저대역 시뮬레이션을 하여 구하고 이론값과 비교하라.

11.1 비트율 $R_b = 8\text{kbps}$ 로 발생되는 데이터를 MPSK 변조하여 전송하는 시스템이 있다. M이 4, 8, 16, 64인 각 경우에 대하여 심볼율 R_s 와 대역폭을 구하라. 사각 펄스로 펄스정형하는 것을 가정하며 대역폭은 주엽만 고려한다.

11.2 데이터를 QPSK 및 OQPSK 변조하는 시스템이 있다. $R_b = 1\text{kbps}$ 의 비트율로 [1 0 0 0 1 1 1 0 0 1]의 데이터가 입력된다고 하자.

    (a) 그림 11.4와 같은 구조의 QPSK 시스템에서 $b_o(t)$와 $b_e(t)$, 그리고 QPSK 변조된 출력 신호의 위상을 1msec 구간 단위로 구하라. 180° 위상 천이가 발생하는 곳을 표시하라.

    (b) OQPSK 시스템에 대하여 (a)의 과정을 반복하라.

11.3 BPSK와 QPSK에 대한 다음 질문에 답하라.

    (a) BPSK와 QPSK의 두 시스템이 동일한 비트율로 데이터를 전송한다고 하자. 동일한 SNR에 대하여 어떤 시스템의 비트오류 확률이 더 작은가?

    (b) BPSK와 QPSK의 두 시스템이 동일한 동일한 대역폭을 가지고 데이터를 전송한다고 하자. 동일한 SNR에 대하여 어떤 시스템의 비트오류 확률이 더 작은가?

    (c) 위의 결과로부터 BPSK와 QPSK의 변조 방식 중 하나를 선택할 때 고려해야 하는 요소들은 무엇인가?

11.4 비트율이 $R_b = 1\text{kbps}$ 인 데이터를 $f_c = 1\text{kHz}$ 의 반송파를 사용하여 변조한다고 하자. 전송할 데이터가 [1 0 1 1 0 0 0 1 1 0]과 같다. QPSK와 OQPSK 변조는 다음과 같이 한다고 하자.

$$s_m(t) = Ab_o(t)\cos\left(2\pi f_c t + \frac{\pi}{4}\right) + Ab_e(t)\sin\left(2\pi f_c t + \frac{\pi}{4}\right)$$

여기서 $b_o(t) = 1$ if $b_o = 1$, $b_o(t) = -1$ if $b_o = 0$, $b_e(t) = 1$ if $b_e = 1$, $b_e(t) = -1$ if $b_e = 0$ 이다.

    (a) BPSK 변조를 하는 경우 변조된 신호의 파형을 그려보라.

    (b) QPSK 변조를 하는 경우 신호 성상도를 그려보라. 신호의 위상을 구하고, QPSK 변조된 신호의 파형을 그려보라.

(c) OQPSK 변조를 하는 경우 신호의 위상을 구하고, OQPSK 변조된 신호의 파형을 그려보라.

11.5 문제 11.4의 데이터를 $f_c = 1.25R_b$ 를 사용하여 MSK 변조한다고 하자. 1msec 구간 단위로 MSK 변조된 신호의 수식을 나타내고 신호의 파형을 그려보라.

11.6 비트율 $R_b = 1$kbps 로 발생된 데이터를 여러 방식으로 변조하는 경우를 고려하자. 전송할 데이터는 [1 0 1 1 0 0 0 1 1 0]이다. QPSK와 OQPSK 변조는 다음과 같이 한다고 하자.

$$s_m(t) = Ab_o(t)\cos(2\pi f_c t) + Ab_e(t)\sin(2\pi f_c t)$$

여기서 $b_o(t) = 1$ if $b_o = 1$, $b_o(t) = -1$ if $b_o = 0$, $b_e(t) = 1$ if $b_e = 1$, $b_e(t) = -1$ if $b_e = 0$ 이다.

(a) QPSK 변조를 하는 경우 신호 성상도를 그려보라.

(b) BPSK, QPSK, OQPSK, MSK 각 경우에 대하여 반송파의 위상을 시간에 따라 그래프로 그려보라.

11.7 비트율 $R_b = 1$kbps 인 데이터를 $f_c = 100$kHz 의 반송파 주파수를 사용하여 MSK 변조하는 시스템이 있다. 전송할 비트열이 [1 0 1 0 1 1 0 0 0 1 1 1]인 경우 MSK 신호의 위상을 그래프로 그리고, 순시 주파수를 구하라.

11.8 비트율이 $R_b = 40$kbps 인 데이터를 QPSK 변조를 사용하여 전송하고자 한다.

(a) 사각 펄스와 roll-off 인수 0.5의 상승 여현 펄스정형을 하는 두 경우에 대해 QPSK 변조된 신호의 대역폭을 구하라.

(b) 채널의 대역폭이 25kHz라고 가정하자. 상승 여현 펄스정형하여 데이터를 주어진 채널 대역폭 조건 하에 전송할 수 있는가? 가능하다면 상승 여현 필터의 roll-off 인수는 어떤 값을 사용해야 하는가?

(c) 전송할 데이터의 비트율이 $R_b = 44$kbps 라고 가정하고 (b)의 과정을 반복하라.

(d) 전송할 데이터의 비트율이 $R_b = 52$kbps 라고 가정하고 (b)의 과정을 반복하라.

11.9 통신 선로가 주파수 범위 600~3000Hz에서 상승 여현 필터의 특성을 가진 대역통과 채널이 되도록 등화되었다고 하자. 이 채널은 중심 주파수가 50kHz이고 대역폭은 4800Hz이나.

(a) 비트율이 $R_b = 4.8\text{kbps}$ 인 데이터를 주파수 50kHz의 반송파를 사용하여 QPSK 변조하여 전송하는 시스템을 설계하고자 한다. Roll-off 인수 $r = 1$ 로 펄스정형을 하는 경우 신호의 스펙트럼이 채널 대역폭 내에 들어가는지 확인하라. 만일 들어가지 않는다면 상승 여현 필터의 roll-off 인수를 어떻게 조정해야 하는가? 절대 대역폭과 6dB 대역폭을 구하라.

(b) 데이터의 비트율이 $R_b = 9.6\text{kbps}$ 이고 8PSK 변조를 사용하는 경우 (a)를 반복하라.

11.10 비트율이 $R_b = 48\text{kbps}$ 인 데이터를 BPSK, QPSK, MSK, 64PSK, 64QAM 변조를 사용하여 전송하는 경우 변조된 신호의 first null-to-null 대역폭과 second null-to-null 대역폭을 구하라. 각 변조방식의 장단점을 논하라.

11.11 그림 11.30에 보인 송신기 구조와 표 11.4의 레벨변환 규칙을 사용하여 16QAM 변조하는 시스템을 가정하자. $R_b = 1\text{kbps}$ 의 비트율로 [1 1 0 1 0 0 1 1]의 데이터가 시스템에 입력된다고 하자. 변조기 출력 신호의 파형을 그려보라.

11.12 BPSK, QPSK, OQPSK, MSK, 16PSK, 16QAM, 64QAM 변조에 대하여 스펙트럼 효율 $\eta = R_b/B\,[\text{bps/Hz}]$ 을 구하라. 이 때 대역폭 B는 null-to-null 대역폭, 40dB 대역폭을 각각 사용하라.

11.13 심볼율 $R_s = 5 \times 10^3\,[\text{sps}]$ 로 8-FSK로 변조하여 전송하는 시스템이 있다. 송신기는 동일한 확률을 가지고 다음과 같은 파형을 전송한다.

$$s_i(t) = A\cos(2\pi f_i t), \quad i = 1,\,\cdots,\,8, \quad 0 \le t \le T_s$$

여기서 수신 신호 진폭은 $A = 1\text{mV}$ 이며, 각 신호 파형은 서로 직교하도록 주파수를 선정하였다고 하자. 수신기에는 신호에 양측 PSD가 $N_0/2 = 4 \times 10^{-12}$ W/Hz 인 AWGN 잡음이 더해져서 들어온다. 동기식 수신기를 사용하여 복조하는 경우 비트오류 확률을 구하라.

11.14 AWGN 채널 환경에서 비트율이 $R_b = 4\text{kbps}$ 인 데이터를 16PSK 변조하여 통신하는 시스템이 있다. 심볼-비트열 매핑에는 Gray 코드를 사용한다고 하자. 신호의 전력은 0.1 mW이며, 잡음의 양측 PSD는 $N_0/2 = 10^{-9}$ W/Hz 라고 가정하자.

(a) 심볼오류 확률을 구하라.

(b) 비트오류 확률을 구하라.

11.15 직교 16FSK 변조를 사용한다고 하고 문제 11.14를 반복하라.

11.16 비트율이 $R_b = 100\text{kbps}$인 데이터를 MPSK 변조하여 통신하는 시스템이 있다. 채널의 대역폭은 50kHz 이고, 송신 신호에 AWGN 잡음이 더해져서 수신기에 입력된다. 심볼-비트열 매핑에는 Gray 코드를 사용하며, 원하는 비트오율 성능이 $P_b = 10^{-3}$이라고 하자. 펄스정형은 roll-off 인수가 $r = 0.75$인 상승 여현 필터를 사용한다.

(a) 신호의 대역폭이 채널의 대역폭보다 작게 하려면 M은 얼마를 사용해야 하는가?

(b) 원하는 비트오류 확률을 얻기 위해 요구되는 E_s/N_0와 E_b/N_0를 구하라.

11.17 다음 두 통신 시스템의 비트오율 성능을 비교하라.

시스템 A: 직교 coherent 8FSK $E_b/N_0 = 8\text{dB}$

시스템 B: 8PSK $E_b/N_0 = 13\text{dB}$

MPSK에서 심볼-비트열 매핑에는 Gray 코드를 사용한다고 가정하라.

11.18 비트율 $R_b = 1\text{kbps}$로 발생되는 데이터를 QPSK 및 OQPSK로 변조하여 전송하는 시스템이 있다. 생성된 데이터가 [1011000101110010]라고 가정하자. QPSK 및 OQPSK 변조된 신호의 위상을 시간에 따른 그래프로 그려보라. 심볼-비트열 매핑은 다음과 같은 규칙을 사용하라.

$$\phi(t) = \begin{cases} -3\pi/4, & \text{if } (b_o b_e) = (1,\ 1) \\ \pi/4, & \text{if } (b_o b_e) = (-1,\ -1) \\ -\pi/4, & \text{if } (b_o b_e) = (1,\ -1) \\ 3\pi/4, & \text{if } (b_o b_e) = (-1,\ 1) \end{cases}$$

11.19 AWGN 채널 환경에서 비트율 $R_b = 10\text{Mbps}$의 데이터를 QPSK로 변조하여 전송하는 시스템이 있다. 펄스정형은 구형파를 사용하며, 심볼-비트열 매핑에는 Gray 코드를 사용한다. 수신기의 잡음 대역폭은 변조된 신호의 null-to-null 대역폭의 2/3이며, 수신 SNR은 12dB라고 가정하자. 시스템의 비트오류 확률을 구하라.

11.20 MSK 변조를 사용한다고 가정하고 문제 11.18을 반복하라. 여기서 데이터 시작 전의 비트는 0으로 설정한다.

11.21 MSK 변조를 사용한다고 가정하고 문제 11.19를 반복하라.

11.22 대역폭이 10kHz 인 아날로그 신호를 나이퀴스트율의 1.2배로 표본화하고 256 레벨로 양자화한 PCM 데이터를 16PSK 변조하여 통신하는 시스템이 있다. 채널의 대역폭은 60kHz 이고, 송신 신호에 AWGN 잡음이 더해져서 수신기에 입력된다. 심볼-비트열 매핑에는 Gray 코드를 사용하며, 펄스정형은 상승여현 필터를 사용한다.

(a) 신호의 대역폭이 채널의 대역폭보다 작게 하려면 roll-off 인수를 얼마로 사용해야 하는가?

(b) 10^{-3} 의 비트오류 확률을 얻기 위해 요구되는 E_b/N_0 는 몇 dB인가?

11.23 대역폭이 10kHz 인 아날로그 신호를 나이퀴스트율의 1.2배로 표본화하고 256 레벨로 양자화한 PCM 데이터를 QAM 변조하여 통신하는 시스템이 있다. 채널의 대역폭은 60kHz 이고, 송신 신호에 AWGN 잡음이 더해져서 수신기에 입력된다. 심볼-비트열 매핑에는 Gray 코드를 사용하며, 펄스정형은 구형파를 사용한다.

(a) 신호의 대역폭(first null-to-null)이 채널의 대역폭보다 작게 하려면 QAM 변조에서 M을 얼마로 사용해야 하는가? 격자형 성상도를 사용한다고 가정한다.

(b) 10^{-3} 의 비트오류 확률을 얻기 위해 E_b/N_0 는 몇 dB인가?

11.24 심볼 상태가 3개인 3진 통신 시스템을 가정하자. 심볼 구간 T_s 마다 세 개의 심볼 m_1, m_2, m_3 에 대응하는 펄스 $p(t)$, 0, $-p(t)$ 가 선택되어 전송된다. 수신기에서는 $p(t)$ 에 정합된 필터를 사용하여 복조한다. 펄스 $p(t)$ 의 에너지는 E_p 이고 채널은 양측 PSD가 $S_n(f) = N_0/2$ 인 AWGN 채널이다.

(a) 시간 T_s 에서의 정합필터 출력을 y 라고 하자. 각 메시지 심볼에 대하여 정합필터 출력의 확률밀도함수, 즉 $f(y|m_i)(i=1,\ 2,\ 3)$ 을 구하고 그려보라.

(b) 세 개의 심볼이 동일한 발생 확률을 갖는다고 가정하고 심볼오류 확률을 구하라.

11.25 비트율이 $R_b = 256\text{kbps}$인 데이터를 $M = 2,\ 16,\ 32$로 MASK 변조하여 전송하는 시스템이 있다. 채널은 양측 PSD가 $S_n(f) = N_0/2 = 10^{-8}\,\text{W/Hz}$인 AWGN 채널이다. 각 경우에 대하여 다음을 구하라.

(a) 최소 전송대역폭을 구하라.

(b) 비트오류 확률이 10^{-5} 이하가 되도록 하기 위해서 수신 입력단에서 요구되는 신호의 전력을 구하라.

11.26 MPSK를 사용한다고 가정하고 문제 11.25을 반복하라.

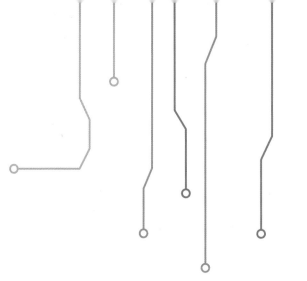

CHAPTER 12
광대역 전송

12 광대역 전송

지금까지 여러 가지 아날로그 및 디지털 변조 방식의 종류와 특성에 대하여 알아보았다. 통신 방식의 선택에서 고려해야 할 사항들로는 신호 대 잡음비, 비트오류 확률, 대역폭, 송수신기의 복잡도 등을 들 수 있다. 무선통신용 단말기의 경우 배터리 수명이 긴 것이 중요한 요구사항이므로 에너지 효율이 높은(즉 원하는 품질을 얻기 위하여 필요한 에너지가 작은) 전송 방식이 바람직하다. 한편 한정된 주파수 자원을 많은 사용자가 이용할 수 있도록 하기 위해서는 대역폭 효율이 높은(즉 주어진 대역폭으로 전송할 수 있는 데이터 양이 많은) 전송 방식이 바람직하다. 우리가 살펴보았던 통신 이론에 의하면 에너지 효율과 대역폭 효율은 동시에 극대화 할 수 없고, 주어진 요구 사항에 맞게 적당한 선에서 타협을 해야 한다. 이번 장에서는 광대역을 사용하면서 전송하는 방식 두 가지를 다룬다. 하나는 의도적으로 대역을 매우 크게 확장시켜서 전송하는 대역확산(spread spectrum: SS) 기술이고, 다른 하나는 반송파를 다수 사용하는 멀티캐리어 전송 기법의 하나인 직교 주파수분할 다중화(orthogonal frequency division multiplexing: OFDM) 전송 기술이다.

대역확산 통신 기술은 기존 통신 방식의 설계 방향과 매우 다르다. 기존의 통신 시스템 설계에서는 주어진 품질 요구 사항(예를 들어 10^{-5}의 비트오율)을 만족시키는 한도 내에서 가능하면 전송 대역폭이 작은 통신 방식을 선호한다. 그러나 대역확산 통신 시스템에서는 송신에 필요한 최소 대역폭보다 훨씬 넓은 대역폭으로 의도적으로 확장시켜서 전송한다. 그러면 이렇게 대역폭을 희생시키면서 얻는 것은 무엇인지, 어떤 응용 환경에서 이 방식을 사용하는 것이 좋은지 알아볼 필요가 있을 것이다.

대역확산 통신은 원래 군사용으로 보안성이 높은 통신의 목적으로 개발되었다. 군통신에서 가장 중요한 것은 도청과 교란(jamming)에 강인한 것이라 할 수 있다. 대역확산 통신을 사용하면 신호의 전력이 넓은 스펙트럼에 퍼지게 되어 비권한자에게는 신호의 존재 자체가 검출이 잘 안되며, 스펙트럼을 광대역으로 확산(spreading)시키고 다시 협대역으로 역확산

(despreading)시키는 방법을 알지 못하면 정보 데이터를 추출할 수 없다(즉 도청이 불가능하다). 한편 통신을 의도적으로 방해하기 위해서는 대상 신호와 동일 주파수 대역에 대상 신호의 크기 이상으로 교란 신호를 전송해야 한다. 대역확산을 하여 신호를 전송하는 경우 교란을 위해서는 넓은 대역에 방해 신호의 전력을 전송해야 하므로 비현실적으로 큰 전력이 요구되므로 기본적으로 교란이 어렵다. 이러한 대역확산 통신의 특성은 군통신에 매우 적합하다. 이와 같은 특성 이외에 대역확산 통신 방식은 다중 경로로 전송되는 무선통신 환경에서 페이딩에 의한 왜곡이나 간섭에 강하다는 성질이 있다. 또한 단일 사용자가 사용할 때는 스펙트럼 이용 효율이 나쁘지만 동일한 주파수 대역을 사용하여 복수의 사용자가 통신할 수 있는 다중접속(multiple access)이 가능하다. 이러한 다중접속 방식을 사용하면 대역확산 통신의 장점을 유지하면서 주파수 자원의 이용 효율을 높일 수 있기 때문에 이동전화 시스템 표준의 하나로 채택되었다.

OFDM은 데이터를 여러 개의 반송파를 사용하여, 즉 멀티캐리어로 전송하는 주파수분할 다중화 전송 기법으로 대역폭 효율을 높이기 위해 반송파 간 간격을 줄여서 스펙트럼이 겹치지만 반송파 간 간섭이 일어나지 않도록 하는 기술이다. 무선통신이나 이동통신 환경에서는 전파가 여러 경로를 통해 수신되는 특성을 갖는다. 이러한 다중경로(multipath) 채널 환경에서 경로차는 시간차를 의미하기 때문에 지연되어 들어오는 신호는 인접한 다음 심볼 구간을 침범하여 심볼 간 간섭(inter-symbol interference: ISI)을 유발한다. ISI를 줄이기 위해서는 심볼 길이를 길게(즉 심볼율을 낮게) 하는 게 유리하다. 다중경로로 들어오는 신호 성분들이 더해지면 위상차에 따라 신호 크기가 크게 변화하는 페이딩(fading) 현상이 발생한다. 다중경로 채널에서 상대적인 경로지연의 차이가 클수록 주파수 성분 간 페이딩 특성이 많이 달라지는데, 이를 주파수 선택적 페이딩(frequency selective fading)이라 한다. 따라서 주파수 선택적 페이딩 환경에서는 전송 신호의 대역폭이 넓을수록 주파수 성분 간 페이딩 특성이 달라진다. 즉 어떤 주파수 성분은 큰 크기로 들어오고 어떤 성분은 작은 크기로 들어온다는 것이다. 이러한 문제점을 해결하기 위해서 수신기에서는 등화기(equalizer)를 사용하여 보상을 해준다. 만일 전송 신호가 협대역이라면 모든 주파수 성분들의 페이딩 특성이 비슷하게 나타나는데, 이러한 현상을 주파수 평탄 페이딩(frequency flat fading)이라 한다. 평탄 페이딩 환경에서는 등화기의 설계가 단순하여 필터의 탭 수를 하나만 사용해도 된다. 반대로 주파수 선택적 페이딩 환경에서는 등화기 필터의 설계가 복잡하다.[1]

---

1) 주파수 선택적 페이딩 채널과 평탄 페이딩 채널의 구별은 무선 환경에 절대적인 것이 아니라 전송 신호와도 관계되는 상대적인 개념이다. 같은 경로 지연 조건에서도 전송 신호의 대역폭이 좁으면 평탄 페이딩 채널이 되고 넓은 대역폭의 신호로 전송하면 주파수 선택적 페이딩 채널이 된다. 페이딩 특성이 유사한 주파수 범위를 코히런스 대역폭

고속의 데이터를 전송할 때의 문제점은 심볼 길이가 짧아서 다중경로 채널에서 ISI 영향을 크게 받는다는 것이다. 또한 고속 데이터의 전송 신호는 대역폭이 넓어서 주파수 선택적 페이딩을 겪기 쉬운데, 이를 보상하기 위한 수신기의 등화기는 설계가 복잡해진다. 멀티캐리어 전송이나 OFDM에서는 고속의 입력 데이터를 직렬/병렬 변환기를 통해 저속의 데이터열로 변환시킨 다음 데이터열들을 다수의 부반송파(subcarrier)로 변조하여 전송한다. 병렬로 변환된 데이터열은 심볼 길이가 길어져서 다중경로 환경에서 ISI 영향을 작게 받는다. 또한 각각의 서브채널은 협대역이기 때문에 평탄 페이딩을 겪게 된다. 그러므로 이에 대한 등화기는 매우 간단한 구조로 구현이 가능하다. 이러한 측면에서 OFDM은 페이딩 환경에서 고속의 데이터 전송에 적합한 방식이라 할 수 있다. 이동통신 시스템의 예를 보면, 2세대 시스템에서는 음성 위주의 서비스 제공을 목표로 하였기 때문에 CDMA(Code Division Multiple Access)를 사용하여 충분한 처리이득 효과를 얻을 수 있었다. 그러나 4세대 이상 시스템에서는 무선인터넷 등 데이터 위주의 서비스가 제공되고 있으며, 5세대 시스템에서는 고속의 데이터를 매우 낮은 처리 지연으로 서비스할 것을 요구하고 있다. 이러한 요구 조건을 수용하기 위해서는 OFDM이 적합하여 LTE 등 이동통신 표준에서 적용하고 있다.

12.1 대역확산 통신

12.1.1 대역확산 통신의 개념

대역확산 통신은 협대역의 메시지 신호를 매우 넓은 대역폭을 가진 신호로 변환하여 전송하는 방식을 말한다. 대역확산 통신 시스템은 다음과 같은 조건을 만족하는 시스템으로 정의한다.

① 정보의 전송에 요구되는 최소한의 대역폭보다 넓은 대역폭을 사용하여 전송하는 시스템
② 정보 데이터와 관계 없는(독립적인) 부호열에 의해 대역이 확산되는 시스템
③ 송신기에서 대역 확산에 사용된 부호열을 사용하여 수신기에서 역확산이 수행되는 시스템

이와 같은 정의에 의해 FM이나 MFSK와 같은 변조 방식은 메시지 신호에 비해 상당히 넓은 전송 대역폭을 갖지만 대역확산 시스템이라 하지 않는다. 대역폭을 확산시키는 과정은 잡음과 유사한 부호열(PN 코드라 한다)에 의하여 이루어지며, 이 PN 코드를 알지 못하는 제3자는 메시지의 복원이 불가능하다. 즉 송신측에서 사용한 PN 코드를 알지 못하면 역확산

(coherent bandwidth)이라 하는데, 경로지연 차가 클수록 코히런스 대역폭은 반비례하여 줄어든다. 전송 신호의 대역폭이 코히런스 대역폭보다 크면 주파수 선택적 페이딩을 겪게 된다.

이 불가능하여 잡음과 같은 형태로 남아있게 된다. 이것은 다중접속(multiple access)의 가능성을 시사하는 것으로 볼 수 있다. 즉 여러 사용자가 서로 다른 PN 코드를 사용하여 확산시킨 신호를 동일한 주파수 대역에서 동시에 전송하더라도 PN 코드가 다른 신호는 역확산되지 않고 환경잡음과 같은 형태로 남아 있어서 원하는 신호의 복원에 큰 영향을 주지 않는다. 이러한 다중접속 방식을 코드분할 다중접속(Code Division Multiple Access: CDMA)이라 한다.

그림 12.1에 대역확산 방식의 기본 개념을 보인다. 그림 12.1(a)의 협대역 스펙트럼은 AM, FM, 또는 BPSK와 같은 일반적인 변조 방식에 따른 신호의 스펙트럼이다. 이 협대역 스펙트럼의 모양이나 대역폭은 메시지 신호와 변조 방식에 의해 결정된다. 신호의 대역폭과 전력을 각각 B와 P_s라고 하자. 그림 12.1(b)는 대역폭 W로 대역확산된 신호의 스펙트럼이다. 대역확산 과정에서는 신호의 전력이 변화되지 않고 대역폭만 $PG = W/B$배로 확장된다. 여기서 PG를 대역확산율(spreading factor)이라 한다. 전력스펙트럼밀도(power spectral density: PSD)를 적분하면 전력이 되므로 그림 (a)와 (b)의 PSD는 면적이 같아야 한다. 그러므로 대역확산된 신호의 PSD 크기는 협대역 신호의 PSD에 비해 $1/PG$로 줄어든다. 따라서 대역확산율이 매우 큰 경우 대역확산된 신호는 배경 잡음의 PSD보다 작은 레벨이 되어(즉 SNR이

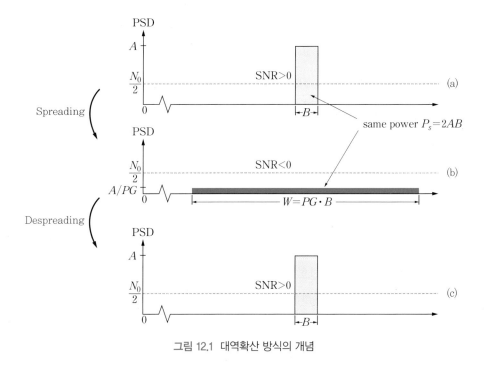

그림 12.1 대역확산 방식의 개념

음수가 되어)[2] 신호의 존재 유무를 알기 어렵다. 수신기에서는 역확산 과정을 거쳐 그림 12.1(c)와 같은 원래의 협대역 스펙트럼을 얻는다. 통신의 보안을 위하여 불규칙한 것처럼 보이는 알고리즘을 이용하여 대역확산을 하는데, 의사랜덤 잡음(pseudo-random noise: PN) 부호열(또는 코드)을 이용한다. 수신기에서 협대역 신호로 역확산하기 위해서는 송신기에서 어떻게 대역확산을 했는지 알아야 한다. 즉 송신기에서 사용한 PN 코드를 알아야 한다. 이와 같이 대역확산 통신은 신호의 존재 유무를 알기 어렵고, PN 코드를 알지 못하면 정보의 복구가 불가능하기 때문에 보안이 중요시되는 군통신에서 많이 사용된다.

송신기에서 순수 랜덤 잡음으로 대역확산한다면 수신기에서 동일한 랜덤 잡음을 재현하여 원래의 신호를 복구하는 게 불가능하므로 실제로는 랜덤 잡음과 유사한 특성을 갖는 의사랜덤 잡음(PN) 신호를 사용한다. 송신기에서 사용한 PN 코드를 모르는 경우 협대역 신호로 역확산이 불가능하여 잡음과 같은 형태로 남아 있게 된다. 수신기의 입력단에서는 SNR이 음수이지만 역확산을 하면 협대역으로 신호 전력이 다시 집중되어 PSD가 PG배가 되므로 SNR이 다시 양수가 된다. 이러한 의미로 PG를 처리이득(processing gain)이라 부르기도 한다.

대역확산을 하면 대역폭이 넓어지므로 인접한 통신 시스템에 간섭을 유발할 수 있다. 신호의 대역폭과 전력이 각각 B와 P_s인 경우 대역폭 W로 대역확산한다면 B의 대역폭을 갖는 인접 시스템에게 주는 간섭 전력은

$$P_I = \left(\frac{P_s}{W}\right)B = \frac{P_s}{PG} \tag{12.1}$$

가 된다. 예를 들어 확산 이득이 $PG = 1000$인 경우 인접 시스템에서 신호 대 간섭 전력의 비는 30dB가 되어 배경잡음 정도의 영향만 미친다는 것을 알 수 있다.

반대로 인접한 채널의 신호가 대역확산 통신 시스템에게 주는 간섭을 생각해보자. 대역확산 통신 시스템의 수신기에서 수행되는 역확산 과정은 원하는 광대역 신호를 협대역 신호로 변환시키는 반면 협대역의 인접 채널 간섭 신호는 광대역으로 확산시킨다. 따라서 원하는 신호의 대역 내에 있는 간섭 신호의 전력은 $1/PG$배로 줄어든다. 군통신에서는 정보의 유출을 막는 문제도 중요하지만 교란(jamming)에 영향을 받지 않고 안정되게 통신이 이루어지는 것도 중요하다. 교란을 위해 방사하는 간섭 신호의 전력은 유한하다. 통신을 방해하기 위해서는 목표 대역확산 통신 시스템에게 신호 대 간섭의 비가 0dB 이하가 되도록(즉 신호에 비해 간섭이 더 큰 전력을 갖도록) 해야 한다. 여기서는 SNR이 0dB가 되도록 한다고 가정하자. 교란이

---

[2] 여기서 SNR은 데시벨(dB) 단위를 사용한다고 가정한다.

유효하게 이루어지기 위해서는 수신기에서 역확산을 거쳐서 PSD가 PG배 커진 대상 신호와 교란 신호의 PSD가 동일한 크기를 가져야 한다. 교란 신호는 역확산 후에도 PSD가 변화 없으므로 광대역에서 이 크기의 PSD를 가져야 한다. 그러므로 간섭의 총 전력은 $P_I = PG \cdot P_s$가 되어야 한다. 확산이득이 매우 큰 경우 유효한 교란을 주기 위한 방해 신호의 전력이 너무 커서 실현이 불가능하게 된다. 이와 같이 대역확산 통신 시스템은 탐지와 교란이 어렵기 때문에 보안이 중요시되는 응용에 적합하다.

이번에는 비트오율 성능 측면에서 대역확산 효과를 알아보자. AWGN 잡음만 있는 환경에서는 대역확산이 시스템의 성능에 영향을 주지 않는다. 즉 대역확산을 통하여 비트오율 성능이 개선되는 효과는 없다. 이것은 AWGN 잡음이 무한대의 전력을 갖기 때문이다. AWGN 잡음의 PSD는 수신기의 역확산에 의하여 변화하지 않는다. 대역확산 통신 시스템의 성능이 개선되는 경우는 교란이나 간섭 신호와 같이 전력이 유한한 경우이다. 유한 전력의 신호는 역확산에 의하여 PSD 레벨이 낮아지지만 무한 전력의 AWGN 잡음은 역확산에 의해 PSD 레벨이 변화하지 않기 때문이다. 이동통신과 같은 다중경로 채널 환경에서는 페이딩 현상이 발생하는데, 이 경우에는 대역확산 통신 시스템이 협대역 통신 시스템에 비해 우수한 성능을 갖는다. 이에 대해서는 나중에 살펴보기로 한다.

그림 12.2(a)에 대역확산에 이용될 수 있는 이진 잡음 랜덤 프로세스 $C(t)$의 파형 예를 보인다. $C(t)$는 +1 또는 −1의 값을 가지며, 시구간 T_c마다 랜덤하게 +1과 −1의 상태가 변화한다. 이 시구간 T_c를 칩시간(chip time)이라 부른다. $C(t)$를 수식으로 표현하면

$$C(t) = \sum_n C_n p_{T_c}(t - nT_c), \ C_n \in \{+1, \ -1\} \tag{12.2}$$

와 같다. 여기서 $p_{T_c}(t)$는 펄스폭이 T_c인 사각 펄스이다. $\{C_n\}$은 동일한 확률로 +1 또는 −1의 값을 갖는 이진 확률변수로 구성된 수열이며, $m \neq n$인 경우 C_m과 C_n은 서로 독립적이다. 따라서

$$E[C_m C_n] = \delta_{mn} = \begin{cases} 1, & \text{if } m = n \\ 0, & \text{if } m \neq n \end{cases} \tag{12.3}$$

가 된다. 즉 C_n은 이산시간 백색잡음 프로세스가 된다. 이러한 성질에 의해 임의의 신호와 $C(t)$를 곱하면 PSD의 모양은 변화해도 총 전력은 변화하지 않는다는 것을 알 수 있다. 이진 랜덤 프로세스 $C(t)$이 자기상관 함수를 구하면 다음과 같이 삼각 펄스가 된다.

$$R_c(\tau) = E[C(t)C(t+\tau)]$$
$$= \Lambda_{T_c}(\tau) = \Lambda(\tau/T_c) \tag{12.4}$$
$$= \begin{cases} 1 - \dfrac{|\tau|}{T_c}, & \text{for } |\tau| \le T_c \\ 0, & \text{otherwise} \end{cases}$$

랜덤 프로세스의 자기상관 함수에 대하여 푸리에 변환을 취하면 전력스펙트럼밀도(PSD)가 얻어지므로 $C(t)$의 PSD는 다음과 같이 된다.

$$S_c(f) = T_c \text{sinc}^2(fT_c) = T_c \text{sinc}^2\left(\frac{f}{W}\right) \tag{12.5}$$

여기서 $W = 1/T_c$는 $C(t)$의 근사적인 대역폭이다. 따라서 T_c를 매우 작게 선택하면 $C(t)$의 PSD 크기는 매우 작아지고 대역폭은 매우 넓어지는 결과가 얻어진다. 그림 12.2(b), (c)에 각각 $C(t)$의 자기상관 함수와 PSD 모양을 보인다. 결과적으로 협대역 신호와 $C(t)$를 곱하면 총 전력은 변화하지 않고 PSD의 크기는 작고 대역폭은 넓은 신호가 얻어진다. 이와 같이 협대역 신호에 직접 광대역의 이진 잡음 신호를 곱하는 것이 대역확산 통신의 한 방식이다. 그러나 순수한 잡음 프로세스를 사용하여 대역확산을 하는 경우 심각한 문제가 발생한다. 수신기에서 송신기에서 사용한 잡음 프로세스와 동일한 신호를 발생시킬 수 없기 때문이다. 그러므로 실제의 대역확산 통신에서는 랜덤 프로세스를 사용하는 대신 통계적 특성이 유사한 결정형(deterministic) 신호-주기 신호를 사용한다. 이와 같이 잡음 프로세스와 유사한 자기상관 함수를 갖는 신호를 이진 의사랜덤 잡음(Pseudo-random Noise: PN) 신호라 한다.

PN 신호 $c(t)$는 주기가 N인 이진 PN 부호열 c_n으로부터 만들어져서 주기 NT_c를 갖는 연속시간 신호이다. 뒤에서 PN 부호열의 발생과 특성에 대해 상세히 설명하기로 한다. 그림 12.2(d)에 가장 흔하게 사용되는 PN 신호의 자기상관 함수 $R_c(\tau)$의 모양을 보인다. $c(t)$가 주기 NT_c의 주기 신호이므로 자기상관 함수 $R_c(\tau)$도 동일한 주기의 주기 신호가 된다. $R_c(\tau)$는 $|\tau| \ge T_c$ 구간에서 $-1/N$의 값을 갖는다. 만일 c_n의 주기 N이 무한대로 증가하면 PN 신호의 자기상관 함수는 이상적인 잡음 프로세스의 자기상관 함수에 근접하게 된다. 앞으로는 PN 신호의 자기상관 함수와 PSD가 랜덤 잡음프로세스와 같이 각각 식 (12.4)와 식 (12.5)로 근사화된다고 가정한다.

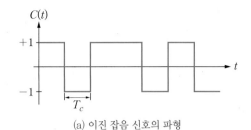

(a) 이진 잡음 신호의 파형

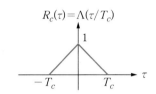

$$R_c(\tau) = \Lambda(\tau/T_c)$$

(b) 이진 잡음 신호의 자기상관 함수

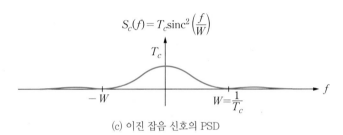

$$S_c(f) = T_c \text{sinc}^2\left(\frac{f}{W}\right)$$

(c) 이진 잡음 신호의 PSD

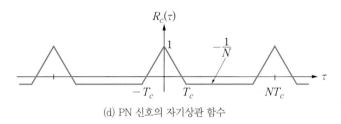

$$R_c(\tau)$$

(d) PN 신호의 자기상관 함수

그림 12.2 잡음 프로세스 및 PN 신호의 특성

대역확산 시스템은 크게 직접부호열(Direct Sequence: DS) 대역확산 시스템, 주파수도약 (Frequency Hopping: FH) 대역확산 시스템, 그리고 시간도약(Time Hopping: TH) 대역확산 시스템으로 분류된다. 각 유형별로 PN 코드의 사용 방식이 다르다. DS 대역확산 시스템에서는 메시지 신호와 PN 신호를 곱하여 대역확산이 이루어진다. 펄스폭이 넓은 협대역 메시지 신호와 펄스폭이 좁은 광대역의 신호가 곱해지면 펄스폭이 좁은 광대역 신호가 된다. FH 대역확산 시스템에서는 기본적으로 협대역을 사용하여 신호를 전송하지만 반송파 주파수를 일정 시간마다 다른 주파수로 도약시킨다. 많은 개수의 주파수 집합으로부터 선택된 주파수로 반송파 주파수를 도약시키므로 전송 신호의 스펙트럼이 넓어지는 효과가 발생한다. 여기서 주파수를 도약시키는 패턴은 PN 부호열을 사용하여 제3자에게는 불규칙한 패턴으로 보이도록 한다. TH 대역확산 시스템에서는 심볼 구간을 여러 개의 시간 슬롯으로 분할하고, 메시지 심볼의 길이를 한 시간 슬롯의 길이로 압축하여 여러 개의 슬롯 중 하나에 실어서 전송한다. 메시지가 실리는 시간 슬롯을 계속 다른 슬롯으로 도약시키는데, 시간 슬롯 도약 패턴은 PN 부호열로부터 결정되도록 한다.

12.1.2 직접부호열(DS) 대역확산 시스템

그림 12.3에 직접부호열 대역확산(DS/SS) 방식의 개념을 보인다. 그림 (a)는 메시지 비트열 $\{b_i\}$로부터 만들어진 신호 $b(t)$의 파형이며, 그림 (b)는 PN 부호열 $\{c_n\}$으로부터 만들어진 PN 신호 $c(t)$의 파형이다. 메시지 데이터의 비트율(bit rate)을 R_b[bps]라 하고, PN 부호열의 칩율(chip rate)을[3] R_c[cps]라 하고 $R_c \gg R_b$로 가정하자. 두 신호를 곱하면 그림 (c)와 같이 되어 대역확산이 이루어진다. 비트 구간을 $T_b = 1/R_b$라 하면 $b(t)$는

$$b(t) = \sum_i b_i p_{T_b}(t - iT_b) \tag{12.6}$$

와 같이 표현되며, 칩시간이 $T_c = 1/R_c$인 PN 신호는

$$c(t) = \sum_n c_n p_{T_c}(t - nT_c) \tag{12.7}$$

와 같이 표현된다. 이 경우 대역확산율은 $PG = T_b/T_c = R_c/R_b$가 된다. 대역확산된 신호 $x(t) = b(t)c(t)$의 파형은 그림 12.3(c)와 같으며, 스펙트럼은 그림 12.3(d)와 같다. 메시지 신호 $b(t)$의 PSD를 $S_b(f)$라 하고, PN 신호의 PSD를 $S_c(f)$라 하자. $x(t)$의 자기상관 함수는 $b(t)$의 자기상관 함수와 $c(t)$의 자기상관 함수의 곱이 되므로($b(t)$가 $c(t)$와 독립인 프로세스이므로) $x(t)$의 PSD $S_x(f)$는 $S_b(f)$와 $S_c(f)$의 컨볼루션이 된다. 식 (12.5)와 같이 표현되는 $S_c(f)$은 매우 넓은 대역폭을 가지므로 $S_x(f)$의 대역폭은 그 이상이 되어 광대역이 된다는 것을 알 수 있다. 메시지 신호 $b(t)$의 근사적인 대역폭(first-null bandwidth) $B = 1/T_b$는 $c(t)$의 대역폭 $W = 1/T_c$에 비해 매우 작고, $b(t)$의 PSD 크기는 $c(t)$의

---

3) 이진 정보 데이터의 단위와 속도를 각각 비트와 비트율이라 하고, PN 부호열의 단위와 속도를 각각 칩과 칩율이라 구별하여 표현한다.

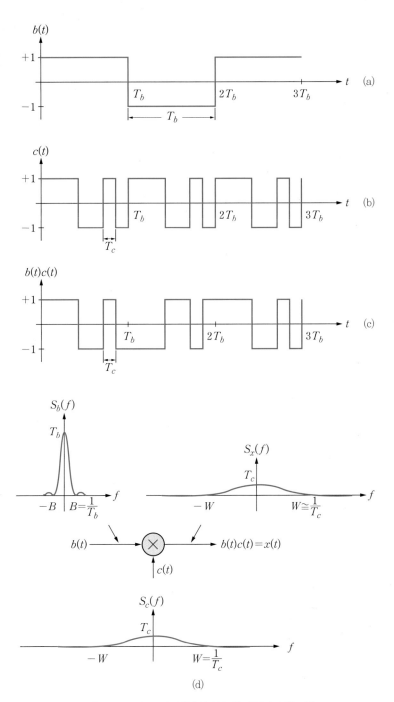

그림 12.3 DS/SS 시스템에서 신호의 파형과 스펙트럼

PSD 크기에 비해 매우 크기 때문에 $S_b(f)$는 임펄스처럼 근사화할 수 있다. 따라서 $x(t)$의 PSD는

$$S_x(f) = S_b(f) * S_c(f) \cong S_c(f) \tag{12.8}$$

와 같이 근사화할 수 있다. $c(t)$의 값이 ± 1이므로 $c(t)$를 곱해도 전력의 변화는 없다. PSD의 면적이 전력이므로 $x(t)$는 $b(t)$에 비해 대역폭이 $PG = R_c/R_b$배 넓어지고, PSD 크기는 $1/PG$ 배로 작아진다. 대역확산된 신호를 다시 협대역 신호로 변환하는 과정, 즉 역확산은 $x(t)$에 다시 $c(t)$를 곱함으로써 이루어진다. $c^2(t) = 1$이므로 역확산된 신호는

$$x(t) \cdot c(t) = b(t) \cdot c^2(t) = b(t) \tag{12.9}$$

와 같이 되어 다시 원래의 메시지 신호가 된다. 그림 12.3에 대역확산에 따른 신호 파형과 PSD의 모양을 보인다.

DS/SS−BPSK 시스템

보통 대역확산 통신 시스템에서는 대역확산과 함께 반송파 변조가 이루어진다. 그림 12.4에 대역확산은 DS 방식을 사용하고, 반송파 변조는 BPSK를 사용하는 DS/SS−BPSK 시스템의 송수신기 구조를 보인다. 송신기에서는 PN 코드 발생기에서 PN 부호열 $\{c_n\}$을 R_c의 칩율로 발생시키고, 비트율이 R_b인 메시지 비트열 $\{b_i\}$과 곱하여 대역확산을 한 후, 주파수 f_c의 반송파로 BPSK 변조하여 전송한다. 전송되는 신호는 다음과 같이 표현할 수 있다.

$$s(t) = Ab(t)c(t)\cos(2\pi f_c t) \tag{12.10}$$

최적 수신기는 수신 신호와 $c(t)\cos(2\pi f_c t)$를 곱하여 T_b 구간 동안 적분하여 비트 판정을 한다. 이를 구현하기 위해서 수신기에서 PN 신호를 발생시켜 수신된 신호와 곱하여 역확산을 하는데, 발생된 PN 신호가 수신된 신호의 PN 신호와 동기가 맞도록 해야 한다. 역확산을 하면 $c^2(t) = 1$이므로 $s(t)c(t) = Ab(t)\cos(2\pi f_c t)$가 되어 일반적인 BPSK 신호 형태가 된다. 따라서 반송파를 발생시켜서 역확산된 신호와 곱하고 비트 구간 동안 적분하여 비트를 판정하면 된다. 이 때 보통의 BPSK 복조와 동일하게 반송파 복구 과정이 필요하다. 그림의 수신기에서는 역확산을 먼저 한 후 반송파를 곱하도록 되어 있으나 순서가 바뀌어도 상관 없다.

송신기와 수신기 사이의 거리로 인하여 수신기에는 송신 신호가 지연되어 입력된다. DS/SS–BPSK 신호가 τ 만큼 지연되어 수신된다고 하자. 수신기의 입력 신호는

$$
\begin{aligned}
r(t) &= s(t-\tau)+n(t) \\
&= Ab(t-\tau)c(t-\tau)\cos(2\pi f_c(t-\tau))+n(t) \\
&= Ab(t-\tau)c(t-\tau)\cos(2\pi f_c t+\theta)+n(t)
\end{aligned}
\tag{12.11}
$$

와 같이 된다. 이 신호를 제대로 역확산하기 위해서는 $c(t-\tau)$ 를 곱해주어야 한다. 즉 수신기의 PN 신호 발생기에서는 전송지연 τ 를 알아내는 PN 코드 동기(code synchronization) 과정이 필요하다. PN 코드의 동기는 보통 코드 획득(acquisition)과 코드 추적(tracking)의 과정으로 이루어진다. 코드 획득은 정밀도는 낮지만 빠르게 τ 를 알아내는 과정이고, 코드 추적은 높은 정밀도로 τ 를 알아내는 과정이라 할 수 있다. 일단 동기를 맞춘 상태에서도 단말기의 이동 등으로 인하여 전송지연이 변화할 수 있으므로 보통 코드 추적을 지속적으로 할 필요가 있다. 일단 여기서는 수신기에서 코드 동기가 정확히 이루어졌다고 가정하자. 수신기에서는 적분기의 적분 구간을 비트 구간에 정확히 맞추어야 한다. 즉 i번째 비트의 시작 시간 $t_i = iT_b+\tau$ 를 수신 신호에서 찾아야 하는데, 이를 심볼 타이밍 복구(symbol timing recovery)라 한다. 또한 동기식 복조가 이루어져야 하므로 반송파 주파수 f_c 와 위상 θ 를 찾아내는 반송파 복구가 이루어져야 한다. 특별한 언급이 없는 한 수신기에서 코드 동기, 심볼 타이밍 동기, 반송파 동기가 모두 맞추어져 있다고 가정하자. 수신된 신호가 역확산을 거친 후 상관기의 출력은 다음과 같이 표현된다.

$$
\begin{aligned}
z_i &= \int_{t_i}^{t_i+T_b} [s(t-\tau)+n(t)]c(t-\tau)\cos(2\pi f_c t+\theta)dt \\
&= \int_{t_i}^{t_i+T_b} Ab(t-\tau)c^2(t-\tau)\cos^2(2\pi f_c t+\theta)dt+n_o \\
&= b_i \cdot AT_b/2+n_o \\
&= \pm AT_b/2+n_o
\end{aligned}
\tag{12.12}
$$

여기서

$$
n_o = \int_{t_i}^{t_i+T_b} n(t)c(t-\tau)\cos(2\pi f_c t+\theta)dt
\tag{12.13}
$$

이다. 따라서 결정변수, 즉 상관기 출력의 부호를 보고 데이터 비트를 판정한다.

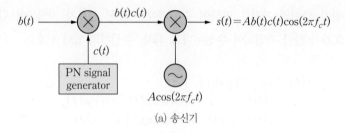

(a) 송신기

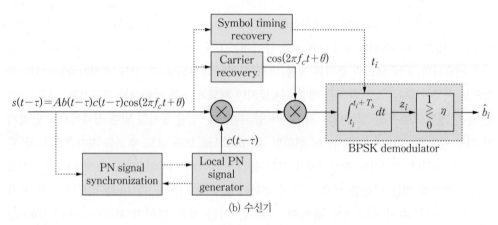

(b) 수신기

그림 12.4 DS/SS–BPSK 시스템의 송수신기

이번에는 코드 동기의 중요성을 알기 위하여 수신기에서 발생된 PN 신호에 $\Delta\tau$의 오차가 있다고 가정하자. 반송파 위상 오차는 없다고 가정한다. 수신 신호를 $c(t-\tau-\Delta\tau)$로써 역확산을 하는 경우 상관기 출력은 다음과 같이 된다.

$$
\begin{aligned}
z_i &= \int_{t_i}^{t_i+T_b}[s(t-\tau)+n(t)]c(t-\tau-\Delta\tau)\cos(2\pi f_c t+\theta)dt \\
&= \int_{t_i}^{t_i+T_b}Ab(t-\tau)c(t-\tau)c(t-\tau-\Delta\tau)\cos^2(2\pi f_c t+\theta)dt+n_o \\
&= b_i \cdot \frac{AT_b}{2}\int_{t_i}^{t_i+T_b}c(t-\tau)c(t-\tau-\Delta\tau)dt+n_o \\
&= \pm \frac{AT_b}{2}\cdot R_c(\Delta\tau)+n_o
\end{aligned}
\tag{12.14}
$$

여기서 $R_c(\cdot)$는 PN 신호의 자기상관 함수이다. PN 신호의 자기상관 함수의 특성은 $\Delta\tau$가 0일 때 최대이고, $\Delta\tau$가 T_c에 근접할 때까지 선형적으로 감소하며, 그 이상에서는 근사적으로 0이다. 이것은 PN 동기 과정에서 오차가 한 칩시간, T_c 이상이면 결정변수의 값이 0이 되어 수신기가 동작하지 않는다는 것을 의미한다. 그러므로 대역확산 통신 시스템에서는 코드 동기가 매우 중요하다는 것을 알 수 있다. 특히 대역확산율이 높아서 T_c가 매우 작다면 PN 동기에서 요구되는 정확도가 높아져서 구현이 어렵다.

DS/SS-QPSK 시스템

대역확산 시스템에서는 반송파 변조로 BPSK 외에 QPSK나 MSK와 같은 변조를 많이 사용하고 있다. 이번에는 대역확산과 함께 QPSK 변조를 사용하는 시스템에 대하여 알아보자. 그림 12.5(a)에 DS/SS-QPSK 송신기의 구조를 보인다. QPSK 변조에서는 동위상(in-phase)과 역위상(quadrature)의 2개 가지가 있어서 두 개의 비트열이 정현파와 여현파의 직교 반송파로 변조된다. DS/SS-QPSK 시스템의 대역확산 방식에는 2개 가지에 동일한 정보 신호 $b(t)$를 입력시키고 두 개의 PN 신호 $c_1(t)$와 $c_2(t)$로써 대역확산하는 방식과, $b(t)$를 홀수 및 짝수 비트열로 분해한 후 PN 신호와 곱하여 대역확산하는 두 가지 방식이 있다. 여기서는

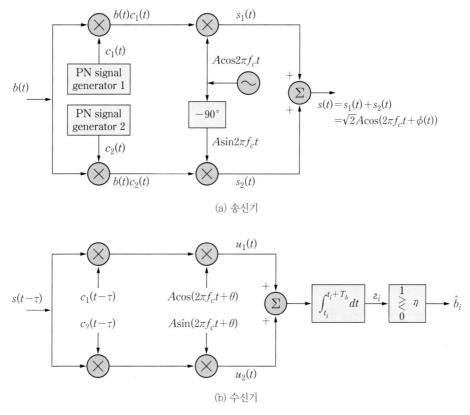

(a) 송신기

(b) 수신기

그림 12.5 DS/SS-QPSK 시스템의 송수신기 구조

전자의 대역확산 방식을 사용한 DS/SS-QPSK에 대하여 알아보기로 한다. 두 PN 신호는 비트 구간에서 서로 직교한다고 가정하자. 즉

$$\int_0^{T_b} c_1(t)c_2(t)dt = 0 \tag{12.15}$$

메시지 신호와 두 개의 PN 코드 발생기로부터 만들어진 PN 신호와 곱하여 대역확산시킨 후 QPSK 변조한 송신 신호는 다음과 같이 표현할 수 있다.

$$\begin{aligned}
s(t) &= Ab(t)c_1(t)\cos(2\pi f_c t) + Ab(t)c_2(t)\sin(2\pi f_c t) \\
&= \sqrt{2}A\cos(2\pi f_c t + \phi(t))
\end{aligned} \tag{12.16}$$

여기서 $\phi(t)$는 $b(t)$와 $c_1(t)$, $c_2(t)$에 의해 결정된다. 그림 12.5(b)에 DS/SS-QPSK 수신기의 구조를 보인다. 채널을 통해 τ의 전송 지연이 생기는 경우 수신 신호는 다음과 같이 표현된다.

$$\begin{aligned}
r(t) &= Ab(t-\tau)c_1(t-\tau)\cos(2\pi f_c(t-\tau)) + Ab(t-\tau)c_2(t-\tau)\sin(2\pi f_c(t-\tau)) \\
&= Ab(t-\tau)c_1(t-\tau)\cos(2\pi f_c t + \theta) + Ab(t-\tau)c_2(t-\tau)\sin(2\pi f_c t + \theta)
\end{aligned} \tag{12.17}$$

여기서 $\theta = -2\pi f_c \tau$ 이다. 위의 수식에서 잡음은 고려하지 않았다. 수신기의 상위 가지에서 역확산되고 반송파가 곱해진 신호는

$$\begin{aligned}
u_1 &= s(t-\tau)c_1(t-\tau)\cos(2\pi f_c t + \theta) \\
&= Ab(t-\tau)\left[\cos^2(2\pi f_c t + \theta) + c_1(t-\tau)c_2(t-\tau)\sin(2\pi f_c t + \theta)\cos(2\pi f_c t + \theta)\right] \\
&= Ab(t-\tau)\left[\frac{1+\cos(4\pi f_c t + 2\theta)}{2} + c_1(t-\tau)c_2(t-\tau)\frac{\sin(4\pi f_c t + 2\theta)}{2}\right]
\end{aligned} \tag{12.18}$$

와 같이 되고, 하위 가지는

$$\begin{aligned}
u_2 &= s(t-\tau)c_2(t-\tau)\sin(2\pi f_c t + \theta) \\
&= Ab(t-\tau)\left[c_1(t-\tau)c_2(t-\tau)\cos(2\pi f_c t + \theta)\sin(2\pi f_c t + \theta) + \sin^2(2\pi f_c t + \theta)\right] \\
&= Ab(t-\tau)\left[c_1(t-\tau)c_2(t-\tau)\frac{\sin(4\pi f_c t + 2\theta)}{2} + \frac{1-\cos(4\pi f_c t + 2\theta)}{2}\right]
\end{aligned} \tag{12.19}$$

와 같이 된다. 비트 구간 동안 적분하여 더하여 얻어지는 결정변수는 다음과 같다.

$$z_i = \int_{t_i}^{t_i + T_b} (u_1(t) + u_2(t)) dt = b_i \cdot A T_b = \begin{cases} A T_b, & \text{if } b_i = 1 \\ -A T_b, & \text{if } b_i = -1 \end{cases} \tag{12.20}$$

따라서 비트 판정기에서 결정변수의 값을 0과 비교하여 메시지 비트를 복원할 수 있다.

이와 같은 구조의 DS/SS–QPSK 시스템은 정현파와 여현파의 반송파에 동일한 비트를 전송하지만 앞서 언급한 다른 구조의 시스템에서는 홀수 비트와 짝수 비트를 동시에 전송함으로써 데이터율을 높일 수 있다.

잡음의 영향

AWGN 잡음 환경 하에서 DS/SS–BPSK 시스템의 비트오율 성능을 알아보자. 수신 신호를 $r(t) = s(t) + n(t) = A b(t) c(t) \cos(2\pi f_c t) + n(t)$ 라 하자. 여기서 $n(t)$ 는 PSD가 $N_0/2$ 인 AWGN 프로세스라고 가정하자. 수신 신호에 PN 신호 $c(t)$ 를 곱하면 신호 성분은 $s(t)c(t) = A b(t) \cos(2\pi f_c t)$ 가 되어 보통의 BPSK 신호가 된다. 한편, 잡음 성분 $n(t)c(t)$ 는 통계적 특성이 변화하지 않는다. $c(t) = \pm 1$ 이므로 잡음 파형의 극성만 불규칙하게 반전될 뿐 가우시안 분포 특성은 변화하지 않는다. 또한 AWGN 잡음의 전력은 무한대이므로 역확산에 의하여 PSD가 변하지 않는다. 따라서 $n(t)c(t)$ 는 PSD가 $N_0/2$ 인 AWGN 잡음 프로세스이다. 그러므로 역확산 후의 수신 신호는 BPSK 신호에 AWGN 잡음이 더해진 상태가 되어 비트오율 성능은 BPSK와 동일하게 된다.

구체적으로 DS/SS–BPSK 수신기에서 상관기 출력을 구해보자. 역확산을 거친 후 상관기 출력은 식 (12.12)와 같이 되어 신호 성분 s_o 는

$$s_o = \pm A T_b / 2 \tag{12.21}$$

가 되며, 식 (12.13)으로 표현되는 잡음 성분 n_o 의 전력은

$$\begin{aligned} E[n_o^2] &= E\left[\iint_{T_b} n(t) n(\lambda) c(t-\tau) c(t-\tau) \cos(2\pi f_c t + \theta) \cos(2\pi f_c \lambda + \theta) dt d\lambda \right] \\ &= \int_{T_b} \frac{N_0}{2} c^2(t-\tau) \cos^2(2\pi f_c t + \theta) dt \\ &= \frac{N_0 T_b}{4} \end{aligned} \tag{12.22}$$

가 되어 대역확산과 무관하게 된다. 상관기 출력에서의 신호 대 잡음비 SNR_o 는

$$\mathrm{SNR}_o = \frac{s_o^2}{E[n_o^2]} = \frac{(AT_b/2)^2}{N_0 T_b/4} = \frac{A^2 T_b}{N_0} = \frac{2E_b}{N_0} \qquad (12.23)$$

가 된다. 따라서 DS/SS-BPSK의 성능은 일반적인 BPSK의 성능과 동일하게

$$P_b = Q(\sqrt{SNR_o}) = Q\left(\sqrt{\frac{2E_b}{N_0}}\right) \qquad (12.24)$$

가 된다. 이와 같이 AWGN 환경에서 대역확산은 시스템의 비트오율 성능에 영향을 주지 않는다.

다중접속(Multiple Access) 시스템

그림 12.6에 DS/SS를 이용한 다중접속 시스템의 개념을 보인다. 서로 다른 사용자에게 서로 다른 PN 부호열을 할당하여 여러 신호가 동일한 주파수 대역을 사용하여 전송되더라도 수신 기에서는 다중 사용자 신호로부터 원하는 사용자 신호를 추출하여 메시지 데이터를 복구할 수 있다. 이렇게 사용자 신호를 부호열에 의해 구별되도록 하는 다중접속 방식을 부호분할 다 중접속(Code Division Multiple Access: CDMA)이라 하며, 특히 DS로 대역확산이 이루어 지는 경우 DS-CDMA라 한다. 그림 12.6(a)에 보인 것처럼 각 사용자는 PN 신호 $c_j(t)$를 할당 받아서 대역확산하여 전송한다. 그림에서 반송파 변조는 생략하였다. 두 사용자로부터 대역확산되어 전송된 신호는 그림 12.6(b)와 같이 더해져서 수신된다. 사용자 1의 수신기에서 는 $c_1(t)$를 곱하여 역확산한 후 적분기에서 비트 구간 동안 적분을 취한 후 비트 판정을 한 다. 그림 12.6(c)에 역확산과 적분 과정에서 신호 파형의 예를 보인다.

동일한 주파수 대역에서 N명의 사용자가 동시에 DS/SS-BPSK를 사용하여 전송하는 CDMA 시스템을 생각해보자. j번째 사용자의 메시지 데이터 신호를 $b_j(t)$라 하고, PN 신호 $c_j(t)$를 할당 받아서 대역확산한다고 가정하면 수신 신호는 다음과 같이 표현된다.

$$r(t) = \sum_{j=1}^{N} \sqrt{2P_j}\, b_j(t-\tau_j) c_j(t-\tau_j) \cos(2\pi f_c t + \theta_j) \qquad (12.25)$$

여기서 P_j와 τ_j는 각각 j번째 사용자 신호의 송신 전력과 지연 시간이며, 잡음은 고려하지 않았다.

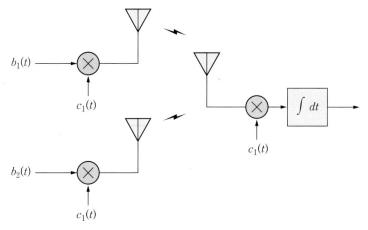

(a) 송수신기

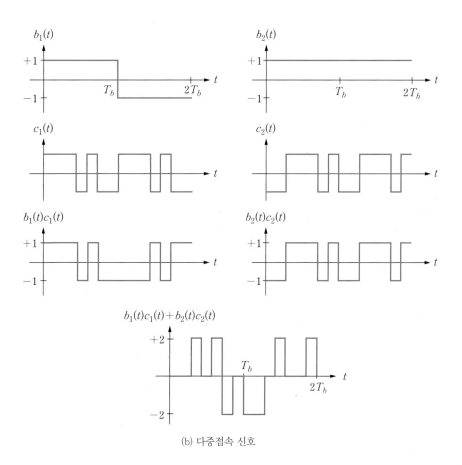

(b) 다중접속 신호

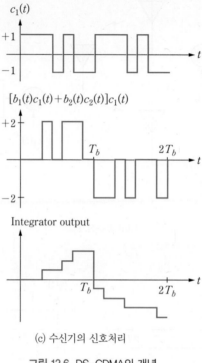

(c) 수신기의 신호처리

그림 12.6 DS-CDMA의 개념

사용자 1의 수신기에서의 신호처리에 대해 살펴보자. 수신 신호에 $c_1(t-\tau_1)$을 곱하여 역확산하고 반송파 $\sqrt{2}\cos(2\pi f_c t+\theta_1)$를 곱하면 다음과 같이 된다.

$$
\begin{aligned}
x(t) &= r(t)\sqrt{2}\,c_1(t-\tau_1)\cos(2\pi f_c t+\theta_1) \\
&= 2\sqrt{P_1}\,b_1(t-\tau_1)\cos^2(2\pi f_c t+\theta_1) \\
&\quad + \sum_{j=2}^{N} 2\sqrt{P_j}\,b_j(t-\tau_j)c_j(t-\tau)c_1(t-\tau_1)\cos(2\pi f_c t+\theta_j)\cos(2\pi f_c t+\theta_1) \\
&= \sqrt{P_1}\,b_1(t-\tau_1)+\sqrt{P_1}\,b_1(t-\tau_1)\cos(4\pi f_c t+2\theta_1) \\
&\quad + \sum_{j=2}^{N}\sqrt{P_j}\,b_j(t-\tau_j)c_j(t-\tau_j)c_1(t-\tau_1)\cos(\theta_1-\theta_j) \\
&\quad + \sum_{j=2}^{N}\sqrt{P_j}\,b_j(t-\tau_j)c_j(t-\tau_j)c_1(t-\tau_1)\cos(4\pi f_c t+\theta_1+\theta_j)
\end{aligned}
\tag{12.26}
$$

모든 사용자 신호의 동기가 맞아 있다고 가정하자. 즉 $\tau_1=\tau_2\cdots=\tau_N$이라고 가정하자. 모두 동기가 맞아 있으므로 수식을 간단히 하기 위해 $\tau_j=0$으로 하고 표현해도 된다. 한 비트 구간 동안 적분하면 고주파 성분은 제거되고 다음을 얻는다.

$$z_i = \int_{t_i}^{t_i+T_b} \sqrt{P_1}\, b_1(t)dt + \int_{t_i}^{t_i+T_b} \sum_{j=2}^{N} \sqrt{P_j}\, b_j(t)c_j(t)c_1(t)dt$$

$$= \pm\sqrt{P_1}\, T_b + \sum_{i=2}^{N} \sqrt{P_j}\, b_j(t) \int_{t_i}^{t_i+T_b} c_j(t)c_1(t)dt \qquad (12.27)$$

$$= \pm\sqrt{P_1}\, T_b + \sum_{i=2}^{N} \left\{ \pm\sqrt{P_j}\, R_{c_j c_1}(0) \right\}$$

여기서

$$R_{c_j c_1}(\tau) = \int_{T_b} c_j(t)c_1(t-\tau)dt \qquad (12.28)$$

는 두 PN 신호 $c_j(t)$와 $c_1(t)$ 간의 상호상관 함수이다.

식 (12.27)의 마지막 줄에서 첫 번째 항은 원하는 신호 성분이며, 두 번째 항은 사용자 간 간섭 성분이다. 이 사용자 간 간섭 성분의 크기에 따라 적분기의 출력값이 변화하여 비트 판정 오류를 유발한다. 결정변수에 포함된 사용자 간 간섭의 총합은 사용자 신호의 전력, 사용자 수, PN 부호열 간 상호상관값에 의하여 변화한다는 것을 알 수 있다. 그러므로 PN 부호열을 설계할 때는 서로 다른 PN 부호열 간의 상호상관값이 작게 설계하는 것이 바람직하다. 만일 두 PN 부호열의 상관값이 0이라면, 즉 두 부호열이 직교하면, 사용자 간 간섭은 0이 된다. 그러므로 사용자들에게 할당하는 PN 부호열들이 상호상관값이 0이 되도록 할 수 있다면 다른 사용자 신호의 영향을 받지 않게 된다. 예를 들어 그림 12.7에 보인 Walsh 함수들은 서로 직교하므로 CDMA 시스템에서 사용자 구별을 위한 대역확산 신호로 사용할 수 있다. 그러나 Walsh 함수들은 식 (12.28)에서 $\tau=0$인 경우만 상관값이 0이므로 모든 사용자간 동기가 맞아야만 간섭이 없게 된다. 이동 전화 시스템의 순방향 링크의 경우 기지국에서는 여러 이동국들에게 전송되는 신호가 동기가 맞아 있으므로 Walsh 함수를 사용할 수 있다. 그러나 역방향 링크의 경우 이동국들의 위치가 다르므로 기지국에 도달하는 사용자 신호들의 동기가 맞지 않게 되므로 Walsh 함수를 사용하지 않는다.

DS–CDMA 수신기에서 역확산 후 타사용자로부터의 간섭(즉 다사용자 간섭)은 다음과 같다.

$$I_{MU}(t) = \sum_{j=2}^{N} \sqrt{2P_j}\, b_j(t)c_j(t)c_1(t)\cos(2\pi f_c t) \qquad (12.29)$$

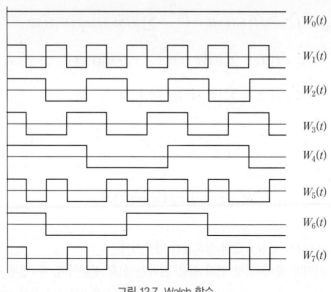

그림 12.7 Walsh 함수

여기서 서로 다른 두 개의 PN 신호 $c_j(t)$와 $c_1(t)$를 곱해도 특성이 변하지 않으므로 새로운 PN 신호로 볼 수 있다. 그러므로 다사용자 간섭 신호의 PSD는

$$S_{MU}(f) = \frac{P_{MU}T_c}{2}\left[\text{sinc}^2(f-f_c) + \text{sinc}^2(f+f_c)\right] \tag{12.30}$$

가 된다. 여기서

$$P_{MU} = \sum_{j=2}^{N} P_j \tag{12.31}$$

이다. 만일 모든 사용자가 동일한 전력 P_s를 사용한다면 $P_{MU} = (N-1)P_s$가 된다. 다사용자 간섭은 백색잡음으로 근사화할 수 있다. $E_b = P_s T_b$와 같이 쓰면 다사용자 간섭의 등가 PSD 는 다음과 같이 된다.

$$\frac{N_0'}{2} = \frac{P_{MU}T_c}{2} = \frac{(N-1)P_s T_c}{2} = \frac{(N-1)}{2}\frac{E_b T_c}{T_b} = \frac{(N-1)}{2}\frac{E_b}{PG} \tag{12.32}$$

그러므로 AWGN 잡음이 있는 환경에서 DS/CDMA−BPSK 시스템의 비트오율은

$$P_b \cong Q\left(\sqrt{\frac{E}{N_0/2 + N_0'/2}}\right) = Q\left(\sqrt{\frac{2E_b}{N_0 + (N-1)E_b/PG}}\right)$$

$$\quad\quad (12.33)$$

$$= Q\left(\sqrt{\frac{\dfrac{2E_b}{N_0}}{1 + \dfrac{(N-1)}{PG}\dfrac{E_b}{N_0}}}\right)$$

가 되어 사용자수 N이 증가할수록 비트오율이 증가한다. 그러나 처리이득 PG를 증가시키면 다사용자 간섭의 영향을 줄일 수 있다는 것을 알 수 있다. 만일 $PG \to \infty$라면 다사용자 간섭은 무시할 정도가 되어 $P_b \to Q\left(\sqrt{\dfrac{2E_b}{N_0}}\right)$가 된다. 또한 E_b/N_0가 충분히 크면 식 (12.33)은 다음과 같이 근사화된다.

$$P_b \cong Q\left(\sqrt{\frac{2PG}{N-1}}\right) \quad\quad (12.34)$$

예제 12.1

처리이득이 $PG = 800$인 DS/CDMA-BPSK 시스템이 AWGN 환경에서 동작하고 있다. 다사용자 환경에서 요구되는 비트오율이 $P_b \le 10^{-6}$이라고 하자.

(a) 만일 수신 E_b/N_0가 무한대라면, 즉 잡음이 무시할 만하다면 이 시스템에서 수용 가능한 사용자는 모두 몇 명인가?

(b) 수신 E_b/N_0가 20dB라면 이 시스템에서 수용 가능한 사용자는 모두 몇 명인가?

(c) 수신 E_b/N_0가 3dB 감소하면, 즉 $E_b/N_0 = 17\,\text{dB}$라면 이 시스템에서 수용 가능한 사용자는 모두 몇 명인가?

(d) 처리이득을 400으로 하는 경우 (a)를 다시 구하라.

풀이

$Q(\sqrt{x}) = 10^{-6}$를 만족하는 x를 구하면 $x = 22.58$이다. 이 비트오율을 식 (12.33)에 적용하면 다음과 같이 된다.

$$\frac{\dfrac{2E_b}{N_0}}{1 + \dfrac{(N-1)}{PG}\dfrac{E_b}{N_0}} = 22.58$$

이 식으로부터 사용자 수 N을 구하면 다음과 같다.

$$N = 1 + PG\left(\frac{1}{11.29} - \frac{1}{E_b/N_0}\right) \qquad (12.35)$$

(a) 식 (12.35)에 $E_b/N_0 \to \infty$를 대입하고, N이 정수임을 고려하여 다음을 얻는다.

$$N = \left\lfloor 1 + \frac{800}{11.29} \right\rfloor = \lfloor 71.86 \rfloor = 71$$

(b) 식 (12.35)에 $E_b/N_0 = 100 \,(20\text{dB})$을 대입하면 다음과 같다.

$$N = \left\lfloor 1 + 800\left(\frac{1}{11.29} - \frac{1}{100}\right) \right\rfloor = \lfloor 63.86 \rfloor = 63$$

(c) 식 (12.35)에 $E_b/N_0 = 50 \,(17\text{dB})$을 대입하면 다음과 같다.

$$N = \left\lfloor 1 + 800\left(\frac{1}{11.29} - \frac{1}{50}\right) \right\rfloor = \lfloor 55.86 \rfloor = 55$$

(d) 식 (12.35)에 $E_b/N_0 \to \infty,\ PG = 400$을 대입하여 다음을 얻는다.

$$N = \left\lfloor 1 + \frac{400}{11.29} \right\rfloor = \lfloor 36.4 \rfloor = 36$$

협대역 간섭의 영향

DS/SS–BPSK 통신 시스템에서 간섭 신호가 미치는 영향을 알아보자. 여기서 간섭은 협대역 신호로 가정하며, 고의적으로 통신을 방해하려는 교란(jamming) 신호이거나 비의도적인 간섭 신호일 수 있다. DS/SS–BPSK 신호의 전력을 P_s라 하면 신호는

$$s(t) = \sqrt{2P_s}\, b(t) c(t) \cos 2\pi f_c t \qquad (12.36)$$

와 같이 표현된다. 간섭 신호 $J(t)$의 전력을 P_J라 하고 중심 주파수를 f_1이라 하자. 이 책에서는 분석을 쉽게 하기 위하여 협대역 간섭 신호를 단일 톤(tone)의 신호로 근사화한다. 그러면 간섭 신호 $J(t)$는

$$J(t) = \sqrt{2P_J} \cos(2\pi f_1 t + \Theta) \qquad (12.37)$$

와 같이 표현된다. 여기서 Θ는 확률변수이다. 수신기에 입력되는 신호 $r(t) = s(t) + J(t)$에 PN 신호 $c(t)$를 곱하면

$$[s(t) + J(t)]c(t) = \sqrt{2P_s}\,b(t)c^2(t)\cos 2\pi f_c t + J(t)c(t)$$
$$= \sqrt{2P_s}\,b(t)\cos 2\pi f_c t + \sqrt{2P_J}\,c(t)\cos(2\pi f_1 t + \Theta) \qquad (12.38)$$

와 같이 된다. 식 (12.38)의 마지막 줄 첫 번째 항은 협대역 신호 $b(t)$를 BPSK 변조한 신호 이며, 두 번째 항은 광대역 신호 $c(t)$를 f_1의 반송파로 BPSK 변조한 신호가 된다. 즉 수신 측에서 $c(t)$를 곱함으로써 DS 신호 $s(t)$는 협대역 신호로 역확산되지만 협대역의 간섭 신호 $J(t)$는 반대로 스펙트럼이 확산된다는 것을 알 수 있다. $J(t)c(t)$는 $c(t)$를 변조한 형태 이므로 PSD는 다음과 같이 된다.

$$S_{Jc}(f) = \frac{1}{4}[2P_J S_c(f - f_1) + 2P_J S_c(f + f_1)] \qquad (12.39)$$

수신 신호에 $c(t)$를 곱한 후 반송파 $\sqrt{2}\cos(2\pi f_c t)$를 곱하면 다음과 같이 된다.

$$v(t) = [s(t) + J(t)]c(t)\sqrt{2}\cos(2\pi f_c t)$$
$$= 2\sqrt{P_s}\,b(t)c^2(t)\cos^2 2\pi f_c t + 2\sqrt{P_J}\,c(t)\cos(2\pi f_1 t + \Theta)\cos(2\pi f_c t) \qquad (12.40)$$
$$= \sqrt{P_s}\,b(t)\{1 + \cos 4\pi f_c t\} + \sqrt{P_J}\,c(t)\{\cos(2\pi(f_1 - f_c)t + \Theta) + \cos(2\pi(f_1 + f_c)t + \Theta)\}$$

간섭 신호의 중심 주파수 f_1이 원하는 신호의 중심 주파수 f_c와 근사하다고 가정하고 적 분기를 통과한 후의 출력에 대해 알아보자. 신호를 적분하는 것은 저역통과 필터에 통과하는 것과 동일한 효과를 얻으므로 $v(t)$를 저역통과 필터에 시켜서 얻는 출력을 표현하면

$$\{v(t)\}_{LPF} = \sqrt{P_s}\,b(t) + \sqrt{P_J}\,c(t)\cos\Theta \qquad (12.41)$$

와 같다. 간섭 성분의 PSD는

$$S_{J,\,eff}(f) = P_J E[\cos^2\Theta]S_c(f) \qquad (12.42)$$

가 된다. Θ가 $(-\pi,\ \pi)$에서 균일하게 분포된 확률변수라면 $E[\cos^2\Theta] = 1/2$이 된다. 따라 서 식 (12.42)는 식 (12.5)로부터

$$S_{J,eff}(t) = \frac{P_J}{2} S_c(f) = \frac{P_J}{2} T_c \operatorname{sinc}^2(fT_c) = \frac{P_J}{2} T_c \operatorname{sinc}^2\left(\frac{f}{W}\right) \qquad (12.43)$$

와 같이 된다. $S_c(f)$가 크기는 매우 작고 대역폭은 넓은 모양을 가지므로 $S_{J,eff}(f)$는 양측 스펙트럼 밀도의 크기가 $N_0'/2 \cong P_J T_c/2$인 백색잡음으로 근사화할 수 있다. 그러므로 적분기를 통과한 후의 간섭 성분의 전력(분산)은

$$P_{J,eff} \cong \frac{P_J}{2} T_c T_b \qquad (12.44)$$

가 된다. 한편 신호 성분의 전력은 $P_s T_b^2$이므로 적분기 출력에서의 신호 대 잡음비 SNR_o는

$$SNR_o \cong \frac{P_s T_b^2}{P_{J,eff}} = \frac{P_s T_b}{P_J T_c/2} = 2PG\frac{P_s}{P_J} \qquad (12.45)$$

가 된다. 또한 식 (12.45)는

$$SNR_o \cong \frac{P_s T_b}{P_J T_c/2} = \frac{E_b}{P_J T_c/2} = \frac{E_b}{N_0'/2} \qquad (12.46)$$

와 같이 표현할 수 있으므로 간섭 신호는 양측 PSD의 크기가 $N_0'/2 = P_J T_c/2$인 백색잡음과 동일한 효과를 보인다는 것을 알 수 있다. 따라서 비트오류 확률은

$$P_b \cong Q(\sqrt{SNR_o}) = Q\left(\sqrt{2PG\frac{P_s}{P_J}}\right) \qquad (12.47)$$

가 된다. 위의 수식으로부터 처리이득 PG가 클수록 간섭의 영향을 작게 받는다는 것을 알 수 있다.

협대역 간섭 하에서의 DS/SS−BPSK 시스템의 비트오율을 나타낸 식 (12.47)은 다중접속 시스템 DS/CDMA−BPSK의 비트오율 성능을 나타낸 식 (12.34)와 유사하다. 식 (12.47)에서 $P_J/P_s = N-1$로 하면 두 수식이 같아진다. 동일한 전력을 사용하는 $N-1$명의 타사용자 신호의 총 간섭 전력을 P_J로 보면 같은 효과가 나타나는 것이다.

위와 같은 간섭 신호와 함께 PSD가 $N_0/2$인 백색잡음이 있는 환경에서 DS/SS−BPSK 시스템의 비트오율 성능을 생각해보자. 이 시스템은 원하는 DS 신호와 PSD가

$$\frac{N_0}{2} + \frac{N_0{}'}{2} \cong \frac{N_0}{2} + \frac{P_J T_c}{2} \tag{12.48}$$

인 백색잡음 환경과 근사하다. 따라서 비트오율 성능은 다음과 같이 된다.

$$P_b = Q(\sqrt{SNR_0{}'}) \cong Q\left(\sqrt{\frac{E_b}{N_0/2 + N_0{}'/2}}\right) = Q\left(\sqrt{\frac{E_b}{N_0/2 + P_J T_c/2}}\right) \tag{12.49}$$

다중경로(Multi-path) 채널에서의 성능

무선통신 환경에서 수신기에 입력되는 신호는 바로 들어오는 직접파 신호와 인공 구조물 혹은 자연적인 지형으로부터 반사된 간접파 신호들로 구성된다. 이와 같이 신호가 여러 개의 경로를 거쳐 전파되는 환경을 다중경로(multi-path) 전파 환경이라 한다. 여러 경로를 통해 신호가 수신된다는 것은 각 경로 신호의 시간 지연과 크기가 다르다는 것을 의미한다. 따라서 다중경로 환경에서는 동일한 신호가 크기와 지연이 다른 형태로 더해져서 수신된다. 경로의 개수가 L개인 경우 수신 신호는 다음과 같이 표현할 수 있다.

$$r(t) = \sum_{k=1}^{L} \rho_k A b(t-\tau_k) c(t-\tau_k) \cos(2\pi f_c t + \theta_k) \tag{12.50}$$

여기서 ρ_k은 k번째 경로의 이득($|\rho_k| < 1$)이며, τ_k은 k번째 경로의 시간지연이다.

수신기에서 첫 번째 경로로 수신되는 신호에 PN 부호열을 동기화시키는 경우, 역확산하고 반송파를 곱한 신호는 다음과 같이 된다.

$$\begin{aligned} x(t) &= \left[\sum_{k=1}^{L} \rho_k A b(t-\tau_k) c(t-\tau_k) \cos(2\pi f_c t + \theta_k)\right] c(t-\tau_1) \cos(2\pi f_c t + \theta_1) \\ &= \rho_1 A b(t-\tau_1) \cos^2(2\pi f_c t + \theta_1) \\ &\quad + \sum_{k=2}^{L} \rho_k A b(t-\tau_k) c(t-\tau_k) c(t-\tau_1) \cos(2\pi f_c t + \theta_k) \cos(2\pi f_c t + \theta_1) \end{aligned} \tag{12.51}$$

여기서 편의상 제일 먼저 수신되는 신호 성분의 지연시간은 0으로(즉 $\tau_1 = 0$) 가정하자. i번째 비트 구간 동안 적분하면 적분기 출력은

$$\begin{aligned} z_i &= \int_{iT_b}^{(i+1)T_b} \rho_1 \frac{A}{2} b(t) dt + \sum_{k=2}^{L} \rho_k A \cos\theta_k \int_{iT_b}^{(i+1)T_b} b(t-\tau_k) c(t-\tau_k) c(t) dt \\ &\cong \pm \frac{\rho_1 A T_b}{2} + \sum_{k=2}^{L} \left\{ \pm \frac{\rho_k A}{2} \cos\theta_k R_c(\tau_k) \right\} \end{aligned} \tag{12.52}$$

가 된다.[4] 여기서 $R_c(\tau_k)$는 PN 신호 $c(t)$의 자기상관 함수이다. 식 (12.52)의 두 번째 항은 자기 자신의 신호가 다른 경로로 수신되어 간섭으로 작용하는 성분이다. 이러한 간섭을 자기 간섭(self-interference)이라 한다. PN 신호의 자기상관 함수는 $|\tau| > T_c$에서 근사적으로 0에 가깝다. 따라서 칩시간 T_c가 지연시간에 비해 작은 경우 자기간섭의 영향은 매우 작게 된다. 그러므로 주어진 비트율의 데이터에 대하여 처리이득 PG를 크게 하면 자기간섭의 영향을 작게 할 수 있다.

이를 주파수 영역에서 살펴보면 다음과 같이 설명할 수 있다. 직접파 신호와 간접파 신호 모두 광대역 신호이다. 수신단의 PN 신호는 직접파 신호의 PN 신호와 동기되므로 간접파 DS 신호가 아닌 직접파 DS 신호가 역확산된다. 역확산 후 수신기는 $f_c\,\mathrm{Hz}$ 주위의 협대역 신호를 복조기(반송파와 곱하고 적분하는 방식으로 구현하며, 저역통과 필터를 통과한 효과가 얻어짐)에 의해 추출해낸다. 낮은 크기의 PSD로 남아 있는 광대역 간접파 신호는 극히 일부만 이 과정을 통과하여 간섭으로 작용한다. 따라서 간접파 신호는 SNR을 약간 감소시키는 효과만 주게 된다. 이러한 이유로 대역확산 통신은 다중경로 환경에서 유리하다고 할 수 있다.

다중경로 채널 환경이 통신에 미치는 영향은 시간 영역과 주파수 영역에서 해석할 수 있다. 시간 영역에서 보면 경로차로 인한 경로지연의 차가 ISI를 유발한다는 것이고, 주파수 영역에서 보면 채널의 주파수 응답이 주파수별로 다른 이득을 보인다는 것이다. 다중경로 채널의 영향을 극복하는 기법 역시 시간 영역과 주파수 영역에서 접근이 가능하다. 주파수 영역에서 보상하는 방법의 하나는 등화기(equalizer) 필터를 사용하여 주파수별 이득이 일정하게 되도록 하는 방식이다. 그러나 DS/SS 시스템에서는 신호가 광대역이므로 광대역 필터의 설계에 따른 복잡도가 구현상 문제가 된다. 그 대신 DS/SS 시스템에서는 시간 영역 보상 방법의 하나인 레이크 수신기(rake receiver)를 사용하여 성능 개선을 한다. 레이크 수신기란 다중경로로 들어오는 신호를 경로별로 각각 복조하여 통합하는 기법이다. 그림 12.8에 레이크 수신기의 개념을 보인다. 그림에는 두 개의 경로로 각각 τ_1과 τ_2의 시간지연을 갖고 수신되는 경우를 가정하였다. 수신기에서는 τ_1과 τ_2를 알아내어 경로별로 독립된 복조기를 구성하고 출력을 적절히 통합한다. 이 그림에서는 편의상 반송파 변조는 생략하였다. 일반적으로 긴 시간지연을 갖고 들어오는 신호는 수신 강도가 약하다. 따라서 경로별 복조기 출력도 크기가 다를 것이다. 그러므로 경로별 복조기 출력을 통합할 때 이러한 특성을 고려하는 것이 바람직할 것이다. 통합 방식은 복조기별 출력 중에서 큰 것을 선택하거나(selection combining), 동일한 가중치로

---

4) 식 (12.52)의 상관함수는 사실 정확하지 않다. i번째 비트 적분 구간의 앞 부분은 지연되어 들어온 이전 비트 신호가 차지하므로 적분 구간 중에 $b(t-\tau_k)$의 값이 바뀔 수 있기 때문이다. 이와 같은 경로지연으로 인하여 발생한 심볼 간 간섭(ISI) 영향은 비트(심볼) 길이 대비 경로지연이 길수록 커진다.

더하거나(equal gain combining), 출력이 큰 것에 더 큰 가중치를 주고 더하는(maximal ratio combining) 방식 등이 사용된다.

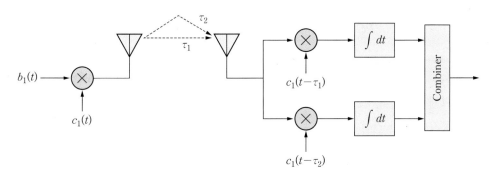

그림 12.8 레이크 수신기

근원 문제(Near-far Problem)

근원 문제는 여러 사용자가 있는 다중접속(multiple access) 통신 환경에서 근거리에서 전송된 강한 신호에 의해 원거리에서 전송된 약한 신호가 영향을 받는 현상을 일컫는다. 다중 사용자 환경에서 성능을 열화시키는 요소는 잡음과 $N-1$개의 타사용자 간섭 신호이다. 앞서 다중 사용자 환경에서의 비트오율 성능 분석에서는 모든 사용자의 신호가 동일한 평균전력을 가지고 수신된다고 가정하였다. 그러나 실제 환경에서는 송신 전력이 동일한 경우에도 송수신기 간의 거리가 일정하지 않으므로 수신 전력은 차이가 있게 된다. 즉 근거리의 사용자로부터 수신된 신호의 전력은 크고, 원거리의 사용자로부터 수신된 신호의 전력은 작다. 이제 $N-1$명의 타사용자 중 하나가 수신기와 매우 가까운 경우를 고려하자. 모든 사용자 신호는 P_s의 평균전력으로 수신되고 근거리의 사용자 신호는 $aP_s(a>1)$의 평균전력으로 수신된다고 하자. 전자파의 전파(propagation) 특성은 거리의 멱수로 손실이 증가한다. 여기서 경로손실 지수(exponent)는 자유공간 전파의 경우 2이며(즉 수신 강도는 거리의 제곱에 반비례하여 작아지며), 환경에 따라 2~5의 값을 가진다. 예를 들어 근거리의 간섭 신호가 원하는 신호 및 나머지 간섭 신호의 송신기보다 10배 정도 가깝다면, 자유공간 전파의 경우 $a=10^2=100$이 된다. DS 시스템의 기본 개념은 수신기에서 역확산하면 원하는 신호는 스펙트럼 크기가 크고 대역폭은 좁은 신호로 변환되어 백색잡음 형태로 남아 있는 간섭 신호보다 전력이 커지게 되는 것이다. 그러나 근거리의 간섭 신호가 크기가 매우 커서 역확산 후에도 원하는 신호의 전력보다 큰 상황이라면 SNR이 0dB보다 작아져서 비트오율이 증가한다.

식 (12.32)와 유사하게 분석하면 수신기에서 적분기 출력 SNR은 다음과 같이 된다.

$$SNR_o \cong \frac{E_b}{N_0/2 + N_0'/2} = \frac{2E_b}{N_0 + [a+(N-2)]P_s T_c} = \frac{2E_b}{N_0 + [a+(N-2)]E_b T_c/T_b}$$

$$= \frac{\dfrac{2E_b}{N_0}}{1 + \dfrac{[a+(N-2)]}{PG}\dfrac{E_b}{N_0}} \tag{12.53}$$

비트오율은 $P_b = Q(\sqrt{SNR_o})$이므로 a의 값이 매우 큰 경우 SNR_o이 급격히 감소하여 비트
오율이 크게 증가한다. 즉 많은 사용자로 인한 다중 사용자 간섭 영향보다 근거리에 있는 하
나의 사용자에 의한 간섭 영향이 더 커질 수 있다. 식 (12.53)에서 $a=1$인 경우, 즉 모든 사
용자 전력이 같은 경우 식 (12.33)과 동일한 비트오율을 갖게 된다.

이와 같은 근원 문제는 DS-CDMA의 단점이 된다. 이와 같은 문제를 해결하는 방법으로
DS-CDMA 이동전화 시스템의 역방향 링크에서는 전력 제어(power control)를 사용한다.
즉 근거리의 단말기는 작은 전력을 사용하여 전송하고 원거리의 단말기는 큰 전력을 사용하도
록 한다. 이상적인 전력 제어는 모든 단말기의 신호가 기지국에 도달할 때는 동일한 전력으로
들어오게 하는 것이다. 이러한 전력 제어는 DS-CDMA의 단점인 근원 문제를 해결하는 방
법인 동시에 불필요한 전력 사용을 줄임으로써 단말기의 배터리 사용 시간을 늘릴 수 있고 시
스템의 용량도 증가시킬 수 있는 장점도 된다.

DS-CDMA에서는 동일한 주파수 대역을 동일한 시간에서 여러 사용자가 사용함으로써
근원 문제가 발생한다. 그러나 TDMA 시스템에서는 각 사용자가 시간대를 달리하여 동작하
므로 근원 문제가 발생하지 않는다. 또한 FDMA에서는 각 사용자가 다른 주파수 대역을 사
용하기 때문에 대역통과 필터로써 타사용자 간섭 신호를 제거함으로써 근원 문제가 발생하지
않는다.

12.1.3 주파수도약(FH) 대역확산 시스템

주파수도약 대역확산(Frequency Hopping Spread Spectrum: FH/SS) 방식은 기본적으로
협대역 변조(보통 FSK)를 사용하여 전송하는 방식이나 반송파 주파수를 무작위한 것으로 보
이는 패턴으로 도약(변경)시킨다. 반송파 주파수는 많은 개수의 주파수 집합에서 선택하여 도
약한다. N개의 주파수 그룹이 있고, 각 주파수 그룹에는 M개의 주파수가 있어서 MFSK 변
조를 사용하여 데이터를 전송한다고 하자. 일정 시간 동안 특정 주파수 그룹에서 데이터에 따
라 그 주파수 그룹에 있는 M개의 주파수 중 하나를 반송파로 하여 데이터를 전송하고, 그 후
에는 다른 주파수 그룹으로 전환된다. 즉 일정 시간 단위로 주파수 그룹이 선택되고(메시지

비트와는 독립적으로), 그 중 하나의 주파수는 메시지 비트에 의하여 결정된다. 전체 주파수 집합은 다음과 같이 표현할 수 있다.

$$\begin{aligned} F &= \{F_0, F_1, \cdots, F_{N-1}\} \\ &= \{\{f_0, f_0+\Delta f, \cdots, f_0+(M-1)\Delta f\}, \{f_1, f_1+\Delta f, \cdots, f_1+(M-1)\Delta f\}, \\ &\quad \cdots, \{f_{N-1}, f_{N-1}+\Delta f, \cdots, f_{N-1}+(M-1)\Delta f\}\} \end{aligned} \tag{12.54}$$

여기서 Δf 는 반송파 주파수 간격이다. PN 코드에 의하여 특정 주파수 그룹 F_n 이 선택되고, k 비트의 메시지 데이터 심볼로부터 각 주파수 그룹에 있는 $M = 2^k$ 개의 주파수 중에서 하나가 선택되어 반송파 변조된다. 그러면 전송 신호의 근사적인 대역폭은 다음과 같다.[5]

$$W \cong NM \cdot \Delta f \, [\text{Hz}] \tag{12.55}$$

심볼 길이가 $T_s = kT_b$ 인 MFSK에서 주파수 간격 Δf 를 $1/T_s$ 의 정수 배로 하면 심볼 구간 동안 $\{\cos(2\pi(f_n+m \cdot \Delta f)t+\theta_m), \; m = 0, \cdots, M-1\}$ 가 직교하는 것을 11장에서 확인하였다. $\Delta f = 1/T_s = 1/kT_b$ 로 하면 각 반송파의 스펙트럼이 중첩되지만 상호 간섭을 일으키지 않는다. 직교 FH/SS-MFSK에서 반송파 주파수 간격을 $\Delta f = 1/T_s = 1/kT_b$ 로 하는 경우 전송 신호의 근사적인 대역폭은 다음과 같이 된다.

$$W \cong NM \cdot \Delta f = \frac{NM}{T_s} = \frac{N \cdot 2^k}{kT_b} \, [\text{Hz}] \tag{12.56}$$

이진 FSK 변조를 사용하는(즉 $M = 2$ 인) 시스템의 경우 주파수 집합은

$$F = \{f_0, \; f_0+\Delta f, \; f_1, \; f_1+\Delta f, \; \cdots, \; f_{N-1}, \; f_{N-1}+\Delta f\} \tag{12.57}$$

가 되고, 만일 각 반송파 스펙트럼의 주엽이 겹치지 않도록 $\Delta f = 2/T_b$ 로 한다면 전송 신호의 대역폭은 다음과 같이 된다.

$$W \cong 2N\Delta f = \frac{4N}{T_b} \, [\text{Hz}] \tag{12.58}$$

---

5) 좀더 정확하게는 $W = (NM-1)\Delta f+2/T_s$ 이지만 N 이 충분히 크면 이와 같이 근사화할 수 있다.

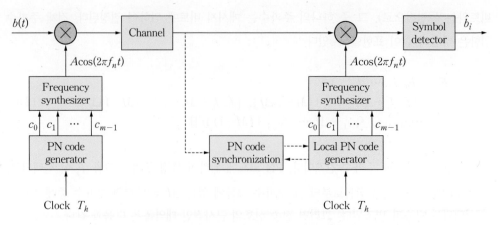

그림 12.9 FH/SS 시스템의 송수신기 구조

그림 12.9에 FH/SS 시스템의 송수신기 구조를 보인다. PN 코드 발생기 출력에 따라 어느 주파수 그룹으로 도약할지가 결정되며, 메시지 데이터에 따라 주파수 그룹 내의 반송파 주파수가 결정된다. PN 코드 발생기에서는 도약 시간 T_h 마다 m비트 코드의 상태가 변화하여 새로운 주파수 그룹으로 천이된다. PN 코드는 보통 m개의 메모리 소자로 구성한 선형 피드백 시프트 레지스터(Linear Feedback Shift Register: LFSR)를 사용하여 구현하는데, 가능한 최대 주기는 $N = 2^m - 1$이다. PN 코드의 특성과 발생기에 대해서는 뒤에서 설명한다. 주파수 도약율은 데이터율에 비해 빠르거나, 늦도록 할 수 있는데, 주파수 도약율이 데이터율에 비해 높은 경우, 즉 도약 주기가 메시지 비트 구간보다 작은 경우$(T_h \geq T_b)$ 빠른 주파수 도약(fast frequency hopping: FFH)이라 하고, 주파수 도약율이 데이터율에 비해 낮은 경우, 즉 도약 주기가 메시지 비트 구간보다 큰 경우$(T_h \geq T_b)$ 느린 주파수 도약(slow frequency hopping: SFH)이라 한다. 따라서 FFH/SS 시스템에서는 비트(또는 심볼) 구간 동안 주파수가 여러 번 도약되며, SFH/SS 시스템에서는 여러 비트 구간 동안 한 개의 주파수 그룹이 유지된다. FH/SS–BFSK 시스템에서 반송파 주파수는 다음과 같이 결정되도록 할 수 있다.

$$f_n = f_0 + (n + b_i)\Delta f, \quad n = 0,\ 1,\ \cdots,\ N-1 \tag{12.59}$$

여기서 b_i 는 0 또는 1의 값을 갖는 메시지 비트이다.

그림 12.10(a)에 $T_b/T_h = 3$ 인 FFH/SS–BFSK 시스템의 주파수 다이어그램을 보이며, 그림 12.10(b)에는 $T_b/T_h = 1/2$ 인 SFH/SS–BFSK 시스템의 주파수 다이어그램을 보인다. 메모리 소자가 $m = 3$ 인 PN 코드 발생기를 사용하고 $T_h = 2T_b$ 마다 주파수 도약하는 SFH/

SS–BFSK 시스템에서 주파수가 천이되는 예를 살펴보자. 이러한 PN 코드 발생기를 사용하여 주기가 7인 PN 부호열 {11100101⋯}이 만들어진다고 하자. 주파수 집합은 {f_0, $f_0+\Delta f$, $f_0+2\Delta f$, ⋯, $f_0+13\Delta f$}이며, PN 코드의 상태를 $s(n)$이라 하면 반송파 주파수는 $f_c = f_0+2\{s(n)-1\}\Delta f+b(t)\Delta f$가 된다. 여기서 3비트로 표현된 $s(n)$는 1부터 7까지의(0은 제외) 값을 가지며, 이진수 $b(t)$는 0 또는 1의 값을 가진다. 위의 예와 같은 PN 코드에 대하여 PN 코드 상태는

$$111 \rightarrow 110 \rightarrow 100 \rightarrow 001 \rightarrow 010 \rightarrow 101 \rightarrow 011 \rightarrow 111 \cdots \tag{12.60}$$

로 천이되어 $f_7 \rightarrow f_6 \rightarrow f_4 \rightarrow f_1 \rightarrow f_2 \rightarrow f_5 \rightarrow f_3 \rightarrow f_7 \cdots$로 주파수 그룹이 천이된다. 만일 메시지 비트가 100001110101과 같이 주어지는 경우 반송파 주파수는 T_b마다

$$
\begin{aligned}
&f_0+13\Delta f \rightarrow f_0+12\Delta f \rightarrow f_0+10\Delta f \rightarrow f_0+10\Delta f \rightarrow \\
&f_0+6\Delta f \rightarrow f_0+7\Delta f \rightarrow f_0+\Delta f \rightarrow f_0+\Delta f \rightarrow \\
&f_0+2\Delta f \rightarrow f_0+3\Delta f \rightarrow f_0+8\Delta f \rightarrow f_0+9\Delta f \rightarrow
\end{aligned}
\tag{12.61}
$$

와 같이 천이된다는 것을 알 수 있다.

FH/SS–FSK 수신기는 PN 코드 발생기, FSK 복조기, 동기 회로로 구성되어 있다. 세 종류의 동기화 작업이 요구되는데, 첫째는 PN 코드와 수신단의 기준 코드 간의 코드 동기화이며, 둘째는 동기식 FSK 복조를 하는 경우 송신기의 반송파와 수신기의 국부 발진기 간의 반송파 동기화이고, 셋째는 비트 검출을 위한 비트 동기화이다. 그러나 실제로는 반송파의 동기화가 복잡하고, 새로운 주파수로 천이될 때 동기획득 시간이 필요하기 때문에 많은 경우 FH/SS 시스템은 포락선 검파와 같은 비동기식 검파를 사용한다. 특히 빠른 도약을 사용하는 시스템에서는 비동기식 검파를 사용하며, 느린 도약을 사용하는 시스템에서만 높은 성능을 얻기 위하여 동기식 검파를 사용하기도 한다.

DS/SS와 FH/SS를 사용한 다중접속 방식의 특징을 비교하여 살펴보자. DS 시스템은 타 사용자 간섭 신호를 넓은 주파수 대역으로 확산시켜 간섭을 감소시킨다. FH 시스템에서는 주어진 시간에 사용자들이 각기 다른 주파수들을 사용하게 함으로써 충돌을 피할 수 있다. 즉 DS 시스템은 간섭을 평균화하여 낮추는 형태(averaging type)의 다중접속 방식임에 비해 FH 시스템은 충돌을 피하는 형태(avoidance type)의 다중접속 방식이다. DS/SS 시스템은 동기식, 또는 비동기식 변조 어느 것도 적용이 가능하다. 그러나 FH/SS 시스템에서는 반송파 주파수의 빠른 변화로 인해 반송파 위상 동기를 유지하기가 어렵기 때문에 비동기식 복조 빙

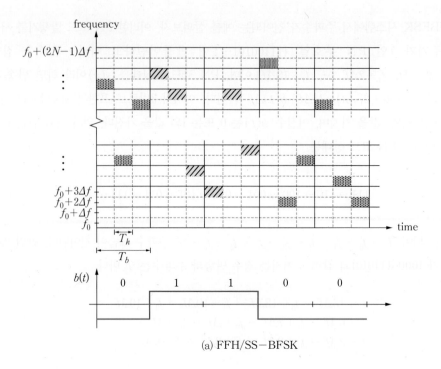

(a) FFH/SS−BFSK

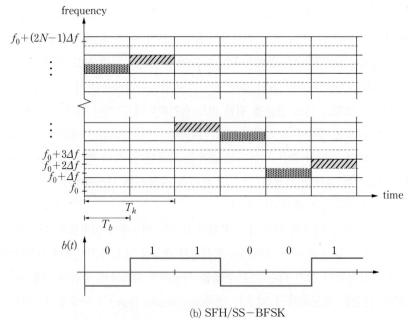

(b) SFH/SS−BFSK

그림 12.10 빠른 도약 및 느린 도약 FH/SS 시스템의 주파수 다이어그램

식을 주로 사용한다. 동기식 변조를 사용하는 DS/SS 시스템은 FH/SS 시스템에 비해 3dB 정도의 성능(동일 비트오류 확률을 얻기 위한 SNR) 이득이 있지만 그 댓가로 반송파 위상고정 루프(PLL) 회로가 추가로 요구된다. PN 코드 발생기의 클럭 속도가 동일할 때 FH/SS가 DS/SS의 대역폭에 비해 넓은 대역에 걸쳐 주파수 도약이 가능하다. FH/SS에서는 강한 교란 신호가 있거나 채널 상태가 좋지 않은 주파수는 피하도록 구현할 수 있다. PN 코드 동기 획득에 걸리는 시간은 FH/SS 시스템이 더 짧지만 주파수 합성기 때문에 송수신기를 구현하는 비용이 더 많이 든다.

예제 12.2

직교 FH/SS–8FSK 시스템이 비트율 100kbps로 데이터를 전송한다. PN 코드는 주기가 $N = 2^m - 1$인 코드를 사용하며, 도약 주파수 대역은 300MHz 이내가 되도록 하고자 한다.
(a) 이 대역확산 시스템의 처리이득은 얼마인가?
(b) 대역확산된 신호의 대역폭은 얼마인가?

풀이

(a) $8 = M = 2^k = 2^3$이므로 8FSK 신호의 대역폭은

$$B = M \cdot \Delta f = \frac{M}{T_s} = \frac{M}{kT_b} = \frac{M}{k}R_b = \frac{8}{3} \times 100 = 266.67 \text{ kHz}$$

가 된다. 처리이득은 W/B에 가까운 $N = 2^m - 1$이 되도록 m을 구하여 정한다. 즉

$$2^m - 1 \leq \frac{W}{B}$$

를 만족하는 최대의 정수 m은

$$m = \left\lfloor \log_2\left(\frac{W}{B} + 1\right) \right\rfloor = \left\lfloor \log_2\left(\frac{300 \times 10^3}{266.67} + 1\right) \right\rfloor$$
$$= \lfloor \log_2(1125) \rfloor = 10$$

이므로 저리이득은 다음과 같이 된다.

$$PG = N = 2^m - 1 = 2^{10} - 1 = 1023$$

(b) 대역확산된 신호의 대역폭은 다음과 같다.

$$W_{ss} = NB = NM\Delta f = 1023 \times 266.67\text{kHz} = 272.8\text{MHz}$$

12.1.4 PN 코드

대역확산 통신 시스템은 대역확산용 부호열에 의하여 성능이 크게 영향을 받는다. 주어진 칩 시간 T_c로 생성한 대역확산 신호로써 최대의 대역확산 효과 및 불규칙성을 얻기 위해서는 부호열 C_n이 이진 이산 백색잡음 랜덤 프로세스가 되는 것이 이상적이다. 즉 C_n은 동일한 확률로 +1과 −1의 값을 갖는 독립 확률변수의 수열이며, 자기상관 함수가

$$R_C(m,\ n) = E[C_m C_n] = \delta_{mn} = \begin{cases} 1, & \text{if } m = n \\ 0, & \text{if } m \neq n \end{cases} \tag{12.62}$$

인 이산시간 임펄스 함수이어야 한다. 그러나 실제로 잡음 랜덤 프로세스를 사용하면 수신기에서 송신 과정에서 사용한 동일한 확산 부호열을 만들 수 없어서 역확산이 불가능하다. 따라서 실제로는 결정형(deterministic) 부호열 c_n을 사용한다. 이렇게 백색잡음 랜덤 프로세스의 통계적 특성과 유사한 특성을 가진 결정형 부호열을 의사랜덤 잡음부호(Pseudo-random Noise sequence: PN sequence) 또는 PN 코드라 부른다. 즉 바람직한 PN 코드의 자기상관 함수는 임펄스 함수에 근접해야 한다. 또한 대역확산을 통한 다중접속, 즉 CDMA로 활용하기 위해서는 여러 사용자에게 할당한 PN 코드들 간의 상호상관값이 0인 것이 바람직하다. 이번 절에서는 바람직한 PN 코드의 특성에 근접하는 코드의 발생 방법과 특성에 대해 알아보기로 한다.

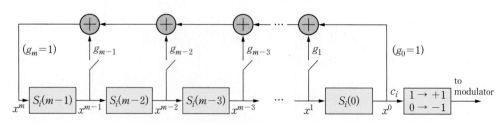

그림 12.11 LFSR로 구성한 PN 코드 발생기의 구조

PN 코드는 여러 개의 메모리 소자로 구성된 시프트 레지스터와 각 단의 메모리 소자의 내용을 이진 연산으로 더하여 그 결과를 입력측으로 피드백시키는 방법으로 구현할 수 있다. 그림 12.11에 선형 피드백 시프트 레지스터(Linear Feedback Shift Register: LFSR)로 구현한 PN 코드 발생기의 구조를 보인다. m 개의 메모리 소자로 구성한 시프트 레지스터를 사용하는 경우 각 메모리 내용이 선택적으로 더해져서 제일 앞 단으로 입력된다. 여기서 이진 덧셈은 mod 2 연산을 한다는 것이며, 논리적으로 XOR(exclusive OR) 게이트를 사용하여 구현하면 된다. 그리고 선택적으로 메모리 내용을 더한다는 것은 덧셈기에 이르는 경로를 잇거나 끊는 방식으로 구현할 수 있다. 이것은 LFSR의 입력을 x^m 으로 표현하고, m 개의 메모리 소자의 내용을 $x^{m-1}, \cdots, x^2, x^1, x^0$ 으로 표현하어, x^m 을 $x^{m-1}, \cdots, x^2, x^1, x^0$ 의 선형조합으로 나타내는 것과 동등하다. 즉

$$x^m = g_{m-1}x^{m-1} + \cdots + g_3x^3 + g_2x^2 + g_1x + g_0, \ g_i \in \{0, \ 1\} \tag{12.63}$$

와 같이 표현할 수 있으며, 선형조합의 계수 $g_i = 1$ 은 피드백 경로가 이어진 것이고 $g_i = 0$ 은 피드백 경로가 차단된 것을 의미한다. 여기서 $g_0 = 1$ 로 한다.[6] 식 (12.63)의 연산은 이진 연산이므로

$$x^m + g_{m-1}x^{m-1} + \cdots + g_3x^3 + g_2x^2 + g_1x + 1 = 0 \tag{12.64}$$

와 같이 표현할 수 있다. 따라서 다항식

$$g(x) = x^m + g_{m-1}x^{m-1} + \cdots + g_3x^3 + g_2x^2 + g_1x + 1 \tag{12.65}$$

이 주어지면 LFSR의 피드백 경로들이 이어진 상태를 알 수 있으며, $g(x)$ 를 PN 코드의 생성 다항식(generator polynomial)이라 한다. 생성 다항식 $g(x)$ 과 LFSR 메모리의 초깃값이 주어지면 클럭에 따라 출력을 만들어낼 수 있다.

이와 같은 PN 코드 발생기의 출력은 주기 신호가 된다는 것과, 주기를 결정하는 것은 무엇인지, 그리고 가능한 최대 주기는 얼마인지 알아보자. LFSR의 m 개 메모리 내용을 상태(state) 변수로 정의하면 가능한 상태의 개수는 2^m 이 된다. 클럭 펄스가 주어질 때마다

---

[6] $g_0 = 0$ 은 $m-1$개의 메모리 소자로 구현한 PN 코드의 출력을 단순히 한 칩 지연시킨 것에 불과하다.

LFSR의 상태는 다른 상태로 천이한다. 어떤 한 상태에서, 주어진 생성다항식에 의해 LFSR의 입력이 결정되어 클럭 펄스가 주어지면 LFSR의 제일 왼쪽 메모리에 저장된다. 나머지 $m-1$개의 메모리에는 이전의 메모리 내용이 하나씩 오른쪽으로 이동하여 저장된다. 따라서 LFSR의 현재 상태에서 천이할 수 있는 다음 상태는 오직 하나이다. 그러므로 상태가 불규칙하게 천이되는 것이 아니라 결정된 순서에 따라 천이된다. 그러므로 상태 천이는 주기성을 갖게 되며 출력 부호열은 주기 신호가 된다. 이와 같이 메모리의 초기 내용과 생성 다항식만 주어지면 출력이 결정된다.

이번에는 PN 부호열의 최대 주기에 대해 알아보자. 길이가 m인 LFSR의 가능한 상태는 모두 2^m개이므로 PN 부호열의 주기는 2^m을 넘을 수 없다. 한편, LFSR의 상태가 0인 경우, 즉 LFSR의 내용이 모두 0인 경우에는 $g(x)$의 계수와 상관 없이 $x^m = 0$이므로 LFSR의 입력이 0이 된다. 이것은 LFSR의 상태가 계속 0으로 머물러 있게 된다는 것을 의미한다. 따라서 LFSR의 초기 상태를 0으로 하면 안 되며, LFSR의 초기 상태를 0으로 하지 않는 경우 출력의 최대 주기는 $2^m - 1$이 된다는 것을 알 수 있다. 이렇게 최대 주기를 가진 PN 부호열을 최장 길이 시프트 레지스터 부호열 또는 간략히 m-sequence라 한다.

PN 부호열의 주기는 LFSR의 어떤 메모리 값이 피드백되는가에 의하여, 즉 생성 다항식 $g(x)$에 의하여 결정된다. 주어진 LFSR의 길이 m에 대하여 최대 주기가 만들어지도록 하는 $g(x)$는 유일하지 않다. 최대 주기가 만들어지도록 하는 생성 다항식을 원시 다항식 (primitive polynomial)이라 한다. 주어진 m에 대하여 2^{m-1}개의 생성 다항식이 가능한데, 이 중 몇 개가 과연 원시 다항식인가(즉 몇 개의 m-sequence를 만들 수 있는가)를 살펴볼 필요가 있다. m이 클수록 가능한 원시 다항식의 개수는 많아지며, 결과적으로 PN 코드의 개수도 많아진다. 예를 들어 $m = 3, 4$의 경우는 2개, $m = 5, 6$의 경우는 6개, $m = 7$의 경우는 18개가 가능하다. 주어진 m에 대하여 가능한 원시 다항식의 개수와 특정 생성 다항식이 원시 다항식인지 판단하는 방법(코드를 발생시켜보지 않고)이 있으나 이 책에서는 생략한다.

생성 다항식

$$g(x) = x^3 + x + 1 \qquad (12.66)$$

을 구현하기 위한 LFSR의 구조를 보이고, SR의 초기 상태가 [1 1 1]인 경우 출력 부호열을 구하라. 발생된 코드는 최장 주기 코드인가?

풀이

식 (12.66)의 차수는 3이므로 $m = 3$이 되어 LFSR는 3개의 메모리 소자를 가지며, 출력 부호열이 가질 수 있는 최대 주기는 $N = 2^3 - 1 = 7$이 된다. 그림 12.12(a)에 LFSR의 구조를 보이며, 그림 12.12(b)에는 클럭 펄스마다 SR의 상태 천이와 입력, 출력 비트를 보인다. 출력 부호열은 $c_i = (11100101110010\cdots)$이 되어, 주기가 7이므로 최장 주기를 갖는다는 것을 알 수 있다. 여기서 출력 부호열 c_i는 제일 왼쪽 비트부터 출력되는 것으로 표기하였다.

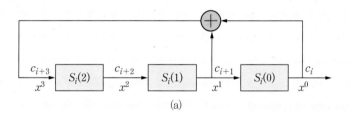

(a)

clock pulse i	input c_{i+3}	state $S_i(2)$	$S_i(1)$	$S_i(0)$	output $c_i = S_i(0)$
0	0	1	1	1	1
1	0	0	1	1	1
2	1	0	0	1	1
3	0	1	0	0	0
4	1	0	1	0	0
5	1	1	0	1	1
6	1	1	1	0	0
7	0	1	1	1	1

(b)

그림 12.12 예제 12.3의 LFSR 구조와 상태 천이 및 출력 부호열

예제 12.3에서 SR의 초기 상태가 [1 0 0]인 경우 출력 부호열을 구하라.

풀이

생성 다항식별로 LFSR의 상태 천이도는 동일하다. 즉 주어진 생성 다항식에 대하여 현재의 SR 상태가 천이하는 다음의 상태는 결정되어 있는 것이다. SR의 초기 상태가 [1 0 0]인 경우는 그림 12.12의 클럭 펄스 $i=3$이 주어지는 경우이다. 예제 12.4는 이 상태부터 상태 천이가 시작된다. 따라서 출력 부호열은 예제 12.3의 출력 부호열에서 $i=3$부터의 값이 출력된다. 즉 $c_i = (00101110010111\cdots)$이 된다. 이와 같이 주기는 변화 없고($N=7$로 동일하고), 3칩 앞선 부호열이 출력된다. 주기 신호이므로 3칩 앞선 신호는 7−3=4칩 지연된 것과 동일하다.

연습 12.1 다음과 같은 생성 다항식을 구현하기 위한 LFSR의 구조를 보이고, SR 메모리의 초깃값이 모두 1인 경우 출력 부호열을 구하라. 발생된 코드는 최장주기 코드인가?

(a) $g(x) = x^5 + x^3 + x^2 + x + 1$

(b) $g(x) = x^4 + x^3 + x^2 + x + 1$

(c) $g(x) = x^5 + x + 1$

예제 12.5

생성 다항식이 다음과 같다고 하자.

$$g(x) = x^5 + x^4 + x^2 + x + 1 \tag{12.67}$$

(a) SR의 초기 상태가 [1 1 1 1 1]인 경우 발생되는 PN 부호열을 구하라.
(b) SR의 초기 상태가 [0 0 0 0 1]인 경우 발생되는 PN 부호열을 구하라.

풀이

생성 다항식의 차수는 $m=5$이므로 LFSR는 5개의 메모리 소자를 가지며, 출력 부호열의 최대 주기는 $N=2^5-1=31$이 된다. 그림 12.13(a)에 LFSR의 구조를 보이며, 그림 12.13(b)에는 클럭 펄스마다 SR의 상태 천이를 보인다. 그림 12.13(c)는 SR의 두 가지 초기 상태에 따른 출력 부호열을 보인다. 초기 상태와 관계 없이 출력 부호열은 주기가 31로 최장 주기를 갖는다는 것을 알 수 있다. 그림 (c)를 보면 SR의 초깃값에 따라 발생되는 PN 코드들은 시간축에서 이동된(즉 시간 지연이나 선행된) 관계를 갖는다는 것을 알 수 있다.

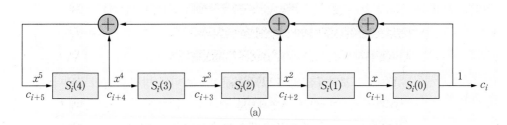

(a)

clock pulse i	input c_{i+5}	state					output $c_i = S_i(0)$
		$S_i(4)$	$S_i(3)$	$S_i(2)$	$S_i(1)$	$S_i(0)$	
0	0	1	1	1	1	1	1
1	1	0	1	1	1	1	1
2	0	1	0	1	1	1	1
3	0	0	1	0	1	1	1
4	0	0	0	1	0	1	1
5	1	0	0	0	1	0	0
⋮	⋮			⋮			⋮
30	0	1	1	1	1	0	0
31	0	1	1	1	1	1	1
32	1	0	1	1	1	1	1
⋮	⋮			⋮			⋮

repeats

(b)

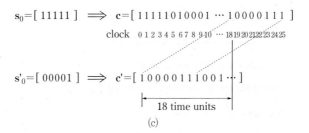

(c)

그림 12.13 예제 12.5를 위한 LFSR 구조 및 출력 부호열

예제 12.3~12.5에서 알아 본 바와 같이 m-sequence의 생성 다항식이 주어지면 SR의 초기 상태에서부터 시작하여 결정된 상태 천이를 거치며, 출력 부호열도 유일하게 결정된다. SR의 초기 상태를 다른 값으로 변경하면 동일한 PN 코드가 발생되지만 시간적으로 앞선(또는 지연된) 코드가 출력된다. 이와 같이 PN 코드의 시간 차를 PN 옵셋(PN offset)이라 한다.

PN 옵셋이 있는(즉 시간 천이된) PN 코드를 얻기 위한 다른 방법이 있다. 그림 12.14에 이 방법을 보이는데, SR의 각 메모리에 있는 값을 특정 값과 논리적인 AND 연산을 한 후 결과를 더하여 출력하면 시간 천이된 PN 부호열을 얻을 수 있다. 이와 같이 SR과 어떤 비트열을 비트 단위로 AND 연산하는 것을 PN 마스킹(masking)한다고 한다. 그림 12.14는 예제 12.5(a)로 발생되는 PN 코드보다 7칩 앞선 코드를 구현하는 다른 방법을 보이고 있다. LFSR의 초깃값을 [1 0 0 0 1]로 하고 코드를 발생시켜도 되지만 여기서는 초깃값은 그대로 [1 1 1 1 1]로 하여 코드를 발생시키고 [0 0 1 0 1]과 마스킹 하면 동일한 결과를 얻을 수 있다.

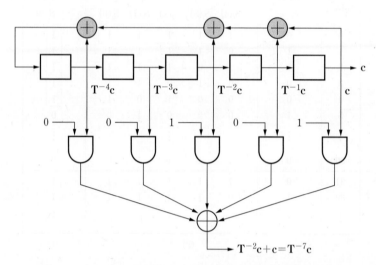

그림 12.14 PN 마스킹에 의하여 시간 천이된 PN 코드를 발생시키는 방법

이와 같이 LFSR를 이용하여 발생시킨 이진 최장주기 PN 코드(m-sequence)는 여러 가지 흥미로운 특성을 갖는다. PN 코드의 특성을 살펴보기 전에 PN 코드와 PN 신호를 표현해보자. 1과 0으로 구성된 PN 코드 발생기의 출력을 c_n 이라 하고, 양극성으로 표현된, 즉 1과 −1로 구성된 PN 수열을 $c_n{'}$ 이라 하자. 칩시간이 T_c 인 펄스열로 변환된 PN 신호를 표현하면 다음과 같다.

$$c(t) = \sum_n c_n{'} p_{T_c}(t - nT_c) = \sum_n (-1)^{c_n+1} p_{T_c}(t - nT_c) \qquad (12.68)$$

여기서 $p_{T_c}(t)$는 펄스폭이 T_c 인 사각 펄스이다. 이진 최장 부호열의 특성을 몇 가지 나열하면 다음과 같다.

① 길이(주기)

m단의(메모리 개수가 m인) LFSR로써 발생시킬 수 있는 최장 부호열 c_n의 길이(주기)는 $N = 2^m - 1$이다(이 때 메모리 초기 상태가 $000\cdots0$인 경우는 제외한다). 따라서 칩시간이 T_c인 사각 펄스로 만들어진 PN 신호 $c(t)$의 주기는 $(2^m - 1)T_c$이다.

② 균형성(balance property)

PN 코드에서 1의 개수와 0의 개수는 거의 비슷하다. 따라서 주기가 충분히 길면 양극성 PN 부호열의 평균은 근사적으로 0이 된다. 좀더 정확하게, 한 주기 동안에 1의 개수는 0의 개수보다 하나 더 많다. 즉 1의 개수는 2^{m-1}이고, 0의 개수는 $2^{m-1} - 1$이다. 예를 들어 $m = 10$인 경우 PN 부호열의 한 주기 $N = 2^{10} - 1 = 1023$ 칩에서 1은 512회, 0은 511회 출현한다.

③ 자기상관 함수

양극성 PN 부호열 $c_n{}'$의 자기상관 함수는 다음과 같다.

$$R_c(k) = \frac{1}{N} \sum_{n=0}^{N-1} c_n{}' c'_{n+k} = \frac{1}{N} \sum_{n=0}^{N-1} (-1)^{c_n} (-1)^{c_{n+k}} = \frac{1}{N} \sum_{n=0}^{N-1} (-1)^{c_n + c_{n+k}}$$

$$= \begin{cases} 1, & \text{for } k = 0, \pm N, \pm 2N, \cdots \\ \dfrac{1}{N}(\text{같은 부호의 개수} - \text{다른 부호의 개수}), & \text{otherwise} \end{cases} \tag{12.69}$$

$$= \begin{cases} 1, & \text{for } k = 0, \pm N, \pm 2N, \cdots \\ -\dfrac{1}{N}, & \text{otherwise} \end{cases}$$

PN 부호열은 랜덤 프로세스가 아니라 결정형 수열이고 주기 함수이므로 위와 같이 계산되며, 자기상관 함수 역시 주기 함수가 된다. 따라서 한 주기에 대한 PN 신호 $c(t)$의 자기상관 함수는 다음과 같이 표현된다.

$$R_c(\tau) = \frac{1}{NT_c} \int_0^{NT_c} c(t)c(t+\tau)dt$$

$$= \begin{cases} 1 - \dfrac{|\tau|}{T_c}\left(1 + \dfrac{1}{N}\right), & \text{for } |\tau| \leq T_c \\ -\dfrac{1}{N}, & \text{for } T_c \leq |\tau| \leq \dfrac{1}{2}NT_c \end{cases} \tag{12.70}$$

$$= \left(1 + \frac{1}{N}\right)\Lambda_{T_c}(\tau) - \frac{1}{N}$$

그림 12.15에 양극성 PN 부호열 $c_n{}'$의 자기상관 함수 $R_c(k)$와 PN 신호 $c(t)$의 자기상관 함수 $R_c(\tau)$를 보인다. 주기가 길어지면 백색잡음 프로세스의 자기상관 함수에 근접한다는 것을 알 수 있다. 그림으로부터 PN 신호가 한 칩 이상 떨어지면 상관값이 0에 가깝게 된다. 따라서 PN 동기를 획득할 때 국부적으로 PN 옵셋을 변화시키면서 발생시킨 PN 신호와 수신된 PN 신호와의 상관함수를 계산하여 최대가 되도록 하면 된다.

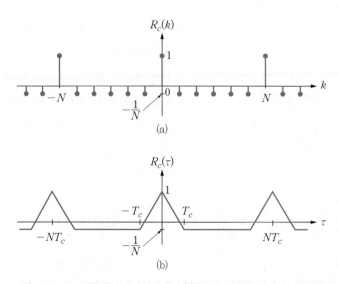

그림 12.15 PN 부호열의 자기상관 함수(a)와 PN 신호의 자기상관 함수(b)

④ 윈도우 성질

길이가 $2^m - 1$인 PN 부호열에서 길이 m의 윈도우를 부호열을 따라 이동시키면 윈도우를 통해 보이는 $00\cdots0$이 아닌 m비트의 코드는 정확히 한 번만 나타난다. 이것은 최장 주기 부호열이 되기 위해서는 $00\cdots0$을 제외한 m비트로 표현되는 $2^m - 1$개의 SR 상태(즉 메모리 내용)가 한 주기가 끝나기 전에는 처음의 상태로 다시 가지 않기 때문이다.

⑤ 반복 비트의 길이(run length)

한 주기의 PN 부호열에서 1 또는 0이 연속해서 나타나는 것을 런(run)이라 한다. 예를 들어 111과 같이 1이 세 번 연속 나타나면 런 길이가 3이라고 한다. PN 부호열에서는 런 길이가 짧은 경우가 많이 출현하고(즉 최소 런 길이인 1과 0이 교대로 나타나는 경우가 가장 많으며), 런 길이가 긴 것(제일 긴 것은 1이 m번 반복되는 경우로 단 한번만 존재한다)은 적게 출현한다. 전체 런 중에서 런 길이가 1인 것이 절반이며, 1이 m번 반복되는 경우(가장 긴 런)와 0이

$m-1$번 반복되는 경우는 단 한번이다. 그림 12.16에 $m=5$인(즉 주기가 31인) PN 부호열의 예를 보인다. 전체 가능한 런의 개수는 16이다. 이 중 런 길이가 1인 개수는 16개의 절반이 8개이고, 런 길이가 2인 개수는 전체 개수의 1/4인 4개이며, 런 길이가 3인 개수는 전체의 1/8인 2개이다. 그리고 런 길이가 4인 것과 5인 것이 각각 한 개 존재한다.

$$\underset{r_1}{\underline{1\,1\,1\,1\,1}}\,\underset{r_2}{\underline{0}}\,\underset{r_3}{\underline{1}}\,\underset{r_4}{\underline{0\,0\,0}}\,\underset{r_5}{\underline{1\,0\,0}}\,\underset{r_6}{\underline{1\,0}}\,\underset{r_7}{\underline{1}}\,\underset{r_8}{\underline{0}}\,\underset{r_9}{\underline{1}}\,\underset{r_{10}}{\underline{0}}\,\underset{r_{11}}{\underline{1\,1}}\,\underset{r_{12}}{\underline{0\,0\,0\,0}}\,\underset{r_{13}}{\underline{1\,1\,1}}\,\underset{r_{14}}{\underline{0\,0}}\,\underset{r_{15}}{\underline{1\,1}}\,\underset{r_{16}}{\underline{0}}$$

그림 12.16 주기가 31인 PN 코드에서 런 길이 특성

PN 부호열은 이와 같은 특성 이외에 다른 특성들이 있지만 이 책에서는 더 이상 살펴보지 않는다.

12.1.5 PN 코드의 동기화

대역확산 통신 시스템의 수신기에서는 반송파 동기, PN 신호 동기, 심볼(비트) 타이밍 동기의 세 가지 동기화가 필요하다. 반송파 동기와 심볼 타이밍 동기는 일반적인 디지털 통신에서 요구되는 것이고, PN 동기는 대역확산 통신에서 요구되는 사항이다. 여기서는 반송파 동기와 심볼 타이밍은 맞추어져 있다고 가정하고 PN 동기화에 대해서만 살펴보기로 한다. 대역확산 시스템의 수신기에서는 송신기에서 사용한 PN 코드를 정확히 재생시켜야만 역확산이 가능하다. PN 코드에서 한 칩 이상 동기가 맞지 않으면 상관값이 0에 근접하여 복조기가 동작하지 않기 때문에 PN 동기를 맞추는 것은 매우 중요하다. 수신기에서는 어떤 PN 신호를 사용해야 하는지 알고 있지만 채널을 거쳐 수신기에 도착한 PN 신호의 위상을 알지 못한다. 송신기와 수신기 사이의 거리로 인하여 지연이 발생하므로 수신기에서는 이 지연을 알아내야 하는데, 수신기가 이동하는 경우 위치에 따라 지연이 변화하기 때문에 지속적으로 추적하여 보정해야 한다. 처리이득이 높은 대역확산 통신 시스템에서는 앞에서 살펴본 바와 같은 장점들이 있지만 PN 신호의 칩율이 높아서 더 정밀한 동기화가 필요한데, 이것이 대역확산 시스템의 약점이 된다.

보통 PN 코드의 동기는 두 단계의 과정으로 이루어진다. 먼저 정밀도는 낮지만(T_c의 정밀도로) 신속하게 PN 신호의 동기를 획득(PN acquisition)하고, 다음 단계에서 정밀하게(T_c 이하의 정밀도로) 동기를 찾고 지연의 변화에 따른 PN 위상의 변화를 추적(PN tracking)하는 과정으로 이루어진다. PN 코드의 동기화를 위한 구현 방법은 여러 가지가 있다. 각 방식에 따라 하드웨어의 복잡도, 신뢰도, 동기화의 신속성 등이 다르며, DS 시스템과 FH 시스템에

따라 다른데, 이 책에서는 DS 시스템으로 한정하고, 개념적으로 간단한 동기화 방법에 대해서만 알아보기로 한다.

PN 코드의 획득(PN Code Acquisition)

그림 12.17에 DS/SS 신호에서 동기를 획득하는 회로의 블록도를 보인다. 초기에 임의의 PN 위상으로 발생시킨 PN 신호를 사용하여 수신 신호와 곱하고, 협대역 메시지 신호와 같은 대역폭을 가진 대역통과 필터를 통과시킨 후 신호 포락선을 비트 구간 동안 적분한다. 잡음을 고려하지 않을 때 수신 신호는 다음과 같이 표현할 수 있다.

$$r(t) = Ab(t)c(t)\cos 2\pi f_c t \tag{12.71}$$

여기서 편의상 전송 지연을 수식에 포함시키지 않았으며, 반송파의 위상도 0으로 가정하였다. 그 대신 수신기에서는 PN 코드의 위상(옵셋)에 대한 정보가 없다고 가정한다. 또한 메시지 데이터의 한 비트를 한 주기의 PN 코드로 대역확산한다고 가정한다. 즉 $T_b = NT_c$를 가정한다. 수신기에서 발생시킨 PN 신호 $c(t-\tau)$의 위상이 $c(t)$보다 k 칩만큼 늦은 것으로, 즉 $c(t-\tau) = c(t-kT_c)$로 가정하자. 수신기에서 발생시킨 PN 신호를 수신 신호와 곱하면 다음과 같다.

$$Ab(t)c(t)c(t-kT_c)\cos(2\pi f_c t) \tag{12.72}$$

만일 동기가 맞았다면($k = 0$이면) 원래의 협대역 메시지 신호로 역확산되어 대역폭 $B = 2/T_b$를 가진 대역통과 필터를 통과시켰을 때 큰 전력의 신호가 출력된다. 그러나 동기가 맞지 않은 경우 식 (12.72)의 신호는 작은 크기로 광대역에 퍼져 있는 스펙트럼을 그대로 갖는다. 따라서 대역통과 필터를 통과시켰을 때 출력 신호의 전력은 매우 작다. 신호 $b(t)$의 극성에 관계 없이 출력의 에너지만 포획하면 되기 때문에 대역통과 필터 출력의 포락선을 $T_b = NT_c$ 동안 적분한다.[7] 적분기 출력을 문턱값과 비교하여 동기화 여부를 결정한다. 동기가 맞지 않은 경우에는 적분기의 출력이 작아서 문턱값보다 작게 되며, 이 경우 PN 코드 발생기를 한 칩 지연시키고 위의 과정을 되풀이한다. 이러한 과정을 반복하다가 적분기 출력이 문턱값을 넘으면 동기 획득이 이루어진 것으로 보고 동기 추적 단계로 넘어간다. 동기 획득 과정

---

7) 동기 획득의 속도를 높이기 위하여 적분 구간을 $L \leq N$ 칩시간으로 줄여서 구현할 수도 있다.

에서는 칩 단위로 PN 코드의 위상을 변화시키므로 전송 지연을 고려했을 때 수신기에서 발생시킨 PN 신호와 실제 수신 PN 신호와의 동기 오차는 $T_c/2$ 이내가 된다.

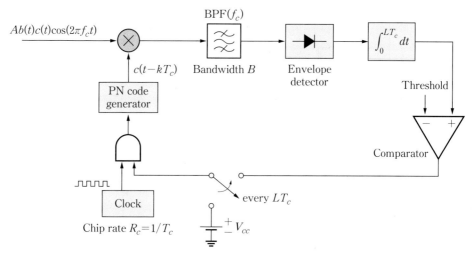

그림 12.17 DS/SS 시스템에서 PN 동기 획득

PN 코드의 추적(PN Code Tracking)

PN 신호에 대한 동기 획득이 이루어지면 동기 추적 과정으로 들어간다. 동기 추적 과정에서는 동기 획득 과정보다 높은 정밀도로 동기화가 조정되며, 수신 PN 신호와 수신기의 국부 기준 PN 신호가 동기된 상태를 유지하도록 동작한다. 만일 동기 추적 과정이 없다면 송수신기 간 거리의 변화, 다중 경로 수신의 경우 경로지연의 변화, 도플러 효과 등의 영향에 의하여 수신 PN 신호와 국부 기준 PN 신호가 동기화 상태로부터 이탈하는 현상이 발생할 수 있다. DS 신호의 추적에 자주 사용되는 회로는 그림 12.18과 같은 지연고정루프(Delayed Locked Loop: DLL)이다. PN 추적의 전 단계인 동기 획득 과정에서 수신기의 국부 PN 신호는 수신 PN 신호와 1/2칩시간 이내로 동기가 맞추어진 상태에 있다고 가정한다. 수신 PN 신호를 $c(t)$라 하고 국부 PN 발생기의 출력을 $c(t+\tau)$라 하면, $|\tau| < T_c/2$이다. PN 코드 추적은 위상오차 τ를 0으로 수렴시키도록 하는 과정이라 할 수 있다. 그림과 같이 국부 PN 발생기의 출력 신호를 $T_c/2$만큼 지연 및 선행시킨 두 신호 $c(t+\tau-T_c/2)$와 $c(t+\tau+T_c/2)$를 생성한다. 수신 신호 $Ab(t)c(t)\cos 2\pi f_c t$를 이 두 신호와 곱하고 대역통과 필터를 통과하도록 한다. 각 필터에 입력되는 신호는

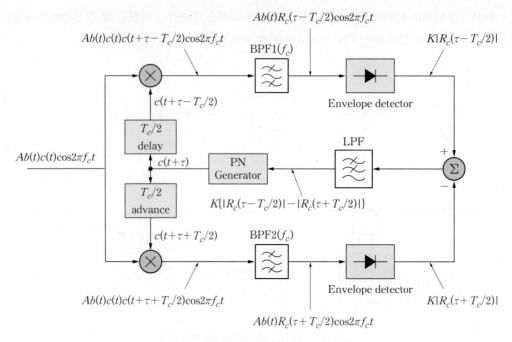

$Ab(t)c(t)c(t+\tau-T_c/2)\cos 2\pi f_c t$ — BPF1(f_c) — $Ab(t)R_c(\tau-T_c/2)\cos 2\pi f_c t$ — Envelope detector — $K|R_c(\tau-T_c/2)|$

$c(t+\tau-T_c/2)$

$T_c/2$ delay

$Ab(t)c(t)\cos 2\pi f_c t$

$c(t+\tau)$ — PN Generator — LPF

$T_c/2$ advance

$K\{|R_c(\tau-T_c/2)|-|R_c(\tau+T_c/2)|\}$

$c(t+\tau+T_c/2)$ — BPF2(f_c) — Envelope detector

$Ab(t)c(t)c(t+\tau+T_c/2)\cos 2\pi f_c t$

$Ab(t)R_c(\tau+T_c/2)\cos 2\pi f_c t$

$K|R_c(\tau+T_c/2)|$

Σ (+ / −)

그림 12.18 DLL을 이용한 DS/SS 시스템의 PN 동기 추적

$$x_1(t) = Ab(t)c(t)c(t+\tau-T_c/2)\cos 2\pi f_c t$$
$$x_2(t) = Ab(t)c(t)c(t+\tau+T_c/2)\cos 2\pi f_c t \qquad (12.73)$$

와 같이 된다. 두 개의 대역통과 필터는 동일한 특성을 가지며, 중심 주파수는 f_c 이고 대역폭은 메시지 신호 $b(t)$의 대역폭과 같은 $B=2/T_b$가 되도록 한다. 이 대역폭은 펄스폭이 $T_c \ll T_b$인 광대역의 PN 신호를 통과시키는데 필요한 대역폭에 비해 훨씬 좁다. 따라서 각 필터에서는 $c(t)c(t+\tau-T_c/2)$와 $c(t)c(t+\tau+T_c/2)$가 평균화되어(즉 직류 성분만) 출력된다. 그러므로 두 대역통과 필터의 출력은 근사적으로 다음과 같이 표현할 수 있다.

$$y_1(t) \cong Ab(t)\overline{[c(t)c(t+\tau-T_c/2)]}\cos 2\pi f_c t$$
$$= Ab(t)R_c(\tau-T_c/2)\cos 2\pi f_c t \qquad (12.74)$$
$$y_2(t) \cong Ab(t)R_c(\tau+T_c/2)\cos 2\pi f_c t$$

여기서

$$R_c(\tau) = \overline{c(t)c(t+\tau)} \qquad (12.75)$$

는 PN 신호의 자기상관 함수이다.[8] 이 두 신호가 포락선 검출기를 통과하게 되면, $b(t) = \pm 1$ 이므로 다음과 같은 출력이 만들어진다.

$$z_1 = K|R_c(\tau - T_c/2)|$$
$$z_2 = K|R_c(\tau + T_c/2)|$$

(12.76)

여기서 K는 포락선 검출기의 이득에 따라 결정되는 상수이다. 두 대역통과 필터 출력의 차에 대하여 잡음을 제거하기 위해 저역통과 필터에 통과시켜서 다음과 같은 PN 코드 발생기의 제어 입력을 발생시킨다.

$$v_c = K\{|R_c(\tau - T_c/2)| - |R_c(\tau + T_c/2)|\}$$

(12.77)

식 (12.77)로 표현된 PN 코드 발생기 제어 입력을 그림으로 나타내면 그림 12.19와 같다. 이 PN 코드 발생기 제어 입력에 의하여 PN 코드의 펄스폭을 변화시킨다. 만일 동기 오차 τ가 0보다 큰 경우 v_c는 양의 전압이 되어 PN 신호의 펄스폭이 증가하여, 결과적으로 τ가 감소한다. 반대로 τ가 0보다 작은 경우 v_c는 음의 전압이 되어 PN 신호의 펄스폭이 감소하여, 결과적으로 τ가 증가한다. 이와 같은 부궤환(negative feedback) 작용에 의하여 τ는 0으로 수렴하게 된다.

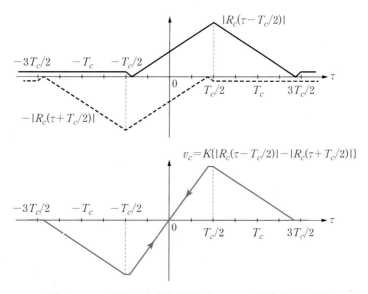

그림 12.19 PN 신호의 자기상관 함수와 PN 코드 발생기 제어 입력

8) PN 신호 $c(t)$는 결정형 신호이므로 식 (12.75)의 자기상관 함수 연산에서는 시간 평균이 사용된다.

12.2 직교 주파수분할 다중화(OFDM)

12.2.1 OFDM의 기본 원리

DS/SS는 단일 반송파로써 광대역 전송하는 기법인데 비해 OFDM은 많은 반송파로써 광대역 전송을 하는 멀티캐리어 전송 기법이다. 멀티캐리어 전송에서는 입력 데이터열을 N개의 저속 데이터열로 분리시킨 다음 각 데이터열을 서로 다른 부반송파(subcarrier)에 실어서 전송한다. 따라서 각 부반송파가 전송하는 데이터열의 심볼 길이는 입력 데이터열 심볼 길이의 N배가 된다. 그림 12.20에 멀티캐리어 전송을 위한 송수신기 구조를 보인다.

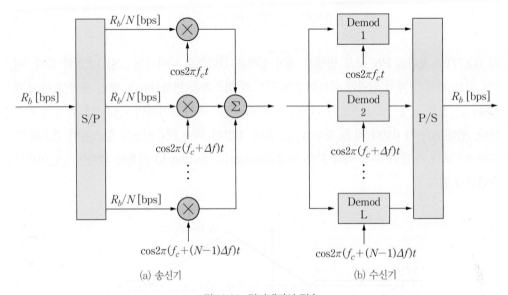

그림 12.20 멀티캐리어 전송

다중경로 환경에서는 여러 경로로 들어오는 수신 신호 간에 시간지연의 차이가 있기 때문에 인접한 심볼 영역을 침범하여 심볼 간 간섭(inter-symbol interference: ISI)이 발생한다. 심볼 길이 대비 지연시간의 차가 클수록 ISI로 인한 영향을 크게 받는다. 심볼 길이가 긴 경우(즉 저속 데이터의 경우) 다음 심볼 일부에만 영향을 미치지만 심볼 길이가 짧은 경우(즉 고속 데이터의 경우) 인접한 여러 심볼에 영향을 줄 수 있다. 멀티캐리어 전송의 장점은 심볼 길이가 길기 때문에 다중경로 채널에서 ISI의 영향을 적게 받는다는 것이다.

다중경로 채널의 특성을 주파수 영역에서 살펴보자. 송신 신호가 서로 다른 경로지연을 갖고 들어오는 채널의 주파수 응답은 주파수에 따라 이득의 변화가 있다는 특성이 있다.[9] 무선 통신에서는 여러 반사파들이 더해져서 안테나에 수신되는데, 반사파들의 위상에 따라 수신 신호의 크기가 커졌다가 작아졌다 하는 페이딩(fading) 현상이 나타난다. 다중경로 채널의 주파수 응답은 진폭 응답이 상수가 아니라서 주파수 성분별로 수신 전력의 차이가 큰 주파수 선택적 페이딩(frequency selective fading)이 일어난다는 특성이 있다. 전송 신호의 대역폭이 클수록 주파수 선택적 페이딩을 겪기 쉽다. 주파수 선택적 페이딩의 효과를 보상하기 위해 등화기를 사용하는데, 대역폭이 넓을수록 등화기 필터의 복잡도가 증가하고 전력 소모가 커진다. 그런데 멀티캐리어 전송 시스템에서는 부반송파별 데이터열의 심볼 길이가 길어서 신호의 대역폭은 좁다. 따라서 각 부채널(subchannel)은 평탄 페이딩(flat fading) 특성을 갖게 된다. 그림 12.21에 단일 반송파로 광대역 변조를 하는 경우 신호가 겪는 주파수 선택적 페이딩 채널 특성과 멀티캐리어 변조를 하는 경우 개별 부반송파 신호가 겪는 평탄 페이딩 특성을 예로 보인다. 평탄 페이딩의 경우 등화기가 매우 단순하여 상수 배만 해도 된다. 멀티캐리어 변조의 경우 어떤 부반송파는 특성이 좋고 어떤 부반송파는 전체가 깊은 페이딩에 빠질 수도 있다. 특정 주파수대의 특성이 지속적으로 나쁜 경우 해당 부채널에는 데이터를 보내지 않을 수도 있다. 부반송파별 평탄 페이딩을 겪으므로 수신기에서는 간단한 구조의 등화기를 사용하여 보상을 하면 되므로 멀티캐리어 변조 시스템은 다중경로 채널에 대처하기가 쉽다. 한편 DS/SS에서는 광대역 등화기를 사용하는 대신 여러 경로로 들어오는 반사파들을 분리하여 복조하고 통합하는 레이크 수신기를 사용하여 대처한다. 그러나 고속의 데이터를 전송하고자 하는 경우에는 충분한 처리이득을 얻기 위해 칩시간 T_c를 매우 작게 해야 하는데, 동기화 작

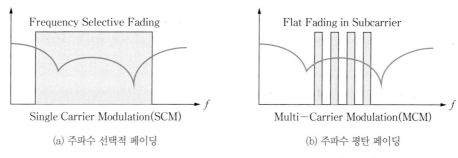

(a) 주파수 선택적 페이딩   (b) 주파수 평탄 페이딩

그림 12.21 주파수 선택적 페이딩 채널과 주파수 평탄 페이딩 채널

---

9) 송수신기 간 경로가 한 개인 경우 거리에 의한 감쇠와 시간지연만 있다면 임펄스 응답은 $h(t) = K\delta(t - t_0)$ 와 같은 형태가 되어 주파수 응답은 $|H(f)| = K$ 로 진폭응답이 일정하다. 그러나 경로가 두 개인 경우 채널의 임펄스 응답은 $h(t) = K_1(t - t_0) + K_2\delta(t - t_0 - \tau)$ 형태가 되는데, $|H(f)|$ 가 더 이상 상수가 아니다. 즉 진폭 이득이 주파수에 따라 달라진다.

업도 어려워질 뿐만 아니라 레이크 수신기 구현에 요구되는 복조기 개수가 많아진다. 따라서 수신기 복잡도가 증가하고 전력 소모도 많아진다.

멀티캐리어 변조의 문제점은 수백에서 수천 개의 부반송파 회로를 구현하기 어려우며, 인접 부반송파 간의 간섭을 막기 위해 부반송파 간 간격(Δf)을 크게 하는 경우 대역폭 효율이 크게 떨어진다는 점이다. 또한 병렬 신호들이 더해지면 PAPR(Peak to Average Power Ratio)이 커지는데, 신호 크기 범위(dynamic range)가 커지면 A/D 및 D/A 변환기 설계가 어렵고 선형성이 매우 좋은 전력증폭기가 요구된다(또는 전력증폭기의 효율이 떨어진다).

OFDM은 부반송파 간 간격을 심볼 길이의 역수로 하여 비록 스펙트럼이 주파수상에서 중첩되더라도 부반송파 신호 간 직교성이 성립하여 반송파 간 간섭(inter-carrier interference: ICI)을 일으키지 않는 전송 기법이다. 그림 12.22에 OFDM 심볼 길이가 T인 경우 부반송파 신호들의 푸리에 변환 모양을 예를 들어 보인다. 변조 심볼 길이가 T_s인 데이터를 N개의 병렬 데이터열로 만들면 각 데이터열의 심볼(OFDM 심볼이라 부르자) 길이는 $T = NT_s$로 길어진다. 병렬 데이터열은 서로 다른 부반송파에 실어서 전송한다. 여기서 부반송파 간 간격을

$$\Delta f = f_{i+1} - f_i = \frac{1}{T} = \frac{1}{NT_s} \tag{12.78}$$

로 하면

$$\int_0^T \cos(2\pi f_i t)\cos(2\pi f_j t)dt = 0, \quad i \neq j \tag{12.79}$$

가 되어 ICI가 0이 된다. 그러므로 부채널 간 상호 간섭이 없어서 독립적으로 정보 전달을 할 수 있다. 이와 같이 OFDM은 부반송파 스펙트럼이 중첩되어 주파수 효율이 높으며, 또한 이산 푸리에 변환을 사용하여 디지털로 쉽게 구현이 가능하다.

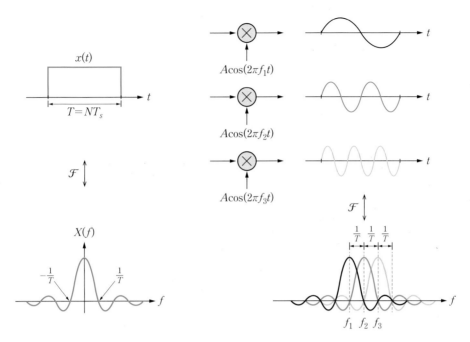

그림 12.22 OFDM 부반송파 신호의 푸리에 변환

이제 좀더 일반화하여 OFDM 변조의 원리를 살펴보자. OFDM 변조기에 입력되는 데이터 열이 M진 변조 심볼열(예를 들어 QPSK, QAM)이라고 하자. 11장에서 대역통과 신호들을 복소 포락선(complex envelope)을 사용하여 표현하였다. 따라서 심볼 구간 T_s 동안 변조 심볼은

$$\tilde{X}(t) = Ae^{j\theta} = I + jQ, \quad 0 \le t < T_s \tag{12.80}$$

와 같이 복소수로써 표현할 수 있다.[10] 그러면 OFDM 변조를 복소 정현파를 사용하여 표현할 수 있다. 그림 12.23(a)에 OFDM 변조기의 구조를 보인다. N개의 부반송파를 사용하는 시스템에서 한 OFDM 심볼 구간 $T = NT_s$ 동안 입력되는 변조 심볼이 $X_0,\ X_1,\ \cdots,\ X_{N-1}$ 이라고 하자.[11] 그러면 OFDM 신호(복소 포락선)는 다음과 같이 표현된다.

$$\tilde{x}(t) = \sum_{k=0}^{N-1} \tilde{x}_k(t) = \sum_{k=0}^{N-1} X_k e^{j2\pi f_k t} = \sum_{k=0}^{N-1} X_k e^{j2\pi k \Delta f t}, \quad 0 \le t < T \tag{12.81}$$

---

10) 복소 포락선은 기저대역 신호이며, 실제 대역통과 신호는 $r(t) = \mathrm{Re}\left\{\tilde{x}(t)e^{j2\pi f_c t}\right\}$ 가 된다.

11) 위에서 언급한대로 변조 심볼 X_k는 복소수이다.

여기서 $f_k = k\Delta f$ 이며, $\Delta f = 1/T$ 이다. 그러면 두 개의 OFDM 변조된 부반송파 간 직교성은 다음과 같이 확인할 수 있다.

$$\int_0^T \tilde{x}_{k_1}(t)\tilde{x}_{k_2}^*(t)dt = \int_0^T X_{k_1} X_{k_2}^* e^{j2\pi k_1 \Delta ft} e^{-j2\pi k_2 \Delta ft} dt = \int_0^T X_{k_1} X_{k_2}^* e^{j2\pi(k_1-k_2)\Delta ft} dt = 0 \tag{12.82}$$
$$\text{for } k_1 \neq k_2$$

그림 12.23(b)에 OFDM 복조기의 구조를 보인다. 부반송파 간 직교성으로 상호 간섭이 없다.[12] 변조기에서 사용한 복소 정현파에 대한 공액복소 정현파를 곱하고 심볼 구간 동안 적분하면 변조 심볼이 출력되는데, 이 심볼에 대해 역매핑(demapping)을 하여 정보 데이터를 복원하면 된다. 그림 12.23(b)에서 수신 신호가 식 (12.81) 형태로 들어온다고 가정하고 m번째 부반송파에 실려 있는 데이터 심볼을 수식으로 표현하면

$$\frac{1}{T}\int_0^T \tilde{x}(t)e^{-j2\pi m\Delta ft}dt = \frac{1}{T}\int_0^T \sum_{k=0}^{N-1} X_k e^{j2\pi k\Delta ft} e^{-j2\pi m\Delta ft}dt \tag{12.83}$$
$$= \frac{1}{T}\sum_{k=0}^{N-1} X_k \int_0^T e^{j2\pi(k-m)t/T}dt = X_m$$

가 되어 m번째 변조 심볼임을 확인할 수 있다.

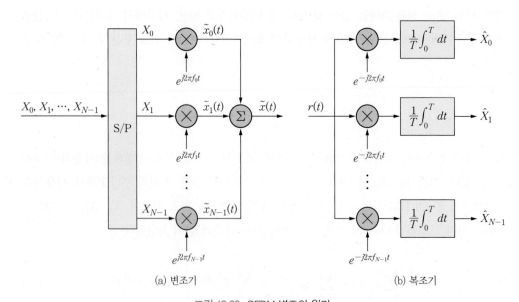

(a) 변조기 (b) 복조기

그림 12.23 OFDM 변조의 원리

---

12) 다중경로 페이딩 채널에서는 부반송파 간 직교성이 손상되어 ICI가 발생한다. 이에 대한 설명과 대처 방법은 뒤에 기술되어 있다.

12.2.2 보호 구간(Guard Interval)과 순환 확장(Cyclic Extension)

다중경로 채널에서는 경로차로 인한 시간지연의 차가 발생하여 늦게 들어오는 신호가 인접한 다음 심볼 영역으로 침범하여 ISI를 유발한다. OFDM에서는 심볼 길이가 길기 때문에 ISI 영향을 작게 받지만 ISI 문제가 완전히 해결되는 것은 아니다. 그림 12.24에 다중경로 채널의 영향으로 ISI가 발생하는 현상을 보인다. 그림에서는 두 개의 경로가 있는 경우를 가정하였다. 이 경우 임펄스 응답은

$$h(t) = \rho_0 \delta(t - t_0) + \rho_1 \delta(t - t_0 - \tau) \tag{12.84}$$

와 같이 표현할 수 있다. 처음 들어오는 신호를 직접파로 보고, 이로부터 τ만큼 늦게 들어오는 신호를 반사파로 보자. 여기서 처음 들어오는 신호와 나중에 들어오는 신호의 상대적인 시간지연 차 τ를 초과지연(excess delay)이라 부른다.[13] 심볼1의 반사파가 심볼2의 시작 영역에서 심볼2 직접파와 간섭을 일으키는 것을 볼 수 있다. 이와 같이 OFDM 심볼마다 심볼 시작 영역에 지연되어 들어온 이전 심볼이 침범하여 간섭이 일어난다.

ISI 문제를 해결하는 방안으로 심볼 사이에 보호 구간(Guard Interval: GI)을 두는 것을 생각할 수 있다. 즉 하나의 심볼이 끝나면 바로 다음 심볼을 보내는 것이 아니라 시간 지연되어 들어오는 다중경로 성분들을 기다렸다가 다음 심볼을 보내는 것이다. 그림 12.25에 길이 T_G의 보호 구간을 두는 경우 다중경로 채널의 영향을 보인다. OFDM 심볼의 길이를 T_{sym} 라 하면 $T_{sym} = T_G + T$ 와 같이 하여 T 구간에만 메시지 신호를 실어 보내고 T_G 구간은 지연 신호를 위한 완충 영역으로 두는 것이다. 여기서 메시지가 실려 있는 구간 T를 유효 심볼 구간이라 하자. 즉 OFDM 심볼 구간 중에서 일부는 보호 구간으로 두고 나머지 유효 심볼 구간에 메시지를 실어서 보내는 것이다. T_G는 OFDM 시스템의 설계 파라미터로서 최대 경로지연보다 길게 선정해야 ISI가 발생하지 않는다. 그런데 최대 경로지연은 사전에 알지 못하며 환경에 따라 다르다. T_G를 충분히 크게 선정하면 ISI 영향으로부터 안전해지지만 유효 심볼 구간이 줄어들어서 심볼 에너지가 작아지므로 잡음에 취약해진다. 다른 관점으로 보면 원하는 성능을 위해서 전송할 수 있는 데이터율이 낮아진다. 반대로 T_G를 너무 작게 선정하면 잡음에 대한 내성은 증가하지만 반사파로 인한 ISI가 생길 수 있다. 일반적으로 T_G는 실효 지연확산(rms delay spread)[14]의 4배 정도, OFDM 심볼 길이의 20% 이하가 되도록 설정한다.

---

13) ISI 문제를 일으키는 것은 t_0 가 아니라 여러 경로 신호의 시간지연 차, 즉 초과지연 τ 이다.

14) 다중경로 채널에서 처음 도착한 신호로부터 뒤늦게 들어오는 반사파들의 초과지연에 대해 반사파 신호의 전력을 가중치로 하여 rms(root mean square) 값을 계산한 것으로 전파 환경에 따라 다르다.

그림 12.25에서는 T_G 구간을 비워두는 경우를 가정하였다. 반사파로 인한 ISI가 발생하지 않는 것을 확인할 수 있다. 그런데 보호 구간 동안 신호를 보내지 않는 경우 다른 문제가 발생할 수 있다. OFDM에서는 서로 다른 부반송파 간 간섭, 즉 ICI가 없다. 그러나 그림 12.25와 같이 T_G 구간을 0으로 하는 경우 반사파(점선 표시)가 다른 부반송파와 직교하지 않아서 ICI가 발생한다. ICI가 0이 되기 위해서는 유효 심볼 구간 동안 두 반송파를 곱하고 적분한 것이 0이 되어야 하는데, 부반송파1의 반사파(즉 지연된 신호)는 일부가 0이라서 완전한 정현파가 아니므로 부반송파2와의 직교성이 손상된다.

ISI와 ICI 문제를 모두 해결하는 방안이 T_G 구간을 순환 전치(cyclic prefix: CP)로 채우는 기법으로 그림 12.26에 설명되어 있다. 순환 전치란 심볼의 뒷부분을 복사하여 T_G 구간을 채우는 것이다. 이렇게 함으로써 반사파가 유효 심볼 구간 동안 완전한 정현파를 이루어 다른 부반송파와 직교하게 된다. 이 방식의 단점은 보호 구간 동안에도 신호를 전송하므로 전력 손실이 있다는 것이다.

지금까지 설명한 것을 요약해보자. 다중경로 채널의 영향으로서 ISI를 방지하기 위해 심볼 앞부분에 보호 구간을 두며, 보호 구간을 비워두는 경우 발생하는 ICI를 방지하기 위해 심볼 뒷부분을 복사하여 보호 구간에 삽입하는 순환 전치를 통해 ISI와 ICI 문제를 모두 해결할 수 있다. OFDM 전송의 응용에 따라 보호 구간을 심볼 뒤에 두거나 앞뒤에 모두 두는 경우도 있다. 순환 후치(cyclic suffix: CS)는 심볼 앞부분을 복사하여 심볼 뒷부분 보호 구간에 삽입하는 방식이다. CS는 상향스트림과 하향스트림 간의 간섭 방지 등의 목적으로 사용된다. VDSL 시스템의 경우 대역을 상향스트림과 하향스트림을 위한 부반송파 그룹으로 나누어 동시에 송수신하는 디지털 듀플렉싱(duplexing)을 사용하는데, 여기서는 CP와 CS를 모두 사용한다. CP는 다중경로 채널에서 발생하는 ISI를 제거하는 목적으로, CS는 상향스트림과 하향스트림 간의 간섭을 방지하기 위한 목적으로 사용된다. CP나 CS를 일반화하여 순환 확장(cyclic extension)이라 한다.

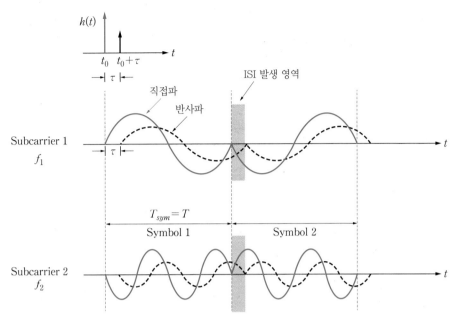

그림 12.24 보호 구간이 없는 경우 다중경로 채널의 영향

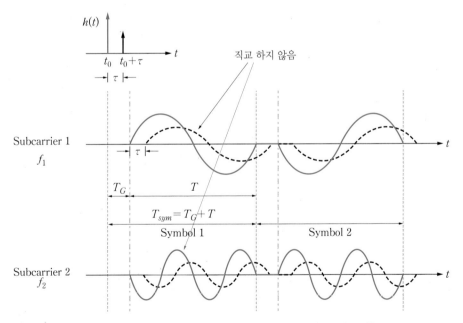

그림 12.25 보호 구간을 두고 비워 놓는 경우 다중경로 채널의 영향

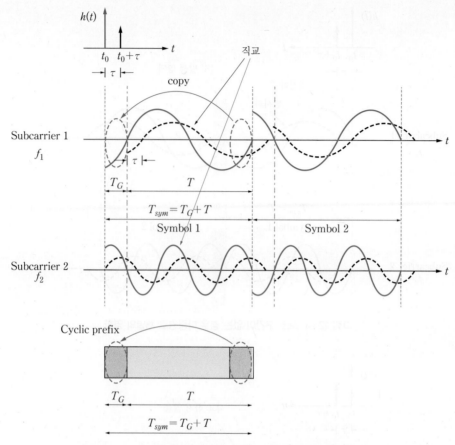

그림 12.26 보호 구간을 순환 전치로 채우는 경우 다중경로 채널의 영향

12.2.3 OFDM 송수신기 구조

표본화된 OFDM 신호의 표현

OFDM 변복조의 디지털 구현에 대해 알아보자. 유효 OFDM 심볼 구간 T에서 다중 반송파로 변조한 후 보호 구간 동안 순환 전치를 삽입하여 전송하기 때문에 T 구간에서의 다중 반송파 변조의 이산시간 표현을 해보도록 한다. 시구간 T에서의 신호를 N개의 표본으로 나타낸다고 하자. 그러면 표본 간격은 $\Delta t = T/N$ 가 된다(또는 표본화 주파수는 $f_s = N \cdot \Delta f$). 그러면 $\Delta f = 1/T$ 이므로 OFDM 심볼을 나타낸 식 (12.81)은 다음과 같이 표현된다.

$$\tilde{x}_n = \tilde{x}(t)\Big|_{t=n\Delta t} = \sum_{k=0}^{N-1} X_k e^{j2\pi k\Delta ft}\Big|_{t=n\Delta t} = \sum_{k=0}^{N-1} X_k e^{j2\pi k\Delta fn\Delta t}$$

$$= \sum_{k=0}^{N-1} X_k e^{j2\pi kn/N}, \quad n = 0, 1, 2, \cdots, N-1 \tag{12.85}$$

식 (12.85)는 N개의 PSK 또는 QAM 등의 변조 심볼 $X_0, X_1, \cdots, X_{N-1}$ 에 대한 IDFT(Inverse Discrete Fourier Transform) 형태가 되며, 실제 구현에서는 IFFT(Inverse Fast Fourier Transform) 알고리즘을 사용하여 고속 구현한다. OFDM 복조를 나타낸 식 (12.83)은 수신 신호에 대한 푸리에 변환을 나타내므로 수신된 OFDM 심볼 $\tilde{x}_0, \tilde{x}_1, \cdots, \tilde{x}_{N-1}$ 에 대해 DFT(Discrete Fourier Transform)를 취하여 변조 심볼 $X_0, X_1, \cdots, X_{N-1}$ 을 복원할 수 있다.[15] 즉

$$X_k = \frac{1}{N}\sum_{n=0}^{N-1} \tilde{x}_n e^{-j2\pi kn/N}, \quad k = 0, 1, 2, \cdots, N-1 \tag{12.86}$$

역시 실제 구현에서는 FFT(Fast Fourier Transform)을 사용하여 고속 구현을 할 수 있다.

OFDM 송수신기 구조

그림 12.27에 OFDM 송수신기의 블록도를 보인다. 고속의 정보 비트열이 채널 부호화기/인터리버를 거쳐 변조기에 입력된다.[16] 변조기에서는 입력 비트열을 MPSK나 QAM 변조 심볼로 매핑시켜 출력한다. 변조 심볼열은 직렬/병렬 변환기를 거쳐 병렬화되고, IDFT를 통해 OFDM 심볼이 생성된다. 병렬/직렬 변환기를 통해 직렬 심볼열이 되고, 순환 전치 심볼 삽입부를 거쳐 D/A 변환된 다음 RF 단을 거쳐 전송된다. 무선 채널을 거쳐 수신된 OFDM 신호는 RF 단을 통해 기저대역으로 천이된 다음 A/D 변환기에 의해 디지털 신호화된다. 보호 구간 제거 과정을 거친 후 OFDM 심볼열은 직렬/병렬 변환기에 의해 병렬화된다. 그 다음 DFT를 통해 OFDM 복조가 이루어진다. 부반송파를 통해 수신된 데이터는 무선 채널의 영향으로 크기와 위상이 왜곡되어 있으므로 등화기를 통해 채널 보상이 이루어진다. 채널 등화기를 통과한 데이터 심볼은 병렬/직렬 변환기를 통해 직렬화된 후 복조 과정을 거친다. 복조기에서는 역매핑(demapping)을 통해 채널 부호화된 심볼이 복구된다. 그 다음 역인터리빙 빛

---

15) 식 (12.85)와 식 (12.86)에서 $1/N$ 인자의 위치를 바꾸어도 상관 없으며, 보통 DFT와 IDFT 수식에서는 바꾸어서 표현한다.

16) 채널 부호화와 인터리빙은 13장에서 설명한다.

채널 복호 과정을 통해 정보 비트가 복원된다.

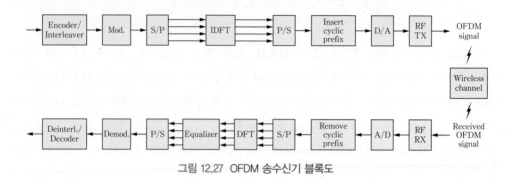

그림 12.27 OFDM 송수신기 블록도

예제 12.6

대역폭이 $W = 5\,\text{MHz}$ 이고 $N = 512$ 개의 부반송파를 사용하여 QPSK 변조하는 OFDM 시스템이 있다. 이 시스템이 동작하는 채널 환경은 최대 경로지연이 $T_m = 10\mu s$ 라고 가정하자.

(a) 보호 구간을 두지 않는다면 이 시스템이 전송할 수 있는 데이터의 비트율은 얼마인가?

(b) 보호 구간을 최대 경로지연의 1.2배로 설정하는 경우 이 시스템이 전송할 수 있는 데이터 비트율은 얼마인가?

(c) 부반송파 중에서 일부를 채널 추정을 위한 파일럿(pilot) 전송에 사용하기도 하며, 인접 채널과의 간섭을 줄이기 위하여 대역 가장자리의 부반송파 일부를 비워두기도 한다. 보호 구간을 (b)와 같이 설정하고, 전체 부반송파 중 80%만 데이터 전송을 위해 사용하는 경우 이 시스템이 전송할 수 있는 데이터 비트율은 얼마인가?

풀이

(a) 부반송파 간격은

$$\Delta f = \frac{W}{N} = \frac{5 \times 10^6}{512} = 9.77\;\text{kHz}$$

이다. 보호 구간을 두지 않는 경우 OFDM 심볼 길이는

$$T_{sym} = T = \frac{1}{\Delta f} = 102.4\;\mu s$$

가 된다. QPSK 변조를 사용하므로 한 OFDM 심볼 구간 동안 부반송파별로 두 비트가 전송된다. 그러므로 전송되는 데이터 비트율은 다음과 같다.

$$R_b = \frac{N(\text{subcarriers}) \times k(\text{bits/subcarrier})}{T_{sym}(\text{ODFM symbol duration})} = \frac{512 \times 2}{102.4} = 10 \text{ Mbps}$$

(b) 보호 구간을 $T_G = 1.2\,T_m = 12\ \mu s$ 로 하는 경우 OFDM 심볼 길이는

$$T_{sym} = T + T_G = 114.4\ \mu s$$

가 된다. 따라서 전송 데이터 비트율은 다음과 같다.

$$R_b = \frac{512 \times 2}{114.4} = 8.95 \text{ Mbps}$$

(c) 80%만 데이터 전송에 사용되므로 전송되는 비트율은 다음과 같다.

$$R_b = 8.95 \times 0.8 = 7.16 \text{ Mbps}$$

예제 12.7

데이터율이 $R_b = 40$ Mbps 인 메시지를 $N = 100$ 개의 부반송파를 사용하여 16-QAM 변조하는 OFDM 시스템이 있다.

(a) 보호 구간을 OFDM 심볼 길이의 1/5로 설정한다고 하자. 이 OFDM 시스템의 부반송파 간 간격과 전체 대역폭은 얼마인가?

(b) 보호 구간을 두지 않는 경우 OFDM 시스템의 부반송파 간 간격과 전체 대역폭은 얼마인가?

풀이

(a) 16-QAM 변조를 하는 경우 변조 심볼 길이는

$$T_s = k\,T_b = \frac{k}{R_b} = \frac{4}{40[\text{Mbps}]} = 0.1\ \mu s$$

이다. $N = 100$ 개의 부반송파를 사용하면 OFDM 심볼 길이는 다음과 같다.

$$T_{sym} = NT_s = 10\ \mu s$$

$T_G = T_{sym}/5$ 로 설정하는 경우 유효 OFDM 심볼 길이는 다음과 같이 구할 수 있다.

$$T_{sym} = T + T_G = T + \frac{T_{sym}}{5}$$
$$\Rightarrow T = 0.8 T_{sym} = 8\ \mu s$$

따라서 부반송파 간 간격 Δf 와 OFDM 대역폭 W는 다음과 같다.

$$\Delta f = \frac{1}{T} = \frac{1}{8\ \mu s} = 125\ \text{kHz}$$
$$N \cdot \Delta f = 12.5\ \text{MHz}$$

(b) $T_G = 0$ 이면 유효 OFDM 심볼 길이는 $T = T_{sym} = 10\ \mu s$ 가 된다.
따라서 부반송파 간 간격 Δf 와 OFDM 대역폭 W는 다음과 같다.

$$\Delta f = \frac{1}{T} = \frac{1}{10\ \mu s} = 100\ \text{kHz}$$
$$N \cdot \Delta f = 10\ \text{MHz}$$

12.2.4 OFDMA

OFDM 변조는 광대역을 사용하기 때문에 OFDM을 기반으로 하는 통신 시스템에서는 여러 사용자를 수용할 수 있도록 하는 다중접속 기술이 필요하다. 단일 반송파 시스템에서와 같이 시분할(TDMA), 주파수 분할(FDMA), 코드 분할(CDMA) 다중접속 방식이 가능하다. OFDM-TDMA 방식은 사용자별로 시간 슬롯을 할당하고, 할당 받은 시간 슬롯 동안에는 전체 부반송파를 모두 사용한다. 사용자 요구에 따라(또는 서비스 등급에 따라) 시간 슬롯 수를 달리하여 지원할 수도 있다. OFDM-FDMA는 전체 부반송파 중에서 사용자에게 일부를 할당하여 여러 사용자를 수용하는 방식인데 사용자 요구에 따라 부반송파 개수를 달리하여 지원할 수 있다. OFDM-FDMA를 OFDMA(Orthogonal Frequency Division Multiple Access)라 하기도 하는데, 보통 OFDMA 시스템에서는 사용자별 부반송파 할당뿐만 아니라 시간 슬롯도 할당하여 자원의 활용도를 높인다. 가용한 시간과 주파수 자원을 기본 단위로 분할하여 자원 블록(resource block: RB)으로 정의하고, 사용자에게 RB를 할당한다. OFDM-CDMA는 여러 사용자가 시간 슬롯과 부반송파를 공유하지만 각 사용자는 고유의 코드를 사용하여 구별되도록 하는 방식이다. 이 방식은 다시 코드의 적용 방식에 따라 MC-CDMA, 멀티캐리어 DS-CDMA, MT-CDMA 등으로 세분된다. 그림 12.28에 OFDM-TDMA와 OFDM-FDMA 방식에서 자원 할당의 예를 보인다.

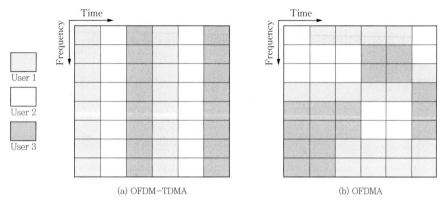

그림 12.28 OFDM에서의 다중접속 방식

OFDMA에서는 전체 부반송파 중에서 일부의 반송파를 사용자에게 할당하는데, 사용자에게 부반송파들을 할당하는 방식은 여러 가지가 있다. 주파수 상에서 인접한 반송파들을 묶어서 한 사용자에게 할당할 수도 있고, 주파수 상에서 분산된 위치의 반송파들을 한 사용자에게 할당할 수도 있다. 전자를 집중 타입(localized type)이라 하고 후자를 분산 타입(distributed type)이라 한다. 집중 타입은 블록 타입, 클러스터 타입, 밴드 타입 등의 이름으로도 불린다. 그림 12.29에 집중 타입과 분산 타입의 부반송파 할당 방식의 예를 보인다. 분산 타입은 다시 comb 타입과 랜덤 타입이 있는데, comb 타입에서는 등간격의 반송파들로 부채널이 형성되며, 랜덤 타입에서는 전 대역에 랜덤하게 퍼져 있는 반송파로 부채널이 형성된다.

집중 타입은 비교적 안정된 채널 상황에서 많이 사용되는데, 부반송파 블록별로 채널 상황에 적합하게 AMC(Adaptive Modulation and Coding)를 할 수 있어서 수율(throughput)을 최대화할 수 있다는 장점이 있다. AMC란 채널 상황에 따라 변조 방식과 채널 부호화 방식을 적응적으로 바꿔가면서 전송하는 방식을 말한다. 채널 상황이 좋으면(SNR이 높으면) 64-QAM 등 고차의 M진 변조와 부호율(code rate)이 높은(예를 들면 $r = 7/8$) 채널 부호화 방식을 사용하고, 채널 상황이 나쁘면(SNR이 낮으면) BPSK와 같이 신뢰성이 높은 이진 변조와 부호율이 낮은(예를 들면 $r = 1/4$) 채널 부호화를 사용한다.[17] AMC를 사용하기 위해서

---

17) 채널 부호화는 13장에서 다루는데 기본적인 개념은 정보 비트에 패리티 비트를 추가하여 수신측에서 오류를 검출

는 채널 상황이 어떤지 채널 추정(channel estimation)을 해야 하는데, 집중 타입에서는 전 대역이 아닌 해당 블록에 대해서만 채널 추정을 하면 되므로 채널 추정이 간단하다.

분산 타입에서는 부채널이 전 대역에 퍼져 있기 때문에 주파수 다이버시티(diversity) 효과를 얻을 수 있다는 장점이 있다. 즉 어떤 부반송파는 깊은 페이딩에 빠져 있어서 오류가 발생하기 쉽지만 이와 떨어진 다른 부반송파는 좋은 상태에 있을 수 있으므로 정보 복원이 가능하다. 그러나 분산 타입에서는 채널 추정을 위해 전체 대역에 퍼져 있는 파일럿을 사용해야 하므로 구현이 복잡하다는 단점이 있다.

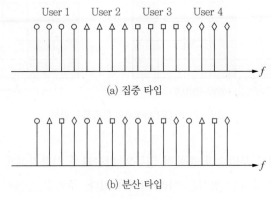

그림 12.29 OFDMA에서의 부반송파 할당 방식

<hr />

하거나 정정할 수 있도록 하는 기법이다. 패리티를 많이 추가할수록 오류정정 능력이 높아지지만 전송할 데이터가 늘어나서 전송 대역폭이 넓어진다. 따라서 주어진 대역폭으로 전송할 수 있는 메시지 데이터율이 떨어진다. 부호율이란 메시지 비트 수를 패리티가 더해진 코드의 비트 수로 나눈 값($0 < r < 1$)으로 정의된다. 부호율이 낮다는 것은 패리티 비트를 많이 추가했다는 것을 의미하며, 전송되는 데이터 중에 실제 메시지 분량은 적다는 것으로 이해하면 된다.

12.1 DS/CDMA-BPSK 시스템이 AWGN 환경에서 동작하고 있다.

(a) 처리이득이 20dB이고 시스템 내 사용자 수가 50명이라고 하자. 수신 E_b/N_0 가 13dB라면 이 시스템의 비트오류 확률은 얼마인가?

(b) (a)에서 수신 E_b/N_0 가 무한대라면 이 시스템의 비트오류 확률은 얼마인가?

(c) (a)에서 비트오율 품질을 그대로 유지하면서 E_b/N_0 를 증가시킴으로써 사용자 수를 늘리고자 한다. 최대 얻을 수 있는 사용자 수는 몇 명인가?

(d) (a)에서 E_b/N_0 를 2배로 증가시키는 경우 비트오율 품질을 유지하는 조건 하에서 수용 가능한 사용자 수는 얼마나 증가하는가?

(e) (a)에서 E_b/N_0 를 5배로 증가시키는 경우에 대해 (d)를 반복하라.

12.2 DS/CDMA-BPSK 시스템이 AWGN 환경에서 동작하고 있다. 원하는 비트오류 확률이 $P_b \leq 10^{-6}$ 이라고 하자.

(a) 수용 가능한 사용자 수를 40명 이상으로 하기 위해서는 처리이득을 어떻게 설정해야 하는가? 여기서 신호의 전력은 제한을 두지 않는다.

(b) (a)에서 수신 E_b/N_0 가 26dB를 가정하고 구하라.

(c) (b)의 수신 E_b/N_0 환경에서 사용자 수를 5명 더 증가시키고자 한다. 처리이득을 얼마로 해야 하는가?

12.3 DS/SS-BPSK 시스템이 반송파 주파수 $f_c = 100\,\text{MHz}$ 로 비트율 $R_b = 10\,[\text{kbps}]$ 의 메시지 데이터를 전송한다. PN 코드로는 m-sequence를 사용하며 한 비트 구간에 한 주기의 PN 코드가 들어가게 한다고 하자.

(a) 처리이득을 200 이상이 되도록 하려면 PN 코드 발생기의 시프트 레지스터 메모리를 몇 개 이상으로 해야 하는가?

(b) (a)에서 결정한 PN 코드로 대역확산을 하는 경우 칩율(chip rate)은 얼마인가?

(c) 전송 신호의 대역폭은 얼마인가?

(d) 수신 신호의 진폭이 2mV 라고 가정하자. 채널은 AWGN 채널이며 PSD는 $N_0/2 = 10^{-11}\,\text{W/Hz}$ 라 하자. 수신기의 비트오류 확률은 얼마인가?

12.4 비트율이 $R_b = 4\,[\text{kbps}]$인 데이터에 대해 처리이득을 1000으로 DS/SS–BPSK로 확산 변조하고, 평균전력을 0.5W로 하여 전송하는 시스템이 있다. 평균전력이 P_J이고 주파수가 DS/SS–BPSK의 반송파와 일치하는 단일 톤(tone)의 교란(jamming) 신호가 가해진다고 하자. 잡음은 없다고 가정하고, 이 교란 신호를 가지고 상대 DS/SS–BPSK 비트오류 확률을 10^{-2} 이상이 되도록 하고자 한다. 교란 신호의 전력은 몇 W로 해야 하는가?

12.5 문제 12.4의 시스템이 AWGN 채널 환경에서 동작한다고 하자. 잡음의 PSD는 $N_0/2 = 2.5 \times 10^{-6}$ W/Hz 라 가정하고, 교란 신호의 전력은 200W라고 하자. 이 시스템의 비트 오류 확률을 구하라.

12.6 비트율이 10kbps인 데이터를 DS/SS–BPSK로 확산 변조하여 전송하는 시스템을 설계하고자 한다. 송신 신호의 대역폭은 20MHz를 초과하지 않도록 하며, 한 메시지 비트 구간에 한 주기의 PN 신호가 들어오도록 확산시킨다. PN 코드로는 m-sequence를 사용하며, 처리이득은 최대로 만들고자 한다. 펄스 정형은 구형파를 사용한다고 하자.

(a) PN 신호를 m-sequence로써 발생시키려면 시프트 레지스터의 길이(메모리 소자 개수)는 얼마 이상으로 해야 하는가?

(b) 이 경우 처리이득은 얼마인가?

(c) PN 코드의 칩율은 얼마인가?

12.7 비트율이 1kbps인 데이터를 처리이득 1000으로 DS/SS–BPSK로 확산 변조하고, 평균전력 P_s로 전송하는 시스템이 있다. 반송파 주파수는 100MHz를 사용한다. 이 전송 신호에 대해 평균전력이 P_J인 단일 톤의 교란 신호가 가해진다고 하자. 교란 신호의 주파수는 DS/SS–BPSK의 반송파 주파수와 동일하다고 가정하자.

(a) 수신 신호의 PSD를 그려보라. 잡음은 없다고 가정한다.

(b) 수신기에서는 $\cos(2\pi f_c t)$를 곱하고 역확산을 한 다음 저역통과 필터를 통과시킨다. 저역통과 필터 출력의 PSD를 그려보라.

(c) 역확산 후 한 비트 구간 동안 적분을 했을 때 SNR을 구하라.

12.8 비트율이 1kbps인 데이터를 DS/SS–BPSK 확산 변조하여 전송하는 시스템이 다중경로 채널에서 동작하고 있다. 이 채널은 두 개의 경로를 가지며 각각의 경로 지연은 $4\mu s$와 $6\mu s$라 하자. 다중경로 간섭의 영향을 줄이기 위해서는 처리이득을 어떻게 결정해야 하는가?

12.9 어떤 DS/SS–BPSK CDMA 시스템에서 각 사용자는 비트율 8kbps의 데이터를 칩율 2Mcps의 PN 코드를 사용하여 대역확산한 후 BPSK 변조하여 100mW의 전력으로 전송한다. 이 시스템에는 40명의 사용자가 동일한 전력을 사용하여 동시에 통신하고 있으며, 수신기에 입력되는 잡음은 무시할 만하다고 가정하자.

(a) 비트오류 확률을 구하라.

(b) 40명의 사용자 중에서 한 명의 근거리 사용자가 전력제어를 하지 않아서 다른 사용자에 비해 16dB 큰 전력으로 수신된다고 하자. 이 경우 비트오류 확률은 어떻게 변화하는가?

12.10 문제 12.9의 시스템이 AWGN 채널 환경에서 동작하고 있다고 하자. 잡음의 PSD를 $N_0/2 = 2.5 \times 10^{-6}$ W/Hz 로 가정하고 문제 12.9를 반복하라.

12.11 DS/CDMA–BPSK 시스템에서 모든 사용자가 동일한 전력을 사용하여 통신하고 있다고 하자. 각 사용자는 비트율 8kbps의 데이터를 칩율 2Mcps의 PN 코드를 사용하여 대역확산한다. 시스템에서 요구하는 비트오율 품질은 10^{-4} 이라고 하자. 사용자 간 간섭에 비해 수신기 잡음은 무시할 만한 수준이라고 가정하면 이 시스템에서 수용 가능한 사용자는 모두 몇 명인가?

12.12 메시지 데이터의 비트율이 1kbps인 FH/SS–BFSK 시스템에서 주기가 $N = 2^{10} - 1$ 인 PN 코드를 사용하여 주파수 도약을 하며, 각 반송파 신호가 심볼 구간에서 서로 직교하도록 주파수 간격을 설정한다고 하자. 필요한 전송 대역폭은 얼마인가?

12.13 메시지 데이터율이 12kbps인 FH/SS–8FSK 시스템이 있다. 이 시스템의 PN 코드는 12단의 LFSR로부터 만들어지는 m–sequence라고 하자. 이 LFSR는 8kHz의 클럭으로 동작하며, SR의 상태에 의해 어떤 주파수로 반송 주파수가 도약되는지가 결정된다. 각 반송파 신호가 심볼 구간에서 서로 직교하도록 주파수 간격을 설정한다고 하자.

(a) 확산 대역폭은 얼마인가?

(b) 변조 심볼당 몇 개의 PN 칩이 있는가?

(c) 이 시스템은 fast hopping과 slow hopping 중 어느 유형인가?

12.14 그림 P12.14와 같은 선형피드백 시프트 레지스터(LFSR)가 있다. 이 회로의 클럭 속도는 3MHz 이며, 시프트 레지스터의 초기 상태는 [1111]이라고 하자.

(a) 이 PN 수열 발생기의 생성다항식을 표현해보라.

(b) 출력 부호열 c_n을 구하라. 이 부호열은 m-sequence인가?

(c) 이 부호열을 이용하여 PN 신호 $c(t)$를 만든다고 하자. 이 때 출력 부호열의 값 {1, 0}은 {−1, +1}로 변환시킨다. $c(t)$의 파형을 그려보라. $c(t)$의 주기는 얼마인가?

(d) (c)에서 만들어진 PN 신호의 자기상관 함수와 전력 스펙트럼을 수식으로 표현하고 그림으로 그려보라.

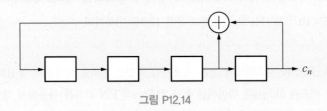

그림 P12.14

12.15 문제 12.14에서 시프트 레지스터의 초기 상태를 [0100]으로 설정한다고 하자.

(a) 출력 부호열을 구하라.

(b) 출력 부호열은 문제 12.14의 출력 부호열과 어떤 관계가 있는가?

12.16 비트율이 500kbps인 데이터를 문제 12.14에서 발생시킨 PN 수열을 사용하여 DS/SS–BPSK 신호를 만들어서 전송한다고 하자. 메시지 비트열이 [10010]이라고 가정하자.

(a) 대역확산된 신호를 그려보라.

(b) 송신 신호의 대역폭은 얼마인가?

(c) 확산이득은 얼마인가?

12.17 메모리 소자의 개수가 m인 선형피드백 시프트 레지스터로 만들 수 있는 m-sequence의 최대 주기는 $2^m - 1$보다 클 수 없음을 설명하라.

12.18 선형피드백 시프트 레지스터(LFSR)의 생성다항식이 다음과 같다고 하자.

$$g(x) = x^4 + x^3 + x + 1$$

(a) LFSR의 연결도를 그려보라.

(b) LFSR의 초기 상태를 [1000]으로 하고 출력 부호열 c_n을 구하라. 이 부호열은 m-sequence인가?

(c) LFSR의 초기 상태를 여러 가지로 바꾸어서 상태 천이가 어떻게 일어나는지 확인해보라.

12.19 메모리 소자가 6개인 LFSR를 사용하여 m-sequence를 만든다고 하자.

(a) 발생된 PN 부호열에는 1이 4개 연속으로 나오는 부분과 0이 3개 연속으로 나오는 부분이 한 주기 동안 몇 번 있는가? Run의 총 개수는 몇 개인가?

(b) 이 회로를 클럭 속도 1MHz로 동작시킨다고 하자. 발생된 PN 신호의 주기는 몇 초인가?

(c) 출력 부호열을 이용하여 PN 신호 $c(t)$를 만든다고 하자. 이 때 출력 부호열의 값 {1, 0}은 {−1, +1}로 변환시킨다. 자기상관 함수를 수식으로 표현하고, 그림으로 그려보라.

(d) PN 신호의 전력스펙트럼밀도를 그려보라.

12.20 어떤 DS/CDMA−BPSK 시스템에서 각 사용자의 데이터율은 1kbps이며, 칩율 100kcps의 PN 코드로써 대역확산한다. 이 시스템에서는 11개의 단말기가 동일한 전력으로 기지국에 도달하도록 신호를 전송하고 있다.

(a) 수신기에서 신호 비트 에너지 대 간섭 전력스펙트럼밀도의 비(E_b/I_0)는 얼마인가? 이 때 잡음의 영향은 타사용자 간섭에 비해 무시할 만하다고 가정한다.

(b) 수신기의 비트오류 확률을 구하라.

(c) 만일 모든 사용자가 전력을 두 배로 증가시킨다면 E_b/I_0와 비트오율은 어떻게 되는가?

(d) 사용자 용량을 31명으로 증가시키고자 한다. 이 경우 원래의 E_b/I_0를 그대로 유지하기 위해서는 PN 코드의 칩율을 어떻게 변화시켜야 하는가?

12.21 5MHz 대역폭을 가지고 동작하는 OFDM 시스템을 설계하고자 한다. 보호 구간을 $200\,\mu s$로 하고, 보호 구간의 길이가 OFDM 심볼 길이의 20% 이하가 되도록 한다. 변조는 QPSK를 사용한다.

(a) 부반송파는 몇 개를 사용해야 하며, 부반송파 간 간격은 몇 Hz인가?

(b) 이 시스템으로 전송 가능한 데이터율은 얼마인가?

(c) (a)에서 결정한 부반송파 개수를 유지하면서 보호 구간을 없애는 경우 전송 데이터율은 얼마가 되는가?

12.22 데이터를 64-QAM 변조하여 5MHz 대역폭 내에서 OFDM 전송하는 시스템을 설계하고자 한다. 이 시스템이 동작하는 채널 환경은 최대 경로지연이 $T_m = 10\,\mu s$ 이다. 보호 구간을 최대 경로지연의 1.5배로 설정하며, 유효 OFDM 심볼 길이는 보호 구간 길이의 4배로 한다.

(a) 부반송파는 몇 개를 사용해야 하며, 부반송파 간 간격은 몇 Hz인가?

(b) 이 시스템으로 전송 가능한 최대 데이터율은 얼마인가?

12.23 데이터를 16-QAM 변조하여 10MHz 대역폭 내에서 OFDM 전송하는 시스템을 설계하고자 한다. 보호 구간은 $125\,\mu s$ 로 하고, 보호 구간의 길이가 OFDM 심볼 길이의 20% 가 되도록 한다. 부반송파 개수는 2의 멱수가 되도록, 즉 $N = 2^m$ 이 되게 결정한다.

(a) 부반송파는 몇 개를 사용해야 하며, 부반송파 간 간격은 몇 Hz인가?

(b) 이 시스템으로 전송 가능한 데이터율은 얼마인가?

12.24 데이터율 $R_b = 10$ Mbps 를 지원하는 셀룰러 시스템을 OFDM 변조 기반으로 설계하고자 한다. 데이터 변조는 BPSK를 사용한다. 보호 구간의 길이는 rms 지연확산의 4배가 되도록 하고, OFDM 심볼 길이는 보호 구간의 5배가 되도록 한다. 이 셀의 rms 지연확산은 $0.5\,\mu s$ 라 하자.

(a) 필요한 부반송파는 몇 개이며, 부반송파 간 간격은 몇 Hz인가?

(b) 전송 대역폭은 얼마가 필요한가?

12.25 문제 12.24에서 셀 크기를 확장하고자 한다. 셀 크기가 커짐에 따라 rms 지연확산이 $1.25\,\mu s$ 로 증가했다고 하자. 문제 12.24와 동일한 설계 조건을 적용한다.

(a) 필요한 부반송파는 몇 개이며, 부반송파 간 간격은 몇 Hz인가?

(b) 전송 대역폭은 얼마가 필요한가?

12.26 데이터율 $R_b = 20$ Mbps 를 지원하는 셀룰러 시스템을 OFDM 변조 기반으로 설계하고자 한다. 보호 구간의 길이는 rms 지연확산의 4배가 되도록 하고, OFDM 심볼 길이는 보호 구간의 5배가 되도록 한다. 이 셀의 rms 지연확산은 $0.5\,\mu s$ 라 하자. 전송 대역폭이 8MHz 이하가 되도록 하려면 데이터 변조를 어떻게 해야 하는가? 즉 M진 변조의 M을 구하라.

CHAPTER 13
채널 코딩

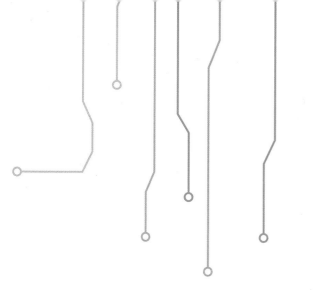

contents

13 채널 코딩

디지털로 표현된 정보를 전송하거나 저장 매체에 저장하고 재생하는 과정에서 여러 요인에 의하여 오류가 발생한다. 오류가 발생했을 때 처리하는 방법으로 한 가지는 재전송을 하도록 하는 것이고, 다른 방법은 재전송을 요구하지 않고 수신 과정에서(또는 재생 과정에서) 독자적으로 오류를 정정하도록 하는 방식이 있다. 어느 방식이나 수신기에서 오류를 검출/정정하기 위하여 송신기에서 메시지 데이터를 가공하여 새로운 데이터를 만드는 부호화 과정이 필요한데 이를 채널 코딩(channel coding)이라 한다. 실시간 신호처리를 요구하는 응용이나 송수신기 간에 양방향 링크가 가용하지 않은 경우 후자의 방식을 사용하는데, 이와 같은 오류처리 기법을 오류정정 부호화(error correction coding)라 한다.

1948년에 C.E. Shannon이 발표한 논문에 의하면 통신 채널에는 최대 정보 전송률(채널 용량이라 명명함)이 정해져 있으며, 적절한 오류정정 코드를 사용하면 채널 용량에 근접하면서 오류 없이 데이터를 전송할 수 있음을 증명하였다. 그러나 이 논문에서 구체적인 오류정정 코드를 제시하지는 못하였다. 그 후 많은 학자들이 오류 없이 채널 용량, 즉 'Shannon 한계'에 근접하게 데이터를 전송할 수 있는 오류정정 코드를 발견하기 위한 연구에 매진하였다. 오류정정 코드 이론은 초기에는 하드웨어 구현 기술이 미치지 못하여 주로 수학자들의 연구 대상이었지만, 근래에 들어 VLSI 및 고속 DSP 등 구현 기술이 발달하면서 이동통신이나 디지털 방송 등 상용 시스템에 활용되고 있다.

채널 코딩 과정에서는 수신기에서 복구한 데이터에 오류가 있는지 검출할 수 있도록(또는 추가적으로 정정도 할 수 있도록) 송신기에서 메시지 데이터를 가공하여 데이터 비트 간에 일련의 법칙이 있는 새로운 데이터를 만들어낸다. 이 과정에서 원래의 정보 비트보다 많은 양의 데이터가 만들어지는데, 추가되는 비트를 잉여 비트(redundant bit)라 한다. 보통 잉여 비트를 많게 할수록 수신기에서 오류 검출/정정을 위한 법칙을 심어 주기가 용이하다. 그러나 전송량이 증가하기 때문에 넓은 전송 대역폭을 요구하게 된다는 문제가 있다. 효과적인 채널 코딩 방식은 잉여 비트를 적게 하면서 오류정정 능력은 높은 방식이라 할 수 있다.

13.1 오류 제어 기법(Error Control Techniques)

앞서 디지털 변조 방식의 잡음 환경 하에서의 성능 분석에서 알아본 바에 의하면 변조 방식별로 효율은 차이가 있지만 기본적으로 비트 에너지를 크게 할수록 비트오율이 작아진다. 그러나 서비스 요구 조건을 충족하도록 받아들일 수 있는 수준(예를 들어 음성 서비스의 경우 10^{-3}의 비트오율과 데이터 서비스의 경우 10^{-5}의 비트오율) 내로 비트오율을 낮추는 것이 어려운 경우가 많이 있다. 원하는 비트오율을 위한 비트 에너지를 할당하기 위하여 전력을 실현하기 어려울 정도로 높여야 한다거나, 또는 비트 구간 T_b를 너무 길게 함으로써 비트율이 수용하기 어려운 수준으로 낮아지게 되는 경우 등이다. 이와 같이 변조 방식만으로는 원하는 품질의 통신을 실현하기 어려운 경우가 많다. 오류제어 기법을 사용하면 비트오율 성능을 개선시킬 수 있는데, 이러한 제어 기능은 메시지 데이터에 잉여 비트를 추가하여 부호어(code word)를 생성시킴으로써 가능하다.

메시지어(message word)의 비트 수를 k라 하고 채널 부호화기에서 만들어진 부호어의 비트 수를 $n(n > k)$이라 하면 부가되는 잉여 비트 수는 $n-k$가 된다. 이러한 채널 코드를 (n, k) 코드라 하며, 부호율(code rate)을 $r = k/n$로 정의한다. 따라서 부호율이 클수록(1에 가까울수록) 잉여 비트가 적다는 것을 의미하며, 부호율이 작을수록(0에 가까울수록) 잉여 비트가 많아서 전송량이 증가한다는 것을 의미한다.

오류 제어는 수신기에서 비트 오류를 검출(error detection)할 수 있도록 하거나, 더 나아가 오류를 일으킨 비트를 옳은 데이터로 정정(error correction)할 수 있도록 하는 두 가지를 생각할 수 있다. 여기서 몇 개의 비트 오류까지 검출할 수 있으며 또한 몇 개까지 정정 가능한가 하는 것은 추가되는 잉여 비트의 수와 부호화 방식에 따라 다르다. 오류 정정은 오류가 발생했는지 감지하는 것 외에 오류가 발생한 비트 위치까지 알아내야 하므로 일반적으로 오류 검출에 비해 부호화(encoding) 및 복호화(decoding)가 더 복잡하고 더 많은 잉여 비트가 필요할 것이라는 것을 예상할 수 있다. 오류 검출이나 정정을 위해 추가되는 잉여 비트로 인하여 전송량이 증가하여 요구되는 채널의 대역폭이 증가한다. 즉 잉여 비트를 전송하기 위하여 대역폭의 희생이 따른다.

오류 검출만 가능하게 하는 방식에서는 수신측에서 오류를 검출하여 송신측에 데이터 재전송을 요구한다. 따라서 이 방식에서는 송신측과 수신측 사이에 양방향 링크가 있어야 한다. 오류 정정을 사용하는 방식에서는 수신측에서 독자적으로 오류를 일으킨 비트를 정정할 수 있도록 하는데, 이를 순방향 오류 정정(Forward Error Correction: FEC)이라 한다. 오류검출–재전송 방식의 장점은 오류 정정에 비해 오류 검출에 필요한 잉여 비트가 적고 복호가 간단하다는 것이다. 단점은 송수신기 간에 양방향 링크가 있어야 하고 비트오류가 많이 발생하는 경우 빈번한 재전송이 일어나서 지연이 길어질 수 있다는 것이다. FEC 방식은 역방향 링크가 가용하지 않은 경우나 재전송으로 인한 지연이 문제가 되는 경우 유리하다. 그러나 일반적으로 잉여 비트의 수가 많고 복호가 복잡하다는 단점이 있다. 따라서 실시간 처리보다 신뢰성이 중요한 데이터 전송의 경우에는 오류검출–재전송 방식이 주로 사용되고, 음성 서비스나 유도탄 제어와 같이 실시간 처리가 중요한 경우에는 FEC 방식이 주로 사용된다.

13.1.1 ARQ 시스템

자동반복요구(Automatic Repeat reQuest: ARQ) 방식은 수신단에서 오류 검출을 하여 오류가 검출될 때마다 송신측에 보고하여(역방향 링크를 통하여) 데이터를 재전송하도록 하는 방식으로 비트 오류가 적게 발생하는 환경에서 많이 사용된다. 수신측에서는 수신된 부호어에 오류가 없으면 ACK(acknowledgment)를 송신측에 보내고, 오류가 있으면 NAK(negative acknowledgment)를 보낸다. ARQ 시스템이 FEC 시스템과 다른 점은 다음과 같다. 첫째, 오류 검출만 필요하므로 채널 코딩 과정에서 잉여 비트가 적게 든다. 둘째, 수신측에서 오류 검출시 송신측에 보고하기 위하여 수신측에서부터 송신측으로의 역방향 링크가 필요하다. 셋째, 데이터를 여러 번 반복해서 보내야 하므로 비트율에 여유가 있어야 한다.

그림 13.1에 세 가지의 ARQ 재전송 방식을 보인다. 그림 (a)의 정지–대기(stop–and–wait) 방식에서는 송신기가 하나의 부호어를 전송한 후 동작을 멈추고 수신기로부터 ACK/NAK 신호가 올 때까지 대기한다. 수신기에서는 오류가 검출되지 않을 때는 ACK 신호를 송신측에 전송하고 오류가 검출된 경우에는 NAK 신호를 송신측에 전송한다. 송신측에서는 ACK 신호가 오면 그 다음 부호어를 전송하고, NAK 신호가 오면 오류가 발생한 부호어를 재전송한다. 이 방식에서는 부호어와 부호어 사이에 최소 순방향 부호어 전송 시간과 역방향 ACK/NAK 전송 시간을 더한 시간만큼 쉬는 시간이 생긴다. 그림 (b)는 부호어와 부호어 사이에 쉬는 시간 없이 연속적으로 전송되는 N–후진(Go–Back–N) 방식이다. 송신기는 부호어를 일단 연속으로 전송하고, 오류 없이 전송되었는지는 나중에 수신기로부터 확인 신호를 받아서 확인한다. 수신기로부터 받은 확인 신호가 NAK인 경우 입력 버퍼에 있는 부호어 N개를 거슬러 올라가 오류가 발생한 부호어로부터 시작하여 다시 재전송한다. 수신기는 오류가 검출된 부호어 다음의 N개 부호어를 버린다(송신기에서 다시 전송하므로). 그러므로 오류가 자주 발생할수록 버리는 부호어들이 많아지므로 전송 효율이 떨어진다. 그림 (c)는 오류가 검출된 부호어

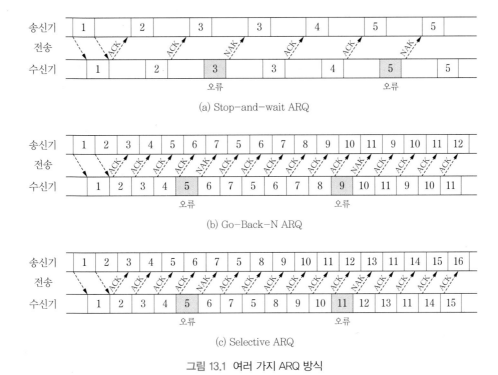

(a) Stop-and-wait ARQ

(b) Go-Back-N ARQ

(c) Selective ARQ

그림 13.1 여러 가지 ARQ 방식

만 선별해서 재전송하는 선별-반복(selective repeat) 방식이다. 송신기는 수신기로부터의 확인 신호를 기다리지 않고 부호어를 순서대로 계속해서 전송하며, 만약 수신기로부터 NAK 신호를 받으면 송신기는 해당 부호어만 재전송한 다음 원래의 순서로 돌아가서 그다음 부호어를 전송한다. 따라서 선별-반복 ARQ 시스템은 다른 두 방식에 비해 전송 효율이 가장 좋다. 그러나 처리가 복잡하여 장비의 가격이 가장 비싸다. 그림 (a)의 방식에서는 송신기와 수신기가 동시에 전송로를 사용하지 않기 때문에 전송로가 반이중(half duplex) 형태로 사용된다. 그림 (b)와 (c)의 방식에서는 송신기와 수신기가 동시에 신호를 전송하므로 전이중(full duplex) 형태의 전송로가 필요하다.

패리티(Parity) 검사

ARQ 시스템의 기본적인 요구 사항은 수신기에서 데이터 오류를 검출할 수 있는 기능을 갖는 것이다. 가장 간단하면서 자주 사용되는 방식으로 패리티 검사가 있다. 이 방식에서는 각 메시지어의 끝에 패리티 검사 비트(parity check bit)라는 하나의 잉여 비트를 첨가하여 결과적으로 만들어지는 부호어에 들어 있는 1의 개수가 짝수 또는 홀수가 되도록 만들어준다. 따라서 이 부호어를 수신하여 1의 개수를 세어 전송 시의 상태와 다르면 오류가 발생한 것으로 판단한다. 따라서 단일 패리티를 첨가하여 만들어지는 부호어는 $(n, n-1)$ 코드로 부호율은 $r = (n-1)/n$이 된다. 부호어를 만들 때 1의 개수가 짝수가 되도록 한 상태를 짝수 패리티(even parity)라 하고, 홀수가 되도록 한 상태를 홀수 패리티(odd parity)라 한다. 예를 들어 두 비트로 구성된 메시지어(00, 01, 10, 11이 가능하다)에 짝수 패리티의 부호어를 만드는 경우 부호어의 길이는 세 비트이며, 모든 가능한 부호어는 000, 011, 101, 110가 된다. 세 비트로 표현할 수 있는 부호어는 8개이지만 이중 절반만 유효한(valid) 부호어이다. 만일 수신한 부호어가 유효한 부호어 중의 하나라면 패리티 검사를 통과할 것이므로 오류가 발생하지 않았다고 판정할 것이다. 만일 수신된 부호어가 유효하지 않은 부호어, 즉 001, 010, 100, 111 중의 하나라면 패리티 검사를 통과하지 못하므로(홀수 패리티이므로) 오류가 발생했다고 판정한다. 그러나 패리티 검사를 통과했다고 해서 오류가 없다고 할 수는 없다. 예를 들어 두 비트 오류가 발생하면 패리티에 영향을 주지 않으므로 오류가 검출되지 않는다. 즉 짝수 개의 비트 오류가 발생하면 패리티 검사에서 발견되지 않는다. 한편, 패리티 검사를 통과하지 않은 경우, 오류가 발생한 것은 맞지만 오류를 일으킨 비트 수가 1개인지 3개인지 또는 임의의 홀수 개인지는 알 수 없고, 어느 비트가 잘못된 것인지 알 수 없으므로 오류 정정이 불가능하다.

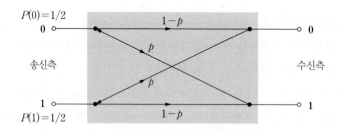

그림 13.2 이진 대칭 채널(BSC)

n비트의 부호어를 사용하여 전송하는 경우 수신기에서 오류를 검출하지 못할 확률을 표현해보자. 통신 채널의 모델은 그림 13.2와 같이 0을 송신했는데 1로 수신하는 오류가 발생할 확률[1]과 1을 송신했는데 0으로 수신하는 오류가 발생할 확률이 동일한 이진 대칭 채널(Binary Symmetric Channel: BSC)이라 가정한다. 채널에서 데이터 비트가 오류를 일으킬 확률을 p라 하자. n비트로 구성된 블록에서 j개의 비트가 오류를 일으킬 확률은 이항 정리에 의해

---

1) 이 확률은 조건부 확률이다.

$$P(j, n) = \binom{n}{j} p^j (1-p)^{n-j} \tag{13.1}$$

가 된다. 여기서

$$\binom{n}{j} = \frac{n!}{j!(n-j)!} = \frac{n(n-1)\cdots(n-j+1)}{j!} \tag{13.2}$$

이다. 패리티 비트를 추가한 n 비트의 부호어에서 오류를 검출하지 못할 확률은 다음과 같이 된다.

$$P_{nd} = \sum_{j=1}^{n/2} \binom{n}{2j} p^{2j} (1-p)^{n-2j} \qquad n \text{이 짝수인 경우}$$

$$P_{nd} = \sum_{j=1}^{(n-1)/2} \binom{n}{2j} p^{2j} (1-p)^{n-2j} \quad n \text{이 홀수인 경우}$$

$$\tag{13.3}$$

13.1.2 FEC 시스템

패리티 검사 비트를 추가하는 다른 예로 2차원적으로 패리티를 추가하는 방법을 살펴보자. 그림 13.3에 메시지 비트들을 사각형 블록에 행렬 형태로 배열을 하고 행 단위 및 열 단위로 패리티 비트를 추가하는 사각 코드(rectangular code)의 예를 보인다. $M \times N$ 행렬을 구성하는 메시지 비트들에 대하여 패리티를 추가하면 $(M+1) \times (N+1)$ 크기의 부호어 행렬이 만들어진다. 따라서 이 부호화기의 부호율은 $r = k/n = MN/(M+1)(N+1)$ 이 된다. 그림에 보인 예에서는 $M = N = 5$ 인 경우이고, 25비트의 메시지어로부터 36비트의 부호어가 만들어지므로 이 코드의 부호율은 $r = 25/36$ 이 된다. 이러한 사각 코드의 특징은 한 비트까지 오류 정정이 가능하다는 것이다. 그 이유를 살펴보면 다음과 같다. 사각 코드에서 한 비트의 오류가 발생했다고 하자. 그러면 부호어 행렬에서 한 개의 행과 한 개의 열에서 패리티 오류가 발생할 것이다. 따라서 패리티 검사를 통과하지 못한 행과 열의 번호로부터 한 원소의 위치를 알아낼 수 있게 된다. 결과적으로 $(36, 25)$ 사각 코드의 오류정정 능력은 1이 된다. 1차원적으로 메시지어 끝에 한 개의 패리티만 추가하는 방식에 비해 이 방식은 오류정정 능력이 있는 대신 부호율은 더 낮다. 즉 전송량이 증가하여 더 넓은 전송 대역폭이 요구된다.

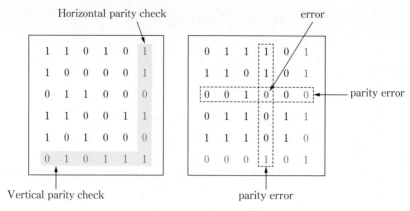

그림 13.3 사각 코드와 오류 정정

이번에는 메시지 비트를 전송할 때 여러 번 반복해서 전송하는 방식을 생각해보자. 이와 같은 방식의 코드를 반복(repetition) 코드라 한다. 각 비트를 n번 반복하여 전송한다면 $(n, 1)$ 코드에 해당하며 부호율은 $r = 1/n$이 된다. 수신기에서는 단순히 n비트의 부호어 중에서 1의 개수와 0의 개수를 비교하여 많은 쪽의 데이터로 복호 출력을 만든다. 따라서 n비트 중에서 오류가 절반 미만으로 발생하면 오류 정정이 제대로 된다. 예를 들어 $(3, 1)$ 반복 코드를 생각해보자. 송신기에서는 정보가 0이면 000의 부호어를 전송하고, 정보가 1이면 111의 부호어를 전송한다. 수신기에서는 1의 개수가 두 개 이상이면 1로 복호하고, 0의 개수가 두 개 이상이면 0으로 복호한다. 따라서 3비트의 부호어 중에서 오류가 1개 이하 발생하면 오류 정정이 가능하다. 그러므로 $(3, 1)$ 반복 코드의 오류정정 능력은 1이 된다. 3비트로 가능한 부호어는 모두 $2^3 = 8$개가 있는데, 이 중 000과 111의 두 개만 부호어로 사용하고 있는 것이다. 이번에는 정보 비트를 5번 반복해서 전송하는 $(5, 1)$ 반복 코드를 생각해보자. 이 경우 5비트 중 3개 이상인 비트의 값으로 복호를 하므로 전송 중에 두 개 이하의 비트 오류가 발생하더라도 복구가 가능하다. 그러므로 오류정정 능력은 2가 된다. $(5, 1)$ 반복 코드에서는 가능한 $2^5 = 32$개의 부호어 중에서 00000과 11111의 부호어를 사용하는 것이다. 이와 같은 반복 코드는 부호화 과정과 복호화 과정이 매우 간단하다는 장점이 있지만 잉여 비트가 많기 때문에(즉 부호율이 작기 때문에) 전송량이 크게 증가한다는 단점이 있다. 우수한 채널 코딩 방식은 잉여 비트의 수가 적으면서 오류정정 능력이 큰 방식이라 할 수 있다.

오류정정 능력이 t개인 (n, k) 채널 코드에서 부호어 오류 확률을 구해보자. 채널은 그림 13.2와 같은 BSC를 가정한다. n비트의 부호어 중에서 t비트 이하 오류가 발생하면 오류가 정정되므로 오류를 정정하지 못해서 부호어 오류가 발생하는 확률은 다음과 같이 된다.

$$P_M = \sum_{j=t+1}^{n} \binom{n}{j} p^j (1-p)^{n-j} = 1 - \sum_{j=0}^{t} \binom{n}{j} p^j (1-p)^{n-j} \tag{13.4}$$

이제 좀더 부호화의 개념을 일반화해보자. k비트의 메시지어와 n비트의 부호어는 각각 k차원 공간의 벡터와 n차원 공간의 벡터로서 표현할 수 있다. 각 벡터의 원소는 1 또는 0의 값을 갖는 이진수이다.[2] 채널 부호화(encoding) 과정은 k 튜플(tuple) 메시지 벡터를 n 튜플 부호어 벡터로 변환시키는 과정이라 할 수 있으며, 채널 복호화(decoding) 과정은 수신된 n 차원 데이터 벡터로부터 k차원 메시지 벡터를 찾아내는 과정이라 할 수 있다. n비트로 표현할 수 있는 가능한 부호어의 개수는 2^n 개이다. 채널 코드의 설계는 이중에서 k비트 메시지어 2^k 개에 1:1 대응시키는 부호어를 선택하는 것이라 할 수 있다. 즉 가능한 2^n 가지의 n 튜플 벡터 중에서 유효한 부호어 벡터는 2^k 개이며, 2^k 개의 부호어 벡터 집합에서 전송할 메시지 벡터에 대응하는 부호어 벡터가 전송된다. 통신 채널을 통하면서 비트 오류가 발생하면 수신된 n 튜플 벡터는 유효한 부호어 벡터 집합에 속하지 않을 수 있다. 즉 수신된 n 튜플 벡터는 2^n 종류이다. 채널 복호 과정에서는 수신된 n 튜플 벡터와 가장 유사한 부호어 벡터를 유효한 부호어 벡터 집합에서 찾아내고, 이에 해당하는 메시지어를 출력한다. 그러므로 채널 코드를 설계하는 원칙은 부호어 간 차이가 커서 채널에서 몇 비트 오류가 생기더라도 옳은 부호어와 가장 유사하도록 하는 것이다. 즉 가능한 2^n 가지의 n 튜플 벡터 중에서 서로 차이가 큰

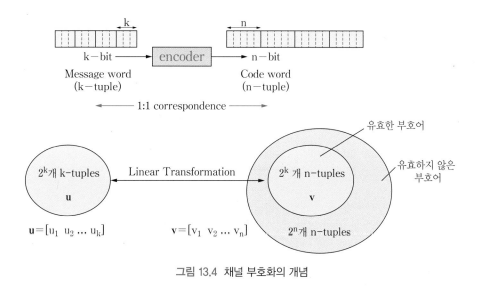

그림 13.4 채널 부호화의 개념

[2] 메시지어 및 부호어 벡터의 원소가 이진수일 필요는 없으나 많은 종류의 채널 코드는 이진수를 사용한다. 이진수가 아니라 M진수를 사용하는 코드의 예로 Reed-Solomon 코드를 들 수 있다.

(거리가 크다고 한다) 벡터들을 2^k개 선택하여 부호어 벡터로 사용한다. 그림 13.4에 채널 코드의 개념을 보인다. k에 비하여 n이 클수록 부호어로 사용하도록 선택할 수 있는 대상이 많아지므로 성능을 좋게(즉 채널 오류에 대해 강인하게) 할 수 있는 여지가 많다는 것을 직관적으로 알 수 있다.

채널 코딩 방식은 크게 블록 코딩(block coding)과 컨볼루션 코딩(convolution coding)의 두 가지 방식으로 분류된다. 블록 코딩은 그림 13.5(a)에 보인 것과 같이 블록 단위로 메시지 데이터가 채널 부호화기에 입력되고 블록 단위로 부호어가 출력되어 전송되는 방식이다. 즉 메시지 비트열은 k비트씩 그룹화되어 k비트의 메시지어 단위로 n비트의 부호어가 생성되어 전송된다. 컨볼루션 코딩은 그림 13.5(b)에 보인 것과 같이 직렬로 채널 부호화기에 입력되고 비트수가 증가한 부호어열이 직렬로 출력되어 전송되는 방식이다. 두 방식의 기본적인 차이점은 다음과 같다. 블록 코딩의 경우 현재의 k비트 메시지어는 과거의 k비트 메시지어와 관계 없이 독립적으로 출력을 만들어낸다. 이에 비하여 컨볼루션 코딩에서는 현재의 부호어를 만드는데 있어 현재의 k비트 메시지어만 필요한 것이 아니라 과거의 메시지어도 필요하다. 따라서 컨볼루션 코딩에서는 몇 개의 메시지어들이 관계되어 출력 부호어를 생성하는지 표현해야 한다. 블록 코딩에서는 (n, k) 코드라고 표현하는데 비해 컨볼루션 코딩에서는 (n, k, K) 코드로 파라미터를 하나 더 추가하여 표현한다. 여기서 K는 n비트의 부호어를 생성하기 위하여 필요한 메시지어의 개수(현재의 메시지어 1개와 과거의 메시지어 $K-1$개)를 나타내는데, 이를 구속장(constraint length)이라 한다. 블록 코딩의 경우 우수한 성능 개선 효과를 얻기 위해 보통 k를 큰 값으로 선택하는데, 블록 크기가 너무 크면 부호화 및 복호화 과정의 처리 지연이 길어지기 때문에 실시간 통신에 응용하는데 문제가 될 수도 있다. 컨볼루션 코딩의 경우 보통

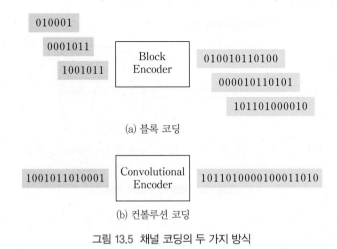

(a) 블록 코딩

(b) 컨볼루션 코딩

그림 13.5 채널 코딩의 두 가지 방식

k의 값을 작게 해도 구속장 K를 적절히(보통 5~9 정도) 선택하면 큰 성능개선 효과를 얻을 수 있다. 컨볼루션 코딩에서는 많은 경우 $k = 1$로 하여(즉 메시지어를 1비트로 구성하여) 부호화한다. 따라서 처리 지연이 작게 되어 실시간 통신이 중요시 되는 경우 컨볼루션 코딩이 많이 사용된다.

13.1.3 오류 검출/정정 능력

(n, k) 채널 코딩에서는 k비트의 메시지어에 $n-k$비트의 잉여 비트를 추가하여 n비트의 부호어를 발생시킨다. 부호어 벡터 간 차이를 크게 만들어서 전송하여 전송 과정 중 발생한 오류를 검출하거나 징징할 수 있도록 하는 기법이다. 부호어 벡터 간 차이 정도를 표현할 정량적인 방법이 필요한데, 거리(distance)의 개념을 정의하여 사용한다. 가장 흔하게 사용하는 것이 Hamming 거리이다. 임의의 두 부호어 벡터 $\mathbf{x}$와 $\mathbf{y}$ 사이의 거리는 두 벡터의 같은 위치에 있는 원소들 중 서로 다른 원소의 개수로 정의되며 $d(\mathbf{x}, \mathbf{y})$로 표현한다. 예를 들어 $\mathbf{x} = [1\ 0\ 0\ 1\ 1]$, $\mathbf{y} = [1\ 1\ 0\ 0\ 1]$이면 두 번째와 네 번째 비트가 서로 다르므로 $d(\mathbf{x}, \mathbf{y}) = 2$가 된다. 그러므로 k비트의 메시지어로부터 n비트의 부호어를 발생시키는 채널 코드의 설계에서는 2^n개의 가능한 부호어 벡터 중에서 서로 Hamming 거리가 큰 벡터들을 2^k개 선정한다. 채널 코딩을 사용한 시스템에서의 오류는 유효한 부호어 벡터 중에서 가장 거리가 작은 벡터 간에 제일 발생하기 쉬울 것이다. 그러므로 채널 코딩 시스템의 성능은 유효한 부호어 벡터들 사이의 최소 거리에 의해 결정될 것이다. 유효 부호어 벡터 간의 거리 중에서 가장 짧은 Hamming 거리를 최소 거리라 하며 $d_{\min}$으로 표기한다. 최소 거리는 시스템이 비트 오류를 검출하거나 정정하는 능력과 직결된다.

예를 들어 그림 13.6과 같은 채널 코드가 있다고 하자. 여기서 메시지어는 두 비트로 구성되어 있다. 그림 (a)는 (3,2) 코드이고, 그림 (b)는 (5,2) 코드이다. 그림 (a)의 경우 부호어 벡터 간의 최소 거리는 $d_{\min} = 1$이다. 따라서 부호어 비트 중 하나가 오류를 일으키면 (유효한) 다른 부호어가 될 수 있으므로 복호기가 오류를 검출하지 못한다. 그림 (b)의 경우 부호어 벡터 간의 최소 거리는 $d_{\min} = 3$이다. 따라서 전송 중에 한 비트 또는 두 비트의 오류가 발생하더라도 다른 어떤 유효한 부호어가 될 수 없다. 그러므로 수신기에서는 오류가 발생했다는 것을 검출할 수 있다. 예를 들어 메시지어 $\mathbf{u} = [0\ 1]$에 대응하는 부호어 $\mathbf{v} = [0\ 1\ 1\ 1\ 0]$이 전송되었다고 하자. 만일 전송 중에 한 비트 오류가 발생하여 $\mathbf{r} = [0\ 1\ 1\ 1\ 1]$이 수신되었다고 하자. 이 수신 벡터와 가장 거리가 가까운 부호어 벡터는 $\mathbf{v} = [0\ 1\ 1\ 1\ 0]$로 옳은 부호어 벡터이다. 그러므로 복호기는 옳은 메시지어 $[0\ 1]$을 출력할 것이다. 이와 같이 그림 13.6(b)의 코드를 사용하면 두 비트의 오류를 검출할 수 있고, 한 비트의 오류를 정정할 수 있다. 즉 오류검출 능력은

2이고, 오류정정 능력은 1이다.

메시지어 u	부호어 v
0 0	0 0 0
0 1	0 1 0
1 0	1 0 1
1 1	1 1 1

메시지어 u	부호어 v
0 0	0 0 0 0 0
0 1	0 1 1 1 0
1 0	1 0 1 0 1
1 1	1 1 0 1 1

(a) (3, 2) 코드   (b) (5, 2) 코드

그림 13.6 채널 코드의 예

그림 13.7에 부호어 벡터 간 최소 거리와 오류검출 능력 및 오류정정 능력의 관계를 보인다. 그림에서 $\mathbf{v}_1$과 $\mathbf{v}_2$는 유효한 부호어 벡터의 집합에서 가장 거리가 가까운 두 부호어 벡터를 나타낸다. 이 두 벡터의 거리는 $d_{\min}$으로 그림의 예에서는 7이다. 오류의 개수가 $d_{\min}$보다 적으면 수신 벡터는 유효한 부호어 벡터 집합의 어느 벡터와도 같지 않으므로 오류 검출이 가능하다. 그러나 $\mathbf{v}_1$을 전송했을 때 오류가 $d_{\min}$개 발생했다면 수신 벡터는 다른 유효한 부호어 벡터 $\mathbf{v}_2$가 될 수 있으므로 오류 검출이 되지 않는다. 따라서 오류검출 능력은 $q = d_{\min} - 1$이 된다. 이번에는 오류정정 능력에 대해 알아보자. $\mathbf{v}_1$을 전송했을 때 오류가 3개 이하 발생하면 수신 벡터와 가장 거리가 가까운 유효한 부호어 벡터는 $\mathbf{v}_1$이 되므로 복호기에서 $\mathbf{v}_1$에 대응하는 메시지어를 출력하여 메시지가 바르게 복구된다. 즉 오류의 개수가 $d_{\min}/2$보다 적으면 오류 정정이 가능하다. 오류의 개수는 정수이므로 $t < d_{\min}/2$를 만족하는 정수 t가 오류정정 능력이 된다. 따라서 다음의 관계를 얻을 수 있다.

$$d_{\min} < 2t, \ t\text{:integer}$$
$$\Leftrightarrow d_{\min} \leq 2t + 1$$
$$\Leftrightarrow t = \left\lfloor \frac{d_{\min} - 1}{2} \right\rfloor$$

(13.5)

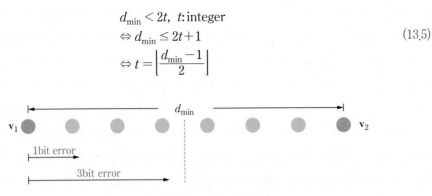

그림 13.7 오류정정 능력과 최소 거리

여기서 $\lfloor x \rfloor$는 x를 넘지 않는 가장 가까운 정수를 나타낸다. 표 13.1에 채널 코드의 최소 거리와 오류검출 능력 및 오류정정 능력의 예를 보인다.

표 13.1 최소 거리와 오류검출 능력 및 오류정정 능력의 예

오류 검출/정정 능력 $d_{\min}$	3	4	5	6	7	8
$q = d_{\min} - 1$	2	3	4	5	6	7
$t = \left\lfloor \dfrac{d_{\min} - 1}{2} \right\rfloor$	1	1	2	2	3	3

채널 코딩을 하지 않은 경우는 부호어와 메시지어가 동일한 것으로 볼 수 있다. 이 경우는 $d_{\min} = 1$이 되어 한 비트라도 오류가 발생하면 다른 유효한 부호어가 되어 오류 검출이 되지 않는다. $(n, \ k)$ 채널 코드를 사용하는 경우 $n-k$개의 잉여 비트가 추가되므로 $d_{\min}$의 상한 값은 $n-k+1$이 된다는 것을 알 수 있다. 이와 같이 잉여 비트 수를 증가시킬수록 부호율 $r = k/n$은 감소하여 전송 효율은 떨어지지만 오류정정 능력은 높일 수 있게 된다.

FEC 시스템의 비트오율 성능

오류정정 능력이 t인 $(n, \ k)$ 채널 코드를 사용하는 FEC 시스템의 비트오율 성능을 채널 코딩을 하지 않는 경우와 비교하여 살펴보자. 예를 들어 오류정정 능력이 $t = 1$인 (7, 4) 블록 코드를 사용한다고 가정하자. 채널 부호화기에서는 4비트 단위의 메시지어에 대하여 7비트의 부호어를 발생시켜서 전송한다. 먼저 채널 코딩을 하지 않고 4비트의 패킷을 전송하는 경우를 고려하자. 통신 채널에서 한 비트의 데이터가 오류를 일으킬 확률이 $p_u = 0.001$이라 하자. 패킷 오류가 발생하지 않기 위해서는 모든 k비트에 오류가 없어야 한다. 따라서 코딩을 하지 않는 경우 메시지어 패킷오류 확률은 다음과 같이 된다.

$$P_M^u = 1 - (1 - p_u)^k = 1 - (1 - p_u)^4 \\ \cong 4p_u = 0.004 \tag{13.6}$$

채널 코딩을 하는 경우 부호어 패킷 오류가 발생하는 경우는 부호어 7비트 중 2비트 이상 오류가 발생하는 경우이다. 따라서 부호어 오류 확률은

$$P_M^c = 1 - \sum_{i=0}^{t} \binom{n}{i} p_c^i (1-p_c)^{n-i} = 1 - \sum_{i=0}^{1} \binom{7}{i} p_c^i (1-p_c)^{7-i} \tag{13.7}$$

이 된다. 여기서 p_c는 통신 채널에서 부호어의 비트오류가 발생할 확률이다. 단순히 $p_c = p_u = 0.001$로 가정하는 경우 부호어 오류 확률은

$$\begin{aligned} P_M^c &= 1 - 1 \cdot (0.999)^7 - 7(0.001)^1 (0.999)^6 \\ &\cong 1 - 0.993 - 0.00698 = 2 \times 10^{-5} \end{aligned} \tag{13.8}$$

가 되어 식 (13.6)의 코딩을 하지 않은 시스템에 비해 패킷오류 확률이 크게 줄어드는 것을 알 수 있다. 그러나 여기서 주의해야 할 것은 통신 채널의 비트오류 확률이 코딩을 하는 경우와 하지 않는 경우가 다르다는 것이다. 두 시스템을 공정하게 비교하기 위해서는 채널 코딩을 하지 않는 시스템이 k비트의 메시지어를 전송하는데 사용하는 에너지와 채널 코딩을 사용하는 시스템이 n비트의 부호어를 전송하는데 사용하는 에너지를 같게 해야 한다. 즉

$$\begin{aligned} kE_b &= nE_c \\ &\Leftrightarrow E_c = \frac{k}{n} E_b = rE_b \end{aligned} \tag{13.9}$$

가 되어야 한다. 여기서 E_b는 메시지어의 비트 에너지이고, E_c는 부호어의 비트 에너지이다. 비트오류 확률은 변조 방식에 의해 결정된다. BPSK 변조를 사용하는 경우 AWGN 채널에서 비트오류 확률은 $p_u = Q(\sqrt{2E_b/N_0})$이다. 채널 코딩을 하는 경우 부호어의 비트오류 확률은 $p_c = Q(\sqrt{2E_c/N_0}) = Q(\sqrt{2rE_b/N_0})$와 같이 된다. 다시 정리하면 AWGN 채널에서의 비트오류 확률은

$$p_u = Q\left(\sqrt{\frac{2E_b}{N_0}}\right) \quad \text{부호화하지않고 BPSK 변조한 시스템}$$

$$p_c = Q\left(\sqrt{\frac{2rE_b}{N_0}}\right) \quad \text{부호화하고 BPSK 변조한 시스템} \tag{13.10}$$

와 같다. 부호율은 $0 < r < 1$이므로 $p_u < p_c$이다. 채널 코딩을 하는 경우 부호어의 비트오율이 증가하지만 오류정정 능력에 의해 패킷오류 확률은 코딩을 하지 않은 시스템에 비해 작아진다. 위의 예에서 $p_c = 0.01$로 p_u에 비해 10배 크다고 가정해도 식 (13.7)에 대입하면 $P_M^c \cong 0.002$로 식 (13.6)에 비해 절반으로 줄어든다.

오류정정 능력이 t인 (n, k) 코드를 사용하는 시스템에서 비트오류 확률을 표현해보자.

통신 채널에서 부호어의 비트 오류가 발생할 확률을 p_c 라 하자. $p_c \ll 1$ 인 경우 부호어 오류 확률은 다음과 같이 근사화할 수 있다.

$$P_M^c = \sum_{i=t+1}^{n} \binom{n}{i} p_c^i (1-p_c)^{n-i} \cong \binom{n}{t+1} p_c^{t+1} \tag{13.11}$$

즉 대부분의 부호어 오류는 $t+1$ 개의 비트 오류에 의한 것을 의미한다. 오류가 발생한 부호어 는 대부분 $t+1$ 개의 비트 오류가 있고, 이를 메시지어 비트로 환산하면 평균 $(t+1)k/n$ 비트 가 오류인 것으로 근사화할 수 있다. 각 부호어는 k 비트의 메시지어에 대응되므로 FEC 시스템의 비트오율은 다음과 같이 근사화할 수 있다.

$$P_b^c \cong \frac{t+1}{n} \binom{n}{t+1} p_c^{t+1} = \binom{n-1}{t} p_c^{t+1} \tag{13.12}$$

만일 BPSK 변조를 사용한다면 FEC 시스템의 비트오율은 다음과 같이 표현된다.

$$P_b^c \cong \binom{n-1}{t} \left[Q\left(\sqrt{\frac{2rE_b}{N_0}} \right) \right]^{t+1} \tag{13.13}$$

그림 13.8에 FEC를 사용한 시스템의 비트오율 성능과 채널 코딩을 사용하지 않은 시스템의 비트오율 성능의 예를 보인다. 채널 코딩을 사용하면 코딩을 하지 않은 시스템에 비해 비트오류 확률을 줄일 수 있다. 이 효과를 다르게 표현하면 동일한 비트오율을 얻기 위하여 필요한 비트 에너지가 줄어든다. 채널 코딩을 함으로써 주어진 비트오율을 얻기 위해 필요한 E_b/N_0 가 줄어든 정도, 즉

$$G = \left(\frac{E_b}{N_0} \right)_{\text{without FEC}} - \left(\frac{E_b}{N_0} \right)_{\text{with FEC}} \text{[dB]} \tag{13.14}$$

를 코딩 이득(coding gain)이라 한다.

그림 13.8의 BER 성능 곡선을 살펴보면 한 가지 의문을 가지게 된다. 채널 코딩을 한 시스템의 성능이 채널 코딩을 하지 않은 시스템의 성능보다 항상 더 좋은 것은 아니라는 것이다. FEC 시스템의 성능이 더 좋아지는 것은 E_b/N_0 가 어느 값을 넘어선 이후부터이다. E_b/N_0 가 작은 경우에는 오히려 채널 코딩을 하지 않은 시스템보다 성능이 떨어진다. 그 이유는 다음

과 같다. 채널 코딩을 하면 잉여 비트들로 인하여 전송량이 증가하여 부호어 비트당 에너지가 감소한다. E_c/N_0 의 감소로 인하여 부호어 비트오류 확률이 증가한다. 비트오류 확률이 너무 크지 않다면 잉여 비트의 효과에 의해 오류 정정이 가능하여 부호어 오류 확률을 줄일 수 있다. 그러나 E_c/N_0 가 너무 작은 경우에는 오류정정 능력 이상으로 부호어에 비트 오류가 발생하여 오류정정 효과는 거의 없고, 잉여 비트는 에너지만 더 낭비하는 요인이 된다. 즉 잉여 비트는 오류정정의 기능을 제대로 하지 않으면서 메시지 비트와 함께 전송되는 '짐'으로만 작용할 뿐이다. 이와 같이 FEC 시스템이 제대로 동작하기 위해서는 E_b/N_0 가 어느 정도 이상이 되어야 한다.

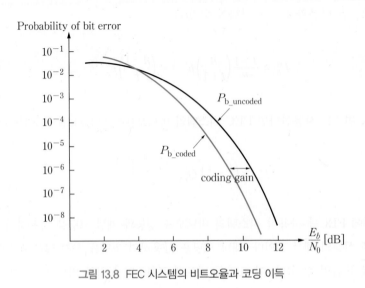

그림 13.8 FEC 시스템의 비트오율과 코딩 이득

예제 13.1 **채널 코딩을 한 시스템과 하지 않은 시스템의 성능 비교**

BPSK 변조를 사용하는 통신 시스템이 정보 비트율 $R_b = 4800\ \text{bps}$ 로 메시지를 전송한다고 하자. 전송로는 AWGN 채널이며 $E_b/N_0 = 9.6\ \text{dB}$ 라고 가정하자. 오류정정 능력이 1비트인 (15, 11) 코드를 사용하여 채널 코딩을 하는 경우 부호어 오류 확률을 구하라. FEC를 사용하지 않고 11비트 메시지어를 전송하는 경우와 성능을 비교하라.

풀이

채널 코딩을 하지 않는 경우 비트오류 확률은

$$P_u = Q\left(\sqrt{\frac{2E_b}{N_0}}\right) = Q(\sqrt{18.24})$$

와 같이 표현된다. 여기서 9.6dB의 E_b/N_0를 선형 스케일 $10^{9.6/10} = 9.12$로 대입하였다. p_u를 구하기 위해 Q 함수표를 이용하거나 Matlab 등의 프로그램을 사용하여 구해도 되지만 간단히 다음과 같은 근사식을 이용해보자.

$$Q(x) \cong \frac{1}{x\sqrt{2\pi}} \exp\left(-\frac{x^2}{2}\right) \quad \text{for } x > 3 \tag{13.15}$$

그러면 비트오류 확률은

$$p_u = Q(\sqrt{18.24}) \cong 1.02 \times 10^{-5}$$

이 된다. 따라서 메시지어 패킷오류 확률은 다음과 같이 된다.

$$\begin{aligned} P_M^u &= 1 - (1 - p_u)^k \\ &= 1 - (1 - 1.02 \times 10^{-5})^{11} = 1.12 \times 10^{-4} \end{aligned} \tag{13.16}$$

채널 코딩을 하는 경우 부호어 비트의 신호 대 잡음의 비는 다음과 같다.

$$\frac{E_c}{N_0} = \frac{rE_b}{N_0} = \frac{11}{15} \times 9.12 = 6.688 \, (8.25 \text{ dB})$$

그러므로 부호어 비트의 오류 확률은

$$p_c = Q\left(\sqrt{\frac{2E_c}{N_0}}\right) = Q(3.657) \cong 1.36 \times 10^{-4}$$

이 된다. 그러므로 부호어 오류 확률은

$$\begin{aligned} P_M^c &= \sum_{i=t+1}^{n} \binom{n}{i} p_c^i (1-p_c)^{n-i} = \sum_{i=2}^{15} \binom{15}{i} p_c^i (1-p_c)^{15-i} \\ &\cong \binom{15}{2} p_c^2 = 1.94 \times 10^{-6} \end{aligned} \tag{13.17}$$

이 된다. 식 (13.17)을 식 (13.16)과 비교하면 채널 코딩을 함으로써 메시지 오류 확률이 약 1/58로 줄어든다는 것을 알 수 있다.

13.2 선형 블록 코드(Linear Block Codes)

앞 절의 채널 코딩에 대한 개념에서는 k비트의 메시지어 벡터마다 n비트의 부호어 벡터를 대응시켜 전송하는 (n, k) 블록 코드를 위주로 부호화 개념과 복호화 및 성능을 설명하였다. 이와 같은 선형 블록 코드(linear block code)는 패리티 검사 코드의 한 부류이다. 이 절에서는 (n, k) 블록 코드의 부호화 및 복호화 과정을 행렬을 이용하여 체계적으로 수식화하여 표현하고 분석하는 방법을 살펴보기로 한다.

대표적인 블록 코드의 예로 Hamming 코드가 있다. 먼저 $(7, 4)$ Hamming 코드를 예로 들어 부호화 및 복호화 과정을 개념적으로 알아본 후에 행렬을 이용하여 수식화해보기로 하자. $(7, 4)$ Hamming 코드는 메시지어 벡터 $\mathbf{u} = [u_1,\ u_2,\ u_3,\ u_4]$에 다음과 같이 패리티 벡터 $\mathbf{p} = [p_1,\ p_2,\ p_3]$를 발생시켜서 추가하여 부호어 벡터 $\mathbf{v} = [v_1,\ v_2,\ \cdots,\ v_7]$를 생성한다.

$$\mathbf{v} = [v_1, v_2, \cdots, v_7] = [u_1, u_2, u_3, u_4, p_1, p_2, p_3] = [\mathbf{u}|\mathbf{p}]$$
$$\mathbf{p} = [p_1, p_2, p_3] = [u_1 + u_2 + u_3,\ u_2 + u_3 + u_4,\ u_1 + u_2 + u_4] \tag{13.18}$$

여기서 덧셈은 $\mathrm{mod}-2$ 연산을 사용한다. 부호어 7비트 중 4비트는 메시지어로 구성되고, 나머지 3개의 잉여 비트는 메시지어 비트들로부터 만들어진 패리티 비트들이다. 예를 들어 메시지어 벡터가 $\mathbf{u} = [1\,0\,1\,0]$인 경우 패리티 비트들은

$$p_1 = u_1 + u_2 + u_3 = 1 + 0 + 1 = 0$$
$$p_2 = u_2 + u_3 + u_4 = 0 + 1 + 0 = 1 \tag{13.19}$$
$$p_3 = u_1 + u_2 + u_4 = 1 + 0 + 0 = 1$$

이 되어 부호어 벡터는 $\mathbf{v} = [1\,0\,1\,0\,0\,1\,1]$이 된다. 그림 13.9에 $(7, 4)$ Hamming 코드의 가능한 모든 메시지어에 대한 (유효한) 부호어를 보인다. 오류정정 능력을 알기 위해서는 유효한 부호어 벡터 간의 최소 거리 $d_{\min}$을 구해야 한다. 유효한 부호어 벡터는 모두 16개가 있으므로 $d_{\min}$을 구하기 위해서는 $15 + 14 + \cdots + 1 = 120$번의 벡터 거리 연산(즉 비교 작업)이 필요하다. 최소 거리를 간단하게 구하기 위한 방법으로 벡터의 무게(weight)를 정의하자. 이진 원소로 구성된 벡터의 무게는 벡터에 들어있는 1의 개수로 정의한다. 벡터 무게에 대한 연산자를 $w(\cdot)$로 표기하기로 한다. 예를 들어 $\mathbf{x} = [1\,0\,1\,0\,0\,1]$인 벡터의 무게는 $w(\mathbf{x}) = 3$이 된다. 길이가 같은 두 부호어 벡터를 더하면 같은 위치에 있는 원소가 서로 다를 때만 해당 비트 위치에 1이 생긴다. 따라서 두 부호어 벡터 간의 거리는 두 벡터의 합의 무게와 같다. 즉

$$d(\mathbf{x}, \ \mathbf{y}) = w(\mathbf{x} + \mathbf{y}) \tag{13.20}$$

이 된다. 식 (12.30)에서 만일 $\mathbf{y} = [000\cdots0]$ 이라면 $\mathbf{x} + \mathbf{y} = \mathbf{x}$ 이므로 $d(\mathbf{x}, \ \mathbf{y}) = w(\mathbf{x})$ 가 된다. 선형 코드에서는 주어진 코드 집합에 있는 임의의 두 코드를 더하여 만들어진 코드는 코드 집합 내의 다른 코드가 된다. 즉

$$\begin{aligned} &\text{For any } \mathbf{x}, \mathbf{y} \in C, \quad \mathbf{x} + \mathbf{y} = \mathbf{z} \in C \\ &\Rightarrow d(\mathbf{x}, \ \mathbf{y}) = w(\mathbf{x} + \mathbf{y}) = w(\mathbf{z}) = d(\mathbf{z}, \ \mathbf{0}) \end{aligned} \tag{13.21}$$

여기서 C는 코드 집합을 나타낸다. 그러므로 부호어 벡터 간의 최소 거리는 다음과 같이 구할 수 있다.

$$d_{\min} = \min_{\mathbf{x} \in C} \{w(\mathbf{x})\}, \quad \mathbf{x} \neq [00\cdots0] \tag{13.22}$$

즉 선형 코드의 최소 거리는 영 벡터가 아닌 코드 벡터의 무게 중 가장 작은 것이다. 그러므로 Hamming 코드에서 최소 거리를 구하기 위하여 120번의 비교 연산을 하는 대신 단지 15번의 무게 계산만으로 $d_{\min} = 3$ 이 되는 것을 쉽게 알 수 있다. $d_{\min} = 3$ 이므로 Hamming 코드의 오류정정 능력은 $t = \lfloor (d_{\min} - 1)/2 \rfloor = 1$ 이 된다. 예를 들어 메시지어 $\mathbf{u} = [1\,0\,1\,0]$ 가 부호화되어 $\mathbf{v} = [1\,0\,1\,0\,0\,1\,1]$ 가 전송된다고 하자. 채널에서 한 비트의 오류가 발생하여 수신기의 복조기가 $\mathbf{r} = [1\,0\,1\,0\,0\,1\,0]$ 를 출력하여 채널 복호기에 입력된다고 하자. 채널 복호기에서는 $\mathbf{r} = [1\,0\,1\,0\,0\,1\,0]$ 과 거리가 가장 가까운 유효한 부호어는 $\mathbf{v} = [1\,0\,1\,0\,0\,1\,1]$ 이므로 이에 해당하는 메시지어 $\mathbf{u} = [1\,0\,1\,0]$ 를 출력한다.

Message word $\mathbf{u}$				Code word $\mathbf{v}$						
u_1	u_2	u_3	u_4	v_1	v_2	v_3	v_4	v_5	v_6	v_7
0	0	0	0	0	0	0	0	0	0	0
0	0	0	1	0	0	0	1	0	1	1
0	0	1	0	0	0	1	0	1	1	0
0	0	1	1	0	0	1	1	1	0	1
0	1	0	0	0	1	0	0	1	1	1
0	1	0	1	0	1	0	1	1	0	0
0	1	1	0	0	1	1	0	0	0	1
0	1	1	1	0	1	1	1	0	1	0
1	0	0	0	1	0	0	0	1	0	1
1	0	0	1	1	0	0	1	1	1	0
1	0	1	0	1	0	1	0	0	1	1
1	0	1	1	1	0	1	1	0	0	0
1	1	0	0	1	1	0	0	0	1	0
1	1	0	1	1	1	0	1	0	0	1
1	1	1	0	1	1	1	0	1	0	0
1	1	1	1	1	1	1	1	1	1	1

그림 13.9 (7, 4) Hamming 코드의 메시지어와 부호어

13.2.1 발생기 행렬(Generator Matrix)

메시지어로부터 부호어를 생성하는 과정은 $1 \times k$ 메시지어 벡터 $\mathbf{u}$로부터 $1 \times n$ 부호어 벡터 $\mathbf{v}$를 발생하는 행렬 연산으로 표현할 수 있다. 즉

$$\mathbf{v} = \mathbf{u}\mathbf{G} = \sum_{i=1}^{k} u_i \mathbf{r}_i$$

여기서

$\mathbf{u} = [u_1,\ u_2,\ \cdots,\ u_k]$: 입력 메시지 벡터   (13.23)

$\mathbf{v} = [v_1,\ v_2,\ \cdots,\ v_k]$: 출력 메시지 벡터

$\mathbf{r}_1,\ \mathbf{r}_2,\ \cdots,\ \mathbf{r}_k$: $\mathbf{G}$의 행 벡터

행렬 $\mathbf{G}$를 발생기 행렬(generator matrix)이라 하며 $k \times n$의 크기를 갖는다. 위에 보인 Hamming 코드는 부호어 내에 메시지어가 원형 그대로 보존되어 있다. 즉 부호어 벡터가

$$\mathbf{v} = [u_1, \ u_2, \ \cdots, \ u_k, \ p_1, \ p_2, \ \cdots, \ p_j] = [\mathbf{u} \mid \mathbf{p}], \quad j = n - k \tag{13.24}$$

와 같이 k개의 메시지어 비트들과 $n-k$개의 패리티 비트들로 구성된다. 이와 같은 종류의 코드를 조직 코드(systematic code)라 한다. 위의 식에서

$$\mathbf{p} = [p_1, \ p_2, \ \cdots, \ p_j] \tag{13.25}$$

는 $j = n - k$개의 잉여 비트(redundant bit)로 구성된 패리티 검사(parity check) 벡터이다. 조직 코드를 사용하는 경우 부호어의 일부가 메시지어 그대로이므로 부호화 과정이 간단하다. 앞으로는 조직 블록 코드에 대해서만 고려하기로 한다. 조직 선형 블록 코드의 발생기 행렬 $\mathbf{G}$ 는 다음과 같은 구조로 나타낼 수 있다.

$$\mathbf{G} \equiv [\mathbf{I}_k \mid \mathbf{P}]$$
$$= \underbrace{\begin{bmatrix} 1 & 0 & 0 & \cdots & 0 \\ 0 & 1 & 0 & \cdots & 0 \\ \vdots & \vdots & \vdots & & \vdots \\ 0 & 0 & 0 & \cdots & 1 \end{bmatrix}}_{k \times k} \underbrace{\begin{bmatrix} p_{11} & p_{12} & \cdots & p_{1j} \\ p_{21} & p_{22} & & p_{2j} \\ \vdots & \vdots & & \vdots \\ p_{k1} & p_{k2} & \cdots & p_{kj} \end{bmatrix}}_{k \times j} \tag{13.26}$$

여기서 $\mathbf{I}_k$는 $k \times k$ 크기의 단위 행렬(identity matrix, 즉 대각선 위치의 원소는 1이고 나머지 위치의 원소는 0인 행렬)이며, $\mathbf{P}$는 $k \times j$ 크기의 2진수 부행렬(submatrix)로서 패리티를 생성한다. 채널 코딩에서의 벡터와 행렬의 연산은 mod-2 연산으로, 곱셈은 논리 연산 AND와 같고, 덧셈은 논리 연산 Exclusive-OR와 같다(mod-2 연산에서 뺄셈은 덧셈과 동일하다).

Addition	Multiplication	
$0 \oplus 0 = 0$	$0 \cdot 0 = 0$	
$0 \oplus 1 = 1$	$0 \cdot 1 = 0$	(13.27)
$1 \oplus 0 = 1$	$1 \cdot 0 = 0$	
$1 \oplus 1 = 0$	$1 \cdot 1 = 1$	

채널 코딩에 의해 부호어 벡터를 생성하는 것은 다음과 같이 메시지어 벡터와 발생기 행렬을 곱하는 것과 동일하다.

$$\mathbf{v} = [\mathbf{u} \,|\, \mathbf{p}] = \mathbf{uG} \tag{13.28}$$

여기서 패리티 벡터 $\mathbf{p} = [p_1, \ p_2, \ \cdots, \ p_j] = \mathbf{uP}$ 의 원소를 구체적으로 나타내면 다음과 같다.

$$p_i = u_i p_{1i} \oplus u_2 p_{2i} \oplus \cdots \oplus u_k p_{ki}, \quad i = 1, \ 2, \ \cdots, \ j \tag{13.29}$$

예를 들어 식 (13.19)와 같이 패리티를 생성하는 (7, 4) Hamming 코드를 발생시키는 발생기 행렬은 다음과 같다.

$$
\begin{aligned}
\mathbf{G} &\equiv [\mathbf{I}_4 \,|\, \mathbf{P}] \\
&= \begin{bmatrix} 1 & 0 & 0 & 0 & | & 1 & 0 & 1 \\ 0 & 1 & 0 & 0 & | & 1 & 1 & 1 \\ 0 & 0 & 1 & 0 & | & 1 & 1 & 0 \\ 0 & 0 & 0 & 1 & | & 0 & 1 & 1 \end{bmatrix}
\end{aligned} \tag{13.30}
$$

예제 13.2 ｜ **채널 부호화**

(5, 3) 블록 코드의 발생기 행렬이 다음과 같다고 하자.

$$\mathbf{G} = [\mathbf{I}_3 \,|\, \mathbf{P}] = \begin{bmatrix} 1 & 0 & 0 & | & 1 & 1 \\ 0 & 1 & 0 & | & 1 & 0 \\ 0 & 0 & 1 & | & 1 & 1 \end{bmatrix} \tag{13.31}$$

가능한 부호어를 모두 나열하고 부호어 간의 최소 거리를 구하라. 오류검출 능력과 오류정정 능력은 몇 비트인가?

풀이

(5, 3) 블록 코드는 3비트의 메시지어로부터 5비트의 부호어를 발생시킨다. 식 (13.31)과 같은 발생기 행렬로 만들어지는 부호어는 3비트의 메시지어 비트와 2비트의 패리티 비트로 구성된다. 3비트로 가능한 모든 메시지어 $\mathbf{u}$는 000부터 111까지의 8종류이다. 각 메시지어에 대한 부호어 $\mathbf{v}$는 $\mathbf{v} = \mathbf{uG}$ 에 의하여 다음 표와 같이 된다. 세 번째 열에는 부호어 벡터에 대한 Hamming 무게를 보이며, 이로부터 부호어 벡터 간 최소 거리를 구할 수 있다.

Message word **u**	Code word **v**	$w(\mathbf{v})$
0 0 0	0 0 0 0 0	0
0 0 1	0 0 1 1 1	3
0 1 0	0 1 0 1 0	2
0 1 1	0 1 1 0 1	3
1 0 0	1 0 0 1 1	3
1 0 1	1 0 1 0 0	2
1 1 0	1 1 0 0 1	3
1 1 1	1 1 1 1 0	4

부호어 간의 최소 거리는 $d_{\min} = 2$ 이다. 따라서 오류검출 능력은 $q = 1$ 이고 오류정정 능력은 $t = 0$ 이다. 즉 이 코드는 한 비트의 오류는 검출할 수 있으나 오류정정 능력은 없다.

13.2.2 패리티 검사 행렬(Parity Check Matrix)

식 (13.26)과 같이 정의한 (n, k) 채널 코드 발생기 행렬 **G**를 다시 써보자.

$$\mathbf{G} \equiv [\mathbf{I}_k | \mathbf{P}]$$

여기서 $\mathbf{I}_k$ 는 $k \times k$ 단위 행렬이고 **P**는 $k \times j$ 패리티 발생 행렬이며, $j = n - k$ 는 잉여 비트의 개수이다. 송신기에서 메시지어로부터 패리티 비트들을 발생시키는 것은 메시지어 벡터와 패리티 발생 행렬을 곱하여 이루어진다. 수신기에서는 패리티 검사를 하는데, 송신기에서와 유사하게 수신 부호어에 패리티 검사 행렬을 곱함으로써 이루어지도록 할 수 있다. 발생기 행렬 **G**에 대응하는 패리티 검사 행렬(parity check matrix) **H**를 정의하자. 부호어 벡터 **v**에 대한 패리티 검사는 **v**와 패리티 검사 행렬을 곱하여, 즉 $\mathbf{vH}^T$ 와 같은 연산을 통하여 할 수 있다. 유효한 부호어는 패리티 검사를 통과해야 하므로 $\mathbf{vH}^T = \mathbf{0}$ 을 만족시켜야 한다. 부호어는 $\mathbf{v} = \mathbf{uG}$ 에 의하여 생성되므로, $k \times n$ 발생기 행렬 **G**에 대하여 $(n-k) \times n = j \times n$ 크기의 패리티 검사 행렬 **H**는 **G**의 행과 **H**의 행이 서로 직교하도록, 즉 $\mathbf{GH}^T = \mathbf{0}$ 가 성립하도록 만들어진다. 여기서 $\mathbf{H}^T$ 는 **H**의 전치(transpose) 행렬이며, **0**는 모든 원소가 0인 $k \times (n-k)$ 행렬이다. 패리티 검사 행렬은 수신 부호어 벡터로부터 복호를 하는데 유용하게 사용할 수 있다. 직교 조건을 만족하도록 $\mathbf{H}^T$ 를 정의하면 다음과 같다.

$$\mathbf{H}^T \equiv \begin{bmatrix} \mathbf{P} \\ \cdots \\ \mathbf{I}_j \end{bmatrix} = \begin{bmatrix} p_{11} & p_{12} & \cdots & p_{1j} \\ p_{21} & p_{22} & \cdots & p_{2j} \\ \vdots & \vdots & & \vdots \\ p_{k1} & p_{k2} & \cdots & p_{kj} \\ 1 & 0 & \cdots & 0 \\ 0 & 1 & \cdots & 0 \\ \vdots & \vdots & & \vdots \\ 0 & 0 & \cdots & 1 \end{bmatrix} \tag{13.32}$$

따라서 패리티 검사 행렬 $\mathbf{H}$는 다음과 같이 주어진다.

$$\mathbf{H} \equiv \left| \mathbf{P}^T | \mathbf{I}_j \right|$$

$$= \underbrace{\begin{bmatrix} p_{11} & p_{21} & \cdots & p_{k1} \\ p_{12} & p_{22} & \cdots & p_{k2} \\ \vdots & \vdots & & \vdots \\ p_{1j} & p_{2j} & \cdots & p_{kj} \end{bmatrix}}_{j \times k} \underbrace{\begin{bmatrix} 1 & 0 & 0 & \cdots & 0 \\ 0 & 1 & 0 & \cdots & 0 \\ \vdots & \vdots & \vdots & & \vdots \\ 0 & 0 & 0 & \cdots & 1 \end{bmatrix}}_{j \times j} \tag{13.33}$$

그러므로

$$\mathbf{GH}^T = [\mathbf{I}_k | \mathbf{P}] \begin{bmatrix} \mathbf{P} \\ \cdots \\ \mathbf{I}_j \end{bmatrix} = \mathbf{P} + \mathbf{P} = \mathbf{0} \tag{13.34}$$

가 된다는 것을 확인할 수 있다.

메시지어 벡터 $\mathbf{u}$로부터 $\mathbf{v} = \mathbf{uG}$ 에 의해 생성된 부호어 벡터 $\mathbf{v}$가 오류 없이 전송된다면 수신측에서 패리티 검사를 통과하게 된다. 패리티 검사는 수신 부호어 벡터와 패리티 검사 행렬을 곱하여 이루어지는데, 만일 전송 오류가 없다면 수신 부호어 벡터 $\mathbf{r}$은 송신 부호어 벡터 $\mathbf{v}$와 동일하여 식 (13.34)에 의해

$$\mathbf{rH}^T = \mathbf{vH}^T = \mathbf{uGH}^T = \mathbf{0} \tag{13.35}$$

가 되어 패리티 검사를 통과한다. 식 (13.35)의 의미를 살펴보자. 발생기 행렬 $\mathbf{G}$에 의해 만들어진 부호어 벡터는 패리티 검사 행렬 $\mathbf{H}^T$ 와 곱해지면 모두 영 벡터가 된다. 수신 부호어 벡터에 대해 패리티 검사를 하는 것은 수신 부호어 벡터 $\mathbf{r}$과 $\mathbf{H}^T$ 와의 곱을 구하고 영 벡터가 되는지를 검사하는 것과 동등하다. 전송한 부호어 벡터가 오류 없이 수신된다면 $\mathbf{rH}^T = \mathbf{0}$ 이 된

다. 만일 통신 채널에서 오류가 발생하여 수신 부호어 벡터가 유효한 부호어 벡터가 아니라면 $\mathbf{r}\mathbf{H}^T = \mathbf{0}$이 되지 않는다. 패리티 검사 행렬의 이러한 성질은 비트 오류를 정정하는데 이용할 수 있다.

13.2.3 신드롬 검사(Syndrome Testing)

부호어 벡터 $\mathbf{v} = [v_1,\ v_2,\ \cdots,\ v_n]$가 채널을 거쳐 수신된(즉 오염된) 부호어 벡터를 $\mathbf{r} = [r_1,\ r_2,\ \cdots,\ r_n]$이라고 하자. 그러면 $\mathbf{r}$은 다음과 같이 표현할 수 있다.

$$\mathbf{r} = \mathbf{v} + \mathbf{e} \tag{13.36}$$

여기서 $\mathbf{e} = [e_1,\ e_2,\ \cdots,\ e_n]$는 통신 채널의 영향으로 발생한 오류 벡터(또는 오류 패턴)이다. 가능한 오류 패턴의 개수는 $2^n - 1$이 된다(영 벡터는 오류가 아니므로 제외). 수신 부호어 벡터에 대하여 패리티 검사를 하면, 즉 $\mathbf{H}^T$를 곱하면 다음과 같이 된다.

$$\boxed{\mathbf{s} = \mathbf{r}\mathbf{H}^T} \tag{13.37}$$

식 (13.37)과 같이 수신 부호어 벡터 $\mathbf{r}$과 $\mathbf{H}^T$의 곱 $\mathbf{s}$를 신드롬(syndrome)이라 한다. 신드롬은 $1 \times j$ 벡터로 수신 부호어가 유효한 부호어 중의 하나인지 판단할 수 있도록 한다. 즉 신드롬이 영 벡터라면 $\mathbf{r}$이 유효한 부호어 벡터라는 것을 의미하며, 따라서 패리티 검사를 통과했다는 것을 의미한다. 만일 $\mathbf{r}$이 검출 가능한 오류를 포함하고 있다면 신드롬은 어떤 0이 아닌 값을 갖게 된다. 더 나아가서 만일 $\mathbf{r}$이 정정 가능한 오류를 포함하고 있다면 신드롬은 어떤 특정한 오류 패턴을 가진다. 따라서 신드롬 검사를 하고 오류 패턴을 알아내어 오류 정정을 할 수 있게 된다. 이것은 마치 어떤 질병에 걸린 사람의 증후군을 보고 질병의 원인을 알아내어 치료하는 것과 유사하다.

식 (13.36)과 식 (13.37)을 결합하여 신드롬을 다음과 같이 표현할 수 있다.

$$\mathbf{s} = \mathbf{r}\mathbf{H}^T = (\mathbf{v} + \mathbf{e})\mathbf{H}^T = \mathbf{v}\mathbf{H}^T + \mathbf{e}\mathbf{H}^T \tag{13.38}$$

그런데 모든 부호어 벡터에 대해 $\mathbf{v}\mathbf{H}^T = \mathbf{0}$이므로 신드롬은

$$\mathbf{s} = \mathbf{e}\mathbf{H}^T \tag{13.39}$$

가 된다. 따라서 수신 부호어 벡터에 대한 패리티 검사나 오류 벡터에 대한 패리티 검사가 동일하여 같은 신드롬이 얻어진다.

이제 오류 검출과 오류 정정에 대해 살펴보자. 오류 검출만 한다면 패리티 검사를 하여 통과하지 않았을 때 재전송 등의 조치를 취하면 된다. 즉 수신기의 복호기는 수신 부호어 벡터에 대해 신드롬 검사를 하여 신드롬이 영 벡터가 아니면, ARQ 시스템의 경우 재전송을 요청한다.

오류 정정까지 한다면 단순히 패리티 검사 통과 여부만 가지고는 불충분하다. 오류의 위치를 알아내어(가능한 경우) 오류 정정을 한다. 우리에게 주어져 있는 것은 식 (13.37)을 통해 구한 신드롬 $\mathbf{s}$와 패리티 검사 행렬 $\mathbf{H}$이다. 식 (13.39)에서 오류 벡터 $\mathbf{e}$만 구할 수 있다면 식 (13.36)에 $\mathbf{e}$를 더해 $\mathbf{v}$를 구할 수 있다. 즉 $\mathbf{r}+\mathbf{e}=\mathbf{v}+\mathbf{e}+\mathbf{e}=\mathbf{v}$. 그러나 식 (13.39)에서 임의의 $\mathbf{s}$에 대해 $\mathbf{e}$를 구하는 것은 불가능하다. 모든 $\mathbf{s}$와 $\mathbf{e}$가 일 대 일 관계가 아니기 때문이다. $\mathbf{s}$는 $1 \times j$ 벡터이고(여기서 $j=n-k$), $\mathbf{e}$는 $1 \times n$ 벡터임을 상기한다. 즉 신드롬 개수보다 오류 패턴 개수가 많다. 가능한 신드롬의 개수는 2^j임에 비해 가능한 오류 패턴의 개수는 $2^n - 1$이므로(2^n 개에서 영 벡터 제외)[3] 신드롬만 보고 모든 오류 패턴을 알아내는 것이 불가능함은 당연하다. 그러나 전체 오류 패턴 중의 일부 $2^j - 1$개를 선택하여[4] 신드롬과 일 대 일 관계를 맺어 놓으면, 이 그룹 내의 오류 패턴이 발생했을 때 신드롬으로부터 오류 패턴을 알아내어 오류 정정을 할 수 있을 것이다. 즉 모든 오류 패턴을 알아내는 것은 원천적으로 불가능하니 사전에 선정한 오류 패턴 집합에 한정하여 이 집합에 속한 오류가 발생했을 때 정정하겠다는 것이다. 여기서 사전에 선정한 $2^j - 1$개의 오류 패턴을 '정정 가능한 오류 패턴'이라 부른다. 그러므로 잉여 비트의 수 $j=n-k$가 클수록 정정 가능한 오류 패턴의 수가 증가한다는 것을 알 수 있다.

신드롬과 정정 가능한 오류 패턴을 일 대 일 대응 관계로 맺을 수 있다는 것이 선형 블록 코드의 중요한 성질이다. 그러면 어떤 경우가 정정 가능한 오류 패턴인지, 그리고 대응하는 신드롬은 어떤 특징을 갖는지 알아볼 필요가 있다. 예를 들어 부호어 벡터 $\mathbf{v}$가 전송 중에 i번째 비트, 한 개의 오류만 발생한 경우를 생각해보자. 그러면 오류 벡터는 다음과 같이 된다.

---

3) 오류 패턴에서 n비트가 모두 0이면 오류가 발생한 것이 아니므로 영 벡터는 제외한다.

4) 오류 벡터가 영 벡터이면 이에 대한 신드롬도 영 벡터이다. 오류 패턴에서 영 벡터를 제외하였으므로 신드롬에서도 영 벡터를 제외하여 신드롬 개수는 $2^j - 1$개이다.

$$\mathbf{e} = [e_1, \ e_2, \ \cdots, \ e_n] = [0\ 0\ \cdots\ 0\ 1\ 0\ \cdots\ 0] \tag{13.40}$$
$$\underset{i\text{-th}}{\uparrow}$$

그러면 수신기에서 계산한 신드롬은, 즉 $\mathbf{s} = \mathbf{rH}^T = \mathbf{eH}^T$ 는 $\mathbf{H}^T$ 의 i번째 행이 된다. 그런데 만일 $\mathbf{H}^T$ 행렬에서 동일한 행이 있다면 신드롬과 오류 벡터 간 일 대 일 관계가 성립하지 않으므로(즉 서로 다른 오류 벡터가 동일한 신드롬을 만들어낼 수 있다) 오류 정정을 할 수 없게 된다. 또한 만일 $\mathbf{H}^T$ 의 i번째 행이 모두 0이라면 신드롬은 영 벡터가 되어 오류가 발생하지 않은 경우와 구별이 안 된다. 즉 오류 검출이 되지 않는다. 정리하면, 한 개의 오류를 정정할 수 있기 위하여 패리티 검사 행렬이 만족시켜야 할 조건은 다음과 같다.

① $\mathbf{H}^T$ 의 모든 행($\mathbf{H}$의 모든 열)은 서로 달라야 한다.
② $\mathbf{H}^T$ 의 어떠한 행($\mathbf{H}$의 어떠한 열)도 영 벡터가 되어서는 안 된다.

예제 13.3 | 신드롬 검사

앞서 살펴본 (7, 4) Hamming 코드를 사용하는 FEC 시스템에서 $\mathbf{u} = [1\,0\,1\,0]$가 부호화되어 $\mathbf{v} = [1\,0\,1\,0\,0\,1\,1]$가 전송된다고 하자.

(a) 채널에서 한 비트의 오류가 발생하여 $\mathbf{r} = [1\,0\,1\,0\,0\,1\,0]$가 수신된다고 하자. 즉 제일 오른쪽 비트에 오류가 발생하였다. 수신 부호어 벡터에 대하여 신드롬을 구하라. 오류 정정이 가능한가?

(b) 부호어의 왼쪽 두 비트에 오류가 발생하여 $\mathbf{r} = [0\,1\,1\,0\,0\,1\,1]$이 수신되는 경우 신드롬을 구하라. 오류 정정이 가능한가?

풀이

(a) 발생기 행렬은 식 (13.30)과 같이

$$\mathbf{G} = [\mathbf{I}_4 | \mathbf{P}] = \begin{bmatrix} 1 & 0 & 0 & 0 & 1 & 0 & 1 \\ 0 & 1 & 0 & 0 & 1 & 1 & 1 \\ 0 & 0 & 1 & 0 & 1 & 1 & 0 \\ 0 & 0 & 0 & 1 & 0 & 1 & 1 \end{bmatrix}$$

이며, 이에 대응하는 패리티 검사 행렬은 다음과 같다.

$$\mathbf{H} = [\mathbf{P}^T | \mathbf{I}_3] = \begin{bmatrix} 1 & 1 & 1 & 0 & 1 & 0 & 0 \\ 0 & 1 & 1 & 1 & 0 & 1 & 0 \\ 1 & 1 & 0 & 1 & 0 & 0 & 1 \end{bmatrix} \tag{13.41}$$

수신 부호어 벡디에 대하여 신드롬을 구하면 다음과 같이 된다.

$$\mathbf{s} = \mathbf{r}\mathbf{H}^T = \mathbf{r}\begin{bmatrix} \mathbf{P} \\ \cdots \\ \mathbf{I}_3 \end{bmatrix} = [1\,0\,1\,0\,0\,1\,0]\begin{bmatrix} 1 & 0 & 1 \\ 1 & 1 & 1 \\ 1 & 1 & 0 \\ 0 & 1 & 1 \\ 1 & 0 & 0 \\ 0 & 1 & 0 \\ 0 & 0 & 1 \end{bmatrix} = [0\,0\,1] \tag{13.42}$$

전송된 부호어에서 제일 오른쪽 비트에 오류가 발생하였으므로 오류 벡터는

$$\mathbf{e} = [0\,0\,0\,0\,0\,0\,1]$$

이 된다. 오류 벡터에 대한 신드롬은

$$\mathbf{s} = \mathbf{e}\mathbf{H}^T = [0\,0\,0\,0\,0\,0\,1]\begin{bmatrix} 1 & 0 & 1 \\ 1 & 1 & 1 \\ 1 & 1 & 0 \\ 0 & 1 & 1 \\ 1 & 0 & 0 \\ 0 & 1 & 0 \\ 0 & 0 & 1 \end{bmatrix} = [0\,0\,1] \tag{13.43}$$

로 $\mathbf{H}^T$ 의 마지막 행이 되어 식 (13.42)와 동일하다. 식 (13.41)을 살펴보면 $\mathbf{H}$의 모든 열은 서로 다르며, 모두 0인 원소를 갖는 열이 없다. 7비트의 부호어에 대하여 한 비트의 오류가 발생하는 경우는 7가지 경우가 있어서, 각 경우마다 수신 부호어의 신드롬은 $\mathbf{H}^T$ 의 각 행이 된다. $\mathbf{H}^T$ 의 행이 모두 다르므로 신드롬으로부터 오류가 발생한 비트 위치를 알 수 있고, 오류 정정이 가능하다.

(b) 두 비트의 오류가 발생하여 $\mathbf{r} = [0\,1\,1\,0\,0\,1\,1]$이 수신된다면 신드롬은

$$\mathbf{s} = \mathbf{r}\mathbf{H}^T = [0\,1\,1\,0\,0\,1\,1]\begin{bmatrix} 1 & 0 & 1 \\ 1 & 1 & 1 \\ 1 & 1 & 0 \\ 0 & 1 & 1 \\ 1 & 0 & 0 \\ 0 & 1 & 0 \\ 0 & 0 & 1 \end{bmatrix} = [0\,1\,0] \tag{13.44}$$

이 된다. 제일 왼쪽 두 비트에 오류가 발생하였으므로 오류 벡터는 $\mathbf{e} = [1\,1\,0\,0\,0\,0\,0]$이 되어 오류 벡터에 대한 신드롬은

$$\mathbf{s} = \mathbf{e}\mathbf{H}^T = [1\,1\,0\,0\,0\,0\,0]\begin{bmatrix} 1 & 0 & 1 \\ 1 & 1 & 1 \\ 1 & 1 & 0 \\ 0 & 1 & 1 \\ 1 & 0 & 0 \\ 0 & 1 & 0 \\ 0 & 0 & 1 \end{bmatrix} = [0\,1\,0] \tag{13.45}$$

로 $\mathbf{H}^T$ 의 처음 두 행을 더한 값을 갖게 되며, 식 (13.44)와 같게 된다. 그런데 이 신드롬은 $\mathbf{H}^T$ 의 6번째 행과 동일하다. 따라서 부호어의 6번째 비트에만 오류가 발생한 경우와 동일한 신드롬이 얻어진다. 그러므로 신드롬만 가지고는 두 경우를 구별하지 못하므로 오류 정정에 문제가 생긴다. 이와 같이 $\mathbf{H}^T$ 의 어느 두 행을 더하여 만들어진 벡터가 $\mathbf{H}^T$ 의 다른 행에 속하면 오류 정정이 불가능하다. 결론적으로 (7, 4) Hamming 코드는 한 비트만의 오류 정정이 가능하다.

오류 정정(Error Correction)

예제 13.3에서는 한 비트의 오류 정정이 가능하도록 하는 패리티 검사 행렬에 대한 조건, 즉 $\mathbf{H}^T$ 는 영 벡터를 가진 행이 없어야 하고, 모든 행이 서로 달라야 하는 조건을 확인하였다. 두 비트의 오류 정정이 가능하도록 채널 코드를 설계하기 위해서는 위의 한 비트 오류정정 조건에 추가하여, $\mathbf{H}^T$ 에서 임의의 두 행을 합한 것은 어느 행에도 속해서는 안 된다는 조건을 만족시켜야 한다. 이러한 접근 방식으로 2비트 이상의 오류를 정정할 수 있는 채널 코드를 설계하는 것은 더욱 복잡해진다.

$(n,\,k)$ 블록 코드에서 가능한 n비트 오류 벡터의 경우의 수는 오류가 없는 경우를 제외하면 모두 $2^n - 1$ 가지가 있다. 신드롬은 $1 \times (n-k)$ 벡터로 영 벡터를 제외하면 오류를 진단할 수 있는 신드롬의 수는 $2^j - 1$(여기서 $j = n-k$)뿐이다. 따라서 주어진 신드롬에 대한 오류 패턴은 한 가지 이상이 될 수 있다. 즉 $2^n - 1$ 가지의 오류 패턴 중에서 신드롬에 의해 정확히 정정할 수 있는 오류 패턴은 $2^j - 1$ 가지뿐이며 그 외의 오류 패턴은 정정할 수 없다.

주어진 신드롬에 대해 원인이 되는 오류 패턴이 한 개뿐이라면 오류 정정은 명백하게

$$\ddot{\mathbf{v}} = \mathbf{r} + \mathbf{e} \tag{13.46}$$

로 하여 이에 대응하는 메시지어를 출력하도록 복호기를 구현하면 된다. 그러나 문제는 한 개의 신드롬에 대해 오류 패턴이 여러 개 있을 수 있다는 것이니, 한 가지 방법은 주어진 신드롬

에 대하여 이를 만들어내는 오류 패턴 중에서 가장 가능성이 높은 오류 패턴을 진단하는 방향으로 복호기를 설계할 수 있다. 이를 최우 복호화(maximum-likelihood decoding)라 한다. 발생 가능성이 높은 오류 패턴은 오류 비트 수가 가능한 한 작은 경우이다. 그 이유는 두 비트 이상의 오류가 일어날 확률은 한 비트 오류가 일어날 확률에 비해 훨씬 작기 때문이다. 따라서 최우 복호화는 오류가 생긴 수신 부호어(즉 오염되어 유효 부호어 그룹에 속하지 않은 부호어)와 가장 짧은 거리에 있는 유효 부호어를 정정된 부호어로 선택한다.

최우 복호기를 구현하는 방법은 먼저 2^j-1개의 신드롬에 대해 가장 발생 가능성이 높은 오류 벡터 $\hat{\mathbf{e}}$를 구하여 신드롬 참조표(syndrome look-up table)를 만든다. 복호기에 입력되는 수신 부호 벡터 $\mathbf{r}$로부터 신드롬 $\mathbf{s}$를 계산하고, 표를 참조하여 계산한 신드롬과 짝을 이루는 오류 벡터를 찾아내어

$$\hat{\mathbf{v}} = \mathbf{r} + \hat{\mathbf{e}} \tag{13.47}$$

과 같이 수신 벡터와 더하여 오류 정정을 한다. 정정된 부호어에 대응하는 메시지어를 출력하면 된다.

(7, 4) Hamming 코드를 예로 하여 신드롬 참조표를 만들어보자. 이 코드는 $j = n-k = 3$이므로 신드롬은 1×3 벡터로 모두 8가지가 있다(영 벡터 포함). (7, 4) Hamming 코드는 최소 거리가 $d_{\min} = 3$인 것을 앞서 알아보았다. 따라서 오류정정 능력은 1비트가 된다. 가능한 $2^n-1 = 127$개의 오류 패턴 중에서 $2^3-1 = 7$개의 서로 다른 신드롬을 만들어내는 발생 빈도가 높은 오류 패턴을 생각해보자. 발생 빈도가 가장 높은 오류 패턴은 한 비트 오류가 발생하는 패턴으로 7비트 부호어에서 각 비트 위치에 오류가 발생하는 7가지가 있다. 한 비트 오류 패턴에 해당하는 신드롬은 $\mathbf{H}^T$의 각 행이 된다. $\mathbf{H}^T$의 모든 행은 서로 다르므로 다음과 같은 신드롬 참조표가 만들어진다.

표 13.2 (7, 4) Hamming 코드의 신드롬 참조표

오류 패턴 $\hat{\mathbf{e}}$	신드롬 s
0 0 0 0 0 0 0	0 0 0
1 0 0 0 0 0 0	1 0 1
0 1 0 0 0 0 0	1 1 1
0 0 1 0 0 0 0	1 1 0
0 0 0 1 0 0 0	0 1 1
0 0 0 0 1 0 0	1 0 0
0 0 0 0 0 1 0	0 1 0
0 0 0 0 0 0 1	0 0 1

메시지 벡터 $\mathbf{u} = [u_1,\ u_2,\ u_3]$로부터 부호어 $\mathbf{v} = [u_1,\ u_2,\ u_3,\ p_1,\ p_2,\ p_3]$를 발생시키는 조직 (6, 3) 블록 코드를 가정하자. 패리티 비트는 다음과 같이 발생시킨다고 하자.

$$
\begin{aligned}
p_1 &= u_1 + u_3 \\
p_2 &= u_1 + u_2 \\
p_3 &= u_2 + u_3
\end{aligned}
\tag{13.48}
$$

(a) 가능한 메시지어에 대한 부호어를 구하고 $d_{\min}$ 을 구하라. 오류정정 능력은 몇 비트인가?

(b) 발생기 행렬과 패리티 검사 행렬을 구하라.

(c) 신드롬 참조표를 작성하라.

풀이

(a) 식 (13.48)과 같이 패리티를 발생시키는 (6, 3) 블록 코드의 메시지어와 부호어는 표 13.3과 같다. 부호어 간의 최소 거리는 $d_{\min} = 3$이며, 오류정정 능력은 1비트가 된다.

표 13.3 (6, 3) 블록 코드

Message vector $\mathbf{u}$	Code vector $\mathbf{v}$	Hamming weight $w(\mathbf{v})$
0 0 0	0 0 0 0 0 0	0
0 0 1	0 0 1 1 0 1	3
0 1 0	0 1 0 0 1 1	3
0 1 1	0 1 1 1 1 0	4
1 0 0	1 0 0 1 1 0	3
1 0 1	1 0 1 0 1 1	4
1 1 0	1 1 0 1 0 1	4
1 1 1	1 1 1 0 0 0	3

(b) $\mathbf{v} = \mathbf{u}\mathbf{G}$ 에 의해 부호어를 발생시키는 발생기 행렬 $\mathbf{G}$는

$$
\mathbf{G} = [\mathbf{I}_3 | \mathbf{P}] = \begin{bmatrix} 1 & 0 & 0 & 1 & 1 & 0 \\ 0 & 1 & 0 & 0 & 1 & 1 \\ 0 & 0 & 1 & 1 & 0 & 1 \end{bmatrix}
\tag{13.49}
$$

가 되며, 패리티 검사 행렬 $\mathbf{H}$는

$$
\mathbf{H} = [\mathbf{P}^T | \mathbf{I}_3] = \begin{bmatrix} 1 & 0 & 1 & 1 & 0 & 0 \\ 1 & 1 & 0 & 0 & 1 & 0 \\ 0 & 1 & 1 & 0 & 0 & 1 \end{bmatrix}
\tag{13.50}
$$

가 된다.

(c) $j = n-k = 3$이므로 신드롬은 1×3 벡터로 모두 8가지가 있다. 주어진 코드의 최소 거리가 $d_{min} = 3$이므로 오류정정 능력은 1비트가 된다. 가능한 $2^7 - 1 = 63$개의 오류 패턴 중에서 $2^3 - 1 = 7$개의 서로 다른 신드롬을 만들어내는 발생 빈도가 높은 오류 패턴을 생각해 보자. 먼저 한 비트만 오류가 있는 6개의 오류 벡터 $\mathbf{e}_1 = [1\,0\,0\,0\,0\,0]$, $\mathbf{e}_2 = [0\,1\,0\,0\,0\,0]$, $\cdots$, $\mathbf{e}_6 = [0\,0\,0\,0\,0\,1]$는 정정 가능한 오류 벡터로서 신드롬은 $\mathbf{H}^T$의 각 행이 된다. 7개의 0 아닌 신드롬 중 6개를 한 비트 오류가 있는 오류 벡터와 짝을 지었다. 남은 1개의 신드롬은 $\mathbf{s} = [1\,1\,1]$로 이를 발생시키는 오류 벡터를 추가로 결정해야 한다. 한 비트 오류만 있는 오류 벡터는 이미 할당하였으므로, 두 비트의 오류가 있는 오류 패턴을 $\mathbf{s} = [1\,1\,1]$와 짝을 지어야 한다. 신드롬 $\mathbf{s} = [1\,1\,1]$를 발생시키는 오류 패턴은 여러 가지가 있을 수 있으며, 이 중 하나를 임의로 선택하면 된다. $\mathbf{H}^T$의 3번째 행과 5번째 행을 더하면 $[1\,1\,1]$이 되므로 $\mathbf{s} = [1\,1\,1]$에 대응하는 오류 벡터를 $\mathbf{e}_7 = [0\,0\,1\,0\,1\,0]$로 선택하기로 한다. 이들을 종합하면 표 13.4와 같은 신드롬 참조표가 만들어진다.

표 13.4 예제 13.4의 (6, 3) 블록 코드의 신드롬 참조표

오류 패턴 $\hat{\mathbf{e}}$	신드롬 s
0 0 0 0 0 0	0 0 0
1 0 0 0 0 0	1 1 0
0 1 0 0 0 0	0 1 1
0 0 1 0 0 0	1 0 1
0 0 0 1 0 0	1 0 0
0 0 0 0 1 0	0 1 0
0 0 0 0 0 1	0 0 1
0 0 1 0 1 0	1 1 1

13.3 인터리빙(Interleaving)

지금까지는 비트 오류가 각 부호어 내에서 고르게 분포하며, 또한 비트 간에 독립적이라고 가정하고 오류 검출과 정정을 수행하는 방식에 대해 알아보았다. 이와 같은 가정은 전송로에서 백색 잡음이 부가되는 환경에서 타당하다. 그러나 실제 통신 환경에서는 이와 같은 가정이 적합하지 않은 경우가 흔히 존재한다. 예를 들어 무선 전송 중에 번개가 치는 경우에는 상당히 큰 잡음이 짧은 시간에 집중적으로 발생한다. 또한 이동 통신의 경우 여러 경로로 들어오는 신호들의 위상이 일치하지 않으면 신호의 크기가 변화하는 페이딩 현상이 발생하는데, 신호의 크기가 일정 시간 동안 작은 상태로 지속될 수 있다. 이러한 환경에서는 그림 13.10에 보인 것

처럼 여러 비트가 연속하여 오류를 일으키는, 즉 버스트 오류(burst error)가 발생할 수 있다. 또 다른 예로 컴팩트 디스크의 표면이 긁힌 경우 비트 오류가 한 데 몰려 발생하게 된다. 채널 코딩이 효과를 보이기 위해서는 한 부호어 내에 비트 오류가 오류정정 능력 이하로 발생해야 한다. 그러나 오류가 군집 형태로 발생하여 부호어 내에서 오류정정 능력 이상으로 발생하면 채널 코딩의 효과를 기대할 수 없게 된다.

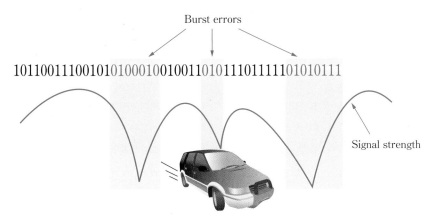

그림 13.10 페이딩 환경에서 버스트 오류가 발생하는 예

이러한 버스트 오류 문제를 해결하는 방법의 하나로 버스트 형태의 오류를 분산시키는 인터리빙(interleaving)을 들 수 있다. 인터리빙은 데이터의 순서를 뒤바꾸는 것으로 그림 13.11(a)에 보인 것처럼 한 블록의 데이터를 행렬의 열 단위로 써서 채우고, 다 채워지면 행 단위로 읽어서 비워나가는 방식으로 구현할 수 있다. 데이터의 순서를 뒤바꾸는 방법은 다른 방법도 있지만 그림과 같이 한 블록의 데이터를 메모리 행렬에 채우고 비우는 방식으로 구현하는 방법을 블록 인터리빙(block interleaving)이라 한다. 인터리빙이 지향하는 효과는 연속된 오류를 분산시켜서 한 부호어 내에는 오류정정 능력 이하의 비트 오류가 발생되도록 하는 것이다. 송신기에서 인터리빙을 하여 전송한 데이터는 수신기에서 원래의 순서로 역인터리빙(deinterleaving)을 한다. 역인터리빙은 인터리빙과 유사한 방법으로 구현하되 쓰기와 읽기를 반대로(즉 행 단위로 쓰고 열 단위로 읽도록) 하면 된다. 그림 13.11(b)는 인터리빙의 원리를 설명하고 있다. 이 예에서는 간난히 (3, 1) 반복 코드(repetition code)를 사용한 채널 코딩을 가정하였다. 그림에서 X는 비트 오류가 발생한 것을 나타낸다. 인터리빙을 하여 전송하면 연속해서 세 비트의 오류가 발생해도 수신기에서 역인터리빙을 하면 한 부호어에 한 개의 오류만 존재한다. (3, 1) 반복 코드는 오류정정 능력이 1비트이므로 부호어 세 비트 중에 한 비트

의 오류가 발생해도 정정(반복 코드의 경우 1의 개수가 많으면 1로 복호하고, 0의 개수가 많으면 0으로 복호)이 가능하다.

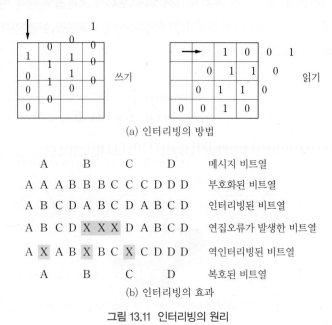

(a) 인터리빙의 방법

| A | B | C | D | 메시지 비트열 |

A A A B B B C C C D D D   부호화된 비트열

A B C D A B C D A B C D   인터리빙된 비트열

A B C D X X X D A B C D   연집오류가 발생한 비트열

A X A B X B C X C D D D   역인터리빙된 비트열

A   B   C   D   복호된 비트열

(b) 인터리빙의 효과

그림 13.11 인터리빙의 원리

인터리빙을 위한 블록의 크기(즉 메모리 행렬의 크기)에 대해 살펴보자. 블록의 크기가 크면 처리 과정에서 필요한 메모리 개수가 커지는 단점 외에 행렬을 채우고 비우는 과정에서 처리 지연이 길어지므로 문제가 될 수 있다. 특히 실시간 처리가 중요시되는 응용에서는 인터리빙 블록의 크기가 필요 이상으로 크지 않게 설계할 필요가 있다. 인터리빙을 위한 $M \times N$ 행렬에서 열의 개수 N을 인터리빙의 깊이(depth)라 하며, 행의 개수 M을 인터리빙의 폭(span)이라 한다. 그림 13.12에 깊이가 5이고 폭이 15인 인터리빙 행렬의 예를 보인다. 인터리빙 깊이가 클수록 지속구간이 긴 페이딩에 강인해지지만 송수신기에서 채널 부호화기/복호기 앞 단에서 처리하는 시간이 길어진다. 그러므로 응용 환경의 페이딩 특성을 조사하여 인터리빙의 깊이를 결정한다. 인터리빙의 폭은 채널 코드의 길이 이상으로 선택한다. 예를 들어 N을 페이딩으로 인한 버스트 오류의 길이보다 크게 선택하고, M을 채널 코드의 길이보다 크게 선택한 경우, 수신기에서 역인터리빙 했을 때 한 번의 버스트 오류로 인한 부호어 내 오류의 개수는 1개 이하가 된다.

$N = 5$

$M = 15$

x_1	x_{16}	x_{31}	x_{46}	x_{61}
x_2	x_{17}	x_{32}	x_{47}	x_{62}
x_3	x_{18}	x_{33}	x_{48}	x_{63}
x_4	x_{19}	x_{34}	x_{49}	x_{64}
x_5	x_{20}	x_{35}	x_{50}	x_{65}
x_6	x_{21}	x_{36}	x_{51}	x_{66}
x_7	x_{22}	x_{37}	x_{52}	x_{67}
x_8	x_{23}	x_{38}	x_{53}	x_{68}
x_9	x_{24}	x_{39}	x_{54}	x_{69}
x_{10}	x_{25}	x_{40}	x_{55}	x_{70}
x_{11}	x_{26}	x_{41}	x_{56}	x_{71}
x_{12}	x_{27}	x_{42}	x_{57}	x_{72}
x_{13}	x_{28}	x_{43}	x_{58}	x_{73}
x_{14}	x_{29}	x_{44}	x_{59}	x_{74}
x_{15}	x_{30}	x_{45}	x_{60}	x_{75}

Output sequence: $x_1, x_{16}, x_{31}, x_{46}, \cdots$

그림 13.12 15×5 블록 인터리버

13.4 블록 코드의 예

이번 절에서는 잘 알려져 있는 몇 가지 블록 코드에 대하여 특성과 성능을 간략히 알아보기로 한다.

13.4.1 Hamming 코드

Hamming 코드는 블록 코드 중에서 가장 간단한 종류로 다음과 같은 구조를 가진다.

$$(n, k) = (2^j - 1,\ 2^j - 1 - j) \tag{13.51}$$

여기서 $j = 2,\ 3,\ \cdots$이다. 잉여 비트 수는 $n - k = j$임을 확인할 수 있다. Hamming 코드의 특징은 잉여 비트의 수 j에 대해 메시지어의 길이가 $n = 2^j - 1$이라는 것이다. 이것은 한 비트 오류만 있는 n개의 오류패턴 개수와 영 벡터가 아닌 신드롬의 개수 $2^j - 1$이 같다는 것을 의미한다. 따라서 신드롬 복호에서 한 비트 오류가 있는 경우 오류 정정이 가능하다는 것을 의미한다. 표 13.5에 Hamming 코드의 구조 예를 보인다.

j	k	n	$r = k/n$
3	4	7	0.57
4	11	15	0.75
5	26	31	0.84
6	57	63	0.91
7	120	127	0.94
8	247	255	0.97
9	502	511	0.98

Hamming 코드는 최소 거리가 $d_{min} = 3$으로 고정되어 있다. 따라서 부호어 내에서 한 비트의 오류를 정정할 수 있고 두 비트까지 오류를 검출할 수 있다. 그림 13.13에 Hamming 코드의 성능을 보인다. 여기서는 AWGN 잡음 환경과 데이터 변조로 BPSK를 가정하였다. 잉여 비트 수 j에 따라 성능이 개선되는 것을 볼 수 있다. 따라서 블록 크기가 클수록 코딩 이득이 증가한다. Hamming 코드는 모든 구조에서 오류정정 능력이 $t = 1$이므로 비트오류 확률은 다음과 같이 동일한 수식으로 표현된다.

$$P_b \cong \frac{1}{n} \sum_{i=2}^{n} i \binom{n}{i} p_c^i (1 - p_c)^{n-i} \tag{13.52}$$

그런데 부호어 비트의 오류확률 p_c는 부호율 $r = k/n$에 따라 달라져서 BPSK의 경우 다음과 같다.

$$p_c = Q\left(\sqrt{\frac{2rE_b}{N_0}} \right) \tag{13.53}$$

따라서 잉여 비트 수가 많을수록 부호율이 커져서 부호어 비트의 오류확률 p_c는 작아지고, 메시지어 비트의 오류확률도 작아진다.

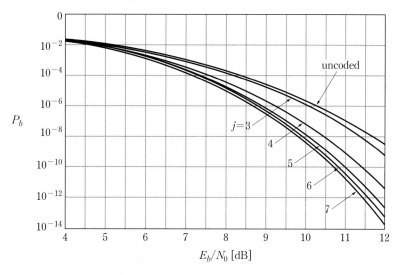

그림 13.13 Hamming 코드의 비트오율 성능

13.4.2 확장 Golay 코드

확장 Golay 코드에 대해 설명하기에 앞서 완전 코드(perfect code)의 개념에 대해 알아본다. 완전 코드란 코드가 정의된 공간의 임의점(즉 기호열)에 대하여 최소 거리의 2분의 1보다 짧은 거리에는 오직 하나의 부호어만 있는 코드 집합을 말한다. 이것은 동일한 코드 길이 및 최소 거리를 가지는 코드 중에서 코드 개수가 최대인 최적의 오류정정 코드가 된다. 완전 코드는 이진 코드로 국한되지 않는다. 좀더 정확하게 완전 코드를 정의하면 다음과 같다. N개의 부호어로 구성된 오류정정 코드 집합 C가 길이 M의 알파벳으로부터 n개의 문자를 취해서 만들어진 집합이라고 하자. 이 코드 집합의 최소 거리는 $d = 2e+1$이라고 가정하자. n개의 문자로 구성된 임의의 기호열 $\mathbf{w}_0$에 대해서, $\mathbf{w}_0$와 최대 e개만큼만 다른 C에 속한 코드 $\mathbf{w}$ (즉 유효 부호어)는 단 하나만 있을 때 C를 완전 코드라 한다. 다음 조건을 만족하면 C가 완전 코드이다.

$$\sum_{i=0}^{e} \binom{n}{i} (M-1)^i = \frac{M^n}{N} \tag{13.54}$$

이진 선형 코드의 경우 $M = 2$이고, $N = 2^k$이다. 여기서 k는 메시지어의 길이이며, 따라서 $N = 2^k$이 유효 부호어의 개수이다. 그러면 식 (13.54)는 다음과 같이 된다.

$$\sum_{i=0}^{e}\binom{n}{i} = \frac{2^n}{N} = 2^{n-k} \tag{13.55}$$

Golay는

$$\sum_{i=0}^{3}\binom{23}{i} = 2^{11} \tag{13.56}$$

이 성립하는 것을 주목하여 (23, 12) 완전 이진 코드의 존재를 확신하게 되었으며, 최소 거리가 $d_{\min} = 7$인(따라서 오류정정 능력이 $t = 3$인) Golay 코드를 제안하였다.[5] 단순한 완전 코드의 예로 반복 코드를 들 수 있다. 완전 코드로 알려져 있는 코드로 Hamming 코드와 Golay 코드를 들 수 있다. (23, 12) Golay 코드는 블록 길이가 23인 코드 중에서 3개의 오류 정정 능력이 있는 유일한 코드로 알려져 있다.[6]

(23, 12) Golay 코드에서 부호어마다 패리티 비트를 추가한 (24, 12) 코드를 확장 Golay(extended Golay) 코드라 한다. 패리티를 추가함으로써 최소 거리 $d_{\min}$이 7에서 8로 증가한다. 또한 부호율은 12/23에서 12/24=1/2로 되어 시스템 클럭 측면에서 구현이 좀더 쉽다. 확장 Golay 코드는 Hamming 코드에 비해 성능이 뛰어나다. 다만 복호기가 좀더 복잡하다는 것과 부호율이 낮아서 대역폭이 더 넓어진다는 점은 단점이다.

(24, 12) 확장 Golay 코드는 최소 거리가 8이므로 세 비트의 오류 정정은 보장이 되며, 네 비트 오류 패턴 중 일부(16.7% 정도) 오류 정정이 되도록 설계할 수 있다. 오류 정정이 가능한 네 비트 오류 패턴이 많지 않으므로 복호기 복잡도를 고려하여 보통 세 비트 오류 정정이 되도록 구현한다. (24, 12) 확장 Golay 코드의 비트오류 확률은 다음과 같다.

$$P_b \cong \frac{1}{24}\sum_{i=4}^{24} i\binom{24}{i}p_c^i(1-p_c)^{24-i} \tag{13.57}$$

그림 13.14에 Hamming 코드와 (24, 12) 확장 Golay 코드의 비트오율 성능을 비교하여 보인다. (31, 26) Hamming 코드에 비해 블록 크기는 작지만 비트오율 성능이 더 우수하다는 것을 알 수 있다.

---

5) Peterson, W.W., "Error-Correcting Codes," MIT Undergraduate Journal of Mathematics, MIT Press, 1961.

6) Kanemasu, M., "Golay Codes," MIT Press, 1990.

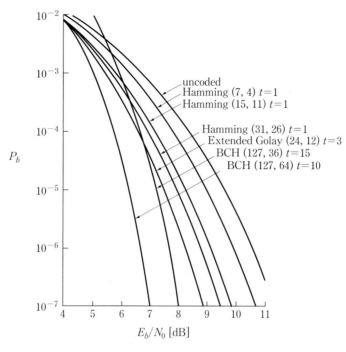

그림 13.14 여러 블록 코드의 성능

13.4.3 BCH 코드

Bose−Chadhuri−Hocqunghem (BCH)코드는 Hamming 코드를 여러 비트 오류 정정이 가능하도록 확장시킨 것이다. 따라서 Hamming 코드는 BCH 코드군의 한 부분 집합이다. Hamming 코드가 식 (13.51)과 같이 매우 제한된 구조를 갖는 것에 비해 BCH 코드는 매우 다양한 블록 길이, 메시지어 길이, 부호율, 오류정정 능력의 구조를 갖는다. Hamming 코드가 항상 한 비트의 오류만 정정할 수 있는 것에 비해 BCH 코드는 블록 길이만 허용되면 어떤 개수의 오류도 정정할 수 있도록 구성할 수 있다. 예를 들어 BCH (127, 64) 코드는 10비트의 오류를 정정할 수 있으며, BCH (1023, 11) 코드는 255비트의 오류를 정정할 수 있다. 그림 13.14에 몇 가지 종류의 블록 코드의 성능을 보인다. 전반적으로 BCH 코드가 Hamming 코드에 비해 우수한 성능을 갖는다는 것을 알 수 있다. 그러나 블록 크기가 커서 처리 지연이 길어진다는 단점이 있다. 그림 13.14에서 관찰할 수 있는 특성으로 Hamming 코드와 달리 BCH 코드는 동일한 블록 크기에 대하여 잉여 비트 수가 많을수록 성능이 반드시 좋은 것은 아니라는 것이다. 예를 들어 BCH (127, 64) 코드는 BCH (127, 36) 코드에 비해 잉여 비트 수가 적지만 코딩 이득을 더 크다. BCH 코드는 주어진 블록 크기 n에 대하여 성능을 부호율에 따라 다르며, 최대 코딩 이득은 부호율이 1/3과 3/4 사이에서 얻어지는 것으로 알려져 있다. 그림 13.15에 부호율이 각각 3/4, 1/2, 1/4에 가까운 경우 여러 블록 구조의 BCH 코드의 성능을 보인다.

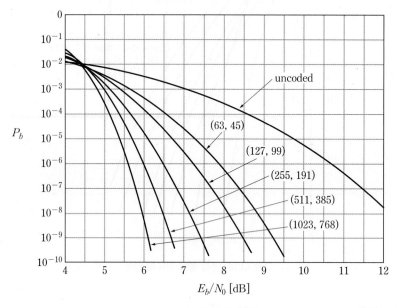

(a) 부호율 $r \cong 3/4$

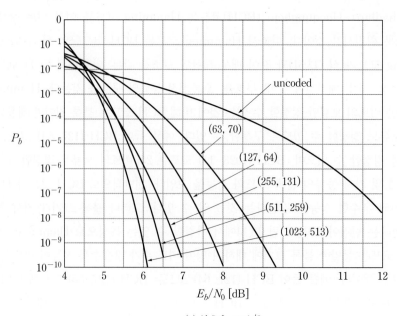

(b) 부호율 $r \cong 1/2$

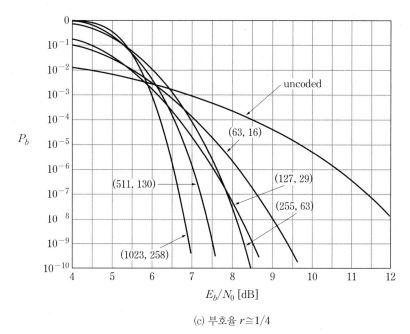

그림 13.15 BCH 코드의 성능

(c) 부호율 $r \cong 1/4$

13.4.4 Reed–Solomon 코드

Reed–Solomon(RS) 코드는 비이진(nonbinary) BCH 코드의 부분 집합으로 버스트 오류 (burst error) 환경에 적합하다. 비이진 코드의 의미는 데이터 처리가 비트 레벨로 일어나는 게 아니라 m 비트 심볼 레벨로 일어난다는 것이다. (n, k) RS 코드의 부호화기에는 k 개 심볼의 메시지어를 입력으로 받아서 n 개 심볼의 부호어를 출력으로 내보낸다. 채널에 의해 m 비트가 손상되더라도 심볼 단위로 보면 한 심볼만 손상된 것이어서 RS 코드는 이동통신 채널과 같이 깊은 페이딩으로 인하여 연속적인 오류가 발생하는 환경에서 유리하다. 컨볼루션 코드는 AWGN 채널과 같은 랜덤 오류 환경에서는 잘 동작하지만 버스트 오류가 발생하는 환경에서는 잘 동작하지 않는다. 이 경우 인터리빙을 사용하여 버스트 오류를 랜덤 오류 형태로 분산시키고 컨볼루션 코드로 오류 정정을 하는 방법을 사용한다. 그런데 RS 코드를 사용하면 인터리버 없이도 버스트 오류에 대처할 수 있다. 다른 예로 컴팩트 디스크(CD) 플레이어에도 RS 코드가 사용된다. 디스크 표면이 긁히는 경우가 많이 발생하는데, 이 경우 오류가 버스트 형태로 발생하며, RS 코드로 처리하는 게 이상적이다.

대표적인 m –비트 심볼 기반의 (n, k) RS 코드의 특성을 살펴보면 다음과 같다.

$$\text{블록 길이: } n = 2^m - 1 \text{ symbols}$$
$$\text{최소 거리: } d_{\min} = n - k + 1 \text{ symbols} \tag{13.58}$$
$$\text{오류정정 능력: } t = \frac{n-k}{2} \text{ symbols}$$

따라서 $(n,\ k) = (2^m - 1,\ 2^m - 1 - 2t)$ 가 되고, 패리티 심볼의 개수는 $n - k = 2t$ 가 된다. 그러므로 패리티 심볼 개수의 절반만큼 오류 정정이 가능하다. RS 코드는 동일한 블록 길이를 가진 선형 코드 중에서 최소 거리가 가장 큰 것으로 알려져 있다. RS 코드는 임의의 오류정정 (따라서 임의의 잉여 심볼 수) 능력을 갖도록 설계하는 것이 가능하다. 그러나 오류정정 능력을 크게 할수록 복잡도가 증가한다.

예를 들어 $m = 8$, $t = 16$ 의 경우 $(n,\ k) = (255, 223)$ 이 되며, 이 때의 부호율은 $r = 223/255 \approx 7/8 = 0.875$ 가 된다. 이 코드의 블록 길이는 255 심볼 $=$ 2040비트이며, 연속된 $16 \times 8 = 128$ 비트의 오류까지 정정이 가능하다. 그러나 만일 오류가 랜덤하게 발생하여 심볼당 한 비트씩 오류가 발생한다면 이 RS 코드는 255 심볼, 즉 2040비트 중에서 오직 16비트의 오류만 정정이 가능하다. 그러므로 RS 코드는 버스트 오류의 정정에는 효과적이지만 랜덤 오류의 정정에는 큰 장점이 없다는 것을 알 수 있다.

오류정정 능력이 t 인 RS 코드의 심볼오류 확률은 다음과 같다.

$$P_s \cong \frac{1}{n} \sum_{i=t+1}^{n} i \binom{n}{i} p^i (1-p)^{n-i} = \frac{1}{2^m - 1} \sum_{i=t+1}^{2^m - 1} i \binom{2^m - 1}{i} p^i (1-p)^{2^m - 1 - i} \tag{13.59}$$

여기서 p 는 복조기에서의(즉 채널 복호를 하기 전) 심볼오류 확률이다. 심볼은 m 비트로 구성되어 있으므로 복조기의 비트오류 확률 p_c 와 다음 관계를 가진다.

$$p = 1 - (1 - p_c)^m \tag{13.60}$$

여기서 BPSK 변조를 사용하는 경우

$$p_c = Q\left(\sqrt{\frac{2rE_b}{N_0}}\right) \tag{13.61}$$

이다. 식 (13.59)의 심볼오류 확률을 비트오류 확률로 표현하기 위해 다음 관계를 이용하면 된다.

$$P_b = \frac{2^{m-1}}{2^m} P_s \tag{13.62}$$

그림 13.16에 부호율이 $r \cong 1/2$ 인 RS 코드의 비트오율 성능을 보인다. 10^{-7} 의 비트오류 확률에 대해 코딩 이득은 $r = 7/15$ 의 경우 2.19dB, $r = 15/31$ 의 경우 3.35dB, $r = 31/63$ 의 경우 4.13dB, $r = 63/127$ 의 경우 4.63dB가 얻어진다.

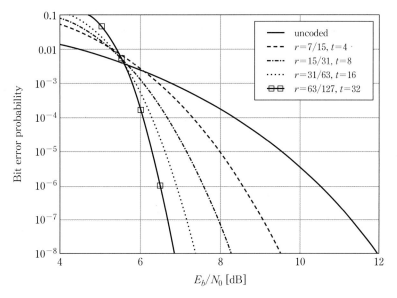

그림 13.16 RS 코드의 비트오율 성능[7]

RS 코드는 M진 변조와 함께 사용하면 매우 효과적이다. $n = 2^m - 1$ 인 RS 코드에서 변조는 $M = 2^m$ 인 MFSK와 함께 많이 사용된다. 예를 들면 $n = 31$, $k = n - 2t$, $m = 5$와 32-ary FSK 변조를 사용하고, 원하는 비트오율 성능에 따라 메시지 블록의 길이 k를 결정하면 된다.

RS 코드는 뒤에서 설명하는 연접 코딩(concatenated coding) 방식으로도 많이 사용되는데, 흔히 내부 코드로 컨볼루션 코드를 사용하고, 외부 코드로 RS 코드를 사용한다. 수신측에서는 복조기로부터 연판정 결과를 받아서 컨볼루션 복호를 하고, 경판정 출력 데이터를 RS 복호기에 넘겨준다. 이 방식이 컴팩트 디스크 오디오 시스템에서 사용되고 있다.

7) Safak, M., Digital Communications," Wiley, 2017.

13.5 컨볼루션 코드(Convolution Code)

13.5.1 컨볼루션 코딩

블록 코딩은 메시지 비트열을 k비트 메시지어 단위의 블록으로 분할하고, 블록 단위로 부호화하여 n비트$(n > k)$ 부호어를 생성하여 전송하는 방식이다. 그리고 한 블록의 부호화는 다른 블록의 부호화와 독립적이다. 따라서 한 블록의 메시지 비트들은 다른 블록의 부호화에 영향을 미치지 않으므로, 다음 블록의 부호화를 위하여 저장할 필요가 없다. 컨볼루션 코딩은 메시지 비트열이 직렬로 채널 부호화기에 입력되고 잉여 비트만큼 데이터량이 증가한 부호어열이 직렬로 출력되어 전송되는 방식이다. 블록 코딩의 경우 현재 블록의 메시지 비트들은 다른 블록의 메시지 비트들과 관계 없이 독립적으로 출력을 만들어낸다. 이에 비해 컨볼루션 코딩에서는 현재 블록의 부호어를 만드는데 있어 현재 블록의 메시지 비트들만 필요한 것이 아니라 과거 블록의 메시지 비트들도 필요하다. 따라서 컨볼루션 코딩에서는 몇 개의 메시지어 블록들이 관계되어 출력 부호어를 생성하는지 표현해야 한다. 블록 코딩에서는 (n, k) 코드라고 표현하는데 비해 컨볼루션 코딩에서는 (n, k, K) 코드로 표현한다. 여기서 K는 n비트의 부호어를 생성하기 위하여 필요한 메시지어의 개수(현재의 메시지어 1개와 과거의 메시지어 $K-1$개)를 나타내는데, 이를 구속장(constraint length)이라 한다. 컨볼루션 코드 발생기에는 과거의 $K-1$개 메시지어를 저장할 메모리가 필요하다. 일반적으로 컨볼루션 코드의 블록 길이 k는 블록 코드에 비해 매우 짧으며, 흔히 한 비트의 길이를 갖는 코드를 사용한다(즉 $k=1$). 앞으로는 특별한 언급이 없는 한 컨볼루션 코딩에서는 $k=1$인 코드를 가정하고 설명한다.

그림 13.17에 컨볼루션 코딩을 사용한 통신 시스템의 블록도를 보인다. 컨볼루션 부호화기에는 메시지 비트열이 직렬로 입력되도록 하고, 부호화기는 메모리 소자를 가지고 있어서 최근에 입력된 몇 개 비트를 가지고 연산을 하여 새로운 부호열을 만들어 출력하도록 구현한다. $k=1$인 경우, 입력 메시지 비트율이 R_b[bps]일 때 출력 부호어의 비트율은 $R_c = nR_b$[bps]로 데이터율이 n배로 높아진다. 그 다음 출력 부호어 비트열을 적절한 변조 방식을 사용하여 전송한다. 수신기에서는 먼저 복조 과정을 거쳐 부호어 비트열을 복원한 다음 채널 복호기에 직렬로 입력시킨다. 복호화 과정도 마찬가지로, 현재의 비트(심볼)와 이전의 몇 개 비트(심볼)를 가지고 복호 알고리즘을 연속적으로 수행하여 복호된 비트를 출력한다.

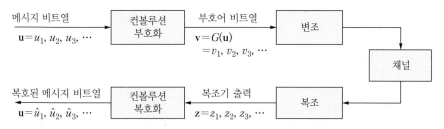

그림 13.17 컨볼루션 코딩을 사용한 통신 시스템의 블록도

블록 코딩의 경우 높은 오류정정 효과를 얻기 위해 잉여 비트 수 $j = n - k$를 크게 하여 설계한다. 그러나 잉여 비트 수가 증가하면 부호율 $r = k/n$이 작아져서 전송 효율이 떨어진다. 전송 효율을 높이기 위해 n과 k를 큰 값으로 선택하여(즉 블록 크기를 크게 하여) 코드를 설계하면 부호화 및 복호화 과정의 처리 지연이 길어지기 때문에 실시간 통신에 응용하는데 문제가 될 수도 있다. 컨볼루션 코딩의 경우 보통 k의 값을 작게 해도(극단적으로 $k = 1$로 해도) 구속장을 적절히(보통 5~9 정도) 선택하면 높은 오류정정 효과를 얻을 수 있다. 따라서 처리 지연이 작으므로 실시간 통신이 중요시 되는 경우 컨볼루션 코딩을 많이 사용한다.

컨볼루션 부호화기는 그림 13.18과 같이 K단 시프트 레지스터와 n개의 이진 덧셈기로 구성된다.[8] 메시지 비트열은 시프트 레지스터에 입력되어 클럭 순간마다 오른쪽으로 천이된다. 시프트 레지스터를 구성하는 K개의 메모리 내용들은 선택적으로 modulo-2 합산되어 부호어가 만들어져 출력된다. 메모리 소자들과 이진 덧셈기와의 연결 유무에 따라 부호어의 특성이 결정된다. 이진 덧셈기의 출력은 다음과 같은 선형 조합으로 표현할 수 있다.

$$v_i = g_0 u_i \oplus g_1 u_{i-1} \oplus \cdots \oplus g_{K-1} u_{i-K+1}$$
$$= \sum_{m=0}^{K-1} g_m u_{i-m} \quad (\text{mod}-2)$$

(13.63)

여기서 $g_m = 1$는 m번째 메모리 소자가 덧셈기에 연결된 것을 의미하며, $g_m = 0$은 연결되지 않은 것을 의미한다. 식 (13.63)은 임펄스 응답이 g_m인 이산시간 LTI 시스템에서 출력을 구하는 컨볼루션 합의 연산과 같은 형태라는 것을 알 수 있다. 이와 같은 이유로 그림 13.18과 같은 부호화기를 컨볼루션 부호화기라 한다.

---

8) 하드웨어 구현에서 입력(즉 현재의 메시지 비트값)이 유지된다면 메모리 소자의 개수를 $K-1$(필요한 과거의 메시지 비트값)로 구현해도 된다.

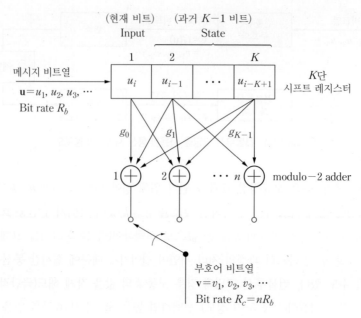

(현재 비트)　　(과거 $K-1$ 비트)
Input　　　　　State

1　　2　　　　　K

u_i　u_{i-1}　$\cdots$　u_{i-K+1}

메시지 비트열
$\mathbf{u}=u_1,\,u_2,\,u_3,\,\cdots$
Bit rate R_b

K단
시프트 레지스터

g_0　　g_1　　　g_{K-1}

1 $\oplus$　2 $\oplus$　$\cdots$　$n\,\oplus$　modulo-2 adder

부호어 비트열
$\mathbf{v}=v_1,\,v_2,\,v_3,\,\cdots$
Bit rate $R_c=nR_b$

그림 13.18 컨볼루션 부호화기

식 (13.63)을 살펴보면 현재의 부호어 비트 v_i 는 현재의 메시지어 비트 u_i 뿐만 아니라 과거의 $K-1$개 메시지어 비트 u_{i-1}, $\cdots$, u_{i-K+1} 도 관련되어 결정된다는 것을 알 수 있다. 따라서 하나의 메시지어 비트는 연속해서 K개의 부호어를 생성하는 과정에 영향을 미치게 되며, 이러한 이유로 K를 구속장이라 부른다. 시프트 레지스터의 메모리에 저장된 $K-1$개의 과거 메시지어 비트들을 부호화기의 상태(state)라고 정의한다. 그러므로 현재 부호화기의 상태값과 입력 비트값으로부터 부호어가 생성된다. 메모리 소자와 이진 덧셈기와의 연결 방법에 따라 다른 부호어가 만들어지는데, 연결 방법을 잘 선택하면 부호어 비트열 간의 거리가 커져서 오류정정 성능이 좋아진다. 그러나 구속장 K가 주어졌을 때 출력 부호어 비트열 간의 거리를 크게 만드는 연결 방법을 찾는 문제는 매우 복잡하며, 일반적인 해법이 존재하지 않는다. 그 대신 $K<20$에 대하여 컴퓨터를 이용한 찾기 작업을 사용하여 성능이 우수한 코드가 발견되어 있다.

그림 13.19에 (2, 1, 3) 컨볼루션 부호화기의 예를 보인다. $k=1$이므로 한 비트씩 정보 비트가 입력되고, $n=2$이므로 한 비트의 입력에 대해 두 비트의 부호어가 출력된다. 따라서 부호율은 $r=1/2$가 된다. $K=3$이므로 현재의 메시지 비트와 과거 두 개의 메시지 비트를 조합하여 출력 부호어가 생성된다.

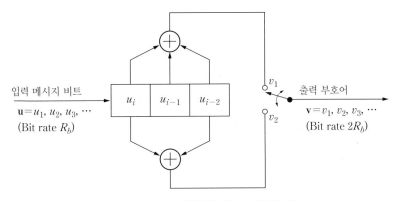

그림 13.19 (2, 1, 3) 컨볼루션 부호화기의 예

메시지 비트가 컨볼루션 부호화기에 입력되면 출력을 구하기 위하여 상태값을 알아야 한다. 그런데 상태는 이전 $K-1$비트의 메시지로 정의되어 있으므로 부호화기가 시작될 때 문제가 될 수 있다. 따라서 제일 처음 메시지 비트가 입력될 때 부호화기의 상태는 모두 0으로 만들어 놓는다. 컨볼루션 부호화에서 메시지 비트는 K개의 클럭 시간 동안 시프트 레지스터에 머물면서 출력 부호어의 생성에 영향을 미친다. 그런데 마지막 메시지 비트가 입력되는 순간 부호화가 종료되도록 한다면 이 마지막 비트는 한 클럭 시간 외에는 부호어 생성에 작용을 하지 않게 된다. 따라서 마지막 메시지 비트가 나머지 $K-1$ 클럭 시간 동안 부호어 생성에 작용을 하도록 마지막 메시지 비트 뒤에 $K-1$개의 더미(dummy) 비트 0을 덧붙인다. 이러한 $K-1$개의 0비트를 부호화기 꼬리 비트(encoder tail bit)라 한다. 컨볼루션 코드를 사용하는 통신 시스템에서 흔히 메시지 비트열을 프레임 단위로 분할하여 전송한다. 이 때 각 데이터 프레임은 메시지 비트와 함께 끝 부분을 채널 부호화기 꼬리 비트로 $K-1$개의 0비트를 채워서 만든다. 꼬리 비트들을 채워줌으로써 한 프레임의 데이터가 모두 부호화되면, 다음 프레임이 시작되기 전에 시프트 레지스터의 내용이 모두 0으로 되어 자연스럽게 부호화기의 초기 상태가 0이 된다.

이제 그림 13.19의 채널 부호화기에서 메시지 비트가 101인 경우 출력 부호어를 구해보자. $K=3$이므로 부호화기 꼬리 비트로 00을 추가하여 $\mathbf{u}=[1\,0\,1\,0\,0]$가 부호화기에 입력된다. 그림 13.20에 부호화 과정을 보인다. 부호어 비트로 $\mathbf{v}=[1\,1\,1\,0\,0\,0\,1\,0\,1\,1]$이 출력된다. 이어서 새로운 메시지어 프레임이 입력된다면 부호화기의 상태가 00으로 된다는 것을 알 수 있다.

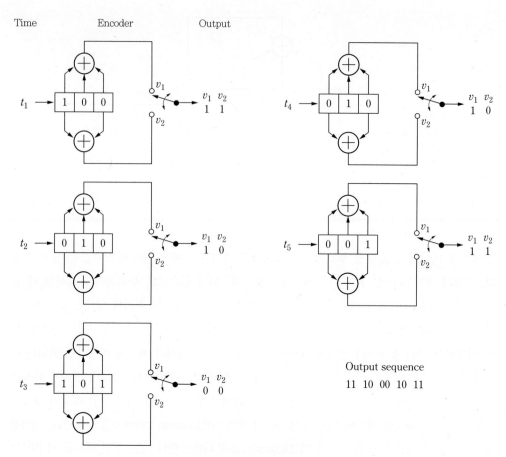

그림 13.20 컨볼루션 부호화 과정의 예

13.5.2 컨볼루션 부호화기의 표현

그림 13.19와 같이 시프트 레지스터의 메모리와 이진 덧셈기 사이의 연결 유무를 나타낸 그림이 제시되면 부호화기의 출력을 쉽게 알 수 있다. 이와 같은 연결도를 제시하는 대신 부호화기 연결 벡터 또는 $K-1$차의 발생 다항식으로 표현하면 간단해진다. 그림 13.18에 보인 것처럼 u_i, u_{i-1}, $\cdots$, u_{i-K+1}에 대한 연결을 각각 g_0, g_1, $\cdots$, g_{K-1}로 나타내면 부호화기 연결 벡터는 $\mathbf{g} = (g_0,\ g_1,\ \cdots,\ g_{K-1})$이고, 발생 다항식은 $g(x) = g_0 + g_1 x + \cdots + g_{K-1} x^{K-1}$으로 표현할 수 있다. 예를 들어 그림 13.19의 부호화기에 대한 두 개의 연결 벡터는

$$\mathbf{g}_1 = (1\,1\,1),\ \mathbf{g}_2 = (1\,0\,1) \tag{13.64}$$

가 되며, 발생 다항식은

$$g_1(x) = 1 + x + x^2, \ g_2(x) = 1 + x^2 \tag{13.65}$$

이 된다.

컨벌루션 코드를 해석하기 위한 방법으로 상태 천이도(state transition diagram), 코드 계보(code tree), 코드 트렐리스 다이어그램(code trellis diagram) 등이 있다. 먼저 상태 천이도를 알아보자. 앞서 설명한 바와 같이 컨벌루션 부호화에서는 과거 $K-1$ 입력 비트로 표현되는 상태(state)와 현재의 입력 1비트에 의하여 출력 코드가 만들어진다. 즉 K단 시프트 레지스터에서 제일 왼쪽 비트가 입력이고, 이어지는 오른쪽 $K-1$ 비트가 현재의 상태(present state)이다. 클럭에 따라 시프트 레지스터의 내용이 오른쪽으로 이동되므로, 시프트 레지스터의 왼쪽 $K-1$ 비트는 클럭이 가해지면 다음 상태(next state)가 된다. 그림 13.19의 부호화기에 대하여 입력 비트(부호화기 꼬리 비트 00 포함)가 1101100인 경우 상태가 천이되고 출력이 만들어지는 과정을 표로 만들면 표 13.6과 같다. 시프트 레지스터의 내용은 모두 0으로 초기화되었다고 가정하였다. 이 예에서는 $K=3$이므로 부호화기의 상태는 모두 $2^{K-1} = 4$개이다. 특정 상태에서 입력 비트가 주어지면 출력 두 비트와 다음의 상태가 결정된다. 그림 13.21에 상태 천이도를 보이는데, 여기서는 4개의 부호화기 상태를 $a = 00$, $b = 10$, $c = 01$, $d = 11$로 표현하였다. 이 그림에서는 상태 천이를 입력에 따라 다르게, 즉 입력이 1일 때는 점선으로, 입력이 0일 때는 실선으로 구별하여 나타내었다. 예를 들어 부호화기의 현재 상태가 00인 경우, 입력이 0이면 출력 코드는 00이고 다음 상태는 00이 되며, 입력이 1이면 출력 코드는 11이고 다음 상태는 10이 된다. 같은 방법으로 다른 현재 상태에서 다음 상태로의 천이를 알아낼 수 있으며, 그림에 보인 것과 같은 결과를 얻을 수 있다. 어느 경우나 현재 상태에서 천이할 수 있는 다음 상태는 오직 두 개뿐이라는 것을 유념한다. 상태 천이 화살표 위에는 현재의 상태와 입력으로부터 결정된 출력 부호를 표현하고 있다. 만일 부호화기의 초기 상태가 00이 아니라 다른 상태라면 같은 입력 메시지라도 출력 코드는 다른 것이 만들어진다. 그러므로 동일한 메시지에 대해 동일한 출력 부호어가 생성되도록 하려면 처음 메시지 비트가 들어올 때 정해진 초기 상태(여기서는 00)가 되도록 하는 것이 중요하다.

표 13.6 그림 13.19의 부호화기의 상태 천이 과정(입력이 1101100인 경우)

Time t_i	입력 u_i	레지스터 내용	현재(t_i) 상태	다음(t_{i+1}) 상태	출력 코드 $v_i^{(1)}$ $v_i^{(2)}$
1	1	100	00	10	1 1
2	1	110	10	11	0 1
3	0	011	11	01	0 1
4	1	101	01	10	0 0
5	1	110	10	11	0 1
6	0	011	11	01	0 1
7	0	001	01	00	1 1

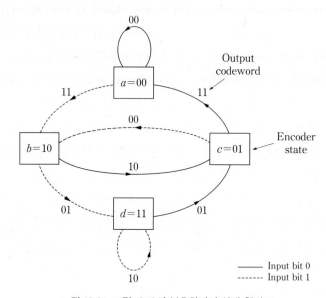

그림 13.21 그림 13.19의 부호화기의 상태 천이도

컨볼루션 코드의 상태 천이도 표현은 매우 간결하다는 장점이 있다. 그러나 시간에 따라 부호화기의 상태가 어떻게 천이되고 출력 코드가 어떤 순서로 생성되는지 쉽게 따라갈 수 없다는 단점이 있다. 상태 천이도에 시간 차원을 추가한 것이 코드 계보(code tree)로 그림 13.22에 그림 13.19의 부호화기에 대한 코드 계보를 보인다. 그림에서 부호화기가 초기에 00의 상태에 있다고 가정하였다. 부호화기의 현재 상태에서 입력 비트가 1인 경우에는 아래로 향하여 다음 상태로 천이되고, 입력 비트가 0인 경우 위로 향하여 다음 상태로 천이된다. 상태 천이도에 시간 차원을 추가함으로써 입력 비트열에 따라 부호화기에서 코드가 순차적으로 만들어지는 과정을 쉽게 따라갈 수 있다는 것이 이 표현 방식의 장점이라 할 수 있다. 그림에서 파란

색 선으로 표현한 것은 입력 비트가 1101100인 경우 상태 천이와 발생된 출력 코드를 나타낸다. 그러나 이 방식은 메시지 비트 수에 따라 가지가 지수적으로 증가하여 그림으로 계속 그려나갈 수 없다는 문제점이 있다.

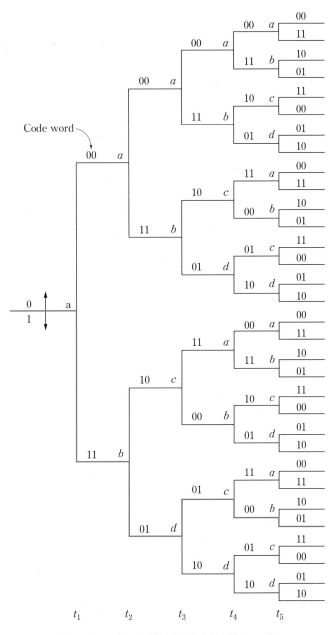

그림 13.22 그림 13.19의 부호화기에 대한 코드 계보

이러한 코드 계보 표현 방식의 단점을 보완한 것이 코드 트렐리스 다이어그램(code trellis diagram)이다. (2, 1, 3) 컨볼루션 코드에 대한 코드 계보를 살펴보면, 초기 상태로부터 3번의 가지 분할이 일어난 후에는 t_4부터는 동일한 가지 분할 과정이 반복된다는 것을 알 수 있다. 일반적으로 코드 계보에서 초기 상태로부터 K번의 가지 분할이 일어난 후에는 동일한 가지 분할이 반복된다. 트렐리스 다이어그램은 이러한 반복성 구조를 이용하여 격자형으로 표현한 것이다. 그림 13.23에 그림 13.19의 부호화기에 대한 트렐리스 다이어그램을 보인다. 그림에서 파란색 선으로 표현한 것은 입력 비트가 1101100인 경우 상태 천이와 발생된 출력 코드를 나타낸다.

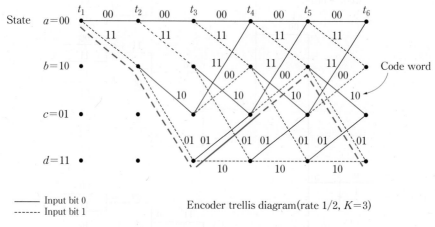

그림 13.23 그림 13.19의 부호화기에 대한 트렐리스 다이어그램

13.5.3 컨볼루션 코드의 복호

앞서 살펴본 블록 코드의 복호(decoding)에서는 송신측에서 메시지어 대신 전송한 부호어 벡터가 채널을 통과하면서 오류가 발생하여 오염된 수신 부호어 벡터를 가지고 유효한 부호어 벡터들과 거리를 비교하여 제일 거리가 가까운 부호어 벡터를 송신 부호어로 판단하였다. 블록 코딩에서는 블록 단위로 부호화 및 복호화가 독립적으로 이루어지며, 길이 n 비트의 고정된 부호어 벡터의 거리를 비교하면 된다. 그러나 컨볼루션 코딩에서는 한 번에 입력되는 메시지어 단위의 독립적인 부호화가 이루어지지 않고, 메시지어 비트는 연속적으로 계속 부호어 생성에 영향을 미친다. 따라서 최우(maximum likelihood: ML) 복호를 위해서 전송 프레임 전체를 블록 길이로 보고 가능한 모든 메시지 비트열에 따라 상태 천이도를 따라 유효한 부호어 비트열 집합을 만들어 저장하고, 수신 부호어 비트열과 유효한 부호어 비트열들의 거리를 비교하

여 최단 거리의 부호어 비트열을 선택하는 방법을 사용하여 복호할 수 있다. 즉 컨볼루션 코드의 최우 복호는 코드 계보나 코드 트렐리스를 따라 모든 가능한 경로를 수신 부호 비트열과 비교하여 가능성이 제일 높은 경로를 선택하는 것이다. 그러나 문제는 프레임 길이가 크면 부호어 비트열의 길이가 너무 커서 저장하거나 비트열들을 비교하는데 있어 구현상의 문제점이 있다. 비터비(Viterbi) 복호 알고리즘은 최우 복호를 위한 연산량을 줄일 수 있는 효율적인 방법을 제시한다.

비터비 복호기는 모든 가능한 경로에 대한 코드열의 집합을 가지고 가능성이 가장 높은 코드열을 찾는 것이 아니라 시간적으로 한 번에 한 단씩 진행하면서 가장 가능성이 높은 코드열을 찾아나가는 것이다. 비터비 알고리즘은 각 순간마다 각 상태로 들어오는 트렐리스 경로들의 코드열과 수신 코드열의 거리를 비교하여 최우 경로의 가능성이 없는 경로는 고려 대상에서 제거한다. 어떤 상태로 들어오는 경로가 두 개가 있을 때 수신 코드열과 거리가 더 짧은 경로를 생존 경로(surviving path)라 한다. 복호 과정에서는 상태별로 생존 경로만 남기고 다른 경로를 제거함으로써 연산량을 줄일 수 있게 된다. 이와 같이 수신된 코드 비트열과 최단 거리의 코드 비트열을 찾는 과정에서 가능성이 있는 코드 경로 후보 집합을 만들어가면서 가능성이 없는 경로는 삭제하고, 적은 수의 생존 경로 중에서 최종 복호 경로를 선택한다.

그림 13.19의 (2, 1, 3) 컨볼루션 부호화기 예를 가지고 비터비 복호를 설명하기로 한다. 그림 13.19의 부호화기에 메시지어 $\mathbf{u} = [1101100]$이 입력되어 코드열 $\mathbf{v} = [11\ 01\ 01\ 00\ 01\ 01\ 11]$이 전송되며, 채널을 통해 수신된 코드열 $\mathbf{z} = [11\ 01\ 01\ 10\ 01\ 01]$이 복호기에 입력된다고 하자. 그림 13.24에 부호화기 트렐리스 다이어그램과 복호기 트렐리스 다이어그램을 보인다. 부호화기 트렐리스에는 상태천이 가지(branch) 위에 부호어를 표기하는데 비해 복호기 트렐리스에는 상태천이 가지 위에 그 가지의 부호어와 수신 부호어 간의 거리를 표기한다. 복호 과정에서는 각 단(stage) t_i에서 각 상태에 들어오는 경로를 따라 누적 Hamming 경로 거리(path metric)를 계산한다. 이 경로 거리는 경로를 형성하는 가지들의 거리를 모두 더한 값이다. 그림 13.24(c)에 보인 것처럼 어떤 상태에 이르는 경로가 두 개일 때는 경로 거리가 짧은 것, 즉 생존 경로만 남기고 다른 경로는 제거한다.

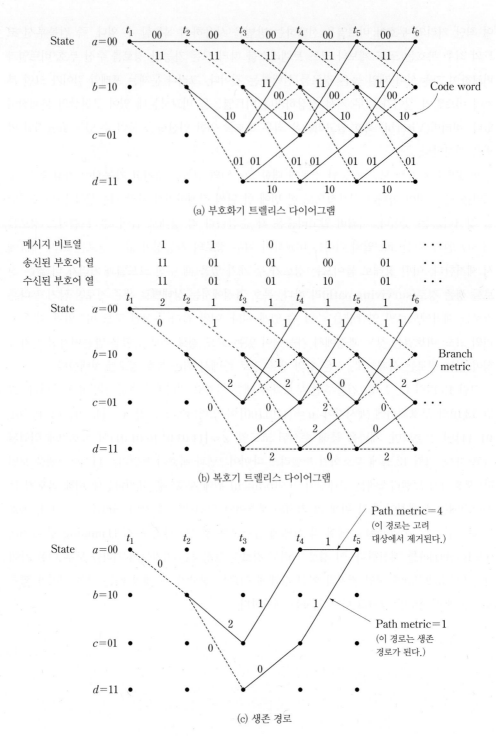

(a) 부호화기 트렐리스 다이어그램

메시지 비트열   1   1   0   1   1   · · ·
송신된 부호어 열   11   01   01   00   01   · · ·
수신된 부호어 열   11   01   01   10   01   · · ·

(b) 복호기 트렐리스 다이어그램

Path metric=4
(이 경로는 고려 대상에서 제거된다.)

Path metric=1
(이 경로는 생존 경로가 된다.)

(c) 생존 경로

그림 13.24 컨볼루션 코드의 트렐리스 다이어그램과 생존 경로

그림 13.25에 구체적인 비터비 복호 과정을 보인다. 각 단에는 $2^{K-1} = 4$개의 상태가 존재하며, 이를 $a = 00$, $b = 10$, $c = 01$, $d = 11$로 표기한다. 각 상태에 이르는 경로에 대하여 경로 거리를 λ_a, λ_b, λ_c, λ_d로 표기하자. 이제 각 단에서의 처리 과정을 순서대로 살펴보자.

① 시간 t_1

모든 코드는 00의 상태에서 출발하는 것을 알고 있으므로 t_1에서의 상태는 당연히 $00 = a$만 고려하면 된다.

② 시간 t_2

a의 상태에서 천이할 수 있는 상태는 a와 b뿐이다. 그러므로 시간 t_2에서는 $a \rightarrow a$와 $a \rightarrow b$의 경로만 가능하다. $a \rightarrow a$의 가지에 대한 코드는 00인데 수신 코드는 11이므로 이 가지의 거리는 2가 된다. 한편 $a \rightarrow b$의 가지에 대한 코드는 11인데 수신 코드는 11이므로 이 가지의 거리는 0이 된다. 따라서 가지 거리와 경로 거리는 그림 13.25(a)와 같다.

③ 시간 t_3

이 때부터 모든 4개의 상태에 도달하는 경로가 가능하다. 그림 13.25(b)에 보인 것처럼 a에 도달하는 경로는 $a \rightarrow a \rightarrow a$이고 b에 도달하는 경로는 $a \rightarrow a \rightarrow b$이다. 또한 c에 도달하는 경로는 $a \rightarrow b \rightarrow c$이고, d에 도달하는 경로는 $a \rightarrow b \rightarrow d$이다. 각 상태에 들어오는 경로는 한 개뿐이므로 모든 경로가 생존 경로가 된다. 경로 $a \rightarrow a \rightarrow a$에 대한 경로 거리는 가지 거리 2와 1을 더하여 3이 된다. 다른 경로에 대해서도 쉽게 경로 거리를 계산할 수 있으며, 그림 (b)와 같이 된다.

④ 시간 t_4

그림 (c)에 시간 t_4에서 각 상태에 이르는 가능한 경로를 보인다. 어떤 상태에 이르는 경로가 두 개인 것을 볼 수 있다. 두 개의 경로 중에서 경로 거리가 작은 것을 택하면 그림 (d)와 같이 된다. 그림 (d)의 생존 경로를 살펴보면 t_1과 t_2 사이에 있는 생존 경로는 오직 하나뿐이라는 것을 알 수 있다. 이것은 이제 첫 번째 복호 비트를 출력할 수 있게 되었다는 것을 의미한다. 그림에서 보듯이 t_1과 t_2 사이의 생존 경로는 점선이므로 메시지 비트가 1이라는 것을 알 수 있다. 따라서 첫 번째 복호 비트로 1을 출력한다. 이와 같이 비터비 복호에서는 첫 번째 출력이 나올 때까지 지연 시간이 있다. 이 지연 시간은 부호화기에 의해 고정된 값이 아니라 구속 상태나 메시지에 따라 느리게 되는데, 보통 구속 상태의 5배 정도의 지연 시간이 있다.

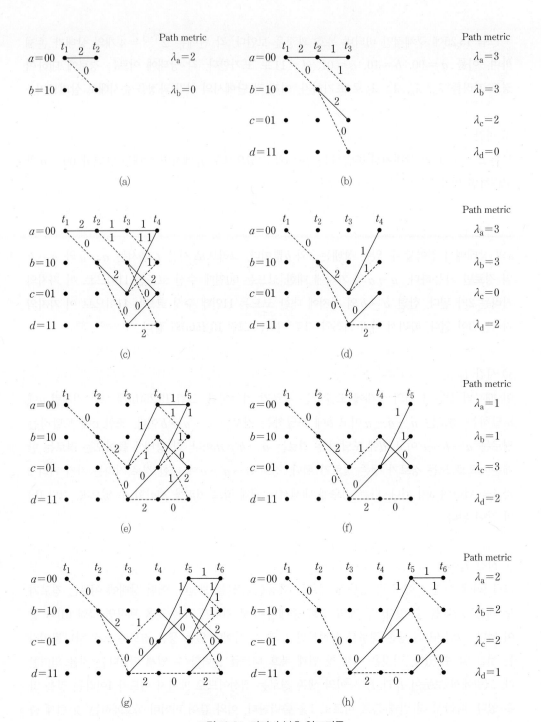

Path metric

(a)
$\lambda_a = 2$
$\lambda_b = 0$

(b)
$\lambda_a = 3$
$\lambda_b = 3$
$\lambda_c = 2$
$\lambda_d = 0$

(c)

(d)
$\lambda_a = 3$
$\lambda_b = 3$
$\lambda_c = 0$
$\lambda_d = 2$

(e)

(f)
$\lambda_a = 1$
$\lambda_b = 1$
$\lambda_c = 3$
$\lambda_d = 2$

(g)

(h)
$\lambda_a = 2$
$\lambda_b = 2$
$\lambda_c = 2$
$\lambda_d = 1$

그림 13.25 비터비 복호 알고리즘

⑤ 시간 t_5

그림 (e)에 시간 t_5에서 각 상태에 이르는 가능한 경로를 보이며, 경로 거리를 비교하여 남은 생존 경로를 그림 (f)에 보인다. t_2와 t_3 사이에는 아직 생존 경로가 두 개 있어서 두 번째 복호 비트를 결정하지는 못한다.

⑥ 시간 t_6

그림 (g)에 시간 t_6에서 각 상태에 이르는 가능한 경로를 보이며, 경로 거리를 비교하여 남은 생존 경로를 그림 (h)에 보인다. 이제는 t_2와 t_3 사이에 생존 경로가 한 개만 있으므로 두 번째 복호 비트를 결정할 수 있다. t_2와 t_3 사이의 생존 경로는 점선이므로 메시지 비트가 1이라는 것을 알 수 있다.

이상으로 비터비 알고리즘을 사용한 컨볼루션 코드의 복호 방법에 대해 알아보았다. 비터비 복호기의 복잡도는 메시지 비트의 수에 관계되는 것이 아니라 상태의 개수에 비례한다. 따라서 복잡도는 구속장의 몇수에 비례하게 된다. 한편 컨볼루션 코드의 성능은 구속장이 커짐에 따라 좋아지기 때문에 복잡도와 성능에서 타협점을 찾아야 한다. 많은 경우 구속장을 $5 \leq K \leq 9$ 범위에서 사용하고 있다.

13.5.4 경판정 복호와 연판정 복호

그림 13.17에 채널 코딩을 사용하는 디지털 통신 시스템의 송수신 과정을 보인다. 송신기의 채널 부호화기에서 출력된 부호어 비트열은 BPSK와 같은 디지털 변조 과정을 거쳐 전송되며, 수신된 신호는 복조기를 거쳐 채널 복호기에 입력된다. 지금까지는 채널 복호기의 입력, 즉 복조기의 출력을 1과 0으로 된 비트열(즉 오염된 부호어)로 보고 복호 과정을 알아보았다. 실제로 채널 코딩을 고려하지 않은 일반적인 이진 디지털 복조기는 이러한 형태의 출력을 만들어낸다. 예를 들어 정합필터 수신기로 복조하는 경우 비트 구간 T_b마다 필터 출력을 문턱값과 비교하여 1 또는 0을 출력한다. 이와 같이 비트 구간마다 복조기에서 1 또는 0의 판정을 하여 채널 복호기에 입력시키는 것을 경판정 복호(hard decision decoding)라 한다. 경판정 복호에서는 정합필터 출력, 즉 결정변수가 문턱값에 얼마나 근접한지에 대한 정보는 알 수 없고, 다만 결정변수가 문턱값보다 큰지 작은지 결과만 알 수 있다. 만일 잡음이 없다면 결정변수는 문턱값에 비해 크거나 작은 고정된 두 개의 값을 갖지만, 잡음이 있으면 결정변수는 고정된 값으로부터 랜덤하게 이동하여 문턱값에 근접할 수 있으며, 자칫 판정 오류를 일으키기 쉽다. 여기서 잡음의 전력에 따라 결정변수의 이동 정도가 영향을 받는다. 결정변수의 값이 문턱값

으로부터 상당히 떨어져 있다는 것은 복조기의 판정에 신뢰도가 높다는 것을 의미하며, 반대로 결정변수의 값이 문턱값에 근접하다는 것은 비트 판정의 신뢰도가 낮다는 것을 의미한다. 연판정 복호(soft decision decoding)의 개념은 복조기에서 비트 판정과 함께 판정에 대한 신뢰도 정보도 같이 채널 복호기에 제공하도록 하는 것이다. 이것은 결정변수의 값이 문턱값에 비해 얼마나 떨어져 있는지에 대한 정보를 제공하는 것과 같다. 그림 13.26에 경판정/연판정 처리 방법을 보인다. 연판정에서는 정합필터 출력을 샘플링한 결정변수 z가 가질 수 있는 영역을 두 개가 아니라 여러 개로 분할하여 어느 영역에 속해 있는지를 표현한다. 예를 들어 8개의 영역으로 분할한다면 어떤 영역에 속해 있는지를 표현하기 위해 3비트가 필요하다. 000 또는 111은 신뢰도가 높다는 것을 나타내며, 011 또는 100은 신뢰도가 낮다는 것을 의미한다. 결정변수의 영역을 2개로 분할한다는 것은 경판정을 사용한다는 것과 동일하다.

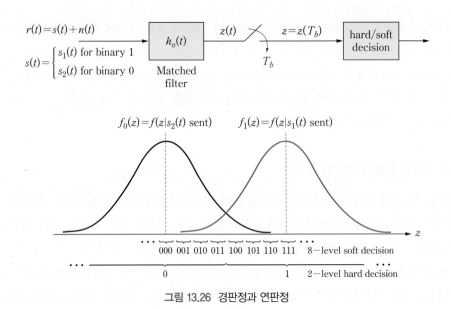

그림 13.26 경판정과 연판정

경판정 복호를 사용하는 수신기에서는 부호어 비트 구간마다 복조기의 출력을 1과 0의 한 비트로 표현하여 채널 복호기에 입력시킨다. 8 레벨 연판정 복호 수신기에서는 부호어 비트 구간마다 복조기의 출력을 3비트 심볼로 양자화하여 채널 복호기에 입력시킨다. 따라서 복호기에는 n비트의 수신 부호어가 입력되는 대신 0~7의 값을 갖는 n 심볼의 데이터가 입력된다. 연판정 복호를 사용하면 복조기에서의 판정 결과에 대한 신뢰도를 같이 제공하기 때문에 비트오율 성능이 좋아진다. 8-레벨(3비트) 양자화를 사용한 연판정 복호기의 성능은 2-레벨 양자화를 사용한 경판정 복호기의 성능에 비해 약 2.75dB의 이득이 있는 것으로 알려져 있다.

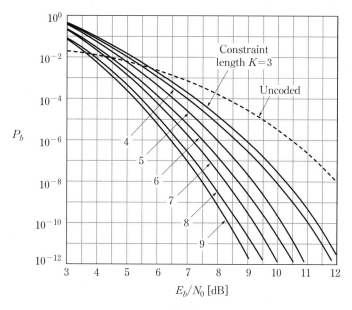

(a) 경판정 복호

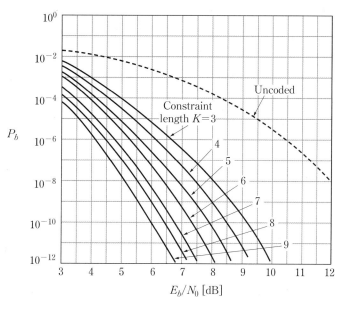

(b) 연판정 복호

그림 13.27 부호율 1/2 컨볼루션 코드의 성능

복조기 출력에 대한 양자화 레벨 개수를 크게 할수록 성능이 좋아지지만 복호에 필요한 메모리 크기가 증가한다. 양자화 레벨 개수를 매우 크게 해도 성능 개선은 약 3dB 정도만 얻어지기 때문에 실제 시스템에서는 보통 8 레벨 정도로 양자화한다.

연판정 복호는 보통 블록 코드와는 같이 사용하지 않는다. 그 이유는 블록 코딩의 경우 연판정 복호를 사용하면 연산의 복잡도가 크게 증가하여 구현이 어렵기 때문이다. 그러나 컨볼루션 코딩의 경우 비터비 복호기에 심볼 단위의 부호어가 입력되더라도 연산의 복잡도는 크게 증가하지 않는다. 따라서 컨볼루션 코딩에서는 연판정 복호가 많이 사용된다.

그림 13.27에 경판정 복호와 연판정 복호를 사용한 컨볼루션 코드의 비트오율 성능을 보인다. 전반적으로 구속장을 증가시킬 때마다 코딩 이득이 약 0.5dB씩 얻어지며, 연판정 복호를 사용한 결과가 경판정 복호를 사용한 경우에 비해 2~3dB 이득이 있는 것을 볼 수 있다.

13.6 연접 코드(Concatenated Code)

FEC 코드는 랜덤 오류와 버스트 오류 모두에게 효과적이지는 않다. 랜덤 오류는 AWGN으로 인해 발생하며, 버스트 오류는 이동통신 환경에서 페이딩(fading)이나 쉐도우잉(shadowing)이 발생하는 경우 발생한다. 신호가 페이딩을 겪는 시간 동안 수신 전력이 지속적으로 낮아져서 연속하여 오류가 발생하여 FEC 코드(예를 들면 컨볼루션 코드)의 오류정정 능력을 벗어나는 경우가 흔히 발생한다. 컨볼루션 코드는 랜덤 오류 환경에서는 잘 동작하지만 버스트 오류 환경에서는 비교적 취약하다. 버스트 오류를 정정하기 위해 구속장을 크게할 수 있지만 구속장을 10 이상으로 하는 경우 복잡도가 매우 크게 증가한다. RS 코드는 비이진(nonbinary) 심볼을 사용하는 방식으로 버스트 오류에 강인하다는 장점이 있다. 그러나 랜덤 오류가 발생하는 환경에서는 비효율적이라는 단점이 있다. 즉 비이진 심볼을 사용하는 의미가 없어진다.

연접 코딩은 두 종류의 코드를 같이 사용하여 랜덤 오류와 버스트 오류가 같이 발생하는 환경에 적합하도록 하는 방식이다. 즉 두 개의 코드를 직렬로 연결하여 하나는 랜덤 오류에 대처하도록 하고 다른 하나는 버스트 오류에 대처하도록 하는 것이다. 그림 13.28에 연접 코딩의 블록도를 보인다. 채널에 가까이 위치한 코드를 내부 코드(inner code)라 하고, 멀리 있는 코드를 외부 코드(outer code)라 한다. 송신측에서는 먼저 버스트 오류에 강인한 코드(예를 들면 RS 코드)를 외부 코드로 사용하여 부호화하고, 랜덤 오류에 강인한 코드(예를 들면 컨볼루션 코드)를 내부 코드로 사용하여 부호화한 다음 변조하여 전송한다. 수신측에서는 먼저 내부 코드를 복호하고, 다음 외부 코드를 복호한다. 이와 같은 순서로 수행하는 이유는 내부 코드로 정정하지 못한 버스트 오류를 외부 코드로 정정하도록 하면 효과적이기 때문이다. 경우에 따라 버스트 오류에 더 잘 대처하기 위해 내부 코드와 외부 코드 사이에 인터리버를 두기도 한다. 전통적으로 연접 코딩에서는 RS 코드와 컨볼루션 코드가 각각 외부 코드 및 내부 코드로 사용되었으며, 우주 탐사에서 우주선과 지상국 간의 통신이나 위성 방송 등에 적용되었다.

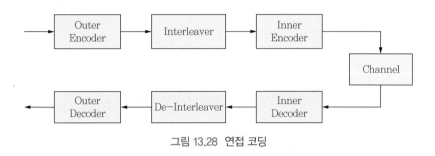

그림 13.28 연접 코딩

두 개의 코드를 연접함으로써 등가적으로 길이가 매우 긴 코드의 효과가 얻어져서, 결과적으로 오류정정 능력이 크게 개선된다. 그러나 내부 코드와 외부 코드의 복호가 독립적으로 일어나기 때문에 신호 처리의 복잡도는 크게 높아지지 않는다는 장점이 있다. 연접 코딩에서는 두 개의 코드를 직렬로 연결한 형태이다. 그러나 두 개의 코드를 병렬로 연결한 방식의 연접 코딩도 가능한데 이것은 터보 코드(turbo code)의 범주에 넣어 분류하며 다음 절에서 설명한다. 여기서 설명한 연접 코딩 방식은 터보 코드나 LDPC(low density parity check) 코드가 출현하기 전까지 높은 오류정정 능력을 갖는 코딩 방식으로서 많이 사용되었다.

13.7 터보 코드(Turbo Code)

터보 코드[9]는 1993년 Berrou, Galvieux, Thitmajshima에 의해 제안된 코드로 섀논(Shannon)의 한계[10]에 근접한 우수한 성능을 장점으로 하고 있다. 터보 코드의 키워드는 컨볼루션 코드의 병렬 연접과 반복적(iterative) 복호 알고리즘이라 할 수 있다. 터보 코드란 명

9) Berrou, Galvieux and Thitmajshima , "Near Shannon limit error-correcting coding and decoding: Turbo-codes(1)," in Proc., ICC 1993, pp. 1064-1070.

10) Shannon은 1948년 논문에서 "임의의 통신 채널은 정보가 안정하게 전달될 수 있는 용량(capacity)으로 나타낼 수 있으며, 전달하고자 하는 정보의 전송률이 이 채널용량보다 적을 때는 부호화 방식을 사용하여 오류 없이 전송할 수 있다"고 발표하였다. 그러나 오류 없이 완벽하게 정보를 전달하기 위해서 구체적으로 어떠한 부호화 방식을 사용하여야 되는지에 대해서는 밝히지 못하였다.

칭은 엄밀히 말하면 부호화 방식과는 별다른 관계가 없다. 터보 코드의 복호에 사용되는 기법이 터보 엔진에서 사용하는 회귀 순환 기법과 유사한 방식을 사용한 데서 '터보 코드'라는 명칭이 유래되었다고 할 수 있다. 즉 한 번 복호를 수행한 후의 출력을 다시 복호기의 입력단으로 회귀시킨 후 이 회귀된 정보를 이용하여 이전보다 좀더 개선된 결과를 낼 수 있도록 하는 것이다.

13.7.1 터보 부호화기 구조

터보 부호화기의 구조에 대해 알아보자. 13.6절에서 살펴본 직렬 연결형 연접 코드에서는 메시지 비트열이 첫 번째(외부) 부호화기에 의해 부호화된 다음 그 출력이 두 번째(내부) 부호화기에서 독립적으로 부호화된 후 전송된다. 터보 코드는 그림 13.29에 보인 예와 같이 두 개의 컨볼루션 부호화기가 병렬로 연결된 구조를 갖는다.[11] 부호화기가 병렬로 연결되어 있으므로 두 개의 부호화기에 공통으로 메시지 비트열이 입력된다. 두 개의 부호화기가 서로 다른 부호어를 만들어내도록 하기 위해 두 번째 부호화기에는 메시지 비트열을 인터리빙하여 순서를 뒤바꾸어 입력되도록 한다. 여기서 사용되는 컨볼루션 부호화기는 13.5절에서 다룬 전형적인 컨볼루션 부호화기와 달리 조직 부호화기(systematic encoder)라는 점이 특징이다. 조직 부호화기를 사용한다는 것은 메시지어가 출력 부호어의 일부를 차지한다는 것을 의미한다. 즉 출력 부호어는 메시지 비트에 패리티 비트가 추가된 형태를 갖는다. 그러므로 부호화기 출력이 메시지 비트와 패리티 비트로 분리되어, 각각을 정해진 위치에 실어서 전송할 수 있다. 그림 13.29에 보인 것처럼 메시지 비트, 패리티1 비트, 패리티2 비트의 순서로 번갈아가면서 전송된다. 이 부호화기 구조를 보면 부호율이 1/3이라는 것을 알 수 있다. 따라서 메시지 비트율에 비해 3배의 비트율로 부호어가 전송된다.

　만일 조직 부호화기가 아닌 전통적인 비조직(non-systematic) 부호화기를 사용한다고 가정하자. 부호화기의 부호율이 1/2이라면 병렬로 연결한 부호화기로부터 만들어지는 출력 부호어의 부호율은 1/4이라서 데이터율이 4배가 되므로 대역폭 측면에서 바람직하지 않다. 이에 비해 조직 부호화기를 사용하면 메시지 비트와 패리티 비트를 분리시킬 수 있어서 출력의 부호율을 1/3로 만들 수 있다. 조금 더 높은 부호율을 원하는 경우 천공(puncturing) 기법을 사용하는데, 생성된 부호어 중에서 일부를 삭제하는 방식이다. 그림 13.29의 출력은 조직 비트(즉 메시지 비트)와 두 개의 패리티 비트로 구성되는데(따라서 부호율은 1/3), 패리티 비트를 번갈아가면서 하나만 보내고 다른 하나는 삭제하는 천공 기법을 사용하면 (그림 13.33 참조) 부호율을 1/2로 만들 수 있다.

---

11) 두 개보다 많은 수의 부호화기를 사용해도 된다.

터보 부호화기를 구성하는 컨볼루션 부호화기를 기본 부호화기(elementary encoder)라 하는데, 조직 부호화기 구조를 갖는다는 특징 외에 재귀적(recursive) 구조를 갖는다. 일반적으로 조직 컨볼루션 부호화기는 거리(distance) 특성이 떨어지는데, 재귀적 구조를 갖도록 하면 거리 특성을 개선시킬 수 있다. 조직 부호화기 형태이면서 재귀적 구조를 가진 컨볼루션 부호화기를 재귀 조직 컨볼루션(recursive systematic convolution: RSC) 부호화기라 한다. 터보 코드를 구성하는 기본 코드는 컨볼루션 코드이지만 터보 코드는 선형 블록 코드의 범주로 분류되며, 블록의 크기는 인터리버의 크기에 의해 결정된다.

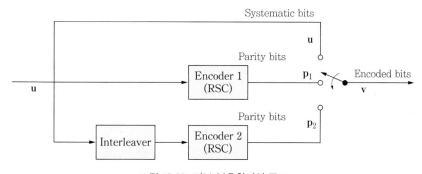

그림 13.29 터보 부호화기의 구조

두 개의 RSC 부호화기 입력을 서로 다르게 만들기 위해서 메시지 비트열의 순서를 뒤바꾸는 인터리빙이 필요하다. 이 때 두 부호화기 입력이 서로 상관성이 작을수록 좋은 성능이 얻어질 것임은 쉽게 예상할 수 있다. 따라서 13.3절의 블록 인터리빙에서처럼 열 단위로 쓰고 행단위로 읽는 균일적인 인터리버보다는 순서를 무작위로 바꾸어주는 랜덤 인터리버가 더 좋은 성능이 얻어질 것이다. 완전히 무작위로 순서를 바꾸면 역인터리빙이 불가능하므로 의사랜덤(pseudo-random) 인터리빙을 사용한다. 실제로 인터리버의 설계에 따라 성능 차이가 상당히 나는 것으로 보고되어 있다.

13.7.2 재귀 조직 컨볼루션(Recursive Systematic Convolution) 부호화기

그림 13.30에 두 종류의 컨볼루션 부호화기를 보인다. 그림 (a)는 비재귀 비조직 컨볼루션(non-recursive non-systematic convolution: NSC) 부호화기로 전형적인 구조의 컨볼루션 부호화기이다. 비조직 구조라서 메시지 비트가 출력 부호어 비트열에 포함되지 않으며, 비재귀 구조는 출력의 일부가 입력측으로 피드백(feedback)되지 않는다는 것을 의미한다. 이에 비해 그림 (b)는 RSC 부호화기를 보이는데, 메시지 비트가 조직 비트로서 출력 부호어의 자리를

차지하며, 출력의 일부가 입력측으로 피드백되는 재귀적 구조를 갖는다. 이와 같이 NSC 부호화기는 FIR(finite impulse response) 필터 구조와 유사하며, RSC 보호화기는 IIR(infinite impulse response) 필터 구조와 유사하다. 그림 13.30(b)의 RSC 부호화기에서 재귀 방정식과 출력의 식은 다음과 같다.

$$a_k = u_k + a_{k-1} + a_{k-2}, \quad k = 1, 2, 3, \cdots$$
$$v_k^{(0)} = u_k, \quad v_k^{(1)} = a_k + a_{k-2}$$

(13.66)

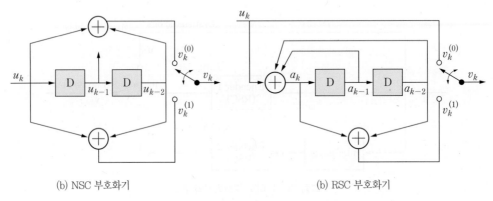

(b) NSC 부호화기   (b) RSC 부호화기

그림 13.30 컨볼루션 부호화기의 두 종류

그림 13.31에는 그림 13.30(b)의 RSC 부호화기의 입출력과 상태 천이를 나타낸 표와 송신 트렐리스 다이어그램을 보인다. 트렐리스 다이어그램에서 실선은 입력이 0일 때를 나타내며 점선은 입력이 1일 때를 나타낸다.

입력	현 상태		다음 상태		부호어 비트	
u_k	a_{k-1}	a_{k-2}	a_k	a_{k-1}	$v_k^{(0)}$	$v_k^{(1)}$
0	0	0	0	0	0	0
	1	0	1	1	0	1
	0	1	1	0	0	0
	1	1	0	1	0	1
1	0	0	1	0	1	1
	1	0	0	1	1	0
	0	1	0	0	1	1
	1	1	1	1	1	0

(a) 상태 천이표

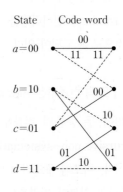

(b) 트렐리스 다이어그램

그림 13.31 그림 13.30(b) RSC 부호화기의 상태 천이표와 트렐리스 다이어그램

조직 컨볼루션 부호화기는 SNR이 높을 때 비조직 컨볼루션 부호화기에 비해 비트오율 성능이 떨어진다. 그러나 SNR이 낮을 때는 그 반대로 조직 컨볼루션 부호화기의 성능이 더 좋다. 부호화기를 직렬로 연결한 연접 코딩에서는 비조직 컨볼루션 부호화기가 적합하지만 터보 코드에서와 같은 병렬 연접 코딩에서는 조직 컨볼루션 부호화기가 더 나은 선택이라 할 수 있다.

NSC 부호화기는 출력으로부터 피드백 경로가 없으며, 부호화기의 상태는 과거의 입력에 의해 결정된다. 이에 비해 RSC 부호화기는 출력 일부가 피드백되어 입력 비트와 더해진다. 이 것은 부호화기의 상태가 과거의 입력뿐만 아니라 과거의 출력에 영향을 받는다는 것을 의미한 다. 이러한 특성은 오류 패턴에 영향을 미쳐서 성능이 개선되는 방향으로 유도한다. RSC 코 드는 NSC 코드에 비해 SNR과 상관 없이 더 좋은 비트오율 성능을 보인다고 알려져 있다.

13.7.3 RSC 부호화기의 꼬리 비트

컨볼루션 코드는 현재의 메시지 비트뿐만 아니라 과거의 메시지 비트도 부호어 생성에 관계되 므로 블록 단위로 데이터를 전송하는 경우 블록의 끝 부분에서 오류가 발생할 확률이 커진다. 13.5절에서는 이러한 문제를 해결하고 새로운 블록이 시작될 때 부호화기의 상태가 항상 정해 진 영 상태로 되도록 하는 부호화기 꼬리 비트(tail bit) 삽입에 대해 알아보았다. 즉 메시지어 의 뒤에 $K-1$(여기서 K는 구속장) 비트의 0을 덧붙여서 시프트 레지스터의 내용을 리셋시 킨다. 그런데 터보 코드에서는 피드백 경로가 있는 RSC 부호화기를 사용하기 때문에 꼬리 비 트를 단순히 0으로 하면 안 된다. 또한 두 개의 컨볼루션 부호화기가 인터리버를 사이에 두고 병렬로 연결되기 때문에 부호화기 입력이 다르므로 문제가 단순하지 않다. 하나의 RSC 부호 화기를 리셋시키는 입력이 다른 RSC 부호화기까지 리셋시키지는 않는다.

먼저 하나의 RSC 부호화기에서 꼬리 비트를 생성하는 방법을 생각해보자. 그림 13.32에 보 인 RSC 부호화기에서 메시지 비트가 [1 0 1]이라고 가정하고, 두 비트의 꼬리 비트를 구해보 자. 시프트 레지스터의 입력이 메시지 비트 u_k가 아니라 피드백을 더해 만들어지는 a_k임을 유의한다. 즉 꼬리 비트 시간대에서 $a_k = 0$이 되어야 메모리가 0으로 리셋된다. 그러므로 메 시지 비트 구간, 즉 $k = 1,\ 2,\ 3$에서는

$$p_k = a_k + a_{k-2},\ a_k = u_k + a_{k-1} + a_{k-2} \quad k = 1,\ 2,\ 3 \tag{13.67}$$

와 같이 패리티 출력 p_k와 시프트 레지스터 입력 a_h가 결정된다. 부호화기 꼬리 비트 구간, 즉 $k = 4,\ 5$에서는 $a_k = 0$ 되도록 u_k를 다음과 같이 결정하면 된다.

$$0 = u_k + a_{k-1} + a_{k-2} \Rightarrow u_k = a_{k-1} + a_{k-2} \quad k = 4,\ 5 \qquad (13.68)$$

그러므로 메시지 비트가 위와 같이 주어지고 시프트 레지스터 초기 상태가 0인 경우 꼬리 비트는 [0 1]이라는 것을 알 수 있다. 즉 메시지 [1 0 1]에 [0 1]을 덧붙여서 **u** = [1 0 1 0 1]가 된다. 이와 같은 방법으로 결정된 부호화기 상태와 꼬리 비트를 그림 13.32에 같이 보인다.

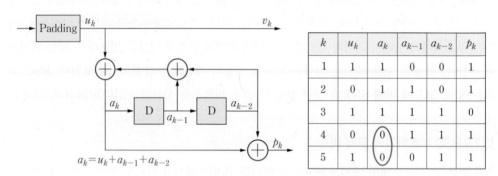

k	u_k	a_k	a_{k-1}	a_{k-2}	p_k
1	1	1	0	0	1
2	0	1	1	0	1
3	1	1	1	1	0
4	0	0	1	1	1
5	1	0	0	1	1

그림 13.32 RSC 부호화기에서 꼬리 비트 생성 방법

그런데 RSC 부호화기가 병렬로 연결된 경우 문제가 발생한다. 위의 절차에 따라 만들어진 **u** = [1 0 1 0 1]가 인터리버를 거쳐 두 번째 RSC 부호화기에 입력되는데, 인터리버에서 데이터의 순서가 뒤바뀌기 때문에 두 번째 부호화기의 상태를 리셋시키지 못할 것임은 쉽게 예상할 수 있다(인터리빙 규칙을 만들어서 확인해보라).

이러한 문제에 대처하는 한 가지 방법은 하나의 RSC 부호화기만 메모리를 0으로 리셋시키는 꼬리 비트를 추가하고 다른 부호화기는 리셋시키지 않는 것이다. 이 경우 두 번째 부호화기는 블록 끝 부분에서 잡음에 좀더 취약하게 된다. 다른 방법은 두 개의 부호화기가 동시에 리셋되도록 하는 꼬리 비트를 만들어주는 것이다. 이를 위해서는 인터리버의 설계도 함께 고려해야 한다. 즉 인터리빙 규칙을 적절히 설계하면 두 개의 RSC 부호화기의 메모리를 리셋시키도록 하는 꼬리 비트를 생성시킬 수 있다. 그러나 인터리버에 따라 비트오율 성능이 달라질 수 있으므로 주의를 기울여서 설계를 할 필요가 있다.

그림 13.33에는 부호화기 꼬리 비트를 추가하는 구조와 부호율 1/2, 구속장 3의 속성을 가진 터보 부호화기의 예를 보인다. 패리티 비트는 천공 기법을 사용하여 p_1과 p_2가 교대로 전송된다. 즉 **u** = [$u_1,\ u_2,\ u_3,\ u_4$], **p**$_1$ = [$p_{11},\ p_{12},\ p_{13},\ p_{14}$], **p**$_2$ = [$p_{21},\ p_{22},\ p_{23},\ p_{24}$]인 경우 전송되는 부호어는 **v** = [$u_1,\ p_{11},\ u_2,\ p_{22},\ u_3,\ p_{13},\ u_4,\ p_{24}$]가 된다.

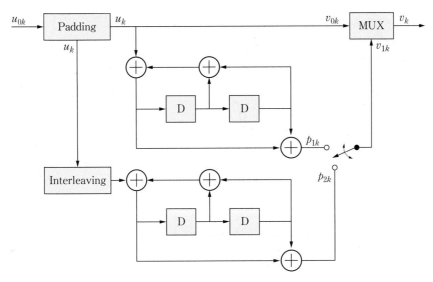

그림 13.33 부호율 1/2의 터보 부호화기의 예

13.7.4 터보 코드의 복호

그림 13.34에 터보 복호기의 구조를 보인다. 두 개의 RSC 부호화기에 대응하는 복호기가 있고, 그 사이에 부호화기에서처럼 인터리버가 연결되어 있다. 두 번째 복호기에서 나오는 출력은 전송된 채널에서 오류가 전혀 없었다면 원래의 메시지 비트와 동일하게 될 것이다. 그러나 실제 전송 채널에서 오류가 발생하였다면, 두 개의 복호기를 통과한 후의 출력이 원래의 전송 데이터와는 다르게 될 것이다. 터보 코드의 복호기에서는 복호 결과로 얻어진 정보를 피드백시키면서 반복적으로 복호를 수행함으로써 오류를 점점 개선하도록 동작한다.

복호기 입력은 조직 비트(즉 메시지 비트에 해당)와 패리티 비트인데, 이를 진성 정보 (intrinsic information)이라 한다. 복호기1에는 조직 비트와 부호화기1에서 발생된 패리티 비트 p_1이 입력된다. 제일 처음 동작할 때에는 피드백 루프가 개방되어 있다. 패리티 비트 p_2는 복호기1 출력을 인터리빙한 결과와 함께 복호기2에 입력된다. 복호기2에서는 연판정 출력 (soft-output)을 만들어내며, 이 출력을 역인터리빙하여 피드백 루프를 따라 복호기1에 넘겨준다. 복호기1에 넘겨주는 이 정보를 외인성 정보(extrinsic information)라 한다. 이러한 반복 연산이 계속 수행되는데, 판정 회로에서 인터럽트를 걸어서 반복 연산을 종료시키고 연판정 출력을 역인터리빙을 한 후 경판정하여 그 결과를 복호 비트로 출력한다.

각 RSC 복호기에서 사용하는 복호 알고리즘에 대해 알아보자. 일반적인 컨볼루션 코드의 복호에 많이 사용되는 비터비(Viterbi) 알고리즘(VA)은 연판정-입력 경판정-출력(softinput hard-output) 복호 알고리즘으로 터보 코드의 복호에는 적합하지 않다. 즉 터보 코드의 복호에서는 사후 확률(a posteriori probability: APP)을 나타내거나 복호된 비트에 대해 연판정 출력을 만들어내는데 VA를 적용하는 것은 문제가 있다. RSC 복호기에서 많이 사용하는 복호 알고리즘으로 BCJR (Bahl, Cocke, Jelink, Raviv) MAP 알고리즘이 있다. 이 알고리즘은 연판정-입력 연판정-출력과 잘 동작한다. 각 RSC 복호기의 소프트 출력은 비트에 대한 로그-최우도(log-likelihood ratio: LLR) $\Lambda(\hat{u}_k)$ 이다. 여기서 부호는 비트의 1 또는 0에 해당하는 정보를 나타내며, 크기는 정보의 신뢰도를 나타낸다. LLR을 수식으로 표현하면 다음과 같다.

$$\Lambda(\hat{u}_k) = \log \frac{P(u_k = 1 | observation)}{P(u_k = 0 | observation)} \tag{13.69}$$

여기서 $P(u_k = 1 | observation)$ 와 $P(u_k = 0 | observation)$ 는 사후 확률(APP)이며, 터보 복호기의 비트 판정은 다음과 같은 최대 사후 확률(maximum a posteriori: MAP) 판정 규칙을 따라 결정한다.

$$\begin{aligned} \hat{u}_k &= 1 \quad if \quad \Lambda(\hat{u}_k) > 0 \\ \hat{u}_k &= 0 \quad if \quad \Lambda(\hat{u}_k) < 0 \end{aligned} \tag{13.70}$$

기존 비터비 알고리즘을 변형한 방식으로 SOVA(Soft Output Viterbi Algorithm)도 많이 사용된다. VA를 적용하여 얻을 수 있는 경판정 출력값에 신뢰도 값을 더하여 성능을 개선시키는 방식이다. SOVA는 Hagenauer 등에 의해 처음 제안된 이후 많은 발전된 버전들이 발표되고 있다.

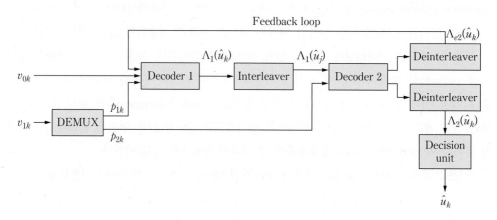

그림 13.34 터보 복호기

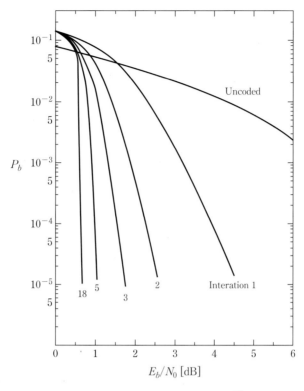

그림 13.35 터보 코드의 비트오율 성능[12]

그림 13.35에는 AWGN 환경에서 터보 코드의 비트오율 성능을 Monte-Carlo 시뮬레이션을 통해 얻어진 결과를 보인다. 부호율과 구속장이 각각 $r = 1/2$, $K = 5$인 두 개의 RSC 부호화기가 사용되었으며, $256 \times 256 = 65536$ 크기의 인터리버가 사용되었다. 복호에는 수정된 Bahl의 알고리즘이 사용되었다. 그림을 보면 복호 과정의 반복에 따라 성능이 크게 개선되는 것을 볼 수 있다. 18번의 반복 연산 후에는 $E_b/N_0 = 0.7$ dB에서 10^{-5}보다 작은 비트오류 확률이 얻어져서 섀논의 한계에 가까운 성능이 얻어지는 것을 알 수 있다. 섀논의 한계를 살펴보면 다음과 같다. 요구되는 시스템 대역폭은 무한대에 근접하고 부호율은(또는 채널 용량은) 0에 근접하면, 비트 오류가 발생하지 않도록 하는 E_b/N_0는 -1.6 dB 이상이라는 것이다. Berrou, Galvieux, Thitmajshima에 의해 얻어진 그림 13.35의 결과를 보면 매우 우수한 비트오율 성능이 인상적이지만, 약점은 인터리버가 너무 크다는 것과 좋은 성능을 위해 복호 과정의 반복 연산 횟수가 크다는 것이다. 이로 인하여 복호기 처리 지연이 발생하여 실시간

12) Berrou, Galvieux and Thitmajshima , "Near Shannon limit error-correcting coding and decoding: Turbo-codes(1)," in Proc., ICC 1993, pp. 1064-1070.

응용에 제한을 받을 수 있고, 복호기 하드웨어의 처리 속도가 매우 높아야 한다는 문제점도 안고 있다. 이러한 문제점을 해결하기 위한 인터리버의 설계와 복호 알고리즘에 대한 연구가 이루어지고 있다.

13.8 LDPC 코드

13.8.1 LDPC 코드 개요

저밀도 패리티 검사(low density parity check: LDPC) 코드는 버스트 오류 정정에 강한 선형 블록 코드로 1960년대초 R. Gallager에 의해 제안되었다.[13] 이 코드의 특징은 패리티 검사 행렬에서 1의 값을 가진 원소가 매우 드물다는 것이다. 코드의 복호는 각 비트마다 MAP 판정 규칙을 기반으로 한다. 그러나 이 코드는 계산 복잡도가 당시로서는 너무 커서 실용성이 없는 것으로 취급되어(현재의 기술력으로는 매우 실용적이지만) 1990년대에 이르기까지 외면을 받아왔다. LDPC 코드는 뛰어난 오류정정 능력으로 1990년대 중반 다시 주목을 받게 된다.[14] 이 코드는 블록 길이가 충분히 큰 경우 1dB 이하의 SNR로 섀논의 채널 용량 이론적 한계에 근접할 수 있다는 것이 밝혀졌다. 이에 따라 LDPC 코드에 대한 연구가 2000년대에 활발히 진행되어 많은 성과가 이루어졌다. LDPC 코드는 고속 데이터 전송이 요구되는 차세대 통신 시스템에 적합한 특성을 가진다. 코드의 길이를 크게 함에 따라 오류정정 능력은 향상되지만 비트당 계산 복잡도는 크게 변하지 않는 반복 복호(iterative decoding) 기법의 특성에 의한 것이다. 또한 병렬적으로 복호 연산을 수행할 수 있도록 코드의 설계가 가능하여, 긴 길이의 코드에 대한 복호도 고속으로 처리할 수 있다는 장점이 있다. LDPC 코드는 이동통신, 디지털 위성방송, 무선랜, 고속 케이블 통신 등 다양한 표준에 채택되었다.

섀논의 한계에 근접한 채널 코드로 터보 코드와 LDPC 코드가 크게 주목을 받으면서 두 코드에 대한 비교 분석도 이루어지고 있다. LDPC 코드는 터보 코드와 비슷한 성능을 보이지만 경우에 따라 터보 코드를 능가하는 결과도 보고되어 있다. 반복 복호의 계산 복잡도가 터보 코드에 비해 낮은 것으로 알려져 있으며, 병렬 연산이 가능하여 하드웨어로 구현할 때 좀 더 유리하다. LDPC 코드는 정확한 복호가 불가능한 경우 바로 복호 불가를 선언한다. 이에 비해 터보 코드는 복호 연산 정지 요건이 만족될 때까지 계속 계산을 수행한다. 또한 LDPC 코드는 어떤 부호율이나 블록 크기에 대해서도 생성이 가능하다. 패리티 검사 행렬의 모양을

---

13) R. G. Galleger, Low Density Parity Check Codes, Cambridge, MA: MIT Press, 1963.

14) D. J. C. Mackey and R. M. Neal, "Near Shannon limit performance of low density parity check codes," Electron. Lett. Vol. 32, no. 18, pp. 1645-1646, Aug., 1996.

지정해주기만 하면 된다. 이에 비해 터보 코드는 부호율이 주로 천공(puncturing) 기법에 의해 이루어지기 때문에 부호율을 변화시키고자 할 때 성능 분석을 고려한 상당한 설계 과정의 노력이 필요하다. LDPC 코드의 단점으로는 터보 코드에 비해 부호화 과정이 상당히 복잡하다는 것이다. 근래 이루어지는 연구 결과로 계산량을 줄인 LDPC 부호화 방식들이 제안되고 있다. LDPC 코드의 다른 약점으로 반복 복호에서 터보 코드에 비해 반복 수행 횟수가 좀더 많다는 것을 들 수 있는데, 이는 처리 지연을 불러올 수 있다.

13.8.2 LDPC 코드의 구성

LDPC 코드는 발생기 행렬 $\mathbf{G}$가 아니라 패리티 검사 행렬 $\mathbf{H}$에 의해 정의된다. $\mathbf{H}$의 크기는 매우 크지만 행렬의 각 행이나 열에서 전체 원소 개수 대비 1의 개수 비율이 매우 낮은(즉 대부분이 0인) 저밀도 특성을 갖는다. 이진 연산으로

$$\underset{1 \times n}{\mathbf{v}} \underset{n \times j}{\mathbf{H}^T} = \underset{1 \times j}{\mathbf{0}} \qquad \text{또는} \qquad \underset{j \times n}{\mathbf{H}} \underset{n \times 1}{\mathbf{v}^T} = \underset{j \times 1}{\mathbf{0}} \tag{13.71}$$

를 만족하는(즉 패리티 검사를 통과하는) 모든 부호어 벡터 $\mathbf{v}$의 집합이 LDPC 코드가 된다. 그러므로 부호화는 메시지어 벡터 $\mathbf{u}$로부터 식 (13.71)을 만족하는 부호어 $\mathbf{v}$를 생성하는 과정이 된다.

앞서 살펴본 $(n,\ k)$ 코드의 발생기 행렬과 패리티 검사 행렬의 관계를 되돌아보자. $(n,\ k)$ 코드에서 패리티 비트(즉 잉여 비트)의 개수는 $j = n - k$이다. 그러면 $\mathbf{G}$의 크기는 $k \times n$이고 $\mathbf{H}$의 크기는 $j \times n$이다. 메시지어 벡터 $\mathbf{u}$로부터 $\mathbf{v} = \mathbf{uG}$에 의해 부호어를 생성할 수 있다. 이와 같은 방식으로 LDPC 부호화를 하려면 주어진 $\mathbf{H}$에 대해 다음을 만족시키도록 $\mathbf{G}$를 결정하면 된다.[15]

$$\mathbf{GH}^T = \mathbf{0} \quad (k \times j) \tag{13.72}$$

일반적으로 $\mathbf{G}$는 $\mathbf{H}$와 달리 저밀도가 아니다. 따라서 크기가 크고 저밀도가 아닌 발생기 행렬 $\mathbf{G}$로부터 $\mathbf{v} = \mathbf{uG}$와 같이 부호화하는 것은 복잡도가 높아서 효율적이시 못하나. 그 이유는 $\mathbf{G}$가 저밀도가 아니라서 큰 크기의 $\mathbf{G}$와 메시지 벡터의 곱셈에 계산량이 많기 때문이다. LDPC

---

15) 식 (13.72)를 만족하는 $\mathbf{G}$에 대한 해는 유일하지는 않다.

코드의 부호화를 작은 계산량으로 구현하는 방식이 제안되어 있다.[16]

식 (13.71)을 만족하는 패리티 검사 방정식에 대해 살펴보자. 크기 $j \times n$의 패리티 검사 행렬 $\mathbf{H}$에 대해 패리티 검사 방정식은 모두 j개이고 각 방정식에는 변수가 n개이다. 따라서 패리티 검사 방정식은 다음과 같은 형태가 된다.

$$h_{i1}v_1 \oplus h_{i2}v_2 \oplus \cdots h_{in}v_n = 0 \quad i = 1, \cdots, j \tag{13.73}$$

코드 길이(n)가 10이고 잉여 비트의 수(j)가 5인 LDPC 패리티 검사 행렬의 예를 다음 식에 보인다.

$$\mathbf{H} = \begin{bmatrix} 1 & 1 & 1 & 1 & 0 & 1 & 1 & 0 & 0 & 0 \\ 0 & 0 & 1 & 1 & 1 & 1 & 1 & 1 & 0 & 0 \\ 0 & 1 & 0 & 1 & 0 & 1 & 0 & 1 & 1 & 1 \\ 1 & 0 & 1 & 0 & 1 & 0 & 0 & 1 & 1 & 1 \\ 1 & 1 & 0 & 0 & 1 & 0 & 1 & 0 & 1 & 1 \end{bmatrix} \tag{13.74}$$

이 행렬에 대한 패리티 검사 방정식은 다음과 같다.

$$\begin{aligned} v_1 \oplus v_2 \oplus v_3 \oplus v_4 \oplus v_6 \oplus v_7 &= 0 \\ v_3 \oplus v_4 \oplus v_5 \oplus v_6 \oplus v_7 \oplus v_8 &= 0 \\ v_2 \oplus v_4 \oplus v_6 \oplus v_8 \oplus v_9 \oplus v_{10} &= 0 \\ v_1 \oplus v_3 \oplus v_5 \oplus v_8 \oplus v_9 \oplus v_{10} &= 0 \\ v_1 \oplus v_2 \oplus v_5 \oplus v_7 \oplus v_9 \oplus v_{10} &= 0 \end{aligned} \tag{13.75}$$

위의 패리티 검사 행렬과 패리티 검사 방정식을 보면 각 부호어 비트는 3개의 방정식에만 들어 있고, 각 방정식은 6개의 부호어 비트를 포함하는 것을 알 수 있다.

13.8.3 Tanner 그래프

LDPC 코드를 표현하기 위하여 Tanner 그래프가 많이 사용되는데, 두 종류의 노드 집합과 이들의 연결선으로 나타낸다. 여기서 첫 번째 노드 집합은 비트 노드(또는 변수 노드)인데, 코드 길이만큼의 비트 노드가 있다. 패리티 검사 행렬 $\mathbf{H}$에서 각 열이 비트 노드가 된다. 두 번

---

16) T. Richardson and R. Urbanke, "Efficient encoding of low-density parity-check codes," IEEE Trans. Inf. Theory, vol. 47, no. 2, pp. 638-656, Feb. 2001.

째 노드 집합은 체크 노드(check node)인데, 패리티 검사 방정식을 나타내는 것으로 방정식 개수만큼의 체크 노드가 있다. 패리티 검사 행렬 **H**에서 각 행이 체크 노드가 된다. Tanner 그래프는 비트 노드와 체크 노드를 연결하는 선으로 표현되는데, 이 연결선을 에지(edge)라 부른다. 패리티 검사 행렬 **H**에서 i번째 행, m번째 열이 1이라면, 즉 $h_{im} = 1$이면 i번째 체크 노드와 m번째 비트 노드가 연결되었다는 것을 표현하며, 이것은 i번째 패리티 검사 방정식에 m번째 부호어 비트가 변수로 들어 있다는 것을 의미한다. 하나의 노드에 연결된 에지의 수를 그 노드의 차수(degree)라 한다. 모든 비트 노드의 차수가 동일하고, 또한 모든 체크 노드의 차수가 동일한 LDPC 코드를 규칙(regular) LDPC 코드라 하고, 그렇지 않은 경우 불규칙(irregular) LDPC 코드라 한다. 예를 들어 식 (13.74)의 패리티 검사 행렬은 비트 노드의 차수는 3이고, 체크 노드의 차수는 6인 규칙 LDPC 코드를 나타낸다. Tanner 그래프는 복호 알고리즘을 개발할 때 많이 활용된다.

그림 13.36에 식 (13.74)에 대한 Tanner 그래프를 보인다. Tanner 그래프에서 사이클(cycle)은 하나의 노드에서 에지들을 거쳐 다시 자신에게 돌아오는 경로를 말한다. 가장 짧은 사이클의 길이를 거스(girth)라 부른다. 그림 13.36에서 사이클 중 하나를 점선으로 표시하였다. 이 사이클은 길이가 4로 가장 짧으므로 이 Tanner 그래프의 거스는 4이다.

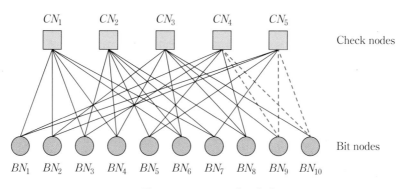

그림 13.36 Tanner 그래프의 예

13.8.4 LDPC 코드의 복호

LDPC 코드의 복호 기법은 여러 가지가 있지만 메시지 전달(message passing) 반복 복호 방식이 많이 사용된다. 이 방식은 채널에서 수신한 정보를 바탕으로 Tanner 그래프 상에서 비트 노드와 체크 노드들이 서로 추정값을 담은 메시지를 주고 받으면서 송신 부호어를 확률적으로 추론하는 일련의 과정이다. 여기서는 메시지 전달 반복 복호의 기본 개념을 알아보기로 한다.

복호는 Tanner 그래프의 선을 따라 메시지를 전달하는 과정으로 이루어진다. i번째 비트 노드 BN_i에 연결된 선에 담겨 있는 메시지는 $p_i = \Pr(BN_i = 1)$에 대한 추정값 (또는 이와 동등한 정보)인데 각 노드에서는 여러 추정값들을 통합하여 신뢰도를 갱신한다. 제일 처음 비트 노드는 $\Pr(BN_i = 1)$ 확률을 채널의 연판정 출력으로부터 받아서 초기 추정값으로 설정한다. 비트 노드는 이 초기 추정값을 그 비트 노드에 연결된 체크 노드들에게 브로드캐스트한다. 체크 노드는 패리티 방정식을 이용하여 비트들에 대한 새로운 추정값을 계산해낸다. 예를 들어 패리티 방정식이

$$v_1 \oplus v_2 \oplus v_3 \oplus v_4 = 0 \tag{13.76}$$

라고 가정하자. 체크 노드가 비트 노드로부터 받아서 가지고 있는 $p_i = \Pr(BN_i = 1)$로부터 p_1에 대한 새로운 추정값을 다음과 같이 만들 수 있다.

$$p_1' = p_2(1-p_3)(1-p_4) + p_3(1-p_2)(1-p_4) + p_4(1-p_2)(1-p_3) + p_2 p_3 p_4 \tag{13.77}$$

$p_2 \sim p_4$에 대해서도 유사하게 새로운 추정값을 만들 수 있다. 체크 노드는 이 새로운 추정값을 연결된 라인을 따라 비트 노드들에게 다시 전달한다. 이제 비트 노드에는 하나가 아니라 여러 체크 노드들에게서 받은 추정값이 있게 되는데, 여러 개의 추정값을 통합하여 새로운 추정값을 계산하여 다시 체크 노드들에게 전달한다. 여기서 비트 노드가 추정값들을 통합하여 갱신하는 방식을 보면, 특정 체크 노드로 전달할 갱신 추정값의 계산에서는 그 체크 노드로부터 이전에 받았던 추정값은 제외하고 나머지 체크 노드들에게서 받은 추정값들, 그리고 채널 추정값을 모두 곱하여 새로운 추정값을 구한다. 이와 같이 비트 노드가 메시지를 체크 노드에게 전달하고, 다시 체크 노드가 메시지를 비트 노드에게 전달하는 과정을 반복 수행한다. 마지막 단계에서 비트 노드는 최종 추정값을 계산하고 문턱값과 비교하여 경판정 출력을 한다.

여기서 추정값을 계산할 때 $p_i = \Pr(BN_i = 1)$의 확률 대신 다음과 같이 정의되는 로그 우도 비율(log-likelihood ratio: LLR)를 흔히 사용한다.

$$m_i = \log \frac{\Pr(BN_i = 1)}{\Pr(BN_i = 0)} \tag{13.78}$$

그러면 갱신 추정값의 계산에서 LLR들을 더하면 된다.

그림 13.36에 보인 것처럼 Tanner 그래프에 사이클이 있는 경우 추정값들이 서로 독립적이지 않게 된다. 결과적으로 추정값들을 통합하는 공식에 오류가 생긴다. 그러므로 LDPC 코드 설계에서는 짧은 길이의 사이클이 생기지 않도록 해야 한다.

연습문제

13.1 반복 코드를 사용하는 시스템이 있다. 이진대칭채널(BSC)을 가정하고 부호화된 비트가 채널을 통해 전송되어 오류가 발생할 확률이 p라고 하자. 다음 부호율 경우에 대해 부호어오류 확률과 비트오류 확률을 p의 함수로 나타내라.

(a) $r = \dfrac{1}{3}$ (b) $r = \dfrac{1}{5}$

13.2 AWGN 채널에서 BPSK 변조하여 전송하는 시스템이 있다. 수신된 신호의 E_b/N_0가 9.6dB라고 하자. 만일 송신측에서 부호율 1/3로 반복 부호화하여 전송한다면 비트오류 확률은 어떻게 되는가? 부호화하지 않은 경우와 비교하라.

13.3 부호율 1/5를 사용한다고 가정하고 문제 13.2를 반복하라. 부호율 1/3의 반복코드를사용하는 시스템과 부호율 1/5의 반복코드를 사용하는 시스템의 성능을 비교하라.

13.4 발생기 행렬이 다음과 같은 채널 코드를 가정하자.

$$\mathbf{G} = [1\,1\,1\,1\,1]$$

(a) 이 코드의 n, k, 부호율은 얼마인가?
(b) 메시지 데이터가 1 0 0 1 1인 경우 전송되는 부호어는 어떻게 되는가?
(c) 이 코드의 오류검출 능력과 오류정정 능력은 얼마인가?

13.5 메시지어의 뒤에 다음과 같이 패리티 비트를 추가하는 $(k+1,\ k)$ 블록 코드를 가정하자.

$$v_{k+1} = u_1 + u_2 + \cdots + u_k$$

(a) 이 코드에 대한 발생기 행렬 $\mathbf{G}$를 구하라.
(b) $k = 3$인 경우 모든 메시지어에 대한 부호어를 구하라.
(c) 이 코드의 오류검출 능력과 오류정정 능력은 얼마인가?
(d) 패리티 검사 행렬 $\mathbf{H}$를 구하라.
(e) $\mathbf{v}\mathbf{H}^T = 0$이 되는 것을 보여라.

13.6 블록 코드의 발생 행렬이 다음과 같다고 하자.

$$\mathbf{G} = \begin{bmatrix} 0 & 1 & 1 & 1 & 0 & 1 \\ 1 & 1 & 0 & 0 & 0 & 1 \\ 1 & 1 & 1 & 0 & 1 & 0 \end{bmatrix}$$

(a) 이 코드의 n, k, 부호율은 얼마인가?

(b) 가능한 부호어를 모두 나열하라.

(c) 이 코드의 최소 Hamming 거리는 얼마이며, 오류정정 능력은 얼마인가?

13.7 송신기에서는 메시지 데이터의 각 비트를 7번 반복한 다음 복조하여 전송하고, 수신기에서는 복조기 출력으로부터 1과 0 중 개수가 많은 것을 선택하여 데이터를 복호하는 통신 시스템이 있다. 이진대칭채널(BSC)을 가정하고 부호화된 비트가 채널을 통해 전송되어 오류가 발생할 확률이 p라고 하자.

(a) 이 코드의 $(n,\ k)$ 및 부호율은 얼마인가?

(b) 송신측에서의 부호어 발생기 행렬을 표현하라.

(c) 부호어 표(모든 메시지어 대 부호어의 리스트)를 제시하라. 이 코드의 오류검출 능력과 오류정정 능력은 얼마인가?

(d) $p = 0.1$인 경우 메시지 비트의 오류 확률을 구하라.

13.8 세 비트로 구성된 메시지어 $[u_1\, u_2\, u_3]$의 제일 앞에 다음 조건을 만족시키는 패리티 비트 v_0를 추가하는 블록 코드가 있다.

$$v_0 + u_1 + u_2 + u_3 = 0$$

(a) 모든 메시지어에 대한 부호어를 구하라.

(b) 이 코드에 대한 발생기 행렬 $\mathbf{G}$를 구하라.

(c) 이 코드의 오류검출 능력과 오류정정 능력은 얼마인가?

(d) 패리티 검사 행렬 $\mathbf{H}$를 구하라.

(e) $\mathbf{vH}^T = 0$이 되는 것을 보여라.

13.9 선형(linear) 코드 C는 다음과 같이 정의된다. 코드 집합 C에 속한 임의의 코드 $\mathbf{c}_1$과 $\mathbf{c}_2$를 더하면 그 실제 값도 C에 속하다. 그리고 C는 zero 코드 $0 = [00\cdots0]$을 포함해야 한다.

(a) $C = \{[0000], [1111]\}$ 는 선형 코드임을 증명하라.

(b) $C = \{[000], [001], [101], [111]\}$ 는 선형 코드가 아님을 증명하라.

(a) $C = \{[000], [001], [110], [111]\}$ 는 선형 코드임을 증명하라.

13.10 다음과 같은 코드 벡터들을 고려하자.

$$\mathbf{c}_1 = [10001], \quad \mathbf{c}_2 = [01111], \quad \mathbf{c}_3 = [11001]$$

(a) $d(\mathbf{c}_1, \mathbf{c}_2)$, $d(\mathbf{c}_2, \mathbf{c}_3)$, $d(\mathbf{c}_1, \mathbf{c}_3)$ 를 구하라.

(b) $d(\mathbf{c}_1, \mathbf{c}_2) + d(\mathbf{c}_2, \mathbf{c}_3) \geq d(\mathbf{c}_1, \mathbf{c}_3)$ 임을 증명하라.

13.11 조직 (6, 3) 블록 코드에서 패리티 비트 v_4, v_5, v_6 가 메시지 비트 u_1, u_2, u_3 로부터 다음과 같이 만들어진다고 하자.

$$v_4 = u_1 + u_3$$
$$v_5 = u_1 + u_2 + u_3$$
$$v_6 = u_1 + u_2$$

(a) 코드 발생 행렬 $\mathbf{G}$를 구하라.

(b) 가능한 부호어를 모두 나열하라.

(c) 이 코드의 최소 Hamming 거리는 얼마이며, 오류정정 능력은 얼마인가?

(d) 패리티 검사 행렬 $\mathbf{H}$를 구하라.

(e) 복호를 위한 신드롬 참조표를 만들어 보라.

(f) 수신된 부호어가 r = [010111]이라고 하자. 신드롬 복호기의 출력을 구하라.

13.12 채널 코딩을 하지 않고 데이터를 BPSK 변조하여 전송하는 시스템이 AWGN 채널 환경에서 비트오율 10^{-6} 의 성능을 보이고 있다고 하자. (7, 4) Hamming 코드를 사용하여 채널 코딩을 한 다음 BPSK 변조하여 전송하는 경우 비트오류 확률은 어떻게 되는가? 채널 코딩을 하지 않은 경우에 비해 비트오율 성능 개선이 있는가?

13.13 조직 (6, 3) 블록 코드의 발생 행렬이 다음과 같다고 하자.

$$\mathbf{G} = \begin{bmatrix} 1 & 0 & 0 & 0 & 1 & 1 \\ 0 & 1 & 0 & 1 & 0 & 1 \\ 0 & 0 & 1 & 1 & 1 & 0 \end{bmatrix}$$

(a) 가능한 부호어를 모두 나열하라.

(b) 이 코드의 최소 Hamming 거리는 얼마이며, 오류정정 능력은 얼마인가?

(c) 패리티 검사 행렬 **H**를 구하라.

(d) 복호를 위한 신드롬 참조표를 만들어보라.

13.14 패리티 검사 행렬이 다음과 같다고 하자.

$$\mathbf{H} = \begin{bmatrix} 1 & 0 & 1 & 1 & 0 & 0 \\ 1 & 1 & 0 & 0 & 1 & 0 \\ 0 & 1 & 1 & 0 & 0 & 1 \end{bmatrix}$$

(a) 코드 발생 행렬 **G**를 구하라.

(b) 메시지어 $\mathbf{u} = [101]$에 대한 부호어를 구하라.

(c) 수신된 부호어가 $\mathbf{r} = [110110]$이라고 하자. 복호기의 출력을 구하라.

13.15 (6, 3) 블록 코드에서 패리티 비트 p_1, p_2, p_3가 메시지어 $\mathbf{u} = [u_1,\ u_2,\ u_3]$로부터 아래 식과 같이 만들어진다. 생성된 패리티 비트를 메시지 비트 뒤에 추가하여 부호어를 생성한다.

$$p_1 = u_1 + u_2 + u_3$$
$$p_2 = u_1 + u_2$$
$$p_3 = u_1 + u_3$$

(a) 코드 발생 행렬 **G**를 구하라.

(b) 가능한 부호어를 모두 나열하라.

(c) 이 코드의 최소 Hamming 거리는 얼마이며, 오류정정 능력은 얼마인가?

(d) 패리티 검사 행렬 **H**를 구하라.

(e) 복호를 위한 신드롬 참조표를 만들어 보라.

(f) 부호어 $\mathbf{v} = [011011]$를 전송하였을 때 수신된 부호어가 $\mathbf{r} = [011001]$이라고 하자. 신드롬 복호기의 출력을 구하라. 오류정정이 되었는가?

(g) 부호어 $\mathbf{v} = [010110]$를 전송하였을 때 수신된 부호어가 $\mathbf{r} = [110010]$이라고 하자. 신드롬 복호기의 출력을 구하라. 오류정정이 되었는가?

(h) 부호어 $\mathbf{v} = [010110]$를 전송하였을 때 수신된 부호어가 $\mathbf{r} = [110000]$이라고 하자. 신드롬 복호기의 출력을 구하라. 오류정정이 되었는가?

13.16 조직 (7, 4) 블록 코드에서 패리티 비트 v_5, v_6, v_7 이 메시지 비트 u_1, u_2, u_3, u_4 로부터 다음과 같이 만들어진다고 하자.

$$v_5 = u_1 + u_2 + u_4$$
$$v_6 = u_2 + u_3 + u_4$$
$$v_7 = u_1 + u_2 + u_3$$

(a) 코드 발생 행렬 $\mathbf{G}$를 구하라.

(b) 가능한 부호어를 모두 나열하라.

(c) 이 코드의 최소 Hamming 거리는 얼마이며, 오류정정 능력은 얼마인가?

(d) 패리티 검사 행렬 $\mathbf{H}$를 구하라.

(e) 복호를 위한 신드롬 참조표를 만들어보라.

(f) 부호어 $\mathbf{v}$ = [1100010]를 전송하였을 때 수신된 부호어가 $\mathbf{r}$ = [1100011]이라고 하자. 신드롬 복호기의 출력을 구하라. 오류정정이 되었는가?

13.17 조직 (6, 2) 블록 코드의 발생기 행렬이 다음과 같다고 하자.

$$\mathbf{G} = \begin{bmatrix} 1 & 0 & 1 & 1 & 1 & 0 \\ 0 & 1 & 1 & 0 & 1 & 1 \end{bmatrix}$$

(a) 가능한 부호어를 모두 나열하라.

(b) 이 코드를 사용하여 부호어 중에서 한 개의 오류가 있는 경우는 모두 오류정정이 가능하고, 두 개의 오류가 있는 7가지의 오류 패턴과 세 개의 오류가 있는 두 가지의 오류 패턴이 정정될 수 있음을 보여라.

(c) 패리티 검사 행렬 $\mathbf{H}$를 구하라.

(d) 복호를 위한 신드롬 참조표를 만들어보라.

13.18 오류정정 능력이 $t = 4$ 인 (63, 39) BCH 코드와 BPSK 변조를 사용하여 전송하는 시스템이 있다. 이 시스템의 비트오율 10^{-7} 에서의 코딩 이득을 구하라. 즉 채널 코딩을 하지 않을 때 10^{-7} 의 비트오류 확률을 얻기 위해 필요한 E_b/N_0와 채널 코딩을 사용할 때 요구되는 E_b/N_0 의 차 [dB]를 구하라.

13.19 Hamming 코드는 $(n,\ k) = (2^j - 1,\ 2^j - 1 - j)$ 이며 최소 거리가 $d_{\min} = 3$ 이라는 성질을 가지고 있다. Hamming 코드와 BPSK 변조를 사용하여 전송하는 시스템을 가정하자. 채널 코딩을 하지 않을 때 비트오류 확률이 10^{-7} 이 얻어지는 환경에서 잉여 비트가 $j = 3,\ 4,\ 5$ 인 Hamming 코드를 사용한다면 비트오류 확률이 어떻게 변화하는가?

13.20 문제 13.19의 시스템에서 $j = 4$ 인 경우 비트오율 10^{-7} 에서의 코딩 이득을 구하라.

13.21 (3, 1, 3) 컨볼루션 부호화기의 발생 다항식이 다음과 같다고 하자.

$$g_1(x) = x + x^2$$
$$g_2(x) = 1 + x$$
$$g_3(x) = 1 + x + x^2$$

(a) 상태 천이도, 코드 계보, 트렐리스 다이어그램을 그려보라.

(b) 메시지 데이터가 [101011]이라고 하자. 부호화기 꼬리 비트를 포함하여 메시지 비트가 부호화기에 입력될 때 출력 부호어를 구하라. 시프트 레지스터의 내용은 초기 상태가 모두 0으로 되어 있다고 가정한다.

13.22 그림 P13.22에 보인 컨볼루션 부호화기의 블록 다이어그램에 대하여 상태 천이도, 코드 계보, 트렐리스 다이어그램을 그려보라.

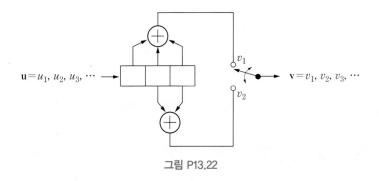

그림 P13.22

13.23 그림 P13.23에 보인 컨볼루션 부호화기를 고려하자.

(a) 부호화기의 연결 벡터와 발생 다항식을 표현하라.

(b) 상태 천이도, 코드 계보, 트렐리스 다이어그램을 그려보라.

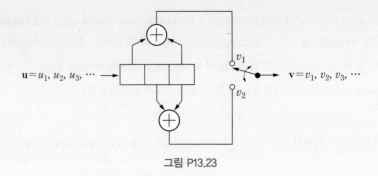

그림 P13.23

13.24 그림 P13.24에 보인 컨볼루션 부호화기를 고려하자.

    (a) 이 부호화기의 부호율과 구속장은 얼마인가?

    (b) 부호화기의 연결 벡터와 발생 다항식을 표현하라.

    (c) 부호화기의 상태 천이도를 그려보라.

    (d) 부호화기의 트렐리스 다이어그램을 그려보라.

    (e) 메시지 데이터가 [1110101111]이라고 하자. 부호화기 꼬리 비트를 포함하여 메시지어가 부호
         화기에 입력될 때 출력 부호어를 구하라. 시프트 레지스터의 내용은 초기 상태가 모두 0으로
         되어 있다고 가정한다.

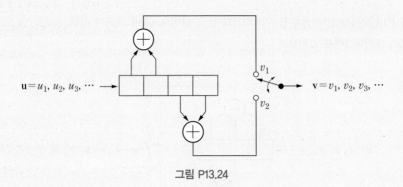

그림 P13.24

13.25 그림 P13.25에 보인 컨볼루션 부호화기를 고려하자.

    (a) 이 부호화기의 발생 다항식을 구하라.

    (b) 메시지 데이터가 $\mathbf{u} = [1011]$이라고 하자. 부호화기 꼬리 비트를 포함하여 메시지어가 부호화
         기에 입력될 때 출력 부호어를 구하라. 시프트 레지스터의 내용은 초기 상태가 모두 0으로 되
         어 있다고 가정한다.

(c) 부호화기의 임펄스 응답은 입력으로 단일 '1' 비트가 입력으로 가해질 때 출력되는 비트열을 의미한다. 주어진 부호화기의 임펄스 응답을 구하라(v_1에 대한 임펄스 응답과 v_2에 대한 임펄스 응답).

(d) 부호화기 출력은 임펄스 응답을 시간축에서 이동시킨 부호열을 더한(modulo-2 sum) 것과 같다. 이 방법으로 구한 부호화기 출력을 (b)에서 구한 결과와 같은지 확인하라.

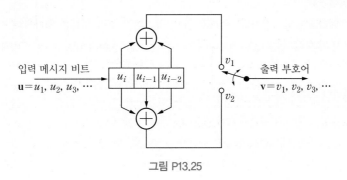

그림 P13.25

13.26 그림 P13.26에 보인 컨볼루션 부호화기를 고려하자.

(a) 이 부호화기의 발생 다항식을 구하라.

(b) 메시지 데이터가 $\mathbf{u} = [1011]$이라고 하자. 부호화기 꼬리 비트를 포함하여 메시지어가 부호화기에 입력될 때 출력 부호어를 구하라. 시프트 레지스터의 내용은 초기 상태가 모두 0으로 되어 있다고 가정한다.

(c) 부호화기의 임펄스 응답을 구하라.

(d) 임펄스 응답과 입력의 컨볼루션에 의하여 부호화기 출력을 구하라.

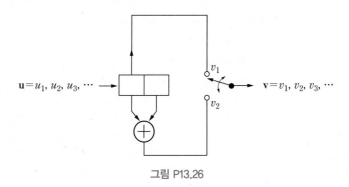

그림 P13.26

13.27 문제 13.26 컨볼루션 부호화기의 블록 다이어그램에 대하여 상태 천이도, 코드 계보, 트렐리스 다이어그램을 그려보라.

13.28 그림 P13.28에 보인 컨볼루션 부호화기를 고려하자.

    (a) 이 부호화기의 부호율과 구속장은 얼마인가?

    (b) 발생 다항식을 구하라.

    (c) 메시지 데이터가 $\mathbf{u} = [11001]$ 이라고 하자. 부호화기 꼬리 비트를 포함하여 메시지어가 부호화기에 입력될 때 출력 부호어를 구하라. 시프트 레지스터의 내용은 초기 상태가 모두 0으로 되어 있다고 가정한다.

    (d) 부호화기의 임펄스 응답을 구하라.

    (e) 임펄스 응답과 입력의 컨볼루션에 의하여 부호화기 출력을 구하라.

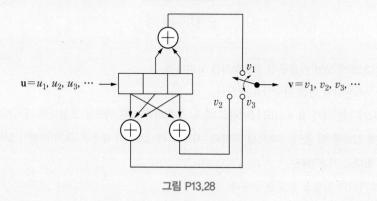

그림 P13.28

13.29 그림 P13.29에 보인 RSC 채널 부호화기를 고려하자. 부호화기에는 메시지 데이터 $\mathbf{u} = [1011]$ 이 입력되며, 시프트 레지스터의 초기 상태는 0으로 되어 있다고 가정한다.

    (a) 이 부호화기의 꼬리 비트는 어떻게 결정해야 하는가?

    (b) 출력 부호어를 구하라.

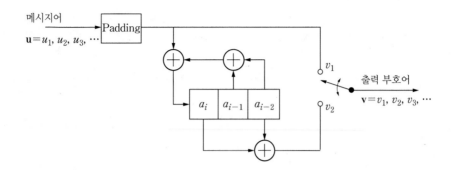

13.30 그림 P13.30에 보인 터보 부호화기를 고려하자. 부호화기에는 메시지 데이터 $\mathbf{u} = [1101]$이 입력되며, 두 시프트 레지스터의 초기 상태는 모두 0으로 되어 있다고 가정한다. 그림에 보인 인터리버는 꼬리 비트를 포함한 6비트에 대해 순서를 교체하는 규칙을 나타내고 있다.

(a) 위에 있는 부호화기에 대해서만 상태를 0으로 리셋시키도록 꼬리 비트를 삽입하고자 한다. 이 경우 꼬리 비트는 어떻게 결정해야 하는가?

(b) 출력 부호어를 구하라.

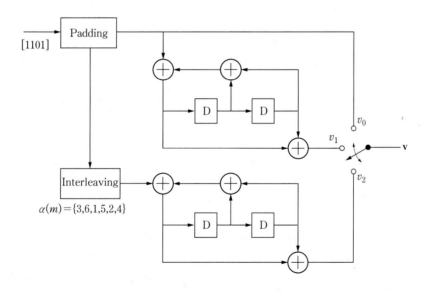

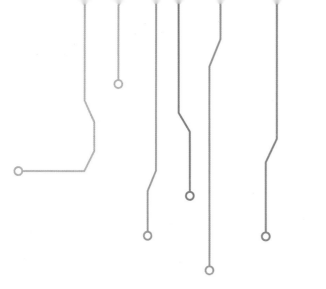

부록

수학 공식과 표

A.1 삼각 함수

$$e^{\pm j\theta} = \cos\theta \pm j\sin\theta \,(\text{Euler의 공식}) \tag{A.1}$$

$$\cos\theta = \frac{e^{j\theta} + e^{-j\theta}}{2} \tag{A.2}$$

$$\sin\theta = \frac{e^{j\theta} - e^{-j\theta}}{2j} \tag{A.3}$$

$$\tan\theta = \frac{\sin\theta}{\cos\theta} = \frac{e^{j\theta} - e^{-j\theta}}{j(e^{j\theta} + e^{-j\theta})} \tag{A.4}$$

$$\cos(-\theta) = \cos\theta \tag{A.5}$$

$$\sin(-\theta) = -\sin\theta \tag{A.6}$$

$$\cos\left(\theta \pm \frac{\pi}{2}\right) = \mp\sin\theta \tag{A.7}$$

$$\sin\left(\theta \pm \frac{\pi}{2}\right) = \pm\cos\theta \tag{A.8}$$

$$\cos(\theta + \pi) = -\cos\theta \tag{A.9}$$

$$\sin(\theta + \pi) = -\sin\theta \tag{A.10}$$

$$\cos(\alpha \pm \beta) = \cos\alpha\cos\beta \mp \sin\alpha\sin\beta \tag{A.11}$$

$$\sin(\alpha \pm \beta) = \sin\alpha\cos\beta \pm \cos\alpha\sin\beta \tag{A.12}$$

$$\cos\alpha\cos\beta = \frac{1}{2}[\cos(\alpha - \beta) + \cos(\alpha + \beta)] \tag{A.13}$$

$$\sin \alpha \sin \beta = \frac{1}{2}[\cos(\alpha - \beta) - \cos(\alpha + \beta)] \tag{A.14}$$

$$\sin \alpha \cos \beta = \frac{1}{2}[\sin(\alpha - \beta) + \sin(\alpha + \beta)] \tag{A.15}$$

$$\cos 2\theta = \cos^2 \theta - \sin^2 \theta \tag{A.16}$$

$$\sin 2\theta = 2\sin \theta \cos \theta \tag{A.17}$$

$$\cos^2 \theta = \frac{1 + \cos 2\theta}{2} \tag{A.18}$$

$$\sin^2 \theta = \frac{1 - \cos 2\theta}{2} \tag{A.19}$$

$$\cos^3 \theta = \frac{1}{4}[3\cos \theta + \cos 3\theta] \tag{A.20}$$

$$\sin^3 \theta = \frac{1}{4}[3\sin \theta - \sin 3\theta] \tag{A.21}$$

$$A\cos \theta - B\sin \theta = R\cos(\theta + \phi) \tag{A.22}$$
$$\text{여기서} \quad R = \sqrt{A^2 + B^2}, \quad \phi = \tan^{-1}(B/A)$$
$$A = R\cos \phi, \quad B = R\sin \phi$$

A.2 지수 함수와 로그 함수

$$e^a e^b = e^{a+b} \tag{A.23}$$

$$\frac{e^a}{e^b} = e^{a-b} \tag{A.24}$$

$$(e^a)^b = e^{ab} \tag{A.25}$$

$$\ln ab = \ln a + \ln b \tag{A.26}$$

$$\ln\left(\frac{a}{b}\right) = \ln a - \ln b \tag{A.27}$$

$$\ln(a)^b = b \ln a \tag{A.28}$$

$$\exp(\ln a) = a, \quad \exp(-\ln a) = \exp\left[\ln\left(\frac{1}{a}\right)\right] = \frac{1}{a} \tag{A.29}$$

$$\log a = \beta \ln a, \quad \beta = \log e \cong 0.4343 \tag{A.30}$$

$$\ln a = \frac{1}{\beta} \log a, \quad \frac{1}{\beta} \cong 2.3026 \tag{A.31}$$

$$10^{\log a} = a, \quad 10^{-\log a} = \frac{1}{a} \tag{A.32}$$

A.3 미분

$$\frac{d}{dx}(f(x)g(x)) = f(x)\frac{dg(x)}{dx} + g(x)\frac{df(x)}{dx} \tag{A.33}$$

$$\frac{d}{dx}\left(\frac{f(x)}{g(x)}\right) = \frac{f'(x)g(x) - f(x)g'(x)}{g^2(x)} \tag{A.34}$$

$$\frac{d}{dx}f[g(x)] = \frac{df}{dg} \cdot \frac{dg}{dx} \tag{A.35}$$

$$\frac{d}{dx}\left[\int_{a(x)}^{b(x)} f(\lambda,x)d\lambda\right] = f(b(x),x)\frac{db(x)}{dx} - f(a(x),x)\frac{da(x)}{dx} + \int_{a(x)}^{b(x)} \frac{\partial f(\lambda,x)}{\partial x}d\lambda \tag{A.36}$$

$$\frac{d(x^n)}{dx} = nx^{n-1} \tag{A.37}$$

$$\frac{d(e^{ax})}{dx} = ae^{ax} \tag{A.38}$$

$$\frac{d(a^x)}{dx} = a^x \ln a \tag{A.39}$$

$$\frac{d(\ln x)}{dx} = \frac{1}{x} \tag{A.40}$$

$$\frac{d(\log_a x)}{dx} = \frac{1}{x} \log_a e \tag{A.41}$$

$$\frac{d \sin ax}{dx} = a \cos ax \tag{A.42}$$

$$\frac{d \cos ax}{dx} = -a \sin ax \tag{A.43}$$

$$\frac{d \tan ax}{dx} = \frac{a}{\cos^2 ax} \tag{A.44}$$

$$\frac{d \sin^{-1} ax}{dx} = \frac{a}{\sqrt{1-(ax)^2}} \tag{A.45}$$

$$\frac{d \cos^{-1} ax}{dx} = -\frac{a}{\sqrt{1-(ax)^2}} \tag{A.46}$$

$$\frac{d \tan^{-1} ax}{dx} = \frac{a}{1+(ax)^2} \tag{A.47}$$

A.4 부정적분

$$\int (a+bx)^n dx = \frac{(a+bx)^{n+1}}{b(n+1)}, \quad n>0 \tag{A.48}$$

$$\int \frac{dx}{a+bx} = \frac{1}{b}\ln|a+bx| \tag{A.49}$$

$$\int \frac{dx}{(a+bx)^n} = \frac{-1}{(n-1)b(a+bx)^{n-1}}, \quad n>1 \tag{A.50}$$

$$\int \frac{dx}{a^2+b^2x^2} = \frac{1}{ab}\tan^{-1}\left(\frac{bx}{a}\right) \tag{A.51}$$

$$\int \frac{xdx}{a^2+x^2} = \frac{1}{2}\ln(a^2+x^2) \tag{A.52}$$

$$\int \frac{x^2dx}{a^2+b^2x^2} = \frac{x}{b^2} - \frac{a}{b^3}\tan^{-1}\left(\frac{bx}{a}\right) \tag{A.53}$$

$$\int \frac{dx}{(a^2+b^2x^2)^2} = \frac{x}{2a^2(a^2+b^2x^2)} + \frac{1}{2a^3b}\tan^{-1}\left(\frac{bx}{a}\right) \tag{A.54}$$

$$\int \frac{x^2dx}{(a^2+b^2x^2)^2} = \frac{-x}{2b^2(a^2+b^2x^2)} + \frac{1}{2ab^3}\tan^{-1}\left(\frac{bx}{a}\right) \tag{A.55}$$

$$\int \frac{dx}{(a^2+b^2x^2)^3} = \frac{x}{4a^2(a^2+b^2x^2)^2} + \frac{3x}{8a^4(a^2+b^2x^2)} + \frac{3}{8a^5b}\tan^{-1}\left(\frac{bx}{a}\right) \tag{A.56}$$

$$\int \sin axdx = -\frac{1}{a}\cos ax \tag{A.57}$$

$$\int \cos axdx = \frac{1}{a}\sin ax \tag{A.58}$$

$$\int \sin^2 axdx = \frac{x}{2} - \frac{\sin 2ax}{4a} \tag{A.59}$$

$$\int \cos^2 axdx = \frac{x}{2} + \frac{\sin 2ax}{4a} \tag{A.60}$$

$$\int \sin ax \cos axdx = \frac{1}{2a}\sin^2 ax \tag{A.61}$$

$$\int x \sin ax \, dx = \frac{1}{a^2} (\sin ax - ax \cos ax) \tag{A.62}$$

$$\int x \cos ax \, dx = \frac{1}{a^2} (\cos ax + ax \sin ax) \tag{A.63}$$

$$\int x^2 \sin ax \, dx = \frac{1}{a^3} (2ax \sin ax + 2 \cos ax - a^2 x^2 \cos ax) \tag{A.64}$$

$$\int x^2 \cos ax \, dx = \frac{1}{a^3} (2ax \cos ax - 2 \sin ax + a^2 x^2 \sin ax) \tag{A.65}$$

$$\int \sin ax \sin bx \, dx = \frac{\sin(a-b)x}{2(a-b)} - \frac{\sin(a+b)x}{2(a+b)}, \quad a^2 \neq b^2 \tag{A.66}$$

$$\int \cos ax \cos bx \, dx = \frac{\sin(a-b)x}{2(a-b)} + \frac{\sin(a+b)x}{2(a+b)}, \quad a^2 \neq b^2 \tag{A.67}$$

$$\int \sin ax \cos bx \, dx = -\frac{\cos(a-b)x}{2(a-b)} - \frac{\cos(a+b)x}{2(a+b)}, \quad a^2 \neq b^2 \tag{A.68}$$

$$\int e^{ax} \, dx = \frac{1}{a} e^{ax} \tag{A.69}$$

$$\int x e^{ax} \, dx = \frac{1}{a^2} e^{ax} (ax - 1) \tag{A.70}$$

$$\int x^2 e^{ax} \, dx = \frac{1}{a^3} e^{ax} (a^2 x^2 - 2ax + 2) \tag{A.71}$$

$$\int e^{ax} \sin bx \, dx = \frac{1}{a^2 + b^2} e^{ax} (a \sin bx - b \cos bx) \tag{A.72}$$

$$\int e^{ax} \cos bx \, dx = \frac{1}{a^2 + b^2} e^{ax} (a \cos bx + b \sin bx) \tag{A.73}$$

$$\int \left[\frac{\sin ax}{x} \right]^2 dx - a \int \frac{\sin 2ax}{x} dx - \frac{\sin^2 ax}{x} \tag{A.74}$$

A.5 정적분

$$\int_0^\infty \frac{x^{m-1}}{1+x^n}dx = \frac{\pi/n}{\sin(m\pi/n)}, \quad n>m>0 \tag{A.75}$$

$$\int_0^\infty x^{\alpha-1}e^{-x}dx = \Gamma(\alpha), \ \alpha>0 \tag{A.76}$$

여기서

$\Gamma(\alpha+1) = \alpha\Gamma(\alpha)$

$\Gamma(1) = 1 ; \Gamma(1/2) = \sqrt{\pi}$

$\Gamma(n) = (n-1)! \quad n$은 양의 정수

$$\int_0^\infty e^{-ax}\cos bx\,dx = \frac{a}{a^2+b^2}, \quad a>0 \tag{A.77}$$

$$\int_0^\infty e^{-ax}\sin bx\,dx = \frac{b}{a^2+b^2}, \quad a>0 \tag{A.78}$$

$$\int_0^\infty \frac{\sin ax}{x}dx = \begin{cases} \pi/2, & a>0 \\ 0, & a=0 \\ -\pi/2, & a<0 \end{cases} \tag{A.79}$$

$$\int_0^\infty \frac{\sin^2 ax}{x^2}dx = |a|\pi/2 \tag{A.80}$$

$$\int_0^\infty \frac{\cos ax}{b^2+x^2}dx = \frac{\pi}{2b}e^{-ab}, \quad a>0, \ b>0 \tag{A.81}$$

$$\int_0^\infty \frac{x\sin ax}{b^2+x^2}dx = \frac{\pi}{2}e^{-ab}, \quad a>0, \ b>0 \tag{A.82}$$

$$\int_{-\infty}^\infty e^{\pm j2\pi yx}dx = \delta(y) \tag{A.83}$$

$$\int_0^\infty e^{-ax^2}dx = \frac{1}{2}\sqrt{\pi/a} \tag{A.84}$$

$$\int_0^\infty x e^{-ax^2} dx = \frac{1}{2a} \tag{A.85}$$

$$\int_0^\infty x^2 e^{-ax^2} dx = \frac{1}{4a} \sqrt{\pi/a} \tag{A.86}$$

$$\int_0^\infty \frac{dx}{ax^4 + b} = \frac{\pi}{2\sqrt{2b}} \left(\frac{b}{a}\right)^{1/4}, \quad ab > 0 \tag{A.87}$$

$$\int_0^\infty \frac{dx}{ax^6 + b} = \frac{\pi}{3b} \left(\frac{b}{a}\right)^{1/6}, \quad ab > 0 \tag{A.88}$$

A.6 급수

$$f(x) = f(a) + f'(a)(x-a) + \frac{1}{2!} f''(a)(x-a)^2 + \frac{1}{3!} f'''(a)(x-a)^3 + \cdots$$
$$= \sum_{n=0}^\infty \left[\frac{f^{(n)}(a)}{n!}\right](x-a)^n \tag{A.89}$$

$$e^x = 1 + x + \frac{x^2}{2!} + \frac{x^3}{3!} + \frac{x^4}{4!} + \cdots = \sum_{n=0}^\infty \frac{x^n}{n!} \tag{A.90}$$

$$\ln(1+x) = x - \frac{x^2}{2} + \frac{x^3}{3} - \frac{x^4}{4} + \cdots = \sum_{n=1}^\infty \frac{(-1)^{n+1} x^n}{n} \tag{A.91}$$

$$\cos x = 1 - \frac{x^2}{2!} + \frac{x^4}{4!} - \frac{x^6}{6} + \cdots = \sum_{n=0}^\infty \frac{(-1)^n x^{2n}}{(2n)!} \tag{A.92}$$

$$\sin x = x - \frac{x^3}{3!} + \frac{x^5}{5!} - \frac{x^7}{7!} + \cdots = \sum_{n=0}^\infty \frac{(-1)^n x^{2n+1}}{(2n+1)!} \tag{A.93}$$

$$J_n(x) \cong \begin{cases} \dfrac{x^n}{2^n n!} \left[1 - \dfrac{x^2}{2^2(n+1)} + \dfrac{x^4}{2 \cdot 2^4 (n+1)(n+2)} - \cdots \right] \\ \sqrt{\dfrac{2}{\pi x}} \cos\left(x - \dfrac{n\pi}{2} - \dfrac{\pi}{2}\right), \quad x \gg 1 \end{cases} \tag{A.94}$$

$$I_0(x) \cong \begin{cases} 1 + \dfrac{x^2}{2^2} + \dfrac{x^4}{2^2 4^2} + \cdots, & 0 \leq x \ll 1 \\ \dfrac{e^x}{\sqrt{2\pi x}}, & x \gg 1 \end{cases} \tag{A.95}$$

$$\sum_{k=0}^{n} \binom{n}{k} a^k b^{n-k} = \sum_{k=0}^{n} \frac{n!}{k!(n-k)!} a^k b^{n-k} = (a+b)^n \tag{A.96}$$

$$\sum_{k=1}^{n} k = \frac{n(n+1)}{2} \tag{A.97}$$

$$\sum_{k=1}^{n} k^2 = \frac{n(n+1)(2n+1)}{6} \tag{A.98}$$

$$\sum_{k=1}^{n} k^3 = \frac{n^2(n+1)^2}{4} \tag{A.99}$$

$$\sum_{n=0}^{N-1} r^n = \begin{cases} \dfrac{1-r^N}{1-r}, & r \neq 1 \\ N, & r = 1 \end{cases} \tag{A.100}$$

$$\sum_{n=0}^{N-1} \exp\left(j\frac{2\pi kn}{N}\right) = \begin{cases} 0, & 1 \leq k \leq N-1 \\ N, & k=0, N \end{cases} \tag{A.101}$$

$$\sum_{n=0}^{\infty} r^n = \frac{1}{1-r} \quad |r| < 1 \tag{A.102}$$

$$\sum_{n=k}^{\infty} r^n = \frac{r^k}{1-r} \quad |r| < 1 \tag{A.103}$$

$$\sum_{n=0}^{\infty} nr^n = \frac{1}{(1-r)^2} \quad |r| < 1 \tag{A.104}$$

$$\sum_{n=0}^{\infty} n^2 r^n = \frac{r^2+r}{(1-r)^3} \quad |r| < 1 \tag{A.105}$$

A.7 Q 함수

$$Q(x) \triangleq \frac{1}{\sqrt{2\pi}} \int_x^\infty e^{-\lambda^2/2} d\lambda \tag{A.106}$$

Q 함수의 근사값

$$Q(x) \cong \frac{1}{x\sqrt{2\pi}} e^{-x^2/2} \quad \text{for } x \geq 3 \tag{A.107}$$

에러 함수와의 관계

$$Q(x) = \frac{1}{2} \operatorname{erfc}\left(\frac{x}{\sqrt{2}}\right) = \frac{1}{2}\left[1 - \operatorname{erf}\left(\frac{x}{\sqrt{2}}\right)\right] \tag{A.108}$$

여기서

$$\operatorname{erf}(x) = \frac{2}{\sqrt{\pi}} \int_0^x e^{-\lambda^2} d\lambda$$

$$\operatorname{erfc}(x) = 1 - \operatorname{erf}(x) = \frac{2}{\sqrt{\pi}} \int_x^\infty e^{-\lambda^2} d\lambda$$

x	$Q(x)$									
	0.00	0.01	0.02	0.03	0.04	0.05	0.06	0.07	0.08	0.09
0.0	0.5000	0.4960	0.4920	0.4880	0.4840	0.4801	0.4761	0.4721	0.4681	0.4641
0.1	0.4602	0.4562	0.4522	0.4483	0.4443	0.4404	0.4364	0.4325	0.4286	0.4247
0.2	0.4207	0.4168	0.4129	0.4090	0.4052	0.4013	0.3974	0.3936	0.3897	0.3859
0.3	0.3821	0.3783	0.3745	0.3707	0.3669	0.3632	0.3594	0.3557	0.3520	0.3483
0.4	0.3446	0.3409	0.3372	0.3336	0.3300	0.3264	0.3228	0.3192	0.3156	0.3121
0.5	0.3085	0.3050	0.3015	0.2981	0.2946	0.2912	0.2877	0.2843	0.2810	0.2776
0.6	0.2743	0.2709	0.2676	0.2643	0.2611	0.2578	0.2546	0.2514	0.2483	0.2451
0.7	0.2420	0.2389	0.2358	0.2327	0.2296	0.2266	0.2236	0.2206	0.2177	0.2148
0.8	0.2119	0.2090	0.2061	0.2033	0.2005	0.1977	0.1949	0.1922	0.1894	0.1867
0.9	0.1841	0.1814	0.1788	0.1762	0.1736	0.1711	0.1685	0.1660	0.1635	0.1611
1.0	0.1587	0.1562	0.1539	0.1515	0.1492	0.1469	0.1446	0.1423	0.1401	0.1379
1.1	0.1357	0.1335	0.1314	0.1292	0.1271	0.1251	0.1230	0.1210	0.1190	0.1170
1.2	0.1151	0.1131	0.1112	0.1093	0.1075	0.1056	0.1038	0.1020	0.1003	0.0985
1.3	0.0968	0.0951	0.0934	0.0918	0.0901	0.0885	0.0869	0.0853	0.0838	0.0823
1.4	0.0808	0.0793	0.0778	0.0764	0.0749	0.0735	0.0721	0.0708	0.0694	0.0681
1.5	0.0668	0.0655	0.0643	0.0630	0.0618	0.0606	0.0594	0.0582	0.0571	0.0559
1.6	0.0548	0.0537	0.0526	0.0516	0.0505	0.0495	0.0485	0.0475	0.0465	0.0455
1.7	0.0446	0.0436	0.0427	0.0418	0.0409	0.0401	0.0392	0.0384	0.0375	0.0367
1.8	0.0359	0.0351	0.0344	0.0336	0.0329	0.0322	0.0314	0.0307	0.0301	0.0294
1.9	0.0287	0.0281	0.0274	0.0268	0.0262	0.0256	0.0250	0.0244	0.0239	0.0233
2.0	0.0228	0.0222	0.0217	0.0212	0.0207	0.0202	0.0197	0.0192	0.0188	0.0183
2.1	0.0179	0.0174	0.0170	0.0166	0.0162	0.0158	0.0154	0.0150	0.0146	0.0143
2.2	0.0139	0.0136	0.0132	0.0129	0.0125	0.0122	0.0119	0.0116	0.0113	0.0110
2.3	0.0107	0.0104	0.0102	0.0099	0.0096	0.0094	0.0091	0.0089	0.0087	0.0084
2.4	0.0082	0.0080	0.0078	0.0075	0.0073	0.0071	0.0069	0.0068	0.0066	0.0064
2.5	0.0062	0.0060	0.0059	0.0057	0.0055	0.0054	0.0052	0.0051	0.0049	0.0048
2.6	0.0047	0.0045	0.0044	0.0043	0.0041	0.0040	0.0039	0.0038	0.0037	0.0036
2.7	0.0035	0.0034	0.0033	0.0032	0.0031	0.0030	0.0029	0.0028	0.0027	0.0026
2.8	0.0026	0.0025	0.0024	0.0023	0.0023	0.0022	0.0021	0.0021	0.0020	0.0019
2.9	0.0019	0.0018	0.0018	0.0017	0.0016	0.0016	0.0015	0.0015	0.0014	0.0014

x	$Q(x)$									
	0.00	0.01	0.02	0.03	0.04	0.05	0.06	0.07	0.08	0.09
3.0	1.3499e−3	1.3062e−3	1.2639e−3	1.2228e−3	1.1829e−3	1.1442e−3	1.1067e−3	1.0703e−3	1.0350e−3	1.0008e−3
3.1	9.6760e−4	9.3544e−4	9.0426e−4	8.7403e−4	8.4474e−4	8.1635e−4	7.8885e−4	7.6219e−4	7.3638e−4	7.1136e−4
3.2	6.8714e−4	6.6367e−4	6.4095e−4	6.1895e−4	5.9765e−4	5.7703e−4	5.5706e−4	5.3774e−4	5.1904e−4	5.0094e−4
3.3	4.8342e−4	4.6648e−4	4.5009e−4	4.3423e−4	4.1889e−4	4.0406e−4	3.8971e−4	3.7584e−4	3.6243e−4	3.4946e−4
3.4	3.3693e−4	3.2481e−4	3.1311e−4	3.0179e−4	2.9086e−4	2.8029e−4	2.7009e−4	2.6023e−4	2.5071e−4	2.4151e−4
3.5	2.3263e−4	2.2405e−4	2.1577e−4	2.0778e−4	2.0006e−4	1.9262e−4	1.8543e−4	1.7849e−4	1.7180e−4	1.6534e−4
3.6	1.5911e−4	1.5310e−4	1.4730e−4	1.4171e−4	1.3632e−4	1.3112e−4	1.2611e−4	1.2128e−4	1.1662e−4	1.1213e−4
3.7	1.0780e−4	1.0363e−4	9.9611e−5	9.5740e−5	9.2010e−5	8.8417e−5	8.4957e−5	8.1624e−5	7.8414e−5	7.5324e−5
3.8	7.2348e−5	6.9483e−5	6.6726e−5	6.4072e−5	6.1517e−5	5.9059e−5	5.6694e−5	5.4418e−5	5.2228e−5	5.0122e−5
3.9	4.8096e−5	4.6148e−5	4.4274e−5	4.2473e−5	4.0741e−5	3.9076e−5	3.7475e−5	3.5936e−5	3.4458e−5	3.3037e−5
4.0	3.1671e−5	3.0359e−5	2.9099e−5	2.7888e−5	2.6726e−5	2.5609e−5	2.4536e−5	2.3507e−5	2.2518e−5	2.1569e−5
4.1	2.0658e−5	1.9783e−5	1.8944e−5	1.8138e−5	1.7365e−5	1.6624e−5	1.5912e−5	1.5230e−5	1.4575e−5	1.3948e−5
4.2	1.3346e−5	1.2769e−5	1.2215e−5	1.1685e−5	1.1176e−5	1.0689e−5	1.0221e−5	9.7736e−6	9.3447e−6	8.9337e−6
4.3	8.5399e−6	8.1627e−6	7.8015e−6	7.4555e−6	7.1241e−6	6.8069e−6	6.5031e−6	6.2123e−6	5.9340e−6	5.6675e−6
4.4	5.4125e−6	5.1685e−6	4.9350e−6	4.7117e−6	4.4979e−6	4.2935e−6	4.0980e−6	3.9110e−6	3.7322e−6	3.5612e−6
4.5	3.3977e−6	3.2414e−6	3.0920e−6	2.9492e−6	2.8127e−6	2.6823e−6	2.5577e−6	2.4386e−6	2.3249e−6	2.2162e−6
4.6	2.1125e−6	2.0133e−6	1.9187e−6	1.8283e−6	1.7420e−6	1.6597e−6	1.5810e−6	1.5060e−6	1.4344e−6	1.3660e−6
4.7	1.3008e−6	1.2386e−6	1.1792e−6	1.1226e−6	1.0686e−6	1.0171e−6	9.6796e−7	9.2113e−7	8.7648e−7	8.3391e−7
4.8	7.9333e−7	7.5465e−7	7.1779e−7	6.8267e−7	6.4920e−7	6.1731e−7	5.8693e−7	5.5799e−7	5.3043e−7	5.0418e−7
4.9	4.7918e−7	4.5538e−7	4.3272e−7	4.1115e−7	3.9061e−7	3.7107e−7	3.5247e−7	3.3476e−7	3.1792e−7	3.0190e−7
5.0	2.8665e−7	2.7215e−7	2.5836e−7	2.4524e−7	2.3277e−7	2.2091e−7	2.0963e−7	1.9891e−7	1.8872e−7	1.7903e−7
5.1	1.6983e−7	1.6108e−7	1.5277e−7	1.4487e−7	1.3737e−7	1.3024e−7	1.2347e−7	1.1705e−7	1.1094e−7	1.0515e−7
5.2	9.9644e−8	9.4420e−8	8.9462e−8	8.4755e−8	8.0288e−8	7.6050e−8	7.2028e−8	6.8212e−8	6.4592e−8	6.1158e−8
5.3	5.7901e−8	5.4813e−8	5.1884e−8	4.9106e−8	4.6473e−8	4.3977e−8	4.1611e−8	3.9368e−8	3.7243e−8	3.5229e−8
5.4	3.3320e−8	3.1512e−8	2.9800e−8	2.8177e−8	2.6640e−8	2.5185e−8	2.3807e−8	2.2502e−8	2.1266e−8	2.0097e−8
5.5	1.8990e−8	1.7942e−8	1.6950e−8	1.6012e−8	1.5124e−8	1.4283e−8	1.3489e−8	1.2737e−8	1.2026e−8	1.1353e−8
5.6	1.0718e−8	1.0116e−8	9.5479e−9	9.0105e−9	8.5025e−9	8.0224e−9	7.5686e−9	7.1399e−9	6.7347e−9	6.3520e−9
5.7	5.9904e−9	5.6488e−9	5.3262e−9	5.0215e−9	4.7338e−9	4.4622e−9	4.2057e−9	3.9636e−9	3.7350e−9	3.5193e−9
5.8	3.3157e−9	3.1236e−9	2.9424e−9	2.7714e−9	2.6100e−9	2.4579e−9	2.3143e−9	2.1790e−9	2.0513e−9	1.9310e−9
5.9	1.8175e−9	1.7105e−9	1.6097e−9	1.5147e−9	1.4251e−9	1.3407e−9	1.2612e−9	1.1863e−9	1.1157e−9	1.0492e−9

찾아보기